Nr. 7
S. 2313–2696

1963
13. Februar

Chemisches Zentralblatt

Vollständiges Repertorium für alle Zweige der reinen und angewandten Chemie

1830 gegründet. 1897—1945 von der Deutschen Chemischen Gesellschaft fortgeführt. Im Auftrage der Deutschen Akademie der Wissenschaften zu Berlin, der Chemischen Gesellschaft in der DDR, der Akademie der Wissenschaften zu Göttingen und der Gesellschaft Deutscher Chemiker (in der BRD)

herausgegeben von Prof. Dr. **Heinrich Bertsch** und Prof. Dr. Dr. h. c. **Wilhelm Klemm**

134. Jahrgang

1963

Chefredakteure: Dr. Eugen Klever und Prof. Dr.-Ing. Eberhard Leibnitz

Akademie-Verlag GmbH., Berlin — Verlag Chemie, GmbH., Weinheim/Bergstr.

Inhalt

Sprachenbezeichnung in den Referaten des Chemischen Zentralblattes

(Abkürzungen laut DIN-Normblatt 1502, Beiblatt 1)

Albanisch	= alb.	Griechisch	= griech.	Rumänisch	= rum.
Bulgarisch	= bulg.	Irisch	= ir.	Russisch	= russ.
Chinesisch	= chin.	Italienisch	= ital.	Schwedisch	= schwed.
Dänisch	= dän.	Japanisch	= jap.	Serbokroatisch	= serbokroat.
Deutsch	= dt.	Lateinisch	= lat.	Slowakisch	= slowak.
Englisch	= engl.	Litauisch	= litau.	Slowenisch	= slowen.
Estnisch	= estn.	Niederländisch	= niederl.	Spanisch	= span.
Finnisch	= finn.	Norwegisch	= norw.	Tschechisch	= tschech.
Flämisch	= fläm.	Persisch	= pers.	Türkisch	= türk.
Französisch	= franz.	Polnisch	= pol.	Ukrainisch	= ukrain.
		Portugiesisch	= port.	Ungarisch	= ung.

Chemisches Zentralblatt

1963 Bibliographien Nr. 7

Neue Bücher

A. Allgemeine, physikalische und anorganische Chemie

J. Bareš, Č. Černý, V. Fried und **J. Pick**, *Collection of Problems in Physical Chemistry*. Aus dem Tschechischen übersetzt von H. Watney. Oxford, London, New York, Paris: Pergamon Press 1961. (XVI + 608 S.) 70 s.
Umfassende Zusammenstellung der wichtigsten Probleme der physikal. Chemie in Form von Aufgaben u. Problemstellungen aus der Originalliteratur mit entsprechenden Lösungen. — 25 Tafeln mit physikal.-chem. Daten. G. Bauer

B. Allgemeine und theoretische organische Chemie

John O. Edwards, ed., Peroxide reaction mechanisms. New York: Wiley. 1962. (IX + 245 S. m. Abb.) $ 8.—.

M. St. C. Flett, Physical aids to the organic chemist. Amsterdam: Elsevier Publishing Cy. 1962. (400 S.) = Elsevier monographs. Chemistry section no. 20. hfl. 22.50.

Martinette Hagan, Clathrate inclusion compounds. New York: Reinhold; London: Chapman & Hall. 1962. (XIII + 189 S. m. Tab. u. Diagr.) 52 s.

L. Ja. Margoliss, Heterogene katalytische Oxydation von Kohlenwasserstoffen (Synthese von Monomeren). Moskau: Gosstoptechisdat. 1962. (248 S. m. Abb.) 95 Kp. [russ.]

Charles Coale Price, Sulfur bonding. New York: Ronald. 1962. (208 S. m. Abb.) $ 8.—.

A. I. Shatenshtein, Isotopic exchange and the replacement of hydrogen in organic compounds. New York: Consultants. 1962. (308 S. m. Abb.) $ 19.50.

Allan R. Day and **Madeleine M. Joullié**, *Organic Chemistry*. Princeton, New Jersey, Toronto, London, New York: D. van Nostrand Company, Inc. 1960. (VI + 864 S.) S 9.50.
Das Lehrbuch ist in 47 Kapitel gegliedert. Außer der klass. Stoffbeschreibung werden bes. betont: die thermochem. Zusammenhänge, die Rk.-Mechanismen u. die physikal. Meth. zur Best. der Natur der Bindung u. der Struktur der organ. Moleküle. Der Text u. die Formelbilder sind sehr gut lesbar u. übersichtlich gegliedert. H. Czech

C. Präparative organische Chemie. Naturstoffe

Ray Q. Brewster and **William B. McEwen**, Organic chemistry. 3rd edit. Englewood Cliffs (New Jersey): Prentice-Hall. 1961. (X + 854 S. m. Abb. u. Tab.) $ 10.—.

James Cason, Laboratory text in organic chemistry. 2nd edit. Englewood Cliffs (New Jersey): Prentice-Hall. 1962. (514 S. m. Abb.) $ 7.95.

Gian Paolo Chiusoli, Reazioni dei derivati allilici con acetilene e ossido di carbonio. Nota IV: Acidi dienici da alcoli allilici. Novara: F.lli Paltrinieri. 1959. (7 S.)

Hans Gross und **Eugen Höft**, α-Halogenäther und ihre präparative Anwendung. Berlin: Akademie-Verl. 1962. (40 S.) 8° = Sitzungsberichte der Deutschen Akademie der Wissenschaften zu Berlin. Klasse für Chemie, Geologie und Biologie. Jahrgang 1962, Nr. 3. DM 5,40.

J. T. Holden, Amino acid pools. New York: American Elsevier Publishing Company. 1962. $ 21.50.

Jean Jullien, Chimie organique. Paris: Gauthier-Villars. 1962. (IV + 149 S. m. Abb.) 4°.

Sarah Regal Riedman, Our hormones and how they work. New York: Collier. 1962. (127 S. m. Abb.) $ —.95

E. H. Rodd, ed., Chemistry of carbon compounds. Vol. V. New York: American Elsevier Publishing Company. 1962. $ 29.—.

Herbert Teichmann und **Gerhard Lehmann**, Untersuchungen an Thiophosphorsäureestern. Berlin: Akademie-Verl. 1962. (61 S. m. 8 Abb. u. 9 Tab.) 8° = Sitzungsberichte der Deutschen Akademie der Wissenschaften zu Berlin. Klasse für Chemie, Geologie und Biologie. Jahrgang 1962, Nr. 5. DM 7,—.

Wilhelm Theilheimer, Synthetic methods of organic chemistry. Yearbook 16, 1962 (Synthetische Methoden der organischen Chemie). Basel, New York: Karger. 1962. (XVI + 508 S.) 8°. sfr. 150.—.

Christine Weston, Indigo. Gloucester (Massachusetts): Peter Smith. 1962. (374 S.) $ 3.75.

—, Chemie und Biochemie der Solanum-Alkaloide. Berlin: Deutsche Akademie der Landwirtschaftswissenschaften. 1961. (336 S. m. Abb.) 8° = Deutsche Akademie der Landwirtschaftswissenschaften zu Berlin. Tagungsberichte. Nr. 27. DM 14,25.

—, Dimethyl phthalate. 1st revision. London: British Standards Institution. 1962. (8 S.) 3 s.

—, International Union of pure and applied chemistry. Commission on Codification, Ciphering and Punched Card Techniques. Rules for I.U.P.A.C. notation for organic compounds. New York: Wiley. 1962. (107 S.) $ 4.25.

—, Le produzioni del settore idrocarburi. Milano: Montecatini Società generale industria mineraria e chimica. 1960. (18 S. m. Abb.)

L. Zechmeister, *Cis–trans Isomeric Carotenoids Vitamins A and Arylpolyenes.* 112 figures. Wien: Springer-Verlag. 1962. (XIV + 251 S.) DM 33,60.
Der Inhalt des Buches wird in 2 Teilen gebracht (Isoprenpolyene u. nichtverzweigte Arylpolyene), die folgende 16 Kapitel beinhalten: Carotinoide: Einführung; Anzahl u. Typen der cis-Carotinoide (I). Ster. Hinderung; einige Eigg. von I; cis–trans-Isomerie u. UV-Spektren; Darst. von I durch direkte Umordnung der all-trans-Form; Darst. von I durch Totalsynth.; natürlich vorkommende cis- u. Poly-cis-Carotinoide; einige Bemerkungen über Konfigurationsbezeichnungen; Konfigurationsbezeichnungen in einigen stereoisomeren Verbb.; Carotinoidcarbonsäuren mit niedrigem Molgew.: Bixin u. Crocetin; cis–trans-Isomerie u. die Wrkg. von Provitamin A auf Carotinoide; Vitamin A u. Retinen; 1-Monoarylpolyene; α,ω-Diphenylpolyene u. verwandte Verbb.; Kumulene mit aromat. Endgruppen; Polyenazine. I. Hahn

D. Makromolekulare Chemie

F. Bueche, Physical properties of polymers. New York: Interscience dist. Wiley. 1962. (354 S. m. Abb.) $ 9.50.

Bruno Jirgensons, Natural organic macromolecules. Oxford, London: Pergamon Press. 1962. (X + 464 S. m. Abb., Tab. u. Diagr.) 63 s.

H. Peeters, Protides, ninth colloquium. New York: American Elsevier Publishing Company. 1962. $ 16.25.

John Kenneth Stille, Introduction to polymer chemistry. New York: Wiley. 1962. (248 S. m. Abb.) $ 6.95.

Bruno Vollmert, Grundriß der makromolekularen Chemie. Berlin, Göttingen, Heidelberg: Springer. 1962. (XII + 507 S. m. 426 Abb.) 8°. DM 48,—.

—, Acides ribonucléiques et polyphosphates. Structure, synthèse et fonctions. Strasbourg, 6—12 juillet 1961. Paris: C.N.R.S. 1962. (664 S. m. Abb.) = Colloques internationaux du C.N.R.S. no. 106. 56 NF.

—, Deoxyribonucleic acid: structure, synthesis and function; proceeding of the 11th Annual Reunion of the Société de Chimie Physique, June 1961. Oxford, London: Pergamon Press. 1962. (XI + 235 S. m. Abb., Tab. u. Diagr.) 60 s.

—, Macromolecular chemistry: special lectures presented at the International Symposium on Macromolecular Chemistry held in Montreal, Canada, 27th July to 1st August, 1961. London: Butterworths. 1962. (342 S. m. Abb., Tab. u. Diagr.) 63 s.

—, Polymerization and polycondensation process. Washington: Amer. Chemical Soc. 1962. (VI + 260 S. m. Abb.) = Advances in chem., ser. no. 34. $ 8.—.

G. Analyse. Laboratorium

J. B. Headridge, *Photometric Titrations.* Oxford, London, New York, Paris: Pergamon Press 1961. (X + 131 S.) 45 s.
In diesem 4. Band der „International Series of Monographs on Analytical Chemistry" werden die bisher recht verstreuten Angaben über die Technik u. Anwendung der photometr. Titration zusammengefaßt. Nach einer Einführung in die Theorie u. App. werden, an Hand von 266 Literaturangaben, spezielle Vorschriften zur Anwendung dieser Meth. in der Neutralisations-, Redox- u. komplexometr. Titration gegeben. Ferner werden photometr. Fällungstitrationen (häufig als Heterometrie bezeichnet) u. coulometr. Analysen mit photometr. Endpunkts-Best. sowie einige spezielle Anwendungen beschrieben. I. Wilke

A. Holasek und **H. Flaschka**, *Komplexometrische und andere titrimetrische Methoden des klinischen Larosatoriums.* Mit 11 Textabbildungen. Wien: Springer-Verlag 1961. (VIII + 128 S.) DM 14,—.
Im allg. Teil dieses Buches werden kurze Erläuterungen zur Maßanalyse, den Geräten u. den speziellen Maß-Lsgg. gegeben, wobei die Grundlagen der Komplexometrie bes. eingehend beschrieben sind. In den speziellen Arbeitsvorschriften zur Blut- u. Harnanalyse wurde für jede Best. jeweils eine bewährte Meth. krit. ausgewählt unter dem Gesichtspunkt, daß sie mit möglichst geringem Aufwand u. stabilen Maß-Lsgg. durchführbar sein soll. Auch hierbei wurde den komplexometr. Verff. der Vorzug gegeben. Die möglichen Fehlerquellen u. ihre Beseitigung werden bei den einzelnen Vorschriften eingehend behandelt. I. Wilke

H_7. Agrikulturchemie. Schädlingsbekämpfung

Horst Marschner, Die Aufnahme von Cäsium und dessen Verteilung in der Pflanze. Stuttgart: Ulmer. 1962. (80 S. m. 18 Abb.) 8⁰ = Arbeiten der Landwirtschaftlichen Hochschule Hohenheim. Bd. 11. DM 12,—.

Gottfried Schuster, Methoden und Wege zur physiologisch-chemischen Virusdiagnostik bei Kartoffelknollen. Berlin: Akademie-Verl. 1962. (249 S. m. 24 Abb. u. 59 Tab.) 8⁰ = Deutsche Akademie der Landwirtschaftswissenschaften zu Berlin. Wissenschaftliche Abhandlungen. Nr. 50. DM 42,50.

—, Krankheiten und Schädlinge an Futtergräsern. Ein Symposium. Berlin: Deutscher Landwirtschaftsverl. 1962. (176 S. m. Abb.) 8⁰ = Schriftenreihe der Karl-Marx-Universität Leipzig zu Fragen der sozialistischen Landwirtschaft. Heft 8. DM 8,—.

—, Principles governing consumer safety in relation to pesticide residues: report of a meeting of a WHO Expert Committee on Pesticide Residues held jointly with the FAO panel of experts on the use of pesticides in agriculture. Geneva: W.H.O.; London: H. M. S. O. 1962. (20 S. m. Tab.) = Technical reports no. 240. 1 s. 9 d.

H_8. Metallurgie. Korrosion

G. A. Leonards, ed., Foundation engineering. New York: McGraw-Hill. 1962. (1136 S. m. Abb.) $ 25.—.

—, Progress in non-destruct ve testing. Vol. 3. New York: Macmillan. 1962. (227 S. m. Abb.) $ 12.—.

H_{16}. Nahrungs-, Genuß- und Futtermittel

Eugen Fritsch, Die Analytik der getreideverarbeitenden Industrie. Teil 1: Der Stand der Analytik der getreideverarbeitenden Industrie unter besonderer Berücksichtigung neuzeitlicher Fragenkomplexe. Teil 2: Verfahrenstechnische Grundlagen und ihre Stellung im Rahmen des bestehenden Untersuchungsbildes. Stuttgart: Matthaes. 1960. 1: (59 S.) 2: (60 S.) 8⁰ = Die Müllerei. Jahrgang 1, 1960, Heft 1. 2. Je DM 5,40.

Douglas William Kent-Jones and **E. F. Mitchell**, The practice and science of bread-making. 3rd edit. Liverpool: Northern Publishing Co. 1962. (312 S. m. Abb., Taf., Tab. u. Diagr.) 50 s.

Ernst Knoop und **Olli Paakkola**, Der Gehalt im ^{131}J, ^{137}Cs, ^{140}Ba + ^{140}La in der deutschen Milch in der Zeit vom September 1961 bis Januar 1962. Nürnberg: Carl. 1962. (18 S. m. Abb.) 8⁰ = Bibliotheca lactis 24. DM 1,80.

Johannes Marie de Man, The detection of added water in milk by cryoscopy. Nürnberg: Carl. 1962. (7 S.) 8⁰ = Bibliotheca lactis 24. Aus: Milchwissenschaft. 17. DM —,70.

—, Report on canned meat. London: H.M.S.O. 1962. (24 S. m. Tab.) 1 s. 6d.

—, Report on dried milk. London: H.M.S.O. 1962. (8 S.) 8 d.

Ausgewertete Bibliographie-Fachzeitschriften

Belgien	Bibliographie de Belgique — Belgische Bibliographie
ČSSR	Bibliography of Publications Dealing with the Polarography Method [Praha]
	Bulletin — Die neuesten Forschungsergebnisse der Tschechoslowakischen Wissenschaft
	Nové Hnihy (Neue Bücher)
	Novinky (Neuheiten)
Dänemark	Danske Bogmarked
Deutschland	Börsenblatt für den Deutschen Buchhandel — Frankfurter Ausgabe
	Börsenblatt für den Deutschen Buchhandel — Leipziger Ausgabe
	Deutsche Bibliographie. Wöchentliches Verzeichnis. Ausgabe II. [Frankfurt/Main]
	Deutsche Nationalbibliographie. Reihe A: Neuerscheinungen des Buchhandels [Leipzig]
England	British Books (Incorporating the Publishers Circular & Booksellers Record)
	British National Bibliography
Frankreich	Bibliographie de la France
Griechenland	Greek Bibliography [Athen]
Italien	Bibliografia Nazionale Italiana
Niederlande	Nieuwsblad voor de Boekhandel
Österreich	Österreichische Bibliographie
Schweiz	Schweizer Buch. Serie A und Serie B
UdSSR	Bücherverzeichnis des Jahres (Книжная летопись)
	Neue Bücher (Новые книги)
USA	Publishers' Weekly

Namenregister

Patentregister

Chemisches Zentralblatt

1963 Nr. 7 13. Februar

Geschichte. Unterricht

Otto Kratky 60 Jahre. H. Nowotny. (Österr. Chemiker-Ztg. **63**, 91–93, März 1962; Wien; dt.) — Würdigung der außergewöhnlichen Leistungen von O. Kratky (geb. am 9/3. 1902) auf dem allg. Gebiete der physikal. Chemie u. der Strukturchemie im besonderen. E. Klever. 1□

Nachruf auf W. T. Astbury. K. M. Rudall. (Proc. physic. Soc. **78**, 1558–59, 15/12. 1961; engl.) — Nachruf auf William Thomas Astbury, zuletzt Professor in Leeds, der 63jährig am 4/6. 1961 verstarb. Astbury war Schüler von W. Bragy u. beschäftigte sich mit Struktur-Unterss. von biolog. Material (Wollkeratin, Federkeratin, Kollagen u. a.). Ch. Weiske. 1□

Maurice de Broglie (1875–1960). Louis Leprince-Ringuet. (Cahiers de Physique **14**, 425–28, Nov. 1960; Coll. de France; École Polytechn.; franz.) — Nachruf auf den französ. Physiker (geb. 27/4. 1875 in Paris; gest. 14/7. 1960 in Neuilly-sur-Seine). — Bild. A. Blaschette. 1□

Nachruf auf Herzog Maurice de Broglie. Louis Leprince-Ringuet. (C. R. hebd. Séances Acad. Sci. **251**, 297–303, 18/7. 1960; franz.) — Vgl. vorst. Referat. A. Blaschette. 1□

Maurice de Broglie (1875–1960). René Lucas. (Ann. Physique [13] **5**, I–III, Sept./Okt. 1960; franz.) — Vgl. vorst. Referate. — Bild. A. Blaschette. 1□

Ian Morris Heilbron. E. R. H. Jones. (Proc. chem. Soc. [London] **1962**, 242–45, Juli; engl.) — Nachruf auf den brit. Organiker Sir Ian Heilbron (geb. 6/11. 1886 in Glasgow; gest. 14/9. 1959 in London), bes. bekannt durch seine Arbeiten auf dem Gebiet der *Vitamine*, der *Steroide* u. des *Penicillins*. — Bild. A. Blaschette. 1□

J. W. Kennedy, Wissenschaftler, Lehrer, Leiter. Arthur C. Wahl. (Science [Washington] **126**, 65–66, 12/7. 1957; St. Louis, Mo., Washington Univ.; engl.) — Nachruf auf Joseph W. Kennedy (geb. 1916 in Nacogdoches, Tex., gest. 5/5. 1957), der sich bes. mit radiochem. Problemen befaßte (Sauerstoffaustausch zwischen W. u. H_2SO_4 bzw. H_3PO_4, Selbstdiffusion von Na^+, K^+, Cs^+, Cl^- u. J^- usw.). Kennedy war maßgeblich an der Entdeckung des Pu beteiligt. Ch. Weiske. 1□

Ernest Orlando Lawrence. Anonym. (Sci. and Cult. [Calcutta] **24**, 227–28, Nov. 1958; engl.) — Nachruf auf E. O. Lawrence (geb. 1901 in Canton, gest. 27/8. 1958 in Palo Alto, Calif.). Lawrence erhielt 1939 für die Entw. des Cyclotrons den Nobelpreis u. war maßgebend an dem Atombombenprojekt der USA beteiligt. — Bild. Ch. Weiske. 1□

Zum Tode von Walter Noddack. H. Meier und E. Ruda. (Z. Chem. **2**, 33–35, 1962; Bamberg; dt.) — Nachruf u. Würdigung der vielseitigen physikal.-chem. u. geochem. Arbeiten des Entdeckers des Re (gemeinsam mit Ida Tacke, seiner späteren Gattin) W. Noddack (geb. 17/8. 1893 in Berlin, gest. am 7/12. 1960.) E. Klever. 1□

Arthur Mannering Tyndall. M. F. Mott. (Proc. physic. Soc. **78**, 1565–68, 15/12. 1961; engl.) — Nachruf auf den Professor für Physik A. M. Tyndall (geb. 18/9. 1881 in Bristol, gest. 29/10. 1961); beschäftigte sich mit der Unters. der Ionenbeweglichkeit in Gasen. Ch. Weiske. 1□

Edward Goodrich Acheson. Anonym. (Chem. and Ind. **1956**, R42–R43, April; engl.) — Kurzer Lebensabriß von E. G. Acheson (geb. 9/3. 1856 in Manchester, Pa., gest. 1931), der durch seine Verss. zur Darst. von reinem Graphit u. von Siliciumcarbid (Carborumdum) bekannt wurde. — Bild. Ch. Weiske. 1□

Johann Joachim Bechers Alchimisten-Denkschrift. Heinz Herz. (Forsch. u. Fortschr. **33**, 264–66, Sept. 1959; Rostock, Univ., Hist. Inst. für mittl. u. neuere Geschichte, Abt. für allg. Gesch.; dt.) — J. J. Becher (1635–1682), aus Speyer stammend, war 1670–1677 wissenschaftlicher u. wirtschaftlicher Berater von Leopold I. in Wien. In dieser Eig. verfaßte er eine Denkschrift an den Kaiser, die Alchimie betreffend, die sich heute in der Univ.-Bibliothek Rostock befindet. A. Blaschette. 1□

J. A. C. Chaptal, Comte de Chanteloup (1756–1832). Ein Wegbereiter der chemischen Industrie. K. R. Webb. (Chem. and Ind. **1956**, 1443–45, 8/12.; Southampton, Univ., Chem. Dep.; engl.) — Kurzer Lebensabriß von Jean Antoine

Claude Chaptal (geb. 4/6. 1756 in Nogaret/Sozère, gest. 30/7. 1832 in Paris), der sich mit agrikulturchem., nahrungsmitteltechn. u. vor allem weinwirtschaftlichen Fragen befaßte. Ch. Weiske. 1□

Versuch einer Biographie John Daltons. Frank Greenaway. (Mem. Proc. Manchester lit. philos. Soc. **100,** 1—98, 11 Tafeln, 1958/59; London, South Kensington, Sci. Museum; engl.) — Ausführliche krit.-biograph. Unters. über Dalton (1766—1844), den Urheber der modernen atomist. Theorie, unter bes. Berücksichtigung der geistigen u. wissenschaftlichen Strömungen seiner Zeit. — Etwa 100 Literaturangaben. A. Blaschette. 1□

Johann Peter Griess. W. H. Cliffe. (Chem. and Ind. **1958,** 616—21, 24/5.; Manchester, ICI Ltd., Res. Dep.; engl.) — Biographie anläßlich der Hundertjahrfeier der Entdeckung der Diazoverbb. durch J. P. Griess (geb. 6/9. 1829 in Kirchhosbach; gest. 30/8. 1888 in Bournemouth; bes. berücksichtigt wird sein langjähriger Aufenthalt in England. — Bild. A. Blaschette. 1□

Frühe Beiträge von S. C. Lind zur Strahlenchemie von Gasen. George Glockler. (J. chem. Educat. **36,** 262—66, Juni 1959; Durham, N.C., Duke Univ.; engl.) — Überblick über Arbeiten von Lind in Leipzig über die Synth. von HBr in Ggw. von Ra-Emanation. Ch. Weiske. 1□

Johann Gottlob Nathusius. Zum Gedächtnis seines 200. Geburtstages. Jakob Baxa. (Zucker **13,** 238—47, 1/5. 1960; Wien; dt.) — Biographie des deutschen Industriellen J. G. Nathusius (geb. 30/4. 1760 in Baruth/Kurkreis Sachsen; gest. 23/7. 1835 in Althaldersleben) mit bes. Würdigung seiner Verdienste um den Ausbau der Rübenzuckerindustrie. A. Blaschette. 1□

Hugh Lee Pattinson (1796—1858). E. E. Aynsley und W. A. Campbell. (Chem. and Ind. **1958,** 1498—99, 15/11.; Newcastle-upon-Tyne, King's Coll., Chem. Dep.; engl.) — Kurze Lebensbeschreibung von H. L. Pattinson (geb. 25/12. 1796 in Alston, Northumberland, gest. 11/11. 1858), der durch sein Verf. zur Anreicherung von Ag aus Pb-Erzen (Pattinsonieren) bekannt wurde. — Bild. Ch. Weiske. 1□

René-Antoine Ferchault de Réaumur. Der Plinius des Achtzehnten Jahrhunderts. Douglas McKie. (Sci. Progr. **45,** 619—27, Okt. 1957; Univ. of London, Univ. Coll.; engl.) — Notiz zum 200. Todestag Réaumurs (geb. 28/2. 1683 in La Rochelle, gest. 18/10. 1757 in La Bermondière); Würdigung seines wissenschaftlichen Werkes, bes. auf dem Gebiet der chem. Technologie u. der Thermometrie. — Bild. A. Blaschette. 1□

Paul Schützenberger. Anonym. (Peintures, Pigments, Vernis **35,** 609—11, Dez. 1959; franz.) — Kurze Biographie des französ. Chemikers P. Schützenberger (geb. 23/12. 1829 in Straßburg; gest. 1897) mit bes. Würdigung seiner Arbeiten über Farbstoffe u. Acetylcellulose. — Bild. A. Blaschette. 1□

J. J. Thomson. George Thomson. (Proc. Roy. Instn. Great Britain **36,** 532—40, 1956; Cambridge, Corpus Christi Coll.; engl.) — Kurzer Lebensabriß von Joseph John Thomson (geb. 1856 in Manchester, gest. 1939), Professor für Physik. Bericht von seinen Arbeiten über die elektrodenlose Entladung, das Verh. von Kathodenstrahlen im magnet. u. elektr. Feld u. a. Ch. Weiske. 1□

Andrew Ure (1778—1857) und sein Wörterbuch der Chemie. Anonym. (Chem. and Ind. **1957,** 499, 27/4. 1957; engl.) — Kurzer Bericht zur Erinnerung an Professor A. Ure (geb. 18/5. 1778 in Glasgow, gest. 2/1. 1857 in London) u. sein literar. Werk. Ch. Weiske. 1□

Theodore George Wormley. Der erste amerikanische Mikrochemiker. Bella Rosenfeld. (Microchem. J. [New York] **3,** 135—36, Mai 1959; engl.) — T. G. Wormley (geb. 1826 in Wormleysburg, Pa.; gest. 1887), zuletzt Prof. für Chemie u. Toxikologie an der Univ. of Pennsylvania, verfaßte ein grundlegendes Werk „Microchemistry of Poisons" (1. Auflage 1867). — Bild. A. Blaschette. 1□

N. D. Zelinsky und die wissenschaftlichen Richtungen in den Schulen seiner Schüler. (Zum 100. Geburtstag.) Ju. K. Jurjew und R. Ja. Lewina. (Вестник Московского Университета, Серия II [Nachr. Moskauer Univ., Ser. II] **16,** Nr. 1, 3—10, Jan./Febr. 1961; russ.) — Kurzer Lebenslauf von N. D. Zelinsky (geb. am 6/2. 1861 in Tiraspol, gest. am 31/7. 1953) u. Würdigung seiner Arbeiten u. der seiner Schüler auf verschiedenen Gebieten der Organ. Chemie. E. Klever. 1□

Röntgenstrahlen und ihr Nutzen. Harald Sørum. (Tekn. Ukebl. **108,** 249—55, 23/3. 1961, Norges Tekn. Høgskole, Fysisk Inst.; norw.) — Vf. berichtet über die Entdeckung der Röntgenstrahlen und ihre Anwendung in Wissenschaft, Technik u. Medizin. F. Miksch. 2□

Notizen zur Geschichte der Kristallographie. 1. Mitt. Die Kontroverse Haüy-Mitscherlich. J. L. Amorós. (Publ. Dep. Cristalogr. Mineralog. [Madrid] **1959/60,** Nr. 6, 5—30, Mus. Nat. de Ciencias Naturales; span.) — Briefwechsel zwischen Mitscherlich u. Berzelius u. zwischen Berzelius u. Haüy zwischen 1819—1822 mit kurzer Einleitung des Verfassers. K. Huste. 2□

Aus der Geschichte der organischen Chemie. 6. Mitt. Michael Faraday. Isomerie. Erik Ohlsson. (Svensk Farmac. Tidskr. **64,** 97—102, 30/1. 1960; schwed.) — 5. vgl. C. **1961,** 2861. — Übersicht über die Leistungen von Faraday (1791—1867) auf dem Gebiet der organ. Chemie, bes. bei der Entw. des Isomeriebegriffes. R. K. Müller. 2□

Die Aufklärung der geometrischen Isomerie und der Tautomerie. Aaron Ihde. (J. chem. Educat. **36,** 330—36, Juli 1959; Madison, Wis., Univ. of Wisconsin; engl.) — Histor. Überblick. — 56 Literaturangaben. A. Blaschette. 2□

Philosophie und Kohlenhydratchemie. Eduard Farber. (J. chem. Educat. **37,** 245—47, Mai 1960; Washington, D.C.; engl.) — Beziehung zwischen den philosoph. Begriffen Dualismus u. Polarität u. den Entdeckungen auf dem Gebiete der Kohlenhydratchemie. Ch. Weiske. 2□

Die Pflege schöpferischer Wissenschaft und ihrer Träger. Die Geschichte der Photosynthese: ein Sachbericht. Melvin Calvin. (J. chem. Educat. **35,** 428—32, Sept. 1958; Berkeley, Calif., Univ. of California; engl.) — An Hand eines Berichtes über Forschungen zur Klärung der Vorgänge bei der Photo-Synth. im grünen Blatt wird dargelegt, wie spontaner Einfall u. oft jahrelange experimentelle Arbeit sich zu schöpfer. Fortschritt in der Wissenschaft ergänzen, u. es werden Vorschläge zur Heranbldg. des Nachwuchses gemacht. W. Kuntz. 2□

Die Anfänge der quantitativen anorganischen Analyse. R. E. Coulson. (Talanta [London] **1,** 256—62, Sept. 1958; Avonmouth, Bristol, Imp. Smelting Corp. Ltd., engl.) — Histor. Überblick, wobei bes. auf die Verdienste von Bergman, Klaproth u. Berzelius hingewiesen wird. Gerhard Schulze. 2□

Aufzeichnungen von Forschung und Entdeckung, vernachlässigte Aktiva der Wissenschaften. 2. Mitt. **Methoden zur Behandlung chemischer Daten.** P. S. Davison. (Res. appl. in Ind. **14,** 207—12, Mai 1961; Fife, Halbeath House, Nr. Dunfermline; engl.) — Vf. beschreibt Meth., die die Schwierigkeiten bei der Aufspeicherung u. Wiedererlangung wissenschaftlicher Informationen überwinden. C. Gottfried. 4

Methodische anorganische Chemie. Robert W. Parry. (J. chem. Educat. **36,** 502—08, Okt. 1959; Ann Arbor, Mich., Univ. of Michigan; engl.) — Ausgehend davon, daß die anorgan. Chemie immer mehr von der Physik beeinflußt wird, entwickelt Vf. einen Plan zur Aufstellung eines modernen Kurses in anorgan. Chemie für Anfänger u. Fortgeschrittene. Ch. Weiske. 6□

Ein neuer Kursus in präparativer anorganischer Chemie. William L. Jolly. (J. chem. Educat. **36,** 513—15, Okt. 1959; Berkeley, Calif., Univ. of California; engl.) — Vf. begründet die Wichtigkeit der Unterweisung von Chemiestudenten in die Aufgaben der präparativen Chemie, die dem Studenten einen Blick für die Möglichkeit einer Rk. u. den Spürsinn für außergewöhnliche Rkk. geben soll. Ch. Weiske. 6□

Vorlesung in anorganischer Chemie als Grundlage für alle Berufschemiker. Harry H. Sisler. (J. chem. Educat. **36,** 515—18, Okt. 1959; Jainesville, Fla., Univ. of Florida; engl.) — Aufstellung eines Lehrplanes für allg. Chemie unter Angabe der verwendeten Literatur. Ch. Weiske. 6□

Wie kann man feststellen, ob eine Reaktion möglich ist? George E. MacWood und Frank H. Verhoek. (J. chem. Educat. **38,** 334—37, Juli 1961; Columbus, Ohio, State Univ.; engl.) — Allg. Ausführungen. Ch. Weiske. 6□

A. Allgemeine, physikalische und anorganische Chemie

Über eine mögliche Verallgemeinerung der modernen Theorie des gequantelten Feldes. Yu. M. Lomsadze, I. Yu. Krivsky und I. V. Khimitch. (Nuclear Physics [Amsterdam] **33,** 566—79, Juni 1962; UkrainianSSR, Uzhgorod State Univ.; engl.) — Vff. formulieren die Grundlagen der Therapie des gequantelten „Wahrscheinlichkeitsamplitudenfeldes"; der Zustandsvektor des physikal. Syst. ist hyperfunktional. Gerhard Schmidt. 10□

Felder, welche der asymptotischen Bedingung genügen. R. F. Streater. (Nuovo Cimento [10] **25,** 274—86, 16/7. 1962; London, Imp. Coll.; engl.) — Eine Feldtheorie mit einem eindeutigen Vakuum u. einem Einteilchenzustand wird durch Reihen red. Wightman-Funktionen definiert. Gerhard Schmidt. 10□

„Runaway Modes" in Modell-Feldtheorien. Sidney Coleman und Richard E. Norton. (Physic. Rev. [2] **125,** 1422—28, 15/2. 1962; Pasadena, Calif., California Inst. of Technol.; Los Angeles, Calif., Univ. of California; engl.) — Innerhalb des

Rahmens der linearen Feldtheorien wird die Existenz von „runaway modes", d. h. Lösungen der Bewegungsgleichungen, die eine reale exponentielle Zeitabhängigkeit zeigen, untersucht. Herbert Weber. 10□

Über die Anwendung der Glaserschen Ergebnisse zur Untersuchung der Analytizitätseigenschaften physikalischer Amplituden. R. Ascoli. (Nuovo Cimento [10] **25**, 1119–34, 1/9. 1962; Torino, Univ., Ist. di Fis., Ist. Naz. di Fis. Nucl., Sez. di Torino; engl.) — Anwendung des Lösungs-Syst. auf verzögerte u. fortgeschrittene Funktionen der lokalen Quantenfeldtheorie. Gerhard Schmidt. 10□

Vollständigkeitsidentität in der Feldtheorie. O. W. Greenberg, H. J. Schnitzer und E. C. G. Sudarshan. (Nuovo Cimento [10] **25**, 461–64, 16/7. 1962; College Park, Md., Univ. of Maryland, Dep. of Phys.; Waltham, Mass., Brandeis Univ., Dep. of Phys.; Rochester, N.Y., Univ. of Rochester, Dep. of Phys. and Astronom.; engl.) — Theoret. Diskussion dreier Begriffe, die sich auf die Vollständigkeitsidentität für Heisenberg-Felder beziehen. Gerhard Schmidt. 10□

Eine vereinfachte Quantenelektrodynamik. P. Rastall. (Nuovo Cimento [10] **25**, 1183–89, 1/9. 1962; Vancouver, B. C., Univ. of British Columbia, Dep. of Phys.; engl.) — Vgl. C. **1962**, 13274. — Vers. einer Vereinfachung der Valatin-Theorie [1951] in der Heisenberg-Darstellung. Gerhard Schmidt. 10□

Integraldarstellungen des Vakuum-Erwartungswertes für 3 skalare örtliche Felder. Gunnar Källén und John Toll. (Helv. physica Acta **33**, 753–72, 15/11. 1960; Univ. of Lund, Dep. of Theoret. Phys.; engl.) — Vgl. C. **1961**, 6374. — Die Integralformeln von Bergman u. Weil zur Darst. einer analyt. Funktion mehrerer komplexer Variabler wird angewendet auf den Vakuum-Erwartungswert von 3 skalaren lokalen Feldern. M. Guerlin. 10□

A_1. Kernphysik und Kernchemie

Kritik an den Hypothesen über den metagalaktischen Ursprung der Höhenstrahlung. W. A. Rasin. (Астрономический Жунал [Astronom. J.] **39**, 29–34, Jan./Febr. 1962; Gorki, Univ., Radiophysik. Inst.; russ.) — Die Hypothesen über den metagalakt. Ursprung der Höhenstrahlung werden abgelehnt. Nach den Hypothesen sollten die Höhenstrahldichten im galakt. u. metagalakt. Raum äquivalent sein. Die mittlere beobachtete Höhenstrahldichte des Universums ist 10^{-12} erg/cm³. M. Wiedemann. 85□

Über die Hypothese der Kegelaufhebung beim Problem des Ursprungs von Teilchenströmen. E. R. Musstel. (Астрономический Журнал [Astronom. J.] **39**, 41–47, Jan./Febr. 1962; Astronom. Rat der Akad. der Wiss. der UdSSR; russ.) — Im Zusammenhang mit der Teilchenemission, bes. von der Sonne, wird die Hypothese der Kegelaufhebung sowie die der akt. Bereiche diskutiert, letztere scheint zuzutreffen. M. Wiedemann. 85□

Die Lebensdauer der Protonen des Strahlungsgürtels mit Energien zwischen 1 keV und 1 MeV. Harold Liemohn. (J. geophys. Res. **66**, 3593–95, Okt. 1961; Seattle, Wash., Boeing Sci. Res. Labor., Geo-Astrophys. Labor.; engl.) — Nach verschiedenen Modellen für Protonen u. Elektronendichten werden die Lebensdauern für Ladungsaustausch u. Coulomb-Streuung der Protonen des Strahlungsgürtels berechnet. Beide nehmen mit steigender Energie zu. Protonen des äußeren Gürtels haben Ladungsaustauschlebensdauern von ca. 1 Tag bei 2–75 keV, darüber steigt die Lebensdauer sehr an u. erreicht bei 200 keV etwa ein Jahr. M. Wiedemann. 85□

Über den Zerfall $\mu \rightarrow 3e$ als Test der Anwendbarkeit der Störungsentwicklung in der Theorie der schwachen Wechselwirkungen. J. Nilsson. (Nuovo Cimento [10] **21**, 135–44, 1/7. 1961; Geneva, CERN; engl.) Herbert Weber. 90□

Elastische π^--p-Streuung im Energiebereich 500–1500 MeV. Burton J. Moyer. (Rev. mod. Physics **33**, 367–73, Juli 1961; Berkeley, Calif., Univ. of California, Phys. Dep. and Lawrence Radiat. Labor.; engl.) — Überblick u. Diskussion. — 26 Literaturstellen. Herbert Weber. 90□

Untersuchung der Reaktion $\pi^- + n \rightarrow \pi^- + n + m\pi^0$ an einem π^--Mesonenbündel mit 2,8 GeV/c. Ju. D. Bajukow, G. A. Lekssin und Ja. Ja. Schalamow. (Журнал Экспериментальной и Теоретической Физики [J. exp. theoret. Physik] **41**, 1787–92, Dez. 1961; Inst. für theoret. u. exp. Physik der Akad. der Wiss. der UdSSR; russ.; Auszug: engl.) — Eine 17-Liter-Freon-Blasenkammer wurde dem 2,8-GeV/c-π^--Bündel ausgesetzt. Untersucht wurde die Rk. $\pi^- + n \rightarrow \pi^- + n + m\pi^0$ mit $m = 1,2$. Die Winkelverteilung der π^- u. der Zerfalls-γ-Quanten wurde bestimmt, die der π^0 nähert sich mit höherer Multiplizität der isotropen. Die mittlere Multiplizität ergab sich zu $1,47 \pm 0,15$. Die Daten widersprechen nicht der statist. Theorie unter Berücksichtigung des Isobarenzustandes. M. Wiedemann. 90□

Strahlungskorrekturen am $\pi^- \rightarrow \pi^0 + e^- + \bar{\nu}$-Zerfall. G. Da Prato und G. Putzolu. (Nuovo Cimento [10] 21, 541—49, Aug. 1961; Frascati, Roma, Labor. Naz. del CNEN; engl.) — Für den Zerfall $\pi^- \rightarrow \pi^0 + e^- + \bar{\nu}$ werden die Strahlungskorrekturen berechnet. Für die Lebensdauer τ ergibt sich 1,866 ± 0,030 s. M. Wiedemann. 90□

Massenanalyse der durch das 25-GeV-Protonenbündel des CERN-Protonensynchrotrons erzeugten Sekundärteilchen. V. T. Cocconi, T. Fazzini, G. Fidecaro, M. Legros, N. H. Lipman und A. W. Merrison. (Physic. Rev. Letters **5**, 19—21, 1/7. 1960, Geneva, CERN; engl.) — Die Massenanalyse der unter 15,9° zum zirkulierenden 25-GeV-Protonenbündel in einem *Al*-Target erzeugten Sekundärteilchen lieferte folgende Hauptergebnisse: Das Pionenmaximum weist auf eine Auflösungszeit der App. von ca. 0,9 ns. Bei 2 GeV/c treten ca. doppelt so viele positive wie negative K-Mesonen auf. Am Target beträgt bei diesem Impuls das Verhältnis $K^+/\pi^+ \approx 25\%$. Das Verhältnis von Antiprotonen $\bar{p}$ zu π^- beträgt für ein 4-mg/cm²-Target bei 2 u. 4,7 GeV/c 0,3% bzw. 1,1%. Als Massenverhältnis $m_{\bar{p}}/m_p$ wurde 1,008 ± 0,005 bestimmt. Die Ausbeute an Deuteronen hohen Impulses u. unter großen Winkeln ist beträchtlich. Es wurden Deuteronen mit Transversalimpulsen bis zu 1,7 GeV/c beobachtet. Hinweise auf Antideuteronen wurden nicht gefunden. Die experimentellen Kurven stimmen mit der Theorie überein. D. Jörchel. 90□

Über die Zweizentrenmodelle der Teilchenemission in Höhenstrahljets. J. Pernegr, V. Šimák und M. Votruba. (Nuovo Cimento [10] **21**, 555—58, Aug. 1961; Prague, Czechoslov. Acad. of Sci., Inst. of Phys.; engl.) — Abwägung der Anwendbarkeit verschiedener Zweizentrenmodelle. M. Wiedemann. 90□

Elektromagnetische Mischungseffekte in der Elementarteilchenphysik. J. Bernstein und G. Feinberg. (Nuovo Cimento [10] **25**, 1343—55, 16/9. 1962; Upton, N.Y., Brookhaven Nat. Labor; New York, N.Y., Columbia Univ.; engl.) — Vff. untersuchen die elektromagnet. Mischung von Teilchenpaaren ähnlicher Quantenzahlen mit Ausnahme ihrer Isospins. Die Formeln werden auf ϱ,ω-Paare angewandt. Gerhard Schmidt. 90□

Über die Rolle von Gravitationsfeldern bei einigen Elementarteilchenprozessen. L. Halpern. (Nuovo Cimento [10] **25**, 1239—69, 16/9. 1962; Chapel Hill, N.C., Univ. of North Carolina, Inst. of Field Phys.; engl.) — Mit Hilfe eines geeigneten Störungsformalismus behandelt Vf. die elektromagnet. Bremsstrahlung durch Wellen geladener skalarer Teilchen. Die Ergebnisse werden auf Gravitations-Bremsstrahlung durch Teilchen verschiedener Ruhmasse angewandt. Gerhard Schmidt. 90□

Über die Möglichkeiten der Neutrinoastronomie. György Marx und Nóra Menyhárd. (Magyar fizik. Folyóirat [Ung. physik. Z.] **8**, 507—17, 1960; Budapest, Eötvös Loránd Tudományegyetem, Elmeleti Fizikai Intézete; MTA központi Fizikai Kutató Intézete; ung.) — Theoret. Betrachtung. — 17 Literaturangaben. J. Kis. 90

Vektormesonen und Nucleon–Nucleon-Potentiale. R. S. McKean jun. (Physic. Rev. [2] **125**, 1399—1401, 15/2. 1962; Seattle, Wash., Univ. of Washington; engl.) — Die Rolle der π-π-Resonanzen in der N-N-Kraft wird in einem Modell untersucht, das diese Resonanzen als Teilchenaustausch behandelt. Herbert Weber. 90□

Näherungslösung mit der Methode der verzerrten Welle bei der Reaktion $P + P \rightarrow \pi^+ + D$. B. Durney. (Proc. physic. Soc. **71**, Part 4, 654—57, 1/4. 1958; London, Univ. Coll., Math. Dep.; engl.) — Es wird gezeigt, daß die Verbesserung der Übereinstimmung zwischen Theorie u. Experiment im Schwellenbereich der Erzeugung von π^+-Mesonen durch Stöße zwischen Protonen unabhängig von einem Modell für die Wechselwrkg. zwischen Meson u. Nucleon im Endzustand ist. Die Anwendung der Meth. der verzerrten Welle auf den Resonanzstreuzustand ergibt eine merkliche Zunahme des Erzeugungsquerschnittes über den Wert hinaus, der mit der Bornschen Näherung berechnet worden ist. M. Guerlin. 90□

Proton–Proton-Stöße bei 4,2 GeV. M. H. Blue, J. J. Lord, J. G. Parks und C. H. Tsao. (Physic. Rev. [2] **125**, 1386—93, 15/2. 1962; Seattle, Wash., Univ. of Washington, Dep. of Phys.; engl.) — Aus der Wechselwrkg. zwischen 4,15-GeV-Protonen u. den freien H-Kernen in Kernemulsionen wurden ein totaler elast. Querschnitt von 11,0 ± 2,6 mbarn u. ein totaler unelast. von 28,1 ± 3,1 mbarn gefunden. Partielle unelast. Querschnitte sowie Energie- u. Winkelverteilungen der Sekundärteilchen (Pionen u. Protonen) wurden untersucht. Herbert Weber. 90□

Erzeugung von Antideuteronen, leichten Kernen und Hyperfragmenten bei hochenergetischen p-p-Stößen. R. Hagedorn. (Nuovo Cimento [10] **25**, 1017—37, 1/9. 1962; Geneva, CERN; engl.) — Berechnung der partiellen Erzeugungsquerschnitte unter Verw. der statist. Theorie der Teilchenerzeugung. Die Ergebnisse beziehen sich auf reine p–p-Stöße, wie sie z. B. in H_2-Blasenkammern gemessen werden. Rohe Schätzungen von Multiplizitäten, Energiespektren (Schwerpunkts-Syst.) u. von Impulsspektren (Labor.-Syst.) werden mitgeteilt. Gerhard Schmidt. 90□

Eine Notiz zur Winkelverteilung unelastisch gestreuter Teilchen bei Coulomb-Anregung. T. A. Griffy und L. C. Biedenharn. (Nuclear Physics [Amsterdam] **36**, 452—56, Aug. 1962; Durham, N.C., Duke Univ.; engl.) — Vff. berechnen die Winkelverteilung unelast. gestreuter Teilchen aus der Coulomb-Anregung für elektr. Quadrupolübergänge. Die quantenmechan. Berechnungen werden für den Fall endlichen Energieverlustes durchgeführt, die halbklass. u. quantenmechan. Winkelverteilungen werden verglichen. Gerhard Schmidt. 95□

Über die Winkelverteilung der γ-Quanten bei unelastischer α-Streuung. Kurt Alder und Aage Winther. (Nuclear Physics [Amsterdam] **37**, 194—200, Aug. 1962; Basel, Univ.; Copenhagen, Inst. for Theor. Phys.; engl.) — Vff. berechnen die Winkelverteilung der γ-Quanten, die nach unelast. α-Streuung an Kernen emittiert werden, als eine Funktion des Streuwinkels u. geeigneter Anregungsamplituden der verschiedenen möglichen magnet. Unterzustände. Gerhard Schmidt. 95□

Coulomb-Anregung von Niveaus in ^{77}Se. R. L. Robinson, F. K. McGowan und P. H. Stelson. (Physic. Rev. [2] **125**, 1373—78, 15/2. 1962; Oak Ridge, Tenn., Oak Ridge Nat. Labor.; engl.) — Vff. untersuchen die γ-Strahlen aus den Niveaus von ^{77}Se, die durch Coulomb-Anregung mittels α-Teilchen von 2,1—8,0 MeV erzeugt worden sind. Für die Niveaus sind die Energien (in keV), Spins u. Paritäten u. die $B(E2)_{ex}$-Werte (in Einheiten von $e^2\,cm^4 \cdot 10^{-50}$) 242 $\pm$ 2, 3/2$^-$ u. 18,2 $\pm$ 1,6; 248 $\pm$ 5, 5/2$^-$ u. 0,37 $\pm$ 0,09; 440 $\pm$ 4, 5/2$^-$ u. 25,9 $\pm$ 1,7 u. 515 $\pm$ 8, 3/2$^-$ u. 1,0 $\pm$ 0,2. Außer den Grundzustandsübergängen aus den Coulomb-angeregten Niveaus werden γ-Strahlen mit Energien von 87, 161, 203 u. 283 keV beobachtet. Anregungskurven der 87- u. 161-keV-Übergänge zeigen an, daß sie eine Kaskade vom 248-keV-Niveau darstellen. Aus den Messungen der γ-Winkelverteilungen werden Werte für $(E2/M1)^{1/2}$ von 0,18 $\pm$ 0,03 bzw. 0,05 $\pm$ 0,03 für den 242-keV-γ-Strahl u. für den 203-keV-γ-Strahl erhalten. Gerhard Schmidt. 95□

Coulomb-Anregung von ^{108}Pd, ^{110}Pd, ^{102}Ru und ^{104}Ru mit Sauerstoffionen. D. Eccleshall, B. M. Hinds und M. J. L. Yates. (Nuclear Physics [Amsterdam] **32**, 190—223, Mai 1962; Aldermaston, Berks., A.W.R.E.; engl.) — O-Ionen mit Energien bis zu 40 MeV wurden zur Erzeugung angeregter Zustände von ^{108}Pd, ^{110}Pd, ^{102}Ru u. ^{104}Ru nach dem direkten u. doppelten E2-Coulomb-Anregungsmechanismus verwendet. Bestrahlt wurden dicke metall. Proben der stark angereicherten Nuclide. Die O-Ionen waren 4-, 5- bzw. 6fach positiv geladen. Der Zerfall der angeregten Zustände wurde durch direkte Messung der γ-Spektren, durch γ-γ-Koinzidenzmessungen u. Koinzidenzmessungen zwischen γ-Strahlen u. vom Target zurückgestreuten O-Ionen verfolgt. Vff. fanden kollektive 2^+- u. 4^+-Niveaus bei etwa der doppelten Anregungsenergie des ersten angeregten Zustandes bei allen Nucliden. Für das Verhältnis $B_{E2}(2^+ \rightarrow 4^+)/B_{E2}(0^+ \rightarrow 2^+)$ wurden Werte erhalten, die mit den Voraussagen des Phononenmodells übereinstimmen. H. Schroeder. 95□

Kernspin von Gallium-70. V. J. Ehlers, W. A. Nierenberg und H. A. Shugart. (Physic. Rev. [2] **125**, 2008—12, 15/3. 1962; Berkeley, Calif., Univ. of California, Lawrence Radiat. Labor. and Dep. of Phys.; engl.) — Nach Atomstrahl–Magnetresonanz-Meth. bestimmen Vff. den Drehimpuls des 21-min-^{70}Ga-Nuclids. Die in beiden $^2P_{1/2}$- u. $^2P_{3/2}$-Elektronenzuständen durchgeführten Messungen ergeben, daß der Kernspin $I = 1$ ist. Gerhard Schmidt. 95□

Magnetische Kernmomente im Gebiet der Seltenen Erden. Ingvar Lindgren. (Nuclear Physics [Amsterdam] **32**, 151—67, April 1962; Uppsala, Univ., Inst. of Phys.; engl.) — Vf. bestimmt angenäherte analyt. Radialwellenfunktionen für die 4f-Elektronen in allen neutralen u. 3fach ionisierten Atomen der Seltenen Erden ($Z = 57$—70). Neu berechnete magnet. Momente der 4f-Elektronen sind um 25% größer als die bisherigen Werte, mit einer Unsicherheit von ca. 10%, die teilweise auf die Störungen in den Elektronenzuständen zurückzuführen ist. Ein Vgl. mit anderen theoret. Berechnungen zeigt, daß die neu berechneten Momente mit dem kollektiven Modell in der zweiten Hälfte der Reihe übereinstimmen. H. Schroeder. 95□

Kernorientierungsversuche mit ^{142}Pr- und ^{175}Yb-Kernen. J. M. Daniels, J. L. G. Lamarche und M. A. R. Le Blanc. (Canad. J. Physics **36**, 997—1009, Aug. 1958; Vancouver, B.C., Univ. of Brit. Columbia, Dep. of Phys.; engl.) — Vff. bestimmten eine Anisotropie der 1,57-MeV-γ-Linie des in Cermagnesiumnitrat (I) orientierten ^{142}Pr als Funktion der Temp. zwischen 0,003 u. 1,0° K; die gefundene Anisotropie läßt sich zwar nicht als Funktion der veröffentlichten Spin-Hamilton-Funktion von Pr^{3+}

deuten, sie läßt jedoch auf ein magnet. Moment des Kernes von 0,11 bzw. 0,15 Kernmagnetonen schließen, wenn die β-Kaskade keinen bzw. einen Drehimpuls 1 erlangt. Dagegen wurde an keinem der γ-Strahlen von ^{175}Yb in I eine Anisotropie beobachtet. Die wahrscheinlichste Ursache dafür dürfte die Lebensdauer des γ-emittierenden Zustandes von ca. 10^{-10} s sein. Das ist auch mit der Beobachtung verträglich, daß derselbe Kern in Yb-Äthylsulfat anisotrop emittiert, weil die inneren Felder in diesem Salz eine Beeinflussung der γ-Winkelverteilung durch Präzession verhindern. D. Jörchel. 95□

Die Theorie der verzerrten Welle beim Stripping schwerer Teilchen. D. Robson. (Nuclear Physics [Amsterdam] **33**, 594—613, Juni 1962; Melbourne, Univ., Phys. Dep.; engl.) — Vf. behandelt die als Stripping schwerer Teilchen bekannte Kern-Rk. als einen allg. Typ von Kern-Rkk. unter Verw. der Bornschen Approximation der verzerren Welle. Für Winkelverteilungen u. Polarisationen werden allg. Ausdrücke erhalten. Gerhard Schmidt. 103□

Notiz über die Zweinucleonen-Stripping-Reaktion. Shiro Yoshida. (Nuclear Physics [Amsterdam] **33**, 685—92, Juni 1962; Pittsburgh, Pa., Univ. of Pittsburgh, Radiat. Labor.; engl.) — Vf. berechnet die Größe der Zweinucleonen-Stripping-Rkk. unter Verw. des Paarungs-Wechselwrkg.-Modells. Die Berechnung wird auch auf die Endzustände des kollektiven Typs angewandt. Gerhard Schmidt. 103□

Über die Berechnung der Erzeugungsquerschnitte von Reaktionsprodukten der Spallation. W. I. Baranowski und A. N. Murin. (Известия Академии Наук СССР, Серия Физическая [Nachr. Akad. Wiss. UdSSR, physik. Ser.] **25**, 882—92, Juli 1961; Leningrad, Radiuminst. der Akad. der Wiss. der UdSSR; russ.) — Vff. leiten auf der Grundlage einer von Rudstam [1956] angegebenen Formel einen Ausdruck für die Berechnung der Erzeugungsquerschnitte einzelner Isotope bei einer Spallations-Rk. ab u. betrachten auf Grundlage dieser Berechnungen die Gesetzmäßigkeiten der Verteilung der Querschnitte einzelner Isotope. Dabei wurde nur der Beschuß von monoisotopen Elementen mit schnellen Protonen in Betracht gezogen. Vff. bestimmen die 3 Parameter p, S u. $\sqrt{R'}$ des abgeleiteten Ausdruckes für die Isotope ^{27}Al, ^{51}V, ^{56}Fe, ^{59}Co, ^{63}Cu, ^{65}Cu, ^{89}Y, ^{181}Ta u. ^{209}Bi u. teilen die bei der Spallation entstandenen Kerne in 3 Gruppen ein. Zur Prüfung wurden die Ausbeuten von 21 Isotopen bei der Spallations-Rk. an ^{107}Ag u. ^{109}Ag berechnet u. mit experimentellen Werten verglichen. Die größte Abweichung $\sigma_{\text{theoret.}}/\sigma_{\text{exp.}}$ betrug 4, die kleinste 0,15. G. Ewald. 103□

Eine Methode zur Messung der Polarisation von Kernreaktionsprodukten. H. H. Barschall. (Helv. physica Acta **29**, 145—46, 31/5. 1956; Madison, Wis., Univ. of Wisconsin; engl.) — Vf. schlägt vor, zur Messung der Polarisation bei einer Kern-Rk. (z. B. $^{13}C + \alpha \rightarrow {}^{17}O \rightarrow {}^{16}O + n + 2{,}2$ MeV) die gegenläufige Rk. ($^{16}O + n \rightarrow {}^{13}C + \alpha$) zu analysieren. A. Blaschette. 103□

Wirkungsquerschnitte für (n, 2n)-Reaktionen bei 14,8 MeV. C. S. Khurana und H. S. Hans. (Nuclear Physics [Amsterdam] **28**, 560—69, Dez. 1961; Aligarh, Muslim Univ., Dep. of Phys.; engl.) — Vgl. C. **1961**, 18210. — Vff. führten Messungen der totalen Wrkg.-Querschnitte für (n, 2n)-Rkk. mit 14,8-MeV-Neutronen an über 20 Nucliden im Bereich fast des gesamten Period. Syst. (^{35}Cl bis ^{191}Ir) durch. Die gemessenen u. tabellierten Werte wurden mit Werten, die auf Grund des statist. Modells an Hand der Niveaudichteformeln von Lang u. Le Couteur u. Newton berechnet waren, verglichen; es zeigte sich, daß ein Teil der (n, 2n)-Rkk. anderen Mechanismen als dem der Compoundkern-Bldg. folgt. H. Schroeder. 103□

Einige Aktivierungsmessungen und ein Vergleich mit theoretischen (n, 2n)-Wirkungsquerschnitten und isomeren Wirkungsquerschnittsverhältnissen. E. Weigold und R. N. Glover. (Nuclear Physics [Amsterdam] **32**, 106—13, April 1962; Canberra, Austral. Nat. Univ., Dep. of Nucl. Phys.; engl.) — Die Wrkg.-Querschnitte der Rkk. ^{59}Co (n, 2n) (I), ^{64}Zn (n, 2n) (II) u. ^{64}Zn (n, p) (III) wurden im Energiebereich E_n = 13,8 — 14,8 MeV gemessen: $E_n = 13{,}86 \pm 0{,}10$ MeV I 727, II 96, III 190 mbarn; $E_n = 14{,}11 \pm 0{,}10$ MeV I 776, II 107, III 191 mbarn; $E_n = 14{,}37 \pm 0{,}15$ MeV I 767, II 136, III 177 mbarn; $E_n = 14{,}59 \pm 0{,}20$ MeV I 823, II 165, III 164 mbarn u. $E_n = 14{,}77 \pm 0{,}25$ MeV I 827, II 182, III 155 mbarn (Standardabweichung $\pm$ 8%). Für die Rk. ^{32}S(n, t) wurde ein Wrkg.-Querschnitt von 20 ± 5 μbarn u. für die Rk. ^{40}Ca(n, t) eine obere Grenze von 0,1 mbarn erhalten. Das Verhältnis der Wrkg.-Querschnitte der zu den ^{58}Co-Isomeren führenden (n, 2n)-Rkk. u. Verhältnisse, die für andere zu ^{58}Co führende Rkk. bekannt sind, wurden mit theoret. Werten verglichen. Vff. konnten zeigen, daß sie mit einem Wert von ca. 4 für den Parameter σ, der die Abhängigkeit der Kernniveaudichte vom Drehimpuls beschreibt, verträglich sind. Mit der Weisskopf-Ewing-Formel unter Verw. von Kern-Temp. berechnete (n, 2n)-Wrkg.-Querschnitte stehen in

Übereinstimmung mit experimentellen Werten für Fälle, in denen die theoret. Annahme gültig ist, daß das 2. emittierte Teilchen stets ein Neutron ist. H. Schroeder. 103□

Neutron-γ-Winkelkorrelationsuntersuchungen aus der Reaktion $^{9}Be(d, n\gamma)^{10}B$. J. B. Garg, N. H. Gale und J. M. Calvert. (Nuclear Physics [Amsterdam] **37,** 319—31, Aug. 1962; Manchester, Univ., Phys. Labor.; engl.) — Vgl. C. **1962,** 8500. — Im Anschluß an l. c. untersuchen Vff. die Rk. $^{9}Be(d, n\gamma)^{10}B$. Es werden 2 Neutronengruppen in Koinzidenz mit γ-Strahlen beobachtet, die Niveaus in ^{10}B bei 3,58 u. 5,16 MeV Anregung entsprechen. Bei Deuteronenenergien von 2,65, 3,3 u. 4,4 MeV durchgeführte Winkelkorrelationsmessungen zeigen, daß diese Niveaus gerade Parität besitzen. Während ein Spin 1 für das 5,16-MeV-Niveau nicht ausgeschlossen werden kann, spricht der Nachw. für einen Spin 2, wodurch die Annahme gestützt wird, daß es sich um den zweiten tiefsten $T = 1$-Zustand in ^{10}B handelt. Gerhard Schmidt. 103□

Energieniveaus von ^{10}B. 1. Mitt. Die Reaktionen $^{10}B(p, p')^{10}B$, $^{10}B(d, d')^{10}B$ und $^{12}C(d, \alpha)^{10}B$. B. H. Armitage und R. E. Meads. (Nuclear Physics [Amsterdam] **33,** 494—501, Mai 1962; Harwell, Berks., A.E.R.E.; Oxford, Clarendon Labor.; engl.) — Die durch unelast. Protonenstreuung mit 10,02-MeV-Protonen angeregten Niveaus in ^{10}B schließen 2 Niveaus bei 1,74 u. 5,16 MeV ein. Diese Niveaus werden nicht bei einem unelast. Streuexperiment mit Deuteronen angeregt, wodurch angezeigt wird, daß $T = 1$ für diese beiden Niveaus gilt. Die obere Grenze für die relative Intensität der 5,16-MeV-Gruppe beträgt 1,5% der mittleren Intensität der $T = 0$-Gruppen, die bei der Deuteronenbeschußenergie von 10,04 MeV unter 60° beobachtet werden. Dieses Ergebnis wird durch eine Unters. der Rk. $^{12}C(d, \alpha)^{10}B$ bestätigt, bei der die Niveaus bei 1,74 u. 5,16 MeV in ^{10}B nicht angeregt werden. Gerhard Schmidt. 103□

Energieniveaus von ^{10}B. 2. Mitt. Die $^{9}Be(p, \gamma)$-Reaktion. R. E. Meads und J. E. G. McIldowie. (Nuclear Physics [Amsterdam] **33,** 502—15, Mai 1962; Oxford, Clarendon Labor.; engl.) — 1. vgl. vorst. Referat. — Eine genaue Energiemessung des betreffenden γ-Strahles ergibt, daß ein Übergang von ca. 2,4 MeV Energie, der bei der Resonanz ($E_p = 1086$ keV) bei der Rk. $^{9}Be(p, \gamma)^{10}B$ beobachtet wird, zwischen dem 7,56-MeV-Zustand u. dem oberen Term des Dubletts der Niveaus bei 5,11 u. 5,16 MeV in ^{10}B erfolgt. Eine neue Übersicht der γ-Strahlen, die bei der $^{9}Be(p, \gamma)$-Rk. zwischen $E_p = 800$ u. $E_p = 1130$ keV angeregt werden, wird unter Verw. eines Dreikristall-Paarspektrometers durchgeführt. Diese Übersicht zeigt keine neue Resonanzstruktur. Die γ-Breite des 7,56-MeV-Zustandes in ^{10}B wird neu vermessen, es ergibt sich $(2J + 1)\Gamma_\gamma = (6{,}6 \pm 1{,}5)$ eV. Gerhard Schmidt. 103□

Über die angeregten Zustände von ^{10}B nahe 7,5 MeV. R. J. Ellison und B. Dickinson. (Nuclear Physics [Amsterdam] **35,** 606—16, Juli 1962; Manchester, Univ., Phys. Labor.; engl.) — Mit 2 Scintillationszählerteleskopen untersuchen Vff. die Winkelkorrelationen der inneren Elektronenpaare u. die γ-Zerfallsschemata bei der Rk. $^{9}B(p, \gamma)^{10}B$ bei Protonenbeschußenergien von 850—1110 keV. Die Ergebnisse zeigen Resonanzen bei $E_p = 935$, 993 u. 1084 keV entsprechend Niveaus in ^{10}B bei 7,42, 7,48 bzw. 7,56 MeV. Es wird der Nachw. erbracht, daß die 993-keV-Resonanz ein Dublett ist. Gerhard Schmidt. 103□

Die Halbwertszeit von Kohlenstoff-14. W. B. Mann, W. F. Marlow und E. E. Hughes. (Int. J. appl. Radiat. Isotopes **11,** 57—67, Sept. 1961; Washington, D.C., Nat. Bur. of Stand.; engl.) — Zum Zwecke einer bes. genauen Best. dieses wichtigen Wertes wurde CO_2 mit $HClO_4$ aus $BaCO_3$ in Freiheit gesetzt, welches ca. 44% des Kohlenstoffes als ^{14}C enthielt. Die Isotopen-Zus. wurde massenspektroskop. mit drei Geräten zweier Fabrikationstypen genau bestimmt. Der Zerfall des ^{14}C wurde an einer Reihe von Gasproben, die exakt mit inakt. CO_2 verd. waren, in NBS-längenkompensierten internen Gaszählern gemessen. Bei der Verdünnung u. Messung der Gasproben wurden bes. die durch Adsorption u. Wandeffekt auftretenden Fehlerquellen berücksichtigt. Als Endergebnis wird nach sorgfältiger Abschätzung aller möglichen Fehler eine Halbwertszeit des ^{14}C von 5760 ± 50 Jahren angegeben. T. Tamberg. 103□

Die Halbwertszeit von Kohlenstoff-14. D. E. Watt, D. Ramsden und H. W. Wilson. (Int. J. appl. Radiat. Isotopes **11,** 68—74, Sept. 1961; Aldermaston, Berks., Atomic Weapons Res. Establ.; engl.) — Vgl. vorst. Referat. — Parallel zu den von Mann u. Mitarbeitern (l. c.) beschriebenen Unterss. wurde die spezif. Aktivität von CO_2-Proben gemessen, deren ^{14}C-Anteil 45% bzw. 2% betrug. Es wurden Proportionalzähler verschiedener Herkunft benutzt u. die Meßwerte auf Totzeitverluste, Endeffekt, Wandeffekt u. Diskriminatorstellung sorgfältig korrigiert. Die Gasproben, deren genaue Isotopen-Zus. massenspektroskop. bestimmt wurde, mußten einem Adsorptionstest unterworfen werden, um den Einfl. der Adsorption an den Gefäß- u. Zählerwänden auszuschalten. Ein neuer Wert von 5780 ± 65 Jahren für die Halbwertszeit des ^{14}C wird als zusammenfassendes Endergebnis angegeben. T. Tamberg. 103□

Langsame Elektronen beim β-Zerfall von ^{32}P. I. I. Badenko, E. Je. Berlowitsch und W. G. Fleischer. (Известия Академии Наук СССР, Серия Физическая [Nachr. Akad. Wiss. UdSSR, physik. Ser.] **26,** 197—201, Febr. 1962; Physik.-Techn. Ioffe-Inst. der Akad. der Wiss. der UdSSR; russ.) — Auf W. wurde eine monomol. Schicht von $C_{16}H_{33}P(OOH)_2$ gebracht, die sich auf Kollodium aufziehen ließ. Die Aktivität an ^{32}P lag bei 0,003 μc/cm². Es wurden Koinzidenzen zwischen den mittels Anthracenscintillator registrierten β-Teilchen u. den mit einem Photomultiplier erfaßten langsamen Elektronen registriert. Die Zahl der β^--e-Koinzidenzen wurde in Abhängigkeit von der Feldstärke ermittelt. Die Zahl der langsamen Elektronen je β-Zerfall liegt bei ca. 0,09. M. Wiedemann. 103□

Messungen der Dreifachkoinzidenz beim Zerfall von ^{48}V. B. van Nooijen, J. Konijn und A. H. Wapstra. (Physica [Utrecht] **24,** 231—32, März 1958; Delft, TH, Labor. for techn. Fys.; engl.) — Vgl. C. **1961,** 3554. — Auf Grund widersprechender Angaben über die Dreifachkoinzidenz beim Zerfall von ^{48}V führten Vff. eine erneute Best. durch u. fanden, daß die Zahl der Dreifachkoinzidenzen in einer Messung von 136 Std. mit der Zahl der geschätzten zufälligen Koinzidenzen übereinstimmt.
H. Schroeder. 103□

Messung der L/K- und M/L-Einfangverhältnisse beim Zerfall von ^{71}Ge. C. Manduchi und G. Zannoni. (Nuclear Physics [Amsterdam] **36,** 497—504, Aug. 1962; Padova, Univ., Ist. Naz. di Fis. Nucl., Sez. di Padova; engl.) — Vff. messen direkt die L/K- u. M/L-Einfangverhältnisse von ^{71}Ge unter Verw. eines Mehrdraht-Proportionalzählers. Das L/K-Einfangverhältnis ergibt sich zu 0,1187 ± 0,0008, das M/L-Einfangverhältnis zu 0,141 ± 0,010. Die angewandte Meth. gründet sich auf die Messung gasförmiger Quellen mit einer Antikoinzidenzanordnung. Zusätzlich zu obigen Ergebnissen wird ein Wert von 0,106 ± 0,003 für das L/K-Einfangverhältnis von ^{55}*Fe* erhalten.
Gerhard Schmidt. 103□

Kernniveaus von ^{74}Ge. E. Eichler, G. D. O'Kelley, R. L. Robinson, J. A. Marinsky und Noah R. Johnson. (Nuclear Physics [Amsterdam] **35,** 625—44, Juli 1962; Oak Ridge, Tenn., Oak Ridge Nat. Labor.; engl.) — Mittels γ-Scintillationsspektrometrie untersuchen Vff. die Strahlungen von ^{74}*Ga* u. ^{74}*As*. Früher mitgeteilte Niveauzuordnungen werden bestätigt, neue Zustände werden angezeigt. Es wird ein Zerfallsschema für ^{74}Ge mit Niveaus bei 0,598, 1,20, 1,47, 1,71, 2,18, 2,53, 2,95, 3,05, 3,16, 3,33, 3,41, 3,57 u. 3,83 MeV vorgeschlagen. Eine Messung der Winkelkorrelation zwischen den 0,598- u. 0,60-MeV-γ-Strahlen bestätigt den überwiegend E2-Charakter des 0,60-MeV($2^+ \rightarrow 2^+$)-Überganges. Gerhard Schmidt. 103□

Der Einfangquerschnitt für thermische Neutronen und das Resonanzeinfangintegral von ^{100}Mo. M. J. Cabell. (J. nuclear Energy, Part A **12,** 172—76, Aug. 1960; Harwell, Berks., A.E.R.E., Chem. Div.; engl.) — Unter Verw. einer Aktivierungs-Meth. bestimmt Vf. den Einfangquerschnitt von ^{100}Mo, dessen Resonanzeinfangintegral (von 0,5 eV bis ∞) u. effektiven Einfangquerschnitt in einer Gitterposition des BEPO zu 0,199 ± 0,005, 3,73 ± 0,20 bzw. 0,31 barn. Gerhard Schmidt. 103□

Ein 53-Minuten-Isomer von Cäsium-135. Hans Warhanek. (Nuclear Physics [Amsterdam] **33,** 639—47, Juni 1962; Argonne, Ill., Argonne Nat. Labor.; engl.) — Vf. beschreibt ein neues Isomer von ^{135}Cs mit einer Halbwertszeit von 53 ± 2 Minuten. Die Anregungsenergie beträgt 1,62 MeV, der Spin ist mindestens 17/2. Das Isomer zerfällt zum Grundzustand unter Emission eines 840 ± 15-keV-γ-Strahls, dem ein 780 ± 5-keV-γ-Strahl folgt. Die γ-Spektren werden mit NaJ(Tl)-Kristallen (7,6 cm ∅, 7,6 cm Höhe), die β-Spektren mit Anthracen- u. Stilbenkristallen gemessen. Der K-Konversions-Koeff. des 840-keV-Übergangs zeigt M4 an, E6 kann jedoch nicht ausgeschlossen werden. Die Einzelteilchenschätzung (Weisskopf) für M4 liefert eine 60mal kleinere Halbwertszeit als die experimentell beobachtete.
Gerhard Schmidt. 103□

Das K-Auger-Spektrum von Eu. Tito Suter und Pilar Reyes-Suter. (Ark. Fysik **20,** 393—98, 1961; Uppsala, Inst. of Phys.; engl.) — Das aus dem Zerfall von ^{153}*Sm* resultierende K-Auger-Spektrum wurde mit einem doppelfokussierenden Eisenjochspektrometer untersucht. Energien u. Intensitäten werden angegeben u. mit theoret. Vorhersagen verglichen. Für die Fluorescenzausbeute wurde der Wert von 0,908 ± 0,007 erhalten. J.-M. Spaeth. 103□

Intensitäten der Auger-Gruppe der K-Elektronen der Seltenen Erden. B. B. Djakow und I. M. Rogatschew. (Известия Академии Наук СССР, Серия Физическая [Nachr. Akad. Wiss. UdSSR, physik. Ser.] **26,** 191—96, Febr. 1962; Leningrad, Shdanow-Univ., Physik. Forschungsinst.; russ.) — Ta wurde mit 660-MeV-Protonen beschossen u. die Fraktion der Seltenen Erden chromatograph. abgetrennt. Ferner wurden ^{160}*Ho**, ^{166}*Tm* u. ^{165}*Er* rein gewonnen. Mittels eines Magnet-β-Spektrometers u. mit

Ar u. A. gefüllten Zählern wurden die Intensitäten der Gruppen von Auger-Elektronen bestimmt. Folgende Verhältnisse, deren Abhängigkeit von Z diskutiert wird, wurden erhalten: (K–LL)/(K–LX) = 1,0:0,47 bei ^{139}Ce; 1:0,4 bei ^{145}Sm; 1:0,46 bei ^{159}Dy u. 1:0,53 bei ^{160}Ho*. (K–LL)/(K–LX)/(K–XY) = 1:0,55:0,13 bei ^{140}Nd; 1:0,55:0,09 bei ^{165}Er; 1:0,59:0,24 bei ^{166}Tm. M. Wiedemann. 103□

Neue Holmium- und Erbiumisotope. I. S. Dneprovskii. (Reactor Sci. Technol. **15,** 229, Dez. 1961; engl. – C. **1962,** 9.) H. Schroeder. 103□

Zerfallsuntersuchungen der gerade-gerade-Isotope ^{172}Er und ^{166}Dy. Ray Gunnink und A. W. Stoner. (Physic. Rev. [2] **126,** 642–46, 15/4. 1962; Plainboro, N.J., U. S. Rubber Comp., Ind. Reactor Labor.; engl.) – Vff. erzeugen ^{172}Er u. ^{166}Dy mit Halbwertszeiten von 48,7 ± 0,5 Std. bzw. 81,8 ± 0,2 Std. durch doppelten Neutroneneinfang an ^{170}Er bzw. ^{164}Dy. Mit der Szintillationstechnik werden beim Zerfall von ^{172}Er γ-Strahlen mit folgenden Energien beobachtet: 2 koinzidierende 50-keV-Strahlungen, 72, 128, 170, 200, 410, 440 u. 610 keV. Die vorgeschlagenen Energieniveaus für ^{172}Tm liegen bei 410, 440, 482, 538 u. 610 keV. Die log *ft*-Werte der β-Übergänge zeigen an, daß die 538- u. 610-keV-Niveaus Spinzuordnungen von 0 oder 1 mit positiver Parität haben. Beim Zerfall von ^{166}Dy werden γ-Übergänge von 84, 291, 343, 373 u. 427 keV beobachtet. Die Multipolaritäten der energiearmen Übergänge sind M1 für 30 keV, E2 für 54 keV u. M1 für 84 keV. Die vorgeschlagenen Energieniveaus für ^{166}Ho liegen bei 54, 84, 375 u. 427 keV. Gerhard Schmidt. 103□

Hypothese des sich erhaltenden Stromes und der β-Zerfall von RaE. Jun-Ichi Fujita. (Physic. Rev. [2] **126,** 202–10, 1/4. 1962; Bloomington, Ind., Indiana Univ., Phys. Dep.; engl.) – Vf. untersucht die möglichen Wrkg. des Mesonenwolken-β-Zerfalls in einem Kern u. behandelt erneut das RaE-Problem unter Berücksichtigung dieses Zerfalls. Gerhard Schmidt. 103□

Zerfallsschema von ^{211}Pb. M. Giannini, D. Prosperi und S. Sciuti. (Nuovo Cimento [10] **25,** 1227–38, 16/9. 1962; Roma, Casaccia, Centro di Stud. Nucl.; Univ., Scuola di Perfez. in Fis.; engl.) – Mit der Szintillationstechnik bestimmen Vff. die Koinzidenzspektren u. γ-γ-Winkelkorrelationen beim Zerfall $^{211}\mathrm{Pb} \rightarrow {}^{211}Bi$. Aufgenommen werden die Spektren entweder mit ^{227}Ac-Quellen im Gleichgewicht oder mit ^{211}Pb-Quellen. Die Übergangsintensitäten u. Spinzuordnungen werden angeführt. Die log *ft*-Werte lassen Spins von 7/2, 9/2 oder 11/2 für sämtliche angeregten Niveaus vermuten. Neue Niveaus bei 1100 u. 1020 keV werden beobachtet. Ein verbessertes Zerfallsschema von ^{211}Pb mit Übergangstypen wird vorgeschlagen. Gerhard Schmidt. 103□

Energieabhängigkeit des prompten $\bar{\nu}$ für neutroneninduzierte Spaltung von ^{235}U. J. W. Meadows und J. F. Whalen. (Physic. Rev. [2] **126,** 197–201, 1/4. 1962; Argonne, Ill., Argonne Nat. Labor.; engl.) – Vff. untersuchen die Energieabhängigkeit von $\bar{\nu}_p$, der mittleren Zahl prompter Neutronen pro Spaltung, für ^{235}U über den Energiebereich der einfallenden Neutronen von 0,03–1,76 MeV durch Messung des Verhältnisses prompter Neutronen aus der neutroneninduzierten Spaltung von ^{235}U zu denen aus der spontanen Spaltung von ^{252}Cf. Der extrapolierte Wert bei $E_n = 0$ wird auf $\bar{\nu}_p$ für ^{235}U bei therm. Energien normalisiert. Aus den Ergebnissen folgt $\bar{\nu}_p$ (^{235}U) = 2,414 + (0,097 ± 0,008) E_n. Der $\bar{\nu}_p$-Wert für die spontane Spaltung von ^{252}Cf beträgt 3,754 ± 0,045. Gerhard Schmidt. 103□

Kernladungsverteilung bei energiearmer Spaltung. A. C. Wahl, R. L. Ferguson, D. R. Nethaway, D. E. Troutner und K. Wolfsberg. (Physic. Rev. [2] **126,** 1112 bis 1127, 1/5. 1962; St. Louis, Mo., Washington Univ., Dep. of Chem.; engl.) – Vff. beschreiben Meth. schneller Trennung benachbarter Glieder von Spaltproduktketten u. berichten über neue Halbwertszeiten sowie über fraktionelle kumulative u. unabhängige Ausbeuten. Die fraktionellen Ausbeuten für 2 oder mehr Glieder jeder der 6 Ketten liefern direkte Information über den Verlauf der Ladungsverteilungskurven für diese Ketten aus der Spaltung von ^{235}U durch therm. Neutronen. Unter der Annahme, daß die beste einzelne Kurve für diese Ketten auf andere Ketten u. auf andere Spaltprozesse niedriger Energie anwendbar ist, wird eine neue empir. Z_P-Funktion abgeleitet. Spaltausbeuten von 51-min-^{96}Nb aus der Spaltung von ^{235}U, ^{233}U u. ^{239}Pu durch therm. Neutronen werden zu (0,064 ± 0,012) %, (0,20 ± 0,03) % bzw. (0,20 ± 0,03) % bestimmt. Für ^{91}Rb, ^{92}Rb, ^{98}Nb, ^{141}Cs, ^{142}Cs u. ^{143}Ba werden neue Halbwertszeiten von 72 ± 8 s, < 11 s, 51 ± 3 min, 25 ± 3 s, < 8 s bzw. 12 ± 2 s erhalten. Unter den Spalt-Prodd. werden ^{97}Kr u. ein früher mitgeteiltes 14-min-Isomer von ^{91}Rb nicht beobachtet. Gerhard Schmidt. 103□

Zur Theorie der Kernspaltung. 4. Mitt. Der Einfluß der magischen Zahlen auf die Kernspaltung. Witlof Brunner und Harry Paul. (Ann. Physik [7] **8,** 146–57, 1961; Zeuthen bei Berlin, Kernphysik. Inst. der Dt. Akad. der Wiss.; dt.) – 3. vgl.

Ann. Physik [7] 7, [1961], 333; 1. vgl. C. 1962, 2621; vgl. auch C. 1962, 13651. — Aus einer schalenstrukturabhängigen Deformation der Spaltprodd. im Augenblick ihrer Trennung folgen mag. Effekte für das Kernkraftpotential zwischen den beiden Fragmenten u. ihre mittlere kinet. Energie, deren Zusammenwirken die beobachtete Spaltungsasymmetrie quant. verständlich macht. Als Beispiel werden die spontane Spaltung von ^{252}Cf u. die symm. Spaltung von ^{209}Bi (durch Deuteronen) diskutiert. Herbert Weber. 103□

Ein Geiger-Müller-Zähler mit hohem Wirkungsgrad zur Messung fließender radioaktiver Flüssigkeiten. F. Gadda und G. Redaelli. (Energia nucleare 7, 701—04, Okt. 1960; Milano, Labor. CISE; engl.) — Vff. geben die Arbeitscharakteristiken eines mit einer Ne–Ar-Mischung gefüllten Zählers wieder, der zur Löschung *Br* benutzt. Es lassen sich Wirkungsgrade für β-Strahler von > 50% erreichen (Beispiel: ^{90}Y, E_{max} = 2,21 MeV). Gerhard Schmidt. 112□

Abnahme der Konzentration von Spaltprodukten in der Luft infolge von Niederschlägen. A. Cervellati, C. Melandri und O. Rimondi. (Suppl. Nuovo Cimento Nr. 2 (zu [10] 23), 200—20, 1962; Bologna, C.N.E.N., Div. di Biolog. e Protez. Sanitaria, Labor. di Dosimetria, di Standardizzaz. e di Strumentaz. Nucl. Appl., Sez. di Bologna; engl.) — Auswertung von über 3000 Daten aus der Zeit von Juni 1958 bis Oktober 1959 zwecks Analyse der Änderungen der Konz. bzgl. Dauer u. Menge der atmosphär. Niederschläge. Gerhard Schmidt. 112□

Untersuchungen des allgemeinen Verhaltens der atmosphärischen Radioaktivität in Italien in bezug auf die Kernexplosionen vom Herbst 1958. A. Cervellati, C. Melandri und O. Rimondi. (Suppl. Nuovo Cimento Nr. 2 (zu [10] 23), 221—52, 1962; engl.) — Vgl. vorst. Referat. — Analyse der Daten von Oktober 1958 bis Februar 1960 in Übereinstimmung mit der allg. Theorie der Diffusion u. dem Transport der Spaltprodd. in der Atmosphäre. Gerhard Schmidt. 112□

Größenaufteilung des Fallout in Wien. F. Ernst, O. Preining und M. Sedlacek. (Nature [London] 195, 986—87, 8/9. 1962; Wien, Univ., I. Physik. Inst., Inst. für Med. Phys.; engl.) — Auswertung des in Wien aufgetretenen u. auf Filterpapier gesammelten Aerosols vom 22/12. 1961 bis 8/1. 1962 nach Teilchengrößen. Die β-Aktivität haftet hauptsächlich Teilchen mit Stokes-Durchmesser ca. 0,7μ an.
Gerhard Schmidt. 112□

Verfahren zur Dekontaminierung der radioaktiven Abfälle aus dem Radiochemischen Laboratorium CISE. E. Cerrai, A. Scaroni und C. Triulzi. (Energia nucleare 7, 630—37, Sept. 1960; Milano, Labor. CISE; ital.) — Nach Beschreibung der Einrichtungen u. Meth. wird der Dekontaminierungsfaktor für die radioakt. Substanz sowohl in der Fl. allein als auch mit organ. Lsgm., Detergentien, Indicatoren u. Chelatbildnern gemischt angegeben. Gerhard Schmidt. 112□

A₂. Optisches Verhalten der Materie

Die Unterschiede in der chemischen Zusammensetzung der Sterne. M. G. J. Minnaert. (Nederl. Tijdschr. Natuurkunde 26, 193—203, Juli 1960; Utrecht, Sterrewacht „Sonneborgh"; niederl.) — Beim Vers., die Unterschiede in der Zus. kosm. Objekte bzgl. der Entstehung, des Alters, des Mischungsverhältnisses (H/He, N/C, $^{12}C/^{13}C$,O/C), der Oberflächen-Kern-Rkk., der Kern-Rkk. durch Stoß, der abweichenden Zus. der Planeten u. der kosm. Strahlung auf stärkere Turbulenz, schnellere Rotation oder kräftige Magnetfelder zurückzuführen, bleibt eine große Anzahl Abweichungen übrig, die auf echte Unterschiede in der chem. Zus. hinweisen. Zu ihrer zuverlässigen Deutung werden einige fundamentale Grundsätze aufgestellt: 1. Alle Kern-Rkk. müssen im Labor. bekannt oder kerntheoret. plausibel sein. 2. Aus den bekannten Wrkg.-Querschnitten muß die Rk.-Geschw. unter Berücksichtigung der verfügbaren Anzahl Protonen, Neutronen, α-Teilchen etc. berechnet werden. 3. Stets muß überprüft werden, ob keine konkurrierenden Kern-Rkk. auftreten, die bereits gebildete Kerne wieder abbauen.
J. Malpricht. 113□

Untersuchungen in Sternen vorkommender Moleküle: Intensitäten, Franck-Condon-Faktoren und die r-Zentroide der Banden des Systems BaO ($^1\Sigma-^1\Sigma$). A. P. Walvekar. (Current Sci. [Bangalore] 30, 376, Okt. 1961; Dharwar, Mysore State, India, Karnatak Univ., Dep. of Phys.; engl.) — Vf. untersucht die ($\Sigma^1-^1\Sigma$)-BaO-Banden mit Hilfe der photograph. Photometrie. Es werden die integrierten Bandenintensitäten sowie die experimentell ermittelten Franck-Condon-Faktoren angegeben. Letztere werden mit den theoret. nach der Meth. von Manneback sowie nach dem Verf. von Bates berechneten Werten verglichen, wobei nach Bates bessere Resultate erhalten wurden. Die Übergangswahrscheinlichkeiten werden numer. ermittelt.
Harro Zimmer. 113□

Spektrographische Beobachtungen eines Fackelsterns. O. C. Wilson. (Publ. astronom. Soc. Pacific **73,** 15—19, Febr. 1961; California Inst. of Technol.; Carnegie Inst. of Washington; Mount Wilson and Palomar Observ.; engl.) — Vf. berichtet über Unterss. des Spektrums des Fackelsterns EV Lacertae (I). Ein Vgl. mit dem Spektrum des gewöhnlichen dM4-Sterns HD 173 729 (II) ergab, daß die Absorptionslinien beider Sterne nahezu ident. sind. Die Hauptunterschiede sind, daß die *SrII*-Linien λ 4077,71 u. λ 4215,52 u. die *FeI*-Linie λ 4216, die in II relativ stark sind, bei I entweder vollkommen fehlen oder äußerst schwach sind. Ausgemessen wurden in dem Spektrum von I alle Emissionslinien, mit Ausnahme von $H\beta$ u. H_{12} (7 H-Linien, 2 FeI-Linien, 3 CaII-Linien, eine SiI-Linie u. 2 HeI-Linien, 22 Absorptionslinien zwischen λ 4371 u. λ 4460) mit dem Ergebnis $V_{abs} = -0{,}90 \pm 0{,}23$ km/s. Die gemessenen Geschw. lassen erkennen, daß eine Strömung zwischen den verschiedenen Anregungszonen stattfindet u. daß die ganze Atmosphäre in einem stat. Zustand ist. Außerdem muß angenommen werden, daß das He in dem Stern hauptsächlich ^{4}He ist u. keinen großen Anteil von ^{3}He enthalten kann. C. Gottfried. 113

Die radialen CaII-Geschwindigkeiten von η-Aquilae. T. S. Jacobsen. (Publ. astronom. Soc. Pacific **73,** 61—71, Febr. 1961; Washington, D.C., Univ., Dep. of Astronomy; engl.) — Vf. untersuchte spektrograph. die Veränderung der radialen Geschw. der H- u. K-Linien des CaII. Die Ergebnisse sind graph. u. tabellar. angegeben. C. Gottfried. 113

Doppelte Absorptionslinien in dem Spektrum von R Andromedae. Paul W. Merrill und Jesse L. Greenstein. (Publ. astronom. Soc. Pacific **70,** 98—101, Febr. 1958; California Inst. of Technol., Carnegie Inst. of Washington, Mount Wilson and Palomar Observat.; engl.) — In dem IR-Spektrum (6660—8810 Å) des variablen roten Sterns R Andromedae hatten eine Reihe von Atomlinien (*LiI, NaI, KI, RbI, TiI, FeI, YI* u. *ZrI*) 2 schmale Absorptionskomponenten, von denen sich die eine in normaler Lage befand, die andere 23 km/Sek. (0,6 Å) nach der kurzwelligen Seite zu. Angegeben sind tabellar. die gemessenen radialen Geschw. der beiden Komponenten. Eine befriedigende Erklärung für die Linienverdopplung kann noch nicht gegeben werden. C. Gottfried. 113

Die Häufigkeit der CO^+-Ionen in den Kometenschweifen. S. Grudzińska. (Suppl. Ann. Astrophysique **23,** 797—801, 1960; Liège, Inst. d'Astrophys.; franz.) — Vf. vergleicht in den von Swings u. Page (Astrophysic. J. **111,** [1950], 530) aufgenommenen Spektren des Kometen Bester (1947 K) die Intensitäten der (2–0)-Bande von CO^+ im Schweif u. der (0–1)-Bande von *CN* im Kopf, woraus die relativen Häufigkeiten vom Kern erhalten werden. Es wurde gefunden, daß die Häufigkeit von CO^+ im Schweif, Abstand vom Zentrum des Kopfes < 130000 km, 30—40 mal größer ist als die des CN im Kopf. Nimmt man an, daß die Häufigkeit von CN gleich der von Wurm (vgl. Mitt. Hamburger Sternwarte in Bergeford **8,** [1943], 57) angenommenen Häufigkeit für C_2 ist, dann ergibt sich, daß der Schweif in der Nähe des Kopfes 10^6 CO^+-Ionen pro cm^3 enthält. C. Gottfried. 113

Dämmerungsverstärkung der infraroten Helium-Linie 10830 Å. P. W. Schtscheglow. (Астрономический Журнал [Astronom. J.] **39,** 158—59, Jan./Febr. 1962; Astronom. Sternberg-Inst.; russ.) — Die Dämmerungsverstärkung der He-Linie 10830 Å wurde mittels Bildwandler u. Fabry-Pérot-Anordnung untersucht, sie wird beschrieben u. abgebildet. M. Wiedemann. 113 □

Neue Messungen des Spektrums des Nachthimmelleuchtens im 1,5-μ-Gebiet. D. E. Shemansky und A. Vallance Jones. (J. atmospheric terrestr. Physics **22,** 166—75, Nov. 1961; Saskatoon, Canada, Univ. of Saskatchewan, Phys. Dep.; engl.) — Mit einem Gitterspektrometer u. einer Ge-Photoleitfähigkeitszelle führten Vff. Messungen der Spektren der Nachthimmelemission zwischen 1,40 u. 1,65 μ durch. Zum Teil aufgelöst war die Rotationsfeinstruktur der 3,1- u. 4,2–*OH*-Banden, zum ersten Mal betrachtet wurde die 2,0–OH-Bande. Aus dem P-Zweig der 3,1-Bande wurden Rotations-Temp. zwischen 200 u. 225° K erhalten. Für die abs. Zenithhelligkeit der 4,2–OH-Bande wurde ein mittlerer Wert von 66 kR (k Rayleigh) erhalten. Die Höhe der emittierenden Schicht liegt bei ca. 69 km. C. Gottfried. 113

Der gesamte Ozongehalt der Atmosphäre und geomagnetische Aktivität. S. J. Ahmed und A. Halim. (J. geophys. Res. **66,** 3213—18, Okt. 1961; engl.) — Für verschiedene Stationen u. Zeiträume zwischen 1952 u. 1955 werden die Best. über den Geh. der Atmosphäre an Ozon u. die geomagnet. Aktivität, ausgedrückt durch Kp verglichen. Es wurde keine auffallende Korrelation festgestellt. M. Wiedemann. 113 □

Theorie der Isotopenverschiebung in schweren Atomen. N. J. Ionesco-Pallas. (Ann. Physik [7] **8,** 9—27, 1961; Bukarest, Inst. for Atom. Phys.; engl.) — Entw. einer allg. Theorie der Isotopenverschiebung von Energieniveaus in schweren Atomen. Aus der

Lösung einer Integralgleichung resultierten der Verzerrungseffekt der Wellenfunktion infolge der Ausdehnung des Kerns u. die Oberflächen- u. Deformationseffekte des Kerns. Abschirmeffekte der Elektronen in geschlossenen Schalen u. der Effekt der Kernkompressibilität werden ebenfalls untersucht. Herbert Weber. 114□

Ausbeuten der Fluorescenz-Röntgenstrahlenanregung. L. S. Birks. (Spectrochim. Acta [London] **17**, 148–54, 1961; Washington, D.C., U.S. Naval Res. Labor.; engl.) — Zur Unters. der Anregungswirksamkeit wurde für 14 Elemente zwischen Ti u. Ag die Fluorescenzemission der K-Serie als Funktion der prim. Wellenlänge u. der Intensität gemessen. Numer. Werte sind für *Ti, Cr, Mn, Fe, Co, Ni, Cu, Zn, As, Br, Zr, Nb, Mo* u. *Ag* angegeben. Die Standardabweichungen wurden zu 1–5% abgeschätzt. Ein Vgl. der experimentellen Werte mit Werten, die an Hand von früher [1937] abgeleiteten Gleichungen errechnet worden waren, ergab eine recht gute Übereinstimmung, doch lagen die gemessenen Werte für Elemente mit niedrigen Atomzahlen niedriger, für Elemente mit höheren Atomzahlen höher als die berechneten Werte. Hier sind numer. Werte für Ti, Fe, Cu, Br, Mo u. Ag angegeben. C. Gottfried. 116

Korrelation von Intensitäten sekundärer Röntgenstrahlung. Bani R. Banerjee. (J. appl. Physics **30**, 249–51, Febr. 1959; Whiting, Ind., Standard Oil Comp.; engl.) — Experimentelle Unters. der Abhängigkeit der Intensität I der sek. K_α-Röntgenstrahlung aus einem Target bei Auslösung durch prim. Röntgenquanten von der Beschleunigungsspannung V in der prim. Röntgenröhre. Sie ist für Targetmaterialien mit Ordnungszahlen zwischen 28 u. 56 ebenso wie bei Auslösung durch Primärelektronen von der Form $I = c(V-V_0)^n$, wobei V_0 das krit. Anregungspotential für die beobachtete charakterist. Strahlung ist. F. Lenz. 116□

Zirkularpolarisation der Bremsstrahlung des longitudinal polarisierten Primärelektrons. Haridas Banerjee. (Proc. nat. Inst. Sci. India, Part A **26**, 502–06, 1960; Kharagpur, Dep. of Phys., Indian Inst. of Technol.; engl.) — Unter der Annahme, daß Primärelektronen longitudinal polarisiert sind, läßt sich die Zirkularpolarisation der Bremsstrahlung relativ einfach bestimmen. Vf. beschreibt das Verf. im einzelnen. H. Schroeder. 116□

Verbesserte Messung des Spektrums der Röntgenbremsstrahlung dünner Antikathoden bei 34 keV. H. Kulenkampff und D. Röss. (Z. Physik **161**, 424–27, 1961; Würzburg, Univ., Phys. Inst.; dt.) — Vgl. C. **1957, 3444.** — Frühere Unterss. von Amrehn, Kerscher u. Kulenkampff wurden fortgeführt, es es wurde gefunden, daß die neugemessenen Spektren von der Grenzenergie k_0 zu kleineren Energien deutlich steiler als vorher festgestellt ansteigen. Die Anstiegsänderung ist um so größer, je steiler der Anstieg ohnehin ist. Als Ursache wird angenommen, daß die Häufigkeit des pile-up kleiner Impulse auf große stark unterschätzt worden war. G. Heinsohn. 116□

Polarisation der Röntgen-Bremsstrahlung dünner Antikathoden bei 35 und 45 keV. H. Kulenkampff und W. Zinn. (Z. Physik **161**, 428–38, 1961; dt.) — Vgl. vorst. Referat. — Der Polarisationsgrad im Spektrum dünner Al_2O_3-Folien bei 35 u. 45 keV u. im Spektrum dünner *Au*-Folien bei 35 keV in Richtung von 90° zum Primärelektronenstrahl wurde nach der Meth. von Barkla mittels eines Proportionalzählrohres erneut untersucht. Von der Grenzenergie k_0 ab ergab sich ein Abfall nach kleineren Energien k bis zu negativen Werten bei Al_2O_3. Bei Au-Folien ist der Polarisationsgrad an der Grenzenergie k_0 niedriger u. der Abfall zu kleineren Energien flacher. Es besteht Übereinstimmung mit den theoret. Vorstellungen. G. Heinsohn. 116□

Einflüsse von Heliumpufferatomen auf die Hyperfeinfrequenz von atomarem Wasserstoff. George A. Clarke. (J. chem. Physics **36**, 2211–16, 15/4. 1962; New York, N.Y., Columbia Univ., Dep. of Chem.; engl.) — Vf. berichtet über Berechnungen der Druck-, Massen- u. Temp.-Abhängigkeit der atomaren H-Hyperfeinfrequenzverschiebung infolge von Störungen durch He-Pufferatome. Für die Druckverschiebung wurde ein Wert von $+1{,}73 \cdot 10^{-9}$ Torr^{-1} gefunden, gegenüber einem experimentellen Wert von $+3{,}7 \cdot 10^{-9}$ Torr^{-1}. Eine zweite, nicht quantenstatist. Berechnung, die von der Kinetik ausgeht, führt zu einem Wert von $+1{,}79 \cdot 10^{-9}$ Torr^{-1}. G. M. Neumann. 118□

Verschiebung der Quecksilberlinie 2537 Å durch Wasserstoff und Deuterium. Raoul Granier, Frédéric Schuller und Boris Vodar. (C. R. hebd. Séances Acad. Sci. **252**, 3216–18, 24/5. 1961; Bellevue, Seine-et-Oise, C.N.R.S., Labor. des Hautes Pressions; franz.) — Die Verschiebung der Hg-Resonanzlinie 2537 Å wird in H_2 im Dichtebereich 100–300 (Amagat) bzw. in D_2 im Dichtebereich 1–250 mit Hg-Zusätzen zwischen 40 u. 90° untersucht; die Messung der opt. Absorption der Strahlung einer Hg-Dampflampe erfolgt mit einem Hilger-Spektrographen (Auflösung 6 Å/mm). Die quantentheoret. Deutung der Meßwerte erfordert, daß die Verschiebung in einen Anteil für Anziehungs- u. einen für Abstoßungskräfte aufgeteilt werden kann. In H_2 läuft der Anteil der Abstoßung dem der Anziehung mit steigender Dichte den Rang ab, so daß Verschiebung zu höheren Frequenzen erfolgt. Bei Verw. von D_2 wird der umgekehrte Effekt beobachtet. Herbert Müller. 118□

Strahlungswechselwirkung zwischen Molekular- und Elektronenstrahlen. 2. Mitt. **Verteilung des Drehimpulses über die aus H_2O_2-Molekülen gebildeten OH*-Radikale.** Tadao Horie, Takayuki Nagura und Masamoto Otsuka. (J. physic. Soc. Japan **12,** 500—05, Mai 1957; Osaka Univ., Fac. of Sci.; engl.) — 1. vgl. C. **1961,** 12733; 5. vgl. C. **1962,** 1171. — Die beim rechtwinkligen Durchgang eines homogenen Elektronenstrahls (500—700 eV) durch ein Bündel von H_2O_2-Moll. bei 10^{-4} Torr auf spektroskop. Wege erhaltene Verteilungskurve des OH-Drehimpulses zeigt ein einzelnes Maximum in der Nähe der Rotationsquantenzahl 20, entsprechend einer effektiven Rotations-Temp. von 20100° K. Im Gegensatz zum Verh. von H_2O (l. c.) tritt kein therm. Maximum auf. A. Blaschette. 118□

Das C–X-System von N_2^+. P. K. Carroll. (Canad. J. Physics **37,** 880—89, Juli 1959; Ottawa, Canada, Nat. Res. Council, Div. of Phys.; Dublin, Univ. Coll., Phys. Dep.; engl.) — Vgl. C. **1962,** 12549. — Vf. untersucht mit einem 3 m-Vakuumspektrographen hoher Auflösung (170000, Linientrennung 0,3 cm^{-1}) die Feinstruktur des $C(^2\Sigma_u^+)$ $-X(^2\Sigma_g^+)$-Syst. von N_2^+ im Bereich 1650—2000 Å. Als Strahlungsquellen wurden Gasentladungsröhren mit Al- bzw. Fe-Kathoden u. He/N_2 bzw. N_2-Füllungen verwendet. Die Feinstruktur von 15 C–X-Banden wird graph. ausgewertet, u. die Rotations-Konst. für den Σ_u^+-Zustand wurden berechnet. Einige Abweichungen von der normalen Rotationsstruktur wurden auf Einw. anderer $^2\Sigma$-Zustände zurückgeführt, ebenso Anomalien der Schwingungsstruktur. Zwischen den Termen $v = 2$ u. $v = 3$ im He/N_2-Syst. erscheint eine schwache Prädissoziation. W. Haberditzl. 118□

Oscillator-Stärken der ultravioletten NO-γ-Banden. S. S. Penner. (J. opt. Soc. America **50,** 627, Juni 1960; Pasadena, Calif., California Inst. of Technol., Daniel and Florence Guggenheim Jet Propulsion Center; engl.) — Vf. kritisierte die Angabe der f-Zahl 0,043 für die γ-Bande des NO von Jerkowitsch. (Оптика и Спектроскопия [Optik u. Spektroskopie] **6,** [1959], 193; vgl. auch C. **1963,** 2709.) H. Schibilla. 118□

Oscillatorenstärke des NO-γ-Bandensystems. Robert F. Hughes. (J. opt. Soc. America **50,** 740—41, Juli 1960; Philadelphia, Pa., Gen. Electr., Space Sci. Labor.; engl.) — Kurze Bemerkung zur Berechnung von Jerkowitsch der Oscillatorenstärke des NOγ-Banden-Syst. aus Absorptionsmessungen im Bereich des langwelligen Maximums der γ(2,0)-Bande (Оптика и Спектроскопия [Optik u. Spektroskopie] **6,** [1959], 193). Vf. führt den Unterschied zwischen der von Jerkowitsch ermittelten Oscillatorenstärke $f_e = 0{,}049$ u. dem Wert $f_e = 0{,}0025$, den andere Autoren angeben, auf folgende Ursachen zurück: Jerkowitsch berücksichtigt nicht die Linienverbreiterung durch Stöße, die bei den verwendeten Drücken (4—50 mm Hg) groß gegen die natürliche Linienbreite ist. Wird diesem Umstand Rechnung getragen, so ergibt sich $f_e = 0{,}0055$. Außerdem wird gezeigt, daß die von Jerkowitsch benutzte Näherung für das Absorptionsintegral im Bereich niedriger NO-Drücke unzureichend u. selbst im Bereich der höchsten Drücke mangelhaft ist. J. W. Baars. 118□

Ultraviolettabsorption des gemischten Systems KCl–KBr. Herbert Mahr. (Physic. Rev. [2] **122,** 1464—68, 1/6. 1961; Ithaca, N.Y., Cornell Univ., Labor. of Atom. and Solid State Phys.; engl.) — Von auf LiF aufgebrachten dünnen KCl–KBr-Schichten u. KCl–KBr-Einkristallen mit 0,1—75 Mol.-% KBr wird die UV-Absorption bei Photoenergien zwischen 6 u. 11 eV (2000—1100 Å) u. Raum-Temp. untersucht. In den dünnen Schichten können die Absorptionsbanden von Cl^- u. Br^- nebeneinander nachgewiesen werden. Die Höhe der Maxima hängt von der relativen Konz. beider Ionen in der Mischung ab. Die Bandenenergie sinkt mit steigender KBr-Konz., lediglich die Energie der KBr–II-Bande wird nur geringfügig verändert. Die Absorptionsbanden niedriger Energie werden mit einem halbklass. Energieübertragungsmodell gedeutet; aus den Meßwerten folgt der Einfl. der Elektronenaffinitäten der Halogenionen u. der Coulombschen Gitterenergie. Die Banden hoher Energie in KCl u. KBr rühren offenbar von Übergängen in das Leitungsband her. Ihre Form liefert die Verteilung der Energiezustände zwischen dem Valenz- u. Leitungsband. In den Einkristallen ändert sich die Absorption an der Kante des längerwelligen KBr-Maximums mit der Photonenenergie wie in reinem KBr. Eine Bandenverbreiterung in KCl–KBr-Gemischen kann auf Gitterstörungen in der festen Lsg. zurückgeführt werden. Herbert Müller. 118□

Absorptions- und Emissionsspektren einfach und mehrfach aktivierter Kaliumbromidphosphore. H. Leutz und H. Muuss. (Z. Physik **155,** 530—46, 1959; Heidelberg, Univ., II. Phys. Inst.; dt.) — Die an Einkristallen von KBr mit Zusätzen (einige %)

der Halogenide von Cu, Ag, Tl oder Pb bei Zimmer-Temp. gemessenen UV-Absorptionsspektren u. die röntgenstrahlerregten Luminescenzspektren werden verglichen mit den entsprechenden Spektren von KBr-Kristallen, die verschiedene Kombinationen von zwei u. von drei der genannten Aktivatoren enthielten. Die Absorptionsspektren eines Aktivators werden durch die Ggw. eines zweiten Aktivators nicht gestört; es liegt eine einfache Überlagerung der Absorptionsspektren vor. Im Gegensatz hierzu zeigt sich bei den röntgenstrahlerregten Emissionsspektren der zusätzlich mit Ag, Cu oder Pb aktivierten KBr–Tl-Kristalle keine einfache additive Überlagerung; vielmehr werden die (vier) Teilbanden der Emission des KBr–Tl je nach Zusatzaktivator in verschiedenen Intensitätsverhältnissen beobachtet. In Ggw. von drei Aktivatoren wird prakt. nur eine grüne Emission erregt, die auch bei Röntgenstrahlerregung des zusatzfreien KBr zu beobachten ist. Aus den Ergebnissen wird im Gegensatz zum Williamschen Konfigurationskoordinatenmodell ein Modell für die KBr–Tl-Emission mit Übergängen zwischen Zuständen des Gitters u. des Aktivators vorgeschlagen. J. Rudolph. 118□

Einfluß der Filmdicke und des Substrates auf das Absorptionsspektrum von festem Bleichlorid. W. P. Doyle und B. D. Pearson. (J. chem. Physics **36**, 1950, 1/4. 1962; Dublin, Univ. Coll., Dep. of Chem.; engl.) — Vff. bestimmten die Lage des Durchlässigkeitsminimums von $PbCl_2$-Filmen mit angenäherten Schichtdicken zwischen 15 u. 420 Å auf SiO_2, LiF, NaCl, KCl, RbCl, NH_4Cl, KBr u. RbBr als Substrat. Die Durchlässigkeitsbanden der Filme auf den Bromiden waren breiter als bei den anderen Substraten. Bei KBr wurden außerdem Alterungs- u. Temp.-Effekte festgestellt; im Verlaufe mehrerer Tage oder durch mehrstd. Erhitzen auf 100° wandert das Minimum nach größeren Wellenlängen. Die Ergebnisse zeigen, daß die Lage des Minimums der Durchlässigkeitskurve von der Filmdicke abhängt. Wird ein bestimmter Wert unterschritten, verschiebt sich das Minimum in Richtung größerer Wellenlängen. Weitere mögliche Einfl. auf die Verschiebung (Luftfeuchtigkeit, Porosität der sehr dünnen Filme, Bldg. von Kristallagglomeraten mit anomalen Kristallstrukturen) werden erörtert. Gerhard Schulze. 118□

Unterschiede zwischen den Absorptionswahrscheinlichkeiten von grünem Licht in den vier Zeeman-Subniveaus des Grundzustandes $^4A_2$ von Rubin. Jean Margerie. (C. R. hebd. Séances Acad. Sci. **253**, 2055—57, 6/11. 1961; Paris, École Normale Sup., Labor. de Phys.; franz.) — Rubinkristalle mit 0,05% Cr^{3+} werden bei 1,9° K senkrecht zur opt. Achse mit moduliertem (0,5 Hz) polarisierten Licht der Wellenlänge 5000 bis 6000 Å (Bereich der Bande $^4A_2 \rightarrow {}^4F_2$) durchstrahlt. Wird ein Magnetfeld an den Kristallen in 10 Min. auf ca. 1000 Oe gesteigert, so weist das durchtretende, modulierte Licht ein Maximum bei der Resonanz $|3/2\rangle \longleftrightarrow |1/2\rangle$ (960 Oe) auf; aus den Maxima wird die relative Änderung der Absorptions-Koeff. $\Delta k^{p\lambda}/k^{p\lambda}$ als Funktion von λ für die Polarisationsrichtungen abgeleitet. Gleiche Einfl. auf $k^{p\lambda}$ werden auch für andere Cr^{3+}-Resonanzen beobachtet. Herbert Müller. 119□

Optische Konstanten von Cadmiumoxid im Infrarotbereich des Spektrums. W. K. Milosslawski und A. I. Ranjuk. (Оптика и Спектроскопия [Optik u. Spektroskopie] **11**, 536—41, Okt. 1961; russ.) — Die opt. Konst. von *CdO* (I) wurden nach der Meth. von Avery (C. **1956**, 11256) an dünnen (0,2—1 μ) I-Schichten mit verschiedenen Elektronen-Konz. ($1{,}32 \cdot 10^{20}$—$12{,}1 \cdot 10^{20}$ cm^{-3}) im Wellenlängenbereich 1,5—7 μ bestimmt. Vff. zeigen, daß die Absorption in diesem Bereich durch die Elektronenleitfähigkeit bedingt wird. Im Ergebnis der Anwendung der klass. Theorie hochfrequenter Leitfähigkeit wird die effektive Masse u. die Beweglichkeit der Elektronen im Konz.-Bereich 10^{20}—10^{21} cm^{-3} berechnet. Die nach der opt. Meth. gefundene Abhängigkeit der Elektronenbeweglichkeit von der Konz. der überschüssigen Cd-Ionen wird nach der Theorie von Konnell-Weiskopf erklärt. U.-L. Rau. 119□

Spektrophotometrische Untersuchung der kontinuierlichen Spektren von Cu_2O bei verschiedenen Temperaturen. J. B. Grun, M. Sieskind und S. Nikitine. (Physics Chem. Solids **19**, 189—97, Mai 1961; Strasbourg, Inst. de Phys., Labor. de Spectroscop. et d'Opt. du Corps Solide; franz.) — Vff. untersuchen die opt. Absorption 10—182 μ dicker synthet. *Cuprit*-Schichten bei 4—293° K für den gelben u. roten kontinuierlichen Bereich zwischen 15600 u. 18600 cm^{-1}, der sich auf beiden Seiten an die gelbe Reihe (C. **1962**, 18722) anschließt. Während bei 293° K nur eine kontinuierliche rote Absorption beobachtet wird, treten unterhalb 77° K die Banden der gelben u. grünen Reihe auf. Die Absorptionsbanden lassen sich mit der Theorie von Elliott (C. **1958**, 7665) deuten. Die kontinuierliche rote Absorption entspricht verbotenen u. indirekten Übergängen im Bereich des 1. Excitonenniveaus; der 1. Untergrund ist der

Bldg., der 2. der Vernichtung eines Phonons zuzuschreiben. Das Quadrat des entsprechenden Absorptions-Koeff. hängt linear von der Wellenzahl ab u. zeigt die theoret. erwartete Temp.-Abhängigkeit. Für große Wellenzahlen wird bei hohen Temp. ein 3. kontinuierlicher Untergrund beobachtet, der für einen verbotenen Band-Band-Übergang charakterist. ist. Herbert Müller. 119□

Allgemeine Form der Bedingungen für redundante Systeme der Schwingungs-Koordinaten. Z. Cihla und J. Plíva. (Collect. czechoslov. chem. Commun. **26**, 1903—08, Aug. 1961; Prague, Czechoslov. Acad. of Sci., Inst. of Org. Chem. and Biochem., Labor. of Molecul. Spectroscop.; engl.) — Die allg. Bedingungen für redundante Koordinaten-Syst. der Deformationsschwingungen werden abgeleitet. Für nichtebene u. auch für ebene Moll., in denen aus dem Zentralatom n — evtl. auch verschiedene — Bindungen führen, werden explizite Ausdrücke angeführt. Als Beispiele wurden die bis zur 2. Ordnung richtigen Bedingungen für tetraedr. Moll. des Typs XY_4, für oktaedr. Moll. des Typs XY_6 u. für ebene symm. Moll. des Typs XY_3 berechnet. I. Frič/Prag. 120

Schwingungsrelaxation in Kohlenmonoxid mit Hilfe der Methode der Spektrophonfrequenzanzeige. W. E. Woodmansee und J. C. Decius. (J. chem. Physics **36**, 1831—37, 1/4. 1962; Corvallis, Oreg., Oregon State Univ., Dep. of Chem.; engl.) — Unter Verw. einer Spektrophonzelle u. einer Frequenzanzeige-Meth. fanden Vff. für CO bei Raum-Temp. einen Relaxationsverlust (relativ zu CO_2), der einer Relaxationszeit τ von ca. 2 ms bei 1 atm entspricht. Das Ergebnis wird mit Werten verglichen, die für wesentlich höhere Temp. bei Stoßwellen-Verss. erhalten wurden. Der auf Grund dieses Vgl. etwas klein erscheinende τ-Wert ist möglicherweise durch die Ggw. von H_2O- oder H_2-Spuren bedingt. Gerhard Schulze. 120□

Über die Struktur der Isomeren von N_2F_2. Raymond Ettinger, Frederic Johnson und Charles B. Colburn. (J. chem. Physics **34**, 2187—88, Juni 1961; Huntsville, Ala., Rohm & Haas Co., Redstone Arsenal Res. Div.; engl.) — Bemerkungen zu einer Arbeit von Sanburn (C. **1961**, 7833) über das IR-Spektrum von N_2F_2. Nach Ansicht der Vff. kann die höher sd. Form der Verb. (Kp. —105,7°) nicht eindeutig als *1.1-Difluordiazin* angesprochen werden. A. Blaschette. 120□

Bemerkungen zu „Über die Struktur der Isomeren von N_2F_2". Russel H. Sanborn. (J. chem. Physics **34**, 2188, Juni 1961; Livermore, Calif., Univ. of California, Lawrence Radiat. Labor.; engl.) — Erwiderung auf vorst. Arbeit. A. Blaschette. 120□

Eine Raman-spektroskopische Untersuchung einiger Gallium(III)-chlorid-Systeme. Kenneth Schug und Leonard I. Katzin. (J. physic. Chem. **66**, 907—10, Mai 1962; Argonne, Ill., Argonne Nat. Labor., Chem. Div.; engl.) — Die Raman-Spektren wss. Ga(III)-Lsgg. wurden im Frequenzbereich von 60—650 cm^{-1} bei verschiedenen Cl/Ga-Verhältnissen aufgenommen; Raman-Linien wurden nur bei 117, 152, 346 u. 380 cm^{-1} beobachtet u. entsprechen den von Woodward u. Nord (C. **1957**, 5469) für das $GaCl_4$-Ion in wss. $GaCl_3$–HCl-Lsgg. gefundenen Werten. Bei der Extraktion wss. $GaCl_3$-Lsgg. in Ggw. überschüssiger HCl mit Diisopropyläther (I) wird nahezu alles Ga extrahiert, u. die Zus. des in der äther. Phase Gelösten entspricht der Formel $HGaCl_4 \cdot (3{,}5-5\ H_2O)$. Das Raman-Spektrum gleicht dem der wss. HCl–$GaCl_3$-Lösungen. Die Extraktion in Ggw. von <1 Mol HCl pro Mol $GaCl_3$ ist unvollständig u. das Cl/Ga-Verhältnis ist bei hoher Ga-Gesamtkonz. kleiner als 4. Im Gegensatz zu der Extraktion aus Lsgg. mit überschüssiger Säure ist die Extraktion von $GaCl_3$ mit I aus reinem W. unvollständig, die Cl/Ga- u. H_2O/Ga-Verhältnisse im Extrakt sind niedriger u. im Raman-Spektrum treten neue Peaks auf, ein scharfer, starker, hoch polarisierter bei 363 cm^{-1} u. ein breiter, unpolarisierter bei 405 cm^{-1}; kleine, aber bedeutende Unterschiede zeigen sich auch im Bereich von 100—200 cm^{-1}. Diesen neuen Peaks wird ein neues, tetraedr. Teilchen $GaCl_3X$ zugeschrieben, bei dem X wahrscheinlich W., evtl. auch I sein kann u. das auftritt, wenn das Verhältnis Cl/Ga niedrig ist u. kein Kation vorhanden ist, das das $GaCl_4^-$ in die äther. Phase begleiten kann. Die Extraktion von $GaCl_3$ aus der wss. Phase mit I verläuft in Ggw. von LiCl vollständig, die äther. Phase enthält beträchtliche Mengen Li u. gibt Raman-Spektren, die zwischen denen von Lsgg. mit überschüssiger HCl u. solchen mit $GaCl_3$ allein liegen. In Ggw. von $CaCl_2$ oder NH_4Cl kann nur so viel $GaCl_4^-$ extrahiert werden, als H^+-Ionen vorhanden sind. In Ggw. von NH_3 oder NaOH wird weniger Ga extrahiert, das Verhältnis Cl/Ga u. das Spektrum werden wenig beeinflußt. In Ggw. von $HClO_4$ nehmen die Menge des mit I extrahierten Ga u. das Verhältnis Cl/Ga zu, bei hoher $HClO_4$-Konz. werden bis zu 75% Ga extrahiert. Festes $GaCl_3$ reagiert mit I exotherm zu tetraedr. $GaCl_3 \cdot O(C_3H_7)_2$, das äther. Rk.-Prod. ist in der Wärme lösl. u. fällt beim Abkühlen wieder aus. Die Lsg. besitzt bei 367 cm^{-1} einen starken, hoch polarisierten u. bei 420 cm^{-1} einen schwächeren, unpolarisierten Peak. In Bzl. zeigt $GaCl_3$ 2 Peaks bei 410 u. 360 cm^{-1}; auf Grund des Peaks bei 410 cm^{-1} wird angenommen, daß $GaCl_3$ in Bzl. in dimerer Form vorliegt. Im Raman-Spektrum von festem $GaCl_3$ wurden folgende Peaks ermittelt: 407 > 458, 330—345 (Doppelpeak?) > 250 > 550 cm^{-1}. P. Scharner. 120□

Temperaturabhängigkeit der Intensität der Stokes-Banden der Raman-Streuung in den Spektren einiger fester Körper. Ja. Ss. Bobowitsch und T. P. Tulub. (Оптика и Спектроскопия [Optik u. Spektroskopie] **6**, 566—69, April 1959; russ.) — Vgl. C. **1960**, 13918. — Die Temp.-Abhängigkeit der Intensitäten in den Raman-Spektren von *kristallinem* (I) u. *geschmolzenem Quarz* (II), *Islandspat* (III) sowie einem *Silicat*- (**IV**; Na_2O 24, SiO_2 76 Mol-%) u. *Boratglas* (**V**; BaO 20, B_2O_3 80 Mol-%) im Bereich 300—550° K wurde untersucht. Die Heizung erfolgte durch einen um die Probe gewickelten Widerstandsdraht. Gemessen wurde die integrale Intensität (I) der planimetrierten Banden. Die I-Änderung der schwachen Banden im Bereich 1230—800 cm^{-1} von I mit der Temp. lag innerhalb der Meßfehlergrenze (±5 bis 8°). I der Banden 460, 200 u. 125 cm^{-1} steigt mit zunehmender Temp. in qual. Übereinstimmung mit der Theorie an. Der Anstieg ist um so größer, je niedriger die Frequenz der entsprechenden Bande ist. Das gleiche Verh. wird bei den Banden 800, 400 u. 300 cm^{-1} von **II** beobachtet, jedoch überschreitet der I-Anstieg die theoret. Voraussagen stärker als bei I. Die Banden von **IV** u. **V** zeigen ebenfalls einen I-Anstieg mit der Temp. im niederfrequenten Gebiet, während bei der höherfrequenten Bande keine Änderungen auftreten. Im Spektrum von **III** bleibt I der Gitterschwingungen 155 u. 280 cm^{-1} mit steigender Temp. unverändert, während I der vollsymm. inneren Schwingung von CO_3^{2-} um ca. 30% abnimmt. **III** zeigt somit die gleichen Temp.-Anomalien im I-Verh., wie sie bei Fll. beobachtet werden. Die erhaltenen Ergebnisse weisen darauf hin, daß das Temp.-Verh. der I nicht nur von einem durch die Besetzung der Schwingungsniveaus bestimmten Faktor, sondern auch von dem Temp.-Verh. des inneren Feldes der Stoffe abhängt. U.-L. Rau. 120□

Die Raman- und Infrarotspektren einiger fester Hydroxide. 1. Mitt. **Werte des Raman-Effektes.** D. Krishnamurti. (Proc. Indian Acad. Sci., Sect. A **50**, 223—31, Okt. 1959; Bangalore, Raman Res. Inst.; engl.) — Vf. berichtet über die Aufnahme der Raman-Spektren folgender Hydroxide im festen Zustand: LiOH, $LiOH \cdot H_2O$, NaOH, $NaOH \cdot H_2O$, KOH, $KOH \cdot H_2O$, $Mg(OH)_2$, $Ca(OH)_2$, $Sr(OH)_2 \cdot 8\,H_2O$, $Ba(OH)_2 \cdot 8\,H_2O$ u. $Al(OH)_3$. Als Anregungsfrequenz dient die Linie des Hg-Bogens bei 2536,5 Å. J. Peters. 120□

Die Raman- und Infrarotspektren einiger fester Hydroxide. 2. Mitt. **Beziehungen zur Kristallstruktur.** D. Krishnamurti. (Proc. Indian Acad. Sci., Sect. A **50**, 232—46, Okt. 1959; engl.) — 1. vgl. vorst. Referat. — Vf. diskutiert die Beziehungen zwischen Ergebnissen der Raman- u. IR-Unterss. u. den Kristallstrukturen der Substanzen. J. Peters. 120□

Die Raman- und Infrarotspektren einiger fester Hydroxide. 3. Mitt. **Diskussion der Infrarot-Werte.** D. Krishnamurti. (Proc. Indian Acad. Sci., Sect. A **50**, 247—53, Okt. 1959; engl.) — 2. vgl. vorst. Referat. — Wie theoret. zu erwarten, verursachen die Streckschwingungen der zu den Inversionszentren antisymm. Hydroxylgruppen von LiOH, $LiOH \cdot H_2O$, NaOH, $Ca(OH)_2$ u. $Hg(OH)_2$ ein starkes Absorptionsmaximum bei ca. 3650 cm^{-1}. In allen Fällen ist die IR-akt. OH-Frequenz größer als die entsprechende Raman-Frequenz. In den Spektren von $Ca(OH)_2$ u. $Mg(OH)_2$ werden beiderseits neben der Hauptbande zahlreiche andere Maxima beobachtet, deren Ursachen gedeutet werden. J. Peters. 120□

Infrarotabsorptionsspektren der wässerigen Lösungen einiger Perchlorate im Bereich der OH-Valenzschwingungen. Ss. A. Schtschukarew, Ss. N. Andrejew, T. G. Balitschewa und L. N. Netschajewa. (Вестник Ленинградского Университета, Серия Физики и Химии [Nachr. Leningrader Univ.] **16**, Nr. 16, [Ser. Physik Chem.] Nr. **3**, 120—24, 1961; russ., Auszug: engl.) — Die IR-Spektren im Bereich 3700—2900 cm^{-1} der konz. wss. Lsgg. von *$HClO_4$* (I), *$Ca(ClO_4)_2$* (II), *$Mg(ClO_4)_2$*, *$Mn(ClO_4)_2$*, *$Ni(ClO_4)_2$*, *$Zn(ClO_4)_2$*, *$Cr(ClO_4)_3$* u. *$Fe(ClO_4)_3$* wurden bei 20° untersucht. Die breite Bande bei 3412 cm^{-1} von W., die den durch H-Brücken miteinander gebundenen Wasser-Moll. zugeordnet wird, ist im Spektrum einer 56%ig. I-Lsg. höherfrequent nach 3527 verschoben. Eine entsprechende Bande im Bereich 3534 ± 10 cm^{-1} zeigen alle untersuchten Lösungen. Die Unters. von II-Lsgg. verschiedener Konz. zeigt, daß mit abnehmender II-Konz. die Wasserbande bei 3412 cm^{-1} mit zunehmender Intensität erscheint bei gleichzeitiger Intensitätsverringerung von 3534. Folglich sind in den konz. ClO_4^--Lsgg. die Bindungen $H_2O \cdots H_2O$ im bedeutenden Grad gelöst u. die Bande bei 3534 entspricht Wasser-Moll., die an schwächeren Bindungen $HOH \cdots OClO_3^-$ teilnehmen. Die Metallperchlorat-Lsgg. zeigen eine Bande bei 3280 cm^{-1}, die den nach dem Schema Me^{+n}—

$H_2O\cdots H_2O$ mit den Kationen koordinierten Wasser-Moll. zugeordnet wird. Bei Übergang von Ca^{2+} u. Mg^{2+} zu den Kationen Me^{2+} u. Me^{3+} ohne Edelgaskonfiguration ist im längerwelligen Gebiet eine niederfrequente Verschiebung u. Verbreiterung der Banden zu beobachten. Die Verbreiterung ist bei Fe^{3+} u. Cr^{3+} besonders stark ausgeprägt. U.-L. Rau. 120□

Infrarotspektren der Hexacyanoferrate(II) der Alkalimetalle und der Erdalkalien im kristallinen Zustand. F. Cappellina und G. Fabbri. (Atti Accad. Sci. Ist. Bologna Cl. Sci. fisiche, Rend. [11] 2, Nr. 2, 97–113, 15/10. 1957; ital.) — Zwischen 2 u. 25 μ untersuchten Vff. die IR-Absorptionsspektren von $Na_4[Fe(CN)_6]\cdot 10\,H_2O$, $K_4[Fe(CN)_6]\cdot 3\,H_2O$, $Rb_4[Fe(CN)_6]\cdot 2\,H_2O$, $Cs_4[Fe(CN)_6]\cdot 4\,H_2O$, $Mg_2[Fe(CN)_6]\cdot 9\,H_2O$, $Ca_2[Fe(CN)_6]\cdot 10\,H_2O$, $Sr_2[Fe(CN)_6]\cdot 13\,H_2O$, $Ba_2[Fe(CN)_6]\cdot 6\,H_2O$ u. $(NH_4)_4[Fe(CN)_6]\cdot 3\,H_2O$. Die Verbb. wurden in Form von Pasten in Vaselinöl oder Perchlorbutadien untersucht. Es wurden 4 starke Absorptionen in den Zonen 3500, 2000, 1600 u. 600 cm^{-1} gefunden, die den Valenzschwingungen des Kristallwassers, den Valenzschwingungen der CN-Gruppe, den Deformationsschwingungen der Moll. des Kristallwassers u. wahrscheinlich den Deformationsschwingungen der CN-Gruppen zuzuordnen sind. Bei einigen Verbb. wurde noch eine Absorption bei ca. 400 cm^{-1} beobachtet, die wahrscheinlich der Valenzschwingung Fe–C zuzuordnen ist. C. Gottfried. 120

Die Struktur der Kernquadrupolresonanzlinie. 2. Mitt. Festes Brom. Shoji Kojima, Yoshihito Abe, Midori Minematsu, Kineo Tsukada und Akira Shimauchi. (J. physic. Soc. Japan 12, 1225–31, Nov. 1957; Otsuka, Tokyo, Tokyo Univ. of Educat., Dep. of Phys.; engl.) — 1. vgl. C. **1958**, 2628. — Bei der Kernquadrupolresonanz von ^{79}Br u. ^{81}Br in Br_2-Einkristallen treten Resonanzfrequenzen von 378 bzw. 315 MHz bei einer Aufspaltung von 21,0 ± 0,5 bzw. 24,0 ± 0,5 kHz auf. Die Derivativkurven ließen sich nur in drei Linien aufspalten, während nach der Theorie der indirekten Spin–Spin-Kopplung 10 Linien zu erwarten sind. Berücksichtigt man die endliche Linienbreite jeder Komponente, so wird mit einer Wechselwrkg.-Konst. von 3 kHz eine rohe Übereinstimmung zwischen Theorie u. Experiment erhalten. Dieser Wert stimmt mit einem s-Bindungscharakter von 18% für die Br–Br-Bindung überein. Das Verhältnis der Gesamtlinienbreite von ^{79}Br u. ^{81}Br (1,14) stimmt mit dem Verhältnis der Quadrate der kernmagnet. Momente (1,16) annähernd überein. G. M. Neumann. 121□

Mikrowellenuntersuchungen der Farbzentren im Bariumoxid. J. W. Carson, D. F. Holcomb und H. Rüchardt. (Physics Chem. Solids 12, 66–73, Dez. 1959; Ithaca, N.Y., Cornell Univ.; engl.) — An BaO-Kristallen mit Ba-Überschuß werden Elektronenspinresonanzmessungen bei 9300 MHz durchgeführt. Es wird keine Spinresonanz beobachtet, die der für die opt. Absorptionsbande bei 2,0 eV verantwortlichen Fehlstelle zuzuordnen ist. An einigen Kristallen wird eine Resonanz beobachtet, die einem F-Zentrum zugeschrieben werden kann, d. h. einem von einer O-Leerstelle im Gitter eingefangenen Einzelelektron. Diese Resonanz weist eine starke Zentrallinie bei $g = 1{,}936 \pm 0{,}006$ u. 4 Satellitenlinien im Abstand von 68 Gauß auf. Das Resonanzbild stimmt mit der Annahme, daß das F-Zentrum die Ursache ist, gut überein. Da das F-Zentrum aber nicht mit der opt. Absorptionsbande bei 2,0 eV in Beziehung gebracht werden kann, wird geschlossen, daß das für die Bande bei 2,0 eV verantwortliche Zentrum möglicherweise ein F-Zentrum ist, bei dem zwei Elektronen von der O-Leerstelle eingefangen worden sind. Starke nichtresonante Mikrowellenverluste werden ebenfalls in den gefärbten Kristallen beobachtet. Es ist aber nicht möglich, als Ursache der Verluste zwischen Leitung durch koll. Ba-Teilchen u. Elektronenleitung im BaO-Kristall selbst zu unterscheiden. J. Peters. 121□

Sonoluminescenz. Peter Jarman. (Sci. Progr. 46, 632–39, Okt. 1958; London, Imp. Coll. of Sci. and Technol., Dep. of Phys.; engl.) — Übersicht über experimentelle u. theoret. Arbeiten. — 38 Literaturangaben. H. Liepack. 125□

Zur Luminescenz von Natriumchlorid. H. Adler und F. Stegmüller. (Acta physica austriaca 11, 31–58, 1957; Wien, Univ., 2. Physikal. Inst.; dt.) — Mit Hilfe von Thermoluminescenzkurven unter Heranziehung von spektrograph. u. absorptionsspektrometr. Messungen wird die Luminescenz von natürlichem bzw. aus der Schmelze gezogenem NaCl bestimmt. Ein Deutungs-Vers. für das Verh. der langwelligen Emissionsbanden wird gegeben. Möglichkeiten zur Erklärung von Diskrepanzen bei der Betrachtung der Meßergebnisse werden diskutiert. H. Roschkowski. 125□

Über die Möglichkeit thermischer Polarisation von Elektronen in Zinksulfid-Kristallphosphoren. F. I. Wergunass und P. Je. Ramasanow. (Известия Академии Наук СССР, Серия Физическая [Nachr. Akad. Wiss. UdSSR, physik. Ser.] **24**, 214–19, Febr. 1960; Gorki, Univ., Physikal.-techn. Forschungsinst.; russ.) — Nach der

Theorie wird bei den Phosphoren das Maximum für Δ tg ϑ u. $\Delta \varepsilon$ nur dann erreicht, wenn W < 2 U oder W < 4 U ist. Im Falle von tieferen Niveaus, wo W > 2 U oder W > 4 U, erscheinen die genannten Größen als monotone, temperaturabhängige Geraden. Weiter liegen die Δ tg ϑ- u. Δ ε-Abhängigkeiten von ln ω u. T_m auf Geraden, deren Neigung gleichfalls Funktionen von U u. W darstellen. — Prakt. Überprüfungen an einem *ZnS–Cu, Fe*-Phosphor (Schichtstärke 0,3 mm, Fläche 5 cm²) bestätigen die theoret. Voraussetzungen u. geben für U = 0,31 eV; U — W/4 = 0,18 eV u. W = 0,52 eV. — Opt. wurden für den Phosphor von Nuvarjeva drei Gruppen von Lokalisationsebenen gefunden (0,17, 0,3 u. 0,52 eV); nach den vorliegenden Ergebnissen ist nur die letzte Gruppe eine Quelle der Photo-EMK, während die beiden anderen nur Polarisationszentren darstellen. J. Tůmová. 125□

Diffusion von Aktivatoren in lumineszierendem Zinksulfid. H. Ortmann. (Halbleiter u. Phosphore Kolloquium **1956**, 535—37, 1958; Liebenwalde bei Berlin, Dt. Akad. der Wiss., Arbeitsgruppe Lumineszenzforsch.; dt.) — Vf. bespricht die Erscheinung der entweder grünen oder blauen Emission von *ZnS*:*Cu*-Phosphoren u. führt die Emissionssprünge zu kürzeren Wellenlängen auf Aktivierungen, die über das Maß vorhandener Acceptorstellen hinausgehen, zurück. Die Erscheinung wird auch bei *ZnS*:*Cd*-Phosphoren beobachtet. H. Roschkowski. 125□

Äußere Tilgung, Aktivatorenwechselwirkung und Wanderung der Löcher in den ZnSCu- und ZnSCuCo-Phosphoren. M. Fock. (Halbleiter u. Phosphore, Kolloquium **1956**, 593—601, 1958; Moskau, Phys.kal. Inst. der Akad. der Wiss. der UdSSR; dt.) — Theoret. Betrachtung über die Wechselwkg. der Zentren der blauen u. grünen Luminescenz u. der Tilgung durch IR-Licht in ZnS:Cu- u. ZnS:Cu, Co-Phosphoren. H. Roschkowski. 125□

Über die Wechselwirkung der „blauen" und „Samarium"-Zentren in ZnS–Sm(Cl)-Phosphor. S. A. Trapesnikowa. (Оптика и Спектроскопия [Optik u. Spektroskopie] **6**, 512—16, April 1959; russ.) — Die untersuchten Phosphore *ZnS–Sm*(*Cl*) (I) u. *ZnS–Sm* (II) wurden durch Zugabe von Sm-Sulfid u. $ZnCl_2$ in Mengen von $10^{-3}\,\gamma$/g zu ZnS u. Glühen der Gemische im Vakuum bei 1150° erhalten. Die Phosphorescenzanregung erfolgte mit der Hg-Linie 365 mμ. Das Verhältnis der Helligkeit (I) von blauer u. orangeroter Phosphorescenz von I bleibt mit Veränderung der Intensität des Erregerlichtes nicht konstant. Daraus folgt, daß die „blauen" u. „Sm-Zentren" unabhängig voneinander in das ZnS-Gitter eingelagert sind. Die Energie wird von den „blauen" auf die „Sm-Zentren" nach folgendem Mechanismus übertragen: Die blauen Zentren absorbieren Licht mit λ = 332—342 mμ u. werden ionisiert. Im Ergebnis der Wärmeschwingungen können Elektronen aus aufgefüllten Zonen auf freie Grundniveaus der blauen Zentren übergehen. Die in der aufgefüllten Zone gebildeten Löcher können durch den Kristall wandern. Bei ihrem Übertritt auf die „Sm-Zentren" werden letztere ionisiert. Zur Bestätigung wird die Temp.-Abhängigkeit der Phosphorescenzspektren von I u. II im Bereich 293—77° K untersucht. I der orangeroten Bande verringert sich stark mit fallender Temp. bei I u. II. I der blauen Bande von I steigt im Intervall 293 bis 195° K auf ein Maximum u. verringert sich bei weiterer Temp.-Erniedrigung bis 77° K auf etwa die Hälfte des Maximalwertes. I der blauen Bande von II bleibt im Intervall 293—195° K sehr gering, um bei Temp.-Erniedrigung auf 77° K stark anzusteigen. Diese Ergebnisse u. das unterschiedliche Verh. von I u. II gegen Einw. von IR-Strahlung zeigen, daß sich I u. II nicht nur im Mengenverhältnis von „blauen" u. „Sm-Zentren", sondern auch in Anzahl u. Tiefe der Elektronenhaftstellen unterscheiden. U.-L. Rau. 125□

Neuere Untersuchungen über die Elektroluminescenz von Galliumphosphid. G. A. Wolff, R. A. Hebert und J. D. Broder. (Halbleiter u. Phosphore, Kolloquium **1956**, 547—51, 1958; Fort Monmouth, N.J., Signal Corps Engng. Labor.; Lexington, Mass., MIT, Lincoln Labor.; engl.) — An Einkristallen von GaP wurde tiefrote, orangefarbige ober gelbe Elektroluminescenz festgestellt. Die orangefarbige u. rote Strahlung dehnt sich von ca. 565—680 mμ aus, die gelbgrüne Emission hat daneben eine Bande mit einem Maximum bei 590 mμ. Nur durch Dotierung mit *Zn* oder Zn_3P_2 konnte die gelbe Emission erreicht werden, bei Dotierung mit *C*, *Si*, *Ge*, *Ti*, *Mn*, *Cu*, *S*, *Se* oder *Te* wurde übereinstimmend die rote Strahlung erhalten. Der Strom wurde entweder mit Hilfe der Punktkontakt-Meth. oder durch massive Elektroden aus *Zn*, *Cd*, *Hg*, *Ga*, *In*, *Sb* bzw. *Pb* durch die GaP-Kristalle hindurchgeführt. Bei Raum-Temp. zeigte GaP keine Fluorescenz, Phosphorescenz, Thermoluminescenz oder Photoleitfähigkeit. Nur an Zn- bzw. *Cu*-dotierten Kristallen konnte bei Temp. des fl. N_2 eine rote Fluorescenz festgestellt werden. H. Roschkowski. 125□

A_3. Elektrizität. Magnetismus. Elektrochemie

Mikrowellenmethode zur Bestimmung der Elektronendichte und der Stoßfrequenz in einem veränderlichen Plasma. J. Basu. (J. sci. ind. Res. [New Delhi], Sect. B **21**, 334—36, Juli 1962; Bombay, Indian Inst. of Technol.; engl.) — Brücken-Meth. zur Messung der veränderlichen Dämpfung u. Phasenverschiebung eines Mikrowellenstrahls durch ein veränderliches Plamsa. G. M. Neumann. 131 □

Parametrische Ionenresonanz im Plasma im Magnetfeld. M. Andrejew und M. Borissow. (Доклады Болгарской Академии Наук [C. R. Acad. bulg. Sci.] **13**, 657—60, Nov./Dez. 1960; russ., Auszug: engl.) — Die Unters. der Absorption elektromagnet. Plasmaschwingungen im Magnetfeld wurde mit zylindr. Glasküvetten von 30 mm Ø u. 20 mm Dicke, gefüllt mit Gasen oder Dämpfen, durchgeführt. Benutzt wurden *Wasserdampf* u. *He*. Eine Ionen-Cyclotronresonanz für H^+ u. He^+ wurde bei einem Druck von 0,07 Torr u. einer Frequenz des elektromagnet. Feldes von $1{,}305 \cdot 10^6$ Hz für Werte von ω_0/ω von 1,9 u. 2,9 beobachtet, ω = Resonanzfrequenz, ω_0 = Cyclotronfrequenz = eH/mc. Bei einer etwa doppelt so hohen Cyclotronfrequenz wurde ebenfalls die parametr. Ionenresonanz beobachtet. M. Wiedemann. 131 □

Elektrodenlose Hochfrequenzentladung und der Einfluß der Bestrahlung. 1. Mitt. Mechanismus der elektrodenlosen Entladung in Luft bei geringem Druck. V. G. Kher und M. G. Kelkar. (J. sci. ind. Res. [New Delhi], Sect. B **21**, 293—300, Juli 1962; Amravati, Vidarbha Maharidyalaya, Phys. Dep.; engl.) — Oscillograph. Unterss. des Stromflusses bei einer elektrodenlosen Entladung in Luft unter stabilen Bedingungen. Ein zunächst auftretender Stromimpuls, der den Joshi-Effekt zeigt, wird von kleinen Stromimpulsen gefolgt, die diesen Effekt nicht zeigen. Es wird eine Theorie des Entladungsmechanismus entwickelt u. auf Entladungen bei Spannungen, die der doppelten Durchschlagsspannung entsprechen, ausgedehnt. G. M. Neumann. 131 □

Experimentelle Untersuchung des Verteilungsrauschens in Elektronenströmen bei Mikrowellenfrequenzen. B. A. McIntosh. (Canad. J. Physics **37**, 285—99, März 1959; engl.) — Das von konventionellen Mehrgitterröhren seit langem bekannte Stromverteilungsrauschen wurde auch bei Elektronenstrahlröhren mit oder ohne Magnetfeld für Mikrowellen gefunden; experimentelle u. theoret. Ergebnisse werden einleitend erwähnt. Vf. hat die — ältere — Theorie von North u. die — neuere — von Beam bes. im Hinblick auf eine Stromverteilung an Maschengittern ausgebaut u. die Geltungsbereiche der theoret. Voraussagen angegeben. Diese wurden in einer Vakuum-App., welche es ermöglicht, verschiedene Stromverteilungen einzustellen, mit Hilfe der in Schaltung u. Eichung beschriebenen Meßverstärkeranordnung geprüft. Die Ergebnisse der Messungen (Rauschen in Abhängigkeit von der Stromverteilung an Maschengittern, von der Anodenspannung der Elektronenkanone, von Raumladungswellen auf dem teilweise unterbrochenen Strahl) werden diskutiert u. mit den theoret. verglichen; sie stimmen qual. überein.Das Stromverteilungsrauschen kann danach durch einen „Glättungsprozeß" in einem Potentialminimum außerhalb der Elektronenkanone erzeugt u. durch von Maschengittern hervorgerufene Störungen dieses Prozesses verstärkt werden. H. Böhm. 131 □

Thermometrische Untersuchung der aus einer Mikrowellenentladung in Stickstoff ausgefrorenen Produkte. B. J. Fontana. (J. appl. Physics **29**, 1668—73, Dez. 1958; Washington, D.C., Nat. Bur. of Stand.; engl.) — Die Prodd. einer Mikrowellenentladung in N_2 (2450 MHz) wurden bei der Temp. des fl. He in einer festen N_2-Matrix ausgefroren u. die Vorgänge bei ihrer Stabilisierung u. Rekombination thermometr. verfolgt. Als Folge der Veränderung des Wärmeinhalts u. der Rekombinationswärme kann die Kondens. aus der Gasphase erheblich oberhalb 4,2° K beginnen. Hieraus ergibt sich ein Geh. der Gasphase an freien N-Atomen von ca. 4 Mol-%. Aus der Wärmeabgabe bei Temp.-Steigerung folgt die Existenz einer in der festen Matrix stabilisierten energiereichen Teilchenart. Die N-Konz. in der Matrix beträgt mindetens 0,03 Mol-%. Die Atomrekombination beginnt bei ca. 9° K; die obere Grenze für die Stabilisierung (36° K) entspricht dem bekannten Umwandlungspunkt des festen N_2. Diffusion von N-Atomen in der Matrix tritt somit zumindest oberhalb 9° K auf. Die Diffusion ist erheblich von der Temp. abhängig. Zusätzliche Anhaltspunkte ergeben sich aus den bei der Temp.-Steigerung auftretenden Luminescenzerscheinungen. A. Blaschette. 131 □

Magnetische Untersuchung der aus einer Mikrowellenentladung in Stickstoff ausgefrorenen Produkte. B. J. Fontana. (J. chem. Physics **31**, 148—53, Juli 1959; engl.) — Vgl. vorst. Referat. — Während der Kondens. der durch eine Mikrowellenentladung in N_2 gebildeten Prodd. in einer N_2-Matrix bei 4,2° K wurden Messungen der magnet. Susceptibilität durchgeführt, aus denen sich ergibt, daß die N-Konz. in der festen Phase einige Zehntel Mol-% nicht überschreitet. Bereits nach sehr kurzer Zeit erfolgt extrem rasche Rekombination; die Konz. an stabilen, angeregten Teilchen, auf deren Rekombination die l. c. beobachteten therm. u. Luminescenzeffekte beruhen, ist nicht größer als einige Hundertstel Mol-%. Als Standard diente festes O_2; die Suszeptibilität der N-Atome in der N_2-Matrix wurde gleich der eines freien N-Gases gesetzt. — Vgl. Jackson, C. **1961**, 17861. A. Blaschette. 131□

Untersuchungen über eine Glimmentladung in Methan–Ammoniak-Gemischen; spektrale Emission und Bildung von Cyanwasserstoff. J. Janin und G. Parisot. (J. Physique Radium **19**, 83 S—85 S, Dez. 1958; Lyon, Inst. de Phys. Gén.; franz.) — Vgl. C. **1961**, 2182. — Erweiterung der C. **1960**, 5388 referierten Ergebnisse; Unters. des Einfl. von Änderungen der Mischungs- u. Strömungsverhältnisse.
A. Blaschette. 131□

Dielektrische Messung oberflächenaktiver Substanzen. 1. Mitt. Bestimmung der Dielektrizitätskonstanten von Aluminiumoxid, Silicagel und technischem Aluminiumsilicatkatalysator. M. N. Scharonow und I. D. Saikin. (Кинетика и Катализ [Kinetik u. Katalyse] **2**, 581—83, Juli/Aug. 1961; Lwow, Polytechn. Inst.; russ.) — Von lufttrockenem, 4 Std. lang bei 100° getrocknetem u. 4 Std. lang bei 425° geglühtem Aluminiumoxid, Silicagel u. techn. Aluminiumsilicatkatalysator wurde mittels der Immersions-Meth. ε gemessen. Der lufttrockene Zustand des Silicagels u. Aluminiumsilicatkatalysators sowie alle untersuchten Zustände des Aluminiumoxids ergaben infolge des adsorbierten W. keine abs. Werte. Die ε-Werte von Silicagel sind $13{,}2 \pm 0{,}1$ (bei 100° getrocknet u. $8{,}9 \pm 0{,}1$ (bei 425° geglüht). Die entsprechenden ε-Werte vom Aluminiumsilicatkatalysator sind $9{,}2 \pm 0{,}1$ u. $8{,}7 \pm 0{,}1$. Wolfram Köhler. 132□

Die relaxationsmäßige Dielektrikapolarisation und das innere Feld in Kristallen und Polykristallen. G. I. Skanawi. (Halbleiter u. Phosphore, Kolloquium. **1956**, 656—73, 1958; Moskau, Akad. der Wiss. der UdSSR, Phys. Lebedew-Inst.; dt.) — Zusammenfassende Übersicht über das lokale Feld bei der Relaxationspolarisation, über nichtseignetteelektr. Dielektrika mit sehr hoher DK, über die DK u. den Verlustwinkel polykristalliner Nichtleiter bei ultrahohen Frequenzen u. Bemerkungen zur Frage nach neuen anorgan. Elektreten. — 20 Literaturangaben (bis 1957). H. Roschkowski. 132□

Mikrowellenverluste in Strontiumtitanat oberhalb des Phasenüberganges. G. Rupprecht und R. O. Bell. (Physic. Rev. [2] **125**, 1915—20, 15/3. 1962; Waltham, Mass., Raytheon Comp., Res. Div.; engl.) — Vff. berichten über Unterss. der Mikrowellenverluste von reinem u. mit *Ba, Gd* u. *Fe* dotiertem $SrTiO_3$ als Funktion der Temperatur. Es zeigt sich, daß im Bereich 3—36 kHz der Tangens des Verlustes der Frequenz proportional ist. Oberhalb des Umwandlungspunktes bei 112°K läßt sich die Temp.-Abhängigkeit durch die Beziehung $\mathrm{tg}\,\delta = (T - T_c)^{-1} (\alpha + \beta T + \gamma T^2)$, mit $T_c = 37°K$, wiedergeben. Der Parameter α wird durch Verunreinigungen bestimmt u. verschwindet bei reinen Einkristallen von $SrTiO_3$. Die Parameter β u. γ werden von anharmon. Termen im interion. Potential bestimmt u. werden nicht durch Verunreinigungen beeinflußt.
G. M. Neumann. 132□

Mikrowellenabsorption in kubischem Strontiumtitanat. B. D. Silverman. (Physic. Rev. [2] **125**, 1921—30, 15/3. 1962; Waltham, Mass., Raytheon Comp., Res. Div.; engl.) — Vgl. vorst. Referat. — Vf. gibt eine Analyse der Temp.-Abhängigkeit der Mikrowellenverluste in $SrTiO_3$ an Hand des linearen Kettenmodells eines ferroelektr. Körpers. Es zeigt sich, daß eine plausible Deutung der Temp.-Abhängigkeit oberhalb der Temp. der fl. Luft möglich ist, wenn man dabei die Dämpfung einer virtuellen Anregung der Grundgitterabsorption annimmt. Für den Tangens des Mikrowellenverlustes erhält man dann: $\mathrm{tg}\,\delta = (T - T_c)^{-1} (A + B\,T + D\,T^2)$. Der Parameter A ist ein Maß für die Dämpfung infolge von Störstellen im Kristallgitter, B u. D berücksichtigen die Dämpfung infolge von Drei- u. Vier-Phononenprozessen, die auf anharmon. Wechselwrkg. des Kristallgitters zurückgehen. G. M. Neumann. 132□

Irreversible Thermodynamik und kinetische Theorie bei der Ableitung thermoelektrischer Beziehungen. J. W. Leech. (Canad. J. Physics **37**, 1044—54, Sept. 1959; Ottawa, Nat. Res. Council, Div. of Pure Phys.; engl.) — Vf. zeigt, wie irreversible thermodynam. Betrachtungen die Best. der verschiedenen thermoelektr. Koeff. vereinfachen, wenn man die auf der Boltzmannschen Gleichung basierenden Argumente der kinet. Theorie verwendet. Es wurde speziell ein Ausdruck für den Thomsonschen Koeff. hergeleitet, der bisher in expliziter Form noch nicht bekannt war. Obwohl bei den Unterss. nur die einfachsten Modelle Berücksichtigung fanden, ist die Ausdehnung auf komplexere Modelle durchaus möglich. C. Gottfried. 133

Thermokraft von Wismut-Antimon-Legierungen. Seiichi Tanuma. (J. physic. Soc. Japan **16**, 2354—55, Nov. 1961; Sendai, Tohoku Univ., Res. Inst. for Iron, Steel

and Other Metals; engl.) — Vf. untersucht die Thermokraft E_t von Bi–Sb-Legg. mit 0—100 Atom-% zwischen 15 u. 300° K. Die gemessenen E_t-Werte werden für verschiedene Zus. über der Temp. u. für verschiedene Temp. über der Konz. aufgetragen. Der Verlauf der Kurven wird qual. durch einen stetigen Übergang vom halbmetall. zum hableitenden Zustand bei 4 Atom-% Sb u. wieder zum halbmetall. Zustand bei 50 Atom-% Sb erklärt. Reines Sb hat die größte Fermi-Energie u. zeigt bzgl. des linearen Anstiegs von E_t das stärkste metall. Verhalten. Für reines Bi ist die Fermi-Energie bei hohen Temp. temperaturunabhängig, Bi ist somit halbmetallisch. Die Proben mit 4, 9 u. 16% Sb haben infolge ihrer Halbleiter-Eigg. teilweise einen negativen Temp.-Koeff. von E_t.
D. Hoene. 133□

Die thermoelektrische Kraft von Ionenkristallen. 2. Mitt. Ergebnisse über Kaliumchlorid. A. R. Allnatt und P. W. M. Jacobs. (Proc. Roy. Soc. [London], Ser. A **267,** 31—44, 24/4. 1962; London, Imper. Coll., Dep. of Chem.; engl.) — 1. vgl. **1962.** 4812. — Die thermoelektr. Kraft (Θ) von reinen KCl-Einkristallen u. von KCl mit Beimengungen von $SrCl_2$ ($107 \cdot 10^{-6}$m) wird im Temp.-Bereich von 561—693° gemessen u. tabellar. zusammengestellt. Es werden Pt-Elektroden verwendet. Die Ergebnisse für reines KCl unterscheiden sich wesentlich von denen, die von Nikitinskaya u. Murin (C. **1957,** 4611) gefunden wurden. Die Streuung ist viel geringer. Bei Abwesenheit eines Temp.-Gradienten im Temp.-Bereich von 470—570° erzeugen die Kristalle ein ziemlich großes, zeitabhängiges Potential (ca. 133,7 mV). Das Auftreten dieses Potentials wird diskutiert. Nach der Theorie der Θ von Allnatt und Jacobs (vgl. C. **1962,** 4812) wird die Transportwärme der Kationen mit 0,99 eV u. der Anionen mit 2,1 eV zwischen 560 u. 690° bestimmt. Es wird untersucht, warum in diesen Fällen die Beziehung von Holtan u. Mitarbeiter (C. **1950/54,** 1436 S), die festlegt, daß die Summe der Transportwärmen für reines KCl 0 wird, nicht zutrifft.
H. Schibilla. 133□

Photoelektrische Eigenschaften von natürlichem Uran und Änderungen bei Gittertransformationen. Richard K. Fry und A. B. Cardwell. (Physic. Rev. [2] **125,** 471—74, 15/1. 1962; Manhattan, Kans., Kansas State Univ.; engl.) — Die photoelektr. Eigg. von entgastem, sehr reinem U wurden im Gebiet der Gitterumwandlung von 938 bis 1043° K untersucht. Die von der Temp. abhängigen Photostromänderungen wurden für Wellenlängen von z. B. 2537 Å oder 3132 Å gemessen. Eine Deutung der gemessenen Daten zeigt, daß die allotropen Umwandlungen zu Änderungen 1. der Elektronenaustrittsarbeit, 2. der Dichte der freien Elektronen im Metall u. 3. der Durchtrittswahrscheinlichkeit der Elektronen führen. Die Austrittsarbeit ist 3,47 eV für rhomb. U von 300—938° K, 3,52 eV für tetragonales U von 938—1043° u. 3,39 eV für kub. raumzentriertes U von 1043—1065° K.
M. Drechsler. 134□

Die Elektronenemission bei der Oxydation von Metalloberflächen. J. Lohff und H. Raether. (Halbleiter u. Phosphore, Kolloquium **1956,** 583—84, 1958; Hamburg, Univ., Inst. für angew. Phys.; dt.) — Eine Reihe von Metallen wurde im Vakuum von ca. $1 \cdot 10^{-5}$ Torr bzw. bei Gasdrücken von bis zu $5 \cdot 10^{-4}$ Torr mit einer Stahlbürste bearbeitet u. die Elektronenemission mit einem Sekundärelektronenvervielfacher gemessen. Während die Emission von Korund keine Abhängigkeit vom O_2-Druck zeigt, erhöht sich die Emission einiger chem. akt. Metalle (*Al, Zn, Pb, Mg, Be*) mit zunehmendem O_2-Druck. *Fe, Cu, Ag, Au* u. *Pt* zeigen keine nennenswerten Elektronenströme. N_2 ruft keine Emission hervor. Vf. schließt, daß eine chem. Rk. an der Oberfläche die Emission hervorruft.
H. Roschkowski. 134□

Die halbempirische Annäherung an die Bandstruktur. Evan O. Kane. (Physics Chem. Solids **8,** 38—44, Jan. 1959; Schenectady, N.Y., Gen. Electr. Res. Labor.; engl.) — Vf. gibt einen Überblick über die Anwendung der Matrix k·p, einer effektiven Hamilton-Funktion für den zellperiod. Anteil der Bloch-Funktion, zur näherungsweisen Berechnung der Bandstruktur von Halbleiterkristallen. Hierbei werden bes. III–V-Verbb. behandelt. Es wird näher eingegangen auf die Spin–Bahn-Wechselwrkg., den Austausch, die Erweiterung der Störungstheorie sowie das Mehrkörperproblem.
G. Ruban. 135□

Bemerkung zu den Energielücken von Halbleitern. Takeshi Miyauchi. (Halbleiter u. Phosphore, Kolloquium **1956,** 650—51, 1958; Neyagawa/Osaka, Japan, Univ. of Osaka Prefecture, Junior College of Engng.; engl.) — In einer graph. Darst. ist die Breite der verbotenen Zone einiger Halbleiter gegen den relativen Abstand der Atome im Gitter aufgetragen. Dabei zeigt sich, daß die Werte von Halbleitergruppen (z. B. $A^{II}B^{VI}$ u. $A^{III}B^{V}$) auf Geraden liegen. Vf. verweist auf die Möglichkeit, dadurch die Energielücken bisher unbekannter Verbb. vorhersagen zu können.
H. Roschkowski. 135□

Quermodulation des Gleichstromwiderstandes durch Mikrowellencyclotronresonanz. H. J. Zeiger, C. J. Rauch und M. E. Behrndt. (Physics Chem. Solids **8,** 496—98, Jan. 1959; Lexington, Mass. M.I.T., Lincoln Labor.; engl.) — Cyclotronresonanzmessungen an *Ge* u. *n-Si* (u. mit wahrscheinlich positivem Ergebnis an *p-InSb*) bei tiefen Temp. (4,2 bzw. 1,14°K) im Mikrowellenbereich lassen eine „cross modulation“ erkennen, deren Auftreten diskutiert wird. G. Ruban. 135□

Das Spektrum der Photoleitfähigkeits- und photomagnetischen Effekte bei Halbleitern. G. G. Macfarlane und V. Roberts. (Halbleiter u. Phosphore, Kolloquium **1956**, 500, 1958; Great Malvern, Worcestershire, Royal Radar Establ.; engl.) — Vff. referieren über Messungen von Photoleitfähigkeit u. photoelektromagnet. Effekten sowie Absorptionsspektren an *Ge*-Einkristallen bei einigen Temp. zwischen 20 u. 300°K. Die Daten werden zur Ermittlung der Diffusionslänge u. der Geschw. der Oberflächenrekombination sowie ihrer Temp.-Abhängigkeit benutzt. Die Spektren der Photoleitfähigkeit u. der photoelektromagnet. Effekte werden auch zur Extrapolation der Absorptionsspektren hoher Absorptionsniveaus verwendet. Die Auffassungen der Vff., daß sich die Absorptions-Konst. von niedrigen Absorptionsniveaus durch eine Summe zweier quadrat. Energiefunktionen darstellen läßt, erscheint durch die Verss. bestätigt.
H. Roschkowski. 135□

Resonanz-Spin-Spin-Wechselwirkung zwischen Donatoren und Acceptoren in Silicium. R. A. Levy. (Physic. Rev. Letters **5**, 425—27, 1/11. 1960; Newport Beach, Calif., Hughes Prod.; engl.) — Die in Si mit einer Konz. von ca. $5 \cdot 10^{15}$ P-Donatoratomen/cm^3 u. einer von ca. $3 \cdot 10^{15}$ B-Acceptoratomen/cm^3 beobachtete Verminderung der direkten Relaxationszeit der Donatorelektronen, die einer Resonanz-Spin-Spin-Wechselwrkg. mit einer Störhintergrundacceptorresonanzlinie zugeschrieben wird, wurde im einzelnen sowohl für den Fall gedehnter als auch für den ungedehnter Proben nachgeprüft, wobei alle Donator- u. Acceptorzustände mit Hilfe von Strahlungsenergie bei der Temp. des fl. He angeregt worden waren. Hierbei wurde nach der Bestrahlung 1. eine relative Abnahme der Amplitude der einen Donatorhyperfeinkomponente im Vgl. mit der anderen festgestellt u. 2. eine relative Abnahme der Amplitude beider Donatorhyperfeinkomponenten im Vgl. mit den entsprechenden Amplituden bei fehlender Bestrahlung. Die einzelnen Ergebnisse wurden durch Unters. des Magnetisierungsabfalls im Resonanzmischfeld erhalten, wobei auf die jeweiligen Elektronenspinresonanzsignale geachtet wurde.
D. Forst. 135□

Die mittlere Leitfähigkeit und der Hall-Effekt von Diffusions-Schichten auf Silicium. O. N. Tufte. (J. electrochem. Soc. **109**, 235—38, März 1962; Hopkins, Minn., Honeywell Res. Center; engl.) — Für Schichten vom n- u. p-Typ auf Si wurde die Beziehung zwischen der mittleren Leitfähigkeit u. dem Hall-Effekt einerseits u. der Oberflächen-Konz. der Schicht andererseits als komplementäre Fehlerfunktion der Verteilung von Verunreinigungen ermittelt. Die Ergebnisse zeigen, daß der Hall-Koeff. beinahe vollständig durch die Oberflächen-Konz. der Schicht bestimmt ist u. nur eine schwache Funktin der Beweglichkeitsgrößen, wie sie in der Beziehung verwendet werden, darstellt. Über einen weiten Bereich der Oberflächen-Konzz. werden die Ergebnisse für einige Schichten vom n- u. p-Typ mitgeteilt. Dabei zeigt sich, daß die Übereinstimmung der nach zwei verschiedenen Meth. ermittelten Werte für die Oberflächen-Konz. für höhere Konzz. sehr gut ist. D. Noack. 135□

Über den Durchschlag in p-n-Übergängen in Germanium. B. M. Wul. (Halbleiter u. Phosphore, Kolloquium **1956**, 647—49, 1958; Moskau, Akad. der Wiss. der UdSSR, Phys. Lebedew-Inst.; dt.). — Vgl. C. **1959**, 697. — Vf. zeigt, daß der Durchschlag in den p-n-Übergängen von Ge mit großer Wahrscheinlichkeit durch Stoßionisation hervorgerufen wird. H. Roschkowski. 135□

Durch die Mikrowellenleistung erzeugte Verschiebungen der Cyclotronresonanzen im Valenzband von Germanium. B. Levinger und D. R. Frankl. (Physic. Rev. Letters **5**, 12—13, 1/7. 1960; Bayside, N.Y., Gen. Telephone and Electron. Labor., Inc.; engl.) — Die an stäbchenförmigen Ge-Proben bei 4,2 u. 1,4°K u. bei 24 kMHz durchgeführten Messungen der Cyclotronresonanzabsorption zeigten, daß die Absorption durch leichte Löcher u. — bei einigen Orientierungen — auch die durch schwere Löcher mit wachsender Mikrowellenleistung nach höheren Magnetfeldstärken verschoben wird. Als mögliche Deutung dieses Effekts, der bei der Elektronenresonanz nicht beobachtet wurde, wird im Falle der Leichtlochabsorption die Theorie von Kane (C. **1961**, 17476) genannt, aus der eine Temp. der leichten Löcher von größenordnungsmäßig 100°K folgt u. im Falle der Schwerlochabsorption auf die Ggw. von „Quanteneffekten“ (Fletcher u. Mitarbeiter, C. **1957**, 3718) geschlossen. D. Jörchel. 135□

Cyclotronresonanz in Cadmiumsulfid. R. N. Dexter. (Physics Chem. Solids **8**, 494—95, Jan. 1959; Madison, Wis., Univ.; engl.) — Vf. untersucht die Cyclotronresonanz in CdS bei 1,2—4,2°K (bes. 1,3°K) u. 23500 MHz unter bevorzugter Anregung der Träger mit 0,36 m_0 u. der Träger auf Ellipsoiden. H ist fast senkrecht zur c-Achse, $\omega\tau \approx 10$ entsprechend $\tau \approx 6{,}7 \cdot 10^{-11}$ s. G. Ruban. 135□

Veränderungen im Rauschspektrum von Bleisulfid durch Bestrahlung. R. L. Williams. (Canad. J. Physics **37**, 841—47, Juli 1959; Valcartier, Quebec, Canad. Armam. Res. and Dev. Establ.; engl.) — An chem. hergestellten PbS-Photowiderstandsschichten der Kodak wurden die Veränderungen im Rauschspektrum von 10 Hz bis 16 kHz durch Bestrahlung mit 50 Å breiten Banden im IR-Spektralgebiet zwischen 1,0 u. 2,4 bei —78° u. bei Raum-Temp. untersucht. Vers.-Aufbau u. -technik werden beschrieben. Die Schichten zeigen im allg. mit zunehmender Bestrahlungsintensität u. -wellenlänge bei —78° zunächst 1/f-Rauschen, das in $1/f^2$-Rauschen (Generation–Rekombination) übergeht; Ausnahmen wurden gefunden. Bei 20° konnte vorzugsweise 1/f-Rauschen nachgewiesen werden; dies war nach Bestrahlungsintensität u. Wellenlänge zu erwarten. Die Amplitudenverhältnisse des 1/f- u. des $1/f^2$-Rauschens entsprechen bei 20° der Theorie von Lummis u. Petritz, bei —78° dagegen nicht. Die Ergebnisse werden auf Grund der für die Wrkg. opt. ausgelöster Träger auf den Oberflächenleitungsmechanismus des PbS entwickelten Vorstellungen gedeutet. Die Rauschspektrenmodifikation ist nicht auf eine Strahlungsanregung der Oberflächenenergieniveaus, deren Haftstellen-Wrkg. das 1/f-Rauschen entstehen läßt, zurückzuführen. H. Böhm. 135□

Ermittlung von Oberflächenzuständen an PbS-Kristallen. Leonard Sosnowski. (Halbleiter u. Phosphore, Kolloquium **1956**, 674—77, 1958; Warsaw, Poland, Pol. Acad. of Sci.; engl.) — Auf der Grundlage des Feldeffekts ermittelt Vf. die Oberflächencharakteristik von *PbS*-Kristallen. Die experimentelle Technik wird beschrieben. Die Loch-Konz. (L) u. die Dichte der Oberflächenzustände (D) sind für vier p-PbS-Proben angegeben, $L = 1{,}0—9 \cdot 10^{-16}\,cm^{-3}$, $D = 5—15{,}6 \cdot 10^{-12}\,V^{-1}\,cm^{-2}$.
H. Roschkowski. 135□

Über den Einfluß von Gasen und Dämpfen auf die Photoleitung und die Dunkelleitung dünner Bleiselenidschichten. K. E. Boeters, H. Gobrecht und F. Niemeck. (Halbleiter u. Phosphore, Kolloquium **1956**, 577—80, 1958; Berlin, TU, II. Phys. Inst.; dt.) — Vff. stellten dünne ultrarotempfindliche *PbSe*-Schichten durch Aufdampfen her u. untersuchten einige ihrer Eigg., darunter den Zusammenhang zwischen Dunkelleitfähigkeit (D) u. der abs. lichtelektr. Leitfähigkeitsänderung unter dem Einfl. steigenden *Hg*-Dampfdrucks. Die Änderungen von D u. der Leitfähigkeit (L) werden dem Einbau zusätzlicher Hg-Störstellen in die PbSe-Schicht zugeschrieben. Bei gleichartigen Verss. mit *Luft*, O_2, N_2, H_2 u. *Ar* stellte sich heraus, daß D prakt. unabhängig ist vom Druck dieser Gase u. L sich unabhängig von der Gasart derart ändert, daß im Vakuum ein Maximalwert erreicht ist u. mit steigendem Druck monotoner Abfall eintritt. Die Wrkg. der permanenten Gase beruht nach Meinung der Vff. auf der Absorption an der Halbleiteroberfläche, ein direkter Austausch von Ladungsträgern zwischen Gasmolekeln u. Halbleiter findet nicht statt. H. Roschkowski. 135□

Messung der effektiven Elektronenmasse in InP durch den Infrarot-Faraday-Effekt. T. S. Moss und A. K. Walton. (Physica [Utrecht] **25**, 1142—43, Nov. 1959; Farnborough, Hants., Royal Aircraft Establ.; engl.) — Vgl. C. **1962**, 14036. — Aus der Gleichung $m^* = \lambda\,(BNe^3/8\pi^2\,c^3\,\varepsilon_0\,n\,\Theta)^{1/2}$ ergibt sich mit $\Theta = 62{,}4$ rds/m, wenn $\lambda = 2 \cdot 10^{-5}$ m, $N = 1{,}07 \cdot 10^{22}\,m^{-3}$, $B = 0{,}913$ Weber/m² u. $n = 3{,}1$ die effektive Masse $m^* = 0{,}073\,m_0$. Der Fehler ist kleiner als $\pm 9\%$. Dieser relativ kleine Wert wird als Bestätigung, daß das niedrigste Leitungsbandminimum bei k 0 0 0 auftritt, gewertet. Für *GaP* wurde $m^* = 0{,}12\,m_0$, für *AlSb* $m^* = 0{,}09\,m_0$ gemessen; wahrscheinlich ist das k 0 0 0-Minimum hier nicht das niedrigste. E. Schulte. 135□

Die Elektronenbeweglichkeit in Indiumarsenid. R. P. Chasmar. (Physics Chem. Solids **20**, 164—66, Juni 1961; engl.) — An einer größeren Zahl hochwertiger, unkompensiert n-leitender InAs-Proben wurden Art u. Menge der restlichen Verunreinigungen massenspektroskop. bestimmt u. die Elektronenbeweglichkeit ermittelt. Während diese bei Zimmer-Temp. bei allen Proben auf weniger als 10% übereinstimmt, zeigen die bei 77°K gemessenen Hall-Beweglichkeiten große Streuungen, deren Ursachen diskutiert werden. Da bei InAs noch mehr als bei InSb die dem opt. Modell entsprechende polare Streuung die Potentialdeformationsstreuung überwiegt u. da für 300°K von Ehrenreich berechnete μ-Werte von InAs sehr gut mit bei reinsten Proben gefundenen übereinstimmen, wird nun die Beweglichkeits-Temp.-Funktion nach Ehrenreich berechnet. Für 77°K werden μ-Werte gefunden, die mit den Hall-Beweglichkeiten gut übereinstimmen, dsgl. stimmt μ bei den reinsten Proben im gesamten Temp.-Bereich gut mit den berechneten Beweglichkeiten überein. H. Böhm. 135□

Galvanomagnetische Effekte in n-InSb bei tiefen Temperaturen in starken magnetischen Feldern. J. C. Haslett und W. F. Love. (Physics Chem. Solids **8**,

518—23, Jan. 1959; Boulder, Colo., Univ., Phys. Dep.; engl.) — Vff. bestimmen das Verhältnis der longitudinalen magnet. Widerstandsänderung, ϱ/ϱ_0, von n-InSb in Abhängigkeit von der magnet. Feldstärke (0—163 kGauß) bei 78, 14 u. 3,9°K. Das Verh. bei 1,1, 2,1 u. 3,9°K wird schemat. erläutert. Ferner werden die Stromdichten (10^{-4} bis 10 A/cm²) in Abhängigkeit von den elektr. Feldstärken (10^{-2} bis 10 V/cm) bei den angegebenen magnet. Feldstärken sowie die Hall-Koeff. als Funktion der letzteren aufgenommen u. diskutiert. Die konst. Hall-Koeff. bei hohen Stromdichten zeigen, daß die vollständige Ionisation der Donatorverunreinigungen bei allen Feldstärken aufrechterhalten wird. G. Ruban. 135□

Die Wirkung der Entfärbung auf die Photoleitfähigkeit bei röntgenbestrahlten NaCl-Kristallen. Imre Tarján, Rudolf Voszka und László Berkes. (Magyar fizik. Folyóirat [Ung. physik. Z.] **8**, 519—24, 1960; Budapest, Orvosi Fizikai Intézet; ung.) — Die Änderung der Photoleitfähigkeit von röntgenbestrahlten NaCl-Kristallen bei Zimmer-Temp. während des Ablaufs der Entfärbung wurde untersucht. Die Unterss. wurden mit natürlichen Kristallen von Vielicka u. mit auf künstlichem Wege nach Kyropoulos hergestellten Kristallen durchgeführt. Ist die Entfärbung durch Erhitzung geschehen, wurde die Photoleitfähigkeit durch die Konz. der F-Zentren bestimmt. Wenn die Kristalle mit weißem Licht entfärbt wurden, so hatten andere Fehlordnungen — außer den F-Zentren — auch wesentlichen Einfl. auf die Photoleitfähigkeit. Nach Meinung der Vff. sind solche Fehlordnungen die bei der Entfärbung entstehenden vereinzelten negativen Ionenlöcher. Ihr Wrkg.-Querschnitt für den Elektroneneinfang ist 3—5 mal größer als der der F-Zentren. J. Kis. 135

Zur Driftbeweglichkeit von Elektronen in Silberchlorid. P. Süptitz. (Halbleiter u. Phosphore, Kolloquium **1956**, 429—30, 1958; Berlin, Dtsch. Akad. der Wiss., Inst. für Kristallphys.; dt.) — Vgl. C. **1960**, 721. — Die direkte Messung der Driftbeweglichkeit von Elektronen in *AgCl* wird beschrieben. Dazu werden AgCl-Kristalle synchron Licht- u. elektr. Impulsen ausgesetzt. Aus der Tiefe der Verfärbung (als Maß der Elektronenwanderung), der Dauer des Impulses u. der angelegten Feldstärke ließ sich die Driftbeweglichkeit an zusatzhaltigen AgCl-Kristallen (Zusätze: 10^{-3} bis 10^{-4}% Cd, Ca, Pb) zu 32—37 cm²/Vs bestimmen. H. Roschkowski. 135□

Die Driftbeweglichkeit und die Lebensdauer der Photoelektronen in AgBr bei Zimmertemperatur. J. Irmer und P. Süptitz. (Physica Status solidi [Berlin] **1**, Nr. 4, Kurze Orig.-Mitt. K 81—K 83, 1961; dt.) — Vgl. vorst. Referat. — Vff. untersuchen AgBr-Kristalle mit der von Haynes u. Shockley, (C. **1952**, 2963) eingeführten Impulsmethode. Die durch Photoeffekt erzeugten Elektronen wurden in einem elektr. Impulsfeld verschoben, wobei sich die Endpunkte der zurückgelegten Strecke durch Print-out-Silber markierten. Die Driftbeweglichkeit (D) der Photoelektronen (P) bei Zimmer-Temp. ergab sich zu 79 ± 4 cm²/V·s; sie ist um mehr als 50% größer als in AgCl u. steht in guter Übereinstimmung mit den Messungen von Yamanaka, Sakai u. Suita (C. **1957**, 6952). Zur Erhöhung der Lebensdauer der P, die zur Best. der D in AgBr nötig war, wurde bei der Einkristallzüchtung nach dem Bridgman-Verf. von feuchten Kristallen ausgegangen. Durch wiederholte Einkristallzüchtung u. Entfernung des obersten Kristallabschnitts wurde die Verunreinigungs-Konz. herabgesetzt u. dadurch die Lebensdauer erhöht. Die von Print-out-Silber freie oberflächennahe Zone, die in an Luft getemperten AgBr-Kristallen festgestellt wurde, war bei feuchtem Ausgangsmaterial breiter als bei trockenem u. auch breiter als bei AgCl. Bei mittleren Feldstärken (8 kV/cm) wurden 1,6 mm erreicht. D. Hoene. 135□

Leitfähigkeit in Eisenoxid. D. S. Tannhauser. (Physics Chem. Solids **23**, 25—34, Jan./Febr. 1962; Cambridge, MIT, Labor. for Insul. Res.; engl.) — Ein Streifen von 0,1 mm dickem, reinem Eisenblech wird in einem Ofen bei Temp. um 1000° u. bei verschiedenen O_2-Drücken getempert. Anschließend wird die elektr. Leitfähigkeit u. die Thermokraft als Funktion des O/Fe-Verhältnisses oberhalb 1000° gemessen. Beim Übergang von FeO zu Fe_3O_4 u. zu Fe_2O_3 beobachtet man Änderungen der elektr. Leitfähigkeit. Bei Temp.-Erhöhung steigt die Leitfähigkeit (100—200 Ω^{-1} cm^{-1} bei 1000°) nur schwach. Die Thermokraft ändert sich kontinuierlich mit dem O/Fe-Verhältnis von +25 μV/Grad für das FeO-Gebiet zu −100 μV/Grad für Fe_3O_4, um für Fe_2O_3 wieder positive Werte anzunehmen. Vf. beschreibt die Leitungs-Eigg. durch einen Elektronenübergang zwischen benachbarten Fe^{2+}–Fe^{3+}-Ionenpaaren. Die elektr. Leitfähigkeit zeigt sich deshalb proportional zum Prod. aus Fe^{2+}- u. Fe^{3+}-Ionenkonzentration. Ebenso läßt sich mit dieser Annahme das Thermokraft-Verh. erklären. K. H. Härdtl. 135□

Widerstandsanomalien von Magnetit verschiedenen Oxydationsgrades oberhalb des Umwandlungspunktes. H. Schröder. (Physica Status solidi [Berlin] **1**, Nr. 7, kurze Orig.-Mitt. K 152—K 155, 1961; Jena, Inst. für Magnet. Werkstoffe der Dtsch. Akad.

der Wiss. zu Berlin, Forschungsgemeinschaft; dt.) — Bei Unterss. über das Halbleitervermögen von Ferriten verschiedenen Oxydationsgrades wurde geprüft, wie bei *Magnetit* die Temp.-Lage des elektr. Widerstandsminimums u. -maximums oberhalb vom Umwandlungspunkt vom Oxydationsgrad bzw. vom Fe^{2+}-Geh. beeinflußt wird. Die Verss. zeigen, daß mit steigendem Oxydationsgrad das Minimum nach höheren, das Maximum nach tieferen Temp. verschoben wird, wobei sich die beiden Extremwertfolgen symm. zueinander verschieben. Die mit Annäherung an den Curie-Punkt erfolgte Abnahme des (positiven) Temp.-Koeff. des elektr. Widerstands (mit Vorzeichenwechsel) wird durch eine Verringerung der Austauschwechselwrkg. zwischen 3d- u. 4s-Elektronen gedeutet. — Bei weiterer Steigerung des Oxydationsgrades verflachen Minimum u. Maximum u. laufen bei ca. 300° zu einem „Wendepunkt" zusammen. W. Sobieski. 135□

Messungen der galvanomagnetischen Effekte in reinem Tellur. H. Roth. (Physics Chem. Solids **8**, 525—30, Jan. 1959; Philadelphia, Pa., Univ., Phys. Dep.; San Diego, Calif., Gen. Dynam. Corp., Gen. Atom. Div.; engl.) — Vf. bestimmt die Temp.-Abhängigkeit des elektr. Widerstands u. des Hall-Koeff. an Te-Kristallen, die senkrecht bzw. parallel zur c-Achse geschnitten worden sind. Messungen der magnet. Widerstandsänderung in Abhängigkeit von der Temp. ergeben bei longitudinalen Magnetfeldern einen kontinuierlichen Abfall zwischen 78 u. 303°K, bei transversalen Feldern dagegen einen Abfall bis zu einem Minimum bei ca. 150°K, einen Anstieg bis zu einem Maximum bei ca. 230°K u. anschließend einen erneuten Abfall. Die entsprechenden Messungen der magnet. Widerstandsänderung in Abhängigkeit von dem Winkel (ϑ) zwischen der Richtung des Stromes u. der des Magnetfelds (5000 Gauß) zeigen bei 2 verschiedenen Te-Proben u. Temp. (78 u. 303°K) relative Unterschiede, aber ähnlichen Verlauf: Maxima bei $\vartheta = \pm 90°$, Minima bei $\vartheta = 0°$. Zur Deutung der Beobachtungen nimmt Vf. ein Modell mit 3 oder mit 6 Ellipsoiden an. G. Ruban. 135□

Anisotropie des elektrischen Widerstandes in kaltgewalztem 60:40-Messing. E. G. Ramachandran und K. D. Maji. (J. Inst. Metals **90**, 172—75, Jan. 1962; Madras, Indian Inst. of Technol.; engl.) — In 98% kalt gewalztem 60:40-Messing konnte eine beträchtliche Anisotropie des elektr. Widerstands festgestellt werden. F. Vier. 136□

Untersuchung von Tunnel-Supraleitern. Ivar Giaever. (Electronics **34**, Nr. 11, 68—71, 17/3. 1961; Schenectady, N.Y., General Electric Res. Labors.; engl.) — Vgl. C. **1962**, 9985. — An Hand von Labor.-Modellen wurden die kombinierten Erscheinungen von quantenmechan. Tunneleffekt u. Supraleitfähigkeit untersucht. Der Tunneleffekt tritt als nahezu temperaturunabhängiger Gleichstrom durch einen Kondensator auf, wenn dessen parallele Metallplatten im Vakuum einen Abstand von weniger als ca. 10^{-7} cm haben; der Gleichstrom nimmt exponentiell mit größer werdendem Plattenabstand ab u. ist bei kleinen Feldern der Spannung proportional, bei höheren Spannungen genügt der Tunnelstrom einer Fowler-Nordheim-(Kaltemissions-)Beziehung. Prakt. wird an Stelle des Vakuums als Dielektrikum ein Al-Oxidfilm verwendet. Wenn eine der Metallbelegungen dieses „Sandwich" supraleitend ist, wird die Stromspannungs-Kennlinie nicht linear u. zwar als Folge der Ggw. eines verbotenen Bandes bei der Fermi-Energie. Die Kennlinie läßt sich durch ein auf den Kondensator wirkendes Magnetfeld ändern, so daß man mit dem Spulenstrom als Steuerstrom ein triodenähnliches Verh. erhält. Sind beide Kondensatorbelegungen supraleitend, tritt ein Bereich negativen Widerstands auf. Die verschiedenen Effekte werden für $Al–Al_2O_3–Pb$- u. $Al–Al_2O_3–In$-Syst. an Hand von Kennlinien für verschiedene Temp. u. Magnetfelder veranschaulicht. D. Jörchel. 136□

Supraleitfähigkeit in wärmebehandelten Nb–Zr-Legierungen. G. D. Kneip jun., J. O. Betterton jun., D. S. Easton und J. O. Scarbrough. (J. appl. Physics **33**, 754—55, Febr. 1962; Oak Ridge, Tenn., Metallurg. Div.; engl.) — Durch kurze Wärmebehandlung (500 bzw. 800°) läßt sich bei Nb–Zr-Halbleitern ein Anwachsen der krit. Stromdichte j_c auf das 10fache erzielen. Für eine Leg. mit 72 Nb u. 28 Zr wird die Abhängigkeit der gemessenen j_c-Werte von der magnet. Feldstärke (4—22 kGauß) bei 4,2°K ermittelt. G. Ruban. 136□

„Inverse" Nickel–Eisen-Schichten. E. Feldtkeller. (Naturwissenschaften **48**, 474—75, 1. Juli-H. 1961; München, Siemens & Halske AG. Forsch.-Labor.; dt.) — Bei ferromagnet. Schichten, deren Wandkoerzitivkraft H_c kleiner als die Anisotropiefeldstärke H_k ist, erfolgt die Ummagnetisierung (leichte Richtung) durch Verschiebung der Bloch-Wände vom Schichtrand her. Im „inversen" ($H_c > H_k$) Fall finden Drehprozesse statt, die jedoch nicht zur völligen Ummagnetisierung führen. Diese erfolgt erst bei höheren Feldstärken durch Wandprozesse. Im „blockierten" Zwischenzustand ist die Schicht in viele schmale Domänen aufgespalten deren Struktur im Vgl. mit einem von Smith (C. **1963**, 1556) beschriebenen Prozeß (Ummagnetisierung anisotroper Schichten in schwerer Richtung) an Hand elektronenmkr. Aufnahmen gedeutet wird. K. Reichel. 137□

Sehr kleine Koerzitivkraft bei Nickel–Eisen-Filmen. H. Clow. (Nature [London] **194**, 1035—36, 16/6. 1962; Hayes, Middlesex, Electric and Music. Ind., Res. Labor.; engl.) — Vgl. C. **1962**, 1892. — Filme aus alternierenden Ni–Fe-Schichten (80 : 20) von 100 Å u. SiO-Schichten vergleichbarer Dicke (Gesamtdicke der Ni–Fe-Schichten 1000 Å) besitzen Koerzitivkräfte von ca. 0,2 Oe. Der geringe Wert wird auf die Verringerung der Domänenwand-Energie γ zurückgeführt. Infolge der Lamellenstruktur des Films kann zwischen den benachbarten Ni–Fe-Schichten keine Wechselwrkg. stattfinden. Vf. nimmt ferner an, daß die Magnetisierung innerhalb der Néel-Wände für jede Schicht des Films umgekehrtes Vorzeichen besitzt, wodurch eine Erniedrigung der magnetostat. Energie bedingt ist. D. Noack. 137□

Magnetisierung von Eisen–Nickel-Legierungen unter hydrostatischem Druck. J. S. Kouvel und R. H. Wilson. (J. appl. Physics **32**, 435—41, März 1961; Schenectady, N.Y., Gen. Electr. Res. Labor.; engl.) — An Fe, Ni u. FeNi-Legg. mit Ni-Geh. zwischen 30 u. 45% werden bei Raum-Temp. unter hydrostat. Drücken bis zu 3000 atm Magnetisierungskurven bei Feldstärken bis zu 12000 Oe gemessen. In Verbindung mit Ergebnissen von Patrick (C. **1954**, 9938) über die Druckabhängigkeit der Curie-Punkte kann aus diesen Ergebnissen geschlossen werden, daß bei der gerade kub. flächenzentrierten Leg. mit 30% Ni u. niedrigem Curie-Punkt sowohl eine starke Erniedrigung der Sättigungsmagnetisierung σ_0 als auch der Curie-Temp. Θ mit wachsendem, äußeren Druck eintritt. Die Ergebnisse stimmen mit denen von Kondorsky u. Sedow gut überein. Bei einer teilweisen Umwandlung der 30%ig. FeNi-Leg. in ein kub. raumzentriertes Gefüge steigen zwar σ_0 u. Θ stark an, die Druckabhängigkeit beider Größen nimmt aber dadurch stark ab. Aus den Ergebnissen wird ähnlich, wie früher bei den Ni-Mn-Legg. geschlossen, daß bei den kub. flächenzentrierten FeNi-Legg. Ferromagnetismus u. Antiferromagnetismus nebeneinander bestehen. H. Fahlenbrach. 137□

Über die Temperaturabhängigkeit der paramagnetischen Susceptibilität von Eisen-Nickel-Legierungen. W. I. Tschetschernikow. (Физика Металлов и Металловедение [Metallphysik Metallkunde] **10**, 672—75, Nov. 1960; Moskau, Lomonossow-Univ.; russ.) — Durchgeführt wird eine Unters. der Temp.-Abhängigkeit der paramagnet. Susceptibilität χ von *Fe–Ni*-Legg. mit 89,6; 77,6; 75,1; 69; 58,8; 48,5 u. 38,8 Atom-% *Ni* im Bereich hoher Temp. (bis 1200°). Es wird gezeigt, daß χ prakt. dem Gesetz nach Curie-Weiß folgt. Ferner wird festgestellt, daß die Susceptibilität χ_k, die von der Konz. der nichtferromagnet. Komponenten abhängt, nicht von der Temp. abhängig ist, mit einer Zunahme des *Fe*-Geh. der Leg. schnell auf 0 zu abnimmt. H. Hochstein. 137□

Ferromagnetische Resonanz von dünnen Kobalt-Schichten. Z. Frait. (Czechoslov. J. Physics B **11**, 360—68, 1961; Prague, Czechoslov. Acad. Sci., Inst. of Phys.; engl.) — Mit einer Modulations-Meth. bei 9200 MHz wird die ferromagnet. Resonanzabsorption dünner kub. kristallisierender Co-Schichten (180—1800 Å dick), die durch Vakuum-Aufdampfung auf ungeheizte Glasträger hergestellt worden waren, gemessen. Die Messungen erfolgten in Magnetfeldern parallel u. senkrecht zur Schichtebene. Es wurden die Werte der einachsigen Anisotropie u. die Größe der isotropen mechan. Spannungen in der Schicht, die Linienbreite der Resonanzabsorption u. die Werte des g-Faktors für verschiedene Schichtdicken bestimmt. Eine qual. Interpretation der Meßergebnisse führt für die induzierte Anisotropie u. den g-Faktor zur Übereinstimmung mit anderen Autoren. Bes. wird der starke Einfl. mechan. Spannungen auf die Resonanz bei Co-Schichten hervorgehoben. H. Fahlenbrach. 137□

Innere Felder in CoPd-Legierungen bei niedrigen Temperaturen. D. E. Nagle, P. P. Craig, P. Barrett, D. R. F. Cochran, C. E. Olsen und R. D. Taylor. (Physic. Rev. [2] **125**, 490—91, 15/1. 1962; Los Alamos, N.Mex., Univ. of California, Los Alamos Sci. Labor.; engl.) — Vff. berichten über Messungen der Hyperfeinaufspaltung der 14,4-keV-Linie von ^{57}Fe mit einer Reihe von Quellen, die ^{57}Co in einem CoPd-Gitter enthielten. Obwohl Pd nicht ferromagnet. ist, sind alle Legg. mit Co ferromagnet. mit Curie-Temp. zwischen 1404°K (100% Co) u. 130°K (3% Co). Das mit der Hyperfeinaufspaltung verbundene Feld ist für alle Legg. eine Funktion der Temperatur. Bei Temp., die klein gegen die jeweilige Curie-Temp. der betreffenden Legg. ist, zeigten jedoch alle Verbb. das gleiche innere Feld von —308 kGauß. Vff. diskutieren die Beziehung zwischen diesem Verh. u. den Theorien des inneren Feldes in Fe u. der Natur des Ferromagnetismus in CoPd. G. M. Neumann. 137□

Kollektivparamagnetismus während der Überstrukturbildung in den Heuslerschen Legierungen des Systems Cu–Mn–Al. A. Knappwost und H. Papadimitraki. (Z. physik. Chem. [Frankfurt/M.] [N. F.] **32,** 51–61, April 1962; Hamburg, Univ., Inst. für Physikal. Chem.; dt.) — Die Unters. des bei Al-Geh. von ca. 14 Atom-% auftretenden Kollektivparamagnetismus beim Hochtemp.-Zerfall einer Heuslerschen Leg. der Zus. $(Cu, Mn)_3Al$ mit statist. Cu–Mn-Verteilung in eine Phase mit Überstruktur der Form Cu_2MnAl sowie in eine Restphase ergibt, daß der Zerfall bei 650° bereits nach 1 Min. abgelaufen ist. Durch zweifache Ausnutzung der Langevin-Funktion errechnet sich die Ausdehnung der Überstrukturphase unter den gegebenen Bedingungen zu 22 Å. Aus der Gültigkeit des Curieschen Gesetzes bis zu Temp. von 375°K wird auf die Unmöglichkeit einer wesentlich anderen Zus. als der angegebenen für die Überstrukturphase geschlossen. D. Forst. 137□

Der Einfluß magnetokristalliner Wechselwirkungen auf den Superantiferromagnetismus von Feinteilchen. Louis Néel. (C. R. hebd. Séances Acad. Sci. **254,** 598–602, 22/1. 1962; Grenoble, Inst. Fourier, Labor. d'Électrostat. et de Phys. du Métal; franz.) — Mit Hilfe der Néelschen Theorie (C. **1962,** 16933) des Super-Antiferromagnetismus von Feinteilchen wird der Einfl. magnetokristalliner Wechselwrkg. untersucht. Dabei zeigte sich, daß ein Super-Antiferromagnetismus ebenso bei einer ungeradzahligen wie bei einer geradzahligen Anzahl von Netzebenen pro Feinteilchen auftritt u. nur eine Oberflächenschicht beeinflußt, deren Dicke von der gleichen Größenordnung wie die der Bloch-Wand ist. Im Falle von ungeradzahligen Netzebenen u. von Teilchen-Abmessungen, die kleiner als die Bloch-Wanddicke sind, soll die superantiferromagnet. Susceptibilitätserhöhung mit abnehmender Teilchengröße zunehmen. H. Fahlenbrach. 137□

Der Einfluß der Bahnmoment-Entartung auf die magnetoelastische Energie. J. C. Slonczewski. (J. appl. Physics, Suppl. zu **30,** 310 S–311 S, April 1959; Poughkeepsie, N.Y., IBM-Corp., Res. Center; engl.) — Vgl. C. **1959,** 701. — Es wird gezeigt, daß ferrimagnet. Kristalle mit bahnmomententarteten Kationen wegen ihrer Konfigurationsinstabilität eine große Magnetostriktion besitzen müssen. Mit Hilfe der Störungstheorie wird der Einfl. der Bahnmomententartung von Co^{2+} auf die Magnetostriktion bei Co–Fe-Ferriten berechnet. Dabei wird dann eine gute Übereinstimmung zwischen Theorie u. Experiment erreicht, wenn man für die trigonale Kristallfeldaufspaltung des Co^{2+}-Ions einen Wert von $1{,}4 \times 10^3$ cm^{-1} einsetzt. H. Fahlenbrach. 137□

Gleichstromeffekte bei ferromagnetischer Resonanz in dünnen Ferritfilmen. W. Heinz und L. Silber. (J. appl. Physics, Suppl. zu **33,** Nr. 3, 1306–07, März 1962; Brooklyn, N.Y., Polytechn. Inst. of Brooklyn; engl.) — Die Gleichspannung, die bei ferromagnet. Resonanz auftritt, wurde an dünnen Filmen von *Magnetit* beobachtet. Die Abhängigkeit dieser Spannung von Mikrowellenleistung u. dem stat. magnet. Feld stimmt qual. mit der Theorie überein, ist aber um einen Faktor 3 größer. H. Laue. 137□

Resonanzeigenschaften von Einkristallen hexagonaler Ferrite. C. R. Buffler. (J. appl. Physics, Suppl. zu **33,** Nr. 3, 1360–62, März 1962; Beverly, Mass., Varian Assoc., Bomac Labor.; engl.) — Von Einkristallen der hexagonalen Ferrite $BaFe_{12}O_{19}$, Zn_2Y u. Co_2Y wurde die ferromagnet. Resonanz untersucht. Die Werte für die Linienbreite, g-Werte u. Anisotropiefelder in Abhängigkeit von der Temp. zwischen 77 u. 600° K sind bei Frequenzen zwischen 8 u. 75 kMHz angegeben. Zn_2Y weist eine extrem schmale Linienbreite bei Raum-Temp. im X-Band auf. Bei Anisotropiefeldern von 9000 Oe wurden Werte bis hinunter zu 16 Oe gefunden. Die Theorie des Resonanz-Verh. wird abgeleitet u. mit den Befunden verglichen. E. Schulte. 137□

Hexagonale Ferrite für die Benutzung bei X- und V-Band-Frequenzen. G. P. Rodrigue, J. E. Pippin und M. E. Wallace. (J. appl. Physics Suppl. zu **33,** Nr. 3, 1366–68, März 1962; Clearwater, Fla., Sperry Microwave Electronics Company; engl.) — Die Darst. von einachsigem Material, dessen effektives Anisotropiefeld (AF) kontrolliert u. über einen Bereich von 0–12700 Oe verändert werden kann, ist angegeben. Es handelt sich um feste Lsgg. von NiW u. CoW der Zus. $BaO\ 2\ [Ni_{1-x}Co_xO] \cdot 7{,}8\ Fe_2O_3$, wobei x zwischen 0 bei einem AF von 12700 Oe u. 0,5 bei verschwindend kleinem AF variiert. Die Temp.-Abhängigkeit des resultierenden AF u. die gemessenen einachsigen AF als Funktion des Co-Geh. im Material sind in Abb. dargestellt; die Verhältnisse, der g-Faktor u. die Linienbreite werden diskutiert. Bei Benutzung orientierter polykristalliner Proben kann das effektive innere AF das angelegte äußere Feld verstärken. Verschiedene Proben wurden als Resonanzisolatoren bei V- u. K-Bandfrequenzen benutzt, mit Bandbreiten von ca. 20% u. „peak"-Isolationsverhältnissen größer als 30:1. E. Schulte. 137□

Dispersion der komplexen Permeabilität an Lithiumferrit. Friedrich Voigt. (Ann. Physik [7] **8**, 278—79, 1961; Jena, Inst. für Magnet. Werkstoffe der Dtsch. Akad. der Wissensch. zu Berlin; dt.) — Vgl. C. **1959**, 8463. — Die l. c. Unterss. über die Resonanzabsorption von $Li_{0,55}Fe_{2,45}O_4$ bei transversalem magnet. Gleichfeld werden mit den Meßwerten der Anisotropie-Konst. von Folen (C. **1961**, 13091) theoret. ausgewertet. Daraus wird geschlossen, daß bei niedrigen Frequenzen u. im Dispersionsgebiet um 60 MHz Bloch-Wandverschiebungen viel mehr zur Anfangspermeabilität beitragen als die Drehprozesse. Durch das transversale magnet. Gleichfeld werden diejenigen Bloch-Wände beseitigt, die nur wenig in ihren Vorzugslagen festgehalten werden u. infolge ihrer geringen Bindung am Anfang des Dispersionsgebietes in Resonanz kommen. Das Vorhandensein des Dispersionsgebietes bei 60 MHz bei inneren transversalen Feldern von einigen Hundert Oe (Anisotropiefeld) zeigt, wie fest die Bloch-Wände teilweise haften. H. Fahlenbrach. 137□

Über das Spinwellenspektrum in der Granatstruktur. B. Dreyfus. (Physics Chem. Solids **23**, 287—95, März 1962; Grenoble, Inst. Fourier, Labor. des Basses Temp.; franz.) — Vgl. C. **1962**, 4083. — Vf. gibt für das Spinwellenspektrum im Zentrum der Brillouin-Zone der Granatstruktur Gleichungen für die opt. Frequenzen u. die entsprechenden Moden der Spinwellen an. Für *5* $Fe_2O_3 \cdot 3\, Gd_2O_3$ sind die opt. Zweige energiearm, u. es ist schon bei Temp. von einigen °K eine Anregung möglich; das abgeleitete Spektrum wird mit der Temp.-Abhängigkeit der spezif. Wärme verglichen. Obwohl die opt. Zweige nicht direkt beobachtet werden können, bestehen offenbar Wechselwrkg. mit indirekten Übergängen, magnet. Verunreinigungen bzw. mit Neutronen bei Unterss. der Neutronenbeugung. Herbert Müller. 137□

Magnetokristalline Anisotropie von Seltenerdmetall-Eisen-Granaten. R. F. Pearson. (J. appl. Physics, Suppl. zu **33**, Nr. 3, 1236—42, März 1962; Redhill, Surrey, England, Mullard Res. Labors.; engl.) — Es wird ein Überblick über neuere Anisotropieergebnisse gegeben, die aus stat. u. Resonanzmessungen an den Seltenerdmetall-Fe-Granaten $5\, Fe_2O_3 \cdot 3\, M_2O_3$, M = *Y*, *Gd*, *Yb*, *Er*, *Sm*, *Tb*, *Dy* u. *Ho*, ermittelt wurden. Sowohl das Verh. bei hohen Temp. (bis zu 300° K), das durch die zwei Anisotropie-Konst. K_1 u. K_2 beschrieben werden kann, als auch die anomalen Anisotropie-Eigg., die bei der Temp. des fl. He auftreten, werden diskutiert. Die Ergebnisse werden durch ein Einzelionmodell gedeutet, das die Anisotropie, die von der Wrkg. der vereinten Kristall- u. Austauschfelder des Granats auf die Energieniveaus der individuellen magnet. Ionen herrührt, berücksichtigt. Der Geltungsbereich dieses Modells wird kurz diskutiert. H. Laue. 137□

Magnonenverteilung bei ferromagnetischer Resonanz in Yttrium-Eisen-Granat. T. J. Matcovich, H. S. Belson, N. Goldberg und C. W. Haas. (J. appl. Physics, Suppl. zu **33**, Nr. 3, 1287—88, März 1962; Blue-Bell, Pa., Remington Rand Univac, Div. of Sperry Rand Corp.; engl.) — Die Anwesenheit von angeregten Magnonen hat eine Verschiebung der ferromagnet. Resonanzfrequenz zur Folge. Diese Frequenzverschiebung wurde berechnet, indem man in der Hamilton-Funktion Glieder mit den Spinvariablen bis zur 4. Ordnung berücksichtigte. Die Verschiebung läßt sich durch die Anzahl der angeregten Magnonen mit $k = 0$ u. $k \neq 0$ ausdrücken. Die Verschiebung wurde an 4 Einkristall-Y-Fe-Granatkugeln bei 9 GHz gemessen. Man beobachtete, daß die Verschiebungen der absorbierten Hochfrequenzenergie direkt proportional waren, u. zwar positiv, wenn das gleichgerichtete Magnetfeld in der [1 0 0]-Richtung liegt, u. negativ, wenn es in der [1 1 1]-Richtung ist. Daraus folgt, daß die Verteilung von Magnonen mit $k \neq 0$ von Magnonen mit $48° < \Theta_k < 60°$ dominiert wird. Nimmt man an, daß die Magnonen mit $k \neq 0$ mit denen von $k = 0$ entartet sind, so sind die Anzahlen beider ungefähr gleich u. Magnonen im Bereich um $k = 1 - 2 \times 10^5\ cm^{-1}$ dominieren. Das stimmt mit der Voraussage überein, daß die Relaxation der Magnonen mit $k = 0$ eine Erzeugung von Magnonen mit $k \neq 0$ zur Folge hat. Die Ergebnisse widersprechen jedem Modell, das eine gleichmäßige Verteilung der entarteten Zustände verlangt. H. Laue. 137□

Paramagnetische Elektronenresonanz von dreiwertigem Gadolinium in Yttrium-Gallium- und Yttrium-Aluminium-Granaten. L. Rimai und G. A. de Mars. (J. appl. Physics, Suppl. zu **33**, Nr. 3, 1254—56, März 1962; Waltham, Mass., Raytheon Comp., Res. Div.; engl.) — Mit Hilfe von paramagnet. Elektronenresonanz-Meth. werden von diamagnet. Y-Al- u. Y-Ga-Granaten, in denen Y^{3+} durch Gd^{3+} substituiert ist, die Hamiltonschen Spinparameter bestimmt. Aus den Ergebnissen kann der Beitrag der unabhängigen Ga-Ionen zur Anisotropie von Gd-Fe-Granat abgeschätzt werden. Im Hamiltonschen Spin sind die Konst. 4. Ordnung in Y-Al- u. Y-Ga-Granat ähnlich u. ihr Beitrag zur Anisotropie des Gd-Fe-Granats ist mit den experimentellen Daten in guter Übereinstimmung, während die Konst. 2. Ordnung merklich verschieden sind u. daher keine exakte Voraussage der Anisotropie in Gd-Fe-Granat erlauben. E. Schulte. 137□

Temperaturabhängigkeit der Magnetisierung von Y–Fe-Granat (YIG). Irvin H. Solt jun. (J. appl. Physics, Suppl. zu **33**, Nr. 3, 1189–91, März 1962; Palo Alto, Calif., Fairchild Semiconductor Res. and Developm. Labors.; engl.) — Die Temp.-Abhängigkeit der Sättigungsmagnetisierung, $4\pi M$, wurde für reine, polierte YIG-Kugeln im Temp.-Bereich von 4–50° K gemessen. Dazu wurde der Abstand der magnetostat. Zustände 210 u. 220 im Magnetfeld als Funktion der Temp. gemessen. Der Abstand der Zustände ist $4\pi M/5$. Es wurden verschiedene Proben mit dem äußerenen Magnetfeld in den [1 0 0] u. [1 1 1]-Richtungen untersucht. Die experimentellen Ergebnisse wurden der Theorie von Dyson angepaßt. Es war nur der Korrekturterm erster Ordnung zur Bloch-Gleichung erforderlich; damit ist $M = M_0 (1 - 8{,}19 \times 10^{-6}\, T^{3/2} - 1{,}03 \times 10^{-7}\, T^{5/2}$.) Definitiv läßt sich M nicht dem $T^{3/2}$-Term allein anpassen. H. Laue. 137□

Antiferromagnetische Resonanz bei $MnTiO_3$. J. J. Stickler und G. S. Heller. (J. appl. Physics, Suppl. zu **33**, Nr. 3, 1302–03, März 1962; Lexington, Mass., MIT, Lincoln Labor.; engl.) — Es wurden das effektive innere Feld $(2\, H_E H_A)^{1/2}$ u. seine Temp.-Abhängigkeit aus antiferromagnet. Resonanz-Verss. für zwei verschiedene Einkristalle von $MnTiO_3$ sowie aus der Absorptionskante einer reinen Pulverprobe ermittelt. Die Daten sind mit einem einachsialen, kollinearen Zwei-Untergittermodell, das aus Messungen der Gleichstromsusceptibilität u. der Neutronenbeugung aufgestellt wurde, übereinstimmend. Für einen Kristall ergaben sich Werte, die gut mit den Werten des Pulvers übereinstimmen, bei einem g-Wert 2,1 u. effektivem inneren Feld von 52 kGauß bei 4,2° K. Alle Proben folgten einer Brillouin-Funktion für Spin 5/2, aber mit unterschiedlichen Néel-Temperaturen, die höher als die bisher veröffentlichten waren.
H. Laue. 137□

Messungen des pulsierenden kritischen Feldes in magnetischen Systemen. Simon Foner und Shou-Ling Hou. (J. appl. Physics, Suppl. zu **33**, Nr. 3, 1289–90, März 1962; Cambridge, Mass., MIT, Nat. Magnet Labor.; engl.) — Messungen des magnet. Moments mit pulsierenden Feldern in verschiedenen magnet. Syst. sind kurz zusammengefaßt. Bes. hohe Empfindlichkeit wurde für Syst. erreicht, bei denen die Magnetisierung in Abhängigkeit vom angelegten Feld nicht linear veränderlich ist, z. B. „Spin-Sprung“ (spin-flop). Es ließen sich Änderungen der Magnetisierung von 0,1 Gauß bei einem angelegten Feld von über 100 kGauß beobachten. Es wird über die krit. Felder von Cr_2O_3 u. $(Cr_2O_3)_{0,9} \cdot (Al_2O_3)_{0,1}$ von 4,2° K bis ca. 0,95 T_N u. die entsprechenden berechneten Werte von $(2\,\lambda\, K)^{1/2}$ berichtet, wo λ die Austausch-Konst. u. K die Energie der Anisotropie ist. Die Werte von $(2\lambda K)^{1/2}$ stimmen mit den früheren antiferromagnet. Resonanzmessungen in ähnlichen Kristallen überein. Die Ergebnisse der Messungen an antiferromagnet. MnF_2, CoF_2 u. $FeTiO_3$ u. an metamagnet. $FeCl_2$ u. $CoCl_2$ werden kurz diskutiert.
H. Laue. 137□

Anisotropie des magnetoelektrischen Effekts von Cr_2O_3. V. J. Folen, G. T. Rado und E. W. Stalder. (Physic. Rev. Letters **6**, 607–08, 1/6. 1961; Washington, D.C., U. S. Naval Res. Labor.; engl.) An zwei Einkristallscheiben aus Cr_2O_3 (Scheibenebene senkrecht u. parallel zur c-Achse) wird ein magnet. Moment beim Anlegen eines äußeren elektr. Feldes (1000 Hz) beobachtet. Dieser magnetoelektr. Effekt ist stark anisotrop u. temperaturabhängig. Messungen wurden zwischen 70 u. 320° K durchgeführt. Am Néel-Punkt bei 306° K verschwindet der Effekt restlos. Parallel zur c-Achse wird er auch bei 100° K Null u. hat ein Maximum bei 260° K. Senkrecht zur c-Achse fällt er von 70° K zum Néel-Punkt hin stetig ab. Der magnetoelektr. Effekt nimmt bei beiden Proben linear mit der elektr. Feldstärke zu. H. Fahlenbrach. 137□

Der Mechanismus des magnetoelektrischen Effekts in einem antiferromagnetischen Stoff. George T. Rado. (Physic. Rev. Letters **6**, 609–10. 1/6. 1961; engl.) — Vgl. vorst. Referat. — Eine phänomenolog. Theorie des magnetoelektr. Effekts antiferromagnet. Stoffe u. seiner Temp.-Abhängigkeit wird gegeben. Es gelingt damit eine nahezu quant. Beschreibung des Verh. von Cr_2O_3. Die geringen Unterschiede müssen dem nicht exakt gültigen Zwei-Untergittermodell zugeschrieben werden. Ferner wird auch für Störungen der Spin–Bahnmoment-Kopplung durch das äußere elektr. Feld eine atomist. Erklärung gegeben, womit die richtige Größenordnung des beobachteten magnetoelektr. Effektes zunächst nur abgeschätzt werden könnte.
H. Fahlenbrach. 137□

Magnetische Eigenschaften von Cr_5S_6 in Chromsulfiden. K. Dwight, R. W. Germann, N. Menyuk und A. Wold. (J. appl. Physics, Suppl. zu **33**, Nr. 3, 1341–42, März 1962; Lexington, Mass., MIT, Lincoln Labor.; engl.) Verschiedene Proben von CrS_x ($1{,}145 < x < 1{,}200$) wurden dargestellt u. chem. analysiert. Die erwarteten Kristallstrukturen wurden durch Röntgenanalyse bestätigt, jedoch ließen sich so keine Verunreinigungen nachweisen. Zwischen 77 u. 300° K zeigten konduktometr. Messungen metall. Leitfähigkeit. Magnet. Messungen stützen die Vermutung, daß der Ferrimagnetismus des

CrS_x-Materials durch die Anwesenheit der Cr_5S_6-Phase bewirkt wird. Die Magnetisierungskurve für x = 1,194 ergab folgende Eigg.: ferrimagnet. Curie-Punkt 305° K; sprunghafte Magnetisierung von 6,9 emE/g in einem äußeren Feld von 8500 Oe; ferrimagnet.-antiferromagnet. Übergang über ein 5°-Temp.-Intervall; Übergangs-Temp. in der Nähe von 158° K, die von der therm. Hysteresis u. der Änderung des äußeren magnet. Feldes abhängt; antiferromagnet. Susceptibilität unterhalb dieses Übergangs. Die Übergangs-Temp. u. die spontane Magnetisierung nehmen mit ansteigendem Cr-Geh. ab. Ein einfaches Modell wird vorgeschlagen. E. Schulte. 137□

Die magnetischen Susceptibilitäten einiger diamagnetischer Legierungen. Die primären Mischkristalle von Cadmium, Indium, Zinn und Antimon in Kupfer und Silber; Zink, Gallium, Germanium und Arsen in Silber; Kupfer in Silber und Silber in Kupfer. W. G. Henry und J. L. Rogers. (Canad. J. Physics **38**, 908—26, Juli 1960; Ottawa, Canada, Nat. Res. Council, Div. of Appl. Chem.; engl.) — Vgl. C. **1957**, 6953. — Vff. bestimmen die Änderung der magnet. Susceptibilität mit der Konz. bei Raum-Temp. für die Mischkristalle in obigen Syst. u. berechnen die Zustandsdichte für Ag unter der Annahme angenähert freier Elektronen. Der Diamagnetismus in einer Reihe nimmt mit der Wertigkeit zu, für Ag-haltige Syst. stärker als für Cu-haltige. In beiden ist die anfängliche Neigung der Susceptibilitäts-Konz.-Kurve eine angenähert lineare Funktion der Wertigkeit. Es wird festgestellt, daß die Zustandsdichte bei einem Verhältnis Elektronen/Atom von Z = 1,0 abnimmt. Die früher beschriebene Meth. (l. c.) zur Best. der magnet. Eigg. von α-Mischkristallen des Cu mit Zn, Ga, Ge u. As ist für obige Syst. aus ein- u. mehrwertigen Metallen anwendbar. Vff. schließen aus den magnet. Messungen, daß die Fermi-Oberfläche die (III) Brillouin-Zonenfläche in Ag u. Cu berührt u. daß die Geschw. der Abnahme der Zustandsdichte mit Z näherungsweise durch die Annahme angenähert freier Elektronen gegeben ist. Die Mischkristalle des Syst. Ag–Cu verhalten sich anomal wie gemischte Phasen. P. Frenzel. 137□

Die magnetische Susceptibilität von festen Mangan-Zinkfluorid-Lösungen. D. M. Finlayson, I. S. Robertson, T. Smith und R. W. H. Stevenson. (Proc. physic. Soc. **78**, 318—20, 1/8. 1961; Aberdeen, Marischal Coll., Dep. of Natural Philosophy; engl.) — An Einkristallen aus Mn–ZnF_2-Mischkristallen (MnF_2, $Mn_{0,87}Zn_{0,13}F_2$, $Mn_{0,61}Zn_{0,39}F_2$ u. $Mn_{0,11}Zn_{0,89}F_2$) werden durch Messungen der Temp.-Abhängigkeit der Susceptibilität zwischen 0 u. 300° K Kernresonanzergebnisse von Baker, Lourens u. Stevenson (C. **1963**, 1558) über die Konz.-Abhängigkeit der Néel-Temp. bestätigt. Bei höheren Temp. oberhalb der Néel-Punkte gilt das Curie-Weiss-Gesetz in der Form $\chi = C/(T + \Delta)$, woraus für alle Fluoride ein Atommoment des Mn von angenähert 5,9 Bohrschen Magnetonen ermittelt wird. Aus den Susceptibilitätsmessungen unterhalb der Néel-Punkte kann auf den Ordnungsvorgang geschlossen werden.
H. Fahlenbrach. 137□

Antiferromagnetische und paramagnetische Resonanz bei $CuF_2 \cdot 2\,H_2O$. M. Peter und T. Moriya. (J. appl. Physics, Suppl. zu **33**, Nr. 3, 1304—05, März 1962; Murray Hill, N.J., Bell Telephone Labors., Inc.; engl.) — Die antiferromagnet. u. paramagnet. Resonanzabsorption wurde bei $CuF_2 \cdot 2\,H_2O$ gemessen. Bei 1,4° K treten die antiferromagnet. Resonanzen für die Feldstärke Null bei 95,84 ± 0,05 kMHz u. 95,91 ± 0,05 kMHz auf. Die Richtung leichter Magnetisierung hat einen Winkel von 3,5° mit der c-Achse. Diese Orientierung stimmt mit Messungen der Neutronenbeugung u. der Susceptibilität von Einkristallen überein. Infolge von starker Austauschverengung wurden schmale paramagnet. Resonanzlinien beobachtet. Die g-Werte sind: g_ξ 2,07, $g_\eta = 2{,}08$, $g_\zeta = 2{,}42$. Die Hauptachsen fallen nahezu mit den Ligandenachsen zusammen. Aus den g-Werten werden die Energieniveaus u. Wellenfunktionen der Cu^{2+}-Ionen ermittelt. Die Anisotropie wird diskutiert. Der Dipolanteil wird numer. berechnet u. der anisotrope Austausch vom pseudodipolaren Typ bestimmt. Aus der so bestimmten gesamten Anisotropie u. der senkrechten Susceptibilität, die von Williams gemessen wurde, wird die antiferromagnet. Resonanzfrequenz bei 130 kMHz vorhergesagt. Die Übereinstimmung mit den Vers. ist nicht schlecht, wenn man die Verringerung dieser Frequenz durch die Nullpunktsoscillationen der Spinwellen berücksichtigt. Es wird kurz die Superaustauschwechselwrkg. in diesem Kristall diskutiert. H. Laue. 137□

Relaxationserscheinungen bei der paramagnetischen Resonanz der Mn^{2+}-Ionen im kubischen Kristallfeld von SrS. A. A. Manenkow und W. A. Miljajew. (Журнал Экспериментальной и Теоретической Физики [J. exp. theoret. Physik] **41**, 100—05, Juli 1961; Physik. Lebedew-Inst. der Akad. der Wiss. der UdSSR; russ., Auszug: engl.) — Polykristalline SrS-Proben mit ca. 0,05% Mn wurden auf Relaxationsphänomene im paramagnet. Elektronenresonanzspektrum des Mn^{2+} untersucht. Dabei betrug die Frequenz 9300 MHz. Es wurden folgende Spin-Gitter-Relaxationszeiten ermittelt, $T_1 = 5 \cdot 10^{-8}$ s bei 300° K, $1,5 \cdot 10^{-6}$ s bei 77° K, $9 \cdot 10^{-2}$ s bei 4,2° K u. $2,1 \cdot 10^{-1}$ s bei 1,6° K; T_2 bei 77° K $6 \cdot 10^{-8}$ s. Ferner wurden bei der Temp. des fl. H_2 Spin–Spin-Kreuzrelaxationseffekte beobachtet u. Zeiten zwischen $2 \cdot 10^{-3}$ u. $1 \cdot 10^{-2}$ s ermittelt.

M. Wiedemann. 137 □

Winkelabhängigkeit der Kernspin-Gitterrelaxationszeit für mehrere Alkalihalogenidkristalle. E. R. Andrew, K. M. Swanson und B. R. Williams. (Proc. physic. Soc. **77**, 36—48, 1/1. 1961; Bangor, Univ. Coll. of North Wales, Dep. of Phys.; engl.) — Vff. untersuchten die Winkelabhängigkeit der ^{7}*Li*- u. ^{19}*F*-Relaxationszeiten in reinen nicht bestrahlten *LiF*-Einkristallen, die die Li-Isotope in ihrer natürlichen Häufigkeit (96,6% ^{7}Li) enthielten u. ferner die ^{19}F-Relaxationszeit in 2 LiF-Einkristallen, die an ^{6}Li angereichert waren u. 50,1 bzw. 90,4% ^{6}Li enthielten. Außerdem wurde noch die Winkelabhängigkeit der Relaxation von ^{23}*Na* in *NaCl* u. von ^{79}*Br* u. ^{81}*Br* in *KBr* untersucht. Alle Messungen wurden bei Zimmer-Temp. in einem Feld von 4400 Oe durchgeführt. Es wurde gefunden, daß sich die beobachtete Anisotropie der Relaxationszeit für ^{19}F u. ^{7}Li in den reinen LiF-Kristallen durch die Spin-Diffusionstheorie der Relaxation von Bloembergen (C. **1949**, E. 5219) erklären läßt. Dies konnte bestätigt werden durch die beobachtete red. Anisotropie in den mit ^{6}Li angereicherten Kristallen. In NaCl hat die Spin-Gitterrelaxation von ^{23}Na vorherrschend Quadrupolcharakter. Eine ähnliche Beobachtung für die ^{79}Br- u. ^{81}Br-Relaxationszeiten in KBr stehen nicht im Widerspruch zu der Theorie von van Kranendonk (vgl. C. **1955**, 10681) u. führen zu der Annahme, daß Kovalenz keinen starken Beitrag zu dem Quadrupolrelaxationsprozeß liefert.

C. Gottfried. 137

Kernmagnetische Resonanz im Natriumthiosulfatpentahydrat. C. R. K. Murty und Z. M. El Saffar. (Acta crystallogr. [Copenhagen] **15**, 536—38, 10/6. 1962. East Lansing, Mich., Michigan State Univ., Dep. of Phys.; engl.) — Protonenmagnet. Resonanz-Unterss. an einem um die 3 Haupt- u. 2 Hilfsachsen rotierenden Kristall von $Na_2S_2O_3 \cdot 5\,H_2O$ ermöglichen eine Lage-Best. der H_2O-Protonen aus der Größe u. Richtung der Proton–Proton-Vektoren. Ihre Länge beträgt 1,57—1,60 Å mit einer (unerklärbaren) Ausnahme bei 1,52 Å. Die OH-Abstände von 0,91—1,04 Å sprechen für Abweichungen vom normalen H—O—H-Winkel. Die gefundenen Protonenlagen bestätigen die durch Röntgenbeugung ermittelten Werte von Taylor u. Beevers (C. **1950/54**, 64 S).

H. Bürger. 137 □

Eine Beziehung für das Signal–Rausch-Verhältnis beim Nachweis der kernmagnetischen Resonanz mit phasenempfindlichen Detektoren. S. Visweswara Murthy. (J. sci. ind. Res. [New Delhi], Sect. B **21**, 333—34, Juli 1962; Bangalore, Indian Inst. of Sci.; Dep. of Phys.; engl.) G. M. Neumann. 137 □

Magnetischer Kernresonanzabsorptionsapparat. Robert G. Marcley. (Amer. J. Physics **29**, 451—58, Juli 1961; New York, N.Y., Amer. Inst. of Phys.; engl.) —Beschreibung des Apparates. C. Gottfried. 137

Hochniveauoszillator für Kernresonanz. W. D. Knight. (Rev. sci. Instruments **32**, 95, Jan. 1961; Berkeley, Calif., Univ. of California, Dep. of Phys.; engl.) — Vf. beschreibt Verbesserungen, die an dem von Pound u. Knight beschriebenen kathodengekoppelten Stromkreis angebracht worden sind u. es gestatten, bei Frequenzen von 50 MHz u. darüber zu arbeiten. C. Gottfried. 137

Das Standardpotential der Silberbromid–Silber-Elektrode in wasserfreiem Methanol bei 25°. C. L. de Ligny und A. A. Wieneke. (Recueil Trav. chim. Pays-Bas **79**, 268—77, März 1960; Utrecht, State Univ., Labor. for Analyt. Chem.; engl.) — Bei der pH-Best. von Standardpuffer-Lsgg. in wasserfreiem Methanol nach der N.B.S.-Meth. (vgl. de Ligny u. Luykx, C. **1961**, 14032) sind die pH-Werte bei Verw. einer Zelle mit AgCl-Elektrode (A) von denen bei Verw. einer AgBr-Elektrode (B) verschieden. Vff. nehmen an, daß für das Normalpotential E_0 von B ein ungenauer Literaturwert benutzt wurde, u. bestimmen direkt die Differenz zwischen E_0 von A (—0,0103 abs. V bei 25°) u. E_0 von B (E_0 von A wird als richtig angenommen). Verwendet werden die Ketten H_2/H_2Succ, LiHSucc, NaCl/AgCl–Ag u. H_2/H_2Succ, LiHSucc, NaBr/AgBr–Ag (gleiche Molarität m = 0,0005—0,025; H_2Succ = Bernsteinsäure). E_0 von B wird zu $-0,1375 \pm 0,0009$ V gefunden. Der Wert wird durch übereinstimmende Ergebnisse bei pH-Best. im Oxalat-, Salicylat- u. Succinatpuffer mit A bzw. B bestätigt. Vff. beschreiben App. zur Herst. von reinem, wasserfreiem Methanol sowie von methanol. Lösungen.

P. Frenzel. 140 □

Elektrochemische Untersuchungen an Paraffinmembranen. 6. Mitt. H. J. Tendeloo und F. H. van der Voort. (Recueil Trav. chim. Pays-Bas **79**, 639—42, Juni 1960; Wageningen, Univ., Agricult. Labor. of Phys. and Colloid Chem.; engl.) —

5. vgl. C. 1961, 11616. — Die EMK von Ketten mit Paraffinelektroden mit u. ohne Zusatz von Stearinsäure u. Ca-Stearat in Lsgg. ein- u. 2wertiger Ionen wurde gemessen. Die mV-Werte in Abhängigkeit von der molaren Konz. der Elektrolyte (HCl, KCl, $CaCl_2$, Na_2SO_4, $MgCl_2$, $BaCl_2$, $MgSO_4$) werden mitgeteilt. Es wird ein beträchtlicher Einfl. der Anionen auf das Membranpotential festgestellt. W. Untze. 140□

Mit Wasser stark reagierende Formen der Übergangselemente der Eisengruppe. G. V. L. N. Murty, D. Subba Rao und T. R. Ramaswami. (Current Sci. 25, 187—88, Juni 1956, Jamshedpur, Tata Iron & Steel Co. Ltd., Chem. Labor.; engl.) — Bei der elektrolyt. Auflsg. von verunreinigtem Fe wurde beobachtet, daß unter bestimmten Bedingungen an der Kathode eine auch bei Raum-Temp. mit W. heftig reagierende Fe-Form abgeschieden wird. Präparativ konnte diese Fe-Form aus citrat- u. NaCl-haltigen Elektrolytbädern, pH 4—6 bei Benutzung von Pt-, Al-, Cu-, Ni-, Fe- oder Sn-Kathoden erhalten werden. Ihre Reaktionsfähigkeit ist der des Ca vergleichbar u. nimmt bei steigender Temp. zu. Während der Rk. nimmt der pH-Wert der Lsg. zu. Mit fortschreitender Rk. bildet sich ein inakt. Schutzfilm auf der Oberfläche, der sich in verd. Säuren oder in starker Na-Citrat-Lsg. wieder löst. Die Rk.-Fähigkeit des abgeschiedenen Fe bleibt beim Aufbewahren im Vakuum einige Std. lang erhalten, an der Luft u. unter dem Einfl. von Feuchtigkeit wird die Oberfläche inakt., bei der Behandlung mit verd. Säuren oder Citrat-Lsg. wird eine verminderte Reaktivität zurückerhalten. W. Betcke. 141□

Der Mechanismus der elektrolytischen Abscheidung und Auflösung von Silber. Wolfgang Mehl und John O'M. Bockris. (Canad. J. Chem. 37, 190—204, Jan. 1959; Philadelphia, Pa., Univ., John Harrison Labor.; engl.) — Es wurden durch mehrfache Dest., Kristallisation u. Vorelektrolyse gereinigte Lsgg. von $AgClO_4$ galvanostat. untersucht. Die Ag-Elektrode wurde chem. geätzt u. wies viele Versetzungen auf. Gegenelektrode war ein Pt-Netz. Die i–η u. η–t-Funktionen wurden theoret. für Aufladung der Doppelschicht, Durchtritt der Ionen, Oberflächendiffusion u. Überlagerungen der 3 Rkk. abgeleitet. Die Auswertung der η–t-Beziehungen für gemischten Durchtritt u. Diffusion lieferte die Austauschstromdichte i_0, die Gleichgewichts-Konz. der adsorbierten Ag-Ionen c_0 u. den Diffusionsfluß bei der Übersättigung $1(\nu_0)$. Damit konnten die stationären η_s–i-Kurven berechnet u. mit den experimentellen verglichen werden. Bei niedriger Überspannung ist die Oberflächendiffusion, bei höherer der Ionendurchtritt geschwindigkeitsbestimmend. Das ist auf die Abstandsverminderung zwischen den Wachstumslinien bei höheren Überspannungen zurückzuführen. Es geht hieraus hervor, daß die Ag-Ionen aus der Lsg. nicht direkt zu den Wachstumsstellen gelangen. U. Siggel. 141□

Der Grenzstrom beim elektrolytischen Polieren von Kupfer in 20n H_3PO_4-Lösung. Z. Zembura und W. Michalik. (Bull. Acad. polon. Sci., Cl. III 5, 1073—79, 1957; Pol. Acad. of Sci., Inst. of Phys. Chem., Dep. of Phys. Chem. of Electrode Processes; Cracow, School of Mining and Metallurg., Dep. of Phys. Chem. and Electrochem.; engl.) — Vff. bestimmen die Grenzstromdichte D_p beim Elektropolieren einer zylindr. Cu-Anode in 20n H_3PO_4 als Funktion der Umdrehungszahl der Anode (60—670 U/min) u. des Cu-Geh. c des Elektrolyten (0—75 g/Liter). Es ergeben sich Kurven der Form $1/D_p = A + Bc$ (A u. B = const.). Die Auflösungs-Geschw. der Anode wird im Bereich des Stromplateaus durch den Diffusionsprozeß in der Elektrolytgrenzschicht bestimmt. Als langsamster u. damit für den Wert D_p verantwortlicher Vorgang erweist sich die Diffusion von Phosphationen aus dem Elektrolyt zur Anodenoberfläche. Dieser Deutung entsprechen die gemessenen Viscositäts- u. Leitfähigkeitswerte. Diskontinuitäten des Anodenpotentials im Bereich zwischen +0,45 u. +0,82 V werden der Bldg. einer festen Oxidschicht auf der Anode zugeschrieben. Die Rk. $Cu \rightarrow Cu^{2+} + 2e^-$ spielt beim Übergang des Cu in die Lsg. keine wesentliche Rolle. A. Blaschette. 141□

Messungen der Austauschgeschwindigkeit zwischen Quecksilber und Quecksilber(I)-Salzen mit der Methode der radioaktiven Indicatoren. W. W. Lossew und A. I. Molodow. (Журнал Физической Химии [J. physik. Chem.] 35, 2487—93, Nov. 1961; Phys.-chem. Karpow-Inst.; russ., Auszug: engl.) — Vff. leiten eine Gleichung ab, die die Abhängigkeit des Austauschstromes (AS) zwischen einer Metallelektrode u. den entsprechenden Kationen in der Lsg. von ψ_1 wiedergibt (ψ_1 = Potential des diffusen Teils der elektr. Doppelschicht). Die Zunahme des abs. Wertes von ψ_1 führt zu einem Abfall von AS bei positivem ψ_1 u. zu einer Zunahme bei negativem ψ_1. Die Austausch-Geschw. (AG) wird zwischen Hg u. $Hg_2(ClO_4)_2$, $Hg_2(NO_3)_2$ u. Hg_2F_2 (203 Hg) gemessen. AG ist proportional der Hg_2^{2+}-Konz. u. unabhängig vom Anion. AS wird berechnet u. experimentell bestimmt. Der Isotopenaustausch im Syst. Hg–Hg_2^{2+} wird durch die Diffusion der radioakt. Hg-Ionen in der Lsg. bestimmt. D. Hoene. 142□

Galvanostatische und potentiostatische Untersuchungen an aktivem und passivem Uran in wäßrigen Elektrolyten und Strukturanalyse oxidischer Deckschichten. Roland W. Ohse und Ernst Raub. (Z. physik. Chem. [Frankfurt/M.] [N. F.] **31**, 87–110, Jan. 1962; Karlsruhe, Kernforschungszentrum; Schwäbisch Gmünd, Forschungsinst. für Edelmetalle u. Metallchem.; dt.) — Zusammenstellung der thermodynam. u. kristallograph. Daten der Uranoxide u. -hydroxide, sowie von 18 Elektroden-Rkk. des Syst. Uran/wss. Lsg. mit Angabe des Normalpotentials u. seiner pH-Abhängigkeit. Die Meßtechnik wird beschrieben. Die Spannungs–Zeit-Kurve bei anod. u. kathod. Belastung u. die Abklingkurven nach verschieden langen anod. u. kathod. Vorbelastungen werden aufgenommen. Röntgen- u. Elektronenbeugung dienen zur Unters. der oxid. Deckschichten. Die quasistationäre, potentiostat. Stromspannungskurve in 1n KOH wird diskutiert. Das Auftreten der Elektroden-Rkk. $UO_2 + H_2O \rightarrow UO_3 + 2H^+ + 2e^-$; $U_3O_8 + H_2O \rightarrow 3UO_3 + 2H^+ + 2e^-$; $UO_2 + 3H_2O \rightarrow UO_3 \cdot 2H_2O + 2H^+ + 2e^-$ u. der irreversiblen Umsetzungen $UO_3 \rightarrow UO_3 \cdot 2H_2O$; $U_3O_8 \rightarrow UO_2 + UO_3 \cdot 2H_2O$ wird aus den Unterss. abgeleitet. — 32 Literaturangaben. R. Mattes. 142□

Theorie der polarographischen Ströme bei elektrostatischer Abstoßung des Depolarisators in der Doppelschicht. O. Dračka. (Collect. czechoslov. chem. Commun. **26**, 1999–2014, Aug. 1961; Brno, Tschechoslow. Akad. der Wiss., Inst. Hydrodynamik; dt.) — Bei polarograph. Red. verschiedener Anionen u. bei einigen kinet. Stufen wurden Stromabnahmen mit steigendem negativen Potential beobachtet, die in Ggw. höherer Leitsalz-Konzz. beseitigt wurden. Die Stromabnahme wird durch elektrostat. Depolarisatorabstoßung erklärt. Vf. leitet Beziehungen für polarograph. Ströme für den Fall ab, daß der Depolarisator durch Diffusion zur Elektrodenoberfläche transportiert u. im Elektrodenraum infolge der Verteilung des Potentials in der Doppelschicht elektrostat. abgestoßen wird. Der Einfl. der langsamen Entladung u. Abstoßung des Depolarisations-Prod. wird erwähnt. Falls die Dicke der Diffusionsschicht genügend die Dicke der Doppelschicht übersteigt, ist die Abhängigkeit des Grenzstromes $\bar{i}$ von der Behälterhöhe (bzw. des Verhältnisses $\bar{i}/\bar{i}_d$ von der Tropfzeit) formal durch dieselbe Gleichung beschrieben, wie im Falle des kinet. Stromes, der durch eine schnelle Rk. 1. Ordnung bedingt ist. Mit Steigerung der Konz. des Leitsalzes nimmt das Verhältnis $\bar{i}/\bar{i}_d$ ab u. nähert sich einem Grenzwert. Aus den Vers.-Ergebnissen kann der Maximalwert des Abstoßungspotentials am Ort der Entladung des Depolarisators berechnet werden. P. Zuman/Prag. 142

Einfluß der Viscosität und sonstiger Eigenschaften des Lösungsmediums auf polarographische Grenzströme. 1. Mitt. D. Glietenberg, G. van Riesenbeck und H. W. Nürnberg. (Z. analyt. Chem. **186**, 102–17, 1962; Bonn, Univ., Inst. für Phys. Chem.; dt.) — Darst. grundsätzlicher Gesichtspunkte u. Mitt. vorl. Ergebnisse. Durch systemat. polarograph. Messungen über einen weiten Konz.-Bereich des Elektrolyten bzw. des viscositätssteigernden Neutralzusatzes ermitteln die Vff. die Spurendiffusions-Koeff. geladener u. ungeladener Depolarisatoren. Dabei wird die verbesserte Ilkovič-Gleichung $i_d = 60{,}7\,nD^{1/2}m^{2/3}t^{1/6}c(1 + AD^{1/2}t^{1/6}/m^{1/3})$ verwendet, unter Berücksichtigung der sphär. Diffusion u. des Verarmungseffektes, indem für A näherungsweise 17 eingesetzt wird. Genaue Beschreibung der Meßanordnung. Die makroskop. Viscosität der Lsg. wird nach der Kugelfall-Meth. bestimmt. Die Auftragung der aus den Grenzströmen berechneten Diffusions-Koeff. D gegen den Reziprokwert der relativen Viscosität zeigt, daß auch der Diffusions-Koeff. von Ionen in reinen Elektrolyt-Lsgg. höherer Ionenstärke (ca. ab $\mu = 0{,}1$) fast ausschließlich von der Viscosität der Lsg. abhängt. Dabei konnte der Einfl. interion. Kräfte über den Relaxationseffekt für die untersuchten Ionenstärken nicht beobachtet werden. E. Beyerle. 142□

Die Wirkung oberflächenaktiver Agentien auf die Polarogramme von Di- und Triphosphatokomplexen. P. R. Subbaraman, P. S. Shetty und J. Gupta. (Analytica chim. Acta [Amsterdam] **26**, 179–84, Febr. 1962; Poona, India, Nat. Chem. Labor., Inorg. Chem. Div.; engl.) — Untersucht wird der Einfl. von Campher (**I**) u. Gelatine (**II**) auf die Polarogramme einiger Di- u. Triphosphatokomplexe. Bei den Komplexen des Pb(II), Bi(III), Ti(IV) u. U(VI) wird das Halbstufenpotential durch 0,01% **I** auf —1,0 V (SCE), durch 0,1% **I** auf —1,4 V verändert. **II**-Zusatz von 0,01% verzerrt die Stufe, von 0,1% löscht sie aus. Diese Ergebnisse werden durch Adsorption der oberflächenakt. Stoffe an der Hg-Tropfelektrode erklärt. Die bei **I** auftretenden Stufen zeigen die Ab- u. Desorption von **I**. **II** bleibt bis zur Entladung der Alkalimetalle adsorbiert. Das Halbstufenpotential von Nb(V) liegt mit —1,6 V außerhalb des Adsorptionsbereichs von **I** (—0,1 bis —1,4 V). Die Stufe wird nicht verändert. Beim Fe(III)-Diphosphatokomplex erscheint zunächst eine Red.-Stufe des Fe, dann aber bei —0,6 V Stufenabfall infolge der einsetzenden Adsorption von **I**. Die Cu(II)-, Cd(II)- u. Mo(VI)-

Komplexe zeigen ähnliche Stufenformen. Nur im Falle der Ag(I)- u. Tl(I)-Komplexe sind keine Einw. durch **I** u. **II** bemerkbar. E. Beyerle. 142□

Polarographische Untersuchung von Chlorobleikomplexen in wäßrigen, wäßrig-methanolischen und wäßrig-äthanolischen Lösungen. Ja. I. Turjan und N. G. Tschebotar. (Журнал Неорганической Химии [J. anorg. Chem.] **4**, 599—605, März 1959; Kischinew, Univ.; russ.) — Vgl. C. **1956**, 3789. — In W., W. + Methanol (**I**, 30, 60, 80 Vol.-%), W. + A. (30, 60, 80 Vol.-%) u. 99,3%ig. A. werden bei konst. Ionenstärke 2 ($LiNO_3$–LiCl-Gemische) u. unter Verw. von 2m $NaClO_4$-Lsg. zur Erhaltung des Halbstufenpotentials von Pb^{2+} die Chlorokomplexe von Pb in Ggw. von $Pb(NO_3)_2$ polarograph. untersucht. Die stöchiometr. Instabilitäts-Konst. K_1, K_2 u. K_3 nehmen mit steigender Konz. an **I** bzw. A. ab. Die DK ε der Lsg. hat großen Einfl. auf die Stabilität der Komplexe, wie sich aus der linearen Beziehung zwischen log K u. $1/\varepsilon$ ergibt. Die K-Werte von $[Pb(NO_3)]^+$ nehmen bei steigender Konz. an **I** bzw. A. erheblich weniger ab als diejenigen von $[PbCl]^+$. R. K. Müller. 142□

Ein Beitrag zur Polarographie der Oxalatokomplexe des Rhodiums. D. M. Wagnerová. (Collect. czechoslov. chem. Commun. **26**, 2076—78, Aug. 1961; Prag, Tschechoslow. Akad. der Wiss., Inst. Kernforsch.; dt.) — Die rote Modifikation des $RhCl_3$ liefert in 0,5 $HClO_4$ eine polarograph. kathod. Red.-Stufe mit dem Halbstufenpotential —0,39 V gegen gesätt. Hg(I)-Sulfatelektrode, die der Red. Rh(III) → Rh(I) entspricht. In 0,5m $(COOH)_2$ (**I**) wurde eine irreversible Stufe des Oxalatokomplexes bei —$0{,}43_3$ V beobachtet. Durch längeres Erhitzen (3 Min. u. länger) der $RhCl_3$-Lsg. mit **I** erscheint eine weitere Stufe bei —0,83 V. Der bei —0,83V red. Oxalatokomplex $[Rh(C_2O_4)_3]^{3-}$ steht mit dem bei 0,43 V red. $[Rh(C_2O_4)_2]^-$ in nicht genügend mobilem Gleichgewicht; keiner dieser Komplexe trägt eine positive Ladung, wie durch Papierelektrophorese bewiesen wurde. Durch 1—2 Min. langes Erhitzen einer Rh- u. Ru-haltigen Probe mit **I** wird Rh(III) bei —0,43 V u. Ru(III) bei —0,79 V red., Ru(IV) wird durch **I** zu Ru (III) reduziert. P. Zuman/Prag. 142

Kupferkorrosion. 1. Mitt. **Thermodynamische Gesichtspunkte.** D. J. G. Ives und A. E. Rawson. (J. electrochem. Soc. **109**, 447—51, Juni 1962; London, Birkbeck Coll., Dep. of Chem.; Watford, Hertfords., Colne Valley Water Co.; engl.) — Thermodynam. Daten für die Korrosions-Rkk. von Cu in O_2- u. CO_2-haltigem W. werden zusammengestellt u. zur Darst. der Merkmale der Korrosionsvorgänge, wie der extremen Empfindlichkeit von Cu, des krit. Einfl. von O_2 u. der geringen Schutz-Wrkg. von Filmen aus festen Korrosions-Prodd. benutzt. Die Ergebnisse werden durch Verss. an Syst. mit *Cu, Cu_2O, CuO, Malachit, Azurit* u. W. im Gleichgewicht mit O_2 u. CO_2 von bekanntem Partialdruck gestützt u. erweitert. Cu_2O ist hochempfindlich gegenüber Auflsg. auf Grund von Disproportionierung u. Oxydation. Cu löst sich, häufig nach Verzögerung durch eine Induktionsperiode, mit konst. Geschw. trotz der Film-Bldg., der zunehmenden Konz. von *$Cu(HCO_3)_2$* in der Lsg. u. der pH-Erhöhung. Eine maximale Auflsg.-Geschw. wird bei einem molaren O_2/CO_2-Verhältnis von 7/3 beobachtet, wobei ein starker Oxidfilm auf der Cu-Oberfläche entsteht. Weiterhin wird die Beschleunigung des chem. Angriffs an Cu bei Licht-Einw. bestätigt. CO_2 u. O_2 allein zeigen keine bes. Angriffs-Wrkg. an Cu. P. Frenzel. 143□

Kupferkorrosion. 2. Mitt. **Kinetische Untersuchungen.** D. J. G. Ives und A. E. Rawson. (J. electrochem. Soc. **109**, 452—57, Juni 1962; engl.) — 1. vgl. vorst. Referat. — Vff. beschreiben Verss. zur Unters. der Bldg.-Geschw. lösl. u. unlösl. Korrosions-Prodd. von Cu in O_2- u. CO_2-haltigem H_2O. Die coulometr. Red. beweist die Bldg. eines Films, der vorwiegend aus Cu_2O besteht. Filmwachstum u. Bldg. von *$Cu(HCO_3)_2$* in der Lsg. verlaufen über längere Vers.-Dauer mit konst. Geschw., sie sind von 1. Ordnung bzgl. der Konz. des gelösten O_2. Für die Abhängigkeit dieser Geschw. von der Konz. des gelösten CO_2 wird kein eindeutiges kinet. Gesetz festgestellt, jedoch scheint der anfängliche pH-Wert der Lsg. ein wesentlicher Faktor zu sein. In Abhängigkeit von der Darst.-Art kann der Cu_2O-Film aktivierende oder passivierende Eigg. aufweisen. Vff. schließen, daß der allg. elektrochem. Korrosionsmechanismus mit komplizierter Kinetik abläuft. P. Frenzel. 143□

Kupferkorrosion. 3. Mitt. **Elektrochemische Theorie der allgemeinen Korrosion.** D. J. G. Ives und A. E. Rawson. (J. electrochem. Soc. **109**, 458—62, Juni 1962; engl.) — 2. vgl. vorst. Referat. — Die Geschw. der oxydativen Auflsg. von Cu in sauren wss. Medien wird durch die Ggw. des Cu_2O-Films an der Grenzfläche Metall/Lsg. begrenzt. Vff. gehen vom Modell eines „Duplexfilms“ (Cu/festhaftender Film/poröser Film/wss. Phase) des korrodierenden Syst. aus u. erörtern die Potentiale u. den Rk.-Ablauf in den einzelnen Phasen. Die Gesamt-Rk. verläuft nach $^1/_2\,Cu_2O + {}^1/_4\,O_2 + 2\,H^+ \rightarrow Cu^{2+} + H_2O$, die anod. Rk. ist $Cu + {}^1/_2\,H_2O \rightarrow {}^1/_2\,Cu_2O + e^- + H^+$, die kathod. Rk. $Cu^{2+} + {}^1/_2\,H_2O + e^- \rightarrow Cu_2O + H^+$. Konz. Polarisation durch gelöstes O_2 wird nicht festgestellt. Die Rolle des CO_2 sowie die Red. von O_2 über die Bldg. von H_2O_2 oder seiner Derivv. wird erörtert. P. Frenzel. 143□

Kupferkorrosion. 4. Mitt. Der Einfluß von Salzzusätzen. D. J. G. Ives und A. E. Rawson. (J. electrochem. Soc. **109**, 462—66, Juni 1962; engl.) — 3. vgl. vorst. Referat. — Unterss. des Einfl. von dem Syst. Cu–H_2O, O_2, CO_2 in Spurenmengen zugesetzten Cl^--, SO_4^{2-}-, NO_3^-- u. HCO_3^--Ionen (als Na-Salze, letztere auch als Ca-Salz), deren Konzz. etwa denen in natürlichem W. entsprechen, zeigen, daß bes. Cl^- eine starke Änderung in der Kinetik der Auflsg. u. Film-Bldg. (variierende Auflsg.-Geschw.; anfängliche Beschleunigung, dann Verzögerung des Angriffs) bewirkt. Diese Änderung wird durch den Übergang von allg. zu einer lokalisierten Korrosions-Wrkg., ggf. bis zum Lochfraß, auf Grund des Einschlusses von Cl^- in den Film erklärt. SO_4^{2-}-Ionen werden durch Cu_2O stark, NO_3^- u. HCO_3^- dagegen nicht adsorbiert. Korrodiert Cu in Ggw. von 100 ppm NO_3^- als $NaNO_3$, wird NO_2^--Bldg. festgestellt. $Ca(HCO_3)_2$, das ebenfalls stark an Cu_2O adsorbiert wird, wirkt passivierend unter Bedingungen, bei denen die Bldg. von $CaCO_3$ vermieden wird. P. Frenzel. 143□

A_4. Thermodynamik. Thermochemie

Die „⁴He-Temperaturskala 1958". 1. Mitt. Einführung. 2. Mitt. Tabellen für die Temperaturskala 1958. F. G. Brickwedde, H. van Dijk, M. Durieux, J. R. Clement und J. K. Logan. (J. Res. nat. Bur. Standards, A **64**, 1—17, Jan./Febr. 1960; Washington, D. C.; engl.) — Im Oktober 1958 wurde vom Internat. Komitee für Maße u. Gewichte in Sèvres die Benutzung der „^{4}He-Skala", die auf einer aus internationaler Zusammenarbeit hervorgegangenen Dampfdrucktabelle basiert, als internationaler Standard für die Temp. zwischen 1 u. 5,2°K empfohlen. Diese Dampfdrucktabelle steht in befriedigender Übereinstimmung mit zuverlässigen thermodynam. Daten. Ausführliche Tabellen. H. Lindberg. 146□

Thermodynamik kleiner Systeme. Terrell L. Hill. (J. chem. Physics **36**, 3182 bis 3197, 15/6. 1962; Eugene, Oreg., Univ. of Oregon, Dep. of Chem.; engl.) — Ableitung allg. Differentialgleichungen für die thermodynam. Behandlung nichtmakroskop. Syst., welche die üblichen thermodynam. Beziehungen (große Syst.) als Grenzfläche enthalten. Sie eignen sich zur Analyse, Klassifizierung u. Korrelierung experimenteller Gleichgewichtsdaten für kleine Syst. (Kolloid-Teilchen ohne Wechselwrkg., Fl.-Tröpfchen, Kristallite, Makromoll., Polymere, Polyelektrolyte, Nucleinsäuren, Proteine usw.) sowie als Ausgangsformalismus für die statist. Mechanik derartiger Systeme. Als Beispiel wird der Helix-Knäuel-Übergang von Polypeptiden u. Polynucleotiden behandelt. Die Gleichungen nehmen im Gegensatz zu denen der klass. Thermodynamik verschiedene Formen für verschiedenartige Umgebungen an (offene, abgeschlossene, isotherme, isobare usw. Systeme). Die Verteilungsfunktion für ein „vollständig offenes" kleines Syst. läßt sich bes. einfach handhaben. Die vorliegenden Gleichungen erlauben die Diskussion von Lsgm.-Effekten, die invariante Behandlung der kugelförmigen Grenzfläche eines Tropfens oder einer Blase u. die Erfassung der Wahrscheinlichkeitsverteilung von Fluktuationen extensiver Eigenschaften. Als statist.-mechan. Modelle werden ein Gittergas nach Bragg-Williams (ohne Phasenübergang u. außerhalb des krit. Bereichs) u. ein allg. Gittergas am Phasensprung behandelt. A. Blaschette. 146□

Beziehungen zwischen der Reibungskonstante und dem Kraftkorrelationsintegral in der Theorie der Brownschen Bewegung. Ein Vergleich der mikroskopischen und makroskopischen Theorie. A. Suddaby und P. Gray. (Proc. physic. Soc. **75**, 109—18, 1/1. 1960; London, Sir John Cass Coll.; engl.) — Vff. vergleichen Kirkwoods Beziehung für die Reibungs-Konst. mit dem Ausdruck aus der Theorie der Brownschen Bewegung. Für den Fall eines weißen u. eines allg. Spektrums werden Beziehungen zwischen der Reibungs-Konst. β u. der Fluktuationskraft F(t) abgeleitet. Die Kirkwoodsche Beziehung für die Reibungs-Konst. stimmt nur dann mit der Theorie der Brownschen Bewegung überein, solange für die obere Integrationsgrenze $\beta_{\tau_1} \ll 1$ gilt. G. M. Neumann. 146□

Amplituden der thermischen Schwingung beim Schmelzen. J. J. Gilvarry. (Physic. Rev. [2] **103**, 1700—04, 15/9. 1956; Santa Monica, Calif., RAND Corp.; engl.) — Vgl. C. **1957**, 6673. — Auf der Grundlage der theoret. Ergebnisse der Debye-Waller-Theorie der Temp.-Abhängigkeit der Intensität der Röntgenreflexion bestimmt Vf. die Lindemann-Konst. von *Na, Fe, Pb, Al, Ag, Cu, Ni, Pt, Zn* u. *Mg*. Der Mittelwert von ϱ, dem krit. Quotienten aus der Amplitude der Wärmeschwingung u. aus dem Abstand der nächsten Nachbarn am Schmelzpunkt, über kub.-raumzentrierte, kub.-flächenzentrierte u. hexagonale Gittertypen beträgt 0,11 in ausgezeichneter Übereinstimmung mit dem Wert $0{,}10_5$ von Grüneisen. Die relative Genauigkeit der Lindemann-Konst. für Pb u. Al läßt jedoch vermuten, daß diese Größe keine Konst. für einen Gittertyp darstellt. G. M. Neumann. 148□

Molekulares Chaos und die Boltzmann-Gleichung. Henry B. Hollinger. (J. chem. Physics **36**, 3208—20, 15/6. 1962; Troy, N.Y., Rensselaer Polytechn. Inst.; engl.) — Die Boltzmann-Gleichung wird auf der Grundlage einer allg. Form der Annahme des mol. Chaos abgeleitet. Es erweist sich, daß auch die Hypothese von Bogoljubow eine Form des mol. Chaos ist; sie wird mit anderen Ableitungen der Boltzmann-Gleichung verglichen. Die Best. der Boltzmann-Gleichung für ein unbegrenztes Syst. aus starren Kugeln wird auf die Auswertung von Integralen zurückgeführt, die lediglich dynam. Ansätze für Zweikörperstöße erfordern. Die explizite Ableitung wird bis zur Näherung einer tern. Korrelation durchgeführt. A. Blaschette. 149□

Über die Energiedichte der Wellenbewegung in einer Gasmischung. V. S. Vrkijan. (Nuovo Cimento [10] **23**, 778—80, 16/2. 1962; Zagreb; dt.) — Vf. berechnet die Energie, die auf jeden einzelnen Bestandteil einer Gasmischung entfällt, u. leitet eine Art Gleichverteilungssatz der Energie für die Wellenbewegung einer bestimmten Periode in einem im therm. Gleichgewicht befindlichen Gasgemisch ab. M. Wiedemann. 149□

Über die Form der Isothermen der Änderung einer molaren Eigenschaft binärer Systeme mit Bildung einer rationalen Verbindung. W. Ja. Rudin und N. L. Jarym-Agajew. (Журнал Неорганической Химии [J. anorg. Chem.] **4**, 662—70, März 1959; Chruschtschew-Ind.-Inst. des Donez; russ.) — Vff. behandeln die Isotherme der Änderung einer molaren Eig. eines bin. Syst., bei dem sich aus den Komponenten A u. B eine rationale chem. Verb. S bildet nach $mA + nB = sS$. Es wird eine Gleichung für die Beziehung zwischen der Größe der Änderung G der molaren Eig. K im Syst. A–B mit dem Molanteil N_B an Komponente B entwickelt: $K_{A-B} - [K_A(1 - N_B) - K_BN_B] = G_{A-B}\,[(m + n)/n]N_B$. Es wird weiter untersucht, welche Änderungen beim Übergang vom Syst. A–B zum Syst. A–S eintreten. In einer Tabelle werden die Formen der Isothermen mit u. ohne Durchgang der molaren Eig. durch ein Maximum bzw. ein Minimum dargestellt. R. K. Müller. 150□

Darstellung eines quinären reziproken Systems nach der Methode des monozentrischen Quadrats. N. I. Nosskow. (Журнал Неорганической Химии [J. anorg. Chem.] **4**, 626—44, März 1959; russ.) — Vgl. C. **1955**, 535. — Die Darst. von Mehrstoff-Syst. kann im Falle von quin. wss. reziproken Syst. nach einem figürlichen oder nach einem vektoriellen Verf. erfolgen. Die figürliche Meth. erfordert die Anwendung komplizierter eindimensionaler Figuren u. eines komplizierten Syst. ihrer Projektionen. Bei der vektoriellen Meth. wird der aus den Achsen der eindimensionalen Figur bestehende Symplex durch einen solchen ersetzt, der aus Bündeln von Achsengeraden in rechtem Winkel zueinander besteht. Sehr einfache Diagramme von reziproken Syst. erhält man bei Anwendung der monozentr. Meth. für die Lage der Komponenten im Diagramm. Die Meth. wird an zahlreichen Diagrammen von Syst. aus 3—4 Salzen u. W. erläutert.
R. K. Müller. 150□

Die „Mitführung" von nichtidealen binären Lösungen mit Inertgas. I. V. Robu. (Rev. Chim. [București] **9**, 654—59, Dez. 1958; rum.) — Ableitung von Beziehungen, die den Mechanismus der „Mitführung" von bin. nichtidealen Lsgg. (mit einer oder zwei flüchtigen Komponenten) mit Inertgas wiedergeben. Die Meth. für die Best. der Inertgasmenge wird angegeben, die zur Mitführung einer gegebenen Menge der flüchtigen Komponente unter isothermen Bedingungen nötig ist. K. Lange. 150

Die Darstellung von Stibin und die Messung seines Dampfdruckes. L. Berka, T. Briggs, M. Millard und W. Jolly. (J. inorg. nuclear Chem. **14**, 190—94, Aug. 1960; Berkeley, Calif., Univ. of California, Dep. of Chem. and Lawrence Radiat. Labor.; engl.) — Der nach einer einfachen stat. Meth. bei Temp. zwischen 177,87 u. 250,18°K bestimmte Dampfdruck von SbH_3 läßt sich durch die Beziehung $\log P\,[\text{Torr}] = 1{,}48\cdot 10^{-5}\,T - 1446{,}34/T - 3{,}1200 \log T + 16{,}0522$ darstellen. Aus den Daten u. zusätzlichen Messungen wurden ermittelt: F. 178,9 ± 0,3° K; $\Delta H^0 = 6619{,}2 - 6{,}2T$ cal/Mol; $\Delta S^0 = 54{,}08 - 6{,}2 \ln T$ cal/Mol Grad, Kp. 254,8° K; Trouton-Konst. $\Delta H^0/T_{Kp} = 19{,}8$ cal/Mol Grad.

Versuche: *SbH_3*, aus einer Lsg., die 1m an $SbCl_3$, 0,5m an HCl u. 3,5m an NaCl ist, bei 0° durch langsame Zugabe einer Lsg. von KBH_4 (0,5m) u. KOH (0,01m) unter H_2, Kondens. im Trockeneiskühler, 25% Ausbeute. Reinigung durch mehrfache frakt. Destillation. Wolfgang Wagner. 150□

Der Druck von Ga_2O über Gallium-Ga_2O_3-Mischungen. C. J. Frosch und C. D. Thurmond. (J. physic. Chem. **66**, 877—78, Mai 1962; Murray Hill, N.J., Bell Telephone Labor., Inc.; engl.) — Der Dampfdruck von Ga_2O über einer Mischung von Ga (fl.) u. Ga_2O_3 wurde im Temp.-Bereich von 800—1000° mittels der Transport-Meth.

durch Best. der Gewichtsabnahme der Mischung u. Abhängigkeit von der Zeit, Temp. u. Strömungs-Geschw. von He gemessen. Aus der Rk.-Enthalpie $\Delta H^0_{298} = 66{,}3$ (kcal/Mol) für die Rk. 4/3 Ga (fl.) + 1/3 Ga_2O_3 (fest) = Ga_2O (gasförmig) wurde die Bldg.-Enthalpie von Ga_2O (gasförmig) bei 298° zu $\Delta H^0 = -20{,}7 \pm 2{,}5$ bestimmt.

Wolfgang Krüger. 150☐

Thermodynamische Funktionen zweiatomiger Moleküle in Elektronen-Dublettzuständen. D. Papoušek. (Collect. czechoslov. chem. Commun. **26**, 1909–17, Aug. 1961; Brno, J. E. Purkyně-Univ., Inst. der theoret. u. phys. Chem.; dt.) — Es wurden Beziehungen für eine abgekürzte Berechnung der Rotationsverteilungsfunktion 2atomiger Moll. in den Elektronenzuständen $X^2\Pi$ im Hundschen Kopplungsfalle a–b abgeleitet. Ferner wurden auch Beziehungen für die angenäherte Berechnung der Beiträge der exzitierten Elektronenzustände u. der Korrektur für die Beschränkung der Rotationsniveaus zum Wert der freien Enthalpie abgeleitet. Alle Berechnungen wurden für den Zustand eines idealen Gases durchgeführt. Für AlS im Temp.-Intervall 200 bis 5000° K u. für OH im Temp.-Intervall 50–4000° K wurden die thermodynam. Funktionen berechnet. Die vorgeschlagene Näherung gibt bei niedrigeren Temp. ($T \leq 50°$ K) auf 3 Dezimalstellen dieselben Werte wie die Meth. der direkten Summation u. ist auch bei höheren Temp. prakt. ebenso genau, was durch Vgl. mit Literaturangaben bewiesen wird. I. Frič/Prag. 151

Restentropie des Sulfurylfluorids bei 0° K. F. J. Bockhoff und E. L. Pace. (J. chem. Physics **36**, 3502–03, 15/6. 1962; Cleveland, Ohio, Fenn Coll., Dep. of Chem.; Cleveland, Ohio, Western Reserve Univ., Morley Chem. Labor.; engl.) — Aus neueren experimentellen Daten ergibt sich die Differenz zwischen der calorimetr. u. der spektroskop. Entropie des SO_2F_2 zu $1{,}48 \pm 0{,}15$ cal/Grad·Mol. Da dieser Wert annähernd gleich $R \ln 2$ (= 1,38 cal/Grad·Mol) ist, wird angenommen, daß bei 0° K 2 geometr. verschiedene Formen des SO_2F_2-Mol. mit nahezu gleicher Energie koexistieren.

A. Blaschette. 151☐

Messungen von spezifischen Wärmen durch eine Impulsmethode. R. C. Strittmater, G. J. Pearson und G. C. Danielson. (Proc. Iowa Acad. Sci. **64**, 466–70, 1957; Ames, Iowa, Iowa State Coll., Inst. for Atomic Res. and Dep. of Phys.; engl.) — Es wurde eine Impulsheiz-Meth. zur Messung der spezif. Wärmen von Metallen bei hohen Temp. entwickelt. Zur Erprobung wurden Messungen mit *Pt* u. *Ni* im Temp.-Bereich zwischen 20 u. 450° ausgeführt. Es lassen sich noch einige Verbesserungen anbringen, mit denen die Impuls-Meth. verspricht, den calorimetr. Meth. überlegen zu werden. Bes. Phasenübergänge bei höheren Temp. lassen sich gut untersuchen.

Wolfgang Wagner. 151☐

Konstruktion, Eichung und Arbeitsweise von Eiscalorimetern. Donald F. Smith, Charles E. Kaylor, George E. Walden, Arthur R. Taylor jun. und John B. Gayle. (U. S. Dep. Interior, Bur. Mines, Rep. Invest. Nr. **5832**, 1–20, 1961; Tuscaloosa, Ala., Bur. of Mines, Tuscaloosa Metallurg. Res. Center; engl.) — In einem ausführlich beschriebenen Eiscalorimeter, dessen Eichung auf elektr. Wege erfolgte, wurden die Wärmeinhalte von CsCl (**I**), CsJ (**II**), RbF (**III**) u. HfF_4 (**IV**) zwischen Raum-Temp. u. maximal 1200° K bestimmt u. die Entropien berechnet; die Werte sind tabelliert. Die Wärmeinhalte (in cal/Mol) lassen sich durch die allg. Gleichung (T in °K) $H_T - H_{273{,}15} = a \cdot 10^{-4} + b \cdot T + c \cdot 10^3\, T^2 + d \cdot 10^{-5}\, T^{-1}$ beschreiben; für α-I (370–740° K): a = 0,33039, b = –2,51806, c = 11,0555, d = –9,3993; β-I (753–905° K): –75,29220, 889,9254, –339,3354, 2126,543; fl. I (924–1170° K): –0,29997, 19,6335, –0,61785, –; **II** (370 bis 904° K): –0,28422, 9,62724, 3,54275, –0,1413; fl. **II** (908–1172° K): 1,07202, –4,92024, 10,5633, –; **III** (370–1035° K): –0,041575, 4,78679, 6,41621, –3,7434; fl. **III** (1075–1200° K): –1,27192, 37,2575, –8,71286, –; **IV** (370–1105° K): –1,02200, 29,2825, 1,6478, 5,7318. — I besitzt einen Umwandlungspunkt bei 743° K; Umwandlungswärme 900 cal/Mol, Umwandlungsentropie 1,21 cal/Grad·Mol. Die FF., Schmelzwärmen u. Schmelzentropien wurden ermittelt für **I**: 918° K, 4790 cal/Mol u 5,22 cal/Grad·Mol; **II**: 899° K, 6170 u. 6,86; **III** 1068° K, 5470 u. 5,12. G. Gattow. 155☐

Entropien, Sublimationswärmen und Dissoziationsenergien von Cäsiumhalogeniden. Milton D. Scheer und Joseph Fine. (J. chem. Physics **36**, 1647–53, 15/3. 1962; Washington, D.C., Nat. Bur. of Stand.; engl.) — Die Dampfdrücke von *CsF*, *CsCl*, *CsBr* u. *CsJ* wurden im Temp.-Bereich von 700–900° K gemessen. Für die Temp.-Abhängigkeit der Dampfdrücke wurden folgende Beziehungen erhalten: CsF, $\log p_{(atm)} = 7{,}708 - 10{,}140\,(10^3/T)$; CsCl, $\log p_{(atm)} = 7{,}534 - 10{,}198\,(10^3/T)$; CsBr, $\log p_{(atm)} = 7{,}616 - 10{,}180\,(10^3/T)$ u. CsJ, $\log p_{(atm)} = 7{,}775 - 10{,}106\,(10^3/T)$. Aus den Dampfdrücken wurden die thermodynam. Funktionen berechnet: CsF, $S_{298{,}15} = 19$ (cal/Mol·Grad); Sublimationswärme $\Delta H^0_{298{,}15} = 49$ (kcal/Mol); Bldg.-Wärme für die Rk. Cs(fest) + ½ X_2(gaförmig) → CsX (fest) $\Delta H^0_{298{,}15} = -126{,}9$; Dissoziationsenergie

$D^0_{298} = 116$; CsCl, $S^0_{298,15} = 21,5$; $\Delta H^0_{298,15} = 49,4$; $\Delta H_{298,15} = -103,5$; $D^0_{298,15} = 101,8$; CsBr, $S^0_{298,15} = 24$; $\Delta H^0_{298,15} = 49$; $\Delta H_{298,15} = -98,0$; $D^0_{298,15} = 91$; CsJ, $S^0_{298,15} = 26,3$; $\Delta H^0_{298,15} = 48,5$; $\Delta H_{298,15} = -87,9$; $D^0_{298,15} = 76,3$. Im Temp.-Bereich von 1500 bis 1700° K ist die Gleichgewichts-Konst. von CsF durch den Ausdruck $K = 2,1 \cdot 10^5 \exp(-117000/RT)$ gegeben. Wolfgang Krüger. 155□

Calorimetrische Untersuchungen in flüssigen Thalliumnitrat–Alkalinitrat-Mischungen. O. J. Kleppa und L. S. Hersh. (J. chem. Physics **36**, 544—47, 15/1. 1962; Chicago, Ill., Univ., Inst. for the Study of Metals and Dep. of Chem.; engl.) — Die Mischungsenthalpien fl. bin. Mischungen von $TlNO_3$ mit Li-, Na-, K- u. $RbNO_3$ wurden bei 350° gemessen. Obwohl sich die molare Mischungsenthalpie (ΔH^M) in einer etwas unregelmäßigen Weise mit der Größe der Alkaliionen ändert, läßt sich dennoch angenähert in Abhängigkeit vom Molenbruch γ durch den halbempir. Ausdruck $\Delta H^M \cong -\gamma(1-\gamma)[U'\delta^2 + U''\delta]$ wiedergeben, wobei $\delta = (d_{TlNO_3} - d_{AlkNO_3})/(d_{TlNO_3} + d_{AlkNO_3})$ bedeutet u. d die Summe der Ionenradien der betrachteten Salze ist. U' u U'' sind Konst., U' beträgt 140 (kcal/Mol) u. U'' 16. Letztere ist damit von derselben Größenordnung wie der nicht-coulombsche Beitrag zur Gitternergie des $TlNO_3$.
Wolfgang Krüger. 156□

Bildungswärme von Berylliumchlorid. Walter H. Johnson und Alexis A. Gilliland. (J. Res. nat. Bur. Standards, A **65**, 59—61, Jan./Febr. 1961; Washington, D. C.; engl.) — Durch direkte Vereinigung von Be u. Cl_2 zu $BeCl_2$ in einem geeigneten Rk.-Calorimeter wurde ein Wert von $\Delta H^0_{298} = -493,85 \pm 2,35$ kJ/Mol $= -118,03 \pm 0,56$ kcal/Mol. erhalten. Wolfgang Wagner. 156□

Calorische Eigenschaften von undissoziiertem Ammoniak. G. I. Zoiman. (Журнал Физической Химии [J. physik. Chem.] **35**, 2132—34, Sept. 1961; russ.) — Vf. berechnet mit einer von ihm angegebenen Gleichung (Нефть и Газ [Erdöl u. Gas] **1959**, 12) unter Verw. der Cp-Werte aus der Literatur die Enthalpie von NH_3 zwischen 100 u. 2500° sowie die Enthalpie u. Entropie bei 420 u. 560° K bei Drücken zwischen 1 u. 620 kg/cm². Ferner werden die Konst. der angegebenen Gleichung bestimmt.
D. Hoene. 156□

Explosionsgrenzen von wasserdampfgesättigten Ammoniak–Luft- und Ammoniak–Sauerstoff-Gemischen unter Druck. G. Nettesheim. (Chemie-Ing.-Techn. **34**, 571—72, Aug. 1962; Wesseling, Union Rhein. Braunkohlen Kraftstoff AG; dt.) — Wasserdampfgesätt. NH_3/Luft-Gemische sind bei 20 atü u. 130—150° über den gesamten Konz.-Bereich nicht zur Explosion zu bringen. Dagegen bewirken durchbrennende Eisendrähte oder 2 mm lange Funken (nicht aber glühende Fe-Drähte oder 0,5—1 mm lange Funken) Zündung wasserdampfgesätt. Gemische von NH_3 mit O_2 oder mit O_2-angereicherter Luft (50%) bei Geh. von 11—80 Vol.-% NH_3 im Gasgemisch, 130—150° sowie Drücken unterhalb ca. 20 atü. U. Wannagat. 157□

Die Flammengeschwindigkeit in sich langsam bewegenden Korkstaubwolken. R. H. Essenhigh und D. W. Woodhead. (Combust. and Flame **2**, 365—82, Dez. 1958; Buxton, Derbyshire, Safety in Mines Res. Establ.; engl.) — In senkrecht stehende Pyrexglasrohre von 2 oder 3 in. Weite u. 17 ft. Länge wurde von oben her *Korkstaub* (I) bekannter Korngröße mit festgelegter Zugabe-Geschw. eingeführt, so daß sich eine gleichmäßig verteilte I-Wolke ergab, die mit konst. Fall-Geschw. v_c abwärts wanderte. Dabei hing v_c von der Konz. D in der Weise ab, daß $v_c = K_0 \cdot D^m$ ist, u. K_0 bzw. m experimentell zu bestimmende Konst. sind, die vom Rohrdurchmesser d u. der Korngröße k von I abhängig sind. I wurde durch Heizspulen, einfache oder mehrfache Funken, Schwarzpulver oder durch aufflammendes Mg-Pulver entzündet. Die Flammen-Geschw. S wurde durch photograph. Aufnahmen bestimmt. Im Rohr wurden zwei Arten der Flammenfortpflanzung beobachtet, a) bei der S gleichblieb (Entzündung am offenen Rohrende) u. b), bei der eine Explosionsflamme auftrat (Zündung am unteren geschlossenen Ende). Bei a) betrug S gegenüber der Rohrwand ca. 12 cm/s. Da v_c am Ende ca. 40 cm/s betrug, bewegte sich I schließlich schneller abwärts als die Flamme. Da frisches O_2 von unten zugegeben wurde, trat hier der seltene Fall auf, daß Brennstoff u. O_2 sich von entgegengesetzten Seiten aufeinander zu bewegten. Bei b) traten Schwingungen auf. Wurde das im beiderseits offenen Rohr fallende I in der Rohrmitte gezündet, ergaben sich zwei verschiedene Werte von S, je nachdem, ob die Flamme in oder gegen die Fallrichtung wanderte. Bei b) war S ca. 20mal größer als bei a). Die aufwärts gerichtete Flamme wies für S in den Fällen a) u. b) einen 5—10mal größeren Wert auf als die abwärts gerichtete, wahrscheinlich, weil der Wärmetransport in der Aufwärtsrichtung durch Konvektion u. Strahlung unterstützt wird. Bei der aufwärts gerichteten Flamme wuchs S mit wachsendem D bis über das stöchiometr. Verhältnis V (0,15 g I/Liter)

hinaus u. erreichte ein Maximum bei Konz., die um das 4—7fache, wachsend mit abnehmendem k, über V lagen. Die untere Grenze der Entzündbarkeit lag bei 0,05 g I pro Liter, wobei sich der Grenzwert von S zu 35 cm/s ergab, der von der Größe von I u. auch von d unabhängig war. Zwischen 0,05 u. 0,1 g I Liter war die Flammenlänge L klein (ca. 10 cm) gegenüber dem übrigen Kon.-Bereich (50—100 cm). In diesem Bereich ergab sich die Beziehung $L = S_0(t_0 + t_c)$, wobei S_0 eine Konst. ist, die d e Flammen-Geschw. darstellt, wenn die Fortpflanzung der Flamme beginnt; t_c ist die Brenndauer eines I-Teilchens u. t_0 ist eine Konstante. Ferner besteht die Beziehung $S = L/t_c$.
E. Roeder. 157□

Experimentelle Untersuchung über die Aufrechterhaltung von Flammen in einer umgekehrten Düse. G. A. Agoston, A. W. Noon und T. D. Witherly. (Combust. and Flame 2, 333—47, Dez. 1958; Menlo Park, Calif., Stanford Res. Inst.; engl.) — Die Verw. „umgekehrter" Düsen ist deshalb so vielversprechend, weil diese Meth. stabile Flammen ergibt u. eine leichte Entzündung ermöglicht. Vff. benutzten bei ihren Verss. natürliches Gas (I), dem Luft von Zimmer-Temp. oder 200° F zugesetzt wurde. Das Gasgemisch wurde mit Hilfe eines Gebläses sowohl dem inneren Rohr der Düse als auch dem umschließenden Außenrohr gleichzeitig zugeführt. An Hand von Schlieren- u. Funkenaufnahmen werden die Flammenausbildung u. die Rückzirkulation sowie die Ausblasebedingungen für die Flamme in Abhängigkeit von der Düsenweite u. dem Verhältnis I/Luft erklärt. Zum Aufrechterhalten der Flamme ist eine Lockflamme nötig, deren Größe vom Verbrennungs-Syst. abhängt. E. Roeder. 157□

Eine Bemerkung über den Einfluß der Lewis-Zahl auf die Flammenstabilität. J. Menkes. (Combust. and Flame 2, 449—50, Dez. 1958; California Inst. of Technol., Jet Propulsion Labor.; engl.) — Vf. weist mathemat. nach, daß die Folgerungen aus der die Stabilität einer Flamme kennzeichnenden Lewis-Zahl N auch für leicht gestörte Flammen gelten, bei denen $N = 1 \pm v$, mit $v \ll 1$ ist. E. Roeder. 157□

Spektrale Strahlung einiger Flammen und ihre Temperaturbestimmung. Ely E. Bell, Phillips B. Burnside und Frederick P. Dickey. (J. opt. Soc. America 50, 1286—92, Dez. 1960; Columbus, Ohio, Ohio State Univ., Dep. of Phys.; engl.) — Die Emissionsspektren verschiedener Flammen im Wellenlängengebiet von 2—15 μ werden untersucht. Es wird versucht, aus dem Vgl. der spektralen Strahlung der Flamme mit der eines schwarzen Körpers die Flammen-Temp. zu ermitteln.
H. Lindberg. 157□

Eine genauere Lösung der Wärmeleitfähigkeitsgleichung in der Flamme. A. I. Roslowski. (Доклады Академии Наук СССР [Ber. Akad. Wiss. UdSSR] 136, 1150—53, 11/2. 1961; Forsch.- u. Projektierungs-Inst. für die Stickstoffind. u. organ. Syntheseprod.; russ.) — Ausgehend von der Theorie von Seldowitsch-Frank-Kamenetzki wird eine genauere Lösung der Wärmeleitfähigkeitsgleichung für die Gasflamme abgeleitet. H. Jäger. 157□

Schallausbreitung in gasförmigem Wasserstoff. G. Sessler. (Acustica [Stuttgart] 10, 176—80, 1960; Göttingen, Univ., III. Phys. Inst.; dt.) — Es wurde bei 20° die Schallabsorption in spektralreinem H_2, dessen Geh. an Ortho- u. Para-Moll. der Gleichgewichts-Zus. 74,91 (%) o-H_2 u. 25,09 p-H_2 entsprach, gemessen. Die Messungen wurden bei 760 mm Hg u. Frequenzen zwischen $3 \cdot 10^6$ u. $1{,}5 \cdot 10^8$ Hz durchgeführt. Sie erfolgten mit 2 vom Vf. früher (Acustica [Stuttgart] 8, [1958], 395) beschriebenen Interferometeranordnungen. Als Dielektrikum der Wandler war eine ca. 7 μm dicke, metallbedampfte Kondensatorpapierfolie bes. geeignet. Zur Erklärung der Meßergebnisse wurde angenommen, daß sich die Relaxationszeiten τ_{02} des p-H_2 u. τ_{13} des o-H_2 wie 1:1,5 verhalten. Die hiermit für 2 parallele Relaxationserscheinungen berechneten Absorptionskurven ergaben sehr gute Übereinstimmung mit den Meßergebnissen, wenn man für τ_{02} $1{,}29 \cdot 10^{-8}$ s u. für τ_{13} $1{,}93 \cdot 10^{-8}$ s setzt. C. Gottfried. 159

Einfluß des bei der Ultrabeschallung in Lösungen auftretenden Relaxationsvorganges auf die Ausbeute der chemischen Effekte und die Luminescenz. Maurice Degrois und Berdj Badilian. (C. R. hebd. Séances Acad. Sci. 254, 837—39, 29/1. 1962; Jouy-en-Josas, Seine-et-Oise, I.N.R.A., Labor. de Physiol. acoust.; franz.) — An einer 50%ig. *KJ*-Lsg. wird gezeigt, daß die chem. Effekte (J_2-Bldg.) u. die Luminescenz in der Phase II der Ultraschallrelaxation (Maximum der Schallintensität!) verschwinden, während die mechan. Effekte (Bldg. von Emulsionen, Erosion) in dieser Phase bes. ausgeprägt sind. A. Blaschette. 159□

Relaxation der Gas- und Dampfkavitation bei der Ultrabeschallung von Lösungen. Maurice Degrois und Berdj Badilian. (C. R. hebd. Séances Acad. Sci. 254, 1213—15, 12/2. 1962; franz.) — Vgl. vorst. Referat. — Es wird gezeigt, daß die bei der Ultrabeschallung von Fll. u. Lsgg. auftretende Relaxation auf dem spontanen u. period. Übergang zwischen Gas- u. Dampfkavitation beruht. A. Blaschette. 159□

Ultraschalluntersuchungen in chemisch aktiven flüssigen Medien. 1. Mitt. Wässerige Lösung von N_2O_4. M. Krishnamurthi und M. Suryanarayana. (J. physic. Soc. Japan 15, 2318–23, Dez. 1960; Bangalore, Indian Inst. of Sci.; Hyderabad, Nizam Coll., Dep. of Phys.; engl.) — Die Ultraschallabsorption wird in verd. wss. Lsgg. von N_2O_4 mit einer Impuls-Meth. bei ca. 28° u. bei 2,12, 3,23, 6,36 u. 10,61 MHz zwischen 0,002 u. 0,05 Mol/Liter ermittelt. Die Absorptionsmaxima liegen bei ca. 2,6 MHz unabhängig von der Konz., die Absorption ist aber bei höheren Konzz. größer als bei niederen. Es wird gezeigt, daß die Absorption auf Relaxationserscheinungen bei der Rk. $HNO_2 \rightleftharpoons H^+ + NO_2^-$ zurückzuführen ist. Die Gleichgewichts-Konst. für die Rk. läßt sich aus der Theorie von Tabuchi berechnen. Die Theorie von Brönsted, nach der sich log K mit der Quadratwurzel der Ionenstärke ändert, wird qual. bestätigt. H. Jacob. 159□

Erregung und Dämpfung von Hyperschallwellen in Quarz. H. E. Bömmel und K. Dransfeld. (Physic. Rev. [2] **117**, 1245–52, 1/3. 1960; Murray Hill, N.J., Bell Telephone Labor.; engl.) — Eine Meth. zur Erzeugung von Hyperschallwellen an den Oberflächen eines piezoelektr. Quarzkristalls durch ein elektr. Feld (nach Baranskii) u. ihr Nachw. wird genau beschrieben. Die Ausbeute der Energieumwandlung wird berechnet. Messungen zur Absorption von Schallwellen (1000 MHz) zwischen 4 u. 300° K an Quarzstäben verschiedener Kristallorientierung u. nach Neutronenbestrahlung werden beschrieben. Für 140° K werden Scher- u. Druckviscosität berechnet. Die gefundene Temp.-Abhängigkeit der Absorption wird qual. richtig wiedergegeben, wenn man den von Akhiezer angegebenen Mechanismus für longitudinale Wellen in einfacher Form zugrunde legt: Durch die Schall-Einw. entstehen 2 Phononengruppen verschiedener Temp.; der Temp.-Ausgleich erfolgt durch Phonon–Phonon-Umklappprozesse. Die Erhöhung der Absorption bis 30° K u. die Erniedrigung bei höheren Temp. nach Neutronenbestrahlung wird durch die Verkürzung der freien Weglänge der Phononen bes. bei tiefen Temp. erklärt. Therm. u. mechan. Beanspruchung haben keinen Einfl. auf die Absorption. U. Siggel. 159□

A_5. Kolloidchemie. Grenzschichtforschung

Ultrafiltration kolloidaler Elektrolytlösungen. Eric Hutchinson und Patricia Marie Shaffer. (Z. physik. Chem. [Frankfurt/M.] [N. F.] **31**, 397–404, März 1962; engl.) — An Hand von Ultrafiltrations-Verss. läßt sich zeigen, daß das von Hutchinson vorgeschlagene Zweiphasenmodell für die Behandlung micellarer Lsgg. auch auf die Verteilung einer dem Syst. zugesetzten Substanz anwendbar ist. Für *Bzl.*, *Toluol*, *Äthylbenzol*, *Trichloräthylen*, *Tetrachloräthylen* u. *Phenol* in wss. *Na-Dodecylsulfat*-Lsgg. liegen die entsprechenden Verteilungs-Konst. in der Größenordnung von 10^3–10^4. D. Forst. 162□

Über Vorstufen zu ionotropen Gelen. H. Thiele und E. Schacht. (Kolloid-Z. **161**, 120–27, Dez. 1958; Kiel, Univ., Inst. für Kolloidchem.; dt.) — Vff. führten Unterss. über die zur ionotropen Gel-Bldg. führenden Zwischenzonen am Beispiel der Alginsäure durch u. erhielten folgende Ergebnisse: Vom Sol zum ionotropen Gel wird als Zwischenzustand eine ($Me^{2+}Na^+$)-Alginat-Vorzone durchlaufen. Das Vorzonengel wird unspezif. dehydratisiert durch Salz-Lsgg. mit Kationen der Oxydationsstufe +1, monomere u. polymere Nichtelektrolyte oder Herabsetzen der Dielektrizitätskonstanten. Das Vorzonengel wird spezif. schon durch 0,0005n-Lsgg. von Kationen der Oxydationsstufe +2 dehydratisiert. Die Wrkg. beruht auf der ionenspezif. in der Reihe Mg < Ca < Cd < Cu < Pb steigenden Entladung des Alginats. H. Schroeder. 162□

Eine neue Deutung der Alterung von Aluminiumhydroxidgel. E. C. Marboe und S. Bentur. (Silicates ind. **26**, 389–99, Sept. 1961; University Park, Pa., Pennsylvania State Univ.; engl.) — Al-Hydroxid wurde unter verschiedenen Bedingungen aus den Lsgg. seiner Salze ausgefällt u. die Alterung des entstandenen Gels untersucht. Aus Lsgg. von $Al(NO_3)_3$ u. $Al_2(SO_4)_3$ wurde durch Zugabe von NH_4OH Al-Hydroxidgel gefällt. Zum weiteren wurde die Fällung aus $Al(NO_3)_3$-Lsg. auch in Ggw. verschiedener Kationen (jeweils 1% des Al-Geh.) vorgenommen. Nach 24 Std. war das Gel-Vol. des Al-Hydroxids, gefällt aus $Al_2(SO_4)_3$- bzw. aus $Al(NO_3)_3$-Lsg. in Anwesenheit von Pb^{2+} u. Tl^+, doppelt so groß wie das aus reiner $Al(NO_3)_3$-Lsg. gefällte Al-Hydroxid. Röntgenaufnahmen zeigten Bayerit beim Nitratgel, die anderen waren amorph. Analysen ergaben eine Retention von SO_4^{2-} bzw. Pb^{2+} im Gel. Alle gealterten Gele zeigten positive Ladung. Die Bayerit-Bldg. des Nitratgels wurde in alkal. Lsg. (pH 10) gefördert u. in saurer (pH 5) verhindert. Vff. geben eine Deutung der Alterung nach der Theorie von Weyl. Die ausgefallenen Al-Hydroxidaggregate enthalten adsorbierte Ionen u. sind von W. mit unterdurchschnittlicher Protonendichte umgeben. Zur Bldg. von $Al(OH)_3$ (Bayerit) müssen alle Fremdionen einschließlich der H^+ aus den Micellen hinausdiffundieren. Dieser Vorgang wird durch Alkalizugabe, die eine Erhöhung der Protonendiffusion bewirkt, beschleunigt u. durch SO_4^{2-} sowie durch Pb^{2+} u. Tl^+, die als stark polarisierende Ionen in das Gitter eingebaut werden, behindert. Da keine der Micellen die Zus. $Al(OH)_3$ des Bayerits erreicht, sondern H_2O an Stelle von OH^- im Gitter verbleibt, zeigen gealterte Gele eine positive Ladung. K. Huste. 162□

Elastisch-plastische Eigenschaften von mit Aluminiumoxidchlorid bearbeiteten Askangelsuspensionen. E. D. Usnadse. (Сообщения Академии Наук Грузинской ССР [Mitt. Akad. Wiss. GrusinSSR] **24**, 529—32, Mai 1960; Tbilissi, Geol. Inst. der Akad. der Wiss. der GrusinSSR; russ.) — 3,3%ig. Suspensionen von Askangel (I) wurden nach Zusatz von 0,07% Al-Oxidchlorid beim pH 8,62 (a) oder 0,034 I beim pH 5,5 (b) bzw. ohne Zusatz (c) auf den zeitlichen Verlauf der Deformation bei konst. Schubspannung untersucht. Aus den Deformationskurven wurden Elastizitätsmodul E_1, Modul E_2 der elast. Nachwrkg., Fließgrenze P_k u. Grenzschubspannung der Struktur P_m errechnet. Danach ist E_1 im Mittel gleich 0,27 bei c, 0,71 bei a u. 2,02 bei b; E_2 ist gleich 1,32 bzw. 1,51 bzw. 2,10. O. Lebtag. 162□

Die Ausflockung von Quarz- und anderen Suspensionen mit Gelatine. A. M. Kragh und W. B. Langston. (J. Colloid Sci. **17**, 101—23, Febr. 1962; London, Brit. Gelatine and Glue Res. Assoc.; engl.) — Vff. beobachteten bei der Ausflockung von Suspensionen gemischter Mineralien mit Gelatine (I) unterschiedliche pH-Abhängigkeit. Mit Quarz als Modellsubstanz wurde versucht, die zur Ausflockung führenden Vorgänge zu klären. Daneben wurden unter den gleichen Bedingungen Suspensionen von Na-Montmorillonit, U-Erzen, Mg-Silicat u. Mischungen einzelner Komponenten untersucht. Wenig oder keine Ausflockung wurde bei maximaler Adsorption von I an Quarz gefunden, dagegen gute Ausflockung bei Adsorption von 1/3 I des Maximalwerts. Unter den optimalen Ausflockungsbedingungen wurden über 99,9% der zugesetzten I adsorbiert. Im Gegensatz zur Ausflockung ist die Adsorption nur wenig pH-abhängig. Bei negativ geladener Suspension u. pH-Werten, bei denen I nur schwach positiv geladen ist, wird eine sehr gute Ausflockung erzielt, die Teilchen haben einen Abstand von ca. 500 Å. Unter pH-Bedingungen, unter denen I hochgeladen ist u. die elektrophoret. Beweglichkeit nahezu Null ist, tritt eine wesentlich schlechtere Ausflockung ein. Bei Überschuß von I tritt keine Ausflockung ein; Quarz hat dann den gleichen isoelektr. Punkt wie I. Rühren der Lsg. hat einen irreversiblen, ungünstigen Einfl. auf die Ausflockung.
H. Schroeder. 163□

Eine experimentelle Prüfung des Gesetzes von Frankel über die Filmdicke. Karol J. Mysels und Michael C. Cox. (J. Colloid Sci. **17**, 136—45, Febr. 1962; Los Angeles, Calif., Univ. of Southern California, Chem. Dep.) — Vff. beschreiben experimentelle Meth. zur Best. der Beziehung zwischen Dicke u. Aufbau-Geschw. von Oberflächenfilmen aus *Na-Dodecylsulfat* (I), aus der Mischung 0,2 (%) I u. 0,01 *Dodecylalkohol* u. aus *Glycerin*. Die Anwendung dieser Meth. unter Bedingungen, die in weiten Grenzen variiert werden, führte zu Ergebnissen, die in ausgezeichneter Übereinstimmung mit dem Gesetz von Frankel [1959] stehen, das die Beziehungen zwischen Filmdicke u. Aufbau-Geschw. einerseits u. Viscosität, Dichte, Oberflächenspannung u. Schwerkraft andererseits beschreibt. H. Schroeder. 166□

Oberflächenenergie von Ionen-Kristallen. E. F. Bertaut. (J. Physique Radium **19**, 79 S, Dez. 1958; Grenoble, Inst. Fourier, Labor. d'Électrostat. et de Phys. du Métal; franz.) — Es wird eine Formel zur Berechnung der Oberflächenenergie von Ionenkristallen angegeben, die auf neutrale Oberflächen ohne weiteres angewendet werden kann. Im Falle geladener Oberflächen (Realkristall) ergibt sich ein unbestimmter Ausdruck infolge der Vol.-Polarisationsenergie. Es erscheint allerdings möglich, daß die Vol.-Polarisationsenergie verschwindet. D. Papenfuß. 166□

Koagulation und elektrokinetisches Potential eines Uranylhexacyanoferrat(II)-Sols. B. N. Ghosh und P. K. De. (J. Indian chem. Soc. **36**, 171—75, März 1959; Calcutta, Univ. Coll. of Sci. and Technol., Phys. Chem. Labor.; engl.) — Das scheinbare elektrokinet. Potential (ζ_a) eines $(UO_2)_2[Fe(CN)_6]$-Sols (I) wurde im Bereich langsamer Koagulation sowohl nach der elektroosmot. als auch nach der elektrophoret. Meth. unter Verw. der Gleichung von Smoluchowski bei Elektrolyt-Konzz. gleicher Koagulierungsfähigkeit mit Gegenionen verschiedener Wertigkeiten bestimmt. Gleichfalls wurde ζ_a im Bereich schneller Koagulation elektroosmot. bestimmt. Durch Anwendung einer Oberflächenleitfähigkeitskorrektur wurde das wahre elektrokinet. Potential (ζ) berechnet. Die Ergebnisse erlauben die Schlußfolgerung, daß die Koagulations-Geschw. des I, die von einem bestimmten Elektrolyten hervorgerufen wird, unabhängig von der Wertigkeit des Gegenions ist u. durch den ζ-Wert charakterisiert wird. Die Differenz der ζ-Potentiale ist bei kleinen u. großen Koagulations-Geschw. aber nur gering, was die Existenz einer krit. ζ-Zone für die Koll.-Koagulation anzeigt. W. Betcke. 168□

Elektroosmotische Permeabilität von Kationenaustauschermembranen. V. Subrahmanyan und N. Lakshminarayanaiah. (Bull. chem. Soc. Japan **34**, 587—88, April 1961; Madras, India, Univ. of Madras, Phys. Chem. Labor., A. C. Coll. of Technol.; engl.) — Vff. bestimmen die Geschw. des elektroosmot. Fließens von Fll. durch quervernetzte Polymethacrylat- u. Phenolsulfonatmembranen bei 30°. Die Ergebnisse für verschiedene Elektrolyt-Konz. u. Stromstärken werden in Tabellen zusammengefaßt. J. Peters. 168□

Bei der Elektrodialyse unter Verwendung von Ionenaustauscherharzmembranen beobachtete Abweichung vom neutralen Zustand. Tetsuya Uchino, Saburo Nakaoka, Hiroshi Hani und Tadashi Yawataya. (J. electrochem. Soc. Japan **26**, E129—E133, 1958; Yokohama, Asahi Glass Co. Ltd., Res. Labor.; jap., Auszug: engl.) — Führt man die elektrophoret. Konzentrierung einer Elektrolyt-Lsg. mit Hilfe von Ionenaustauscherharzmembranen durch, so wird eine pH-Änderung oberhalb einer definierten Grenzstromdichte i_g beobachtet, die durch die Konz. der äußeren Lsg. bestimmt ist („neutrality disturbance“). Zur kontinuierlichen elektrophoret. Konz. einer NaCl-Lsg. verwenden Vff. eine Mehrkammerzelle mit abwechselnd angeordneten Kationen- (KM) u. Anionenaustauschermembranen (AM). Weiterhin werden Verss. mit Doppelzellen mit jeweils einer AM oder KM sowie mit Dreikammerzellen mit 2 KM durchgeführt. Bei Verw. von AM-Zellen wird obiges Phänomen sowie eine lineare Abhängigkeit zwischen i_0 u. der Konz. der äußeren NaCl-Lsg. beobachtet, während an KM die pH-Änderung gering u. unabhängig von der Stromdichte ($<4{,}0\ A/dm^2$) ist. Vff. nehmen an, daß das unterschiedliche Verh. durch die verschiedene Beweglichkeit der H^+- u. OH^--Ionen in der Harzphase u. in Lsg. oder durch ihre unterschiedliche Affinität gegenüber der Membranoberfläche bedingt ist. P. Frenzel. 168□

Bemerkung über die Definition des Diffusionsflusses in binären Mischungen. Jacques Chanu. (C. R. hebd. Séances Acad. Sci. **245**, 829—31, 19/8. 1957; franz.) — Die Frage der bei der Definition des Diffusionsstromes auftretenden Bezugs-Geschw. wird diskutiert. Resultierende Nebenbedingungen werden betrachtet. G. Kelbg. 171□

Bestimmung der Diffusionskonstante mit einem Cellophanfilm. Gyula Tamás, Tamás Tarnóczy und Györgyi Rontó. (Magyar fizik. Folyóirat [Ung. physik. Z.] **8**, 499—506, 1960; MTA Akusztikai Kutatósoport, Orvosi Fisikai Intézet; ung.) — Die Diffusions-Konst. von Na-Oxalat wurde im stationären Zustand mit einem Cellophanfilm gemessen. Der Einfl. der Temp., der Ausgangs-Konz., der Richtung der Diffusion u. der von Ultraschall auf die Diffusions-Konst. werden beschrieben. J. Kis. 171

Weitere Versuche über die Selbstdiffusion von flüssigem Indium und Zinn. G. Careri, A. Paoletti und M. Vicentini. (Nuovo Cimento [10] **10**, 1088—99, 16/12. 1958; Roma, Univ., Ist. di Fis.; engl.) — Vgl. C. **1960**, 12260. — Bei weiteren Verss. über den Selbstdiffusions-Koeff. D von fl. In u. Sn spielt bes. bei In die Größe des Durchmessers der benutzten Capillaren eine Rolle. Die in Capillaren mit einem größten Ø von 1,6 mm gemessenen D-Werte werden als richtig angesehen. D hängt nach der Arrheniusschen Gleichung von der Temp. ab; für In: $D = (33{,}4 \pm 2{,}1)\cdot 10^{-5}\cdot \exp[(2554 \pm 79)/RT]\ cm^2/s$ u. für Sn: $D = (32{,}4 \pm 1{,}2)\cdot 10^{-5}\cdot \exp[(-2768 \pm 80)/RT]\ cm^2/s$. G. Heller. 171□

Über die Viscosität wäßriger Lösungen von Quecksilber(II)-chlorid. S. Alamelu und C. V. Suryanarayana. (Mh. Chem. **90**, 36—40, 27/2. 1959; Annamalainagar, South India, Univ., Phys.-Chem. Labor.; engl.) — Die Viscosität (η) wss. $HgCl_2$-Lsgg. zwischen 25 u. 60° wurde bei Konzz. zwischen 0,08m u. der Sättigungs-Konz. (>0,26m) untersucht. Als Temp.-Funktion gehorcht η der Exponentialgleichung von Andrade, $\eta = A\cdot e^{B/T}$, als Konz.-Funktion der von Suryanarayana u. Venkatesan für starke Elektrolyte abgeleiteten Gleichung $\eta = \eta_0\cdot e^{B'}\cdot C_p$ (B' = Konst., η u. η_0 = Viscositäten von Lsg. u. Lsgm., C_p = Verhältnis der Molenbrüche von untersuchter Lsg. zur gesätt. Lsg.). W. Betcke. 172□

Teilchenbewegungen in gescherten Suspensionen. 7. Mitt. Innere Zirkulation in Flüssigkeitströpfchen (Theoretische Darstellung). W. Bartok und S. G. Mason. (J. Colloid Sci. **13**, 293—307, Aug. 1958; Pulp and Paper Res. Inst. of Canada, Phys. Chem. Div.; Montreal, McGill Univ., Dep. of Chem.; engl.) — 5. vgl. J. Colloid Sci. **12**, [1957], 243. — Zur Berechnung der Stromlinien innerhalb u. außerhalb einer Fl.-Kugel, die in einer viscosen, unendlich ausgedehnten Fl. suspendiert ist, in einem ebenen hyperbol. Strömungsfeld wird von einem von Taylor abgeleiteten Gleichungs-Syst. für die

Geschw.-Komponenten ausgegangen. Das Zentrum der suspendierten Kugel stellt dabei den Koordinatenursprung dar. Eine einfache Transformation ermöglicht es, dasselbe Gleichungs-Syst. auch bei der Berechnung der Stromlinien innerhalb u. außerhalb einer Fl.-Kugel in einer laminaren Scherströmung zu benutzen. Außerdem werden Beziehungen zur Berechnung der Winkel-Geschw. u. der mittleren Rotationszeit an der Oberfläche der Kugel sowie der Stromlinien u. der Zirkulationszeit in ihrem Innern abgeleitet.
L. Wiesner. 173□

Einfluß dampfförmiger Formiermittel auf die Porenstruktur und die Sorptionseigenschaften der Oberfläche von Silicagel. S. S. Wyssotzki, L. F. Diwnitsch und M. W. Poljakow. (Коллоидный Журнал [Kolloid-J.] **23**, 248—54, Mai/Juni 1961; Pissarshewki-Inst. für phys. Chem. der Akad. der Wiss. der UkrainSSR; russ., Auszug: engl.) — Vgl. C. **1962**, 16942. — Die Sorptions-Eigg. von Silicagelen für Bzl. u. Toluol, die vorher in einer Atmosphäre von verschiedenen organ. Fll., wie Benzol-, Toluol-, o-Xylol-, Dioxan- Isopropanol- u. Methanoldämpfen entwässert worden waren, unterschieden sich wesentlich von solchen Gelen, die nur in Wasserdämpfen entwässert wurden. Die chem. Natur der Formiermittel ist von entscheidendem Einfl. auf die Sorptions-Eigg. des Gels, es ist eine gesetzliche Änderung derselben je nach der Zus. des Formiermittels zu beobachten. Es wird angenommen, daß hauptsächlich die chem. Einw. die Oberflächen-Eigg. des Gels beeinflußt. Diese Ergebnisse bestätigen nicht die Ansicht von der ausschlaggebenden Wrkg. der Oberflächenspannung auf die Bldg. der Porenstruktur der Silicagele.
J. v. Schroeder. 176□

Über die Möglichkeit der Darstellung von ultrafeinporigen Silicagelen mit innerer Porosität. S. S. Wyssotzki und M. W. Poljakow. (Коллоидный Журнал [Kolloid-J.] **23**, 255—56, Mai/Juni 1961; russ., Auszug: engl.) — Vgl. vorst. Referat. — Durch hochgradige Entwässerung bei 0° (10—15 Tage) wurde ein SiO_2-Gel erhalten, das Bzl. u. Methanol nur schwach, H_2O dagegen viel stärker adsorbiert. Hierbei werden die therm. Alterung (Kondens. zu Polykieselsäuren) verhindert u. ultraporöse Gele mit den ursprünglichen Eigg. des Ausgangsgels gebildet.
J. v. Schroeder. 176□

Chemisorption von Sauerstoff an Holzkohle bei der Behandlung mit einigen milden Oxydationsmitteln. Balwant Rai Puri, O. P. Mahajan und D. D. Singh. (J. Indian chem. Soc. **38**, 135—38, März 1961; Chandigarh, Panjab Univ., Dep. of Chem.; engl.) — Bei der Behandlung von Holzkohle mit wss. Lsgg. von $K_2S_2O_8$, $KBrO_3$, KJO_4 u. KNO_3 werden beträchtliche O-Mengen chemisorbiert, u. zwar mehr an unbehandelten, weniger an entgasten Proben, wobei CO_2-Komplexe gebildet werden, die bei den unbehandelten Proben vollständig mit Alkali titrierbar sind. Chemisorbiertes CO u. H_2 werden durch Behandlung mit den genannten Oxydationsmitteln nicht in wahrnehmbaren Mengen verändert.
J. Peters. 176□

Adsorption von Sauerstoff an einem Silberkatalysator. W. W. Smeltzer, E. L. Tollefson und A. Cambron. (Canad. J. Chem. **34**, 1046—60, Aug. 1956; Ottawa, Ontario, Canada, Nat. Res. Council, Div. of Appl. Chem.; engl.) — Beschreibung einer App. zur volumetr. Messung der von einem Katalysator bei konst. Druck u. Beladungszeiten bis 0,1 Min. aufgenommenen Gasmenge. Bei Drücken von 200, 400 u. 700 Torr u. einem Temp.-Bereich von 180—300° werden die Vol. O_2 bestimmt, die von einem techn. Silberkatalysator (SK) aufgenommen werden. Die Oberfläche des SK wird zu 0,33—0,38 m^2/g angegeben. Jedes Ag-Atom der Oberfläche ist mit einem O-Atom verbunden. Die Adsorptions-Geschw. (A) ist zunächst proportional dem Druck des O_2. Die beobachtete Verschiebung der A im weiteren Verlauf zeigt, daß nicht nur eine Art von Sauerstoffbindung an der Oberfläche des SK vorkommt. Die beste Annäherung an die A liefert die Elovich-Gleichung, jedoch ist ihre Anwendbarkeit auf die Erklärung des Mechanismus der Adsorption begrenzt. Für die Aktivierungsenergie wurden Werte von 22—29 kcal/Mol u. für die Adsorptionswärme von 17—25 kcal/Mol ermittelt.
H. Roschkowski. 176□

Eine thermodynamische Berechnung der Selektivitätskoeffizienten stark basischer Anionenaustauscher. G. E. Boyd, S. Lindenbaum und G. E. Myers. (J. physic. Chem. **65**, 577—86, April 1961; Oak Ridge, Tenn., Oak Ridge Nat. Labor.; engl.) — Unter Verw. der Gibbs-Donnanschen Gleichung berechnen Vff. die Gleichgewichts-Selektivitäts-Koeff. D_1^2 für den Austausch von $^{82}Br^-$ mit $^{38}Cl^-$, $^{131}J^-$ oder $^{17}F^-$ in wss. Lsg. an Dowex-2 (Vernetzungsgrad: 0,5—24%). Die Quellungsdrücke u. die Verhältnisse der Aktivitäts-Koeff. werden aus gravimetr. Messungen bei der Quellung mit Hilfe von isopiest. Dampfdruck-Verss. an nichtvernetzten u. vernetzten Austauschern, die Differenz der partiellen Mol.-Vol. zur Best. der Freien Quellungsenergie aus Dichtemessungen an einem schwach vernetzten Austauscher ermittelt. Außer an den Austauschern mit höherem Vernetzunsgrad, bei denen keine Korrektur bzgl. ihrer geringeren

Kapazitäten erfolgt, stimmen die D_1^2 gut mit unabhängig bestimmten Werten überein. Thermodynam. Überlegungen zeigen, daß allg. bei konst. Temp. ohne spezif. Wechselwrkg. in der Elektrolytphase D_1^2 allein von der Gew.-Zunahme bei der Quellung abhängig ist. Faktoren, die die Quellung beeinflussen, wie Vernetzung, ion. Zus. u. äußere Elektrolyt-Konz., bewirken über die Quellung Änderungen von D_1^2, die ebenfalls durch die Gibbs-Donnansche Gleichung bestimmt werden können. Verss., den Wasser-Geh. mit Hilfe des markierten La^{3+}-Ions zu ermitteln, scheiterten auf Grund der Absorption von La^{3+}. P. Frenzel. 177□

Die Anreicherung von Lithiumisotopen durch Ionenaustauschchromatographie. 3. Mitt. Der Einfluß der Natur der Lösungsphase auf den Trennfaktor. D. A. Lee. (J. Amer. chem. Soc. **83,** 1801—03, 20/4. 1961; Oak Ridge, Tenn., Oak Ridge Nat. Labor., Chem. Div.; engl.) — 2. vgl. C. **1961,** 396. — Einstufige Trennfaktoren (α) für die $^6Li-^7Li$-Trennung wurden unter Verw. von Dowex 50-X 16 in Ggw. verschiedener Ionen in der Lsg. bzw. der Harzphase ermittelt. Als Kationen wurden untersucht: NH_4^+, K^+, NH_3OH^+, Ca^{2+}, Cu^{2+}, Cr^{3+}, Al^{3+} u. Th^{4+} (Cl^- als Gegenion), als Anionen: OH^-, Cl^-, F^-, HCO_3^-, SO_4^{2-} u. $[Fe(CN)_6]^{4-}$ (K^+ als Gegenion) bzw. Cl^- u. Citrat (NH_4^+). Die Beeinflussung von α durch diese Fremdionen beruht wahrscheinlich vorwiegend auf ihrer dehydratisierenden Wrkg. gegenüber Li in der Harzphase; so ergibt sich eine direkte Beziehung zwischen der Hydratisierungsfreudigkeit der Coionen u. der Größe von α. Bei Komplexierung des Li^+ mit dem K-Salz der Äthylendiamintetrakis(essigsäure werden für Dowex 1-X 10, Dowex 50-X 2, Dowex 50-X 8 u. Dowex A-1 α-Werte < 1 erhalten, d. h. im Gegensatz zu allen anderen untersuchten Syst. reichert sich in diesen Fällen ^6Li in der Lsg. u. ^7Li im Harz an. A. Blaschette. 177□

Ionenaustauschuntersuchungen von Actiniden. Gregory R. Choppin. (J. chem. Educat. **36,** 462—65, Sept. 1959; Tallahassee, Fla., State Univ.; engl.) — Überblick. — 26 Literaturhinweise. Ch. Weiske. 177□

Ionenaustausch-Radiochemisches Experiment. J. F. Mucci, Dorothy E. Spiegel und Robert L. Stearns. (J. chem. Educat. **38,** 348—49, Juli 1961; Poughkeepsie, N.Y., Vassar Coll.; engl.) — Einfache Meth. zur Best. der Gesamtaustauschkapazität einer Austauschersäule mit Hilfe von Cs^+- u. Co^{2+}-Lsgg. (^{137}Cs u. ^{60}Co). Ch. Weiske. 177□

Wiedergewinnung von Thorium aus Sulfatlösungen durch Anionenaustausch. T. V. Arden, J. D. Nolan, B. J. Gower und F. A. Wright. (J. appl. Chem. **9,** 406—09, Aug. 1959; London, Permutit Co. Ltd.; engl.) — Sowohl U(VI) als auch Th(IV) werden aus nitrat- u. sulfathaltiger saurer Lsg. (pH 2—3) an den stark. bas. Anionenaustauscher De-Acidite FF adsorbiert, u. zwar Th(IV) (als anion. Sulfatokomplex) wesentlich stärker. Durch sukzessives Eluieren mit verd. Nitrat-Lsg. ist eine Trennung möglich. Verdrängungs-Verss. mit schwefelsaurer NaCl-Lsg. bestätigen die Annahme, daß $[Th(SO_4)_3]^{2-}$- u. $[Th(SO_4)_4]^{4-}$-Komplexe vorliegen. W. Betcke. 177□

Ionenaustausch komplexer Verbindungen in gemischten Medien. Ss. Ju. Jelowitsch und L. G. Tonkonog. (Журнал Неорганической Химии [J. anorg. Chem.] **6,** 1795—1800, Aug. 1961; russ.) — Übersicht über Gleichgewichte bei Ionenaustausch-Rkk. des komplexen Syst. Ni^{2+}/Na^+ mit NH_3 u. Äthylendiamin in 50% wss.-alkohol. Phase. Vff. untersuchen die Isotherme des Austausches sowie den Einfl. u. das Verh. geänderter A.-Konzz. im Medium auf die Isotherme. Eine geradlinige, logarithm. Abhängigkeit der Austausch-Konst. komplexer Ionen von der DK der Phase wird festgestellt. W.-D. Heußner. 177□

Hitzebeständige flüssige Ionenaustauscher. Victor G. Austerweil. (C. R. hebd. Séances Acad. Sci. **254,** 1041—42, 5/2. 1962; franz.) — Vgl. C. **1962,** 3578. — Vf. bezeichnet als fl. Ionenaustauscher organ. Basen (aliphat., olefin., hydroaromat. u. heterocycl. Amine u. Imine), die in W. prakt. unlösl. sind u. in reinem Zustand oder als 2- bis 20%ig. Lsgg. in inerten Lsgm. (KW-Stoffen) bei Temp. bis zu ihrem Kp. anwendbar sind. Ihr Austauschvermögen ist proportional ihrem prozentualen N-Geh., die Austausch-Geschw. steigt mit der Konz. u. der Temperatur. Als typ. Vertreter werden angeführt: *Nonylamin, Undecylamin, Dibutylimin, Diäthylmethylamin, Cyclohexylamin, Aminomethylcyclohexan, Tetrahydronaphthylamin, Aminodekalin.* Die Basenstärke einer gegebenen Verb. kann durch Pufferung mit geeigneten Estern (Oxalate, Phthalate, Phosphorsäureester) verändert werden. Fl. Ionenaustauscher eignen sich bes. zur selektiven Extraktion von Säuren aus wss. Phase. A. Blaschette. 177□

Entwicklung eines einfachen, hoch auflösenden Beweglichkeitsanalysators für kleine geladene Teilchen. G. Langer, J. Radnik und L. Templeton. (Rev. sci. Instruments **33,** 83—84, Jan. 1962; Chicago, Ill., Armour Res. Foundat. of Illinois, Inst. of Technol.; engl.) — Bau u. Arbeitsweise eines einfachen empfindlichen Analysengeräts für geladene Teilchen von 0,06—0,1 μ Ø werden beschrieben, bei dem das Aerosol zwischen 2 parallelen Kollektorplatten, die von einer Luftschicht umgeben sind, geführt wird. Das Gerät wurde mit einem *Au*-Aerosol geprüft. W. Luchsinger. 180□

Konzentrationsänderungen in einem Aerosol. J. F. Richardson und E. R. Wooding. (Chem. Engng. Sci. **7,** 51—59, 1957; London, Imp. Coll., Dep. of Chem. Engng.; engl.) — Zur Messung der Teilchengröße u. der Konz. in einem Aerosol werden opt. Meth. entwickelt. An einer kleinen Probe eines monodispersen Aerosols wurde die Konz. der Teilchen als Funktion der senkrechten Höhe u. der Zeit gemessen. Mit den Meßergebnissen wurde die Differentialgleichung für die Konz.-Verteilung in einem Syst. von Teilchen bestätigt, wie sie sich aus dem Zusammenwirken der Brownschen Bewegung u. der Gravitation ergibt. H. Roschkowski. 180□

Staubbildung bei der Elektrosublimation des Phosphors. N. N. Posstnikow. (Журнал Прикладной Химии [J. angew. Chem.] **33,** 65—70, Jan. 1960; russ.) — Die Hauptbestandteile des Staubes der bei der Elektrosublimation von P anfällt, sind P_2O_5, C, SiO_2, Fe_2O_3, Al_2O_3, CaO, MgO, K_2O, Na_2O sowie geringe Mengen SO_3 u. F. Der Geh. an P_2O_5 beträgt $^1/_4$—$^1/_2$ der Gesamtmenge. Nach einer Behandlung des Staubes mit W., Citronensäure, Königswasser oder Flußsäure wurden elektronenmkr. kugelförmige Teilchen von einer Größe bis zu 1 μ beobachtet, jedoch hatte der größte Teil der Kügelchen nur Durchmesser von einigen Hundertsteln bis zu einem Zehntel eines μ. Die kugelförmige Gestalt der Teilchen weist darauf hin, daß sie sich bei der Kondens. der Dämpfe gebildet haben. H. Treumann. 180□

A_6. Strukturforschung

Über den Einfluß der Anharmonizität auf die thermische Röntgenstreuung an Kristallen. Harro Hahn und Wolfgang Ludwig. (Z. Physik **161,** 404—23, 1961; Jülich, Kernforschungsanlage, Inst. für Reaktorwerkstoffe; dt.) — Theoret. Abhandlung. G. Heinsohn. 181□

Die Trennung von Nahordnungs- und Größen-Effekt bei der diffusen Streuung. Bernard Borie. (Acta crystallogr. [Copenhagen] **14,** 472—74, 10/5. 1961; Oak Ridge, Tenn., Oak Ridge Nat. Labor., Metall. Div.; engl.) — Beschreibung einer Meth., die es erlaubt, bei bin. Substitutionsmischkristallen den durch die verschiedene Atomgröße hervorgerufenen Anteil an der diffusen Streuung vom Anteil der Nahordnung zu trennen. Die Brauchbarkeit der Meth. wird am Beispiel des *CuAu* demonstriert. Heinz Hess. 181□

Varianz als ein Maß der Linienverbreiterung. A. J. C. Wilson. (Nature [London] **193,** 568—69, 10/2. 1962; Cardiff, Univ. Coll.; engl.) — Durch mathemat. Ableitung von Formeln für die Varianz (mittlere quadrat. Breite) gelangt Vf. zu einem Maß für die Linienverbreiterung bei Röntgen- u. Elektronenbeugung, das Beziehungen zur Dispersion u. Schwärzungsverteilung aufweist. G. Ruban. 181□

Berechnungen der Röntgenstrahlenintensitäten für ein polykristallines einfach gestrecktes Modellmaterial. M. F. Culpin und K. W. Kemp. (Proc. physic. Soc. **72,** 137—39, 1/7. 1958; Pontypool, Mont., British Nylon Spinners Ltd.; engl.) — Vff. geben tabellar. Werte einer Funktion $f(\lambda, \psi)$ an, der die Intensität der gebeugten Strahlung an einem Punkte P auf dem Debye-Scherrer-Kreis für den Fall einer einfach gedehnten Modellfaser (vgl. Culpin u. Kemp, C. **1958,** 3042) proportional ist, wobei λ = Dehnungsverhältnis u. ψ Winkelabstand von P vom Äquator des Debye-Scherrer-Kreises. Die Werte beziehen sich auf $\lambda = 2—6$ u. $\cos^2\theta \sin^2\psi = 0—0{,}97$ (θ = Braggscher Winkel) sowie auf jene $\cos^2\theta \sin^2\psi$-Werte für verschiedene λ, für welche $f(\lambda, \psi)$ gleich 70, 50 u. 30% der maximalen Höhe über dem Untergrund ist. Ferner wird graph. der Verlauf der Maximumbreite als Funktion von λ für $\theta = 10$ u. 20° angegeben. Die Ergebnisse erlauben eine bequeme Auswertung von Röntgendiagrammen. D. Jörchel. 181□

Bestimmung der Orientierung von Metallkörnern nach einer neuen Methode mit Kossel-Linien. B. H. Heise. (J. appl. Physics **33,** 697—99, Febr. 1962; Bayonne, N.J., Internat. Ni-Co., Inc., Res. Labor.; engl.) — Die Orientierung der Oberflächenkörner in einer dicken Kristallprobe läßt sich mit Hilfe der Kossel-Linien bestimmen. Hierzu registriert Vf. die Kossel-Linien auf einem zylindr. Film, der koaxial zum Elektronenstrahl eines Mikroanalysators steht. Die aufgenommenen Kossel-Linien werden nach einem mathemat. Verf. ausgewertet, um die Orientierung der Körner zu erhalten. Die Meth. führt auch auf eine rohe Kristallanalyse unbekannter Präpp.; sie eignet sich daher zur Analyse von Einschlüssen u. Ausscheidungen in festen Proben. G. Ruban. 181□

Über die Genauigkeit der Übereinstimmung von ausgewähltem und beugendem Bereich bei der Feinbereichs-Elektronenbeugung im Le Pooleschen Strahlengang. W. D. Riecke. (Optik **18**, 278—93, Juni 1961; Berlin-Dahlem, Fritz-Haber-Inst. der Max-Planck-Ges., Inst. für Elektronenmikrosk.; dt.) — Es wird theoret. u. experimentell nachgewiesen, daß bei der Feinbereichsbeugung im Le Pooleschen Strahlengang das Beugungsdiagramm nicht genau von demjenigen Bereich des Präp. erzeugt wird, dessen Hellfeldbild in die Öffnung der Sektorblende fällt. Der Grund ist eine Verschiebung der zu den abgebeugten Strahlen gehörenden Dunkelfeldbilder gegen das Hellfeldbild durch Öffnungsfehler u. ungenaue Einstellung der Objektivlinse. Daher lassen sich Beugungsdiagramme ausgewählter Bereiche $<1\,\mu$ mit dieser Meth. nicht aufnehmen. W. Betcke. 181□

Mikroskopische Abbildung einer Metalloberfläche durch H^--Ionen. R. Goutte. (J. Physique Radium **19**, 85S—86S, Dez. 1958; Lyon, Inst. de Phys. Gén.; franz.) — Vf. beschreibt ein neues Verf. der Ionenemissionsmikroskopie, bei dem ein metall. Objekt mit schnellen positiven Ionen beschossen wird (Li^+, Na^+). Die dabei emittierten Teilchen werden durch ein transversales Magnetfeld massenspezif. getrennt u. photograph. registriert. Neben Sekundärelektronen treten negative Ionen auf, die durch Übertragung von Anregungsenergie aus den an der Metalloberfläche adsorbierten Atomarten entstehen. Im Fall eines *Mo*-Drahtes ($40\,\mu$) wurden auf diese Weise mit 20-kV-Na^+ auf einer Ilford-Q_3-Platte die Ionen H^-, C^-, O^-, C_2^- registriert. Das Spektrum ist unabhängig von der Art der einfallenden Primärionen, verschwindet jedoch bei erhöhter Temp. (500°). Auf einem 100fach vergrößerten, durch H^- erhaltenen Bild einer polykristallinen *Al*–*Zn*-Oberfläche sind infolge des unterschiedlichen Emissionsvermögens der beiden Metalle deutliche Kontraste zu erkennen. A. Blaschette. 181□

Struktur und Ziel der Quantenchemie. 1. Mitt. Laurens Jansen. (Battelle techn. Rev. **10**, 3—11, Sept. 1961; engl.) — Übersicht über die mathemat. Methodik der Quantenchemie u. ihre Beziehungen zur Quantenmechanik. A. Blaschette. 182□

Zuverlässigkeit des Hellmann-Feynman-Theorems für angenäherte Ladungsdichten. L. Salem und E. Bright Wilson jun. (J. chem. Physics **36**, 3421—27, 15/6. 1962; Cambridge, Mass., Harvard Univ., Mallinckrodt Chem. Labor.; engl.) — An Beispielen (kugelförmiges Atom in einem homogenen äußeren Feld; Weitbereich-Wechselwrkg. zwischen zwei Moll.) wird gezeigt, daß das Hellmann-Feynman-Theorem bei Syst. versagt, die durch angenäherte Wellenfunktionen oder Ladungsdichten beschrieben werden. Im allg. gilt für ein Syst. unter dem Einfl. einer gegebenen Störung, daß die bis zur Ordnung n exakte Wellengleichung bzw. die entsprechende Ladungsdichte die Kraft exakt bis zur Ordnung n u. nur bis zu dieser Ordnung liefern. Dieses Ergebnis erlaubt einen Vgl. zwischen dem Hellmann-Feynman-Verf. u. der Variationsmethode. A. Blaschette. 182□

Das homonucleare zweiatomige Thomas-Fermi-Molekül. 1. Mitt. **Lösungsmethode und Atomwechselwirkungspotential.** J. R. Townsend und G. S. Handler. (J. chem. Physics **36**, 3325—29, 15/6. 1962; Pittsburgh, Pa., Univ. of Pittsburgh, Radiat. Labor.; Medford, Mass., Tufts Univ., Chem. Dep.; engl.) — Die Thomas-Fermi-Gleichung (ohne Austausch) wird für ein neutrales Mol. aus zwei gleichen Atomen gelöst. Durch Koordinatenstreckung (scaling) für die Kernabstandsparameter u. die Energieeinheiten ergibt sich ein allg., auf alle Ordnungszahlen u. Atomabstände anwendbares Wechselwrkg.-Potential. Die numer. Genauigkeit der Elektronenenergien ist besser als $1:10^4$. A. Blaschette. 182□

Quadrikovalente Hybridorbitale mit maximaler Überlappung. Milan Randić. (J. chem. Physics **36**, 3278—82, 15/6. 1962; Zagreb, Yugoslavia, Inst. „Rudjer Bošković"; engl.) — Es werden Hybridorbitale mit maximaler Überlappung für quadrat. u. tetraedr. Moll. konstruiert. Die Überlappungsintegrale ergeben sich aus tabellierten Slater-Funktionen unter der Annahme von s-, p-, sp-, sp^2- u. sp^3-Ligandorbitalen. Die Verteilung des s- u. d-Charakters in planaren $s^n p^2 d^{2-n}$-Hybriden u. die relativen Gew. der sp^3- u. sd^3-Komponenten in allg. tetraedr. Bindungsorbitalen werden für verschiedene Ligandorbitale u. Atomabstände ermittelt. Die Hybride mit maximaler Überlappung werden mit dem Paulingschen Kriterium der Hybridstärke verglichen. A. Blaschette. 182□

Kriterien für die Konstruktion guter SCF-MO-Wellenfunktionen und die Bedeutung der LCAO-MO-Populationsanalyse. R. S. Mulliken. (J. chem. Physics **36**, 3428—39, 15/6. 1962; Chicago, Ill., Univ. of Chicago, Dep. of Phys., Labor. of Mol. Struct. and Spectra; engl.) — Krit. Diskussion, ausführliche Ableitung von Kriterien u. Anwendung auf *HF*, *LiF*, *HO*, H_2O, H_3N. A. Blaschette. 182□

Elektronenpaar-Bildung. J. D. Hopton und J. W. Linnett. (J. chem. Soc. [London] **1962**, 1553—58, Mai; Oxford, Inorg. Chem. Labor.; engl.) — Berechnungen der elektron. Bindungsenergie zeigen, daß sie bei einem Protonenabstand von 0,6—1,2 Å nur 5—10% größer bei H_2 als bei H_2^+ ist, obwohl das erste Syst. zwei, das zweite nur ein Elektron aufweist. Die beste Beschreibung für das lineare symm. Ion H_3^+ wird mit zwei Einelektronenbindungen erreicht Die Ergebnisse werden in bezug auf die große Häufigkeit von Elektronenpaarbindungen diskutiert. A. Blaschette. 182□

Berechnung der Potentialkurven für einige Elektronenzustände des Kohlenmonoxids. Hélène Lefebvre-Brion, C. M. Moser und R. K. Nesbet. (J. chem. Physics **34**, 1950—58, Juni 1961; Paris, Centre de Mécan. Ondul. Appl.; Boston, Mass., Boston Univ., Dep. of Phys.; engl.) — Vgl. C. **1962**, 16209. — Die LCAO—MO—SCF-Orbitale für den $^1\Sigma^+$-Grundzustand von CO werden aus 1s-, 2s- u. 2p-Atomfunktionen konstruiert u. für 11 Werte des Kernabstands zwischen 1,5 u. 4,5 atomaren Einheiten berechnet; ebenso werden mit Hilfe der nicht besetzten SCF-Orbitale eine Anzahl niedriger angeregter Zustände untersucht. Es ergibt sich nachst. Einteilung: 1. Zustände, die durch die benutzten Funktionen gut beschrieben werden ($X^1\Sigma^+$, $e^3\Sigma^-$, $a'^3\Sigma^+$, $A^1\Pi$, $a^3\Pi$); 2. Zustände, die durch diese Funktionen nur schlecht beschrieben werden ($b^3\Sigma^+$, $B^1\Sigma^+$, $C^1\Sigma^+$); 3. Zustände, deren experimentelle Zuordnung wahrscheinlich falsch ist ($d^3\Pi$, $F^1\Pi$). A. Blaschette. 182□

Theorie polyedrischer Moleküle. 3. Mitt. Populationsanalysen und Reaktivitäten von Carboranen. Roald Hoffmann und William N. Lipscomb. (J. chem. Physics **36**, 3489—93, 15/6. 1962; Cambridge, Mass., Harvard Univ., Gibbs Labor.; engl.) — 2. vgl. C. **1963**, 420. — Es werden Populationsanalysen für die Mol.-Orbitale der polyedr. Carborane $B_{n-2}C_2H_n$ durchgeführt u. Anhaltspunkte für die Stabilität ihrer Derivv. ermittelt. Die Ladungsverteilung nach der LCAO—MO-Meth. wird mit der aus dem Formalismus der Dreizentrenbindung verglichen. Im einzelnen werden behandelt: 1. trigonale Bipyramiden: $B_5H_5^{2-}$, *1.2-*, *4.5-* u. *3.4-*$B_3C_2H_5$; 2. Oktaeder: $B_6H_6^{2-}$, *5.6-* u. *4.5-*$B_4C_2H_6$; 3. pentagonale Bipyramiden: $B_7H_7^{2-}$, *6.7-*, *3.5-*, *4.5-* u. *5.7-*$B_5C_2H_7$; 4. Ikosaeder: $B_{12}H_{12}^{2-}$, *1.4-*, *1.3-* u. *1.2-*$B_{10}C_2H_{12}$. A. Blaschette. 182□

Kovalente Bindung und Ladungsdichte beim Diamant. L. Kleinman und J. C. Phillips. (Physic. Rev. [2] **125**, 819—24, 1/2. 1962; Chicago, Ill., Univ. of Chicago, Dep. of Phys. and Inst. for Study of Metals; engl.) — Vff. berichten über Berechnungen der Wellenfunktionen in Diamant über das gesamte Valenzband hinweg. Dabei zeigt sich, daß zwei Mechanismen die Ladungsdichte im Valenzband beeinflussen: die dielektr. Abschirmung u. die Kristallhybridisation. Der Anteil beider Mechanismen an den F_{111}-, F_{220}-, F_{222}-, F_{311}- u. F_{400}-Reflexionen wird berechnet u. mit bekannten Daten verglichen. Es zeigt sich, daß die Ergebnisse besser mit den alten Daten von Brill übereinstimmen als mit neuen Streuungsmessungen von Röntgenstrahlen von Göttlicher u. Wölfel (vgl. C. **1960**, 16680). G. M. Neumann. 182□

Röntgenuntersuchung von Arsentrisulfid-Jod-Gläsern. T. E. Hopkins, R. A. Pasternak, E. S. Gould und J. R. Herndon. (J. physic. Chem. **66**, 733—36, April 1962; Menlo Park, Calif., Stanford Res. Inst., Dep. of Chem.; engl.) — Röntgenograph. untersuchen Vff. die Struktur eines As_2S_3- u. eines As_2S_3–J_2-Glases mit 46 Gew.-% J_2. Für das glasige As_2S_3 ergibt sich in der Nahordnung eine Gruppierung der Atome wie beim krist. As_2S_3 (Auripigment). Das J_2 enthaltende Glas läßt ein Aufbrechen der Schichten erkennen, wahrscheinlich zu verdrehten Ketten, wobei As—J- u. S—S-Bindungen auftreten. Das Aufbrechen der Schichten zeigt sich ebenfalls in einer Erniedrigung der Viscosität u. des Erweichungspunktes. G. Ruban. 186□

Untersuchung der Kristallisationsprozesse der Gläser. W. I. Scheljubski und N. M. Waissfeld. (Журнал Физической Химии [J. physik. Chem.] **35**, 2652—54, Nov. 1961; russ.) — Vff. untersuchen elektronenmkr. die Kristallisation einiger Gläser (Abdruck-Meth. nach HF-Ätzung). Mit der Dauer der Wärmebehandlung bei konst. Temp. nimmt die Kristallisation zu. Die Teilchen vergrößern sich, während die Zahl abnimmt. Bei dem einen Glas treten Teilchen mit einem Ø von 0,2—0,5 μ auf, die dem Disthen entsprechen. Ferner finden sich Rutil u. $MgO \cdot 2\,TiO_2$ als kristalline Phasen. Bei lichtempfindlichen Gläsern ist die Struktur der Endprodd. von der Bestrahlungsdosis (BD) abhängig. Mit zunehmender BD verringert sich der Teilchendurchmesser u. steigt der Geh. an kristalliner Phase bis zu einem Maximalwert. Es konnten β-Eukryptit u. Muskovit in den lichtempfindlichen Gläsern festgestellt werden. D. Hoene. 186□

Über den Mechanismus des Kristallisationsprozesses. N. A. Figurowski und T. A. Komarowa. (Журнал Неорганической Химии [J. anorg. Chem.] **4**, 522—29, März 1959; Moskau, Lomonossow-Univ., Chem. Fak.; russ.) — Vgl. C. **1959**, 15922. — Eine Analyse der Unterss. über die Kinetik der Kristallisation führt zur Annahme eines Kettenmechanismus des Kristallwachstums mit verzweigten Ketten u. Autokatalyse bis zur Aufhebung der Übersättigung, die dann eine Verzögerung u. ein Hemmen des Kristallwachstums bewirkt, ähnlich dem Kettenabbruch bei der Polymerisation. Für die meisten gut lösl. Stoffe ist die S-Form der Kristallisationskurven typisch. Der Einfl. von Beimengungen auf die Kristallisation wird erörtert. Im Hinblick auf die Rolle der Wände beim Kristallisationsprozeß wäre ein verzögernder Einfl. bei Verw. großer Gefäße zu erwarten, der jedoch nicht bestätigt wurde; in vielen Fällen scheint eine Vergrößerung der Gefäßdimensionen wie bei Gasketten-Rkk. zu wirken. — 35 Literaturangaben. R. K. Müller. 190□

Das Problem der Klassifikation der Alkalifeldspäte. Janusz Ansilewski. (Arch. mineralog. [Warszawa] **23,** 5—59, 1959; Warsaw, Univ., Dep. of Petrol.; engl.) — Diskussion der Beziehungen, die zwischen der Struktur, der chem. Zus. u. den opt. Eigg. der Alkalifeldspäte bestehen. Vf. fand keine direkten Beziehungen zwischen Al/Si-Ordnungsgrad u. der opt. Symmetrie. Es wird ein Klassifikations-Syst. mit neuer Nomenklatur vorgeschlagen, um den verschiedenen Al/Si-Ordnungs-Unordnungsgrad sowohl für monoklines als auch für triklines Gitter zum Ausdruck zu bringen. Die überwiegend ungeordneten Zustände werden als Chaostrukturen, die überwiegend geordneten Zustände als Kosmostrukturen klassifiziert. Diskussion der Bldg.-Bedingungen. H. Moenke. 190□

Phasengleichgewichte in Systemen, die Oxide der Seltenerdmetalle enthalten. 1. Mitt. **Polymorphie der Oxide der dreiwertigen Ionen der Seltenerdmetalle.** R. S. Roth und S. J. Schneider. (J. Res. nat. Bur. Standards, A **64,** 309—16, Juli/Aug. 1960; Washington, D.C.; engl.) — Durch Röntgenaufnahmen wurden die Gitter-Konst. der 3wertigen Oxide bestimmt. Drei Typen A, B, C können unterschieden werden. Jedes Oxid hat eine stabile Phase. La_2O_3, Ce_2O_3, Pr_2O_3 u. Nd_2O_3 gehören zum A-Typ; Sm_2O_3, Eu_2O_3 u. Gd_2O_3 zum B-Typ; Tb_2O_3, Dy_2O_3, Ho_2O_3, Er_2O_3, Tm_2O_3, Yb_2O_3 u. Lu_2O_3 zum C-Typ. Nd_2O_3, Sm_2O_3, Eu_2O_3 u. Gd_2O_3 haben eine Tieftemp.-Modifikation des C-Types. Die Ergebnisse werden mit denen früherer Autoren verglichen u. lineare Beziehungen zwischen Kationenradius u. Gitter-Konst. aufgezeigt. H.-G. Moslé. 190□

Untersuchung über das Kristallwasser in Hexacyanoferraten(II) der Alkalien und Erdalkalien. F. Cappellina und B. Bubani. (Atti Accad. Sci. Ist. Bologna, Cl. Sci. fisiche, Rend. [11] **2,** Nr. 2, 76—96, 15/10. 1957; ital.) — Mit Hilfe der Chevenardschen Waage bestimmten Vff. den Kristallwasser-Geh. von Li- (I), Na- (II), K- (III), Rb- (IV), Cs- (V), Mg- (VI), Ca- (VII), Sr- (VIII) u. Ba-Hexacyanoferrat(II) (**IX**). Der Kristallwasser-Geh. in Mol. H_2O betrug bei **I** 8, **II** 10, **III** 3, **IV** 2, **V** 4, **VI** 9, **VII** 10, **VIII** 13 u. **IX** 6. C. Gottfried. 190

Energiefragen beim Einbau von Fremdionen in Ionenkristalle. Peter Brauer. (Halbleiter u. Phosphore, Kolloquium **1956,** 63—80; Freiburg/Br., Univ., Phys. Inst.; dt.) — Vf. berichtet über Verss. zur Berechnung der Bldg.-Energien von Störstellen, die beim Einbau von Fremdatomen in Ionenkristalle entstehen, aus den Eigg. der Ausgangsstoffe. Dabei wird die halbempir. Theorie der Ionengitter (Bornsche Theorie) verwendet, die nach dem Vorgang von Mott u. Littleton für nichtperiod. Probleme passend gemacht wird. Zusammenstellung von durch Mott u. Littleton ermittelten Werten der Ausbauarbeiten von Anionen u. Kationen bzw. der Gitternergie für *NaCl, KCl, KBr* u. von Werten (nach Brauer) der gesamten beim Ersatz eines Kations durch Tl^+, z. B. bei der Rk. $K^+_{(KCl)} + TlCl \rightarrow Tl^+_{(KCl)} + KCl$ auftretenden Bldg.-Energie, für NaCl, KCl, KBr, *RbCl, NaBr, RbBr, NaJ, KJ, RbJ.* H. Roschkowski. 190□

Die Einführung von Fremdatomen in kristalline Festkörper. F. A. Kröger und H. J. Vink. (Halbleiter u. Phosphore, Kolloquium **1956,** 17—34, 1958; Eindhoven, Netherlands, N.V. Philips' Gloeilampenfabrieken, Res. Labor.; engl.) — Vff. beschreiben an Hand von 80 Literaturzitaten die verschiedenen Folgen der Einführung von Fremdatomen in Kristalle. Einige Möglichkeiten zur Einführung von Fremdatomen werden angegeben. Die gegenseitige Abhängigkeit der Konz. der ursprünglichen Atom- bzw. Elektronenfehlordnung von der durch das eingeführte Atom u. die Zus. der Gasphase hervorgerufenen wird besprochen. Eine neue Nomenklatur zur Beschreibung von Zentren wird vorgeschlagen. H. Roschkowski. 190□

Wachstum und Defekte von Halbleiterkristallen. E. Billig. (Halbleiter u. Phosphore, Kolloquium **1956,** 2—16, 1958; Aldermaston, Berkshire, England, Assoc. Electr. Ind. Ltd., Res. Labor.; engl.) — Theoret. Abhandlung über Fehlstellen (Leerstellen u. Zwischengitterplätze). Kanten- u. Schraubenversetzungen, Zwillingsgrenzen u. Versetzungslinien, Mosaikblöcke, Verunreinigungen auf substituierten Gitterplätzen u. auf Zwischengitterplätzen sowie über Abweichungen von der Stöchiometrie in Halb-

leiterkristallen unter besonderer Beachtung der Möglichkeit, durch geeignete Behandlung gezielte Defekte erreichen zu können. Beispiele für Kristalldefekte u. die Bedingungen ihres Auftretens werden an *Ge*-, *Si*- u. *LiF*-Kristallen erörtert.
H. Roschkowski. 190□

Gleichgewichtseigenschaften fester Lösungen von Cu-Ionen in großen AgCl-Kristallen. F. Moser. (J. appl. Physics, Suppl. zu **33,** Nr. 1, 343–47, Jan. 1962; Rochester, N.Y., Eastman Kodak Co., Res. Labor.; engl.) — Wie Vf. an Hand von opt. u. photolyt. Eigg. von großen Silberhalogenidkristallen zeigen konnte, lassen sich Cu^+- u. Cu^{2+}-Ionen bis zu Konzz. von 10^{18} cm^{-3} als feste Lsgg. in das AgCl-Gitter einbauen u. quant. durch ihre charakterist. opt. Absorption u. ihr Verh. bei der Photolyse nachweisen. Bei höheren Temp. wird der Valenzzustand des Cu durch den äußeren Cl_2-Druck bestimmt. Die Abhängigkeit der Cu^{2+}-Konz. von äußeren Cl_2-Druck im Gleichgewichtszustand konnte durch Messungen der opt. Absorption der Cu^{2+}-Ionen ermittelt werden. Diese experimentell ermittelte Abhängigkeit wurde mit Berechnungen der Gleichgewichtsanzahl aufgefüllter Cu-Niveaus u. der bekannten Abhängigkeit der Leerstellen-Konz. vom Halogendruck verglichen. Neben den zum Cu gehörenden Absorptionsbanden wurde eine weitere Absorptionsbande, deren Intensität proportional der Leerstellen-Konz. ist, sowohl in reinen als auch in Cu-haltigen Kristallen gefunden.
D. Noack. 190□

Die Gründe einer Konzentrationsungleichheit in festen Lösungen. K. K. Kassymbekowa und A. A. Pressnjakow. (Металловедение и Термическая Обработка Металлов [Metallkunde therm. Metallbearb.] **1961,** Nr. 7, 20–22, Juli; Inst. für Kernphysik der Akad. der Wiss. der KasachSSR; russ.) — In den festen Lsgg. werden wesentliche Konz.-Ungleichmäßigkeiten (Heterogenität 3. Art) beobachtet, die die Phasenumwandlungen in denjenigen Temp.-Gebieten vorbereiten, welche ziemlich weit von der Gleichgewichtslinie des Zustandsdiagramms liegen. Als Ursache für die Entstehung einer Heterogenität III. Art wird die Diffusion angesehen, die dem Umbau des Kristallgitters bei Temp. u. Konzz., bei denen Phasenumwandlungen auftreten, vorangeht.
H. Hochstein. 190□

Ätzfiguren auf Alaun und die Diamantmuster. M. Omar und T. H. Youssef. (Philos. Mag [8] **6,** 791–94, Juni 1961; Cairo, Nat. Res. Centre; engl.) — Vff. untersuchten Atzfiguren auf der (1 1 1)-Fläche von K-Alaun u. stellten weitgehende Übereinstimmung mit der Orientierung u. Form der Ätzfiguren auf den Oktaederflächen von Diamant fest. Die Diamantmuster dürften auch nicht während des Wachstums, sondern durch spätere natürliche Auflösung entstanden sein.
H. Moenke. 190□

Ätzgruben auf mit Röntgenstrahlen vorbehandeltem Seignette-Salz. Kenkichi Okada. (J. physic. Soc. Japan **16,** 1647–48, Aug. 1961; Nagoya, Japan, Inst. of Technol., Dep. of fine Measurements; engl.) — Bestrahltes u. unbestrahltes Seignette-Salz wird mit dest. W. geätzt. Es werden Zusammenhänge zwischen Form u. Größe der Ätzgruben u. Gitterstörungen gefunden.
Walter Franke. 190□

Kristalldaten von Stickstoffselenid (Selen-Stickstoff) $[NSe]_x$. Hartmut Bärnighausen, Tassilo von Volkmann und Jochen Jander. (Acta crystallogr. [Copenhagen] **14,** 1079, 10/10. 1961; Freiburg/Br., Univ., Chem. Labor., Anorgan. Abt.; dt.) — Aus Drehkristall- u. Weißenberg-Aufnahmen von $(NSe)_x$ ergibt sich eine trikline Elementarzelle: $a = 6{,}47 \pm 0{,}01$; $b = 6{,}85 \pm 0{,}01$; $c = 6{,}85 \pm 0{,}04$ Å; $\alpha = 90{,}5 \pm 0{,}0'$; $\beta = 100{,}4 \pm 0{,}1$; $\gamma = 100{,}4 \pm 0{,}01^0$. 8 Formeleinheiten in der Elementarzelle, Röntgendichte 4.22 $g \cdot cm^{-3}$.
Walter Franke. 195□

Die Kristallstruktur des $B_{10}H_{12}[S(CH_3)_2]_2$. Donald E. Sands und Allan Zalkin. (Acta crystallogr. [Copenhagen] **15,** 410–17, 10/4. 1962; Livermore u. Berkeley, Calif., Lawrence Radiat. Labor.; engl.) — Vgl. C. **1962,** 11833. — Die Kristallstruktur des Dekaboran (I)-Deriv. $B_{10}H_{12}[S(CH_3)_2]_2$ (II) ist der des $B_{10}H_{12}(CH_3CN)_2$ (III) nahe verwandt. Röntgenbeugungs-Unterss. an II-Einkristallen zeigen aus 4 Moll. aufgebaute monokline Elementarzellen mit $a = 11{,}83 \pm 0{,}02$, $b = 10{,}78 \pm 0{,}02$, $c = 12{,}74 \pm 0{,}02$ Å; $\beta = 95{,}17 \pm 0{,}10^0$, D. (röntgenogr.) 1,032 $g \cdot cm^{-3}$, Raumgruppe $C_{2h}^5 - P2_1/c$. Die Symmetrie des I-Gerüsts bleibt in II u. III erhalten, jedoch sind die vier H-Brücken von I (zwischen den Atomen $B_{(5)}-B_{(6)}$, $B_{(6)}-B_{(7)}$, $B_{(8)}-B_{(9)}$, $B_{(9)}-B_{(10)}$) durch zwei ($B_{(5)}-B_{(10)}$, $B_{(7)}-B_{(8)}$) ersetzt. In II u. III stehen die Substituenten in 6.9-Stellung. Die beobachteten u. berechneten Strukturfaktoren, die Atomparameter u. die anisotropen Temp.-Faktoren von II, sowie ein Vgl. der Bindungsabstände von I, II u. III werden tabellar. mitgeteilt.
H. Kuckertz. 195□

Die Kristallstruktur von Coesit, der Form von Siliciumdioxid bei hoher Dichte. M. J. Buerger und Tibor Zoltai. (Bull. geol. Soc. America **69,** 1543, Dez. 1958;

Cambridge, Mass., MIT, Dep. of Geol. and Geophys.; engl.) — Coesit ist monoklin mit der Raumgruppe B2/b u. den Gitterparametern a = 7,17; b = 7,17; c = 12,38 Å; γ = 120,0°; Z = 16. Die Atomkoordinaten sind angegeben. E. Schulte. 195□

Die Molekül- und Kristallstruktur von $(PCF_3)_4$. Gus J. Palenik und Jerry Donohue. (Acta crystallogr. [Copenhagen] **15**, 564—69, 10/6. 1962; Los Angeles, Calif., Univ. of Southern California, Dep. of Chem.; engl.) — $(PCF_3)_4$ wurde mittels Weißenberg-Aufnahmen röntgenograph. untersucht. Die Gitterparameter betragen a = 10,100 ± 0,020 u. c = 6,397 ± 0,015 Å; Z = 2; D. (röntgenogr.) 2,00; Raumgruppe D_{4h}^{15} — $P4_2/nmc$. Nach 7facher Verfeinerung der Struktur (Patterson-Projektion, dreidimensionale Fourier-Analyse, Meth. der kleinsten Quadrate; R = 8%) ließ sich aus den Lageparametern folgende Struktur ableiten: Mit einem Abstand von 2,213 ± 0,005 Å bilden die 4 P-Atome einen wegen der Pitzer-Spannung nichtebenen Ring; ∢ P—P—P 84,7°, Torsionswinkel 34°. Im Abstand 1,867 ± 0,014 Å sind in ∢ P′—P—C 97,8° 4 C-Atome angeordnet, die F^1 (1,325 ± 0,018) u. 2 F^2 (1,313 ± 0,010 Å) mit den Winkeln P—C—F^1 118,1, P—C—F^2 109,6, F^1—C—F^2 105,7 u. F^2—C—F^2 107,5° tragen. Die intramol. Abstände betragen P; P′ = 2,980, F^1;$F^{1\prime}$ = 3,925; P′;F^1 = 3,194 u. P′;F^2 = 3,470 Å; die F-Abstände benachbarter Moll. liegen zwischen 3,23 u. 3,46 Å. Die gefundenen Abstände entsprechen denen analoger Moleküle. H. Bürger. 195□

Die Kristallstruktur des Lithiumdiborates, $Li_2O \cdot 2\,B_2O_3$. J. Krogh-Moe. (Acta crystallogr. [Copenhagen] **15**, 190—93, 10/3. 1962; Göteborg, Svenska Silicatforsknings-Inst.; engl.) — $Li_2O \cdot 2\,B_2O_3$ krist. tetragonal mit a = 9,47 u. c = 10,26 Å in der Raumgruppe $I4_1cd$. Das Boratanion wird durch zwei dreidimensional verknüpfte Gitter repräsentiert. Die Baugruppe dieses Gitters besteht aus 2 B-Atomen mit tetraedr. koordiniertem O u. 2 B-Atomen mit Dreieckskoordination des O. Die Atome sind in der Form eines verschränkten Doppelringes angeordnet; die Hälfte der B-Atome des $Li_2O \cdot 2\,B_2O_3$ hat also die Koordinationszahl 4, in Übereinstimmung mit der Formel N_{BO_4} = x/(100 — x), worin N_{BO_4} die Anzahl der B-Atome mit der Koordinationszahl 4 bedeutet u. x gemäß x-Me_2O·(100 — x) $B_2O_3 \cdot yH_2O$ zu verstehen ist.
K. Jaeger. 195□

Die Struktur von Brushit, $CaHPO_4 \cdot 2\,H_2O$. D. W. Jones und J. A. S. Smith. (J. chem. Soc. [London] **1962**, 1414—20, April; Bradford, Inst. of Technol., Dep. of Chem. Technol.; Leeds, Univ., Dep. of Inorg. and Struct. Chem.; engl.) — Eine dreidimensionale Verfeinerung der bereits von Beevers (vgl. C. **1962**, **3009**) aufgestellten Struktur von $CaHPO_4 \cdot 2\,H_2O$ führt bei Berücksichtigung anisotroper Temp.-Bewegung der Ca- u. P-Atome auf eine verbesserte Übereinstimmung zwischen beobachteten u. berechneten Daten sowie bes. auf die nichtzentrosymm. Raumgruppe Ia anstatt I2/a. Ein ursprünglich zu kleiner Abstand (2,63 Å) zwischen O Atomen benachbarter Wasser-Moll. wird auf 2,84 ± 0,11 Å vergrößert, wodurch bessere Übereinstimmung mit magnet. Kernresonanzdaten erzielt wird. G. Ruban. 195□

Veatchit und p-Veatchit. Joan R. Clark und Mary E. Mrose. (Amer. Mineralogist **45**, 1221—29. Nov./Dez. 1960; Washington, D.C., U. S. Geol. Surv.; engl.) — Von Braitsch (vgl. C. **1961**, **5015**) wurde ein Strontiumborathydrat aus dem Zechsteinsalz von Reyershausen als eine neue Veatchitvarietät beschrieben u. p-Veatchit benannt. Zur Nachprüfung dieser Angabe untersuchten Vff. mit Hilfe von Einkristallaufnahmen p-Veatchit (I) des obigen Fundortes sowie Veatchit (II) von mehreren bekannten Fundorten. Die Annahme von Braitsch, das es sich bei I um eine neue II-Varietät handelt, konnte bestätigt werden. Die monokline Zelle von II hat a = 20,81; b = 11,74; c = 6,62$_6$ Å (alle ± 0,3%); β = 92°07′ ± 0,5′; Raumgruppe A2/a oder Aa; Z = 8; SrO·3 $B_2O_3 \cdot 2\,H_2O$. Die monokline Zelle von I hat a = 6,72$_9$ ± 0,02; b = 20,70 ± 0,04; c = 6,58$_1$ ± 0,02 Å; β = 119°40′ ± 0,5′; Raumgruppe $P2_1/m$ oder $P2_1$; Z = 4 SrO·3 $B_2O_3 \cdot 2\,H_2O$. II ist vollkommen spaltbar nach {1 0 0}. Die opt. Orientierung ist Z = b, X = c, Y:a = 2°. I ist vollkommen nach {0 1 0} spaltbar; die opt. Orientierung ist Y = b, X = c; Z:a = 29°40′. Dimorphie wird als möglich angesehen, läßt sich aber nicht mit Sicherheit beweisen. C. Gottfried. 195

Die Kristallstruktur von Strontiumformiatdihydrat, $Sr(HCOO)_2 \cdot 2\,H_2O$. Kenji Osaki. (Annu. Rep. sci. Works, Fac. Sci., Osaka Univ. **6**, 13—25, 1958; engl.) — Weißenberg-Aufnahmen an $Sr(HCOO)_2 \cdot 2\,H_2O$ ergaben rhomb. Symmetrie u. die Zelldimensionen a = 7,332 ± 0,001; b = 12,040 ± 0,001; c = 7,144 ± 0,002 Å. Raumgruppe ist D_2^4 — $P2_12_12_1$; mit D. 2,26 wird Z = 4. Die Struktur wurde mit Hilfe von Patterson- u. Elektronendichteprojektionen bestimmt. Die Atomparameter sind angegeben. Die Struktur besteht aus komplexen Ketten entlang der Schraube parallel

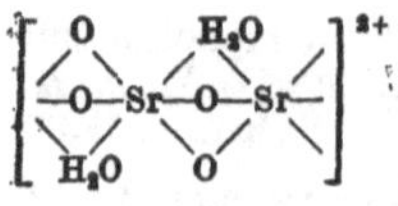

zur c-Achse; diese Ketten sind seitlich durch Wasser-Moll. u. O-Atome der Formiationen verknüpft. Die Kette kann folgendermaßen dargestellt werden (s. nebenstehend). In der Struktur der Ketten stehen die 2 Sätze von durch O-Atome gebildeten Dreiecken in trans-Konfiguration, die Ebenen der Dreiecke sind aber beträchtlich gegeneinander geneigt, so daß sich noch 2 O-Atome nach den zentralen Sr-Ionen nähern können, so daß hieraus die Koordinationszahl 8 resultiert. Die Form dieses Koordinationspolyeders läßt sich als verdrehter Würfel beschreiben. Die interatomaren Abstände sind tabellar. zusammengestellt. C. Gottfried. 195

Die Kristallstruktur von Zinkhydroxidsulfat I, $Zn(OH)_2 \cdot ZnSO_4$. Y. Iitaka, H. R. Oswald und S. Locchi. (Acta crystallogr. [Copenhagen] **15**, 559–63, 10/6. 1962; Bern, Univ., Miner. Inst., Abt. für Kristallogr. u. Strukturlehre; Inst. für anorg., analyt. u. phys. Chem.; dt.) — Einkristalle von $Zn(OH)_2 \cdot ZnSO_4$ wurden durch Rk. von 1 g ZnO u. 20 g $ZnSO_4 \cdot 7\,H_2O$ bei 300° im Einschlußrohr nach 48–72 Std. erhalten u. ihre Kristallstruktur röntgenograph. ermittelt. Die Elementarzelle ist rhomb. mit $Z = 4$ u. $a = 4{,}93_7 \pm 0{,}005$, $b = 6{,}23_1 \pm 0{,}006$, $c = 14{,}37_6 \pm 0{,}015$ Å; Raumgruppe $P2_12_12_1$; $D.^{20}$ $3{,}93_0$, berechnet D. $3{,}92_5$ g cm^{-3}. Die Struktur wurde mit Hilfe von [1 0 0] u. [0 1 0]-Fourier- u. Differenz-Fourier-Synth. verfeinert. Eines der beiden Zn-Atome hat oktaedr., das andere tetraedr. Koordination; parallel zur b-Achse werden Ketten von Zn–O-Oktaedern gebildet. Jedes Oktaeder hat mit den benachbarten Oktaedern auf beiden Seiten eine gemeinsame Kante. Die Oktaederketten sind seitlich durch SO_4-Tetraeder zu Schichten verknüpft. Die Tetraeder des zweiten Zn-Atoms sind über ihre Ecken zu Zickzackketten entlang der a-Achse verbunden. Die Atomparameter, die beobachteten u. errechneten Strukturfaktoren sowie die Atomabstände u. -winkel innerhalb des Koordinationspolyeders sind angegeben, die Projektionen der Struktur entlang der a- u. b-Achsen in Abb. dargestellt. Ernst Schulte. 195□

Die Raumgruppe von β-In_2S_3. G. S. D. King. (Acta crystallogr. [Copenhagen] **15**, 512, 10/5. 1962; Brussels, Union Carbide Europ. Res. Assoc.; engl.) — Die meisten der β-In_2S_3-Kristalle sind gestört oder verzwillingt. Es gelang jedoch, einen Einkristall zu finden u. die Weißenberg-Aufnahmen zu indizieren. Die Raumgruppe ergibt sich aus den systemat. Auslöschungen zu $I4_1/a\,m\,d$; $a = 7{,}61$, $c = 32{,}24$ Å. Aus $D._{exp.}$ 4,613 g/cm^3 errechnet sich $Z = 15{,}93$. Ernst Schulte. 195□

Struktur von U_4O_9. B. Belebóch, C. Piekarski und P. Perio. (Bull. Soc. franç. Minéralog. Cristallogr. **83**, 206–08, Juli/Sept. 1960; Saclay, Centre d'Études Nucl.; franz.) — Vff. berichten über eine genaue Struktur-Best. von U_4O_9. Pulver- u. Drehkristallaufnahmen bestätigten die kub. Symmetrie; die Gitter-Konst. beträgt $a = 21{,}73$ Å; Raumgruppe $I\bar{4}3d$; die Zelle enthält 256 U-Atome, 512 normale u. 64 zusätzliche O-Atome. Es liegen 5mal je 48 U-Atome in der 48zähligen Punktlage mit den Parametern (x =) 0,1875; (y =) 0,0625; (z =) 0,0625; bzw. 0,4375; 0,0625; 0,0625 bzw. 0,3125; 0,1875; 0,0625 bzw. 0,4375; 0,1875; 0,1875 bzw. 0,3125; 0,0625; 0,1875 u. 16 U-Atome in der 16zähligen Punktlage mit x = 0,1875. 8mal je 48 normale O-Atome liegen in der 48zähligen Punktlage mit (x =) 0,125; (y =) 0,25; (z =) 0 bzw. 0,125; 0,125; 0 bzw. 0,125; 0; 0 bzw. 0,125; 0,125; 0,25 bzw. 0,125; 0,25; 0,25 bzw. 0,375; 0; 0,125 bzw. 0,5; 0,125; 0,125 bzw. 0,375; 0,125; 0,125; 2mal je 16 normale O-Atome liegen in der 16zähligen Punktlage mit x = 0 u. x = 0,125; 2mal je 12 normale O-Atome in der 12zähligen Punktlage mit (x =) 0,375; (y =) 0; (z =) 0,25 u. 0,875; 0; 0,25 u. 3mal je 24 normale O-Atome in der 24zähligen Lage mit (x =) 0; (y =) 0; (z =) 0,25 bzw. 0,125; 0; 0,25 bzw. 0,25; 0; 0,25. 48 zusätzliche O-Atome liegen in der 48zähligen Lage mit x = 0,1875; y = –0,0625; z = 0,0625 u. 16 zusätzliche O-Atome in der 16zähligen Lage mit x = 0,0625. C. Gottfried. 195

Die Struktur von Cäsiumwolframatoferrat. D. H. Brown und J. A. Mair. (J. chem. Soc. [London] **1962**, 1512–13, April; Glasgow, Roy. Coll. of Sci. and Technol; engl.) — Im Gegensatz zu früheren Annahmen auf Grund analyt. Unterss. (vgl. Mair, C. **1950/54**, 7275 S), nach denen *Wolframeisensäure* die Zus. $Fe_2O_3 : WO_3$ ca. 1:11 besitzt, zeigen die vorliegenden röntgenograph. Unterss. des Cs-Salzes eine Zus. von ca. 1:12. Pulveraufnahmen des Cs-Dodekawolframatoferrats führen auf eine kub. Zelle mit a = 11,88 Å, die mit dem entsprechenden Phosphat (11,83), Silicat (11,78) u. Zinkat (11,86 Å) isotyp. ist. Die Indizierungen sowie die berechneten u. beobachteten Intensitäten sind tabellar. wiedergegeben. G. Ruban. 195□

Die Kristallstruktur des Nickelchloridhexahydrats $NiCl_2 \cdot 6\,H_2O$. Joji Mizuno. (J. physic. Soc. Japan **16**, 1574–80, Aug. 1961; Takarazuka, Div. of Sumitomo, Atom. Energy Ind. Ltd., Radiat. Labor.; engl.) — Die Kristallstruktur von $NiCl_2 \cdot 6\,H_2O$ wurde mit Hilfe von Drehkristall-, Weißenberg- u. Oscillationsaufnahmen bestimmt. Die

Elementarzelle ist monoklin mit: a = 10,23, b = 7,05, c = 6,57 Å, β = 122°10'. Raumgruppe C_{2h}^3 — C2/m, die Elementarzelle enthält 2 Formeleinheiten. Die Punktlagen-Best. ergab fast die gleichen Werte wie beim $CoCl_2 \cdot 6\,H_2O$. Walter Franke. 195□

Die Kristallstruktur des $KCu_2(CN)_3 \cdot H_2O$. Don T. Cromer und Allen C. Larson. (Acta crystallogr. [Copenhagen] **15**, 397—403, 10/4. 1962; Los Alamos, N.Mex., Univ. of California; engl.) — Die monokline Elemantarzelledes $KCu_2(CN)_3 \cdot H_2O$ gehört zur Raumgruppe $P2_1/c$ mit a = 12,105, b = 8,200, c = 7,500 Å; β = 97,4°, Z = 4, D. (röntgenograph.) 2,359 g·cm^{-3}. In der nach der Meth. der kleinsten Quadrate bestimmten Struktur sind die anisotropen Temp.-Faktoren berücksichtigt. Das Strukturprinzip besteht darin, daß in spiral- u. zickzackförmigen $(CuCN)_\infty$-Ketten die Cu-Atome über CN-Gruppen verbunden sind. In den aus gewellten $(CuCN)_6$-Sechsecken aufgebauten polymeren $[Cu_2(CN)_3^-]$-Schichten sind die H_2O-Moll. eingelagert. Die K^+-Ionen halten die Schichten zusammen. Die drei Liganden je Cu-Atom sind teils 2 C- u. 1 N-, teils 1 C- u. 2 N-Atome. Die Cu—C-Abstände werden mit 1,87, 1,89 u. 1,90, die Cu—N-Abstände mit 1,96, 1,98 u. 2,02 Å bestimmt. Für die Cu-Atome wird eine sp^2-Hybridisierung diskutiert. Atomlagen, Elektronendichten, anisotrope Temp.-Faktoren, gemessene u. berechnete Strukturfaktoren, Winkel in bezug auf die Kristallachse sowie die wichtigsten Atomabstände u. Bindungswinkel werden tabellar. mitgeteilt. H. Kuckertz. 195□

Anordnung der Kationen auf Oktaederplätzen in der Perowskit-Struktur. Francis Galasso und Wilda Darby. (J. physic. Chem. **66**, 131—32, Jan. 1962; East Hartford, Conn., Unit. Aircraft Corp., Res. Labor.; engl.) — In Perowskiten vom Typ $A(B_xC_{1-x})O_3$ liegt eine statist. Verteilung B/C vor, wenn Ionenradien u. Ladungen von B u. C nur wenig verschieden sind, eine geordnete Überstruktur, wenn Ionenradien oder/u. Ladungen stärker differieren. Vff. untersuchten an Perowskiten vom Typ $Ba(Me^{3+}_{0,5}Nb^{5+}_{0,5})O_3$ mit Me^{3+} = Seltene Erdmetalle, In^{3+}, Fe^{3+} die krit. prozentuale Differenz der Ionenradien bei gleichbleibender Ladungsdifferenz für den Übergang von der statist. Verteilung der B- u. C-Ionen zur Überstruktur. Vff. finden diese krit. Ionenradiendifferenz zwischen 7 u. 17% (eine genauere Best. war wegen des Fehlens weiterer geeigneter Me^{3+}-Ionen nicht möglich). Vff. weisen darauf hin, daß diese Ionenradiendifferenz nach der Hume-Rotheryschen u. auch nach der Masonschen Regel innerhalb des krit. Bereiches (15%) liegt. K. Jaeger. 195□

Kristallographie von Davidit durch Röntgenuntersuchung. A. Pabst. (Amer. Mineralogist **46**, 700—18, Mai/Juni 1961; Berkeley, Calif., Univ. of California; engl.) — Teilweise oder völlig metamikte Davidit-Mineralien von Pima County, Arizona, u. aus Joeland, Norwegen, wurden durch Erhitzen an der Luft zu Einkristallen oder Zwillingen rekristallisiert. Die röntgenograph. Unters. ergab: $a_0 = 10{,}37 \pm 0{,}02$, $c_0 = 20{,}87 \pm 0{,}02$ Å, Raumgruppe $R\bar{3}$ oder R3. Der ideale Zellinhalt der rhomboedr. Elementarzelle ist $Y_6Z_{15}O_{36}$ oder $3(Y_2Z_5O_{12})$. Y steht für Fe^{2+}, Ce, U u. a., Z für Ti, Fe^{3+}, V, Cr u. andere. H. Moenke. 195□

Genauigkeit bei der Strukturanalyse von Schichtsilikaten: Einige weitere Bemerkungen über die Struktur von Prochlorit. H. Steinfink. (Acta crystallogr. [Copenhagen] **14**, 198—99, 10/2. 1961; Houston, Tex., Shell Dev. Co.; engl.) — Vf. beantwortet die krit. Bemerkungen von Mathieson u. Mitarbeiter (C. **1961**, 18235) zu der Steinfinkschen Struktur-Unters. des Prochlorits (C. **1960**, 11219) u. diskutiert die Auswirkungen einer genaueren Best. der Atomlagen. Keiner der früheren Schlüsse erfahren aber eine Änderung. G. Talsky. 195□

Dünnste Kohlenstoff-Folien. H. P. Boehm, A. Clauss, G. O. Fischer und U. Hofmann. (Z. Naturforsch. **17b**, 150—53, März 1962; Heidelberg, Univ., Anorg.-chem. Inst.; dt.) — Der Abstand der C-Schichten wächst bei Behandlung von wasserfreiem Graphitoxid (I) mit feuchter Luft mit zunehmendem Wasserdampfpartialdruck von 6,35 Å bis maximal 11,6 Å. Das Suspendieren von I in W. führt zum gleichen Quellungsgrad, während die Behandlung mit 0,01 n NaOH (II) völlige Schichttrennung bewirkt. Durch Red. von I mit $N_2H_4 \cdot H_2O$ oder $NH_2OH \cdot HCl$ in II, wobei die Farbe von Braun nach Schwarz umschlägt, werden die „ätherartigen" O-Atome entfernt, nicht aber die randständigen COOH- u. die interlamellaren OH-Gruppen angegriffen. Durch Kontrastmessung elektronenmkr. Aufnahmen der Red.-Prodd. von I, die auf standardisierte Kollodiumfilme aufgetragen worden waren, ergaben sich die geringsten Dicken der C-Schichten zu ca. 3,7 Å. Da Messungen der spezif. Oberfläche durch Methylenblauadsorption auf mittlere Foliendicken von 2,2—3,2 Å schließen lassen u. aus der Halbwertsbreite der Basisinterferenz (0 0 2) des getrockneten Red.-Prod. in Richtung der

c-Achse vier C-Schichten gefunden wurden, schließen Vff. nach einer Fehlerbetrachtung des hier angewandten Verf. auf die Existenz isolierter C-Schichten.
F. M. Friedrich-Anderseck. 196□

Darstellung dünner Galliumschichten durch thermische Verdampfung im Vakuum. Santo Martinuzzi. (C. R. hebd. Séances Acad. Sci. **252**, 1314—16, 27/2. 1961; Alger, Fac. des Sci., Labor. de Phys. P.C.B.; franz.) — Vgl. C. **1962**, 9613. — Wird Ga in einem Vakuum von 10^{-6} Torr aufgedampft, dann zeigen Schichten mit Dicken <25 mμ einen schönen Metallglanz. Mit zunehmender Dicke verwischt sich der Glanz u. die Oberfläche bedeckt sich mit einer grauen Pulverschicht. Elektronenbeugungsaufnahmen an einer 30 mμ dicken Schicht u. einer Schicht <25 mμ lieferten nur verschwommene Interferenzringe. Mkr. glich die Oberflächenstruktur der eines Nd. kleiner Tröpfchen. Diese Beobachtungen stimmen mit der Tatsache überein, daß sich fl. Ga sehr leicht unterkühlen läßt. Wurde dagegen die Unterlage beim Aufdampfen auf einer Temp. von 100° K gehalten, dann bildeten sich gut ausgebildete kristalline Schichten.
C. Gottfried. 196

Über die Topologie der Fermioberfläche von Metallen und offener Elektronenbahnen aus Daten der magnetischen Widerstandsänderung und des Hall-Effektes. J. R. Klauder und J. E. Kunzler. (Physics Chem. Solids **18**, 256—58, Febr. 1961; Murray Hill, N.J., Bell Telephone Labor.; engl.) — Vff. zeigen, daß die Topologie der Fermi-Oberfläche von Metallen zwar den Verlauf der magnet. Widerstandsänderung (MW) bestimmt, daß sie jedoch aus MW allein nicht erhalten werden kann. Für Cu wird die Ausdehnung der Fermi-Oberfläche bis zur Berührung mit der Grenze der Brillouin-Zone der ⟨1 1 1⟩-Richtung unter der Bedingung abgeleitet, daß in Cu in Richtung der Kristallhauptachsen offene Elektronenbahnen vorliegen. Offenbar liegen ähnliche Bedingungen auch in anderen Metallen vor. Herbert Müller. 197□

Bei der Erstarrung von Aluminium gebildete Unterstrukturen und Versetzungen. Heraldo Biloni. (Canad. J. Physics **39**, 1501—07. 3 Tafeln. Okt. 1961. Buenos Aires, Nat. Atomic Energy Comm., Metallurg. Div.; engl.) — Die Entstehung von Unterstrukturen u. Versetzungen bei der polykristallinen Erstarrung von 99,99%ig. Al wurde nach der Dekantier-Meth. zur Unterbrechung des Erstarrungsvorganges untersucht; dabei wurden Versetzungen durch die Ätzung sichtbar gemacht u. nach der Meth. der dünnen epitakt. Al_2O_3-Lagen verschiedene Unreinheits-Konzz. erhalten. Durch fortschreitendes elektrolyt. Polieren konnten die Strukturen auch im Innern der Festkörper verfolgt u. so die von Versetzungen (die von Verunreinigungs-„Mikrosegregationen" ausgehen) gebildeten Zellenunterstrukturen sichtbar gemacht werden. Eng verbunden damit entstehen durch Umlagerung von Versetzungen „Makromosaik"-Unterstrukturen u., ausgehend von den ursprüglichen Korngrenzen, „Makrosegregationen". Die Ergebnisse werden auf Grund der Erstarrungstheorien diskutiert. W. Sobieski. 197□

Über die Walz- und Rekristallisationstexturen von Zirkonium. Henri Demars und Pierre Lehr. (C. R. hebd. Séances Acad. Sci. **253**, 2688—90, 4/12. 1961; franz.) — Proben von Kroll-Zr mit $3\cdot10^{-2}$(%) O, $5\cdot10^{-4}$ H, $1,5\cdot10^{-3}$ N, $1,5\cdot10^{-2}$ C, $1,2\cdot10^{-2}$ Fe, $4\cdot10^{-3}$ Cr, $4\cdot10^{-4}$ Si, $7\cdot10^{-4}$ Cu, $5\cdot10^{-4}$ Pb bzw. Ni, u. $<2\cdot10^{-2}$ sonstige Verunreinigungen werden einachsig gewalzt (relative Querschnittsverminderung 98,5%) u. nach chem. Polieren röntgenograph. mit CuK_α-Strahlung untersucht. Aus den Beugungsdiagrammen der gewalzten bzw. der nachträglich bei 800° angelassenen Proben werden die Polfiguren für die Richtungen (0 0 0 2), $(1 0 \bar{1} 0)$ u. $(1 1 \bar{2} 0)$ abgeleitet. Die Walztextur wird mit der Drehung $\pm 32°$ von (0 0 0 2) zur Walzebene (PL) u. mit $\langle 1 0 \bar{1} 0\rangle$ parallel zur Walzrichtung (DL), die Rekristallisationstextur mit $\pm 32°$ von (0 0 0 2) zu PL u. $\langle 1 1 \bar{2} 0\rangle$ parallel DL beschrieben. Die Rekristallisationstextur leitet sich geometr. von der Walztextur durch Drehung von 30° um die [0 0 0 1]-Achse ab.
Herbert Müller 197□

Über die Natur von Versetzungs-Ätzgrübchen in Wolfram. Ivan Berlec. (J. appl. Physics **33**, 197—202, Jan. 1962; Cleveland, Ohio, Gen. Electr. Co., Lamp Res. Labor.; engl.) — Elektrolyt. wurden Ätzgrübchen an W mit 2%ig. NaOH u. Millner-Sass-Reagens sowie chem. mit Kaliumhexacyanoferrat(III) hergestellt. Das Millner-Sass-Reagens ergibt keine gut definierten Ätzfiguren, die be den anderen zeigen Figuren, die durch kristallograph. Flächen [vornehmlich (1 1 0)] gegeben sind, u. Pyramiden mit oktaedr. u. nahezu oktaedr. Flächen. Ätzfiguren werden nur auf bestimmten Flächen erhalten. Die Anwesenheit von Verunreinigungen, wie C, kann die Größe, Gestalt u. Dichte der Ätzfiguren merklich beeinflussen. Bei elektrolyt. Ätzung wird aber auch eine Änderung der Ätzfigurendichte mit der Stromdichte erhalten. Es ist nicht sicher, ob alle Ätzgrübchen Versetzungen entsprechen. Ernst Schulte. 197□

Die gruppentheoretische Analyse von α-Uran. M. Suffczynski. (Physics Chem. Solids 16, 174—76, Nov. 1960; London, Imp. Coll., Dep. of Math.; engl.) — Vf. untersucht theoret. die Energiebanden von α-U mit der Näherungs-Meth. „freier Elektronen" u. ordnet ihre Symmetrien bis zur doppelten Fermi-Energie zu. C. Gottfried. 197

Veränderungen an korpuskularbestrahlten Kupfer- und Boroberflächen. Willy Marth. (Z. angew. Physik 13, 224—30, Mai 1961; München, TH, Labor. für Techn. Phys.; dt.) — In elektronenmkr. Vgl.-Aufnahmen nach der Durchstrahlungs-Meth. wurden Veränderungen von Cu-Oberflächen bei Beschuß mit α-Strahlen untersucht. Zur Abb. der Cu-Proben hat sich die Lack-Meth. mit Kollodium am brauchbarsten erwiesen. Die Abnahme der Oberflächenrauhigkeit wird auf Vol.-Diffusion von Zwischengitteratomen zurückgeführt. Durch Elektronen- u. Röntgenbeugungs-Verss. war nach Bestrahlung keine Veränderung der Linien festzustellen. Beim Beschuß mit schweren Rückstoßatomen konnten auf elektronenopt. Wege keine Umlagerungsbereiche oder Einschußkrater sichtbar gemacht werden. An ^{10}B-Pulver wurde eine gewisse Versinterung der Körner nach Neutronenbestrahlung festgestellt. G. Talsky. 197□

Der Einfluß von Fremdatomen auf die Anlaßkinetik von mit Elektronen bestrahltem Kupfer. D. G. Martin. (Philos. Mag. [8] 6, 839—48, Juli 1961; Harwell, Didcot, Berks., A.E.R.E., Metallurgy Div.; engl.) — Spektroskop. reines Cu u. 3 Legg. mit jeweils 0,05 Atom-% Ag, Cd oder Be wurden mit 4 MeV bei —196° bestrahlt u. dann bei Temp. bis zu 50° angelassen. Eine Erholung der durch die Bestrahlung entstandenen Störungen wurde durch Messung der Änderung des elektr. Widerstandes in fl. He festgestellt. Die $\Delta R/\Delta T$-Kurven zeigen Spitzen bei —140, —80 u. 0°. Die Spitze bei —140° führt Vf. nach Lomer u. Cottrell allg. auf Verunreinigungen (O_2) zurück. Die im Vgl. zu den anderen Kurven (Cd, Ag) unterschiedliche Cu-Be-Kurve läßt sich mit dem kleineren Atomradius des Be erklären. Eine ähnliche Erklärung wird für die Spitze bei —80° angenommen. Nach Holmes wird die Spitze bei 0° dagegen unter Annahme der Wanderung von Fehlstellen des Gitters gedeutet. K. Huste. 197□

Neutronenbestrahlung von Cu-Al bei erhöhten Temperaturen. R. H. Kernohan und M. S. Wechsler. (Physics Chem. Solids 18, 175—80, Febr. 1961; Oak Ridge, Tenn., Oak Ridge Nat. Labor., Solid State Div.; engl.) — Einkristalle einer Cu-Leg. mit 15% Al werden bei 750° angelassen u. im Kernreaktor 0,4—$3\cdot10^4$ Min. lang mit $3\cdot10^{11}$ schnellen Neutronen/cm² s bei 45—250° bestrahlt. Dabei wird der spezif. elektr. Widerstand ϱ untersucht. Aus den Verss. folgt, daß sich die Leg. unterhalb 200° in einem metastabilen Zustand befindet. Durch die Neutronenbestrahlung wird die Beweglichkeit der Atome erhöht u. damit der metastabile Zustand abgebaut, gleichzeitig sinkt ϱ. Die Aktivierungsenergie für die Atombewegung beträgt während der Bestrahlung 0,5 eV, da fortlaufend Leerstellen erzeugt werden u. damit der metastabile Zustand in einem dynam. Gleichgewicht beseitigt wird. Herbert Müller. 197□

Beziehungen zwischen den elektronischen Eigenschaften und der chemischen Bindung im System $Sb_xBi_{2-x}Te_{3-y}Se_y$. Iwao Teramoto und Shigetoshi Takayanagi. (Physics Chem. Solids 19, 124—29, April 1961; Takatsuki, Osaka, Matsushita Electronics Corp., Res. Labor.; engl.) — Polykristalline $Sb_xBi_{2-x}Te_{3-y}Se_y$-Proben mit $x \leqq 2$ u. $y \leqq 3$ werden durch Vakuumschmelzen aus den Komponenten hergestellt. Die Struktur, die elektr. Leitfähigkeit bei 25° u. die Thermo-EMK zwischen 25 u. 220° werden untersucht. Die festen Lsgg. sind weitgehend einphasig mit hexagonaler Struktur; die Gitter-Konst. a fällt mit steigendem x u. y, c lediglich mit steigendem y. In der Nähe der Zus. von Sb_2Se_3 tritt zusätzlich eine orthorhomb. Phase auf. Mit $x \leqq 1{,}5$ u. $0{,}75 \leqq y \leqq 1{,}5$ ändert die Thermo-EMK ihr Vorzeichen; für die gleichen x- u. y-Werte erreicht die Leitfähigkeit ein Minimum. Die Ergebnisse werden mit einem Modell der in dem quatern. Syst. auftretenden chem. Bindungen gedeutet. Herbert Müller. 197□

Herstellung von $Zn_xCd_{1-x}Sb$-Einkristallen durch Unterbrechung der freien Kristallisation der Schmelze. K. Šmirous. (Physics Chem. Solids 19, 170—71, April 1961; Prague, Czechosl. Acad. of Sci., Inst. of Techn. Phys.; engl.) — Da geschmolzene ZnSb–CdSb-Mischungen nicht kongruent krist., ist es notwendig, die $Zn_xCd_{1-x}Sb$-Kristalle zu trennen, wenn 10—15% der Schmelze erstarrt sind. Die App., in der 15× 10×1,5 mm große Plättchen erhalten werden, wird beschrieben.

Herbert Müller. 197□

Über Silicid-Chalkogenide des Zirkoniums. F. Jellinek und H. Hahn. (Naturwissenschaften 49, 103, 1. März-H. 1962; Groningen, Niederlande, Univ., Labor. für Anorg. Chem.; Würzburg, Univ., Chem. Inst., Abt. für Anorg. Chem.; dt.) — *ZrSiS* krist. tetragonal im *PbFCl* (ED_1)-Typ mit der Raumgruppe P 4/n mm–D^7_{4h}. a = 3,55 (Å); c = 8,07. Zr u. S befinden sich in je einem Satz der 2-zähligen Atomlage (0 ½ z), (½ 0 z) mit z = 0,271 ± 0,001 für Zr u. z = 0,622 ± 0,002 für S. Si besetzt die 2-zählige Lage (0 0 0), (½ ½ 0). Die Bindungsabstände im ZrSiS werden angegeben. *ZrSiSe* (a = 3,63 Å;

c = 8,36) u. *ZrSiTe* (a = 3,69 Å; c = 9,56) sind mit ZrSiS isotyp. Die Struktur dieser Phasen läßt sich als Schichtgitter auffassen. Beim ZrSiS sind die einzelnen Schichtenpakete durch lange Zr–S-Bindungen (2,83 Å) miteinander verbunden. Beim ZrSiTe sind die Schichtenpakete weiter auseinandergerückt, so daß sich der entsprechende Zr–Te-Abstand nicht mehr als Bindungsabstand auffassen läßt; die Koordinationszahl ist hier von 9 auf 8 herabgesetzt. K. Jaeger. 197□

Die Kristallstruktur von Zr_2Al_3. T. J. Renouf und C. A. Beevers. (Acta crystallogr. [Copenhagen] **14**, 469—72, 10/5. 1961; Edinburgh, Univ., Dep. of Natural Phil. and Dep. of Chem.; engl.) — Die Kristallstruktur von Zr_2Al_3 wurde aus Einkristallaufnahmen mit Hilfe von Patterson- u. Fourier-Meth. bestimmt. Zr_2Al_3 krist. orthorhomb. mit a = 9,601, b = 13,906, c = 5,57 Å, Z = 8, Raumgruppe F d d 2. Die Positionen der Atome sind: 16 Zr in (b) mit (x =) 0,068, (y =) 0,196, (z =) 0,000; 16 Al in (b) mit 0,065, 0,116, 0,500; 8 Al in (a) mit 0, 0, 0,125. Die Zr-Atome sind von 9 Al- u. 4 Zr-Atomen umgeben, die Al-Atome in beiden Punktlagen von 6 Zr- u. 4 Al-Atomen. Die Atomabstände schwanken zwischen folgenden Werten: Zr–Zr 3,40 u. 3,43, Al–Al 2,67 u. 2,77, Zr–Al 2,83 u. 3,22 Å. Heinz Hess. 197□

Über die Struktur von Zr_2Co. D. M. Bailey und J. F. Smith. (Acta crystallogr. [Copenhagen] **14**, 1084, 10/10. 1961; Ames, Iowa, Iowa State Univ., Inst. for Atomic Res. and Dep. of Chem.; engl.) — Zr_2Co krist. tetragonal mit a = 6,363 u. c = 5,469 (Å). Weißenberg- u. Präzessionsaufnahmen eines Einkristalles ergaben, daß die Verb. mit *$CuAl_2$* isotyp ist: Raumgruppe D_{4h}^{18} — I 4/m c m; 4 Co in (0, 0, 0; ½, ½, ½) ± (0, 0, ¼); 8 Zr in (0, 0, 0; ½, ½, ½) ± (x, ½ + x, 0; ½ + x, $\bar{x}$, 0) mit x = 0,1679 ± 0,0019. W.-D. Heussner. 197□

Zur Struktur der metallreichen Borid-Phase bei V, Nb und Ta. H. Nowotny und A. Wittmann. (Mh. Chem. **89**, 220—24, 31/5. 1958; Wien, TH, Inst. für Phys. Chem.; Reutte, Tirol, Metallwerk Plansee G. m. b. H.; dt.) — Die Gitter-Konst. des metallreichen Borids $Me_{\sim 2}B$ u. ein Strukturvorschlag werden angegeben. Gitter-Konst. der tetragonalen Zellen: $V_3\ B_{1-2}$ (I): a(kx) = $5{,}73_5$; c = $3{,}02_6$; $Nb_3\ B_{1-2}$ (II): a = $6{,}17_3$; c = $3{,}27_4$; $Ta_3\ B_{1-2}$ (III): a = $6{,}17_2$, c = $3{,}28_0$; $D_{\text{(röntgenogr.)}}$: I, 5,46—5,83; II, 7,71—8,00; III, 14,72 bis 15,01 g/cm³. Der Aufbau wird aus dem T 2-Gitter hergeleitet, für eine Zus. Me_3B_2 ergibt sich Isotypie mit U_3Si_2. H. Roschkowski. 197□

Phaseninstabilität von verdünnten, interstitiellen festen Lösungen von Stickstoff in Tantal. D. P. Seraphim, N. R. Stemple und D. T. Novick. (J. appl. Physics **33**, 136—41. Jan. 1962; Yorktown Heights, N.Y., IBM Corp., Thomas J. Watson Res. Center; engl.) — Ta-Proben mit <1 ppm interstitiellen Verunreinigungen werden bei $\geq 2200^0$ K mit 0,1—4 Atom-% N beladen. Von den N-haltigen Proben werden die Supraleitfähigkeit zwischen 4,0 u. 4,7° K u. die Struktur röntgenograph. mit Laue- u. Weissenberg-Aufnahmen bzw. elektronenmkr. untersucht. Im angegebenen Konz.-Bereich liegt eine kub. raumzentrierte Überstruktur mit 27 Elementarzellen von kub. raumzentriertem Ta vor. Die feste Lsg. ist instabil, u. das Auftreten der Überstruktur ist stark von der Wärmebehandlung abhängig. Die Überstruktur kann röntgenograph. nachgewiesen werden, da Ta-Atome durch N period. verschoben werden; die Atomanordnung in der Elementarzelle wird für das Vorliegen von N auf Tetraeder- u. Oktaederplätzen angegeben u. diskutiert. Die feste Lsg. von N in Ta ist nicht vollständig geordnet, so daß Einfl. auf die innere Reibung beobachtet werden können. Für eine geordnete Struktur ist eine große Energiebarriere für die Bewegung einer Versetzung anzunehmen. Herbert Müller. 197□

Gleichgewichtsdiagramm des binären Systems Titan–Kohlenstoff mit bis zu 5% Kohlenstoff. N. N. Kurnakow und M. Ja. Tronewa. (Журнал Неорганической Химии [J. anorg. Chem.] **6**, 1347—50, 2 Tafeln, Juni 1961; russ.) — Das Zustandsdiagramm des Syst. Ti–C wurde durch Unters. der Mikrostruktur von Ti–C-Legg. bei einem C-Geh. bis 5% u. durch therm. Analyse von Legg. mit einem C-Geh. bis 0,8% zusammengestellt. Die Legg. wurden durch Hitzebehandlung des Gemenges der Komponenten bei 600° sowie durch Abschrecken der Legg. von 700—1100° auf 0° erhalten. Die Löslichkeit von C in Ti ist bei 600° ca. 0,1%, bei 900° ca. 0,4%. Bei höheren C-Geh. treten neben der α- oder (u.) β-Phase des Ti Carbide auf. Die Temp. der Umwandlung α-Ti $\rightleftharpoons$ β-Ti wurde durch C auf 910° erhöht. Die FF. wurden bei einem C-Geh. von 0,20, 0,30; 0,46; 1,07; 1,5 u. 2,1% zu 1780; 1795; 1810; 1700; 1710 u. 1650° bestimmt, der peritekt. Punkt zu 1700°. Der F. von Ti liegt bei 1680°. G. Winkhaus. 197□

Verbindungen mit der $MgZn_2$-Struktur von Mangan mit Seltenerdmetallen. J. H. Wernick und S. E. Haszko. (Physics Chem. Solids **18**, 207—09, Febr. 1961; Murray Hill, N.J., Bell Telephone Labor., Inc.; engl.) — Durch Induktionsschmelzen unter Ar werden die Legg. *$ErMn_2$*, *$HfMn_2$* u. *$TmMn_2$* aus den Komponenten im stöchiometr. Verhältnis hergestellt. Die Kristallstruktur wird aus Pulveraufnahmen unter Verw. von CrKα-

Strahlung bestimmt. Die Verbb. besitzen $MgZn_2$-Struktur u. die Raumgruppe $P6_3/mmc$ — D_{6h}^4; die Gitter-Konst. sind für $ErMn_2$ a = 5,281 (Å), c = 8,621, für $TmMn_2$ a = 5,241, c = 8,565 u. für $HfMn_2$ a = 4,995, c = 8,213. Die Atomlagen sind allg. für AB_2 4 A in (f) $^1/_3, ^2/_3, z; ^2/_3, ^1/_3, \bar{z}; ^2/_3, ^1/_3, ^1/_2 + z; ^1/_3, ^2/_3, ^1/_2 - z$; 2 B_I in (a) 0, 0, 0; 0, 0, ½ u. 6 B_{II} in (h) $x, 2x, ^1/_4; 2\bar{x}, \bar{x}, ^1/_4; x, \bar{x}, ^1/_4; \bar{x}, 2\bar{x}, ^3/_4; 2x, x, ^3/_4; \bar{x}, x, ^3/_4$. Für $ErMn_2$ mit der Röntgendichte 8,83 g/cm^3 sind die berechneten u. beobachteten Beugungsintensitäten angegeben. Herbert Müller. 197□

Über den Mechanismus des Alterns in Aluminium–Silber-Legierungen. 3. Mitt. **Änderung des Youngschen Moduls.** Kayako Tanaka, Hidetaro Abe und Kenichi Hirano. (J. physic. Soc. Japan **10**, 454—58, Juni 1955; Tokyo, Ochanomizu Univ., Dep. of Phys. and Tokyo Inst. of Technol., Dep. of Phys.; engl.) — 2. vgl. C. **1958**, 352. — Veränderungen des Youngschen Moduls u. der inneren Reibung während des Alterns der übersätt. festen Lsg. von 20 Gew.-% Ag in Al wurden an polykristallinen Mustern mit der Hochfrequenz-Meth. bei ca. 20 kHz geprüft, isotherme Alterungskurven u. Heizkurven wurden erhalten. Es wurde festgestellt, daß die Bldg. der Guinier-Preston-Zone einen Abfall des Young-Moduls mit sich bringt, während die Ausfällung der neuen Phase ihn erhöht. Die Bldg. der Guinier-Preston-Zone ist keine Vorstufe des Ausfällungsprozesses. Der Einfl. der Alterung auf die innere Reibung ist zu vernachlässigen. Zum Vgl. wurden Meßwerte an reinem *Al* herangezogen. H. Roschkowski. 197□

Das System Silber–Indium–Gallium. A. N. Campbell und W. F. Reynolds. (Canad. J. Chem. **40**, 37—45, Jan. 1962; Winnipeg, Canada, Univ. of Manitoba, Chem. Dep.; engl.) — Mit Hilfe von Thermoanalyse, Photomikrographie, Röntgenstrukturanalyse u. Härteprüfung wurde das Syst. Ag–In–Ga untersucht. Wiedergegeben wird neben den Temp.-Zus.-Diagrammen von Ag–Ga u. Ag–In das Temp.-Gleichgew.-Diagramm In–Ga–Ag bei 20° im silberreichen Gebiet. Die α-Phase kennzeichnet die Löslichkeit von Ga u. In in Ag. Die δ-Phase im Syst. Ag–In besitzt kub. dichteste Kugelpackung mit c = 4,725, a = 2,942 Å. Die Struktur der γ-Phase im Ag–Ga-Gebiet ist sehr komplex u. wurde nicht bestimmt. Die δ- u. γ-Phase bilden keinen kontinuierlichen Einphasenbereich. Tern. Peritektika liegen bei 623° u. bei ca. 600° (hier liegen möglicherweise 2 Peritektika dicht beieinander). Das tern. Eutektikum liegt bei 14,5°, die Zus. ist 2% Ag, 24% In u. 74% Ga. Es wird erhalten durch Zugabe von 2% Ag zum bin. eutekt. Gemisch Ga–In. F. Aubke. 197□

Effektive Valenzen der Übergangsmetalle in Mischkristallen von Gold- und Silber-Legierungen. B. Henderson und G. V. Raynor. (Proc. Roy. Soc. [London], Ser. A **267**, 313—28, 1962; Edgbaston, Birmingham, Univ. of Birmingham, Dep. of Phys. Metallurgy; engl.) — Tern. Legg., die aus der festen Lsg. eines Metalles in einer bin. hexagonal dichtest gepackten Phase einer intermetall. Verb. mit einer Elektronen-Konz. von $^3/_2$ Elektronen/Atom (ζ-Phase) bestehen, weisen für gleiche Verhältnisse Elektronen/Atom gleiche kristallograph. Achsenverhältnisse c/a auf. Vff. untersuchten die Legg. von Mn, Fe u. Ni mit der Au–Sn–ζ-Phase u. von Mn mit der Ag–Sn–ζ-Phase. Auf Grund der gemessenen Verhältnisse c/a wurde die effektive Elektronenabgabe der Übergangsmetallatome an das Leitungsband der ζ-Phase errechnet. Sie betrug maximal: 1,8 für Ag–Sn–Mn; 2,0 für Au–Sn–Mn; 1,0 für Au–Sn–Fe u. 0,8 für Au–Sn–Ni; alle Werte ca. $\pm$ 0,1. Die Werte sinken mit wachsendem Verhältnis Elektronen/Atom u. mit wachsender Übergangsmetallkonzentration. Die Ergebnisse werden unter der Annahme einer Überlappung des 3d-Niveaus der Übergangsmetallatome mit dem Leitungsband der ζ-Phase u. der damit entstehenden Konkurrenz der Elektronenzugehörigkeit diskutiert. K. Jaeger. 197□

Folgeerscheinungen der selektiven Oxydation bei binären und ternären Legierungen. Harald Pfeiffer. (Z. Metallkunde **52**, 481—88, Juli 1961; Hanau /Main, Vakuumschmelze A.G.; dt.) — An einigen Legg. wird gezeigt, daß durch Glühung draht- oder bandförmiger Proben in O-haltiger Atmosphäre bei hohen Temp. bleibende Längenänderungen auftreten, die um so ausgeprägter sind, je dünner die Vers.-Proben gewählt werden. Mit abnehmendem O-Geh. der Glühatmosphäre verringert sich das Ausmaß dieses Effektes, der bei Glühungen in H_2 überhaupt nicht in Erscheinung tritt. Bei unlegiertem *Ni* werden bei gleichartiger Behandlung keine bleibenden Dimensionsänderungen beobachtet. Geringe *B*-Zusätze zu austenit. Legg. vermögen die geschilderten Auswrkg. von Hochtemperaturglühungen weitgehend herabzumindern. Die Deutung der experimentellen Befunde wird in der selektiven bzw. der bevorzugten Oxydation der einen oder anderen Leg.-Komponente gesehen. Demzufolge kann der Effekt in Übereinstimmung mit der Beobachtung sowohl bei reinen Metallen als auch bei reduzierender Glühung von Legg. nicht auftreten. Unter oxydierenden Bedingungen wird sich zunächst in oberflächennahen Bereichen der untersuchten Legg. ein Defizit an jenem überwiegend

am Oxidaufbau beteiligten Bestandteil einstellen, den das Syst. durch Diffusionsprozesse auszugleichen trachten wird. Dieses Homogenisierungsbestreben löst sowohl eine Nachdiffusion der außen verbrauchten Leg.-Komponente aus den inneren Bereichen heraus, als auch eine Einwärtsdiffusion der in den Randzonen angereicherten anderen Leg.-Partner aus. Vom Verhältnis der partiellen Diffusions-Konst. der einander entgegengesetzt gerichteten Teilchenströme hängt es ab, ob eine Vol.-Aufweitung im Innern u. damit eine Formveränderung erfolgt oder bei bevorzugt nach außen gerichtetem Materietransport wie beim Kirkendall-Effekt Löcher entstehen. Bei den untersuchten Legg. treten bei ausreichend hohen Temp. u. geringer Probenstärke Dimensionsänderungen auf, während kleine B-Zusätze zu austenit. Legg. die Bldg. von Löchern verursachen u. also das Verhältnis der fraglichen Diffusions-Konst. beeinflussen.
H. Hochstein. 197□

Die Strukturanalyse der T_4(AlMnSiZn)-Verbindung. A. Damjanovic und P. J. Black. (Acta crystallogr. [Copenhagen] **14**, 987—92, 10/9. 1961; Cambridge, Cavendish Labor., Crystallograph. Labor.; engl.) — β-(AlMnSi) kann Zn aufnehmen; die entstehende Struktur wird mit T_4 bezeichnet. Durch Extrapolation nach Taylor u. Sinclair wurden die Gitter-Konst. der hexagonal kristallisierenden Phase zu $a = 7{,}527 \pm 0{,}002$ u. $c = 7{,}818 \pm 0{,}003$ Å bestimmt. $D_{exp.}$ (nach der Verdrängungs-Meth.) 3,9 g/cm³. $Z = 26$. T_4 ist isotyp mit β-(AlMnSi). Die Atomparameter wurden aus Weißenberg-Aufnahmen mit Hilfe von Elektronendichteprojektionen ermittelt: Al in 2 (a) mit (x =) 0; (z =) 0; Al in 6 $(h)_2$ mit 0,4570; 0,2500; Al in 12 (k) mit 0,2015; —0,0635; Mn (u. Zn) in 6 $(h)_1$ mit 0,1200 u. 0,2500. Tabelle der Atomabstände in T_4 u. β-(AlMnSi). Die Zn-Atome können die vakanten 2 (d)-Positionen des β-(AlMnSi) einnehmen, oder sie können die Mn-Atome ersetzen. Vff. fanden, daß Zn das Mn bis zu 23% ersetzen kann; die 2 (d)-Punktlagen bleiben unbesetzt. H. Moenke. 197□

Die Nickelecke des ternären Systems Nickel–Aluminium–Bor. H. H. Stadelmaier und A. C. Fraker. (Metall **16**, 212—14, März 1962; Raleigh, N.C., Univ.; dt.) — Die Ni-Ecke des Dreistoff-Syst. Ni–Al–B wird an Hand einer Schmelzprojektion u. eines isothermen Schnittes b i 800° beschrieben. Neben den bekannten Phasen in den bin. Rand-Syst. Ni–Al u. Ni–B tritt ein kongruent schmelzendes tern. Borid $Ni_{60}Al_9B_{31}$ auf, dessen Struktur kub. ($D8_4$-Typ) ist u. dessen Gitter-Konst. 10,55 Å beträgt. Sowohl die Schmelzfläche des tern. Borids, als auch sein Homogenitätsbereich sind stark ausgedehnt.
H. Hochstein. 197□

Stickstofflegierungen der T-Metalle Mangan, Eisen, Kobalt und Nickel mit Magnesium, Aluminium, Zink und Cadmium. Hans H. Stadelmaier und Tong S. Yun. (Z. Metallkunde **52**, 477—80, Juli 1961; dt.) — Vgl. vorst. Referat. — Legg. in 13 tern. Syst. wurden auf das Auftreten von kub. *Nitriden* überprüft. Dabei wurden in folgenden Syst. tern. Nitride vom Gittertyp $L'1_2$ beobachtet: Co–Zn–N, Ni–Al–N u. Ni–Zn–N. Daneben löst das γ'-Fe-Nitrid Al sowie Zn in größerem Ausmaß, so daß der Existenzbereich dieser Phase ins Ternäre erweitert wird. Ein Sonderfall tritt im Syst. Ni–Zn–N auf, in dem zwei kub. Nitride beobachtet werden. Die Co-reiche Verb. in bin. Syst. Co–Mg ist eine Laves-Phase u. isotyp mit der Verb. $MgZn_2$.
H. Hochstein. 197□

Beim Anlassen von Nickelstahl ablaufende Prozesse. B. M. Jakowlew und B. A. Apajew. (Физика Металлов и Металловедение [Metallphysik u. Metallkunde] **11**, 261—71, Febr. 1961; Gorki, phys.-techn. Forsch.-Inst. des Polytechn. Inst.; russ.) — An einer Anzahl von Stählen 10N7 bis 10N90 mit ca. 1% C u. wechselnden Ni-Geh. (0,5—10%) werden die Vorgänge untersucht, die beim Anlassen im Temp.-Bereich von 100—650° auftreten. Dabei wird die Bldg. einer Nieder-Temp.- u. einer Hoch-Temp.-Carbidphase (ε- u. χ-Carbide) festgestellt; die Änderung der Carbidphasenmenge mit der Anlaß-Temp.-Erhöhung u. der Einfl. des Ni-Geh. der Stähle auf die Beständigkeit dieser Phasen werden ermittelt. Die chem. Zus. der χ-Carbide wird zu $Fe_{1,85-2,02}C$ bestimmt. Für die untersuchten Stähle wird ein Diagramm der Temp.-Beständigkeit der Carbidphasen aufgestellt. H. Hochstein. 197□

Kinetische und geometrische Kennzeichen der Martensitumwandlung in einer Eisen–Nickel–Mangan-Legierung. M. Je. Blanter und P. W. Nowitschkow. Металловедение и Термическая Обработка Металлов [Metallkunde therm. (Metallbearbeit. **1961**, Nr. 11, 12—19, Nov.; Allunions-Maschinenbau-Inst. für Fernunterricht; russ.) — Es wird der Einfl. der Temp. u. des Umwandlungsgrades auf die Bldg.-Geschw. W u. die Abmessungen der Martensitkristalle in einem Stahl mit 23,02% *Ni* u. 3,35% Mn untersucht. Die Temp.-Abhängigkeit von W zeigt ein Maximum. Der abs. Wert von W erniedrigt sich kontinuierlich mit der Zunahme des Umwandlungsgrades u. ist am Ende der Umwandlung gleich Null. Es werden Gleichungen vorgeschlagen, welche den Zusammenhang zwischen W u. K (Vorexponentialfaktor) vom Umwandlungsgrad angeben. Es wird ferner gezeigt, daß die Aktivierungsenergie der Bldg. der Martensitkristalle nicht von der Temp. u. dem Umwandlungsgrad abhängt u. etwa gleich 940 cal/g-Atom ist. Die Bldg.-Arbeit der martensit. Kristalle A_s hängt nicht vom Umwandlungsgrad ab. Sie wird bei der Temp.-Erniedrigung von 4670 (bei -50^0) auf 2360 cal/g-Atom (bei -155^0) erniedrigt. Es wird eine Gleichung aufgestellt, welche die Abhängigkeit von W der Martensitkristalle von der Temp. u. dem Umwandlungsgrad angibt. Die Dicke, Ausdehnung u. der Umfang der martensit. Kristalle hängt prakt. nicht von der Temp. ab, sondern wird ausschließlich durch den Umwandlungsgrad bestimmt. Bei Beendigung der Umwandlung beträgt die Abnahme der Dicke u. Ausdehnung der Martensitplatten 15—18%, was durch Veränderung des Zustandes u. durch Abnahme der Vol. des nichtumgewandelten Austenits bestimmt wird. H. Hochstein. 197□

Das Wachsen elastischer Kristalle der martensitischen γ'-Phase unter Einwirkung äußerer Spannungen. I. A. Arbusowa, G. W. Kurdjumow und L. G. Chandross. (Физика Металлов и Металловедение [Physik Metalle Metallkunde] **11**, 272—80, Febr. 1961; Inst. für Metallphys. der Akad. der Wiss. der UkrainSSR; russ.) — Untersucht wird die Zunahme der Martensitkristalle in einer Cu-Al-Ni-Leg. unter der Einw. äußerer Spannungen u. bei Temp.-Veränderung. Infolge der Spannungs-Einw. wachsen nur solche Kristalle, die in bezug auf die angelegte Spannung günstig orientiert sind. Das Verh. der wachsenden Kristalle ist „elastisch“: Die Zwischenphasengrenzen verschieben sich in umgekehrter Richtung beim Belastungsabbau oder bei der Temp.-Veränderung. Nur im Falle der Martensitkristall-Bldg. mit einer einzigen, den ganzen Einkristall durchschneidenden Grenze wird die Grenze nicht in der umgekehrten Richtung beim Belastungsabbau verschoben. Eine Analogie zwischen dem „elast.“ Wachsen der Martensitkristalle u. dem Wachsen elast. Zwillingskristalle wird festgestellt. H. Hochstein. 200□

Die Verteilung von Inhomogenitäten der plastischen Deformation. 4. Mitt. Orientierte Verfestigung und ihre Abhängigkeit von der Verformungstemperatur. F. P. Rybalko, A. F. Nessterow und B. F. Rybalko. (Физика Металлов и Металловедение [Metallphysik Metallkunde] **9**, 927—31, Juni 1960; Uraler Gorki-Univ.; russ.) — 3. vgl. C. **1958**, 12040. — Der Einfl. der Frequenz, der Amplitude u. der Verformungs-Temp. auf eine orientierte Verfestigung einer Cu-Rohrprobe bei der Torsionswechselfestigkeitsprüfung wird untersucht. Hinsichtlich der Größe der plast. Verformung wurde dabei experimentell festgestellt, daß eine orientierte Verfestigung am stärksten im Anfangsstadium der gesetzmäßigen Torsion auftritt. Mit einer Vergrößerung der Verformungsamplitude nimmt der Grenzwert der bleibenden Verformung zu; auch wächst die mittlere Intensität der orientierten Verfestigung. Bei Amplituden von 0,1 g u. höher hört die Zunahme dieser beiden Größen auf. Die größtmögliche Intensität der Zunahme der bleibenden Verformung nimmt für jedes Lastspiel mit der Vergrößerung der Amplitude bis auf 20% zu, sinkt dann aber wieder. Mit einer Erhöhung der Verformungs-Temp. ändert sich die Größe der bleibenden Verformung nicht, die mittlere Intensität der orientierten Verfestigung nimmt schwach zu, jedoch wird bis zu 200° die maximal mögliche Intensität der orientierten Verfestigung stark erhöht, darauf aber verringert. H. Hochstein. 200□

Die Härte nichtmetallischer Festkörper auf einer atomaren Grundlage. Johannes N. Plendl und Peter J. Gielisse. (Physic. Rev. [2] **125**, 828—32, 1/2. 1962; Bedford, Mass., Office of Aerospace Res., Airforce Cambridge Res. Labor.; engl.) — Vff. vergleichen die Härte von 65 kristallinen Festkörpern mit einer neu eingeführten Größe der „volumetr. Gitterenergie“. Auf der Grundlage der interatomaren Kohäsionskräfte wird so die Härte der Festkörper definiert u. erhält eine abs. Skala mit der Dimension (erg/cm³) oder (kcal/cm³). Diese Härtedaten sind dann unabhängig von Anisotropieerscheinungen, dem Strukturtyp u. der Wertigkeit des Atoms. Damit wird auch eine Abschätzung von Gitterenergiedaten aus Härtemessungen möglich.
G. M. Neumann. 200□

Einfluß der von der Relaxationszeit abhängigen Aktivierungsenergie und Temperaturänderung auf die Relaxationsspektren. B. Albrecht. (J. appl. Physics **33**, 755—56, Febr. 1962; New York, N.Y., Columbia Univ.; engl.) — Theoret. Behandlung der Relaxationszeitprobleme unter besonderer Berücksichtigung von Einfl. der Aktivierungsenergie u. der Temp., deren Variation auf eine Ausdehnung des Meßbereiches bzgl. der Beobachtungszeit hinausläuft. G. Ruban. 200□

A₇. Gleichgewichte. Kinetik

Abweichung vom chemischen Gleichgewicht in einer Gasströmung. M. Rudin und H. Aroeste. (Combust. and Flame **3**, 273—75, Juni 1959; Palo Alto, Calif., Lockheed Missile Syst. Div., Res. Labor.; engl.) — Ergänzung u. Erweiterung der in Jet Propulsion **28**, [1958], 690 angegebenen theoret. Untersuchungen. Wolfgang Wagner. 221□

Berechnung der aufeinanderfolgenden Stabilitätskonstanten komplexer Ionen aus polarographischen Daten. Kwang-Hsien Hsu, Chio Jen und Chin-Sui Yen. (Acta chim. sinica **22**, 447—54, 1956; Peking, Univ., Dep. of Chem.; chin., Auszug: engl.) — Für die Berechnung der aufeinanderfolgenden Stabilitäts-Konst. komplexer Ionen in den höheren u. niedrigeren Wertigkeitszuständen haben Vff. aus den polarograph. Daten zwei allg. Ausdrücke abgeleitet. In vier Einzelfällen konnte der allg. Ausdruck auf jene von Lingane [1941], de Ford u. Hume (C. **1952**, 3610) u. von Jatzimirski (C. **1954**, 1427) zurückgeführt werden. Auch wird ein Ausdruck geliefert für die Berechnung der Diffusions-Konst. der einzelnen Komplex-Ionen aus den experimentell bestimmten Diffusionsstromkonstanten. L. Schuler. 223□

Bestimmung der Stabilitätskonstanten von Komplexen mit Hilfe der Gaschromatographie. E. Gil-Av und J. Herling. (J. physic. Chem. **66**, 1208—09, Juni 1962; Rehovoth, Israel, Daniel Sieff Res. Inst.; Weizmann Inst. of Sci.; engl.) — Die Stabilitäts-Konst. von Olefin–Ag-Komplexen wurden gaschromatograph. bestimmt. Vff. ermittelten die spezif. Retentions-Vol. V_g des Olefins an Äthylenglykol mit 1,77 Mol $AgNO_3$ bzw. $NaNO_3$/Liter als stationärer Phase im Verhältnis 1 : 3 auf Ziegelmehl von 50—80 mesh in Glasröhren von 1 m Länge u. 4,2 mm Ø bei 30° u. einem He-Strom von 80 bis 100 ml/Minute. Aus V_g erhält man den Verteilungs-Koeff. k des Olefins zwischen Äthylenglykol + $AgNO_3$ u. der Gasphase, u. den Verteilungs-Koeff. k_0 zwischen Äthylenglykol + $NaNO_3$ u. der Gasphase. Aus k u. k_0 kann man die Stabilitäts-Konst. k = $[BAg^+]/[B]\cdot[Ag^+]$ nach $K = (k - k_0)/k_0[Ag^+]$ berechnen (B = Olefin). Vff. fanden für *1-Methylcyclohexen* (k =) 1,25, *3-Methylcyclohexen* 5,5, *4-Methylcyclohexen* 5,1, *Methylencyclohexan* 9,6, *1-Äthylcyclohexen* 1,3, *Äthylidencyclohexan* 3,0, *1-Isopropylcyclohexen* 1,05, *1-Methylcyclopenten* 2,9, *3-Methylcyclopenten* 12,0, *4-Methylcyclopenten* 5,5, *Methylencyclopentan* 6,0, *1-Äthylcyclopenten* 3,6, *3-Äthylcyclopenten* 11,8, *4-Äthylcyclopenten* 7,1, *1-Methylcyclobuten* 0,54 u. *Methylencyclobutan* 8,1. Der Fehler beträgt ±5%. R. Krämer. 223□

Neuere Ergebnisse auf dem Gebiete der Interhalogen-Komplexe. E. Pungor, E. Schulek und K. Burger. (Ann. Univ. Sci. Budapestinensis Rolando Eötvös nominatae, Sect. Chim. **2**, 93—97, 1960; Budapest, Eötvös Univ., Inst. für anorgan. u. analyt. Chem.; dt.) — Vff. finden, daß in wss. Medium die Hydrolysen-Konst. der Interhalogen-Verbb. BrCl, JCl u. JBr der des Halogens mit der größeren Elektronegativität entspricht. Durch potentiometr. Messungen wird festgestellt, daß die Interhalogen-Verbb. in Halogenid-Lsgg. als Komplexe vorliegen. Für die Komplexe $Br(HCl)_6^+$, $J(HCl)_6^+$, $J(HBr)_4^+$ werden die Stabilitäts-Konst. berechnet. Außerdem wird die Kinetik der Rk. zwischen BrCN u. Jodid untersucht. Die Oxydation verläuft unter Abgabe von 2 Elektronen, wobei den einzelnen Rk.-Stufen Komplexstrukturen entsprechen. Aus den kinet. Unters.-Ergebnissen werden die Gleichgewichtsdaten von $Br(CN)_2$, *JBrCN*, *ClBrCN*, Br_2CN u. *(SCN)BrCN* berechnet. F. Haenschke. 223□

Gleichgewichte in sauren Lösungen von Chrom(III)-perchlorat. K. Emerson und W. M. Graven. (J. inorg. nuclear Chem. **11**, 309—13, Dez. 1959; Eugene, Oreg., Univ. of Oregon, Dep. of Chem.; engl.) — Vff. führten an Cr(III)-Perchlorat-Lsgg. Absorptionsmessungen im Bereich von 260—770 nm durch. Gemessen wurde bei einem Cr(III)-Geh. von $9{,}68\cdot10^{-3}$ Mol/Liter u. einem pH von 2,28 u. 4,61, außerdem bei einem Cr(III)-Geh. von $4{,}71\cdot10^{-3}$ Mol/Liter u. einem pH von ca. 4,6. Bei der pH-Änderung von 2,28 auf 4,6 sind 80% des $[Cr(OH_2)_6]^{3+}$ in $[Cr(OH_2)_5OH]^{2+} + H^+$ übergegangen. Für die Berechnung der Dissoziations-Konst. erwies sich die Annahme einer weiteren Dissoziation in $[Cr(OH_2)_4(OH)_2]^+ + H^+$ als günstig. Die Berechnung von K_1 u. K_2 ergab $0{,}80\cdot10^{-4}$ bzw. $2{,}8\cdot10^{-6}$. D. Hoene. 223□

Assoziation von Uran(VI) mit Anionen in wässeriger Perchlorsäure. D. Banerjea und K. K. Tripathi. (J. inorg. nuclear Chem. **18**, 199—206, März 1961; Calcutta, Indian Assoc. for Cultivat. of Sci., Dep. of Inorg. and Analyt. Chem.; engl.) — Vff. untersuchten die Gleichgewichtsverteilung von UO_2^{2+} zwischen Amberlite IR–120 u. wss. Phase bei pH 2,95 ± 0,05 für Cl^--, NO_3^-- u. SCN^--Ionen als Liganden, bei pH 3,05 ± 0,05 für SO_4^{2-}-Ionen als Liganden u. einer Ionenstärke von 1 Mol/Liter in $HClO_4$–$NaClO_4$-Lösungen. Die Best. der Formeln u. Bldg.-Konst. der einzelnen Komplexe bei 32° geschah durch Messung der Verteilungs-Koeff. bei verschiedenen Liganden-Konzz. u. durch eine einfache graph. Methode. Die NO_3^-- u. SCN^--Ionen bilden Komplexe mit dem Verhältnis UO_2^{2+} : Ligand = 1 : 1, 1 : 2, 1 : 3, während SO_4^{2+} nur 1 : 1- u. 1 : 2-Komplexe u. Cl^- nur 1 : 1-Komplexe bildet. Die Bldg.-Konst. ergaben sich zu: β_1: (Cl^-) 2, (NO_3^-) 0,04, (SCN^-) 0,05, (SO_4^{2-}) 43; β_2: (NO_3^-) 0,04, (SCN^-) 11,2, (SO_4^{2-}) $6\cdot10^3$; β_3: (NO_3^-) 0,32, (SCN^-) 12. D. Hoene. 223□

Der Einfluß von Fluoridionen auf die Koordination von Uran(IV) durch Äthylendiamintetraessigsäure. T. D. Smith. (J. inorg. nuclear Chem. **11**, 314—19, Dez. 1959; Glasgow, Royal Coll. of Sci. and Technol., Chem. Dep.; engl.) — Vf. untersuchte den Einfl. des F^--Ions in Form von UF^{3+} auf die Koordination von U(IV) durch EDTA (= H_4Y) gemäß $UF^{3+} + H_2Y^{2-} \rightleftharpoons UFY^- + 2 H^+$ u. $UFY^- + OH^- \rightleftharpoons U(OH)Y^- + F^-$ (pH >5). Die Stabilitäts-Konst. log K von UFY^- ergab sich zu 17,50. Hieraus wurde die Entropie S des Ions UF^{3+} zu 30 (Entropieeinheiten) geschätzt, ΔS für die Komplex-Bldg. des U(IV) mit F^- zu 50,3, die Differenzen zwischen den partiellen molaren S-Werten von U^{4+} u. UF^{3+} bzw. $USCN^{3+}$ bzw. USO_4^{2+} zu —48 bzw. —26 bzw. —4,7. Die allg. Tendenz des UF^{3+}-Ions zur Koordination wird diskutiert u. mit der ähnlicher Syst. verglichen. D. Hoene. 223☐

Bildung eines Mn(II)-Formiatkomplexes. M. S. Kachhawaha und Arun K. Bhattacharya. (Current Sci. [Bangalore] **30**, 14—15, Jan. 1961; Saugor, M.P., Univ., Chem. Labor.; engl.) — Durch konduktometr. Messungen an $MnCl_2$/HCOOH-Lsgg. kann das Vorhandensein eines Mn(II)-Formiatkomplexes (1 : 1) festgestellt werden. Der pK des Komplexes ist $1{,}503 \cdot 10^{-4}$ bei 25°. F. Haenschke. 223☐

Die Dimerisation von Kupfer(II)-propionat in Chloroformlösung. D. P. Graddon. (J. inorg. nuclear Chem. **11**, 337—42, Dez. 1959; Birkenhead, Techn. Coll.; engl.) — Bei der Verteilung von Cu(II)-Propionat (I) zwischen Chlf. u. W. ergibt sich eine Verteilungs-Konst. der Form: k = Cu-Konz. in wss. Phase (Cu-Konz. in Chlf.-Phase)$^{1/4}$. I ist daher in der Chlf.-Phase als Dimeres vorhanden. Die Absorption (A) von I in Chlf.-Lsg. u. der Einfl. von Pyridin (II) auf A werden im Bereich von 50—900 nm untersucht. Danach ist das Dimere nicht hydratisiert u. nicht solvatisiert. Seine Struktur wird bestätigt durch die Addition eines II-Mol. an jedes Cu-Ion. D. Hoene. 223☐

Komplexe von 1.3-Diamino-2-aminomethylpropan mit Ni(II): Gleichgewichtskonstanten und Spektren im sichtbaren Bereich. Thomas G. Spiro und C. J. Ballhausen. (Acta chem. scand. **15**, 1707—17, 1961; Copenhagen, Univ., fysik-kemiske Inst.; engl.) — 1.3-Diamino-2-aminomethylpropan (pmtn) besitzt eine dreifache Symmetrieachse. Die trigonale Komponente des Ligandenfeldes bei Besetzung nebeneinanderliegender Koordinationsstellen durch Aminogruppen läßt einen spektral beobachtbaren Einfl. auf das Ligandenfeld erwarten. Die pK-Werte von $[pmtn\,H_3]^{3+}$, $[pmtn\,H_2]^{2+}$ u. $[pmtn\,H]^+$ bei 22° sind 6,90; 8,86; 10,51. Die Gleichgewichts-Konst. von $Ni^{2+} + pmtn \rightleftharpoons [Ni\,pmtn]^{2+}$ u. $[Ni\,pmtn]^{2+} + H^+ \rightleftharpoons [Ni\,pmtn\,H]^{3+}$ wurden zu 9,23 bzw. 7,18 logarithm. Einheiten gemessen. Die Assoziation der Liganden 1.2.3-Triaminopropan u. pmtn mit Ni^{2+} ist nur wenig verschieden, obwohl sie Chelatringe verschiedener Größe bilden. Die Spektren für die beiden Dissoziationsstufen des Komplexes $[Ni\,pmtn\,H]^{3+}$ u. $[Ni\,pmtn]^{2+}$ wurden dahingehend gedeutet, daß in $[Ni\,pmtn\,H]^{3+}$ zwei N-Atome, in $[Ni\,pmtn]^{2+}$ alle drei N-Atome an Ni gebunden sind. Ferner wurde das Spektrum von $[Ni\,(pmtn)_2](NO_3)_2$ im festen ungelösten Zustand aufgenommen. Experimentelle u. nach der Ligandenfeldtheorie berechnete Frequenzen für die Absorptionsmaxima werden miteinander verglichen. Die Aufspaltung der Banden auf Grund des trigonal gestörten Feldes war bei Zimmer-Temp. nicht zu beobachten.
R. Mattes. 223☐

Stabilität von Metallchelatverbindungen einiger Violursäurederivate. R. P. Singh und N. R. Banerjee. (J. Indian chem. Soc. **37**, 713—16, Nov. 1960; Delhi, Univ. of Delhi, Chem. Dep.; engl.) — Vgl. C. **1960**, 2527. — Die Stabilität der tiefblauen *Fe(II)-Komplexe* von *Diphenylthio-* (I) sowie *o-*, *m-* u. *p-Ditolylthioviolursäure* (II; vgl. l. c.) wird in Ggw. von wenig Hydrochinon in gepufferter Lsg. (pH 5,0) spektrophotometr. bei 660 nm untersucht, wobei die log K-Werte der I- bzw. II-Komplexe zu 5,20 bzw. 5,60 (o-), 5,80 (m-) u. 6,08 (p-) bestimmt werden. In einem Gemisch von Dioxan/W. (50 : 50) besitzen I bzw. II die pK_a-Werte 5,00 bzw. 5,35 (o-), 5,60 (m-) u. 5,90 (p-). Zwischen log K u. pK_a der Liganden besteht eine lineare Beziehung, wobei Einführung der CH_3-Gruppe in den Benzolkern die Basizität der Liganden als auch die Stabilität der Komplexe erhöht. Der Einfl. der CH_3-Gruppe nimmt in den II-*Komplexen* in der Reihenfolge m- > p- > o- ab, was die Vff. auf ster. Effekte zurückführen.
G. Kirsten. 223☐

Über Gleichgewichte mit Mehrkernkomplexen. Lars Gunnar Sillén. (Recueil Trav. chim. Pays-Bas **75**, 705—10, Juni 1956; Stockholm, Royal Inst. of Technol.; engl.) — Vf. gibt eine Übersicht über Ergebnisse der Messung von Gleichgewichts-Konst. an Mehrkernkomplexen. — 18 Literaturangaben. W. Kästner. 223☐

Über die Auflösbarkeit des Tris-[brenzcatechinato]-aluminat-Ions. K. D. Maguire und M. M. Jones. (J. inorg. nuclear Chem. **17**, 240—43, Juni 1961; Nashville, Tenn., Vanderbilt Univ., Dep. of Chem.; engl.) — Es gelang nicht, das Tris-[brenzcatechinato]-

aluminat-Ion nach der Meth. von Treadwell u. Mitarbeitern (Helv. chim. Acta 15, [1932], 1049) wieder in Lsg. zu bringen. In allen Fällen, in denen eine opt. Drehung beobachtet werden konnte, wird diese durch die Ggw. von L-Strychnin hervorgerufen. Der Ligandenaustausch mit 4-Chlorbrenzcatechin findet bei pH 8,6 u. 25° rasch statt. G. Talsky. 224□

pH-Bestimmung des Lösungsbeginns und des Aktivitätsprodukts von Germanium-(IV)-hydroxid. P. N. Kowalenko und L. B. Resnik. (Известия Высших Учебных Заведений [Иваново], Химия и Химическая Технология [Hochschulnachr. (Iwanowo), Chem. u. chem. Technol.] 4, Nr. 2, 193—98, 1961; Rostow, Don, Univ., Lehrstuhl für anal. Chem.; russ.) — Durch Best. der Abhängigkeit zwischen der Ge(IV)-Konz. u. dem pH-Wert der Lsgg. läßt sich zeigen, daß eine bedeutende Löslichkeit des $Ge(OH)_4$ bei pH 2,72 einsetzt. Das Aktivitäts-Prod. des $Ge(OH)_4$ beträgt bei 22° $2{,}39 \cdot 10^{-45}$; die Löslichkeit von $Ge(OH)_4$ wird mit $6{,}8 \cdot 10^{-11}$ Mol/Liter oder $9{,}56 \cdot 10^{-9}$ g/Liter angegeben. W.-D. Heußner. 224□

Austauschwechselwirkung von Seifen mit Salzen von Mineralsäuren. L. M. Gindin, P. I. Bobikow, E. F. Kouba und A. W. Bugajewa. (Журнал Неорганической Химии [J. anorg. Chem.] 6, 2797—2804, Dez. 1961; Norilsk, Bergbaumetallurg. Sawenjagin-Kombinat; russ.) — Zwischen Metallseifen u. wss. Salz-Lsgg. findet ein Metallaustausch statt. Bei den Verss. wurden C_7–C_9-Fettsäuren benutzt. Die Neigung der Metalle, aus ihren wss. Lsgg. in die organ. Phase überzugehen, verringert sich in der Reihenfolge: Sn, Bi, Fe^{3+}, Pb, Al, Cu, Cd, Zn, Ni, Co, Mn, Mg, Na. Diesen Austausch kann man zur Trennung der Metalle benutzen, evtl. durch Anwendung einer Extraktionskolonne. Grundlage dieses Prozesses ist die Basizität der Metalle, wobei die schwächer bas. Metalle in die organ. Phase übergehen. J. v. Schroeder. 224□

Verteilung von Schwefelsäure zwischen Wasser und Lösungen von Tri-n-octyl- und Tri-n-hexylamin in Kerosin. J. M. P. J. Verstegen und J. A. A. Ketelaar. (J. physic. Chem. 66, 216—19, Febr. 1962; Amsterdam, Univ., Labor. for Gen. and Inorg. Chem.; engl.) — Vgl. C. 1962, 46. — Im Gegensatz zu der Verteilung von H_2SO_4 zwischen Tri-n-octyl- u. Tri-n-hexylamin in Bzl. (vgl. l. c.) läßt sich die Verteilung bei Verw. von Kerosin-Lsgg. nicht auf der Grundlage des Massen-Wrkg.-Gesetzes beschreiben. Nimmt man an, daß die Aminsalze zu Micellen konst. Aktivität aggregieren, so läßt sich eine qual. Übereinstimmung zwischen beiden Aminen finden u. die empir. Formel $K_A = a_{H_2SO_4}\,[\text{Amin}]^n$ aufstellen, wobei n seinen Wert bei den Aktivitäten ändert, bei denen auch die Wendepunkte der Neutralisationskurven liegen. Betrachtet man in einem Aciditätsbereich, in dem keine freien Amine existieren können, das Mischgleichgewicht zwischen Aminsulfat u. Aminhydrogensulfat, so gelangt man zu weitgehend gleichen Ergebnisse für beide Amine. In diesem Falle wird das Syst. durch die empir. Formel $K_B = (1/a_{H_2SO_4})[X^2/(1 - X)]^n$ mit X als Molenbruch des Aminhydrogensulfats beschrieben. Gerhard Schulze. 224□

Einfluß eines äußeren elektrischen Feldes auf die Geschwindigkeit homogener chemischer Reaktionen. 1. Mitt. N. Tjutjulkov. (Доклады Болгарской Академии Наук [C. R. Acad. bulg. Sci.] 11, 295—98, Juli/Aug. 1958; Sofia, Höheres med. Inst., Lehrstuhl für Chem.; russ., Auszug: dt.) — Die Arbeit behandelt den Einfl. des elektr. Feldes auf den ster. Faktor der Geschw.-Konst. bimol. chem. Reaktionen. Helmut Schäfer. 225

Stoßmechanik in gekreuzten Maxwell-Molekülstrahlen. Sheldon Datz, Dudley R. Herschbach und Ellison H. Taylor. (J. chem. Physics 35, 1549—59, Nov. 1961; Oak Ridge, Tenn., Oak Ridge Nat. Labor., Chem. Div.; Berkeley, Calif., Univ. of California, Dep. of Chem., Lawrence Radiat. Labor.; engl.) — Behandlung der Mechanik von Stößen in gekreuzten Mol.-Strahlen mit Maxwell-Verteilung. Für elast. u. Rk.-Stöße werden Gleichungen für die Verteilung der Stoßenergie u. die Winkelverteilung für die Massenschwerpunkte bei verschiedenen Stoßwinkeln angegeben u. die Geschw.-Konst. betrachtet. Jeder Stoßquerschnitt kann in einer Stufenfunktion ausgedrückt werden, die mit einer Linearkombination von Potenzen der relativen Energie multipliziert wird. Die Anwendung der Theorie auf die Stoß-Rk. K + HBr wird diskutiert. Herbert Müller. 225□

Photosensibilisierte Reaktion zwischen (^{2}P)-Wasserstoffatomen und molekularem Stickstoff. Ikuzo Tanaka und J. R. McNesby. (J. chem. Physics 36, 3170—73, 15/6. 1962; Washington, D. C., Nat. Bur. of Stand.; engl.) — H-Atome im Grundzustand (^{2}S) wurden in einer Mikrowellenentladung erzeugt, mit Lyman-α-Strahlung (1216 Å; 10^{14}—10^{15} Quanten/s) zum ^{2}P-Zustand angeregt u. mit N_2 zur Rk. gebracht. Hierbei entsteht NH_3, jedoch kein N_2H_4. Für die prim. Rk. werden 2 Mechanismen vorgeschlagen:

a) $H(^2P) + N_2(^1\Sigma_g^+) \rightarrow H(^2S) + N_2^*$, $N_2^* \rightarrow 2\,N(^4S)$; b) $H(^2P) + N_2(^1\Sigma_g^+) \rightarrow NH\cdot(^3\pi_i) + N(^4S)$. Das NH_3 entsteht dann durch Rk. von N mit H bzw. von NH mit H oder H_2. A. Blaschette. 225□

Der Austausch von Deuterium mit festem Kaliumtetrahydridoborat. Robert E. Mesmer und William L. Jolly. (J. Amer. chem. Soc. **84**, 2039—42, 5/6. 1962; Berkeley, Calif., Univ. of California, Dep. of Chem. and Lawrence Radiat. Labor.; engl.) — KBH_4 (I) tauscht bei ca. 500° mit D_2H gegen D aus. Drücke von 70—100 atm D_2 sind vorteilhaft; bei $^1/_3$ atm u. 430° wird starke Zers. beobachtet. Als Start-Rk. für den Austausch u. die Thermolyse wird vorgeschlagen: $BH_4^- \rightarrow H^- + {}^1/_2\,B_2H_6$. Aus den bei den sauren Hydrolyse partiell deuterierter Proben entwickelten Mengen H_2, HD u. D_2, den KMR-Spektren wss. Lsgg. (D-H-Kopplungs-Konst. in BH_3D^-: $1{,}65 \pm 0{,}05$; in $BH_2D_2^-$: $1{,}7 \pm 0{,}1$; H-H-Kopplungs-Konst. in BH_4^-: $10{,}7 \pm 0{,}3$ Hz) u. den Gleichgewichts-Konst. der Austausch-Rkk. zwischen festem I u. D_2 wird geschlossen, daß im Gleichgewicht die relativen Mengen der Anionen $BH_{4-x}D_x^-$ ($x = 0$—4) statist. verteilt sind. Die Gleichgewichts-Konst. für die Rk. $B\text{–}H + D_2 \rightleftharpoons B\text{–}D + HD$ bei 538° beträgt $2{,}05 \pm 0{,}03$. F. Huber. 225□

Kinetische Analyse von Gemischen nach der Methode der Verhältnisgleichungen. Ronald G. Garmon und Charles N. Reilley. (Analytic. Chem. **34**, 600—06, Mai 1962; Chapel Hill, N. C., Univ. of North Carolina, Dep. of Chem.; engl.) — Die Anfangs-Konz. eines Reaktanten, der einer einfachen oder komplexen Rk. 1. Ordnung unterliegt, ist zu jeder Zeit entweder dem gebildeten Prod. oder jedem beliebigem Parameter, der mit dem gebildetem Prod. ein lineares Verhältnis bildet, direkt proportional. Diese Proportionen werden zur kinet. Analyse eines Gemisches unter Verw. der von Vff. entwickelten Gleichungen auf 2 Wegen ausgenutzt. 1. Die Simultananalyse einer Mischung, in der Parallel-Rkk. ablaufen, ist möglich, wenn die Rk.-Abläufe der Reaktanten zu mehreren Zeitpunkten gemessen werden. Die Zahl der Zeitpunkte muß dabei der Zahl der Reaktanten äquivalent sein. 2. Die Änderung im Ausmaß der Rk. zwischen 2 gegebenen Zeitpunkten ist direkt der Anfangs-Konz. der Reaktanten proportional. Bei den Verff. ist die Wahl der Zeitpunkte für die Eliminierung von Störungen von großer Bedeutung. Als Beispiele werden eine Meth. zur gleichzeitigen Best. von *Glykolsäure* u. *Diglykolsäure*, die beide mit verschiedenen Rk.-Geschw. mit 2.7-Dihydroxynaphthalin unter Bldg. rotvioletter Prodd. reagieren, in Ggw. anderer Säuren sowie die Best. von *Ga* in Ggw. anderer Metallionen über den Ga-Eriochromblauschwarz-R-Komplex mit EDTA angegeben. Weiterhin wird die Möglichkeit der Verw. anderer Variabler (spezif. Geschw.-Konst., Proportionalitäts-Konst. u. stöchiometr. Verhältnisse) diskutiert. J. Kraetsch. 225□

Untersuchungen über photochemische Reaktionen von Oktacyanomolybdaten. Zbigniew Jakob und Wiktor Jakob. (Zeszyty naukowe Uniw. iagiellońskiego, Ser. Nauk mat.-przyrodniczych, Mat., Fizyka, Chem. **1956**, Nr. 2, 49—66; Kraków, Uniw. Jagiell., Kat. Chem. nieorgan.; pol., Auszug: engl.) — In wss. Lsg. geht gelbes $K_4[Mo(CN)_8]$ (I) im Licht in rot gefärbte Zwischenprodd. über. Die Rk. ist im Dunkeln oder beim Erwärmen auf 40° reversibel. Bei längerem Belichten mit Sonnenlicht (>45 Min.) entstehen blaugefärbte Lsgg., aus denen bei Zusatz von KOH $K_4[Mo(CN)_4\cdot(OH)_4]\cdot 6\,H_2O$ oder bei Zusatz von Cd^{2+} u. NH_4OH $[Cd(NH_3)_6][Mo(CN)_4(OH)_2]$ isoliert werden können. Gibt man zu der kurz belichteten Lsg. von I NH_4OH, Hydrazin oder Thioharnstoff, so verschwindet die rote Farbe sofort. Belichtet man aber I in Ggw. dieser Substanzen, so werden intensiv rotgefärbte Lsgg. erhalten, die sehr stabile Komplexe enthalten. Die Umkehrung der Rk. wird auch bei längerem Kochen nicht mehr festgestellt. Fortgesetzte Belichtung führt aber zum photolyt. Zerfall zu dem blaugefärbten Ion $[Mo(CN)_4(OH)_2]^{2-}$. Aus der belichteten roten Lsg. werden die schwerlösl. Tl(I)-, Mn(II)- u. Cd-Salze isoliert. Genau untersucht wurden nur die Cd-Salze: In Ggw. von NH_3 wird rotbraunes $Cd_2[Mo(CN)_8(NH_3)_2]\cdot 4\,H_2O$ (II) erhalten. Das wasserfreie Salz ist gelb u. verliert NH_3 unter Zers. erst bei 180°. In Ggw. von Hydrazin entsteht rotes $Cd_2[Mo(CN)_8(N_2H_4)_2]\cdot 4\,H_2O$ (III). In rein wss. Lsg. wird $Cd_2[Mo(CN)_8(H_2O)_2]\cdot 4\,H_2O$ (IV) erhalten. Während NH_3 u. N_2H_4 in der inneren Sphäre des Komplexes fest gebunden sind, ist W. aus der inneren Sphäre von **IV** leicht abspaltbar. **II**, **III** u. **IV** haben ein anderes Kristallgitter als **I**. Die photochem. Rk. von I läßt sich somit durch nachst. Gleichungen beschreiben: 1. $[Mo(CN)_8]^{4-} + h\nu = [Mo^*(CN)_8]^{4-}$. 2. $[Mo^*(CN)_8]^{4-} + 2\,X = [Mo(CN)_8X_2]^{4-}$ (stabil mit $X = NH_3$, N_2H_4, instabil mit $X = H_2O$). 3. $[Mo(CN)_8\cdot X_2]^{4-} + 2\,H_2O + h\nu = [Mo(CN)_4(OH)_2]^{2-} + 2\,HCN + 2\,CN^-$. Zwischenstufen beim Ersatz von CN- durch OH-Gruppen, wie sie Collenberg [1924] annimmt, konnten nicht gefunden werden. — 19 Literaturangaben. F. Urban. 226□

Die durch Molybdän katalysierte Reduktion von Hydroxylamin mit $SnCl_2$. G. P. Haight jun. und Carl von Frankenberg. (Acta chem. scand. **15**, 2026—36,

1961; Copenhagen, TU of Denmark, Kem. Labor. A; Swarthmore, Pa., Swarthmore Coll.; engl.) — Vff. leiten nachst. empir. Ausdruck für die Rk.-Geschw. der durch Mo(V) katalysierten Red. $SnCl_3^- + NH_3OH^+ \rightarrow SnOCl_3^- + NH_4^+$ ab: $d[Sn(II)]/dt = k' \cdot [Sn(II)]^{1/2}[NH_3OH^+]^{3/2}[Mo(V)]^{1/2}[H^+]^2/(1 + k''[NH_3OH^+])$. Die Konst. k' u. k'' werden bestimmt. Die Gleichung wird in einem weiten Konz.-Bereich der Ausgangsstoffe geprüft. Die Übereinstimmung ist ausgezeichnet. Aus den in 3n HCl möglichen Rkk. der Rkk.-Teilnehmer wird unter der Annahme, daß Mo(IV) die katalyt. wirksame Form ist, das Geschw.-Gesetz abgeleitet. Acht Teil-Rkk. werden diskutiert. Der anfängliche Zusatz von Mo(VI) oder Mo(V) führt zum gleichen Geschwindigkeitsgesetz. Es ist nur in einem engen Bereich um [HCl] = 3n gültig. R. Mattes. 227□

Einfluß verschiedener Vorbehandlungen auf die Aktivität von Oxid-Sulfid-Mischkatalysatoren. Gerhard Günther. (Chem. Techn. **9**, 410—12, Juli 1957; Zeitz, VEB Hydrierwerke; dt.) — Eine Reihe von Katalysatoren der Zus. 70 Al_2O_3-Hydrat/ 25 WS_2/5 NiS wurde unter Einschaltung verschiedener Vorbehandlungsstufen hergestellt. Ihre Strukturelemente wurden nach Greber untersucht u. ihre Aktivität im *TTH-Test* (Hydrierung von Teer bei 300 atm) festgestellt. Spitzenaktivität tritt dann auf, wenn das Syst. Al/W/Ni einer Hochtemp.-Periode im oxidischen Zustand ausgesetzt war, wahrscheinlich infolge einer Festkörper-Rk., die zu einer katalyt. günstigen Anordnung der Substanz führt. H. Roschkowski. 227□

Möglichkeiten der Erhöhung der Aktivität von Katalysatoren vom Raney-Nickel-Typ. Z. Csürös und J. Petró. (Periodica polytechn. [Budapest], chem. Ingenieurwes. **3**, 123—42, 1959; Budapest, Polytechn. Univ., Inst. for Organ. Technol.; engl.) — Das Verh. von Raney-Nickel-Katalysatoren (I) verschiedener Herst. bzw. mit verschiedenen Zusätzen wurde an Hand der Hydrierungs-Rkk. von *Aceton, Nitrobenzol, Eugenol, Acetophenon, Benzaldehyd, Benzylcyanid* u. *Benzophenon* untersucht. Als analyt. Kriterium wurde der prozentuale H_2-Verbrauch des mit H_2 gesätt. I benutzt, der substratabhängig ist. Diese Substratabhängigkeit kann zu Aktivitätsabnahmen der I während der Hydrierung führen. Sie kann jedoch durch Variation der Herst.-Verff. der I oder durch Zugabe von Säuren oder Basen oder Salzen zur Rk.-Mischung beeinflußt werden. Ferner kann die Aktivität der I durch teilweisen Ersatz des Ni durch Co oder durch eine geeignete NH_3-Behandlung während der Herst. gesteigert werden. Gerhard Günther. 227□

A_8. Präparative anorganische Chemie. Komplexverbindungen. Metallorganische Verbindungen

Distickstofftrioxid. 4. Mitt. Zusammensetzung des mit flüssigen Gemischen von Stickstoffdioxid und Stickstoffoxid im Gleichgewicht befindlichen Dampfes. I. R. Beattie und A. J. Vosper. (J. chem. Soc. [London] **1961**, 2106—09, Mai; London, Univ., King's Coll.; engl.) — 3. vgl. C. **1962**, 2291. — Durch Aufnahme von UV-Absorptionsspektren (4000—6000 Å) u. unter Verw. einer vollständig aus Glas bestehenden Kreislaufpumpe wurden die Zus. der fl. u. gasförmigen Phase u. die Dampfdrücke für eine Reihe 2phasiger Gleichgewichtsmischungen von NO u. NO_2 ermittelt. Mit einer fl. Phase aus äquimolaren Mengen von NO u. NO_2 steht fast reiner NO-Dampf im Gleichgewicht. Die Absorptionsspektren von NO_2-Gas, N_2O_4-Gas, N_2O_4 in Cyclohexan u. N_2O_3 in Toluol bei —80° werden diskutiert (2500—6500 Å). A. Blaschette. 243□

Über die Eigenschaften von Trimethylsilylazid. John W. Connolly und Grant Urry. (Inorg. Chem. [Washington] **1**, 718—19, Aug. 1962; West-Lafayette, Ind., Purdue Univ., Wetherill Memorial Labor.; engl.) — *Trimethylsilylazid*, $(CH_3)_3SiN_3$, F. $-95 \pm 1°$, Kp. (extrapoliert) 87°, $\log p\,[\mathrm{Torr}] = -1915/T + 8{,}102$, konnte aus $(CH_3)_3SiCl$ mit NaN_3 bei Ggw. katalyt. Mengen von Al_2Cl_6 in Tetrahydrofuran nach kurzer Nachbehandlung mit Al_2Cl_6 u. fraktionierter Kondens. zwischen —30 u. —196° in reinem Zustand dargestellt werden. Es ist therm. außerordentlich stabil, Erwärmen auf 200° über 8 Std. bleibt ohne Einw., Zers. erfolgt erst ab 500°. Durch Photolyse bilden sich N_2, Spuren von H_2 sowie ein nichtflüchtiges Öl, durch Thermolyse oder im Hg-Lichtbogen H_2, N_2, CH_4, C_2H_6, C_2H_4, C_2H_2, HCN, HN_3, NH_4N_3 u. ein nichtflüchtiges Polymeres. Das IR-Spektrum zeigt eine charakterist. Bande bei 1320 cm^{-1} (ν_sNNN). U. Wannagat. 261□

Die Rolle und der Charakter des Wassers bei der Untersuchung der phasenmineralogischen Zusammensetzung des Natriumalumohydrosilicates. O. I. Arakeljan und A. A. Tschisstjakowa. (Цветные Металлы [Nichteisenmetalle] **34**, Nr. 4, 42—44, April 1961; russ.) — Nachgewiesen wird die zeolith. Natur der Natriumalumohydrosilicate u. mitgeteilt eine physikal.-chem. Charakteristik eines solchen Silicates, das bei der Rk. von amorphem SiO_2 mit bas. Aluminat-Lsg. gebildet wurde. Ferner wird festgestellt, daß nach der Dehydrierung die neue Phase $2 Na_2O \cdot 2 Al_2O_3 \cdot 3 SiO_2$ auftritt, deren enantiotrope polymorphe Umwandlung bei ca. 650° liegt. H. Hochstein. 261□

Zur Struktur der Chloroantimon(V)-äthoxy-Verbindungen. Lothar Kolditz und Walter Röhnsch. (Z. anorg. allg. Chem. **315**, 213—19, Mai 1962; Jena, Friedrich-Schiller-Univ., Inst. für Anorg. Chem.; Leipzig, Dt. Akad. der Wiss., Inst. für Angew. Radioaktivität; dt.) — Vff. behandeln die Struktur von Chloroäthoxyantimon-Verbb. im festen Zustand u. in Lsg., wo sich komplizierte Gleichgewichte zwischen mol. u. salzartiger Form mit verschiedenen Ligandenverteilungen im Kation u. Anion einstellen. Durch Unters. mit radioakt. Cl^- wird nachgewiesen, daß die Verb. $SbCl_4(OC_2H_5)$ (I) im festen Zustand als $[SbCl_4][SbCl_4(OC_2H_5)_2]$ zu formulieren ist. Die Ergebnisse werden für die Darst. von $[N(C_2H_5)_4][SbCl_4(OC_2H_5)_2]$ ausgewertet.

Versuche: $[N(C_2H_5)_4][SbCl_4(OC_2H_5)_2]$, durch Eintragen von 104 g I in eine Lsg. von 58 g $[N(C_2H_5)_4]Cl$ in 400 ml wasserfreiem Acetonitril, Abfiltrieren der beim Erkalten gebildeten Kristalle von Hexachloroantimonat (49 g), Einengen des Filtrates bei Zimmer-Temp. im Vakuum auf 15 ml, Zufügen von 500 ml abs. A., Abfiltrieren von $[N(C_2H_5)_4] \cdot [SbCl_6]$, Einengen des Filtrates auf 500 ml; farblose, glänzende, rautenförmige Kristalle; nach Aufarbeitung der Mutterlauge 38% (Ausbeute). U. Skurnia. 266□

Singuläre Aufteilung des Polytops des quinären reziproken Systems aus neun Salzen: Na, Rb, Tl || Cl, Br, NO_3. W. I. Possypaiko, N. W. Chachlowa, Je. A. Alexejewa und N. Ss. Dombrowskaja. (Журнал Неорганической Химии [J. anorg. Chem.] **6**, 1401—07, Juni 1961; russ.) — Im Zustandsdiagramm des quinären Syst. wurde ein singulärer (Gleichgewichts-) Teilkörper abgeteilt, der folgende Zus. aufweist: 2 freie Ecken $TlNO_3$ u. NaBr, 1 Basisdreieck TlBr—$RbNO_3$—NaCl u. 6 stabile Tetraeder, die die vierdimensionale, neuneckige Figur in 6 Pentatope unterteilen. Die Richtigkeit der Aufteilung wurde nach der visuell-polytherm. Meth. am Dreieck-Syst. TlBr–$RbNO_3$–NaCl geprüft, das sich als einfaches tern. Syst. mit 3 Kristallfeldern erwies. Der tern. eutekt. Punkt liegt bei 135° u. 4% TlBr, 79% $RbNO_3$ u. 17% NaCl. G. Winkhaus. 272□

Austauschreaktionen im quinären reziproken System aus neun Salzen von Chloriden, Bromiden und Sulfaten des Lithiums, Natriums und Thalliums. W. I. Possypaiko und N. Ss. Dombrowskaja. (Журнал Неорганической Химии [J. anorg. Chem.] **6**, 1408—17, Juni 1961; russ.) — Vgl. vorst. Referat. — Ein Ungleichgewichtsteilkörper für das quinäre Syst. wurde bestimmt. Die Richtigkeit der Aufteilung wurde nach der visuell-polytherm. Meth. u. thermograph. sowie durch Mikroaufnahmen an dem instabilen tern. Syst. LiBr–NaCl–½ Tl_2SO_4 geprüft. 6 Kristallfelder der Komponenten u. der Austausch-Prodd. wurden gefunden. Der Teilkörper der 3 Projektionen des vierdimensionalen Diagramms wurde konstruiert, aus der jeder beliebige Punkt des quinären Syst. entnommen werden kann. Es wurde gezeigt, daß das experimentell untersuchte tern. Ungleichgewichts-Syst. u. das entsprechende tern. Gleichgewichts-Syst. durch eine Konversionsgerade NaCl–[50% TlBr + 50% ½ Li_2SO_4] geschnitten werden. Als Austausch-Rk. in dem quinären Syst. wurde die Rk. LiBr + ½ Tl_2SO_4 → ½ Li_2SO_4 + TlBr festgestellt. G. Winkhaus. 272□

Über die komplizierte Komplexbildung im quaternären reziproken System aus Lithium-, Natrium- und Kaliumchlorid und -sulfat. Je. K. Akopow und A. G. Bergman. (Журнал Неорганической Химии [J. anorg. Chem.] **5**, 1257—66, Juni 1960; Kuban, landwirtsch. Inst.; russ.) — Vgl. C. **1962**, 3025. — Das quatern. Syst. Li, Na, K || Cl, SO_4 wurde mit der visuell-polytherm. Meth. untersucht. Das als dreikantiges, rechtwinkliges Prisma dargestellte Zustandsdiagramm enthält in den Grundflächen die tern. Syst. Li, Na, K || SO_4 u. Li, Na, K || Cl u. in den Seitenflächen die tern. reziproken Syst. Li, Na || Cl, SO_4; Li, K || Cl, SO_4 u. Na, K || Cl, SO_4. Außer diesen Syst. wurden 25 innere Schnitte studiert. 318 nonvariante u. monovariante Punkte wurden festgelegt. Die Sulfate zeigen komplexe Rkk. in der Schmelze. Außer den bekannten Komplexen $2 Li_2SO_4 \cdot K_2SO_4$; $Li_2SO_4 \cdot Na_2SO_4$ u. $Li_2SO_4 \cdot 2 Na_2SO_4$ wurde der Komplex $LiCl \cdot NaCl$ nachgewiesen. Ferner wurde eine Umwandlung 2. Ordnung von $Li_2SO_4 \cdot K_2SO_4$ gefunden. Die festen Lsgg. der Na- u. K-Sulfate zerfallen im quatern. Syst. unter Bldg. von 3 beständigen Phasen, die bin. Komplexe darstellen. Das Auftreten innerer Phasen von heteroion. quatern. Verbb., enthaltend alle 5 Ionen, wurde nachgewiesen. Isomorphie zwischen Li- u. Na-Salzen wurde im quatern. Syst. nicht gefunden. Sowohl Sulfate als auch Chloride bilden bin. Komplexe. Ein Zusatz von Chloriden begünstigt die Kristallisation der Sulfate. G. Winkhaus. 272□

Über die Löslichkeit und die Zusammensetzung der festen Phasen im System Na_2SO_4–Na_2CO_3–NaOH–H_2O bei 25–150°. L. Ss. Itkina und W. F. Kochowa. (Журнал Неорганической Химии [J. anorg. Chem.] **5**, 1290—98, Juni 1960; russ.) —

Die Löslichkeiten u. die Zus. der festen Phasen im obigen Syst. wurden zwischen 25 u. 150° untersucht. Mit steigender Temp. vereinfacht sich die Phasen-Zus. (Verschwinden der hydratisierten Salze). Bei 25° kristallisieren in Abhängigkeit vom NaOH-Geh. Na-Sulfat mit 10 u. 0 Moll. H_2O u. Na-Carbonat mit 10, 7, 1 u. 0 Moll. H_2O sowie *2 Na_2SO_4·Na_2CO_3* (I), bei 50° nur $Na_2CO_3 \cdot H_2O$ u. wasserfreie Salze, bei 150° nur wasserfreie Salze. Die Menge an festen I wächst mit steigender Temp. nach der Formel log % I = 1,515 + 0,175 log t (t = Temp. in °C). Extrapolation dieser Beziehung führt zur Vermutung, daß bei noch höherer Temp. als einzige beständige feste Phasen eine lückenlose Reihe von Mischkristallen vom I-Typ existieren. In den Komponenten-Syst. Na_2SO_4–NaOH–H_2O u. Na_2CO_3–NaOH–H_2O bewirkt zunehmender Geh. an NaOH eine Erniedrigung der Löslichkeit des Sulfats u. Carbonats sowie eine Änderung der Temp.-Koeff. der Löslichkeit der Salze von negativ nach positiv. Letzteres wird durch Änderung der Struktur des Lsgm. in Ggw. von NaOH u. dadurch bedingte Erniedrigung der Lsg.-Wärme der Salze mit steigender NaOH-Konz. gedeutet. Der Effekt verstärkt sich mit steigender Temperatur. G. Winkhaus. 274□

Komplexverbindungen des Berylliums mit 5-Nitrosalicylsäure. Mary Abraham und S. N. Srivastava. (J. Indian chem. Soc. **37**, 477—78, Aug. 1960; Agra, St. John's Coll., Dep. of Chem.; engl.) — Aus pH-Titrationen verschiedener Gemische von 5-Nitrosalicylsäure u. Be-Nitrat mit KOH u. aus konduktometr. Titrationen derselben Gemische mit Ammoniak schließen Vff. auf einen ziemlich instabilen 1 : 1-Komplex. P. Dodel. 281□

Die basischen Magnesiumcarbonate. 4. Mitt. **Hydrolyseprodukte von normalem Magnesiumcarbonat-3-Wasser bei Zimmertemperatur.** Tetsuzo Atoda. (J. sci. Res. Inst. [Tokyo] **51**, 1—10, März 1957; engl.) — 3. vgl. C. **1957**, 8448. — Beim Belüften einer wss. Suspension des gewöhnlichen $MgCO_3 \cdot 3\,H_2O$ bei 18 ± 0,2° während längerer Zeit wurde das Carbonat in das opt. isotrope bas. *5 MgO·4 CO_2·7 H_2O* (I) umgewandelt. Der Brechungsindex ist wenig größer als n_D^{20} = 1,523. I wurde auch beim Belüften einer wss. Lsg. von $Mg(OH)_2$ gewonnen. In beiden Fällen tritt daneben *5 MgO·4 CO_2·6 H_2O* auf. Es wird gefolgert, daß $MgCO_3 \cdot 3\,H_2O$ in Luft bei Zimmer-Temp. instabil, aber das bas. 5 MgO·4 CO_2·n H_2O stabil für n = ca. 6 ist. H. Roschkowski. 282□

Löslichkeitsisothermen der ternären Systeme $Mg^{2+}, Ca^{2+} \| CO_3^{2-}$–$H_2O$; $Na^+, Ca^{2+} \| CO_3^{2-}$–$H_2O$ und $Na^+, Mg^{2+} \| CO_3^{2-}$–$H_2O$ bei $p_{CO_2} \sim 1$ atm und 25°. L. G. Berg und L. A. Borissowa. (Журнал Неорганической Химии [J. anorg. Chem.] **5**, 1283—86, Juni 1960; Kasan, Lenin-Univ.; russ.) — Zur Klärung der Dolomit-Bldg. u. zur Unters. des Syst. Na, Mg, Ca || CO_3, SO_4–H_2O wurden die Löslichkeitsisothermen bei 25° in oben genannten tern. Syst. nach der Meth. der isothermen Löslichkeit bei $p_{CO_2} \sim 1$ atm bestimmt. Im Syst. Mg, Ca || CO_3–H_2O bilden sich bei Beladung sowohl mit $MgCO_3$ als auch mit $MgCO_3 \cdot 3\,H_2O$ metastabile Gleichgewichte aus; beide Isothermen bestehen aus 2 Zweigen, die den Kristallisationen der beiden Ausgangssalze entsprechen. Bei Beladung mit $MgCO_3$ wird die Löslichkeit des $CaCO_3$ von 9 (mMol/1000 g Lsg.) auf 6,96, die des $MgCO_3$ von 15,6 auf 5,25 erniedrigt, bei Beladung mit $MgCO_3 \cdot 3\,H_2O$ wird die Löslichkeit von $CaCO_3$ von 9 auf 3,25 erniedrigt, die von $MgCO_3$ von 210 auf 240 erhöht. Im tern. Syst. Na, Ca || CO_3 wird *Gaylussit*, $CaCO_3 \cdot Na_2CO_3 \cdot 5\,H_2O$, gebildet, der inkongruent lösl. ist u. bei ca. 465° zerfällt. Im Syst. Na, Mg || CO_3 wurde ein neues bin. Salz mit den Brechungsindices n_p = 1,525, n_m = 1,558 u. n_g = 1,702 gefunden, das 2 endotherme Zerfallseffekte bei 510 u. 580° zeigt u. nicht mit $Na_2CO_3 \cdot 2\,MgCO_3 \cdot 4\,H_2O$ ident. ist G. Winkhaus. 282□

Über metastabile Gleichgewichte im quaternären reziproken System $Mg^{2+}, Ca^{2+} \| CO_3^{2-}, SO_4^{2-}$–$H_2O$ bei $p_{CO_2} \sim 1$ atm und t = 25°. L. G. Berg und L. A. Borissowa. (Журнал Неорганической Химии [J. anorg. Chem.] **5**, 1287—89, Juni 1960; russ.) — Vgl. vorst. Referat. — Obiges Syst. wurde unter Verw. von *Magnesit* $MgCO_3$ u. von *Nesquehonit* $MgCO_3 \cdot 3\,H_2O$ untersucht. Beide aus den Meßdaten u. aus bekannten Daten der 3 zugrunde liegenden tern. Syst. konstruierten Löslichkeitsdiagramme bestehen aus 4 Feldern, die der Kristallisation von *Calcit*, *Magnesit*, *Gips* u. *Epsomit* entsprechen. Die Abwesenheit von Dolomit weist auf die Existenz metastabiler Gleichgewichte hin, die auch bei Zusatz von Dolomit beständig sind. Es wurde gezeigt, daß unter bestimmten Bedingungen die geochem. wichtige Bldg. von Magnesit aus Calcit u. Epsomit möglich ist. G. Winkhaus. 282□

Das System Ca^{2+}–K^+–NH_4^+–NO_3^-–H_2O bei 25°. R. Flatt und H. Ramuz. (Helv. chim. Acta **45**, 789—805, 2/5. 1962; Lausanne, Univ., Labor. de Chim. min. et anal.; franz.) — Da die Unters. des quatern. Syst. Ca^{2+}–K^+–NH_4^+–NO_3^-–H_2O bei 25° die Kenntnis der tern. Grenz-Syst. Ca^{2+}–K^+–NO_3^-–H_2O, Ca^{2+}–NH_4^+–NO_3^-–H_2O u. K^+–NH_4^+–NO_3^-–H_2O bei 25° voraussetzt, u. bisher nur die ersten beiden bekannt waren, wurde zunächst letzteres untersucht. Diese Unters. führt zu einem Löslichkeitsdiagramm, das sich aus 4 Kurven zusammensetzt, die die gesätt. Lsgg. von 4 festen Phasen bezeichnen: der Mischkristalle von KNO_3 (I) mit 0—13,3 (Val-%) NH_4^+ (II), einer ersten intermediären Phase mit 31,8—33,2, einer zweiten intermediären Phase mit 67,6—96,6 u. NH_4NO_3 (III) mit 98,4—100. Im quatern. Syst. bei 25° konnten dann folgende 7 feste Phasen festgestellt werden: *$Ca(NO_3)_2 \cdot 4\,H_2O$, $5\,Ca(NO_3)_2 \cdot NH_4NO_3 \cdot 10\,H_2O$, $Ca(NO_3)_2 \cdot (K, NH_4)NO_3 \cdot 3H_2O$* (IV), *$KNO_3 \cdot (K, NH_4)NO_3$, $(NH_4, K)NO_3$* (V) u. III. Das Löslichkeitsdiagramm des quatern. Syst., das 7 Sättigungsbereiche umfaßt, wurde konstruiert, wobei 15 Invarianzpunkte auftraten, von denen 11 zu den 3 tern. Grenz-Syst. zu zählen sind u. 4 innerhalb dieses Diagrammes liegen. Wie die Unters. der festen Phase zeigte, bildet das Doppelsalz IV eine vollständige Reihe von Mischkristallen, die vom reinen *$Ca(NO_3)_2 \cdot KNO_3 \cdot 3\,H_2O$* bis zum reinen *$Ca(NO_3)_2 \cdot NH_4NO_3 \cdot 3\,H_2O$* reicht. Das Teilungsdiagramm für dieses pseudotern. Syst. $Ca(NO_3)_2 \cdot KNO_3$–$Ca(NO_3)_2 \cdot NH_4NO_3$–$H_2O$ wurde aufgestellt. Der Einbau von II in das Gitter von I wird nicht durch die Ggw. von $Ca(NO_3)_2$ beeinflußt, wenn die Lsg. nur wenig II im Verhältnis zu K^+ enthält. In Lsgg., die II in relativ großen Mengen enthalten, erleichtert Ca^{2+} den Einbau in das Gitter. Andererseits wurde beobachtet, daß Ca^{2+} eine Erhöhung des Geh. an II in den Mischkristallen von V bewirkt. H. Fries. 283□

Reaktion von Jodmethan mit Komplexen von Quecksilber(II)-jodid mit tertiären Arsinen. M. M. Baig, W. R. Cullen und D. S. Dawson. (Canad. J. Chem. **40**, 46—49, Jan. 1962; Vancouver, Canada, Univ. of British Columbia, Chem. Dep.; engl.) — Die Rkk. von 1 : 1-Komplexen des HgJ_2 mit Methyldiphenylarsin, Dimethylphenylarsin u. Dimethyl-α-naphthylarsin mit CH_3J im Überschuß führen zu den entsprechenden *Arsoniumtrijodomercurat-Komplexen*, z. B. $(C_6H_5)_2AsCH_3 \cdot HgJ_2 + CH_3J \rightarrow [(C_6H_5)_2As(CH_3)_2][HgJ_3]$. Die Rk. des entsprechenden Triäthylarsinkomplexes (I) mit CH_3J führt zu *Triäthylmethylarsoniumtrijodomercurat(II)* u. zum *Bis-[triäthylmethylarsonium]-tetrajodomercurat(II)*. C_2H_5J u. CF_3J reagieren mit I bei 20° nicht; erst bei 100° entsteht mit CF_3J das *$(C_2H_5)_2AsCF_3$* in geringer Ausbeute. Neu dargestellt wurden *Dimethyl-α-naphthylarsinquecksilber(II)-chlorid*, F. 233—235°, u. das entsprechende *Jodid*, F. 192—195°. F. Aubke. 290□

Einige Beobachtungen an Hydraten von Calciumaluminatcarbonaten. Elmer T. Carlson und Horace A. Berman. (J. Res. nat. Bur. Standards, A **64**, 333—41, Juli/Aug. 1960; Washington, D.C.; engl.) — Vff. stellen *$3\,CaO \cdot Al_2O_3 \cdot CaCO_3 \cdot 11\,H_2O$* (I) u. *$3\,CaO \cdot Al_2O_3 \cdot 3\,CaCO_3 \cdot 32\,H_2O$* (II) her. I erhält man, wenn 2 Liter einer Calciumaluminat-Lsg. (gesätt. Lsg. von *$CaO \cdot Al_2O_3$* in W.) mit 8—9 Liter einer gesätt. $Ca(OH)_2$-Lsg. vermischt u. dann 3,5 g Na_2CO_3 (in 250 mg W. gelöst) zugetropft werden. Nach 2 Monaten haben sich hexagonale Kristalle in Form dünner Plättchen abgesetzt. Brechungsindices 1,532 bzw. 1,554. Die Röntgenreflexe können einem hexagonalen Gitter mit $a = 8{,}71_6$ u. $c = 7{,}56_5$ Å zugeordnet werden. Die DTA-Aufnahme zeigt endotherme Rkk. bei 220 u. 260° an, die auf Entwässerung zurückzuführen sind. Die IR-Spektren werden mitgeteilt. — II ist verhältnismäßig umständlich durch Fällung einer Mischung aus Ammoniumhydrogencarbonat, Calciumaluminat u. Calciumhydroxid in wss. Saccharose-Lsg. herzustellen. Die Brechungsindices betragen 1,480 bzw. 1,456. Die Röntgendiagramme ließen sich nicht indizieren, DTA u. IR-Spektren werden mitgeteilt. Die nadelförmigen Kristalle sind instabil. Verss., Mischkristalle von Al-Carbonaten mit Al-Sulfaten herzustellen, mißlangen. H.-G. Moslé. 294□

Bildungsdiagramme einiger Aluminiumsilicate. R. M. Carr und W. S. Fyfe. (Geochim. cosmochim. Acta [London] **21**, 99—109, Dez. 1960; New Zealand, Univ. of Otago u. Berkeley, Univ. of California; engl.) — Vff. untersuchten unter hydrotherm. Bedingungen das Syst. Al_2O_3–$4\,SiO_2$. Die Unterss. zeigten, daß das Bldg.-Gebiet einer Phase nicht mit ihrem Stabilitätsbereich zusammenfallen muß. Für die drei verschiedenen Ausgangsmischungen amorphes Al_2O_3/Quarz, Kaolinit/amorphes SiO_2 u. Kaolinit/Quarz wurden drei typ. unterschiedliche Bldg.-Diagramme erhalten, von denen keines das stabile Gleichgewicht darstellt. Für das Ausgangsgemisch Kaolinit/Quarz liegt, wie petrolog. Beobachtungen zeigten, das Phasen-Bldg.-Gebiet dem Gleichgewichtsgebiet am nächsten. Das Kaolin dieses Ausgangsgemisches wandelte sich bei 30000 lbs./sq.in. u. 420° in Pyrophyllit um, dieses bei 470° in eine andalusitähnliche Phase (X-Andalusit), die sich wiederum bei 525° in Mullit umwandelt. Vff. vermuten, daß das X-Andalusit mit der Phase AS(H)-II von Aramaki u. Roy ident. ist. Auf Grund kinet. Überlegungen bzgl. der Bindungsumkehrung halten Vff. es für unmöglich, synthet. das Gleichgewicht Sillimanit–Andalusit zu realisieren. K. Jaeger. 294□

Die hydrothermale Umwandlung von Muskovit in Kalsilit und einen eisenreichen Glimmer. Otto C. Kopp, Lawrence A. Harris und G. Wayne Clark. (Amer. Mineralogist **46**, 719—27, Mai/Juni 1961; Knoxville, Tenn., Univ. of Tennessee; Oak

Ridge Nat. Labor., Metallurgy Div.; engl.) — Bei Verss., Muskoviteinkristalle zu züchten, wurde ein Fe-reicher Glimmer u. die Verb. $KAlSiO_4$ (Kalsilit) erhalten. Letztere konnte bisher in der Natur nicht gefunden werden. Angabe opt. u. röntgenograph. Daten für die Rk.-Produkte. H. Moenke. 294□

Über Heterosiloxane. 7. Mitt. Über Alkylsilazalane. H. Schmidbaur und Max Schmidt. (Angew. Chem. **74**, 327—28, 7/5. 1962; München, Univ., Inst. für Anorgan. Chem.; dt.) — 6. vgl. C. **1963**, 52. — Hexamethyldisilazan u. $AlCl_3$ bilden *dimeres Trimethylsilylaminodichloralan* (I), F. 163° (Zers.), das durch Ausbildung eines Al–N–Al–N-Vierringes koordinative Absättigung von Al u. N erreicht. 4 Mol $LiCH_3$ überführen es in Ae. in analog gebautes *dimeres Trimethylsilylaminodimethylalan* (II), F. 78—79°, sublimierbar u. wie I umkristallisierbar. II zeichnet sich durch bes. therm. Stabilität u. Rk.-Trägheit aus. Sein protonenmagnet. Resonanzspektrum zeigt gegenüber TMS geringe Abschirmung der Silylgruppenprotonen u. deutet Löschung der $d\pi p\pi$-Anteile der Si–N-Bindung an. In I wird dieser Effekt von der induktiven Wrkg. der beiden Cl-Atome überlagert. H. Bürger. 294□

Über Heterosiloxane. 8. Mitt. **^{1}H-NMR-Untersuchungen an Tris-[trimethylsiloxy]-Verbindungen des Bors, Aluminiums und Galliums.** H. Schmidbaur und Max Schmidt. (Angew. Chem. **74**, 328, 7/5. 1962; dt.) — 7. vgl. vorst. Referat. — Rk. von 3 $(CH_3)_3SiONa$ mit 1 $AlCl_3$ bzw. 1 $GaCl_3$ führt zu den *Dimeren von* $[(CH_3)_3SiO]_3 \cdot Al$ (I), F. 208°, Sublimation bei 135°/1 Torr, u. $[(CH_3)_3SiO]_3Ga$ (II), F. 238°, Sublimation bei 155°/1 Torr, beide therm. stabil, lösl. in organ. Lsgm., wenig reaktionsfähig. Sie dimerisieren über Al—O—Al—O- bzw. Ga—O—Ga—O-Vierringe. Der protonenmagnet. Resonanz zufolge zeigen die Brückensiloxygruppen wegen Löschung der Si—O-$d\pi p\pi$-Anteile geringe Protonenabschirmung [—0,283 (I) u. —0,275 (II) ppm]. Die monomere Verb. $[(CH_3)_3SiO]_3B$ (F. —35°, Kp.$_1$ 34°) gibt nur ein Signal (0,120 ppm), das wie die Nichtbrückensiloxygruppen in I (0,070) u. II (0,058 ppm) $d\pi p\pi$-Anteile andeutet H. Bürger. 295□

Untersuchung des komplexen Ammoniumscandiumcarbonats. Wikt. I. Spitzyn, L. N. Komissarowa, W. M. Schatzki und G. Ja. Puschkina. (Журнал Неорганической Химии [J. anorg. Chem.] **5**, 2223—28, Okt. 1960; Moskau, Lomonossow-Univ., Lehrst. für anorg. Chem.; russ.) — Der therm. Zerfall von $NH_4Sc(CO_3)_2 \cdot 1,5\ H_2O$ verläuft in drei Stufen. Bei 140—190° werden teilweise H_2O u. CO_2 vollkommen abgespalten, bei 280—305° bildet sich kristallines ScO(OH), das bei 435—480° in Sc_2O_3 übergeht. Die Löslichkeit des $Sc(OH)_3$ in $(NH_4)_2CO_3$-Lsg. besitzt ein Maximum von 1,24 Gew.-% Sc_2O_3 in 17,8%ig. $(NH_4)_2CO_3 \cdot H_2O$-Lsg. u. bei 0°. Bei $(NH_4)_2CO_3 \cdot H_2O$-Konzz. >1 Gew.-% im Bereich von 0—25° bildet sich in der festen Phase ein amorphes Salz der Zus. $NH_4Sc(CO_3)_2 \cdot 2\ H_2O$. Es ist therm. instabiler als das kristalline Produkt. Das amorphe Salz zersetzt sich an der Luft >65°. W. Büttner. 299□

Untersuchungen an hydratisiertem Cer(IV)-oxid. S. S. Moosath. (J. inorg. nuclear Chem. **11**, 286—89, Dez. 1959; Trivandrum, India, Univ. of Kerala, Appl. Chem. Dep.; engl.) — Vf. untersuchte thermogravimetr., mit Hilfe der DTA, durch Röntgenbeugungsaufnahmen u. an Hand des IR-Spektrums die Struktur u. die Temp.-Beständigkeit von $CeO_2 \cdot 2\ H_2O$. Bei 123° erfolgt Dehydratation zu $2\ CeO_2 \cdot H_2O$. Von 325° an verliert Ceroxid weiter W., bis es bei 820° ganz dehydratisiert ist. Röntgenbeugung u. IR-Spektrum zeigen, daß durch die Hydratation die Fluoritstruktur des Ceroxids zerstört wird. D. Hoene. 304□

Hydrothermale Synthese von Monazit. John W. Anthony. (Amer. Mineralogist **42**, 904, Nov./Dez. 1957; Cambridge, Mass., Harvard Univ., Dep. of Miner. and Petrography; engl.) — Bis zu 0,7 mm große Kristalle von Monazit wurden nach 48 Std. bei 300° aus Cerhydroxidgel u. einem Überschuß von 85% H_3PO_4 in einer mit Teflon ausgekleideten Stahlbombe erhalten. Th kann diadoch in synthet. Monazit eingeführt werden. Die Gitter-Konst. der Th-haltigen Monazite weichen von denen des reinen Monazits ab; der Th-Geh. ist noch nicht bekannt. E. Schulte. 304□

Löslichkeitsisotherme der Systeme $PrCl_3$–KCl–H_2O und $PrCl_3$–NH_4Cl–H_2O bei 25 und 50°. S. N. Schewzowa, G. N. Kulitschkina und A. N. Fedorowa. (Известия Высших Учебных Заведений (Иваново), Химия и Химическая Технология [Hochschulnachr. (Iwanowo), Chem. u. chem. Technol.] **4**, Nr. 2, 178—79, 1961; Moskau, Lomonossow-Inst. für chem. Technol., Lehrstuhl für Technol. der seltenen Elemente; russ.) — Die Löslichkeitsisothermen gestatten Unters. der festen Phasen des krist. Bodenkörpers in Dreistoff-Syst. bei Temp. von 25 u. 50°. W.-D. Heußner. 305□

Löslichkeitsisothermen der Systeme $LaCl_3$–KCl–H_2O, $NdCl_3$–KCl–H_2O, $LaCl_3$–NH_4Cl–H_2O und $NdCl_3$–NH_4Cl–H_2O bei 25°. S. N. Schewzowa, L. I. Shishina und L. Je. Eltzberg. (Известия Высших Учебных Заведений (Иваново), Химия и

Химическая Технология [Hochschulnachr. (Iwanowo), Chem. u. chem. Technol.] **4**, Nr. 2, 176—78, 1961; russ.) — Vgl. vorst. Referat. — Vff. untersuchen fl. u. feste Phasen der Syst. u. charakterisieren die erhaltenen Mischkristallbodenkörper durch Darst. von Löslichkeitsisothermen bei 25°. W.-D. Heußner. 306□

Darstellung von $TiOCl_2$ und seine Löslichkeit in $TiCl_4$. Paul Ehrlich und Walter Engel. (Z. anorg. allg. Chem. **317**, 21—24, 1962; Gießen; Univ., Chem. Inst. Anorg. Abt.; dt.) — Vgl. C. **1962**, 11490. — Da die Löslichkeit von $TiOCl_2$ in $TiCl_4$ im Temp.-Bereich von 25—130° nur 2,5—5,6 Gew.-% beträgt, ist $TiOCl_2$ durch Einw. von As_2O_3 auf überschüssiges $TiCl_4$ exotherm gemäß $As_2O_3 + 3\,TiCl_4 \rightarrow 3\,TiOCl_2 + 2\,AsCl_3$ darstellbar. Das blaßgelbe Rk.-Prod. wird nach dem Absaugen mit Pentan gewaschen u. im Vakuum getrocknet. Analoge Rkk. liefern Sb_2O_3 u. Bi_2O_3. Ein Sublimations-Vers. führt nach 50std. Erhitzen im Bombenrohr auf 300° zu teilweiser Zers. zu TiO_2 u. $TiCl_4$. F.-M. Friedrich-Anderseck. 321□

Untersuchung des Zustandes von Zirkonium in Lösungen mit den Methoden der Ionen-Elektromigration und der pH-Messung von Sulfatlösungen. B. I. Nabiwanetz. (Журнал Неорганической Химии [J. anorg. Chem.] **6**, 1319—25, Juni 1961; Inst. für allg. u. anorg. Chem. der Akad. der Wiss. der UkrainSSR; russ.) — Zur Unters. der Existenzbereiche kation., neutraler u. anion. Zr–Sulfat-Komplexe wurden Ionen-Elektromigrations-Verss. sowie Messungen der Änderung des pH bei Zusatz von SO_4^{2-} zu $ZrOCl_2$-Lsgg. durchgeführt. Die Elektromigration zeigte, daß bei SO_4^{2-}-Überschuß vorwiegend anion. Komplexe vorliegen, die beständiger als ClO_4^--, Cl^-- u. NO_3^--Komplexe sind. Bei einem Verhältnis $Zr(IV)/SO_4^{2-} = 2:1$ bis $1:1$ liegen neutrale Komplexe u. bei einem kleineren Verhältnis polymere kation. Komplexe vor. Die durch Trübungsmessungen bestimmte Zus. der sich in Lsgg. mit $Zr/SO_4 \sim 1:1$ bei $[Zr^{4+}] = 0{,}05$ m u. pH ca. 1 bildenden Fällungen ergaben ein Verhältnis $Zr/SO_4 = 3:2$. Die neutralen Komplexe besitzen von allen Zr-Sulfat-Verbb. die geringste Löslichkeit. Die pH-Messungen ergaben Erhöhung des pH bei Zusatz von SO_4^{2-} zu $ZrOCl_2$-Lsgg. u. pH-Erniedrigung bei Zusatz von HSO_4^-. Bei einer Zr-Konz. von 0,01 m u. einem pH von ca. 0,6 ist eine völlige Sättigung mit SO_4^{2-} bei einer SO_4^{2-}-Konz. von 0,2 m erreicht. Die Ergebnisse werden durch Bldg. von neutralen polymeren Zr-Sulfatkomplexen in schwach saurer Lsg. durch Bindung von SO_4^{2-} an polymere Kationen gedeutet. Bei SO_4^{2-}-Überschuß bilden sich unter Kettenspaltung anion. Sulfatokomplexe.
G. Winkhaus. 322□

Untersuchung der Polymerisation von Zirkoniumionen in Lösung mit der Dialysemethode. A. K. Babko und G. I. Gridtschina. (Журнал Неорганической Химии [J. anorg. Chem.] **6**, 1326—31, Juni 1961; Inst. für allg. u. anorg. Chem. der Akad. der Wiss. der UkrainSSR; russ.) — Die Polymerisation von Zr(IV) in Lsg. wurde in Abhängigkeit von der Zr-Konz., dem pH u. der Art des Anions untersucht. Als geeignete schonende Meth. wurde die Vgl.-Dialyse unter Verw. von Co^{2+} als Vgl.-Ion gewählt, da Isotopenaustausch-Verss. gezeigt hatten, daß die Gleichgewichte zwischen verschiedenen Zr-Formen sich schnell einstellen. Die Dialyse zeigte eine starke Erhöhung des Polymerisationsgrades p mit steigendem pH u. steigender Zr-Konz., jedoch keine Abhängigkeit von der Natur des Anions (Cl^-, ClO_4^-, NO_3^-). Komplexbildner zerstören die polymeren Formen. Bei einer Zr-Konz. von $1 \cdot 10^{-2}$m erreicht p einen Endwert in 1n $HClO_4$-Lsg. bei einem Verhältnis $Zr/HF = 1:4$ u. in 0,05n $HClO_4$ bei $Zr/HF = 1:4$. Die Unabhängigkeit von p von der Dialysedauer deutet auf das Vorliegen nur einer polymeren Form hin. Das Diagramm der Abhängigkeit von p von der Zr-Konz. u. vom pH ist wiedergegeben. G. Winkhaus. 322□

Untersuchung der Umsetzung von Zirkoniumoxidchlorid mit Schwefelsäure und Ammonium-, Natrium-, Eisen- und Aluminiumsulfat. A. K. Kirakossjan und I. W. Tananajew. (Журнал Неорганической Химии [J. anorg. Chem.] **6**, 1808—12, Aug. 1961; Kurnakow-Inst. für allg. u. anorg. Chem. der Akad. der Wiss. der UdSSR; russ.) — Vff. untersuchen die Wechselwrkg. u. die Lsg.-Eigg. dieser Syst. u. bestimmen die Zus. u. den Zr-Geh. verschiedener Oxidsulfate, die über die Stufe der komplexen Zirkonylschwefelsäure $H_x[(ZrO)_m(OH)_n(SO_4)_p]$ bei pH < 1 gebildet u. im neutralen Gebiet vollständig gefällt wurden. W.-D. Heußner. 322□

Untersuchungen über die Fällung von Thoriumhydroxid. 2. Mitt. Wechselwirkung zwischen Thoriumchlorid und Kaliumhydroxid. Rameshwar Prasad und Arun K. Dey. (J. Indian chem. Soc. **37**, 747—52, Dez. 1960; Allahabad, Univ. of Allahabad, Chem. Labor.; engl.) — 1. vgl. Proc. nat. Acad. Sci. India, Sect. A **28**, [1959], 350. — Durch quant. Verss. wird gezeigt, daß zur vollständigen Fällung von $Th(OH)_4$ weniger als 4 Äquivalente KOH nötig sind. Die vollständige Abscheidung erfolgt im

noch schwach sauren Medium. Die Adsorption von K^+ durch das $Th(OH)_4$ steigt mit zunehmender Alkalizugabe bis das Verhältnis $Th^{4+} : OH^- = 1 : 4$ erreicht ist, dann nimmt sie ab. Die Cl-Ionen werden mit steigendem KOH-Zusatz schwächer adsorbiert. Erhöhung der Temp. u. Verdünnung der Lsgg. vermindern die Adsorption beider Ionen. Das Adsorptions-Verh. des Nd. wird an Hand eines Gleichgewichtsschemas diskutiert.
W. Dietzel. 324☐

Cyclohexandiamintetraessigsäure-Komplexe. 1. Mitt. **Thorium-Komplexe.** S. C. Saraiya und A. K. Sundaram. (J. sci. ind. Res. [New Delhi], Sect. B **21**, 264—65, Juni 1962; Trombay, Bombay, Atom. Energy Establ., Anal. Div.; engl.) — Durch pH-Titration einer äquimolaren $Th(NO_3)_4$-1.2-Diaminocyclohexantetraessigsäure (I)-Lsg. sowie durch konduktometr. Titrationen wurden Th–I-Komplexe mit den Mol-Verhältnissen 1 : 1 u. 1 : 2 nachgewiesen. Der 1 : 1-Komplex wurde durch Einengen einer äquimolaren Lsg. kristallin erhalten u. thermogravimetr. untersucht. Er verliert bei 105° 1 Mol H_2O u. zersetzt sich bei 270°.
W. Betcke. 324☐

Komplexbildung zwischen Germaniumsäure und α-Hydroxysäuren. 2. Mitt. **Mandelsäure.** E. R. Clark. (J. inorg. nuclear Chem. **24**, 81—91, Jan. 1962, herausgeg. Mai 1962; Wolverhampton, Wolverhampton and Staffordshire Coll. of Technol.; Gosta Green, Birmingham, Coll. of Advanc. Technol.; engl.) — 1. vgl. C. **1962**, 12954. — Mit Hilfe von Löslichkeits-, pH- u. Leitfähigkeitsmessungen wird bei der Rk. von GeO_2 mit Mandelsäure (I) in saurer wss. Lsg. die Bldg. des Komplexes II festgestellt. II verhält sich auf Grund potentiometr. Unterss. als zweibasige Säure mit pk_1 2,53 u. pk_2 3,83 in 0,1 m KCl bei einer I-Konz. von 0,02 m.

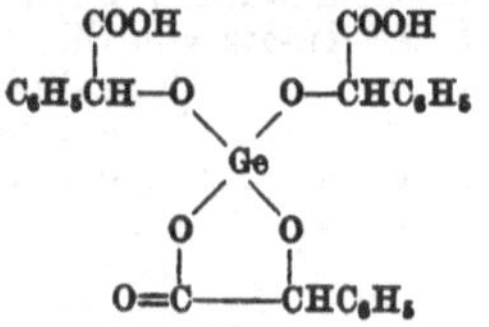

II

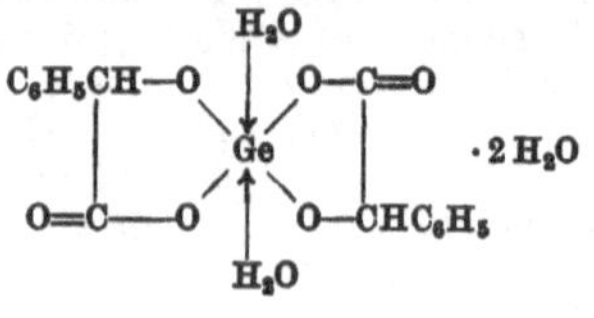

III

Aus den wss. Lsgg. von II fällt beim langsamen Einengen auf dem Wasserbad oder beim isothermen Verdampfen im Exsikkator über Silicagel beim Erreichen einer I-Konz. von 0,1 m ein weißes Salz mit einem Ge : I-Verhältnis von 1 : 2 aus, $C_{16}H_{20}GeO_{10}$, mit der wahrscheinlichen Struktur III. Auf Grund thermogravimetr. u. differentialthermoanalyt. Unterss. werden je 2 Moll. H_2O bei 140° u. bei 200° abgegeben. III ist somit aus II durch Hydrolyse u. nachfolgendem Ringschluß entstanden. Brommandelsäure reagiert in ähnlicher Weise.
U. Skurnia. 326☐

Über Komplexe einiger Metalle mit Polyphosphaten. A. W. Pamfilow, A. I. Lopuschanskaja und Je. B. Gussel. (Украинский Химический Журнал [Ukrain. chem. J.] **23**, 297—302, 1957; Tschernowitz, Univ., Labor. für phys. Chem.; russ.) — Die Komplex-Bldg. der Ni^{2+}-, Co^{2+}-, Cu^{2+}-, Zn^{2+}-, Pb^{2+}- u. Cd^{2+}-Ionen mit Natriumtriphosphat (I) wird polarograph. untersucht. Aus der Abhängigkeit der Verschiebung der Halbstufenpotentiale von der I-Konz. ergeben sich die Dissoziations-Konst. der Komplexe (K_{Pb} $3 \cdot 10^{-5}$; K_{Cd} $9 \cdot 10^{-10}$) sowie die Koordinationszahl 4 für Pb^{2+} u. Cd^{2+}. In Übereinstimmung mit Van Wazer u. Mitarbeitern (C. **1950**, II. 2289) besitzen die gebildeten Komplexe die Zus. $Me_3Na_{14}(P_3O_{10})_4$ (Me = Pb bzw. Cd). Hierbei sind je 2 (P_3O_{10})-Gruppen chelatartig über ein Me durch 2 ion. u. 2 koordinative Bindungen verbunden, das dritte Me verbindet in analoger Weise die beiden Gruppierungen zum Gesamtkomplex. Die verbleibenden negativen Valenzen werden durch die Na-Ionen ausgeglichen. Über das Verh. der anderen Ionen in Ggw. von I werden nur qual. Aussagen gemacht.
U.-L. Rau. 328☐

Chrom(III)-Biguanid-Komplexe. Priyadaranjan Rây. (Inorg. Syntheses **6**, 68—71, 1960; Calcutta, Univ., Coll. of Sci.; engl.) — *Tris-[biguanidato]-chrom(III)-hydrat*, $[Cr(C_2H_6N_5)_3] \cdot H_2O$ (I), durch Zutropfen von $KCr(SO_4)_2 \cdot 12\,H_2O$ in W. zu Biguanidiniumsulfatdihydrat u. NaOH in W. bei 75°, Kühlen in Eis/W. u. Filtrieren; rote prismat. Kristalle; 89% (Ausbeute). — *Tris-[biguanid]-chrom(III)-chlorid*, $[Cr(C_2H_7N_5)_3]Cl_3$, durch Verreiben von I mit 3n HCl bis zur schwach sauren Rk.; gelbe Kristalle; 66%. — *Hydroxoaquo-bis-[biguanid]-chrom(III)-sulfat*, $[Cr(C_2H_7N_5)_2OH(H_2O)]SO_4$, durch Versetzen von I mit $(NH_4)_2SO_4$ in W., Alkalisieren mit NH_4OH, Erhitzen auf dem Wasserbad (12—15 Std.), Kühlen u. Filtrieren; rotviolette Kristalle; 74%.
P. Golinske. 335☐

Darstellung von Molybdäntri- und -tetrachlorid. Dwight E. Couch und Abner Brenner. (J. Res. nat. Bur. Standards, A **63**, 185—88, Sept./Okt. 1959; Washington, D.C.; engl.) — Mo-Trichlorid (I) wird aus Mo-Pentachlorid (II) durch Behandlung mit H_2 bei ca. 125° u. ca. 150—450 atm H_2-Druck u. einem Mol-Verhältnis von $H_2 : MoCl_5 = 5$ bis 18 : 1 in 12—18 Std. mit Ausbeuten von 97—98% dargestellt. Die Reinigung erfolgt durch Erhitzen in einer inerten Atmosphäre oder im Vakuum. Bei Berührung mit W.

tritt in einigen Std. schwache Oxydation u. an der Luft langsame Oxidchlorid-Bldg. sowie bei Sublimation Zerfall in $MoCl_4$ u. Mo_6Cl_{12}, beim Abkühlen weiterer Zerfall von $MoCl_4$ in I u. II ein. $MoCl_4$ wurde aus II u. I im Verhältnis 2 : 1 im geschlossenen Rohr bei 250° in 20 Std. unter He- oder Ar-Schutz mit ca. 97% Ausbeute hergestellt, dann im Vakuum bei 120° sublimiert. Das Endprod. ist fast rein. P. Nachtwey. 336□

Untersuchung über die Reduktion der Molybdatokieselsäure. Pierre Souchay und René Massart. (C. R. hebd. Séances Acad. Sci. **253**, 1699—1701, 16/10. 1961; Paris, Fac. des Sci., Labor. de Chim. P.C.B.-IV; franz.) — Als Red.-Prodd. der 12-Molybdatokieselsäure werden zwei Säuren der α-Form mit 2 bzw. 4 Mo(V) u. zwei Säuren der β-Form mit 6 bzw. 3 Mo(V) gefunden. Bei der β-Säure mit 3 Mo(V) tritt mit der Zeit eine Dismutation in die nicht red. β-Form u. in die red. β-Form mit 6 Mo(V) auf. Die Ergebnisse der kathod. Red. stehen in Übereinstimmung mit den Messungen der Absorption der blauen Lsgg.; die Spektren der 4 Red.-Prodd. sind voneinander verschieden. Sämtliche Redoxgleichgewichte sind reversibel. D. Papenfuß. 336□

Darstellung von Molybdänsäure- und Wolframsäureestern. Herbert Funk, Erhard Ebert und Fritz Modry. (Z. Chem. **1**, 190—91, 1961; Halle-Wittenberg, Martin-Luther-Univ., Inst. für Anorgan. Chem.; dt.) — Durch Umsetzen von MoO_2Cl_2 mit Alkoholen entstehen die entsprechenden farblosen, krist., feuchtigkeitsempfindlichen Methyl-, Äthyl-, n-Propyl- u. Isopropylester. Analog erhält man aus WO_2Cl_2 mit Alkoholen die entsprechenden Methyl-, Butyl- u. Benzylester, die in ihren Eigg. den Molybdänsäureestern entsprechen. Mit Methanol u. Butanol konnten auch die entsprechenden Monoalkylester erhalten werden. Durch Umsetzung von WCl_6 mit Alkoholen entstehen Ester vom Typ $WCl_2(OR)_4$, die ebenfalls farblos, kristallin u. feuchtigkeitsempfindlich sind. P. Golinske. 336□

Das System Uran–Sauerstoff: U_3O_8–UO_3. H. R. Hoekstra und S. Siegel. (J. inorg. nuclear Chem. **18**, 154—65, März 1961; Argonne, Ill., Argonne Nat. Labor.; engl.) — Vff. stellten eine amorphe (I) u. 5 kristalline Modifikationen von UO_3 u. kristallines $UO_{2,9}$ her: orangefarbenes I durch Erhitzen von $UO_4 \cdot 2\,H_2O$, $UO_3 \cdot 2\,H_2O$, $UO_2C_2O_4 \cdot 3\,H_2O$ oder $(NH_4)_4UO_2(CO_3)_3$ an der Luft bei 400°; braunes α-UO_3 (II) durch Erhitzen von I auf 470—500° bei 40 atm O_2; orangerotes β-UO_3 (III) durch Oxydation von U_3O_8 bei 500—550° u. 40 atm O_2 oder durch Erhitzen von $(NH_4)_2U_7O_{22}$ an der Luft auf 500°; gelbes γ-UO_3 (IV) durch Erhitzen von $UO_2(NO_3)_2 \cdot 6\,H_2O$ an der Luft bei 400—600° oder durch Erhitzen von allen anderen UO_3-Modifikationen auf 650° bei 40 atm O_2; dunkelrotes δ-UO_3 (V) durch Erhitzen von β-$UO_3 \cdot H_2O$ an der Luft auf 375° (> 24 Std.); rotes ε-UO_3 (VI) durch Oxydation von U_3O_8 in NO_2 bei 250—375°; olivgrünes $UO_{2,9}$ (VII) durch Oxydation von U_3O_8 bei 500° u. 40 atm O_2. Kristallstruktur, experimentelle Dichte (D_e) u. Röntgendichte (D_r): I, D_e 6,80; II, hexagonal, a = 3,971 (Å), c = 4,17, D_e 7,04, D_r 8,34; III, orthorhomb. (?), c = 14,3, D_e 8,25; IV, orthorhomb., a = 13,01, b = 15,48, c = 7,50, oder monoklin, a = 13,08, b = 15,48, c = 6,91, β = 89,63°, D_e 7,75, D_r 7,27 oder 8,16; V, kub., a = 4,16, D_e 6,99, D_r 6,67; VI, D_e 8,54; VII, orthorhomb., a = 6,91, b = 3,92, c = 4,16, D_e 7,72, D_r 8,41. Lsg.-Wärmen in 1 m $HClO_4$ (L_1), in 5 m HNO_3 (L_2) u. Bldg.-Wärmen (B): I, L_1 −22,5 ± 0,2, L_2 −21,0 ± 0,3, B −291; II, L_2 −18,5 ± 0,1, B −294; III, L_1 −19,2 ± 0,2, L_2 −18,1 ± 0,3, B −294; IV, L_2 −17,3 ± 0,1, B −295; V, L_2 −18,3 ± 0,2, B −294; VI, L_2 −18,7 ± 0,1 (kcal/Mol), B −293 (kcal/Mol). Vff. untersuchten außerdem die therm. Stabilität u. fanden, daß beim Erhitzen über 700° alle Modifikationen in U_3O_8 umgewandelt werden. Messungen der IR-Spektren zwischen 600 u. 1200 cm^{-1} lassen nicht auf die Existenz isolierter Uranylgruppen schließen. D. Hoene. 339□

Die Oxydation von UO_2 und U_4O_9 bei niedriger Temperatur. H. R. Hoekstra, A. Santoro und S. Siegel. (J. inorg. nuclear Chem. **18**, 166—78, März 1961; engl.) — Vgl. vorst. Referat. — Die Kinetik der Oxydation von UO_2 zu U_3O_7 zwischen 120 u. 250° zeigt, daß es sich um eine diffusionsbestimmte Zweiphasen-Rk. handelt. Es konnten zwei tetragonale Phasen von U_3O_7 nachgewiesen werden: α-U_3O_7, a = 5,46 (Å), c = 5,40, $D_{\cdot e}$ 10,62 (g/cm³); β-U_3O_7, a = 5,38, c = 5,55, $D_{\cdot e}$ 10,60. Weitere Oxydation von β-U_3O_7 führt zu einer dritten tetragonalen Phase: $UO_{2,3}$, a = 5,41, c = 5,49; sie ist bis 500° beständig. Die Oxydation von U_4O_9 wird ebenfalls durch O-Diffusion bestimmt. Bei 100° entsteht $UO_{2,3}$, welches seinerseits in β-U_3O_7 umgewandelt wird. Bei der Oxydation von akt. UO_2 bei 25° scheint sich eine Schicht von amorphem UO_3 zu bilden. D. Hoene. 339□

Die Actinidenelemente. Mario A. Rollier. (Chim. e Ind. [Milano] **43**, 775—81, Juli 1961; Pavia, Univ., Ist. di Chim. gen. ed inorg.; ital.) — Übersicht: Actinium, Actinide als Kernbrennstoffe, Elektronenkonfiguration u. Vgl. mit den Lanthaniden, Instabilität u. Ursachen für den Ausklang des Perioden-Syst. der Elemente. — 20 Literaturangaben. A. Blaschette. 341□

Das Element 103. Mario A. Rollier. (Chim. e Ind. [Milano] **43**, 781, Juli 1961; ital.) — Vgl. vorst. Referat. — Bericht über die Darst. des Elements 103 durch Ghiorso, Sikkeland, Larsh u. Latimor (14/2. 1961). A. Blaschette. 348□

Die Chemie der neuen Elemente Technetium, Promethium, Astat und Francium. Ju. B. Gerlit, F. I. Pawlotzkaja und Ss. Ss. Rodin. (Химическая Наука и Промышленность [Chem. Wiss. Ind.] **4**, 465—71, 1959; russ.) — Übersicht. — 69 Literaturhinweise. Ch. Weiske. 351

Kaliumdithioferrat(III). John L. Deutsch und Hans B. Jonassen. (Inorg. Syntheses **6**, 170—72, 1960; New Orleans, La., Tulane Univ.; engl.) — Durch 1—1½std. Erhitzen von Fe-Pulver, S-Blume, K_2CO_3 u. Na_2CO_3 auf 900°, Lösen in W., Dekantieren der überstehenden, $Na_3[FeS(OH)_3]$ enthaltenden Lsg. u. Digerieren mit W. erhält man *$KFeS_2$* in Form permanganatfarbener Kristalle in 82%ig. Ausbeute. P. Golinske. 354□

Verdrängung von Ferrocensubstituenten durch Protonen. I. G. Morrison und P. L. Pauson. (Proc. chem. Soc. [London] **1962**, 177, Mai; Glasgow, Roy. Coll. of Sci. and Technol., Chem. Dep.; engl.) — Bei der Acylierung von *Chlor-* (I) bzw. *Methoxyferrocen* (II) nach Friedel-Crafts wird Ferrocen bzw. Acetylferrocen gebildet. Auch bei der Bldg. des letzteren fungiert Ferrocen als Zwischenprod., denn I, II u. *Methylthioferrocen* (III) liefern bei Umsetzung mit $AlCl_3$ in Methylenchlorid bei Raum-Temp. Ferrocen. Diese Rk. verläuft wahrscheinlich über den Komplex $[XC_5H_4-Fe(H)-C_5H_5]\cdot AlCl_4$, der unter Austausch von X u. H $[C_5H_5-Fe(Cl)-C_5H_5]^+$ (IV) bildet. Anschließend reagiert IV wie folgt: IV + I → $(C_5H_5)_2Fe + [XC_5H_4-Fe-C_5H_5]^+ + X^-$ oder IV + II (bzw. III) → $(C_5H_5)_2Fe + C_{10}H_8X_2Fe + H^+$. Im letzteren Falle werden Mischungen isomerer Dimethoxy- bzw. Bis-[methylthio]-ferrocene erhalten. U. Skurnia. 354□

Arsenide der Übergangsmetalle. 1. Mitt. Die Arsenide von Eisen und Kobalt. R. D. Heyding und L. D. Calvert. (Canad. J. Chem. **35**, 449—57, Mai 1957; Ottawa, Nat. Res. Council, Div. of Appl. Chem.; engl.) — 2. vgl. C. **1960**, 16040. — Vff. untersuchen mittels Debye-Scherrer-Diagrammen bei Zimmer- u. höherer Temp. Legg. von Co u. As, die bis zu 60 Gew.-% As enthalten. Bei Zimmer-Temp. existieren nur die Verbb. *Co_2As* u. *CoAs*, die beide kristallograph. Umwandlungen bei höheren Temp. erleiden (Co_2As zwischen 400 u. 500°, CoAs bei ca. 950°). Eine dritte Verb., wahrscheinlich *Co_2As_3*, wird durch die Rk. von Co_2As mit CoAs oberhalb von 940° gebildet. Die Strukturen dieser Verbb. werden mit denen der entsprechenden Verbb. im Syst. Fe–As verglichen. Die Resultate erfordern leichte Änderungen im Co–As-Diagramm u. stellen die kürzlich bekannt gewordenen Daten der Zers.-Drücke für Kobaltarsenide in Frage. G. Jordan. 355□

Die Reduktion von Nickelborat durch Wasserstoff. A. K. M. A. Huq, S. K. Deb und M. H. Khundkar. (Indian J. appl. Chem. **21**, 81—84, 1958; E. Pakistan, Dacca Univ., Chem. Dep.; engl.) — Reines kristallines Nickeldiborat wurde durch Erhitzen von Nickelsulfat mit Borax bei Temp. zwischen 750 u. 800° erhalten. Die Verb. wird durch H_2 zwischen 450 u. 610° leicht nach $Ni_2B_2O_5 + 2\,H_2 \rightarrow 2\,Ni + B_2O_3 + 2\,H_2O$ reduziert. H. Roschkowski. 356□

Im Gleichgewicht stehende Produkte in Nickel(II)-Porphyrin-Lösungen. Einfluß der Porphyrinstruktur, des Lösungsmittels und der Temperatur. Winslow S. Caughey, Ralph M. Deal, Byron D. McLees und James O. Alben. (J. Amer. chem. Soc. **84**, 1735—36, 5/5. 1962; Baltimore, Md., Johns Hopkins School of Med., Dep. of Physiol. Chem.; engl.) — Auf Grund von spektrophotometr. Messungen an nachst., durch Umsetzung des Porphyrins mit Ni-Acetat in Eisessig-Lsg., Chromatographieren u. Auskristallisieren aus $Chlf./CH_3OH$ dargestellten Verbb. wird auf das Vorliegen eines Gleichgewichts zweier unterscheidbarer Teilchen in bas. Lsgm. (z. B. Pyridin, Butylamin) geschlossen, deren relative Konzz. von der Porphyrinstruktur, der Basizität des Lsgm. u. der Temp. abhängig, jedoch unabhängig von der Konz. des Ni(II)-Porphyrin-Komplexes sind: Komplexe zwischen *Ni(II)* u. *Mesoporphyrin-IX-dimethylester*, $C_{36}H_{40}\cdot N_4NiO_4$, F. 189°, *Deuteroporphyrin-IX-dimethylester*, $C_{32}H_{32}N_4NiO_4$, F. 202°, *2.4-Bis-[2-carboxycyclopropyl]-deuteroporphyrin-IX-2.4-diäthylester-6.7-dimethylester*, $C_{44}H_{48}N_4\cdot NiO_8$, F. 99—101°, *2.4-Diacetyldeuteroporphyrin-IX-dimethylester*, $C_{36}H_{36}N_4NiO_6$, F. 204 bis 205° u. *2.4-Diformyldeuteroporphyrin-IX-dimethylester*, $C_{34}H_{32}N_4NiO_6$, F. 270°. In Lsgm. mit geringer Basizität (Chlf., Bzl., 1.2-Dichloräthan u. Dioxan) wird nur eine Verb. (I) beobachtet, wogegen in stärker bas. Lsgm. eine zweite Verb. (II) erscheint. Der Anteil an II steigt mit zunehmender Basizität des Lsgm. u. abnehmender Temp. u. Basizität des Porphyrins. I ist wahrscheinlich ein hoch tetragonaler Komplex mit schwacher Störung entlang der d_{z^2}-Achse, senkrecht zur Porphyrinebene, u. II ein niedrig tetragonaler Komplex mit starker axialer Störung. U. Skurnia. 356□

Kupfer(I)-jodid. George B. Kaufman und Robert P. Pinnell. (Inorg. Syntheses 6, 3—6, 1960; Fresno, Calif., Fresno State Coll.; engl.) — Durch Lösen von $CuSO_4 \cdot 5\,H_2O$ in W., Zutropfen der berechneten Menge $KJ/Na_2S_2O_3 \cdot 5\,H_2O$ in W., $^1/_4$std. Stehen u. Filtrieren; 100% Ausbeute. P. Golinske. 358□

Untersuchung der Reaktion von Kupferchlorid mit Ammoniak. A. K. Kirakossjan. (Журнал Неорганической Химии [J. anorg. Chem.] 6, 1801—07, Aug. 1961; russ.) — Mit der Meth. der stufenweisen Fällung werden in verschiedenen Abscheidungsgebieten neue Cu-Chloride im Syst. $CuCl_2$–NH_3–H_2O bei 25° untersucht. Es existieren die Typen $Cu(OH)_nCl_{2-n} \cdot x\,H_2O$ u. $Cu(OH)_nCl_{2-n} \cdot s\,NH_3 \cdot x\,H_2O$. Beim Verhältnis $NH_3 : CuCl_2 = 1{,}5$ wird unabhängig von der Cu-Konz. in Lsg. prakt. vollständig der 2. Typ gefällt. W.-D. Heußner. 358□

Die Additionsverbindungen des Bis-[salicylaldehydato]-kupfer(II) und seiner Derivate mit Pyridin und α.α'-Dipyridyl. 2. Mitt. **Einige Strukturuntersuchungen.** Yoneichiro Muto. (Bull. chem. Soc. Japan **33**. 604—07, Mai 1960; Honjo-machi, Saga, Univ., Fac. of Liberal Arts, Chem. Labor.; engl.) — 1. vgl. Bull. chem. Soc. Japan **31**, [1958], 56. — In den Komplexen, die Bis-[salicylaldehydato]-kupfer(II) (I) u. seine Derivv. mit 2 Moll. Pyridin (Py) oder α.α'-Dipyridyl (Pyl) bilden, vermag Cu unter Anlagerung von 2 weiteren Moll. Lsgm. (Py, Chlf. u. a.) in einigen Fällen mit der Koordinationszahl 6 aufzutreten. Die zusätzlichen Valenzen sind nur schwach. Es wird angenommen, daß Cu in den I-Py- u. I-Pyl-Komplexen mit je 2 Valenzen an die Aldehydgruppen u. an die Ring-N-Atome koordinativ gebunden ist, wobei im allg. die CHO—Cu-Bindung schwächer als die N—Cu-Bindung ist u. beim Erhitzen in einem Lsgm. gespalten wird (wonach sich unter Oxydation der Aldehydgruppe an der Luft das Cu-Salicylat bildet). Die Ausbildung der Koordinationszahl 6 beim Cu macht sich durch eine Verschiebung der Absorptionsmaxima der Komplexe zu höheren Wellenlängen hin bemerkbar. Die λ_{max}-Werte in Dioxan u. Py sind für das nichtsubstituierte sowie für 5-Methyl-, 5-Chlor-, 5-Brom-, 3-Nitro-5-methyl-, 3-Nitro-, 5-Nitro- u. 3.5-Dinitro-bis-[salicylaldehydato]-kupfer(II) angegeben, ferner für Salicylaldehydäthylendiiminato- u. Bis-[acetylacetonato]-kupfer(II). Die wesentlich höheren Werte in Py lassen die Ausbildung der Koordinationszahl 6 erkennen. Weitere Anlagerungs-Verbb. der untersuchten Komplexe mit Chlf., Pikrinsäure (Pik) u. Essigsäure werden nicht gebildet, ausgenommen die von α.α'-Dipyridyl-bis-[3-nitrosalicylaldehydato]-kupfer(II). In diesen sind die CHO- u. die N-Bindungen relativ stark, so daß ein Erhitzen im Lsgm. nicht zur Oxydation des Aldehyds führt.

Versuche: Anlagerungs-Verb. von Chlf. an α.α'-Dipyridyl-bis-[3-nitrosalicylaldehydato]-kupfer(II) (**II**), $C_{14}H_8CuN_2O_8 \cdot C_{10}H_8N_2 \cdot CHCl_3$, aus einer Lsg. von **II** in Chlf.; grüne prismat. Kristalle. — Ähnlich wie die Anlagerungs-Verb. von **II** wurden dargestellt: *α.α'-Dipyridyl-bis-[3-nitrosalicylaldehydato]-kupfer(II)*, rote Kristalle, u. *α.α'-Dipyridyl-bis-[3-nitrosalicylaldehydato]-nickel(II)*; beide Komplexe geben keine Anlagerungs-Verbb. mit $CHCl_3$. — Anlagerungs-Verb. von Pik an **II**, $C_{14}H_8CuN_2O_8 \cdot C_{10}H_8N_2 \cdot C_6H_3N_3O_7$, aus **II** u. 0,4%ig. äther. Pik.-Lsg. durch $^1/_2$std. Kochen; grüne prismat. Kristalle. — Anlagerungs-Verb. aus Essigsäure u. **II**, $C_{14}H_8O_8N_2Cu \cdot C_{10}H_8N_2 \cdot C_4H_8O_4$, fällt aus einer Lsg. von **II** in Essigsäure/Ae. (20 : 3) beim Zusatz von Ae. in grünen, prismat. Kristallen aus. W. Betcke. 358□

Komplexverbindungen substituierter Thioharnstoffe. 3. Mitt. **Kupferderivate von Mono- und Di-N-acetylharnstoff.** S. N. Banerjee und A. C. Sukthankar. (J. Indian chem. Soc. **39**, 197—202, März 1962; Kharagpur, Indian Inst. of Technol., Dep. of Appl. Chem.; Bombay, Univ. of Bombay, Dep. of Chem. Technol., Inorgan. Chem. Labor.; engl.) — 2. vgl. J. Indian chem. Soc. **38**, [1961], 765. — Vff. untersuchten die Bldg. u. Eigg. der festen Komplexe von Mono- (I; AcTh) u. Di-N-acetylthioharnstoff (II; AcThAc) mit verschiedenen Cu-Salzen. Mit **II** werden, vermutlich wegen seiner hydrolyt. Empfindlichkeit, nur 2 stabile Verbb. gebildet. Die Bindung zwischen dem Liganden I u. Cu(I) wird wahrscheinlich neben anderen Faktoren von der chem. Natur der Anionen beeinflußt.

Versuche: *Bis-[N-acetylthioharnstoff]-kupferhydroxid*, CuOH·2 AcTh, durch Versetzen einer schwach ammoniakal. Lsg. (25 ml) von 3 g Kupfersulfat (**III**) mit 2 g **I** (F. 165°) in 200 ml W. unter Rühren; nach 20 Min. langem Stehen olivgrüner Nd., dessen Farbe beim Trocknen nach Braun umschlägt. — *Tris-[N-acetylthioharnstoff]-kupferhydroxid*, CuOH·3 AcTh, a) durch Zugabe einer schwach ammoniakal. Lsg. (20 ml) von 2 g **III** zu 3,5 g **I** in 400 ml W. bei Raum-Temp. nach $^1/_2$std. Stehen; b) aus 2 g **I** in 250 ml W. u. 1,5 g **III** in 20 ml W. bei Eis-Temp. nach 45 Min.; olivgrün, beim Trocknen Braunfärbung. — *Tetrakis-[N-acetylthioharnstoff]-kupferhydroxid*, CuOH·4 AcTh, F. 175°, durch Zugabe einer eiskalten, schwach alkal. Lsg. (25 ml) von 1 g **III** zu 3,5 g **I** in 300 ml 95%ig. A. bei 0° unter Rühren; nach $^1/_2$std. Stehen bei 0° grüner, nach schokoladenfarben umschlagender Niederschlag. — *Bis-[N-acetylthioharnstoff]-kupferchlorid*, CuCl·2 AcTh, F. 186°, durch Versetzen einer eiskalten wss. Lsg. von 3 g Kupfer(II)-chlorid (**IV**) mit einer eiskalten, wss. Lsg. von 6 g **I** unter Rühren; nach 1/2 std. Stehen bei Eis-Temp. blaßgelber Niederschlag. — *Pentakis-[N-acetylthioharnstoff]-dikupferchlorid*, 2 CuCl·5 AcTh, F. 230° (Zers.), durch Versetzen einer wss. Lsg. von 2 g **I** in 100 ml W. mit 7 g **IV** in 50 ml W.; nach 20 Min. blaßgelber Niederschlag. — *Tris-[N-acetylthioharnstoff]-kupferchlorid*, CuCl·3 AcTh, F. 240° (Zers.), durch Versetzen von 400 ml einer wss. Lsg. von 7 g **I** mit 1,5 g **IV** in 25 ml W. bei Raum-Temp.; nach 1/2 Std. voluminöser, gelber Niederschlag. — *Tetrakis-[N-acetylthioharnstoff]-dikupfer(I)-sulfat*, Cu_2SO_4·4 AcTh, F. 190°, durch langsame Zugabe von 2 g **III** in 50 ml W. zu einer wss., schwach ammoniakal. Lsg. (300 ml) von 4,5 g **I** unter Rühren; nach 1/4 std. Stehen gelbroter Nd.; paramagnet. Susceptibilität μ_B 0,33 B.M. — *Mono-[N-acetylthioharnstoff]-kupferacetat*, CH_3COOCu·AcTh, F. 170° (Zers.), durch langsames Versetzen einer Lsg. von 8 g Cu-Acetat (**V**) in 150 ml W. mit 4 g **I** in 200 ml 50%ig. A. unter Rühren u. 1std. Stehen; grauschwarze Verbindung. — *Bis-[N-acetylthioharnstoff]-kupferacetat*, CH_3COOCu·2 AcTh, F. 190°, durch Versetzen von 4,5 g **I** in 300 ml W. mit 3 g **V** in 100 ml W. u. 1/2 std. Stehen; grauweiße Verbindung. — *Tris-[N-acetylthioharnstoff]-kupferacetat*, CH_3COOCu·3 AcTh, F. 160°, durch langsames Versetzen von 7 g **I** in 300 ml 30%ig. A. mit einer eiskalten, wss. Lsg. von 1 g **V** bei 0° u. 1/2 std. Stehen; blaßgelber Niederschlag. — *Bis-[di-N-acetylthioharnstoff]-kupferchlorid*, CuCl·2 AcThAc, F. 175°, durch Versetzen von 2 g **IV** in 100 ml wasserfreiem Aceton mit 5 g **II** (F. 153°) in 100 ml Aceton bei 0° unter Rühren u. 1/4 std. Stehen; orangegelber Niederschlag. — *Tetrakis-[di-N-acetylthioharnstoff]-kupferacetat*, CH_3COOCu·4 AcThAc, durch langsames Versetzen einer Lsg. von 2,5 g **V** in 100 ml 50%ig. Aceton mit 3 g **II** in 50 ml Aceton bei Raum-Temp. unter Rühren u. 1/2 std. Stehen; gelborangefarbener Niederschlag. P. Scharner. 358□

Reduktion von Silberborat durch Wasserstoff. M. H. Khundkar, Rowshan Jahan und Zafar Iqbal. (J. Indian chem. Soc. **39**, 333—38, Mai 1962; Dacca, Pakistan, Dacca Univ., Dep. of Chem.; engl.) — Die Red. von $AgBO_2$ durch H_2 verläuft nach $2\ AgBO_2 + H_2 \rightarrow 2\ Ag + B_2O_3 + H_2O$. Bei 150° ist die Red. in ca. 6 Std. vollständig. Mit der Red. ist eine Adsorption des H_2 an das gebildete Ag verbunden, deren Ausmaß mit der Temp. (150—400°) abnimmt. Die H_2-Aufnahme verläuft teilweise unter Adsorption u. Chemisorption, deren Mechanismus eingehend diskutiert wird. J. Peters. 359□

Halogenokomplexe des Rutheniums mit Pyridin und seinen Homologen. 2. Mitt. Dihalogenoruthenium(II)-Komplexe. J. Souček und J. Vřešťál. (Collect. czechoslov. chem. Commun. **26**, 1931—40, Aug. 1961; Brno, Militärakad. „A. Zápotocký"; dt.) — 1. vgl. C. **1962**, 14068. — Im Rahmen der systemat. Unterss. der Rkk. von Pyridinbasen mit Ru-Verbb. haben Vff. mehrere bisher nicht beschriebene komplexartige Halogeno-Verbb. von Ru(II) mit Pyridin u. seinen Homologen vom Typus $[B_4RuX_2]$ dargestellt, wo X Halogen u. B die Pyridinbase bedeuten. Diese Verbb., die durch Rk. von schwach sauren Lsgg. der Dihalogenoruthenium(II)-säure mit überschüssiger Base als kristallines Prod. entstehen, sind äußerst charakterist. u. in manchen Fällen auch ungewöhnlich stabil. V. Růžička/Prag. 363

Tris-[tri-p-fluorphenylphosphin]-platin(0). A. D. Allen und C. D. Cook. (Proc. chem. Soc. [London] **1962**, 218, Juni; Toronto, Canada, Univ. of Toronto, Dep. of Chem.; engl.) — Der ungewöhnlich stabile Komplex Tris-[tri-p-fluorphenylphosphin]-platin(0) (**I**), $C_{54}H_{36}F_9P_3Pt$, F. 136—139° (Zers.), entsteht aus einer A.-Suspension von cis-Dichloro-bis-[tri-p-fluorphenylphosphin]-platin(II) u. Hydrazinhydrat. Der goldgelbe Nd. ist an der Luft beständig u. kann im Vakuum einige Std. ohne Zers. auf 65° erwärmt werden. Sein Molgew. in Bzl. bleibt einige Std. lang konstant. In Bzl. erfolgt mit J_2 Rk. nach $I + 2\ J_2 \rightarrow [(C_6H_4F)_3P]_2PtJ_2 + (C_6H_4F)_3PJ_2$ (**II**). **II** bildet bei der Extraktion mit W. gemäß $II + 2\ H_2O \rightarrow (C_6H_4F)_3P(OH)_2 + 2\ HJ$ zwei Val HJ. Pt—H-Bindungen lassen sich in **I** weder durch KMR- u. IR-Messungen, noch durch Zers. in CCl_4 (keine $CHCl_3$-Bldg.) nachweisen. Tetrakis-Pt(0)-Komplexe mit Tri-p-fluorphenylphosphin oder Tri-p-chlorphenylphosphin werden nicht beobachtet. H. Kuckertz. 368□

Darstellungsmethode der Alexander-Base $[Pt(NH_2OH)_4](OH)_2$ und des Lossen-Chlorids $[Pt(NH_2OH)_4]Cl_2$. A. I. Stetzenko. (Журнал Неорганической Химии [J. anorg. Chem.] **6**, 1769—70; Aug. 1961; russ.) — Durch Einw. von NH_2OH·HCl auf $K_2[PtCl_6]$ in Ggw. äquivalenter Mengen Na_2CO_3 entsteht $[Pt(NH_2OH)_4](OH)_2$ (**I**).

Versuche: *$[Pt(NH_2OH)_4](OH)_2$* (**I**), durch Zusetzen von 12 ml einer 0,5m Na_2CO_3-Lsg. u. 0,7 g $K_2[PtCl_6]$ zu 1,5 g NH_2OH·HCl in 10—15 ml W., Erwärmen, Filtrieren, Waschen mit A. u. Ae.; 90% Ausbeute. — *$[Pt(NH_2OH)_4]Cl_2$*, 0,4 g **I** werden in 4—5 ml 2n HCl unter Rühren bei 50—60° gelöst u. aus der erhaltenen Lsg. mit alkohol. HCl die Verb. ausgefällt. W.-D. Heußner. 368□

Über die Synthese einiger bromhaltiger Platinkomplexe. G. A. Schagissultanowa. (Журнал Неорганической Химии [J. anorg. Chem.] **6**, 1771—73, Aug. 1961; russ.)

Versuche: *Kaliumtetrabromoplatinat(II)*, $K_2[PtBr_4]$, 2 g $K_2[PtBr_6]$ u. 0,18 g $N_2H_4 \cdot H_2SO_4$ werden mit 10 ml W. gemischt u. bis zur Beendigung der Rk. erwärmt. Nach vollständiger Lsg. wird filtriert u. unter CO_2-Atmosphäre eingeengt. Die violett gefärbten Kristalle werden filtriert, mit A. gewaschen u. an Luft getrocknet; 75—80% (Ausbeute). — *Kaliumhexabromoplatinat(IV)*, $K_2[PtBr_6]$, 4 g $K_2[PtCl_6]$ u. 40 ml 5m HBr werden 15 Min. lang gekocht, danach Zugabe von 20 ml HBr u. nochmaliges Erwärmen, Filtrieren, Abkühlen u. Einengen; 2—3 g. — *Kaliumtribromopyridinplatinat(III)*, $K[Pt \cdot PyBr_3]$, durch Lösen von 1,5 g $K[PtPyCl_3]$ in 50 ml W. unter Zusatz von 8 g KBr, Filtrieren, Einengen auf 20 ml, Abkühlen auf 10°, Absaugen, Waschen mit A. u. Ae.; ca. 1,3 g. — *Pyridiniumtribromopyridinplatinat(II)*, $PyH[PtPyBr_3]$, durch Lösen von 1 g $K_2[PtBr_4]$ in 10 ml W., Versetzen mit 2 ml einer angesäuerten Lsg. von PyHBr, Abkühlen, Filtrieren u. Waschen mit A. u. Äther. W.-D. Heußner. 368□

A_9. Mineralogische und geologische Chemie

Die Benfordplatte. D. B. Craig. (Amer. Mineralogist **46**, 757—58, Mai/Juni 1961; Madison, Wis., Univ. of Wisconsin, Geology Dep.; engl.) — Krit. Bemerkungen zur Benutzung der Benford-Glimmerplatte bei polarisationsmkr. Unterss. von Mineralien. H. Moenke. 372□

Über Anwendung der Atomvolumina in der Geochemie. A. N. Litwinowitsch. (Геохимия [Geochemie] **1961**, Nr. 8, 643—49; Ust-Kamenogorsk, Altai Berg-metallurg. Inst. der Akad. der Wiss. der KasachSSR; russ., Auszug: engl.) — Die Darst. der Atom-Vol. in Abhängigkeit von der Ordnungszahl spiegelt die Änderung der Atomgrößen in verzerrter Form wieder, da die Dichte der Atompackungen in den Substanzen verschieden ist. Die Verw. der Atom-Vol. zur Erklärung der prim. Verteilung von Substanzen in der Erde hat formalen Charakter. Die Größe des Atom-Vol. charakterisiert nicht das spezif. Vol. bzw. das spezif. Gew. der Atome. Besitzen die Atome eine sphär. Gestalt u. ist ihre Packungsdichte in einer definierten Substanz (Metall) bekannt, so kann das Atom-Vol. für mathemat. Berechnungen bzw. zur Kontrolle des Atomradius gemäß $r^3 = aV \cdot p/252{,}16$ (r = Atomradius, aV = Atom-Vol., a = Packungsdichte in %) benutzt werden. H. Noack. 378

Die Verteilung von Halogenen in Skarn-Amphibolen in Zentralschweden. Per Geijer. (Ark. Mineralog. Geol. **2**, 481—504, 1961; Stockholm, Schwed. Mus. of Natural History, Miner. Dep.; engl.) — Geochem. Unters. von paragenet. definierten Skarnamphibolen aus präkambr. Gesteinen Zentralschwedens über die Verteilung von F u. Cl. Der F-Geh. schwankt zwischen 0,07 u. 2,34%. Die Cl-Konz. liegt im allg. bei 0,037%. Eine gemeine Ferrohastingsit-Hornblende enthielt 0,20%, ein Ferrohastingsit sogar 1,42% Cl. Amphibole aus pyrometasomat. Lagerstätten enthalten kaum Cl, der F-Anteil spiegelt angenähert das Vork. anderer F-reicher Mineralien in der Paragenese wider. Es wird angenommen, daß metasomat. u. hydrothermale Prozesse bei der Intrusion der svion. Granite in die älteren Leptite für den Cl-Anteil sorgten. Unterss. von Glimmerschiefern bestätigten diese Ansicht. Die Deutung der Bldg. der schwed. „Rk.-Skarne" ist nach Ansicht des Vf. revisionsbedürftig. H. Moenke. 378□

Geochemische Anreicherung von Strontium in Mineralien des Alunit-Struktur-Typs. Clifford Frondel. (Bull. geol. Soc. America **69**, 1567—68. Dez. 1958; Cambridge, Mass., Harvard Univ., 12. Geol. Mus.; engl.) — Vgl. C. **1959**, 8080. — Aus neuen analyt. Daten geht hervor, daß Mineralien des Alunittyps, wie z. B. Crandallit, Hinsdalit u. Natroalunit, in Verwitterungszonen, bei tieferer Grundwasserzirkulation u. hydrothermalen Bereichen geochem. Wirte für Sr darstellen. Sr nimmt in der Struktur die 12fach koordinierten A-Positionen ein. Wenn Sr nicht wichtiger Bestandteil wie in Goyazit u. Svanbergit ist, kommt es gewöhnlich im Bereich von 0,1—3 Gew.-% SrO vor. E. Schulte. 378□

Thallium in Erzen und Mineralen des Latschin-Chana (West-Tjan-Schan, Ugansker Höhenzug). E. A. Dunin-Barkowskaja. (Геохимия [Geochemie] **1961**, Nr. 8, 684—92; Taschkent, Zentraler geolog. Dienst der UsbekSSR, Tschatkal-Expedition; russ., Auszug: engl.) — Tl kommt in der Pb-Zn-Lagerstätte von Latschin-Chana in hypogenen Erzen, hauptsächlich Fe-Sulfiden, vor (Markasit bis 0,3, Pyrit 0,05, Sphalerit 0,209, Bleiglanz 0,005, Fahlerz 0,0002%). Die kollomorphen Sphalerite sind 10 mal reicher an Tl als die kristallinen. Selbständige Minerale wurden nicht beobachtet.

Der Tl-Geh. der Oxydationszone ist wesentlich geringer als der der Sulfidzone. Tl ist in allen Mineralen der Oxydationszone enthalten, bevorzugt jedoch in Jarosit, Pb-Jarosit u. Mn-Hydroxiden. H. Noack. 378

Thallium in einigen hydrothermalen Erzlagerstätten des Großen Kaukasus. N. T. Wosskressenskaja. (Геохимия [Geochemie] **1961**, Nr. 8, 676—83; Moskau, Univ., Lehrst. für Geochem.; russ., Auszug: engl.) — Die Unters. der Tl-Verteilung in den Haupterzmineralen polymetall., Pyrit-, Ferberit–Antimonit- u. Arsenik–Quecksilber-Lagerstätten des Großen Kaukasus zeigt, daß Tl für alpine polymetall. Lagerstätten des meso- u. epithermalen Typs charakterist. ist. Die höchsten Tl-Konzz. wurden in koll. u. metakoll. Pyrit, Markasit u. Sphalerit beobachtet. In metamorphen Pyriten u. in den wichtigsten Sb-, As- u. Hg-Erzmineralen ist kein Tl enthalten. H. Noack. 378

Zur Geochemie der Hyperbasite. A. G. Bakirow. (Геохимия [Geochemie] **1961**, Nr. 1, 84—89; Tomsk, Polytechn. Inst.; russ., Auszug: engl.) — Die Geh. von Ni u. einer Anzahl Spurenelementen (Co, Cu, Zn, Ag, Sr, Ba, Ti, V u. a.) in den Gesteinen des hyperbas. Massivs von Kimpersai, Südural, werden angegeben. H. Noack. 378

Die Häufigkeit der selteneren Elemente in einem Teil des brasilianischen Schildes. N. Herz und C. V. Dutra. (Geochim. cosmochim. Acta [London] **21**, 81—98, Dez. 1960; Belo Horizonte, Minas Gerais, Brazilia, U. S. Geol. Surv.; Inst. de Tecnol. Ind.; engl.). — Vff. geben Daten über die Häufigkeit der selteneren Elemente im präkambr. Schild Zentralbrasiliens. Folgende Elemente wurden untersucht: Cu, Be, Sr, Ba, Ga, Sc, Y, La, Sn, Pb, Zr, V, Nb, Cr, Mo, Co u. Ni. In Graniten liegen über dem üblichen Durchschnitt La u. Y, darunter Cu, Sr, Ga, Sn, V u. Cr. Die Häufigkeit der Elemente in den Metasedimenten entspricht den sonst gefundenen Durchschnittswerten. Im einzelnen wird die Unters. des Schildes in 5 Alters- u. Gesteinsgruppen durchgeführt. Aus den Ergebnissen schließen Vff. auf Anatexis-Bldg. der Gebirge des Baçāo-Gebietes u. auf geochem. Elementwanderung in diesem Teil der Erdkruste. K. Jaeger. 378□

Der Gehalt von Uran, Thorium, Radium und Ionium in quartären Lagerstätten an der Lena. W. I. Baranow und N. A. Titajewa. (Геохимия [Geochemie] **1961**, Nr. 2, 110—14; Moskau, Univ., Lehrstuhl für Geochem. der Geol. Fak.; russ., Auszug: engl.) — Der Geh. radioakt. Elemente in jungen kontinentalen Sedimentationsformationen von Sibirien wird bestimmt u. die U-Aufnahme aus wss. Umgebung durch Sedimente mit hohem Geh. an organ. Substanzen festgestellt. Die Anreicherung der Sedimente an U bei niedrigem Th-, Ra-, Ionium-Geh. ist für die Alters-Best. nach der Ionium-Meth. geeignet. H. Noack. 378

Uranisotopen in der Natur. 1. Mitt. Actinium–Radium-Verhältnis in Mineralen. W. W. Tscherdynzew, U. Ch. Assylbajew, D. P. Orlow, L. I. Schmonin, Je. A. Issabajew und N. B. Kadyrow. (Геохимия [Geochemie] **1961**, Nr. 8, 650—55; Moskau, Geol. Inst. der Akad. der Wiss. der UdSSR; Alma-Ata, Univ.; russ., Auszug: engl.) — Das Verhältnis Ac/Ra wurde in 35 Uran-, Seltenerdmetall-, Molybdänit-, Zn- u. Cu-Sulfid- sowie Cassiterit-Mineralen untersucht. Beträchtliche Abweichungen von Ac/Ra (bis Ac/Ra = 8) kommen in metamorphen Mineralen vor, verursacht durch Migration von Ra, wie an einigen Beispielen mit Sicherheit festgestellt wurde. Bei gleicher Zeit enthalten ferner einige prim. Minerale einen Ac-Überschuß, der bei Cassiterit u. einigen Molybdäniten bes. groß ist. H. Noack. 378

Die Geologie der Bleiisotope in Beziehung zu den Problemen der Erzgenese. R. S. Cannon jun., A. P. Pierce, J. C. Antweiler und K. L. Buck. (Econ. Geol. **56**, 1—38, Jan./Febr. 1961; Denver, Colo., U. S. Geol. Surv.; engl.) — Fragen der Erzgenese u. der Mineralisationsdauer werden an Hand heute verfügbarer Angaben über Bleiisotope behandelt. Zur sichereren Berechnung des Alters der Erdschichten sind jedoch neben der Kenntnis der U-Spalt-Prodd. viele weitere Unterss. über das Verhältnis der Bleiisotope zueinander in Erzen u. Gesteinen notwendig. — 145 Literaturangaben. R. G. Kaiser. 378□

Der ^{13}C-Gehalt der graphithaltigen Magnetiterze und Begleitgesteine im Bergbaubezirk Norberg, Zentralschweden. Sture Landegren. (Geol. Fören. Stockholm Förh. **83**, 151—56, März/April 1961; Stockholm, Geol. Surv. of Sweden; engl.) — Im Bergbaugebiet von Norberg in Zentralschweden kommen graphithaltige Fe-Erze zusammen mit Kalkstein vor. Die $^{12}C/^{13}C$-Verhältnisse dieser Paragenesen werden angegeben. Die Ergebnisse scheinen zu beweisen, daß der Graphit anorgan. unter hydrothermalen oder pneumatolyt. Bedingungen gebildet wurde. H. Moenke. 378□

Absolute Datierung von Bentoniten durch Strontium–Rubidium-Isotope. J. A. S. Adams, G. Edwards, W. Henle und K. Osmond. (Bull. geol. Soc. America **69**, 1527, Dez. 1958; Houston, Tex., Rice Inst.; Houston, Shell Dev. Co.; engl.) — Von Glimmern aus Bentoniten der Chattanooga-Schiefer, Chicamauga-Kalksteine, Carters-Kalksteine u. Egglestone-Kalksteine wurde das Sr/Rb-Alter zu 410—496·10^6 Jahren bestimmt. (Glimmer des Chicamauga-Kalksteins ergaben ein Alter von nur $44 \cdot 10^6$ Jahren.) Die Werte liegen sehr viel höher als die bisher erhältlichen, auf Schätzungen beruhenden Daten. E. Schulte. 378□

Altersmessungen von Mineralien der metamorphen Zonen des Iron- und Dickinson-Bezirks, Michigan. L. T. Aldrich. (Bull. geol. Soc. America **69**, 1528. Dez. 1958; Washington, D.C., Dep. of Terrestrial Magnetism; engl.) — Das Sr/Rb-Alter von Glimmern der metamorphen Zone nahe Iron-Mountain mit $1380 \cdot 10^6$ Jahren zeigt, daß die Glimmer im gleichen Zeitraum wie die Mary Lake-Granite gebildet wurden. Pegmatite des Dickinson-Bezirks mit $1750 \cdot 10^6$ Jahren scheinen in der Zeit der Metamorphose gebildet worden zu sein. Sie werden nicht von den Mary Lake-Graniten abgeleitet. E. Schulte. 378□

Über das Alter einiger Gesteinskomplexe des Kriwoi Rog-Eisenerzgebiets. G. W. Woitkewitsch und L. K. Anochina. (Геохимия [Geochemie] **1961**, Nr. 2, 185—87; Machatschkala, Dagestan-Filiale der Akad. der Wiss. der UdSSR; russ.) — Der Geh. an radiogenem Ar wird massenspektrometr., der K-Geh. mit Hexachloroplatinat bestimmt. Der Geh. an radioakt. K beträgt 0,0119%. Zur Berechnung des Alters wurden die Zerfalls-Konst. von $^{40}K(\lambda_e + \lambda_\beta = 5{,}3 \cdot 10^{-10}$ Jahre^{-1} u. $\lambda_e/\lambda_\beta = 0{,}118)$ benutzt. Die Ergebnisse (516—2200 Millionen Jahre für die verschiedenen Gesteinskomplexe) sind in Tabellen zusammengefaßt. H. Noack. 378

Die Rolle des Wassers beim Übergang chemischer Elemente im Bereich der Kohlevergasung unter Tage. K. F. Bogoroditzki. (Геохимия [Geochemie] **1961**, Nr. 1, 75—83; Moskau, Labor. für hydrogeolog. Probleme der Akad. der Wiss. der UdSSR; russ.; Auszug: engl.) — Bei der Kohlevergasung unter Tage bilden sich Dampf-W.-Mischungen, die eine große Rk.-Fähigkeit besitzen. Durch Einw. auf Gesteine werden aus diesen Elemente in Ionenform herausgelöst u. später in der Kondens.-Zone gefällt. H. Noack. 378

Petrochemische Besonderheiten und Assoziationen akzessorischer Minerale von Nephelin-Syeniten eines differenzierten Komplexes des Lowosero Alkalimassivs. W. P. Wolkow, A. I. Poljakow, M. I. Karachanowa und L. P. Woronina. (Геохимия [Geochemie] **1961**, Nr. 8, 656—65; Moskau, Vernadsky-Inst. für Geochem. u. analyt. Chem. der Akad. der Wiss. der UdSSR; russ.; Auszug: engl.) — Bei der Unters. der Nephelin-Syenite des Lujaurit-Foyait-Urtit-Komplexes des Lowosero-Alkalimassivs (Kolahalbinsel) wurde festgestellt, daß in den tieferen Horizonten des Gesteinskomplexes Fe^{3+}/Fe^{2+} abnimmt, während der Agpaitcharakter sowie die Bedeutung von Mg u. der flüchtigen Komponenten zunimmt. Jede Varietät der Nephelin-Syenite enthält typomorphe Assoziationen akzessor. Minerale, die unteren Zonen sind durch Eudialyt u. Loparit charakterisiert. Die Entstehung der typomorphen Assoziationen während der Differentiation des Agpait-Magmas hängt nicht von dem Verhältnis der Alkalien, Al u. Si ab, sondern wird durch das Vork. von Fe^{2+}, Fe^{3+} u. Mg bestimmt. H. Noack. 378

Zonenbildung der Mineralisation, basierend auf Änderungen des Habitus von Pyriten. G. C. Amstutz und Attilio Ligasacchi. (Bull. geol. Soc. America **69**, 1529—30, Dez. 1958; Rolla, Mo., Missouri School of Mines and Metallurgy; engl.) — Für die morpholog. Unterscheidung von Pyritfragmenten wurde eine besondere Meth. entwickelt; die in der Meth. enthaltene Klassifikation erlaubt eine Best. des vorherrschenden Habitus von Pyritkristallen. Es wurde der Vers. gemacht, die genet. Beziehungen zwischen den Bldg.-Bedingungen in der Natur u. dem auftretenden Habitus zu erfassen. E. Schulte. 378□

Uran-Mineralisation in einem Skarneisenerz bei Håkantorp, Örebro-Bezirk, Schweden. Eric Welin. (Geol. Fören. Stockholm Förh. **83**, 129—43, März/April 1961; Stockholm, AB Atomenergi, Dep. of Chem.; engl.) — In einer stark metamorphen Effusivgesteinsserie bei Håkantorp in Zentralschweden wurden in einigen Skarneisenerzkörpern Pechblende-Konzz. festgestellt. Das U-Erz wurde aus Lsgg. durch die reduzierenden Eigg. von Fe^{2+} (Tremolit u. Magnetit) gefällt. Die U-Erz-Bldg. erfolgte am Ende der Palingenese der Svekofenniden-Faltung. H. Moenke. 378□

Einige Faktoren der Natur und des Ursprungs von Glaukonit. John Hower. (Amer. Mineralogist **46**, 313—34, März/April 1961; Missoula, Mont., Montana State Univ.; engl.) — Ausführungen über die Schichtgitteraufweitung von Glaukonitkügelchen durch Austausch der Kationen gegen vornehmlich Sr, Rb u. Fe unter dem Einfl. von Salzwässern aus der Umgebung. Dieser Austauschvorgang legt die Annahme diagenet. Umbildungen nahe. R. G. Kaiser. 378□

Geochemische und hydrodynamische Bedingungen für das Auftreten der epigenetischen Uranmineralisation in ölführenden Horizonten. A. I. Germanow. (Геохимия [Geochemie] **1961**, Nr. 2, 99—109; russ., Auszug: engl.) — Krit. Literaturübersicht an Hand von 21 Literaturangaben über die Lokalisierung des U aus Schichtwasser (Hauptbldg. in Form von Oxiden) unter der Einw. bituminöser organ. Substanzen der Ölreihe in ölführenden Horizonten. H. Noack. 378

Diffraktometerdiagramme von A.P.I. Bezugstonmineralien. Martin W. Molloy und Paul F. Kerr. (Amer. Mineralogist **46**, 583—605, Mai/Juni 1961; New York, N.Y., Columbia Univ.; engl.) — Die bekannten Standard-Tonmineralien des American Petroleum Institute wurden mit modernen röntgenograph. Verf. neu untersucht. Angabe der Diagramme u. tabellar. Publikation der Ergebnisse. Diskussion der therm. Stabilität von Kaolinit, Dickit, Halloysit, Nontronit, Montmorillonit, Illit, Attapulgit u. Pyrophyllit. H. Moenke. 380□

Pseudozwilling von Augit und Pigeonit. Nobuo Morimoto und Teiichi Ito. (Bull. geol. Soc. America **69**, 1616, Dez. 1958; Washington, D.C., Carnegie Inst. of Washington, Geophys. Labor.; Tokyo, Univ., Miner. Inst.; engl.) — Mit Hilfe von Weißenberg-Aufnahmen wurde in Einsprenglingen eines Andesins von Hakone (Japan) zwillingsähnliche Struktur von Augit- u. Pigeonitkristallen festgestellt. Die c-Achsen zweier Pigeonitkristalle umschließen den Winkel von 1°, die zweier Augitkristalle einen solchen von 3,6°. Die Zwillingsebene ist in beiden Kristallarten keine Netzebene, liegt jedoch nahe den (1 0 0)-Ebenen. E. Schulte. 380□

Magnussonit vom Sterling Hill, New Jersey. Clifford Frondel. (Ark. Mineralog. Geol. **2**, 571, 1961; Cambridge, Mass., Harvard Univ. Dep. of Miner.; engl.) — Vf. identifizierte ein bisher mangelhaft definiertes Manganarsenit von Sterling Hill in New Jersey durch Vgl. mit schwed. Originalmaterial als Magnussonit $(Mn, Mg, Cu)_5[(OH, Cl)(AsO_3)_3]$. H. Moenke. 380□

Erstes Vorkommen des Mangan-Cummingtonits Tirodit in den USA. Curt G. Segeler. (Amer. Mineralogist **46**, 637—41, Mai/Juni 1961; Brooklyn, N.Y.; engl.) — Vf. beschreibt Vork., chem. u. opt. Eigg. von Tirodit aus Talcville, New York Der Fe-Geh. ist, verglichen mit dem Tirodit aus Indien, sehr gering, deshalb sind auch das spezif. Gew. u. die Brechungsindices niedriger, $\alpha = 1{,}620$, $\beta = 1{,}630$ u. $\gamma = 1{,}635$. H. Moenke. 380□

Mangan-Cummingtonit aus Nsuta, Ghana. Howard W. Jaffe, W. O. J. Groeneveld Meijer und D. H. Selchow. (Amer. Mineralogist **46**, 642—53, Mai/Juni 1961; Tuxedo, N.Y., Union Carbide Ore Co., Res. Center; engl.) — Ein Mangan-Cummingtonit aus einem Mn-Carbonat-Gestein von Nsuta in Ghana enthält mehr Mn u. weniger Fe als die bisher beschriebenen Cummingtonite aus anderen Vorkommen. $a_0 = 9{,}531$, $b_0 = 18{,}10$, $c_0 = 5{,}326$ Å, $\beta = 102^\circ 15'$; $\alpha = 1{,}628$, $\beta = 1{,}642$, $\gamma = 1{,}650$, $2V = 74^\circ$, $Z/\!\!\!\!\;c = 22^\circ$. Vorschlag zur Nomenklaturänderung. H. Moenke. 380□

Gangmineralien aus den Tamworth- und Parry-Gruppen (Devon und Unterkarbon). Keith A. W. Crook. (Amer. Mineralogist **46**, 1017—29, Sept./Okt. 1961; Amidale, Australia, Univ. of New England; engl.) — Vf. beschreibt das Vork. von *Kalkspat, Laumontit, Desmin, Heulandit, Prehnit, Pumpellyit, Epidot, Axinit, Chlorit, Muskovit, Quarz, Albit, Bytownit* u. *Amphibol* in Gängen der devon. u. unterkarbon. Tamworth- u. Parry-Gruppen (New South Wales). Diskussion der Stratigraphie u. der Faziesbeziehungen. H. Moenke. 380□

Entdeckung einiger Phosphate in dem Granulit der Colettes (Allier). Jean Nicolas und Andrée De Rosen. (C. R. hebd. Séances Acad. Sci. **252**, 2741—43, 3/5. 1961; Paris, Sorbonne, Labor. de Géol. appl.; franz.) — Röntgenograph. u. z. T. durch chem. Analyse konnten Vff. in dem obigen Granulit *Gorceixit*, $BaAl_3(PO_4)_2(OH, F)_7$, ein Gemisch von Mineralsalzen der *Plumbogummit*-Gruppe, *Wavellit, Türkis* u. ein Mineral der Gruppe des *Brasilianits* nachweisen. C. Gottfried. 380

Alunitlagerstätten, ihre Klassifikation und Begleitprozesse. M. A. Kaschkai. (Известия Академии Наук СССР, Серия Геологическая [Nachr. Akad. Wiss. UdSSR, geol. Ser.] **26**, Nr. 7, 72—79, Juli 1961; Baku, Inst. für Geol. der Akad. der Wiss. der AserbaidshanSSR; russ.) — Es werden 5 Typen unterschieden: 1. Alunit bildet sich als Ergebnis der Einw. aufsteigender S-haltiger Gase u. hydrothermaler Lsgg., die genet. an einen intrusiven Magmatismus gebunden sind, auf Aluminosilicaten, bes. vulkan. Gesteinen: Daschkesensker Typ. 2. Lagerstätten, die sich als Folge der Wechselwrkg. aufdringender S-haltiger Gase sowie hydrothermaler Lsgg., die an einen effusiven Magmatismus geknüpft sind, mit vulkan. Gesteinen bildeten. Die Alunite entstanden in vulkan. Kratern: Sherlowy- oder Kamtschatka-Typ. 3. Adern- u. Linsen-Bldg. hydrothermaler Herkunft: Maryswale, USA. 4. Alunitkonzentrationen, die als Folge der Einw. absinkender S-haltiger Lsgg. auf Al-Silicate entstanden (Tolfa-Typ). 5. Kristallisation der Alunite aus schwefelsauren Lsgg.: Shurawlinsker Typ. Der Alunitisierungsprozeß der Al-Silicate ist begleitet von Pyrophyllitisierungen, Kaolinitisierungen, Sericitisierungen, Verkieselungen u. Chloritisierungen. Die Konz. der Daschkesensker Lager bildeten sich infolge metasomat. Veränderungen vulkanogen-sedimentärer Gesteine. Hauptminerale sind Kaolinit, Quarz, Haematit, Limonit; weiter finden sich Chalcedon, Opal, Zunyit, Hydroglimmer, Sericit, Diaspor, Halloysit, Dickit, Korund, Fluorit, Magnetit, Chlorit, Baryt. Die alunitisierten Gesteine u. der Alunit selbst enthalten im Mittel ca. 22,5 bzw. ca. 36,8% Al_2O_3. M. Hähnert. 380□

Eisenerze im westlichen Kordofa, Republik Sudan, Hubert Kleinsorge und Johann-Gotthelf Zscheked (unter Mitarbeit von Franz-Jörg Eckhardt, Hermann Fesser und Heinz Gundlach). (Geol. Jb. **77,** 121—41, Dez. 1960; Hannover, Bundesanstalt für Bodenforschung u. Niedersächs. Landesamt für Bodenforschung; dt.) — Bei geolog.-hydrogeolog. Unterss. wurden Vork. von Eisenerzen verschiedener Typen in einigen Gesteinsserien des Arbeitsgebietes beobachtet. Es handelt sich dabei um ein Magnetit-Haematiterz (65% Fe) in der weitverbreiteten, allg. vorpaläozoischen Kristallinserie u. um wahrscheinlich mitteltert. Laterite u. oxid. Eisenoolithe (38—49% Fe) in einer lokal ausgebildeten Folge von Lateriten mit Aufarbeitungs- u. Umlagerungshorizonten, die eine Beteiligung bewegten W. an der Bldg. der Schichten wahrscheinlich machen. Die Oolithe werden mit den See-Erzen Schwedens, Finnlands usw. verglichen. Außerdem wurden Anzeichen des Auftretens von Eisenoolithbänken festgestellt, die vielleicht dem obersten Teil der oberkretaz. Nubischen Serie zugeordnet werden können. Da der Sudan als arm an hochwertigen Eisenerzen in wirtschaftlicher Größe galt, könnten die angeführten Vork. Bedeutung gewinnen. H. J. Bautsch. 380□

Eine magmatisch-pegmatitisch-hydrothermale Abfolge bei Lacorne, Quebec. Robin Brett. (Econ. Geol. **56,** 784—85, Juni/Juli 1961; Cambridge, Mass., Harvard Univ., Labor. of Min. Geol.; engl.) — Bei Lacorne wurde eine komplette Abfolge einer Intrusion mit nachfolgenden Pegmatiten, Hochtemp.-Quarzgängen u. als letztem Stadium eine Carbonatvererzung bei niedriger Temp. festgestellt. In Biotitschiefer ist im Präkambrium ein Granodioritbatholith intrudiert, der zuerst Hornblende- dann Biotit- u. anschließend Muskovit-Granodiorit abschied. Mit letzterem bildeten sich die Pegmatite mit Quarz, Cleavelandit, Mikroklin, Spessartit u. Muskovit. Nebenbei entstanden Beryll, Molybdänglanz, Columbit-Tantalit, Spodumen u. gediegen Wismut. Zum Schluß bildete sich in der Carbonatphase Kalkspat. F. Ensslin. 380□

Geologie und Erzlagerstätten des Mattagamigebiets, Quebec. C. P. Jenney. (Econ. Geol. **56,** 740—57, Juni/Juli 1961; Oakville, Ont.; engl.) — Das Gebiet um den Mattagamisee enthält neben Sedimenten bas. bis saure Eruptivgesteine mit ihren Tuffen u. Lamprophyren. Die Zn-Cu-Erze stellen unregelmäßige Verdrängungslagerstätten in Keewatin Laven u. Tuffen am Rande bas. Eruptive dar. Es wurde bis 1959 ein Vorrat von 30 Millionen t mit ca. 12% Zn u. 0,75% Cu festgestellt. F. Ensslin. 380□

Der Rhodium-, Silber- und Indium-Gehalt einiger chondritischer Meteorite. U. Schindewolf und M. Wahlgren. (Geochim. cosmochim. Acta [London] **18,** 36—41, Jan. 1960; Ann Arbor, Mich., Univ., Dep. of Chem.; engl.) — Durch Neutronenaktivierung wird von 5 Chondriten der Rh-, Ag- u. In-Geh. bestimmt. Für Rh u. Ag liegen die Durchschnittswerte bei 0,186 u. 0,094 ppm, während der In-Geh. 0,001 ppm nicht übersteigt. Die Angaben für Rh u. Ag stimmen gut mit den Daten von Suess u. Urey (Rev. mod. Physics **28,** [1959], 53) überein, während bei In große Abweichungen auftreten. H. Noack. 388

Jod-131 und andere Spaltprodukte in Trinkwasser. R. E. Bentley, R. P. Parker, D. M. Taylor und Mary P. Taylor. (Nature [London] **194,** 736—37, 26/5. 1962; London, Royal Cancer Hosp., Inst. of Cancer Res., Phys. Dep.; Sutton, Radiolog. Protect. Serv.; engl.) — Im Zeitraum vom 31/10. 1961 bis 11/2. 1962 wurden von verschiedenen Teilen Englands u. von Wales Wasserproben auf ihren Geh. an ^{131}J, ^{103}Ru, ^{95}Zr u. ^{95}Nb untersucht. Die Probenahme erfolgte nach zwei Gesichtspunkten: 1. in großen Städten, wie Birmingham, Manchester u. Liverpool, die das W. aus offenen Reservoiren niederschlagsreicher Gegenden beziehen; 2. in Bezirken, in denen die Übergangszeit vom Regenwasser zum Verbraucher kurz ist wie z. B. im Lake District. Der höchste ^{131}J-Geh. wurde mit 1,8 ($\mu\mu$c/Liter) im W. der Themse bei Sutton Courtenay gefunden. An derselben Stelle ergaben sich mit 5,9 für ^{103}Ru u. 9,5 für ^{95}Zr u. ^{95}Nb ebenfalls Höchstwerte. Die gefundenen Werte für ^{131}J u. die Summe der anderen Isotope liegen sämtlich unter den Freigrenzen, so daß eine Gefährdung der Bevölkerung ausgeschlossen werden kann. E. Schulte. 396□

Cäsium-137 und Strontium-90 in Niederschlägen, Böden und Tieren Norwegens. T. Hvinden und A. Lillegraven. (Nature [London] **192,** 1144—46, 23/12. 1961;

Kjeller, Norwegian Defence Res. Establ., Div. of Phys.; engl.) — Vgl. C. **1962**. 3392, 9425. — Fallout-Messungen in Norwegen ergaben, daß die Schwankungen des Radioisotopen-Geh. von einer Tiergruppe zur anderen größer sind als die Isotopen-Geh.-Unterschiede in den verschiedenen Bezirken. Die ^{137}Cs- u. ^{90}Sr-Messungen in der Zeit von 1957—1961 von 12 verschiedenen Orten Norwegens u. von Kühen, Schafen u. Renntieren sind tabelliert angegeben. So betragen z. B. die jährlichen Maximalwerte an ^{137}Cs von 1957—1961: 17;15;25 u. 4,8mc ^{137}Cs/km^2, die Maximalwerte für Kühe, Schweine u. Pferde von 1959—1961: 600; 2800 u. 1500 ($\mu\mu$c ^{137}Cs/kg Frischfleisch), für Schafe: 11000; 9000 u. 3000 u. für Renntiere: 9300; 56000 u. 37000.

E. Schulte. 396□

B. Allgemeine und theoretische organische Chemie

Oscillatorenstärken cis–trans-isomerer Cyanin-Farbstoffe. Hans Kuhn. (Angew. Chem. **74**, 74—75, 21/1. 1962; Marburg, Univ., Physikal.-Chem. Inst.; dt.) — Vf. berechnet nach einem Näherungs-Verf. a) (Beschreibung der π-Elektronen durch eindimensionale Sinuswellen, vgl. C. **1952**, 2313) die Oscillatorenstärken f folgender cis–trans-isomerer Cyaninfarbstoffe: *Bis-[N-äthylbenzthiazol-(2)]-mono-* (I), *-tri-*, *penta-* u. *-heptamethincyanin* (II). Für lange Methinketten zeigt sich eine gute Übereinstimmung von $f_{theor.}$ u. den von Scheibe u. Mitarbeitern (Angew. Chem. **73**, [1961], 383) gemessenen f-Werten. Für I u. II nach dem zweidimensionalen Elektronengasmodell (Meth. b) berechnete Werte stimmen gut mit den gemessenen überein. Für rein cis-konfigurierte Trimethincyanine ergaben die Berechnungen nach a nur dann befriedigende Werte, wenn die Winkelung auch am N-Atom berücksichtigt wurde (Scheibe, Privat-Mitt.) oder nach b berechnet wurde. Für halb-cis-konfigurierte Trimethincyanine liegen die f nach b etwas zu hoch, bei *Bis-[piperidin-(1)]-trimethincyanin* stimmen der beobachtete u. nach b berechnete f-Wert prakt. überein. W. Schramm. B 114□

„Charge-transfer"-Spektren von Komplexen zwischen Neutralmolekülen. G. Briegleb. (Pure appl. Chem. **4**, 105—20, 1962; Würzburg, Univ., Inst. für Phys. Chem.; dt.) — Überblick über Spektren von Donator–Acceptor-Komplexen zwischen neutralen, meist organ. Verbb., über Struktur, Aufspaltung u. Intensität der charge-transfer (CT)-Banden, Zusammenhang zwischen CT-Bandenfrequenz u. Ionisierungsenergie oder freier Bldg.-Enthalpie der Komplexe sowie über ihre Fluorescenz- u. Phosphorescenzspektren. — 34 Literaturangaben. G. Pötzscher. B 118□

Über Beobachtung und Charakterisierung neuer Banden des CN-Systems ($B^2\Sigma_u^+$–$X^2\Sigma_g^+$) im Hochspannungsentladungsspektrum von Acetonitril. Guy Pannetier und Louis Marsigny. (C. R. hebd. Séances Acad. Sci. **254**, 3648—49, 21/5. 1962; Paris, Fac. des Sci., Labor. de Chim. gén. du Centre d'Orsay; franz.) — In Fortsetzung früherer Unterss. (vgl. C. **1962**, 13702) nahmen Vff. erneut das Spektrum von *CH_3CN* bei der Entladung von hochgespanntem Wechselstrom (10000 V, 1,5 kVA) auf u. beobachteten im Bereich von 2968,8 bis 4635 Å 11 Banden des Syst. ($B^2\Sigma_u^+$ — $X^2\Sigma_g^+$) des CN-Radikals sowie 15 weitere Banden, deren Herkunft nicht geklärt wurde. Von den ersteren ist nur eine Bande (4494,6 Å) nach Violett verschoben, die anderen nach Rot. Bes. die Endbanden, die den Übergängen von den höchsten Schwingungsniveaus des $B^2\Sigma_u^+$-Zustands aus entsprechen, sind stark, während die Emission des 2. positiven N_2-Syst. weniger stark als bei Entladung in $(CH_3)_2N \cdot NH_2$ u. $(CH_3)_2NH$ ist. Auf Grund der Intensitätsverhältnisse u. der relativen Zahl der nach Rot bzw. Violett ($v' \leqslant 6$) verschobenen Banden wird vermutet, daß die Anregung der höheren Niveaus des CN-Mol. im $B^2\Sigma_u^+$-Zustand auf Kosten der niedrigen erfolgt u. dadurch deren Besetzungsdichte vermindert wird. J. Richter. B 118□

Einfluß von Sauerstoff auf die Ultraviolettspektren von Benzol. E. C. Lim und V. L. Kowalski. (J. chem. Physics **36**, 1729—32, 1/4. 1962; Chicago, Ill., Loyola Univ., Dep. of Chem.; engl.) — Der Einfl. von O_2 auf das UV-Spektrum von *Bzl.* im Dampfzustand, in CCl_4- u. Bzl.–O_2-Lsgg. wird im Bereich 2200—3000 Å bei 25° u. 77° K untersucht. Die Absorption wird als Ladungsübertragungsabsorption gedeutet, die durch Zufallskontakte zwischen O_2 u. Bzl. ohne Bldg. stabiler Komplexe hervorgerufen wird. Berechnete u. gemessene Intensitäten stimmen gut überein. Es konnte gezeigt werden, daß 2 früher beobachtete schwache Absorptionen bei 4,2 u. 4,9 eV nicht multiplizitätsverbotene Übergänge sind. Die Absorption bei 4,2 eV ist die Folge einer Verunreinigung, die bei 4,9 wurde versuchsweise einem Lsgm.-Effekt zugeschrieben.

W. Schramm. B 118□

Das Spektrum von o-Fluorbenzaldehyd im nahen Ultraviolett. Kailash Chandra und D. Sharma. (J. sci. ind. Res. [New Delhi], Sect. B **21**, 330, Juli 1962; Gorakhpur, Univ. of Gorakhpur, Dep. of Phys.; engl.) — Von *o-Fluorbenzaldehyd* im Dampfzustand

wird das UV-Spektrum aufgenommen. Die Bande bei 34331 cm^{-1} wird der 0.0-Bande zugeordnet. Schwingungsfrequenzen des Grundzustandes liegen bei 202, 505 u. 846, des angeregten Zustandes bei 189, 325, 468, 776, 962, 1101, 1242 u. 1566 cm^{-1}.
G. Pötzscher. B 118□

Polarisation der Elektronenbanden von Aromaten. 6. Mitt. Wechselwirkung benachbarter Elektronenbanden. H. Zimmermann und N. Joop. (Z. Elektrochem., Ber. Bunsenges. physik. Chem. **66**, 342—45, Juni 1962; München, TH, Physikal.-chem. Inst.; dt.) — 5. vgl. Z. Elektrochem., Ber. Bunsenges. physik. Chem. **65**, [1961], 138. — In den Polarisationsspektren von *Naphthalin, Anthracen, Tetracen, Chinolin, Isochinolin, Tetraphen* u. anderen Moll. (bekannte Spektren) kann man einen kontinuierlichen Abfall des Polarisationsgrades zwischen den senkrecht polarisierten 0—0-Übergängen von ^1L_a u. ^1B_b beobachten. Nach den Vorstellungen der Autoren läßt sich dieser Abfall im Bereich der ^1L_a-Bande darauf zurückführen, daß die Intensität der Banden der Nebenserie relativ zur Hauptserie zunimmt, u. zwar um so mehr, je näher die Banden ^1B_b benachbart sind. Die Nebenserie besitzt gleiche Polarisation wie ^1B_b, ruft demnach Minima im Polarisationsspektrum hervor. Die Intensivierung der Banden der Nebenserie von ^1L_a läßt sich auf die Wechselwrkg. mit der intensiven ^1B_b-Bande zurückführen. Theoret. Erläuterungen werden gegeben. W. Schramm. B 118□

Elektronenspektren gekoppelter Moleküle. T. Förster. (Pure appl. Chem. **4**, 121—34, 1962; Stuttgart, TH, Labor. für physikal. Chem.; dt.) — Überblick über die charakterist. Änderungen in den Absorptions- u. Emissionsspektren vieler organ. Farbstoffe in konz. Lsgg. infolge Bldg. von Dimeren u. höheren Assoziaten u. über die Theorie u. Deutung dieser Erscheinungen. Bei *Pyren* u. seinen Derivv. (*4-Methyl-, 3-Cyan-, 3-Chlor-, 3-Brompyren* u. *Pyren-3.5.8.10-tetrasulfonsäure*, Döller, unveröffentlicht) tritt mit steigender Konz. ein Umschlag des Fluorescenzspektrums bei unveränderter Absorption auf, was auf die Bldg. von angeregten Dimeren aus je einem angeregten u. einem unangeregten Einzelmol. zurückgeführt wird. — 77 Literaturangaben.
G. Pötzscher. B 118□

Vakuumultraviolettabsorptionsspektren von 1.4-Dioxan und 1.3-Dioxan. G. J. Hernandez und A. B. F. Duncan. (J. chem. Physics **36**, 1504—08, 15/3. 1962; Rochester, N.Y., Univ. of Rochester, Dep. of Chem.; engl.) — Das Spektrum von *1.4-Dioxan* zeigt starke Absorptionsbereiche mit Maxima bei 55500, 63000, 69500 u. 72000 cm^{-1}. Ein erstes Ionisationspotential wurde bei 76750 cm^{-1} (9,52 eV) festgestellt. Der erste Elektronenübergang zeigt erhebliche Feinstruktur, die analysiert wird. Die anderen Übergänge bilden eine mögliche Rydberg-Serie, die zum 1. Ionisationspotential konvergiert. *1.3-Dioxan* zeigt einen Absorptionsbereich mit einem Maximum bei 62500 cm^{-1} u. einen sehr starken kontinuierlichen Bereich, der bei 67500 cm^{-1} beginnt. Es gibt keine Diskontinuität im Bereich des Ionisationspotentials. Das Spektrum zeigt keine Feinstruktur. W. Schramm. B 118□

Das Absorptionsspektrum von Phenazineinkristallen bei 77 und 4,2° K im Bereich des n → π*-Übergangs. Robin M. Hochstrasser. (J. chem. Physics **36**, 1808—13, 1/4. 1962; Ottawa, Ontario, Nat. Res. Council of Canada, Pure Chem. Div.; engl.) — Das Absorptionsspektrum von *Phenazin* (I) u. *1.2;3.4-Dibenzophenazin* wurde bei 77 u. 4° K am langwelligen Ende der Absorption gemessen. Ein scharfes Banden-Syst. wird bei beiden Verbb. beobachtet u. $n \rightarrow \pi^*$-Übergängen zugeordnet. Bei I zeigt das Banden-Syst. eine Progression einer 398-cm^{-1}-Schwingungsfrequenz. Die Analyse des Spektrums deutet darauf hin, daß das I-Mol. im $n\pi^*$-Anregungszustand verdrillt ist. Die 0.0-Bande erscheint nur im b-polarisierten Spektrum; dies zeigt, daß eine kristallinduzierte Mischung mit höheren $\pi\pi^*$-Niveaus auftritt. W. Schramm. B 118□

Infrarotintensitäten der Grundschwingungsfrequenzen von CF_3Br. Willis B. Person und S. R. Polo. (Spectrochim. Acta [London] **17**, 101—11, 1961; Iowa City, Iowa, Univ. of Iowa, Dep. of Chem.; Princeton, N.J., RCA Labor.; engl.) — Mit Hilfe der Extrapolationstechnik von Wilson u. Wells wurden bei einem Gesamtdruck von 1 at die IR-Intensitäten der Grundschwingungen von CF_3Br gemessen. Diese wurden im Hinblick auf die $\partial p/\partial S_j$-Werte durch Benutzung der Normalkoordinaten interpretiert, die aus der Potentialfunktion von McGee u. Mitarbeitern (C. **1954**, 8768) berechnet wurden. Die abs. Vorzeichen der $\partial p/\partial Q_i$-Werte für $\nu_4 - \nu_6$ wurden unter der Annahme bestimmt, daß der permanente Dipol nach $^-F_3C—Br^+$ ausgerichtet ist. Es werden die Schwierigkeiten diskutiert, die durch die Zweideutigkeiten in den Vorzeichen der $\partial p/\partial Q_i$-Werte u. im Kraftfeld entstehen. Die effektiven Bindungsmomente μ u. die effektiven Bindungsladungen ε für die C—F-Bindung stimmen bemerkenswert gut mit den bereits mitgeteilten Werten für CF_4, CHF_3 u. C_2F_6 überein. Man kann an Hand dieser Ergebnisse eine modifizierte Hypothese aufstellen, die zur Best. der effektiven Bindungsmomente anderer Fluorkohlenstoff-Derivv. dienen kann. G. Heller. B 120□

Optische Untersuchung einiger Acetylenalkohole und ihrer Acetate. M. I. Batujew, A. A. Achrem und A. D. Matwejewa. (Известия Академии Наук СССР, Отделение Химических Наук [Nachr. Akad. Wiss. UdSSR, Abt. chem. Wiss.] **1960**, 2201—07, Dez.; Inst. für fossile Brennstoffe der Akad. der Wiss. der UdSSR; Zelinsky-Inst. für organ. Chem. der Akad. der Wiss. der UdSSR; russ.) — Um das unterschiedliche Verh. von prim., sek. u. tert. Acetylenalkoholen u. den Acetaten prim. Acetylenalkohole einerseits, die bei der Rk. mit HOBr Dibromide der Äthylenalkohole liefern, u. der Acetate der sek. u. tert. Acetylenalkohole andererseits, die mit HOBr α-Bromketone liefern, zu klären, wurden verschiedene Acetylenalkohole u. ihre Acetate Raman-analyt. untersucht. Auf Grund der Analyse der Schwingungsfrequenzen der C≡C-, ≡C—H- u. C—OH-Bindungen u. ihrer Modulation durch intermol. H-Bindungen wird die Bldg. der α-Bromketone auf die relativ hohe Acidität des H-Atoms der Methingruppe in Verbb. des Typs CH≡C—C(OAcyl)< zurückgeführt. Untersucht wurden: *Propargylalkohol*, Kp. 112—114°; n_D^{20} 1,4320. *Acetat*, Kp. 122—124°; n_D^{20} 1,4180. — *Hexin-(1)-ol-(3)*, Kp. 143—144°; n_D^{20} 1,4358. *Acetat*, Kp. 162°; n_D^{20} 1,4250. — *4-Methylpentin-(1)-ol-(3)*, Kp. 132—133°; n_D^{20} 1,4352. *Acetat*, Kp. 155—156°; n_D^{20} 1,4242. — *Dimethyläthinylcarbinol*, Kp. 103°; n_D^{20} 1,4213. *Acetat*, Kp. 131—132°; n_D^{20} 1,4200. — *Methyläthyläthinylcarbinol*, Kp. 121°; n_D^{20} 1,4320. *Acetat*, $Kp._{13}$ 48—50°; n_D^{20} 1,4270.
Helmut Schäfer. B 120

Die Infrarotspektren von Propionaldehyd und D_1-Propionaldehyd. E. F. Worden jun. (Spectrochim. Acta [London] **18**, 1121—26, Sept. 1962; Berkeley, Calif., Univ. of California, Lawrence Radiat. Labor.; engl.) — Die IR-Spektren von gasförmigem C_2H_5CHO u. C_2H_5CDO von 450—4000 cm^{-1} werden aufgenommen u. Zuordnungen für die beobachteten Banden auf Grund der Isotopenverschiebung u. des Vgl. mit ähnlichen Moll. getroffen.
G. Pötzscher. B 120□

Infrarotspektren von kristallinen Alkansäuremethylestern. H. Susi und S. Pazner. (Spectrochim. Acta [London] **18**, 499—506, April 1962; Philadelphia, Pa., Eastern Reg. Res. Labor.; engl.) — Die IR-Spektren der kristallinen *Methylester* der C_3—C_{18}-n-Carbonsäuren im Bereich von 650—1350 (cm^{-1}) werden aufgenommen. Die Hauptbanden von *Methylpropionat* werden unter der Annahme der C_s-Symmetrie den Grundschwingungen zugeordnet u. damit die Spektren der höheren Homologen auf der Grundlage der Schwingungskopplung zwischen Gruppenfrequenzen gedeutet. Das im 1200-Gebiet beobachtete Triplett wird den stark gekoppelten a′ (CH_2)-Kipp-, a′ (=C—O)-Valenz- u. a′ (OCH_3)-Pendelschwingungen zugeordnet.
G. Pötzscher. B 120□

Infrarotspektren höherer Hydroxamfettsäuren. Takeshi Sakai. (An. Rep. Fac. Pharmacy, Kanazawa Univ. **10**, 1—2, 1960; Dep. of Pharmacognosy; engl.) — Die IR-Spektren von *Myristinhydroxamsäure* in KBr unterscheiden sich von denen anderer, höherer Hydroxamfettsäuren in den Frequenzbereichen 1350—1180 u. 1030 bis 986 cm^{-1}. Die OH- bzw. C=O-Valenzschwingung bei 3226 bzw. 1656 cm^{-1} wird einer intramol. H-Bindung zugeschrieben. Die bei 1558 cm^{-1} in KBr auftretende Valenzschwingung erscheint in Nujol nicht, was auf Tautomerie der —CONHOH-Gruppe in KBr zu beruhen scheint.
W. Wesly. B 120□

Untersuchung der Aminfunktion durch Infrarotabsorption. Clément Duval. (Chim. analytique **42**, 117—19, März 1960; franz.) — Fortschrittsbericht 1959. — 13 Literaturangaben.
A. Blaschette. B 120□

Spektroskopie im fernen Infrarot von Benzolderivaten durch Interferometrie. J. H. S Green, W. Kynaston und H. A. Gebbie. (Nature [London] **195**, 595—96, 11/8. 1962; Teddington, Middlesex, Nat. Chem. and Phys. Labor.; engl.) — Mittels einer interferometr. Meth. werden die IR-Spektren im Gebiet <400 (cm^{-1}) von *o-, m-, p-Xylol, m-Kresol* (I), *Phenol* (II), *Mesitylen, Benzotrichlorid, Benzaldehyd* (III), *Diphenylmethyl-* u. *Triphenylarsin* aufgenommen. Die starke breite Bande von I u. II bei 150—180 wird der Valenzschwingung der H-Bindung zugeschrieben. Für III wird die Absorption bei 130 der Drehung der CHO-Gruppe zugeordnet, der danach eine 2fache Kosinusbarriere von 5900 cal entgegensteht.
G. Pötzscher. B 120□

Über die Struktur von Diazoniumdoppelsalzen. L. A. Kasitzyna, O. A. Reutow und S. F. Butschkowski. (Известия Академии Наук СССР, Отделение Химических Наук [Nachr. Akad. Wiss. UdSSR, Abt. chem. Wiss.] **1960**, 1523, Aug.; Moskau, Univ.; russ.) — Die allg. angenommene Struktur $Ar-\overset{(+)}{N}\equiv N[MeX_{n+1}]^{(-)}$ für Doppelsalze aus Diazonium- u. Metallhalogeniden, die keine Bindung zwischen Metall u. Stickstoff vorsieht, scheint nicht zuzutreffen. So zeigen die Verbb. $[ArN_2Cl]_2 \cdot MeCl_2$ (Me = *Cu, Co*; Ar = *p-Methyl-, p-Chlor-, p-Nitro-* u. *p-Carbäthoxyphenyl*) u. $ArN_2Cl \cdot MeCl_2$ (Me = *Co, Cu*; Ar = *p-Bromphenyl*) im IR-Spektrum gegenüber den ursprünglichen Aryldiazoniumchloriden im Bereich der Schwingungen der Dreifachbindung asymm. oder aufgespaltene, stark erniedrigte Schwingungen. Im UV-Spektrum werden Banden beobachtet, die für Komplexe mit Me—N-Bindung typ. sind. Helmut Schäfer. B 120

Experimentelle Analysenmethode im Infrarot. Ergebnisse der Untersuchung in der Furanreihe. Robert Nahum. (C. R. hebd. Séances Acad. Sci. **240**, 1898—1900, 9/5. 1955; franz.) — Durch Vgl. der unter gleichen Bedingungen aufgenommenen IR-Spektren einer Reihe ähnlicher Verbb. werden die für bestimmte Strukturelemente charakterist. Absorptionen identifiziert. Vf. untersucht die IR-Spektren folgender Verbb.: *Tetrahydrofuran, Tetrahydrofurfurylalkohol, 2.3-* u. *2.5-Dihydrofuran, Furan* (I), *Furfurylalkohol, Furfurol, Furoesäure, Cyclopentadien, Fulven, Dimethylfulven, Δ^2-Dihydropyran, 2-[2.2-Dimethyläthenyl]-3.3.5-trimethyl-2.3-dihydrofuran, 2-[2.2-Dimethyläthenyl]-2.3.3.5-tetramethyl-5-hydroxytetrahydrofuran, 4-Hydroxy-5-isopropyl-2.3-dihydrofuran* (II). Für die Ringdoppelbindung von I u. der Dihydrofurane sind Banden bei 1580—1620 u. 3050—3100 cm^{-1} charakteristisch. Zwei Banden zwischen 900 u. 1050 cm^{-1} werden auf die C—O—C-Gruppe der Furane zurückgeführt. Auf Grund des Spektrums wird für **II** eine intramol. H-Bindung angenommen. U. Radlbeck. B 120□

Die Infrarotabsorptionsspektren von Thiophenderivaten. Yozo Sugimoto, Shoji Nishimura und Eiji Imoto. (Bull. Univ. Osaka Prefect., Ser. A **8**, 93—101, 1960; engl.) — Die IR-Spektren von mono-, di-, tri- u. tetrasubstituierten Thiophen-Derivv. wurden in Nujol im Bereich von 4000—650 cm^{-1} aufgenommen. Thiophene mit den Substituenten: *2-; 3-CH_2COOH; 2-; 3-$CH_2COOC_2H_5$; 2-; 3-NHCOCH_3; 2-COOH; 2-HgCl; 2.5-$(Br)_2$; 2-NO_2, 5-$COOC_2H_5$; 2-J, 5-COOH; 2-NO_2, 5-COOH; 2-Cl, 5-COOH; 2-Br, 5-$COOCH_3$; 2-Cl, 5-HgCl; 2-Br, 5-$COCH_3$; 2-NO_2, 5-J; 2-NO_2, 5-CN; 2-NO_2, 5-Br; 2-COOH, 4-Isopropyl; 2-COOH, 4-Br; 2-COOH, 4-NO_2; 2-Br, 4-NO_2; 2-$COCH_3$, 4-NO_2; 2.3-$(Br)_2$; 2-Br, 3-NO_2; 2-CN, 3-NO_2; 2-NO_2, 3-Br; 2-NO_2, 3-CN; 2-NO_2, 3-NH_2; 2-NO_2, 3-$NHCOCH_3$; 2-NO_2, 3.4-$(Br)_2$; 2-CH_3, 3-NO_2, 5-$COOCH_3$; 2-Br, 3.5-$(NO_2)_2$; 2-Br, 3-NO_2, 5-$COCH_3$; 2-$NHCOCH_3$, 3-Br, 5-NO_2; 2-Cl, 3-NO_2, 5-CHO; 2.5-$(Br)_2$, 3-$NHCOCH_3$; 2-Cl, 3-NO_2, 5-$COCH_3$; 2-CH_3, 3.4-$(NO_2)_2$, 5-Br; 2.5-$(Br)_2$, 3.4-$(NO_2)_2$.* Es sind durchschnittlich für jede Verb. 10 Banden angegeben, die Ring-, Ring-CH- u. charakterist. Schwingungen der Substituenten zugeordnet werden. Für die Thiophen-Derivv. wurde der lineare Zusammenhang zwischen der Hammett-Konst. σ u. der Absorptionsfrequenz bewiesen. Für die 5- oder 4-substituierten Thiophen-2-carbonsäuren (2- zu 5- entspricht p-, 2- zu 4- entspricht m-Substitution) ergab sich für die ν (C=O) die Beziehung $\nu = 27\,\sigma + 1667$, für die symm. u. asymm. ν (NO_2) der 5-substituierten 2-Nitrothiophene $\nu_{asymm.} = 24\,\sigma + 1573$, $\nu_{symm.} = 28\,\sigma + 1328$, für die 5-substituierten 2-Brom-(oder 2-Chlor)-3-nitrothiophene $\nu_{asymm.} = 17\,\sigma + 1528$. — 10 Spektren, 4 Diagramme, 18 Literaturangaben. W. Schindelhauer. B 120□

Eine Korrelation in den Infrarotspektren einiger C-benzoylierter Stickstoffheterocyclen. D. G. Farnum und Peter Yates. (J. org. Chemistry **27**, 2209—10, Juni 1962; Cambridge, Mass., Harvard Univ., Dep. of Chem.; engl.) — Die IR-Spektren folgender Verbb. (in CH_2Cl_2; mit * gek.: in Nujol), die alle eine C-Benzoylgruppe an einem Fünfring, der mindestens 2 nachbarständige N-Atome besitzt, tragen, zeigen alle eine starke Bande bei 10,7—11,2 μ, deren Extinktions-Koeff. 0,5—1,6mal so groß ist wie der der entsprechenden C=O-Valenzbande der Benzoylgruppe: Pyrazole: *3-Benzoyl-4-phenyl-*, 3-Benzoyl-4-phenyl-5-hydroxy-*, 3-Benzoyl-4.5-diphenyl-, 3-Benzoyl-5-phenyl-, 3-Benzoyl-4-hydroxy-5-phenyl-*, 3-Benzoyl-4-acetoxy-5-phenyl-* u. *3.4.5-Tribenzoyl-; Anhydro-3-benzoyl-5-phenyl-4-diazonio-* u. *3-Benzoyl-4-phenyl-5-diazoniopyrazolhydroxid, 4-Benzoyl-5-benzamido-* u. *4.5-Dibenzoyl-1.2.3-triazol*, 3-Benzoyl-5-benzamido-1.2.4-triazol*, 5-Benzoyltetrazol*, 1*(oder *2?*)*-Methyl-5-benzoyltetrazol, 1-* u. *2-Phenacyl-5-benzoyltetrazol.* Die entsprechenden Verbb. mit Benzyl- an Stelle von Benzoylgruppen, Δ^2-Pyrazoline an Stelle von Pyrazolen u. 1- u. 2-Phenacyltetrazol zeigen die Bande nicht (keine oder nur schwache Absorption in diesem Bereich), möglicherweise aber Verbb. mit anderen Acyl- als Benzoylgruppen. J. Rothe. B 120□

Über das Gleichgewicht der Tetrazol- und der Azidform bei Benzthiazolotetrazol. Ju. N. Scheinker, I. Ja. Posstowski, N. P. Bednjagina, L. B. Ssenjawina und L. F. Lipatowa. (Доклады Академии Наук СССР [Ber. Akad. Wiss. UdSSR] **141**, 1388—90, 21/12. 1961; Ural, polytechn. Kirow-Inst.; Inst. für Chem. der Naturstoffe der Akad. der Wiss. der UdSSR; russ.) — Durch Analyse der IR-Spektren von *Benzthiazolo-[3'.2':1.5]-tetrazol* (I) wird gezeigt, daß I mit *2-Azidobenzthiazol* (II) in einem völlig reversiblen Gleichgewicht steht. Im krist. Zustand liegt I vor, in CCl_4 ausschließlich **II**, in Dioxan, Pyridin oder in der Schmelze ein Gleichgewichtsgemisch aus **I** u. **II**. Durch Temp.-Erhöhung wird das Gleichgewicht zur Seite von **II** verschoben. Helmut Schäfer. B 120

Die Schwingungsspektren der Kationen von Methoxypyridinen. E. Spinner und J. C. B. White. (J. chem. Soc. [London] **1962**, 3115—18, Aug.; Canberra, Australia, Australian Nat. Univ., Inst. of Advanced Studies, Dep. of Med. Chem.; engl.) — Die IR-Spektren bzw. Raman-Spektren von *2-*, *3-* u. *4-Methoxypyridiniumchlorid* bzw. *-trichloromercurat*(*II*) (in KBr bzw. konz. HCl) wurden mit denjenigen der freien Basen (als Fll.) verglichen. Die wichtigsten Banden wurden zugeordnet. Kation-Bldg. ändert die Spektren nicht grundlegend. J. Rothe. B 120□

Die Schwingungsspektren und Strukturen der Hydrochloride von Aminopyridinen. E. Spinner. (J. chem. Soc. [London] **1962**, 3119—26, Aug.; engl.) — Vgl. vorst. Referat. — Vf. untersuchte die IR- (in KBr) u. Raman-Spektren (in W. bzw. konz. HCl) der *Hydrochloride* von *2-*, *3-* (**I**) u. *4-Aminopyridin* (**II**), *2-Aminopyrimidin*, *3-* (**III**), *4-*, *5-* u. *6-Methyl-2-aminopyridin* u. verglich sie mit den Spektren der entsprechenden freien Amine (Spektren von **III** als Fl.). Während das Schwingungsspektrum von **I** sich durch Kationen-Bldg. kaum ändert, unterscheiden sich die Spektren der Salze der α- u. γ-Amino-Verbb. erheblich von denen der freien Amine. Vf. schließt aus den Spektren, daß die Kationen dieser Verbb. wesentlich durch den Amidiniumtyp **A** bzw. den entsprechenden α-$NH_2{}^+$-Typ repräsentiert werden. Dieser Gedanke wird gestützt durch die Tatsache, daß das Spektrum des Kations von **II** demjenigen des 4-Pyridons stark ähnelt u. sich erheblich von demjenigen des 4-Methoxypyridiniumions unterscheidet. — Die wichtigsten Banden der Spektren werden zugeordnet. J. Rothe. B 120□

A

Die Infrarotspektren und Strukturen der Hydrochloride von 4-Mercaptopyridin und 4-Mercaptochinolin. E. Spinner. (J. chem. Soc. [London] **1962**, 3127—28, Aug.; engl.) — Vgl. vorst. Referat. — Vf. untersuchte die IR-Spektren (KBr) der *Hydrochloride* von *4-Mercaptopyridin*, *4-Methylmercaptopyridin*, *4-Mercaptochinolin* u. *4-Methylmercaptochinolin*. Zuordnungen der numer. aufgeführten Banden sind z. T. angegeben. Die Spektren der Mercapto-Verbb. zeigen, daß die in der Thionform vorliegenden freien Basen am S-Atom protoniert werden. J. Rothe. B 120□

Infrarotspektren von Steroidestern von Fettsäuren. W. Carruthers und J. R. Plimmer. (J. chem. Soc. [London] **1962**, 3257—58, Aug.; Exeter, Univ., Med. Res. Council, Carcinogenic Substances Res. Unit; Kingston, Jamaica, Univ. Coll. of the West Indies; engl.) — Vff. untersuchten die IR-Spektren von kristallinen Filmen von *Stigmasteryl-* u. *β-Sitosteryllaurat*, *-myristat*, *-palmitat* u. *-stearat*. Die Maxima im Bereich zwischen 1350 u. 1180 cm^{-1} sind tabellar. angegeben (CH_2-Kippschwingungen), die übrigen Spektralbereiche werden diskutiert. — *Stigmasterin*, F. 168°. *Acetat*, F. 143 bis 144°; $[\alpha]_D^{28}$ —56°. — *β-Sitosterin*, F. 139°; $[\alpha]_D^{28}$ —36°. J. Rothe. B 120□

Mikrowellenspektrum und Quadrupolwechselwirkung in cis-1.2-Dichloräthylen. W. H. Flygare und J. A. Howe. (J. chem. Physics **36**, 440—43, 15/1. 1962; Berkeley, Calif., Univ. of California, Dep. of Chem.; engl.) — Das Mikrowellenspektrum von *cis-1.2-Dichloräthylen* wurde aufgenommen u. die Absorptionen zugeordnet (in Abweichung von den Zuordnungen von Shimizu u. Takuma, C. **1962**, 16260). Die Rotations-Konst. von cis-$CH^{35}Cl{=}CH^{35}Cl$ sind A = 11518,3_3, B = 2545,1_5 u. C = 2082,5_7 MHz. Die ^{35}Cl-Kernquadrupolkopplungs-Konst. betragen $\chi_{aa} = 3{,}7$, $\chi_{bb} = -35{,}6$ u. $\chi_{cc} = 31{,}9$ MHz. Beziehungen zwischen Kernquadrupol-Wechselwrkg. u. Struktur werden diskutiert. W. Schramm. B 121□

Mikrowellen-Strukturbestimmungen an tert.-Butylacetylen und tert.-Butylcyanid. Leonard J. Nugent, D. E. Mann und David R. Lide jun. (J. chem. Physics **36**, 965—71, 15/2. 1962; Washington, D.C., Nat. Bur. of Stand.; engl.) — Die Mikrowellenspektren 8 isotoper Arten von *tert.-Butylacetylen* (**I**) u. 4 isotoper Arten von *tert.-Butylcyanid* (**II**) wurden gemessen u. analysiert u. einige Übergänge angeregter Schwingungszustände zugeordnet. Messungen des Stark-Effekts ergaben ein Dipolmoment von 0,661 ± 0,004 D für **I** u. 3,95 ± 0,05 D für **II**. Folgende Strukturparameter wurden ermittelt: r (C≡C) 1,209 ± 0,001 u. r (≡C—H) 1,056 ± 0,001 Å für **I**, r (C≡N) 1,159 ± 0,001 Å für **II**. Die tert.-Butylgruppe scheint in **I** u. **II** annähernd die gleichen Dimensionen zu haben wie in $(CH_3)_3CH$ u. $(CH_3)_3CF$. Die beste Abschätzung für den C—C≡-Abstand in **I** u. **II** beträgt 1,495 ± 0,015 Å. Die $(CH_3)_3C$-Gruppe scheint den benachbarten Bindungsabstand zu verlängern, eine Beobachtung, die nicht erklärt werden kann. W. Schramm. B 121□

Koplanaritätseffekte auf die spektralen, gaschromatographischen, polarographischen und Diels-Alder-Charakteristiken von 1-Alkyl-1-[naphthyl-(2)]-äthenen. L. H. Klemm, W. C. Solomon und A. J. Kohlik. (J. org. Chemistry **27**, 2777—86, Aug. 1962; Eugene, Oreg., Univ. of Oregon, Dep. of Chem.; engl.) — Vff. synthetisierten eine Reihe von *1-Alkyl-1-*[*naphthyl-*(*2*)]*-äthenen* [**A**; Alkylgruppe R = CH_3 (Me), C_2H_5 (Et) n-C_3H_7 (Pr), iso-C_3H_7 (iso-Pr) u. tert.-C_4H_9 (t.-Bu)] durch Grignard- bzw. Wittig-Rk. aus Naphthyl-(2)-alkylketonen. Die UV-Spektren der **A** wurden mit demjenigen des *2-Vinylnaphthalins* (**A**, R = H) verglichen; das Hauptabsorptionsmaximum zeigt eine Verschiebung $\Delta\nu$ der β-Banden nach höheren Frequenzen, deren Größe in der Reihenfolge t.-Bu $\gg$ iso-Pr > Pr = Et = Me > H abnimmt. Aus den allg. Erscheinungsformen der Spektren u. aus Mol.-Modellen wird angenommen, daß die diesen Moll. eigenen Verdrehungswinkel zwischen Naphthyl- u. Alkenylgruppe in der Folge t.-Bu $\gg$ iso-Pr > Pr $\simeq$ Et > Me > H abnehmen; in **A**, R = H sind beide Gruppen prakt. koplanar. Die polarograph. Red. der **A** in 75% Dioxan–W. gab 2 Halbstufenpotentiale $E_{1/2}'$ (Red. der Alkenyldoppelbindung) u. $E_{1/2}''$ (Red. des Naphthalinkerns). $\Delta\nu$ in Abhängigkeit von $-\Delta E_{1/2}'$ aufgetragen (Vgl.-Standard R = H) gab eine Gerade; danach ist anzunehmen, daß auch zwischen den Änderungen der Aktivierungsenergie für die Prozesse der UV-Absorption u. der Elektrored. eine lineare Beziehung besteht. $-\Delta E_{1/2}''$ als Funktion der Taftschen σ^*-Werte für die Substituenten R—CHCH$_3$ (mit senkrechtem Bindungsstrich am CH) ergibt ebenfalls eine Gerade; $-\Delta E_{1/2}'$ als Funktion von σ^* für R ist dagegen nur für R = H, Me, Et u. Pr linear. Dementsprechend vermuten Vff., daß der polare Effekt der allein bestimmende Faktor ist für $-\Delta E_{1/2}''$ bei allen betrachteten Alkenen, für $-\Delta E_{1/2}'$ dagegen nur bei den Fällen mit R = Me, Et u. Pr, die alle während des Übertragungsprozesses des 1. Elektrons im wesentlichen coplanar mit dem Naphthylrest sind. Bei R = iso-Pr u. t.-Bu, die während dieses Elektronenübertragungsprozesses nicht coplanar mit dem Naphthylrest sind, tragen sowohl polare als auch Mesomeriefaktoren zur Best. von $-\Delta E_{1/2}'$ bei. Die gaschromatograph. Retentionszeiten der Alkene fallen (bei Benutzung von Apiezon M als stationärer Phase) in der Reihenfolge Pr > Et = t.-Bu = iso-Pr > Me > H. Diese Reihenfolge wird dem Einfl. zweier gegeneinander wirkender Faktoren zugeschrieben, nämlich a) dem steigenden Molgew., b) dem Verdrehungswinkel, der ebenfalls mit steigendem Molgew. größer wird. Die gleichen Faktoren könnten für die Reihenfolge der Retentionszeiten der entsprechenden *Naphthyl-(2)-alkylketone* an Carbowax 20-M verantwortlich sein: Pr > Et > iso-Pr > t.-Bu > Me. Alle **A** reagieren mit Tetracyanäthylen (I) zu 1 : 1-Addukten, denen die Konstit. von *1-Alkyl-3.3.4.4-tetracyan-2.3.4.4a-tetrahydrophenanthrenen* zugeordnet werden.

Versuche: *2-Isobutyrylnaphthalin* (II), F. 29,5—31°, Kp.$_{1,4}$ 129—131°, aus Naphthalin u. Isobutyrylchlorid (Meth. vgl. Buu-Hoï u. Cagniant [1945]); 49% roh (Ausbeute); Reinigung über das *Pikrat*, F. 76—77°, gelbe Nadeln (CH_3OH). — *2-Pivaloylnaphthalin* (**IV**), $C_{15}H_{16}O$, F. 59—60°, Nadeln (CH_3OH), Kp.$_{0,6}$ 118—127°, durch Methylierung von 2-Acetylnaphthalin (**III**, F. 53—54°); 38%, gereinigt über das *Pikrat*, F. 98—100°, gelbe Nadeln (CH_3OH). — *1-Brom-1-[naphthyl-(2)]-äthan* (?), F. 48—52° (PAe.), aus 2-Äthylnaphthalin (erhalten aus **III** nach Clemmensen) u. N-Bromsuccinimid in sd. CCl_4 in Ggw. von $\alpha.\alpha'$-Azodiisobutyronitril (12 Std. langes Rühren); 89%. — *2-Vinylnaphthalin* (**A**, R = H), F. 66—67° (CH_3OH), aus vorst. Verb. u. tert.-C_4H_9OK in sd. tert.-Butanol (9 Std.); 46%. — *Naphthyl-(2)-dimethylcarbinol*, F. 58,5—61° (PAe.), aus **III** u. CH_3MgJ; 73%. — 1-Alkyl-1-[naphthyl-(2)]-äthene (**A**): *1-Methyl-* (R = Me), F. 54—55° (CH_3OH), aus vorst. Verb. u. Al_2O_3 bei 360—380°; 91%. — *1-Isopropyl-* (R = iso-Pr), $C_{15}H_{16}$, Kp.$_{0,1}$ 82—83°, aus **II** mit Methyltriphenylphosphoniumbromid u. Phenyl-Li (3 Std. bei 70°); 53% roh. Reinigung durch mehrfache Chromatographie u. über das *Trinitrobenzolat* (F. 71—72°, gelbe Nadeln aus CH_3OH). — *1-Äthyl-* (R = Et), $C_{14}H_{14}$, Kp.$_{0,8}$ 112—114°, analog aus 2-Propionylnaphthalin (F. 59,5 bis 60,5°); 50%. *Trinitrobenzolat*, F. 65—66°, gelbe Nadeln. — *1-n-Propyl-* (R = Pr), $C_{15}H_{16}$, Kp.$_{0,9}$ 109—110°, analog aus 2-Butyrylnaphthalin (F. 53—54,5°); 54%. *Trinitrobenzolat*, F. 53—70°, gelbe Nadeln. — *1-tert.-Butyl-* (R = t.-Bu), $C_{16}H_{18}$, F. 37—38,5°, Nadeln (CH_3OH), a) aus **III** u. tert.-Butyl-MgCl in sd. Ae. (2 Std.), dann Dehydrierung an Al_2O_3 wie bei R = Me (10%); b) aus **IV** nach Wittig wie bei R = iso-Pr (87%). Oxydation von 2,5 g mit $KMnO_4$ in Aceton gab **IV** (0,2 g). — *3.3.4.4-Tetracyan-2.3.4.4a-tetrahydrophenanthren*, $C_{18}H_{10}N_4$, F. 170,5—171,5°, Prismen (Chlf.), aus **A** (R = H) u. I in Chlf., 2½ Std. bei Raum-Temp.; 93%. — *3.3.4.4-Tetracyan-1.2.3.4-tetrahydrophenanthren*, $C_{18}H_{10}N_4$, F. 201—202°, Rhomben (Bzl.), aus vorst. Verb. u. $NaNH_2$ in Bzl., 3 Std. langes Rühren bei Raum-Temp.; 70%. — 3.3.4.4-Tetracyan-2.3.4.4a-tetrahydrophenanthrene, aus den entsprechenden **A** u. **I** in Chlf.: *1-Methyl-*, $C_{19}H_{12}N_4$, F. 146—147° (Chlf.); 83%. — *1-Äthyl-*, $C_{20}H_{14}N_4$, F. 148,5—150°, Prismen; 93%. — *1-n-Propyl-*, $C_{21}H_{16}N_4$, F. 132—133°, Prismen (Essigester/Chlf.); 91%. — *1-Isopropyl-*, $C_{21}H_{16}N_4$, F. 172,5—173,5°, Rhomben (Essigester), Darst. in Essigester (48 Std. bei 0°); 97%. — *1-tert.-Butyl-*, $C_{22}H_{18}N_4$, F. 130—131°, Prismen (Chlf.), lichtempfindlich, Darst. in Essigester (10 Tage bei —10°); 39%. — *11.11.12.12-Tetracyan-1.2.3.4.10b.11.12.12a-oktahydrochrysen*, $C_{22}H_{16}N_4$, F. 106,5—107,5°, Prismen (Chlf.), aus

1-[Naphthyl-(2)]-cyclohexen u. I in Essigester (2 Wochen bei -10^0); 78%. — *11.11.12.12-Tetracyan-9.11.12.13.15.16-hexahydro-17H-cyclopenta-*[a]*-phenanthren*, $C_{21}H_{14}N_4$, F. 140,5 bis 141,5° (zugeschmolzenes Rohr), Prismen (Chlf.), aus 1-[Naphthyl-(2)]-cyclopenten u. I in sd. Ae. (28 Std.); 94%. J. Rothe. B 123□

Stereochemie des 1.2;3.4-Dibenzocyclononadien-(1.3)-Systems. Eine Bemerkung zur Racemisierungsbarriere in überbrückten Biphenylen. Kurt Mislow, Seymour Hyden und Hans Schaefer. (J. Amer. chem. Soc. **84**, 1449—55, 20/4. 1962; New York, N.Y., New York Univ., Dep. of Chem.; engl.) — Vff. synthetisierten *1.2;3.4-Dibenzocyclononadien-(1.3)-carbonsäure-(7)* (I) u. spalten sie in die opt. Antipoden. (—)-I ist bei Raum-Temp. opt. stabil, wird jedoch beim Erhitzen in Lsgm. racemisiert. Die Geschw. der Racemisierung in o-Xylol bei 50—70° wird zu $k = 10^{12,5} \exp(-24000\,RT)$ bestimmt. Die Lage der K-Bande bei 231 mμ ($\varepsilon = 5550$) im UV zeigt im Vgl. zu den entsprechenden niedrigeren Ringhomologen [1.2;3.4-Dibenzocyclohexadien-(1.3), 1.2;3.4-Dibenzocycloheptadien-(1.3)-carbonsäure-(6) u. 1.2;3.4-Dibenzocyclooctadien-(1.3)-dicarbonsäure-(6.7)-diäthylester] hypsochrome Verschiebung, die eine stärker gestörte Konjugation u. Vergrößerung des Torsionswinkels des Diphenyl-Syst. beweist. Eine semiquant. Behandlung der Konformationen der Übergangszustände bei der Racemisierung bei diesen überbrückten Biphenylen mit 7, 8 u. 9 Ringgliedern wird durchgeführt. — Friedman u. Mitarbeiter (Privat-Mitt.) zeigten, daß Mono-p-toluolsulfonylhydrazone von Cyclan-1.2-dionen mittlerer Ringgröße direkt durch Erhitzen mit einer Base zu der um ein Ringglied niedrigeren homologen Säure kontrahiert werden können ohne Isolierung des intermediären Diazoketons u. seine Bestrahlung. Durch Anwendung dieser Meth. gelang die Umwandlung von Sebacil zu Cyclononancarbonsäure, bei dem Vers. der Darst. von I durch entsprechende Rk. des p-Toluolsulfonylhydrazons von 1.2;3.4-Dibenzocyclodecadien-(1.3)-dion-(7.8) war das Prod. stets durch p-Toluolsulfinsäure verunreinigt. Das intermediäre Diazoketon jedoch konnte sowohl nach dieser Meth. als auch durch Photolyse glatt in I umgewandelt werden.

Versuche (Alle FF. korr.): *Diphenyl-2.2'-diessigsäure* (II), $C_{16}H_{14}O_4$, F. 152—153° (andere Modifikation vom F. 174—174,5°), aus 2.2'-Bis-[cyanmethyl]-diphenyl. — Diphenyle: *2.2'-Bis-[2-hydroxyäthyl]-*, $C_{16}H_{18}O_2$, F. 88—89° (Bzl./Hexan), aus vorst. Verb. mit $LiAlH_4$. — *2.2'-Bis-[2-bromäthyl]-*, $C_{16}H_{16}Br_2$, F. 48—49,5° (Methanol), aus vorst. Verb. u. PBr_3. — *2.2'-Divinyl-*, $C_{16}H_{14}$, F. 81—82° (Methanol), aus vorst. Verb. u. Na in A.; 82% (Ausbeute). — *2.2'-Bis-[2-cyanäthyl]-*, $C_{18}H_{16}N_2$, F. 51—52° (A.), aus vorvorst. Verb. u. NaCN. — *2.2'-Bis-[2-carboxyäthyl]-*, $C_{18}H_{18}O_4$, F. 160—161° (Äthylacetat), durch saure Verseifung von vorst. Verb.; 97%. *Dimethylester* (III), $C_{20}H_{22}O_4$, F. 61—62° (Methanol), polymorphe Modifikation, F. 74,5—75,5°. — *2.2'-Bis-[ω-diazoacetonyl]-*, $C_{18}H_{14}O_2N_4$, F. 79—80° (Zers.; Bzl./Ligroin), aus II über das Dichlorid mit CH_2N_2. Gibt mit Ag_2O in Methanol III (53%). — *1.2;3.4-Dibenzocyclodecadien-(1.3)-dion-(7.8)*, $C_{18}H_{16}O_2$, F. 202—203° (Bzl./Hexan), aus III u. Na in Xylol unter N_2 u. Oxydation des Rk.-Prod. mit Wismutoxid in Eisessig; 25%; Oxydation mit H_2O_2 in wss.-alkal. Dioxan → vorvorst. Säure (48%). *Chinoxalin-Deriv.*, $C_{24}H_{20}N_2$, F. 151—152° (A.), mit o-Phenylendiamin in Eisessig; 89%. *Mono-p-toluolsulfonylhydrazon* (IV), $C_{25}H_{24}N_2O_3S$, F. 155—156° (Methanol), mit p-Toluolsulfonylhydrazin in Methanol; 76%. — *8-Diazo-1.2;3.4-dibenzocyclodecadien-(1.3)-on-(7)*, F. 115—125° (Zers.), aus IV u. NaOH in $CHCl_3$. — (±)-*1.2;3.4-Dibenzocyclononadien-(1.3)-carbonsäure-(7)* (I), $C_{18}H_{18}O_2$, F. 137—138,5° (wss. Methanol oder Cyclohexan), aus vorst. Verb. durch Bestrahlung in Dioxan–W. in Ggw. von Na_2CO_3 für 12 Std. unter N_2 oder durch 1 std. Erhitzen auf 120° in Dioxan-wss.-Glykol 1 : 3 in Ggw. von KOH; 63% bzw. 42%. *p-Toluidid*, $C_{25}H_{25}NO$, F. 184—185° (wss. Methanol). (—)-I, F. 135—139°, durch Zers. des Chinidinsalzes ($C_{38}H_{42}N_2O_4$, F. 188—192°, $[\alpha]_D^{25}$ +129°, c = 1,0, Chlf.) mit verd. HCl in Chlf. unter Eiskühlung u. Krist. aus Ae.; $[\alpha]_D^{28}$ —48,4° (c = 1,0, Bzl.); $[\alpha]_D^{28}$ —42,3° (c = 1,0; Chlf.); Rotationsdispersion in Dioxan; 88%. (+)-I, durch Zers. des Chininsalzes ($[\alpha]_D^{28}$ — 68°, c = 1,0; Chlf.); $[\alpha]_D^{25}$ 25° (c = 0,9; Chlf.). Rudolf Albrecht. B 123□

Absorptions- und Photoionisationskoeffizienten von Propylen und Buten-(1) im Vakuumultraviolett. J. A. R. Samson, F. F. Marmo und K. Watanabe. (J. chem. Physics **36**, 783—86, 1/2. 1962; Bedford, Mass., Geophys. Corp. of America; engl.) — Die Absorptions- u. Photoionisations-Koeff. von *Propylen* (I) u. *Buten-(1)* (II) wurden photoelektr. im Spektralbereich 1050—2000 Å bestimmt. Bei I wurden 2 Rydberg-Serien beobachtet mit Seriengrenzen bei 9,74 u. 9,80 eV. Nach den Photoionisations-Koeff.-Kurven betragen die Ionisationspotentiale für I 9,73 u. 9,80 u. für II 9,58 eV. W. Schramm. B 131□

Berechnung der Relaxationszeiten von polaren Molekülen in Lösung. K. C. Lal und H. N. Srivastava. (J. sci. ind. Res. [New Delhi], Sect. B **21**, 329—30, Juli 1962;

Lucknow, Lucknow Univ., Phys. Dep.; engl.) — Die nach der therm. Meth. bestimmten Relaxationszeiten von *Methanol, A., Propyl-, Hexylalkohol, Methylacetat, Methyl-* u. *Äthylbenzoat, n-Propylchlorid* u. *-bromid, n-Decylchlorid, o-Dichlor-* u. *o-Dibrombenzol, Benzylchlorid, Cyclohexylamin, Chlorcyclohexan, o-Anisidin, o-Chlor-, m-Chloranilin, o-* u. *m-Toluidin, Benzaldehyd* in Bzl., von *Aceton, Diäthyl-, Di-n-propyl-, Di-n-butylketon, Cyclopentan* u. *-hexan* in Hexan, von *Chlf.* u. *α-Bromnaphthalin* in Heptan werden den nach Debye [1928], nach Gierer u. Wirtz (vgl. C. **1955,** 1452) u. nach Murty (vgl. C. **1960,** 5435) berechneten gegenübergestellt. Die nach Debye berechneten Werte sind viel zu hoch, während die nach Wirtz oder Murty berechneten Werte bessere Übereinstimmung mit den beobachteten Werten geben. G. Pötzscher. B 132□

Elektrische Momente von α-Bromacetophenon und 2-Chlorcyclohexanon. Untersuchung des Temperatur- und Lösungsmitteleinflusses. Pierre Mauret und Jean Petrissans. (C. R. hebd. Séances Acad. Sci. **254,** 3662—64, 21/5. 1962; Paris, Coll. Scientif. Universit., Labor. de Chim.; franz.) — Vff. bestimmten in Abhängigkeit von Temp. u. Lsgm. die Dipolmomente von *2-Chlorcyclohexanon*: $\mu^{25^0}_{CCl_4}$ 3,48 ± 0,02 [D], $\mu^{50^0}_{CCl_4}$ 3,51 ± 0,03, $\mu^{25^0}_{Bzl.}$ 3,73 ± 0,02, $\mu^{50^0}_{Bzl.}$ 3,74 ± 0,03 u. *α-Bromacetophenon*: μ^{10^0} 3,14 ± 0,02, μ^{25^0} 3,16 ± 0,02, μ^{50^0} 3,19 ± 0,03 (alle in Cyclohexan), $\mu^{10^0}_{Bzl.}$ 3,36 ± 0,02, μ^{25^0} 3,36 ± 0,02, μ^{50^0} 3,36 ± 0,03. Innerhalb des untersuchten Bereichs sind die Momente demnach Temp.-unabhängig. Der in Übereinstimmung mit Kumler u. Huitric (vgl. C. **1957,** 1630) beobachtete Anstieg des Momentes mit der DK des Lsgm. wird auf die Zunahme der am stärksten polaren Form der Verbb. zurückgeführt.
J. Richter. B 132□

Das Dipolmoment und die Struktur von Thiolactamen. Calvin M. Lee und W. D. Kumler. (J. org. Chemistry **27,** 2052—54, Juni 1962; San Francisco, Calif., Univ. of California, San Francisco Med. Center, Dep. of Pharmaceutical Chem., School of Pharm.; engl.) — Eine Messung der Dipolmomente von Thiolactamen in Dioxan bei 30° gibt folgende Werte: *Thiopyrrolidon-(2)* (I) 5,07, *Thiopiperidon-(2)* (II) 5,15 u. *Thiocaprolactam* (III) 4,83 D. Diese Werte liegen um 1,0—1,3 D höher als die der entsprechenden Lactame. Im Vgl. zu den Lactamen liegen bei diesen Verbb. die Frequenzen der C=S-Valenzschwingung im IR niedriger (I 1115 cm^{-1}, II 1112, III 1117), die UV-Absorptionen bei größeren Wellenlängen u. zeigen höhere Extinktion: I 262 mμ (ε 14800), II 274 (13200), III 278 (15000). In den Thiolactamen ist also die ion. Form $\overset{+}{C}-\overset{-}{S}$ stärker beteiligt als die entsprechende Form in den Lactamen. Rudolf Albrecht. B 132□

Magnetische Resonanz von stark gekoppelten Kernspinsystemen. 1. Mitt. Verfeinerte Analyse von komplizierten NMR-Spektren. Yoji Arata, Hiroshi Shimizu und Shizuo Fujiwara. (J. chem. Physics **36,** 1951—56, 15/4. 1962; Tokyo, Japan, Univ. of Tokyo, Fac. of Sci., Dep. of Chem.; engl.) — Eine Meth., die auf der Meth. der kleinsten Quadrate basiert, zur Verfeinerung der Analyse hochaufgelöster NMR-Spektren wird entwickelt. Dazu ist es nötig, vorher eine Rohzuordnung der Multiplettlinien im Spektrum vorzunehmen. Die Meth. ist auf jedes Spinsyst. anwendbar u. wird an der Analyse der Spektren der Vinylprotonen von *Acrylsäure* u. *-äthylester* sowie *Vinylsulfonsäure* beschrieben. Aus den Ergebnissen folgt, daß die Meth. zur Analyse eines Spektrums mit überlagerten Linien geeignet ist. G. Pötzscher. B 137□

Elektrische Momente durch Extrapolation der Daten von Lösungsmittelgemischen. 4. Mitt. Amide und Thioamide. George K. Estok und Satya P. Sood. (J. physic. Chem. **66,** 1372—74, Juli 1962; San Diego, Calif., Univ. of San Diego, Men's Coll., Chem. Labor.; engl.) — 3. vgl. C. **1959,** 8088. — Mit der früher beschriebenen Meth. (vgl. C. **1958,** 4687) werden die Dipolmomente μ (D) in Bzl.–Dioxan-Gemischen extrapoliert auf die Werte im reinen Lsgm.: *Propion-* (I, F. 80°, Bzl.) μ 3,73 (Bzl.); 3,87 (Dioxan), *n-Butyr-* (II, F. 114—115°, CCl_4–PAe.) 3,78; 3,85; *Thioacetamid* (III, F. 112—113°, Bzl.) 4,53; 4,80; *Acet-* (IV, F. 114°, W.) 3,62; 3,97; *Benz-* (V, F. 163°, Methanol), 3,66; 3,94; *Thioacet-* (F. 75—76°, W.) 4,28; 4,64; *Thiobenzanilid* (F. 101,5—102,0°) 4,10; 4,53; *Thioharnstoff* (F. 180°) 5,0; 5,07. Ein merklicher Lsgm.-Effekt auf μ bei **IV** u. **V** wird auf H-Bindungen mit Dioxan zurückgeführt. **I, II** u. **III** zeigen im Bzl. eine Assoziation zu cycl. Dimeren über H-Brücken. G. Pötzscher. B 137□

Die Natur der Amidiniumgruppen. Robert C. Neuman jun., George S. Hammond und Thomas J. Dougherty. (J. Amer. chem. Soc. **84,** 1506—07, 20/4. 1962; Pasadena, Calif., California Inst. of Technol., Gates and Crellin Labor. of Chem.; Buffalo, N.Y., E.I. du Pont de Nemours and Comp., Yerkes Res. Labor.; engl.) — Die NMR-Spektren von *Acetamidiniumchlorid, -nitrat, N.N'-Dimethylacetamidiniumchlorid* (I), *α.α'-Azo-bis-[isobutyramidiniumnitrat]* u. *α.α'-Azo-bis-[N.N'-äthylenisobutyramidiniumnitrat]* in Dimethylsulfoxid, von I auch in W. u. H_2SO_4-W. werden untersucht. Folgende Ergebnisse werden erhalten: Die Rotation um die C⩦N-Bindungen ist beschränkt.

I existiert in einer Konfiguration mit magnet. nicht äquivalenten $H_{(N)}$-Atomen u. $CH_{3(N)}$-Gruppen, u. die beiden N-Atome unterscheiden sich in ihrer chem. Reaktivität. Am Protonenaustausch in schwach sauren Lsgg. nehmen OH^--Ionen teil, in stark sauren Lsgg. die 2. konjugierten Säuren. G. Pötzscher. B 137□

Elektronenspinresonanz eines bestrahlten Einkristalls von deuterierter DL-Weinsäure. D. V. G. L. Narasimha Rao und Walter Gordy. (J. chem. Physics **36,** 1143—45, 1/3. 1962; Durham, N.C., Duke Univ., Dep. of Phys.; engl.) — Das Elektronenspinresonanzspektrum eines γ-bestrahlten (20 Std.) Einkristalls von *DL-Weinsäure* (I) (durch langsame Verdunstung der wss. Lsg. erhalten) war komplex, aber das Spektrum eines bestrahlten Einkristalls von in den OH- u. COOH-Gruppen deuteriertem I (krist. aus 99,5% D_2O) konnte analysiert werden. Für einige Orientierungen des Kristalls im äußeren magnet. Feld wurde ein nicht aufgelöstes Dublett mit schwachen Satelliten bei einer Trennung von 5 Gauß bei 9 u. 13 Gauß bei 23 kMHz beobachtet. Die Satellitenlinien rühren von Übergängen 2. Ordnung her. Die Analyse des Spektrums spricht für das Vorliegen des freien Radikals DO(O)C—$\dot{C}$(OD)—CH(OD)—C(O)OD. Die g-Werte in den Hauptrichtungen sind 2,0025, 2,0026 u. 2,0047. Die Hauptelemente der Kernkopplung der CH-Protonen sind $\pm$ 0,2, $\pm$ 1,1 u. $\pm$ 6,5 Gauß. W. Schramm. B 137□

NMR eines Einkristalls von Glycin. W. E. Webb und W. G. Moulton. (J. chem. Physics **36,** 1911—13, 1/4. 1962; Alabama, Univ. of Alabama, Dep. of Phys.; engl.) — Die NMR-Absorption eines Einkristalls von *Glycin* wurde bei 77 u. 293° K bei verschiedenen Orientierungen im äußeren Magnetfeld beobachtet. Auf der Grundlage der nach Van Vleck berechneten theoret. 2 Momente wird geschlossen, daß die NH_3^+-Gruppe ein regulärer Tetraeder ist, dessen Achse längs der C—N-Bindung liegt. Der N—H-Bindungsabstand beträgt 1,077 $\pm$ 0,01 Å. W. Schramm. B 137□

Elektronenspinresonanz von bestrahlten Alanin-Einkristallen: gehinderte Rotation der Methylgruppe in einem freien Radikal. Ichiro Miyagawa und Koichi Itoh. (J. chem. Physics **36,** 2157—63, 15/4. 1962; Minatoku, Tokyo, Japan, Univ. of Tokyo, Inst. for Solid State Phys.; engl.) — Einkristalle von γ-bestrahltem *dl-* u. *l-Alanin* (I) zeigen bei 9 kMHz dasselbe ESR-Spektrum; jedoch gibt *l*-I nach der Behandlung mit D_2O bei gleicher Hyperfeinstruktur eine schärfere Linienbreite. Zwischen 110 u. 210° K ist die Absorption von der Temp. abhängig, was darauf zurückgeführt wird, daß die Reorientierung der CH_3-Gruppe im gebildeten Radikal, wahrscheinlich $CH_3\dot{C}HCO_2^-$, bei tiefen Temp. unterdrückt wird. Unter Verw. einer modifizierten Bloch-Gleichung wurde die Lebensdauer τ der Reorientierung berechnet; nach $1/\tau = \nu_0 \exp(-E/RT)$ ergibt sich für die Rotationsbarriere E 3,6 $\pm$ 0,2 (kcal/Mol) u. den Frequenzfaktor ν_0 $(10 \pm 4) \cdot 10^{12}$ (s^{-1}) für *l-* u. *dl*-I. Aus der Analyse der Hyperfeinkonst. bei 77° K wurde die Richtung jeder CH-Bindung der CH_3-Gruppe bestimmt. Bei der Bestrahlung werden einige Atome der Stamm-Verbb. beträchtlich aus ihrer ursprünglichen Lage verschoben. G. Pötzscher. B 137□

Elektronenspinresonanzuntersuchung der Strahlungsschädigung in Einkristallen von dl-Asparaginsäure. Thadho S. Jaseja und Roy S. Anderson. (J. chem. Physics **36,** 2727—30, 15/5. 1962; College Park, Md., Univ. of Maryland, Dep. of Phys.; Worcester, Mass., Clark Univ., Dep. of Phys.; engl.) — Das Elektronenspinresonanzspektrum von *dl-Asparaginsäure* wurde nach Röntgenbestrahlung bei Raum-Temp. untersucht. Das Spektrum der *deuterierten Verb.* zeigte keine wesentlichen Unterschiede. Die Analyse ergab, daß durch die Bestrahlung unter Entfernung der Aminogruppe das Radikal HOOC—CH_2—$\dot{C}$H—COOH gebildet wird. Die 3 Protonen neben dem einsamen Elektron sind nicht äquivalent. Die isotropen π-Elektron-π-Proton-Hyperfeinkopplungs-Konst. betragen 115 $\pm$ 2 u. 18 $\pm$ 2 MHz. Zwei nicht äquivalente Radikallagen wurden entdeckt; der Winkel zwischen deren $\dot{C}$—H-Bindung beträgt 60 $\pm$ 10°. Die Deutung der π-Protonenkopplungs-Konst. zeigte, daß eine der Methylen-C—H-Bindungen parallel zum π-Orbital des ungepaarten Elektrons liegt, die andere bildet einen Winkel von 113° mit dieser Richtung. W. Schramm. B 137□

Lösungsmitteleffekte in kernmagnetischen Protonenresonanzspektren von substituierten Benzolen. P. Diehl. (Helv. chim. Acta **45,** 568—80, 15/3. 1962; Basel, Univ., Phys. Inst.; dt.) — Vgl. C. **1962,** 10033. — Die Lsgm.-Effekte von Aceton u. Bzl. auf die chem. Verschiebungen der Protonen in den kernmagnet. Resonanzspektren einiger disubstituierter Benzole werden untersucht. Die Effekte lassen sich auf Beiträge der einzelnen Substituenten zurückführen. Diese Beiträge sind additiv für p- u. m-Substituenten, wenn keine mesomere Wechselwrkg. zwischen den Substituenten vorhanden ist. Abweichungen von der Additivität treten bei o-substituierten Verbb., wie *1.2-Di-* u. *1.2.3-Trichlorbenzol,* auf. Die Lsgm.-Effekte von Aceton u. Bzl. auf m- u. p-disubstituierte Benzole sind proportional dem Hammettschen Parameter $\sigma_i + {}^1/_2\,\sigma$

als Maß der Ladungsdichte in m- u. p-Stellung des entsprechenden monosubstituierten Benzols. Der Lsgm.-Effekt von Aceton kann zusätzlich qual. als der eines inhomogenen elektrostat. Rk.-Feldes erklärt werden. Mit den gemessenen Lsgm.-Effekten können Voraussagen für mono- u. polysubstituierte Benzole getroffen werden. Folgende Verbb. wurden untersucht: *p*-XC_6H_4Y; X = *F*; Y = *F*; *F, Cl*; *F, Br*; *F, J*; *F*, CH_3; *F, CN*; *F*, NO_2; *F*, OCH_3; *Cl, Cl*; *Cl, Br*; *Cl, J*; *Cl*, CH_3; *Cl, CN*; *Cl*, NO_2; *Br, Br*; *Br, J*; *Br*, CH_3; *Br*, OCH_3; *J, J*; *J*, CH_3; CH_3, CH_3; CH_3, *CN*; CH_3, NO_2; NO_2, NO_2; NO_2, OCH_3; OCH_3, OCH_3; NH_2, *F*; NH_2, *Cl*; NH_2, *Br*; NH_2, *J*; NH_2, NO_2; *Cl, OH*; *Br, OH*; CH_3, *OH*; NO_2, *OH*; CO_2CH_3; CO_2CH_3; m-$C_6H_4X_2$: X = *Br*; *Cl*; OCH_3; NO_2; CO_2CH_3; *OH*. G. Pötzscher. B 137□

Störungen der Kernquadrupolkopplungskonstanten im festen Zustand. Richard Bersohn. (J. appl. Physics, Suppl. zu **33**, Nr. 1, 286—89, Jan. 1962; New York, N.Y., Columbia Univ., Dep. of Chem.; engl.) — Für *1.3.5-Trichlorbenzol* (I) wurden Kernquadrupolresonanzfrequenzen (KR) auf Grund des berechneten äußeren Feldes den Lagen in der Elementarzelle zugeordnet. Es wird angenommen, daß Verschiebungen der Resonanzfrequenzen der Kerne an äquivalenten Stellen hauptsächlich auf elektr. Felder im Kristall zurückgeführt werden können. Die Berechnungen an I u. auch CH_3Cl zeigen weiterhin, daß ein Teil der beim Übergang vom gasförmigen zum fl. Zustand auftretenden Verschiebung der KR Nullpunktstorsionsschwingungen zugeordnet werden muß. W. Schramm. B 137□

Magnetische Susceptibilität kristalliner, stabiler freier Radikale im Bereich von 77—293° K. William Duffy jun. (J. chem. Physics **36**, 490—93, 15/1. 1962. Santa Clara, Calif., Univ. of Santa Clara, Dep. of Phys.; engl.) — Die stat. Susceptibilität von gepulverten Proben der freien Radikale *Pikryl-n-aminocarbazyl, Wursters Blau* (I; *1-Dimethylammonio-4-dimethylaminobenzolperchlorat*), *1.1-Diphenyl-2-pikrylhydrazyl* (*DPPH*) u. *1.3-Bis-diphenylen-2-phenylallyl* (*BDPA*) wurden als Funktion der Temp. im Bereich 77—293° K mit einer neu konstruierten Mikrowaage vom Faraday-Typ (Abb.) gemessen. Alle Radikale zeigen negative paramagnet. Curie-Punkte mit Werten im Bereich —51 bis —6° K. Für I wird die Néel-Temp. bei 186° K gefunden. W. Schramm. B 137□

Die Struktur von Humulen. Sukh Dev. (Tetrahedron Letters [London] **1959**, Nr. 7, 12—15, Juli; Bangalore, Indian Inst. of Sci., Org.-Chem. Dep.; engl.) — Vorläufige Mitt. zu C. **1961**, 12783. B.-G. Brodda. B 137□

Elektronenspinresonanz des Tetraphenylpyrrylradikals. S. M. Blinder, M. L. Peller, N. W. Lord, L. C. Aamodt und N. S. Ivanchukov. (J. chem. Physics **36**, 540—**44**, 15/1. 1962; Silver Spring, Md., Johns Hopkins Univ., Appl. Phys. Labor.; engl.) — Vff. stellten durch Oxydation von Tetraphenylpyrrol mit PbO_2 in Bzl. im Dunkeln unter N_2 das freie Radikal *2.3.4.5-Tetraphenylpyrryl* (I) her. Die Lsg. des Radikals ist rosafarben mit einem Absorptionsmaximum bei 563 mμ. I gibt in verd. O_2-freier Lsg. ein an Hyperfeinstruktur reiches Elektronenspinresonanzspektrum, in dem 7 peaks mit binominaler Intensitätsverteilung beobachtet werden, die annähernd gleichen isotropen Hyperfeinwechselwrkg. der 6 o- u. p-Protonen der 2- u. 5-Phenylgruppen zugeschrieben werden. Eine MO-Berechnung der Spindichten im Pyrrylring steht damit in qual. Übereinstimmung. Die I-Konz. kann durch UV-Bestrahlung erhöht werden, sie fällt danach in einer Rk. 2. Ordnung wieder auf den ursprünglichen Wert ab. Die I-Konz. kann auch mit der Temp. erhöht werden, die I-Lsg. zeigt daher phototropes u. thermochromes Verhalten. Es wird angenommen, daß 1. I sich spontan dimerisiert, bis sich ein Gleichgewicht zwischen I u. dem Dimeren eingestellt hat u. 2. das Dimere der Photodissoziation zu I unterliegt. W. Schramm. B 137□

ESR-Spektrum des 4.4′-Dipyridylradikals. F. Bruin, F. W. Heineken, M. Bruin und A. Zahlan. (J. chem. Physics **36**, 2783—85, 15/5. 1962; Beirut, Lebanon, American Univ. of Beirut, Phys. Dep.; engl.) — Das hochaufgelöste ESR-Spektrum des *Radikals von Dipyridyl-(4.4′)* (I; *Tony Blau*) u. zum Vgl. von $D_{2(N.N)}$-I wurde aufgenommen u. analysiert. Das Spektrum besteht aus 153 Linien bei einer Linienbreite von weniger als 0,1 Gauß. — I wird durch Sonnenbestrahlung von Dipyridyl-(4.4′) in alkohol. Lsg. während einiger Min. hergestellt. Die I-Lsgg. sind bei höherer Konz. tief ultramarinblau, bei niedriger Konz. violett. I ist sehr stabil bei Ausschluß von O_2, läßt sich aber leicht zu einem nichtreduzierbaren gelben Prod. oxydieren. W. Schramm. B 137□

Über Protolysengleichgewichte von Hydroxyazoverbindungen und eine basizitätserhöhende Wirkung von acidifizierenden Substituenten. Vorl. Mitt. A. N. Roseira, O. A. Stamm, A. Zenhäusern und H. Zollinger. (Chimia [Aarau, Schweiz] **13**, **366** bis 368, 6/11. 1959; Basel, Univ., Inst. für Farbenchem.; dt.) — Acidifierende Substituenten am Phenylrest in *4-[X-Phenylazo]-naphthol-(1)-sulfonsäuren-(6)* (AS) bzw. in 3′- oder 4′-Stellung in *4-Amino-*, *4-Monoalkylamino-* u. *4-Dialkylaminoazobenzol*-Derivv. bewirken eine

Basizitätserhöhung, was auf eine Überlagerung der Protolyse durch Assoziationsgleichgewichte zurückgeführt wird. Nachst. pK_2-Werte von AS wurden neu bestimmt: X = *p-Methoxy-* (pK_2 = 7,30), *p-Methyl-* (7,30), *m-Methoxy-* (7,45), *p-Chlor-* (7,40), *m-Acetyl-* (7,48), *m-Chlor-* (7,49), *m-Nitro-* (7,47), *p-Acetyl-* (7,94), *p-Cyan-* (7,81), *p-Nitro-* (8,08). K. Zieloff. B 139

Relative Acidität der Hydroxylgruppen von D-Glucose, α- und β-Methylglucosiden, Maltose und Cellobiose. W. A. Derewitzkaja, G. Ss. Smirnowa und S. A. Rogowin. (Доклады Академии Наук СССР [Ber. Akad. Wiss. UdSSR] **141**, 1090—92, 11/12. 1961; Moskau, Textil-Inst.; russ.) — Die potentiometr. Titration von *β-Methyl-d-glucosid, Cellobiose, α-Methyl-d-glucosid, Maltose* u. *Glucose* in Äthylendiamin mit 0,1n propanol. KOH ergab, daß der Dissoziationsgrad der $C_{(2)}$-Hydroxylgruppe bei den Verbb. in vorst. Reihenfolge abnimmt. Der Dissoziationsgrad ist vom Aglykon abhängig, wie der Vgl. mit Cellobiose zeigt. Die Ergebnisse stimmen mit der Tatsache überein, daß Cellulose relativ reaktionsfreudiger als Amylose ist. Die Rk. mit Basen erfolgt bei Cellulose im 1. Stadium selektiv am $C_{(2)}$-Hydroxyl, nicht aber bei Amylose. Die unterschiedliche Acidität könnte auf der Festigkeit der H-Bindungen zwischen den Substituenten an $C_{(1)}$ u. $C_{(2)}$ beruhen. Helmut Schäfer. B 139

Über die Wirkungsweise von Inhibitoren bei polarographischer Reduktion organischer Verbindungen. 2. Mitt. L. Holleck, B. Kastening und R. D. Williams. (Z. Elektrochem., Ber. Bunsenges. physik. Chem. **66**, 396—401, 1962; Hamburg, Univ., Inst. für Phys. Chem.; dt.) — 1. vgl. C. **1961**, 6440. — Der Einfl. von Inhibitoren auf die Sekundär-Red. der NO_2-Gruppe von *p-Nitrochlorbenzol* (I) wird untersucht. In der Reihe *Cyclopentanon-, Benzaldoxim, n-Valero-, Benzo-* (II), *p-Tolunitril* (III), *Dibenzyl* (IV), *Diphenylsulfoxid* (V), *Dibenzylsulfid* nimmt die Inhibitor-Konz. ab, die die gleiche Verschiebung der 2. Stufe von I bewirkt. Die Wirksamkeit steigt also über die Oxime, Nitrile, Sulfoxide zu den Sulfiden an, jedoch hat die qual. Einordnung in diese Reihe nur begrenzten Wert, wie sich aus der Auswertung der Durchtritts-Geschw., des Durchtrittsfaktors α u. der Abhängigkeit von der Inhibitor-Konz. ergibt. Die weitgehende Konstanz von α über einen weiten Potentialbereich macht nicht nur einen in jedem Fall gleichartigen Mechanismus wahrscheinlich, sondern auch das Fehlen eines merklichen Potentialeinfl. auf das Mischadsorptionsgleichgewicht zwischen Depolarisator u. Inhibitor. In die Geschw.-Konst. geht die Inhibitor-Konz. mit einem Exponenten $\varkappa$ ein, der für den Inhibitor charakterist. ist: *Triphenylphosphinoxid*, $\varkappa$ = 0,48, II 3,0, III 2,05, IV 1,05, V 1,17, *Diphenylsulfon* 2,9. $\varkappa$ ist ungefähr proportional der Mol.-Größe des Inhibitors, was durch statist. Überlegungen gedeutet wird. G. Pötzscher. B 142□

Thermodynamik der Löslichkeit in der chemischen Verfahrenstechnik. J. M. Prausnitz. (J. physic. Chem. **66**, 640—45, April 1962; Berkeley, Calif., Univ. of California; engl.) — Es wird die Anwendung der halbempir. Beziehung von Hildebrand (vgl. auch Benesi u. Hildebrand, C. **1949**, E. 4024) auf die Eigg. von Gasen (als Beispiele: CH_4, C_2H_4, N_2, CO, C_2H_6, O_2, Ar, CO_2, Cl_2, Kr, Rn) in typ. unpolaren Fll. u. auf die Lsgm.-Selektivität zur extraktiven Dest. von KW-Stoffen beschrieben. Die verschiedenen Einfl. auf die Selektivität, wie Mol.-Größe u. Komplex-Bldg., werden an Hand der Syst. *Nitroäthan* (I)/*n-Hexan*, I/*Hexen-(1)*, I/*Hexadien-(1.5)*, I/*Hexin-(1)*, I/*Bzl.*, I/*Toluol* sowie von Lsgg. verschiedener KW-Stoffgemische [*Paraffin-*(P.)*-Gemisch*, P./*Bzl.*, P./*Penten-(1)*, *Cyclohexan/Bzl.*] in *Furfurol, Methyläthylketon* u. *Phenol* behandelt. Auf Anderson (Dissertation, Berkeley, Univ. of California [1961]) wird bzgl. der Daten anderer ungesätt. KW-Stoffe hingewiesen. Wolfgang Krüger. B 150□

Gleichgewichtsgleichungen für das System Äthylalkohol – Wasser bei atmosphärischem Druck. W. I. Dewjatko und W. N. Stabnikow. (Известия Высших Учебных Заведений (Краснодар), Пищевая Технология [Hochschulnachr. (Krasnodar), Nahrungsmittel-Technol.] **1962**, Nr. 1, 101—08; Kiew, Technolog. Inst. für Lebensmittel, Lehrstuhl für höhere Mathematik; Lehrstuhl für Prozesse u. App.; russ.) — Im Gleichgewicht des Syst. *A.–W.* bei atmosphär. Druck kann das Verhältnis des A.-Geh. der dampfförmigen (A) u. der fl. Phase (a) durch die Gleichungen: $A = a/(ma + n)$ bzw. $A = k \cdot lg(a + 1)$ ausgedrückt werden, wobei m, n u. k für verschiedene Bereiche von a festgestellte Koeff. sind (a = 0—95,57 Gew.-%). Die mittlere Abweichung zwischen den berechneten u. experimentellen Werten beträgt 2%.
S. Baryschnikow. B 150

Molwärmen und thermodynamische Eigenschaften von Kugelmolekülen. 3. Mitt. **Zwei methylsubstituierte Polythiaadamantane.** Shu-Sing Chang und Edgar F. Westrum jun. (J. physic. Chem. **66**, 524—27, März 1962; Ann Arbor, Mich., Univ. of Michigan, Dep. of Chem.; engl.) — 2. vgl. C. **1961**, 5744. — Die Molwärmen C_p von *1.3.5.7-Tetramethyl-2.4.6.8-tetra-* (I) u. *-2.4.6.8.9.10-hexathiaadamantan* von 5—350°K wurden durch adiabat. Calorimetrie bestimmt u. daraus die thermodynam. Funktionen berechnet. In dem beobachteten Temp.-Bereich treten keine therm. Anomalien auf. Es ergeben sich für 273,15° K folgende Werte: I C_p 65,71; S^0 65,93; $-(F^0 - H^0_0)/T$ 31,84 (alle in cal/Grad·Mol); II 67,74; 70,63; 34,39.

Versuche: *1.3.5.7-Tetramethyl-2.4.6.8-tetrathiaadamantan*, $C_{10}H_{16}S_4$, F. 168° (abs. Methanol), durch Einleiten von H_2S in eine mit HCl bei 0° gesätt. Lsg. von Acetylaceton in abs. A. bei Trockeneis-Temp.; prismat. Nadeln. — *1.3.5.7-Tetramethyl-2.4.6.8-9.10-hexathiaadamantan*, $C_8H_{12}S_6$, F. 232° (Zers.; abs. Methanol), durch Kochen von Thiolessigsäure mit geschmolzenem $ZnCl_2$. G. Pötzscher. B 151□

Bestimmung des Assoziationsgrades von reinen Flüssigkeiten nach der Ultraschallmethode. M. G. Seshagiri Rao und B. Ramachandra Rao. (J. sci. ind. Res. [New Delhi], Sect. B **21**, 331—32, Juli 1962; Waltair, Andhra Univ., Phys. Dep.; engl.) — Für folgende Fll. werden aus den Abweichungen von der Jacobsonschen Gleichung (vgl. C. **1954**, 5718), bei der die durch Ultraschall bestimmte adiabat. Kompressibilität β in Beziehung zur freien Weglänge (aus Daten der krit. Temp.) gesetzt wird, die Assoziationsfaktoren x bei 20° ermittelt: *W.* ($\beta \cdot 10^{12}$ = 45,35 cm²/dyn; x = 5,299), *Essig-* (72,10; 2,288), *Propion-* (73,00; 2,032), *Buttersäure* (72,00; 1,807), *A.* (91,10; 2,175), *Methyl-* (100,00; 2,639), *n-Propyl-* (83,20; 1,403), *n-Butyl-* (76,90; 1,191), *Isobutyl-* (83,60; 1,119), *tert.-Butylalkohol* (95,00; 1,002), *Aceto-* (75,30; 1,807), *Propionitril* (78,70; 1,667) u. *Phenol* (38,81; 1,132). Die danach bestimmten x-Werte sind mit den von Ramsey u. Shields [1893] aus der Oberflächenspannung ermittelten in guter Übereinstimmung; in einigen Fällen ist die Übereinstimmung jedoch besser für ebullioskop. u. kryoskop. bestimmte x-Werte. G. Pötzscher. B 159□

Zu den Berechnungsmethoden der Eigenschaften von ternären und quaternären Systemen. Viscosität und spezifisches Gewicht des quaternären nichtreziproken Systems Wasser–Methanol–Äthanol–Glycerin. Ss. D. Gromakow und A. P. Tscherkassow. (Журнал Физической Химии [J. physik. Chem.] **32**, 2473—78, Nov. 1958; Kasan, Staatl. Uljanow-Lenin-Univ.; russ.) — Die von Gromakow (C. **1959**, 8470) vorgeschlagenen Interpolationsformeln zur Berechnung der Eigg. tert. u. quart. Syst. aus den Angaben der bin. wird am quart. Syst. *W.–Methanol–A.–Glycerin* experimentell durch Best. von spezif. Gew. u. Viscosität geprüft. Die maximale Differenz zwischen experimentellen u. berechneten Werten beträgt für das spezif. Gew. 0,5%, für die Viscosität 10—15%. Da jedoch die Differenzen zwischen den Viscositäten der einzelnen Komponenten außergewöhnlich groß sind, ist diese Meth. zur Berechnung von Näherungswerten ausreichend. Unter Verw. der vorgeschlagenen Interpolationsformeln arbeiten Vff. eine Meth. zur zahlenmäßigen Berechnung der Eigg. quart. Syst. aus.
U.-L. Rau. B 172□

Versuch zur Berechnung der Taft-Konstanten σ^*. Rudolf Zahradník. (Nature [London], Suppl. zu **184**, Nr. 24, 1865, 12/12. 1959, Praha, Inst. of Ind. Hyg. and Occupat. Dis.; engl.) — Vf. versuchte die Berechnung der Taft-Konstanten σ^* (C. **1954**, 739) für einen polaren Substituenten, die mit der Elektronendichte (berechnet nach Del Re, C. **1960**, 12964) an demjenigen C-Atom (C_f) in linearer Beziehung steht, mit dem die funktionelle Gruppe verbunden ist; es ergab sich die Funktion $\sigma^* = a + b\, q_f$ [a u. b sind numer. Konst., die für reine Alkylgruppen (*CH_3, C_2H_5, n-C_3H_7, iso-C_3H_7, tert.-C_4H_9*; a = —0,485, b = —5,30) negativ, für Cl-substituierte Alkylgruppen (*$ClCH_2$, Cl_2CH, Cl_3C*; a = 0,642, b = 7,08) positiv sind, q_f = Elektronendichte an C_f]. Vorst. Gleichung erlaubt die Berechnung von σ^* von Verbb., für die experimentelle Daten nicht vorliegen.
E. Uhlein. B 182□

Korrelation zwischen spektroskopischen und elektroneninterferometrischen Werten. S. J. Cyvin. (Tidsskr. Kjemi, Bergves. Metallurgi **19**, 83—85, 8/7. 1959; Trondheim, NTH, Inst. for teoret. kjemi.; norw.) — Man kann sowohl aus der Elektronenbeugung als auch aus spektroskop. Messungen die Atomabstände u. die Standardabweichungen von diesen („mittlere Schwingungsamplitude“) erhalten. Solche Verss. an *Trifluorchlormethan, Bzl.* u. *Allen* führen zur Ableitung von Gleichungen für die vergleichende Berechnung der Gleichgewichtsparameter aus elektroneninterferometr. u. spektroskop. Daten. Die Abweichungen von *Kohlensuboxid*, C_3O_2 u. *Dimethyldiacetylen* [*Hexadiin-(2.4)*] von der Linearität werden erörtert. Die Verw. von Elektronenbeugungs-Unterss. zur Best. von Kraft-Konst. wird am Beispiel von *BF_3* erläutert.
R. K. Müller. B 182□

Bestimmung der Molekularstruktur von CF_3NO_2 und CBr_3NO_2 mittels Elektronenbeugung. I. L. Karle und J. Karle. (J. chem. Physics **36**, 1969—73, 15/4. 1962; Washington, D.C., U.S. Naval Res. Labor.; engl.) — Mittels der quant. Sektormikrophotometer-Meth. der Elektronenbeugung wurde die Mol.-Struktur von *Brom-* (I) u. *Fluorpikrin* (II) untersucht. Folgende Parameter wurden gefunden: I N—O 1,22 (Å); C—N 1,59; C—X 1,92; ∢ XCX 110° 18′; ∢ XCN 108° 18′; ∢ ONO 134°; ∢ CNO

110° 40'; II 1,21; 1,56; 1,325; 110°; 109°; 132°; 112°. Die C—N- u. N—O-Bindungen sind danach sehr lang. Die CNO_2-Gruppe ist nicht eben, u. das Mol. nimmt eine gauche-Konfiguration ähnlich wie andere Äthan-Derivv. ein. G. Pötzscher. B 182□

Theorie der Resonanzübertragung von Energie zwischen organischen Molekülen mit Doppelbindungen. Alojzy Gołębiewski und Andrzej Witkowski. (Roczniki Chem. [Ann. Soc. chim. Polonorum] **33**, **1443—53**, **1959**; Kraków, Uniw. Jagielloński, Kat. Chem. teoret.; pol.) — Die Theorie der Resonanzübertragung von Energie nach Dexter (vgl. C. **1954**, 7346) wird für kleine Entfernungen R zwischen den Moll. (Mol.-Abstand) umgeformt. Die Wahrscheinlichkeit des Energieübergangs P ist bei kleinem R von der Form $P \sim R^{-n}$ $(2 < n < 6)$, bei größeren $P \sim R^{-6}$. Eine Gleichung für P für die π—π-Wechselwrkg. u. für die niedrigsten Singulett—Singulett-Übergänge von alternierenden KW-Stoffen (*Naphthalin, Anthracen, Butadien*) wird aufgestellt.
F. Urban. B 182□

Berechnung der Lage der p-Banden von aromatischen, polycyclischen Kohlenwasserstoffen durch die Methode mit begrenzter Konfigurationswechselwirkung. J. Koutecký, J. Paldus und R. Zahradník. (J. chem. Physics **36**, 3129—34, 15/6. 1962; Prague, Czechoslov. Acad. of Sci., Inst. of Phys. Chem.; engl.) — Mit der halbempir. Meth. begrenzter Konfigurations-Wechselwrkg. in einer π-Elektronennäherung bei Benutzung Hückelscher Mol.-Bahnen wird die Lage der p-Banden von *Bzl., Naphthalin, Phenanthren, Anthracen, 3.4-Benzophenanthren, Pyren, Chrysen, Tetracen, 1.2-Benzanthracen, Picen, Perylen, Pentaphen, 1.2-* u. *3.4-Benzopyren, 1.2;3.4-* u. *1.2;5.6-Dibenzanthracen, Pentacen, 3.4;9.10-* u. *3.4;8.9-Dibenzopyren* u. *Coronen* berechnet u. gute Übereinstimmung mit früher beobachteten Werten gefunden. Berücksichtigung der Konfigurations-Wechselwrkg. in dem von Pople (C. **1959**, 1389) betrachteten Ausmaß gibt eine weniger gute Übereinstimmung zwischen beobachteten u. berechneten Werten. Es wird gezeigt, daß die Beiträge der Elektronenabstoßungsintegrale nahezu konst. sind innerhalb dieser Klasse von KW-Stoffen, zu der auch *Triphenylen, 1.2;7.8-Dibenzanthracen, 3.4;5.6-Dibenzophenanthren, 1.12-Benzoperylen, Ovalen, Anthanthren, Anthraceno-[1'.2':2.1]-anthracen, 1.2;3.4-Dibenzopyren, Violanthren, Isoviolanthren, Bisanthren, 1.14-Benzobisanthren, 1.2;3.4;9.10-Tribenzopyren, Peropyren, 1.2-* u. *3.4-Benzotetraphen, 1.2-* u. *5.6-Benzochrysen, 1.2;3.4;5.6-Tribenzanthracen, 1.2-Benzotetracen, 1.2;7.8-Dibenzotetracen, Zethren, 2.3;8.9-Dibenzoperylen, 1.2;7.8-Dibenzanthanthren* gehören. Das Versagen der Hückelschen Näherung für die Spektren von Verbb. mit konjugierten Doppelbindungen, die zu anderen KW-Stoffklassen gehören, wird damit erklärt, daß der Beitrag der Abstoßungsintegrale bei Polyenen (*Äthylen, Butadien, Hexatrien, Octatetraen, Decapentaen, Tetradecaheptaen* u. *Diphenyl, α.ω-Diphenyläthylen, -butadien, -hexatrien, -octatetraen, -decapentaen*) größer u. bei Tropylium-Derivv. (Kationen: *Tropylium, Benzo-, Naphtho-[1'.2']* u. *-[2'.3']-, 1.2;3.4-, 1.2;4.5-Dibenzo-* u. *Tribenzotropylium*) beträchtlich kleiner ist. G. Pötzscher. B 182□

Über die Dipolmomente und chemischen Eigenschaften von Pyrazol und Imidazol. H. Hamano und H. F. Hameka. (Tetrahedron [London] **18**, 985—90, Aug. 1962; Baltimore, Md., Johns Hopkins Univ., Dep. of Chem.; engl.) — Nach der LCAO-MO-Theorie werden die Coulomb-Parameter für N u. NH unter expliziter Berücksichtigung der Momente der σ-Elektronen u. der einsamen Elektronenpaare aus Berechnungen der Dipolmomente μ von *Pyridin* u. *Pyrrol* bestimmt. Mittels dieser Parameter werden die μ-Werte von *Pyrazol* u. *Imidazol* berechnet. Die Übereinstimmung mit beobachteten Werten ist befriedigend. Die π-Elektronendichten werden im Zusammenhang mit den elektrophilen Substitutions-Rkk. sowie den bas. u. sauren Eigg. dieser Verbb. diskutiert.
G. Pötzscher. B 182□

Stufenweise Elektronenabspaltung aus einem Tetraaminoäthylen. David M. Lemal und Kenneth I. Kawano. (J. Amer. chem. Soc. **84**, 1761—62, 5/5. 1962; Madison, Wis., Univ. of Wisconsin, Dep. of Chem.; engl.) — Durch Einw. von Mesityl-MgBr auf 1.3-Diphenylimidazoliniumperchlorat in Tetrahydrofuran bei 25° wird *Bis-[1.3-diphenylimidazolidinyliden-(2)]* (I) erhalten. Die Lsgg. von I färben sich beim Stehen an der Luft violett unter Bldg. eines *Radikalkations* (RK) durch Abgabe eines Elektrons von I; seine Existenz wird mit Hilfe des elektronenmagnet. Resonanzspektrums bewiesen. Eine einfache LCAO-MO-Berechnung für das Tetraaminoäthylen-Syst. zeigt, daß die Delokalisationsenergie von RK u. die Spindichten am N groß sind. Die Oxydation von I mit J_2, $AgNO_3$ oder $AgClO_4$ führt stufenweise über das RK zum *Bis-[1.3-diphenylimidazolinyl-(2)-ium]-Salz*, das durch Zugabe von I wieder zum RK, durch fein verteiltes Ag bis zum I red. wird.

Versuche: *Bis-[1.3-diphenylimidazolinyl-(2)-ium]-dijodid*, F. 294—295° (Acetonitril), aus I u. J_2 in Acetonitril; orangerote Kristalle. — *-dinitrat*, F. 242—243° (Acetonitril–Bzl.), aus I u. $AgNO_3$ in Acetonitril; gelbe Prismen. Ergibt mit wss. Base *1.3-Di-*

phenylimidazolidon-(2), 77% (Ausbeute), u. *N-Formyl-N.N'-diphenyläthylendiamin*, 79%. — *-diperchlorat*, $C_{30}H_{28}Cl_2N_4O_8$, F. 341—342° (Acetonitril), aus I u. $AgClO_4$; gelbe Kristalle. A. Trede. B 182□

Länge der Wasserstoffbrücken und Orientierung der vier Arten von Kristallwasser-Molekülen im Seignettesalz. Michel-Pierre Bernard. (C. R. hebd. Séances Acad. Sci. **250**, 3819—21, 8/6. 1960; franz.) — Strukturverfeinerung an Hand des IR-Spektrums (C. **1960**, 15650) u. des Röntgendiagramms (Beevers u. Hughes, Proc. Roy. Soc. [London], Sect. A **177**, [1941], 251). A. Blaschette. B 195□

Die Struktur von Geigerin: Röntgenanalyse von Bromgeigerinacetat. J. A. Hamilton, A. T. McPhail und G. A. Sim. (J. chem. Soc. [London] **1962**, 708—16, März; Glasgow, Univ., Chem. Dep.; engl.) — Ausführliche Wiedergabe (Angabe der Atomkoordinaten, intra- u. intermol. Abstände u. Winkel) zu C. **1962**, 6724. G. Pötzscher. B 195□

Bestimmung der Elastizitätskonstanten tetragonaler (4, $\bar{4}$, 4/m)-Kristalle durch die Untersuchung der diffusen Röntgenstrahlreflexionen. R. C. Srivastava und S. C. Chakraborty. (Indian J. Physics Proc. Indian Assoc. Cultivat. Sci. **34** (43), 253—59, Juni 1960; Allahabad, Univ. of Allahabad, Phys. Dep.; engl.) — Theoret. Beziehungen zwischen der Intensität diffuser Röntgenstrahlen an Kristallen u. deren Elastizitäts-Konst. werden für die tetragonalen Kristallklassen 4, $\bar{4}$ u. 4/m abgeleitet. Die Meth. wird zur Best. der 7 Elastizitäts-Konst. von *Pentaerythrit*-Einkristallen (tetragonal, $\bar{4}$) verwendet. P. Frenzel. B 200□

Löslichkeit von Acetylen in organischen Lösungsmitteln bei niedriger Temperatur unter hohem Druck. 1. Mitt. Meßmethode. Bunkichi Ryutani. (J. chem. Soc. Japan, pure Chem. Sect. [Nippon Kagaku Zassi] **80**, 1407—11, Dez. 1959; Sakai, Ôsaka-Daigaku, Sangyô-Kagaku-Kenkyûzyo; jap., Auszug: engl. S. A109.) — Ein gläsernes U-Rohr, in dem man das Gew. u. das Vol. organ. Lsgm. vor u. nach der Auflösung von *Acetylen* bestimmen kann, wird beschrieben. Die Löslichkeit kann mit einer Genauigkeit von ±4,5% bestimmt werden. E. Maekawa. B 224□

Löslichkeit von Acetylen in organischen Lösungsmitteln bei niedriger Temperatur unter hohem Druck. 2. Mitt. Löslichkeit in Kohlenwasserstoffen, Chloroform und Methanol. Bunkichi Ryutani. (J. chem. Soc. Japan, pure Chem. Sect. [Nippon Kagaku Zassi] **80**, 1411—15, Dez. 1959; jap., Auszug: engl.) — 1. vgl. vorst. Referat. — Mit dem l. c. beschriebenen App. wurde die Löslichkeit von *Acetylen* (I) in n-Hexan, n-Octan, Toluol, m-Xylol, Methanol u. Chlf. zwischen +20 u. —20° u. 3—14 atü bestimmt. Die Löslichkeit ist in allen aromat. KW-Stoffen ungefähr gleich, in den aliphat. KW-Stoffen dagegen niedriger; sie ist jedoch in allen Fällen niedriger als die aus der Fugazität von fl. I berechnete Löslichkeit. Die Fugazität von I wurde für +20 bis —20° u. 1—45 atü berechnet. E. Maekawa. B 224□

Mechanismus chemischer Reaktionen und hoher Druck. M. G. Gonikberg. (Вестник Академии Наук СССР [Nachr. Akad. Wiss. UdSSR] **31**, Nr. 5, 39—45, Mai 1961; russ.) — An einigen Beispielen — Rkk. in der Gas- u. fl. Phase — wird der Einfl. hohen u. überaus hohen Druckes auf die Geschw. u. die Richtung der Rkk. zwecks Ermittlung ihres Mechanismus untersucht. Dabei wurde festgestellt, daß ster. behinderte Rkk., die ohne Druckanwendung nicht ablaufen, bei sehr hohem Druck sich leicht verwirklichen lassen, wobei das Aktivierungs-Vol. $\Delta v^{\neq}$ wesentliche Hinweise über den Mechanismus dieser Rkk. liefert u. die Theorie der akt. Zusammenstöße u. des Übergangszustandes zur Deutung der Ergebnisse dient. Behandelt werden: Zerfall von Alkylbenzol durch Hydrieren, Polymerisation des Äthylens, Isomerisation des Methylcyclopentans zu Cyclohexan, Rk. des Pyridins mit Äthyljodid, Polymerisation des Tetramethyläthylens. A. v. Wilpert. B 225□

Stereochemische Besonderheiten von Carbonylverbindungen der Δ^3-Cyclohexen-Reihe. G. P. Kugatova-Shemyakina und Yu. A. Ovchinnikov. (Tetrahedron [London] **18**, 697—703, Juni 1962; Moscow, USSR Acad. of Sci., Inst. for Chem. u. Nat. Prod.; engl.) — Zur Erklärung der Besonderheiten im reaktiven Verh. der Doppelbindung u. Carbonylgruppe in Δ^3-Cyclohexenaldehyden (verringerte Reaktionsfähigkeit zur reversiblen therm. cis–trans-Isomerisierung, Verh. gegen Aceton) sowie entsprechender Ketone, Ketole, Säuren u. Säure-Derivv. wird angenommen, daß bei axialer Lage der Carbonylgruppe eine intramol. Wechselwrkg. zwischen dem elektrophilen Carbonyl-C-Atom u. den π-Elektronen der Doppelbindung eintritt. Dieser Wechselwrkg. wird genügende Stärke zugeschrieben, auch in substituierten Δ^3-Cyclohexenaldehyden die Aldehydgruppe in axialer Stellung festzulegen. Rkk. verlaufen unter Aufhebung dieser Wechselwrkg., wobei die Aldehydgruppe in die bevorzugte äquatoriale Lage übergeht. Bei der Rk. der Aldehyde mit Aceton im alkal. Medium, die nur bis zur

Stufe des Ketols verläuft, tritt ebenfalls die Ketogruppe in Wechselwrkg. zur Doppelbindung, wobei die Ketol-Seitenkette in die axiale Stellung übergeht, bei cis-o-substituierten Ketolen ist jedoch die ster. Hinderung zu groß, so daß sie in der e.a-Konformation mit der Ketol-Seitenkette in e-Stellung vorliegen. Diese lassen sich deshalb auch alkal. dehydratisieren (wobei Isomerisierung zu trans-o-substituierten ungesätt. Ketonen eintritt), da sowohl Carbonyl-C-Atom als auch Methylengruppe zugänglich sind, während bei trans-o-substituierten Ketolen der elektrophile Charakter der Carbonylgruppe durch die Wechselwrkg. verringert ist u. die Methylengruppe durch die Hydroxylgruppe abgeschirmt ist, so daß sie im alkal. Medium beständig sein können. Saure Dehydratisierung, die durch elektrophilen Angriff an der Hydroxylgruppe erfolgt, kann bei den verschiedenen isomeren Ketolen gleichermaßen leicht erfolgen.

R. Albrecht. B 225□

Reaktionen von 1-Brom-2-phenyläthan und Aluminiumbromid. 1. Mitt. Isomerisation von $^{14}C_{(1)}$-1-Brom-2-phenyläthan. E. H. Adema und F. L. J. Sixma. (Recueil Trav. chim. Pays-Bas **81**, 323—35, April 1962; Geleen, Staatsmijnen, Centr. Labor.; engl.) — Vff. untersuchen die Kinetik der Isomerisation von *$^{14}C_{(1)}$-1-Brom-2-phenyläthan* in $^{14}C_{(2)}$-1-Brom-2-phenyläthan unter dem Einfl. von $AlBr_3$ in CS_2 bei Temp. von —70 bis —100°. Die Aktivierungsenergie beträgt 9,8 kcal/Mol. Nahezu alles $AlBr_3$ wird wahrscheinlich als Komplex $C_8H_9Br \cdot AlBr_3$ gebunden. Es wird angenommen, daß die Rk. von $C_8H_9Br \cdot AlBr_3$ mit einem der Ionen, die sich bei der Ionisation von $C_8H_9 \cdot Al_2Br_6$ bilden, als geschwindigkeitsbestimmender Schritt der Isomerisation angesehen werden kann.

J. Peters. B 225□

Reaktionen von 1-Brom-2-phenyläthan und Aluminiumbromid. 2. Mitt. Bromaustausch. E. H. Adema und F. L. J. Sixma. (Recueil Trav. chim. Pays-Bas **81**, 336—47, April 1962; engl.) — 1. vgl. vorst. Referat. — Vff. untersuchen die Kinetik des Austausches von *Br* zwischen *^{82}Br-1-Brom-2-phenyläthan* u. $AlBr_3$ in CS_2 bei Temp. von —80 bis —100°. Die Aktivierungsenergie beträgt 10,6 kcal/Mol. Die kinet. Ergebnisse können nur erklärt werden, wenn nahezu alles $AlBr_3$ in Form des Komplexes $C_8H_9Br \cdot AlBr_3$ vorliegt.

J. Peters. B 225□

Umlagerungen organischer Anionen. 2. Mitt. Vollzieht sich die Wittig-Umlagerung anionisierter Benzylalkyläther inter- oder intramolekular? Ulrich Schöllkopf und Dieter Walter. (Liebigs Ann. Chem. **654**, 27—38, 15/6. 1962; Heidelberg, Univ., Organ.-Chem. Inst.; dt.) — 1. vgl. C. **1961**, 14976. — *Li-Benzylisopropyläther* (**I**) u. *Li-Benzyl-sek.-butyläther* (**II**) lagern sich bei —56° in Tetrahydrofuran (THF) mit vergleichbarer Geschw. um; die Geschw.-Konst. beträgt bei **I** $k_1^{-56°}$ 4,36·10^{-3} [min^{-1}], bei **II** $k_1^{-56°}$ 2,81·10^{-3}. Nach Hydrolyse werden bei **I** Phenylisopropylcarbinol (73%), Benzylalkohol (22%), Phenylisopropylketon (**III**, 4%) u. p-Isopropylbenzaldehyd (5%), bei **II** die analogen Prodd. in ähnlichen Ausbeuten erhalten. Bei der gemeinsamen Umlagerung von *Li-$D_{(p)}$-Benzyl-sek.-butyläther* u. **I** in THF–Ae. bei —56° werden nach anschließender Hydrolyse u. CrO_3-Oxydation sowie nach Entfernung der Nebenprodd. Phenyl-sek.-butylketon u. **III** isoliert, wobei der D-Geh. von **III** 3,5% beträgt. Da bei völlig intermol. Verlauf der D-Geh. gleichmäßig auf beide Ketone verteilt sein müßte, ist die Umlagerung nur zu 7% intermol. erfolgt. *Li-Benzyl-$D_{(2)}$-sek.-butyläther* ergibt nach Umlagerung u. anschließender Hydrolyse u. Oxydation Phenyl-$D_{(2)}$-sek.-butylketon mit gleichem D-Geh. wie der Äther, so daß ein H—D-Austausch ausgeschlossen werden kann. Da opt.-akt. **II** bei der Umlagerung zu 80% racemisiert, nehmen Vff. einen zweistufigen Eliminierungs-Additions-Mechanismus an, bei dem das intermediär gebildete Ionenpaar teilweise seine Konfiguration verliert.

Versuche: *Phenylisopropylcarbinol*, $Kp._{13}$ 104°, aus 7,5 g Benzylisopropyläther in THF u. Butyl-Li in Ae. bei —40°, nach 30 Min. Zugabe von W. u. Abtrennen von den Nebenprodd.; n_D^{16} 1,5180; 2 g (Ausbeute). *Hydrogenphthalat*, $C_{18}H_{18}O_4$, F. 132—133° (PAe.). — *p-Brombenzyl-sek.-butyläther*, $C_{11}H_{15}BrO$, $Kp._{13}$ 134—136°, durch Zugabe von p-Brombenzylbromid zu Na-sek.-Butylat, 2—3 Std. bei 70—80°, anschließend Zers. mit 2n NaOH; n_D^{20} 1,5258; 50% — *$D_{(p)}$-Benzyl-sek.-butyläther*, $Kp._{13}$ 94°, durch Zugabe von Butyl-Li zu vorst. Verb. in Ae. bei Raum-Temp., nach 20 Min. mit D_2O versetzen u. 1 Std. unter Rückfluß rühren; n_D^{20} 1,4851; IR-Daten; 51%. — *Benzyl-$D_{(2)}$-sek.-butyläther*, $Kp._{13}$ 93—94°, durch Zugabe von 6,8 g Methyläthylketon zu $LiAlD_4$ in Ae., anschließend Hydrolyse mit 2n HCl [→ *$D_{(2)}$-sek.-Butanol*], nach Vermischen mit sek.-Butanol in THF Zugabe von K (Lösen unter N_2 unter Erhitzen u. Rühren) u. anschließend Benzyljodid in der Hitze, 5 Std. lang erhitzen; n_D^{20} 1,4854; 11,2 g.

A. Trede. B 225□

Die unimolekulare thermische Isomerisierung von 1.1.2.2-Tetramethylcyclopropan. H. M. Frey und D. C. Marshall. (J. chem. Soc. [London] **1962**, 3052—55, Aug.; Southampton, Univ., Chem. Dep.; engl.) — Die therm. Isomerisierung von *1.1.2.2-*

Tetramethylcyclopropan zu 2.4-Dimethylpenten-(2) (I) ist in einem mit den sek. I-Zers.-Prodd. gealtertem Gefäß zwischen 435 u. 484° u. 22,5—2,0 mm Hg Druck p eine homogene Rk. 1. Ordnung u. verläuft als wahre unimol. Umlagerung. Die Geschw.-Konst. folgt der Beziehung $k = 10^{15,83}\exp(-64400/RT)s^{-1}$ u. beginnt erst bei $p < 0,5$ mm Hg zu fallen. Während der Isomerisierung erfolgt in einer Weiter-Rk. von I dessen Zers. u. Isomerisierung, jedoch mit einer viel kleineren Geschw. als die Hauptreaktion. G. Pötzscher. B 225□

Die durch Bromwasserstoff katalysierte Oxydation von Isobutan. E. R. Allen und C. F. H. Tipper. (Proc. Roy. Soc. [London], Ser. A **258**, 251—69, 18/10. 1960; engl.) — Das Syst. *Isobutan* (I) + O_2 + HBr wird zwischen 125 u. 250° kinet. untersucht. Wie sich aus dem Druckanstieg während der Rk. ergibt, läuft die Gesamtoxydation I + O_2 = $(CH_3)_3COOH$ bei 170° in Ggw. von HBr als Katalysator zu ca. 70% ab. Beschleunigt wird die Rk. durch Zugabe von Br_2, tert.-Butylhydroperoxid u. Di-tert.-butylperoxid. Zusätze von Inertgas oder Packung des Rk.-Gefäßes hatten nur geringen Einfl. auf die Rk.-Geschw., tert.-Butanol beschleunigte die Rk., Methanol, Isopropanol, n-, Iso- u. sek.-Butanol verringerten oder inhibierten sie sogar. Folgende Rk.-Kette mit Br-Atomen u. Butylperoxy-Radikalen als wichtigsten Gliedern wird diskutiert.: Verzweigung: $(CH_3)_3COOH + HBr \rightarrow Br +$ andere Prodd.; Kette: $Br + I \rightarrow HBr + (CH_3)_3C$, $(CH_3)_3C + O_2 \rightarrow (CH_3)_3COO$, $(CH_3)_3COO + HBr \rightarrow (CH_3)_3COOH + Br$; Abbruch: $(CH_3)_3COO + Br = (CH_3)_3COOBr$. G. Pankow. B 225□

Lösungsmitteleinflüsse auf die basenkatalysierte Oxydation von Mercaptanen mit molekularem Sauerstoff. Thomas J. Wallace und Alan Schriesheim. (J. org. Chemistry **27**, 1514—16, Mai 1962; Linden, N.J., Esso Res. and Engng. Co., Process Res. Div., Exploratory Res. Sect.; engl.) — Vff. bestimmen die Geschw.-Konst. k für die Oxydation von *n-Butylmercaptan* (I) mit O_2 bei einem O_2-Druck von 1 atm in Ggw. von Na-Methylat in Methanol, $k^{23,5°} \cdot 10^3$ 3,22 [min^{-1}], Tetrahydrofuran 116, Dioxan 289, Diäthylenglykoldimethyläther 323, Dimethylacetamid 936, Dimethylformamid 1077, sowie in A. in Ggw. von Na-Äthylat 5,75, in Methanol in Ggw. von K-Methylat 31,3, ferner in tert.-Butanol in Ggw. von Na- 21,0, K- 34,7, Rb- 193 u. Cs-tert.-Butylat 479. Die Rk. ist 1. Ordnung in bezug auf I. Die Erhöhung der Oxydations-Geschw. von I beruht in nucleophilen Lsgm. im Vgl. zu Methanol auf der Bldg. eines sp^3-Komplexes zwischen dem $Na^{\oplus}$-Ion u. dem Lsgm., in dipolaren Lsgm. sowohl auf der Komplex-Bldg. zwischen dem $Na^{\oplus}$-Ion u. dem Elektronenpaar der Dimethylaminogruppe als auch auf der Bldg. eines Ionenpaares zwischen dem $Na^{\oplus}$-Ion u. dem Dipol der Carbonylgruppe. A. Trede. B 225□

Zur Kinetik des Redoxsystems Rongalit/Wasserstoffperoxid. 1. Mitt. Robert Kerber und Alexander Effmert. (Makromolekulare Chem. **50**, 220—31, 1961; München, TH, Inst. für Chem. Technol.; dt.) — Es wurden titrimetr. Meth. ausgearbeitet, die die quant. Best. der Redoxkomponenten *Rongalit* (I) u. H_2O_2 (II) nebeneinander, sowie die Best. der bei der Redox-Rk. gebildeten Endprod. Formaldehydbisulfit (III) u. Sulfat (IV) erlauben. Der Rk.-Ablauf wurde bei pH 4 kinet. untersucht u. die Zeit-Umsatz-Kurven des Verbrauchs an I u. II sowie der Bldg. von III u. IV aufgenommen. Die Konz.-Abhängigkeit der Rk.-Geschw. wurde für die Konz. 2—48 mMol/Liter I u. 2—72 mMol/Liter II untersucht. Wird dabei der log der Anfangs-Geschw. gegen den log der Anfangs-Konz. aufgetragen, so erhält man bei Variation der Anfangs-Konz. von I eine Gerade, bei Variation der Anfangs-Konz. von II jedoch nicht. Die Ergebnisse erlauben nicht, eine allg. gültige Rk.-Ordnung aufzustellen. Die Temp.-Abhängigkeit bei einer Anfangs-Konz. von 7,5 mMol/Liter für I u. II ergab eine Aktivierungsenergie von $11,5 \pm 2,0$ kcal/Mol für den Verbrauch an II, $13,02 \pm 2,0$ kcal/Mol für den an I. Die Bldg. der Endprodd. III u. IV verläuft wahrscheinlich in Parallelreaktionen. U. Hutten. B 225□

Mechanismus der Hydrolyse von Vinyläthern. Hydrolyse von Vinyläthyl-, Vinylisopropyl- und Vinyl-n-butyläther. L. A. Kiprianowa und A. F. Rekaschewa. (Доклады Академии Наук СССР [Ber. Akad. Wiss. UdSSR] **142**, 589—92, 21/1. 1962; Pissarshewski-Inst. für physik. Chem. der Akad. der Wiss. der UkrainSSR; russ.) — Es wurden *Vinyläthyl-, Vinyl-n-butyl-, Vinylisopropyläther* u. *α-Chlordiäthyläther* (I) der Hydrolyse in W. (140—150°), 0,2m H_2SO_4 (20—80°) u. 1%ig. $HgSO_4$-Lsg., I auch in 8,5%ig. Soda-Lsg., mit Hilfe von ^{18}O-markiertem W. unterworfen. Die gebildeten Alkohole enthielten prakt. kein ^{18}O, der aus I erhaltene A. wenig. Es wird angenommen, daß sich bei der Hydrolyse intermediär die Oxoniumformen der Halbacetale bilden. Helmut Schäfer. B 225

Kinetik und Mechanismus der Hydrolyse des Phosphorsäureesters der Enolform der Brenztraubensäure. A. A. Jassnikow. (Украинский Химический Журнал

[Ukrain. chem. J.] **27**, 343—57, 1961; Inst. für org. Chem. der Akad. der Wiss. der UkrainSSR; russ.) — Es wurde die Kinetik der Hydrolyse von *Phosphoenolbrenztraubensäure* (I) bei pH 3—11 u. 80° untersucht. Die Hydrolyse erfolgt über das $CH_2=C(OPO_3H^-)COO^-$-Ion. Verbb. mit nucleophilem Charakter, wie die Anionen schwacher Säuren, Aminosäuren, Amine, beeinflussen nicht die Hydrolysegeschwindigkeit. Elektrophile Verbb., wie Jod oder $HgCl_2$, spalten die Phosphatgruppe in neutraler oder alkal. Lsg. bereits bei 0° ab. Es wurde die Kinetik der Jodierung u. Mercurierung von I unter Abspaltung der Phosphatgruppe bei pH 2,5—8,0 u. 0° untersucht. Die Hydrolyse-Geschw. bei der Jodierung gehorcht bei pH 2,5—5,5 u. 6—7,8 verschiedenen kinet. Gleichungen. In neutralen u. schwach alkal. Lsgg. hemmen Mg-Salze die Hydrolyse. In Ggw. großer Mengen Mg^{2+} ist mol. Jod das jodierende Agens. Die Abspaltung der Phosphatgruppe bei der Einw. von $HgCl_2$ erfolgt durch Mercurierung von I mit Hg^{2+}. Helmut Schäfer. B 225

Kinetik der Sulfonierung von 1.3.5-Trimethylbenzol (Mesitylen) und 1.2.4-Trimethylbenzol (Pseudocumol) und Hydrolyse ihrer Sulfonsäuren. Ja. I. Leitman, W. I. Ssorokin und I. W. Zelinski. (Журнал Прикладной Химии [J. angew. Chem.] **33**, 1875—82, Aug. 1960; Leningrad, Technol. Lensowjet-Inst.; russ.) — Es wurde die Kinetik der Sulfonierung von *Mesitylen* (I) mit 80—89,7%ig. H_2SO_4 u. von *Pseudocumol* (II) mit 75,5—89,7%ig. H_2SO_4 bei 0—99° sowie der Hydrolyse von *Mesitylensulfonsäure* (III) in 40—54,6%ig. H_2SO_4 bei 80—110° u. von *Pseudocumolsulfonsäure* (IV) in 49,6—70,2%ig. H_2SO_4 bei 100—140° untersucht. I wird ca. 1,5—2mal schneller als II sulfoniert, wobei sich der Unterschied mit Temp.-Erhöhung vermindert. Die Sulfonierungs-Geschw. erhöht sich bei I u. II mit Temp. u. Konz. der H_2SO_4. Die Sulfonierung findet hauptsächlich in der Säureschicht statt. Bei gleicher H_2SO_4-Konz. wird **III** bei wesentlich niedrigerer Temp. als **IV** hydrolysiert. Die Hydrolyse-Geschw. von **III** u. **IV** erhöht sich mit der Temp. u. Konz. der H_2SO_4. Die Geschw.-Konst. für Sulfonierung u. Hydrolyse wurden berechnet. Die Rk.-Geschw. gehorcht der Arrheniusschen Gleichung. Helmut Schäfer. B 225

Geschwindigkeit der Solvolyse von 1.3-Bis-[p-toluolsulfoxy]-cyclohexan. Nobuo Mori. (J. chem. Soc. Japan, pure Chem. Sect. [Nippon Kagaku Zassi] **80**, 1458—61, Dez. 1959; Tôkyô-Sinzyuku, Tôkyô-Rika-Daigaku; jap., Auszug: engl. S. A 113.) — Die Solvolyse des *cis-* u. *trans-Isomeren* von *1.3-Bis-[p-toluolsulfoxy]-* (I) sowie von *1.3-Bis-[p-brombenzolsulfoxy]-cyclohexan* (II) wird in A. u. in Essigsäure bei 99,8° kinet. untersucht. Die Rk. ist vermutlich monomol. in neutralen sowie sauren Medien u. verläuft in A. nur wenig schneller als in Essigsäure, ihre Geschw. nimmt jedoch in alkal. A. sehr stark zu. E. Maekawa. B 225□

Mechanismus der Bildung von Benzylacetophenon und Methyläthylphenylphosphin aus Methyläthylphenylbenzylidenphosphoran und Styroloxid. William E. McEwen und Alfred P. Wolf. (J. Amer. chem. Soc. **84**, 676—77, 20/2. 1962; Upton, Long Island, N.Y., Brookhaven Nat. Labor., Assoc. Univ., Inc., Dep. of Chem.; engl.) — Beim Erhitzen des LiJ-Addukts von *Methyläthylphenyl-[1.3-diphenyl-3-hydroxy-*$^{14}C_{(1)}$*-propyl]-phosphoniumbetain* (I; vgl. nachst. Ref.) entstehen als Hauptprodd. inakt. Methyläthylphenylphosphin u. ω-[$^{14}C_{(\alpha)}$-Benzyl]-acetophenon (II), was durch Abbau von II über Hydrozimtsäure, ihr Anilid u. Benzoesäure zu CO_2 bewiesen wird. Auf Grund dieser Ergebnisse scheidet von den beiden möglichen Mechanismen der Zers. von I der über 2.4-Diphenyloxetan als Zwischenprod. aus, u. es wird der über 1.2-Diphenylcyclopropanol als Zwischenprod. führende Weg sichergestellt. G. Pötzscher. B 225□

Die Reaktion von optisch-aktivem Methyläthylphenylbenzylidenphosphoran mit Styroloxid. William E. McEwen, Arthur Bladé-Font und Calvin A. VanDer Werf. (J. Amer. chem. Soc. **84**, 677—79, 20/2. 1962; Lawrence, Kans., Univ. of Kansas, Dep. of Chem.; engl.) — Vgl. vorst. Ref. u. C. **1960**, 15707. — Methyläthylphenylbenzylphosphoniumjodid (I; vgl. C. **1959**, 8822) wird durch Phenyl-Li in Ae. zu Methyläthylphenylbenzylidenphosphoran umgesetzt. Das Rk.-Gemisch gibt bei Zusatz von Styroloxid das *LiJ-Addukt* von *Methyläthylphenyl-[1.3-diphenyl-3-hydroxypropyl]-phosphoniumbetain* (II), das durch heiße KOH in *1.3-Diphenylpropanol-(1)* (III), *Methyläthylphenylphosphinoxid* (IV) u. LiJ gespalten wird. Beim Erhitzen einer Suspension von II in Dekalin auf 190—200° entstehen je nach den Bedingungen 35—60% *Methyläthylphenylphosphin* (V), 12—31% *ω-Benzylacetophenon*, 4—14% **IV**, 6—12% **III** u. 9—14% eines Gemisches aus *cis-* u. *trans-1.3-Diphenylpropen* u. *trans-1.2-Diphenylcyclopropan* im Mol-Verhältnis 14 : 80 : 6. Wird die gleiche Rk.-Folge auf (+)- bzw. (—)-I angewandt, so werden 12% (+)-**IV** bzw. 13% (—)-**IV** u. in beiden Fällen 49% rac. **V** gebildet. Daraus geht hervor, daß das P-Atom von I eine ungefähr 50%ig. Inversion in dem Teil der Gesamt-Rk. erfährt, der zu **IV** führt. Der Mechanismus der Rk. u. der Übergangszustand bei der Inversion werden diskutiert. G. Pötzscher. B 225□

Der Einfluß entfernter Substituenten auf die Addition von Trifluoressigsäure an Alkene. P. E. Peterson und G. Allen. (J. org. Chemistry **27**, 2290—91, Juni 1962; St. Louis, Mo., St. Louis Univ., Dep. of Chem.; engl.) — Vff. bestimmten nachst. Geschw.-Konst. für die Addition von *CF_3COOH* an folgende Hexene (0,1 Mol Alken in CF_3COOH in Ggw. von 0,125 Mol CF_3COONa bei 35,0°): *unsubstituiert* (I) [$k \cdot 10^6$] 235 [s^{-1}]; *5-Chlor-* 67; *5-Brom-* 83; *5-Acetoxy-* (II) 6,2 u. *5-Trifluoracetoxy* (III; $C_8H_{11} \cdot F_3O_2$) 1,4. Der für II u. III gegenüber I beobachtete starke Geschw.-Abfall (38- bzw. 168fach) steht im Widerspruch zu der von Oae (vgl. C. **1957**, **4936**) gemachten Beobachtung, daß bei der Formolyse von 1-substituierten 4-Brompentanen, die ebenfalls als Rk. eines Carboniumions mit einem Substituenten am 4. C-Atom bzgl. des möglichen kation. C-Atoms angesehen werden kann, ein nur geringer Geschw.-Abfall zu verzeichnen ist. Die von Vff. vergleichweise untersuchte Addition von CF_3COOH an *4.4-Dimethylpenten* ergab gegenüber I eine nur 2,8fach verminderte Geschw., so daß ster. Hinderung als Ursache des für II u. III beobachteten Geschw.-Abfalls nicht wahrscheinlich ist. Vielmehr wird die Annahme, daß es sich um ungewöhnlich große induktive Effekte handelt, durch die gefundenen Werte für die Taftsche Substituenten-Konst. σ_I bestätigt, die aus NMR-Daten für CH_3CO_2 zu 0,32 (in CCl_4) bzw. 0,60 (in CF_3COOH) u. für CF_3CO_2 zu 0,67 bzw. 0,72 bestimmt wurde. J. Richter. B 225□

Die Reaktionen von Phenylradikalen in der Gasphase und die Kohlenstoff–Wasserstoffdissoziationsenergie von Benzol. W. Fielding und H. O. Pritchard. (J. physic. Chem. **66**, 821—23, 5/5. 1962; Manchester, Univ. of Manchester, Chem. Dep.; engl.) — Die Kinetik der Rk. von *Phenylradikalen* (Ph) mit *H_2*, *CH_4* u. *CF_3H* nach Ph + RH → PhH + R wurde im Temp.-Bereich 180—350° untersucht u. die Arrhenius-Faktoren der Rkk. bestimmt. Diese u. der Literatur entnommene kinet. u. thermochem. Daten führen zu 2 Abschätzungen der C—H-Dissoziationsenergie von *Bzl.* von 104,2 bzw. 103,1 kcal/Mol. — Die Ph werden durch Photolyse von Diphenylquecksilber erzeugt, Azobenzol zersetzt sich nicht. — Benzophenon zersetzt sich, gab aber kein Bzl. oder Diphenyl (also keine Ph). W. Schramm. B 225□

Die Stereochemie der polaren Addition von Bromwasserstoff an Acenaphthylen. Michael J. S. Dewar und Robert C. Fahey. (J. Amer. chem. Soc. **84**, 2012—13, 20/5. 1962; Chicago, Ill., Univ. of Chicago, George Herbert Jones Labor., Dep. of Chem.; engl.) — Die Rk. von DBr an *Acenaphthylen* (I) in CH_2Cl_2 bei −60° ist zu 85% eine cis-Addition, wie aus dem NMR-Spektrum des entstehenden *D_1-Acenaphthylenbromids* (F. 68—69°, PAe.) u. durch die HBr-Abspaltung mit Kalium-tert.-Butylat (für die eine trans-Eliminierung ziemlich sicher ist) unter Bldg. von $D_{(1)}$-I bewiesen wird. Die Addition kann also im Prod. bestimmenden Schritt nicht über einen π-Komplex verlaufen. Ein radikal. Mechanismus liegt nicht vor, da *Styrol* in Ggw. von I unter gleichen Bedingungen nur β-Bromäthylbenzol gibt. Rudolf Albrecht. B 225□

Beiträge zur Chemie der heterocyclischen, pseudobasischen Aminocarbinole. 16. Mitt. **Vergleichende kinetische Untersuchung der Reaktion des Kotarnins sowie einiger aromatischer Aldehyde mit Cyanwasserstoff.** Dénes Beke, Csaba Szántay und Marietta Bárczai-Beke. (Liebigs Ann. Chem. **636**, 150—58, 18/10. 1960; Budapest, TU, Inst. für Organ. Chem.; dt.) — 15. vgl. Periodica polytechn. [Budapest], chem. Ingenieurwes. **3**, [1959], 177 u. Magyar Kémiai Folyóirat [Ung. Z. Chem.] **66**, [1960], 66. — 13. vgl. C. **1962**, **14143**. — Vff. verfolgten gravimetr. die Kinetik der sehr schnell u. quant. ablaufenden Rk. zwischen *Kotarnin* (I) u. *HCN* zwischen 0,5 u. 21,4° in wasserfreiem Tetrahydrofuran sowie zum Vgl. titrimetr. nach Volhard die Rkk. von HCN mit *2-[β-Dimethylaminoäthyl]-4.5-methylendioxy-6-methoxybenzaldehyd* (II, „*N-Methylkotarnin*“, F. 57° [PAe.]) u. *m-Nitrobenzaldehyd* (III, F. 74° [W.]) bei 0 u. 21°. Folgende Aktivierungsgrößen wurden ermittelt: für I [$\Delta H^{\neq}$ in kcal/Mol] 12,2, [$\Delta S^{\neq}$ in cal/Grad · Mol] −18,4, II 5,9, −56,4, III 4,0, −55,3. Die Rk. von II läuft langsamer als die des I ab u. führt zu einem Gleichgewicht, ferner hat ein Zusatz von Triäthylamin (IV) keine merkliche Katalysewirkung. Die Rk. von III läuft dagegen ohne Katalysator nicht mit meßbarer Geschw. ab, so daß diese Rk. in Ggw. eines Äquivalents IV durchgeführt wurde. Die Rk. von I mit HCN wird durch 0,2 Äquivalente IV kaum beeinflußt, durch Zugabe katalyt. Mengen Essigsäure (V) dagegen stark beschleunigt. Unter diesen Bedingungen färbt sich die Lsg. gelb, was auf die Bldg. von Kotarniniumionen hindeutet, die offenbar schneller als die nichtdissoziierten I-Aminocarbinol-Moll. mit HCN reagieren. Zur Rk. von I mit HCN (ohne V) wird angenommen, daß die Aminocarbinolform von I (nicht aber die hypothet. Aminoaldehydform) reagiert, während im Falle einer Säurekatalyse oder in einem polaren Medium das Kotarniniumion das reagierende Agens ist. Ferner wurde die Rk.-Fähigkeit folgender Aldehyde gegenüber HCN bei 0° in Ggw. von 1 Äquivalent IV untersucht: *Benzaldehyd* ($Kp._{10}$ 60,2—60,7°, Umsatz nach 24 Std.) 33,6 [%], III 82,0, *p-Di-*

methylaminobenzaldehyd 0,5, *Veratrumaldehyd* (F. 44° [Ae.]) 3,2, *Vanillin* (F. 81° [W.]) 3,8 u. „*N-Benzoylkotarnin*“ (F. 122—123° [A.]) 9,8. Wegen der äußerst schnell verlaufenden Rk. von I mit HCN konnte nicht vollkommen isotherm gearbeitet werden.
B. Gnauck. B 225□

Über die Kinetik der Zersetzung der Acetondicarbonsäure in wässeriger Lösung. Enzo Ferroni und Ennio Susini. (Gazz. chim. ital. **85**, 1583—89, Dez. 1955, Firenze, Univ., Ist. di Chim. fis.; ital.) — Die Zers. der *Acetondicarbonsäure* (I) unter CO_2-Abspaltung zu Acetessigsäure u. weiter zu Aceton wurde durch spektrophotometr. Messung der Absorption des aus I u. $FeCl_3$ gebildeten, streng stöchiometr. *3 : 2-Komplexes* bei der Wellenlänge von dessen maximaler Absorption (5250 Å) verfolgt. Der Komplex besitzt nach Messungen der Oberflächenspannung u. nach spektrophotometr. Messungen eine Dissoziations-Konst. von $3{,}47 \cdot 10^{-11}$. Die zwischen 22 u. 45° gemessene Zers. von I in wss. Lsg. verläuft streng nach 1. Ordnung; für die Aktivierungsenergie errechnen sich 19,5 kcal/Mol.
H.-E. Toussaint. B 225□

Reaktion von Methylradikalen mit Diäthyläther. Joyce Long und G. Skirrow. (Trans. Faraday Soc. **58**, 1403—08, Juli 1962; Liverpool, Univ., Donnan Labor.; engl.) — Die Rk. von *Methylradikalen*, die durch Pyrolyse von Di-tert.-butylperoxid (I) erzeugt wurden (Zerfalls-Geschw. von I ohne Ggw. von Ae. $= 1{,}34 \cdot 10^{16}$ [I] exp $(-38100/RT)$ $Mol \cdot s^{-1}$), mit *Ae.* wurde in einem stat. Syst. zwischen 145 u. 180° untersucht. Die Geschw.-Konst. für die H-Abspaltung beträgt $10^{12,2} \exp(-9750 \pm 500/RT)\ Mol^{-1} cm^3 s^{-1}$. CH_3-Radikale greifen ein sek. H-Atom an, das entstehende Ätherradikal reagiert mit $CH_3\cdot$ unter Bldg. von Isopropyläthyläther; Zers. des Ätherradikals führt zu Acetaldehyd u. einem Äthylradikal. Die Aktivierungsenergie für diese Zers. wird zu ~24 kcal/Mol abgeschätzt.
W. Schramm. B 225□

Thermische Zersetzung von Sulfinsäuren. Eric Wellisch, Edward Gipstein und Orville J. Sweeting. (J. org. Chemistry **27**, 1810—12, Mai 1962; New Haven, Conn., Olin Mathieson Chem. Corp., Film Operations, Packaging Div.; engl.) — Die therm. Zers. von Sulfinsäuren wird bei 275° unter vermindertem Druck untersucht u. ergibt bei *Benzolsulfinsäure* [$C_6H_6O_2S$, F. 85—86° (W.), aus Benzolsulfonylchlorid; 52% (Ausbeute)]: SO_2, Bzl., daneben COS, CO_2, H_2, *Butansulfinsäure-(1)*: SO_2, Butadien (I), cis-Buten-(2) (II), daneben W., C_4H_{10}, CO_2, COS, S, H_2, *Butandisulfinsäure-(1.4)* [$C_4H_{10}O_4S_2$, F. 123—124° (W.), durch Red. von Butandisulfonylchlorid-(1.4); 60%]: SO_2, I, II, daneben W., C_4H_{10}, CO_2, CO, COS, S, H_2, *Dodecansulfinsäure-(1)* [$C_{12}H_{26}O_2S$, F. 35—36°, aus Dodecyl-MgBr u. SO_2; 75%]: SO_2, Bzl., daneben S, CO_2, H_2, COS, u. *Diphenylmethansulfinsäure* [*Benzhydrylsulfinsäure*, aus Diphenylmethan (III) u. Butyl-Li u. SO_2 in Ae. bei 20° (→ *Li-Salz*), Ansäuern mit HCl bei 0°]: SO_2 u. III. Das Fehlen von Thiolsulfonaten u. ihren Folge-Prodd. zeigt, daß die therm. Zers. der Sulfinsäuren unimol. über freie Radikale verläuft (Mechanismus). Die Bldg. der Nebenprodd. erfolgt in Oxydations-Red.-Rkk., die in Ggw. freier Radikale u. SO_2 als Neben-Rkk. ablaufen.
A. Trede. B 225□

Die thermische Zersetzung von Hexafluorazomethan. Elizabeth Leventhal, Charles R. Simonds und Colin Steel. (Canad. J. Chem. **40**, 930—34, Mai 1962; Toronto, Ontario, Univ. of Toronto, Chem. Dep.; engl.) — Vff. untersuchten dieKinetik der therm. Zers. von *Hexafluorazomethan* (I) in einem stat. Syst. zwischen 0,3 u. 73 mm bei 572 u. 634°K durch Messung der N_2-Entwicklung. Der 1. Schritt der Zers. ist: I → 2 CF_3 + N_2. Die CF_3-Radikale addieren sich dann am I, so daß die Geschw.-Konst. k 1. Ordnung mit zunehmendem Umsatz an I abnehmen. Die Zers. wurde daher nur bis zu 20% Umsatz verfolgt u. die k-Werte wurden auf 0% Zers. umgerechnet. Unters. der Druckabhängigkeit der Rk. ließ erkennen, daß die k-Werte bei sehr hohem Druck nicht viel größer als die bei 60—70 mm Hg sein werden, hier gilt $k_{63} = 10^{16,17 \pm 0,15} \exp(-55200 \pm 400/RT)\ s^{-1}$. Es gab keine wesentlichen Unterschiede der k-Werte bei der Rk. im gepackten oder ungepackten Kessel bzw. nach Bearbeitung seiner Oberfläche mit Allylbromid bei 500°, Zusätze von Propylen gaben keinen Hinweis auf das Auftreten von Ketteninhibierung. Die Ergebnisse zeigen, daß I in einer homogenen Nichtketten-Rk. zerfällt. Der Frequenzfaktor entspricht denen, die bei Zers. anderer einfacher Azo-Verbb. gefunden wurden.
W. Schramm. B 225□

Reaktion von Antioxydantien mit α-Pinenhydroperoxid. Je. N. Nowikowa, N. I. Pljuschtschewski und N. I. Makarewitsch. (Доклады Академии Наук БССР [Ber. Akad. Wiss. BelorussSSR] **4**, 514—17, Dez. 1960; Inst. für allg. u. anorgan. Chem. der Akad. der Wiss. der BelorussSSR; russ.) — Chem. u. IR-analyt. wurde gezeigt, daß Benzidin, o-Tolidin, β-Naphthylamin, 2-Mercaptothiazolin u. 4.4'-Diaminodiphenyldisulfid den therm. Zerfall (90°) von *α-Pinenhydroperoxid* (I) beschleunigen. Propyl- u. Butylgallat sind wenig aktiv. Neozon D, p-Hydroxyneozon D, Diphenylamin,

Hydrochinon, Brenzcatechin, 2.2'-Methylen-bis-[4-methyl-6-tert.-butylphenol] beeinflussen die Zers. von I nicht. Die relative Aktivität der untersuchten Verbb. ist angegeben.
Helmut Schäfer. B 225

Positive Halogenverbindungen. 3. Mitt. Allylchlorierung mit tert.-Butylhypochlorit. Die Stereochemie von Allylradikalen. Cheves Walling und Warren Thaler. (J. Amer. chem. Soc. **83**, 3877—84, 20/9. 1961; New York, N.Y., Columbia Univ., Dep. of Chem.; engl.) — 2. vgl. C. **1962**, 82. — Vff. untersuchten die Rk. von tert.-Butylhypochlorit (I) mit Olefinen (in 10—20fachem Überschuß) im Rohr unter Photoinitiierung, wobei die Prodd. meist auf gaschromatograph. Wege getrennt u. analysiert wurden. Folgende Prodd. wurden erhalten: trans-Buten-(2) (trans-II) bei —78,5° (bzw. 40°) → 83,1% (73,2) *trans-1-Chlorbuten-(2)* (*trans*-**V**), 16,9 (26,8) *3-Chlorbuten-(1)* (**VI**) u. eine Spur (3—4, vermutlich) *threo-* u. *erythro-2-tert.-Butoxy-3-chlorbutan* (**VII**); cis-**II**→ 65,0 (63,2) cis-**V**, 35,0 (36,8) **VI** u. 16,4 (16,9) **VII**; Buten-(1) (**III**) → 73,9 (69,1) cis- u. trans-**V**, 26,1 (30,9) **VI** u. eine Spur (3,3) *1-tert.-Butoxy-2-chlorbutan*; Isobutylen (**IV**) → *Methallylchlorid* sowie 11,8 (17,1) *1-tert.-Butoxy-2-chlor-2-methylpropan*; trans-Penten-(2) (trans-**VIII**) → 3,5 (6,8) *3-Chlorpenten-(1)* (**IX**), 12,4 (17,2) *trans-1-Chlorpenten-(2)* (trans-**X**), 76,1 (65,3) *trans-* u. 7,9 (10,7) *cis-4-Chlorpenten-(2)* (cis-**XI**); cis-**VIII** → 7,2 (9,7) **IX**, 9,9 (15,9) cis-**X**, 57,3 (43,4) trans- u. 25,7 (33,0) cis-**XI**; Penten-(1) → 31,6 (41,2) **IX** [enthält etwas *4-Chlorpenten-(1)*], 54,8 (43,6) trans- u. 13,6 (15,2) cis-**X**; bei 40° 3-Methylbuten-(1) (**XII**) → 83,2 *1-Chlor-3-methylbuten-(2)* u. 16,8 *3-Chlor-2-methylbuten-(1)* sowie 2,6% Additions-Prod. (**A**); 2-Methylbuten-(1) (**XIII**) → 30,1 *2-Methyl-3-chlorbuten-(1)* (**XVI**), 22,8 *2-Chlormethylbuten-(1)* u. 47,1 *1-Chlor-2-methylbuten-(2)* (**XVII**, cis–trans-Gemisch) sowie 6,1% **A**; 2-Methylbuten-(2) → 4,8 *3-Chlor-3-methylbuten-(1)*, 23,3 **XVI**, 71,9 **XVII** sowie 5,6% **A**; trans-4.4-Dimethylpenten-(2) (trans-**XX**) bei —78,5° (bzw. bei +40°) → 93,5 (bzw. 88,9) *trans-1-Chlor-4.4-dimethylpenten-(2)* (*trans*-**XVIII**) u. 6,5 (11,1) *3-Chlor-4.4-dimethylpenten-(1)* (**XIX**); cis-**XX** → 76,3 (41,1) cis-**XVIII** u. 23,7 (20,0) **XIX**; aus 4.4-Dimethylpenten-(1) (**XXI**) 94,0 (87,8) trans-**XVIII** u. 6,0 (12,2) **XIX**. **I** u. **XII** reagierten bei Lichtausschluß nicht. Die Rk. von **XIII** war bei Bestrahlung nach 1 Std. vollständig abgelaufen, dagegen unter Lichtausschluß noch nach 5 Tagen unvollständig; die Prod.-Zus. wich auch erheblich von derjenigen der Photo-Rk. ab. Vff. schließen, daß die Chlorierung ein Radikalkettenprozeß ist; jedoch traten in der chromatograph. App. einige nichtradikal. Substitutionen auf, die vermutlich durch Metalle oder Metallsalze katalysiert werden. Die Chlorierung von Cyclohexen (**XXII**) u. Cyclopenten (**XXIII**) erfolgte rasch, es entstanden dabei nur die Allylchloride. Die Chlorierung von Styrol (**XXIV**) mit **I** trat beim Mischen der Reaktanten heftig auf, in Ggw. von O_2 wurde aber eine Induktionsperiode beobachtet. Bei langsamer Zugabe von **I** in Ggw. von O_2 knapp unterhalb des Kp. wurden 40% *1-Chlor-1-phenyl-2-tert.-butoxyäthan* ($C_{12}H_{17}ClO$, $Kp._{44}$ 105°, n_D^{25} 1,5017) erhalten, das auch in 72%ig. Ausbeute bei 0° unter Bestrahlung in verd. Lsg. entstand. Vff. führten ferner auch folgende Konkurrenzchlorierungen durch **I** bei 40° aus, wobei die relativen Geschw. bestimmt wurden: **XII**/trans-**II** ($k_{XII}/k_{trans-II}$) = 1,48; **XXI**/Cyclohexan (**XXV**) 8,46; **XXIV**/Äthylbenzol (**XV**), 1,65; trans-**VIII**/trans-**II** 2,18; **XXV**/Cyclopentan (**XXVI**) 1,31; trans-**VIII**/**XXVI** 1,87; **XIII**/**XII** 1,04; trans-**II**/**IV** 1,67; cis-**II**/**IV** 1,77; trans-**II**/n-Butan (**XIV**, Chlorierung an sek. H-Atomen) 2,41; cis-**II**/**XIV** 2,66; **III**/**XIV** 2,57. Vff. nehmen an, daß die cis- u. trans-Allylradikale während der Rk. solange ihre Konfiguration beibehalten, bis Umsatz mit **I** eintritt. Aus den erhaltenen sowie früheren Daten (vgl. l. c.) werden für folgende Olefine die relativen Reaktivitäten pro H-Atom (Bezuggröße: ein prim. H-Atom von **XIV**) bei der Chlorierung durch **I** bei 40° ermittelt: **XXIII** (Allyl-H) 383, **XXII** (Allyl-H) 368, **XII** (tert.-Allyl-H) 176; trans-**VIII** (sek. Allyl-H) 94,4; cis-**VIII** 92,1; Cumol (Benzyl-H) 68,9; **III** (sek.-Allyl-H) 61,1; 2.3-Dimethylbuten (tert.-H) 42,4; **XV** (Benzyl-H) 32,1; cis-**II** (prim.-H) 21,1; trans-**II** 19,9; **XXV** 15,1; **XXVI** 13,9; **XIV** (sek.-H) 12,1; **IV** (prim.-Allyl-H) 11,9; Toluol 10,1; tert.-Butylbenzol 1,06; 2.3-Dimethylbuten (prim.-H) 0,95. Die Reaktivitäten der Allyl-H-Atome in nichtcycl. Verbb. entsprechen der Folge prim. < sek. < tert.-H. Vff. nehmen an, daß folgende Faktoren die relativen Energien der Übergangszustände, die das Bldg.-Verhältnis 1-Chlor-2-/3-Chlor-1-olefin bestimmen, beeinflussen: 1. Begünstigung der Rk. an $C_{(1)}$ durch ster. Faktoren, 2. die Prod.-Stabilität; geringeren Einfl. besitzt die ungerade Elektronenverteilung im Radikal.
B. Gnauck. B 226□

Angeregte Alkoxyradikale bei der Photolyse von Dialkylperoxiden. G. R. McMillan. (J. Amer. chem. Soc. **84**, 2514—19, 5/7. 1962; Clarkwood, Tex., Div. of Celanese Corp. of America, Res. and Developm. Labor.; engl.) — Die Zers. von Alkoxyradikalen, die bei der Photolyse von *Diisopropyl-*, *Di-tert.-butyl-* (**I**) u. *Isopropyl-tert.-butylperoxid* mit Licht von 2537 Å entstehen, wird durch Zusätze von NO nicht völlig unterdrückt,

was auf die Bldg. angeregter oder heißer Alkoxyradikale zurückgeführt wird. Im I–NO-Syst. scheint der Effekt angeregter Radikale mit steigendem I-Druck oder durch Zusätze von C_3H_6 oder C_3H_8 durch Stoßdesaktivierungsprozesse abzunehmen. Eine derartige Desaktivierung ist als Beweis für die Teilnahme angeregter Radikale mit endlicher Lebensdauer zu werten u. schließt einen anderen Primärprozeß aus, in dem ein gekoppelter Bruch von 2 oder 3 Bindungen im I-Mol. unter direkter Bldg. der Prodd. erfolgt. Die bei der Photolyse von *tert.-Pentyläthylperoxid* (II) gebildeten tert.-Pentoxyradikale zersetzen sich in 2 Parallel-Rkk., in einer begünstigteren Abspaltung eines C_2H_5-Radikals u. in einer Abspaltung eines CH_3-Radikals. Die durch II-Photolyse mit 2537 Å entstehenden tert.-Pentoxyradikale zeigen wahllosere Bindungsspaltungen als solche, die durch 3130 Å-Photolyse oder therm. Zers. von II gebildet werden, was ebenfalls der Bldg. angeregter Radikale zugeschrieben wird. Die Zers. der bei der Photolyse von II ebenfalls auftretenden Äthoxyradikale scheint dagegen nicht über angeregte Zustände zu verlaufen.
G. Pötzscher. B 226□

Die Kinetik angeregter Moleküle. 4. Mitt. Monomolekulare Dissoziation von Keten. Gladstone A. Taylor und Gerald B. Porter. (J. chem. Physics **36**, 1353–56, 1/3. 1962; Vancouver, B.C., Univ. of Brit. Columbia, Dep. of Chem.; engl.) — 2. vgl. C. **1962**, 5622. — Aus Messungen der CO-Quantenausbeute bei der Photolyse von *Keten* folgt, daß eine starke Stoßdesaktivierung angeregter Moll. wirksam ist. Die Ergebnisse können ebenfalls durch die klass. monomol. Theorie beschrieben werden, in der die Geschw. der Zers. eine Funktion der Schwingungsenergie des Mol. bei völliger Außerachtlassung der Elektronenenergie ist.
G. Pötzscher. B 226□

Wasserstoffbildung bei der γ-Radiolyse von Äthylen. P. Ausloos und R. Gorden jun. (J. chem. Physics **36**, 5–9, 1/1. 1962; Washington, D.C., Nat. Bur. of Stand., Div. of Phys. Chem.; engl.) — Die Radiolyse von $D_{2(1,1)}$-, $D_{2(1,2)}$-*Äthylen* u. C_2H_4–C_2D_4-Mischungen wurde im gasförmigen, fl. u. festen Zustand untersucht. H_2 wird wahrscheinlich auf 2 verschiedenen Wegen gebildet: $CH_2CH_2 \rightarrow CH_2{=}C + H_2$ bzw. $CH_2{-}CH_2 \rightarrow CH{\equiv}CH + H_2$. Der Einfl. des Druckes u. von zugesetztem Xe auf die Ausbeuten an H_2, HD u. D_2 bei der Gasphasenradiolyse von $CH_2{-}CD_2$ wurde untersucht u. die Ergebnisse der Radiolysen mit denen einer ($^2P_1$)Hg-photosensibilisierten u. einer photochem. Zers. (mit Licht der Wellenläge 1237 Å; Okabe u. Mc Nesby, unveröffentlicht) verglichen.
W. Schramm. B 226□

Oxide und Oxoionen von Nichtmetallen. 2. Mitt. CO_2^- und NO_2. P. W. Atkins, N. Keen und M. C. R. Symons. (J. chem. Soc. [London] **1962**, 2873–80, Aug.; Leicester, Univ., Dep. of Chem.; engl.) — 1. vgl. C. **1961**, 12043. — Nachst. *Formiate* u. *Oxalate* (Pulver oder Einkristalle) wurden ^{137}Cs-γ-Strahlung bei 20° ausgesetzt u. ihre Elektronenspinresonanz- (Linienzahl u. -abstand, g-Werte) u. diffusen Reflexionsspektren gemessen: Me^IHCO_2 ($Me^I = NH_4, Na, K$), $LiHCO_2 \cdot H_2O$, $Me^{II}(HCO_2)_2$ ($Me^{II} = Ca, Ba, Zn, Cd$), $Mg(HCO_2)_2 \cdot 2\,H_2O$; $H_2C_2O_4 \cdot 2\,H_2O$, $Me^IHC_2O_4$ ($Me^I = NH_4, Na, K$), $Me_2{}^IC_2O_4$ ($Me^I = Li, Na$), $Me_2{}^IC_2O_4 \cdot H_2O$ ($Me^I = NH_4, K$), $Me^{II}C_2O_4$ ($Me^{II} = Mg, Cd$), $Me^{II}C_2O_4 \cdot H_2O$ ($Me^{II} = Ca, Zn$), $Al_2(C_2O_4)_3 \cdot H_2O$. An Hand der neu bestimmten Hyperfeinkopplungs-Konst. u. g-Werte von NO_2 in Eis bei 77° K u. analoger Literaturwerte werden die Elektronenstrukturen von NO_2 u. des in den bestrahlten Salzen gebildeten CO_2^- verglichen. Die höhere Kernladung des N hat zur Folge, daß das ungepaarte Elektron im CO_2^- weit stärker am C-Atom als in NO_2 am N-Atom lokalisiert ist, entsprechend der im Vgl. zu NO_2 viel ausgeprägteren Dimerisierungstendenz des CO_2^-. Die Elektronenspektren der Salze, die Wechselwrkg. des CO_2^- mit Kationen u. die Rotation des NO_2-Mol. in Lsg. werden diskutiert.
A. Blaschette. B 226□

Zerfall von Diphenylquecksilber in Cyclohexan und Cyclohexen. G. A. Rasuwajew, G. G. Petuchow, Ju. A. Kaplin und L. F. Kudrjawzew. (Доклады Академии Наук СССР [Ber. Akad. Wiss. UdSSR] **141**, 371–73, 11/11. 1961; Gorki, Chem. Forschungsinst., Univ.; russ.) — Diphenyl-Hg (I) wurde in der 30fach molaren Menge Cyclohexan (II) u. Cyclohexen (III) unter N_2 u. in Ggw. von Luft bis zu einem Zers.-Grad von 60–90% mit UV-Licht bestrahlt. In II wurden als Zers.-Prodd. (außer Hg) *Bzl., Dicyclohexyl, Cyclohexen,* Spuren *Phenylcyclohexan* u. *Diphenyl,* in Ggw. von O_2 auch *Cyclohexanol* u. *Cyclohexanon* erhalten; in III *Bzl.* u. *Dicyclohexenyl.* Die Zers.-Prodd. bestanden zu 75–80% aus Bzl., dessen Bldg. nicht durch Dehydrierung von III erfolgte, wie mit ^{14}C-Markierung nachgewiesen wurde. Im Gegensatz zu der Zers. von I in Bzl. erfolgt die Zers. in II bzw. III nach einem Freie-Radikale-Mechanismus, u. II bzw. III dienen lediglich als Protonendonatoren für die aus I gebildeten Phenylradikale.
Helmut Schäfer. B 226

Behindernde Wirkung des Uranins auf das reduktive Photobleichen von Eosin in Alkohol. Stabilität der Semichinone der Xanthenfarbstoffe. Shunji Kato, Yukio Onodera und Masao Koizumi. (J. chem. Soc. Japan, pure Chem. Sect. [Nippon

Kagaku Zassi] **80,** 1382—84, Dez. 1959; Sendai, Tôhoku-Daigaku, Rigakubu, Kagaku-Kyôsitu; jap., Auszug: engl. S. A 107.) — Das reduktive Ausbleichen von Eosin (I) in A. im Vakuum durch Bestrahlen mit Licht wird durch Zusatz von Uranin (II), welches im sichtbaren Bereich prakt. keine Absorption zeigt, stark verringert, wobei der Geh. an II, der unter Zusatz von NaOH spektrophotometr. bestimmt werden kann, stark abnimmt. I bildet beim Bestrahlen das Semichinon, welches offenbar durch Angriff von II zu I zurückoxydiert wurde. Auf diese Weise ist es wahrscheinlich möglich, die Stabilität der Semichinone der Xanthenfarbstoffe zu messen. E. Maekawa. B 226□

Dehydrierung von Kohlenwasserstoffen an Alumochrom- und Alumochromkaliumkatalysatoren, die nach verschiedenen Verfahren hergestellt wurden. Je. A. Timofejewa, N. I. Schuikin, T. P. Dobrynina, G. Ss. Petrjajewa und Ju. N. Plotnikow. (Доклады Академии Наук СССР, Отделение Химических Наук [Nachr. Akad. Wiss. UdSSR, Abt. chem. Wiss.] **1960,** 292—99, Febr.; Zelinsky-Inst. für organ. Chem. der Akad. der Wiss. der UdSSR; russ.) — Vgl. C. **1962,** 11872. — Es wurde der Einfl. der Herst.-Meth. von Alumochrom- u. Alumochromkaliumkatalysatoren auf ihre dehydrierende u. dehydrocyclisierende Aktivität bei der katalyt. Umwandlung von *Isopentan* (I), *n-Hexan* (II) u. *Cyclohexan* (III) untersucht. Zus. u. Ausbeute der an den verschiedenen Katalysatoren aus I, II u. III erhaltenen fl. (Bzl. u. ungesätt. Verbb.) u. gasförmigen (H_2, Paraffine, Olefine) Prodd. werden tabellar. angegeben. — Am wenigsten wirkt sich die Herst.-Meth. auf die Dehydrierung von I aus, am stärksten auf die Dehydrocyclisierung von II, ebenfalls stark auf die Dehydrierung von III. Ein K_2O-Zusatz erhöht die Aktivität u. Stabilität der Katalysatoren bei der Dehydrierung von I, II u. III; er wirkt sich dagegen ungünstig auf die Ausbeuten an ungesätt. KW-Stoffen aus II aus. Von den untersuchten Katalysatoren liefert die höchsten Ausbeuten an Hexenen (23%) u. die geringsten an Bzl. (16%) ein Katalysator, der durch Tränken von Al_2O_3 mit Ammoniumchromat hergestellt wurde. Helmut Schäfer. B 227□

Untersuchung der am Alumomolybdänkatalysator erhaltenen Produkte der Dehydrocyclisierung von n-Hexan und der Dehydrierung von Cyclohexan. Ch. M. Minatschew, W. Ss. Smirnow, D. A. Kondratjew und G. A. Loginow. (Известия Академии Наук СССР, Отделение Химических Наук [Nachr. Akad. Wiss. UdSSR, Abt. chem. Wiss.] **1961,** 724—26, April; Zelinsky-Inst. für organ. Chem. der Akad. der Wiss. der UdSSR; russ.) — Cyclohexan (I) wird beim Überleiten über techn. Alumomolybdän bei 488° u. einer Vol.-Geschw. von 0,2 Std.$^{-1}$ in Ggw. eines Überschusses an H_2 vor allem zu *Bzl.* dehydriert, in sehr geringem Umfang auch isomerisiert. Das Katalysat, das an einem Katalysator erhalten wurde, der 1 Std. (45 Std.) gearbeitet hatte, setzte sich zusammen aus (Gew.-%): 63 (21,8) % *Bzl.*, 34,5 (75,7) % I, 0,4 (0,5) % *Cyclohexen*, 1,5 (1,5) % *Methylcyclopentan* u. 0,6 (0,5) % *Hexanen*. n-Hexan (II) wird unter den gleichen Bedingungen hauptsächlich dehydrocyclisiert. Bei 488° entsteht aus II als Aromatisierungs-Prod. fast ausschließlich *Bzl.*, bei 520° außerdem in beträchtlicher Menge *Toluol*. Auch für die Umwandlung von II läßt die Aktivität des Katalysators für die Dehydrocyclisierung mit der Zeit stark nach. An einem Katalysator, der 1 Std. gearbeitet hatte, bestand das bei 488° (520°) erhaltene Katalysat aus 19,3 (43,8)% *Bzl.*, 0 (15,3) % *Toluol*, 67,4 (34,6) % II, 5,4 (1,9) % *2-Methylpentan*, 4,8 (1,6) % *3-Methylpentan*, 3,1 (1,0) % *Pentanen* u. 0 (1,8) % *Hexenen*. Helmut Schäfer. B 227□

Über die Zusammensetzung der bei der katalytischen Dehydratisierung von Butanol-(2) entstehenden Butene. A. A. Balandin, Je. I. Klabunowski und Je. F. Litwin. (Известия Академии Наук СССР, Отделение Химических Наук [Nachr. Akad. Wiss. UdSSR, Abt. chem. Wiss.] **1961,** 1863—70, Okt.; Zelinsky-Inst. für organ. Chem. der Akad. der Wiss. der UdSSR; russ.) — Es wurde die Abhängigkeit der Zus. der Butene, die bei der Dehydratisierung von Butanol-(2) an Al_2O_3 u. am Cu-Kontakt gebildet werden, von der Temp. u. Kontaktdauer untersucht. An Al_2O_3 erhöht sich das Verhältnis von *cis-* zu *trans-Buten-(2)* von 0,38 bei 315° auf 0,88 bei 444°; der Geh. an *Buten-(1)* bleibt konstant. Mit zunehmender Kontaktdauer entstehen cis-Buten-(2) u. Buten-(1) in geringerer Ausbeute. Mit zunehmender Kontaktdauer steigt auch die Ausbeute an Methan, Äthan, Äthylen u. Propan im Katalysat an. Am Cu–Quarz-Kontakt nimmt der Geh. an Buten-(1) mit Temp.-Erhöhung von 550 auf 588° zu, das Verhältnis von trans- zu cis-Buten-(2) erhöht sich von 1,40 auf 1,53; es wird somit im Gegensatz zum Al_2O_3-Kontakt überwiegend trans-Buten-(2) gebildet.
Helmut Schäfer. B 227

Umwandlungen von Dimethylcyclohexanen unter Wasserstoffdruck in Gegenwart eines Nickel–Tonerde-Katalysators. N. I. Schuikin und L. K. Kaschkowskaja. (Известия Академии Наук СССР, Отделение Химических Наук [Nachr. Akad. Wiss. UdSSR, Abt. chem. Wiss.] **1960,** 287—91, Febr.; Zelinsky-Inst. für organ. Chem.

der Akad. der Wiss. der UdSSR; russ.) — 1.2- (I), 1.3- (II) u. 1.4-Dimethylcyclohexan (III) werden am Ni-Tonerdekatalysator bei 460° u. 25 bzw. 50 at H_2-Druck hauptsächlich in die entsprechenden *Xylole* umgewandelt. Der Umwandlungsgrad ist bei 25 at größer als bei 50 at H_2-Druck. Neben der Dehydrierung erfolgt eine Hydrogenolyse der Methylgruppen, wobei *Toluol* u. *Bzl.* bzw. *Methylcyclohexan* (IV) u. *Cyclohexan* (V) entstehen. — Aus I wird bei 25 (50) at in 89,2 (85,9)%ig. Ausbeute ein fl. Katalysat erhalten, das sich zusammensetzt aus (in %) 10 (7) *Bzl.*, 17 (12) *Toluol*, 62,7, 0,5 bzw. 0,5 (46,4, 1,4 bzw. 1,2) *o-*, *m-* bzw. *p-Xylol*, 3 (4,5) V, 5 (10) IV, 0 (2) *1.1-Dimethylcyclohexan* u. 1 (15) I. — Analog aus II in 82,1 (90)%ig. Ausbeute ein Katalysat mit 31,6 (15) *Bzl.*, 32,3 (25,7) *Toluol*, 3,7 (8) V, 4,8 (11) IV, 26,6 (35,1) *m-Xylol*, 1 (5) II. — Aus III in 89,8 (89,4)%ig. Ausbeute ein Katalysat mit 6,5 (6,9) *Bzl.*, 35,9 (31,1) *Toluol*, 40,6 (39,2) *p-Xylol*, 2,0 (3,5) V, 4,0 (4,9) IV u. 11 (10) III. Helmut Schäfer. B 227

C. Präparative organische Chemie. Naturstoffe

Oxydativer Abbau α-substituierter Carbonsäuren. Hans Feichtinger. (Chem. Ber. 95, 2238—42, 5/9. 1962; Oberhausen-Holten, Ruhrchemie AG, Organ.-Chem. Forschungs-Labor.; dt.) — Die Behandlung einer Reihe α-substituierter (durch Br, Cl, SH, $SSCHC_2H_5COOH$ oder NH_2) Carbonsäuren mit wss. Ammoniumpolysulfid-Lsgg. bei 180 ± 5° in Pyridin unter Druck (6 Std.) führt zu den um ein C-Atom niedrigeren *Carbonsäureamiden*. Vf. nimmt an, daß die Ausgangs-Verbb. über die entsprechenden α-Mercapto- u. α.α'-Dithiodicarbonsäuren zu den α-Thion- bzw. α-Ketosäuren oxydiert werden, welche dann CO_2 abspalten; die entstehenden Aldehyde werden unter den Bedingungen der Willgerodt-Rk. weiter oxydiert. Behandeln prim. Amine RCH_2NH_2 unter gleichen Bedingungen lieferte nur in sehr geringen Ausbeuten die *Amide* $RCONH_2$; daher kann bei der obigen Umsetzung der Aminosäuren eine Decarboxylierung nicht als Primärschritt erfolgen.

Versuche: *Propionamid*, F. 78,5—79°, a) aus α-Brombuttersäure [55% (Ausbeute)]; b) aus α-Mercaptobuttersäure (65%); c) aus α.α'-Dicarboxydi-n-propyldisulfid (81%); d) aus α-Aminobuttersäure (20%); e) aus n-Propylamin (<1%). — *Valerianamid*, F. 105 bis 105,5°, a) aus α-Bromcapronsäure (77%); b) aus Norleucin (54%); c) aus n-Amylamin (4%). — *Isovalerianamid*, F. 134—134,5°, a) aus α-Chlorisocapronsäure (65%); b) aus L-Leucin (56%); c) aus Isoamylamin (3%). — *Pivalinamid*, F. 153,5—154°, aus α-Brom-β.β-dimethylbuttersäure; 27%. — *Benzamid*, F. 127,5—128,2°, a) aus α-Bromphenylessigsäure [64%; daneben 14% *Benzoesäure* (I), F. 120,5—121°]; b) aus α-Aminophenylessigsäure (56%; daneben 9% I; c) aus Benzylamin (58%; daneben 6% I). — *Butyramid*, F. 114,2—114,6°, a) aus Norvalin (43%); b) aus n-Butylamin (3%). — *Isobutyramid*, F. 127,4—127,8°, aus Valin; 56%. — *α-Methylbutyramid*, F. 110,5—111°, aus Isoleucin; 60%. — *Bernsteinsäure* F. 183,5—185° aus L-Glutaminsäurehydrochlorid; 25%. — *Phenylacetamid* F. 155—156° a) aus Phenylalanin (58%; daneben 6% *Phenylessigsäure* F. 76—77°); b) aus β-Phenyläthylamin (5%). — *p-Hydroxyphenylacetamid*, F. 174,5—175° a) aus L-Tyrosin [17%; daneben 4% *p-Hydroxyphenylessigsäure* (II), F. 147—148°]; b) aus 3.5-Dibrom-L-tyrosin (21%; daneben 4% II); c) aus 3.5-Dijod-L-tyrosin (13%; daneben 3% II). — *Indolyl-(3)-acetamid*, F. 150—151° aus Tryptophan; 31%; daneben 8% *Indolyl-(3)-essigsäure*, F. 164°. — *Capronamid*, F. 100—100,4°, aus n-Hexylamin; 6%. J. Rothe. 460□

Neuartige Reduktion von Ketonen durch Diphenylsilan. Henry Gilman und Justin Diehl. (J. org. Chemistry 26, 4817—20, 27/12. 1961; Ames, Iowa, Iowa State Univ., Chem. Labor.; engl.) — Die Red.-Wrkg. von Triphenylsilan (I), Diphenylsilan (II) u. Phenylsilan gegenüber aromat. Ketonen wird bei hohen Temp. untersucht. Bei der Rk. von II mit Benzophenon (III) wird *Benzhydryloxydiphenylsilan* als Zwischenprod. isoliert. Der Anwendungsbereich der neuen Red.-Meth. wird diskutiert.

Versuche: *Thiaxanthen* (IV) F. 128—130° (A.), a) durch 20std. Erhitzen äquimol. Mengen Thiaxanthon u. II auf 260° nach 1std. Anheizen, Lösen in PAe. u. Chromatographie an Al_2O_3; 38,4% (Ausbeute); b) analog a) in 3 Tagen; 35,4%; c) analog a) in 4 Std.; 37,4% [daneben ca. 2 g *Dithiaxanthyl* (V), F. 315—320°]; d) analog a) in 12 Std.; 63,6% [daneben ca. 2 g V]; e) analog d) unter N_2; 61% [daneben ca. 2 g V]. — *Benzhydryloxydiphenylsilan*, F. 80—81,5° (A.), a) durch 4std. Erhitzen äquimol. Mengen II u. III auf 230—235°, Dest. u. Extraktion des Dest.-Rückstandes mit PAe.; 75,4% (roh); b) analog a) mit I in 12 Std. bei 280°; 47,6%. — *Diphenylmethan*, $Kp._2$ 93—95° F. 25 bis 26° a) durch 12std. Erhitzen vorst. Verb. auf 270° u. Dest.; $n_D^{17,5}$ 1,5793; 44,2%; b) durch 12std. Erhitzen äquimol. Mengen II u. III auf 265° u. Dest.; 36 9%. *Tetranitro-Deriv.*, F. 173—174°. — *Fluoren*, F. 112—115° (A.), analog IV aus Fluorenon in 12 Std.

bei 270°; 37,3%. — *Xanthen*, F. 101—103°, analog IV aus Xanthon in 12 Std. bei 260°; 27,5%. — *Anthracen*, F. 216—217° (A.), durch 12std. Erhitzen von 0,05 Mol Anthrachinon mit 0,1 Mol II auf 275° u. Extraktion mit Bzl.; 44,8%. — *4-Chlordiphenylmethan*, $Kp._{2,2}$ 122—123,5°, durch Erhitzen äquimol. Mengen 4-Chlorbenzophenon u. II auf 270° u. Dest.; n_D^{20} 1,5854; 68%; daneben durch Chromatographie des Dest.-Rückstandes an Al_2O_3 u. Eluieren mit Bzl. 5,2% *Hexaphenylcyclotrisiloxan*, F. 187—189° (Bzl./PAe.). — *Phenyl-[p-tolyl]-methan*, $Kp._{0,35}$ 87—89°, aus äquimol. Mengen 4-Methylbenzophenon u. II in 12 Std. bei 275° nach 1std. Anheizen u. Dest.; n_D^{20} 1,5683; 38,5%. — *10-[Triphenylsiloxy]-anthron*, $C_{32}H_{24}O_2Si$, F. 120—122°, durch 12std. Erhitzen von 0,05 Mol I u. 0,025 Anthrachinon auf 235—240°; 25,6%. — *Hexaphenyldisiloxan*, F. 225—228°, durch 15std. Kochen von 0,318 Mol Brombenzol u. 0,350 Mol I, Dest. u. Chromatographie des Dest.-Rückstandes; Spuren. K. Rühlmann. 460□

Berichtigungen. W. Walter und J. Curts. (Chem. Ber. **94**, 3346, 28/12. 1961; dt.) — Der F. des in C. **1961**, 11674 angegebenen Thioacetamid-S-oxids beträgt 136 bis 137°. P. Golinske. 460□

Untersuchungen über Carbene. 4. Mitt. Reaktionen von Carbenen mit aliphatischen Aminen. Volker Franzen und Hanspeter Kuntze. (Liebigs Ann. Chem. **627**, 15—22, 27/11. 1959; Heidelberg, Max-Planck-Inst. für Med. Forsch., Inst. für Chem.; dt.) — 3. vgl. C. **1962**, 3415. — Rkk. von Carbenen mit tert. Aminen werden untersucht. Photochem. aus Diazomethan (I) erzeugtes *Methylen* reagiert mit N-Methylpyrrolidin (II) zu *N-Äthylpyrrolidin* sowie *1.2-* u. *1.3-Dimethylpyrrolidin*; das Carben hat in diesem Fall nur an der C—H-Bindung angegriffen, Ringerweiterung wurde nicht beobachtet. Durch Rk. von *Carbäthoxycarben* (**C**) mit Triäthylamin (III) entstehen *Diäthylamin*, *Diäthylaminoessigsäureäthylester* sowie *β-* u. *γ-Diäthylaminobuttersäureäthylester*. Substitution an $C_{(\alpha)}$ überwiegt gegenüber der an $C_{(\beta)}$. Rk. des sowohl therm. als auch photochem. erzeugten **C** mit Benzyldimethylamin (VI) liefert *α-Dimethylamino-β-phenylpropionsäureäthylester* (V) u. *Zimtsäureäthylester* (VI), der aus *β-Dimethylamino-β-phenylpropionsäureäthylester* (Va) durch Abspaltung von *Dimethylamin* (VII) entsteht. Die Bldg. von V wird durch Einschieben des **C** in eine C—N-Bindung erklärt; daneben findet Substitution an der C—H-Bindung statt.

Versuche: *1.2-Dimethylpyrrolidin*, $C_6H_{13}N$, $Kp._{760}$ 95°, a) durch Rk. von Methyl-MgBr u. II in Ae., 12std. Stehen, Zutropfen äther. $LiAlH_4$-Lsg. u. Zers. mit W.; 48% (Ausbeute); b) durch Einleiten von 24 g I, vorher in Dekalin gelöst u. durch ca. 20std. allmähliches Erwärmen ausgetrieben, im N_2-Strom in II unter Bestrahlung mit einer Hg-Tauchlampe, Abgießen von wenig braunem *Harz*, Einengen u. Dest. der Fraktion zwischen 78 u. 138° an einer Drehbandkolonne (Meth. **A**); daneben *1.3-Dimethyl-* u. *N-Äthylpyrrolidin*. *Pikrat*, F. 238—239° (Zers.). — *Diäthylaminoessigsäureäthylester*, $Kp._{12}$ 68°, aus Diazoessigsäureäthylester (VIII) u. III nach **A**. Daneben: *β-Diäthylaminobuttersäureäthylester*, $C_{10}H_{21}NO_2$, $Kp._{12}$ 87°, u. *γ-Diäthylaminobuttersäureäthylester*, $Kp._{12}$ 95°. — *β-Dimethylamino-β-phenylpropionsäureäthylester* (Va), $C_{13}H_{19}NO_2$, $Kp._{25}$ 115—117°, a) durch 70std. Erhitzen von 50 g VI u. 16 g VII in A. in Ggw. von $SnCl_4$ im Rohr auf 100° u. Aufarbeiten; n_D^{20} 1,5040; 6,5 g; b) durch Zusatz von VIII zu IV bei 150° unter Rühren, Einengen, Dest. an Drehbandkolonne u. Gaschromatographie; c) durch 5tägiges Belichten von IV u. VIII u. Aufarbeiten. Erhitzen → VI u. VII. Neben Va nach b) u. c) *α-Dimethylamino-β-phenylpropionsäureäthylester* (V). K. Koch. 470□

Untersuchungen über Carbene. 5. Mitt. Reaktionen von Carbenen mit Alkylhalogeniden. Eine einfache Synthese von Neopentylchlorid und Neopentylbromid. Volker Franzen. (Liebigs Ann. Chem. **627**, 22—27, 27/11. 1959; dt.) — 4. vgl. vorst. Referat. — Bei der Rk. von Carbenen mit Alkylhalogeniden erfolgt Substitution an der C—Halogen-Bindung bevorzugt gegenüber der an der C—H-Bindung. Methylen (**M**) reagiert mit Isopropylchlorid (I) zu *Isobutylchlorid* (II), *2-Chlorbutan* (III) u. *tert.-Butylchlorid* (IV). Die gaschromatograph. Analyse zeigt für II, III u. IV das Mengenverhältnis 11:10:1 an. Daraus folgt daß **M** die C—Cl-Bindung ca. 6 mal schneller eine als C—H-Bindung angreift; besonders langsam wird das H^2-Atom von I angegriffen. **M** liefert mit Äthylbromid (V) *Isopropylbromid*, *n-Propylbromid* u. sehr wenig *tert.-Butylbromid* (VI) u. *Methylbromid*. Ganz anders verläuft die Rk. von V mit dem *Carbäthoxycarben* (**C**). Neben wenig *α-Brombuttersäureäthylester* bildet sich fast ausschließlich *Äthylen* u. *Bromessigester*. Die unterschiedliche Rk.-Freudigkeit der C—Halogen- u. der C—H-Bindung gegenüber **M** wird für eine Synth. des *Neopentylchlorids* (VII) ausgenutzt. Rk. von **M** mit IV liefert ca. 60% VII u. 40% *2-Chlor-2-methylbutan*. Analog entsteht *Neopentylbromid* aus **M** u. VI. Mit **C** dagegen reagiert IV in komplizierter Weise unter Bldg. von *Chloressigester* u. *1-Chlor-2.2-dimethylbuttersäureäthylester*. Aus **C** u. VI entstehen *Bromessigester* u. *Isobutylen*.

Versuche: *Neopentylchlorid* (VII), $C_5H_{11}Cl$, Kp. 82—84°, durch Einleiten von Diazomethan (aus 50 g Nitrosomethylharnstoff) im N_2-Strom in 250 ml **IV** unter Belichten (App. abgebildet), Einengen, 24std. Stehen der Fraktion vom Kp. 75—85° in 70%ig Essigsäure bei 35°, Wasserzusatz, Neutralisieren, Trocknen der organ. Phase u. Dest.; 5,8 g (Ausbeute). Daneben etwas *Butylen*. — *Neopentylbromid*, $C_5H_{11}Br$, Kp. 105—107°, analog **VII**; 8,2 g. — *Chloressigsäureäthylester* (**IX**), $C_4H_7ClO_2$, $Kp._{12}$ 43°, durch 62std. Belichten von 15 ml Diazoessigester (**VIII**) in 250 g **IV** u. Dest.; 5,2 g. — *1-Chlor-2.2-dimethylbuttersäureäthylester*, $C_8H_{15}ClO_2$, $Kp._{12}$ 126—128°, neben **IX** durch 24std. Stehen der Fraktion vom $Kp._{12}$ 100—130° in 70%ig. Essigsäure u. Aufarbeiten; 1,9 g. — *Bromessigsäureäthylester*, $C_4H_7BrO_2$, Kp_{12} 54—55°, a) durch 48std. Belichten von 15 ml **VIII** in 300 g **V** u. Dest.; 22 g; b) analog **IX** mit **VI**; 8,4 g. K. Koch. 470□

Untersuchungen über Carbene. 6. Mitt. Thermische Spaltung von Tetra-α-naphthyläthylen in Di-α-naphthylmethylen. Volker Franzen und Hans-Ingo Joschek. (Liebigs Ann. Chem. **633**, 7—13, 13/7. 1960; dt.) — 5. vgl. vorst. Referat. — Bei der photochem. Zers. von *Diphenyldiazomethan* (I) u. *Di-α-naphthyldiazomethan* (II) in Alkanen oder Toluol entstehen, wie sich durch Elektronenspinresonanz nachweisen läßt, *Diphenylmethyl-* bzw. *Di-α-naphthylradikale*. Daraus wird geschlossen, daß das *Diphenylmethylen* bzw. das *Di-α-naphthylmethylen* (**C**) im Übergangszustand dieser Rk. im Triplettzustand vorliegt. Diese Annahme wird gestützt durch die therm. Zers. von I in Cyclohexan (III), wobei man als Prodd. *Tetraphenyläthan*, *3.3'-Dicyclohexenyl* u. *Benzophenonazin*, in Ggw. von O_2 auch *Benzophenon* erhält. Bei der therm. Spaltung von *Tetra-α-naphthyläthylen* (**IV**) in *Naphthalin* (**V**) bei 250° entstehen *Bis-[1.2;7.8-dibenzofluorenyl-(9)]*, *Di-α-naphthylmethan* u. *1.2;7.8-Dibenzofluoren* (**VII**). Die Bldg. von **VII** wird als Beweis für das intermediäre Auftreten von **C** angesehen, das sich zu **VII** isomerisiert. Die therm. Spaltung von II in sd. **V** führt zu *Di-α-naphthylketazin* u. **VII**, die von **IV** in Ggw. von O_2 zu *Di-α-naphthylketon* (**VIII**). Da sich unter den angewandten Bedingungen Tetraphenyläthylen nicht verändert, muß **VIII** aus **C** entstanden sein. Zersetzt man **IV** therm. in Ggw. von *Benzylamin* (**IX**), entsteht neben viel **VII** *N-[Di-α-naphthylmethyl]-benzylamin* (**X**). **X** bildet sich auch bei der photochem. Zers. von II in **IX**.

Versuche: *Benzphenonazin-Tetraphenyläthan-Addukt*, $C_{26}H_{20}N_2 \cdot C_{26}H_{22}$, F. 175°, durch 12std. Erhitzen von 8 g I in III im Rohr auf 140° u. Einengen; hellgelb; 4 g (Ausbeute). Daneben 2,2 g *3.3'-Dicyclohexenyl* [$C_{12}H_{18}$, $Kp._{1,1}$ 60°; *Tetrabromid*, $C_{12}H_{18}Br_4$, F. 158°] u. 4,2 g *Benzophenon* [$Kp._{0,5}$ 128—129°, F. 40°]. — *Tetra-α-naphthyläthylen* (**IV**), $C_{42}H_{28}$, F. 322°, durch Erwärmen von Di-α-naphthylcarbinol in H_3PO_4 auf 160° u. Chromatographie in Bzl.-Methanol an Al_2O_3. Daneben **VII**. — *Bis-[1.2;7.8-dibenzofluorenyl-(9)]*, $C_{42}H_{26}$, F. 354° (Xylol), durch 10 Min. langes Erhitzen von **IV** u. **V** im Rohr unter N_2 auf 290°, Einengen, A.-Zusatz u. Umkristallisieren des Rückstandes. — *Di-α-naphthylketonhydrazon*, $C_{21}H_{16}N_2$, F. 148° (A.), a) durch Einblasen von O_2 in eine Lsg. von **IV** in **V** bei 150°, Entfernung von **V**, 20std. Erhitzen mit Hydrazinhydrat (**VI**) in A. im Rohr, Einengen u. Chromatographie in Bzl. an Al_2O_3; b) durch 20std. Erhitzen von **VIII** u. **VI** in A. im Rohr auf 160°; ca. 100%. — *Di-α-naphthyldiazomethan* (II), $C_{21}H_{14}N_2$, durch 2std. Schütteln vorst. Verb. mit Ag_2O in Bzl. u. Einengen bei 15°; tiefrot. Zers. bei 75° unter N_2-Entw. → *Di-α-naphthylketazin*, F. 295°. — *N-[Di-α-naphthylmethyl]-benzylamin* (**X**), $C_{28}H_{23}N$, F. 173° (Bzl.), a) durch Belichten einer Lsg. von II in **IX** u. Einengen; b) durch 3½std. Erhitzen von **IV** in **IX** unter N_2 im Rohr, Einengen, Aufnehmen in Bzl., Einengen u. Chromatographie an Al_2O_3. K. Koch. 470□

Untersuchungen über Carbene. 7. Mitt. Aminoaustausch beim Trimethylammonium-9-fluorenylid. Volker Franzen. (Chem. Ber. **93**, 557—58, 29/2. 1960; dt.) — 6. vgl. vorst. Ref.; 9. vgl. C. **1962**, 7121. — Beim Erhitzen von Trimethylammonium-9-fluorenylid (I) in Dimethylbenzylamin (II) erhält man *Trimethylamin* (III) u. *9-Dimethylamino-9-benzylfluoren* (**IV**) neben viel *polymerer Substanz*. Die Bldg. von **IV** wird in der Weise gedeutet, daß I beim Erhitzen in *Fluorencarben* (**V**) u. III zerfällt. **V** reagiert mit II zu *Dimethylbenzylammonium-9-fluorenylid*, das sich zu III umlagert.
K. Koch. 470□

1-Phenylcyclohexen aus trans-2-Phenylcyclohexyltrimethylammoniumhydroxid durch cis-Eliminierung. Arthur C. Cope, Glenn A. Berchtold und Daniel L. Ross. (J. Amer. chem. Soc. **83**, 3859—61, 20/9. 1961; Cambridge, Mass., MIT, Dep. of Chem.; engl.) — 2.5-Dihydrothiophen-1.1-dioxid wird durch Einw. von D_2O deuteriert u. durch anschließende Pyrolyse in $^4D_{(1.1.4.4)}$-*Butadien* übergeführt. Diels-Alder-Rk. mit β-Nitrostyrol liefert $^4D_{(3.3.6.6)}$-*trans-4-Nitro-5-phenylcyclohexen* (I), das durch Umsetzung mit Diboran u. Hydrolyse in $^4D_{(3.3.6.6)}$-*trans-1-Nitro-2-phenylcyclohexan* (II) übergeführt wird. II läßt sich mit $SnCl_2$/HCl ohne wesentlichen D-Austausch $^4D_{(3.3.6.6)}$-*trans*-

1-Amino-2-phenylcyclohexan (III) reduzieren. III wird mit HCOOH/HCHO unter Bldg. von $^4D_{(3.3.6.6)}$-*trans-1-Dimethylamino-2-phenylcyclohexan* (IV) methyliert. IV liefert beim Hofmannschen Abbau seines Trimethylammoniumhydroxids in 81—91%ig. Ausbeute $^4D_{(3.3.6.6)}$-*1-Phenylcyclohexen*; daneben entstehen geringe Mengen di- u. trideuterierter Olefine. Vff. folgern daraus, daß direkte cis-Eliminierung stattfindet. III läßt sich nicht durch katalyt. Hydrierung von I an Pd-Kohle darstellen, da hierbei ein beträchtlicher D-Austausch stattfindet.

Versuche: $^4D_{(2.2.5.5)}$-*2.5-Dihydrothiophen-1.1-dioxid*, $C_4H_2D_4SO_2$, F. 66,8—67,3° (Tetrahydrofuran/Pentan = 2:1), aus 2.5-Dihydrothiophen-1.1-dioxid durch 48std. Behandlung mit Dioxan/D_2O in Ggw. von wenig K_2CO_3 u. 5malige Wiederholung. — $^4D_{(1.1.4.4)}$-*Butadien*, aus vorst. Verb. durch 1std. Pyrolyse unter N_2 bei 130—162°; 88% (Ausbeute). — $^4D_{(3.3.6.6)}$-*trans-4-Nitro-5-phenylcyclohexen* (I), F. 104,8—105,5° (Methanol), durch 5std. Erhitzen vorst. Verb. mit β-Nitrostyrol in Toluol auf 150° im Rohr; 42%. — $^4D_{(3.3.6.6)}$-*trans-1-Nitro-2-phenylcyclohexan* (II), F. 120,1—121,4° (Methanol), aus I in Diglyme durch 3std. Einleiten von Diboran, 2std. Einleiten von N_2, 18std. Rühren, Zugabe von Eisessig u. weiters 72std. Rühren; 10%. — $^4D_{(3.3.6.6)}$-*trans-1-Amino-2-phenylcyclohexan* (III), F. 57,9—59,1° (Pentan), durch 8std. Kochen von II in A. mit $SnCl_2 \cdot 2\,H_2O$/HCl; 53% (mit 93% D_4-Geh.); daneben 1% *di-*, 6% *tri-* u. 1% *pentadeuterierte* Produkte. — $^4D_{(3.3.6.6)}$-*trans-1-Dimethylamino-2-phenylcyclohexan* (IV), $Kp._2$ 112,5—114°, durch 5std. Erhitzen von III mit 98%ig. Ameisensäure u. 40%ig. HCHO; n_D^{25} 1,5273; 77%. — $^4D_{(3.3.6.6)}$-*trans-2-Phenylcyclohexyltrimethylammoniumjodid*, F. 213,4—232,9° (Aceton/A.; 85:15), durch 43½std. Rühren von IV u. CH_3J in Ae.; 92%. — $^4D_{(3.3.6.6)}$-*1-Phenylcyclohexen*, durch 24std. Rühren vorst. Methojodid mit wss. Methanol u. Ag_2O, 20 Min. langes Erhitzen des erhaltenen *Hydroxids* auf 60—80° bei 1 mm, anschließendes Erhitzen auf 120° bei 0,05 mm, Auffangen des Destillats in einer Trockeneis/Aceton-Falle, Waschen mit 10%ig. HCl u. Reinigung durch Gaschromatographie an Siliconöl; n_D^{25} 1,5651; λ_{max} 247 mμ (ε = 11390); 81%; daneben <1% *di-* u 4,8% *trideuterierte* Produkte. Dieter Frank. 480□

Katalytische Synthese von Isoparaffinkohlenwasserstoffen der Zusammensetzung C_{20}—C_{38} mit hoher Dichte. A. P. Meschtscherjakow, Je. I. Ersjutowa und Tschun-I Go. (Известия Академии Наук СССР, Отделение Химических Наук [Nachr. Akad. Wiss. UdSSR, Abt. chem. Wiss.] **1961**, 2198—2203, Dez. Zelinsky-Inst. für org. Chem. der Akad. der Wiss. der UdSSR; russ.) — Es wurde eine Reihe von Trialkylcarbinolen zu *Alkenen* dehydratisiert, die durch Einw. von H_2SO_4 in die *dimeren Alkene* umgewandelt wurden. Bei der Dimerisierung wurde eine teilweise Isomerisierung der Dimeren beobachtet. Durch Hydrierung der dimeren Alkene am Bag-Katalysator wurden die entsprechenden verzweigten *Alkane* erhalten. Die für diese berechneten Dichten weichen nur wenig von den expermentell gefundenen Werten ab. Eine Verlängerung der Kette der Alkylsubstituenten in den Alkanen von 3 auf 6 C-Atome beeinflußt nur wenig die Dichte u. den Ep., während die Viscosität mit zunehmendem Molgew. stark ansteigt.

Versuche: Carbinole: nach Grignard: *Tripropyl-*, $C_{10}H_{22}O$, Kp. 193—195°; $D._4^{20}$ 0,8340; n_D^{20} 1,4340; 66% (Ausbeute). — *Propyldibutyl-*, $C_{12}H_{26}O$, $Kp._{15}$ 112—114°; $D._4^{20}$ 0,8399; n_D^{20} 1,4420; 54%. — *Tributyl-*, $C_{13}H_{28}O$, $Kp._{12}$ 124—125°; $D._4^{20}$ 0,8442; n_D^{20} 1,4440; 77%. — *Dibutylpentyl-*, $C_{14}H_{30}O$, $Kp._{15}$ 139—141°; $D._4^{20}$ 0,8454; n_D^{20} 1,4420; 70%. — *Trihexyl-*, $Kp._{4-5}$ 150—153°; $D._4^{20}$ 0,8408; n_D^{20} 1,4492; 66%. — Die Dehydratisierung der Carbinole in Eisessig in Ggw. von wenig konz. H_2SO_4 durch 20—30 Min. langes Erhitzen auf dem Wasserbad lieferte: *4-Propylhepten-(3)*, $C_{10}H_{20}$, Kp. 161—163°, Ep. < —70°; $D._4^{20}$ 0,7502; n_D^{20} 1,4292. — *5-Propylnonen-(4)*, $C_{12}H_{24}$, $Kp._{4-5}$ 65—67°; Ep. < —70°; $D._4^{20}$ 0,7696; n_D^{20} 1,4365. — *5-Butylnonen-(4)*, $C_{13}H_{26}$, Kp. 213—214°, $Kp._9$ 91—92°; Ep. < —70°; $D._4^{20}$ 0,7757; n_D^{20} 1,4390. — *5-Butyldecen-(5)*, $C_{14}H_{28}$, $Kp._{7,8}$ 105°, Ep. < —70°; $D._4^{20}$ 0,7781; n_D^{20} 1,4415. — *7-Hexyltridecen-(6)*, $C_{19}H_{38}$, $Kp._{10}$ 168—170°, Ep. < —65°; $D._4^{20}$ 0,7991; n_D^{20} 1,4492. — Die vorst. Alkene wurden durch Zugabe von 10 Vol.-% H_2SO_4 bei 0—2° u. 6std. Rühren in die nachst. Dimeren umgewandelt: *5-Äthyl-4.6.6-tripropylnonen-(4)*, $C_{20}H_{40}$, $Kp._9$ 150—155°, Ep. —58°; $D._4^{20}$ 0,8420; n_D^{20} 1,4660. Die Ozonisierung lieferte *Dipropylketon* (*Semicarbazon*, F. 136 bis 137°) u. wenig *Diisopropylketon*. — *5.6.7-Tripropyl-7-butylundecen-(5)*, $C_{24}H_{48}$, $Kp._{4-5}$ 189—192°, Ep. —50°; $D._4^{20}$ 0,8401; n_D^{20} 1,4660. — *6-Propyl-5.5.7-tributylundecen-(7)*, $C_{26}H_{52}$, $Kp._{10-11}$ 205—208°, Ep. —40°; $D._4^{20}$ 0,8449; n_D^{20} 1,4672. — *5.6.7.7-Tetrabutyldodecen-(5)*, $C_{28}H_{56}$, $Kp._{8-9}$ 202—205°, Ep. —40°; $D._4^{20}$ 0,8422; n_D^{20} 1,4670. — *8-Pentyl-7.7.9-trihexylpentadecen-(8)*, $C_{38}H_{76}$, $Kp._{5-6}$ 260°, Ep. —35°; $D._4^{20}$ 0,8512; n_D^{20} 1,4714. — Die Hydrierung der vorst. Verbb. bei 180—200° unter Druck am Bag-Katalysator lieferte: *5-Äthyl-4.6.6-tripropylnonan*, $C_{20}H_{42}$, Kp. 328°, $Kp._7$ 160—161°, Ep. —40°; $D._4^{20}$ 0,8438; n_D^{20} 1,4630. — *5.6.7-Tripropyl-7-butylundecan*, Kp. 345°, $Kp._{7-8}$ 182—189°,

Ep. —43°; $D._4^{20}$ 0,8412; n_D^{20} 1,4626. — *6-Propyl-5.5.7-tributylundecan*, $C_{26}H_{54}$, Kp. 354°, $Kp._{5-6}$ 186—187°, Ep. —38°; $D._4^{20}$ 0,8446; n_D^{20} 1,4640. — *5.6.7.7-Tetrabutyldodecan*, $C_{28}H_{58}$, Kp. 390°, $Kp._{7-8}$ 227—228°, Ep. —38°; $D._4^{20}$ 0,8432; n_D^{20} 1,4644. — *8-Pentyl-7.7.9-trihexylpentadecan*, $C_{38}H_{78}$, Kp. 412°, $Kp._5$ 266°, Ep. —35°; $D._4^{20}$ 0,8498; n_D^{20} 1,4678. Helmut Schäfer. 510

Neue Anwendungen der Hydrogensilane in der organischen Chemie: Überführung der primären Amidfunktion in Amin- und Nitrilfunktionen. Raymond Calas, Émile Frainnet und André Bazouin. (C. R. hebd. Séances Acad. Sci. **254**, 2357—59, 26/3. 1962; Bordeaux, Fac. des Sci., Labor. de Chim. organ.; franz.) — Trialkylhydrogensilane setzen sich in Ggw. von $ZnCl_2$ mit prim. N-disubstituierten Amiden mit im allg. hoher Ausbeute zu den entsprechenden *Aminen*, mit unsubstituierten Amiden unter H_2-Entw. zu *Nitrilen* u. *Siloxanen* um. Der Rk.-Mechanismus wird diskutiert.

Versuche: *N.N-Diäthylaminoäthan*, durch 3 Tage langes Erhitzen von N.N-Diäthylacetamid, Triäthylsilan (I) u. $ZnCl_2$; 85% (Ausbeute); daneben 92,6% *Hexaäthyldisilylmonoxan* (II). — Analog: *N.N-Diäthylaminopropan*, aus N.N-Diäthylpropionylamid; 87%; daneben 87,7% II. — *N.N-Diäthylaminobutan*, aus N.N-Diäthyl-n-butyramid; 70,2%; daneben 91% II. — *N-Methyl-N-benzylanilin*, aus N-Methyl-N-phenylbenzamid; 61%; daneben 74,5% II. — *Phenyl-N.N-diäthylaminomethan*, aus N-Diäthylbenzamid u. Tripropylsilan (40 Std., 180—185°); daneben 82% *Hexapropyldisilylmonoxan*. — *Propionsäurenitril*, durch 4—9std. Erhitzen von Propionylamid, I u. $ZnCl_2$ auf 140—150° unter H_2-Entw.; 78%; daneben 92% II. — Analog: *Buttersäureniril*, aus Butyrylamid; 78%; daneben 95% II. — *Pivalinsäurenitril*, aus Pivalinsäureamid; 81,5%; daneben 92,5% II. — *Δ^{10}-Undecensäurenitril*, aus Δ^{10}-Undecensäureamid; 79%; daneben 93,5% II. — *Hexahydrobenzoesäurenitril*, aus Hexahydrobenzamid; 87,2%; daneben 87,4% II. Gerhard Müller/Bitterfeld. 810□

Thiolester langkettiger Säuren und langkettiger Alkanthiole. Richard Sasin, William F. Ashley, Joseph W. Manning jun., Albert Paolini jun. und George S. Sasin. (J. Amer. Oil Chemists' Soc. **35**, 192—94, Mai 1958; Philadelphia, Pa., Drexel Inst. of Technol.; engl.) — Durch Umsetzung der Säurechloride mit den entsprechenden Alkylmercaptanen werden die *n-Nonyl-* bis *n-Octadecylthiolester* der *Laurin-*, *Myristin-*, *Palmitin-* u. *Stearinsäure* dargestellt u. untersucht. Die Darst. der meisten Alkanthiole erfolgt durch Behandlung der Alkylbromide mit Thioharnstoff (I). *Heptadecanoyl-*, *Pentadecanoyl-* u. *Tridecanoylbromid* werden aus den in trockenem CCl_4 suspendierten Ag-Salzen der Fettsäuren durch Einw. von Br_2 erhalten. Die beiden letzteren wurden erstmals dargestellt.

Versuche: Thiollaurinsäurealkylester: *-nonyl-*, $C_{21}H_{42}OS$, F. 32,0—32,5°; 79,0% (Ausbeute). — *-decyl-*, $C_{22}H_{44}OS$, F. 29,5—30,0°; 86,0%. — *-undecyl-*, $C_{23}H_{46}OS$, F. 43,0—43,5°; 95,0%. — *-dodecyl-*, $C_{24}H_{48}OS$, F. 37,5—38,0°; 93,0%. — *-tridecyl-*, $C_{25}H_{50}OS$, F. 47,0—47,5°; 83,0%. — *-tetradecyl-*, $C_{26}H_{52}OS$, F. 45,0—45,5°; 90,0%. — *-pentadecyl-*, $C_{27}H_{54}OS$, F. 51,5—52,0°; 83,0%. — *-hexadecyl-*, $C_{28}H_{56}OS$, F. 49,5—50,0°; 98,0%. — *-heptadecyl-*, $C_{29}H_{58}OS$, F. 55,0—55,5°; 85,0%. — *-octadecyl-*, $C_{30}H_{60}OS$, F. 54,0—54,5°; 85,0%. — Thiolmyristinsäurealkylester: *-nonyl-*, $C_{23}H_{46}OS$, F. 40,5—41,0°; 68,0%. — *-decyl-*, $C_{24}H_{48}OS$, F. 38,0—38,5°; 96,0%. — *-undecyl-*, $C_{25}H_{50}$·OS, F. 45,5—46,0°; 88,0%. — *-dodecyl-*, $C_{26}H_{52}OS$, F. 43,5—44,0°; 91,0% — *-tridecyl-*, $C_{27}H_{54}OS$, F. 54,0—54,5°; 73,5%. — *-tetradecyl-*, $C_{28}H_{56}OS$, F. 50,0—50,5°; 95,0%. — *-pentadecyl-*, $C_{29}H_{58}OS$, F. 57,0—58,0°; 88,0%. — *-hexadecyl-*, $C_{30}H_{60}OS$, F. 53,5—54,0°; 99,0%. — *-heptadecyl-*, $C_{31}H_{62}OS$, F. 61,0—61,5°; 84,0%. — *-octadecyl-*, $C_{32}H_{64}OS$, F. 57,5 bis 58,0°; 98,0%, — Thiolpalmitinsäurealkylester: *-nonyl-*, $C_{25}H_{50}OS$, F. 44,5 bis 45,0°; 94,0%. — *-decyl-*, $C_{26}H_{52}OS$, F. 43,5—44,0°; 70,0%. — *-undecyl-*, $C_{27}H_{54}OS$, F. 51,0 bis 51,5°; 94%. — *-dodecyl-*, $C_{28}H_{56}OS$, F. 48,5—49,0°; 83,0%. — *-tridecyl-*, $C_{29}H_{58}OS$, F. 56,0—56,5°; 86,0%. — *-tetradecyl-*, $C_{30}H_{60}OS$, F. 54,5—55,0°; 91%. — *-pentadecyl-*, $C_{31}H_{62}OS$, F. 61,0—61,5°; 92,0%. — *-hexadecyl-*, $C_{32}H_{64}OS$, F. 58,5—59,0°; 90%. — *-heptadecyl-*, $C_{33}H_{66}OS$, F. 64,5—65,0°; 80%. — *-octadecyl-*, $C_{34}H_{68}OS$, F. 62,5—63,0°; 96,0%. — Thiolstearinsäurealkylester: *-nonyl-*, $C_{27}H_{54}OS$, F. 50,5—51,0°; 65,0%. — *-decyl-*, $C_{28}H_{56}OS$, F. 50,0—50,5°; 80,5%. — *-undecyl-*, $C_{29}H_{58}OS$, F. 55,5—56,0°; 81,5%. — *-dodecyl-*, $C_{30}H_{60}OS$, F. 54,5—55,0°; 85,5%. — *-tridecyl-*, $C_{31}H_{62}OS$, F. 59,5 bis 60,0°; 79,8%. — *-tetradecyl-*, $C_{32}H_{64}OS$, F. 58,5—59,0°; 74,0%. — *-pentadecyl-*, $C_{33}H_{66}OS$, F. 64,0—65,0°; 82,5%. — *-hexadecyl-*, $C_{34}H_{68}OS$, F. 63,0—63,5°; 80,5%. — *-heptadecyl-*, $C_{35}H_{70}OS$, F. 69,5—70,0°; 90,5%. — *-octadecyl-*, $C_{36}H_{72}OS$, F. 65,5—66,0°; 81,0%. — *n-Pentadecylmercaptan*, $C_{15}H_{32}S$, $Kp._2$ 144—145°, aus Pentadecylbromid u. I; 60,5%. — *n-Heptadecylmercaptan*, $C_{17}H_{36}S$, $Kp._2$ 167—168°, aus Heptadecylbromid u. I; 72,5%. H. Spohn. 810□

p-Bromphenacylester einiger einfacher Säuren. M. Verzele und F. Fontyn. (Bull. Soc. chim. belges **68**, 293—94, Mai/Juni 1959; Ghent, Univ., Labor. for organ.

Chem.; engl.) — Die Darst. einiger Carbonsäure-p-bromphenacylester wird beschrieben (FF. aus reinem Isooctan oder Methanol/W.): *Essigsäure-*, F. 85—85,5°. — *Propionsäure-*, F. 62,5—63°. — *Buttersäure-*, F. 63—63,5°. — *Isobuttersäure-*, F. 76,5 bis 77,5°. — *Valeriansäure-*, F. 73—74°. — *Isovaleriansäure-*, F. 67,5—68°. — *Pivalinsäure-*, F. 76,5—77,5°. — *Capronsäure-*, F. 71,5—72°. — *Isocapronsäure-*, F. 78,5—79°. — *5-Methylcapronsäure-*, F. 76—76,5°. — *Caprylsäure-*, F. 65,5—66°. — *3-Methylbuten-(2)-säure-*, F. 100—100,5°. — *4-Methylpenten-(3)-säure-*, F. 97—98°. — *5-Methylhexen-(4)-säure-*, F. 83,5—84,5°. — *Glykolsäure-*, F. 141,5—142,5°. P. Golinske. 810□

Hydroxylierung von Methyloleat. Eine neue, direkte Methode. J. G. Wallace, W. R. Peterson, A. F. Chadwick und D. O. Barlow. (J. Amer. Oil Chemists' Soc. **35**, 205—07, Mai 1958; Wilmington, Del., E. I. du Pont de Nemours and Co., Electrochem. Dep.; engl.) — Ausgehend von der früher gefundenen Meth. der von Polystyrolsulfonsäure-Austauschern katalysierten Exoxydierung von Fetten haben Vff. ein Verf. der direkten Hydroxylierung von Methyloleat mit H_2O_2 u. Essigsäure zu *9.10-Dihydroxystearat* gefunden. Die Umsetzung wird durch poröse Kationenaustauscherharze katalysiert, während weniger poröse Austauscher die Epoxydierung begünstigen. Es wird angenommen, daß im ersten Fall infolge einer langsam verlaufenden Absorption des Fettes in die weiten Zwischenräume des Harzes genügend Zeit für Aufspaltung des zuerst gebildeten Epoxids in das Glykol durch die saure Harzkomponente besteht, im letzteren dagegen eine rasche Adsorption des Öles an der Oberfläche des Harzes erfolgt u. dadurch das Epoxid dem weiteren Einfl. der Säuregruppen des Austauschers entzogen wird. Als Nebenprod. der Rk. werden geringe Mengen Epoxid u. eines polymeren *Hydroxyäthers*, letzterer wahrscheinlich als Prod. einer Rk. zwischen dem gebildeten Glykol u. Epoxid, gebildet.

Versuche: *9.10-Dihydroxystearat*, F. 67—67,7°, aus Methyloleat (JZ. 87,1) in einem Gemisch von Polystyrolsulfonsäureharz in Ggw. von Essigsäure u. Eisessig durch Zugabe von H_2O_2 bei 60° (2 Std.), Abtrennen des Harzes, Aufnehmen des Filtrats in 1%ig. warmer NaCl-Lsg. u. Abtrennen der gebildeten Ölschicht; weißes Pulver aus Cyclohexan; JZ. 4,8; OH-Wert 6,44%; 74% Ausbeute. — *Polymerer Hydroxyäther*, aus vorst. Verb. u. 9.10-Epoxystearinsäuremethylester in Ggw. von Austauscherharz Dowex 50-X 4 durch 3std. Erhitzen; pastenartige Masse aus Cyclohexanol; OH-Wert 3,7%; Epoxid-O_2 0%. H. Spohn. 850□

Polynitrocarbamate und N-Nitrocarbamate. Milton B. Frankel. (J. chem. Engng. Data **7**, 410—12, Juli 1962; Azusa, Calif., Aerojet General Corp., Chem. Div.; engl.) — Rk. von Nitroalkoholen mit Isocyanaten bzw. Nitroisocyanaten in Ggw. von Fe(III)-Acetylacetonat in sd. Chlf. (6—8 Std.) gab hohe Ausbeuten an *Polynitrocarbamaten*. Nitrierung der Rohprodd. mit 100%ig. HNO_3 in Acetanhydrid $< 10°$ unter Rühren lieferte die entsprechenden *N-Nitroderivv.*, die stoßempfindlich sind. — Carbamate: *N-Methyl-[2.2.2-trinitroäthyl]-*, $C_4H_6N_4O_8$, Öl, aus Methylisocyanat u. 2.2.2-Trinitroäthanol (I), 100% (Ausbeute). *N-Nitroderiv.* (**Nt**), $C_4H_5N_5O_{10}$, F. 39—40° (Diisopropyläther); 74,3%. — *N-Äthyl-[2.2.2-trinitroäthyl]-*, $C_5H_8N_4O_8$, Öl, aus Äthylisocyanat u. I. 100%. **Nt**, $C_5H_7N_5O_{10}$, F. 50—51° (CCl_4); 85,7%. — *N-[Äthoxycarbonylmethyl]-[2.2.2-trinitroäthyl]-*, $C_7H_{10}N_4O_{10}$, F. 71—72° (CCl_4); aus Äthoxycarbonylmethylisocyanat u. I; 100%. **Nt**, $C_7H_9N_5O_{12}$, F. 46—47° (Isopropanol/W.); 81,2%. — *N-[2-(N-Nitro-N-methylamino)-äthyl]-[2.2.2-trinitroäthyl]-*, $C_6H_{10}N_6O_{10}$, F. 98—99° (Chlf.), aus 2-[N-Nitro-N-methylamino]-äthylisocyanat u. I; 100%. **Nt**, $C_6H_9N_7O_{12}$, F. 103—104° (Chlf.); 87,2%. — *N-Nitro-[2-(N-nitro-N-methylamino)-äthyl]-methyl-*, $C_5H_{10}N_4O_6$, F. 57—58° (CH_3OH); 95,8%. — *N-[3.3-Dinitro-n-butyl]-[2.2-dinitro-n-propyl]-*, $C_8H_{13}N_5O_{10}$, Öl, aus 3.3-Dinitro-n-butylisocyanat (II) u. 2.2-Dinitropropanol (III); 100%. **Nt**, $C_8H_{12}N_6O_{12}$, F. 70—72° (Chlf.); 92,8%. — *N-[3.3-Dinitro-n-butyl]-[2.2.2-trinitroäthyl]-*, $C_7H_{10}N_6O_{12}$, Öl, aus II u. I; 100%. **Nt**, $C_7H_9N_7O_{14}$, F. 107—108° (Chlf.); 40,5%. — *N-[2.2.N-Trinitro-n-propylaminomethyl]-[2.2.2-trinitroäthyl]-*, $C_7H_{10}N_8O_{14}$, Öl, aus 2.2.N-Trinitro-n-propylaminomethylisocyanat u. I; 100%. **Nt**, $C_7H_9N_9O_{16}$, F. 140—141° (Äthylendichlorid); 63,5%. — *N-Nitro-N-[2.2.N-trinitro-n-propylaminomethyl]-methyl-*, $C_6H_{10}N_8N_{10}$, F. 105—106° (Isopropanol); 90,2%. — *N-[3.3.3-Trinitro-n-propyl]-äthyl-*, $C_6H_{10}N_4O_8$, F. 65—66° (Cyclohexan), aus 3.3.3-Trinitro-n-propylisocyanat (IV) u. A.; 49,2%. **Nt**, $C_6H_9N_5O_{10}$, F. 94—95° (CCl_4); 70,0%. — *N-[3.3.3-Trinitro-n-propyl]-cyclohexyl-*, $C_{10}H_{16}N_4O_8$, F. 96—97° (Cyclohexan), aus **IV** u. $C_6H_{11}OH$; 40,6%. **Nt**, $C_{10}H_{15}N_5O_{10}$, F. 56—58° (A./W.); 95,0%. — *N-[3.3.3-Trinitro-n-propyl]-phenyl-*, $C_{10}H_{10}N_4O_8$, F. 102—103° (A./W.), aus **IV** u. Phenol; 63,7%. Nitrierung gab ein *N.ar-Dinitro-Deriv.*, $C_{10}H_8N_6O_{12}$, F. 127—129° (CCl_4); 38,4%. — *N-[3.3.3-Trinitro-n-propyl]-[2.2-dinitro-n-propyl]-*, $C_7H_{10}N_6O_{12}$, F. 103—104° (Chlf.), aus **IV** u. **III**; 91,7%. **Nt**, $C_7H_9N_7O_{14}$, F. 71—72° (Chlf.); 83,7%. — *N-[3.3.3-Trinitro-n-propyl]-[2.2.2-trinitroäthyl]-*, $C_6H_7N_7O_{14}$, F. 91—92° (CCl_4), aus **IV** u. **I**; 81,7%. **Nt**, $C_6H_6N_8O_{16}$,

F. 96—97° (CCl_4); 89,4%. — *N.N'-Bis-[3.3-dinitro-n-butyl]-2.2-dinitrotrimethylen-bis-*, $C_{13}H_{20}N_8O_{16}$, F. 128—129° (Chlf.), aus II u. 2.2-Dinitropropandiol-(1.3) (V); 100%. *Bis*-**Nt**, $C_{13}H_{18}N_{10}O_{20}$, F. 117—118° (Äthylendichlorid); 38,0%. — *N.N'-Bis-[3.3.3-trinitro-n-propyl]-2.2-dinitrotrimethylen-bis-*, $C_{11}H_{14}N_{10}O_{20}$, Öl, aus IV u. V; 100%. *Bis*-**Nt**, $C_{11}H_{12}N_{12}O_{24}$, F. 94—96° (Chlf.); 89,7%. — *N.N'-Bis-[3.3.3-trinitro-n-propyl]-butin-(2)-ylen-(1.4)-bis-*, $C_{12}H_{14}N_8O_{16}$, Öl, aus IV u. Butindiol-(1.4); 100%. *Bis*-**Nt**, $C_{12}H_{12}N_{10}O_{20}$, F. 115—116° (Chlf.); 60,0%. — *N.N'-Methylen-bis-[2.2.2-trinitroäthylcarbamat]*, $C_7H_8 \cdot N_8O_{16}$, F. 125—126° (Chlf.), aus Methylendiisocyanat u. I; 46,6%. **Nt**, $C_7H_7N_9O_{18}$, F. 103 bis 104° (Chlf.); 90,0%. *Bis*-**Nt**, $C_7H_6N_{10}O_{20}$, F. 95—96° u. 112—113° (Chlf.); 95,0%. — *N.N'-[3.3-Dinitropentamethylen]-bis-[2.2.2-trinitroäthylcarbamat]*, $C_{11}H_{14}N_{10}O_{20}$, F. 96 bis 97° (Chlf.), aus 3.3-Dinitropentamethylendiisocyanat u. I; 61,8%. *Bis*-**Nt**, $C_{11}H_{12}N_{12}O_{24}$, F. 151—152° (CH_2Cl_2); 85,8%. — *N.N'-[2-Nitro-2-azatrimethylen]-bis-[2.2.2-trinitroäthylcarbamat]*, $C_8H_{10}N_{10}O_{18}$, Öl, aus 2-Nitro-2-azatrimethylendiisocyanat u. I; 100%. *Bis*-**Nt**, $C_8H_8N_{12}O_{22}$, F. 185—186° (Äthylendichlorid); 62,3%. — *1.1.1.7.14.14.14-Heptanitro-4.11-dioxo-3.12-dioxa-5.7.10-triazatetradecan*, $C_9H_{12}N_{10}O_{18}$, F. 65—67° (Äthylendichlorid), aus 2-Nitro-2-azatetramethylendiisocyanat u. I; 86,7%. *Bis*-**Nt**, $C_9H_{10}N_{12}O_{22}$, F. 113—114° (Äthylendichlorid); 62,8%. — *1.1.1.8.15.15.15-Heptanitro-4.12-dioxo-3.13-dioxa-5.8.11-triazapentadecan*, $C_{10}H_{14}N_{10}O_{18}$, F. 130—131° (Äthylendichlorid), aus 3-Nitro-3-azapentamethylendiisocyanat u. I; 92,5%. *Bis*-**Nt**, $C_{10}H_{12}N_{12}O_{22}$, F. 120—122° (Äthylendichlorid); 86,3%. — *1.1.1.8.11.18.18.18-Oktanitro-4.15-dioxo-3.16-dioxa-5.14-diazaoctadecan*, $C_{14}H_{20}N_{10}O_{20}$, F. 156—158° (Äthylendichlorid), aus 3.6-Dinitro-3.6-diazaoktamethylendiisocyanat u. I; 85,7%. *Bis*-**Nt**, $C_{14}H_{18}N_{12}O_{24}$, F. 127—128° (70%ig. HNO_3) 87,8%. — *1.1.1.8.8.10.12.12.19.19.19-Undekanitro-4.16-dioxo-3.17-dioxa-5.10.15-triazanonadecan*, $C_{14}H_{18}N_{14}O_{26}$, F. 157—159° (CH_3OH/W.), aus 3.3.5.7.7-Pentanitro-5-azanonamethylendiisocyanat u. I; 91,3%. *Bis*-**Nt**, $C_{14}H_{16}N_{16}O_{30}$, F. 150—151° (Äthylendichlorid); 93,3%. J. Rothe. 880□

Über α-halogenierte Amine. 10. Mitt. Die Umsetzung von Aminalen und α-Dialkylaminoäthern mit anorganischen Säurehalogeniden. Horst Böhme, Lothar Koch und Ernst Köhler. (Chem. Ber. 95, 1849—58, 17/8. 1962; Marburg, Lahn, Univ., Pharmazeut.-Chem. Inst.; dt.) — 9. vgl. C. **1960**, 15381. — Durch Spaltung von Aminalen u. α-Dialkylaminoäthern mit $COCl_2$, Nitrosylhalogeniden, P(III)-Halogeniden, $SOCl_2$ u. SO_2Cl_2 in indifferenten Lsgm. bei Raum-Temp. wurden *α-halogenierte Amine* gewonnen. Über die Isolierung von Zwischen- u. Nebenprodd. gelang es, Aufschluß über die einzelnen Stufen der Umsetzungen u. gleichzeitig ablaufende Neben-Rkk. zu erhalten.

Versuche (alle Rkk. u. Aufarbeitung unter trockenem N_2): *N-Chlormethylpiperidin* (I), $C_6H_{12}ClN$, Kristalle (CH_3CN), aus Dipiperidinomethan (II) u. a) $COCl_2$ in PAe. [93% (Ausbeute)]; b) trockenem NOCl (95%); c) PCl_3 in Ae. (Zutropfen von I in Ae. zu PCl_3 in Ae., Rühren; 94%); d) PCl_3 in Ae. (Zutropfen zu I in Ae. unter Rühren; 92%); $SOCl_2$ in Bzl. (Rühren; 96%); f) SO_2Cl_2 in Bzl. bei 0° (Rühren; 99% unrein). — Nebenprodd. bei vorst. Rkk.; a) *Piperidin-N-carbonsäurechlorid* (III), $C_6H_{10}ClNO$, Kp.$_{16}$ 113 bis 114°; 74%. — b) *N-Nitrosopiperidin*, Kp. 218°; n_D^{19} 1,4933. — c) *Phosphorigsäuredichloridpiperidid*, $C_5H_{10}Cl_2NP$, gelbliche, an der Luft rauchende Fl., Kp.$_{14}$ 101°. — d) *n-Butylchlorid* (Kp. 78°, n_D^{20} 1,4020; 82%) u. *Piperidinomethylphosphonsäuredi-n-butylester* ($C_{14}H_{30}NO_3P$, Kp.$_{0,2}$ 137°, n_D^{20} 1,4562; 55%). — e) *Schwefligsäurechloridpiperidid*, $C_5H_{10}ClNOS$, gelbstichige Fl., Kp.$_{0,01}$ 45—55° (Luftbad), erstarrte beim Erkalten, verpuffte bei >100°; 52%. — f) *Piperidin-N-sulfonsäurechlorid*, $C_5H_{10}ClNO_2S$, Kp.$_{10}$ 120°; 27%. Daraus die *freie Säure* durch Kochen mit W., $C_5H_{11}NO_3S$, F. 198°, Nadeln (CH_3OH). — *Piperidin-N-carbonsäureäthylester*, $C_8H_{15}NO_2$, Kp.$_{17}$ 99—100°, aus III u. C_2H_5ONa in A. (2 Std. bei Raum-Temp.); n_D^{20} 1,4586. — I entstand ferner aus Piperidinomethyl-n-butyläther u. a) $COCl_2$ in Ae. (26%; daneben 25% *Chlormethyl-n-butyläther*, $C_5H_{11}ClO$, Kp.$_{17}$ 36° u. 30% III); b) PCl_3 in PAe. (93%; daneben 35% *Phosphorigsäure-n-butylesterdichlorid*, $C_4H_9Cl_2OP$, Kp.$_{19}$ 71°) oder c) Schwefligsäure-n-butylesterchlorid (IV) in Ae. [94%; daneben 71% *Schwefligsäure-di-n-butylester* (VII), $C_8H_{18}O_3S$, Kp.$_{15}$ 110—111°, n_D^{20} 1,4308.) — *N-Chlormethylmorpholin*, $C_5H_{10}ClNO$, aus Dimorpholinomethan u. NOCl in Ae.; 90%. — *Dimethylchlormethylamin*, C_3H_8ClN, Nadeln (CH_3CN), aus Bis-[dimethylamino]-methan (V) u. a) NOCl in Ae. (77%) oder b) Dimethylsulfamidsäurechlorid in Ae. [15 Std. bei Raum-Temp.; 66%; daneben 50% *Tetramethylsulfamid*, $C_4H_{12}N_2O_2S$, F. 73° (A.)] oder c) Schwefelsäure-n-butylesterchlorid (VI; in Ae. bei 0° unter Rühren; 34%; daneben 26% *n-Butylchlorid*) oder d) Schwefelsäureäthylesterchlorid [nicht isoliert; daneben 19% *Dimethylsulfamidsäureäthylester*, $C_4H_{11}NO_3S$, Kp.$_{16}$ 98 bis 99° u. *$(CH_3)_2NCH_2N(CH_3)_2SO_2On$*, nachgewiesen durch Spaltung mit wss. NaOH zum *Monohydrat des dimethylsulfamidsauren Na*, $C_2H_8NNaO_4S$, Blättchen (A.); 63% u. *Dimethylamin*]. — *N-[α-Chlorbenzyl]-piperidin*, $C_{12}H_{16}ClN$, aus N.N'-Benzylidendipiperidin u. a) NOCl in Ae. (95%); b) IV in Ae. (90%; daneben 46% *Schwefligsäureäthylester-*

piperidid, $C_7H_{15}NO_2S$, Kp.$_{14}$ 116—117°). — *Chlormethyldiäthylamin*, $C_5H_{12}ClN$, aus [Diäthylaminomethyl]-äthyläther u. NOCl in Ae. (62%) oder aus jeweils 15,9 g Diäthylaminomethyl-n-butyläther u. 11,9 bzw. 6,0 g $SOCl_2$ in Ae. (91 bzw. 94%; daneben **IV**, $C_4H_9ClO_2S$, Kp.$_{80}$ 60—65°, vermutlich durch n-Butylchlorid verunreinigt bzw. **VII**; 73%. — *N-Brommethylpiperidin*, $C_6H_{12}BrN$, gelbliche Kristalle (CH_3CN), aus Dipiperidinomethan u. a) NOBr in Ae. (97%); b) PBr in Ae. [90%; daneben 23% *Phosphorigsäuredibromidpiperidid*, $C_5H_{10}Br_2NP$, Kp.$_{0,1}$ 81—82° (geringe Zers.)]. — *Dimethylbrommethylamin*, C_3H_8BrN, aus **V** u. NOBr in Ae.; 87%. — *Piperidinomethylphosphonsäurediäthylester*, $C_{10}H_{22}NO_3P$, Kp.$_{0,4}$ 98°, durch Zutropfen von Triäthylphosphit zu **I** (exotherm); n_D^{20} 1,4563; 52%; daneben 56% C_2H_5Cl, Kp. 12—13°. — *N-Chlormethylpyrrolidin*, $C_5H_{10}ClN$, aus Dipyrrolidinomethan u. $SOCl_2$ in Bzl.; 92%. — *Schwefligsäuredipyrrolidid*, $C_8H_{16}N_2OS$, Kp.$_{10-12}$ 50—60° (Luftbad), durch Zutropfen von Pyridin in PAe. zu dem benzol. Filtrat vorst. Verb.; 78%. — *4-[Morpholinomethyl]-morpholinium-4-sulfonsäurebetain*, $C_9H_{18}N_2O_5S$, Kristalle, zerfällt an der Luft unter Abspaltung von *HCHO*, durch Zutropfen von Dimorpholinomethan in Toluol zu **VI** bei 0° unter Rühren, dann 10 Min. bei 50—60°; daneben 32% *n-Butylchlorid*. J. Rothe. 910□

Aliphatische Polynitronitramine. Milton B. Frankel und Karl Klager. (J. chem. Engng. Data **7**, 412—13, Juli 1962; Azusa, Calif., Aerojet-General Corp., Chem. Div.; engl.) — Umsetzung von prim. 2.2-Dinitroalkanolen-(1) mit prim. Aminen gab die entsprechenden Mannich-*Basen* (**A**). Die Rk. erfolgte in wss. Lsg. in Ggw. von NaOH oder CH_3COONa bei Raumtemperatur. Nitrierung der **A** mit abs. HNO_3/Acetanhydrid bei 5—10° oder mit abs. HNO_3/konz. H_2SO_4 bei 50—55° lieferte die entsprechenden *Nitramine* (**Nt**), die stoßempfindlich sind.

Versuche: *1.1.1.6.6-Pentanitro-3-azaheptan*, Öl, aus 2.2.2-Trinitroäthanol (**I**) u. 3.3-Dinitro-n-butylamin (**II**); 71,7%. **Nt**, $C_6H_9N_7O_{12}$, F. 105—107° (Chlf.); 38,3%. — *1.1.1.6.6-Pentanitro-4-azaheptan*, Öl, aus 2.2-Dinitropropanol-(1) (**III**) u. 3.3.3-Trinitro-n-propylamin (**IV**); 100%. **Nt**, $C_6H_9N_7O_{12}$, F. 109—109,5° (CCl_4); 63,3%. — *1.1.1.6.6.6-Hexanitro-3-azahexan*, F. 64—65°, gelbe Nadeln (Chlf.), aus **I** u. **IV**; 79%. **Nt**, $C_5H_6N_8O_{14}$, F. 144—145°, Nadeln (Chlf.); 86,5%. — *2.2.7.7.12.12-Hexanitro-5.9-diazatridecan*, F. 95 bis 110°, aus 2.2-Dinitropropandiol-(1.3) (**V**) u. **II**; 74,2%. *Bis*-**Nt**, $C_{11}H_{18}N_{10}O_{16}$, F. 137 bis 139° (Äthylendichlorid); 61,2%. *Bis-nitrosamid*, $C_{11}H_{18}N_{10}O_{14}$, F. 124—125° (Äthylendichlorid); 67,7%. — *1.1.1.6.6.11.11.11-Oktanitro-4.8-diazaundecan*, F. 70—80°, aus **V** u. **IV**; 83,3%. *Bis*-**Nt**, $C_9H_{12}N_{12}O_{20}$, F. 157—159° (CH_3OH/W.); 50,0%. — *1.1.1.7.7.7-Hexanitro-3.5-diazaheptan*, F. 100—105°, aus **I** u. Diaminomethan; 93,1%. *Bis*-**Nt**, $C_5H_6N_{10}O_{16}$, F. 84—85° (Cyclohexan); 20,0%. — *2.2.7.7.12.12-Hexanitro-4.10-diazatridecan*, Öl, aus **III** u. 1.5-Diamino-3.3-dinitropentan (**VI**); 100%. *Bis*-**Nt**, $C_{11}H_{18}N_{10}O_{16}$, F. 206—208° (Aceton); 78,8%. — *1.1.1.6.6.11.11.11-Oktanitro-3.9-diazaundecan*, F. 93 bis 95°, aus **I** u. **VI**; 65,7%. *Bis*-**Nt**, $C_9H_{12}N_{12}O_{20}$, F. 170—175° (100%ig. HNO_3); 69,8%. — *1.1.1.6.11.11.11-Heptanitro-3.6.9-triazaundecan*, Harz, aus **I** u. 4-Nitro-1.4.7-triazaheptan; 33,1%. *Bis*-**Nt**, $C_8H_{12}N_{12}O_{18}$, F. 158—159° (70%ig. HNO_3); 26,8%. — *1.1.1.-6.9.14.14.14-Oktanitro-3.6.9.12-tetraazatetradecan*, F. 100—105°, aus **I** u. 4.7-Dinitro-1.4.7.10-tetraazadecan; 100%. *Bis*-**Nt**, $C_{10}H_{16}N_{14}O_{20}$, F. 166—167° (70%ig. HNO_3); 45,1%. — *1.1.1.6.6.8.10.10.15.15.15-Undekanitro-3.8.13-triazapentadecan*, F. 90—100°, aus **I** u. 4.4.6.8.8-Pentanitro-1.6.11-triazaundecan; 31,3%. *Bis*-**Nt**, $C_{12}H_{26}N_{16}O_{16}$, F. 186 bis 187° (Nitromethan/CCl_4); 40,0%. J. Rothe. 910□

Diazomethan über die „Forster"-Reaktion. W. Rundel. (Angew. Chem. **74**, 469, 7/7. 1962; Tübingen, Univ., Chem. Inst.; dt.) — Durch Vereinigen von $CH_2{=}NONa$ in abs. A. u. der eben nötigen Menge abs. Methanols mit einer äther. Chloramin-Lsg. bei 0°, 1 std. Stehen u. Dest. entsteht *Diazomethan* in 70—75%ig. Ausbeute. Die Rk. ist auch mit Hydroxylamin-O-sulfonsäure möglich, doch leidet die Ausbeute hier durch die eingebrachte starke Säure. Starke Ausbeuteverminderung (bis auf wenige Prozent) beobachtet man auch bei der Verw. anderer aliphat. Oxime. P. Golinske. 910□

2.2-Dialkyltriazaniumsalze. R. Gösl. (Angew. Chem. **74**, 470, 7/7. 1962; Erlangen-Nürnberg, Univ., Inst. für Anorgan. Chem.; dt.) — 1.1-Dialkylhydrazin bilden mit Hydroxylamin-O-sulfonsäure (**I**) quart. Ammoniumsalze, die das Triazangerüst enthalten. Das aus 1.1-Dimethylhydrazin u. **I** erhältliche, krist. *2.2-Dimethyltriazaniumsulfat* (**II**) ist bis ca. 115° beständig. Während seine verd. wss. u. neutrale Lsg. bei Raum-Temp. stabil ist, bewirken Alkali u. Säure raschen Zerfall. $Ag(NH_3)_2^+$ wird erst nach einiger Zeit oder beim Erhitzen reduziert. Dagegen wird aus angesäuerter Jodid-Lsg. schnell J_2 in Freiheit gesetzt, was eine einfache Best. des Triazaniumteils ermöglicht. Das IR-Spektrum des 2.2-Dimethyltriazaniumions zeigt neben Banden, die den NH_2-Gruppen zugeordnet werden können, auffallende Ähnlichkeit mit dem des Tetramethylammoniumions. Aus **II**

wurden das entsprechende *Oxalat* u. das in W. schwerlösl. *Tetraphenylborat* dargestellt. Aus N-Aminopiperidin u. I konnte ein Salz der Zus. $[C_5H_{10}N(NH_2)_2][C_5H_{10}NH-NH_2]\cdot SO_4$ gewonnen werden. P. Golinske. 910□

Die Darstellung einiger Aminaddukte von Bromal. William D. Easterly jun. und Van R. Rosa. (J. Amer. pharmac. Assoc., sci. Edit. **48**, 388—89, Juli 1959; Little Rock, Ark., Univ., School of Pharmacy; engl.) — Eine Reihe von Aminaddukten aus Bromal u. aliphat. u. aromat. Aminen wird dargestellt, um ihre Toxizität, ihre antifungicide u. antispasmolyt. Aktivität u. ihre sedativhypnot. Wrkg. festzustellen.

Versuche: 1-Hydroxy-2.2.2-tribromäthane: *1-Acetylamino-*, $C_4H_6Br_3NO_2$, F. 166°, durch 24std. Erwärmen gleicher Mengen Bromal mit dem entsprechenden Säureamid auf 25°; 29%. — *1-[α-Chloracetylamino]-*, $C_4H_5Br_3ClNO_2$, F. 135°, analog vorst. Verb.; 51%. — *1-Phenylacetylamino-*, $C_{10}H_{10}Br_3NO_2$, F. 147°; 49%. — *1-Propionylamino-*, $C_5H_8Br_3NO_2$, F. 167°; 26%. — *1-Butyrylamino-*, $C_6H_{10}Br_3NO_2$, F. 146°; 30%. — *1-Isobutyrylamino-*, $C_6H_{10}Br_3NO_2$, F. 154°; 33%. — *1-[α-Phenylbutyrylamino]-*, $C_{12}H_{14}Br_3NO_2$, F. 139°; 38%. — *1-Benzoylamino-*, $C_9H_8Br_3NO_2$, F. 148°; 25%. — *1-Nicotinoylamino-*, $C_8H_7Br_3N_2O_2$, F. 158°; 23%. P. Golinske. 920□

Synthese und antifungicide Bewertung bestimmter Acetylenverbindungen. James A. Waters und Gail A. Wiese. (J. Amer. pharmac. Assoc., sci. Edit. **49**, 112—14, Febr. 1960; Iowa City, Iowa, State Univ., Coll. of Pharmacy; engl.) — Eine Reihe von *Carbonsäure-[4-diäthylaminobutin-(2)-ylestern]* u. *1.4-Diaminobutinen-(2)* wird dargestellt. Diese Verbb. in Form ihrer Hydrochloride u. Methojodide, werden in vitro gegen drei Pilze getestet. Einige Verbb. zeigen eine gute Aktivität im Vgl. zur Kontrollsubstanz Na-Undecylenat. Die wirksamste Substanz in dieser Unters. war o-Methylbenzoesäure-[4-diäthylaminobutin-(2)-ylester]-hydrochlorid.

Versuche: Carbonsäure-[4-diäthylaminobutin-(2)-ylester], nach Biel u. Mitarbeitern (vgl. C. **1958**, 8335): *Essigsäure-*, $Kp._1$ 85—89°; 63% (Ausbeute). *Hydrochlorid*, $C_{10}H_{18}ClNO_2$, F. 93—94° (abs. A./Ae.); 54,6%. — *Propionsäure-*, $Kp._{0,3-0,5}$ 78 bis 80°; 72%. — *Buttersäure-*, $Kp._{0,3-0,5}$ 78—81,5°; 75,4%. — *n-Hexansäure-*, $Kp._{0,3-0,5}$ 94—95°; 81%. *Hydrochlorid*, $C_{14}H_{26}ClNO_2$, F. 62—63°; hygroskop.; 76,2%. — *n-Octansäure-*, $Kp._{0,3-0,5}$ 115—117°; 89,9%. *Methojodid*, $C_{17}H_{32}JNO_2$, F. 57—58,5° (abs. Methanol/Ae.); 37,2%. — *Crotonsäure-*, $Kp._{0,3-0,5}$ 98—104°; 47,8%. *Hydrochlorid*, $C_{12}H_{20}Cl\cdot NO_2$, F. 80—83° (abs. A./Ae.); 62,6%. — *Undecen-(10)-säure-*, Öl, nur unter Zers. destillierbar; 70,9%. *Methojodid*, $C_{20}H_{36}JNO_2$, F. 75—77° (abs. A.); 63%. — *Sorbinsäure-*, $Kp._{0,3-0,5}$ 115—120°; 74,6%. *Hydrochlorid*, $C_{14}H_{22}ClNO_2$, F. 97—98° (abs. A./Ae.); 53,5%. *Methojodid*, $C_{15}H_{24}JNO_2$, F. 100—101° (abs. A.); 32,2%. — *Benzoesäure-*, $Kp._{0,3-0,5}$ 125—126°; 65,3%. *Hydrochlorid*, $C_{15}H_{20}ClNO_2$, F. 98° (abs. A./Ae.); 75%. *Methojodid*, $C_{16}H_{22}JNO_2$, F. 91—92° (abs. A.); 44,4%. — *o-Methylbenzoesäure-*, $Kp._{0,3-0,5}$ 121—121,5°; 73,6%. *Hydrochlorid*, $C_{16}H_{22}ClNO_2$, F. 135—136° (abs. A./Ae.); 82,4%. *Methojodid*, $C_{17}H_{24}\cdot JNO_2$, F. 106—108° (abs. A.); 90,6%. — *m-Methylbenzoesäure-*, $Kp._{0,3-0,5}$ 124—126°; 81,8%. *Hydrochlorid*, $C_{16}H_{22}ClNO_2$, F. 160—162° (verschlossenes Rohr, abs. A./Ae.); sehr hygroskop.; 27,6%. *Methojodid*, $C_{17}H_{24}JNO_2$, F. 116—118,5° (abs. A.); 77,7%. — *p-Methylbenzoesäure-*, $Kp._{0,3-0,5}$ 133—134°; 64,3%. *Hydrochlorid*, $C_{16}H_{22}ClNO_2$, F. 113—114,5° abs. A./Ae.); 93%. — *p-Nitrobenzoesäure-*, F. 46—47°; 61,7%. *Hydrochlorid*, $C_{15}H_{19}ClN_2O_4$, F. 136—137° (abs. A./Ae.); 56,3%. *Methojodid*, $C_{16}H_{21}JN_2O_4$, F. 134—136° (abs. A.); 66,6%. — *1.4-Bis-[däthylamino]-butin-(2)*, $Kp._{0,3-0,5}$ 73—79°, durch Rk. von 1.4-Dichlorbutin-(2) mit dem entsprechenden Amin; 75%. *Dihydrochlorid*, $C_{12}H_{26}Cl_2N_2$, F. 204—205° (abs. A./Methanol); 63,5%. *Dimethojodid*, $C_{14}H_{30}J_2N_2$, F. 213,5—214° (abs. A.); 91,3%. — *1.4-Dipyrrolidinobutin-(2)*, $Kp._{0,3-0,5}$ 98—102°; 92,5%. *Dihydrochlorid*, $C_{12}H_{22}Cl_2N_2$, F. 222° (abs. A./Methanol); 74,8%. *Dimethojodid*, $C_{14}H_{26}J_2N_2$, F. 246° (abs. Methanol); 80,5%. P. Golinske. 920□

Die Cyanäthylierung von Aminoacetonitril. Antoni Kotełko. (Acta polon. pharmac. **18**, 171—72, 1961; Łódź, Akad. Med., Zakł. Technol. Chem. Srodk. leczn.; pol.) — Aminoacetonitril reagiert in Ggw. von W. als Katalysator mit Acrylonitril (in 50%ig. Überschuß) in der Wärme zu *N-[β-Cyanäthyl]-cyanmethylamin* (I, $Kp._3$ 158 bis 160°; $D._{20}^{20}$ 1,0471; n_D^{20} 1,4585) u. zu *N.N-Bis-[β-cyanäthyl]-cyanmethylamin* (II, $Kp._3$ 205—210°; $D._{20}^{20}$ 1,0721; n_D^{20} 1,4770). Die Ausbeute an I u. II beträgt 92%. I u. II treten im Verhältnis 70 : 30 auf. Sie bilden keine krist. Salze u. Acylverbindungen. I wird an Raney-Ni bei 70 at H_2 u. 120—130° zu *N-[β-Aminoäthyl]-propandiamin-(1.3)* [III, $Kp._{10}$ 111—114°; $D._{20}^{20}$ 0,9401; n_D^{20} 1,4876; 62% (Ausbeute). *Trihydrochlorid*, $C_5H_{15}N_3\cdot 3\,HCl$, F. 211—212°. *Tripikrat*, F. 212—213° (Zers.)] hydriert. Auch II liefert bei der katalyt. Hydrierung geringe Mengen III. III wird in Tetralin in Ggw. von Raney-Ni mit schlechter Ausbeute zu *Homopiperazin* ($Kp._{735}$ 166—168°) cyclisiert. F. Urban. 950□

Über einige Derivate der Aminoxyessigsäure. A. Frank und K. Riedl. (Mh. Chem. **92**, 725—39, 19/7. 1961; Kundl, Tirol, „Biochemie" G. m. b. H., Chem. Forschungsinst.; dt.) — Es werden Derivv. der Aminoxyessigsäure, die sich durch Abwandlung der Carboxyl- u. Aminogruppe ergeben, beschrieben. Der Abbau von Isopropylidenaminoxyessigsäure nach Curtius ergibt *Isopropylidenaminoxymethylisocyanat* (I), das sich in üblicher Weise mit Aminen u. Alkoholen umsetzen läßt. Es wird gezeigt, daß Isopropylidenaminoxyacetylchlorid (IV) zur Darst. längerkettiger *Aminoxy-Verbb.* herangezogen werden kann.

Versuche: *Aminoxyessigsäure, Methylester* (II), $C_3H_7NO_3$, Kp.$_{11}$ 66,5°, durch mehrstd. Stehen von 22 g Aminoxyessigsäuresemihydrochlorid (III) in Methanol in Ggw. von konz. H_2SO_4 u. 10std. Kochen; 18 g (Ausbeute). *Amid*, $C_2H_6N_2O_2$, F. 72,5 bis 73,5°, durch 2tägiges Stehen von 5,3 g II bei Raum-Temp. mit alkohol. NH_3; aus abs. A. Nadeln; 1,5 g. *Hydrazid*, $C_2H_7N_3O_2$, F. 68—69°, durch 2tägiges Stehen von 5,3 g II mit $N_2H_4 \cdot H_2O$ im Eisschrank; aus abs. Methanol Nadeln; 3,9 g. — m-*Isopropylidenaminoxymethyl-N'-[methoxycarbonylmethoxy]-harnstoff*, $C_8H_{15}N_3O_5$, F. 106,5°, durch 24std. Stehen von 5,3 g II mit 0,07 Mol I; aus Bzl. Nadeln; 10,5 g. — *N-Methyl-N'-[methoxycarbonylmethoxy]-thioharnstoff*, $C_5H_{10}N_2O_3S$, F. 109—110°, durch 24std. Stehen von 3,1 g II u. Methylisothiocyanat; aus Bzl. Blättchen; 3,7 g. — *N-[4-Äthoxyphenyl]-N'-[methoxycarbonylmethoxy]-thioharnstoff*, F. 106—108°, aus 2,6 g II u. 3 g 4-Äthoxyphenylisothiocyanat; Nadeln; 4,1 g. — *Benzolsulfonylaminoxyessigsäure*, $C_8H_9NO_5S$, F. 171—173° (Zers.), durch Schütteln von III mit verd. NaOH u. Benzolsulfochlorid u. Ansäuern mit HCl; aus W. Nadeln. — *Benzoylaminoxyessigsäure*, $C_9H_9NO_4$, F. 145°, durch Rk. von III u. Benzoylchlorid/verd. NaOH u. Ansäuern mit verd. HCl; aus W. Blättchen. — *Chloracetylaminoxyessigsäure*, $C_4H_6ClNO_4$, F. 114—116°, durch Neutralisieren von III in wenig W. mit 2n NaOH, Zugabe von Chloracetylchlorid in Ae. bei 0°, 2std. Zutropfen von 2n HCl, Ansäuern mit 5n HCl, Eindampfen im Vakuum bei 40—50° u. Extrahieren mit Essigester; aus Essigester Nadeln. — *N-[o-Hydroxybenzyliden]-aminoxyessigsäure*, $C_9H_9NO_4$, F. 147°, durch Umsetzung von Na-Aminoxyacetat bzw. III mit der entsprechenden Oxo-Verb. in W. (u. evtl. A.) u. Ansäuern mit verd. HCl; aus W. Nadeln. — *N-[p-Hydroxybenzyliden]-aminoxyessigsäure*, $C_9H_9NO_4$, F. 150°, analog vorst. Verb.; aus W. Blättchen. — *N-[p-Nitrobenzyliden]-aminoxyessigsäure*, $C_9H_8N_2O_5$, F. 144—145°; aus Essigsäure/W. schwachgelbe Blättchen. — *N-[p-Acetylaminobenzyliden]-aminoxyessigsäure*, $C_{11}H_{12}N_2O_4$, F. 206—209°; aus Essigsäure/W. Nadeln. — *N-[5-Nitrofurfuryliden]-aminoxyessigsäure*, $C_7H_6N_2O_6$, F. 165 bis 166°; aus W. Blättchen. — *N-[Pyridyl-(4)-methyliden]-aminoxyessigsäure*, $C_8H_8N_2O_3$, F. 218—221°; aus verd. NaOH mit HCl Nadeln. — *1.4-Bis-[carboxymethoximino]-$\Delta^{2.5}$-cyclohexadien*, $C_{10}H_{10}N_2O_6$, F. 180° (Zers.), durch Erwärmen einer wss. Lsg. von III mit Benzochinon auf dem Wasserbad; aus Methanol hellgelbe Prismen. — *1-[Carboxymethoxyimino]-4-oxocyclohexadien-(2.5)*, $C_8H_7NO_4$, F. 165—167°, durch Versetzen von Benzochinon in heißem A. mit der berechneten Menge III in W. u. 1std. Erwärmen; aus Aceton/Bzl./PAe. schwachgelbe Nadeln. — *1-Methoximino-4-[carboxymethoximino]-cyclohexadien-(2.5)*, $C_9H_{10}N_2O_4$, F. 167—169° (Zers.), durch Versetzen von Benzochinon in heißem A. mit der berechneten Menge O-Methylhydroxylaminhydrochlorid u. danach III in W.; aus Bzl. schwachgelbe Nadeln. — *Diacetylmono-[O-carboxymethyloxim]*, $C_6H_9NO_4$, F. 110,5° (W. u. Bzl.), durch Versetzen von 71 g Chloressigsäure u. 10n NaOH mit 50 g Diacetylmonohydroxylamin, ½std. Erhitzen auf dem Wasserbad, Einstellen auf pH 5—6 mit verd. HCl, Extrahieren des Ausgangs-Prod. mit Bzl. u. Zugabe von konz. HCl; 52 g. *Thiosemicarbazon*, F. 190—193°, durch Erhitzen des Na-Salzes mit Thiosemicarbazid. *Isonicotinoylhydrazon*, $C_{12}H_{14}N_4O_4$, F. 238° (Zers.), durch Erhitzen mit Isonicotinsäurehydrazid in Methanol. — *Diacetyl-bis-[O-carboxymethyloxim]*, $C_8H_{12} \cdot N_2O_6$, F. 195—204° (Zers.), analog dem entsprechenden Monoxim. — *N-Isopropylidenaminoxyessigsäure, Chlorid* (IV), $C_5H_8ClNO_2$, Kp.$_{11}$ 58°, durch 1std. Zutropfen von $SOCl_2$ zu der entsprechenden Säure in sd. Bzl. u. 2std. Erhitzen auf dem Wasserbad; 60 g. *Anilid*, $C_{11}H_{14}N_2O_2$, F. 89,5°, aus IV mit Anilin in Bzl.; Nadeln. — *[N-Isopropylidenaminoxyacetyl]-methionin*, $C_{10}H_{18}N_2O_4S$, F. 75—79° (Bzl./PAe.), durch ½std. Zutropfen von IV zu Methionin in 1n NaOH unter Eiskühlung, Ansäuern mit 2n HCl u. Extrahieren mit Äther. — *4-[Isopropylidenaminoxyacetylamino]-2-hydroxybenzoesäure*, $C_{12}H_{14}N_2O_5$, F. 135—137° (W.), durch Erhitzen von p-Aminosalicylsäure u. IV in Aceton. — *Isopropylidenaminoxyessigsäure, Methylester*, $C_6H_{11}NO_3$, Kp.$_{11}$ 75—76°, durch 8std. Kochen von 100 g der entsprechenden Säure in Methanol mit etwas konz. H_2SO_4; 86 g. *Amid*, $C_5H_{10}N_2O_2$, F. 92,5°, durch 12std. Stehen von 29 g des Methylesters mit konz. NH_4OH bei Raum-Temp.; aus Bzl. Nadeln; 26 g. *Hydrazid* (V), $C_5H_{11}N_3O_2$, F. 95°, aus 73 g des Methylesters durch ½std. Zutropfen zu $N_2H_4 \cdot H_2O$ in sd. A. u. 2std. Kochen; aus Bzl. u. A. Nadeln; 63 g. — Isopropylidenaminoxyacetylhydrazone: *Benzochinon-(1.4)*-

[*O-methyloxim*]-, $C_{12}H_{16}N_4O_3$, F. 161–162°, aus Benzochinon in A. u. den berechneten Mengen von O-Methylhydroxylaminhydrochlorid u. **V**; aus Methanol/W. Nadeln. — *Benzochinon-(1.4)-semicarbazon-*, $C_{12}H_{16}N_6O_3$, F. 226°, analog vorst. Verb. aus Benzochinon, Semicarbazidhydrochlorid u. **V**; aus Dimethylformamid orangegelbe Kristalle. — *5-Nitrofurfurol-*, $C_{10}H_{12}N_4O_5$, F. 156–158° (Methanol), aus **V** u. 5-Nitrofurfurol in Methanol. — *Isopropylidenaminoxymethylisocyanat* (I), $C_5H_8N_2O_2$, Kp.$_{12}$ 45°, durch Versetzen von 14,5 g **V** in W. mit 5n HCl, Überschichten mit Bzl., $^1/_4$std. Zutropfen von $NaNO_2$, $^1/_4$std. Rühren, Abtrennen der Benzol-Lsg., langsames Erhitzen auf dem Wasserbad u. Dest.; 7,7 g. — *N-[Isopropylidenaminoxymethyl]-harnstoff*, $C_5H_{11}N_3O_2$, F. 162–164° (Zers.), durch Zutropfen von I (aus 7,3 g **V**) in Bzl. zu NH_3-gesätt. Ae. bei 0° u. 3std. Stehen; aus Methanol prismat. Kristalle; 5 g. — *4-[Isopropylidenaminoxymethyl]-semicarbazid*, $C_5H_{12}N_4O_2$, F. 129–132° (Zers.; Methanol), durch Schütteln von $N_2H_4 \cdot H_2O$ in W. mit I (aus 7,25 g **V**) in Bzl. bis der Isocyanatgeruch verschwunden ist; 5 g. *Isopropylidenaminoxyacetyl-Deriv.*, $C_{10}H_{19}N_5O_4$, F. 140–141,5°, aus **V** u. I; Nadeln. — N'-[Isopropylidenaminoxymethyl]-harnstoffe: *N-Phenyl-*, $C_{11}H_{15}N_3O_2$, F. 156 bis 158°, durch Versetzen von I (aus 7,3 g **V**) in Bzl. mit Anilin u. 3std. Stehen; aus Methanol Nadeln; 8 g. — *N-Methoxy-*, $C_6H_{13}N_3O_3$, F. 95–97°, aus O-Methylhydroxylamin in Ae u I (aus 7,25 g **V**) in Bzl durch 3std. Stehen; aus A. prismat. Kristalle; 5 g. — *N-[Carbäthoxymethyl]-*, $C_9H_{17}N_3O_4$, F. 108–109°, durch 12std. Stehen von Glycinäthylester in Bzl. mit I (aus 7,25 g **V**); aus Methanol Nadeln; 7,1 g. — *N-[Pyridyl-(2)]-*, $C_{10}H_{14}N_4O_2$, F. 166,5–167,5°, durch 12std. Stehen von I (aus 4,35 g **V**) u. 2-Aminopyridin in Bzl.; aus Bzl. Nadeln; 3,1 g. — *N-Trityl-*, $C_{24}H_{25}N_3O_2$, F. 177°, durch 12std. Stehen von I (aus 2,9 g **V**) u. Triphenylmethylamin in Bzl. bei Raum-Temp.; Nadeln; 4,2 g. — *N-[4-Rhodanphenyl]-*, $C_{12}H_{14}N_4O_2S$, F. 161–163°, durch 4std. Kochen von I u. 4-Rhodananilin in Bzl.; aus Isopropanol Nadeln. — *N-[Isopropylidenaminoxymethyl]-äthylurethan*, $C_7H_{14}N_2O_3$, F. 23–25°, Kp.$_{11}$ 118–119°, durch Zugabe von abs. A. zu I (aus 11,6 g **V**) in Bzl. u. 3std. Kochen; 9,5 g. — *1-[Isopropylidenaminoxy]-2-methylpropanol-(2)*, $C_7H_{15}NO_2$, Kp.$_{10}$ 66°, durch $^1/_4$std. Zutropfen von 22,5 g **IV** in Ae. zu der Grignard-Lsg. aus 43 g CH_3J, Mg u. Ae. unter Eiskühlung, 1 std. Stehen, Zers. mit Eis, Ansäuern mit verd. H_2SO_4 u. Extrahieren mit Ae.; 13,6 g. — *2-[Isopropylidenaminoxy]-1.1-diphenyläthanol*, $C_{17}H_{19}NO_2$, F. 91°, analog vorst. Verb. aus **IV** u. Phenyl-MgBr; aus PAe. Nadeln. — *1-Aminoxy-2-methylpropanol-(2)*, $C_4H_{11}NO_2$, Kp.$_{13}$ 76–77°, durch 40 Min. langes Kochen von 14,5 g vorvorst. Verb. in W. mit konz. HCl, Eindampfen im Vakuum, Aufnehmen in W., Sättigen mit festem NaOH, Ausäthern u. Dest.; 4,5 g. *Hydrochlorid*, $C_4H_{11}NO_2 \cdot HCl$, F. 119–121°, mit äther. HCl; aus Dioxan Nadeln. — *α-[Isopropylidenaminoxy]-α'-diazoaceton*, $C_6H_9N_3O_2$, durch Zutropfen von 15 g **IV** in Ae. zu einer Lsg. von CH_2N_2 (aus 35 g Nitrosomethylharnstoff) in Ae., 2std. Stehen u. Eindampfen im Vakuum bei 10°; 15 g. — *[α-Aminobenzyliden]-aminoxyessigsäure*, F. 124 bis 125° (Essigester), a) durch Zutropfen von 25%ig. wss. NaOH zu 21,7 g Benzamidoximhydrobromid u. 18,9 g Chloressigsäure in A. unter Eiskühlung (<20°), 3std. Stehen bei Raum-Temp., 2std. Erhitzen auf dem Wasserbad, Einengen, Verdünnen mit W., Ansäuern mit konz. HCl (pH 3,5) u. mehrstd. Stehen; 12–13 g; b) analog a) aus 43,4 g Benzamidoximhydrobromid u. 30,5 g Bromessigsäure; 29,9 g. *Hydraziniumsalz*, $C_9H_{10}N_2O_3 \cdot N_2H_4$, mit $N_2H_4 \cdot H_2O$ in A. oder Isopropanol; schmilzt unter Zersetzung. *Methylester*, $C_{10}H_{12}N_2O_3$, F. 72–74° (Bzl./PAe. 1 : 1), a) aus 22 g der Säure mit Methanol in Ggw. von HCl; 18,7 g; b) durch 4std. Kochen von 9,7 g der Säure in abs. Methanol in Ggw. von konz. H_2SO_4; 7,3 g. *Hydrazid*, $C_9H_{12}N_4O_2$, a) F. 141–142° (A.), durch Erhitzen von 10 g des Methylesters in abs. A. mit 74%ig. N_2H_4 bis zur Auflösung; 7,5 g; b) F. 148°, durch 2std. Erhitzen von 8,8 g 3-Phenyl-5-oxo-6H-4.5-dihydro-1.2.4-oxdiazin mit 74%ig. N_2H_4 auf 90°; 6,5 g. *Amid*, $C_9H_{11}N_3O_2$, F. 168–171° (A.), durch 2tägiges Stehen von 4 g des Methylesters mit konz. NH_4OH bei Raum-Temp.; 2,5 g. *β-Hydroxyäthylamid*, $C_{11}H_{15}N_3O_3$, F. 125–127° (Essigester), durch 2std. Erhitzen von 4,1 g des Methylesters mit β-Aminoäthanol auf 110°; 3,9 g. *Cyclohexylamid*, $C_{15}H_{21}N_3O_2$, F. 194 bis 195° (A.), durch 2std. Erhitzen von 4,1 g des Methylesters mit Cyclohexylamin auf 110°; 3 g. *β-Diäthylaminoäthylamid*, $C_{15}H_{24}N_4O_2$, F. 110–111° (Essigester), durch 3std. Erhitzen von 10,4 g des Methylesters mit 5,8 g β-Diäthylaminoäthylamin auf dem sd. Wasserbad; 11,8 g. *Hydroxamid*, $C_9H_{11}N_3O_3$, F. 144–147° (Zers.; Essigester), durch Zugabe einer NH_2OH-Lsg. (aus 2,78 g $NH_2OH \cdot HCl$ in Methanol u. Na in Methanol) zu 4,1 g des Methylesters, mehrstd. Stehen, Eindampfen im Vakuum, Lösen in W. u. Ansäuern des Na-Salzes; 3,2 g. P. Golinske. 950□

Die Reaktion von Diboran mit Di-tert.-butyläthylen und Di-tert.-butylacetylen. Ted J. Logan und Thomas J. Flautt. (J. Amer. chem. Soc. **82**, 3446–51, 5/7. 1960; Cincinnati, Ohio, Procter and Gamble Co., Miami Valley Labor.; engl.) — Durch Rk. von B_2H_6 mit *Di-tert.-butyläthylen* [III, trans-2.2.5.5-Tetramethylhexen-(3)] entsteht

2.2.5.5-Tetramethylhexyl-(3)-boran (I), das durch Oxydation u. anschließende Hydrolyse *2.2.5.5-Tetramethylhexanol-(3)* (IV) ergibt. Längeres Erhitzen von I u. anschließende Oxydation u. Hydrolyse führen zu *2.2.5.5-Tetramethylhexandiol-(1.4)* (II). II entsteht auch durch Hydroborierung von *Di-tert.-butylacetylen* (V), therm. Isomerisierung u. Oxydation. Durch kernmagnet. Resonanzspektren wird die Struktur der erhaltenen Verbb. geklärt.

Versuche: *trans-2.2.5.5-Tetramethylhexen-(3)* (III), Kp. 125—126,4°, durch Pyrolyse von 2.2.5.5-Tetramethylhexyl-(3)-acetat bei 390°; n_D^{25} 1,4089. — *2.2.5.5-Tetramethylhexyl-(3)-boran* (I), $C_{10}H_{21}BH_2$, durch 3std. Einw. von B_2H_6 auf 14 g III in abs. Ae. bei Zimmer-Temp.; 15,8 g (Ausbeute). — *2.2.5.5-Tetramethylhexanol-(3)* (IV), $C_{10}H_{22}O$, F. 52,5—53°, a) durch Einw. von B_2H_6 auf III in Diglyme, Wasserzusatz, 1 std. Rühren mit alkal. H_2O_2 u. Extraktion der wss. Schicht mit PAe.; 82,2%; b) durch Oxydation von I mit 30%ig. H_2O_2. *Phenylurethan*, $C_{17}H_{27}NO_2$, F.125—126° (Sublimation). — *2.2.5.5-Tetramethylhexandiol-(1.4)* (II), $C_{10}H_{22}O_2$, F. 40,5—42,5°, $Kp._3$ 94—97°, a) durch Einw. von B_2H_6 auf III in Diglyme, 20std. Erhitzen auf 160—165° u. Hydrolyse u. Oxydation analog IV; 59,8%; b) durch Einw. von B_2H_6 auf V analog a); 20,4%; daneben wenig IV. *Bis-[phenylurethan]*, F. 146° (CCl_4/PAe.). — *Di-tert.-butylacetylen* (V) Kp. 111,7—112,5°, analog III; n_D^{25} 1,4072. — *2.2.5.5-Tetramethylhexandiol-(3.4)*, F. 113 bis 113,5°, durch Einw. von B_2H_6 auf 13,8 g V bei 42°, Oxydieren mit alkal. 30%ig. H_2O_2 u. Aufarbeiten; 0,54 g; daneben 1,21 g IV u. einige *nicht bestimmte Verbindungen.*

W. Hampel. 980□

Einwirkung von Selen auf Bortrialkyle. B. M. Michailow und T. A. Schtschegolewa. (Известия Академии Наук СССР, Отделение Химических Наук [Nachr. Akad. Wiss. UdSSR, Abt. chem. Wiss.] **1959**, 356—57, Febr.; Zelinsky-Inst. für organ. Chem. der Akad. der Wiss. der UdSSR; russ.) — Bortrialkyle reagieren bei 220—250° mit Se unter Bldg. von *3.5-Dibor-1.2.5-triselenolanen*; Nebenprodd. sind Olefine u. H_2. Die Verbb. sind gelbe, gegen Feuchtigkeit u. Luft-O_2 empfindliche, sirupöse Flüssigkeiten. 3.5-Di-n-butyl-3.5-dibor-1.2.4-triselenolan (I) reagiert mit Butanol zu Se, H_2Se u. *n-Butylboronsäuredi-n-butylester*.

Versuche: *3.5-Di-n-butyl-3.5-dibor-1.2.4-triselenolan* (I), $C_8H_{18}B_2Se_3$, $Kp._2$ 134 bis 135°, durch Erhitzen von 36,4 g Tri-n-butylbor mit 16 g Se auf 220—250° (13 Std.); $D._4^{20}$ 1,5642; 77% (Ausbeute). — *3.5-Diisobutyl-3.5-dibor-1.2.4-triselenolan*, $C_8H_{18}B_2Se_3$, $Kp._2$ 128—130°, analog vorst. Verb. aus 36,4 g Triisobutylbor u. 16 g Se bei 190—220°; $D._4^{20}$ 1,5481; 67%. — *n-Butylboronsäure*, F. 87—88°, durch Hydrolyse von 4,4 g I in Ae. mit 0,85 g W. in 5 ml Tetrahydrofuran bei Zimmer-Temp.; 83%. *Di-n-butylester*, $Kp._{24}$ 120—121°, zu 7,9 g I in 10 ml Isopentan gibt man bei —70° 2,8 g Butanol in 5 ml Isopentan, erwärmt langsam auf Zimmer-Temp., filtriert u. fraktioniert; n_D^{20} 1,4160; 86% (bezogen auf Butanol). Wolfgang Müller. 980

Reaktionen des Trimethylbors. Dieter Ulmschneider und Josef Goubeau. (Chem. Ber. **90**, 2733—38, 29/12. 1957; Stuttgart, TH, Labor. für anorgan. Chem.; dt.) — Vff. untersuchen die Rk.-Prodd., die beim Erhitzen von 1 Mol Trimethylbor (I) mit je 1 Mol H_2O, H_2S, Äthylenglykol (IV), Pinakon (V), o-Phenylendiamin (VI), o-Aminophenol (VII) u. Brenzcatechin (VIII) unter Abspaltung von CH_4 entstehen. Aus I u. H_2O bildet sich bei 7std. bzw. 9std. Erhitzen im Einschmelzrohr auf 200—220° *Dimethylborinsäure* (II), C_2H_7BO, F. —29°, Kp. 56° [durch fraktionierte Kondens. bei —78 u. —50° gereinigt; 69 bzw. 75% (Ausbeute)]. Mit D_2O an Stelle von H_2O entsteht *Deuterodimethylborinsäure*, $(CH_3)_2BOD$, die durch 4std. Einw. von H_2O in II übergeht. Werden I u. H_2O bei 310° umgesetzt, so erhält man neben *Methylboronsäure* (III; 5%) u. *Dimethylborinsäureanhydrid* (5%) *Trimethylboroxin* (90%). I liefert mit H_2S bei 280° als einziges Rk.-Prod. *Borsulfid*, B_2S_3. Durch 14std. Erhitzen von I u. IV auf 340° wird *2-Methyl-1.3.2-dioxaborolan* (III-*Glykolester*, F. —57°, Kp. 70°; 96%) erhalten, durch 7std. Erhitzen von I u. V auf 340° *2.4.4.5.5-Pentamethyl-1.3.2-dioxaborolan* (III-*Pinakonester* 95%). Aus I u. VI bildet sich bei 10std. Erhitzen auf 280—310° *2-Methyl-1.3.2-benzodiazaborolin* [$C_7H_9BN_2$, F. 94° (Sublimation bei 30—40°/Hochvakuum); 59%], während beim Aufkondensieren von I auf VI die I-VI-*Additions-Verb.* $C_6H_4(NH_2)_2 \cdot B(CH_3)_3$ erhalten wird. Aus I u. VII entsteht bei 24std. Erhitzen auf 275° *2-Methyl-1.3.2-benzoxaborolin* (F. 32—34°; 65%), aus I u. VIII bei 8std. Erhitzen auf 290° neben polymeren Verbb. *2-Methyl-1.3.2-benzodioxaborol* (III-*Brenzcatechinester*, $C_7H_7BO_2$, F. —7°; 50%). Alle Verss. müssen im Einschmelzrohr unter N_2 durchgeführt werden. Vff. diskutieren die Abhängigkeit des Ablaufs der Rk. von der Protonenbeweglichkeit.

W. Krombholz. 980□

Organoborverbindungen. 42. Mitt. **Alkylpyroboracetate.** B. M. Michailow und T. A. Schtschegolewa. (Известия Академии Наук СССР, Отделение Химических

Наук [Nachr. Akad. Wiss. UdSSR, Abt. chem. Wiss.] **1959,** 1393—96, Aug.; Zelinsky-Inst. für org. Chem. der Akad. der Wiss. der UdSSR; russ.) — 41. vgl. C. **1961,** 13541; 45. vgl. C. **1962,** 6385; vgl. auch C. **1963,** 2053. — Durch Erhitzen von Alkylboronsäuren mit Acetanhydrid (I) werden *Dialkylpyroborsäurediacetate, $RB(OCOCH_3)OB\cdot(OCOCH_3)R$,* erhalten. Diese reagieren mit Alkylboronsäureestern zu (trimeren) *Alkylboronsäureanhydriden.* Di-n-propylpyroborsäurediacetat (II) gibt bei der Rk. mit Phenylboronsäure ein Gemisch von *n-Propyl-* u. *Phenylboronsäureanhydrid,* mit n-Propylboronsäure-n-butylesterchlorid *n-Propylboronsäureanhydrid.*

Versuche: Alle Verss. unter N_2: Pyroborsäurediacetate: *Di-n-propyl-* (II), $Kp._2$ 105—108°, F. 68—70,5°, durch 3std. Erhitzen von n-Propylboronsäure mit I auf dem Wasserbad; 69% (Ausbeute). — *Diisopropyl-,* $C_{10}H_{20}B_2O_5$, $Kp._3$ 93—95°, F. 59—62°, aus Isopropylboronsäure u. I (3 Std. lang erhitzen); 63%. — *Di-n-butyl-,* $C_{12}H_{24}B_2O_5$, $Kp._2$ 115—118°, F. 55—58°, aus n-Butylboronsäure u. I (3½ Std. lang erhitzen); 72%. — *Diisobutyl-,* $C_{12}H_{24}B_2O_5$, $Kp._1$ 95—97°, $Kp._5$ 104—105°, F. 42—45°, a) durch 3std. Erhitzen von Isobutylboronsäure mit I; b) durch 3std. Einleiten von HCl in Isobutylboronsäuredi-n-butylester u. I u. Stehenlassen über Nacht; 80%. — *n-Propylboronsäureanhydrid* (III), $(C_3H_7BO)_3$, $Kp._2$ 59—61°, $Kp._1$ 52—54°, a) durch 1std. Erhitzen von II mit n-Propylboronsäuredi-n-butylester auf 160—185°; b) durch 32std. Erhitzen von II mit n-Propylboronsäure-n-butylesterchlorid; 82%. — Durch 1std. Erhitzen von II mit Phenylboronsäurediisobutylester auf 170—180° wird III ($Kp._1$ 51—53°; 98%); neben *Phenylboronsäureanhydrid* (F. 206—207°, aus Bzl. u. Ae.; 87,5%) erhalten
G. Tobien. 980□

Über die katalytische Wirkung von Mercaptanen auf die Umwandlungen von Bortrialkylen unter Einwirkung von Ammoniak, Aminen und Alkoholen. B. M. Michailow und Ju. N. Bubnow. (Известия Академии Наук СССР, Отделение Химических Наук [Nachr. Akad. Wiss. UdSSR, Abt. chem. Wiss.] **1960,** 1872—73, Okt.; Zelinsky-Inst. für organ. Chem. der Akad. der Wiss. der UdSSR; russ.) — Tri-n-propylbor (I) reagiert mit NH_3 in Ggw. katalyt. Mengen n-Butylmercaptan (II) mit hoher Ausbeute zu *Aminodi-n-propylbor* (III), das beim Erhitzen mit Diäthylamin (IV) unter Austausch des Aminrestes in *Diäthylaminodi-n-propylbor* übergeht. Dieses wird auch direkt aus I u. IV in Ggw. von II erhalten. Weitere Beispiele für die durch II katalysierte Synth. von *Aminobor-Verbb.* werden mitgeteilt. Mit Methanol gibt I in Ggw. von II glatt den sonst schwierig zugänlichen *Di-n-propylborinsäuremethylester.*

Versuche: *Aminodi-n-butylbor* (V), $Kp._{15}$ 63—65°, durch 1½std. Einleiten von NH_3 in Tri-n-butylbor in Ggw. von II unter langsamem Erwärmen auf 135°; n_D^{20} 1,4277; 69,2% (Ausbeute). — *Aminodiisoamylbor,* $C_{10}H_{24}BN$, $Kp._{10}$ 74—75°, analog V; $D._4^{20}$ 0,7701, n_D^{20} 1,4298; 74,7%. — *Diäthylaminodi-n-propylbor,* $C_{10}H_{24}BN$, $Kp._{34}$ 92 bis 93°, $Kp._{16}$ 77—79°, $D._4^{20}$ 0,7702, n_D^{20} 1,4323; a) durch 2½std. Kochen von III mit IV; 97,8%; b) durch Zutropfen von IV zu I bei 85—90° in Ggw. von II u. 10 Min. langes Erwärmen; 91,9%. — *Di-n-propylborinsäuremethylester,* $Kp._{44}$ 54—56°, durch 6std. Erwärmen von I mit Methanol in Ggw. von II auf 65—70°; n_D^{20} 1,4028; 77,5%.
H.-E. Toussaint. 980□

Relative Reaktionsfähigkeit von ω-trialkylsilylsubstituierten Alkoholen und Mercaptanen bei der Reaktion mit Phenylisocyanat. W. F. Mironow und N. A. Pogonkina. (Известия Академии Наук СССР, Отделение Химических Наук [Nachr. Akad. Wiss. UdSSR, Abt. chem. Wiss.] **1960,** 1998—2002, Nov.; Zelinsky-Inst. für organ. Chem. der Akad. der Wiss. der UdSSR; russ.) — Die Geschw. der Rk. von Trimethylsilylmethanol (I), β-Trimethylsilyläthanol (II) u. γ-Trimethylsilylpropanol mit Phenylisocyanat (III) verhalten sich wie 2,5:1:1; I reagiert auch ca. 2½ mal so rasch wie Methanol. Dagegen setzen sich γ-Methyldiäthylsilylpropylmercaptan u. β-Methyldiäthylsilyläthylmercaptan mit III ca. 10 mal schneller um als Methyldiäthylsilylmethylmercaptan. Der induktive Effekt der Trialkylsilylgruppe schwächt sich also bei einer Verlängerung der CH_2-Kette rasch ab. Das unerwartet unterschiedliche Verh. der Alkohole u. Mercaptane wird nicht zu deuten versucht. Die Raman-spektroskop. Daten der untersuchten Verbb. werden mitgeteilt.

Versuche: *γ-Trimethylsilylpropanol,* $Kp._{15}$ 73,5°, aus γ-Methyldichlorsilylpropylacetat u. CH_3MgCl; n_D^{20} 1,4270; 79% (Ausbeute). — *β-[β-Trimethylsilyläthoxy]-propionitril,* $C_8H_{17}NOSi$, $Kp._{15}$ 130—133°, durch 24std. Stehen von II mit Acrylonitril in Methanol in Ggw. von CH_3ONa; $D._4^{20}$ 0,8861, n_D^{20} 1,4350; 81,7%. — *Thiolessigsäure, β-Methyldiäthylsilyläthylester,* $Kp._{19}$ 122°, durch 6std. Kochen von Vinylmethyldiäthylsilan mit Thiolessigsäure; $D._4^{20}$ 0,9345, n_D^{20} 1,4752; 55,1%. *γ-Methyldiäthylsilylpropylester,* $Kp._{28}$ 143°, analog vorst. Ester aus Allylmethyldiäthylsilan; $D._4^{20}$ 0,9277, n_D^{20} 1,4749; 63%. — *γ-Methyldiäthylsilylpropylmercaptan,* $Kp._{18}$ 100°, durch 17std. Kochen des vorst. Esters mit wss.-alkohol. NaOH unter N_2; $D._4^{20}$ 0,8718, n_D^{20} 1,4684; 74%. — *β-Methyldiäthylsilyläthylmercaptan*, $Kp._{15}$ 82°, analog vorst. Verb.; $D._4^{20}$ 0,8751, n_D^{20} 1,4690; 72%. H.-E. Toussaint. 980□

Synthese von Verbindungen des Typs 1-Alkylmercapto-2-[dichlorphosphono]-3-chlorbutadien-(1.3). M. F. Schosstakowski, I. I. Gusseinow und G. Ss. Wassiljew. (Журнал Общей Химии [J. allg. Chem.] **30** (92), 2832—35, Sept. 1960; Inst. für org. Chem. der Akad. der Wiss. der UdSSR; russ.) — Durch Rk. von Buten-(1)-in-(3)-yl-(1)-alkylsulfiden mit PCl_5 in Ae. bei —10° u. Behandeln der gebildeten Komplexe mit SO_2 werden *1-Alkylmercapto-3-chlorbutadien-(1.3)-yl-(2)-phosphonsäuredichloride* dargestellt. Die *Butadien-(1.3)-struktur* wurde IR-analyt. nachgewiesen.

Versuche: 3-Chlorbutadien-(1.3)-yl-(2)-phosphonsäuredichloride: *1-Methylmercapto-*, $C_5H_6Cl_3OPS$, $Kp._{0,02}$ 67—67,5°, man gibt zu 43 g PCl_5 in 200 ml abs. Ae. bei —10° in 45 Min. 10,4 g 1-Methylmercaptobuten-(1)-in-(3), rührt 3 Std. lang, leitet SO_2 bis zur völligen Auflösung ein, filtriert u. dest.; $D._4^{20}$ 1,4950; ; 80% (Ausbeute). — *1-Äthylmercapto-*, $C_6H_8Cl_3OPS$, $Kp._{0,02}$ 77—77,5°, analog aus 40,9 g PCl_5 u. 11 g 1-Äthylmercaptobuten-(1)-in-(3); $D._4^{20}$ 1,4156; 58%. — *1-n-Propylmercapto-*, $C_7H_{10}Cl_3OPS$, $Kp._{0,02}$ 83—84°, aus 11,5 g 1-n-Propylmercaptobuten-(1)-in-(3) u. 38 g PCl_5; $D._4^{20}$ 1,3634; 62%. — *1-n-Butylmercapto-*, $C_8H_{12}Cl_3OPS$, $Kp._{0,002}$ 81—82°, aus 10 g 1-n-Butylmercaptobuten-(1)-in-(3) u. 29,7 g PCl_5; $D._4^{20}$ 1,3222; 76%. Helmut Schäfer. 980

Synthese von Verbindungen des Typs 1-Alkoxy-2-[dichlorphosphono]-3-chlorbutadien-(1.3). M. F. Schosstakowski, I. I. Gusseinow, L. I. Schmonina, G. Ss. Wassiljew und B. W. Lopatin. (Журнал Общей Химии [J. allg. Chem.] **30** (92), 2836—38, Sept. 1960; Inst. für org. Chem. der Akad. der Wiss. der UdSSR; russ.) — Durch Rk. von 1-Alkoxybutadienen-(1.3) in Ae. bei —15° mit PCl_5 u. Behandeln der gebildeten Komplexe mit SO_2 werden *1-Alkoxy-3-chlorbutadien-(1.3)-yl-(2)-phosphonsäuredichloride* dargestellt.

Versuche: 3-Chlorbutadien-(1.3)-yl-(2)-phosphonsäuredichloride: *1-Methoxy-*, $C_5H_6Cl_3O_2P$, $Kp._{0,002}$ 48—48,5°, man gibt zu 83 g PCl_5 in 420 ml abs. Ae. bei —15 bis —18° in 45 Min. 16,5 g 1-Methoxybuten-(1)-in-(3), rührt 3 Std. lang, leitet SO_2 ein, bis sich der Nd. gelöst hat, filtriert u. dest.; $D._4^{20}$ 1,4562; n_D^{20} 1,5826; 31% (Ausbeute). — *1-Äthoxy-*, $C_6H_8Cl_3O_2P$, $Kp._{0,012}$ 59,5—60,5°, aus 13 g 1-Äthoxybuten-(1)-in-(3) u. 66 g PCl_5; $D._4^{20}$ 1,3682; n_D^{20} 1,5730; 43%. — *1-n-Propoxy-*, $C_7H_{10}Cl_3O_2P$, $Kp._{0,012}$ 69—69,5°, aus 14 g 1-n-Propoxybuten-(1)-in-(3) u. 54 g PCl_5; $D._4^{20}$ 1,3152; n_D^{20} 1,5635; 46%. — *1-n-Butoxy-*, $C_8H_{12}Cl_3O_2P$, $Kp._{0,02}$ 82—82,5°, aus 8,5 g 1-n-Butoxybuten-(1)-in-(3) u. 29 g PCl_5; $D._4^{20}$ 1,3078; n_D^{20} 1,5620; 55%. Helmut Schäfer. 980

Kleine Ringe mit Kohlenstoff-Dreifachbindung. Georg Wittig. (Angew. Chem. **74**, 479—83, 21/7. 1962; Heidelberg, Univ., Inst. für Organ. Chem.; dt.) — Übersicht: In den letzten Jahren sind zahlreiche Ringgerüste mit einer Dreifachbindung untersucht worden, so Cycloalkine, Heterocyclen mit Dreifachbindung u. speziell Dehydrobenzol (I). Bislang ist es noch nicht gelungen, I in Substanz zu fassen; die Möglichkeiten der Synth. von I u. die Beziehungen zwischen Ringspannung u. Beständigkeit werden diskutiert. P. Golinske. 990□

Untersuchung der oxydativen Nitrierung aromatischer Verbindungen. 4. Mitt. Quecksilberderivate einiger p-Disubstitutionsprodukte des Benzols und ihre Reaktionen mit Salpetersäure. P. I. Petrowitsch. (Журнал Общей Химии [J. allg. Chem.] 30 (92), 2808—12, Sept. 1960; Forschungsinst. für org. Zwischenprodd. u. Farbstoffe; russ.) — 3. vgl. C. **1961**, 9755. — Die Mercurierung von p-Dichlorbenzol (I) liefert *2-Acetoxymercuri-1.4-dichlorbenzol* (II), daneben *Bis-[2.5-dichlorphenyl]-quecksilber* (III). II läßt sich zu *2.4-Dinitro-3.6-dichlorphenol* (IV) u. *2-Nitro-1.4-dichlorbenzol* (V) nitrieren, III zu IV; aus I werden in Ggw. von $Hg(NO_3)_2$ in geringer Ausbeute IV u. V, unter schärferen Bedingungen V, *1.3-Dinitro-2.5-dichlorbenzol* u. *1.4-Dinitro-2.5-dichlorbenzol* erhalten. Chlormercuri-p-xylol (VI) wird durch $KMnO_4$ zu *Anhydro-2-hydroxymercuriterephthalsäure* (VII) oxydiert, die mit Br_2 in *2-Bromterephthalsäure*, mit HNO_3 in *2-Nitroterephthalsäure* übergeführt wird. Aus 2-Amino-4-nitrotoluol (VIII) wird mit HONO u. $HgCl_2$ *2-Chlormercuri-4-nitrotoluol* (IX) dargestellt, das bei Einw. von NH_4OH *Bis-[4-nitrotolyl-(2)]-quecksilber*, bei Einw. von $KMnO_4$ *Anhydro-2-hydroxymercuri-4-nitrobenzoesäure* (→ *2-Brom-4-nitrobenzoesäure*) liefert. Bei der Nitrierung von IX entstehen *2-Nitroso-4-nitrotoluol* u. *2.4-Dinitrotoluol*.

Versuche: *2-Acetoxymercuri-1.4-dichlorbenzol* (II), $C_8H_6Cl_2HgO_2$, F. 168,5—169,2° (A.), man erhitzt 200 g I u. 40 g Hg-Acetat in 60 ml Eisessig u. 1 ml PAe. 11½ Std. lang auf 125°, dest. I mit Wasserdampf ab u. extrahiert den Nd. im Soxhlet mit Chlf.; Nadeln; 50% (Ausbeute). — *2-Chlormercuri-1.4-dichlorbenzol*, F. 207—207,5° (A.), a) aus II mit NaCl in Methanol bei 50°; Nadeln; b) man kocht II in Bzl. mit $HgCl_2$ in Alkohol. — *Bis-[2.5-dichlorphenyl]-quecksilber* (III), F. 236—237° (Aceton–Chlf.); a) bei der Darst. von II durch Extrahieren mit Aceton; Nadeln; 3,9 g; b) durch Behandeln vorst. Verb. mit NH_4OH in Ggw. von Cu-Pulver; c) durch 1 std. Erhitzen von 0,5 g II in 17 ml p-Xylol auf 142°; 0,21 g. — *Anhydro-2-hydroxymercuriterephthalsäure* (VII), durch 2½ std. Erhitzen von 100 ml 5%ig. NaOH, 5 g VI u. 11 g $KMnO_4$ u. 200 ml W. auf 95°: feinkristallines Pulver; 85,3%. Bromierung liefert *2-Bromterephthalsäure*, F. 298—298,7°. — *2-Chlormercuri-4-nitrotoluol* (IX), F. 231,5—232°, aus VIII durch Diazotierung (→ *4-Nitrotolyl-(2)-diazoniumchlorid* · ½ $HgCl_2$, $C_{14}H_{12}Cl_4HgN_6O_4$; 85,3%), Zers. bei —15° u. Extraktion mit Aceton; 38,8%. — *Bis-[4-nitrotolyl-(2)]-quecksilber*, $C_{14}H_{12}HgN_2O_4$, F. 158,2—158,6° (Äthylacetat), durch Einw. von 25%ig. NH_4OH auf IX in Ggw. von Cu-Pulver. — *Anhydro-2-hydroxymercuri-4-nitrobenzoesäure*, durch 1 std. Erhitzen von 3 g IX in 120 ml 5%ig. NaOH u. 80 ml W. mit 3 g $KMnO_4$ auf 95°; 75%. — *2-Brom-4-nitrobenzoesäure*, F. 167—168°, durch Bromierung vorst. Verb.; Nadeln. — *2.4-Dinitro-3.6-dichlorphenol* (IV), F. 146,2—147°, a) man gibt 0,5 g II in 20 Min. bei 75° zu 7 ml 58%ig. HNO_3, rührt 1¼ Std. lang u. versetzt dabei mit 80 mg Paraformaldehyd; Nadeln; daneben V; b) man gibt zu 7 ml 58%ig. HNO_3 bei 50° in ½ Std. 0,5 g III u. rührt 2 Std. lang bei 75° unter Zugabe von 0,4 g $NaNO_2$; 0,18 g. — Nitrierung von I in Ggw. von Hg^{2+}: Man erhitzt 36 g I, 276 ml 58%ig. HNO_3, 36 g $Hg(NO_3)_2$, 1,2 g $NaNO_2$ u. 1 ml PAe. 7 Std. lang im Rohr auf 120—140° u. krist. aus A. um: *2-Nitro-1.4-dichlorbenzol* (V), F. 56°; Nadeln. *2.5-Dichlor-1.3-dinitrobenzol*, F. 102—103° (liefert mit alkohol. NH_3 *4-Chlor-2.6-dinitroanilin*, F. 146,8—147°). *2.5-Dichlor-1.4-dinitrobenzol*, F. 119°; Nadeln. — *2-Nitroterephthalsäure*, F. 267—268°, man erhitzt 0,5 g VII, 7 ml 58%ig. HNO_3 u. 0,1 g $NaNO_2$ 7 Std. lang im Rohr auf 80°; 30%. *Dimethylester*, F. 72—74°. — Gemisch aus *2.4-Dinitrotoluol* u. *2-Nitroso-4-nitrotoluol*, man gibt zu 14 ml 58%ig. HNO_3 in ½ Std. bei 50° 2 g IX u. rührt 2 Std. lang unter Zugabe von 0,9 g $NaNO_2$; 0,7 g. Liefert mit Hydroxylamin u. β-Naphthol *4-Nitro-2-[2-hydroxynaphthalinazo]-toluol*, F. 212—212,5° (Zers.; A.); rotviolette Nadeln. Helmut Schäfer. 1010

Über die Kondensation von 1-Chlor-3-brompropan mit Benzol. I. P. Zukerwanik, I. M. Kowina und L. W. Bugrowa. (Узбекский Химический Журнал [Usbek. chem. J.] **1958**, Nr. 5, 69—75; Mittelasiat. Univ.; russ.) — Bei der Alkyierung von Bzl. mit 1-Chlor-3-brompropan (I) in Ggw. von $AlCl_3$ entstehen je nach den Rk.-Bedingungen *γ-Brompropylbenzol* (II), *1.3-Diphenylpropan* (III) u. *n-Propylbenzol* (IV) in verschiedenen Mengen. Je mehr u. schneller $AlCl_3$ zugegeben wird, desto mehr IV wird erhalten. Temp.-Erhöhung auf 80—85° führt zur bevorzugten Bldg. von III. Bei einem Mol-Verhältnis Bzl.:I = 17:1 ist III, bei 6:1 IV das Hauptprodukt. Wird dem Rk.-Gemisch etwas Cyclohexan oder W. zugefügt, oder HCl durchgeleitet, so steigt die Ausbeute an IV, dafür fehlt II im Gemisch.

Versuche: *1-Chlor-3-brompropan* (I), $Kp._{740}$ 139°, durch Sättigen von Allylchlorid mit HBr bei 20°; n_D^{20} 1,4762; 82,5%. — *n-Propylbenzol* (IV), $Kp._{740}$ 156—157°, aus Bzl. mit I in Ggw. von $AlCl_3$; n_D^{20} 1,4929; $D._4^{20}$ 0,8628; bis zu 50% (Ausbeute); neben wechselnden Mengen *γ-Brompropylbenzol* (II; $C_9H_{11}Br$, $Kp._7$ 108—110°; n_D^{14} 1,5291; $D._4^{20}$ 1,1702; bis zu 26%) u. *1.3-Diphenylpropan* (III; $Kp._8$ 158—160°; n_D^{20} 1,5762; $D._4^{20}$ 1,005; bis zu 58%). — *γ-Phenylbuttersäure*, F. 43—46°, durch 5 std. Kochen von 1 g II mit 2 g KJ, 2 ml W. u. 10 ml A., 5 std. Kochen des gebildeten Jodids mit 5 g KCN in 20 ml wss. A. (1:1) u. Hydrolyse des mit Ae. ausgezogenen Nitrils mit 50%ig. H_2SO_4.

B. Celms. 1010

Erschöpfende Chlorierung der Methylgruppen der Xylole. A. Je. Kretow und A. D. Ssyrowatko. (Журнал Общей Химии [J. allg. Chem.] **30** (**92**), 3019—24, Sept. 1960; Dnepropetrowsk, Chem.-Technol. Dshershinski-Inst.; russ.) — Die Chlorierung von o-, m- u. p-Xylol in Ggw. von 1—2% Dibenzoylperoxid oder 0,1—0,2% Azodiisobutyronitril u. 0,1—0,2% Urotropin als Inhibitor der Bldg. von Harzen liefert als Endprodd. entsprechend *ω-Pentachlor-o-xylol* [Kp. 278—282° (teilweise Zers.), F. 53—54° (A.); 85% (Ausbeute)], *ω-Hexachlor-m-xylol* [Kp. 290—295° (teilweise Zers.), F. 41—42° (A.); 75%] bzw. *ω-Hexachlor-p-xylol* [F. 109—110° (A.); 90%]. Die Chlorierung von m-Xylol erfolgt in den ersten Stadien schneller als die von o- u. p-Xylol, wird dann jedoch erheblich langsamer u. ist nach 10 Std. beendet. p-Xylol ist nach 6 Std. an den Methylgruppen perchloriert. Die erschöpfende Chlorierung von o-Xylol dauert am längsten u. bleibt beim Pentachlor-Deriv. stehen. Günstig ist die Verw. von CCl_4 als Lösungsmittel. Helmut Schäfer. 1010

Explosion bei der Oxydation von Mesitylen mit Salpetersäure. H. Wilms und A. Dorlars. (Angew. Chem. **74**, 465—66, 7/7. 1962; Leverkusen, Farbenfabriken Bayer AG., Wiss. Hauptlabor.; dt.) — Bei der Oxydation von 240 g Mesitylen in 1,2 Liter

W. mit 690 g konz. HNO_3 in einem 3-Liter-V2A-Rührautoklaven bei 115° erfolgte eine heftige Explosion. Der Autoklav wurde der Länge nach aufgerissen. Bei kleineren Ansätzen verliefen die Oxydations-Verss. unter den gleichen Bedingungen glatt zu *3.5-Dimethylbenzoesäure* (I), *5-Methylisophthalsäure* bzw. *Trimesinsäure*. Beim Unterbrechen der kleineren Ansätze nach 2—3 Std. enthielt die KW-Stoffschicht bis zu 30% *α-Nitromesitylen*, aus dem dann, vielleicht über die Hydroxamsäure, **I** gebildet wird. Es wird vermutet, daß beim Mesitylen bei Temp. wenig über 115° (wie sie bei größeren Ansätzen vorübergehend auftreten können) eine unerwartete Neben-Rk. eintritt. Die Seitenkettennitrierung verläuft dann schneller als die Weiterrk. zu Carbonsäuren. Es entsteht *α.α'.α''-Trinitromesitylen*, wodurch der sehr brisante Verlauf der Explosion verständlich wird. P. Golinske. 1010□

Über eine neue Methode zur Alkoholyse von 3-Aryloxymethyl-3-hydroxymethyl-oxetanen. Jean Cheymol, Pierre Chabrier, Jacqueline Seyden-Penne und Phan-Chi-Don. (C. R. hebd. Séances Acad. Sci. **254**, 2363—65, 26/3. 1962; Paris, Fac. de Méd., Inst. de Pharmacol.; franz.) — Durch Einw. von Alkoholen auf 3-Aryloxymethyl-3-hydroxymethyloxetan (I) in Ggw. sowohl von Protonen als auch Lewis-Säuren u. Spuren W. entstehen asymm. *Bis-äther des Pentaerythrits* (BÄ) ohne Bldg. von Polymeren. Die BÄ wurden in *Bis-[p-nitro-* bzw. *-[3.5-dinitrobenzoyl]-Derivv.* übergeführt, die in essigsaurer Lsg. bei normalem Druck u. Temp. in Ggw. von Pt-Schwarz leicht zu den entsprechenden *Amino-Verbb.* red. u. nach deren Diazotierung mit β-Naphthol zu roten *Farbstoffen* gekuppelt werden können.

Versuche: Pentaerythrite, durch 24std. Kochen einer Lsg. von I in dem entsprechenden, nichtentwässerten Alkohol in Ggw. von H_2SO_4 (Meth. **A**) oder $SnCl_4$ (Meth. **B**): *1-Phenyl-2-methyl-*, $C_{12}H_{18}O_4$, Kp.$_{0,05}$ 144—145°; 67% (Ausbeute; nach **A**) bzw. 60% (nach **B**). — *1-Phenyl-2-äthyl-*, $C_{13}H_{20}O_4$, Kp.$_{0,05}$ 128—130°; 50% (**A**) bzw. 60% (**B**). — *1-Phenyl-2-n-propyl-*, $C_{14}H_{22}O_4$, Kp.$_{0,05}$ 160°; 60% (**A**). *Bis-[3.5-dinitrobenzoyl]-Deriv.*, $C_{28}H_{26}N_4O_{14}$, F. 80°. — *1-Phenyl-2-n-butyl-*, $C_{15}H_{24}O_4$, Kp.$_{0,05}$ 138°; 55% (**A**). *Bis-[3.5-dinitrobenzoyl]-Deriv.*, $C_{29}H_{28}N_4O_{14}$, F. 73°. — *1-[o-Methoxyphenyl]-2-methyl-*, $C_{13}H_{20}O_5$, Kp.$_{0,05}$ 142°; 60% (**A**). *Bis-[p-nitrobenzoyl]-Deriv.*, $C_{27}H_{26}N_2O_{11}$, F. 98°. — *1-[p-Chlorphenyl]-2-methyl-*, $C_{12}H_{17}ClO_4$, F. 50°; 50% (**A**) bzw. 57% (**B**). — *1-[β-Naphthyl]-2-methyl-*, $C_{16}H_{20}O_4$, F. 60°; 40% (**A**) bzw. 87% (**B**). *Bis-[p-nitrobenzoyl]-Deriv.*, $C_{30}H_{26}N_2O_{10}$, F. 88°. — *1-[β-Naphthyl]-2-äthyl-*, $C_{17}H_{22}O_4$, F. 55°; 40% (**A**). — *1-[o-Tolyl]-2-methyl-*, *Bis-[p-nitrobenzoyl]-Deriv.*, $C_{27}H_{26}N_2O_{10}$, F. 128°. — *1-[o-Chlorphenyl]-2-methyl-*, *Bis-[p-nitrobenzoyl]-Deriv.*, $C_{26}H_{23}ClN_2O_{10}$, F. 90°. — *1-[p-Chlorphenyl]-2-äthyl-*, *Bis-[3.5-dinitrobenzoyl]-Deriv.*, $C_{27}H_{23}ClN_4O_{14}$, F. 105—106°. Gerhard Müller/Bitterfeld. 1070□

Synthese neuer Colaminäther mit Antihistaminwirkung. Jan Moszew, Antoni Inasiński und Adam Malik. (Zeszyty naukowe Uniw. jagiellońskiego, Ser. Nauk mat.-przyrodniczych, Mat., Fizyka, Chem. **1955**, Nr. 1, 189—201, Kraków, Uniw. Jagiellońskiego, Kat. Chem. organ.; pol.) — Durch Kondens. von ω-Halogenphenetolen mit Na-N.N-Dialkylcolamin wurden *1-Aryloxy-2-[β-(dimethylaminoäthoxy]-äthane* erhalten. Sie haben, wie die analog aus p-Aryl-p'-chlorphenylsulfon u. Na-N.N-Dialkylcolamin erhaltenen starken Basen Antihistamin-Wirkung.

Versuche: *1-Phenoxy-2-[β-(dimethylamino)-äthoxy]-äthan*, $C_{12}H_{19}NO_2$, Kp.$_9$ 145 bis 146°, durch 4std. Kochen einer Lsg. von 9 g N.N-Dimethylcolamin (**I**), 2,3 g Na u. 20,1 g ω-Bromphenetol (**II**) in abs. Toluol, Extraktion mit verd. HCl, Alkalisieren des Extraktes u. Ausschütteln mit Ae.; 6,2 g (Ausbeute). *Hydrochlorid*, $C_{12}H_{20}ClNO_2$, F. 101 bis 102°; Blättchen aus abs. Ae./Äthanol. *Methojodid*, $C_{13}H_{22}JNO_2$, F. 91—92°; Blättchen aus abs. Ae./Äthanol. — *1-Phenoxy-2-[β-(diäthylamino)-äthoxy]-äthan*, $C_{14}H_{23}NO_2$, Kp.$_{10}$ 165—167°, analog vorst. Verb. mit N.N-Diäthylcolamin (**III**; 11,8 g) u. **II** (20,1 g); 10,4 g. *Hydrochlorid*, $C_{14}H_{24}ClNO_2$, F. 80—81°. *Äthojodid*, $C_{16}H_{28}JNO_2$, F. 99—100°. — *1-[o-Methoxyphenoxy]-2-[β-(dimethylamino)-äthoxy]-äthan*, $C_{13}H_{21}NO_3$, Kp.$_{14}$ 176—178°, aus 23,1 g Guajakol-ω-bromäthyläther (**IV**) u. **I** (9 g); 6 g. *Hydrochlorid*, $C_{13}H_{22}ClNO_3$, F. 112—113°. *Methojodid*, $C_{14}H_{24}JNO_3$, F. 131—132°. — *1-[o-Methoxyphenoxy]-2-[β-(diäthylamino)-äthoxy]-äthan*, $C_{15}H_{25}NO_3$, Kp.$_{14}$ 189—190°, aus **III** (23,1 g) u. **IV** (11,8 g); 5 g. *Hydrochlorid*, $C_{15}H_{26}ClNO_3$, F. 115—116°. *Äthojodid*, $C_{17}H_{30}JNO_3$, F. 103—104°. — *Phenyl-[4-(β-aminoäthoxy)-phenyl]-sulfon*, $C_{14}H_{15}NO_3S$, F. 85°, durch 2std. Erhitzen von 3 g Colamin (**V**) mit 1,5 g Na in abs. Toluol, Beseitigen des Na-Überschusses, Zusatz von 8,2 g Phenyl-p-chlorphenylsulfon (**VI**) in abs. Toluol u. 4std. Kochen, Extraktion mit verd. HCl, Zerlegen des erhaltenen Hydrochlorid-Gemisches mit 10%ig. NaOH u. Abtrennen des abgeschiedenen gelben Öles; Kristalle aus Toluol; 15%. *Hydrochlorid*, $C_{14}H_{16}ClNO_3S$, F. 284°; Blättchen aus Dioxan. *Pikrat*, $C_{20}H_{18}N_4O_{10}S$, F. 233°; gelbe Nadeln aus Äthanol. — *Phenyl-{4-[β-(dimethylamino)-äthoxy]-phenyl}-sulfon*, $C_{16}H_{19}$·

NO_3S, F. 97°, aus 3 g I, 8,2 g VI u. 1,5 g Na in abs. Toluol durch Erhitzen; Säulen aus Toluol; 45%. *Hydrochlorid*, $C_{16}H_{20}ClNO_3S$, F. 181° (A.). *Pikrat*, $C_{22}H_{22}N_4O_{10}S$, F. 140°; gelbe Säulen aus Äthanol. — *Phenyl-{4-[β-(diäthylamino)-äthoxy]-phenyl}-sulfon*, $C_{18}H_{23}NO_3S$, F. 79°, aus 4 g III, 8,5 g VI u. 1,5 g Na in abs. Toluol beim Erhitzen; 60%. *Hydrochlorid*, $C_{18}H_{24}ClNO_3S$, F. 168°; Säulen aus Dioxan. *Pikrat*, $C_{24}H_{26}N_4O_{10}S$, F. 162°; gelbe Nadeln aus Äthanol. — *p-Tolyl-[4'-(β-aminoäthoxy)-phenyl]-sulfon*, $C_{15}H_{17}NO_3S$, F. 139—140°, aus 3 g V, 8,5 g p-Tolyl-[4'-chlorphenyl]-sulfon (VII) u. 1,5 g Na in abs. Toluol beim Erhitzen; Nadeln aus Toluol; 28%. *Hydrochlorid*, $C_{15}H_{18}ClNO_3S$, F. 277°; Blättchen aus Äthanol. *Pikrat*, $C_{21}H_{20}N_4O_{10}S$, F. 225°; gelbe Säulen aus Äthanol. — *4-Tolyl-{4'-[β-(dimethylamino)-äthoxy]-phenyl}-sulfon*, $C_{17}H_{21}NO_3S$, F. 99°, aus 2 g I, 6 g VII u. 1,5 g Na in abs. Toluol beim Erhitzen; Blättchen aus Toluol; 60%. *Hydrochlorid*, $C_{17}H_{22}ClNO_3S$, F. 165°; Blättchen aus Äthanol. *Pikrat*, $C_{23}H_{24}N_4O_{10}S$, F. 155°; gelbe Nadeln aus Äthanol. — *4-Tolyl-{4'-[β-(diäthylamino)-äthoxy]-phenyl}-sulfon*, $C_{19}H_{25}NO_3S$, F. 61°, aus 4 g III, 9 g VII u. 1,5 g Na in abs. Toluol beim Erhitzen; Blättchen aus Ligroin; 60%. *Hydrochlorid*, $C_{19}H_{26}ClNO_3S$, F. 161°; rhomb. Blättchen aus A. oder Dioxan. *Pikrat*, $C_{25}H_{28}N_4O_{10}S$, F. 152°; gelbe Säulen aus Dioxan. F. Urban. 1090□

Die durch Aluminiumchlorid katalysierte Friessche Verschiebung von p- und o-Tolylacetat. N. M. Cullinane, B. F. R. Edwards und V. V. Bailey-Wood. (Recueil Trav. chim. Pays-Bas **79**, 1174—80, Nov. 1960; Cardiff, Wales, Univ. Coll., Dep. of Chem.; engl.) — Die durch $AlCl_3$ katalysierte Umlagerung von p-Tolylacetat (**I**) in Nitrobenzol ergibt außer *p-Kresol* nur *2-Hydroxy-5-methylacetophenon* [F. 50° (Ligroin). *2.4-Dinitrophenylhydrazon*, F. 271°, aus Bzl., rote Prismen]. Aus o-Tolylacetat (**II**) entstehen unter gleichen Bedingungen hauptsächlich *4-Hydroxy-3-methylacetophenon* [F. 108°. *2.4-Dinitrophenylhydrazon*, F. 276° (Zers.); aus Dioxan rote Plättchen], etwas *o-Kresol* (*2.4-Dibrom-Deriv.*, F. 56°) u. sehr wenig *2-Hydroxy-3-methylacetophenon* [*2.4-Dinitrophenylhydrazon*, F. 249° (Zers.)]. Die Aktivierungsenergien der Rkk. betragen 21,7 (bei **I**) bzw. 16,8 kcal bei **II**. Beide Umlagerungs-Rkk. scheinen intramol. analog den durch $TiCl_4$ katalysierten Rkk. (vgl. Cullinane u. Edwards, C. **1958**, 8584) zu verlaufen. Die Ausbeuten sind in Abhängigkeit von Temp. u. Konz. tabelliert.
Claus Fischer. 1180□

Vorsicht beim Umkristallisieren von Dibenzoylperoxid. Alfred Rieche und Manfred Schulz. (Chem. Techn. **11**, 264, Mai 1959; Berlin-Adlershof, DAW, Inst. für Organ. Chem.; dt.) — Vff. empfehlen das Umkristallisieren von Dibenzoylperoxid (**I**) aus Chlf. durch Fällen mit Methanol ohne Anwendung von Wärme. Ursachen von Explosionen sind wahrscheinlich Radikal-Rkk., die autokatalyt. Charakter annehmen. Der Zerfall von **I** kann durch lokale Überhitzung oder durch gewisse Katalysatoren, z. B. Amin- oder Metallsalze, autokatalyt. beschleunigt werden bis zum Charakter einer Explosion. Festes **I** kann durch Schlag oder Druck u. sogar schon beim Zusammenkratzen auf harter Unterlage explodieren. **I** darf nicht in Schliffflaschen aufbewahrt werden. Der Spontanzerfall einer größeren Menge **I** kann dadurch ausgelöst werden, daß sehr kleine Anteile, z. B. auch Staub, beim Einfüllen in eine App. an eine Heizplatte, an heiße App.-Teile oder eine heiße Glühbirne gelangen. Die Zers. der kleinen Menge kann den Spontanzerfall des ganzen in der Nähe befindlichen Vorrats auslösen. Dasselbe gilt auch, wenn **I** für präparative Zwecke aus einem Vorrat in ein Rk.-Gemisch eingetragen wird u. die Rk. heftig verläuft. Der Zerfall, der beim Zusammentreffen der Rk.-Partner eintritt, vermag sich unter Umständen auf das noch nicht eingetragene **I** zu übertragen, z. B. durch einen Spatel oder Eintragelöffel, der erhitzt ist oder an dem sich etwas von dem reagierenden Gemisch befindet (katalyt. Auslösung des Zerfalls). P. Golinske. 1210□

Über die Synthese von p-Nitrobenzoesäure. Ja. B. Lichtzinder, R. M. Lewit und W. I. Saionz. (Журнал Прикладной Химии [J. angew. Chem.] **34**, 947—50, April 1961; Beresnikow-Anilinfarbenwerk; russ.) — Die Ausbeute an *p-Nitrobenzoesäure* (**I**) bei der Oxydation von p-Nitrotoluol (**II**) mit MnO_2-H_2SO_4 beträgt bei 78%ig. H_2SO_4 (Anfangs-Konz.) u. einer Rk.-Dauer von 5½ Std. 84%. — *p-Nitrobenzoesäure* (**I**), F. 237,5°, man gibt zu 78%ig. H_2SO_4 (293 g Monohydrat) u. gemahlenem Pyrolusit (mindestens 80%ig.; 140 g MnO_2 enthaltend) bei 100—115° in 2 Std. 150 ml einer Lsg. von 50 g **II** in konz. H_2SO_4, rührt 1 Std. bei 100—105°, dann 1½ Std. bei 120°, verd. mit 1000 ml W., extrahiert den Nd. mit Soda-Lsg. u. fällt mit H_2SO_4; 51,4 g (Ausbeute).
Helmut Schäfer. 1210

Die Bischler-Napieralski-Reaktion in flüssigem Schwefeldioxid. Bildung von N.N'-Bis-[β-phenäthyl]-acetamidin und -benzamidin sowie N.N'-Diphenylacetamidin und -benzamidin. Ritsuro Tada, Hisanori Sakuraba und Niichiro Tokura. (Bull. chem. Soc. Japan **33**, 50—55, Jan. 1960; Sendai, Tohoku Univ. Katahira-cho, Res. Inst. of non-aqueous Solutions; engl.) — Vgl. C. **1963**, 891. — Bei der Bischler-

Napieralski-Rk. in fl. SO_2 mit 5 Mol P_2O_5 als Kondens.-Mittel liefert N-[β-Phenäthyl]-acetamid (I) bei 20 oder 70° *1-Methyl-3.4-dihydroisochinolin* (II) u. *N.N'-Bis-[β-phenäthyl]-acetamidin* (III), bei 210° (u. 17 Mol P_2O_5) dagegen nur II. Analog werden aus N-[β-Phenäthyl]-benzamid (IV) *1-Phenyl-3.4-dihydroisochinolin* (IX), *N.N'-Bis-[β-phenäthyl]-benzamidin* (VIII) u. dessen *N-Benzoyl-Deriv.* (VII) erhalten. Acetanilid (V) gibt *N.N'-Diphenylacetamidin*, Benzanilid (VI) *N.N'-Diphenylbenzamidin* (XI) u. dessen *N-Benzoylderivat*. N-Benzylacetamid bzw. -benzamid reagieren nicht. $POCl_3$, Polyphosphorsäure u. $SOCl_2$ sind als Kondens.-Mittel unwirksam. UV- u. IR-Spektraldaten der Amidine sind angegeben.

Versuche: *1-Methyl-3.4-dihydroisochinolin* (II), $C_{10}H_{11}N$, Kp.$_{7-8}$ 100—105°, a) durch Zugabe von 0,04 Mol I in fl. SO_2 zu 0,2 Mol P_2O_5 in fl. SO_2, 6 std. Schütteln im Glasautoklaven bei 20°, Abdampfen des SO_2, Zugabe von W., Entfernung von I mit Bzl., Alkalisieren, Extraktion mit Bzl. u. Dest.; 3,5% (Ausbeute); daneben *N.N'-Bis-[β-phenäthyl]-acetamidin* [III; $C_{18}H_{22}N_2$, Kp.$_{6-7}$ 205—215°, Kp.$_{2-3}$ 180—190°; n_D^{15} 1,5748; 23%. *Pikrat*, $C_{24}H_{25}N_5O_7$, F. 118—119°, aus A. gelbe Nadeln]; b) analog a) bei 70°; 24,5%; daneben 33,8% III; c) analog a) mit 0,68 Mol P_2O_5 in ½ Std. bei 210°; 83%. *Pikrat*, $C_{16}H_{14}N_4O_7$, F. 188—189°, gelbe Nadeln. — *N-[β-Phenäthyl]-acetamid* (I), Kp.$_{4-5}$ 154—155°, durch 3½ std. Kochen von 2 g III mit NaOH; 0,4 g. Liefert bei 2 std. Einw. von HCl-Gas bei 150° III (Kp.$_{1-2}$ 175—185°). — *β-Phenyläthylamin*, Kp.$_{50-51}$ 110—115°, durch Hydrolyse von I mit HCl; daneben III. — *N-Benzoyl-N.N'-bis-[β-phenäthyl]-benzamidin* (VII), $C_{30}H_{28}N_2O$, F. 110—110,5° (A.), a) analog II nach b) aus IV u. Extraktion der sauren Lsg. mit Bzl.; aus A. orangefarbene Prismen; 12,7% [bei 20° entstehen 12,3% VIII, 14,6% IX u. 8,3% *Benzoesäure* (X)]; b) durch 4 std. Kochen von VIII mit Benzoylchlorid in Benzol. Liefert bei 2 std. Erhitzen mit 2n H_2SO_4 auf 100° *N-[β-Phenäthyl]-benzamid* (IV), VIII u. X. — *N.N'-Bis-[β-phenäthyl]-benzamidin* (VIII), F. 79,5 bis 80°, durch Alkalisieren der sauren, extrahierten Rest-Lsg. von VII mit NH_4OH, Extraktion mit Bzl., Eindampfen, Zugabe von 2n H_2SO_4, Dekantieren der Lsg. A vom Öl u. Versetzen mit NH_4OH; 3,2%. *Pikrat*, F. 170—170,5°, gelbe Plättchen. — *1-Phenyl-3.4-dihydroisochinolin* (IX), $C_{15}H_{13}N$, Kp.$_{2-3}$ 150—160°, durch Alkalisieren der Lsg. A von VIII mit NH_4OH u. Extraktion mit Bzl.; n_D^{18} 1,6293; 80%. *Pikrat*, $C_{21}H_{16}N_4O_7$. F. 173,5—174°, gelbe Nadeln. — *Benzoesäure* (X), F. 121—121,5°, durch Ansäuern der ammoniakal. Rest-Lsg. von IX; 8,3%. — *N.N'-Diphenylacetamidin*, $C_{14}H_{14}N_2$, F. 131,5 bis 132°, a) analog II nach a) aus V; 19%; daneben 5,5% *Anilin*; b) analog a) bei 70°; 30,9%; daneben 11,1% *Anilin*. *Pikrat*, $C_{20}H_{17}N_5O_7$, F. 168,5—169°, aus A. gelbe Nadeln. — *N-Benzoyl-N.N'-diphenylbenzamidin*, $C_{26}H_{20}N_2O$, F. 172—172,5°, a) analog II nach a) aus VI; 46,6%; daneben X u. 1,8% *N.N'-Diphenylbenzamidin* [XI; F. 146—146,5°, aus Bzl. Nadeln. *Pikrat*, F. 216,5—217°, gelbe Plättchen]; b) analog a) bei 70°; 18,6%; daneben 16,6% X u. 46,2% XI. K. Hinterauer. 1210□

Synthese von Dicarbonsäuren des Typs $HOOC(CH_2)_mC_6H_4(CH_2)_nCOOH$. A. N. Nessmejanow, R. Ch. Freidlina und N. A. Ssemenow. (Известия Академии Наук СССР, Отделение Химических Наук [Nachr. Akad. Wiss. UdSSR, Abt. chem. Wiss.] **1960**, 1969—73, Nov.; Inst. für metallorgan. Verbb. der Akad. der Wiss. der UdSSR; russ.) — Die Kondens. von 1.1.3-Trichlorpropen-(1) (I) mit Phenylessigsäure in Ggw. von $AlCl_3$ liefert *p-[γ.γ-Dichlorallyl]-phenylessigsäure* (II), die unter milden Bedingungen durch konz. H_2SO_4 zu *β-[p-Carboxymethylphenyl]-propionsäure* verseift wird. Aus p-[β.γ.γ.γ-Tetrachlorpropyl]-benzoesäure (III) wird Cl_2 unter Bldg. von *p-[γ.γ-Dichlorallyl]-benzoesäure* abgespalten, deren Hydrolyse zu *β-[p-Carboxyphenyl]-propionsäure* führt. Die direkte Hydrolyse von III liefert *α-Chlor-β-[p-carboxyphenyl]-propionsäure*. Bei der Friedel-Crafts-Rk. von δ-Chlorvaleriansäure (IV) mit Bzl. fallen *δ.δ'-[p-Phenylen]-divaleriansäure* u. *δ-Phenylvaleriansäure* nebeneinander an.

Versuche: *p-[β.γ.γ.γ-Tetrachlorpropyl]-benzoesäure* (III), F. 194—195° (A.), aus 1-[β.γ.γ.γ-Tetrachlorpropyl]-4-[γ.γ-dichlorallyl]-benzol u. $KMnO_4$ in Aceton; 72% (Ausbeute). *Methylester*, $C_{11}H_{10}Cl_4O_2$, F. 83° (Heptan). — *p-[γ.γ-Dichlorallyl]-benzoesäure*, $C_{10}H_8Cl_2O_2$, F. 154—154,5° (Heptan), aus III u. Zn in Methanol; 87%. *Methylester*, $C_{11}H_{10}Cl_2O_2$, Kp.$_2$ 125—126°, D_4^{20} 1,2960, n_D^{20} 1,5540. — *β-[p-Carboxyphenyl]-propionsäure*, $C_{10}H_{10}O_4$, F. 307—308° (W.), durch Erwärmen vorst. Säure in 94%ig. H_2SO_4 auf 70—80° bis zum Aufhören der HCl-Entw.; 100%. *Dimethylester*, $C_{12}H_{14}O_4$, F. 117 bis 119° (Heptan). — *α-Chlor-β-[p-carboxyphenyl]-propionsäure*, $C_{10}H_9ClO_4$, F. 225—226° (wss. Aceton), durch ³/₄ std. Erhitzen von III in 96%ig. H_2SO_4 auf 120—130°; 80%. — *p-[γ.γ-Dichlorallyl]-phenylessigsäure* (II), $C_{11}H_{10}Cl_2O_2$, Kp.$_{0,5}$ 147—148°, F. 83—83,5° (PAe.), durch anteilweises Zugeben von $AlCl_3$ zu I u. Phenylessigsäure in Nitromethan, ¹/₄ std. Erwärmen auf 80°, Zers. mit Eis/HCl u. Ausziehen mit Bzl.; 67%. *Methylester*, $C_{12}H_{12}Cl_2O_2$, Kp.$_1$ 123—124°, D_4^{20} 1,2470, n_D^{20} 1,5400. — *β-[p-Carboxymethylphenyl]-propionsäure*, $C_{11}H_{12}O_4$, F. 183—184°, durch Rühren von II mit 88%ig. H_2SO_4 bis zum

Aufhören der HCl-Entw.; aus W. Nadeln; 45%. — *p-[γ.γ-Dichlorallyl]-hydrozimtsäure*, $C_{12}H_{12}Cl_2O_2$, $Kp._1$ 164—165°, analog **II** aus Hydrozimtsäure; $D._4^{20}$ 1,2757, n_D^{20} 1,5560; 60%. *Methylester*, $C_{13}H_{14}Cl_2O_2$, $Kp._{0,5}$ 125—126°, $D._4^{20}$ 1,2209, n_D^{20} 1,5372. — *β.β'-[p-Phenylen]-dipropionsäure*, $C_{12}H_{14}O_4$, F. 230° (Methanol), durch mehrstd. Rühren vorst. Verb. mit 88%ig. H_2SO_4; 82%. *Dimethylester*, $C_{14}H_{18}O_4$, F. 119—120° (Methanol). — *δ-[p-(γ.γ-Dichlorallyl)-phenyl]-valeriansäure*, $C_{14}H_{16}Cl_2O_2$, $Kp._1$ 180—181°, analog **II**; $D._4^{20}$ 1,2166, n_D^{20} 1,5450; 65%. *Methylester*, $Kp._1$ 143—144°, $D._4^{20}$ 1,1715, n_D^{20} 1,5290. — *δ.δ'-[p-Phenylen]-divaleriansäure*, $C_{16}H_{22}O_4$, F. 180° (Methanol), durch ¼std. Kochen von **IV** mit Bzl. in Ggw. von $AlCl_3$; 31% (daneben *δ-Phenylvaleriansäure*, $Kp._2$ 135 bis 136°, F. 59—60°; 52%). *Dimethylester*, $Kp._{0,5}$ 169—170°, $D._4^{20}$ 1,0490, n_D^{20} 1,4975. *Diäthylester*, $C_{20}H_{30}O_4$, $Kp._{0,1}$ 160—161°, $D._4^{20}$ 1,0238, n_D^{20} 1,4920. — *α.α'-Dichlor-β.β'-[p-phenylen]-dipropionsäure*, $C_{12}H_{12}Cl_2O_4$, F. 199—200° (Essigsäure), durch 2std. Chlorieren von p-Bis-[γ.γ-dichlorallyl]-benzol in abs. Ameisensäure bei 35°, Verdünnen mit W. u. Behandeln des abgeschiedenen Öls mit heißer Soda-Lsg.; 30%.
H.-E. Toussaint. 1220□

Carbonylierung aromatischer Halogenverbindungen mit Natriumformiat. Hugo Kröper, Friedrich Wirth und Otto Huchler. (Angew. Chem. **72**, 867, 21/11. 1960; Ludwigshafen/Rh., BASF AG, Ammoniaklabor.; dt.) — Durch Umsetzung von p-Dichlorbenzol mit CO in alkal. Medium unter Druck in Ggw. von Ni oder Ni-Verbb. bei der Zers.-Temp. der Alkaliformiate (290—360°) wird *Terephthalsäure* erhalten. Analog entsteht aus m-Dichlorbenzol *Isophthalsäure*, aus p-Chloranisol *Anissäure*, aus β-Chlornaphthalin *β-Naphthoesäure* u. aus 4.4'-Dichlordiphenyl *Diphenyl-4.4'-dicarbonsäure*. o-Dihalogenbenzole, o-Halogenbenzoesäuren u. aliphat. Halogen-Verbb. reagieren nicht. Vff. vertreten die Ansicht, daß der Rk.-Mechanismus in der Verdrängung des Halogens durch das COONa-Anion besteht, dessen Bldg. in Ggw. größerer Mengen W. wegen der normalen Dissoziation des Na-Formiats ausbleibt. G. Marquard. 1220□

Über die Darstellung von Monoperphthalsäure. M. I. Gorjajew, G. A. Tolstikow und L. A. Jeltschibekowa. (Журнал Прикладной Химии [J. angew. Chem.] **34**, 946—47, April 1961; russ.) — *Monoperphthalsäure* (**I**) wird vorteilhaft nach Royals u. Harrell (C. **1956**, 9461) durch Rühren von Phthalsäureanhydrid, Ae. u. 30%ig. Perhydrol erhalten. Die Ausbeute beträgt bei 18—20° in 6 Std. 65%, bei 30—35° in 3 bis 4 Std. 65—70%; sie kann nicht durch längere Rk.-Dauer oder Anwendung von mehr H_2O_2 erhöht werden. Bei 0—2° verläuft die Rk. sehr langsam. — Die Oxydation von 40,8 g Cedren bei 0° mit äther. **I** (3,5 g akt. O_2, 1 Tag bei 0° stehenlassen) liefert in 90%ig. Ausbeute *Cedrenoxid*, $Kp._5$ 121—121,5°; $D._4^{20}$ 1,0032; n_D^{20} 1,4962; $[\alpha]_D^{20}$ —81,2°.
Helmut Schäfer. 1220

Die Carboxyalkylierung von Ketonen mit α-Halogensäuren unter Bildung von γ-Ketosäuren mittels Lithiumamid. Der Einfluß von Metallkationen. W. H. Puterbaugh und R. L. Readshaw. (J. Amer. chem. Soc. **82**, 3635—38, 20/7. 1960; Greenville, Pa., Thiel Coll., Dep. of Chem.; engl.) — Vgl. C. **1962**, 15935. — Durch Rk. der Li-Salze von Ketonen mit den Li-Salzen von α-Halogencarbonsäuren werden in guter Ausbeute die entsprechenden *γ-Ketosäuren* erhalten. Die Ausbeuten sind bei Verw. der doppelten Menge an Keton-Li-Salz höher u. bei Verw. der α-Halogencarbonsäureester niedriger. Ketone, die zur Selbst-Kondens. neigen oder aromat. Nitrogruppen enthalten u. α-Halogencarbonsäuren, die α-dialkyliert sind, reagieren nicht oder nur schlecht. Die Ausbeuten hängen auch von den verwendeten Metallkationen ab u. sind bei Verw. von Li am höchsten. Der Rk.-Mechanismus wird diskutiert.

Versuche: *β-Benzoylvaleriansäure*, $C_{12}H_{14}O_3$, F. 68,5—70°, durch Lösen von Li in fl. NH_3, Zugeben von Butyrophenon, Verdampfen des NH_3, Kochen mit Ae., Zugeben von Li-Bromacetat u. 10std. Kochen in Ae. (Meth. **A**); aus Bzl./PAe. Prismen; 59,6% (Ausbeute). *Semicarbazon*, $C_{13}H_{17}N_3O_3$, F. 176—176,5° (A.). — *β-[p-Chlorbenzoyl]-buttersäure*, $C_{11}H_{11}ClO_3$, F. 81—82,5°, aus p-Chlorpropiophenon nach **A**; aus PAe. Nadeln; 67,3%. *Semicarbazon*, $C_{12}H_{14}ClN_3O_3$, F. 170—170,5° (A.). — *α-[1-Oxo-1.2.3.4-tetrahydronaphthyl-(2)]-propionsäure*, $C_{13}H_{14}O_3$, F. 103—109°, aus α-Tetralon (**I**) u. α-Brompropionsäure (**II**) nach **A**; aus Bzl./Bzn. Blöcke; 70%. — *α-Methyl-β-[p-chlorbenzoyl]-buttersäure*, $C_{12}H_{13}ClO_3$, F. 125—129°, aus p-Chlorpropiophenon u. **II** nach **A**; aus Bzl./Bzn. Nadeln; 77,6%. — *β-Benzoylpropionsäure*, aus Acetophenon (**III**) nach **A**; 61,3%. — *β-Benzoylbuttersäure*, aus Propiophenon nach **A**; 48,6%. — *β-[p-Methoxybenzoyl]-propionsäure*, aus p-Methoxyacetophenon; 42%. — *1-Oxo-1.2.3.4-tetrahydronaphthyl-(2)-essigsäure*, aus **I** nach **A**; 76%. — *2-Oxocyclohexylessigsäure*, aus Cyclohexanon nach **A**; 48,6%. — *α-Methyl-β-benzoylpropionsäure*, aus **III** u. **II** nach **A**; 53,6%. W. Hampel. 1270□

Untersuchungen auf dem Gebiet der Amine und ihrer Derivate. 3. Mitt. Synthese der Methylester einiger Alkyl-p-alkoxybenzylcarbaminsäuren. A. L. Mndshojan und

N. A. Babijan. (Известия Академии Наук Армянской ССР, Химические Науки [Nachr. Akad. Wiss. ArmenSSR, chem. Wiss.] **11**, 351—55, 1958; Inst. für org. Feinchemie der Akad. der Wiss. der ArmenSSR; russ., Auszug: armen.) — 2. vgl. C. **1962**, 11177. — Zur biolog. Unters. werden durch Rk. von Chlorkohlensäuremethylester (I) mit Benzylalkylaminen einige *N-[p-Alkoxybenzyl]-N-alkylcarbaminsäuremethylester* dargestellt.

Versuche: Benzylamine: *p-Methoxy-*, $Kp._{10}$ 110—111°, durch 6—8std. Erhitzen von p-Methoxybenzylchlorid mit NH_3 (5—6facher Überschuß) in A. im Autoklaven auf 50—100°; $D._4^{20}$ 1,0405; n_D^{20} 1,5357; 30% (Ausbeute). *Hydrochlorid*, F. 227 bis 228°. — Analog: *p-Äthoxy-*, $Kp._{18}$ 129—130°; $D._4^{20}$ 0,9500; n_D^{20} 1,5320. *Hydrochlorid*, F. 134—136°. — *p-n-Propoxy-*, $Kp._{18}$ 141—142°; $D._4^{20}$ 1,0028; n_D^{20} 1,5230. *Hydrochlorid*, F. 198—199°. — *p-n-Butoxy-*, $Kp._1$ 113—114°; $D._4^{20}$ 0,9858; n_D^{20} 1,5160. *Hydrochlorid*, F. 202—203°. — *p-Isopropoxy-*, $Kp._{30}$ 150—153°; $D._4^{20}$ 0,9970; n_D^{20} 1,5190. *Hydrochlorid*, F. 256—257°. — *p-Isoamyloxy-*, $Kp._7$ 152—153°. *Hydrochlorid*, F. 135—136°. — N-Benzylcarbaminsäuremethylester: *p-Methoxy-N-methyl-*, $Kp._6$ 159—160°, man gibt zu 0,1 Mol N-[p-Methoxybenzyl]-methylamin in 100 ml Ae. unter Kühlung gleichzeitig 0,1 Mol I u. 0,1—0,15 Mol NaOH (25—30%ig. Lsg.), rührt bei Zimmer-Temp. bis zum Verschwinden des entstandenen kristallinen Nd. u. fraktioniert die äther. Phase; $D._4^{20}$ 1,1219; n_D^{20} 1,5252; 67%. — Analog: *p-Äthoxy-N-methyl-*, $Kp._1$ 140—141°; $D._4^{20}$ 1,0927; 84%. — *p-n-Propoxy-N-methyl-*, $Kp._9$ 180—181°; $D._4^{20}$ 1,0689; n_D^{20} 1,5100; 69%. — *p-n-Butoxy-N-methyl-*, $Kp._7$ 192—193°; $D._4^{20}$ 1,0600; n_D^{20} 1,5090; 60%. — *p-n-Amyloxy-N-methyl-*, $Kp._3$ 168—169°; $D._4^{20}$ 1,0394; n_D^{20} 1,5045; 70%. — *p-Isopropoxy-N-methyl-*, $Kp._1$ 131—132°; $D._4^{20}$ 1,0634; n_D^{20} 1,5160; 74%. — *p-Isobutoxy-N-methyl-*, $Kp._4$ 182—183°; $D._4^{20}$ 1,0476; n_D^{20} 1,5050; 55%. — *p-Isoamyloxy-N-methyl-*, $Kp._6$ 189—190°; $D._4^{20}$ 1,0400; n_D^{20} 1,5025; 63%. — *p-Methoxy-N-äthyl-*, $Kp._4$ 160—161°; $D._4^{20}$ 1,0948; n_D^{20} 1,5130; 80%. — *p-Äthoxy-N-äthyl-*, $Kp._2$ 162—163°; $D._4^{20}$ 1,0655; n_D^{20} 1,5090; 88%. — *p-n-Propoxy-N-äthyl-*, $Kp._{1,5}$ 179—180°; $D._4^{20}$ 1,0547; n_D^{20} 1,5075; 72%. — *p-n-Butoxy-N-äthyl-*, $Kp._2$ 165—166°; $D._4^{20}$ 1,0430; n_D^{20} 1,5035; 87%. — *p-n-Amyloxy-N-äthyl-*, $Kp._6$ 187—188°; $D._4^{20}$ 1,0287; n_D^{20} 1,5005; 73%. — *p-Isopropoxy-N-äthyl-*, $Kp._2$ 143—144°; $D._4^{20}$ 1,0468; 50%. — *p-Isobutoxy-N-äthyl-*, $Kp._5$ 139—140°; $D._4^{20}$ 1,0392; n_D^{20} 1,5038; 75%. — *p-Isoamyloxy-N-äthyl-*, $Kp._{6,5}$ 203 bis 204°; $D._4^{20}$ 1,0280; n_D^{20} 1,5000; 68%. — *p-Methoxy-*, F. 79—80°, analog den vorst. Verbb., Eindampfen der äther. Phase u. Kristalle aus wss. A. oder Bzn. (Kp. 75—85°); 56%. — *p-Äthoxy-*, F. 68—69°; 60%. — *p-n-Propoxy-*, F. 73—74°; 62%. — *p-n-Butoxy-*, F. 77—78°; 63%. — *p-Isoamyloxy-*, F. 64—65°; 50%. G. Froelich. 1280□

Aminopropandiolderivate. 2. Mitt. **Verbindungen des Typs 1.3-[R′R″NCH₂CH(OH)CH₂O]₂C₆H₄.** A. P. Terentjew, M. A. Wolodina, A. A. Wolodkin, W. G. Mischina und I. W. Komissarow. (Журнал Общей Химии [J. allg. Chem.] **32** (**94**), 174—77, Jan. 1962; russ.) — 1. vgl. C. **1961**, 16094. — Durch Kondens. von 1.3-Bis-[β.γ-oxidopropoxy]-benzol (I) mit NH_3, prim. u. sek. Aminen wurden *Derivv.* des *1.3-Bis-[γ-amino-β-hydroxypropoxy]-benzols* dargestellt.

Versuche: 1.3-Bis-[β-hydroxypropoxy]-benzole: *γ.γ′-Diamino-*, $C_{12}H_{20}N_2O_4$, $Kp._5$ 272—276°, man gibt zu einer Lsg. von 38,2 g NH_3 in 100 ml W. u. 100 ml Methanol 16,5 g I in 50 ml Methanol u. läßt 48 Std. lang stehen; $D._4^{20}$ 1,2638; n_D^{20} 1,5778; 43% (Ausbeute). *Dihydrochlorid*, F. 220—222°. — *γ.γ′-Bis-[methylamino]-*, $C_{14}H_{24}N_2O_4$, $Kp._4$ 244—248°, man gibt zu 0,6 Mol Methylamin 0,05 Mol I u. erhitzt 2 Std. auf dem sd. Wasserbad; $D._4^{20}$ 1,1761; n_D^{20} 1,5488; 54%. *Dihydrochlorid*, F. 159 bis 161°. — Analog: *γ.γ′-Bis-[äthylamino]-*, $C_{16}H_{28}N_2O_4$, $Kp._3$ 253—258°, aus I u. Äthylamin; $D._4^{20}$ 1,1282; n_D^{20} 1,5380; 59%. *Dihydrochlorid*, F. 173—175°. — *γ.γ′-Dianilino-*, $C_{24}H_{28}N_2O_4$, $Kp._5$ 286—290°, man gibt zu 0,6 Mol Anilin bei 110° 0,075 Mol I u. erhitzt allmählich auf 120°; $D._4^{20}$ 1,2052; n_D^{20} 1,6048; 45%. *Dihydrochlorid*, F. 135—136°. — *γ.γ′-Bis-[dimethylamino]-*, $C_{16}H_{28}N_2O_4$, $Kp._4$ 219—225°, durch Erhitzen von 0,6 Mol Dimethylamin u. 0,05 Mol I im Autoklaven; $D._4^{20}$ 1,1041; n_D^{20} 1,5304; 72%. *Dihydrochlorid*, F. 109—111°. *Bis-jodmethylat*, F. 129—133°. *Bis-jodäthylat*, F. 97—98°. *Bis-chlorbenzylat*, F. 104—106°. — *γ.γ′-Bis-[diäthylamino]-*, $C_{20}H_{36}N_2O_4$, $Kp._4$ 234—240°, man gibt zu 0,2 Mol sd. Diäthylamin 0,075 Mol I u. erhitzt langsam auf 100—110°; $D._4^{20}$ 1,0630; n_D^{20} 1,5178; 77%. *Dihydrochlorid*, F. 106—108°. *Bis-jodmethylat*, F. 157—160°. *Bis-jodäthylat*, F. 146—148°. *Bis-chlorbenzylat*, F. 103—105°. — *γ.γ′-Dipiperidino-*, $C_{22}H_{36}N_2O_4$, Isomeres **A**, F. 78°, man gibt zu 0,2 Mol sd. Piperidin in 1 Std. 0,075 Mol I, erhitzt 3 Std. auf 120—130°, verd. mit 10 ml Butanol u. läßt 4 Tage lang stehen; 46,1%. *Dihydrochlorid*, F. 167—169°. *Bis-jodmethylat*, F. 180—182°. *Bis-jodäthylat*, F. 140 bis 141°. *Bis-chlorbenzylat*, F. 126—128°. *Isomeres* **B**, $Kp._3$ 258—259°, aus der Mutterlauge des Isomeren **A**; $D._4^{20}$ 1,1058; n_D^{20} 1,5354; 42,3%. *Dihydrochlorid*, F. 156—157°. *Bis-*

jodmethylat, F. 161—163°. *Bis-jodäthylat*, F. 148—150°. — *γ.γ'-Dimorpholino-*, $C_{20}H_{32}$$N_2O_6$, Kp.₃ 299—305°, man gibt zu 0,2 Mol sd. Morpholin allmählich 0,075 Mol I u. erhitzt auf 130—140°; $D._4^{20}$ 1,2029; n_D^{20} 1,5457; 63%. *Dihydrochlorid*, F. 135—138°. *Bis-jodmethylat*, F. 146—148°. *Bis-jodäthylat*, F. 126—130°. *Bis-chlorbenzylat*, F. 96 bis 98°. — *γ.γ'-Bis-[2-methylpyrrolidino]-*, $C_{22}H_{38}N_2O_4$, F. 60° (Butanol, Hexan), analog aus I u. 2-Methylpyrrolidin; 85%. *Dihydrochlorid*, F. 112—113°. *Bis-jodmethylat*, F. 176 bis 179°. — *γ.γ'-Bis-[hexamethylenimino]-*, $C_{24}H_{40}N_2O_4$, $Kp._3$ 283—287°, aus I u. Hexamethylenimin; $D._4^{20}$ 1,1082; n_D^{20} 1,5432; 77%. *Dihydrochlorid*, F. 143—145°. *Bis-jodmethylat*, F. 149—152°. *Bis-jodäthylat*, F. 130—132°. *Bis-chlorbenzylat*, F. 96—98°.

Helmut Schäfer. 1320

Untersuchungen auf dem Gebiet der Amine und ihrer Derivate. 4. Mitt. Synthese von Estern von Phenyl-, Benzyl- und p-Alkoxybenzylalkylaminoessigsäuren. A. L. Mndshojan, W. G. Afrikjan und A. A. Dochikjan. (Известия Академии Наук Армянской ССР, Химические Науки [Nachr. Akad. Wiss. ArmenSSR, chem. Wiss.] **11**, 357—62, 1958; russ., Auszug: armen.) — 3. vgl. vorvorst. Referat. — In Fortsetzung der vorst. referierten Arbeit werden durch Rk. von N-[p-Alkoxybenzyl]-alkylaminen mit Chloressigsäureäthylester (I) *N-[p-Alkoxybenzyl]-alkylaminoessigsäureäthylester* dargestellt. Die *N-[p-Alkoxybenzyl]-alkylamine* wurden durch Rk. der entsprechenden p-Alkoxybenzoylchloride mit Alkylaminen u. Red. der erhaltenen N-Alkyl-p-alkoxybenzamide mit $LiAlH_4$ gewonnen.

Versuche: Aminoessigsäureäthylester: *N-[p-Methoxybenzyl]-methyl-*, $Kp._3$ 140°, durch 6—8std. Erhitzen von 12,2 g I mit 15,1 g p-Methoxybenzylmethylamin in 50 ml abs. Bzl., Filtrieren, Extrahieren des Filtrats mit 10%ig. HCl, Alkalisieren u. Ausäthern; $D._4^{20}$ 1,0558; n_D^{20} 1,5180; 76,0% (Ausbeute). — Analog: *N-[p-Methoxybenzyl]-äthyl-*, $Kp._5$ 167°; $D._4^{20}$ 1,0429; n_D^{20} 1,5025; 80,0%. — *N-[p-Äthoxybenzyl]-methyl-*, $Kp._3$ 147—148°; $D._4^{20}$ 1,0394; n_D^{20} 1,5000; 68%. — *N-[p-Äthoxybenzyl]-äthyl-*, $Kp._5$ 165°; $D._4^{20}$ 1,0269; n_D^{20} 1,4975; 60,3%. — *N-[p-Propoxybenzyl]-methyl-*, $Kp._3$ 156°; $D._4^{20}$ 1,0177; n_D^{20} 1,4990; 70,2%. — *N-[p-Propoxybenzyl]-äthyl-*, $Kp._5$ 175°; $D._4^{20}$ 1,0103; n_D^{20} 1,4980; 72,0%. — *N-[p-Isopropoxybenzyl]-methyl-*, $Kp._3$ 150°; $D._4^{20}$ 1,0257; n_D^{20} 1,4970; 62,0%. — *N-[p-Isopropoxybenzyl]-äthyl-*, $Kp._5$ 170°; $D._4^{20}$ 1,0103; n_D^{20} 1,6020; 50,1%. — *N-[p-Butoxybenzyl]-methyl-*, $Kp._3$ 154°; $D._4^{20}$ 1,0177; n_D^{20} 1,4960; 60,8%. — *N-[p-Butoxybenzyl]-äthyl-*, $Kp._5$ 180°; $D._4^{20}$ 0,9817; n_D^{20} 1,5000; 60%. — *N-[p-Isobutoxybenzyl]-methyl-*, $Kp._3$ 160°; $D._4^{20}$ 1,0121; n_D^{20} 1,4950; 83,0%. — *N-[p-Isobutoxybenzyl]-äthyl-*, $Kp._5$ 174°; $D._4^{20}$ 0,9806; n_D^{20} 1,4550; 73,2%. — *N-Phenyl-N-methyl-*, $Kp._3$ 70°, analog vorst. Verbb.; $D._4^{20}$ 1,0675; n_D^{20} 1,5305; 50,0%. — *N-Phenyl-N-äthyl-*, $Kp._3$ 134°; $D._4^{20}$ 1,0362; n_D^{20} 1,5285; 60,0%. — *N-Benzyl-N-methyl-*, $Kp._3$ 112°; $D._4^{20}$ 1,0156; n_D^{20} 1,5000; 53,0%. — *N-Benzyl-N-äthyl-*, $Kp._3$ 130°; $D._4^{20}$ 0,9934; n_D^{20} 1,4940; 5,0%.

G. Froelich. 1350□

Untersuchungen auf dem Gebiet der Amine und ihrer Derivate. 5. Mitt. Hydrazide einiger p-Alkoxybenzylalkylaminoessigsäuren als mögliche antituberkulöse Mittel. A. L. Mndshojan, W. G. Afrikjan und A. N. Oganessjan. (Известия Академии Наук Армянской ССР, Химические Науки [Nachr. Akad. Wiss. ArmenSSR, chem. Wiss.] **11**, 363—68, 1958; russ., Auszug: armen.) — 4. vgl. vorst. Referat. — Als mögliche antituberkulöse Mittel werden einige *Hydrazide* von *N-[p-Alkoxybenzyl]-alkylaminoessigsäuren* u. ihre *Hydrochloride* dargestellt. Die Ergebnisse der pharmakolog. Unters. sollen gesondert veröffentlicht werden.

Versuche: Aminoessigsäurehydrazide: *N-[p-Methoxybenzyl]-methyl-*, $Kp._3$ 200°, durch 16std. Kochen von 0,04 Mol N-[p-Methoxybenzyl]-methylaminoessigsäureäthylester mit 0,05 Mol Hydrazinhydrat in 50 ml abs. A.; $D._4^{20}$ 1,1523; n_D^{20} 1,5550; 55,1% (Ausbeute). *Hydrochlorid*, F. 107°. — Analog: *N-[p-Methoxybenzyl]-äthyl-*, $Kp._3$ 208—209°; $D._4^{20}$ 1,1098; n_D^{20} 1,5390; 56%. *Hydrochlorid*, F. 116°. — *N-[p-Äthoxybenzyl]-methyl-*, $Kp._3$ 175°; $D._4^{20}$ 1,1085; n_D^{20} 1,5310; 50%. *Hydrochlorid*, F. 98°. — *N-[p-Äthoxybenzyl]-äthyl-*, $Kp._3$ 180°; $D._4^{20}$ 1,0662; n_D^{20} 1,5190; 50%. *Hydrochlorid*, F. 100°. — *N-[p-Propoxybenzyl]-methyl-*, $Kp._3$ 190°; $D._4^{20}$ 1,0851; n_D^{20} 1,5310; 45%. *Hydrochlorid*, F. 105°. — *N-[p-Propoxybenzyl]-äthyl-*, $Kp._3$ 205°; $D._4^{20}$ 1,0803; n_D^{20} 1,5340; 60%. *Hydrochlorid*, F. 115°. — *N-[p-Isopropoxybenzyl]-methyl-*, $Kp._3$ 180°, krist. beim Stehen; 44,5%. *Hydrochlorid*, F. 130°. — *N-[p-Isopropoxybenzyl]-äthyl-*, $Kp._6$ 210—212°; $D._4^{20}$ 1,0896; n_D^{20} 1,5290; 74,4%. *Hydrochlorid*, F. 127°. — *N-[p-Butoxybenzyl]-methyl-*, $Kp._3$ 203°, sehr viscos; 46%. *Hydrochlorid*, F. 75°. — *N-[p-Butoxybenzyl]-äthyl-*, $Kp._3$ 200°; $D._4^{20}$ 1,0550; n_D^{20} 1,5280; 59%. *Hydrochlorid*, F. 85°. — *N-[p-Isobutoxybenzyl]-methyl-*, $Kp._3$ 198°; $D._4^{20}$ 1,0606; n_D^{20} 1,5235; 47%. *Hydrochlorid*, F. 190°. — *N-[p-Isobutoxybenzyl]-äthyl-*, $Kp._3$ 212°; $D._4^{20}$ 1,0467; n_D^{20} 1,5245; 52,6%. *Hydrochlorid*, F. 129°. — *N-Phenyl-N-methyl-*, F. 97°; 83,9%. *Hydrochlorid*, stark hygroskopisch. — *N-Phenyl-*

N-äthyl-, F. 89°; 81,1%. *Hydrochlorid*, F. 137°. — *N-Benzyl-N-methyl-*, $Kp._3$ 170°; $D._4^{20}$ 1,1217; n_D^{20} 1,4515; 80%. *Hydrochlorid*, stark hygroskopisch. — *N-Benzyl-N-äthyl-*, $Kp._3$ 180°; $D._4^{20}$ 1,0861; n_D^{20} 1,5430; 50%. *Hydrochlorid*, F. 103°.
G. Froelich. 1350□

Fünfwertige Organophosphorverbindungen. B. D. Wilson. (Org. chem. Bull. **32**, Nr. 2, 1—6, 1960; engl.) — Übersicht über Phosphor-Ylide, ihre Darst., Stabilität u. Rkk. u. pentakovalente Phosphorverbindungen. — 33 Literaturangaben.
P. Golinske. 1380□

Eine neue Synthese von Acetylenen. 1. Mitt. S. T. D. Gough und S. Trippett. (J. chem. Soc. [London] **1962**, 2333—37, Juni; Leeds, Univ.; engl.) — Umsetzungen von Triphenylphosphin (I) bzw. substituierten Triphenylphosphoranen mit α-Halogencarbonyl- bzw. Säurehalogenid-Verbb. liefern *β-Ketoalkylidentriphenylphosphorane*, die bei 280° in *Acetylen-Verbb.* u. I-Oxid zerlegt werden. Die Pyrolyse gelingt nur, wenn die Acetylenbindung mit einem aromat. Kern, einer Ester- oder Nitrilgruppe konjugiert ist. Äthoxycarbonylmethylphosphonsäurediäthylester gibt mit Benzoylchlorid in Ggw. von Mg *α-Äthoxycarbonylphenacylphosphonsäurediäthylester*, dessen Pyrolyse aber *Triäthylphosphit* u. *Benzoesäureäthylester* u. nur wenig *Phenylpropiolsäureäthylester* lieferte. Diphenylphosphinigsäuremethylester gibt mit Benzylbromid *Benzyldiphenylphosphinoxid*, das mit Benzoylchlorid in Ggw. von n-Butyl-Li in *Diphenyl-α-phenylphenacylphosphinoxid* übergeführt wird, dessen Pyrolyse in Ggw. von K-tert.-Butylat bei 280—300° zu *Diphenylacetylen* führt.

Versuche: Triphenylphosphorane: *α-Acetylbenzyliden-* (V), F. 171° (wss. A.), durch Kochen von 49,2 g I u. 20 g α-Brombenzylmethylketon in Bzl. u. Behandeln des *Phosphoniumsalzes* [F. 251° (Chlf.-PAe.); 12 g (Ausbeute)] in A. mit verd. NaOH; 8,2 g. — *1-Propionylbutyliden-*, $C_{25}H_{27}OP$, F. 114° (Hexan), aus 20 g n-Butyltriphenylphosphoniumbromid in Ae. durch 1std. Rühren mit 1,4n Butyl-Li-Lsg., Zugabe zu Propionylchlorid in Ae., Extrahieren mit 2n HCl u. Alkalisieren; 4,1 g. — *1-Äthoxycarbonyl-2-oxopentyliden-* (IV), $C_{26}H_{27}O_3P$, F. 130—131° (wss. A.), aus 10 g Äthoxycarbonylmethylentriphenylphosphoran (II) u. Butyrylchlorid in Bzl., Stehenlassen über Nacht; 4 g; daneben 4,8 g *Äthoxycarbonylmethyltriphenylphosphoniumchlorid* (F. 90 bis 91°). — *1-Äthoxycarbonyl-2-oxopenten-(3)-yliden-* (VI), $C_{26}H_{25}O_3P$, F. 146—147° (wss. A.), aus II mit Crotonoylchlorid; 57%. — *1-Äthoxycarbonyl-2-oxoheptadien-(3.5)-yliden-* (VII), $C_{28}H_{27}O_3P$, F. 158—159° (wss. A.), aus II mit Sorboylchlorid; 74%. — *α-Cyanphenacyliden-* (VIII), $C_{27}H_{20}NOP$, F. 208° (wss. A.), aus 9,3 g Cyanmethylentriphenylphosphoran (III) u. Benzoylchlorid in Bzl., Stehenlassen über Nacht; 3,65 g; daneben 4,1 g *Cyanmethyltriphenylphosphoniumchlorid* (F. 278°). — *1-Cyan-2-oxopentyliden-* (IX), $C_{24}H_{22}NOP$, F. 177° (Äthylacetat-PAe.), aus III mit Butyrylchlorid; 81%. — *α-Äthoxycarbonylphenacyliden-* (X), $C_{29}H_{25}O_3P$, F. 142—143° (Äthylacetat), aus I in Bzl. durch Zutropfen von Cl_2 in CCl_4 bei 0° (10 Min.), dann von Triäthylamin u. Benzoylessigsäureäthylester u. Kochen (1 Std.); 77%. — *α-Äthoxycarbonylphenacylidendimethylphenylphosphoran* (XI), $C_{19}H_{21}O_3P$, F. 108—109° (Äthylacetat-PAe.), wie vorst. mit Dimethylphenylphosphin; 60%. — *Hexin-(2)-säureäthylester*, $C_8H_{12}O_2$, $Kp._{24}$ 93°, aus 3,32 g IV durch 1std. Erhitzen auf 280°/10 Torr; 0,87 g. — *Methylphenylacetylen*, $Kp._{15}$ 75°, wie vorst. a) aus V; 58%; b) aus α-Methylphenacylidentriphenylphosphoran; 55%. — *Hexen-(4)-in-(2)-säureäthylester*, $Kp._{13}$ 86°, aus VI; 87%. — *Octadien-(4.6)-in-(2)-säureäthylester*, aus VII; 21%. — *Phenylpropiolonitril*, F. 38,5—39°, aus VIII; 84%. — *Hexin-(2)-säurenitril*, C_6H_7N, $Kp._{11}$ 34—36°, aus IX; 60%. — *Tetrolsäure, Äthylester*, Kp. 165°, aus α-Äthoxycarbonylacetonylidentriphenylphosphoran; 91%. *Amid*, F. 148—149°. — *Phenylpropiolsäure, Äthylester*, $Kp._{15}$ 149°, a) aus X; 91%; b) aus XI; 17%. *Amid*, F. 99 bis 100° (W.). — *α-Äthoxycarbonylphenacylphosphonsäurediäthylester*, $C_{15}H_{21}O_6P$, $Kp._{0,3}$ 170—172°, aus Äthoxycarbonylmethylphosphonsäurediäthylester in A.-CCl_4 durch 1std. Erwärmen mit Mg, Zusatz von Ae., 2std. Kochen, Zusatz von Benzoylchlorid, 1std. Kochen, Stehenlassen bei Raum-Temp. über Nacht, Abkühlen auf 0° u. Zusatz von 25%ig. H_2SO_4; 56%. Pyrolyse von 19,1 g in Ggw. von wasserfreiem Na_2CO_3 bei 280°/10 Torr → 5,5 g *Triäthylphosphit* ($Kp._{13}$ 94—96°) u. 0,2 g vorst. Esters. — *Benzyldiphenylphosphinoxid*, F. 194—195° (wss. A.), aus Diphenylphosphinigsäuremethylester u. Benzylbromid in sd. Bzl. (2 Std.); 71%. — *Diphenyl-α-phenylphenacylphosphinoxid*, $C_{26}H_{21}O_2P$, F. 235—236° (wss. A.), aus vorst. Verb. u. äther. n-Butyl-Li (1 Std.) u. Kochen mit Benzoylchlorid (1 Std.); 86%. — *Diphenylacetylen*, F. 58,5—59°, aus vorst. Verb. u. K-tert.-Butylat in 1 Std. bei 280—300°/0,3 Torr; 64%. — Die IR-Maxima sind für die meisten dargestellten Phosphorane u. Acetylene angegeben. H. Gleinig. 1380□

Eine neue Synthese von Acetylenen. 2. Mitt. Die Reaktion von Triphenylphosphin mit α-Halogencarbonyl-Verbindungen. S. Trippett. (J. chem. Soc. [London] **1962**, 2337—40, Juni; engl.) — 1. vgl. vorst. Referat. — Umsetzung von Triphenylphosphin (I) mit 3-Brom-2.6-dimethylheptanon-(4) u. A. liefert *2.6-Dimethylheptanon-(4)*, *Triphenylphosphinoxid* (II) u. *Äthylbromid* (III), mit 2-Bromcyclohexanon *Cyclohexanon*. I gibt mit N-Bromsuccinimid III u. II. Analog liefert I mit Bromoxalessigsäurediäthylester u. A. *Oxalessigsäurediäthylester*, II u. III, mit Benzoylchloressigsäureäthylester in Ggw. von Propanol *Benzoylessigsäureäthylester*, II u. *n-Propylchlorid*, mit α-Chloracetessigsäureäthylester in Ggw. von A. *Acetessigsäureäthylester*, II u. *Äthylchlorid*. Umsetzung von II mit Chloral, Trichloressigsäureäthylester bzw. Trichloracetylchlorid gibt *Äthylchlorid*. Vff. diskutieren die Enthalogenierung über ein *Enolphosphoniumsalz*, das mit Alkoholen in Carbonyl-Verbb., II u. *Alkylhalogenide* gespalten wird.

Versuche: *2.6-Dimethylheptanon-(4)*, Kp. 165—168°, aus 26 g I u. 22 g 3-Brom-2.6-dimethylheptanon-(4) in sd. Bzl. (1 Std.), Kühlen u. Zusetzen von A.; 12,1 g (Ausbeute); daneben 27,5 g II [F. 156—157° (PAe.)] u. 8,8 g III. — *Cyclohexanon*, Kp. 153 bis 155°, wie vorst. mit 2-Bromcyclohexanon; 63%; daneben 95% II u. 52% III. — *Äthylbromid* (III), Kp. 38—40°, aus 39 g I u. N-Bromsuccinimid in Bzl., Stehenlassen bei Raum-Temp. (1 Std.) u. Zusetzen von A.; 11,5 g; daneben 42 g II durch Behandeln des Rückstands mit wss. NaOH. — *Oxalessigsäurediäthylester*, $Kp._{16}$ 117—120°, aus 25 g I in A. u. 25 g Bromoxalessigsäurediäthylester <40°; 12 g; daneben 27 g II u. 5,4 g III. — *Benzoylessigsäureäthylester*, $Kp._{10}$ 139—141°, aus 26 g I in Propanol u. Benzoylchloressigsäureäthylester durch 1std. Kochen; 14 g; daneben 27 g II; 4,6 g *n-Propylchlorid* (Kp. 45—47°). — *Acetessigsäureäthylester*, Kp. 178—181°, aus 26 g I in Bzl. u. α-Chloracetessigsäureäthylester durch 3std. Kochen, Kühlen u. Zusetzen von A.; 7,1 g; daneben 28,5 g II u. 4,1 g *Äthylchlorid*. — *Äthylchlorid*, Kp. 9—12°, a) aus 20 g I in Bzl. u. Chloral u. Zusatz von A.; 4,2 g; b) aus Trichloressigsäureäthylester wie a); 31%; c) aus Trichloracetylchlorid wie a); 62%. H. Gleinig. 1380□

Carboxylierung von Diphenylacetylen mit $Ni(CO)_4$ im alkalischen Medium. Heinz W. Sternberg, Raymond Markby und Irving Wender. (J. Amer. chem. Soc. **82**, 3638—40, 20/7. 1960; Bruceton, Pa., Branch of Coal-to-Oil Res., Div. of Solid Fuels Techn., Bur. of Mines; engl.) — Beim Versetzen von Diphenylacetylen (I) mit gesätt. methanol. NaOH u. einem Überschuß an $Ni(CO)_4$ entsteht *α-Phenyl-trans-zimtsäure* (II) u. *1.2.3.4-Tetraphenylbutadien* (III). Es wird gezeigt, daß aus dem $Ni(CO_4)$ in methanol. NaOH das Anion $[Ni_3(CO)_8]^{2-}$ entsteht, das mit o-Phenanthrolin $[Ni(o\text{-}phenanthrolin)_3][Ni_3(CO)_8]$ bildet. An das Anion lagert sich I an u. der Komplex dimerisiert zu III, bzw. wird zu II carboxyliert.

Versuche: *1.2.3.4-Tetraphenylbutadien* (III), $C_{28}H_{22}$, F. 183—183,5° (Methanol), a) durch Zugeben von 5 g I zu 18 g NaOH in 75 ml Methanol, Versetzen mit $Ni[CO]_4$ unter He u. 80std. Schütteln; 3,35 g (Ausbeute); daneben *α-Phenyl-trans-zimtsäure* (II; $C_{15}H_{12}O_2$, F. 173,5—174°, aus Methanol Nadeln; 1,55 g); b) durch 80std. Schütteln von 5 ml $Ni[CO]_4$ in gesätt. methanol. NaOH unter He, Zugeben von 5 g I u. 80std. Schütteln; neben 30,3% II 57,8%. W. Hampel. 1610□

Darstellung von Methylencyclobutanen. Pyrolyse der Oxide von Dimethylcyclobutylmethylaminen. Jean-Marie Conia und Jacques Gore. (C. R. hebd. Séances Acad. Sci. **254**, 3708—09, 21/5. 1962; Caen, Fac. des Sci.; franz.) — Cyclobutancarbonsäuren werden mit $SOCl_2$ u. Dimethylamin (I) in die entsprechenden *N.N-Dimethylcyclobutancarbonsäureamide* (**A**) übergeführt, die man mit $LiAlH_4$ zu *N.N-Dimethylcyclobutylmethylaminen* (**B**) reduziert. Umsetzung der **B** mit H_2O_2 führt zu den entsprechenden *Aminoxiden*, die man ohne Reinigung der Pyrolyse bei 160° unterwirft, wobei *Methylencyclobutane* erhalten werden. Aus Cyclobutancarbonsäure (II) entsteht auf diesem Wege über *N.N-Dimethylcyclobutancarbonsäureamid* (III) u. *N.N-Dimethylcyclobutylmethylamin* (IV) *Methylencyclobutan* (V). Entsprechende Rkk. werden mit 2-Methylcyclobutancarbonsäure (VI), 3-Methylcyclobutancarbonsäure (VII) u. 3.3-Dimethylcyclobutancarbonsäure (VIII) durchgeführt. Für die **A** u. **B** sind die Maxima der IR-Spektren angegeben.

Versuche: *N.N-Dimethylcyclobutancarbonsäureamid* (III), $C_7H_{13}NO$, $Kp._{20}$ 106°, durch Behandeln von II mit $SOCl_2$ u. Umsetzung des Rk.-Prod. mit I; n_D^{21} 1,4710; 75% (Ausbeute). — *N.N-Dimethylcyclobutylmethylamin* (IV), durch Red. von III mit $LiAlH_4$; 90%. — *Methylencyclobutan* (V), durch Rk. von IV mit H_2O_2 in CH_3OH u. Erhitzen des durch Einengen erhaltenen *Aminoxidhydrats* auf 160°; 95%. — *N.N-Dimethyl-2-methylcyclobutancarbonsäureamid*, $C_8H_{15}NO$, $Kp._{15}$ 108°, aus VI analog III; n_D^{22} 1,4672. — *N.N-Dimethyl-2-methylcyclobutylmethylamin*, $C_8H_{17}N$, $Kp._{760}$ 137°, aus vorst. Verb. analog IV; n_D^{24} 1,4375. — *2-Methylmethylencyclobutan*, aus vorst. Verb. analog V; 90%. — *N.N-Dimethyl-3-methylcyclobutancarbonsäureamid*, $C_8H_{15}NO$, $Kp._{14}$ 104°, aus VII analog III; n_D^{18} 1,4660. — *N.N-Dimethyl-3-methylcyclobutylmethylamin*,

$C_8H_{17}N$, Kp.$_{760}$ 139°, aus vorst. Verb. analog **IV**; n_D^{23} 1,4270. — *3-Methylmethylencyclobutan*, aus vorst. Verb. analog **V**. — *N.N-Dimethyl-3.3-dimethylcyclobutancarbonsäureamid*, $C_9H_{17}NO$, Kp.$_{18}$ 113°, aus **VIII** analog **III**; n_D^{22} 1,4562. — *N.N-Dimethyl-3.3-dimethylcyclobutylmethylamin*, $C_9H_{19}N$, Kp.$_{760}$ 147°, aus vorst. Verb. analog **IV**; n_D^{23} 1,4201. — *3.3-Dimethylmethylencyclobutan*, aus vorst. Verb. analog **V**. H. Gleinig. 1810□

Explosion durch Tropyliumperchlorat. P. G. Ferrini und A. Marxer. (Angew. Chem. **74**, 488—89, 21/7. 1962; Basel, Ciba Akt.-Ges., Forsch.-Labor., Pharmac. Abt.; dt.) — Nach dem normalen Verlauf von Rkk. mit 0,1 Mol Tropyliumperchlorat (I) wurden größere Mengen I (80 g) durch einen Pulvertrichter in einen Rundkolben gefüllt. Die im Pulvertrichter aufgehäufte Substanz sollte mit Hilfe eines Glasstabes durch den Hals des Trichters gedrückt werden. Bei der Berührung mit dem Glasstab (stat. Elektrizität?) detonierte I. P. Golinske. 1810□

Synthese von 1.2-Diacetylcyclanen. I. N. Nasarow und N. W. Kusnetzow. (Известия Академии Наук СССР, Отделение Химических Наук [Nachr. Akad. Wiss. UdSSR, Abt. chem. Wiss.] **1959**, **354**—55, Febr.; Zelinsky-Inst. für organ. Chem. der Akad. der Wiss. der UdSSR; russ.) — Aus Cycloketonen wurden durch Anlagerung von C_2H_2 u. nachfolgende Umlagerung *1-Acetylcyclene* (I) erhalten, die HCN unter Bldg. von *1-Cyan-2-acetylcyclanen* anlagern. Das so erhaltene *1-Cyan-2-acetylcyclopentan* (II) wurde bei 0° mit Methanol/HCl in *2-Acetylcyclopentan-1-carbonsäuremethylester* (**III**) umgewandelt. **III** wurde durch alkal. NaOCl-Lsg. zu *trans-Cyclopentan-1.2-dicarbonsäure* (**IV**) oxydiert. Analog wurden aus 1-Acetylcyclohexen *1-Cyan-2-acetylcyclohexan* u. *2-Acetylcyclohexan-1-carbonsäuremethylester* dargestellt. — **II** gibt mit Äthylenglykol in Ggw. von p-Toluolsulfonsäure leicht das entsprechende *Ketal*, das bei Rk. mit CH_3MgJ u. anschließender Hydrolyse in *1.2-Diacetylcyclopentan* (**V**) übergeht. **V** wird durch alkal. NaOCl-Lsg. zu **IV** oxydiert, analog gibt 1.2-Diacetylcyclohexan *Cyclohexan-1.2-dicarbonsäure*.

Versuche: *1-Cyan-2-acetylcyclopentan* (II), $C_8H_{11}NO$, Kp.$_{18}$ 138°, durch 2std. Kochen von 63 g 1-Acetylcyclopenten, 74 g Acetoncyanhydrin u. 3 g Na_2CO_3 in 150 ml wss. Methanol; n_D^{18} 1,4640; 60 g (Ausbeute). *2.4-Dinitrophenylhydrazon*, F. 110—111° (Methanol); rot. — *1-Cyan-2-acetylcyclohexan*, $C_9H_{13}NO$, Kp.$_{18}$ 158—161°, durch 3std. Kochen von 59 g 1-Acetylcyclohexen, 71 g Acetoncyanhydrin u. 4 g Na_2CO_3 in 150 ml 80%ig. wss. Methanol; n_D^{18} 1,4715; 48 g. *2.4-Dinitrophenylhydrazon*, F. 131—132° (Methanol). — *2-Acetylcyclopentan-1-carbonsäuremethylester* (**III**), $C_9H_{14}O_3$, Kp.$_{24}$ 124 bis 128°, man gibt 60 g **II** bei 0° langsam zu abs.-methanol. HCl u. läßt über Nacht stehen; n_D^{18} 1,4560; 40 g. *2.4-Dinitrophenylhydrazon*, F. 101—102° (wss. Methanol); gelb. — *trans-Cyclopentan-1.2-dicarbonsäure* (**IV**), F. 158—160° (W.); 0,9 g aus 2 g **III**. — *trans-Hexahydrophthalsäure*, F. 215—217°, durch Oxydation von 1-Cyan-2-acetylcyclohexan mit NaOCl in alkal. Lsg. bei 0°. — *1-Cyan-2-acetylcyclopentanäthylenketal* (**VI**), $C_{10}H_{15}NO_2$, Kp.$_{20}$ 151—158°, man erhitzt 27 g **II**, 0,05 g p-Toluolsulfonsäure, 60 ml Bzl. u. 15 g Äthylenglykol unter Abdestillieren des Rk.-Wassers; n_D^{17} 1,4720; 68%. — *1-Cyan-2-acetylcyclohexanäthylenketal* (**VII**), $C_{11}H_{17}NO_2$, Kp.$_{22}$ 168—171°, analog vorst. Verb.; n_D^{18} 1,4800; 75%. — *1.2-Diacetylcyclopentan* (**V**), $C_9H_{14}O_2$, Kp.$_{22}$ 136—141°, man gibt 18,3 g **VI** in 50 ml Bzl. zu CH_3MgJ (3 g Mg, 15 g CH_3J) in 50 ml Ae., kocht 1/2 Std., läßt über Nacht stehen u. gießt auf Eis u. 10%ig. H_2SO_4; n_D^{16} 1,4668; 10 g. *2.4-Dinitrophenylhydrazon*, F. 218—219° (Methanol). — *1.2-Diacetylcyclohexan*, $C_{10}H_{16}O_2$, Kp.$_{35}$ 173—176°, analog vorst. Verb. aus **VII**; n_D^{16} 1,4760; 45%. *2.4-Dinitrophenylhydrazon*, F. 178—179° (A.). Wolfgang Müller. 2020

Beitrag zur Untersuchung einiger Cyclohepten-(2)-ylderivate. Monique Mennrath und Michel Gauducheau. (C. R. hebd. Séances Acad. Sci. **252**, 1622—23, 13/3. 1961; Strasbourg, Labor. des Hydrocarbures; franz.) — Umsetzung von Cyclohepten (II) mit N-Bromsuccinimid (III) nach Ziegler u. Mitarbeitern (vgl. Liebigs Ann. Chem. **551**, [1942], 80) liefert *1-Bromcyclohepten-(2)* (I), *1.2-Dibromcycloheptan* u. *1.4-Dibromcyclohepten-(2)*. Debromierung von I mit Chinolin (**IV**) führt zu *Cycloheptadien-(1.3)*. Durch Rk. von I mit Na-Malonsäurediäthylester (**V**) entsteht *[Cyclohepten-(2)-yl]-malonsäurediäthylester*, der zur *Säure* verseift wird, die bei der Decarboxylierung *[Cyclohepten-(2)-yl]-essigsäure* ergibt.

Versuche: *1-Bromcyclohepten-(2)* (I), $C_7H_{11}Br$, Kp.$_{18,5}$ 83,5—85°, aus II (Kp.$_{760}$ 115°, D.$_4^{20}$ 0,8228, n_D^{20} 1,4552) u. III; D.$_4^{18}$ 1,3446, n_D^{18} 1,5302; hellgelbe Fl.; 45% (Ausbeute); daneben *1.2-Dibromcycloheptan* ($C_7H_{12}Br_2$, Kp.$_{18,5}$ 118—119°, D.$_4^{19}$ 1,6149, $n_D^{19,2}$ 1,5639; 10%) u. *1.4-Dibromcyclohepten-(2)* ($C_7H_{10}Br_2$, Kp.$_{18,5}$ 125—129°, n_D^{20} 1,5826; 2%). — *Cycloheptadien-(1.3)*, C_7H_{10}, Kp.$_{755}$ 119—120°, durch Kochen von I mit **IV**; D.$_4^{20}$ 0,8650, n_D^{20} 1,4992. — *[Cyclohepten-(2)-yl]-malonsäurediäthylester*, $C_{14}H_{22}O_4$, Kp.$_{13}$ 157°, aus I u. **V**; D.$_4^{19}$ 1,1366, $n_D^{17,4}$ 1,4675; 85%. — *[Cyclohepten-(2)-yl]-malonsäure*, $C_{10}H_{14}O_4$, F. 144° (Bzl.), aus vorst. Verb. durch Verseifung. — *[Cyclohepten-(2)-yl]-essigsäure*,

$C_9H_{14}O_2$, Kp.$_{15,3}$ 145°, durch Decarboxylierung vorst. Verb.; $D._4^{22.5}$ 1,0395, $n_D^{21.5}$ 1,4826. *Chlorid*, $C_9H_{13}ClO$, Kp.$_{16}$ 105°. *Amid*, $C_9H_{15}NO$, F. 130° (Bzl.–PAe.). H. Gleinig. 2020□

Zur thermischen Umwandlung von Benzaldehyd in trans-Stilben. R. Mayer und J. Morgenstern. (Z. Chem. **1**, 190, 1961; Dresden, TH, Inst. für organ. Chem.; dt.) — Benzaldehyd ergibt bei 4std. Erhitzen im Autoklaven auf 250—300° in Ggw. von Al_2O_3 in 10—12%ig. Ausbeute *trans-Stilben* (I), daneben werden *Benzoesäure* u. ca. 2% *2.3-Diphenylindon-(1)* [*Phenylhydrazon*, $C_{27}H_{20}N_2$, F. 177—179° (Eisessig). *2.4-Dinitrophenylhydrazon*, $C_{27}H_{18}N_4O_4$, F. 236—240°; rote Kristalle. *Oxim*, F. 252—254°] erhalten. Bei Umsetzung ohne Al_2O_3 wird hauptsächlich *Benzoesäurebenzylester*, aber kein I erhalten. W. Hampel. 2210□

Ringöffnung bei Hydrofuranen. Karl Freudenberg, Hans Wilk, Hans-Ulrich Leuck, Leo Knof und Tat Hang Fung. (Liebigs Ann. Chem. **630**, 1—9, 17/5. 1960; Heidelberg, Univ., Chem. Inst. u. Forschungsinst. für die Chemie des Holzes u. der Polysaccharide; dt.) — Nachst. 2-Phenylcumarane u. 2-Phenyltetrahydrofurane reagieren bei Einw. von Eisessig/Acetanhydrid in Ggw. einer katalyt. Menge $HClO_4$ unter Ringöffnung u. Aufnahme von einer oder zwei Acetylgruppen. 2-[3.4-Dimethoxyphenyl]-3-methyl-5-propyl-7-methoxycumaran (I) geht dabei in *1-[3.4-Dimethoxyphenyl]-2-[2-acetoxy-3-methoxy-5-(n-propyl)-phenyl]-propen* (II) über. **II** liefert nach Verseifung, Methylierung, Hydrierung u. Entmethylierung das bekannte *1-[3.4-Dihydroxyphenyl]-2-[2.3-dihydroxy-5-(n-propyl)-phenyl]-propan*. Durch Verseifung von **II** erhält man *1-[3.4-Dimethoxyphenyl]-2-[2-hydroxy-3-methoxy-5-(n-propyl)-phenyl]-propen* (**III**). Ringöffnung von 2-[3.4-Dimethoxyphenyl]-3-methyl-5-[n-propenyl]-7-methoxycumaran (**IV**) führt zu *1-[3.4-Dimethoxyphenyl]-2-{2-acetoxy-3-methoxy-5-[propen-(1)-yl-(1)]-phenyl}-propen-(1)*. 2-[3-Methoxy-4-acetoxyphenyl]-3-methyl-5-[n-propenyl]-7-methoxycumaran (**V**) geht durch Aufnahme von 2 Acetylgruppen mit mäßiger Ausbeute wahrscheinlich in *1-Acetoxy-1-[3-methoxy-4-acetoxyphenyl]-2-{2-acetoxy-3-methoxy-5-[propen-(1)-yl-(1)]-phenyl}-propan* über. Aus 2-[3-Methoxy-4-acetoxyphenyl]-3-methyl-5-propyl-7-methoxycumaran (**VI**) entsteht *1-Acetoxy-1-[3-methoxy-4-acetoxyphenyl]-2-[2-acetoxy-3-methoxy-5-(n-propyl)-phenyl]-propan* (**VII**), das offenbar als Gemisch zweier Racemate vorliegt. In Ggw. von weniger $HClO_4$ erhält man aus **VI** eine Verb., die erst nach Dest. im Hochvakuum krist. u. wahrscheinlich die Konstit. von *1-[3-Methoxy-4-acetoxyphenyl]-2-[2-acetoxy-3-methoxy-5-(n-propyl)-phenyl]-propen-(1)* besitzt. Der Verlauf vorst. Ringöffnungen wurde näher untersucht, indem die nach bestimmten Zeitabständen noch vorhandene Essigsäure- u. Acetanhydridmenge titrimetr. ermittelt wurde. Es zeigte sich, daß **IV** u. **I** sehr schnell 2 Acetylgruppen aufnehmen, später jedoch eine wieder abspalten. **V** u. **VI** nehmen langsamer 2 zusätzliche Acetylgruppen auf, die nicht wieder abgespalten werden. Wegen der Veränderung des Katalysators während der Rk. sind die Meßkurven nicht ganz einwandfrei. **VII** wird durch Einw. von $Ba(OH)_2$ in wss. Tetrahydrofuran bei Raum-Temp. in *2-[3-Methoxy-4-hydroxyphenyl]-3-methyl-5-propyl-7-methoxycumaran* (**IX**) übergeführt. Dagegen reagiert **VII** mit 1 Äquivalent Na-Methylat in Methanol bei Raum-Temp. unter Bldg. von *1-Methoxy-1-[3-methoxy-4-hydroxyphenyl]-2-[2-acetoxy-3-methoxy-5-(n-propyl)-phenyl]-propan* (**VIII**). Durch Acetylierung geht **VIII** in *1-Methoxy-1-[3-methoxy-4-acetoxyphenyl]-2-[2-acetoxy-3-methoxy-5-(n-propyl)-phenyl]-propan* über, während sich bei Behandlung von **VIII** mit warmer, methanol. Na-Methylat-Lsg. unter Ringschluß **IX** bildet. Ringaufspaltung wurde auch beim Pinoresinoldimethyläther (**X**) beobachtet, wobei je nach den Vers.-Bedingungen 1 oder 2 Acetylgruppen aufgenommen werden. Dieses Verh. ähnelt dem von **I**. Im Lignin ist mit dem Vorliegen von freien u. verätherten p-Hydroxyphenylcumaranen der Typen **I**, **IV** u. **IX**, ferner von Dehydrodiisoeugenol u. Dehydrodiconiferylalkohol (**XII**) sowie von Hydrofuranen, wie Pinoresinol (**XI**) u. **X**, zu rechnen, deren Mengenverhältnis unbekannt ist. Auf Grund der Verss. mit vorst. Modellsubstanzen nehmen die freien p-Hydroxy-Verbb. bzw. deren Acetate zwei Acetylgruppen auf, die entsprechenden Methyläther dagegen nur eine. Im Durchschnitt werden vermutlich 1,5 Acetylgruppen aufgenommen. Es ist jedoch zu berücksichtigen, daß außer den im Lignin auftretenden Gruppierungen von **XI** u. **XII** auch noch gewisse offene Äthergruppen von der Aufspaltung erfaßt werden können. An acetyliertem Lignin (2 Acetylgruppen pro Einheit) zeigte sich, daß etwa an jeder zweiten Einheit eine Ringöffnung erfolgt. Im „Milled wood"-Lignin u. im biosynthet. Lignin besitzt jede dritte Einheit eine aufspaltbare Äthergruppe, im lösl. Lignin nach Brauns tritt dagegen nur bei jeder 4.—5. Einheit eine Aufspaltung ein.

Versuche: Herst. des Katalysators durch allmähliche Zugabe von 40,4 g reinstem Acetanhydrid zu 10 g 20%ig. $HClO_4$ ($D.^{20}$ 1,125) unter geringer Kühlung. — *1-[3.4-Dimethoxyphenyl]-2-[2-acetoxy-3-methoxy-5-(n-propyl)-phenyl]-propen* (**II**), $C_{23}H_{28}O_5$, F. 138

bis 140° (Methanol), durch Zugabe von jeweils 2,5 cm³ Acetanhydrid/Eisessig (5:1) zu je 1 g I (F. 98°) in 5 Gläsern mit Schliffstopfen, Versetzen mit je 20 Tropfen des Katalysators, Schütteln, bis klare Lsg. vorliegt u. Stehen über Nacht; aus Cyclohexan Prismen; 1 g (Ausbeute). — *1-[3.4-Dimethoxyphenyl]-2-[2-hydroxy-3-methoxy-5-(n-propyl)-phenyl]-propen* (III), $C_{21}H_{26}O_4$, F. 122—124° (Cyclohexan), durch Zugabe einer methanol. Na-Methylat-Lsg. zur Lsg. von II in abs. Methanol u. 20std. Stehen bei Raum-Temp. unter N_2. — *1-[3.4-Dimethoxyphenyl]-2-{2-acetoxy-3-methoxy-5-[propen-(1)-yl-(1)]-phenyl}-propen-(1)*, $C_{23}H_{26}O_5$, F. 172° (Methanol u. Eisessig), aus IV wie bei der Darst. von II angegeben, jedoch mit 25 Tropfen der Katalysator-Lsg. u. 6std. Stehen bei 20°. — *1-Acetoxy-1-[3-methoxy-4-acetoxyphenyl]-2-{2-acetoxy-3-methoxy-5-[propen-(1)-yl-(1)]-phenyl}-propan*, $C_{26}H_{30}O_8$, F. 56° (Methanol), aus V wie vorst. (mit 20 Tropfen Katalysator-Lsg.); 45%. — *1-Acetoxy-1-[3-methoxy-4-acetoxyphenyl]-2-[2-acetoxy-3-methoxy-5-(n-propyl)-phenyl]-propan* (VII), $C_{26}H_{32}O_8$, F. 87—91° (Methanol), aus VI (F. 100—101°) analog II; 1 g. — *1-[3-Methoxy-4-acetoxyphenyl]-2-[2-acetoxy-3-methoxy-5-(n-propyl)-phenyl]-propen-(1)*, $C_{24}H_{28}O_6$, F. 99—100° (nach Absaugen bei —40° u. Waschen mit 50%ig. Methanol bei 0°), durch 1std. Einw. von 2,5 cm³ Acetanhydrid/Eisessig u. 10 Tropfen Katalysator auf 1 g VI bei 20°; 70%. — *1-Methoxy-1-[3-methoxy-4-hydroxyphenyl]-2-[2-acetoxy-3-methoxy-5-(n-propyl)-phenyl]-propan* (VIII), $C_{23}H_{30}O_6$, F. 113—114° (Methanol), durch Zugabe von 11 cm³ Na-Methylat-Lsg. (0,5 g Na in 100 cm³ Methanol) zur Lsg. von 1 g VII in abs. CH_3OH u. 4std. Stehen bei Raum-Temp. unter N_2; 100 mg. — *1-Methoxy-1-[3-methoxy-4-acetoxyphenyl]-2-[2-acetoxy-3-methoxy-5-(n-propyl)-phenyl]-propan*, $C_{25}H_{32}O_7$, F. 79—81° (Methanol), durch Einw. von Acetanhydrid/Pyridin auf VIII bei 50° über Nacht. — *2-[3-Methoxy-4-hydroxyphenyl]-3-methyl-5-propyl-7-methoxycumaran* (IX), $C_{20}H_{24}O_4$, F. 92—94° (wss. Methanol), a) durch Einw. von Na in Methanol auf VIII bei 50° über Nacht; b) durch Einw. einer gesätt., wss. $Ba(OH)_2$-Lsg. auf die Lsg. von VII in Tetrahydrofuran u. 3tägiges Schütteln der Mischung unter H_2. D. Holzner. 2260□

Alkylierung von Ketonen über das Zwischenprodukt des Natrium-tert.-amylats. 7. Mitt. Wechselwirkung zwischen Carbonylgruppe und Phenylresten bei in α-Stellung mono- oder polybenzylierten Ketonen nach Ausweis der Ultraviolettspektren. Jean-Marie Conia, Claude Névot und Pierre Gosselin. (Bull. Soc. chim. France **1959**, 1511—16, Okt.; Caen, Calvados, Fac. des Sci.; Paris, Ecole Norm. Supér., Labor. de Chim.; franz.) — 5. vgl. C. **1959**, 14372; 6. vgl. Bull. Soc. chim. France **1959**, 493; 8. vgl. C. **1962**, 7863. — Durch Umsetzung von Aceton, Acetophenon (V), Cyclohexanon (VIII) u. Cyclopentanon (X) mit Benzylbromid (II) u. Na-tert.-Amylat in Ae. oder Bzl. werden *α.α.α-Tribenzylaceton* (I), *ω-Benzylacetophenon* (III), *ω.ω-Dibenzylacetophenon* (IV), *ω.ω.ω-Tribenzylacetophenon* (VI), *2.2.6.6-Tetrabenzylcyclohexanon* (VII), *2.2-Dibenzylcyclopentanon* (IX) u. *2.2.5.5-Tetrabenzylcyclopentanon* (XI) dargestellt. Für I, III, IV, VI, VII, IX u. XI sind die IR-Absorptionsbanden angegeben. Die UV-Spektren von I, III, IV, VI, VII, IX u. XI, deren Maxima angegeben sind, werden ausführlich diskutiert u. mit den UV-Spektren bekannter, in α-Stellung zur CO-Gruppe mono- oder polybenzylierter gesätt. u. ungesätt. Ketone verglichen. Das UV-Spektrum von VII ist graph. wiedergegeben.

Versuche: *α.α.α-Tribenzylaceton* (I), $C_{24}H_{24}O$, F. 103—104° (Isopropyläther, A.), durch Einrühren von benzol. 2,1n Na-tert.-Amylat innerhalb von 2 Std. in die Lsg. von 15 g Aceton u. 141 g II in abs. Ae. bei 0°, 2std. Kochen, Waschen des Rk.-Gemisches mit verd. HCl, Dest. der organ. Phase im Vakuum u. Aufbewahren der Fraktion $Kp._{1}$ 205 bis 230° zur Kristallisation; 50 g (Ausbeute). *2.4-Dinitrophenylhydrazon*, $C_{30}H_{28}N_4O_4$, F. 181° (A.; gelbe Blättchen). — *ω-Benzylacetophenon* (III), F. 73° (A.; Cyclohexan), aus II, überschüssigem V u. Na-tert.-Amylat analog I u. Aufarbeitung der Fraktion $Kp._{17}$ 180—200°. — *ω.ω-Dibenzylacetophenon* (IV), F. 76° (A.), analog I aus berechneten Mengen II, V u. Na-tert.-Amylat u. Aufarbeitung der Fraktion $Kp._{16}$ 240—280°; 80%. *Oxim*, $C_{22}H_{21}NO$, F. 118° (Zers.). — *ω.ω.ω-Tribenzylacetophenon* (VI), $C_{29}H_{26}O$, F. 130° (wss. A.), aus berechneten Mengen IV, II u. Na-tert.-Amylat in Bzl. analog I; ca. 100%. — *2.2.6.6-Tetrabenzylcyclohexanon* (VII), F. 177,5° (Bzl.-A.), durch Einrühren von 2 Mol benzol. 1,4n Na-tert.-Amylat bei 0° in die Lsg. von 1 Mol VIII u. 2 Mol II in Bzl., 1std. Kochen, Abkühlen, Einrühren von je 1 Mol II u. Na-tert.-Amylat, 1std. Kochen, Abkühlen, nochmaliges Einrühren von je 1 Mol II u. Na-tert.-Amylat, 1std. Kochen u. Aufarbeitung analog I; 80%. — *2.2-Dibenzylcyclopentanon* (IX), $C_{19}H_{20}O$, F. 96° (Isopropyläther; A.), aus 42 g X, 206 g II u. der berechneten Menge Na-tert.-Amylat in Bzl. analog I u. Aufarbeitung der Fraktion $Kp._{15}$ 260—290°; 35 g. — *2.2.5.5-Tetrabenzylcyclopentanon* (XI), F. 167° (abs. A.), aus IX durch sukzessive Rk. mit je 2 Mol II u. Na-tert.-Amylat analog VII; 10 g. H. Furrer. 2360□

Synthese von Cyantriphenylmethan aus Hexaphenyläthan. C. W. Schimelpfenig. (J. org. Chemistry **26**, 4156—57, Okt. 1961; Denton, Tex., North Texas State Coll., Dep. of Chem.; engl.) — *α-Cyantriphenylmethan*, durch 10tägiges Rühren von 0,09 Mol Hexaphenyläthan u. 0,1 Mol $Hg(CN)_2$ in Bzl. bei Raum-Temp. unter N_2, Filtrieren, Extraktion mit W., Eindampfen der Bzl.-Phase, Extraktion des Rückstandes mit sd. A. u. fraktionierte Sublimation u. Kristallisation (A.); 15% (Ausbeute).

H. Krause. 2410□

Halogenmethylierte und stickstoffhaltige Derivate des 2-Hydroxy-4.5.4'.5'-tetramethoxybiphenyls. Elisabeth Matarasso-Tchiroukhine. (C. R. hebd. Séances Acad. Sci. **254**, 2354—56, 26/3. 1962; Paris, Sorbonne, Labor. de Chim. organ. II.; franz.) — Vf. stellt, ausgehend von 2-Hydroxy-4.5.4'.5'-tetramethoxybiphenyl (I) durch Halogenmethylierung die *3.2'-Dichlor-* u. *-Dijodmethyl-Derivv.* u. aus diesen durch Einw. von Pyridinbasen *quart. Salze* bzw. von Diäthylamin bzw. Morpholin *Aminophenole* dar.

Versuche: *2-Hydroxy-3.2'-bis-[chlormethyl]-4.5.4'.5'-tetramethoxybiphenyl*, $C_{18}H_{20}\cdot Cl_2O_5$, F. 168° (Bzl./Cyclohexan), durch Einw. von überschüssigem 40%ig. CH_2O auf eine gekühlte Lsg. von I in mit gasförmigem HCl gesätt., abs. Dioxan u. 1 std. Stehen bei Raum-Temp.; 30% (Ausbeute). — *2-Hydroxy-3.2'-bis-[jodmethyl]-4.5.4'.5'-tetramethoxybiphenyl*, $C_{18}H_{20}J_2O_5$, F. 193—194°, durch Einw. von Chlormethyläther auf I in Essigsäureanhydrid in Ggw. von HJ u. 15 std. Stehen bei Raum-Temp.; blaßgelbe Prismen aus CCl_4; 60%. — *3.2'-Bis-[pyridiniomethyl]-2-hydroxy-4.5.4'.5'-tetramethoxybiphenyldichlorid, Sesquihydrat*, $C_{28}H_{30}Cl_2N_2O_5\cdot 1\frac{1}{2}\,H_2O$, F. 170—171° (bei schnellem Erhitzen, Zers. ab 150°, A./Ae.), durch 10 Min. langes Erhitzen einer Lsg. vorst. Verbb. in überschüssigem Pyridin auf 100°; gelbe Kristalle; 50—60%. — *3.2'-Bis-[pyridiniomethyl]-2-hydroxy-4.5.4'.5'-tetramethoxybiphenyldijodid, Sesquihydrat*, $C_{28}H_{30}J_2N_2O_5\cdot 1\frac{1}{2}\,H_2O$, F. 163—165° (Trübung, Methanol/Ae.). — *3.2'-Bis-[isochinoliniomethyl]-2-hydroxy-4.5.4'.5'-tetramethoxybiphenyldichlorid, Sesquihydrat*, $C_{36}H_{34}Cl_2N_2O_5\cdot 1\frac{1}{2}\,H_2O$, F. 218—220° (bei schnellem Erhitzen; Zers. ab 210°; A./Ae.). — *3.2'-Bis-[isochinoliniomethyl]-2-hydroxy-4.5.4'.5'-tetramethoxybiphenyldijodid, Hydrat*, $C_{36}H_{34}J_2N_2O_5\cdot H_2O$, F. 138—240° (bei schnellem Erhitzen, Zers., Methanol). — *2-Hydroxy-3.2'-bis-[N-diäthylaminomethyl]-4.5.4'.5'-tetramethoxybiphenyl*, $C_{26}H_{40}N_2O_5$, F. 87—88°, durch Einw. obiger Halogenmethyl-Derivv. auf überschüssiges Diäthylamin unter Kochen; seidige Nadeln aus Methanol/W.; ca. 100%. *Dipikrat*, $C_{26}H_{40}N_2O_5\cdot 2\,C_6H_3N_3O_7$, F. 169—170° (95%ig. A., bei schnellem Erhitzen); gelb. — *2-Hydroxy-3.2'-bis-[N-morpholinomethyl]-4.5.4'.5'-tetramethoxybiphenyl*, $C_{26}H_{36}N_2O_7$, F. 120°, analog vorst. Verb. mit Morpholin bei 100°; zu Büscheln vereinigte Nadeln; ca. 100%. *Dipikrat*, $C_{26}H_{36}N_2O_7\cdot 2\,C_6H_3N_3O_7$, F. 124—126° (Trübung, Zers. bei weiterem Erhitzen).

Gerhard Müller/Bitterfeld. 2520□

Reaktion von Opiansäure mit Indandion-(1.3). L. Geita und G. Wanag. (Известия Академии Наук Латвийской ССР [Nachr. Akad. Wiss. LettSSR] **1961**, Nr. 5, 79—86; Inst. für organ. Synth. der Akad. der Wiss. der LettSSR; russ., Auszug: engl.) — Beim Zusammenschmelzen von Indandion-(1.3) (I) mit Opiansäure entsteht *3-[Indandion-(1.3)-yl-(2)]-6.7-dimethoxyphthalid* (II), im alkal. Medium *3.4-Dimethoxy-2-carboxyphenyl-bis-[indandion-(1.3)-yl-(2)]-methan* (III), das beim Erhitzen in Aceton oder A. leicht 1 Mol. Indandion abspaltet u. in II übergeht. III spaltet auch leicht 1 Mol. W. ab u. bildet *4.5-Dimethoxy-2-phthaloyl-1-[indandion-(1.3)-yl-(2)]-indanon-(3)* (IV). Bei der Bromierung u. Nitrierung von II entstehen die entsprechenden *2-Brom-* bzw. *2-Nitroindandion-(1.3)-yl-(2)-derivate*. Bei der Nitrierung von III bildet sich ein Prod., das als *3.3-Bis-[2-nitroindandion-(1.3)-yl-(2)]-6.7-dimethoxyphthalid* angesehen wird. Die UV-Spektren von II, III u. IV werden diskutiert.

Versuche: *3-[Indandion-(1.3)-yl-(2)]-6.7-dimethoxyphthalid* (II), $C_{19}H_{14}O_6$, F. 189 bis 190°, a) durch 15 Min. langes Erhitzen von I mit Opiansäure auf 140° u. Behandeln der Schmelze mit warmem Eisessig; 20% (Ausbeute); b) durch ½ std. Erhitzen von III in Methanol auf dem Wasserbad; 98,6%. *Addukt mit Chlf.*, $(C_{19}H_{14}O_6)_2\cdot CHCl_3$. — *3-[2-Bromindandion-(1.3)-yl-(2)]-6.7-dimethoxyphthalid*, $C_{19}H_{13}BrO_6$, F. 215° (Chlf.), a) durch 20 Min. langes Erhitzen von II u. Dioxandibromid in Chlf. auf dem Wasserbad, Filtrieren u. Versetzen mit Ae.; 75,2%; b) durch 1 std. Erhitzen von II mit Br_2 u. Aufarbeiten analog a); 81,3%. — *3-[2-Nitroindandion-(1.3)-yl-(2)]-6.7-dimethoxyphthalid*, $C_{19}H_{13}NO_8$, F. 258—260°, durch 1 std. Erhitzen von 2 g II u. 2 ml konz. HNO_3 in 20 ml Eisessig; aus Essigsäure blaßgelbe Kristalle; 0,7 g. — *3.4-Dimethoxy-2-carboxyphenyl-bis-[indandion-(1.3)-yl-(2)]-methan* (III), *Addukt mit Chlf.*; $C_{28}H_{20}O_8\cdot CHCl_3$, F. 144—145° (Chlf.), durch 1 tägiges Stehen von 5,6 g I mit 4 g Opiansäure in 40 ml 10%ig. KOH; 0,9—1,3 g. — *3.3-Bis-[2-nitroindandion-(1.3)-yl-(2)]-6.7-dimethoxyphthalid* (?), $C_{28}H_{16}N_2O_{12}$, F. 202° (Aceton),

durch 5 Min. langes Erhitzen von 3 g **III** mit 3 ml konz. HNO_3 in 15 ml Eisessig; 1 g. — *2-Nitroindandion-(1.3)*, *Anilinsalz*, $C_9H_5NO_4 \cdot C_6H_5NH_2$, F. 217—218° (A.), durch ¹/₄std. Erhitzen vorst. Verb. mit Anilin in Alkohol. — *4.5-Dimethoxy-2-phthaloyl-1-[indandion-(1.3)-yl-(2)]-indanon-(3)* (**IV**), $C_{28}H_{18}O_7$, F. 226—228°, a) durch Kochen von **III** in Eisessig; 74,4%; b) durch 1std. Erhitzen von **III** mit Acetanhydrid u. 1 Tropfen konz. H_2SO_4 auf dem Wasserbad; 73%. — *4.5-Dimethoxy-2-phthaloyl-1-[2-bromindandion-(1.3)-yl-(2)]-indanon-(3)*, $C_{28}H_{17}BrO_7$, F. 224° (Chlf.), a) durch 10 Min. langes Kochen von 1 g **III** mit 1,1 g Dioxandibromid in 5 ml Chlf.; 0,25 g; b) durch 10 Min. langes Kochen von 0,5 g **IV** u. 0,6 g Dioxandibromid in 5 ml Chlf.; 0,15 g. — *4.5-Dimethoxy-2-phthaloyl-1-[2-nitroindandion-(1.3)-yl-(2)]-indanon-(3)*, $C_{28}H_{17}NO_9$, F. 187—189°, a) durch 10 Min. langes Erhitzen von 2 g **III** u. 2 ml konz. HNO_3 in 10 ml Eisessig; 0,4 g; b) durch 15 Min. langes Erhitzen von 1 g **IV** mit 1 g konz. HNO_3 in 5 ml Eisessig; 0,25 g.
E. Höft. 2650□

Sterische Hinderung und Reaktionsfähigkeit organischer Verbindungen. 1. Mitt. Wanderung des Alkylsulfonylrestes in den Alkyl-[1-chlornaphthyl-(8)]-sulfonen. W. A. Koptjug, T. N. Gerassimowa und N. N. Woroshzow jun. (Журнал Общей Химии [J. allg. Chem.] **30** (92), 612—18, Febr. 1960; Moskau, Chem.-technol. Mendelejew-Inst.; russ.) — 8-Methylsulfonyl- (**I**) u. 8-Äthylsulfonyl-1-chlornaphthalin (**II**) erfahren beim Erhitzen mit konz. HCl auf 200° zu 40—70% Isomerisierung zu den *7-Alkylsulfonyl-1-chlornaphthalinen*; die Rk. ist nicht umkehrbar. 8-Benzylsulfonyl-1-chlornaphthalin wird unter gleichen Bedingungen zersetzt, 8-Methylsulfonyl-2-chlor-, 5-Methylsulfonyl-1-chlor- u. 1-Methylsulfonylnaphthalin (**IV**) bleiben unverändert. Der Mechanismus der Rk. wird diskutiert.

Versuche: Naphthaline, durch 3—5std. Kochen der Chlornaphthalinsulfinsäuren mit dem Alkylhalogenid in A. in Ggw. von $NaOC_2H_5$ u. Verdünnen mit W.; 42—88% (Ausbeute): *5-Methylsulfonyl-1-chlor-*, $C_{11}H_9ClO_2S$, F. 141—141,5°. — *8-Methylsulfonyl-1-chlor-* (**I**), $C_{11}H_9ClO_2S$, F. 126,5—127°. — *8-Methylsulfonyl-2-chlor-*, $C_{11}H_9ClO_2S$, F. 117,5—118°. — *8-Äthylsulfonyl-1-chlor-* (**II**), $C_{12}H_{11}ClO_2S$, F. 143—143,5°. — *8-Benzylsulfonyl-1-chlor-*, $C_{17}H_{13}ClO_2S$, F. 170,5—171°. — *7-Methylsulfonyl-1-chlor-* (**III**), $C_{11}H_9ClO_2S$, F. 160,5—161°, a) analog **I**; b) durch 5std. Erhitzen von **I** mit konz. HCl im Rohr auf 200°; 40%. — *7-Äthylsulfonyl-1-chlor-*, $C_{12}H_{11}ClO_2S$, F. 122—122,5°, a) analog **I**; b) durch 6std. Erhitzen von **II** mit konz. HCl im Rohr auf 220—230°; 66%. — *Äthyl-β-naphthylsulfon*, F. 42—44,5° (A.), durch katalyt. Hydrierung vorst. Verb.; 88%. — *Methyl-β-naphthylsulfon*, F. 141—141,5° (A.), durch katalyt. Hydrierung von **III**; 83,5%. — *Methyl-α-naphthylsulfon* (**IV**), F. 101—102°, analog **I**. — *Äthyl-α-naphthylsulfon*, F. 88,5—89°.
H.-E. Toussaint. 2700□

Synthese von β-Tetralon. N. Ss. Wulfsson und M. O. Iodko. (Органические Полупродукты и Красители, Сборник Статей [Org. Zwischenprodukte Farbstoffe, Samml. Aufsätzen] **2**, 143—45, 1961; russ.) — Aus β-[o-Carboxymethylphenyl]-propionsäure (**I**)-Anhydrid wird durch Erhitzen *β-Tetralon* erhalten.

Versuche: *β-[o-Carboxymethylphenyl]-propionsäure* (**I**), *Anhydrid*, $C_{11}H_{10}O_3$, man kocht 10,4 g **I** u. 23,5 g Acetylchlorid 16 Std., dampft ein u. erhitzt 8 Std. auf 100 bis 130°/15 mm; 8,46 g. — *β-Tetralon*, $Kp._{1,5-2}$ 92—95°, durch Dest. von 7,6 g **I**-Anhydrid bei 2 mm u. einer Bad-Temp. von 190°, zuletzt von 230°; n_D^{20} 1,5592; 46,2%. *Semicarbazon*, F. 189—190° (Zers.; A.).
Helmut Schäfer. 2700

Darstellung von 3-Keto-9-methyl- und 3-Keto-4.9-dimethyl-$\Delta^{4.5}$-hexahydronaphthalin. D. K. Banerjee und V. B. Angadi. (J. org. Chemistry **26**, 2988—89, Aug. 1961; Bangalore, Indian Inst. of Sci., Dep. of Organ. Chem.; engl.) — Die Darst. von *3-Keto-9-methyl-* u. *3-Keto-4.9-dimethyl-$\Delta^{4.5}$-hexahydronaphthalin* aus 3-Keto-9-methyl- (**I**) bzw. 3-Keto-4.9-dimethyl-Δ^4-oktahydronaphthalin (**II**) durch Dehydrierung mit Chloranil wird beschrieben.

Versuche: *3-Keto-9-methyl-$\Delta^{4.5}$-hexahydronaphthalin*, $Kp._1$ 110°, durch 3std. Kochen von **I** mit p-Toluolsulfonsäure u. Chloranil in tert.-Butylalkohol; n_D^{26} 1,5625; 55% (Ausbeute). *2.4-Dinitrophenylhydrazon* (*DNP*), F. 198°. — *3-Keto-4.9-dimethyl-$\Delta^{4.5}$-hexahydronaphthalin*, $Kp._1$ 105°, aus **II** analog vorst. Verb. in 10 Std.; n_D^{24} 1,5580; 45%. *DNP*, F. 214°. Die Verw. von Xylol an Stelle von tert.-Butylalkohol vermindert die Ausbeuten. Die Oxydation von **I** mit MnO_2 in Bzl. gibt nur eine Ausbeute von 20%.
H. G. Henkel. 2700□

Kontaktarylaminierung von β-Naphthol. Ss. W. Dobrowolski, R. M. Grisik, I. G. Kronitsch und I. I. Ioffe. (Органические Полупродукты и Красители, Сборник Статей [Org. Zwischenprodukte Farbstoffe, Samml. Aufsätzen] **2**, 148—50, 1961; russ.) — Beim Überleiten von Anilin mit β-Naphthol bei 320—375° über Al_2O_3,

Al-Silicat oder mit H_3PO_4 behandeltes Silicagel wird in 54—77%ig. Ausbeute, bezogen auf eingesetztes, u. 66—94%ig. Ausbeute, bezogen auf umgesetztes β-Naphthol, *Phenyl-β-naphthylamin* (F. 106—107°) erhalten. Ähnliche Ausbeuten werden auch bei mehrstd. Erhitzen von Anilin mit β-Naphthol (1,5:1) in Ggw. der vorst. aufgeführten Katalysatoren auf 205—210° erzielt. Helmut Schäfer. 2700

Anlagerung von Dialkylphosphiten an 1.5-Naphthylendiisocyanat. Je. W. Kusnetzow und M. I. Bachitow. (Доклады Академии Наук СССР [Ber. Akad. Wiss. UdSSR] **134**, 830—32, 1/10. 1960; Kasan, Chem.-technol. Kirow-Inst.; russ.) — 1.5-Naphthylendiisocyanat reagiert mit Dialkylphosphiten in Chlorbenzol in Ggw. von $NaOC_2H_5$ bei 100° unter Bldg. von 1.5-Naphthylen-bis-[carbamoylphosphonsäuredialkylestern]: *-dimethylester*], F. 185° (Zers.; Aceton); 80% (Ausbeute). — *-diäthylester*], F. 186—187° (Zers.; Aceton–A.); 85,7%. — *-di-n-propylester*], F. 186° (Zers.; Aceton–A.); 87%. — *-diisopropylester*], F. 184—185° (Zers.; Aceton–A.); 85%. — *-di-n-butylester*], F. 183—184° (Zers.; Dioxan–A.); 84%. — *-diisobutylester*], F. 180—181° (Dioxan–A.); 89%. — *-diisoamylester*], F. 174—175° (Aceton–A.); 90%. — *-diallylester*], F. 157—159° (A.); 95%. H.-E. Toussaint. 2700□

2.3.6.7-Tetrahydroxy-9.10-dimethyl-9.10-äthanoanthracen. E. Le Goff. (Angew. Chem. **74**, 490, 21/7. 1962; Pittsburgh, Pa., Mellon Inst.; dt.) — Die bei der Rk. von 1.2-Dihydroxybenzol mit Hexandion-(2.5) in 70%ig. H_2SO_4 entstandene weiße Substanz (II), die früher Niederl u. Nagel (J. Amer. chem. Soc. **62**, [1940], 3070) als 5.6.5'.6'-Tetrahydroxy-1.1'-dimethylindano-[2.3:3'.2']-indan formuliert wurde, wird auf Grund der Elementaranalyse, der Bldg. eines *Tetraacetyl-Deriv.* (I; F. 238—240°) u. der NMR-Spektren von **I** u. **II** als *2.3.6.7-Tetrahydroxy-9.10-dimethyl-9.10-äthanoanthracen* formuliert. P. Golinske. 2800□

Ozonolyse polycyclischer Aromaten. 7. Mitt. **Dibenz-[a;h]-anthracen.** Emil J. Moriconi, William F. O'Connor, William J. Schmitt, George W. Cogswell und Bruno P. Fürer. (J. Amer. chem. Soc. **82**, 3441—46, 5/7. 1960; New York, N. Y.; engl.) — 6. vgl. C. **1963**, 2065; 5. vgl. C. **1962**, 4150. — Bei der Ozonolyse von Dibenz-[a;h]-anthracen (I; F. 266—267°, aus Bzl. lange Plättchen) entsteht in inerten Lsgm. mit 1 Val O_3 in 61%ig. Ausbeute *5.6-Monoozonid* (**Ia**) bzw. mit 2 Val O_3 in 2%ig. Ausbeute dimeres *5.6;12.13-Diozonid* (**Ib**), in Methanol das monomere *Dimethoxyperoxid* (**II**) u. das polymere *Tetramethoxyperoxid* (**III**). Durch Oxydation von **Ia** u. **II** entsteht *2-[o-Carboxyphenyl]-phenanthrencarbonsäure-(3)* (**IV**), während aus **Ib** u. **III** *p-Terphenyl-2.2'.5'.2''-tetracarbonsäure* (**V**) gebildet wird. Durch Red. von **Ia** u. **II** bzw. **III** entsteht *2-[o-Formylphenyl]-phenanthren-3-aldehyd* bzw. *p-Terphenyl-2.2'.5'.2''-tetraaldehyd*. Aus dem *Methylester* (**VI**) von **IV**, dargestellt mit Diazomethan, entsteht durch Oxydation mit $K_2Cr_2O_7$ in konz. H_2SO_4 *2-[o-Carbomethoxyphenyl]-3-carbomethoxy-9.10-phenanthrenchinon* (**VII**), das durch weitere Oxydation **V** ergibt. IR-Spektren sind angegeben; Rk.-Mechanismen werden diskutiert.

Versuche (FF. korr.): *Dibenz-[a;h]-anthracen, 5.6-Ozonid* (**Ia**), F. 162—163° (Bzl./PAe.), durch Einleiten von 1 Val O_3 (3,4%ig. in O_2) in die Methylenchlorid (MC)-Lsg. von **I** bei —60 bis —70°, Eindampfen, Aufnehmen in Methyläthylketon u. Fällen mit PAe.; unstabil; 61% (Ausbeute). *Dimeres 5.6;12.13-Diozonid* (**Ib**), $C_{44}H_{28}O_{12}$, F. 134—136°, analog **Ia** durch Einw. von 2 Val O_3 auf **I**; 2%. *Polymeres Tetramethoxyperoxid* (**III**), $(C_{26}H_{26}O_8)_n$, F. 233—235°, a) durch Einw. von 2,14 Val O_3 auf **I** in MC u. Methanol bei —60°; 36%; b) analog a) in Chlf.–Methanol bei —50°; 36%; c) analog a) in CCl_4–Methanol bei —20°; 19%. — *5.8-Dihydro-5.8-dimethoxybenzo-[d]-phenanthro-[2.3:f]-1.2-dioxocin* (**II**), $C_{24}H_{20}O_4$, F. 203—204°, durch Einw. von 1 Val O_3 auf **I** in MC u. Methanol bei —60 bis —70°, Zugabe von Methanol, Einengen, Ae.-Zusatz u. Kühlen; 16%. — *2-[o-Carboxyphenyl]-phenanthrencarbonsäure-(3)* (**IV**), F. 317—318°, a) durch 1 std. Zusatz von 30%ig. H_2O_2 zu **Ia** in wss.-methanol. NaOH bei 0°, Kochen, Ansäuern bis pH 4,5, Filtrieren u. Ansäuern bis pH 2; 45%; b) durch Oxydation von **II** mit alkal. H_2O_2; 70%. *Dimethylester* (**VI**), $C_{24}H_{18}O_4$, F. 146,5—147,5°, aus **IV** mit Diazomethan in Methanol/Ae.; aus Methanol Rhomben; 50%. *Anhydrid*, $C_{22}H_{12}O_3$, F. 263—265°, durch Kochen von **IV** mit Acetanhydrid; Nadeln; 82%. — *2-[o-Formylphenyl]-phenanthren-3-aldehyd*, $C_{22}H_{14}O_2$, F. 157—158°, durch Ozonisieren von **I** analog **II**, Zugabe von NaJ u. Eisessig, ½ std. Stehen bei Zimmer-Temp. u. Ausschütteln mit Thiosulfat-Lsg.; aus 70%ig. A. Platten; 42%. — *p-Terphenyl-2.2'.5'.2''-tetracarbonsäure* (**V**), $C_{22}H_{14}O_8$, F. >360°, a) durch 20 Min. Rk. von **Ib** mit alkal. 30%ig. H_2O_2 in A., 40 Min. Kochen, Ansäuern u. Ausfrieren; 16%; b) analog a) aus **III**; 25%; c) analog a) aus **VII**; 22%; d) durch 2 std. Kochen von **VII** mit Na-Äthylat, Ansäuern u. Oxydieren mit alkal. $KMnO_4$-Lsg.; 55%. *Dihydrat*, $C_{22}H_{14}O_8 \cdot 2H_2O$, F. 318—319° (A.). *Tetramethylester*, $C_{26}H_{22}O_8$, F. 154,5—156°, aus **V** u. Diazomethan; aus Methanol Platten; 47%. — *p-Terphenyl-2.2'.5'.2''-tetraaldehyd*, $C_{22}H_{14}O_4$, F. >360°

(Methyläthylketon/PAe.), durch 6std. Kochen von **III** mit 50%ig. HJ u. Eisessig; 34%. — *2-[o-Carbomethoxyphenyl]-3-carbomethoxy-9,10-phenanthrenchinon* (**VII**), $C_{24}H_{16}O_6$, F. 207—209°, durch Oxydation von **VI** mit $K_2Cr_2O_7$ in H_2SO_4, Versetzen mit Eis, Reinigen über die *Bisulfit-Verb.* u. Chromatographie an Al_2O_3 in Bzl.; 66%.

W. Hampel. 2950□

Synthese von polyfluorierten Heterocyclen durch indirekte Fluorierung mit Silberfluoriden. 3. Mitt. Fluorpiperideine, Fluorpyrroline und Fluorpyrrolenin. Henri Ulrich, Ehrenfried Kober, Hansjuergen Schröder, Rudi Rätz und Christoph Grundmann. (J. org. Chemistry **27**, 2585—89, Juli 1962; Columbus, Ohio, State Univ., Res. Foundat.; engl.) — 2. vgl. J. org. Chemistry **27**, [1962], 2580. — Umsetzung von Hexafluorglutarimid (**IV**) mit PCl_5 liefert *2.2.6-Trichlor-3.3.4.4.5.5-hexafluor-Δ¹-piperidein* (**I**), mit $C_6H_5PCl_4$ **I** über *[6-Oxo-3.3.4.4.5.5-Hexafluor-Δ¹-piperideinyl-(2)-oxy]-tetrachlorphosphoran.* **I** gibt mit W. neben **IV** *2-Chlor-6-oxo-3.3.4.4.5.5-hexafluor-Δ¹-piperidein,* mit AgF *Perfluor-Δ¹-piperidein* (**VI**). Analog wird 2.2.3.3-Tetrafluorsuccinimid (**V**) zu *2.5.5-Trichlor-3.3.4.4-tetrafluor-Δ¹-pyrrolin* (**II**) umgesetzt. Das aus **V** u. PCl_5 erhältliche Gemisch von **II** u. $POCl_3$ läßt sich aber durch fraktionierte Dest. nicht trennen. Verss., $POCl_3$ zunächst zu hydrolysieren, gaben bei längerer Einw. von W. nur *Tetrafluorsuccinamidsäure,* bei kurzer Rk. **V** bzw. geringe Ausbeuten an **II**. Die Umsetzung des Gemisches mit Pb-Fluorid zur Überführung von $POCl_3$ in POF_3 setzt die Ausbeute an **II** herab. Fluorierung von **II** mit AgF_2/AgF_2 führt zu *Perfluor-Δ¹-pyrrolin.* Umsetzung von **I** mit NH_3 liefert *2-Amino-6-imino-3.3.4.4.5.5-hexafluor-Δ¹-piperidein,* das auch aus Hexafluorglutarsäuredinitril (**VII**) mit fl. NH_3 gewonnen wird. **I** gibt mit Anilin *2-Anilino-6-phenylimino-3.3.4.4.5.5-hexafluor-Δ¹-piperidein* (**III**), das mit W. in Methanol zu *2.2.3.3.4.4-Hexafluor-4-phenylamidinobutyranilid* bzw. sd. methanol. 2n HCl zu *2.2.3.3.4.4-Hexafluorglutaranilid* umgesetzt wird. Analog gibt **I** mit Dodecylamin (**VIII**) *2-Dodecylamino-6-dodecylimino-3.3.4.4.5.5-hexafluor-Δ¹-piperidein* u. mit N_2H_4 *2-Hydrazino-6-hydrazono-3.3.4.4.5.5-hexafluor-Δ¹-piperidein.* **I** liefert mit Hexandiamin-(1.2) (**IX**) eine polymere Verb., wahrscheinlich *Poly-[6-hexamethylenimino-3.3.4.4.5.5-hexafluor-Δ¹-piperideinyl-(2)-imin].* Umsetzung von **I** mit Piperidin (**X**), Morpholin (**XI**) bzw. $(C_2H_5)_2NH$ führt zu *2-Piperidino-, 2-Morpholino-* bzw. *2-Diäthylamino-6-oxo-3.3.4.4.5.5-hexafluor-Δ¹-piperidein.* **II** gibt mit fl. NH_3 *2-Amino-5-imino-3.3.4.4-tetrafluorpyrrolin* u. mit Anilin *2-Anilino-5-phenylimino-3.3.4.4-tetrafluor-Δ¹-pyrrolin,* das rasch zu *2.2.3.3-Tetrafluor-3-phenylamidinopropionanilid* hydrolysiert wird. Umsetzung von Pentachlorpyrrolenin (**XII**) mit AgF liefert *3.4-Dichlor-2.2.5-trifluorpyrrolenin.* **I**, **VI**, **II** u. **IX** sind, im Gegensatz zu den halogenfreien Stammkörpern, relativ stabil. Bei dem Vers., **I** mit Äthylenimin umzusetzen, wurde ein bei höherer Temp. sehr instabiles Öl erhalten.

Versuche: *2.6.6-Trichlor-3.3.4.4.5.5-hexafluor-Δ¹-piperidein* (**I**), $C_5Cl_3F_6N$, $Kp._{760}$ 135—136,5°, a) aus **IV** u. PCl_5 bei 150° (15 Std.); n_D^{22} 1,4109; 69% (Ausbeute); b) aus **IV** u. $C_6H_5 \cdot PCl_4$ durch 15std. Kochen; 95%. — *6-Oxo-3.3.4.4.5.5-hexafluor-Δ¹-piperideinyl-(2)-oxytetrachlorphosphoran,* $C_5Cl_4F_6NO_2P$, $Kp._4$ 101°, aus **IV** u. PCl_5 bei 130° (3/4 Std.); 17%; daneben 14 g eines Gemisches von **I** u. $POCl_3$. — *2-Chlor-6-oxo-3.3.4.4.5.5-hexafluor-Δ¹-piperidein,* C_5ClF_6NO, Kp. 111—112°, aus **I** u. $POCl_3$ in W. bei 60° (3 Std.), daneben **VI**. — *Perfluor-Δ¹-piperidein* (**VI**), C_5F_9N, Kp. 43°, aus **I** u. AgF-Pulver; n_D^{22} 1,2800; 71%. — *2.5.5-Trichlor-3.3.4.4-tetrafluor-Δ¹-pyrrolin* (**II**), $C_4Cl_3F_4N$, $Kp._{760}$ 112—114°, a) aus **V** u. PCl_5 durch 20std. Kochen u. Zusetzen von PbF_2; n_D^{25} 1,4098; 25%; b) aus **V** u. $C_6H_5 \cdot PCl_4$ durch 5std. Kochen; 91%. — *2.2.3.3-Tetrafluorsuccinamidsäure,* $C_4H_3F_4NO_3$, F. 148 bis 149° (Xylol), aus **II**, $POCl_3$ u. W. über **V** (F. 63—64°) durch Stehen über Nacht. — *Perfluor-Δ¹-pyrrolin,* C_4F_7N, Kp. 56—58°, aus 63 g **II** u. AgF/AgF_2; 6,3 g. — *2-Amino-6-imino-3.3.4.4.5.5-hexafluor-Δ¹-piperidein,* $C_5H_3F_6N_3$, F. 170—173°, a) durch Zutropfen von **I** zu fl. NH_3 bei —78° u. 3std. Stehen; 98%; b) aus **VII** u. fl. NH_3 bei —78°; 95%; c) aus 10 g **I** u. mit NH_3-Gas gesätt. Bzl.; 4,1 g; d) aus **I** u. 25%ig. NH_4OH bei —10°; 12,6%. — *2-Anilino-6-phenylimino-3.3.4.4.5.5-hexafluor-Δ¹-piperidein* (**III**), $C_{17}H_{11}F_6N_3$, F. 144 bis 146° (Ligroin), durch Zutropfen von **I** zu Anilin in kaltem Ae. u. 2std. Rühren bei Raum-Temp.; 62%. — *2.2.3.3.4.4-Hexafluor-4-phenylamidinobutyranilid,* $C_{17}H_{13}F_6N_3O$, F. 176 bis 177°, aus **III** in wss. Methanol; aus Methanol/Blättchen. — *2.2.3.3.4.4-Hexafluorglutaranilid,* $C_{17}H_{12}F_6N_2O_2$, F. 202—203° (A.), durch 5std. Kochen von **III** in sd. methanol. 2n HCl. — *2-Dodecylamino-6-dodecylimino-3.3.4.4.5.5-hexafluor-Δ¹-piperidein,* $C_{29}H_{51}F_6N_3$, F. 57—58° (Acetanhydrid), analog **III** aus **I** u. **VIII**; 83%. — *2-Hydrazino-6-hydrazono-3.3.4.4.5.5-hexafluor-Δ¹-piperidein,* $C_5H_5F_6N_5$, F. 161—172° (Zers)., aus **I** u. 94%ig. N_2H_4 in abs. A. unter Kühlung; 70%. — *Verb.* $(C_{11}H_{13}F_6N_3)_n$, F. 259° (Zers.; Acetanhydrid), aus **I** u. **IX** in Ae.; 45%. — *2-Piperidino-6-oxo-3.3.4.4.5.5-hexafluor-Δ¹-piperidein,* $C_{10}H_{10}F_6N_2O$, F. 68—69°, durch Zutropfen von **I** zu **X** in abs. Ae. unter Kühlen u. 2std. Rühren bei Raum-Temp.; aus Ligroin Nadeln; 99,3%. — *2-Morpholino-6-oxo-3.3.4.4.5.5-hexafluor-Δ¹-piperidein,* $C_9H_8F_6N_2O_2$, F. 127—129°, aus **I** u. **XI** analog vorst. Verb.; aus

Ligroin Nadeln. —*2-Diäthylamino-6-oxo-3.3.4.4.5.5-hexafluor-Δ¹-piperidein*, $C_9H_{10}F_6N_2O$, Kp.$_{11}$ 135—136°, aus **I** u. $(C_2H_5)_2NH$; hellgelbes Öl; 29%. — *2-Amino-5-imino-3.3.4.4-tetrafluorpyrrolin*, $C_4H_3F_4N_3$, aus 89 g **II** durch Zusetzen zu fl. NH_3 bei —80°; aus Aceton Nadeln; 12,2 g. — *2.2.3.3-Tetrafluor-3-phenylamidinopropionanilid*, $C_{16}H_{13}F_4N_3O$, F. 168°, aus Anilin in Ae. durch Zutropfen von 3 g **II** bei 0° u. Rühren; aus A./W. Nadeln; 1,5 g; daneben *Verb. vom F. 130—132°* (*2-Anilino-6-phenylimino-3.3.4.4-tetrafluor-Δ¹-pyrrolin?*). — *3.4-Dichlor-2.2.5-trifluorpyrrolenin*, $C_4Cl_2F_3N$, F. 107,5—108,5°, aus 112 g **XII** u. AgF bei 135° in 2 Std.; aus PAe. Nadeln; 44%; daneben 39,6 g *Dichlormaleinsäuredifluorid*, $C_4Cl_2F_2O_2$, Kp. 123—125°. H. Gleinig. 3000□

Synthese von polyfluorierten Heterocyclen durch indirekte Fluorierung mit Silberfluoriden. 4. Mitt. Fluorthiadiazole. Hansjuergen Schroeder, Rudi Rätz, Willi Schnabel, Henri Ulrich, Ehrenfried Kober und Christoph Grundmann. (J. org. Chemistry **27**, 2589—92; Juli 1962; engl.) — 3. vgl. vorst. Referat. — Die Rk. von 2.5-Dibrom-1.3.4-thiadiazol (**IX**) mit AgF führt zu *2-Brom-5-fluor-1.3.4-thiadiazol* (**X**), Zers.-Produkten u. *Diisocyantetrafluorid* $(F_2CN-)_2$, das auch aus Diisocyantetrabromid (**XI**) mit AgF (nicht aber mit SbF_3Cl_2) erhalten wird. 2.5-Difluor-1.3.4-thiadiazol wurde weder bei dieser Rk. noch bei Umsetzungen von **X** mit AgF oder AgF_2 erhalten; die Rkk. von **IX** mit SbF_3Cl_2 bzw. von diazotiertem 2.5-Diamino-1.3.4-thiadiazol mit abs. oder 48%ig. wss. HF ergaben nur Harze. Umsetzung von Chloracetamidinhydrochlorid (**VII**) mit Trichlormethansulfenylchlorid (**VIII**) gibt *3-Chlormethyl-5-chlor-1.2.4-thiadiazol* (**III**). *3-Trichlormethyl-5-chlor-1.2.4-thiadiazol* (**IV**) wird analog aus Trichloracetamidin (**I**)-Hydrochlorid bzw. aus **III** mit Cl_2 unter UV-Bestrahlung erhalten. *3-Trifluormethyl-5-chlor-1.2.4-thiadiazol* (**VI**) wird aus **IV** mit SbF_3Cl_2, *3-Heptafluorpropyl-5-chlor-1.2.4-thiadiazol* (**V**) wird aus Heptafluorbutyramidin (**II**)-Hydrochlorid u. **VIII** dargestellt. Mit AgF liefert **IV** *3-Dichlorfluormethyl-*, **VI** *3-Trifluormethyl-* u. **V** *3-Heptafluorpropyl-5-fluor-1.2.4-thiadiazol.* Umsetzung von **IV** mit $(C_2H_5)_2NH$ führt zu *3-Trichlormethyl-5-diäthylamino-1.2.4-thiadiazol.* Entsprechend werden *3-Trichlormethyl-5-dimethylamino-* u. *3-Trifluormethyl-5-dimethylamino-1.2.4-thiadiazol* dargestellt. *5-Alkoxy-1.2.4-thiadiazole* werden aus 5-Halogen-Verbb. mit Na-Alkoholaten synthetisiert. **I**-Hydrochlorid wird aus **I** u. HCl am besten in Ligroin dargestellt; in Ae. oder Bzl. konnten nur unreine Prodd. erhalten werden. Auch Heptafluorbutyramidinhydrochlorid konnte in äther. Lsg. nicht rein erhalten werden.

Versuche: *Diisocyantetrafluorid*, $C_2F_4N_2$, Kp.$_{760}$ 68—73°, a) aus **XI** u. AgF bei 60° (8 Std.); n_D^{25} 1,2950; 23% (Ausbeute); b) neben **X**; 1,2 g. — *2-Brom-5-fluor-1.3.4-thiadiazol* (**X**), C_2BrFN_2S, F. 76—77° (A.), aus 12,2 g **IX** u. AgF bei 110°; 16%. — *Trichloracetamidin* (**I**), *Hydrochlorid*, $C_2H_4Cl_4N_2$, F. 223° (Zers.), aus **I** u. HCl-Gas in Ligroin bei Raum-Temp.; 90%. — *Heptafluorbutyramidin* (**II**), *Hydrochlorid*, $C_4H_4ClF_7N$, F. 158°, aus **II** u. HCl-Gas in CH_2Cl_2; 91,5%. — 5-Chlor-1.2.4-thiadiazole: *3-Chlormethyl-* (**III**), $C_3H_2Cl_2N_2S$, Kp.$_1$ 58°, aus **VII** u. **VIII** in CH_2Cl_2 durch Zutropfen von verd. NaOH bei +4 bis +1°; n_D^{20} 1,5619; 51%. — *3-Trichlormethyl-* (**IV**), $C_3Cl_4N_2S$, Kp.$_{0,3}$ 73°, a) aus **I**-Hydrochlorid analog **III**; n_D^{21} 1,5720; 56%; b) aus **III** u. Cl_2 in CCl_4 bei 88° im UV-Licht; 90%. — *3-Heptafluorpropyl-* (**V**), $C_5ClF_7N_2S$, Kp.$_{100}$ 90°, analog **III** aus **II**-Hydrochlorid; n_D^{29} 1,3918; 51,5%. — *3-Trifluormethyl-* (**VI**), $C_3ClF_3N_2S$, Kp.$_{95}$ 67°, aus **IV** durch Zutropfen zu $SbF_3/SbCl_3/Cl_2$ (Swarts-Reagens) bei 150° u. 4std. Kochen; n_D^{28} 1,4348; 65%. — 5-Fluor-1.2.4-thiadiazole: *3-Dichlorfluormethyl-*, $C_3Cl_2F_2N_2S$, Kp.$_{100}$ 103°, aus **IV** u. AgF bei 140° (10 Min.); n_D^{24} 1,4840; 47%. — *3-Trifluormethyl-*, $C_3F_4N_2S$, Kp.$_{175}$ 56°, a) aus **VI** u. AgF durch 4std. Kochen; n_D^{31} 1,3860; 84%; b) aus vorst. Verb. u. AgF durch 24std. Kochen; 31%. — *3-Heptafluorpropyl-*, $C_5F_8N_3S$, Kp.$_{175}$ 82°, durch 6½std. Kochen von **V** u. AgF, Zusetzen von AgF_2 u. 2std. Kochen; n_D^{30} 1,3530; 73,5%. — 1.2.4-Thiadiazole: *3-Trichlormethyl-5-diäthylamino-*, $C_7H_{10}Cl_3N_3S$, F. 55° (PAe.), aus **IV** u. $(C_2H_5)_2NH$ in Bzl. bei 40° (½ Std.); 92%. — Analog: *3-Trichlormethyl-5-dimethylamino-*, $C_5H_6Cl_3N_3S$, F. 54°; 91%. — *3-Trifluormethyl-5-dimethylamino-*, $C_5H_6F_3 \cdot N_3S$, Kp.$_5$ 112°, F. 28°, aus **VI**; 90%. — *3-Trichlormethyl-5-äthoxy-*, $C_5H_5Cl_3N_2OS$, Kp.$_1$ 94,5°, aus **IV** u. C_2H_5ONa in abs. A. unter Rühren; n_D^{30} 1,5355; 83%. — Analog: *3-Trichlormethyl-5-pentafluorpropoxy-*, $C_6H_2Cl_3F_5N_2OS$, Kp.$_{760}$ 216°, Kp.$_1$ 82°; 78%. — *3-Trifluormethyl-5-äthoxy-*, $C_5H_5F_3N_2OS$, Kp.$_{100}$ 103°, aus **VI**, n_D^{35} 1,4177; 55%. — *3-Dichlorfluormethyl-5-äthoxy-*, $C_5H_5Cl_2FN_2OS$, Kp.$_{100}$ 161°, n_D^{27} 1,4973; 58%.

H. Gleinig. 3000□

Synthese von polyfluorierten Heterocyclen durch indirekte Fluorierung mit Silberfluoriden. 5. Mitt. Fluorthiophen. Henri Ulrich, Ehrenfried Kober, Rudi Rätz, Hansjuergen Schroeder und Christoph Grundmann. (J. org. Chemistry **27**, 2593—95, Juli 1962; engl.) — 4. vgl. vorst. Referat. — *Tetrachlorthiophen* (**I**) liefert mit AgF_2 *2.2.5.5-Tetrafluor-3.4-dichlorthiolen*, dessen Struktur aus dem NMR-Spektrum gefolgert wird; mit AgF (220°) u. HgF_2 reagiert **I** nicht. Umsetzung von 2.5-Bis-(dibrommethyl]-3.4-dibromthiophen (II) mit Cl_2 unter UV-Bestrahlung gibt *2.5-Bis-[trichlormethyl]-3.4-dichlor-* (**IV**), mit AgF *2.5-Bis-[difluormethyl]-3.4-dibromthiophen.* Dieses wird zu *2.5-Bis-[difluorchlormethyl]-3.4-dichlorthiophen* (**III**) chloriert. **III** gibt mit AgF *2.5-Bis-[trifluormethyl]-3.4-dichlorthiophen,* das mit AgF_2 zu *1.1.1.2.5.6.6.6-Oktafluor-3.4-dichlorhexadien-(2.4)* gespalten wird, u. das auch aus **IV** mit AgF erhalten wird. Tetrabromthiophen reagierte mit AgF (220°) u. HgF_2 nicht, mit AgF_2 unter Zers.; 2.5-Dimethyl-3.4-dichlor- bzw. -3.4-dibromthiophen reagierten ebenfalls nicht mit AgF.

Versuche: *Tetrabromthiophen,* aus 2.5-Dibromthiophen (**V**) u. Br_2; 100% (Ausbeute). — *Tetrachlorthiophen* (**I**), Kp. 232°, aus **V** durch Chlorierung in sd. CCl_4; n_D^{28} 1,5904; 80%. — *2.2.5.5-Tetrafluor-3.4-dichlorthiolen,* $C_4Cl_2F_4S$, Kp. 117—119°, aus **I** u. AgF_2 bei 0° u. Dest. über AgF_2; n_D^{31} 1,4269; 45%. — *2.5-Bis-[trichlormethyl]-3.4-dichlorthiophen* (**IV**), C_6Cl_8S, F. 83—86°, Kp.$_5$ 144—145°, aus **II** u. Cl_2 in sd. CCl_4 im UV-Licht (24 Std.). — *2.5-Bis-[difluormethyl]-3.4-dibromthiophen,* $C_6H_2Br_2F_4S$, F. 54—56°, Kp.$_{18}$ 113°, aus **II** u. AgF bei 107°; aus A./W. Blättchen; 81%. — *2.5-Bis-[difluorchlormethyl]-3.4-dichlorthiophen* (**III**), $C_6Cl_4F_4S$, F. 218—219°, aus vorst. Verb. u. Cl_2 in sd. CCl_4 im UV-Licht (5 Std.); n_D^{25} 1,5008; 89%. — *2.5-Bis-[trifluormethyl]-3.4-dichlorthiophen,* $C_6Cl_2F_6S$, Kp.$_{760}$ 173—174°, a) aus **III** u. AgF bei 150°; n_D^{27} 1,4438; 54%; b) aus **IV** u. AgF; 43%. — *1.1.1.2.5.6.6.6-Oktafluor-2.4-dichlorhexadien-(2.4),* $C_6Cl_2F_8$, Kp. 122—124°, aus vorst. Verb. u. AgF_2 bei 130° (einige Min.); n_D^{21} 1,3558; 33%. H. Gleinig. 3000□

Synthese und Polymerisation von 3.3-Bis-[chlormethyl]-oxacyclobutan. M. Legotzki, M. Markowitsch, I. Pentschek und Ss. Pentschek. (Журнал Прикладной Химии [J. angew. Chem.] **34,** 640—44, März 1961; Warschau, Inst. für Plastmassen; russ.) — Pentaerythrittetraacetat (**I**) wird mit HCl in *β.β.β-Tris-[chlormethyl]-äthylacetat* übergeführt, das zu *β.β.β-Tris-[chlormethyl]-äthanol* verseift u. dann zu *1-Oxa-3.3-bis-[chlormethyl]-cyclobutan* (**II**) cyclisiert wird. **II** läßt sich in SO_2 in Ggw. von BF_3 in ein *hochmol. Polymeres* überführen.

Versuche: *Pentaerythrittetraacetat* (**I**), man erhitzt 544 g Pentaerythrit u. 1440 g Eisessig in Ggw. des Kationenaustauschers MK_3 auf 118—155° u. dampft ein; der Rückstand enthält 3—5% Essigsäure u. 93—95% **I**. — *β.β.β-Tris-[chlormethyl]-äthylacetat,* Kp.$_6$ 122—123°, durch 20—25std. Einleiten von HCl in vorst. Verb. u. 3% $AlCl_3$ bei 195° (ca. 20 ml/Std. u. g); 85—90% (Ausbeute). — *β.β.β-Tris-[chlormethyl]-äthanol,* durch 20std. Kochen von 1400 g vorst. Verb. u. 1400 g A. mit 0,5% p-Toluolsulfonsäure unter langsamem Abdestillieren von A.–Äthylacetat; 90—95%. Überführung in **II** nach Koton u. Mitarbeitern (C. **1961,** 10207). Helmut Schäfer. 3040

Thermische Alkylierung von Tetrahydrosilvan mit Äthylen. N. I. Schuikin und B. L. Lebedew. (Известия Академии Наук СССР, Отделение Химических Наук [Nachr. Akad. Wiss. UdSSR, Abt. chem. Wiss.] **1961,** 2195—98, Dez.; Zelinsky-Inst. für org. Chem. der Akad. der Wiss. der UdSSR; russ.) — Tetrahydrosilvan (**I**) wird bei 325 bis 375° u. 10—50 at Äthylendruck zu *2-Methyl-5-äthyltetrahydrofuran* (**II**; $C_7H_{14}O$, Kp. 117,5—118°, $D._4^{20}$ 0,8440, n_D^{20} 1,4168) alkyliert. Daneben wird **I** zu *Pentanon-(2)* (**III**; Kp. 99—100°, $D._4^{20}$ 0,8130, n_D^{20} 1,3910) isomerisiert. Neben **II** u. **III** wird in größerer Menge ein *Polyalkylat* erhalten. **II** läßt sich zu *Heptanon-(3)* (Kp. 147,5—149°, $D._4^{20}$ 0,8205, n_D^{20} 1.4143; *Semicarbazon,* F. 104,5—105,5°) isomerisieren. Bei z. B. 350°/50 at Äthylendruck wird **I** in 1½ Std. zu 17,8% umgewandelt. Das Katalysat enthält 3,7% **III**, 2,6% **II** u. 19,6% *Polyalkylat.* Helmut Schäfer. 3061

Synthese von 4-Hydroxymethylen-2.2.5.5-tetraalkylfuranidonen-(3). I. K. Korobitzyna, T. A. Ssewerina und Ju. K. Jurjew. (Журнал Общей Химии [J. allg. Chem.] **29** (**91**), 1960—64, Juni 1959; Moskau, Univ., russ.) — Durch Kondens. der entsprechenden 2.2.5.5-Tetraalkyl-3-oxotetrahydrofurane mit Ameisensäureäthylester in abs. Ae. in Ggw. von Na werden *4-Hydroxymethylen-2.2.5.5-tetramethyl-* (**I**), *4-Hydroxymethylen-2.5-dimethyl-2.5-diäthyl-* (**II**), *4-Hydroxymethylen-2.2;5.5-bis-tetramethylen-* (**III**) u. *4-Hydroxymethylen-2.2;5.5-bis-pentamethylen-3-oxotetrahydrofuran* (**IV**), dargestellt, die mit $FeCl_3$ eine kirschrote Färbung geben u. leicht zersetzlich sind. Mit Cu-Acetat geben **I**—**IV** grüne Salze, die im UV-Absorptionsspektrum die für Cu-Salze von β-Dicarbonyl-Verbb. charakterist. Linien aufweisen. Es liegt somit Keto–Enol-Tautomerie vor, wie auch die Möglichkeit der Darst. sowohl von *O-Benzoyl-* als auch von *C-Benzoyl-Derivv.* in 4-Stellung des Furanringes beweist. Durch Br-Titration in methanol. Lsg. bei —10° wird der Enol-Geh. für **I**—**IV** zu 65,7, 81,5, 86,5 bzw. 91,2% ermittelt.

Versuche: 3-Oxotetrahydrofurane: *4-Hydroxymethylen-2.2.5.5-tetramethyl-*(**I**), $C_9H_{14}O_3$, F. 73—74° (PAe.), Kp.$_{11}$ 71—73°, durch 4std. Rühren von 0,2 g-Atom Na in 150 ml abs. Ae. mit einem Gemisch von 0,2 Mol 2.2.5.5-Tetramethyl-3-oxotetrahydrofuran u. 0,25 Mol Ameisensäureäthylester, Stehenlassen über Nacht u. Zers. des gebildeten Na-Salzes mit 30%ig. Essigsäure; 53% (Ausbeute). — *4-Benzoyloxymethylen-*

2.2.5.5-tetramethyl- (**V**), $C_{16}H_{18}O_4$, F. 97—98° (A.), aus 0,01 Mol **I** in 5 ml Pyridin durch Zugabe von 0,001 Mol Benzoylchlorid; 73%. — *4-Formyl-4-benzoyl-2.2.5.5-tetramethyl-*(**VI**), $C_{16}H_{18}O_4$, F. 82—84° (A.), durch Auflösen von 0,046 Mol Na in einer Lsg. von 0,046 Mol **I** in 40 ml abs. Ae. u. 3std. Erhitzen mit 0,046 Mol Benzoylchlorid; 90,5%. — *4-Hydroxymethylen-2.5-dimethyl-2.5-diäthyl-* (**II**), $C_{11}H_{18}O_3$, F. 57—58° (PAe.), analog **I**, aber 6std. Rühren u. 0,3 Mol Ameisensäureäthylester; 66%. — *4-Formyl-4-benzoyl-2.5-dimethyl-2.5-diäthyl-*, $C_{18}H_{22}O_4$, F. 73,5—74,5° (Methanol), a) analog **V**; 100%; b) analog **VI**. — *4-Hydroxymethylen-2.2;5.5-bis-tetramethylen-* (**III**), $C_{13}H_{18}O_3$, F. 103—104° (PAe.), analog **II**; 58,5%. — *4-Benzoyloxymethylen-2.2;5.5-bis-tetramethylen-*, $C_{20}H_{22}O_4$, F. 110—111° (A.), analog **V**; 92%. — *4-Formyl-4-benzoyl-2.2;5.5-bis-tetramethylen-*, $C_{20}H_{22}O_4$, F. 92—94° (A.), analog **VI** mit 6std. Erhitzen; 60%. — *4-Hydroxymethylen-2.2;5.5-bis-pentamethylen-* (**IV**), $C_{15}H_{22}O_3$, F. 96—97° (PAe.), analog **II**; 56%. — *4-Benzoyloxymethylen-2.2;5.5-bis-pentamethylen-*, $C_{22}H_{26}O_4$, F. 137—138° (A.), analog **V**; 85,5%. — *4-Formyl-4-benzoyl-2.2;5.5-bis-pentamethylen-*, $C_{22}H_{26}O_4$, F. 101—103° (wss. A.), analog **VI**; 70,5%.

B. Celms. 3061

Untersuchungen mit Furanen. 1. Mitt. Die Synthese von Furanen mit einer β-Methylcrotonoyl-Seitenkette. P. A. Finan und G. A. Fothergill. (J. chem. Soc. [London] **1962**, 2262—66, Juni; Sheffield, Univ.; engl.) — Furfurol (**IV**) reagiert mit 2-Methylpropenyl–MgBr (**I**) zu *1-[Furyl-(2)]-3-methylbuten-(2)-ol-(1)* (**II**). Die Oxydation von **II** mit aktiviertem MnO_2 führt zu *2-β-Methylcrotonoylfuran* (**V**), das auch durch Rk. von Furan (**VI**) mit β-Methylcrotonoylchlorid (**VII**) in Ggw. von BF_3/Ae. oder $ZnCl_2$ erhalten wird. Analog werden das *5-Methyl-Deriv.* von **V** aus 5-Methylfurfurol (**IX**) bzw. 2-Methylfuran (**X**) u. das *3-Methyl-Deriv.* (*Naginataketon*) von **V** aus 3-Methylfuran (**XI**) dargestellt. 4-Methylfurfurol ließ sich mit **I** bzw. C_2H_5MgBr nicht umsetzen. Verss., **V** durch Rk. von Li-α-Furoat u. 2-Methylpropenylbromid oder von α-Furoylchlorid (**XII**) u. 2-Methylpropenyl-Li (**XIII**) darzustellen, waren erfolglos. Bei der Rk. von **XII** mit **I** wurde beim Aufarbeiten mit NH_4Cl neben **II** lediglich *α-Furamid* (**VIII**) isoliert. Auch **VIII** reagierte mit **I** nicht zu **V**; es wurden nur geringe Mengen an **II** isoliert.

Versuche: *α-Furoesäure* (**III**), *Li-Salz*, $C_5H_3LiO_3$, F. 304—305°, aus **III** u. Li_2CO_3 in W. auf dem Dampfbad; aus A. Nadeln. *Amid* (**VIII**), F. 142°, durch Zugabe von **I** zu **XII** in Tetrahydrofuran (THF) bei —60°, 1std. Rühren bei —40° u. Behandeln mit gesätt. NH_4-Acetat-Lsg.; 50% (Ausbeute). — *1-[Furyl-(2)]-3-methylbuten-(2)-ol-(1)* (**II**), $C_9H_{12}O_2$, Kp.$_{0,1}$ 69°, aus **IV** u. **I** in THF bei 0°, durch 1std. Kochen u. Behandeln mit W.; n_D^{25} 0,4997; gelbes Öl; 60%. — *2-β-Methylcrotonoylfuran* (**V**), $C_9H_{10}O_2$, Kp.$_{0,7}$ 61°, Kp.$_{0,04}$ 47—48°, a) aus **II** u. aktiviertem MnO_2 in PAe. bei Raum-Temp. (6 Std.); n_D^{25} 1,5440; hellgelbes Öl; 50%; b) durch Zugabe von BF_3 in Ae. zu **VI** u. **VII** bei 0°, 1std. Schütteln u. Stehen bei Raum-Temp., Zusetzen von W., Extraktion mit Ae., Einengen u. Chromatographie an Al_2O_3 mit PAe.; n_D^{25} 1,5462; 40%; c) analog b) in Ggw. von $ZnCl_2$ auf dem Dampfbad (1 Std.); 40%. *2.4-Dinitrophenylhydrazon, Isomeres A*, $C_{15}H_{14}N_4O$, F. 180°, aus Äthylacetat/Methanol orangefarbene Nadeln; *Isomeres B, F. 161°*, aus Äthylacetat/Methanol rote Nadeln. — *3-Methyl-1-[5-methylfuryl-(2)]-buten-(2)-ol-(1)*, $C_{10}H_{14}O_2$, Kp.$_{0,01}$ 61°, a) durch Zugabe von **IX** (Kp.$_{20}$ 86—87°; n_D^{25} 1,5250) zu **I** in THF bei 0°, Rühren über Nacht bei Raum-Temp. u. Behandeln mit NH_4Cl-Lsg.; n_D^{25} 1,5101; hellgelbes Öl; 55%; b) aus **IX** u. **XIII** in Ae. durch Rühren über Nacht bei Raum-Temp. u. Zusetzen von NH_4-Acetat, n_D^{25} 1,5070; 8,5%. — *5-Methyl-2β-methylcrotonoylfuran*, $C_{10}H_{12}O_2$, F. 48°, Kp.$_{0,2}$ 74°, a) aus vorst. Verb. durch MnO_2-Oxydation in PAe. bei Raum-Temp. (36 Std.); blaßgelbe Nadeln; 54%; b) aus **VII** u. **X** in Ggw. von BF_3 in Ae. (1 Std.); 46%. *2.4-Dinitrophenylhydrazon*, $C_{16}H_{16}N_4O_5$, F. 143°; aus Äthylacetat/Methanol rote Nadeln. — *1-[5-Methylfuryl-(2)]-propanol-(1)*, $C_8H_{12}O_2$, Kp.$_{0,3}$ 49—50°, aus **IX** u. C_2H_5MgBr in sd. THF (1 Std.); n_D^{25} 1,4789; 76%. *Acetat*, $C_{10}H_{14}O_3$, Kp.$_{20}$ 109—110°; n_D^{25} 1,4667; 63%. — *3-Methyl-2-β-methylcrotonoylfuran* (*Naginataketon*), $C_{10}H_{12}O_2$, Kp.$_{0,2}$ 52°, aus **VII** u. **XI** in Ggw. von BF_3 in Ae. (1 Std.); n_D^{25} 1,5397; blaßgelbes Öl; 40%. *4-Phenylsemicarbazon*, F. 117°. *2.4-Dinitrophenylhydrazon*, $C_{16}H_{16}N_4O_5$, F. 151°, aus Äthylacetat/Methanol rote Nadeln. — IR- u. UV-Spektren sind für einen Teil der Verbb. angegeben.

H. Gleinig. 3061□

Synthese und antifungicide Untersuchungen einiger Benzofuranverbindungen. Foo Pan und Gail A. Wiese. (J. Amer. pharmac. Assoc., sci. Edit. **49**, 259—64, Mai 1960; Iowa City, Iowa, State Univ., Coll. of Pharmacy; engl.) — Eine verbesserte Synth. von *Benzofuran-2-aldehyd* u. *2-Methylbenzofuran-3-aldehyd* u. die Darst. von 23 neuen Derivv. werden beschrieben. Sie werden untersucht hinsichtlich ihrer Wrkg. gegen 3 pathogene Pilze. Einige dieser Verbb. zeigen in vitro eine beträchtliche antifungicide Aktivität. Die Beziehungen zwischen Aktivität u. Struktur werden auf der Grundlage der erhaltenen Ergebnisse diskutiert.

Versuche: *2-Formylbenzofuran*, Kp.$_1$ 90—93°, durch Zugabe von $POCl_3$ zu Benzofuran u. N.N-Dimethylformamid bei < 50°, mehrstd. Stehen bei Raum-Temp., Erwärmen auf 95°, 9std. Stehen bei 93 ± 2°, mehrstd. Stehen, Gießen auf Eis/W., Extrahieren mit Ae., Schütteln der Ae.-Lsg. mit $NaHSO_3$, Filtrieren u. Zers. der Additions-Verb.; n_D^{20} 1,6334; 67—71% (Ausbeute). *p-Nitrophenylhydrazon*, F. 213—214°; aus verd. A. bräunlichrote Nadeln; 73%. *Oxim*, F. 131—132°; aus verd. A. Nadeln; 80%. *Isonicotinoylhydrazon*, F. 200—202°, aus dem Aldehyd u. Isonicotinoylhydrazin in A. durch 3 Min. langes Kochen; aus A. Prismen; 71%. — N-[Benzofurfuryliden-(2)]-amine: *-aminoguanidin, Hydrochlorid*, F. 176—178° (abs. A.), durch 1std. Erwärmen vorst. Verb. mit Aminoguanidinbicarbonat u. Na-Acetat in A. auf 60°, Ansäuern mit konz. HCl (Kongorot), Filtrieren, Einengen u. Kühlen auf —10°; 15%. — *-anilin*, F. 56—56,5°, Kp.$_1$ 164°, aus vorvorst. Verb. u. Anilin durch 20 Min. langes Erwärmen auf dem Dampfbad; aus Ae./Pentan blaßgelbe Kristalle; 46%. — *-p-hydroxyanilin*, F. 230—231° (Zers.); ½std. Kochen; aus Methanol gelbe Nadeln; 42%. — *-p-methoxyanilin*, F. 89—90°; 2std. Kochen; aus Isopropanol gelbe Kristalle; 65%. — *-p-toluidin*, F. 95—96,5°; aus Isopropanol gelbe Kristalle; 62%. — *-p-nitranilin*, F. 176—177°; 4std. Kochen; aus Bzl. gelbe Kristalle; 55%. — *-p-chloranilin*, F. 138—139,5°; aus A. blaßgelbe Nadeln; 71%. — *-pyridyl-(2)-amin*, F. 109—111°; 4std. Kochen in abs. A.; aus verd. A. blaßgelbe Kristalle; 23%. — *-chinolyl-(3)-amin*, F. 131—132°; 4std. Kochen in abs. A.; aus verd. A. gelbe Kristalle; 70%. — *-benzthiazolyl-(2)-amin*, F. 138—139°; aus A. blaßgelbe Kristalle; 36%. — *-p-carbomethoxyanilin*, F. 133,5—134,5°; 1std. Kochen; aus Methanol gelbe Schuppen; 70%. — *-2.4-dichloranilin*, F. 92—93°; 2std. Kochen; aus verd. A. gelbe Kristalle; 60%. — *-2-nitro-4-chloranilin*, F. 112—112,5°; 2std. Kochen; aus verd. A. rötlichgelbe Nadeln; 40%. — *Benzofurfuryliden-(2)-aceton*, F. 97—98°, Kp.$_1$ 128°, durch Zutropfen von 10%ig. NaOH zu Aceton u. 2-Formylbenzofuran bei 25—35°, 3std. Schütteln bei Raum-Temp., Ansäuern mit verd. HCl u. Abtrennen der organ. Phase; gelbe Nadeln nach Vakuumsublimation; 22%. — *2-Methylbenzofuran*, Kp. 192—194°, aus 2-Formylbenzofuran, Diäthylenglykol, 99—100%ig. $N_2H_4 \cdot H_2O$ u. KOH; 85%. — *2-Methyl-3-formylbenzofuran*, F. 80—80,5°; durch 11std. Erhitzen von 2-Methylbenzofuran mit N.N-Dimethylformamid u. $POCl_3$ auf 93 ± 2°; aus PAe. gelbe Nadeln; 75%. *Phenylhydrazon*, F. 129 bis 130°; aus A. gelbe Plättchen; 89%. *Oxim*, F. 114—115°; aus verd. A. blaßgelbe Nadeln; 74%. *Thiosemicarbazon*, F. 231—232° (Zers.); aus verd. A. gelbe Kristalle; 56%. *Isonicotinoylhydrazon*, F. 203—204°; blaßgelbe Nadeln; 58%. — *N-[2-Methylbenzofurfuryliden-(3)]-p-hydroxyanilin*, F. 130—131°; 1½std. Kochen; aus Methanol u. Bzl. grünlichgelbe Prismen; 21%. — *N-[2-Methylbenzofurfuryliden-(3)]-p-chloranilin*, F. 77,5—78,5°; 2std. Kochen u. mehrstd. Stehen im Eisschrank; aus A. gelbe Schuppen; 46%.

P. Golinske. 3061 □

Einwirkung von Brom auf 2-Acetylthiophen in Gegenwart von überschüssigem Aluminiumchlorid. Ja. L. Goldfarb und Ju. B. Wolkenstein. (Доклады Академии Наук СССР [Ber. Akad. Wiss. UdSSR] **128**, 536—39, 21/9. 1959; Zelinsky-Inst. für org. Chem. der Akad. der Wiss. der UdSSR; russ.) — Durch Bromierung von 2-Acetylthiophen (I) in Ggw. von überschüssigem $AlCl_3$ ohne Lsgm. wird *4-Brom-2-acetylthiophen* (II) erhalten. Als Nebenprod. entsteht *4.5-Dibrom-2-acetylthiophen*, dessen Struktur durch Oxydation zu *4.5-Dibromthiophen-2-carbonsäure* sichergestellt wird. Die Struktur von **II** ergibt sich aus der Oxydation zu *4-Bromthiophen-2-carbonsäure* (**III**), anschließende Decarboxylierung zu *3-Bromthiophen*, Acetylierung zu *3-Brom-2-acetylthiophen* (**IV**) u. Red. zu *3-Brom-2-äthylthiophen* (**V**). Die Acetylierung von **V** liefert *4-Brom-5-äthyl-2-acetylthiophen* (**VI**). **II** wurde nach Kishner zu *4-Brom-2-äthylthiophen* red. u. weiter zu *3-Brom-5-äthyl-2-acetylthiophen* acetyliert.

Versuche: *4-Brom-2-acetylthiophen* (**II**), C_6H_5BrOS, Kp.$_{15}$ 133—135°, Kp.$_{11}$ 125 bis 127°, Kp.$_7$ 117—119°, durch tropfenweise Zugabe von **I** zu $AlCl_3$ u. tropfenweise Zugabe von Br_2 bei 30—40°, Eintragen in konz. HCl u. Eis u. Ausäthern; n_D^{20} 1,6080; 66% (Ausbeute); *Semicarbazon*, $C_7H_8BrN_3OS$, F. 214,5—215° (A.); *Phenylhydrazon*, $C_{12}H_{11}BrN_2S$, F. 109,5—110° (A.). Daneben *4.5-Dibrom-2-acetylthiophen*, $C_6H_4Br_2OS$, F. 85—86° (wss. A.); 13,5%. — *4-Bromthiophen-2-carbonsäure* (**III**), $C_5H_3BrO_2S$, F. 121—122° (W.), durch Oxydation von **II** mit alkal. $KMnO_4$-Lsg. u. H_2O_2; 82,5%. — *4.5-Dibromthiophen-2-carbonsäure*, $C_5H_2Br_2O_2S$, F. 227—228° (Bzl.), analog **III** durch Oxydation von 4.5-Dibrom-2-acetylthiophen; 27,4%. — *3-Bromthiophen*, Kp. 158—160°, durch Erhitzen von **III** in Chinolin in Ggw. von Cu-Pulver auf 220—240°, Gießen in W., Ansäuern u. Ausäthern; n_D^{20} 1,5860; 87,2%. — *3-Brom-2-acetylthiophen* (**IV**), C_6H_5BrOS, Kp.$_4$ 102—105°, durch Zugabe von $SnCl_2$ in Bzl. zu vorst. Verb. u. Acetylchlorid in Bzl. bei ca. 0°, Stehenlassen u. tropfenweise Zugabe von 6%ig. HCl bei 5—10°; n_D^{20} 1,6108; 51,8%; *Semicarbazon*, $C_7H_8BrN_3OS$, F. 196,5—198° (A.). Gibt bei der Oxydation analog **III** *3-Bromthiophen-2-carbonsäure*, $C_5H_3BrO_2S$, F. 197—197,5° (W.); 49%. — *3-Brom-2-äthylthiophen* (**V**),

C_6H_7BrS, Kp.$_{14}$ 79—81°, durch Erhitzen von **IV**, Hydrazinhydrat u. Äthylenglykol mit KOH unter gleichzeitiger Dest. u. Ausäthern; n_D^{20} 1,5602; 69%. — *4-Brom-5-äthyl-2-acetylthiophen* (**VI**), Kp.$_4$ 124—126°, a) analog **IV** aus **V**, Acetylchlorid u. $SnCl_4$ bei —10°; n_D^{20} 1,5800; b) durch tropfenweise Zugabe von Br_2 zu 5-Äthyl-2-acetylthiophen u. $AlCl_3$ bei 30—40°, 2½ std. Stehenlassen, Eintragen in Eis- u. konz. HCl; n_D^{20} 1,5800; 55,8%. *Semicarbazon*, $C_9H_{12}BrN_3OS$, F. 235—236° (in geschlossener Capillare; A.). — *4-Brom-2-äthylthiophen*, C_6H_7BrS, Kp.$_{14}$ 81,5—82,5°, aus **II** analog **V**; n_D^{20} 1,5617; 83%. — *3-Brom-5-äthyl-2-acetylthiophen*, C_8H_9BrOS, Kp.$_3$ 122—125°, aus vorst. Verb. analog **VI**; n_D^{20} 1,5893; 61%. *Semicarbazon*, $C_9H_{12}BrN_3OS$, Kp. 188—191° (in geschlossener Capillare; A.) G. Tobien. 3071□

Eine Methode zur Einführung von Substituenten in den Benzolkern des Indols. 7. Mitt. Sulfamide der Indol- und Indolinreihe. A. P. Terentjew, Ban-lun Ge und M. N. Preobrashenskaja. (Журнал Общей Химии [J. allg. Chem.] **32** (**94**), 177—81, Jan. 1962; russ.) — 6. vgl. C. **1962**, 8240. — Durch Kondens. von 1-Acetylindolin-5-sulfonsäurechlorid (I) mit Aminen werden die entsprechenden *Sulfamide* dargestellt, zu den *Amiden* der *Indolin-5-sulfonsäure* verseift u. diese an Pd zu *Indol-5-sulfonsäureamiden* dehydriert. — Indolin, N-Methylindolin u. Tetrahydrochinolin lassen sich vorteilhaft durch Kochen mit $CuCl_2$-Pyridin dehydrieren.

Versuche: Indolin-5-sulfonsäureamide: *Diäthylamid* (**II**), $C_{12}H_{18}N_2O_2S$, F. 88—89° (W.), durch 1—2 std. Kochen des nachst. 1-Acetyl-Deriv. mit 15%ig. HCl oder 15—20%ig. alkohol. NaOH; 65% (Ausbeute); *1-Acetyl-Deriv.*, $C_{14}H_{20}N_2O_3S$, F. 191 bis 192° (A.), man gibt zu 7,7 g **I** 10 ml Diäthylamin, dann 50 ml gesätt. Soda-Lsg. u. erhitzt $^1/_2$ Std. lang auf dem Wasserbad; 85%. — *Anilid* (**III**), $C_{14}H_{14}N_2O_2S$, F. 154—155° (W.-A.); 62%; *1-Acetyl-Deriv.*, durch $^1/_2$ std. Erhitzen von 3,6 g **I**, 6 ml Anilin u. 30 ml Soda-Lsg. auf dem Wasserbad; 85%. — *α-Naphthylamid* (**IV**), $C_{18}H_{16}N_2O_2S$, F. 169—170° (W.-A.); 68%; *1-Acetyl-Deriv.*, man gibt zu 3,9 g **I** u. 2,1 g α-Naphthylamin gesätt. Soda-Lsg. u. erhitzt 20 Minuten. — *p-Chloranilid*, $C_{14}H_{13}ClN_2O_2S$, F. 173—174° (W.-A.); 78%; *1-Acetyl-Deriv.*, $C_{16}H_{15}ClN_2O_3S$, F. 217—218° (W.-Essigsäure), man gibt zu 3,5 g **I** u. 1,8 g p-Chloranilin in 20 ml wss. Aceton eine gesätt. Soda-Lsg. u. erhitzt $^1/_2$ Std. lang; 75%. — *m-Nitroanilid*, $C_{14}H_{13}N_3O_4S$, F. 131,5—132° (W.-A.); 60%; *1-Acetyl-Deriv.*, $C_{16}H_{15}N_3O_5S$, F. 229—230° (W.-A.), durch 1 std. Erhitzen von 3,5 g m-Nitroanilin u. 6,2 g **I** in 35 ml Dimethylanilin auf dem Wasserbad; 70%. — *[4-Methylthiazolyl-(2)]-amid*, $C_{12}H_{13}N_3O_2S_2$, F. 197—198° (W.-A.); 65%; *1-Acetyl-Deriv.*, $C_{14}H_{15}N_3O_3S_2$, F. 237—239° (Zers.; W.-Essigsäure), durch $^1/_2$ std. Erhitzen von 3,9 g **I** u. 1,5 g 2-Amino-4-methylthiazol in 3 ml Pyridin auf dem Wasserbad; 70%. — *[Indolinyl-(1)]-[indolinyl-(5)]-sulfon* (**V**), $C_{16}H_{16}N_2O_2S$, F. 171—171,5° (W.-A.); 70%; *1-Acetyl-Deriv.*, F. 180°, durch $^3/_4$ std. Erhitzen von 3 g **I**, 2 g Indolin u. 4 ml Pyridin auf dem Wasserbad; 80%. — Indol-5-sulfonsäureamide: *Diäthylamid*, $C_{12}H_{16}N_2O_2S$, F. 146—147° (W.-A.), durch 7—8 std. Kochen von 8—10 g **II** mit der doppeltmol. Menge Zimtsäure in Ggw. von 2—3 g Pd/Kohle oder 0,3 g Pd-Schwarz in Mesitylen; 71%. — Analog: *Anilid*, $C_{14}H_{12}$·N_2O_2S, F. 186—187° (W.-A.), aus **III**; 60%. — *α-Naphthylamid*, $C_{18}H_{14}N_2O_2S$, F. 185 bis 186° (W.-Methanol), aus **IV**; 64%. — *[Indolinyl-(1)]-[indolyl-(5)]-sulfon*, $C_{16}H_{14}N_2O_2S$, F. 183—183,5° (W.-Methanol), aus **V**; 70%. Helmut Schäfer. 3081

Untersuchung über die Cyclisierung von β-[1-Methyl-5-methoxyindolyl-(3)]-propionsäure. M. Renson. (Bull. Soc. chim. belges **68**, 258—69, Mai/Juni 1959; Bruxelles, Soc. des Labor. LABAZ, Serv. de Rech.; Liège, Univ., Labor. de Chim. Organ.; franz.) — Bei der Cyclisierung von *β-[1-Methyl-5-methoxyindolyl-(3)]-propionsäure* (**I**) mit P_2O_5 entsteht *3-Oxo-7-methoxy-4-methyl-1.2-dihydrocyclopent-[b]-indol* (**V**), das mit dem Prod. ident. ist, welches Vf. aus Cyclopentanon (**IX**), p-Methoxyphenyldiazoniumchlorid (**II**) u. Äthylformiat (**X**) über *Cyclopentandion-(1.2)-mono-p-methoxyphenylhydrazon*, dessen Cyclisierung mit H_2SO_4 zu *3-Oxo-7-methoxy-1.2-dihydrocyclopent-[b]-indol* (**III**) u. Rk. mit CH_3J synthetisiert. **I** wird aus **II** u. 2-Carbäthoxycyclopentanon (**VI**) über *α-Oxoadipinsäuremonoäthylester-p-methoxyphenylhydrazon*, Cyclisierung mit H_2SO_4 in A. zu *β-[2-Carbäthoxy-5-methoxyindolyl-(3)]-propionsäureäthylester* (**IV**), Decarboxylierung der *freien Dicarbonsäure* zu *β-[5-Methoxyindolyl-(3)]-propionsäure* (**VII**) u. Methylierung mit CH_3J oder durch Rk. von **IV** mit CH_3J zu *β-[1-Methyl-2-carbäthoxy-5-methoxyindolyl-(3)]-propionsäureäthylester*, Verseifung u. Decarboxylierung erhalten. Für **III** u. **V** sind die UV-Spektren graph. wiedergegeben u. deren Maxima sowie die IR-Banden aufgeführt.

Versuche: *α-Oxoadipinsäuremonoäthylester-p-methoxyphenylhydrazon*, F. 122° (Chlf.-PAe.), durch gleichzeitiges Zutropfen einer aus p-Anisidin durch Diazotieren unterhalb von 5° hergestellten Lsg. von **II** u. einer äthanol. Lsg. der äquimol. Menge **VI**, in der die berechnete Menge Na gelöst ist, zu einer wss. Lsg. von Na-Acetat unterhalb von

5°, 3std. Rühren bei Raum-Temp., Abdestillieren des A. im Vakuum u. Ausäthern; 96% (Ausbeute). — *α-Oxoadipinsäure-p-methoxyphenylhydrazon*, $C_{13}H_{16}N_2O_5$, F. 154° (wss. A.), durch 2std. Rühren vorst. Verb. mit 5%ig. NaOH bei Raum-Temp. u. Fällen mit 1n HCl; 76%. — *β-[2-Carbäthoxy-5-methoxyindolyl-(3)]-propionsäureäthylester* (**IV**), $C_{17}H_{21}NO_5$, F. 110° (wss. A.), Kp.$_{0,5}$ 215—218°, durch 24std. Kochen vorst. Verb. in einem Gemisch von abs. A. u. konz. H_2SO_4, Gießen auf Eis u. Dest.; 50%. — *β-[2-Carboxy-5-methoxyindolyl-(3)]-propionsäure*, $C_{13}H_{13}NO_5$, F. 225° (Zers.; W.; Nadeln), durch 2std. Rühren von **IV** mit 10%ig. alkohol. NaOH, Stehenlassen über Nacht, Verdünnen mit W. u. Ansäuern; 97%. — *β-[5-Methoxyindolyl-(3)]-propionsäure* (**VII**), $C_{12}H_{13}NO_3$, F. 134—135° (W.), durch kurzes Erhitzen vorst. Verb. auf 230° u. Extraktion mit sd. W.; 50%. *Methylester*, $C_{13}H_{15}NO_3$, F. 99° (PAe.), durch 7std. Kochen vorst. Verb. mit CH_3J u. K_2CO_3 in Aceton; 100%. — *β-[1-Methyl-5-methoxyindolyl-(3)]-propionsäure* (**I**), $C_{13}H_{15}NO_3$, F. 154° (Bzl.), a) durch 5—6std. Kochen von **VII** mit der berechneten Menge K in Dioxan, Zusatz von CH_3J, 4std. Kochen, Filtrieren, Eindampfen, Aufnehmen des Rückstandes in warmer Na_2CO_3-Lsg. u. Ansäuern; 45%; b) durch kurzes Erhitzen von **VIII** auf 230° u. Aufarbeitung analog a); 68%. — *β-[1-Methyl-2-carbäthoxy-5-methoxyindolyl-(3)]-propionsäureäthylester*, F. 69—71° (PAe.), Kp.$_1$ 198 bis 200°, aus 27 g **IV** durch 2std. Rk. mit K in Dioxan, Zugabe von CH_3J, 30 Min. langes Kochen, Filtrieren u. Eindampfen; 69%. — *β-[1-Methyl-2-carboxy-5-methoxyindolyl-(3)]-propionsäure* (**VIII**), F. 215° (Zers.; A.), durch 1—2std. Kochen vorst. Verb. mit 10%ig. alkohol. NaOH; 93%. — *Cyclopentandion-(1.2)-mono-p-methoxyphenylhydrazon*, F. 189—190° (A.), durch Lösen äquimol. Mengen **IX**, **X** u. Na in A. bei —20°; Aufbewahren über Nacht bei 0°, Aufnehmen des *Na-Salzes* in W., Einrühren der neutralisierten Lsg. in die wss. Lsg. von aus **II** durch Neutralisation erhaltenem p-Methoxyphenyldiazoniumhydroxid u. Absaugen. — *3-Oxo-7-methoxy-1.2-dihydrocyclopent-[b]-indol* (**III**), $C_{12}H_{11}NO_2$, F. 268° (A.; Nadeln), durch kurzes Kochen vorst. Verb. in wss. H_2SO_4; 26%. — *3-Oxo-7-methoxy-4-methyl-1.2-dihydrocyclopent-[b]-indol* (**V**), $C_{13}H_{13}NO_2$, F. 115° (PAe., Sublimation), a) durch 2—3std. Kochen von **I** in Xylol in Ggw. von P_2O_5, Zers. mit verd. Soda-Lsg., Bzl.- u. Ae.-Extraktion, Eindampfen der organ. Lsg. u. Dekantieren des Rückstandes mit W.; 49%; b) durch 3std. Kochen von **III** mit K in Dioxan, Zugabe von CH_3J, $^1/_2$std. Kochen, Eindampfen der filtrierten Lsg. u. Sublimation des Rückstandes im Vakuum; 35%. *Dinitrophenylhydrazon*, $C_{19}H_{17}N_5O_5$. *Monobrom-Deriv.*, $C_{13}H_{12}BrNO_2$, F. 177°, aus **V** u. Br_2 in CH_3COOH; 90%. — *3-Oxo-4-methyl-1.2-dihydrocyclopent-[b]-indol*, $C_{12}H_{11}NO$, F. 134° (PAe.), aus 3-Oxo-1.2-dihydrocyclopent-[b]-indol analog **V** nach b) u. Sublimation bei 200°/12 mm.

H.-J. Kötzsch. 3081□

Synthesen und Umsetzungen von Imidazoliden aromatischer Sulfonsäuren. Heinz A. Staab und Kurt Wendel. (Chem. Ber. **93**, 2902—15, 2/12. 1960; Heidelberg, Univ., Organ.-Chem. Inst.; dt.) — Vgl. C. **1961**, 834. — Die Darst. von *Arylsulfonsäureimidazoliden* (**A**) erfolgt aus 1 Mol Arysulfonsäurechloriden u. 2 Mol Imidazol (**II**) bzw. aus 1 Mol N.N'-Carbonyldiimidazol (**III**) u. 2 Mol einer Arylsulfonsäure unter prim. Bldg. der *disulfonsauren* **III**-*Salze*, die beim Erhitzen der Rk.-Ansätze *Imidazoliumarylsulfonate* u. **A** geben. Beim Versetzen des Imidazolium-bis-[p-toluolsulfonats] mit überschüssigem Anilin entsteht *Imidazolium-p-toluolsulfonat* (**X**) u. *N.N'-Diphenylharnstoff*. Azobenzol-4-sulfonsäureimidazolid (**IV**) gibt mit H_2/Raney-Ni bei 110—135°/100 at *Sulfanilsäureimidazolid* (**V**), während bei 18°/1 at nur die entsprechende *Hydrazo-Verb.* entsteht. Die **A** hydrolysieren leichter als normale Sulfonamide, aber schwerer als Carbonsäureimidazolide. Die Aminolyse der **A** erfolgt mit Benzylamin bereits bei 100° ohne Lsgm. in guten Ausbeuten, bei Verw. von Anilin oder bei **V** sind jedoch erhöhte Temp. erforderlich. Die nichtkatalysierte Alkoholyse der **A** liefert nur geringe Ausbeuten an *Sulfonsäureestern*, beim Schmelzen mit Phenolen geht die Rk. prakt. quant. vor sich; in Ggw. von katalyt. Mengen Alkoholat, Na-Imidazol (**VI**) oder größeren Mengen wss. NaOH erfolgt auch die Alkoholyse befriedigend. Aus 2 Mol Na-Zimtalkoholat u. 1 Mol p-Toluolsulfonsäureimidazolid (**VII**) entsteht über den intermediären *p-Toluolsulfonsäurecinnamylester Dicinnamyläther*. Analog wird aus **VII** u. Na-Benzylalkoholat *Dibenzyläther* (**VIII**) gebildet; Nebenprod. ist hier das aus **VI** u. dem intermediären p-Toluolsulfonsäurebenzylester entstehende *N-Benzylimidazol*, das in guten Ausbeuten auch beim Eintropfen von 1 Mol Benzolsulfonsäurimidazolid (**IX**) in eine Lsg. von 1 Mol Benzylalkohol (**I**) u. 1,2 Mol **VI** in Tetrahydrofuran (THF) erhalten wird.

Versuche: Arylsulfonsäureimidazolide (**A**): *p-Toluol-* (**VII**), $C_{10}H_{10}N_2O_2S$, F. 78—78,5° (Bzl./Cyclohexan), a) durch Eintropfen von 0,4 Mol **II** in THF in die Lsg. von p-Toluolsulfochlorid in THF unter Rühren u. schwacher Kühlung, 1std. Rühren bei Raum-Temp., Absaugen des **II**-*Hydrochlorids* u. Eindampfen des Filtrats; 99% (Ausbeute); b) durch 10 Min. langes Erhitzen von 39,7 mMol wasserfreier p-Toluolsulfonsäure (XI) mit 19,9 mMol III auf 90°, Benzolzugabe, 20 Min. langes Kochen, Kühlen, Absaugen von X u. Eindampfen; 77%; c) durch Zutropfen von 23,2 mMol III in THF in die sd. Lsg. von 46,4 mMol wasserfreier XI in THF, $^1/_2$std. Kochen, Absaugen von X u. Einengen im Vakuum; 51%. — *Benzol-* (IX), $C_9H_8N_2O_2S$, F. 82—84° (Bzl./Cyclohexan), a) analog VII nach a); 99%; b) durch Kochen von 25,8 mMol III u. 51,6 mMol wasserfreier Benzolsulfonsäure in abs. THF, Entfernung des *Imidazoliumbenzolsulfonats* (F. 108°) u. Einengen des Filtrates; 65%. — *Azobenzol-4-* (IV), $C_{15}H_{12}N_4O_2S$, F. 168—168,5°, aus II u. Azobenzol-4-sulfonylchlorid analog VII nach a); aus Bzl./Bzn. (2 : 1) orangerote Kristalle; 98%. — *Hydrazobenzol-4-*, $C_{15}H_{14}N_4O_2S$, F. 140—141° (Bzl.; Zers.); durch Red. von IV in THF mit H_2/Raney-Ni bei Raum-Temp.; 82%. — *Sulfanilsäureimidazolid* (V), $C_9H_9N_3O_2S$, F. 182—183°, durch 2std. Red. von IV mit H_2/Raney-Ni bei 110—135°/ 100 at in THF unter Schütteln, Einengen, Entfernung des Anilins mit Bzl., Aufnehmen in verd. HCl u. Neutralisation mit 2n NaOH; 33%. — *N.N'-Carbonyldiimidazol* (III), F. 116—118°, durch Einpipettieren von 2,5 ml fl. $COCl_2$ in die Lsg. von 10 g II in THF, Absaugen des II-Hydrochlorids unter Feuchtigkeitsausschluß u. Eindampfen im Vakuum; 90—95%. — *N.N'-Diphenylharnstoff*, F. 238°, durch Zugabe von 34,8 mMol XI in abs. THF zu 17,4 mMol III in THF, Versetzen mit Anilin, Absaugen von X (F. 147—148°) u. Einengen im Vakuum; 82%. — *p-Toluolsulfonsäurebenzylamid* (XII), F. 115—116° (wss. A.); a) durch 4std. Erhitzen von VII u. Benzylamin auf 100° im evakuierten Rohr; 89%; b) analog a) aus rohem (aus III u. XI erhaltenem) VII; 77% (bezogen auf XI). — *Benzolsulfonsäurebenzylamid*, F. 86—87° (A./W.), analog XII nach a); 88%. — *p-Toluolsulfonsäureanilid*, F. 100—102° (A./W.), analog XII nach a) bei 145°; 88%. — *p-Toluolsulfonsäureäthylester*, F. 31,5—34,5°, a) durch 4std. Kochen von VII in abs. A., Zugabe von W. u. verd. HCl u. Ae.-Extraktion; 4,8%; b) analog a) durch $^1/_2$std. Rk. von 10 mMol VII mit 0,48 mMol Na-Alkoholat in A. bei Raum-Temp.; 84%; c) durch Umsetzung katalyt. Mengen Na mit überschüssigem II, in THF, Zugabe von A. u. VII u. $^1/_2$std. Stehen bei Raum-Temp.; 74%; d) durch 1std. Rk. von 10 mMol VII in 20 ml A. mit 2 ml n-NaOH; 82%; e) analog d) in 25 ml A. mit 10 ml NaOH; 66%; f) durch 1std. Erhitzen von 5 mMol VII in 15 ml A. mit 5 ml u. NaOH auf 50°; 40%. — *p-Toluolsulfonsäuremethylester*, F. 26—28°, durch Rk. von 0,8 mMol Na-Methylat in THF mit VII bis zur Trübung u. sofortige Zugabe von W. u. verd. HCl; 70%. — *Benzolsulfonsäurephenylester*, F. 34—35°, a) durch Zugabe von 10 mMol IX zu 13 mMol Phenol (XIII) u. 18 mg Na in abs. THF, Zugabe von 10 mMol IX, $^1/_4$std. Erwärmen auf 70—75°, Zugabe von W. u. Extraktion mit Ae.; 93%; b) durch 4std. Erhitzen von 10 mMol IX u. 16 mMol XIII auf 100°; 90%. — *p-Toluolsulfonsäurephenylester*, F. 94—95°, a) analog vorst. Verb. nach a); 97%; b) analog vorst. Verb. nach b); 97%. — *p-Toluolsulfonsäure-[p-nitrophenyl]-ester*, F. 98° (A.), durch 4std. Erhitzen von je 10 mMol p-Nitrophenol u. VII auf 100° im evakuierten Rohr u. Verreiben mit W. u. verd. HCl; 78%. — *Azobenzol-4-sulfonsäureäthylester*, F. 111—112°, durch Zugabe von Na-Äthylat in A. zu IV in abs. THF u. A., u. Gießen in W. nach 2 Min.; 91%. — *Sulfanilsäureäthylester*, F. 78—79,5° (Bzl./PAe.), durch kurzes Kochen von Na-Äthylat-Lsg. mit V in THF; 76%. — *Sulfanilsäureanilid*, F. 196—196,5° (A./W.), durch 4std. Erhitzen von V mit Anilin im evakuierten Rohr auf 160°, Lösen der Schmelze in verd. NaOH, Filtrieren u. Neutralisieren mit verd. HCl; 86%. — *Sulfanilsäurebenzylamid*, F. 119—120°, analog vorst. Verb. bei 120°; 72%. — *Dicinnamyläther*, F. 43,5—44,8° (Methanol), durch 35 Min. langes Zutropfen von 56,8 mMol Zimtalkohol in Bzl. zu einer Suspension von 56,8 mMol $NaNH_2$ in Bzl., 25 Min. langes Zutropfen von 25,8 mMol VII in Bzl., $1^1/_2$std. Rühren bei Raum-Temp., Zugabe von kaltem W., Ausäthern u. Hochvakuum-Dest.; 54%. — *Dibenzyläther* (VIII), Kp_{13} 164—165°, durch $^1/_4$std. Zutropfen von I in THF zu 0,2 Mol $NaNH_2$ in THF, 25 Min. langes Rühren, 25 Min. langes Zutropfen von 18,83 g VII in THF, 20 Min. langes Rühren bei Raum-Temp., Waschen mit W. u. verd. HCl u. fraktionierte Dest.; n_D^{20} 1,5618; 63%. — *N-Benzylimidazol*, F. 70—72,5°, a) neben VIII aus den HCl-Auszügen durch Alkalisieren mit 2n NaOH u. Chlf.-Extraktion; 24% (bezogen auf VII); b) durch Rk. von 1,277 g Na mit 13,2 g II in abs. THF unter schwachem Erwärmen, Zugabe von 46 mMol I u. 20 Min. lange Zugabe von 46 mMol IX in THF unter Rühren bei Raum-Temp., 1std. Rühren, Absaugen des *Na-Benzolsulfonats*, Eindampfen des Filtrats, Versetzen des Rückstandes mit W. u. Extraktion mit Chlf.; 90%. E. Berger. 3122□

Untersuchungen auf dem Gebiet der Benzimidazolderivate. 4. Mitt. Einwirkung von Äthylenoxid auf 2-(o-Hydroxyphenyl)-benzimidazol. Józef Sawlewicz und Zdzisława Sznigir. (Acta polon. pharmac. **18**, 81—85, 1961; Gdansk, Akad. Med., kat. Chem. Organ. Wydz Farmac.; pol.) — 3. vgl. Acta polon. pharmac. **18**, [1961], 1; 2. vgl. C. **1961**, 12828. — In 2-[o-Hydroxyphenyl]-benzimidazol (I) ist das O-Atom der Phenol-Gruppe mit dem tert. N des Imidazolringes über das H-Atom chelatförmig verbunden. Die phenol. OH-Gruppe läßt sich deshalb nicht acylieren. Mit Äthylenoxid (II) reagiert sie, wenn auch langsam. Daß II nicht an der Imingruppe angreift, wurde durch Synth. von 1-[β-Hydroxyäthyl]-2-[o-hydroxyphenyl]-benzimidazol u. seine Acetylierung bewiesen.

Versuche: *2-[o-Hydroxyphenyl]-benzimidazol* (I), F. 236—237°, aus 10 g o-Phenylendiamin u. 11,3 g Salicylaldehyd in Methanol bei 0°, Ersatz von Methanol durch Nitrobenzol, Aufkochen u. Kühlen; Nadeln aus verd. A.; 69,45% (Ausbeute). *N-Acetyl-Verb.*, $C_{15}H_{12}N_2O_2$, F. 211—212°, mit Acetanhydrid in Pyridin bei 2std. Erwärmen; 66,6%. — *2-[o-(β-Hydroxyäthoxy)-phenyl]-benzimidazol*, $C_{15}H_{14}N_2O_2$, F. 161—162°, durch Lösen von 1,5 g I in A., Zusatz von 0,43 g II u. 6 Tropfen Pyridin, 45std. Erwärmen auf 65°, Einengen der Lsg. u. Fällen mit einigen Tropfen W.; Kristalle aus wss. A.; 44,2%. *O-Acetyl-Verb.*, $C_{17}H_{16}N_2O_3$, F. 112—113°, mit Acetanhydrid in Pyridin bei 1/2std. Erwärmen; Kristalle aus wss. A.; 51,7%. *N.O-Diacetyl-Verb.*, *Monohydrat*, $C_{19}H_{18}N_2O_4 \cdot H_2O$, F. 67—69°, analog der O-Acetyl-Verb. nur durch längeres Erwärmen (3 Std.); Kristalle aus wss. Äthanol. — *1-[β-Hydroxyäthyl]-2-[o-hydroxyphenyl]-benzimidazol*, $C_{15}H_{14}N_2O_2$, F. 159—160°, durch Rk. von o-Amino-N-[β-hydroxyäthyl]-anilin mit Salicylaldehyd analog zur Darst. von I; Kristalle aus wss. A.; 59,9%. *O.O-Diacetyl-Verb.*, $C_{19}H_{18}N_2O_4$, F. 135—136°, mit Acetanhydrid in Pyridin bei 2std. Erwärmen; Kristalle aus Bzl. u. PAe.; 75,75%. F. Urban. 3122□

Synthese von 2-Alkylthiazolen. René Didier und Jacques Metzger. (C. R. hebd. Séances Acad. Sci. **252**, 1619—21, 13/3. 1961; Marseille, Fac. des Sci.; franz.) — Umsetzung von Vinylchlorid (II) mit Cl_2 in W. liefert *2-Chloräthanal* (I). Cyclisierung von I mit Alkylamiden (A) mit Hilfe von P_2S_5 in Dioxan führt zu einer Reihe von *2-Alkylthiazolen*.

Versuche: *2-Chloräthanal* (I), aus II u. Cl_2 in W. über das *Hemihydrat* ($Kp._{760}$ 80—85°) u. dessen Deshydratisierung mit $CaCl_2$ bei 95°. — 2-Alkylthiazole, durch Erwärmen von 1,5 Mol A u. 0,4 Mol P_2S_5 in 100 ml abs. Dioxan auf dem Wasserbad, Zufügen von frisch bereitetem I (1,5 Mol), Entfernen von Dioxan mit Wasserdampf, Kochen mit Na_2CO_3 (außer im Falle des *tert.-Butyl-Deriv.*), darauf mit Cu-Spänen, Behandeln mit CaH_2 u. fraktionierte Dest.: *2-Methyl-*, $Kp._{760}$ 126—127°; n_D^{25} 1,5105; 28% (Ausbeute). *Pikrat*, F. 151°. — *2-Äthyl-*, $Kp._{46}$ 66,5—67°; n_D^{25} 1,5075; 28%. *Pikrat*, F. 130°. — *2-Isopropyl-*, $Kp._{46}$ 75°; n_D^{25} 1,4970; 41%. *Pikrat*, F. 146°. — *2-tert.-Butyl-*, $Kp._{40}$ 75°; n_D^{25} 1,4910; 27%. *Pikrat*, F. 109—110°. H. Gleinig. 3142□

γ-Pyran und γ-Thiopyran. J. Strating, J. H. Keijer, E. Molenaar und L. Brandsma. (Angew. Chem. **74**, 465, 7/7. 1962; Groningen, Rijks-Univ., Organ. Chem. Labor.; dt.) — Durch Erhitzen von 100 g Glutardialdehyd (I) mit HCl in CH_2Cl_2 in Ggw. von N.N-Diäthylanilin auf 90°/40—15 Torr entsteht zu 90% reines *γ-Pyran* (59 g Ausbeute), das durch Dest. gereingt wird (Kp. 80°; n_D^{20} 1,4559; 15 g). Mit 2.4-Dinitrophenylhydrazin in A./H_2SO_4 entsteht aus γ-Pyran *Glutardialdehyd-bis-[2.4-dinitrophenylhydrazon]* (II). Aus I mit HCl u. H_2S in CH_2Cl_2 entsteht bei 120°/60—15 Torr *γ-Thiopyran* (F. —28°, $Kp._{12}$ 30°; n_D^{20} 1,5623; 20%; färbt sich beim Luftzutritt rasch braun). In A./H_2SO_4 entsteht aus γ-Thiopyran u. 2.4-Dinitrophenylhydrazin ebenfalls II, aber langsamer als bei γ-Pyran. Maxima der IR- u. UV-Spektren vgl. Original. P. Golinske. 3211□

Neue Jodorganische Verbindungen. Synthese von 6-Jod-4-hydroxycumarin und von 6.6'-Dijoddicumarol. Mario Covello und Eugenio Piscopo. (Gazz. chim. ital. **88**, 101—12, Jan. 1958; Napoli, Univ., Ist di Chim. farm. e tossicol.; ital.) — Durch Umsetzung des aus 5-Jodacetylsalicylsäure u. $SOCl_2$ erhaltenen *5-Jodacetylsalicylsäurechlorids* (I) mit Malonsäurediäthylester (Na-Verb.; II) wird *6-Jod-3-äthoxycarbonyl-4 hydroxycumarin* (III) synthetisiert. Während III bei energ. Einw. von Alkali in *5-Jod-2-hydroxyacetophenon* übergeht, entsteht aus III u. Alkali unter milden Bedingungen *6-Jod-4-hydroxycumarincarbonsäure-(3)* (V) u. bei nachfolgender Decarboxylierung von V *6-Jod-4-hydroxycumarin* (VI). VI läßt sich mit Formaldehyd (VII) zu *6.6'-Dijoddicumarol* kondensieren.

Versuche (mit G. Pepe): *5-Jodacetylsalicylsäure*, $C_9H_7JO_4$, F. 166° (A.), durch 10std. Kochen von 5-Jodsalicylsäure (IV) mit Acetanhydrid in Bzl., Abkühlen u. Absaugen; durch Einengen des Filtrates wird eine weitere Fraktion erhalten; 93% (Ausberte). *Chlorid* (I), $C_9H_6ClJO_3$, F. 72—73° (Zers.), durch 8std. Erhitzen vorst. Verb. mit $SOCl_2$ in Toluol auf 80°, Abdest. von überschüssigem $SOCl_2$, Abkühlen auf 0° u. Absaugen; I ist luft- u. lichtempfindlich; 80%. — *6-Jod-3-äthoxycarbonyl-4-hydroxycumarin* (III), $C_{12}H_9JO_5$, F. 186—187° (Zers.; A.; Nadeln), durch 12std. Erhitzen von 1 Mol I mit 3 Mol II in Toluol auf 75—80° unter Rühren, Abfiltrieren des in der Kälte ausgeschiedenen Rk.-Prod., Waschen mit Ae., Lösen in W. bei 60—65° unter Rühren, Ausfällen aus der filtrierten Lsg. mit HCl u. Waschen des abfiltrierten Nd. mit A. zur Entfernung von **IV**; 77%. — *6-Jod-4-hydroxycumarincarbonsäure-(3)* (**V**), $C_{10}H_5JO_5$, F. 242—243° (Zers.), durch $1^1/_2$std. Kochen von **III** mit ca. 5%ig. äthanol. KOH, Einstellen der abgekühlten Lsg. mit HCl auf pH 1,5, Absaugen u. Waschen mit Bzl.; 87%. — *5-Jod-2-hydroxyacetophenon*, $C_8H_7JO_2$, F. 88—89°, durch 10std. Kochen von **III** mit 10%ig. KOH, Abkühlen, Ansäuern mit HCl, Absaugen u. Reinigung durch Wasserdampf-Dest.; 92%. — *6-Jod-4-hydroxycumarin* (**VI**), $C_9H_5JO_3$, F. 275—276° (Zers.; wss. A.), durch 1std. Kochen von **V** mit 40%ig. wss. A., Zugabe von 95%ig. A., $^1/_2$std. Kochen, Zugabe von verd. HCl u. Aufbewahren zur Kristallisation; 98%. — *6.6'-Dijoddicumarol*, $C_{19}H_{10}J_2O_6$, F. 307—308° (Zers.), durch Rühren von **VI** mit überschüssigem **VII** in wss. A. bei Raum-Temp.; 100%. G. Platzer. 3211 □

Synthese von substituierten Chromon-2-carbonsäuren und ihren Estern. W. A. Sagorewski, D. A. Sykow und E. K. Orlowa. (Журнал Общей Химии [J. allg. Chem.] **30** (**92**), 3894—98, Dez. 1960; Inst. für Pharmakol. u. Chemotherapie der Akad. der med. Wiss. der UdSSR; russ.) — Durch Kondens. von entsprechend substituierten o-Hydroxyacetophenonen mit Diäthyloxalat (**I**) in Ggw. von Na-Äthylat werden *6-Methyl-*, *7-Methyl-*, *6-Chlor-*, *7-Methoxy-*, *6-Nitro-*, *6.8-Dibrom-* u. *3-Methylchromon-2-carbonsäure* dargestellt. Die Kondens. verläuft am besten in Ggw. von 2 Mol Na-Äthylat.

Versuche: Chromon-2-carbonsäuren: *6-Methyl-*, F. 258° (Zers.), man gibt zu Na-Äthylat (1,38 g Na, 30 ml abs. A.) 6 g 5-Methyl-2-hydroxyacetophenon u. 8,8 g **I**, erhitzt 3 Std. lang auf 70°, cyclisiert die gebildete *5-Methyl-2-hydroxybenzoylbrenztraubensäure* nach Zugabe von 8,4 ml konz. HCl durch $^1/_2$std. Kochen, gießt in 18,4 ml konz. HCl u. 24 ml W. u. kocht 3 Std. lang; 66% (Ausbeute). *Methylester*, $C_{12}H_{10}O_4$, F. 146,5—148° (Methanol), durch 3std. Kochen von 8,17 g Säure, 80 ml Methanol u. 4 ml konz. H_2SO_4; 96%. — *7-Methyl-*, $C_{11}H_8O_4$, F. 261° (Zers.; A.), aus 0,15 Mol 4-Methyl-2-hydroxyacetophenon, 0,275 Mol **I** u. 0,17 g-Atom Na in 150 ml A.; 55%. *Methylester*, $C_{12}H_{10}O_4$, F. 172—173,5° (Methanol); 92%. — Analog: *6-Chlor-*, F. 262° (Zers.; A.), aus 5-Chlor-o-hydroxyacetophenon, **I** u. Na; 34%. Daneben *Äthylester*, $C_{12}H_9ClO_4$, F. 136—136,5° (A.); 25%. — *6-Nitro-*, $C_{10}H_5NO_6$, F. 268° (Zers.; W.–A.); 94%. *Äthylester*, $C_{12}H_9NO_6$, F. 178—179° (A.), aus 5-Nitro-2-hydroxyacetophenon, **I** u. Na (ohne Verseifung des gebildeten Esters); 86%. — *3-Methyl-*, F. 231,5° (A.), aus o-Hydroxypropiophenon, **I** u. Na in A.; 22%. Daneben *Äthylester*, F. 93,5—94° (A.); 25%. — *6.8-Dibrom-*, $C_{10}H_4Br_2O_4$, F. 257° (Zers.; W.–A.), aus nachst. Äthylester; 94%. *Äthylester*, $C_{12}H_8Br_2O_4$, F. 134,5—135° (A.), man erhitzt Na-Äthylat (5,6 g Na, 120 ml A.), 28,5 g 3.5-Dibrom-2-hydroxyacetophenon u. 21 g **I** in 80 ml A. 3 Std. lang auf 60—70°, kocht 1 Std., gibt 34 ml konz. HCl zu, kocht $^1/_2$ Std. u. läßt 16 Std. lang stehen; 87%. Helmut Schäfer. 3211

Untersuchungen an aromatischen, δ-ketonischen Nitrilen. Überführung in Piperidine. Rémi Longeray, Alain Vigier und Jacques Dreux. (C. R. hebd. Séances Acad. Sci. **253**, 1810—11, 23/10. 1961; Lyon, Fac. des Sci., Inst. de Chim.; franz.) — Die katalyt. Hydrierung aromat., δ-keton. Nitrile $C_6H_5 \cdot CH(CN) \cdot C(R)(R') \cdot C(R'') \cdot (R''') \cdot CO \cdot CH_3$ in A. bei normalem Druck u. 50—60° zu *Piperidinen* läßt sich auch auf cycl. Ketone übertragen. Im Falle $R''' = CO \cdot OC_2H_5$ erhält man *Tetrahydropyridine*. Die Struktur der Verbb. wird durch Synth. auf unabhängigen Wegen gesichert.

Versuche: *2-Methyl-5-phenylpiperidin*, aus 4-Oxo-1-phenylpentancarbonitril; 79% (Ausbeute). — *2.3-Dimethyl-5-phenylpiperidin*, $C_{13}H_{19}N$, $Kp._1$ 101°, aus 3-Methyl-4-oxo-1-phenylpentancarbonitril; $D._4^{25}$ 0,966; n_D^{25} 1,5297; 83%. *Pikrat*, F. 240° (A.). — *3-Äthyl-2-methyl-5-phenylpiperidin*, $C_{14}H_{21}N$, $Kp._1$ 107°, a) aus 3-Äthyl-4-oxo-1-phenylpentancarbonitril; 75%; b) durch Hydrierung von **I**; $D._4^{25}$ 0,972; n_D^{25} 1,5280. *Pikrat*, F. 244—246° (A.). — *2.3.3-Trimethyl-5-phenylpiperidin*, $C_{14}H_{21}N$, $Kp._{0,5}$ 87°, aus 3.3-Dimethyl-4-oxo-1-phenylpentancarbonitril; $D._4^{25}$ 0,960; n_D^{25} 1,5329; 76%. *Pikrat*, F. 203° (A.). — *2.3-Cyclopentano-5-phenylpiperidin*, $C_{14}H_{19}N$, $Kp._{0,5}$ 125—130°; $D._4^{25}$ 1,026; n_D^{25} 1,550; 76%. *Pikrat*, F. 164° (A.). — *2.3-Cyclohexano-5-phenylpiperidin*, $C_{15}H_{21}N$, F. 47° (PAe.), $Kp._{0,5}$ 142—143°; 82%. *Pikrat*, F. 121°. — *3-Carbäthoxy-3-äthyl-2-methyl-5-phenyl-3.4.5.6-tetrahydropyridin* (**II**), $C_{17}H_{23}NO_2$, $Kp._{0,5}$ 132°, aus 2-Acetyl-4-cyan-2-äthyl-4-phenylbuttersäureäthylester; $D._4^{25}$ 1,056; n_D^{25} 1,5238; 69%. *Pikrat*, F. 129° (A.). — *3-Äthyl-2-methyl-5-phenyl-3.4.5.6-tetrahydropyridin* (**I**), $C_{14}H_{19}N$, $Kp._{0,5}$ 105°, durch Verseifung u. Decarboxylierung von **II**; $D._4^{25}$ 0,988; n_D^{25} 1,5365. *Pikrat*, F. 166° (A.). Gerhard Müller/Bitterfeld. 3231 □

Eine interessante Decarboxylierungsreaktion. Darstellung von 5.6-Dihydropyridonen-(4). H. G. O. Becker, W. Reuter und H. Haufe. (Z. Chem. **1**, 189—90. 1961; Dresden, TH, Inst. für organ. Chem.; dt.) — *2-substituierte 3-Carbalkoxy-5.6-*

dihydropyridone-(4) lassen sich durch Erwärmen mit 95%ig. H_3PO_4 leicht hydrolysieren u. decarboxylieren, wobei *5.6-Dihydropyridone-(4)* (**A**) erhalten werden. Ihre UV-Maxima sind angegeben. Die Konstit. der **A** wird durch Umwandlung des 2-Benzyl-Deriv. in *1-Acetyl-2-benzylpyridon-(4)* bewiesen.

Versuche: *5.6-Dihydropyridon-(4)*, $Kp._{0,01}$ 113—115°, F. 38—40°; 38% (Ausbeute). — Weitere 5.6-Dihydropyridone-(4) (**A**): *2-Methyl-*, $Kp._{0,01}$ 115—117°, F. 61—63°; 65%. — *2-Äthyl-*, $Kp._{0,03}$ 118—120°, F. 65—66°; 71%. — *2-Isopropyl-*, $Kp._{0,02}$ 121—123°, F. 54—56°; 71%. — *2-Benzyl-*, F. 143—145°; 92%. — *2-[p-Methoxybenzyl]-*, F. 101,5°; 75%. W. Hampel. 3231□

Eine neue α-Aminosäure in Boletus-Spezies und einigen Grünpflanzen. Artturi I. Virtanen und Onerva Äyräpää. (Suomen Kemistilehti B **31**, 190, 1958; Helsinki, Biochem. Inst., Labor. of the Foundation for Chem. Res.; engl.) — In Boletus-Arten wurde eine neue *Aminosäure* $C_8H_{10}N_2O_4$, die bei Papierchromatographie die gleiche Wanderungs-Geschw. wie Valin bei Verw. von Butanol–Essigsäure–W. u. Phenol–W. hat u. mit Ninhydrin eine Blaufärbung liefert, gefunden. Sie ist mit Leucenol nicht identisch. K. Zieloff. 3231

Potentielle Amöbicide. 8. Mitt. **Synthese der Mannich-Basen der 4-, 5-, 6- und 7-Hydroxychinoline, 4-Hydroxychinaldine und 1.2.3.4-Tetrahydro-6-hydroxychinoline.** J. S. Tandon, R. N. Iyer und R. Gopalachari. (Ann. Biochem. exp. Med. [Calcutta] **20**, 505—10, 1960; Lucknow, Central Drug Res. Inst.; engl.) — 6. vgl. C. **1961**, 9401. — Folgende Mannich-Basen werden aus Hydroxychinolinen, 4-Hydroxychinaldinen oder 6-Hydroxy-1.2.3.4-tetrahydrochinolin, Formaldehyd u. den entsprechenden sek. Aminen dargestellt: 4-Hydroxychinoline: *3-[Di-n-butylaminomethyl]-*, $C_{18}H_{26}N_2O$. *Hydrochlorid*, F. 168° (Zers.). — *3-Piperidinomethyl-*, $C_{15}H_{18}N_2O$. *Hydrochlorid*, F. 205° (Zers.). — *3-Morpholinomethyl-*, $C_{14}H_{16}N_2O_2$. *Hydrochlorid*, F. 160° (Zers.). — 4-Hydroxychinaldine: *3-[Diäthylaminomethyl]-*, $C_{15}H_{20}N_2O$, F. 324°. — *3-[Di-n-butylaminomethyl]-*, $C_{19}H_{28}N_2O$, F. 310°. — *3-Piperidinomethyl-*, $C_{16}H_{20}N_2O$, F. 302°. — *3-Morpholinomethyl-*, $C_{15}H_{18}N_2O_2$, F. 320°. — 5-Hydroxychinoline: *6-[Diäthylaminomethyl]-*, $C_{14}H_{18}N_2O$, Öl. *Pikrat*, F. 122°. — *6-Piperidinomethyl-*, $C_{15}H_{18}N_2O$, Öl. *Pikrat*, F. 179°. — *6.8-Bis-[morpholinomethyl]-*, $C_{19}H_{25}N_3O_3$, F. 169°. — 6-Hydroxychinoline: *5-[Diäthylaminomethyl]-*, $C_{14}H_{18}N_2O$, Öl. *Pikrat*, F. 192°. — *5-Piperidinomethyl-*, $C_{15}H_{18}N_2O$, F. 85°. *Pikrat*, F. 204°. — *5-Morpholinomethyl-*, $C_{14}H_{16}N_2O_2$, F. 96—98°. — *5-[6-Hydroxychinolyl-(5)-methyl]-*, *Dihydrochlorid*, $C_{19}H_{14}N_2O_2 \cdot 2\,HCl$, F. 340° (Zers.). — 6-Hydroxy-1.2.3.4-tetrahydrochinoline: *5-[Diäthylaminomethyl]-*, $C_{14}H_{22}N_2O$, Öl. — *5-Piperidinomethyl-*, $C_{15}H_{22}N_2O$, F. 172—173°. — *5-Morpholinomethyl-*, $C_{14}H_{20}N_2O_2$, Öl. — 7-Hydroxychinoline: *8-[Diäthylaminomethyl]-*, $C_{14}H_{18}N_2O$, Öl. *Pikrat*, F. 190 bis 192°. — *8-Piperidinomethyl-*, $C_{15}H_{18}N_2O$, Öl. *Pikrat*, F. 206—208°. — *8-Morpholinomethyl-*, $C_{14}H_{16}N_2O_2$, Öl. *Pikrat*, F. 216—217°. — *8-[7-Hydroxychinolyl-(8)-methyl]-*, $C_{19}H_{14}N_2O_2$, F. 237—238°. P. Gregorzewski. 3231□

1.3-Dipolare Additionen der Azomethinimine an Azomethine, Nitrile und Thiocyanate. R. Grashey, Herta Leitermann, Renate Schmidt und K. Adelsberger. (Angew. Chem. **74**, 491, 21/7. 1962; München, Univ., Inst. für Organ. Chem.; dt.) — Azomethinimine der 3.4-Dihydroisochinoline (**A**) vereinigen sich mit der CN-Doppelbindung Schiffscher Basen u. Azine unter Bldg. substituierter *1.2.4-Triazolidine* (**B**). Es entstehen mit den **A** folgende 3′.4′.1.3.4.5-Hexahydroisochinolino-[2′.1′:2.3]-1.2.4-triazole: *1-[p-Nitrophenyl]-4-methyl-5-phenyl-* (**II**); 95% (Ausbeute). — *1-[p-Chlorphenyl]-4-methyl-5-phenyl-*; 91%. — *1.5-Diphenyl-4-methyl-* (**I**); 97%. — *1-Phenyl-4-methyl-5-[p-chlorphenyl]-*; 96%. — *1-Phenyl-4-methyl-5-[p-methoxyphenyl]-*; 91%. — *1.5-Diphenyl-4-benzyl-*; 83%. — *1.4.5-Triphenyl-*; 80%. — *1-Phenyl-4-tert.-butyl-*; 72%. — Saure Hydrolyse öffnet den Triazolidinring: Aus **I** erhält man 96% *Benzaldehyd* (als Dinitrophenylhydrazon), 65% *Methylamin* (als Hydrochlorid) u. das den **A** entsprechende *Hydrazoniumsalz*, das als CS_2-Addukt (86%) identifiziert wurde. Die Thermolabilität der **B** ist geringer als die der 1.3.4-Oxdiazolidine. Die zu den **B** führende Rk. ist umkehrbar. Die **A** entstehen durch die in situ bei 50—80° einsetzende Dissoziation der Hexahydrotetrazine, doch lassen sich die **A** z. B. auch durch Abspaltung von Methanol aus 1-Methoxy-2-[4-nitrophenylamino]-1.2.3.4-tetrahydroisochinolin in sd. Bzl. erzeugen. Bereitet man die **A** in Ggw. von Nitrilen oder Thiocyanaten, so isoliert man folgende 2-[p-Nitrophenyl]-1′.2′.3′.4′-tetrahydroisochinolino-[1′.2′:5.1]-Δ^3-1.2.4-triazoline: *3-Carbäthoxy-*; 83%. — *3-Phenyl-*; 55%. — *3-[o-Nitrophenyl]-*; 45%. — *3-[p-Nitrophenyl]-* (**III**); 69%. — *3-[o-Cyanphenyl]-*; 87%. — *3-Phenylmercapto-*; 91%. — *3-Benzylmercapto-*; 91%. — *3-[p-Chlorbenzylmercapto]-*; 77%. — *3-Cyclohexylmercapto-*; 66%. — *3-Isopropylmercapto-*; 73%. — *3-[α-Carbäthoxyäthylmercapto]-*; 20%. — *2-Phenyl-3-benyzlmercapto-1′.2′.3′.4′-tetrahydroisochinolino-[1′.2′:5.1]-Δ^3-1.2.4-*

triazolin; 91%. — Saure Hydrolyse von **III** ergibt *p-Nitrobenzoesäure*, NH_3 u. das den **A** entsprechende Hydrazoniumsalz. Die Thiocyanataddukte erleiden beim Erhitzen über den F. eine Fragmentierung u. gehen in *1-[p-Nitrophenyl]-5-thioxo-3'.4'.1.5-tetrahydro-isochinolino-[2'.1':2.3]-1.2.4-triazol* über. P. Golinske. 3231□

Eine Synthese von DL-Willardiin. G. Shaw und J. H. Dewar. (Proc. chem. Soc. [London] **1961**, 216, Juni; Bradford, Inst. of Technol., Chem. Dep.; engl.) — Die Struktur des von Gmelin aus dem Samen von *Acacia willardiana* isolierten u. als *L-α-Amino-β-[uracilyl-(1)]-propionsäure* formulierten *Willardiins* wird durch Synth. gesichert. Dazu wird der aus Aminoacetaldehyddiäthylacetal u. β-Äthoxyacryloylisocyanat erhaltene *N-[β-Äthoxyacryloyl]-N'-[β.β-diäthoxyäthyl]-harnstoff* mit warmer verd. NaOH unter Bldg. von *1-[2.2-Diäthoxyäthyl]-uracil* umgesetzt, das bei der sauren Hydrolyse *Uracilyl-(1)-acetaldehyd* [**I**; F. 207° (Zers.) nach Verfärbung ab 175°] liefert. Aus **I** wird durch Strecker-Synth., Hydrolyse mit HCl, Eindampfen u. Einstellen auf pH 4 *DL-Willardiin* [F. 205—209° (Zers.); 50% (Ausbeute); λ_{max} 262—263 mμ (ε = 8750) u. λ_{min} 229—230 mμ (ε = 1500) bei pH 1; λ_{max} 265—266 mμ (ε = 6250) u. λ_{min} 242 mμ (ε = 3150) bei pH 12] erhalten. G. Leithäuser. 3272□

Die Darstellung von oxydierten Derivaten von 1-Äthylsulfonyl-4-äthylpiperazin. William O. Foye und Leo R. Fedor jun. (J. Amer. pharmac. Assoc., sci. Edit. **48**, 412—14, Juli 1959; Boston, Mass., Massachusetts Coll. of Pharmacy, Dep. of Chem.; engl.) — Durch Einführung von Carboxymethyl- u. Hydroxyäthylgruppen in 1-Äthylsulfonylpiperazin werden Oxydations-Prodd. von 1-Äthylsulfonyl-4-äthylpiperazin, einem Antischockmittel, dargestellt.

Versuche: Piperazine: *1-Benzyloxycarbonyl-*, Kp.$_{2-3}$ 160—170°, durch gleichzeitiges 1½ std. Zutropfen von Carbobenzoxychlorid u. 4n NaOH zu Piperazinhexahydrat in sd. Methanol/W./6n HCl (225/30/46,5) bei pH 4,6, 3 std. Kochen, mehrstd. Stehen, Einengen im Vakuum, Alkalisieren mit NaOH, Versetzen mit Soda u. Extrahieren mit Chlf.; 41% (Ausbeute); daneben *1.4-Bis-[benzyloxycarbonyl]-piperazin*, F. 112—113°. — *1-Äthylsulfonyl-4-benzyloxycarbonyl-*, $C_{14}H_{20}N_2O_4S$, F. 108—110°, durch Zutropfen von Äthylsulfonylchlorid in Ae. zu vorst. Verb. u. Triäthylamin in abs. Ae. bei 15—20° u. 2 std. Rühren bei Raum-Temp.; Plättchen; 76,8%. — *1-Äthylsulfonyl-*, Kp.$_2$ 145—150°, durch 1½ std. Hydrieren vorst. Verb. in A. an 10%ig. Pd/Kohle bei 45°/3 at; 98,5%. *Hydrobromid*, F. 218—220° (A.), durch ¼ std. Stehen vorst. Verb. in Eisessig mit 30%ig. HBr/Eisessig u. mehrstd. Stehen im Eisschrank; 72%. — *1-Äthylsulfonyl-4-[β-hydroxyäthyl]-*, *Hydrochlorid*, $C_8H_{19}ClN_2O_3S$, F. 167—168° (A.), durch 5 std. Kochen vorst. Verb. mit Äthylenchlorhydrin; 29%. — *1-Äthylsulfonyl-4-carboxymethyl-*, *Hydrobromid*, $C_8H_{17}BrN_2O_4S$, F. 176—177° (Erweichen; A.), durch ¼ std. Erhitzen vorvorst. Verb. mit Bromessigsäure auf dem Dampfbad; 45,5%. *Hydrochlorid*, $C_8H_{17}ClN_2O_4S$, F. 132—133° (A.), durch 1 std. Kochen vorvorst. Verb. mit Chloressigsäure in Chlf.; 80,5%. — *1-Carbäthoxy-4-[β-hydroxyäthyl]-*, Kp.$_{20}$ 190—192°, nach Moore u. Mitarbeitern [1929]; 66%. — *1-[β-Hydroxyäthyl]-*, *Dihydrochlorid*, $C_6H_{16}Cl_2N_2O$, F. 192—193° (nach Erweichen), nach Moore u. Mitarbeitern [1929]; Körner. — *1-Carboxymethyl-*, *Dihydrobromid*, $C_6H_{14}Br_2N_2O_2$, F. >300°, durch 1½ std. Erhitzen von 1-Carbäthoxypiperazin u. Bromessigsäure auf dem Dampfbad, Versetzen des halbfesten Körpers mit 30%ig. HBr/Eisessig u. 1½ std. Erhitzen auf 75°.
P. Golinske. 3272□

Einwirkung von Phosphorpentachlorid und Polyphosphorsäure auf Nitrosoindole. Franco Piozzi, Mario Dubini und Mirella Cecere. (Gazz. chim. ital. **89**, 2342—58, Okt./Nov. 1959; Milano, Politecnico, Ist. Chim. Generale del Centro di Chim. ind. CNR; ital.) — Nach Alessandri [1913] verläuft die Einw. von PCl_5 in kaltem Ae. auf 2-Phenyl-3-nitrosoindol (**I**) mit guter Ausbeute zu *2-Phenylchinazolon-(4)* (**II**). Kontrolle der Rk. durch Vff. ergab nur geringe Mengen **II**. Hauptprod. ist *2-Benzoylaminobenzamid* (**III**), das beim Kochen in Alkalien in **II** übergeht. 2-Phenyl-5-methyl-3-nitrosoindol (**IV**) liefert *2-Benzoylamino-5-methylbenzonitril* (**V**), das leicht in *2-Phenyl-6-methylchinazolon-(4)* (**VI**) übergeführt werden kann. 2-tert.-Butyl-3-nitrosoindol (**VII**) liefert *2-Pivaloylaminobenzamid* (**VIII**) bzw. *2-tert.-Butylchinazolon-(4)*. Genauso verläuft die Bldg. von *2-Pivaloylamino-5-methylbenzamid* (**X**) aus *2-tert.-Butyl-5-methyl-3-nitrosoindol* (**XI**). **X** geht leicht über in *2-tert.-Butyl-6-methylchinazolon-(4)*. Aus *2-tert.-Butyl-5.7-dimethyl-3-nitrosoindol* (**XIII**) entsteht eine Spur *2-tert.-Butyl-6.8-dimethylchinazolon-(4)* (**XIV**), Hauptprod. ist *2-Pivaloylamino-3.5-dimethylbenzonitril* (**XV**). Auch 2-Methyl-3-nitrosoindol (**XVI**) liefert *2-Acetylaminobenzonitril*, aus 2-Phenyl-3-nitrosoindol (**I**) entsteht *2-Benzoylaminobenzonitril* (**IX**). Mit Polyphosphorsäure werden aus 3-Nitrosoindolen ebenfalls keine Chinazolone gebildet: Aus **I** entsteht ein Gemisch von **IX** u. *Benzoylanthranil*. Aus **IV** entsteht **V**, aus **VII** *2-Pivaloylaminobenzoesäure*, aus **XI** *2-Pivaloyl-*

amino-5-methylbenzoesäure, aus **XIII** *3.5-Dimethylpivaloylanthranil* (**XII**). Aus **XII** erhält man durch Hydrolyse mit NH_4OH **XIV** u. mit Alkali *2-Pivaloylamino-3.5-dimethylbenzoesäure*. Die Haupt-Rk. bei der Umsetzung von 3-Nitrosoindolen mit PCl_5 u. Polyphosphorsäure in Ae. oder Chlf. besteht demnach in der Öffnung des heterocycl. Ringes. UV-Spektren s. Original.

Versuche (FF. korr.): *2-Phenylchinazolon-(4)* (**II**), $C_{14}H_{10}N_2O$, F. 241°, aus 2 g **I** durch Zugeben von PCl_5 in abs. Ae. bei 0° u. 48std. Stehen bei normaler Temp. (Meth. **A**); aus A. Nadeln; 0,2 g (Ausbeute); daneben 0,8 g *2-Benzoylaminobenzamid* (**III**; $C_{14}H_{12}$·N_2O_2, F. 223°; aus wss. A. Nadeln; gibt beim Erwärmen mit wss. NaOH **II**). — *2-Benzoylaminobenzonitril* (**IX**), $C_{14}H_{10}N_2O$, F. 158°, durch $^3/_4$std. Kochen von 1 g **I** u. PCl_5 in Chlf. (Meth. **B**); aus Bzl. Nadeln; gibt beim Kochen mit Alkali **II** u. beim Kochen mit wss. alkohol. HCl **III**; 0,8 g. — *Benzoylanthranil*, $C_{14}H_9NO_2$, F. 123°, durch $^3/_4$std. Rk. von 1 g **I** mit Polyphosphorsäure bei 110° (Meth. **C**); aus wss. A. Nadeln; 0,2 g; daneben 0,2 g **IX**. — *2-Phenyl-6-methylchinazolon-(4)* (**VI**), $C_{15}H_{12}N_2O$, F. 265—266° (Sublimation im Vakuum), aus 2 g **IV** nach **A**; 0,5 g geben nach **B** (oder **C**) 0,3 g **V**; daneben 550 mg *2-Benzoylamino-5-methylbenzonitril* (**V**; $C_{15}H_{12}N_2O$, F. 206—207°; aus A. Nadeln; liefert nach längerem Kochen mit Alkali **VI**). — *2-Pivaloylaminobenzamid* (**VIII**), $C_{12}H_{16}N_2O_2$, F. 216°, aus 0,75 g **VII** nach **A** oder **B**; aus Bzl. Nadeln; 0,3 g. — *2-tert.-Butylchinazolon-(4)*, $C_{12}H_{14}N_2O$, F. 187° (aus A. Prismen), durch Lösen von **VIII** in warmem Alkali u. Einleiten von CO_2. — *2-Pivaloylaminobenzoesäure*, $C_{12}H_{15}NO_3$, F. 159—160° (wss. A.), aus 1 g **VII** nach **C**; 0,2 g. — *2-Pivaloylamino-5-methylbenzamid* (**X**), $C_{13}H_{18}N_2O_2$, F. 199—200°, a) aus 0,5 g **XI** nach **A**; Prismen aus Bzl.; 0,2 g; b) aus 0,5 g **XI** nach **B**; 0,25 g. — *2-tert.-Butyl-6-methylchinazolon-(4)*, $C_{13}H_{16}N_2O$, F. 248—249°, aus **X** durch Kochen mit Alkali; aus A. Prismen. — *2-Pivaloylamino-5-methylbenzoesäure*, $C_{13}H_{17}NO_3$, F. 171°, aus 1 g **XI** nach **C**; Prismen aus wss. A.; 0,1 g. — *2-Pivaloylamino-3.5-dimethylbenzonitril* (**XV**), $C_{14}H_{18}N_2O$, F. 140° (Bzl./Hexan), aus 0,7 g **XIII** nach **A** oder **B**; 0,2 g; daneben **XIV**. — *2-tert.-Butyl-6.8-dimethylchinazolon-(4)* (**XIV**), $C_{14}H_{18}N_2O$, F. 209°, durch Kochen von **XV** mit 1,5%ig. wss.-alkohol. NaOH. — *3.5-Dimethylpivaloylanthranil* (**XII**), $C_{14}H_{17}NO_2$, F. 88—88,5°, aus 0,6 g **XIII** nach **C**; Nadeln aus wss. A.; liefert beim 1std. Kochen mit konz. NH_3 **XIV**; 0,4 g. — *2-Pivaloylamino-3.5-dimethylbenzoesäure*, $C_{14}H_{19}NO_3$, F. 168—169° (wss. A.), aus **XII** durch 1std. Kochen mit wss. 3%ig. NaOH. — *2-Acetylaminobenzonitril*, F. 132°, aus **XVI** nach **A**; aus W. Nadeln. — *2-Acetylaminobenzamid*, $C_9H_{10}N_2O_2$, F. 186—187°, (wss. Methanol), aus 1 g **XVI** nach **B**; 0,1 g. A. W. Schäfer. 3272□

Pyrimidine. 6. Mitt. **Chinazolinderivate.** M. Claesen und H. Vanderhaeghe. (Bull. Soc. chim. belges **68**, 220—24, Mai/Juni 1959; Louvain, Univ., Inst. Rega; s.a.R.I.T. [Genval]; franz.) — 5. vgl. C. **1962**, 12298. — Vff. synthetisieren aus 2.4-Dichlorchinazolin (**I**) durch Rk. mit Na-Alkoholaten *2.4-Dialkoxychinazoline* (**A**) u. daraus durch partielle Verseifung mit Na-Äthylat *2-Alkoxy-4-hydroxychinazoline*. *2-Alkoxy-4-aminochinazoline* werden analog aus 2-Chlor-4-aminochinazolin (**II**) u. Na-Alkoholaten hergestellt. In 2- u. 4-Stellung des Chinazolinringes haftende Cl- u. C_2H_5O-Substituenten werden leicht gegen die NH_2NH-Gruppe ausgetauscht. *2-Phenyl-4-hydrazinochinazolin* erhält man aus Benzoylanthranil (**III**) u. NH_4-Acetat über *2-Phenylchinazolon-(4)*, Chlorierung mit PCl_5 zu *2-Phenyl-4-chlorchinazolin* u. Umsetzung mit Hydrazinhydrat.

Versuche: 2.4-Dialkoxychinazoline (**A**): durch Zusatz von 6 g **I** zu der Lsg. von 1,4 g Na in 50 ml des entsprechenden Alkohols, 2std. Kochen u. Fällen mit W. oder Ausäthern; 3—5 g (Ausbeute): *2.4-Dimethoxy-*, F. 72—75° (A.). — *2.4-Diäthoxy-* (**IV**), F. 55° (A.). — *2.4-Dipropyloxy-*, F. 45—47° (A.). — *2.4-Dibutyloxy-*; flüssig. — 2-Alkoxy-4-hydroxychinazoline: durch Zusatz von 4 g des entsprechenden **A** zu der Lsg. von 0,5 g Na in A., 6std. Erwärmen auf dem Wasserbad, Zusatz von W. u. Ansäuern mit CH_3COOH; ca. 3 g: *2-Methoxy-*, F. 214—218° (A.). — *2-Äthoxy-*, F. 179° (A.). — *2-Propyloxy-*, F. 149—150° (A.). — *2-Butyloxy-*, F. 135—137° (A.). — 2-Alkoxy-4-aminochinazoline: durch Zusatz von 3,6 g **II** zu der Lsg. von 0,46 g Na in 100 ml des entsprechenden Alkohols, 24std. Erwärmen auf dem Wasserbad, Eindampfen, Verreiben des Rückstandes mit W. u. Absaugen; ca. 2 g: *2-Methoxy-*, F. 203—205° (wss. A.). — *2-Äthoxy-*, F. 136—137° (wss. A.). — *2-Propyloxy-*, F. 154—156° (wss. A.). — *2-Butyloxy-*, F. 129—131° (wss. A.). — *2-Hydrazino-4-hydroxychinazolin* (**V**), F. 360° (Zers.; W.), durch 2std. Kochen von 1,2 g 2-Chlor-4-hydroxychinazolin mit der wss. Lsg. von 2 g K_2CO_3 u. 2 ml 85%ig. $N_2H_4 \cdot H_2O$ u. Neutralisation mit CH_3COOH; 0,7 g. — *2-Hydrazino-4-aminochinazolin*, F. 232° (Zers.; Pyridin–A.), aus **II** analog **V**. — *2.4-Dihydrazinochinazolin*, F. 226—227° (Zers.; Pyridin), a) durch 1½std. Erwärmen von 2,5 g **I** mit wss. 50%ig. $N_2H_4 \cdot H_2O$ auf dem Wasserbad; 1,4 g; b) durch 3std. Rk. von 2-Chlor-4-äthoxychinazolin mit $N_2H_4 \cdot H_2O$ in A. bei 37°; c) durch 1—4std. Erwärmen von **IV** u. $N_2H_4 \cdot H_2O$ in A. auf dem Wasserbad. — *4-Hydrazinochinazolin*,

F. 186—187° (Zers.; Pyridin), durch 1½ std. Erwärmen von 3,5 g 4-Chlorchinazolin mit $N_2H_4 \cdot H_2O$ in Dioxan auf dem Wasserbad; 1,55 g. *Hydrochlorid*, F. 193—194° (Zers.; wss. A.). — *2-Hydrazinochinazolin*, F. 132—133° (A.), durch 2½ std. Kochen von 0,67 g 2-Chlorchinazolin mit $N_2H_4 \cdot H_2O$ in abs. CH_3OH; 0,15 g. — *2-Phenylchinazolon-(4)*, F. 233—234°, durch 45 Min. langes Erhitzen von 5 g **III** u. 1 g NH_4-Acetat auf 240—250° u. Waschen des Rk.-Prod. mit sd. 5%ig. Soda-Lsg., W. u. A.; 3,4 g. — *2-Phenyl-4-chlorchinazolin*, F. 126—127° (PAe.), durch 2std. Kochen von 15 g vorst. Verb. mit 20 g PCl_5 in 60 ml $POCl_3$, Einengen im Vakuum, Zers. mit Eis, Bzl.-Extraktion u. Eindampfen; 13,2 g. — *2-Phenyl-4-hydrazinochinazolin*, F. 216—217° (A.), durch 2½ std. Kochen von 6 g vorst. Verb. in Dioxan mit $N_2H_4 \cdot H_2O$ u. Einengen; 4 g.
H.-J. Kötzsch. 3272□

Kondensation von o-Phenylendiamin mit α.γ-Diketoestern: Neue Chinoxalinderivate. Silvana Fatutta und Antonietta Stener. (Gazz. chim. ital. **88**, 89—100, Jan. 1958; Trieste, Univ., Ist. di Chim.; ital.) — Durch Umsetzung von o-Phenylendiamin (**I**) mit Acetylbrenztraubensäureäthylester (**II**), Benzoylbrenztraubensäureäthylester (**III**), [Furoyl-(2)]-brenztraubensäureäthylester (**IV**) u. Isonicotinoylbrenztraubensäureäthylester (**V**) entstehen *2-Acetonylchinoxalon-(3)* (**VI**), *2-Phenacylchinoxalon-(3)* (**VII**), *2-[Furoyl-(2)-methyl]-chinoxalon-(3)* u. *2-Isonicotinoylmethylchinoxalon-(3)*, von denen eine Reihe von Derivv. beschrieben wird. **V** wird durch Kondens. von 4-Acetylpyridin (**IX**) mit Oxalsäurediäthylester (**VIII**) gewonnen.

Versuche: *2-Acetonylchinoxalon-(3)* (**VI**), $C_{11}H_{10}N_2O_2$, F. 257° (A.; gelbe Nadeln), a) durch Erhitzen von **I** mit etwas mehr als der berechneten Menge **II** auf 110°, Abkühlen u. Aufnehmen in sd. A.; b) analog a) in 95%ig. A. u. 24std. Aufbewahren. *Phenylhydrazon*, $C_{17}H_{16}N_4O$, durch ¾std. Erhitzen von **VI** mit Phenylhydrazin (**X**) auf 100—110°, Abkühlen u. Waschen des Rk.-Prod. mit sd. Äthanol. *p-Nitrophenylhydrazon*, $C_{17}H_{15}N_5O_3$, F. 279—281° (Zers.; Essigsäure; rote Nadeln), durch 1std. Kochen von **VI** u. p-Nitrophenylhydrazin in Eisessig u. Abkühlen. *Oxim*, $C_{11}H_{11}N_3O_2$, F. 213—215° (A.; gelbe Schuppen), durch 1std. Kochen von **VI** in A. mit der wss. Lsg. von $NH_2OH \cdot HCl$ u. Na_2CO_3. *Azin*, $C_{22}H_{20}N_6O_2$, F. 295—296° (A.; gelbe Kristalle), durch 5std. Kochen von **VI** in A. mit $N_2H_4 \cdot HCl$ in Wasser. — *2-Cinnamoylmethylchinoxalon-(3)*, $C_{18}H_{14}N_2O_2$, F. 261—262° (A.; orangefarbene Nadeln), durch Zugabe von Benzaldehyd u. 10%ig. NaOH zu der Suspension von **VI** in W., 24std. Aufbewahren u. Filtration. — *2-[4-Methoxycinnamoylmethyl]-chinoxalon-(3)*, $C_{19}H_{16}N_2O_3$, F. 279—280° (Dioxan; orangefarbene Nadeln), wie vorst. aus **VI** u. Anisaldehyd. — *2-[3.4-Methylendioxycinnamoylmethyl]-chinoxalon-(3)*, $C_{19}H_{14}N_2O_4$, F. 310° (Dioxan; orangefarbene Nadeln), durch Zugabe von 10%ig. NaOH zu der Suspension von **VI** u. Piperonal in W. u. 2tägiges Aufbewahren. — *2-Acetonyl-4-methylchinoxalon-(3)*, $C_{12}H_{12}N_2O_2$, F. 188° (A.; gelbe Nadeln), a) aus **VI** u. CH_2N_2 in Ae. u. 2tägiges Aufbewahren; b) durch 5std. Kochen von **VI** u. CH_3J in Ggw. von methanol. KOH; c) durch 3—4 Min. langes Erhitzen von N-Methyl-o-phenylendiamin mit **II** auf 140° u. Aufarbeitung analog **VI** nach a). — *2-Acetonyl-4-benzoylchinoxalon-(3)*, $C_{18}H_{14}N_2O_3$, F. 198—199° (A.; gelbe Nadeln), durch 24std. Einw. von Benzoylchlorid (**XI**) auf **VI** in Pyridin u. Gießen auf Eis. — *α-[o-Benzoylaminophenylimino]-lävulinsäureäthylester*, $C_{20}H_{20}N_2O_4$, F. 124° (A.; gelbe Nadeln), durch 1std. Kochen von N-Benzoyl-o-phenylendiamin mit **II** in A. u. Abdestillieren des Äthanols. — *2-Phenacylchinoxalon-(3)* (**VII**), $C_{16}H_{12}N_2O_2$, F. 267—268° (A.; orangefarbene Nadeln), durch Aufkochen von **I** u. **III** in Äthanol. *Phenylhydrazon*, $C_{22}H_{18}N_4O$, F. 220—223° (A.; orangefarbene Nadeln), durch ¾std. Erhitzen von **VII** u. **X** auf 130° u. Abkühlen. *Oxim*, $C_{16}H_{13}N_3O_2$, F. 251° (Zers.; A.; hellgelbe Kristalle), durch 2std. Kochen von **VII** u. $NH_2OH \cdot HCl$ in Pyridin u. Gießen auf Eis. — *2-Phenacyl-4-methylchinoxalon-(3)*, $C_{17}H_{14}N_2O_2$, F. 180° (A.; gelbe Nadeln), a) durch 4tägiges Aufbewahren von **VII** mit äther. CH_2N_2; b) durch 8std. Kochen von **VII**, CH_3J u. methanol. KOH. — *2-[Furoyl-(2)-methyl]-chinoxalon-(3)*, $C_{14}H_{10}N_2O_3$, F. 301° (A.; braune Nadeln), durch 1std. Kochen von **I** u. **IV** in A. u. Stehenlassen zur Kristallisation. — *2-[Furoyl-(2)-methyl]-4-benzoylchinoxalon-(3)*, $C_{21}H_{14}N_2O_4$, F. 232° (A.; gelbe Nadeln), durch 24std. Einw. von **XI** auf vorst. Verb. in Pyridin u. Gießen auf Eis. — *Isonicotinoylbrenztraubensäureäthylester* (**V**), $C_{11}H_{11}NO_4$, F. 75° (verd. A.; gelbe Nadeln), durch Zugabe von feinverteiltem Na zu der Lsg. von **VIII** u. **IX** in Ae., 2std. Aufbewahren bei 0°, später bei Raum-Temp., 2std. Kochen, Aufnehmen des abfiltrierten *Na-Salzes* in W. u. Ansäuern mit Essigsäure. — *2-Isonicotinoylmethylchinoxalon-(3)*, $C_{15}H_{11}N_3O_2$, F. 237° (A.; gelbe Nadeln), durch 1std. Kochen von **I** u. **V** in A. u. Aufbewahren zur Kristallisation. — *2-Isonicotinoylmethyl-4-benzoylchinoxalon-(3)*, $C_{22}H_{15}N_3O_3$, F. 215—216° (A.; gelbe Nadeln), aus vorst. Verb. u. **XI** in Pyridin.
G. Platzer. 3272□

5-Hydroxy-8-acetylaminochinoxalin. Margaret H. Broyles und William K. Easley. (J. org. Chemistry **25**, 2233—34, Dez. 1960; Johnson City, Tenn., East

Tennessee State Coll.; engl.) — Die Synth. von *O.N-Diacetyl-p-aminophenol*, dessen *3-Nitro-Deriv.*, *3-Nitro-4-acetylaminophenol* u. *2.3-Dinitro-4-acetylaminophenol* (I) werden verbessert. Das aus I durch katalyt. Hydrierung erhaltene *2.3-Diamino-4-acetylaminophenol* wird mit Glyoxal (als Bisulfit-Addukt) unter Bldg. von *5-Hydroxy-8-acetylaminochinoxalin* (II) umgesetzt, das mit Cu-Acetat in verd. A. ein rötliches *Cu-Salz* (III) bildet. II u. III zeigen gegen *Aspergillus niger* fungistat. Wirkung.

Versuche: *O.N-Diacetyl-p-aminophenol*, $C_{10}H_{11}NO_3$, F. 151—154°, durch Eintropfen von Acetanhydrid in p-Aminophenol, Kühlen auf 75°, rasche Zugabe von Acetylchlorid, 2std. Kochen, Kühlen auf 100° u. Gießen auf Eiswasser; 91% (Ausbeute). — *3-Nitro-O.N-diacetyl-p-aminophenol*, $C_{10}H_{10}N_2O_5$, F. 145—146°, durch 1std. Eintragen von 0,76 Mol vorst. Verb. in 1,9 Mol rauchende HNO_3 bei 18° unter Rühren u. Gießen in Eiswasser; aus 50%ig. A. gelbe Kristalle; 68%. — *3-Nitro-4-acetylaminophenol*, $C_8H_8N_2O_4$, F. 218—220°, durch ½std. Zugabe von 40%ig. NaOH zu 3,776 Mol vorst. Verb. in W. unter Rühren u. Ansäuern mit konz. HCl (pH 4); aus 50%ig. A. hellorangefarbene Kristalle; 26%. — *2.3-Dinitro-4-acetylaminophenol* (I), $C_8H_7N_3O_6$, F. 196—198,5°, durch ½std. Eintragen vorst. Verb. in konz. $HNO_3 < 10°$ u. Gießen auf Eiswasser; aus verd. A. gelbe Nadeln; 41%. — *5-Hydroxy-8-acetylaminochinoxalin* (II), $C_{10}H_9N_3O_2$, F. 246—247°, durch ½std. Hydrieren von 0,145 Mol I in Dimethylformamid an 5%ig. Pd-Kohle bei Raum-Temp. u. 2,04 atm, Filtrieren, Zugabe von 0,2 Mol Glyoxal-$NaHSO_3$-Addukt in W. von 60°, 6std. Erhitzen auf 100° bei 558 mm, Zugabe von Aceton u. Eindampfen des Filtrats; goldgelb; 41%. *Cu-Salz* (III), $C_{20}H_{16}CuN_6O_4$, durch Zugabe von 0,005 Mol Cu-Acetat in W. zu 0,01 Mol II in A. bei 80°; rot; 89%.

M. Riccius. 3272 □

Synthese von potentiellen Antikrebsmitteln. 2. Mitt. **Halogenierung von 7-substituierten 5-Methyl-symm.-triazolo-[2.3:a]-pyrimidinen.** Hideo Kanō, Yasuo Makisumi, Shirō Takahashi und Masaru Ogata. (Chem. pharmac. Bull. [Tokyo] **7**, 903—06, Dez. 1959; Imafuku, Amagasaki, Shionogi & Co. Ltd., Res. Labor.; engl.) — 1. vgl. C. **1962**, 6414. — Die Halogenierung von 5-Methyl-7-hydroxy- (I) u. 5-Methyl-7-amino-symm.-triazolo-[2.3:a]-pyrimidin (IV) mit Cl_2 oder Br_2 liefert die entsprechenden *5-Methyl-6-halogen-7-hydroxy-* (A) bzw. *-7-amino-symm.-triazolo-[2.3:a]-pyrimidine*. Die **A** werden in die entsprechenden *7-Chlor-Verbb.* übergeführt, die durch die üblichen nucleophilen Substitutionen in 7-substituierte 6-Halogen-Derivv. umgewandelt werden. Einige dieser Verbb. zeigen biolog. Aktivität.

Versuche: 5-Methyl-symm.-triazolo-[2.3:a]-pyrimidine: *6.7-Dichlor-* (III), $C_6H_4Cl_2N_4$, F. 135—137°, a) durch 25std. Kochen von 33 g I mit PCl_5 u. $POCl_3$, Eindampfen im Vakuum, Extrahieren mit Chlf. u. Chromatographie an Al_2O_3; aus W. blaßgelbe Kristalle; 22,5 g (Ausbeute); b) durch 25std. Kochen von 1,5 g 5-Methyl-6-chlor-7-hydroxy-symm.-triazolo-[2.3:a]-pyrimidin (II) mit $POCl_3$; 0,7 g; c) durch 2std. Kochen von 1,2 g **II** u. $POCl_3$ in Ggw. von Dimethylanilin, Eindampfen im Vakuum u. Gießen in W.; 0,7 g. — *6-Chlor-*, $C_6H_5ClN_4$, F. 133—135° (Chlf./CCl_4), durch Hydrieren von 1 g **III** in Methanol an 5% ig. Pd/Kohle bis zur Aufnahme der berechneten Menge H_2; 0,65 g. — *Unsubstituiert*, $C_6H_6N_4$, F. 185—186°, a) durch 2std. Hydrieren von 1 g 5-Methyl-7-chlor-symm.-triazolo-[2.3:a]-pyrimidin in A. in Ggw. von konz. NH_4OH an 5%ig. Pd/Kohle; aus Chlf./Bzl. Säulen; 0,6 g; b) durch 3std. Kochen von 0,2 g vorst. Verb. in W. mit Raney-Ni u. konz. NH_4OH, Extrahieren mit Chlf. u. Chromatographie an Al_2O_3; 0,03 g. — *6-Chlor-7-hydroxy-* (II), $C_6H_5ClN_4O$, F. 343° (Zers.), a) durch 2std. Kochen von 2,4 g 3-Amino-1.2.4-triazol in Eisessig/2-Chloracetessigsäureäthylester; aus W. Säulen; 2,6 g; b) durch Einleiten von 0,25 g Cl_2 in eine Lsg. von 0,5 g **I** in W. u. 2std. Erwärmen auf 70°; 0,45 g; c) durch 20 Min. langes Erhitzen von III mit 0,2% ig. HCl; d) durch Erhitzen von 5-Methyl-6-chlor-7-mercapto-symm.-triazolo-[2.3:a]-pyrimidin mit 25% ig. H_2SO_4 auf dem Wasserbad. — *6-Brom-7-hydroxy-*, $C_6H_5BrN_4O$, F. 280° (Zers.), a) durch 6std. Kochen von 3-Amino-1.2.4-triazol mit 2-Bromacetessigsäureäthylester in abs. A. in Ggw. von etwas Piperidin; aus W. Nadeln; b) durch Zutropfen von Br_2 in Eisessig zu 0,5 g **I** in Eisessig u. mehrstd. Stehen; 0,7 g. — *6-Brom-7-chlor-*, $C_6H_4BrClN_4$, F. 141—142°, aus 1,5 g vorst. Verb. u. $POCl_3$ durch 2std. Kochen in Ggw. von Dimethylanilin, Eindampfen im Vakuum u. Gießen in W.; aus A. Nadeln; 1,6 g. — *6-Chlor-7-amino-*, $C_6H_6ClN_5$, F. 289°, a) durch Einleiten von 0,25 g Cl_2 in eine Lsg. von 0,5 g **IV** in Eisessig u. mehrstd. Stehen; aus A. Schuppen; 0,4 g; b) durch 6std. Erhitzen von 3 g **III** u. äthanol. NH_3 im Bombenrohr auf 160°; 2,5 g. — *6-Brom-7-amino-*, $C_6H_6 \cdot BrN_5$, F. 248° (Zers.), a) durch Zutropfen von Br_2 in Eisessig zu **IV** in Eisessig u. mehrstd. Stehen; Schuppen; b) durch 7std. Erhitzen vorvorst. Verb. mit äthanol. NH_3 im Bombenrohr auf 160°. — *6-Chlor-7-mercapto-*, $C_6H_5ClN_4S$, F. 274—275° (Zers.), durch 20 Min. langes Kochen von **III** u. Thioharnstoff in A.; aus A. blaßgelbe Nadeln. — *6-Brom-*

7-mercapto-, $C_6H_5BrN_4S$, F. 262° (Zers.), analog vorst. Verb.; aus A. blaßgelbe Prismen. — *6-Chlor-7-methylmercapto-*, $C_7H_7ClN_4S$, F. 141—142,5°, durch mehrstd. Schütteln vorvorst. Verb. in 1%ig. NaOH mit CH_3J; aus A. Nadeln. P. Golinske. 3272□

Synthese von potentiellen Antikrebsmitteln. 3. Mitt. 7-substituierte symm.-Triazolo-[2.3:a]-pyrimidine und ihre halogenierten Verbindungen. Yasuo Makisumi und Hideo Kanō. (Chem. pharmac. Bull. [Tokyo] 7, 907—11, Dez. 1959; engl.) — 2. vgl. vorst. Referat. — Sechs Arten von 7-substituierten *symm.-Triazolo-[2.3:a]-pyrimidinen*, die mit natürlichen Purinen u. ihren Antagonisten isomer sind, werden dargestellt. Die Halogenierung von 7-Hydroxy- (I) u. 7-Amino-symm.-triazolo-[2.3:a]-pyrimidin (III) mit Cl_2 oder Br_2 liefert die entsprechenden 6-Halogenderivate. Einige dieser Verbb. zeigen biolog. Aktivität.

Versuche: symm.-Triazolo-[2.3:a]-pyrimidine: *7-Hydroxy-* (I), $C_5H_4N_4O$, F. 286—287°, a) durch Zugabe von 90 g Äpfelsäure zu 10%ig. rauchender H_2SO_4 bei $< 0°$, Zugabe von 50,4 g 3-Amino-symm.-triazol bei $< 0°$, mehrstd. Stehen bei Raum-Temp., 1std. Erhitzen auf dem Wasserbad, Kühlen, Gießen auf Eis, Einstellen auf pH 6 mit NH_4OH u. Filtrieren; aus W. Nadeln; 36 g (Ausbeute); b) durch 6std. Kochen von 1,2 g 2-Hydrazino-4-hydroxypyrimidin u. HCOOH, Eindampfen im Vakuum u. Verdünnen mit A.; 1 g. — *7-Chlor-* (II), $C_5H_3ClN_4$, F. 175—176°, durch 1—1½std. Kochen von 13,6 g I u. $POCl_3$ unter Feuchtigkeitsausschluß, Einengen, Gießen auf Eis u. Alkalisieren mit NH_4OH; aus W. Nadeln; 10 g. — *Unsubstituiert*, $C_5H_4N_4$, F. 151°, durch 2std. Hydrieren von 3 g II an 10%ig. Pd/Kohle in W. bei Raum-Temp./1 at; aus Bzl. Prismen; 1,1 g. — *7-Mercapto-*, $C_5H_4N_4S$, F. 294—295° (Zers.), durch 20 Min. langes Kochen von 1,5 g II mit der entsprechenden Menge Thioharnstoff in abs. A.; aus A. blaßgelbe Nadeln; 1,2 g. — *7-Amino-* (III), $C_5H_5N_5$, F. 279—280°, durch 5std. Erhitzen von 2 g II in A. mit bei 0° mit NH_3 gesätt. A. auf 120—130°; aus W. Nadeln; 1,2 g. — *7-Furfurylamino-*, $C_{10}H_9N_5O$, F. 199—200°, durch Zugabe von Furfurylamin in A. zu 1 g II in A. u. 20 Min. langes Kochen; aus W. Nadeln; 1 g. — *6-Chlor-7-hydroxy-* (V), C_5H_3·ClN_4O, F. $> 300°$, durch Einleiten von 0,7 g Cl_2 in eine Lsg. von 1,4 g I in Eisessig u. 3std. Rühren; aus 50%ig. A. Nadeln; 1 g. — *6-Brom-7-hydroxy-*, $C_5H_3BrN_4O$, F. $> 300°$, durch Zutropfen von 0,6 g Br_2 in Eisessig zu 0,5 g I in Eisessig u. 3std. Rühren; aus W. Schuppen; 0,6 g. — *6.7-Dichlor-* (IV), $C_5H_2Cl_2N_4$, F. 139—140°, durch 2std. Kochen von 1,2 g V mit $POCl_3$ u. Dimethylanilin, Eindampfen im Vakuum u. Gießen in Eiswasser; aus A. blaßgelbe Prismen; 1 g. — *6-Brom-7-chlor-*, $C_5H_2BrClN_4$, F. 183°, durch 2std. Kochen von 3 g vorvorst. Verb. mit $POCl_3$ u. Dimethylanilin; blaßgelbe Nadeln; 3 g. — *6-Chlor-7-amino-*, $C_5H_4ClN_5$, F. 268—268,5°, a) durch 2std. Rühren von 0,5 g III u. 0,27 g Cl_2 in Eisessig bei Raum-Temp.; aus A. Nadeln; 0,25 g; b) durch 8std. Stehen von 0,5 g IV u. konz. NH_4OH in A.; 0,45 g. — *6-Brom-7-amino-*, $C_5H_4BrN_5$, F. 278° (Zers.), a) durch Zugabe von 0,6 g Br_2 in Eisessig zu 0,5 g III in Eisessig u. 3std. Rühren bei Raum-Temp.; aus verd. A. Nadeln; 0,4 g; b) analog vorst. Verb. aus 0,5 g vorvorst. Verb.; 0,45 g. — *6-Chlor-7-mercapto-*, $C_5H_3ClN_4S$, F. 312° (Zers.), durch ½std. Kochen von 0,5 g IV u. 0,2 g Thioharnstoff in abs. A.; aus 5%ig. NaOH mit Essigsäure gelbweiße Nadeln; 0,45 g. — *6-Brom-7-mercapto-*, $C_5H_3BrN_4S$, F. 243° (Zers.), analog vorst. Verb. (20 Min. langes Kochen); aus A. gelbe Nadeln. — *6-Chlor-7-methylmercapto-*, $C_6H_5ClN_4S$, F. 85—86°, durch 1std. Schütteln von 0,6 g vorvorst. in 1%ig. NaOH bei Raum-Temp. mit 0,5 g CH_3J; aus W. Prismen; 0,3 g; gibt durch 1std. Erhitzen mit 25%ig. H_2SO_4 auf dem Wasserbad. — *6-Chlor-7-jod-*, $C_5H_2ClJN_4$, F. 233° (Zers.), durch mehrstd. Stehen von 0,5 g IV mit konz. HJ (D. 1,7); aus W. Prismen; 0,3 g. — *6-Brom-7-jod-*, $C_5H_2BrJN_4$, F. 233—233,5° (Zers.), analog vorst. Verb.; Prismen. P. Golinske. 3272□

Die Reaktionen von 5-Amino-4-hydrazinopyrimidinen mit salpetriger Säure; eine neue Purinsynthese. Carroll Temple jun., Robert L. McKee und John A. Montgomery. (J. org. Chemistry 27, 1671—73, Mai 1962; Birmingham, Ala., Southern Res. Inst., Kettering Meyer Labor.; Chapel Hill, N.C., Univ., Venable Chem. Labor.; engl.) — Vgl. C. **1962**, 10463. — 5-Amino-4-chlor-6-hydrazinopyrimidin (I) reagiert mit HNO_2 unter Bldg. von *8-Amino-7-chlortetrazolo-[1.5:c]-pyrimidin* (II), das durch Synth. aus 5-Amino-4.6-dichlorpyrimidin (III) u. Na-Azid identifiziert wird. Zum Vgl. wird *7-Chlor-3-äthyl-3H-vic.-triazolo-[4.5:d]-pyrimidin* dargestellt. II wird mit Diäthoxymethylacetat (IV) bei Raum-Temp. in *4-Azido-6-chlor-5-äthoxymethylenaminopyrimidin* übergeführt. Beim Kochen von II mit IV in Anisol entsteht *6-Chlor-8-äthoxypurin*, aus dem durch Hydrolyse über *6-Chlor-8-hydroxy-* *6.8-Dihydroxypurin* erhalten werden kann. Umsetzung von 5-Amino-4-benzylidenhydrazino-6-chlorpyrimidin (V) mit $NaNO_2$ in Essigsäure liefert *3-Benzylidenamino-7-chlor-3H-vic.-triazolo-[4.5:d]-pyrimidin* (VI), das in verd. Säure zu *3-Amino-3H-vic.-triazolo-[4.5:d]-pyrimidinol-(7)* hydrolysiert wird. **V bildet mit $NaNO_2$ in wss. HCl/Dioxan II neben VI, mit HNO_2 in Essigsäure/Dimethyl-**

formamid *3-Benzylidenamino-3H-vic.-triazolo-[4.5:d]-pyrimidinol-(7)*, das auch in wss. bas. Lsg. bei Raum-Temp. aus **VI** erhalten wird. Beim Erhitzen von **VI** in wss. bas. Lsg. entsteht *1-Benzylidenamino-4-carbamoyl-5-amino-1.2.3-triazol.*

Versuche (FF. korr.): Pyrimidine: *8-Amino-7-chlortetrazolo-[1.5:c]-* (**II**), $C_4H_3\cdot ClN_6$, F. 171—173° (Zers.), a) aus **I** in wss. HCl durch Umsetzung mit $NaNO_2$-Lsg. bei Raum-Temp.; 56% (Ausbeute); b) aus **III** durch 1std. Erhitzen mit Na-Azid in Dimethylformamid auf 95—100°; 83%. — *4-Azido-6-chlor-5-äthoxymethylenamino-*, $C_7H_7\cdot ClN_6O$, Kp.$_2$ 123—126°, aus **II** u. **IV** beim Stehen unter Feuchtigkeitsausschluß; 75%; wird an der Luft zu **II** hydrolysiert. — *3-Benzylidenamino-7-chlor-3H-vic.-triazolo-[4.5:d]-*, (**VI**), $C_{11}H_7ClN_6$, F. 191—192° (Zers.), aus 1 g **V** durch 12std. Umsetzung in 20%ig. Essigsäure mit $NaNO_2$ bei Raum-Temp.; 800 mg. — *7-Hydroxy-3-amino-3H-vic.-triazolo-[4.5:d]-*, durch 1std. Kochen von **VI** in 1n HCl, Einengen, Filtrieren u. 1/2std. Rk. mit überschüssigem $NaNO_2$. — *7-Hydroxy-3-benzylidenamino-3H-vic.-triazolo-[4.5:d]-*, $C_{11}H_8\cdot N_6O$, F. > 260°, aus **V** durch 1std. Rühren mit $NaNO_2$ in Dimethylformamid/Eisessig (3:1); 50%. — *7-Chlor-3-äthyl-3H-vic.-triazolo-[4.5:d]-*, $C_6H_6ClN_5$, F. 77—78°, durch Umsetzung von 5-Amino-6-chlor-4-äthylaminopyrimidin mit $NaNO_2$ in W./Essigsäure (10:1) bei Raum-Temp.; 52,5%. — *6-Chlor-8-äthoxypurin*, $C_7H_7ClN_4O$, F. 187—190° (Zers.; PAe.), aus **II** durch 1 1/2std. Kochen mit **IV** in Anisol; 62%. Eberhard Riedel. 3272

Die Synthese von 10-substituierten Phenoxazinen. Gerassimos Frangatos, Geza Kohan und Francis L. Chubb. (Canad. J. Chem. **38**, 1021—25, Juni 1960; Montreal, Que., Frank W. Horner Ltd., Res. Labor.; engl.) — Die Rk. von Dialkylaminoalkylchloriden mit Phenoxazin (**VI**) in Ggw. von $NaNH_2$ führt zu *10-[Dialkylaminoalkyl]-phenoxazinen*. Durch Addition von **VI** an Acrylonitril oder Acrylsäureäthylester entsteht *3-[Phenoxazinyl-(10)]-propionitril* (**I**) bzw. *-propionsäureäthylester* (**II**). Die Hydrolyse von **I** u. **II** führt zur *3-[Phenoxazinyl-(10)]-propionsäure* (**III**). Durch Red. von **II** u. **III** mit $LiAlH_4$ entsteht *10-[γ-Hydroxypropyl]-phenoxazin* (**IV**). Mit PBr reagiert **IV** glatt zu *10-[γ-Brompropyl]-phenoxazin* (**V**), während die Darst. der entsprechenden Chloride durch Einw. von $SOCl_2$ oder PCl_5 mißlang. Die Rk. von **V** mit 1-Methylpiperazin führt zu *10-[γ-(4-Methylpiperazino)-propyl]-phenoxazin.* Die Cyclisierung von **III** mit P_2O_5 führt vermutlich zu *2.3-Dihydro-1H-pyrido-[3.2.1:kl]-phenoxazinon-(3)*.

Versuche: Phenoxazine: *10-[γ-Dimethylaminopropyl]-* (**VII**), Kp.$_2$ 178°, durch Eintropfen von **VI** in Xylol in die sd. Suspension von $NaNH_2$ in Xylol unter Rühren, 1std. Kochen, Zugabe von 3-Dimethylaminopropylchlorid u. 6std. Kochen; 80,5% (Ausbeute). — *10-[β-Dimethylaminoäthyl]-*, Kp.$_{2,5}$ 168°, analog **VII**; 60,2%. *Hydrochlorid*, F. 241°, — *10-[β-Diäthylaminoäthyl]-*, *Hydrochlorid*, F. 241—242°, analog **VII**; 54,8%. — *10-[β-Dimethylaminopropyl]-*, Kp.$_{2,5}$ 168°; 55,9%. — *10-[β-Cyanäthyl]-* (**I**), F. 121 bis 122° (wss. A.), durch Zutropfen von 35%ig. methanol. Benzyltrimethylammoniumhydroxid zu **VI** u. Acrylonitril bei 0° u. mehrstd. Erhitzen auf dem Wasserbad; 72,9%. — *10-[β-Carbäthoxyäthyl]-* (**II**), Kp.$_1$ 187°, analog **I** aus Acrylsäureäthylester; 66,5%. — *10-[β-Carboxyäthyl]-* (**III**), F. 137—138° (wss. A.), a) durch 15std. Kochen von 4 g **I** mit wss.-methanol. NaOH; 2,3 g; b) durch 2std. Kochen von **II** mit 10%ig. alkohol. KOH; 57%. — *10-[γ-Hydroxypropyl]-* (**IV**), F. 68° (Bzl./Ligroin), a) durch 3/4std. Kochen von **II** mit $LiAlH_4$ in Ae.; 65,5%; b) analog a) aus **III**. — *10-[γ-Brompropyl]-* (**V**), F. 55 bis 56° (A.), durch 1std. Erhitzen von **IV** mit PBr_3 auf 100°; 48%. — *10-[γ-(4-Methylpiperazino)-propyl]-*, F. 89—91° (Ligroin), durch 4std. Erhitzen von 1-Methylpiperazin mit **V** auf dem Wasserbad; 73,6%. — *2.3-Dihydro-1H-pyrido-[3.2.1:kl]-phenoxazinon-(3)*, $C_{15}H_{11}NO_2$, F. 104°, durch 1std. Erhitzen von **III** u. P_2O_5 in Bzl., Stehen über Nacht bei Raum-Temp., Filtration u. Eindampfen; gelbe Kristalle aus A.; 48,4%. *Semicarbazon*, $C_{16}H_{14}N_4O_2$, F. 232°. U. Friese. 3282□

Siliciumhaltige symm.-Triazinderivate. J. C. Goan, S. H. Smith jun. und R. R. Miller. (J. org. Chemistry **27**, 2657—58, Juli 1962; Washington, D.C., U. S. Naval Res. Labor., Chem. Div.; engl.) — 2.4-Diphenyl-6-chlor-symm.-triazin (**V**) wird mit Trimethylsilylmethylamin (**I**), -methanol (**III**) bzw. -methylmercaptan (**IV**) zu *2.4-Diphenyl-6-trimethylsilylmethylamino-*, *-methoxy-* (**VI**) bzw. *-mercapto-symm.-triazin* (**VII**) umgesetzt. Analoge Rkk. von 2.4-Diamino-6-chlor- (**VIII**) u. 2.4.6-Trichlor-symm.-triazin (**IX**) mit **I** führen zu analogen Verbb.; **VI** u. **VII** konnten nicht mittels $(C_2H_5)_3N$ (**II**) als HCl-Acceptor dargestellt werden.

Versuche: 2.4-Diphenyl-symm.-triazine: *6-Trimethylsilylmethylamino-*, $C_{19}H_{22}N_4Si$, F. 126—127° (95% A.), durch Zutropfen von **V** in Bzl. zu 1 (Val) **I** u. 1,3 **II** in Bzl. unter N_2 unter Rühren, 6std. Kochen u. Rühren, Filtrieren u. Einengen; 48% (Ausbeute). — *6-Trimethylsilylmethoxy-* (**VI**), $C_{19}H_{21}N_3OSi$, F. 94—95°, aus **V** u. **III**-Na-Verb.; aus 95% A. Nadeln; 43%. — *6-Trimethylsilylmethylmercapto-* (**VII**), $C_{19}H_{21}\cdot N_3SSi$, F. 103—104° (CH_3OH), aus **V** u. **IV**-Na-Verb.; 50%. — *2.4-Diamino-6-trimethyl-*

silylmethylamino-symm.-triazin, $C_7H_{16}N_6Si$, F. 153—155°; aus **VIII**, **I** u. **II**; aus 95% A. Nadeln; 34%. — *2.4.6-Tris-[trimethylsilylmethylamino]-symm.-triazin*, $C_{15}H_{36}N_6Si_3$, F. 136—137°, aus **IX**, **I** u. **II**; aus Bzn./n-Hexan Nadeln; 48%. U. Wannagat. 3313□

Neue Zucker. W. G. Overend. (Sci. Progr. **47**, 417—36, Juli 1959; London, Univ., Birkbeck Coll.; engl.) — Übersicht über verzweigte u. Desoxyzucker u. ihre Synthesen. — 52 Literaturangaben. P. Golinske. 3400□

Die Reaktion von perjodatoxydiertem Methyl-4.6-O-benzyliden-α-D-glucosid mit Phenylhydrazin: Eine neue Synthese für Methyl-3-amino-3-desoxy-α-D-glucosid-Derivate. R. D. Guthrie. (Proc. chem. Soc. [London] **1960**, 387—88, Nov.; Manchester, Shirley Inst.; engl.) — Wird Methyl-4.6-O-benzyliden-α-D-glucosid durch Perjodatspaltung zum Dialdehyd aufgespalten u. dieser mit wss. Phenylhydrazin behandelt, so entsteht das hellgelbe *Methyl-3-phenylazo-3-desoxy-4.6-O-benzyliden-α-D-glucosid* (**I**). Durch Red. von **I** mit Raney-Ni wird in ca. 70%ig. Ausbeute *Methyl-3-amino-4.6-O-benzyliden-3-desoxy-α-D-glucosid* (**II**) neben geringen Mengen des entsprechenden *D-Allose-Deriv.* gebildet. **II** wird als *Methyl-2-O-acetyl-3-acetamido-4.6-O-benzyliden-3-desoxy-* u. *Methyl-3-acetamido-2.4.6-tri-O-acetyl-3-desoxy-α-D-glucosid* charakterisiert. Der Bldg.-Mechanismus von **II** wird kurz erläutert. Die **II**-Synth. stellt einen neuen Weg zur Darst. von *Derivv. des Kanosamins*, einer Komponente des Antibioticums Kanamycin, dar. L. Träger. 3400□

Bisbenzyltetrahydroisochinolinalkaloide. 2. Mitt. Methoden zur Darstellung der zwei Monomethyläther von d-Chondocurin. Eskil Hultin. (Acta chem. scand. **15**, 1130—40, 1961; Los Angeles, Calif., Univ. of California, Med. Center, Dep. of Pharmacol.; engl.) — 1. vgl. Acta chem. scand. **15**, [1961], 879. — Vf. beschreibt ausführlich die Trennung der Prodd. der partiellen Methylierung von *d-Chondocurin* (**I**) mit CH_2N_2 mittels Gegenstromverteilung. Der *Dimethyläther* läßt sich bei pH 13,3 von den *Monomethyläthern* ($C_{37}H_{40}N_2O_6$) trennen, von denen einer (F. 166°) aus Methanol, der andere (F. 137—138°) aus Ae. kristallisiert. J. Weiner. 3500□

Die Synthese von Galanthamin. D. H. R. Barton und G. W. Kirby. (Proc. chem. Soc. [London] **1960**, 392—93, Nov.; London, Imperial Coll.; engl.) — Durch Kondens. von O-Benzylisovanillin mit Methylamin u. anschließende Red. mit KBH_4 wird *N-[3-Benzyloxy-4-methoxybenzyl]-methylamin* (F. 61—64°) erhalten, dessen *N-[p-Benzyloxyphenylacetyl]-Deriv.* (F. 91—93°) nach Red. mit $LiAlH_4$ u. katalyt. Debenzylierung des gebildeten *N-[β-(4-Benzyloxyphenyl)-äthyl]-N-[3-benzyloxy-4-methoxybenzyl]-methylamins* (F. 74°) *N-[β-(4-Hydroxyphenyl)-äthyl]-N-[3-hydroxy-4-methoxybenzyl]-methylamin* (**I**; F. 133—135°) liefert. Durch Rk. von **I** mit Diazomethan wird dessen Dimethyläther *Belladin* erhalten, bei Einw. von akt. MnO_2 0,3% (±)-*Narwedin* (**II**). **II** läßt sich mit $LiAlH_4$ unter Bldg. von 60% (±)-*Galanthamin* (**III**) u. 40% (±)-*Epigalanthamin* reduzieren. Beide Isomeren unterscheiden sich deutlich in ihren physikal. Eigenschaften. Für **III** wird nebenstehende Konstit. angenommen. Durch Injektion von King-Alfred-Narzissen mit ^{14}C-**I** u. ^{14}C-Tyrosin wird ^{14}C-**III** erhalten. L. Träger. 3500□

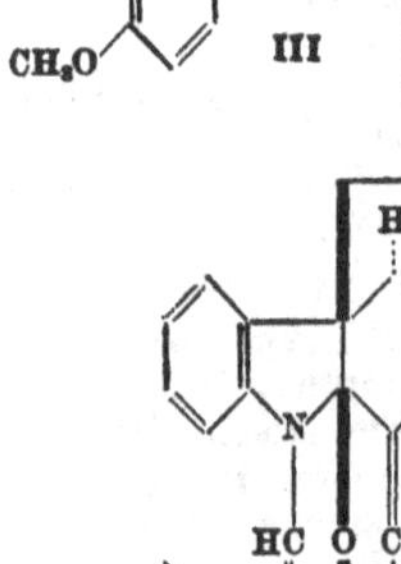

III

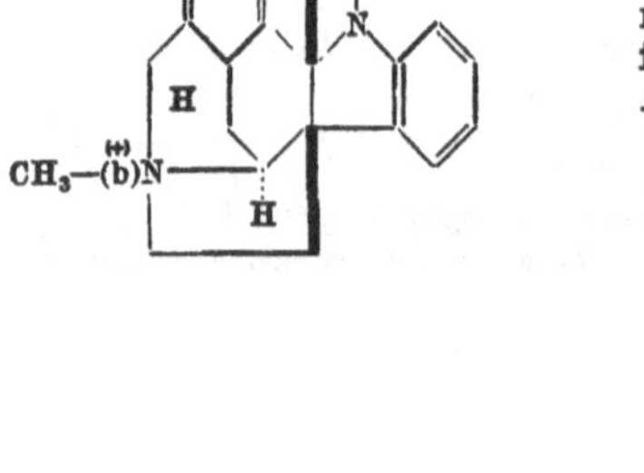

Über die Konstitution des C-Curarins. Vorl. Mitt. 48. Mitt. über Curare-Alkaloide. J. Nagyváry, W. Arnold, W. von Philipsborn, H. Schmid und P. Karrer. (Tetrahedron [London] **14**, 138—49, Sept. 1961; Zürich, Univ., Organ.-chem. Inst.; dt.) — 47. vgl. C. **1962**, 14519. — Aus den Ergebnissen früherer Abbau-Verss. u. der Analyse von Kernresonanzspektren wird für *C-Curarin* Strukturformel **I** abgeleitet. Die Halochromie-Rkk. des Alkaloids werden diskutiert. G. Teege. 3500□

Ein besonderer Hofmann-Abbau des C-Curarins I und dessen strukturelle Folgerungen. 4. Mitt. **Calebassen-Curare der Piaroa-Indianer.** V. Boekelheide, O. Ceder, M. Natsume und A. Zürcher. (J. Amer. chem. Soc. **81**, 2256—59, 5/5. 1959; Rochester, N.Y., Univ. of Rochester, Dep. of Chem.; engl.) — 3. vgl. J. Amer. chem. Soc. **80**, [1958], 1500. — Ein unter milden Bedingungen durchgeführter Hofmann-Abbau des *C-Curarins I* (I) liefert ein monoquaternäres Prod., das der Formel $C_{40}H_{45}N_4{}^+O$ entspricht u. damit die Richtigkeit der C_{40}-Formel für dieses Alkaloid bestätigt. Durch Abbau von I mit Mineralsäure wird das *C-Curarin III* (**III**) erhalten, wodurch für **III** die C_{20}-Formel gesichert wird. UV- u. IR-Spektren s. Original.

Versuche: Emde-*Abbau-Prod. von C-Curarin I* (I), $C_{40}H_{46-48}N_4O$, F. 151—153 u. 182—183° (polymorphe Formen; Ae.–A.), aus 11 mg C-Curarin-I-chlorid u. Adams-Katalysator in 0,01n KOH/95% ig. A. durch 4tägiges Hydrieren; 7 mg (Ausbeute). *Dijodmethylattetrahydrat*, $C_{42}H_{52}J_2N_4O \cdot 4\ H_2O$, F. 210—211°; Tafeln aus Aceton–CH_3OH. — *Formaldehyd-2.4-dinitrophenylhydrazon*, durch Umwandeln des Dijodmethylats der Emde-Base an Dowex-2 (Chlorid) in die *Dichlor-Verb.* (F. 203—205°), Oxydation mit OsO_4–$NaJO_4$ (22 Std.; Raum-Temp.) u. Überleiten des *CH_2O* mit N_2 in eine Vorlage mit 2.4-Dinitrophenylhydrazin; 46%; Oxydation des *C-Curarins III* (**III**) unter gleichen Bedingungen liefert 32% *Acetaldehyd-2.4-dinitrophenylhydrazon.* — *Des-C-curarin-I-chlorid* (**II**), *Hydrat*, $C_{40}H_{43-45}ClN_4O \cdot H_2O$, F. > 350° ($CH_3OH$–Diisopropyl-Ae.), aus 103 mg I in A. an Amberlite IRA-400 (OH-Form) durch Umwandeln in die quaternären XOH-Verbb., Zugabe von I in abs. A., 12std. Kochen unter N_2, ½ std. Erhitzen auf 100°, Zugabe von W., Extrahieren mit Ae. u. Chlf., Eindampfen u. Chromatographie an Dowex-2 (α-Form); 83 mg. — *Des-C-curarin-I-methyldipikrat*, $C_{41}H_{48}N_4O \cdot 2\ (C_6H_2N_3O_7)$, F. 267—268°, gelbe Nadeln aus Aceton–W., aus 93 mg I über das Jodmethylat; 117 mg. — *Des-C-curarin-I-methyldijodid, Trihydrat*, $C_{41}H_{48}J_2N_4O \cdot 3\ H_2O$, F. > 300°, Nadeln aus CH_3OH-Diisopropyläther, a) aus 6,25 mg vorst. Dipikrats an Dowex-2 (J-Form); 5,3 mg; b) aus 41,5 mg I mit Adams-Katalysator in 0,5n alkohol. KOH (12 Tage unter N_2 bei 30°), Zugabe von W., Filtrieren, Eindampfen, Zugabe von W., Extrahieren mit Ae. u. Chlf. u. Eindampfen der Chlf.-Lsg.; 21 mg; gibt mit Dowex-2 (α-Form) **II**. — *Dimethojodid* $C_{42}H_{48}J_2N_4O \cdot 4\ H_2O$, F. > 300° ($CH_3OH$-Diisopropyläther), aus 11 mg I in A. mit Amberlite IRA-400 (OH-Form) durch 17std. Kochen unter N_2, 10 Min. langes Erhitzen auf 100° u. Versetzen mit CH_3J; 8 mg. — Oxydation des *Des-C-curarin-I-chlorids* (**II**) mit OsO_4–$NaClO_3$: Überleiten von 29,8 mg *Des-C-curarin-I-methyldipikrat* in Aceton–CH_3OH (1:1) über Dowex-2 (Cl-Form), Lösen des *Des-C curarin-I-chlorids* (**II**) (21,6 mg) in W., 90std. Erhitzen mit $NaClO_3$ u. OsO_4 auf 70° im Rohr, Einleiten der flüchtigen Verbb. mit N_2 in 2.4-Dinitrophenylhydrazin/HCl, Extrahieren der *Hydrazone* mit Chlf. u. Chromatographie in Chlf. an Bentonit–Celit (4:1) entstehen 14% *Acetaldehyd-2.4-dinitrophenylhydrazon* u. 16% *Formaldehyd-2.4-dinitrophenylhydrazon* [identifiziert durch Papierchromatographie (Heptan–CH_3OH)]. *C-Curarin III* (**III**), durch 2tägiges Stehen von 16,5 mg **II** in konz. HCl im Dunkeln bei Raum-Temp., Eindampfen im Vakuum, Chromatographie in wassergesätt. Butanol-(1) an Cellulose-Pulver (Solka-Floc, BW-40) u. Abtrennen der 3. Zone; 33%; identifiziert durch Papierchromatographie u. UV-Spektren. G. Teege. 3500

Pilzpigmente. 7. Mitt. **Die Struktur des Cinnabarins.** Jarl Gripenberg. (Proc. chem. Soc. [London] **1957**, 233. Helsingfors, Finland, Inst. of Technol., Dep. of Chem.; engl.) — 6. vgl. C. **1961**, 4646; 8. vgl. C. **1962**, 18125. — Für *Cinnabarin* (I), ein *Phenoxazin-3-on-Deriv.*, wird eine neue Strukturformel angegeben. Bldg. von *2.5-Dihydroxybenzochinon-3-carbonsäureamid* (**II**), $C_7H_5NO_5$, bei Einw. von Alkali auf I u. Hydrolyse von **II** zu *2.5-Dihydroxybenzochinon* beweisen, daß sich die Hydroxylgruppe am C-Atom 2 u. die Aminocarbonylgruppe am C-Atom 1 oder 4 befinden. Polarograph. Unterss. u. UV-Spektren des **I**-*Acetats* deuten auf eine CH_2OH-Gruppe als Seitenkette. W. Krombholz. 3550□

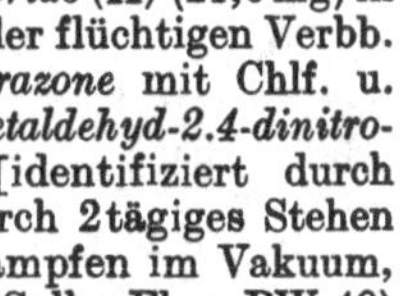

I

Umlagerung von cyclischen Äthinylcarbinolen. 3. Mitt. **Einige weitere Reaktionen mit monocyclischen und bicyclischen Terpenoiden.** Michiko Kagawa. (Chem. pharmac. Bull. [Tokyo] **9**, 391—403, Mai 1961; Tokyo, Coll. of Pharm., Inst. of phys. and chem. Res.; engl.) — 2. vgl. C. **1962**, 15224. — Vf. untersuchte die Meyer-Schuster-Umlagerung bzw. Rupe-Rk. alicycl. Äthinylcarbinole. 1-Äthinylcyclohexanol (**XIII**) lieferte in Ggw. von Säuren *1-Acetylcyclohexen* u. daneben z. T. eine Aldehydfraktion. Analog lieferte 3-Äthinylmenthol (I) *3-Acetyl-p-menthen-(3)* (**II**), das auch durch Hydratisierung von **I** mit H_2SO_4 in Ggw. von $HgSO_4$ u. H_2O-Abspaltung erhalten wurde u. daneben z. T. eine Aldehydfraktion. **II** ergab bei Ozonisierung *3.7-Dimethyl-6-oxooctansäure,*

u. bei Hydrierung an Raney-Ni *3-Acetylmenthan*, dessen *Oxim* Beckmann-Umlagerung eingeht. 2-Äthinylcarvomenthol (III) lieferte *2-Acetyl-p-menthen-(1)*, das auch durch Hydratisierung von III u. H_2O-Abspaltung erhalten wurde, u. dessen Ozonisierung zu *3-Isopropyl-6-oxoheptansäure* führte, u. daneben eine Aldehydfraktion. 2-Äthinyl-1.3.3-trimethylnorborneol (IV) lieferte in Ggw. von 90%ig. HCOOH oder 30%ig. HCl *[1.3.3-Trimethylnorbornyliden-(2)]-acetaldehyd* (V), der durch Ag_2O zur *Säure* oxydiert wurde, neben wenig *1-Acetyl-2-methylen-7.7-dimethylnorbornan* (VI). In Ggw. von H_2SO_4 entstand aus IV ausschließlich VI, das auch durch Dehydratisierung von IV mit P_2O_5 u. Hydratisierung erhalten wurde. O_3-Spaltung von VI führte zu *Ketopinsäure*. *1-Methyl-2-äthinylnorborneol* (VII) lieferte mit Säuren *[1-Methylnorbornyliden-(2)]-acetaldehyd* (VIII) neben *1-Methyl-2-acetylnorbornen-(2)* (IX), das auch durch Hydratisierung von VII u. H_2O-Abspaltung synthetisiert wurde. VIII wird von Ag_2O zur *Säure* u. diese von CrO_3 zu *1-Methylnorcampher* (XV) oxydiert. $KMnO_4$-Spaltung von IX führte zu *1-Methylcyclopentandicarbonsäure-(1.3)*. *2-Äthinylnorborneol* (X) lieferte *2-Acetylnorbornen* (XI), das auch aus X durch Hydratisierung u. H_2O-Abspaltung synthetisiert wurde. XI führte bei $KMnO_4$-Oxydation zu *Cyclopentandicarbonsäure-(1.3)* u. bei Red. zu *2-Acetylnorbornan*, das durch NaBrO zu *Norbornan-2-carbonsäure* oxydiert wurde. Hydrierung von X führte zu *2-Äthylnorborneol* (XII), das auch aus Norcampher (XVI) mit C_2H_5MgJ erhalten wurde. XII lieferte bei Behandlung mit 30%ig. HCl *2-Äthylidennorbornan*, u. beim Kochen mit 90%ig. HCOOH das *Formiat* von *1-Äthylnorborneol*, das durch Hydrolyse u. Oxydation mit CrO_3/CH_3COOH in *1-Äthylnorcampher* u. dieser mit $KMnO_4$ in *1-Äthylcyclopentandicarbonsäure-(1.3)* übergeführt wurde. Im Gegensatz zu den Ergebnissen der Unterss. von Rupe [1931 u. früher] unterliegen also I u. III hauptsächlich der Rupe-Rk., während IV diese nur mit H_2SO_4 oder H_3PO_4 eingeht. Weitere Beispiele für anionotrope Umlagerungen mono- u. bicycl. Verbb. sind mit Literaturstellen tabellar. aufgeführt.

Versuche: *1-Acetylcyclohexen*, Kp.$_6$ 58—62°, aus XIII (Kp. 175,5—176°, n_D^{18} 1,4830), a) durch 1std. Rühren mit HCl bei 70°, Zusatz von W. u. Ae.-Extraktion; 46% (Ausbeute); b) durch 3std. Kochen mit 90%ig. HCOOH, Zusatz von Eiswasser, Neutralisieren mit Soda u. Ae.-Extraktion; 45%; c) durch ½std. Rühren mit 75%ig. H_2SO_4 bei 0—5°; 68% (daneben *Cyclohexylidenacetaldehyd*, aus 1 g des Dest.-Rückstands; 80 mg; *Semicarbazon*, F. 220°); d) durch Eintragen in H_3PO_4 bei —5°, Steigern der Temp. auf 30—40° u. Gießen in Eiswasser nach 40 Min.; 67%. *Semicarbazon*, C_9H_{15}·N_3O, F. 214°. — *3-Acetyl-p-menthen-(3)* (II), Kp.$_5$ 73—80°, a) aus I (Kp. 81—83°, $[\alpha]_D^{20}$ +5,5°) in Isopropanol durch 2std. Rk. in 30%ig. HCl bei 80°; 53%; b) aus I durch 2std. Kochen mit 90%ig. HCOOH; $[\alpha]_D^{21}$ +86,6°; 75%; c) aus 5 g I durch 3std. Rühren bei 80° mit $HgSO_4$ in 8%ig. H_2SO_4, Isolierung von *3-Acetylmenthol* (Kp.$_6$ 94—97°, $[\alpha]_D^{20}$ —9,0°; 3,2 g) u. 7std. Kochen in Bzl. mit P_2O_5. *Oxim*, $C_{12}H_{21}NO$, F. 92°. *Semicarbazon*, F. 152°. — *3.7-Dimethyl-6-oxooctansäure*, a) aus II in Chlf. durch 7std. Ozonisierung unter Eiskühlung u. Zers. durch Erwärmen mit 10%ig. NaOH auf dem Wasserbad; b) aus p-Menthen-(3) mit CrO_3 in CH_3COOH. *Semicarbazon*, $C_{11}H_{21}N_3O_3$, F. 154°. — *3-Acetylmenthan*, Kp.$_4$ 80—85°, aus 20 g II durch Hydrierung an Rany-Ni bei 20 at; $[\alpha]_D^{22}$ —41°; 20 g. *Semicarbazon*, $C_{13}H_{25}N_3O$, F. 223°. *Oxim*, F. 76—78°. — *p-Menthan-3-carbonsäure*, $C_{11}H_{20}O_2$, F. 65°, aus vorst. Oxim in CH_3COOH durch 1std. Kochen mit konz. H_2SO_4. Gießen in Eiswasser, Neutralisieren mit Soda, Ae.-Extraktion u. 3std. Kochen mit äthanol. 30%ig. KOH. — *2-Acetyl-p-menthen-(1)*, Kp.$_5$ 100—103°, a) aus 5 g III (Kp.$_6$ 98—102°, n_D^{20} 1,4750) in Isopropanol durch 4std. Rk. in Ggw. von HCl bei 80°; n_D^{20} 1,4780; 2.3 g; b) aus III durch 3std. Kochen mit HCOOH; c) aus 7 g III in Isopropanol durch 3std. Rk. bei 80° mit $HgSO_4$ in 20%ig. H_2SO_4, Isolierung von *2-Acetylcarvomenthol* (XIV; Kp.$_4$ 105—110°, n_D^{20} 1,4677; 4,3 g; *Semicarbazon*, $C_{13}H_{25}$·N_3O_2, F. 225°) u. Dest. von 1 g der Verb. mit $KHSO_4$ bei 180°; 0,6 g. *Semicarbazon*, $C_{13}H_{23}N_3O$, F. 173°. — *Carvomenthon*, durch 3std. Erhitzen von 1 g XIV mit CrO_3 in CH_3COOH auf 80°; 0,3 g. *Semicarbazon*, F. 174°. — *3-Isopropyl-6-oxoheptansäure*, a) aus 1 g vorvorst. Verb. mit O_3 in Chlf.; 0,5 g; b) aus vorst. Verb. mit CrO_3/CH_3COOH. *Semicarbazon*, $C_{11}H_{21}N_3O_3$, F. 172°. — *1.3.3-Trimethylnorbornyliden-(2)-acetaldehyd* (V), Kp.$_7$ 112°, a) durch Einrühren von 35 g IV (Kp.$_5$ 75°, $[\alpha]_D^{16}$ —1,5°) in Isopropanol/verd. HCl u. 2std. Rk. bei 80° u. Aufarbeiten über das *$NaHSO_4$-Addukt*; $[\alpha]_D^{18}$ +20°; 41%; b) aus IV durch 1std. Kochen mit 90%ig. HCOOH; 33%. *Semicarbazon*, $C_{13}H_{21}N_3O$, F. 224°. — *1.3.3-Trimethylnorbornyliden-(2)-essigsäure*, $C_{12}H_{18}O_2$, F. 138° (PAe.), aus 2 g V durch Zusatz zu $AgNO_3$, NH_4OH u. NaOH in A., 3std. Rühren u. Stehen über Nacht; 1 g; 3 g geben 1,9 g *Fenchon*, Kp.$_{23}$ 84°, beim Stehen mit CrO_3/CH_3COOH über Nacht (*Semicarbazon*, $C_{12}H_{19}N_3O$, F. 180°). — *1-Acetyl-2-methylen-7.7-dimethylnorbornan* (VI), F. 45°, Kp.$_2$ 50—52°, a) aus IV in Isopropanol durch 10std. Rk. bei 80° in verd. H_2SO_4; $[\alpha]_D$ 0°; 60%; b) analog a) in 3 Std. in Ggw. von $HgSO_4$; 50%; c) durch

3std. Kochen von IV in abs. Bzl. mit H_3PO_4; 66%; d) aus 30 g IV in abs. Bzl. durch 3std. Kochen mit P_2O_5, Isolierung von *1-Äthinyl-2-methylen-7.7-dimethylnorbornan* ($Kp._3$ 45—48°, $[\alpha]_D^{29}$ +3,2°, n_D^{29} 1,4770; 27 g) u. 20std. Rk. von 10 g der Verb. in Isopropanol/verd. H_2SO_4 in Ggw. von $HgSO_4$ bei 80°; 6 g; e) neben V nach a) bzw. b) (als *Semicarbazon*, F. 220°). — *Ketopinsäure*, $C_{10}H_{14}O_3$, F. 232° (Ae.), a) aus VI in PAe. mit O_3 unter Eiskühlung, Stehen des *Ozonids* über Nacht in gesätt. $NaHSO_3$-Lsg., ½std. Erwärmen auf 50° u. Ausäthern; b) aus 10-Hydroxycampher mit CrO_3/CH_3COOH. *Oxim*, F. 216°. — *1-Methyl-2-äthinylnorborneol* (VII), $Kp._3$ 65—68°, aus XV u. C_2H_2 in fl. NH_3; n_D^{20} 1,4953; 98%. — *1-Methylnorbornyliden-(2)-acetaldehyd* (VIII), $Kp._3$ 90 bis 95°, a) aus VII in Isopropanol/HCl durch 1std. Rk. bei 80° u. Aufarbeiten über das *$NaHSO_3$-Addukt*; n_D^{16} 1,5182; 40%; b) analog a) durch 5std. Rk. in Isopropanol/H_2SO_4; 36%. *Semicarbazon*, $C_{11}H_{17}N_3O$, F. 213°. — *1-Methylnorbornyliden-(2)-essigsäure*, $C_{10}H_{14}O_2$, F. 95°, $Kp._8$ 135°, aus VIII mit Ag_2O; 0,5 g gehen bei 3std. Rk. mit CrO_3/CH/COOH bei 60° in 0,3 g XV (*Semicarbazon*, F. 209°) über. — *1-Methyl-2-acetylnorbornen-(2)* (IX), $Kp._3$ 67—70°, a) aus 5 g VII in Isopropanol durch 3std. Rk. mit $HgSO_4$ in H_2SO_4 bei 80°, Isolierung von *1-Methyl-2-acetylnorborneol* ($C_{10}H_{18}O_2$, F. 20°, $Kp._3$ 96—98°; 2,5 g) u. 3std. Kochen von 1 g der Verb. in abs. Bzl. mit P_2O_5; 0,3 g; b) neben VIII nach a) bzw. b); 30 bzw. 20%. *Semicarbazon*, $C_{11}H_{17}N_3O$, F. 203°. — *1-Methylcyclopentandicarbonsäure-(1.3)*, $C_8H_{12}O_4$, F. 96° (PAe.), a) aus IX durch 4std. Rühren bei 20° mit $KMnO_4$ u. KOH in W. u. ½std. Erwärmen auf 60°; b) analog a) aus 1-Methylnorborneol. — *2-Äthinylnorborneol* (X), $Kp._4$ 71°, F. 40°, aus XVI (F. 90°. *Semicarbazon*, F. 195°) u. C_2H_2 in fl. NH_3; 82%. — *2-Acetylnorbornen-(2)* (XI), $Kp._2$ 80—85°, a) aus X in Isopropanol/HCl durch 6std. Rk. bei 80°; 40%; b) analog a) in 3 Std. mit Isopropanol/H_2SO_4; 40%; c) aus X durch 10 Min. langes Kochen in 90%ig. HCOOH; 44%; d) aus X in abs. Bzl. durch 3std. Kochen mit P_2O_5; 46%; e) aus X in Isopropanol durch 3std. Rk. bei 80° mit $HgSO_4$ in H_2SO_4, Isolierung von *2-Acetylnorborneol* ($C_9H_{14}O_2$, F. 76—77°, $Kp._3$ 70—75°; 46%) u. 3std. Erhitzen von 1,8 g der Verb. $KHSO_4$ auf 180°; 0,9 g. *Semicarbazon*, $C_{10}H_{15}N_3O$, F. 214°. — *Cyclopentandicarbonsäure-(1.3)*, $C_7H_{10}O_4$, F. 120° (W.), durch alkal. $KMnO_4$-Oxydation, a) aus XI; b) aus XVI. — *2-Acetylnorbornan*, $Kp._2$ 58 bis 58,5°, aus 4,5 g XI durch Hydrierung an Pd/Kohle in CH_3COOH bei 20°; 4 g. *Semicarbazon*, $C_{10}H_{17}N_3O$, F. 198°. — *Norbornan-2-carbonsäure*, aus 3,5 g vorst. Verb. durch 7std. Rk. mit Br_2 in NaOH bei 0°; 2 g. *Amid*, $C_8H_{13}NO$, F. 150°. — *2-Äthylnorborneol* (XII), $Kp._2$ 61°, a) aus X durch Hydrierung an Raney-Ni in CH_3OH bei 40 at; n_D^{19} 1,4860; b) aus XVI mit C_2H_5MgJ; n_D^{21} 1,4864. — *2-Äthylidennorbornan*, $Kp._3$ 45—48°, aus 7 g XII in Isopropanol/HCl durch 5std. Rk. bei 80°; 5 g; wird von CrO_3/CH_3COOH zu XVI oxydiert; 5 g. — *1-Äthylnorborneol*, $Kp._3$ 65°, durch 1std. Kochen des Formiats mit äthanol. 10%ig. KOH; n_D^{20} 1,4580. *Formiat*, $Kp._3$ 54°, aus 5 g XII durch 4std. Kochen in 90%ig. HCOOH; n_D^{20} 1,465; 4,3 g. — *1-Äthylnorcampher*, aus 1 g vorst. Verb. mit CrO_3/CH_3COOH in 3 Std. bei 60°; 0,8 g. *Semicarbazon*, $C_{10}H_{17}N_3O$, F. 198°. — *1-Äthylcyclopentandicarbonsäure-(1.3)*, aus 1 g vorst. Verb. mit alkal. $KMnO_4$-Lsg. durch 4std. Rühren bei 20° u. 1std. Rk. bei 80°; 0,6 g. *Di-K-salz*, $C_9H_{12}K_2O_4$.
H.-J. Kötzsch. 3600□

Über die endo-exo-Isomerie der 3-Bromnorcampher und 3-Bromnorborneole. Hans Krieger. (Suomen Kemistilehti B 31, 175—76, 1958; Helsinki, Univ., Chem. Inst.; dt.) — Vorl. Mitt. zu der C. **1962**, 8266 referierten Arbeit. K. Zieloff. 3600

Reduktion von Campher durch gelöste Metalle. Selektive Ausbeute an Isoborneol. G. Ourisson und A. Rassat. (Tetrahedron Letters [London] **1960**, Nr. 21, 16—19, Sept.; Strasbourg, Inst. de Chim.; Paris, École Normale Supér.; franz.) — Beim Eingießen einer Lsg. von Campher (I) in Ae. in die Lsg. eines Alkali- oder Erdalkalimetalls in fl. NH_3 bei —33° u. Zugießen von überschüssigem A. werden bei Verw. von K 70% (Ausbeute), von Rb 77% u. von Cs 85% *Isoborneol* (II) erhalten. Mit Li, Na, Ca u. Ba sind die Ausbeuten an II sowohl beim Arbeiten bei —33° als auch bei —78° geringer. Bei Zugabe des Metalls zur Lsg. von I in fl. NH_3 u. Zugießen von tert.-Butanol (III) werden bei Verw. von K 55% II isoliert, dagegen sind die Ausbeuten beim Arbeiten in Ggw. von NH_4Cl oder bei Verw. von A. an Stelle von III sowie beim Ersatz von K durch Li geringer.
H.-J. Kötzsch. 3600□

Die Struktur von Isocampherchinon. Samuel G. Levine. (J. Amer. chem. Soc. **82**, 2556—59, 20/5. 1960; Cambridge, Mass., Harvard Univ., Converse Mem. Labor.; engl.) — Im Gegensatz zu früheren Arbeiten (vgl. Manasse u. Samuel [1902] u. Bredt u. Mitarbeiter [1901]) wird bewiesen, daß *Isocampherchinon* (I) ein Tautomeres von *2-Methyl-6-isopropylidencyclohexandion-(1.3)* ist. Beim Erhitzen mit verd. H_2SO_4 spaltet sich I in *Aceton* u. *5-Ketoheptansäure*. Durch alkal. Hydrolyse werden dieselben Spaltprodd. erhalten. Ein Rk.-Mechanismus für die Bldg. von I aus Campherchinon (II) wird diskutiert. UV- u. IR-Maxima s. Original.

Versuche: *Isocampherchinon* (I), F. 113—114°, durch Zugeben von II zu einem Gemisch aus 175 ml konz. H_2SO_4 u. 42 ml rauchender H_2SO_4 (30% SO_3) bei —3° unter Rühren; aus Methanol/W. oder Bzl./Cyclohexan Prismen; 60 g (Ausbeute). *Oxim*, F. 119—121°. *Phenylhydrazon*, F. 171—172°. *Methyläther*, $C_{11}H_{16}O_2$, F. 83—85°, durch 3tägige Rk. von I mit CH_2N_2 in Ae./Methanol bei 5° u. Reinigen an Al_2O_3 in Bzl.; Nadeln aus Cyclohexan; 19%. — *5-Ketoheptansäure*, F. 51—52°, a) durch 5std. Kochen von I mit wss. KOH unter N_2 neben *Aceton* [*2.4-Dinitrophenylhydrazon*, F. 123—124° (Methanol)]; Nadeln aus Ae./Hexan; 47%; b) aus I durch Kochen mit verd. H_2SO_4; c) durch Zugeben von Glutarsäureanhydrid zu einer äther. Lsg. von Diäthyl-Cd bei 0° u. 1std. Kochen; 69%. *Semicarbazon*, F. 186—188° (A.). *Oxim*, F. 116—118° (W.).
F. Klatt. 3600□

Die Beckmann-Umlagerung von Fenchonoxim. R. W. Cottingham. (J. org. Chemistry **25**, 1473—76, Sept. 1960; Wilmington, Del., E. I. du Pont de Nemours & Co., Inc., Textile Fibers Dep., Carothers Res. Labor.; engl.) — *Fenchonoxim* (I) bildet mit p-Toluolsulfochlorid (II) u. Pyridin, PCl_5 oder H_2SO_4 *1.4.4-Trimethyl-2-azabicyclo-*[*3.2.1*]-*octanon-*(*3*) (III) u. ein ungesätt. Nitril (IV), das entweder *α-*[*3-Methylcyclopenten-*(*2* oder *3*)-*yl*]-*isobutyronitril* oder ein Gemisch von beiden ist. Alkal. Hydrolyse von IV liefert *α-Fencholenamid.* III liefert mit PCl_5 unter den Bedingungen der Beckmann-Umlagerung ebenfalls IV, das sich mit H_2SO_4 nach der Ritter-Rk. zu III zurückverwandeln läßt. Kernresonanzspektren u. Rk.-Mechanismen sind angegeben.

Versuche: *Fenchonoxim* (I), F. 162—163° (A.), aus Fenchon (Kp. 195°), $NH_2OH \cdot HCl$, 30%ig. NaOH, W. u. 95%ig. A. durch 20std. Kochen; 94% (Ausbeute). — *α-*[*3-Methylcyclopentenyl*]-*isobutyronitril* (IV), $C_{10}H_{15}N$, $Kp._{19,5}$ 100—102°, a) aus 14,4 g I u. II in abs. Pyridin durch mehrstd. Rk. bei Raum-Temp., ½std. Erwärmen auf 100° u. Gießen in ein Gemisch aus 30 ml 6n H_2SO_4 u. Eis; 10,1 g (Ausbeute); daneben 4,7 g III; b) durch Zutropfen von 3,24 g III zu einer Suspension von PCl_5 in PAe., mehrstd. Stehen u. Erwärmen auf 100° (Meth. **A**); 1,9 g; c) aus 16,7 g I nach **A**; 10,5 g neben 1,3 g III; d) durch Zutropfen von 16,7 g I unter Rühren u. Eiskühlung zu 36n H_2SO_4 $<25°$ u. 5 Min. langes Stehen bei 25—55° (Meth. **B**); 5,6 g neben 1,2 g II; e) durch 1std. Kochen von I mit H_2SO_4 u. Wasser. — *1.4.4-Trimethyl-2-azabicyclo-*[*3.2.1*]-*octanon-*(*3*) (III), $C_{10}H_{17}NO$, F. 163—164° (Sublimation bei 100—120°/19,5 mm), durch ½std. Stehen von 50 g IV nach **B**; 0,5 g; aus A. Nadeln. — *dl-α-Fencholenamid*, $C_{10}H_{17}NO$, F. 85—86,5°, durch 60std. Kochen von IV mit methanol. KOH; Platten aus Bzl./PAe.; 43%. F. Klatt. 3600□

Reformatski-Reaktion mit Pulegon. Max Mousseron, Magdeleine Mousseron-Canet und Joseph Neyrolles. (C. R. hebd. Séances Acad. Sci. **251**, 2447—49, 28/11. 1960; Montpellier, École Nat. Supér. de Chim.; franz.) — Durch Rk. von Pulegon mit Bromessigsäureäthylester nach Reformatsky, Chromatographie an Al_2O_3 u. Elution mit Hexan gewinnt man [*1-Hydroxy-2-isopropenyl-5-methylcyclohexyl*]-*essigsäureäthylester* (I, $C_{14}H_{24}O_3$; $[\alpha]_D^{25}$ +19°) u. durch darauffolgende Elution mit Bzl. [*1-Hydroxy-2-isopropyliden-5-methylcyclohexyl*]-*essigsäureäthylester* (II, $C_{14}H_{24}O_3$; $[\alpha]_D^{25}$ +39°) im Mol-Verhältnis 1 : 1. Abspaltung von A. aus I oder II u. fraktionierte Kristallisation führt zu einem Gemisch von *β,γ-ungesätt. δ-Lacton* $C_{12}H_{18}O_2$ (III, F. 81°; $[\alpha]_D^{24}$ +1,19°; 80%) u. einem isomeren *α,β-äthylen. δ-Lacton* $C_{12}H_{18}O_2$ [IV, F. 43° (W.); $[\alpha]_D^{23}$ +0,21°]. Durch

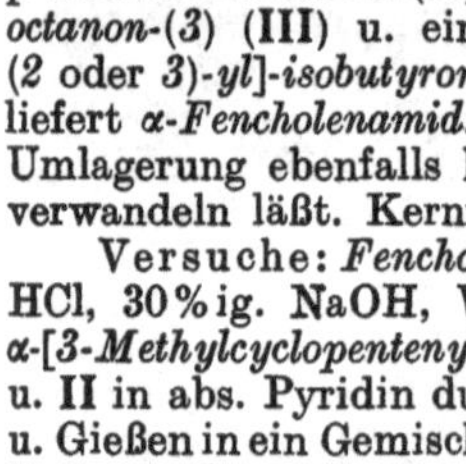

III

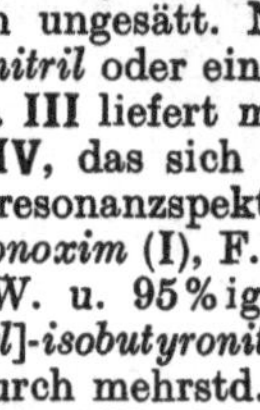

IV

$LiAlH_4$ wird III zu *1-*[*β-Hydroxyäthyl*]-*2-*[*2-hydroxypropyl-*(*2*)]-*5-methylcyclohexen-*(*1*) (V, $C_{12}H_{22}O_2$, F. 74°) u. IV zu *1-*[*β-Hydroxyäthyliden*]-*2-*[*2-hydroxypropyl-*(*2*)]-*5-methylcyclohexan* (VI, $C_{12}H_{22}O_2$) reduziert. V bildet bei der Dehydratisierung einen *inneren Äther* (VII), $C_{12}H_{20}O_2$, $Kp._{0,1}$ 85°. Die $[\alpha]_D$-Werte sind in Chlf. gemessen. Für I, III, IV, VI u. VII sind die IR-Banden angegeben; für IV ist das UV-Maximum vermerkt.
H.-J. Kötzsch. 3600□

Die Umwandlung von Podocarpsäure in Nimbiol. R. H. Bible jun. (Tetrahedron [London] **11**, 22—29, Sept. 1960; Chicago, Ill., G. D Searle & Comp, Div. of Chem. Res.; engl.) — *O-Methyl-7-carboxypodocarpsäuremethylester* (I) wurde durch Oxydation von O-Methyl-7-acetylpodocarpsäuremethylester (II) dargestellt u. mit $LiAlH_4$ zu *O-Methyl-7-hydroxymethylpodocarpinol* reduziert. Durch Hydrierung an Pd–Kohle wurde hieraus *O.7-Dimethylpodocarpinol* (IX) erhalten, das mit Chromschwefelsäure unter Bldg. von *O.7-Dimethylpodocarpinal* (V) oxydiert wird. V wurde nach Wolff-Kishner über sein *Semicarbazon* (III) red., nachmethyliert u. mit CrO_3/Eisessig zu dem mit *O-Methylnimbiol* ident. *6-Methoxy-7-methyl-9-oxopodocarpan* (VI) oxydiert. Die Entmethylierung von VI mit Pyridinhydrochlorid führt zu *6-Hydroxy-7-methyl-9-oxopodocarpan*, dessen physikal. Eigg. mit *Nimbiol* übereinstimmen. Eine weitere Synth. für III gelang durch

Veresterung von I mit Dimethylsulfat unter Bldg. von *O-Methyl-7-methoxycarbonylpodocarpsäuremethylester*, dessen Red. mit $LiAlH_4$, Hydrierung des Rk.-Prod. an Pd-Kohle, anschließende Verseifung zu *O.7-Dimethylpodocarpsäure* (**IV**), Rosenmund-Red. ihres Säurechlorids u. Umsetzung des neben *O.7-Dimethylpodocarpsäureanhydrid* gebildeten **V** mit Semicarbazidacetat (**VII**).

Versuche ($[\alpha]_D$ in 0,5–1,2%ig. Chlf.-Lsg.): *O-Methyl-7-carboxypodocarpsäuremethylester* (I), $C_{20}H_{26}O_5$, F. 169,5–170,5° (wss. Aceton), durch 50 Min. langes Eintropfen einer Lsg. von 68,8 g II in tert.-Butanol bei 4–6° in eine aus 36 ml Br_2, 72 g NaOH u. 600 ml W. bei 3–5° dargestellte NaOBr-Lsg., ½std. Rühren bei 3–5°, 12std. Rühren bei Raum-Temp., Zugabe von $NaHSO_3$-Lsg., Ansäuern mit HCl u. Verdünnen; $[\alpha]_D$ +134°; 59,7 g (Ausbeute). — *O-Methyl-7-hydroxymethylpodocarpinol*, $C_{19}H_{28}O_3$, F. 119,5 bis 123° (wss. CH_3OH), durch Eintropfen von 25,4 g I in Tetrahydrofuran (THF) in eine Lsg. von 10 g $LiAlH_4$ in THF, 1½std. Kochen unter Rühren u. 16std. Stehen bei Zimmer-Temp.; $[\alpha]_D$ +69°; 19,3 g. — *O.7-Dimethylpodocarpinol* (**IX**), $C_{19}H_{28}O_2$, F. 83 bis 85° (wss. CH_3OH), durch 16½std. Schütteln einer Lsg. von 12 g vorst. Diols in 95%ig. A. mit Pd-Kohle unter H_2 bei Raum-Temp. u. 35–60 lb./sq.in.; $[\alpha]_D$ +68°; 9,2 g. — *O.7-Dimethylpodocarpinal* (**V**), $C_{19}H_{26}O_2$, F. 110–111,5° (wss. Aceton), durch Oxydation von 4 g **IX** in Aceton mit Chromsäure/H_2SO_4; $[\alpha]_D$ +87°; 2,48 g; daneben wenig **IV**. *Semicarbazon* (III), $C_{20}H_{29}N_3O_2$, F. 210–212° (wss. CH_3OH), durch Zugabe einer Lsg. von **VII** in 95%ig. A. zu 2,02 g **V** in 75 ml Pyridin u. 12std. Stehen; 2,34 g (roh). — *6-Methoxy-7-methyl-9-oxopodocarpan* (VI), F. 142–144° (wss. CH_3OH), a) durch 15std. Erhitzen von 2,34 g **III** mit Na-Äthylat in A. auf 200–210°, Zugabe von W., Extraktion mit Ae., Eindampfen, Methylieren des Rückstands mit Dimethylsulfat, Extraktion mit Ae., Lösen in CH_3COOH, Zugabe einer Aufschwemmung von CrO_3 in wss. CH_3COOH, 12std. Stehen bei Raum-Temp. u. Extraktion mit Ae.; $[\alpha]_D$ +43°; 0,71 g; b) durch Methylierung nachst. Verb. mit Dimethylsulfat. — *6-Hydroxy-7-methyl-9-oxopodocarpan*, F. 248–252° (wss. CH_3OH), durch 40 Min. langesErhitzen von 0,3 g **VI** mit Pyridinhydrochlorid auf 210°; 0,13 g. — *O-Methylpodocarpinal*, F. 135–139,5° (wss. Aceton), a) durch Zugabe von CrO_3/H_2SO_4 zu 2,74 g O-Methylpodocarpinol (**VIII**) in Aceton bei 15–26°; $[\alpha]_D$ +87°; 2,02 g; b) durch Zugabe von 2,74 g **VIII** in Pyridin zu CrO_3/Pyridin u. 12std. Stehen; 0,65 g; c) durch ½std. Kochen eines Gemisches aus 2 g **VIII**, Toluol, Cyclohexanon u. einer 25%ig. Lsg. von Al-Isopropylat in Toluol; 0,15 g. — *O-Methyl-7-methoxycarbonylpodocarpsäuremethylester*, $C_{21}H_{28}O_5$, F. 141 bis 143,5° (wss. CH_3OH), durch Veresterung von I mit Dimethylsulfat/10%ig. NaOH in CH_3OH; $[\alpha]_D$ +132°. — *O.7-Dimethylpodocarpsäure* (IV), $C_{19}H_{26}O_3$, F. 196,5–199,5° (wss. CH_3OH), durch ¾std. Eintropfen einer Lsg. von 20 g vorst. Verb. in Ae. u. Bzl. in $LiAlH_4$ in Ae./Bzl., 40 Min. langes Rühren bei Raum-Temp., Zers. des $LiAlH_4$, Eindampfen der organ. Phase, 12std. Hydrieren an Pd-Kohle in A. unter Zusatz von 1 Tropfen HCl bei 35–60 lb./in.² u. Raum-Temp., Eindampfen, Kristallisieren aus wss. A., 5std. Erhitzen von 9,7 g des hydrierten Prod. mit KOH u. Diäthylenglykol auf 165°, Verdünnen mit W. u. Ansäuern des Filtrats; $[\alpha]_D$ +131°; 2,27 g; daneben als Filterrückstand **IX**. — *O.7-Dimethylpodocarpsäureanhydrid*, $C_{38}H_{50}O_5$, F. 199,5–203° (A.), durch 40 Min. langes Kochen von 2 g **IV** mit $SOCl_2$, Lösen des *Chlorids* in 250 ml sd. Xylol, Zugabe von Pd/$BaSO_4$ u. 5std. Einleiten von H_2; $[\alpha]_D$ +112°; 0,51 g; daneben **III** (durch Eindampfen der Mutterlauge u. Umsetzung mit **VII**). — *O-Methyl-7-propylpodocarpsäuremethylester*, $C_{22}H_{32}O_3$, F. 104–105°, durch 24std. Hydrieren von 40 g O-Methyl-7-propionylpodocarpsäuremethylester in Eisessig an 5%ig. Pd-Kohle unter Zusatz von 1 Tropfen konz. HCl bei 10–30 lb./sq.in. u. Raum-Temp.; Plättchen aus verd. Essigsäure; $[\alpha]_D$ +125°; 3,4 g. — *O-Methyl-7-propyl-9-oxopodocarpsäuremethylester*, $C_{22}H_{30}O_4$, F. 115,5–118° (wss. CH_3OH), durch allmähliche Zugabe einer Aufschlämmung von CrO_3 in verd. CH_3COOH zu einer auf 15° gekühlten Lsg. von 10 g vorst. Verb. in 150 ml CH_3COOH $<21°$, ½std. Stehen bei 0° u. 12 Std. bei Raum-Temp.; $[\alpha]_D$ +86°; 7,9 g. — *O-Methylpodocarpsäureanhydrid*, $C_{36}H_{46}O_5$, F. 212,5–215°, durch Eintropfen von O-Methylpodocarpsäurechlorid (aus 21,2 g Säure) in konz. NH_4OH unter Rühren, kurzes Erhitzen auf dem Wasserbad u. Extraktion mit Bzl./Ae.; Nadeln verd. aus Essigsäure; $[\alpha]_D$ +116°; 1,4 g; daneben (als Hauptprod.) *O-Methylpodocarpsäureamid*.

J. Ruhnke. 3600□

Photochemische Umwandlungen. 11. Mitt. **Die Photochemie pentacyclischer Triterpenoide mit Diendoppelbindungen im Ring C.** R. L. Autrey, D. H. R. Barton, A. K. Ganguly und W. H. Reusch. (J. chem. Soc. [London] **1961**, 3313–19, Aug.; London, Imp. Coll.; engl.) — 10. vgl. C. **1962**, 7908. — Bei Bestrahlung von *Acetyldehydroursolsäuremethylester* (I) in sd. A. verschwindet die homoanulare Dienbande bei 283 mμ, wobei eine neue bei 240 mμ auftaucht, die dem *Trien* II zugeordnet wird. Unterbricht man nun die Bestrahlung u. kocht, so erfolgt zu 75% eine therm. Isomerisierung zum *Trien* **III** mit der Bande bei 261 mμ. **III** zeigt die der Vinylgruppe entsprechende IR-Bande bei 890 cm^{-1} u. liefert bei der Ozonolyse CH_2O, die krist. *Dicarbonsäure* **IV** u. einen öligen *Ketoester* **V**. Aus **IV** entsteht durch Hydrolyse die *Hydroxydicarbonsäure* **VI**, welche nach Veresterung die entsprechenden *Benzoyl-* (**VIII**) u. *3.5-Dinitrobenzoyl-Derivv.* gibt. *Rac. Benzoyldimethylester* (**VIII a**) wurde hergestellt durch Oxydation des *Benzoylketons* **IX** zur *Dicarbonsäure* u. anschließende Methylierung. **V** gab bei drast.

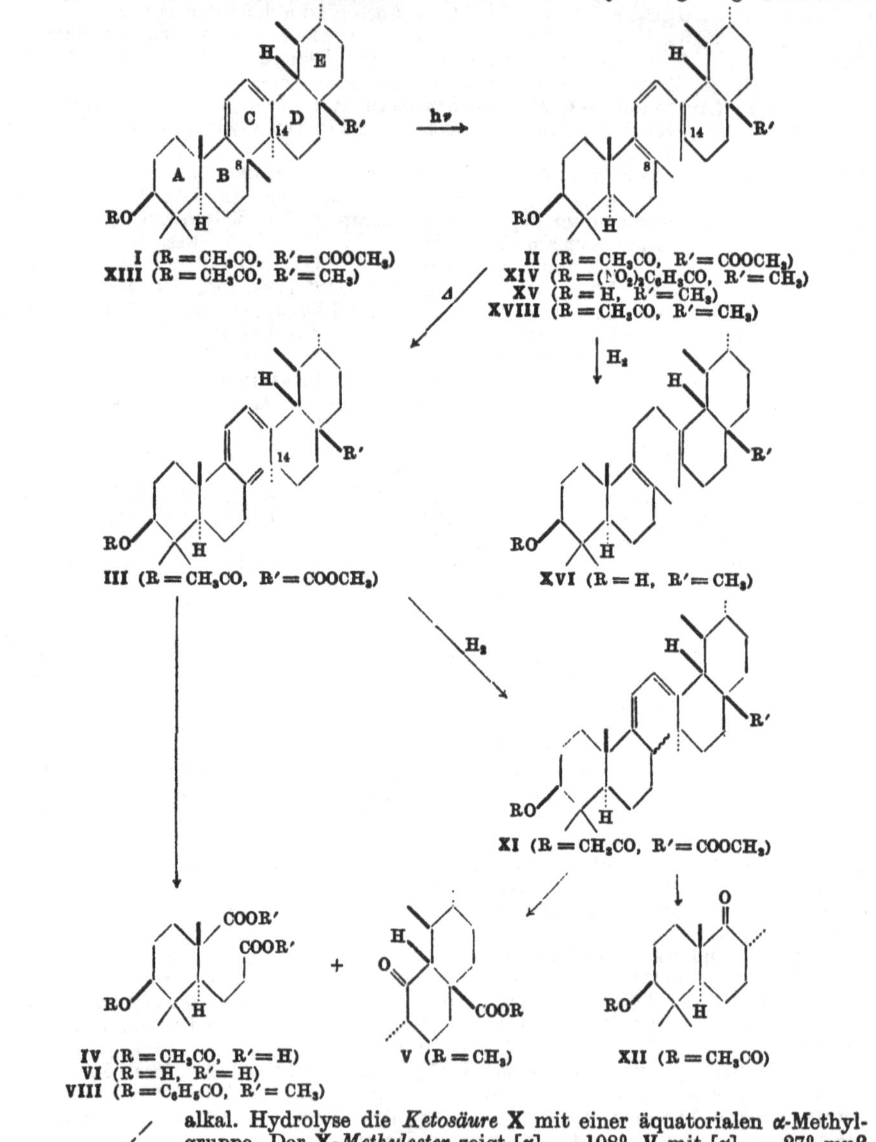

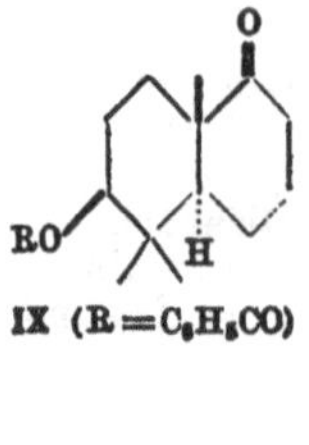

IX (R = C6H5CO)

alkal. Hydrolyse die *Ketosäure* **X** mit einer äquatorialen α-Methylgruppe. Der **X**-*Methylester* zeigt $[\alpha]_D$ -108^0. **V** mit $[\alpha]_D$ -27^0 muß also die entgegengesetzte α-Konfiguration haben. Selektive Hydrierung von **III** gibt ein *Dihydro-Deriv.* **XI** ohne Vinylgruppe, welches bei der Ozonolyse das bekannte *Acetoxyketon* **XII** sowie **V** liefert. Das *Trien* **II** zeigt für Triene eine abnorm kurzwellige Bande bei 240 mμ. In der Ursolsäurereihe konnte keine krist. Verb. dieser Absorptionsbande erhalten werden, da diese Verbb. zu leicht einer therm. Isomerisierung unterliegen. In der α-Amyrinreihe dagegen liefert die Bestrahlung von Dehydro-α-amyrinacetat (**XIII**) ein therm.

stabiles *Trien* mit einer Bande bei 240 mμ, das ein krist. *3.5-Dinitrobenzoyl-Deriv.* (XIV) gibt. XIV zeigt im kernmagnet. Resonanzspektrum 2 allyl. Methylgruppen u. 2 Vinyl-H-Atome, Hydrolyse liefert den nichtkrist. *Alkohol* XV ohne die Vinylbande. Die selektive Hydrierung von XV führt zur *Dihydro-Verb.* XVI, welche ein krist. *3.5-Dinitrobenzoat* (XVII) gibt, das im kernmagnet. Resonanzspektrum 2 allyl. Methylgruppen, aber keinen Vinyl-H mehr aufweist. Persäuretitration von XVII weist 2 Äthylenbindungen nach u. zeigt, daß eine Cyclopropan-Bldg. während der Photoisomerisierung nicht eintritt. Die *Phototriene* II u. XVIII haben die zu erwartende cis-Konfiguration, da Bestrahlung mit einer W-Lampe in Ggw. von J_2 eine Wanderung des Maximums zu längeren Wellenlängen u. größeren Intensitäten hervorruft. Die Stellung der beiden Methylgruppen an $C_{(8)}$ u. $C_{(14)}$ wird diskutiert. Durch Überbestrahlung des *Triens* II, nicht jedoch des *Triens* III, entsteht das von Jeger, Redel u. Nowak (vgl. Helv. chim. Acta **29**, [1946], 1241) beschriebene Photoisomere. Die Absorptionsspektren der Überbestrahlungs-Prodd. sind mit denen der *Suprasterine* vergleichbar.

Versuche [opt. Messungen in Chlf., wenn nicht anders angegeben; einige UV- u. IR-Spektren sind angegeben (UV, IR); alle Bestrahlungen unter O_2-freiem N_2]: *Acetylpyrophotodehydroursolsäuremethylester* (III), $C_{33}H_{50}O_4$, F. 152—153° (Ae./Methanol), durch Bestrahlen von I in sd. A. mit einer Hg-Lampe (125 W) bis zum Verschwinden der 283-mμ-Bande, 2std. Kochen, Eindampfen u. Stehen bei 0°; $[\alpha]_D$ —85° (c = 0,87; CCl_4), UV, IR; 57% (Ausbeute). ½std. Ozonisieren von 53 mg III in Methylenchlorid (MC) bei —60°, Zugabe von Zn-Staub, Filtrieren u. Wasserdampf-Dest. in wss. Dimedon-Lsg. → 6 mg *Formaldehyd-Dimedon-Derivat.* Ozonisieren von III bei —5° in Äthylacetat, Alkalisieren mit Soda, 10 Min. langes Kochen mit 10%ig. H_2O_2, Entfernen des Neutralöls mit Ae., Ansäuern, Ausäthern, Umkristallisieren u. Sublimieren bei 10^{-6} mm → *Acetoxydicarbonsäure* IV [$C_{15}H_{24}O_6$, F. 180 bis 185°, $[\alpha]_D$ ±0° (c = 1,07), aus Äthylacetat/Cyclohexan Prismen]. — *Hydroxydicarbonsäure* VI, $C_{13}H_{22}O_5$, F. 214—217° (Zers.), aus IV durch Kochen mit 5%ig. alkohol. KOH; rhomb. Prismen aus Äthylacetat/Chlf., $[\alpha]_D$ —9° (c = 0,62; Dioxan). *Benzoyldimethylester* VIII, $C_{22}H_{30}O_6$, F. 100—101,5°, aus VI durch Behandeln mit Diazomethan in Ae. u. mit Benzoylchlorid in Pyridin; Nadeln aus MC/PAe., $[\alpha]_D$ +14° (c = 2,40; CCl_4), UV. *3.5-Dinitrobenzoyldimethylester*, $C_{22}H_{28}N_2O_{10}$, F. 100—102°, analog VIII; Nadeln aus Ae./Petroläther. — *Ketoester* V, neben IV durch Dest. bei 120°/4·10^{-5} mm; viscoses Öl, $[\alpha]_D$ —27° (c = 2,14), IR. — *1β.2α.7β-Trimethyl-8-oxo-cis-dekalin-4aβ-carbonsäure* (X), $C_{14}H_{22}O_3$, F. 160—163°, Sublimation bei 120°/4·10^{-5} Torr, durch 3 Std. langes Kochen von V mit wss.-alkohol. 80%ig. KOH unter N_2; $[\alpha]_D$ —97° (c = 2,24), IR. *Methylester*, Kp. 118°/2·10^{-5} Torr, aus X mit Diazomethan; Öl, $[\alpha]_D$ —108° (c = 1,19). — *rac. β-[3β-Benzoyloxy-6α-methoxycarbonyl-2.2.6-trimethyl-β-cyclohexyl]-propionsäuremethylester* (VIIIa), $C_{22}H_{30}O_6$, MC/PAe., F. 101—103°, aus dem rac. Benzoylketon IX durch Oxydation mit CrO_3 in Eisessig bei 100° u. Methylieren der ausgeätherten *Benzoyldicarbonsäure* [F. 198—200° nach Sublimation u. Umkristallisieren aus Äthylacetat/Cyclohexan; 44%], mit Diazomethan; aus MC–PAe. Nadeln. — *Acetyldihydropyrophotodehydroursolsäuremethylester* (XI), Sublimation bei 140°/2·10^{-5} Torr, aus III durch Hydrieren an 10%ig. Pd/$SrCO_3$ u. Chromatographie an Al_2O_3; Gummi, $[\alpha]_D$ +82° (c = 0,53), UV, IR. Ozonisieren von XI in MC bei —5°, Verseifen u. Abtrennen des Neutralöls (VII) → X. — *Acetoxyketon* XII, $C_{16}H_{26}O_3$, F. 128—129°, durch Acetylieren von VII; Nadeln aus Ae.–PAe., $[\alpha]_D$ —10° (c = 0,70), IR. — *3.5-Dinitrobenzoylphotodehydro-α-amyrin* (XIV), $C_{37}H_{50}N_2O_6$, F. 116—121°, durch Bestrahlung von XIII in trockenem Ae., Eindampfen im Vakuum, Überführung des nichtkristallisierbaren Schaumes in das 3.5-Dinitrobenzoat u. Chromatographie an Al_2O_3; Nadeln aus Aceton, $[\alpha]_D$ +335° (c = 0,77; CCl_4), IR, UV. — *3.5-Dinitrobenzoyldihydrophotodehydro-α-amyrin* (XVII), $C_{37}H_{52}N_2O_6$, F. 163—164°, durch ³/₄std. Kochen von XIV in 1%ig. wss. alkohol. KOH, Hydrieren des neutralen *Photodehydro-α-amyrins* (XV, UV, IR) an 10%ig. Pd/Kohle, 3.5-Dinitrobenzoylierung u. Chromatographie an Al_2O_3; Nadeln aus Aceton/Methanol, UV. — *Acetyllumidehydroursolsäuremethylester*, $C_{33}H_{50}O_4$, F. 163—164° (Aceton–Methanol), durch Überbestrahlung von 102 mg I in Ae. bei Temp. unterhalb 10° über *Acetylphotodehydroursolsäuremethylester* (II, UV); UV; 44 mg.

R. Sowada. 3600□

Über einige stickstofffreie Bestandteile von Veratrum album L. W. Poethke und H. Gerlach. (Arch. Pharmaz. Ber. dtsch. pharmaz. Ges. **293/65**, 103—11, Jan. 1960; Jena, Univ., Inst. für Pharmaz. u. Lebensmittelchem.; dt.) — Vff. isolierten aus weißer Nieswurz *Veratrum album* L. 3 Verbb., die sie als *Veratrum-Triterpene A* (I) u. *B* (II) u. *Substanz C* (III) bezeichnen. I u. II geben Triterpen-Farb-Rkk. mit konz. H_2SO_4, mit konz. H_3PO_4, nach Liebermann-Storch-Morawski, nach Rosenthaler u. nach Brieskorn-Briner u. bilden *Diacetate.* I wird von 0,4%ig. CrO_3/CH_3COOH zu einem *Diketon* oxydiert; dagegen bildet das analog erhaltene *Oxydations-*

Prod. von II nur ein *Monoxim.* III bildet ein *Monoacetat* u. gibt von den erwähnten Farb-Rkk. nur die mit H_2SO_4 u. H_3PO_4.

Versuche: *Veratrum-Triterpen A* (I), $C_{30}H_{50}O_2$, F. 244—246°, aus 50 kg Nieswurzpulver durch Ae.-Extraktion (→ 181 g Nd. im Ae.), u. a) fraktionierte Extraktion von 30 g des Nd. mit 96%ig. A.; Nadeln aus A.; $[\alpha]_D^{20}$ +5,3° (Chlf.); 12,05 g (Ausbeute); b) A.-Extraktion von 25 g des Nd. zu 3 Hauptfraktionen (11,6 g) u. fraktionierte Fällung mit H_2O. *Diacetat*, $C_{34}H_{54}O_4$, F. 226—227,5° (CH_3COOH). *Bis-p-brombenzoat*, $C_{44}H_{56}$·Br_2O_4, F. 204—206°, aus Chlf. Nadeln. — *Diketon*, $C_{30}H_{46}O_2$ (CH_3COOH), aus 0,5 g I in CH_3COOH durch Rk. mit 0,4%ig. CrO_3/CH_3COOH bei 50—60° u. Fällen mit W.; 0,43 g. *Dioxim*, $C_{30}H_{48}N_2O_2$, F. 239—242°, aus A. Stäbchen. *2.4-Dinitrophenylhydrazon*, $C_{36}H_{50}N_4O_5$, F. 236—239°, aus Bzl. gelbe Plättchen. — *Verb.* $C_{26}H_{49}O_3$ (so im Orig.), F. 82—84° (96%ig. A.), durch Oxydation von I mit 1%ig. CrO_3/Eisessig; daneben *Verb.* $C_{24}H_{36}O_2$, F. 172—176°, durch Eindampfen der Mutterlauge; aus A. Nadeln. — *Veratrum-Triterpen B* (II), $C_{32}H_{54}O_2$, F. 231—233°, neben I; Nadeln; $[\alpha]_D^{20}$ +7,5° (Chlf.); 1,15 g. *Diacetat*, $C_{36}H_{58}O_4$, F. 220—222°, Nadeln aus CH_3COOH/Acetanhydrid. — *Keton*, $C_{32}H_{52}O_2$, F. 164—167° (CH_3COOH), aus 100 mg II mit 0,4%ig. CrO_3/CH_3COOH; 82 mg. *Oxim*, $C_{32}H_{53}NO_2$, F. 180—183° (96%ig. A.). *2.4-Dinitrophenylhydrazon*, $C_{38}H_{56}$·N_4O_5, F. 230—233°, aus Bzl. gelbe Plättchen. — *Substanz C* (III), $C_{25}H_{40-42}O_2$, F. 209 bis 210° (A./W.; Sublimation ab 198°), neben I; Nadeln bzw. rechteckige Plättchen; 0,60 g. *Acetat*, $C_{27}H_{42-44}O_3$, F. 215—218° (CH_3COOH). H.-J. Kötzsch. 3600□

Die Darstellung von 5.9-Cyclosteroiden. O. Gnoj, E. P. Oliveto, C. H. Robinson und D. H. R. Barton. (Proc. chem. Soc. [London] **1961**, 207—08, Juni; London, Imperial Coll. of Sci. and Technol.; engl.) — 11β.21-Diacetoxy-9α-brom-17α-hydroxy-3.20-dioxo-$\Delta^{1.4}$-pregnadien (I) ergibt durch Red. mit $CrCl_2$ in Aceton das *5.9-Cyclosteroid* II. Aus II entsteht mit HCl in Chlf. oder mit $ZnBr_2$ in A. *21-Acetoxy-17α-hydroxy-3.20-dioxo-$\Delta^{1.4.9,11}$-pregnatrien* (III), u. mit H_2 an Pd/$CaCO_3$ in Essigester-A. das entsprechende *Dihydro-Deriv.* (IV; F. 163—165°; $[\alpha]_D$ —59°) u. aus IV mit HCl das schon bekannte *17α.21-Dihydroxy-3.20-dioxo-$\Delta^{4.9,11}$-pregnadien-21-acetat.* Analog II wurde das entsprechende *11β-Formiat* (F. 189—193°; $[\alpha]_D$ +254°) dargestellt. Durch Red. der 11β-Hydroxy-Verb.

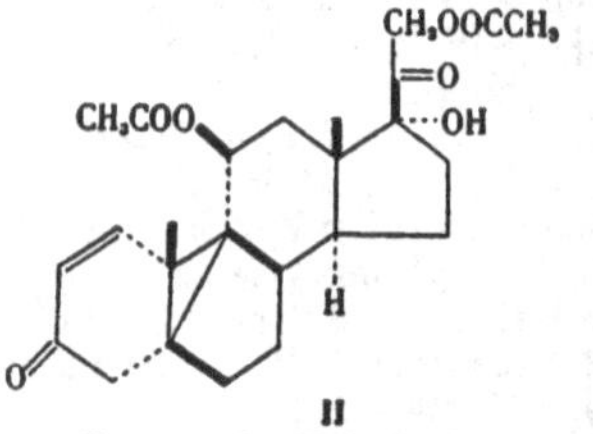

II

von I entsteht III als Hauptprod. u. das *1.11-Oxid* V (F. 177—180°; $[\alpha]_D$ +11°), das außerdem aus II in Form der *21-Hydroxy-Verb.* (VII; F. 208—213°; $[\alpha]_D$ —14°) mit

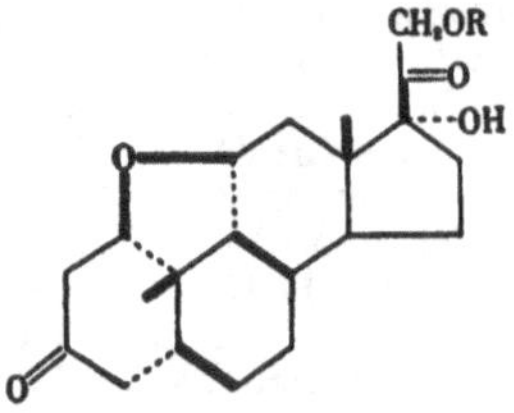

V R=CH3CO
VII R=H

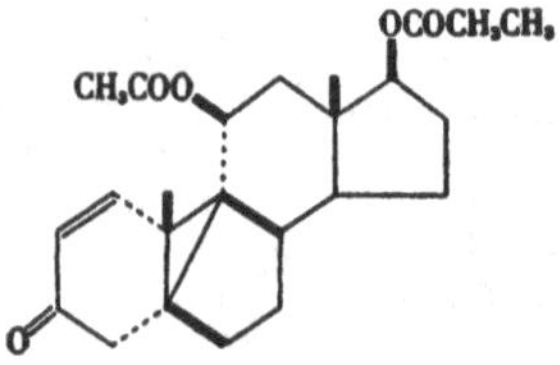

VI

Flavobacterium dehydrogenans entsteht. Analog wurden *Verb.* VI (F. 138—143°; $[\alpha]_D$ +184°) u. deren *Dihydro-Deriv.* (F. 120—122°; $[\alpha]_D$ —150°) dargestellt. II entsteht auch aus dem Jodanalogon von I, dagegen nicht aus dem Chloranalogon. G. Walter. 3700□

Kontraktion des A-Ringes von Triterpenen und verwandten Verbindungen. 4. Mitt. **Neue Kontraktionen des A-Ringes von Steroiden.** Jean-François Biellmann und Mladen Rajić. (Bull. Soc. chim. France **1962**, 441—43, März; Strasbourg, Inst. de Chim.; franz.) — 3. vgl. C. **1962**, 14150. — Die Benzilsäureumlagerung des durch Oxydation von Koprostanon (I) erhältlichen *4-Hydroxy-Δ^4-cholesten-(3)-ons* liefert ein Gemisch von *3α-Hydroxy-3β-carboxy-* u. *3β-Hydroxy-3α-carboxy-A-nor-α-cholestan*, welches durch Oxydation mit $Pb(CH_3COO)_4$ in *A-Nor-5α-cholestan-3-on* übergeführt wird. SeO_2-Oxydation von Cholestan-3-on (II) führt zu *A-Nor-5α-cholestan-2α-* u. *-3α-carbonsäure.* Ferner wird die Darst. von *17β-Hydroxy-A.19-bisnor-5α-androstan-2-on* aus 19-Nortestosteron (III) beschrieben. IR- u. UV-Maxima sind angegeben.

Versuche: *4-Hydroxy-Δ^4-cholesten-3-on*, F. 146—147° (CH_3OH), durch Einleiten von O_2 in eine Lsg. von 800 mg I u. K-tert.-Butylat in tert.-Butanol u. Chromatographie an SiO_2; 640 mg. — *A-Nor-5α-cholestan-3-on* (Ae./CH_3OH), durch 24std. Kochen von 200 mg vorst. Verb. u. $Ba(OH)_2$ in wss. Methylcellosolve unter N_2, Chromatographie an SiO_2 (→ 230 mg), u. 1std. Rühren von 100 mg mit $Pb(CH_3COO)_4$ in Bzl.; 55 mg. — *A-Nor-5α-cholestan-2α-carbonsäuremethylester*, F. 94° (CH_3OH), durch 24std. Rk. von 400 mg II u. SeO_2 in tert.-Butanol in Ggw. von Pyridin u. H_2O_2 bei 100°, Rk. mit CH_2N_2 u. Chromatographie an Al_2O_3; $[\alpha]_D$ +25° (c = 0,4; Chlf.); 108 mg. Daneben *3α-Carbonsäuremethylester*, F. 51° (CH_3OH); $[\alpha]_D$ +11° (c = 0,9; Chlf.); 82 mg. — *17β-Acetoxy-19-nor-5α-androstan-3-on*, durch Rk. von III u. Li/NH_3 u. Acetylierung. — *17β-Acetoxy-2.3-seco-19-nor-5α-androstan-2.3-disäure*, $C_{20}H_{30}O_6$, F. 181—182° (wss. CH_3OH), aus 770 mg vorst. Verb. u. CrO_3/wss. CH_3COOH (4 Std. bei 60—65°, dann über Nacht bei Raum-Temp.); $[\alpha]_D$ +1° (c = 0,5, Chlf.); 500 mg. — *17β-Hydroxy-A.19-bisnor-5α-androstan-2-on*, $C_{17}H_{26}O_2$, F. 167—168° (CH_2Cl_2/PAe.), durch 1½std. Erhitzen vorst. Verb. in Acetanhydrid unter N_2, Eindampfen, 1½std. Erhitzen auf 220—240° u. Verseifen mit methanol. KOH; $[\alpha]_D$ +205° (c = 0,8; Chlf.); Rotationsdispersion; 61%. J. Rothe. 3700□

Hydrierung von Digitalisgeninen und -anhydrogeninen. B. T. Brown und S. E. Wright. (J. Pharmacy Pharmacol. **13**, 262—67, Mai 1961; Sydney, Univ., Dep. of Pharmacy; engl.) — An Pd-Tierkohle wird die 14,15-ungesätt. Bindung in β-Anhydrodigoxigenin u. β-Anhydrodigitoxigeninacetat hydriert, wobei der Butenolidring intakt bleibt; Hydrierung des Butenolidrings von Digoxigenin u. 14-Desoxydigitoxigeninacetat an PtO_2 in A. führt zu 20α- u. 20β-Isomeren, wobei die 20α-Form im allg. höher schmilzt u. schwächer rechtsdrehend ist als die β-Form.

Versuche: *14-Desoxydigoxigenin* (I), $C_{23}H_{34}O_4$, F. 117—118° (Essigester), [α] +20° (c = 0,97; Methanol), aus 259 mg β-Anhydrodigoxigenin durch 16std. Hydrierung an 5%ig. Pd-Tierkohle; in A.; 102 mg (Ausbeute). — *Tetrahydroanhydrodigoxigenin* (*3β.12β-Dihydroxy-14α-cardanolid*), F. 116° (Essigester), aus 30 mg I durch 2std. Hydrieren an PtO_2 in A.; $[\alpha]_D$ +20° (c = 0,88; Chlf.). — *14-Desoxydigitoxigeninacetat*, $C_{25}H_{36}O_4$, F. 176—178° (Essigester u. Methanol/W.), aus 279 mg β-Anhydrodigitoxigeninacetat durch 7std. Hydrieren an 5%ig. Pd-Kohle in A.; $[\alpha]_D$ +18,4° (c = 0,49; Chlf.). — *20.22-Dihydrodigoxigenin, 20α-Form*, $C_{23}H_{36}O_5$, F. 223—225°, durch 6std. Hydrieren von 412 mg Digoxigenin in A. an PtO_2 bei Raum-Temp.; aus Essigester Körner; $[\alpha]_D$ +11° (c = 0,99; Chlf.); 405 mg. *20β-Form*, FF. 145 u. 209—211°, neben der α-Form; aus A./W. Nadeln; $[\alpha]_D$ +15° (c = 0,82; Chlf.). — *20.22-Dihydrodigitoxigenin*, $C_{23}H_{36}O_4$, F. 222—224° (A./W.), [α] +16,5° (c = 1; Methanol), aus Digitoxigenin durch 7std. Hydrieren an PtO_2 in Alkohol. — *3β-Acetoxy-14α-cardanolid*, $C_{25}H_{38}O_4$, *20α-Form*, F. 137—139° (A.), $[\alpha]_D$ +24° (c = 0,8; Chlf.). — *20.22-Dihydrodigoxin*, a) F. 160—166° (Methanol/W.), $[\alpha]_D$ 12° (c = 1,28; Methanol), aus Digoxin in A. durch 8std. Hydrieren an 5%ig. Pd-Kohle bei Raum-Temp.; b) *Hydrat*, $C_{41}H_{66}O_{14}\cdot H_2O$, FF. 155—162° u. 252—254° (nach Festwerden bei 200°), durch 8std. Hydrieren von Digoxin in A. an PtO_2 bei Raum-Temp. u. Umkristallisieren aus A./Wasser.
G. Walter 3700□

Konstitution des Cinobufagins. P. Hofer, H. Linde und K. Meyer. (Experientia [Basel] **15**, 297—98, 15/8. 1959; Basel, Univ., Pharmaz. Anstalt; dt.) — Cinobufagin, $C_{26}H_{34}O_6$, F. 213—215°, besitzt auf Grund des IR-Spektrums (Bande bei 3,31—3,32 μ) eine sek.-tert. Epoxidgruppe, deren Stellung am C_{14}–C_{15} bewiesen wird durch Überführung von Acetylcinobufagin in 3β.16β.20-Triacetoxy-14-hydroxy-21-nor-5β.14β-pregnan, das mit einem aus Diacetylgitoxigenin hergestellten Prod. ident. ist. Cinobufagin ist chem. als 3β-Hydroxy-14.15β-epoxy-16β-acetoxy-$\Delta^{20.22}$-5β-bufadienolid zu bezeichnen. G. Walter. 3700□

Darstellung von 16-Halogenmethylen- und 15-Dehydro-16-halogenmethylcorticoiden. Fritz von Werder, Klaus Brückner, Karl-Heinz Bork, Harald Metz, Bruno Hampel und Heinz Jürgen Mannhardt. (Chem. Ber. **95**, 2110 bis 2121, 5/9. 1962; Darmstadt, E. Merck AG, Forschungslabor.; dt.) — Behandeln von 16-Methylen-17α-hydroxyprogesteron (I) mit N-Halogensuccinimiden lieferte *16β-Chlormethyl-* (**IIb**), *16β-Brommethyl-* (**IIc**) bzw. *16β-Jodmethyl-16α.17α-oxidoprogesteron* (**IId**). Die entsprechende *16β-Fluormethyl-Verb.* (**IIa**) wurde aus **IIc** bzw. **IId** mittels AgF erhalten. Säurebehandlung unter verschiedenen Bedingungen gab die entsprechenden *16-Halogenmethylen-17α-hydroxyprogesterone* (**III**) bzw. *15-Dehydro-16-fluormethyl-17α-hydroxyprogesteron.* Auf bekanntem Wege wurden diese Verbb. in die entsprechenden *Prednisolone* übergeführt. Als Modellsubstanz wurde ferner *15-Dehydro-16-methylprednisolon* dargestellt. Die strukturbeweisenden Kernresonanzspektren von **IIa, IIIa** u. a. werden im einzelnen diskutiert.

Versuche: *16β-Chlormethyl-16α.17α-oxidoprogesteron* (**IIb**), $C_{22}H_{29}ClO_3$, F. 155 bis 156° (Aceton), aus 10 g **I** u. N-Chlorsuccinimid in wss. Dioxan in Ggw. von $HClO_4$ (Stehen über Nacht bei Raum-Temp.); $[\alpha]_D^{24}$ +130° (Chlf.); 7,5 g (Ausbeute). — *16β-Brommethyl-16α.17α-oxidoprogesteron* (**IIc**), $C_{22}H_{29}BrO_3$, F. 131—133° (Ae.), aus 10 g **I** u. N-Bromsuccinimid wie vorst. (1 Std.); $[\alpha]_D^{24}$ +106° (Chlf.); 10,8 g. — *16β-Jodmethyl-16α.17α-oxidoprogesteron* (**IId**), $C_{22}H_{29}JO_3$, F. 100—101° (CH_3OH), aus 5 g **I** u. N-Jod-succinimid (2 Std.); $[\alpha]_D^{24}$ +78° (Dioxan); 4,5 g. — *16β-Fluormethyl-16α.17α-oxido-progesteron* (**IIa**), $C_{22}H_{29}FO_3$, F. 176—178° (Ae.), aus 50 g **IIc** u. 60%ig. AgF-Lsg. in sd. CH_3CN (6 Std.); $[\alpha]_D^{24}$ +135,3° (Dioxan); 23 g. — *16β-Hydroxymethyl-16α.17α-oxido-progesteron*, $C_{22}H_{30}O_4$, F. 201—203° (CH_3OH), a) neben **IIa**; b) aus 0,9 g **IIc** u. CH_3COOK in sd. A. (30 Std.); $[\alpha]_D^{24}$ +156° (Chlf.); 0,74 g. *Acetat*, $C_{24}H_{32}O_5$, F. 142—143° (Ae.), $[\alpha]_D^{24}$ +131° (Chlf.). — *16-Chlormethylen-17α-hydroxyprogesteron* (**IIIb**), $C_{22}H_{29}ClO_3$, F. 269—271° (Aceton), aus 58 g **IIb** u. HBr in sd. Dioxan/Ae. (1 Std.); $[\alpha]_D^{24}$ —52° (Chlf.); 49 g (roh). *Acetat*, $C_{24}H_{31}ClO_4$, F. 206—208° (Ae.), aus 10,8 g **IIIb** u. Acetanhydrid in Ggw. von p-Toluolsulfonsäure in Eisessig; $[\alpha]_D^{22}$ —90,6° (Chlf.); 5,1 g. — *16-Fluor-methylen-17α-hydroxyprogesteron* (**IIIa**), $C_{22}H_{29}FO_3$, F. 256—258° (Aceton), analog aus 34 g **IIa**; $[\alpha]_D^{22}$ +10,5° (Dioxan); 12 g. *Acetat*, $C_{24}H_{31}FO_4$, F. 207—208° (CH_3OH), aus 6,7 g **IIIa**; $[\alpha]_D$ —36° (Chlf.); 3 g. — *16-Brommethylen-17α-hydroxyprogesteron* (**IIIc**), $C_{22}H_{29}BrO_3$, F. 240—244° (Zers.; Aceton), analog aus **IIc**; $[\alpha]_D^{24}$ —33,3° (Dioxan); 79%. *Acetat*, $C_{24}H_{31}BrO_4$, F. 207—209° (Ae.), aus 3,9 g **IIIc**; $[\alpha]_D^{24}$ —75° (Chlf.); 2,1 g. — *16-Chlormethylen-21-acetoxy-Δ^4-pregnen-17α-ol-3.20-dion* (**Vb**), $C_{24}H_{31}ClO_5$, F. 156—157° (Ae.), durch Lösen von 10 g **IIIb** in Tetrahydrofuran/CH_3OH, portionsweise Zugabe von CaO u. J_2 bei 35—40° innerhalb von $^3/_4$ Std., $^1/_2$std. Rühren u. 6std. Kochen des erhaltenen rohen *21-Jodids* mit CH_3COOK in Aceton („Ringold"-Meth.); $[\alpha]_D^{22}$ +10,5° (Chlf.); 4 g. — *16-Chlormethylen-Δ^4-pregnen-17α.21-diol-3.20-dion*, F. 205—207°, aus **Vb**; $[\alpha]_D$ +5° (Dioxan). — *16-Fluormethylen-21-acetoxy-Δ^4-pregnen-17α-ol-3.20-dion* (**Va**), $C_{24}H_{31}FO_5$, F. 200—202° (CH_3OH), analog **Vb** aus 7,5 g **IIIa**; $[\alpha]_D^{24}$ +68° (Chlf.); 2,7 g. — *16-Chlormethylencortisol*, $C_{22}H_{29}ClO_5$, F. 228° (Chlf.), aus 7,5 g **Vb** u. *Curvularia lunata*; $[\alpha]_D^{24}$ +40,2° (Dioxan); 4,1 g. — *16-Fluormethylencortisol*, $C_{22}H_{29}FO_5$, F. 239—241° (Chlf.), analog aus **Va**; $[\alpha]_D^{24}$ +85,4° (Dioxan); 48%. — *16-Chlormethylenprednisolon*, $C_{22}H_{27}ClO_5$, F. 223—224° (Chlf.), aus 7,5 g vorvorst. Verb. u. *Corynebacterium simplex*; $[\alpha]_D$ —34,3° (Dioxan); 3,6 g. — *16-Fluormethylenprednisolon*, $C_{22}H_{27}FO_5$, F. 263—264 (Chlf.), analog aus vorvorst. Verb.; $[\alpha]_D^{24}$ +25° (Dioxan); 67%. — *16-Methyl-$\Delta^{5.15}$-pregnadien-3β.17α-diol-20-on*, $C_{22}H_{32}O_3$, F. 271—273° (Tetrahydrofuran), aus 20 g 16β-Methyl-16α.17α-oxido-Δ^5-pregnen-3β-ol-20-on u. wss.-dioxan. HCl ($^1/_2$ Std. bei Raum-Temp.); 12 g. — *16-Methyl-21-acetoxy-$\Delta^{5.15}$-pregnadien-3β.17α-diol-20-on*, $C_{24}H_{34}O_5$, F. 188—191° (Bzl.), aus 50 g vorst. Verb. nach Ringold; $[\alpha]_D$ —117° (Chlf.); 35 g. — *16-Methyl-21-acetoxy-$\Delta^{5.15}$-pregnadien-17α-ol-3.20-dion*, $C_{24}H_{32}O_5$, F. 199—204° (Aceton), aus 10 g vorst. Verb. u. CrO_3 in W./Aceton/H_2SO_4 bei 0—3° unter N_2; $[\alpha]_D$ —65° (Chlf.); 6,5 g. — *16-Methyl-$\Delta^{4.15}$-pregnadien-17α.21-diol-3.20-dion* (**IV**), $C_{22}H_{30}O_4$, F. 233 bis 236° (Aceton), aus 20 g vorst. Verb. u. $NaHCO_3$ in sd. wss. CH_3OH (7 Min.); $[\alpha]_D$ +35° (Chlf.); 14,7 g. — *16-Methyl-21-acetoxy-$\Delta^{4.15}$-pregnadien-17α-ol-3.20-dion*, F. 175—177° (Aceton), aus **IV** u. Acetanhydrid/Pyridin (20 Std. bei Raum-Temp.); $[\alpha]_D$ +38° (Chlf.). — *16-Methyl-$\Delta^{4.15}$-pregnadien-11β.17α.21-triol-3.20-dion*, $C_{22}H_{30}O_5$, F. 245—247° (Chlf.), aus 6 g **IV** u. *Curvularia lunata*; $[\alpha]_D$ +53° (Chlf.); 1,7 g. — *16-Methyl-$\Delta^{1.4.15}$-pregnatrien-11β.17α.21-triol-3.20-dion*, $C_{22}H_{28}O_5$, F. 250—251° (Chlf.), aus 2,8 g **IV** u. *Corynebacterium simplex*; $[\alpha]_D$ +18° (Chlf.); 1,6 g. — *15-Dehydro-16-fluormethyl-17α-hydroxyprogesteron*, $C_{22}H_{29}FO_3$, F 239—240° (Aceton), aus 48 g **IIa** u. wss.-dioxan. HCl (2 Std. bei Raum-Temp.); $[\alpha]_D$ —4° (Chlf); 18,9 g. — *16-Fluormethyl-21-acetoxy-$\Delta^{4.15}$-pregnadien-17α-ol-3.20-dion*, $C_{24}H_{31}FO_5$, nur als Öl isoliert, aus 9 g vorst. Verb. nach Ringold; 5,6 g. — *15-Dehydro-16-fluormethylcortisol*, $C_{22}H_{29}FO_5$, F. 210—211° (Aceton/Ae.), aus 12,1 g vorst. Verb. u. *Curvularia lunata*; $[\alpha]_D^{24}$ +69,7° (Dioxan); 2,2 g. — *15-Dehydro-16-fluormethylprednisolon*, $C_{22}H_{27}FO_5$, F. 224—225° (Essigester), aus 2,2 g vorst. Verb. u. *Corynebacterium simplex*; $[\alpha]_D^{24}$ +22,8° (Dioxan); 1,5 g. — *15-Dehydro-16-fluormethylprednisolon-21-acetat*, $C_{24}H_{29}FO_6$, F. 208—209° (Essigester), $[\alpha]_D^{24}$ +47,3° (Dioxan). J. Rothe. 3750□

Fortschritte der Chemie der Vitamine D und ihrer Abkömmlinge. H. H. Inhoffen und K. Irmscher. (Fortschr. Chem. org. Naturstoffe [Wien] 17, 70—123, 1959; Braunschweig; dt.) — Vgl. C. **1960**, 12694. — Übersicht über Konstit., neue Abbau-Prodd., photochem., therm. u. chem. Isomerisierung u. Partialsynth. der Vitamine D u. ihrer Abkömmlinge sowie die Totalsynth. des Vitamins D_3. — 90 Literaturangaben.
P. Golinske. 3800□

Untersuchungen über das Streptomyces-Antibioticum Cycloheximid. 8. Mitt. **Hydroxycarbonylierung des optisch-aktiven 2.4-Dimethylcyclohexanons und chemische**

Beziehung der Produkte. 1. Mitt. Makoto Suzuki. (Chem. pharmac. Bull. [Tokyo] **8**, 706—12, Aug. 1960; Tokyo, Tanabe Seiyaku Co., Ltd., Res. Labor.; engl.) — 7. vgl. C. **1962**, 5311. — Durch Umsetzung des aus Naramycin-A (Cycloheximid; **I**) durch alkal. Abbau zugänglichen *cis*-(+)-*2.4-Dimethylcyclohexanons* (**II**) mit p-substituierten Benzaldehyden entstehen in Ggw. von Basen Gemische stereoisomerer β-Ketole, nämlich die am aromat. Kern entsprechend substituierten, opt.-akt. *2.4-Dimethyl-6-[α-hydroxybenzyl]-cyclohexanone* (**A**), die bei Verw. von Tetramethylammoniumhydroxid (TMAH) als Kondens.-Mittel Rechtsdrehung u. bei Verw. von Methylanilino-MgBr (MAMB; vgl. Nielsen u. Mitarbeiter, C. **1952**, 3796) Linksdrehung aufweisen. Die **A** gehen bei der Einw. von HCl unter Abspaltung von W. in am aromat. Kern entsprechend substituierte *2.4-Dimethyl-6-benzylidencyclohexanone* (**B**) über. Für die **B** sind UV-Maxima, in 2 Fällen auch IR-Banden angegeben.

Versuche ($[\alpha]_D$ in CH_3OH): *cis*-(+)-*2.4-Dimethylcyclohexanon* (**II**), Kp. 175—176°, durch Abbau von **I** nach Kornfeld u. Mitarbeitern (vgl. J. Amer. chem. Soc. **71**, [1949], 150) u. Reinigung über das Semicarbazon; $[\alpha]_D^{16}$ +10,8° (c = 5); 68—70% (Ausbeute). — (+)-2.4-Dimethylcyclohexanone: *6-[α-Hydroxy-p-nitrobenzyl]-* (**III**), $C_{15}H_{19}NO_4$, F. 147—148° (80%ig. CH_3OH), durch Einrühren von 1,89 g p-Nitrobenzaldehyd (**X**) in CH_3OH innerhalb von 1/2 Std. in die wss.-methanol. Lsg. von 7,87 g **II** u. 5 ml 10%ig. TMAH bei 35°, weiteres Einrühren von je 2,5 ml TMAH nach 2 bzw. 4 Std., 8std. Stehen bei Raum-Temp., 24std. Aufbewahren in der Kälte, Ansäuern mit 10%ig. HCl u. Umkristallisieren des abfiltrierten Nd. aus wss. CH_3OH; $[\alpha]_D^{24}$ +81,4° (c = 1,0); 2,01 g; daneben *stereoisomeres* **III**, F. 113—114° (60%ig. CH_3OH), durch Extraktion der mit W. verd. u. mit NaCl gesätt. Mutterlauge von **III** mit Essigester, Aufnehmen des Rückstandes der organ. Phase in Hexan, Chromatographie an mit Säure vorbehandeltem Al_2O_3, Entfernung von restlichem **II** u. **X** durch Elution mit Hexan, von wenig **IX** durch Elution mit Bzl., von 165 mg **III** durch Elution mit Essigester/Bzl. u. Elution mit A.–Bzl. (1 : 1); $[\alpha]_D^{24}$ +65,4° (c = 1,0); 261 mg. — *6-[α-Hydroxy-p-acetamidobenzyl]-* (**IV**), $C_{17}H_{23}NO_3$, F. 152—153° (wss. CH_3OH; Prismen), durch Kondens. von 15,74 g **II** mit 2,72 g p-Acetamidobenzaldehyd (**XI**) u. portionsweise zugefügtem TMAH analog **III**, 16std. Rühren bei 35°, Extraktion der mit W. verd. u. mit NaCl gesätt. Lsg. mit Essigester, Aufnehmen des Rückstandes der organ. Phase in Hexan, Chromatographie an Al_2O_3, Entfernung von restlichem **II** durch Elution mit Hexan u. von **XI** mit Essigester–Bzl. (1 : 1) u. Elution mit Essigester–Bzl. (4 : 1); $[\alpha]_D^{20}$ +52,1° (c = 2,0); 315 mg. — (—)-2.4-Dimethylcyclohexanone: *6-[α-Hydroxy-p-acetamidobenzyl]-* (**V**), $C_{17}H_{23}NO_3$, F. 171—172° (Bzl.–Essigester; Prismen), a) durch Einrühren von 3,26 g Methylanilin in Bzl. in die aus 4,0 g C_2H_5Br u. Mg dargestellte äther. Lsg. von C_2H_5MgBr bei 5° unter N_2, Einrühren von 4,41 g **II** in Bzl. zu der so bereiteten MAMB-Lsg. innerhalb von 1/4 Std. bei 15°, 1/2std. Stehenlassen des Rk.-Prod. (**C**), Einrühren von 3,9 g **XI** in 25 ml Tetrahydrofuran (THF) bei —15° innerhalb von 20 Min., 2 1/2std. Rühren bei —5 bis +2°, Ansäuern mit 10%ig. HCl bei —10°, Einengen der mit 15%ig. HCl gewaschenen organ. Phase auf 1/10 ihres Vol., Absaugen der ausgeschiedenen Kristalle, Verdünnen des Filtrates mit Ae., 24std. Stehenlassen u. erneutes Absaugen; $[\alpha]_D^{14}$ —37,2° (c = 2,0); 1,93 g (28%); b) analog a) mit 1,95 g **XI** in 12,5 ml THF; 46%; c) analog a) mit 1,95 g **XI** in 37,5 ml THF; 59%. — *6-[α-Hydroxy-p-brombenzyl]-* (**VI**), $C_{15}H_{19}BrO_2$, F. 139—140° (Ae.–Hexan; Nadeln), durch Einrühren von p-Brombenzaldehyd (**XII**) in THF-Bzl. zu der nach **V** nach a) aus MAMB u. **II** bereiteten Lsg. von **C** bei —15°, Aufarbeitung analog **V** nach a), Behandeln des Rückstandes der organ. Phase mit Hexan, Absaugen des ausgeschiedenen Nd., Chromatographie der Mutterlauge an Al_2O_3 u. Elution einer 2. Fraktion mit CH_3OH–Bzl. (1 : 1); $[\alpha]_D^{18}$ —37,7° (c = 2,5); 32,4%; daneben durch Elution mit Hexan–Bzl. (1 : 1) **II** u. **XII**. — *6-[α-Hydroxy-p-hydroxybenzyl]-* (**VII**), $C_{15}H_{20}O_3$, F. 145,5—146,5° (Ae.; Prismen), durch Zugabe von 2,92 g p-Hydroxybenzaldehyd (**XIII**) in THF zu der nach **V** nach a) bereiteten Lsg. von **C** bei —15° u. Aufarbeitung wie vorst.; $[\alpha]_D^{17}$ —51,2° (c = 1,0); 32%; daneben **XIII**. — *6-[α-Hydroxy-p-nitrobenzyl]-* (**VIII**), $C_{15}H_{19}NO_4$, F. 151—152° (wss. CH_3OH; Prismen), durch Zugabe von **X** in THF zu der nach **V** nach a) bereiteten Lsg. von **C** bei —15° u. Aufarbeitung wie vorst.; $[\alpha]_D^{22}$ —66,4° (c = 1,0); 37%; daneben wenig **III** durch Chromatographie der Mutterlaugen von **VIII** an Al_2O_3 u. Elution mit Bzl. u. mit Bzl.–Essigester. — *2.4-Dimethyl-6-[p-acetamidobenzyliden]-cyclohexanon*, $C_{17}H_{21}NO_2$, F. 163—164° (wss. CH_3OH), a) durch 3 Min. langes Kochen von 85 mg **IV** in mit konz. HCl versetztem A., Einengen im Vakuum auf die Hälfte des Vol., Zugabe von W., Extraktion mit Essigester u. Einengen der organ. Phase; $[\alpha]_D^{24}$ +269,8° (c = 1); 41 mg; b) analog aus **V**. — *2.4-Dimethyl-6-[p-nitrobenzyliden]-cyclohexanon* (**IX**), $C_{15}H_{17}NO_3$, F. 96—97° (wss. CH_3OH; Nadeln), a) wie vorst. aus 50 mg **III**; $[\alpha]_D^{24}$ +187,8° (c = 1); 29 mg; b) analog aus 50 mg *stereoisomerem* **III**; 20,5 mg; c) analog aus **VIII**. — *2.4-Dimethyl-6-[p-hydroxybenzyliden]-*

cyclohexanon, $C_{15}H_{18}O_2$, F. 158,5—160° (Bzl.-Hexan, Plättchen), wie vorst. aus 50 mg **VII**; 21 mg. — *2.4-Dimethyl-6-[p-brombenzyliden]-cyclohexanon*, $C_{15}H_{17}BrO$, F. 153—154° (Ae.; Plättchen), wie vorst. aus 200 mg **VI**; 85 mg. P. Gregorzewski. 3900□

Untersuchungen über das Streptomyces-Antibioticum Cycloheximid. 8. Mitt. Hydroxycarbonylierung des optisch-aktiven 2.4-Dimethylcyclohexanons und chemische Beziehung der Produkte. 2. Mitt. Makoto Suzuki. (Chem. pharmac. Bull. [Tokyo] **8**, 713—16, Aug. 1960; engl.) — 1. vgl. vorst. Referat. — Es werden die chem. Beziehungen zwischen verschiedenen Stereoisomeren von am aromat. Kern in p-Stellung substituierten, opt.-akt. *2.4-Dimethyl-6-[α-hydroxybenzyl]-cyclohexanonen* (**A**; vgl. l. c.) untersucht. Die durch Nielsen-Kondens. dargestellten, linksdrehenden **A** weisen alle die gleiche, die durch Aldol-Kondens. dargestellten, rechtsdrehenden **A** unterschiedliche Konfiguration auf. Einige der nach Nielsen synthetisierten **A** werden in stabilere, rechtsdrehende Isomere umgewandelt, die z. T. mit den durch Aldol-Kondens. erhaltenen **A** ident. sind. Die Isomerisierung erfolgt an mit Säure vorbehandeltem Al_2O_3 oder in Ggw. von Tetramethylammoniumhydroxid (TMAH). So entsteht aus (—)-2.4-Dimethyl-6-[α-hydroxy-p-nitrobenzyl]-cyclohexanon (**I**) sowohl an Al_2O_3 als auch mit TMAH (+)-*2.4-Dimethyl-6-[α-hydroxy-p-nitrobenzyl]-cyclohexanon* (**III**), daneben wird bei Verw. von Al_2O_3 *2.4-Dimethyl-6-[p-nitrobenzyliden]-cyclohexanon* erhalten. (—)-2.4-Dimethyl-6-[α-hydroxy-p-acetamidobenzyl]-cyclohexanon (**II**) u. (+)-*2.4-Dimethyl-6-[α-acetoxy-p-acetamidobenzyl]-cyclohexanon* (**IV**) liefern mit Al_2O_3 nicht das erwartete Stereoisomere, sondern *2.4-Dimethyl-6-[p-acetamidobenzyliden]-cyclohexanon*, während **II** in Ggw. von TMAH in *2.4-Dimethylcyclohexanon* u. *p-Acetamidobenzaldehyd* gespalten wird. Durch katalyt. Red. von **I** an Pd–$SrCO_3$ u. anschließende Acetylierung, Rkk., bei denen kein Konfigurationswechsel erfolgt, entsteht über die Stufe des (—)-*2.4-Dimethyl-6-[α-hydroxy-p-aminobenzyl]-cyclohexanons* (**V**) **IV**, das auch durch Acetylierung von **II** erhältlich ist, wodurch bewiesen wird, daß die nach Nielsen dargestellten **I** u. **II** die gleiche Konfiguration besitzen. **III** liefert auf analogem Wege durch katalyt. Red. an Pd–$SrCO_3$ u. anschließende Acetylierung ohne Isolierung des intermediären Aminoketols eine *N.O-Diacetylverb.* (**VIII**), die mit dem auf entsprechendem Wege aus dem *stereoisomeren* **III** (vgl. 1. Teil) über das mit **V** stereoisomere (+)-*2.4-Dimethyl-6-[α-hydroxy-p-aminobenzyl]-cyclohexanon* (**X**) erhaltenen *2.4-Dimethyl-6-[α-acetoxy-p-acetamidobenzyl]-cyclohexanon* (**VI**) nicht ident. ist. **VI** erweist sich als ident. mit dem O-Acetylierungs-Prod. des durch Aldol-Kondens. aus 2.4-Dimethylcyclohexanon u. p-Acetamidobenzaldehyd dargestellten (+)-2.4-Dimethyl-6-[α-hydroxy-p-acetamidobenzyl]-cyclohexanons (**VII**), woraus folgt, daß **VII** u. das *stereoisomere* **III** die gleiche Konfiguration besitzen müssen.

Versuche ($[\alpha]_D$ in CH_3OH): (+)-*2.4-Dimethyl-6-[α-hydroxy-p-nitrobenzyl]-cyclohexanon* (**III**), F. 144—146° (wss. CH_3OH), a) durch Lösen von **I** (vgl. 1. Teil) in Bzl., Adsorption an mit HCl vorbehandeltem Al_2O_3, 24std. Stehenlassen bei 25° u. Elution mit $CHCl_3$; 65% (Ausbeute) [daneben wenig *2.4-Dimethyl-6-[p-nitrobenzyliden]-cyclohexanon*, F. 94—95° (wss. CH_3OH; gelbe Nadeln)]; b) durch 5std. Aufbewahren von 100 mg **I** u. 0,2 ml 10%ig. TMAH in wss. CH_3OH bei Raum-Temp., Neutralisation mit 1%ig. HCl, Verdünnen mit W. bei 0° u. Abfiltrieren; 62 mg. — *2.4-Dimethyl-6-[p-acetamidobenzyliden]-cyclohexanon*, F. 163—164° (wss. CH_3OH; gelbe Prismen), a) durch Lösen von 100 mg **II** in Tetrahydrofuran (THF), Adsorption an mit HCl vorbehandeltem Al_2O_3, 24std. Stehenlassen bei Raum-Temp. u. Elution mit THF; 67 mg; b) analog aus **IV** in Bzl. u. Elution mit Bzl.–Essigester; 85%. — *p-Acetamidobenzaldehyd*, F. 152—153° (wss. CH_3OH), durch 5std. Aufbewahren von 100 mg **II** u. 0,25 ml 10%ig. TMAH in wss. CH_3OH, Neutralisation mit HCl, Eindampfen im Vakuum, Verdünnen mit W., Ausschütteln mit Essigester u. Eindampfen der organ. Lsg.; 32,5 mg; daneben *2.4-Dimethylcyclohexanon*. — (—)-*2.4-Dimethyl-6-[α-hydroxy-p-aminobenzyl]-cyclohexanon* (**V**), $C_{15}H_{21}NO_2$, F. 160—161° (Bzl.; Nadeln), durch Hydrierung von **I** in A. an Pd–$SrCO_3$ u. Einengen der filtrierten Lsg. im Vakuum unter N_2; $[\alpha]_D^{26}$ —46,0° (c = 0,1); 88%. — (+)-*2.4-Dimethyl-6-[α-acetoxy-p-acetamidobenzyl]-cyclohexanon* (**VIII**), $C_{19}H_{25}NO_4$, F. 198 bis 199° (Bzl.; Prismen), durch katalyt. Red. von **III** analog **V** u. Acetylierung des nicht isolierten *Aminoketols* mit Acetanhydrid (**IX**) in Pyridin; $[\alpha]_D^{27}$ +86,8° (c = 1); $[\alpha]_D^{27}$ +97,8° (c = 1; Chlf.); 65%. — (+)-*2.4-Dimethyl-6-[α-hydroxy-p-aminobenzyl]-cyclohexanon* (**X**; stereoisomer mit **V**), $C_{15}H_{21}NO_2$, F. 134—135°, durch katalyt. Red. von *stereoisomerem* **III** analog **V**; $[\alpha]_D^{22}$ +16,0° (c = 0,1). — (+)-*2.4-Dimethyl-6-[α-acetoxy-p-acetamidobenzyl]-cyclohexanon* (**VI**; stereoisomer mit **VIII**), $C_{19}H_{25}NO_4$, F. 178—179° (Bzl.; Prismen), a) durch Acetylierung von **VII** mit **IX** in Pyridin bei 0°, 24std. Aufbewahren bei Raum-Temp. u. Einengen im Vakuum; $[\alpha]_D^{18}$ +46,6° (c = 1); 84%; b) durch Acetylierung von **X**; 82%. — (+)-*2.4-Dimethyl-6-[α-acetoxy-p-acetamidobenzyl]-cyclohexanon* (**IV**; stereoisomer mit **VI** u. **VIII**), $C_{19}H_{25}NO_4$, F. 135—136° (Bzl.;

Prismen), a) aus II u. IX in Pyridin; $[\alpha]_D^{17}$ +11,2° (c = 1,0); b) durch Acetylierung von V. P. Gregorzewski. 3900□

Totalsynthese von Tetracyclinen. 5. Mitt. Die stereospezifische Synthese des Tetracyclin-Ringsystems. Thomas L. Fields, Andrew S. Kende und James H. Boothe. (J. Amer. chem. Soc. **83**, 4612—18, 4/12. 1961; Pearl River, N.Y., Div. of American Cyanamid Co., Lederle Labor., Organ. Chem. Res. Section; engl.) — 4. vgl. C. **1962**, 5309. — Die *syn-* (I) u. *anti-Isomeren* (II) von *5-Benzyloxy-8-chlor-4.10-dioxo-2-carboxymethyl-1.2.3.4.4a.9.9a.10-oktahydroanthracen* werden aus dem bicycl. Zwischen-Prod. 3-[5-Benzyloxy-8-chlor-4-oxo-1.2.3.4-tetrahydro-β-naphthylmethyl]-glutarsäure dargestellt. Die Überführung von I in (±)-*7-Chlordesdimethylamino-6-desmethyl-6.12a-didesoxytetracyclin* (III) u. der Vgl. mit einer Probe III, erhalten durch Abbau-Rkk., werden beschrieben. UV-Spektren vgl. Original.

Versuche: *3-[5-Benzyloxy-8-chlor-4-oxo-1.2.3.4-tetrahydro-β-naphthylmethyl]-glutarsäureanhydrid*, $C_{23}H_{21}ClO_5$, F. 192—193°, durch 1std. Kochen von 900 mg der Säure mit Acetanhydrid; 743 mg. — *3-[5-Benzyloxy-8-chlor-4-oxo-1.2.3.4-tetrahydro-β-naphthylmethyl]-glutarsäuremonomethylester*, $C_{24}H_{25}ClO_6$, F. 113—127°, durch 2std. Rühren von 2,48 g vorst. Verb. mit Na-Methylat in abs. Methanol bei Raum-Temp., Verdünnen mit W., Ansäuern mit 1n HCl, Extrahieren mit Essigester, Einengen im Vakuum u. Versetzen mit Ae.; 1,88 g. — *syn-5-Benzyloxy-8-chlor-4.10-dioxo-2-carboxymethyl-1.2.3.4.4a.9.9a.10-oktahydroanthracen* (I), $C_{23}H_{21}ClO_5$, F. 198—199° (abs. A.), durch 48std. Kochen von 4,5 g vorst. Verb. mit NaH in Öl in abs. Toluol unter N_2, Kühlen auf Raum-Temp., Zers. mit Eisessig, Verdünnen mit Essigester, Einengen im Vakuum u. Versetzen mit Ae.; gelbe Kristalle; 53%; durch Wiederholung dieser Operation mit der Mutterlauge (96std. Kochen unter N_2) entsteht die entsprechende *anti-Verb.* (II), $C_{23}H_{21}ClO_5$, F. 177—179° (A.); 491 mg. — *syn-5-Benzyloxy-8-chlor-4.10-dioxo-2-carbomethoxymethyl-1.2.3.4.4a.9.9a.10-oktahydroanthracen* (IV), F. 116—118° (A./Ae.), durch Zugabe von CH_2N_2 in Ae. zu I in Tetrahydrofuran, 1 Min. langes Stehen bei 5—10°, Versetzen mit Essigsäure, Erwärmen, Eindampfen, Aufnehmen in Ae. u. Versetzen mit Alkohol. — *anti-5-Benzyloxy-8-chlor-4.10-dioxo-2-carbomethoxymethyl-1.2.3.4.4a.9.9a.10-oktahydroanthracen*, $C_{24}H_{23}ClO_5$, F. 105—107° (A./Ae. 2:1), analog vorst. Verb. aus 160 mg II; 10 mg. — *syn-8-Chlor-5-hydroxy-4.10-dioxo-2-carboxymethyl-1.2.3.4.4a.9.9a.10-oktahydroanthracen*, F. 206—208°, a) durch 40 Min. langes Hydrieren von I in Methylcellosolve in Ggw. von Essigsäure an 10%ig. Pd/Kohle bei Raum-Temp.; aus Methanol blaßgelbe Kristalle; 54,5%; b) analog aus IV; 72,5%. — *anti-8-Chlor-5-hydroxy-4.10-dioxo-2-carboxymethyl-1.2.3.4.4a.9.9a.10-oktahydroanthracen*, $C_{16}H_{15}ClO_5$, F. 170—172°, durch 1std. Kochen von 50 mg II in Eisessig mit konz. HCl unter N_2; blaßgelbe Kristalle; 24 mg. — *10-Benzyloxy-7-chlor-1.3.11.12-tetraoxo-2-carbäthoxy-1.2.3.4.4a.5.5a.6.11.11a.12.12a-dodekahydronaphthacen*, $C_{28}H_{25}ClO_7$, F. 151—154°, durch Kühlen von I u. Triäthylamin in abs. Toluol auf —10°, Zugabe von Chlorameisensäureäthylester, 12 Min. langes Rühren bei —10°, Zugabe von Magnesiummalonester in Toluol, mehrstd. Rühren bei Raum-Temp., Verdünnen mit Essigester u. 1n H_2SO_4, Eindampfen der organ. Phase, Aufnehmen in Toluol, 20std. Kochen mit NaH in Öl unter N_2, Kühlen, Zers. mit Eisessig, Verdünnen mit abs. A. u. Essigester u. Eindampfen der organ. Phase im Vakuum; aus Essigester orangefarbene Kristalle; 31,6%. — *7-Chlor-10-hydroxy-1.3.11.12-tetraoxo-2-carbäthoxy-1.2.3.4.4a.5.5a-6.11.11a.12.12a-dodekahydronaphthacen*, F. 162—164°, durch 40 Min. langes Hydrieren vorst. Verb. in Methylcellosolve in Ggw. von Eisessig an 10%ig. Pd/Kohle bei Raum-Temp.; 92%. —(±)-*Desdimethylamino-6-desmethyl-6.12a-didesoxy-7-chlortetracyclin* (III), $C_{19}H_{16}ClNO_6$, a) durch Mischen vorst. Verb. mit NH_4-Formiat, Erhitzen in einem sd. Xylolbad unter N_2, Eingießen des Rk.-Gemisches in Essigester/W. (1:1), Eindampfen der organ. Phase, Hydrolysieren des ziegelroten Prod. mit Eisessig, konz. HCl u. etwas W. auf dem Dampfbad (1/4 Std.), Verdünnen mit W. nach 35 Min., Extrahieren mit Essigester u. Eindampfen im Vakuum; III wird papierchromatograph. nachgewiesen; b) durch Zugabe von Zn-Staub zu 400 mg 6-Desoxy-6-desmethyl-7-chlortetracyclin u. wasserfreiem Na-Acetat in Eisessig/W. (20 : 9), 7 1/2std. Rühren unter N_2, Verdünnen mit Essigester/W. (2 : 1), Filtrieren, Eindampfen der organ. Phase im Vakuum, Aufnehmen des orangefarbenen Rückstandes in Toluol u. Eindampfen im Vakuum; 97 mg. — *6-Desoxy-6-desmethyl-7-chlortetracyclin*, $C_{21}H_{21}ClN_2O_7$, durch 4std. Hydrieren von 50 g 6-Desmethyl-7-chlortetracyclin in Dimethylformamid/konz. HCl an 30%ig. Rh/Kohle in einer Parr-App. bei 50 lbs./sq.in., Filtrieren durch Celite, Einengen im Vakuum, Aufnehmen in W., Gefriertrocknung, Lösen des erhaltenen Materials in Butanol bei pH 2, wiederholte Chromatographie an Celite u. Eluieren mit Butanol/Chlf. (8 : 2) bei pH 2; 4,85 g. *Sulfathydrat*, $C_{21}H_{21}ClN_2O_7 \cdot H_2SO_4 \cdot H_2O$, durch Lösen von 2,3 g vorst. Rohprod. in Methanol,

Filtrieren, Einstellen von pH 9 mit Triäthylamin u. Ansäuern auf pH 1,5 mit konz. H_2SO_4; gelbe Nadeln; 1,8 g. P. Golinske. 3900□

Cephalosporin P_1. B. M. Baird, T. G. Halsall, E. R. H. Jones und G. Lowe. (Proc. chem. Soc. [London] **1961**, 257—58, Juli; Oxford, Univ., Dyson Perrins Labor.; engl.) — Für Cephalosporin P_1 (vgl. Burton u. Mitarbeiter, C. **1956**, 13720) wird Struktur I vorgeschlagen. $^{14}C_{(2)}$-Mevalonsäurelacton wird von *Cephalosporium* in das Mol. eingebaut. Bei der Ozonisierung des Methylesters von I entsteht *Aceton*, aus *24.25-Dihydrocephalosporin* unter Spaltung der 17.20-Doppelbindung ein *17-Keton*, welches bei Behandlung mit Säure in ein $\Delta^{12,13}$*-ungesätt. Keton* übergeht. Die CrO_3-Oxydation von I-Methylester gibt ein *Diketon*, während die Monodesacetyl-Verb. (II) mit CrO_3 ein gelbes *Triketon* liefert. Die beiden OH-Gruppen in 6- u. 7-Stellung sind cis-ständig (Isopropyliden-Deriv., Bleitetraacetat-Spaltung). Die CrO_3-Oxydation der Isopropyliden-Verb. führt zu einem 3-Keto-Derivat. NMR-Spektrum u. Rotationsdispersion machen die für I angegebenen stereochem. Verhältnisse wahrscheinlich. B. Föhlisch. 3900□

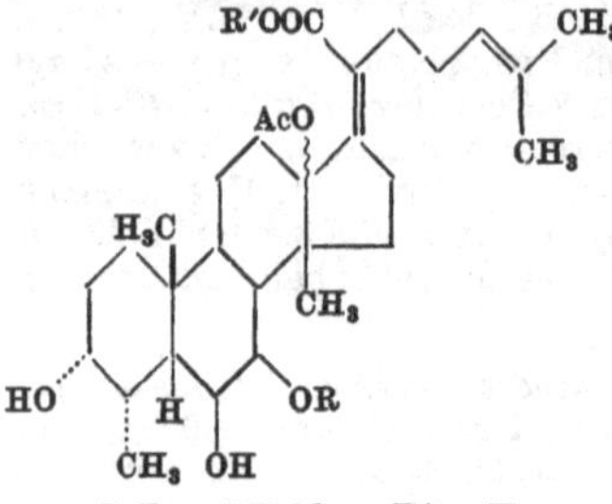
I R = CH_3CO R′ = H
II R = H R′ = CH_3

Strukturelle Vielfalt der Naturstoffe. William R. Roderick. (J. chem. Educat. **39**, 2—11, Jan. 1962; Gainesville, Fla., Univ. of Florida; engl.) — Übersicht über die in natürlichen organ. Verbb. auftretenden Strukturtypen u. funktionellen Gruppen. — 85 Literaturangaben. A. Blaschette. 3950□

Über einige Verbindungen, die aus den Blättern der Baumwollstauden isoliert wurden. A. Ss. Ssadykow und S. P. Pakudina. (Доклады Академии Наук УзССР [Ber. Akad. Wiss. UsbekSSR] **1958**, Nr. 8, 31—34; Chem. Inst. der Akad. der Wiss. der UsbekSSR; russ., Auszug: usbek.) — Aus dem Methanol–Chlf.-Extrakt der Blätter von Baumwollstauden der Sorte 108-F der letzten Vegetationsperiode wurde eine *Verb.* $C_{30}H_{60}O$, F. 84—85° (Chlf.), isoliert, der die Struktur eines aliphat. Alkohols vom Phytol-Typ zugeschrieben wird. Daneben wurde *β-Sitosterin* [F. 136—137°; $[\alpha]_D$ —16,46° (c = 0,729; Chlf.); *Acetyl-Deriv.*, F. 123—125° (Methanol); *hydriertes Acetyl-Deriv.*, F. 137° (Methanol)] isoliert. C. Kozák. 3950□

Totalsynthese der Pikrolicheninsäure. T. A. Davidson und A. I. Scott. (Proc. chem. Soc. [London] **1960**, 390—91, Nov.; Glasgow, Univ., Chem. Dep.; engl.) — Aus Olivetolaldehyd (2.4-Dihydroxy-6-n-amylbenzaldehyd) wird über *2-Hydroxy-4-benzyloxy-6-n-amyl-* u. *2-Methoxy-4-benzyloxy-6-n-amylbenzaldehyd 2-Methoxy-4-benzyloxy-6-n-amylbenzoesäure*, deren *3-Hydroxy-4-formyl-5-n-amylphenyl-* u. *3-Äthoxycarbonyloxy-4-formyl-5-n-amylphenylester 2-Methoxy-4-benzyloxy-6-n-amylbenzoesäure-[3-äthoxycarbonyloxy-4-carboxy-5-n-amylphenyl]-ester* (I; F. 107—109°) erhalten. I liefert durch Hydrierung an Pd-Kohle das Depsid *Dihydropikrolicheninsäure* (II; F. 117—118°), durch dessen Oxydation mit MnO_2 in Bzl. bei 20° über einen Radikalmechanismus *Pikrolicheninsäure* (III; F. 178°), das bittere Prinzip von *Pertusaria amara*, entsteht. Durch diese Synth. wird die angenommene Biogenese von III aus II gestützt. L. Träger. 3950□

Die Synthese des Depsidons Diploicin. C. J. Brown, D. E. Clark, W. D. Ollis und P. L. Veal. (Proc. chem. Soc. [London] **1960**, 393—94, Nov.; Bristol, Univ., Dep. of org. Chem.; engl.) — Das aus der Flechte *Buellia canascens* isolierbare Depsidon *Diploicin* (I) wird über zwei verschiedene Synth.-Wege dargestellt u. damit dessen Struktur als *3.6′-Dimethyl-3′.4.5′.6-tetrachlor-2′.5-dihydroxy-4′-methoxydiphenyläther-2-carbonsäurelacton-(2 → 2′)* gesichert. Dazu wird 3.5-Dichloreverninsäure (2-Methyl-3.5-dichlor-4-methoxy-6-hydroxybenzoesäure) therm. zu *2.4-Dichlor-3-methoxy-5-methylphenol* decarboxyliert u. dieses mit 2-Methyl-3.5-dichlor-4.6-dimethoxybenzoesäure u. Trifluoressigsäureanhydrid (III) unter Bldg. von *2-Methyl-3.5-dichlor-4.6-dimethoxybenzoesäure-[2.4-dichlor-3-methoxy-5-methylphenyl]-ester* (II) umgesetzt. Der durch Demethylierung von II erhaltene *2-Methyl-3.5-dichlor-4.6-dihydroxybenzoesäure-[2.4-dichlor-3-hydroxy-5-methylphenyl]-ester* liefert bei der Oxydation mit MnO_2 in Chlf. *Nordiploicin*. Durch Methylierung des gesamten Oxydationsgemisches, anschließende Hydrolyse u. Kochen der sauren Fraktion mit Acetanhydrid entsteht *Diploicinmethyläther*, der sich partiell unter Bldg. von I entmethylieren läßt. Die 2. Synth. besteht in der Veresterung von 3.5-Dichlor-4-O-benzylorsellinsäure mit 2.4-Dichlororcin in Ggw. von III, Oxydation des erhaltenen *Esters* mit MnO_2 in sd. Chlf., Methylierung u. katalyt. Debenzylierung des gebildeten *I-Benzyläthers*. L. Träger. 3950□

Identität des bitteren Prinzips aus Luffa amara mit Cucurbitacin B. S. K. Nigam und V. N. Sharma. (J. sci. ind. Res. [New Delhi], Sect. B **18**, 535, Dez. 1959; Lucknow, Nat. Botanic Gardens; engl.) — Die aus *Luffa amara* isolierte krist., nichtglucosid. bittere *Verb.* $C_{19}H_{26}O_5$ (I; F. 182°; $[\alpha]_D^{28}$ 88°) wurde neu untersucht. Die Bruttoformel ist auf $C_{32}H_{48}O_8$ zu ändern. Durch Vgl. der physikal. u. chem. Eigg. mit der Originalsubstanz konnte I als *Cucurbitacin B* identifiziert werden. P. Golinske. 3950□

Über Steroidnucleotide. 2. Mitt. Synthese von Δ^5-3β-Hydroxysteroidnucleotiden. Georg W. Oertel und Balwant D. Agashe. (Biochim. biophysica Acta [Amsterdam] **45**, 1—7, 4/12. 1960; Salt Lake City, Utah, Univ., Coll. of Med., Dep. of Biochem.; engl.) — 1. vgl. C. **1961**, 5456. — Aus Δ^5-3β-Hydroxysteroid-3-phosphaten u. Dicyclohexylguanidiniumadenosinmonophosphorsäureamidat (**II**) werden die Steroidnucleotide (**A**) *Δ^5-Androsten-3β-ol-17-on-adenosindiphosphat, Δ^5-Pregnen-3β-ol-20-on-adenosindiphosphat* u. *Δ^5-Pregnen-3β.17α-diol-20-on-adenosindiphosphat* hergestellt. Δ^5-Androsten-3β-ol-17-on-adenosintriphosphat kann man aus Δ^5-Androsten-3β-ol-17-on-3-phosphat (**III**) u. Adenosindiphosphat (**IV**) in Ggw. von Dicyclohexylcarbodiimid (**I**) gewinnen. Nach Reinigung durch Säulenchromatographie an Dowex-2 (Formiat-Form), Papierchromatographie in n-Butanol–n-NH_4OH u. in Isobuttersäure–0,1 m Versene–1 n NH_4OH sowie durch Papierelektrophorese erweisen sich die **A** als relativ unstabil. Für die **A** sind die R_F-Werte für beide Lsgm.-Syst. angegeben.

Versuche: *Δ^5-Pregnen-3β-ol-20-on-3-phosphat* (**V**), $C_{21}H_{33}O_5P \cdot H_2O$, F. 142 bis 144° (Äthylacetat–Hexan), durch Einrühren von $POCl_3$ in abs. Ae. in die Lsg. von Δ^5-Pregnen-3β-ol-20-on in abs. Pyridin–Ae. bei —15°, 2 std. Rühren wenig unterhalb 0°, 2 std. Rühren bei Raum-Temp., Zugabe von W. u. Eis, Abtrennen der organ. Schicht, wiederholte Ae.-Extraktion der wss. Phase, Ausschütteln der vereinigten organ. Lsgg. mit 1n NaOH u. Ansäuern der alkal. Lsg.; 41% (Ausbeute). — *Δ^5-Pregnen-3β.17α-diol-20-on-3-phosphat* (**VI**), $C_{21}H_{33}O_6P$, F. 162—163°, aus Δ^5-Pregnen-3β.17α-diol-20-on u. $POCl_3$ analog **V**; 36%. — *Δ^5-Androsten-3β-ol-17-on-adenosindiphosphat* (**VII**), $C_{29}H_{41} \cdot N_5O_{11}P_2$, durch 3 tägiges Aufbewahren von **III** mit überschüssigem **II** in abs. Pyridin bei 40° im Einschlußrohr, Eindampfen im Vakuum, Zugabe von W., Ansäuern, Eindampfen der filtrierten, mit Äthylacetat–Butanol gewaschenen wss. Lsg. im Vakuum, Waschen des Rückstandes mit abs. A. u. Chromatographie an Dowex-2 (Formiat-Form); 62%. — *Δ^5-Pregnen-3β-ol-20-on-adenosindiphosphat,* $C_{31}H_{45}N_5O_{11}P_2$, aus **V** u. **II** analog **VII**; 48%. — *Δ^5-Pregnen-3β.17α-diol-20-on-adenosindiphosphat,* $C_{31}H_{45}N_5O_{12}P_2$, aus **VI** u. **II** analog **VII**; 49%. — *Δ^5-Androsten-3β-ol-17-on-adenosintriphosphat,* $C_{29}H_{42}N_5O_{14}P_3$, durch Zugabe von **I** in Pyridin zu der Lsg. von **III** u. **IV** in 70%ig. Pyridin bei 5°, 24 std. Rühren bei 5°, 24 std. Aufbewahren bei Raum-Temp., Verdünnen der filtrierten Lsg. mit W., Einengen der nach 1 std. Stehen filtrierten Lsg. u. chromatograph. Reinigung; 11%. K. Maier. 3950□

Die Veränderung von Lignin in alkalischem Medium. G. W. Opolnowa, M. I. Archipow und W. K. Schmelew. (Гидролизная и Лесохимическая Промышленность [Hydrolysen- u. holzchem. Ind.] **15**, Nr. 4, 15—18, 1962; Iwanowo, Chem.-Technol. Inst.; russ.) — Salzsaures *Lignin* (**I**) einer Hydrolysenanlage wurde in 1—10%ig. NaOH verschieden lange im Autoklaven bei 184,5° erhitzt. Zur Gewinnung einer größten Menge an verändertem **I** erwies sich eine 4std. Einw. von 3—5%ig. NaOH als am günstigsten. Nach Ansäuern des Rk.-Gemisches mit H_2SO_4 resultierten 74—75% an verändertem **I**. Außerdem lagen 24% an niedermol. Prodd. u. ein unlösl. Rückstand von 1,5% vor. Das veränderte **I** besaß 8,7% OCH_3, 5,2% phenol. u. 2,3% alkohol. OH-Gruppen, Molgew. ca. 457; lösl. in Aceton + 2% W., Cellosolve, Pyridin, Phenol u. anderen organ. Lösungsmitteln. M. Ulmann. 3950□

D. Makromolekulare Chemie

Über die Wellenausbreitung in viscoelastischen Medien. J. L. Davis. (J. Polymer Sci. **50**, 475—88, April 1961; Dover, N.J., Picatinny Arsenal, Polymer Res. Sect.; engl.) — Rein theoret. Arbeit, in der die Ausbreitung von viscoelast. Wellen in einem eindimensional beschränkten viscoelast. Medium berechnet wird. Für den Fall des Vorliegens einer Relaxationsfunktion mit nur einer Relaxationszeit τ werden Gleichungen in geschlossener Form erhalten. Ferner wird die Abhängigkeit vom Verhältnis der Relaxationsfrequenz zur Wellenfrequenz im stationären Falle berechnet. Die Verallgemeinerung bei Vorliegen einer endlichen Zahl von τ-Werten wird diskutiert. O. Fuchs. 4000□

Deutung der Fließkurven durch die molekularen Eigenschaften. J. Schurz. (J. Colloid Sci. **14,** 492—500, Okt. 1959; Graz, Univ., Inst. für physikal. Chem.; engl.) — Die für eine Reihe von Lsgg. von Polymeren aufgenommenen Fließkurven (= doppeltlogarithm. Darst. des mittleren Scherungsgradienten D gegen die maximale Scherspannung τ) zeigten, daß für die sich unbehindert vom Lsgm. bewegenden Makromoll. ein deutlicher Wendepunkt (WP) auftritt, der unabhängig von der Konz. ist u. an dem der Mittelwert von D genau proportional einer Potenz des Molgew. ist. Beispiele hierfür sind folgende Syst.: *Na-Carboxymethylcellulose*/6% ig. *NaOH*, *Cellulosenitrat*/*Butylacetat*, *Viscose* (**I**) mit 8% *Cellulose* (**II**)/8% ig. NaOH, **I** mit 4% **II**/15% ig. NaOH, *Cellulose*/*Cupriäthylendiamin*, **II**/*Fe-Na-Tartrat-NaOH*. Dieser WP ist weniger deutlich in den Fällen, in denen in der Lsg. teilweise Immobilisierung des Lsgm. eintritt, wie beispielsweise in folgenden Syst.: *Polystyrol*/*Toluol*, *Polyacrylonitril*/*Dimethylformamid*, *Naturkautschuk*/*Toluol*, *Polyvinylpyrrolidon*/*W.*, *Polyisobutylen*/*Toluol*. Der WP ist hier nur bei ziemlich geringen Konzz. konst., Proportionalität zwischen D am WP u. dem Molgew. des Polymeren wird hier nur für konst. Konzz. des Polymeren beobachtet. Bei konst. Molgew. ist die Steigung der Fließkurve stets eine lineare Funktion des Molekulargewichts. Für **II** ergab sich befriedigende Übereinstimmung zwischen der aus der klass. Polydispersitäts-Best. erhaltenen Kurve für die Molgew.-Verteilung u. der aus den Fließkurven gewonnenen Näherungskurve. Meist ist jedoch die Fließkuven-Meth. erst bei Polymerisationsgraden >200 anwendbar. E. Ühlein. 4000□

Startgeschwindigkeiten bei der Polymerisation von Vinylmonomeren. M. R. Gopalan und M. Santappa. (J. sci. ind. Res. [New Delhi], Sect. A **20,** 87—92, Febr. 1961; Madurai, Madras Univ., Madurai Centre; engl.) — Vff. geben auf der Grundlage von 47 Literaturhinweisen einen Überblick über den gegenwärtigen Stand der Forschung zur Best. der Start-Geschw. (IG) bei Vinylpolymerisationen. Von den 4 Meth., welche zur Best. der IG benutzt worden sind, der Inhibitor-Technik, der Verzögerungs-Technik, der Molgew.-Meth. u. der radiochem. Spuren-Technik, werden heute vorwiegend die letzten beiden Meth. angewandt. Die mathemat. Grundlagen für die Best. der IG aus der Best. der Molgew. sind angegeben, weiterhin wird die Problematik u. die Anwendungsmöglichkeit der radiochem. Spurentechnik erläutert. Die Inhibitor-Technik ist nicht zuverlässig, da festgestellt worden ist, daß gewisse Inhibitoren, wie Hydrochinon u. $\alpha.\alpha'$-Diphenylpikrylhydrazyl, bei der Kettenabbruch-Rk. nicht 100% ig. wirksam sind. Auch die Verzögerungs-Meth. basiert auf vielen Voraussetzungen, welche sie als genaue Meth. ungeeignet machen. In einer Tabelle werden die dem gegenwärtigen Stand der Forschung entsprechenden IG der Polymerisation von Styrol u. Methylmethacrylat mit einer Anzahl von Peroxiden u. Azoverbb. angegeben u. der Einfl. verschiedener Substituenten auf die Wirksamkeit der Peroxide diskutiert. Weiterhin werden die Abhängigkeit der IG von der Initiator-Konz. sowie der Einfl. verschiedener Faktoren auf die Wirksamkeit der Initiatoren besprochen. Abschließend werden die Grenzen in der Anwendungsmöglichkeit der radiochem. Spuren-Technik beim Auftreten indirekter Start-Rkk. aufgezeigt sowie Diskrepanzen der nach verschiedenen Meth. erhaltenen Werte für IG erwähnt. In einer 2. Tabelle werden die IG der Polymerisation von Methylacrylat, Vinylacetat, Vinylbenzoat, Methylisopropenylketon u. Acrylonitril mit verschiedenen Initiatoren angegeben, welche nach der Molgew.-Meth. erhalten wurden. J. Sickfeld. 4000□

Die Suprastruktur von in der Schmelze kristallisiertem Polyäthylen. 1. Mitt. Schraubenförmige Orientierung der Einheitszelle in Polyäthylensphärolithen mit periodischen Extinktionsringen. Yasuna Fujiwara. (J. appl. Polymer Sci. **4,** 10—15, Juli-Aug. 1960; Kyoto, Japan, Kyoto Univ., Fac. of Sci., Dep. of Phys.; engl.) — *Niederdruck-Polyäthylen* (**I**) wurde zwischen 2 Glimmerplatten geschmolzen u. dann unter Druck gesetzt; der so erhaltene Film wurde zwischen den Platten nochmals bis dicht unter den F. erhitzt, wobei sich **I**-Sphärolithe ausbildeten. Die ringförmige Struktur dieser Sphärolithe wurde mit der näher beschriebenen Röntgenmikrobeugungs-Meth. untersucht. Unter dem Polarisationsmikroskop wurde ein Sphärolith mit Extinktionsringen mit ca. 50 μ Abstand festgestellt. Mit der gleichen Probe wurde ein um die b-Achse unsymm. Röntgenfaserdiagramm erhalten. Daraus folgt, daß im Bereich eines Sphärolithen die Elementarzellen nicht statist. um die gemeinsame b-Achse orientiert sind, sondern eine weitgehend ähnliche Struktur besitzen. Aus mehreren Mikrobeugungsdiagrammen mit Abständen von 13 μ folgt eine schraubenförmige Orientierung der Elementarzellen mit ihrer gemeinsamen b-Achse längs des Sphärolithradius. Die halbe Ganghöhe der Schraube stimmt mit dem Abstand der Extinktionsringe überein.
O. Fuchs. 4010□

Untersuchungen über die Wärmeleitfähigkeit von Polymeren. Donald E. Kline. (J. Polymer Sci. **50,** 441—50, April 1961; Pennsylvania, Pa., State Coll., HRB-Singer Res. Labor.; engl.) — Unter Verw. einer zylindr. Wärmeleitfähigkeitszelle wurde zwischen t = 0 u. 100° von *Polyäthylen* (I; D. 0,92, Kristallisationsgrad β ca. 50%), *Polytetrafluoräthylen* (II; β ca. 65%), *Polystyrol* (III; $\beta = 0$), *Polyhexamethylenadipindiamid* (IV; β ca. 40%) u. einem *Epoxyharz* (V) aus *Diglycidyläther* u. *BisphenolA* ($\beta = 0$) die Wärmeleitfähigkeit λ gemessen. Bei wachsendem t fällt λ von I ab, λ von III, IV u. V steigen schwach an u. λ von II bleibt konstant. Bei 0° steigt λ in der Reihenfolge III, V, II, IV, I an. Bei Zusatz von Al-Pulver (15 μ mittlerer Ø) zu V ist λ um so größer je höher der Al-Gehalt. Der t-Koeff. von λ steigt mit wachsendem Al-Geh. nur wenig an. Aus den Verss. folgt, daß λ in den kristallinen Bereichen wegen der Kooperation zwischen den Bewegungen benachbarter Moll. in den Kristalliten größer als in den amorphen Bereichen ist. O. Fuchs. 4010□

Anwendung der Gaschromatographie auf die Untersuchung der Kinetik schneller chemischer Reaktionen: Stereospezifische Polymerisation von Butadien. Alain Guyot und Jean Guillot. (C. R. hebd. Séances Acad. Sci. **254,** 3665—67, 21/5. 1962; Lyon, C.N.R.S., Inst. de Recherches sur la Catalyse; franz.) — Es wird eine Verbesserung gegenüber der früheren Arbeitsweise (vgl. C. R. hebd. Séances Acad. Sci. **253,** [1961], 1795) bei Polymerisationen im Autoklaven beschrieben. Wie bisher enthält das Rk.-Medium außer Butadien (I) in Bzl.-Lsg. u. Katalysator Butan als weitere inerte Bezugskomponente; von Zeit zu Zeit während der Polymerisation entnommene Proben werden gaschromatograph. auf den I-Verbrauch untersucht. Anders als früher wird die Probe nicht mehr der Gasphase entnommen, was verschiedene Nachteile hat, sondern der Rk.-Fl., in einem vorher evakuierten größeren Gefäß verdampft u. dann in einem aliquoten Teil analysiert. Ein Zeit/Temp.-Erhöhung/Umsatz-Diagramm für die stereospezif. Polymerisation von I ist angegeben. M. Hagedorn. 4010□

Über die Bildung innerer Risse in Spannungen ausgesetztem Polyvinylchlorid. Jean-Claude Bauwens und Georges A. Homès. (Bull. Cl. Sci., Acad. roy. Belgique [5] **46,** 486—89, 1960; franz.) — Um beobachten zu können, ob sich Verformungsbanden von Bereichen, die hohen Spannungen ausgesetzt waren, zu Bereichen hin fortpflanzen, die schwachen Spannungen ausgesetzt waren, wurden dünne, geeignet orientierte Blättchen von *Polyvinylchlorid* Biegespannungen ausgesetzt. Mkr. wurde hierbei festgestellt, daß die Verformungsbanden nach den Bereichen zu konvergieren, in denen die Spannung schwach war, u. daß sich ferner, von dem Konvergenzpunkt aus, Risse gebildet hatten. Der Grund, warum sich Verformungsbanden entwickeln können, ist der, daß elast. verformte Bereiche elast. Spannungen auf ihre Grenzen ausüben können. Sie erzeugen in ihrer Umgebung eine Überspannung, die es ihnen erlaubt sich fortzupflanzen, wenn die angelegte Spannung niedriger ist als die elast. Grenze. Die plast. Verformung breitet sich in den Bereichen leichter aus, in denen mehrere Banden konvergieren. Da Oberflächenfehler viel größer als innere Fehler sind u. sehr viel größere Spannungs-Konzz. erzeugen, beginnen die plast. Verformungen u. Risse beim Zug immer an der Oberfläche. Damit ein Riß im Inneren entstehen kann, ist es notwendig, daß in seiner Nachbarschaft jede plast. Verformung blockiert ist, damit innere Fehler erhöhte Spannungs-Konzz. erzeugen können, ohne plast. Verformung zu erzeugen. C. Gottfried. 4010

Kritische Opalescenz von Polystyrol in Cyclohexan. P. Debye, H. Coll und D. Woermann. (J. chem. Physics **33,** 1746—51, Dez. 1960; Ithaca, N.Y., Cornell Univ.; engl.) — Durch Lichtstreuungs-Unterss. am Syst. *Cyclohexan/Polystyrol* (I) (6 durch anion. Polymerisation von Styrol hergestellte Proben von I mit Molgew. zwischen $69 \cdot 10^3$ u. 10^6) wurde gezeigt, daß die Winkeldissymmetrie der krit. Opalescenz ziemlich gut mit der Theorie übereinstimmt, nach der diese analog dem Verh. von Syst. aus kleinen Moll. in der Umgebung des „consolute"-Punktes ist. Der aus den Meßdaten berechnete Bereich der Wechselwrkg. zwischen den Segmenten des Polymeren erscheint wesentlich kleiner als der Gyrationsradius des polymeren Knäuels. E. Uhlein. 4010□

Bruchvorgänge in polymeren Materialien. J. P. Berry. (J. Polymer Sci. **50,** 313—21, April 1961; Schenectady, N.Y., Gen. Electr. Res. Labor.; engl.) — 1. vgl. C. **1962,** 14528. — Die Zugfestigkeit T von Proben aus *Polystyrol* (I) wurde für verschiedene Längen c von absichtlich eingeführten Rissen gemessen. Die Ergebnisse lassen sich entsprechend der Theorie von Griffith [1921] durch $T^2 = 2E\gamma/\pi(1 - \nu^2)c$ darstellen, wobei E = Elastizitätsmodul, ν = Poissonsches Verhältnis, γ = spezif. Oberflächenenergie. Nur bei sehr kleinen c-Werten tritt eine Abweichung von der Theorie auf, vermutlich durch die Riß-Bldg.-Tendenz bedingt; die effektive Größe der ursprünglichen Risse in I wird auf 0,44 in. geschätzt. γ berechnet sich zu $1{,}7 \cdot 10^6$ erg cm^{-2}, ein Wert, der viel größer ist, als aus dem mol. Aufbau von I zu erwarten ist. Vf. nimmt an, daß der Vorgang des viscosen Fließens während des Bruches einen hohen Beitrag zu γ liefert. Insgesamt folgt aus diesen u. den l. c. mitgeteilten Verss., daß die Festigkeit von polymeren Stoffen im Glaszustand von der Größe von γ u. von der effektiven Fehlstellengröße im Material bestimmt wird. O. Fuchs. 4010□

Stereospezifische Polymerisation des Styrols. 1. Mitt. Beobachtungen und Probleme der kristallinen Polystyrole. G. Natta und F. Danusso. (Chim. e Ind. [Milano] **40**, 445—50, Juni 1958; Milano, Politecn., Ist. di Chim. ind.; ital.) — Vgl. C. **1955**, 7926. — Die bisher bei der Styrol-Polymerisation verwendeten Katalysatoren vom Alfintyp (Morton, C. **1961**, I, 402), z. B. Na-Isopropylat/Allyl-Na, liefern amorphes *Polystyrol* (I), das nur durch Nachbehandlung einen Kristallinitätsgrad (KG) von 10 bis 20% erreicht. Mit Katalysatoren vom Ziegler-Typ erhält man leicht isotakt. I vom KG 40% u. mehr, der durch Nachbehandlung noch erhöht werden kann. Obwohl die Katalysatoren sehr stereospezif. sind, wird der KG wie bei Polypropylen oder anderen Polymeren von cycloalkyl- oder arylsubstituierten Monomeren nicht erreicht. Unter gleichen Bedingungen nimmt der Polymerisationsgrad in der Reihenfolge der Substituenten $C_6H_5 > H > CH_3 > C_2H_5 > (CH_3)_2$ am Vinylrest ab; in derselben Reihenfolge nimmt die Intensität der Induktions-Wrkg. der Substituenten zu. Die Ursachen des begrenzten KG von I werden untersucht. Es ist möglich, daß er nur scheinbar gering ist, weil die Röntgen-Unters. über die der diffusen Strahlung zugrunde liegende statist. Verteilung der C_6H_5-Gruppen in strukturell nicht ganz äquivalenten Lagen keinen Aufschluß gibt; allerdings stimmen dilatometr. Messungen bis auf einige % mit den Ergebnissen der Röntgen-Unters. überein. Andererseits können ster. Ursachen einen geringeren Ordnungsgrad bedingen. Der Einfl. von physikal. oder thermodynam. Faktoren auf die Kristallisation ist noch nicht genügend untersucht, um den Einfl. der chem. Faktoren abgrenzen zu können. R. K. Müller. 4010□

Stereospezifische Polymerisation des Styrols. 2. Mitt. Eigenschaften des katalytischen Systems $TiCl_4$–$Al(C_2H_5)_3$. F. Danusso und D. Sianesi. (Chim. e Ind. [Milano] **40**, 450—57, Juni 1958; ital.) — 1. vgl. vorst. Referat. — Bei der Unters. von *Polystyrol* (II) werden mit verschiedenen Lsgm. folgende Fraktionen erhalten: a) eine in Methanol lösl. Fraktion: ölige Prodd.; b) eine in Aceton lösl., in Methanol unlösl. Fraktion: niedrigmol. (3000—10000) amorphes **II**; c) eine in Methyläthylketon (**III**) lösl., in Aceton unlösl. Fraktion: hochmol. (10^4—10^5) amorphes **II**; d) eine in **III** unlösl. Fraktion: isotakt. **II**; a + b + c stellen zusammen das amorphe **II** (**II**A) dar. Bei der Beurteilung der katalyt. Wrkg. des Syst. $TiCl_4$–$Al(C_2H_5)_3$ (I) sind neben der Reihenfolge der Einführung, dem Rühren usw. vor allem das Verhältnis Al/Ti, die Art der Herst. u. die Temp. von Bedeutung. Mit zunehmendem Al/Ti-Verhältnis nimmt **II**A ab, etwas unter Al/Ti = 2 sind etwa gleich viel **II**A u. d vorhanden, in einem engen Bereich um Al/Ti = 2,5 wird ein scharfes d-Maximum erhalten, bei noch höherem Al/Ti nimmt d u. Gesamt-**II** ab. Mit steigender Polymerisations-Temp. (PT) nimmt der d-Anteil bis 100° zu, >100° ab, während b von 100° an zunimmt u. c mit steigender Temp. ganz wenig zunimmt. Bei einer Herst.-Temp. (HT) von I = 40° u. PT = 70° wird etwa dieselbe d-Ausbeute erhalten wie mit HT = PT = 70°; bei HT = 70°, PT = 40° liegt die d-Ausbeute zwischen den bei HT = PT = 40° u. HT = PT = 70° erhaltenen. Wenn I nach der Herst. u. vor der Polymerisation einer Ruheperiode von 2 Std. unterworfen wird, ist die nach der d-Ausbeute beurteilte katalyt. Aktivität prakt. dieselbe, falls bei —78° gehalten wurde, merklich geringer bei 40° Ruhe-Temp., nur noch ganz gering bei 80°; ohne Ruheperiode 2,25 g d; nach Ruheperiode bei —78° 2,20 g, bei 40° 1,50 g, bei 80° 0,1 g (neben 0,1 g **II**A); in diesen Verss. ist Al/Ti = 3,0, PR = 40° (7 Std.). R. K. Müller. 4010□

Verwendung von makromolekularen Poly-Na-Verbindungen zur Darstellung von Pfropfpolymeren. Anastasios Dondos und Paul Rempp. (C. R. hebd. Séances Acad. Sci. **254**, 1426—28, 19/2. 1962; Strasbourg, Centre de Recherches sur les Macromol.; franz.) — Durch Zugabe von Naphthalin-Na zu einer Lsg. von *Poly-3.3-diphenylpropen-(1)* (I) in Tetrahydrofuran bildet sich am $C_{(3)}$-Atom die Na-Verb. von I, wie durch Carbonisierung bewiesen wird. Die Metallierung von I ist von einem nicht unerheblichen Mol.-Abbau begleitet, wie die Abnahme des Molgew. von I von 83000 auf 48000 bei 75%ig. Metallierung zeigt. Auf die Na-Verb. von I als makromol. Starter werden monomeres *Styrol*, *4-Vinylpyridin* oder *Methylmethacrylat* aufgepfropft; die tatsächliche Bldg. von Pfropfpolymerisaten geht aus der Molgew.-Best. durch Lichtdiffusion u. aus Viscositätsmessungen hervor. Der Einfl. der Elektroaffinität der Monomeren u. die niedriger als erwartet liegenden Molgew. der Polymerisate werden erörtert. M. Hagedorn. 4010□

Verwendung der Ullmann-Reaktion zur Darstellung von Polysulfonen. Annette Weil. (C. R. hebd. Séances Acad. Sci. **254**, 3674—75, 21/5. 1962; Bellevue, Seine-et-Oise, C.N.R.S., Labor. de Chim. macromol.; franz.) — *4.4'-Dibromdiphenylsulfon* wird in Diphenyl-Lsg. oder durch 12std. Erhitzen auf 300° im Einschlußrohr mit aktiviertem

Cu-Pulver nach Kleiderer u. Adams [1933] in $\omega^4.\omega^{4'}$-*Dibrompolydiphenylsulfon* (I) verwandelt. Ein I vom vermutlichen DP = 8 ist prakt. unlösl. in allen Lsgm., triboelektr. u. bis 300° beständig. M. Hagedorn. 4010□

Innere Reibung in Polyoxymethylen. N. G. McCrum. (J. Polymer Sci. **54,** 561—68, Okt. 1961; Wilmington, Del., E. I. du Pont de Nemours & Co., Exp. Stat., Polychem. Dep.; engl.) — Von *Polyoxymethylen* (I) wurde mit einem Torsionspendel zwischen 100 u. 430° K das logarithm. Dekrement δ u. der Torsionsmodul G gemessen (Meßfrequenz ca. 1 Hz). Die Dichte von I wurde durch Tempern in der Nähe des F. (452° K) von 1,404—1,444 variiert. Es liegen 3 Relaxationsgebiete vor, die nach Deutsch u. Mitarbeitern (vgl. C. **1955,** 7457) mit α, β u. γ bezeichnet werden. Die Höhe des γ-Maximums von δ nimmt mit steigender Dichte von $36{,}5 \cdot 10^{-2}$ für D. 1,404 auf $18{,}5 \cdot 10^{-2}$ für D. 1,444 ab; das γ-Maximum liegt bei 203° K. Die Höhe des β-Maximums (260° K, nur sehr schwach ausgeprägt) u. des α-Maximums (400° K, stark) ist unabhängig von der Dichte. Entsprechend δ fällt G mit wachsendem T in Stufen ab. Wird I vor der Messung bei 23° C u. 100% Feuchtigkeit gelagert, so ist das β-Maximum stärker ausgeprägt; es ist ferner stärker, wenn die Probe zuerst auf über 370° K erhitzt u. dann abgekühlt wird. Die Aktivierungsenthalpie E der α- u. γ-Relaxation wird zu 24 bzw. 27 kcal/Mol bestimmt. Die Relaxationszeitenverteilung u. E der γ-Relaxation sind von der Dichte unabhängig. O. Fuchs. 4010□

Mechanismus der Bildung von Polyacetaldehyd beim Schmelzen eines monomeren Acetaldehyd-Kristalls. Maurice Letort und André-Jean Richard. (J. Chim. physique Physico-Chim. biol. **57,** 752—61, Sept. 1960; franz.) — Vgl. J. Chim. physique Physico-Chim. biol. **54,** [1957], 728 u. früher.) — Auf Grund der Röntgenanalyse eines Monokristalls von *Acetaldehyd* (I) bei —140° werden 2 Ursachen angenommen, die den Übergang von I beim Schmelzen in elastomeren *Polyacetaldehyd* (*Polyoxyäthyliden*) erklären können: Die Struktur des Polymeren ist durch die gegenseitige Lage der in dichten Reihen angeordneten I-Moll. vorgeprägt u. die Polarität der I-Moll. erscheint im Kristall erhöht. Ein Rk.-Mechanismus, der sich auf diese Beobachtungen stützt, wird vorgeschlagen. C. Gottfried. 4010

Innere Reibung in stereoregulärem Polymethylmethacrylat. W. G. Gall und N. G. McCrum. (J. Polymer Sci. **50,** 489—95, April 1961; Wilmington, Del., E. I. du Pont de Nemours & Co., E. I. du Pont Exp. Stat., Polychem. Dep.; engl.) — Zur Darst. von *syndyotakt. Polymethylmethacrylat* (I) wurde ein Gemisch aus 100 cm³ Hexan, 75 g Methylmethacrylat (II) u. 0,3 cm³ einer 50%ig. Suspension von Na in Xylol zuerst 1 Std. bei 40° u. dann 24 Std. bei 20—25° gerührt; dann Ausfällen von I mit Methanol; Inhärentviscosität $\{\eta\} = 3{,}0—3{,}2$ 100 cm³/g (0,5%ig. Lsg. in Chlf. bei 20°), D. 1,194 bis 1,195. *Isotakt. Polymethylmethacrylat* (III) wurde durch 24std. Rühren eines Gemisches aus 100 cm³ CaH_2, Triäthylamin, 60 g II u. 1 g $LiAlH_4$ (IV) unter N_2 bei 25° erhalten; $\{\eta\} = 0{,}45$, D. 1,238. Beim Rühren eines Gemisches aus 100 cm³ Hexan, 70 g II u. 1 g IV unter N_2 bei 25° entsteht *Stereoblock-Polymethylmethacrylat* (V), $\{\eta\}$ = 0,90, D. 1,220. Bei der Extraktion von V mit sd. Aceton wird III gelöst; $\{\eta\} = 0{,}55$, D. 1,220; der Rückstand stellt ein *isotakt.-syndyotakt. Blockcopolymeres* von II dar, $\{\eta\} = 1{,}88$, D. 1,210. Von I u. III sowie von gewöhnlichem *radikal.* hergestellten *Polymethylmethacrylat* (VI) wurden nach der früher (vgl. C. **1960,** 2895) beschriebenen Meth. der Torsionsmodul G u. die innere Reibung zwischen —150 u. +100° für 1 Hz gemessen. III zeigt zum Unterschied von I u. VI keine Seitenkettenrelaxation u. die Hauptkettenrelaxation liegt um 66° niedriger als die von VI. Das Relaxations-Verh. von I u. VI ist ident.; auch die IR-Spektren u. Dichte von I u. VI sind sehr ähnlich, woraus Vff. schließen, daß VI nicht rein atakt. ist, sondern einen beträchtlichen syndyotakt. Charakter besitzt. Die Temp., bei der G den Wert $4 \cdot 10^9$ dyn·cm^{-2} besitzt, beträgt 105° (I), 42° (III) u. 108° (VI). O. Fuchs. 4010□

Kinetik und Mechanismus der Polymerisation von Methylmethacrylat mit Butyllithium. A. A. Korotkow, S. P. Mitzengendler und W. N. Krassulina. (J. Polymer Sci. **53,** 217—24, Aug. 1961; Leningrad, Acad. of Sci. of USSR, Inst. of High Molecular Compounds; engl.) — Vff. nehmen an, daß sich bei der Polymerisation von *Methylmethacrylat* (I) mit C_4H_9Li (BuLi) bei —50 bis —80° zuerst ein akt. Komplex M[BuLi]* u. ein inakt. Ätherat BuMOLi bilden (M = I). Das Wachstum erfolgt gemäß $M_i[BuLi]^* + M \rightarrow M_{i+1}[BuLi]^*$ u. der Abbruch entweder nach $M_i[BuLi]^* + M \rightarrow BuM_{i+1}OLi$ oder $M_i[BuLi]^* + P \rightarrow BuM_iPOLi$. Über die Struktur der einzelnen akt. u. inakt. Komplexe u. der Zwischenkomplexe werden gewisse Annahmen gemacht (s. die Strukturbilder im Original), die im Einklang mit den experimentellen Daten stehen. O. Fuchs. 4010□

Katalytische Reaktivität von organometallischen Verbindungen bei der Olefinpolymerisation. 7. Mitt. Organometallische Verbindung als Initiator vom Radikaltyp

bei der Vinylpolymerisation. Shohei Inoue, Teiji Tsuruta und Junji Furukawa. (Makromolekulare Chem. **49**, 13—32, 1961; Kyoto, Japan, Kyoto Univ., Dep. of Synth. Chem.; engl.) — 6. vgl. C. **1961**, 9813. — *Methylmethacrylat* (I), *Vinylacetat* (II) u. *Acrylonitril* (III) wurden bei 20° unter N_2 mit Mischkatalysatoren der Art RM-MX in Ggw. verschiedener Lsgm. polymerisiert. M in RM bedeutet Zn, Cd, Hg, B, Al, Sn, Pb, P, Sb, Bi u. Se; R ist C_2H_5, C_3H_7 oder C_4H_9. X in MX war durchweg Cl, während M Hg, P, V, Fe, Mg, Cd, Ni, Pt, Sb, Bi, Zn, Cr, Ti, Al u. Zr bedeutet; ferner wurden $VOCl_3$ u. $BF_3 \cdot (C_2H_5)_2O$ als MX verwendet. Als Lsgm. dienten Hexan, Dioxan, Xylol Ae. u. Benzol. Bei diesen Verss. hängt die Ausbeute A an Polymerisat von der Reihenfolge der Zugabe der Komponenten ab: Werden zuerst MX zum Lsgm. gegeben, dann I—III u. zum Schluß RM zugesetzt, so ist A wesentlich höher, als wenn zuerst RM u. MX in dem Lsgm. gelöst u. dann erst I—III zugegeben werden. Bei gleicher Arbeitsweise hängt A von der Natur von M in RM u. MX ab; M in MX mit einer Elektronegativität zwischen 1,5 u. 2 ist am wirksamsten. Der Einfl. der Natur des Lsgm. ist bei II stärker ausgeprägt als bei I. Die Polymerisation wird durch Inhibitoren für Radikalpolymerisationen (Verss. mit 1.1-Diphenyl-2-pikrylhydrazyl, Benzochinon u. O_2) stark gehemmt. Mit wachsender Katalysator-Konz. steigt A stetig an. Aus der Temp.-Abhängigkeit der Polymerisations-Geschw. [Verss. bis 60° mit I unter Verw. von $Hg(C_4H_9)_2/SbCl_3$] ergibt sich eine Aktivierungsenergie für den Start von 29 kcal/Mol; $E_p - E_t/2$ berechnet sich zu 5,5 kcal/Mol. Der Polymerisationsgrad fällt mit steigender Temp. etwas ab. Ferner wurden mit den genannten Syst. Copolymerisationen von I mit *Styrol* ausgeführt. Die Zus. der *Copolymeren* ist prakt. unabhängig von der Natur des Lösungsmittels. Wird *Äthylenglykoldimethacrylat* z. B. mit $Zn(C_2H_5)_2/HgCl_2$ polymerisiert, so wird ein vernetztes Polymeres erhalten, das eine paramagnet. Resonanzabsorption zeigt. Vff. schließen aus ihren Verss. u. aus weiteren Daten aus der Literatur, daß die Polymerisation mit RM + MX nach einem Radikalmechanismus verläuft. In Abwesenheit eines Monomeren findet vermutlich ein Austausch zwischen RM u. M'X unter Bldg. von RMX u. RM'X statt, doch sind diese Prodd. inakt.; erfolgt der Austausch aber in Ggw. eines Monomeren, so entsteht ein Radikal R, das die Polymerisation auslöst. Alle aus I—III erhaltenen Polymeren sind amorph. O. Fuchs. 4010□

Eine Apparatur zur Bestimmung der kleinsten Filmbildungstemperatur von Polymeremulsionen. Thomas F. Protzman und George L. Brown. (J. appl. Polymer Sci. **4**, 81—85, Juli/Aug. 1960; Philadelphia, Pa., Rohm & Haas Co., Res. Labor.; engl.) — Vff. beschreiben eine App. zur Best. der Mindesttemp. (t_{min}), bei der eine Polymeremulsion einen Film bildet. Die App. besteht aus einem Al-Stab, entlang dessen ein Temp.-Gradient aufrechterhalten wird. Der Stab enthält zur Aufnahme der Emulsion Rillen. Nach dem Trocknen der Emulsion wird mit 8 längs des Stabes angebrachten Thermoelementen t_{min} bestimmt (Bldg. eines zusammenhängenden Films). Die Brauchbarkeit der Meth. wird an Hand einer Emulsion des *Copolymeren* aus *Methylmethacrylat* (I) u. *Äthylacrylat* (II; *55/45*) (45% Feststoff-Geh.) gezeigt. t_{min} beträgt 38—40°, unabhängig von der Filmdicke (0,004—0,018 in.) u. von der Verdünnung (9—45% Feststoff-Geh.). t_{min} eines *Copolymeren* aus I/II = *90/10* beträgt >90°; bei Zusatz von Dibutylphthalat (III) als Weichmacher fällt t_{min} linear mit wachsendem III-Geh. ab. t_{min} von I-II-Copolymeren steigt linear mit zunehmendem I-Geh. an. t_{min} eines Gemisches aus den Emulsionen von *Polyäthylacrylat* u. *Polymethylmethacrylat* (IV) liegt bis 60% IV <0° u. steigt bei höherem IV-Geh. sprungartig auf 93° an. O. Fuchs. 4010□

Bestrahlungsreaktionen ungesättigter Polyester. A. Charlesby, V. Wycherley und T. T. Greenwood. (Proc. Roy. Soc. [London], Sect. A **244**, 54—71, 25/2. 1958; Hinxton Hall, Cambridge, Tube Invest. Res. Labor.; engl.) — Vff. untersuchen die Vernetzung der ungesätt. *Polyester* (PE) aus *Diäthylenglykol* u. *Maleinsäure* (I; Molgew. M 2166), aus *Propylenglykol* (II), I u. *Bernsteinsäure* (M = 783, 768 u. 721) u. aus *Äthylenglykol*, II u. *Adipinsäure* (M = 1860) mit Hilfe ionisierender Strahlung (^{60}Co-γ-Strahlung, Elektronen hoher Energie), bes. den Einfl. der Strahlungsintensität I, von Zusätzen (Anthracen, 8-Hydroxychinolin, Nitrobenzol, Allylthioharnstoff, Naphthalin, Diphenylolpropan, α- u. β-Naphthylamin, Phenol, Benzochinon), von O_2 u. der Temp., u. vergleichen die Ergebnisse mit der durch Dibenzoylperoxid katalysierten Polymerisation. Die Polymerisation verläuft über freie Radikalketten, die eine sehr geringe Länge aufzuweisen scheinen. Die Unabhängigkeit von I legt einen ungewöhnlichen Kettenabbruch nahe. Der allg. Verlauf der Polymerisation wird weder durch die Struktur der PE noch durch ihre Molgew.-Verteilung wesentlich beeinflußt.
P. Frenzel. 4010□

Zur Ausbildung morphologischer Strukturen am Polykohlensäureester des 2.2'-Bis-[4-hydroxyphenyl]-propans (Polycarbonat). G. Kämpf. (Kolloid-Z. **172**, 50—55, Sept. 1960; Uerdingen, Farbenfabriken Bayer Akt.-Ges., Physikal. Labor.;

dt.) — Zur Unters. der Ausbildung morpholog. Strukturen bei Temperung aus dem Glaszustand gelangten 100 μ dicke Folien aus *Poly-2.2-bis-[4-hydroxyphenyl]-propan-carbonat.* Bei 8tägigem Tempern oberhalb der Einfriertemp. bei 180° wird im Elektronenmikroskop die Ausbildung von sphärolith. Strukturen u. fibrillenartigen Gebilden beobachtet. Bei 190° tritt die vollständige Ausbildung dieser morpholog. Strukturen ein. Die Stufenhöhe lamellenartiger Faltungen wurde zu 60 ± 10 Å gemessen u. am Kalottenmodell anschaulich erklärt. Zur Messung diente ein speziell entwickeltes Abdruckverfahren. H. Hein. 4010□

Veränderung der dielektrischen Daten von Polyäthylenterephthalat beim thermischen Abbau und während der Kristallisation. K. H. Hellwege und G. Langbein. (Kolloid-Z. **172,** 44—50, Sept. 1960; Darmstadt, Dt. Kunststoffinst.; dt.) — Die Messung der DK u. des dielektr. Verlustfaktors zur Best. der Kristallisationsvorgänge bei Kunststoffen haben den Vorteil kleiner Substanzmengen u. hoher Relativgenauigkeit. Die bekannten dielektr. Daten von *Polyäthylenterephthalat* (I) werden angegeben u. ihre Veränderung bei therm. Abbau u. Kristallisation diskutiert. Es folgen Messungen der DK, des Verlustfaktors tg δ, der Kettensegment- u. Leitfähigkeitsverluste von I nach Temperung bei 280 u. 316° in Abhängigkeit von Zeit, Temp. u. Frequenz. Die Meß anordnung ist beschrieben. Die DK nimmt vom Wert bei 20° in drei Stufen zu. Die 1. Stufe bei 130° zeigt das Beweglichwerden der Kettensegmente in den amorphen Bereichen an, die 2. Stufe, die am besten aus dem Kurvenverlauf der d ε/d T-Werte in Abhängigkeit von der Temp. zu ersehen ist, hängt vermutlich vom „Vorschmelzen" bestimmter Kristallite ab (Entstehung neuer polarer Gruppen), der 3., sehr steile Anstieg liegt am F. bei 260°. Oberhalb des F. nimmt die DK mit zunehmender Temp. nach einem 1/T-Gesetz ab. Bei langsamem Erhitzen oder Tempern bei konst. Temp. erfolgt statt der Abnahme der DK ein zeitlicher Anstieg der DK u. des tg δ, der durch therm. Abbau bedingt ist. Aus den Messungen wird ein Zusammenhang der Kristallisations-Geschw. u. Temp. abgeleitet. Abschließend schlagen Vff. als neue Methode vor, den zeitlichen Verlauf der Kristallisation in einem Diagramm aus der Kristallisationszeit-Konst. u. der Temp. graph. darzustellen u. zu berechnen. H. Hein. 4010□

Intramolekulare Friedel-Crafts-Reaktionen an zwei Typen von Copolymeren: Maleinsäureanhydrid–Styrol und Maleinsäureanhydrid–Acenaphthylen. Jean Petit und Leszek Strzelecki. (C. R. hebd. Séances Acad. Sci. **254,** 489—90, 15/1. 1962; Bellevue, Seine-et-Oise, C.N.R.S., Labor. de chim. Macromol.; franz.) — Das *Copolymerisat* (CP) aus *Maleinsäureanhydrid* (I) u. *Styrol* (II; 49 Mol-%) bzw. *Acenaphthylen* (III; 51 Mol-%) wird in CS_2-Lsg. mit der doppelten Menge Al_2O_3 der beiden Monomeren 8 Std. gekocht; das Rk.-Prod. wird aus Aceton durch Umfällen mit verd. HCl, zuletzt mit Bzl., gereinigt. Auf Grund der IR-Spektren u. der analyt. Daten werden für das I/II-CP Strukturformeln auf der Basis von *α-Carboxy-1-oxo-1.2.3.4-tetrahydro-2-menaphthylen-(α.4)-* oder *2-Carboxy-4-oxo-1.2.3.4-tetrahydro-1-menaphthylen-(α.3)*-Einheiten bzw. für das I/III-CP Polymerketten aus *4'-Oxo-6'-carboxy-1'.4'.5'.6'-tetrahydrobenzo-[1'.2'.3':2.2a.3]-1H-acenaphthylen-(1.5')*-Einheiten vorgeschlagen. M. Hagedorn. 4010□

Darstellung neuer zinnorganischer Polymerer. N. A. Adrowa, M. M. Koton und W. A. Klagess. (Высокомолекулярные Соединения [Hochmolekulare Verbind.] **3,** 1041—43, Juli 1961; Inst. für hochmol. Verbb. der Akad. der Wiss. der UdSSR; russ., Auszug: engl.) — Durch Addition von Diphenyl- (I) u. Dibutylstannan (II) an p-Diisopropenylbenzol (III) wurden *Sn-organ. Polymere* der Struktur $[-Sn(R)(R)CH_2CH(CH_3)\cdot C_6H_4CH(CH_3)CH_2-]_n$ erhalten. Die Polymerisation wurde in Substanz oder in Bzl. u. Toluol ohne Initiator u. in Ggw. von Azodiisobutyronitril (IV) oder Methylphenyltriazen u. auch unter UV-Bestrahlung durchgeführt. Der Polymerisationsgrad schwankte zwischen 4 u. 20, das Molgew. betrug 2000—8500. Die höchsten Molgew. wurden in Ggw. von IV erzielt. Die Spaltung der Polymeren mit HCl–A. lieferte *Diphenyl-* bzw. *Dibutylzinnoxid.* — *Diphenylstannan* (I), man red. Diphenylzinndichlorid mit $LiAlH_4$ in Ae.; gelbes Öl; 70% (Ausbeute). — *Dibutylstannan* (II), $Kp._{10-12}$ 69—70°, aus Dibutylzinndichlorid; 65%. — Zur Polymerisation erhitzt man je 1 Mol I bzw. II mit III im Rohr in 5 Tagen von 80 auf 120° u. fällt aus Bzl. mit Methanol um. Helmut Schäfer. 4010

Kalorimetrische Messungen der thermischen Effekte bei Dehnung von Kautschuk. Willi Dick und F. H. Müller. (Kolloid-Z. **172,** 1—18, Sept. 1960; Marburg/Lahn, Univ., Labor. für Hochpolymere; dt.) — Mit einem ausführlich beschriebenen hochempfindlichen Calorimeter wird die bei der Dehnung von *Naturkautschuk* mit 2, 3 u. 4% S-Geh. ohne u. mit Füllstoff sowie von *Vulkollan* auftretende Wärmetönung gemessen u. in Abhängigkeit von der aufgewendeten mechan. Arbeit beschrieben. Die Meßmeth. ist erläutert. Nach der thermodynam. Theorie der Kautschukelastizität sollten beide Werte gleich sein. Da die Wärmetönung stets zu klein war, untersuchten Vff. die bei der Dehnung entstehende Vol.-Vergrößerung. Die dabei erforderliche Überwindung von Kohäsionskräften soll den Energieverlust erklären. Da dennoch ein Rest mechan. Energie nicht erfaßt werden konnte, vermuten Vff., daß diese zur Verformung von Valenzwinkeln u. Kristallstruktur verbraucht wird. Bei extrem hoher Dehnung kann sich der Prozeß umkehren. Es wird Wärme frei. Dieser Effekt konnte nicht geklärt werden, da die bei der Dehnungskristallisation auftretenden Wärmeeffekte bei hoher Dehnung von der App. nicht voll erfaßt werden. H. Hein. 4030□

Röntgenkleinwinkeluntersuchungen an Naturkautschuklösungen. O. Kratky und H. Sand. (Kolloid-Z. **172**, 18—29, Sept. 1960; Graz, Univ., Inst. für physikal. Chem.; Bogor, Indonesien, Inst. for Rubber Res. and Dev.; dt.) — Es wird ein Überblick über die Streutheorie von Röntgenstrahlen an Lsgg. von Faden-Moll. gegeben. Danach verläuft der Streuwinkel in mittleren Wellenlängenbereichen gemäß $1/\vartheta^2$ u. bei großen Winkeln gemäß $1/\vartheta$. Im Übergangsbereich wird aus beiden Kurven die Länge des statist. Fadenelements (Persistenzlänge) extrapoliert. Die Messungen mit einer blendenstreuungsfreien Kamera an niederzentrifugierten Lsgg. von *Crepe-Kautschuk* zeigen jedoch unregelmäßige Abweichungen. Diese konnten durch Kochen nur teilweise entfernt werden, was Vff. mit einer Aufteilung der gelösten Partikel erklären. Durch Ultrazentrifugieren konnten die Störungen ganz beseitigt werden. So konnten Persistenzlängen für die Lsgm. Hexan (5,4—6,6 Å), Diisopropyläther (7,6 Å) u. für *Buna* in Toluol (9,7 Å) bestimmt werden. Lagern der Lsgg. führte zu Störungen infolge Verklumpung. H. Hein. 4030□

Einfluß der thermischen Einwirkungen im flüssigen Medium auf die Struktur von Cellulose. Ch. U. Ussmanow, Je. I. Kalabanowskaja und G. Sch. Talipow. (Узбекский Химический Журнал [Usbek. chem. J.] **1960**, Nr. 5, 13—16; Taschkent, Lenin-Univ.; russ., Auszug: usbek.) — Durch Behandlung von Baumwolle (Sorte 108-F) mit Petroleum bei 200° während 3 Std. wird die Fähigkeit zur Sorption von W. herabgesetzt. Das gleiche trifft auch für die integralen Benetzungswärmen zu. Dabei wirkt Petroleum intensiver als Glycerin. Durch den dabei stattfindenden Abbau wird die Packungsdichte erhöht. Die leichtere Hydrolysierbarkeit von derart behandelter Cellulose ist also nicht auf eine Auflockerung der Struktur zurückzuführen, sondern auf einen Abbau. R. Wittwer. 4050□

Kristalline Modifikationen der Cellulose. 2. Mitt. **Eine Untersuchung mit in der Ebene polarisierter Infrarotstrahlung.** J. Mann und H. J. Marrinan. (J. Polymer Sci. **32**, 357—70, Nov. 1958; Manchester, British Rayon Res. Assoc.; engl.) — 1. vgl. C. **1961**, 9058; vgl. auch C. **1960**, 506. — Ausgehend von Beobachtungen der Vff. (vgl. Trans. Faraday Soc. **52**, [1956], 177), daß die Valenzschwingungsbanden der OH-Gruppen in kristallinen Bereichen ohne Störung von amorphen Bereichen untersucht werden können, wenn die OH-Gruppen ganz oder teilweise deuteriert sind, untersuchten Vff. mit in der Ebene polarisierter IR-Strahlung *Cellulose II*, *Cellulose III_I* u. *Cellulose I*. Cellulose II enthielt 100 u. 10% OD-Gruppen. Orientierte Filme von Cellulose I wurden durch Dehnen von in W. gequollenen Filmen aus bakterieller Cellulose u. Trocknen unter Zug erhalten; sie enthielten angenähert 10 u. 30% OD-Gruppen. Außerdem wurden Cellulose I-Filme hergestellt, in denen alle OH-Gruppen deuteriert waren (bzgl. der Darst. von bakterieller Cellulose vgl. 1. Mitt., l. c.). Die orientierten Filme von Cellulose III_I wurden aus orientierten Cellulose I-Filmen durch Behandeln mit fl. NH_3 oder Äthylamin erhalten. Aus den Spektren ist ersichtlich, daß in den untersuchten 3 kristallinen Modifikationen einige OH-Gruppen mit der Kettenrichtung Winkel bilden, die viel kleiner als 55° sind, während andere OH-Gruppen Winkel mit der Kettenrichtung bilden, die größer als 55° sind. Hieraus wird geschlossen, daß die ersteren Gruppen an intramol. H-Bindungen beteiligt sind, die anfeinanderfolgende Glucosereste in der Cellulosekette verbinden. Ferner kann gezeigt werden, daß auch Äther-O-Atome an der H-Bindung in allen 3 Modifikationen teilnehmen müssen. Ausführlich diskutiert werden die Symmetrien der Celluloseketten u. die Beziehungen zwischen den 2 Ketten in der Einheitszelle in bezug auf die Anzahl erkennbarer OH-Gruppen. Aus den Frequenzen der Banden, die durch intramol. H-Bindungen bedingt sind, wird gefolgert, daß die Ketten in Cellulose I eine von der in Cellulose II u. III_I vorliegende verschiedene Molekularform besitzen. C. Gottfried. 4050

Kristalline Modifikationen der Cellulose. 3. Mitt. **Die Ableitung und eine vorläufige Untersuchung von möglichen Kristallstrukturen.** D. W. Jones. (J. Polymer Sci. **32**, 371—94, Nov. 1958; engl.) — 2. vgl. vorst. Referat. — Vf. untersuchte die Stereochemie des Cellulose-Mol. an Hand neuerer Unterss. über die Strukturen einfacher Zucker in Verbindung mit den l. c. durchgeführten IR-Untersuchungen. Es werden unter der Annahme von β-Glucoseresten der Sesselform, die in der Raumgruppe $P\,2_1$ kristallisieren, maßstäbliche Modelle für eine stereochem. Unters. der Cellulosekette beschrieben. Zur Abschätzung der Gültigkeit vieler Modelle wurden die IR-Angaben (vgl. l. c.) über H-Brücken u. die Intensitätsdaten der stärksten Äquator- u. Meridianröntgeninterferenzen verwendet. Nicht bestätigt werden konnten die von Meyer u. Misch (vgl. Helv. chim. Acta **20,** [1937], 232) sowie von anderen Autoren gemachten Strukturvorschläge. Es werden einige vollständig durch H-Brücken verknüpfte Strukturen diskutiert, die wahrscheinlich die Grundlage der höchstgeordneten Bereiche in *Cellulose I* u. *II* bilden. Die entsprechenden Atomkoordinaten sind in Tabellenform wiedergegeben. C. Gottfried. 4050

Der Einfluß der Bedingungen bei der Gewinnung von Carboxymethylcellulose auf den Grad der Veresterung und die Wasserlöslichkeit. Tsch. D. Dcharijal, K. F. Shigatsch, A. I. Malinina, I. M. Timochin und M. S. Finkelstein. (Известия Высших Учебных Заведений (Баку), Нефть и Газ [Hochschulnachr. (Baku), Erdöl Gas] **5,** Nr. 2, 29—34, 1962; Moskau, Gubkin-Inst. für Erdölchem. u. Gasind.; russ.) — Als optimale Bedingungen für die Gewinnung von *Carboxymethylcellulose* wird ein Verhältnis von Cellulose : $ClCH_2COONa$: NaOH : H_2O = 1 : 1 : 1,2 : 7,5 u. eine Temp. von 45—55° festgestellt. Man erhält ein Prod., das 96% an in W. lösl. Fraktion enthält u. gegenüber Ton-Lsgg. gute stabilisierende Eigg. aufweist. M. Ulmann. 4050□

Untersuchungen über Struktur und Eigenschaften der Cellulose und ihrer Ester. 73. Mitt. **Untersuchungen des Hydrolysenprozesses von Polysacchariden.** 12. Mitt. **Die Grundgesetzmäßigkeiten der Hydrolyse von Polysacchariden in homogenen und heterogenen Medien.** A. A. Konkin und S. A. Rogowin. (Журнал Прикладной Химии [J. angew. Chem.] **32,** 852—57, April 1959; Allunions Wiss. Forschungsinst. für Kunstfasern; russ.) — 72. vgl. C. **1960,** 5182. — Im Hinblick auf die Festigkeit der Acetalbindung gegenüber hydrolyt. Einw. in homogenem Medium finden Vff. bei Polysacchariden die Reihenfolge *Chitin* (**I**) > *Cellulose* (**II**) > *Galaktan* (**III**) > *Mannan* (**IV**) > *Laminarin* (**V**) > *Xylan* (**VI**) > *Amylose* (**VII**), wobei es sich hier nicht um größere Unterschiede handelt u. man Werte erhält, die Disacchariden u. Monosiden entsprechen. Dagegen ist die physikal. Struktur der Polysaccharide, die ihrerseits von Besonderheiten des Aufbaues u. der Zus. der Makromoll. abhängt, entscheidend beim Arbeiten im heterogenen Medium. Man hat hier in bezug auf die Hydrolysen-Geschw. die Reihenfolge **III** > **V** > **VI** > **VII** > **IV** > **II** > **I**. Der Ablauf der Hydrolysen-Geschw. zeigt bei **II, IV, V** u. **VI** eine ständige Verringerung, während bei **VII** u. **III** die Konst. der Hydrolysen-Geschw. während der gesamten Rk. unverändert bleibt. M. Ulmann. 4050□

Untersuchungen über Struktur und Eigenschaften der Cellulose und ihrer Ester. 74. Mitt. **Untersuchungen des Hydrolysenprozesses von Polysacchariden.** 13. Mitt. **Über die Rolle der Diffusion bei der Hydrolyse von Polysacchariden in einem heterogenen Medium.** A. A. Konkin und Je. A. Schukalowa. (Журнал Прикладной Химии [J. angew. Chem.] **32,** 1076—80, Mai 1959; russ.) — 73. vgl. vorst. Referat. — Für die Aktivierungsenergie der Hydrolysen-Rk. von *Cellulose* (**I**), *Amylose, Galaktan, Laminarin, Chitin* u. *Xylan* imheterogenen Medium finden Vff. Werte von 26—30 cal/Mol. Dieses ist die gleiche Größenordnung, die man bei Poly-, Mono- u. Disacchariden im homogenen Medium hat. Somit ist die Aktivierungsenergie der Hydrolyse der Acetalbindung unabhängig von der Größe des Molgew. u. dem Mol.-Aufbau. Die Diffusion spielt demnach bei der Polysaccharidhydrolyse im heterogenen Medium keine hemmende Rolle, was sich auch aus dem gefundenen kleinen Wert der Aktivierungsenergie des Diffusionsprozesses von W. in **I** ergibt, der zu 7,8 cal/Mol gefunden wurde. Auf Grund der Befunde der Vff. ist zu schließen, daß die Hydrolysen-Rk. von Polysacchariden im heterogenen Medium im kinet. Gebiet verläuft. M. Ulmann. 4050□

Untersuchungen über Struktur und Eigenschaften der Cellulose und ihrer Ester. 75. Mitt. **Untersuchungen des Hydrolysenprozesses von Polysacchariden.** 14. Mitt. **Einfluß der Konzentration der Säuren auf die Hydrolysengeschwindigkeit von Polysacchariden.** L. I. Nowikowa und A. A. Konkin. (Журнал Прикладной Химии [J. angew. Chem.] **32,** 1081—85, Mai 1959; russ.) — 74. vgl. vorst. Referat. — Die Unters. der Hydrolyse von *Cellobiose* (**I**), *Cellulose* (**II**), *Laminarin* (**III**) u. *Xylan* (**IV**) mit 15,77 bis 50,98%ig. H_2SO_4 u. 7,05—22,4%ig. HCl ergab, daß die Geschw.-Konst. der Hydrolyse wesentlich schneller ansteigt als eine vorgenommene Erhöhung der Konz. der Säure. Man findet bei **II, III** u. **IV** eine proportionale Abhängigkeit zwischen dem log der Geschw.-Konst. der Hydrolyse u. der Säurefunktion von Hammet. Eine Ausnahme bildet nur die Hydrolyse von **I** in H_2SO_4. Der Zusammenhang zwischen der Hydrolysen-Geschw. u. der Hammet-Funktion weist auf die Bldg. einer Zwischenverb. zwischen der Acetalbindung u. dem Hydroxoniumion hin. M. Ulmann. 4050

Untersuchungen über Struktur und Eigenschaften der Cellulose und ihrer Ester. 76. Mitt. **Darstellung von Cellulosesulfaten und Untersuchung ihrer Eigenschaften.** S. A. Rogowin und D. L. Mirlass. (Химическая Наука и Промышленность [Chem.

Wiss. Ind.] **3**, 831—32, 1958; Wladimir, Moskau, Textilinst.; russ.) — 75. vgl. vorst. Referat. — Baumwolle wurde in heterogenem Medium mit einem Gemisch aus 80% H_2SO_4 u. 20% Isobutylalkohol 1½ Std. bei 5—7° sulfuriert. Es resultierten *Cellulosesulfate* (I) mit einem verhältnismäßig geringen Veresterungsgrad. Bei $\gamma = 50-60$ ist I in W. unter Bldg. konz. viscoser Lsgg. oder in verd. Alkali löslich. Beim Stehen der wss. Lsg. von I steigt die Viscosität stark an. Aus der Lsg. des *K-Salzes* von I fällt nur Ba-Acetat, ein unlösl. Salz, aus, nicht dagegen Salze von Mg, Ca, Zn, Pb, Mn, Cu, Fe u. Cr. Während das *Ca-Salz* von I recht beständig ist, ist der freie Ester gegenüber höheren Temp. recht empfindlich: bei 100° tritt Verkohlung ein. Gegenüber einer Alkalibehandlung ist das K-Salz von I viel beständiger als Celluloseacetat; gegenüber einer Säurebehandlung verhalten sich beide Ester etwa gleich. M. Ulmann. 4050□

Besonderheiten der Spektren der magnetischen Protonenresonanz der α- und β-Form der Polypeptidketten. D. N. Schigorin, N. M. Pomeranzew und L. W. Ssumin. (Высокомолекулярные Соединения [Hochmolekulare Verbind.] **3**, 560—61, April 1961; Physikal.-chem. Karpow-Inst.; russ., Auszug: engl.) — Es wurden die magnet. Protonenresonanzspektren verschiedener Proben von *Wolle, Seide, Anid-* u. *Capronfasern* untersucht. Die Absorptionskurven bestehen aus einer schmalen u. einer breiten Linie, die sich überlagern. Das Verhältnis der Intensität der schmalen zu derjenigen der breiten Linie liegt bei 10 für Polypeptide, die hauptsächlich die α-Form enthalten, u. ist wesentlich kleiner bei Polypeptiden, die vor allem die β-Form enthalten. Diese Besonderheiten der Spektren charakterisieren somit den Geh. an α- u. β-Formen in Polypeptiden. Die Ergebnisse stimmen gut mit den Angaben der Röntgenstrukturanalyse u. der IR-Spektren überein. Helmut Schäfer. 4070

Elektronenresonanzuntersuchungen von Hämoglobinderivaten. 2. Mitt. Ergebnisse für Myoglobinkristalle von den Typen A, B, C, D und F. J. E. Bennett, J. F. Gibson und D. J. E. Ingram. (Proc. Roy. Soc. [London], Ser. A **262**, 395—407, 18/7. 1961; Southampton, Univ., Dep. of Electronics and Dep. of Physiol. and Biochem.; engl.) — 1. vgl. C. **1959**, 5505. — Mit Hilfe der l. c. beschriebenen Elektronenresonanz-Meth., mit der bereits *Myoglobin*-Einkristalle vom Typ A untersucht worden waren, untersuchten Vff. Einkristalle des Typs B, C, D u. F. Die Vers.-Temp. lag bei 20° K; in einigen Fällen konnten Spektren bei der Temp. des fl. O_2 gemacht werden. Hierbei wurde keine wesentliche Linienverbreiterung erzeugt, was beweist, daß die Spin–Gitter-Wrkg. klein bleibt u. daß die Aufspaltung nach den höheren Bahnniveaus für das Fe^{3+}-Ion in der Hämoglobinkonfiguration groß ist. An Hand der großen, von 2,0—6,0 reichenden Änderung der g-Werte war es möglich, in allen Kristallen die Orientierungen der Hämgruppen genau abzuleiten. Tabellar. u. z. T. in stereograph. Projektionen sind die Winkel angegeben, die die Normalen der Hämgruppen mit den 3 Hauptachsen u. 3 Hauptebenen bilden. Aus den festgestellten Orientierungen wurden die dichroit. Verhältnisse theoret. bestimmt u. mit früheren experimentellen Ergebnissen verglichen; die Übereinstimmung war gut. C. Gottfried. 4070

Magnetische Susceptibilitätsmessungen an Myoglobin-Kristallen vom Typ A. F. R. McKim. (Proc. Roy. Soc. [London], Ser. A **262**, 287—90, 4/7. 1961; Wiltshire, Marlborough Coll.; engl.) — Zu den Messungen wurde ein säurefeuchter Einkristall vom *Myoglobin*-Typ A in ein Magnetfeld gehängt u. ihm erlaubt, um die c*-Kristallachse zu schwingen. Die period. Zeit für solche Schwingungen hängt dann von dem Unterschied zwischen den beiden Hauptsusceptibilitäten $\chi_b - \chi_a$ in der ab-Ebene ab. Dieser Unterschied wurde von Zimmer-Temp. bis 90° K aus Best. der entsprechenden period. Zeit gemessen. Es wurde gefunden, daß zwischen 100 u. 150° K eine meßbare Anisotropie auftritt. Sie wurde mit einer Aufspaltung zwischen dem Grunddublett u. dem ersten angeregten Dublett von weniger als 15 cm^{-1} erklärt. C. Gottfried. 4070

Eigenschaften der Polyadenylsäure in Methanollösung. R. F. Steiner. (Nature [London] **190**, 340—41, 22/4. 1961; Bethesda, Md., Nat. Naval Center, Naval Med. Res. Inst.; engl.) — Vf. stellte Lsgg. von *Polyadenylsäure* (I) in wasserfreiem Methanol, das 0,001 Mol/Liter Na-Acetat u. <1% W. enthielt, her u. verglich die Eigg. von I in dieser Lsg. mit denen in wss. Lösungen. Gegenüber der opt. Drehung der alkal. Form von I in W. ($[\alpha]_D + 100°$; 0,001 m wss. Na-Acetat-Lsg.) wurde in der methanol. Lsg. ein negativer Wert von $-25°$ beobachtet. Die Absorptions-Koeff. für $\lambda = 260$ mμ betragen für 20° 9,5 (in W.), 13,6 (in Methanol), für 50° 12,4 u. 13,6. Die Absorption in Methanol ist um mehr als 40% höher u. temperaturunabhängig. Die Sedimentations-Konst. $S^{20}_{0,w}$ ist wesentlich größer: 6,9 (W.), 50 (Methanol), u. die Intrinsicviscosität wesentlich kleiner, 16,8 u. 0,26. Alle diese Effekte sind reversibel, wenn das Methanol durch Dialyse gegen W. entfernt wird. L. Laschet. 4090□

Einfluß des Lösungsmittels und der Spezifität der Anlagerung von Nucleotiden auf die Reduplikation der Desoxyribonucleinsäure. M. W. Wolkenstein und Al. M. Jeljaschewitsch. (Доклады Академии Наук СССР [Ber. Akad. Wiss. UdSSR] **131**, 538—41, 21/3. 1960; Inst. für hochmol. Verbb. der Akad. der Wiss. der UdSSR; russ.) — Vgl. auch C. **1961, 4379**. — Vff. untersuchen den Einfl. der Entropie- u. Energiefaktoren auf die Reduplikation der *Desoxyribonucleinsäure* (I) bei der Umsetzung von I mit dem Lsgm. (W.), die Spezifität der Anlagerung der Nucleotide u. die Biegsamkeit der freien Kette von I. Die Unters. geht davon aus, daß die Doppelschraube von I aus 2 polymeren Ketten mit je N Gliedern besteht, wobei in der umgebenden Lsg. die Zahl der Wasser-Moll. n-M, die der freien Nucleotide Thymin, Cytosin, Guanin u. Adenin M ist. Es wird eine Gleichung für die statist. Summe der angelagerten Nucleotide entwickelt. Ihre Konz., die zur Erzielung der Reduplikation erforderlich ist, ist 4mal so groß wie die ohne Berücksichtigung der Spezifität ihrer Anlagerung gefundene. Bei großer Zahl der zusätzlichen Konformationen der nucleotidgesätt. Glieder tritt nicht Reduplikation, sondern Denaturierung ein. R. K. Müller. 4090□

Chinone als Modellsubstanzen von Huminsäurevorstufen. W. Flaig. (Z. Pflanzenernähr., Düng., Bodenkunde **69** (**114**), **43**—**50**, 1955; Braunschweig-Völkenrode, Forschungsanst. für Landwirtsch., Inst. für Biochem. des Bodens; dt.) — Je nach Art der Substituenten ergeben Hydroxybenzochinone unter den Bedingungen der Bldg. von synthet. *Huminsäuren* unterschiedliche Ausbeuten an hochmol. Produkten. Aus p-Xylochinon u. Thymohydrochinon erhaltene Prodd. sind ätherlösl., während die tert.-Butyl- oder Cyclohexyl-substituierten Hydrochinone nur bis zu den schwerlösl. Chinonen oxydiert werden. Hydroxybenzochinone wurden hierbei nicht gefunden. Sie ließen sich jedoch mittels der Thiele-Rk. über das Triacetat der Chinone, Verseifung u. Oxydation darstellen. Im Vgl. zu dem sehr instabilen u. reaktionsfähigen Monohydroxybenzochinon ist das 2.5-Dihydroxybenzochinon in Ggw. von Alkali gegen O_2 beständig. An Hand spektroskop. Unterss. stellte Vf. fest, daß 2-Hydroxy-p-benzochinon im Gleichgewicht mit 4-Hydroxy-o-benzochinon steht. Bei aliphat. substituierten Hydroxybenzochinonen liegt es vorwiegend auf der Seite der o-Verbindung. Bei Dihydroxybenzochinonen (z. B. Dihydroxythymochinon) tritt keine derartige Tautomerie auf. Die Tautomerieverhältnisse werden speziell am Thymochinon u. den Hydroxythymochinonen erläutert. Die o-Konfiguration ist durch eine charakterist. UV-Absorption gekennzeichnet. Die alkal. Oxydation von 3.5-Di-tert.-butylbrenzcatechin (III) mit O_2 verläuft über das entsprechende o-Benzochinon. **III** ergab bei der Autoxydation mit O_2 in schwach alkal. Lsg. *3.5-Di-tert.-butyl-o-benzochinon*, das über *3-Hydroxy-4.6-di-tert.-butyl-o-benzochinon* (I) zu *2.4-Di-tert.-butyl-γ-oxalcrotonsäure* (II) unter Ringspaltung weiteroxydiert. Diese Rk.-Folge wird dadurch wahrscheinlich, daß bei der Autoxydation von 4.6-Di-tert.-butylpyrogallol I entsteht, welches zu II weiterreagiert. Diese Verb. wie auch die Spaltstücke des Lignins können als Ausgangs-Prodd. niedermol. Huminsäuren angesehen werden. Durch die Einw. von o-Benzochinonen u. solchen Hydroxybenzochinonen, die tautomer als o-Chinone reagieren können, wird das Wurzelwachstum u. die Sproß-Bldg. von Kresse u. Getreidekeimen (bei 10^{-5} bis 10^{-8} g pro cm^3 Nährlsg.) stark gefördert. Gleichzeitig wurde durch diese Verbb. die O_2-Aufnahme im Dehydrase–Oxydase-Syst. beschleunigt. G. Plötner. 4090□

Polymere Chinone als Huminsäuremodelle. Th. Ploetz. (Z. Pflanzenernähr., Düng., Bodenkunde **69** (**114**), 50—58, 1955; Braunschweig-Völkenrode, Forschungsanstalt. f. Landwirtschaft, Inst. für Biochem. d. Bodens; dt.) — Vf. schlägt Modellsubstanzen für *Huminsäuren* vor, die zwischen Chinonringen konjugierte Doppelbindungen tragen. Die Rk. von Benzochinon, Dihydroxybenzochinon u. Phenylbenzochinon mit dem Tetrazotierungs-Prod. von p-Phenylendiamin sowie die der Diazoniumsalze des Aminohydrochinondimethyläthers u. des 2.5-Diaminohydrochinondimethyläthers mit Chinon ergab folgende *Modellsubstanzen*: *1.4-Dibenzochinonylbenzol* (I; F. 195—195,5°, aus Bzn. leuchtend rotorangefarbene Nadeln), *1.4-Bis-[hydrochinonyl]-benzol* (II, F. 190,5°, sehr oxydabel. *Tetraacetat*, F. 147—148°). Die Chinone dieser Reihe bleichen am Tageslicht aus. Im Dunkeln kehrt die Farbe zurück. I ist leicht zu dem bes. schwerlösl. tiefblauschwarzen *Chinhydron* reduzierbar. Zusammengeben der Benzin-Lsgg. von I u. II liefert erst nach Std. oder beim Erhitzen das entsprechende blauschwarze, krist. *Chinhydron*. Vf. vermutet, daß dieser erschwerten Rk. keine übliche intermol., sondern eine intramol. Chinhydron-Bldg. zugrunde liegt. Bei der Rk. von Benzochinon mit Phenylhydrochinon u. von Hydrochinon mit Phenylbenzochinon in Bzn. entstehen nicht die entsprechenden Chinhydrone, sondern Gemische aus zwei Chinhydronen. Die Rk.-Geschw. ist abhängig von der Schwerlöslichkeit des entstehenden Chinhydrons sowie vom Oxydationspotential des eingesetzten Chinons. Vf. beschreibt eine neue Meth. zur Best. von Redoxpotentialen der Chinone auf Grund einer für o-Chinone spezif. Absorptionsbande (für I bei 270 mμ) u. des bei Umsetzung von Chinonen mit einem 1.2-Dihydroxybenzol im Gleichgewicht auftretenden o-Chinons. I scheint auf Grund der UV-Spektren als o-dichinoides Biradikal vorzuliegen, was die tiefe Farbe u. die bes. große Reaktionsfähigkeit erklären würde. Neben I konnte *1-Benzochinonyl-4-hydroxybenzochinonylbenzol* rein u. *1.4-Bis-[hydroxybenzochinonyl]-benzol* nahezu rein isoliert werden. Durch Wasseranlagerung an die o-chinoiden Radikale ist ein Übergang zu Hydroxyhydrochinonen leicht möglich. Anschließende Dehydrierung führt zu Hydroxybenzochinonen, die hinsichtlich ihrer Säurenatur u. UV-Spektren natürlichen Huminsäuren sehr nahe kommen. G. Plötner. 4090□

Untersuchungen über den oxydativen Abbau einer synthetischen Huminsäure in Gegenwart von amorpher Kieselsäure in Quarz. F. Scheffer und W. Kroll. (Kolloid-Z. **172,** 55–63, Sept. 1960; Göttingen, Univ. Agrikulturchem. u. bodenkundliches Inst.; dt.) — Huminsäuren werden in oxydativem Medium in Ggw. von Kieselsäuren durch heterogene Katalyse beschleunigt abgebaut. Nach einem Überblick über die katalyt. Wrkg. von SiO_2 werden Verss. mit Quarz u. verschiedenen amorphen Kieselsäuren beschrieben. Die *Huminsäure,* die synthet. durch mehrtägige Behandlung einer ammoniakal. Lsg. von Hydrochinon mit O_2 bei pH 8 u. Fällen mit HCl erhalten wurde, wurde hierbei in kolloiddisperser Lsg. mit 0,5%ig. H_2O_2-Lsg. in Ggw. der Kieselsäure oxydiert. Die Rk. gelingt auch mit Luftsauerstoff in Ggw. von SiO_2. Die akt. Stellen der SiO_2-Oberfläche adsorbieren die Huminsäure-Moll. u. polarisieren sie durch den elektrophilen Charakter der Oberfläche. So wird der Angriff von H_2O_2 an der positiven Seite der polarisierten Moll. möglich. Dies wird aus den Vorgängen beim Huminsäureaufbau abgeleitet. Die Entstehung atomaren O_2 bei Bruch von SiO_2-Kristallen ist bekannt. Aus diesem Befund schließen Vff., daß auch in Ggw. von Hydrochinon Radikale entstehen, die sich zur Huminsäure zusammenlagern. Eine genaue Klärung ist nicht möglich, solange die Struktur der Huminsäure unbekannt ist. H. Hein. 4090□

E. Biologische Chemie. Physiologie. Medizin

E_1. Allgemeine Biologie und Biochemie

Gegenwärtiger Stand der Schnabelfärbung bei Pekinenten, welche 1956 mit Desoxyribonucleinsäure der Khaki Campbell-Ente behandelt wurden, und bei ihren Nachkommenschaften. Jacques Benoit, Pierre Leroy, Colette Vendrely und Roger Vendrely. (C. R. hebd. Séances Acad. Sci. **248,** 2519–21, 27/4. 1959; Strasbourg, Centre de Rech. sur les Macromol. du C.N.R.S.; Paris, Labor. d'Histophysiol. du Coll. de France; Gif-sur-Yvette, Labor. de Photobiol. du C.N.R.S.) — Die Injektion von *Desoxyribonucleinsäure* aus Khakienten rief bei Pekinenten auf der Schnabeloberfläche einiger Weibchen zwei unabhängige Rkk. hervor: eine Hemmung der Gelbfärbung u. eine deutliche Schwarzfärbung. Die beiden Erscheinungen übertrugen sich auf mehrere Tiere der 1. u. 2. Filiargeneration, die erstere bei beiden Geschlechtern, die zweite nur beim ♀ Geschlecht. H. Aman. 4150□

Gegenwärtiger Phänotypus von Pekinenten, welche 1956 mit Desoxyribonucleinsäure der Khaki Campbell-Ente behandelt wurden, und bei ihren Nachkommenschaften. Jacques Benoit, Pierre Leroy, Colette Vendrely und Roger Vendrely. (C. R. hebd. Séances Acad. Sci. **248,** 2646–48, 4/5. 1959; Strasbourg, Centre de Rech. sur les Macromol. du C.N.R.S.; Paris, Labor. d'Histophysiol. du Coll. de France; Gif-sur-Yvette, Labor. de Photobiol. du C.N.R.S.) — Vgl. vorst. Referat. — Die Enten der 1. u. 2. Generation, abstammend von Pekinenten, denen *Desoxyribonucleinsäure* aus Khaki Campbell-Enten injiziert wurde, zeigten veränderte Phänotypen, ähnlich denen ihrer Eltern u. Großeltern, ebenso dazwischenliegende u. Phänotypen der Pekinente.
H. Aman. 4150□

Das System Ammoniumcarbonat–Isopropanol–Wasser zur papierchromatographischen Analyse von Ribonucleinsäurederivaten; Trennung der cyclischen 2'.3'- und 3'.5'-Adenylsäureisomeren. J. Stockx und R. Van Parijs. (Arch. int. Physiol. Biochem. **69,** 263–64, März 1961; Gand, Belgique, Univ., Labor. de Chim. Physiol.; franz.) — Angabe der R_F-Werte von *Adenylsäure-Derivv.* im Syst. Ammoniumcarbonat–Isopropanol–W., bezogen auf cycl. *2'.3'-Adenylsäure.* K. Maier. 4150□

Weitere Untersuchungen über die Photochemie der Pyrimidine unter besonderer Berücksichtigung 5- und 6-substituierter Derivate bezüglich der Photoreaktivierung bei den geradzahligen T-Bakteriophagen. K. L. Wierzchowski und D. Shugar. (Acta biochem. polon. **7,** 63–84, 1960; Warsaw, Acad. of Sci., Inst. of Biochem. and Biophys.; engl.) — Die Unters. des photochem. Verh. von methylierten Uracilen u.

Cytosinen, methylierten Nucleosiden, *Isocytosin* (I) u. dessen 1-β-D-Arabinosid, *Cyclonucleosiden* von *Uracil* (II) u. *Cytosin* (III), 5-substituierten III-Nucleosiden u.-Nucleotiden zeigte, daß einige 5- u. 6-substituierte II-Derivv. reversible *Photoderivv.* (IV) liefern. Das photochem. Verh. der Cyclouridine (O^2.2'-Cyclouridin u. 2'.3'-Isopropyliden-O^2.2'-cyclouridin, vgl. Brown, Todd u. Varadarajan, C. **1959**, 10931) stimmt mit dem zu erwartenden überein u. umfaßt die Bldg. reversibler **IV**. Das Toluolsulfonylsalz von Cyclocytidin (*2'.3'-Isopropyliden-O^2.5'-cyclocytidintosylat*) bildet keine reversiblen **IV**. Auf Grund des photochem. Verf. u. der Titration in wss. Medium liegt die Verb., wie 1.3-Dimethylcytosin, vermutlich in der Iminoform vor. **I** u. *Isocytidin* bilden keine reversiblen Photoprodukte. Das Photoderiv. des letzteren ist ein 5-Hydro-6-hydroxy-Derivat. 5-substituierte III-Nucleoside u. -Nucleotide sind gegen Bestrahlung relativ beständig. Sie bilden Photoderivv., die relativ beständig sind u. den intakten Pyrimidinring enthalten. Die Ergebnisse werden im Hinblick auf die Photoreaktivierung geradzahliger T-Phagen besprochen. Chromatograph. u. Spektral-Meth. zur Trennung u. Identifizierung methylierter Uracile (*5-* u. *6-Methyl-*, *5.6-*, *1.6-*, *3.6-Dimethyl-*, *1.3.5-*, *1.5.6-Trimethyl-*, *1.3.5.6-Tetramethyluracil*) werden angegeben. K. Maier. 4150□

Hemmung der Ribonucleinsäuresynthese durch 5-Fluoruracil. M. Staehelin. (Helv. physiol. pharmacol. Acta **18**, Nr. 1, C53—C54, 1960; Berkeley, Calif., Univ. Virus Labor. u. Basel, Univ., Physiol.-Chem. Inst.; dt.) — *5-Fluoruracil* (I) hemmt die Synth. von *Ribonucleinsäure* (II). Um festzustellen, in welcher Weise I die II-Synth. hemmt, verfolgt Vf. den Einbau von ^{32}P in II u. in die einzelnen 5'-Nucleotide. Unter dem Einfl. von I erfolgt nicht nur eine Hemmung des Viruswachstums, sondern auch ein verminderter Einbau von Phosphat in die gebildete II des Tabakmosaikvirus. Der Phosphateinbau wird nicht nur in die Uridylsäure, sondern auch in die Cytidylsäure durch I vermindert. Die Hemmung des Viruswachstums ist wesentlich vom Zeitpunkt der Zugabe von I abhängig u. ist nach Ansicht des Vf. auf 2 Wrkg. zurückzuführen: eine allg. Hemmung der Nucleotid-Bldg. u. eine verlangsamte Ausbreitung der Virusinfektion durch den Einbau von I in die allerersten neugebildeten Virusstadien. G. Bratfisch. 4150□

Der Umsatz von Kern- und Cytoplasma-Ribonucleinsäure in zwei Typen von tierischen Zellen und einige weitere Beobachtungen über den Nucleolus. H. Harris. (Biochem. J. **73**, 362—69, Okt. 1959; Oxford, Univ., Sir William Dunn School of Pathol.) — Vf. inkubierte Makrophagen (I) u. Bindegewebezellen (II) (nur letztere vermehren sich in vitro) mit ^{3}H-Nucleosiden. II, die sich im Stadium der Desoxyribonucleinsäure-Synth. befanden, wurden für die Unterss. nicht herangezogen. Nach bestimmten Zeiten wurden die Zellen in ein kaltes Nährmedium übergeführt u. nach verschieden langen Bebrütungszeiten (bis zu 12 Std.) fixiert. Mit Hilfe der radioautograph. Technik wurde der Ribonucleinsäure (RNS)-Umbau in den einzelnen fixierten Zellen durch Best. des Verlustes der ursprünglich eingebauten markierten Nucleoside pro Zeiteinheit gemessen. Es ergab sich, daß die RNS im Kern einem starken Umbau unterliegt (Halbwertszeit < 2 h). Im Cytoplasma der I konnte ein sehr geringer, im Cytoplasma der II überhaupt kein RNS-Umbau nachgewiesen werden. Vf. fand keine Anhaltspunkte für einen Übertritt von Kern-RNS in das Cytoplasma. Da jedoch inzwischen ein solcher Übertritt in zahlreichen anderen Verss. nachgewiesen worden ist u. die Grundvoraussetzung neuerer Theorien über die Informationsübertragung vom Kern zum Cytoplasma (messenger-RNA) darstellt, muß dieses Ergebnis durch method. Unvollkommenheiten bedingt sein. K. Kran. 4150□

Eisenkonzentration in Leukocyten von Patienten mit malignem Tumor. Hisashi Yamaguchi, Shigeyuki Ishigami, Etsuro Ikeda, Yasumichi Kohno und Seizo Yamaguchi. (Gann, Japan. J. Cancer Res. **50**, Suppl. 85—87, März 1960; Osaka Univ., Res. Inst. for Microbiol. Diseases, Dep. of Internal. Med.; engl.) — Vff. bestimmten den Plasmaeisenspiegel (a) u. den *Fe*-Geh. der Leukocyten (b) u. fanden folgende Werte: Gesunde ♂ b 0,48 $\gamma/10^7$ Zellen, a 111,7 γ%; gesunde ♀ 0,51 γ, 103,2 γ%. Bei ösophagealem Carcinom war a in den meisten Fällen erniedrigt, b war in allen Fällen erhöht, z. T. auf das 6fache. Bei gastr. Carcinomen zeigte sich dieselbe Tendenz. Bei den Sarkomfällen zeigte a normale Geh., b war leicht erhöht, desgleichen bei den untersuchten gastr. Ulcesfällen. Nach Radiotherapie mit ^{60}Co erreichte bei Ösophaguscarcinom a allmählich wieder normale Werte, b zeigte keine Änderungen. Nach erfolgreicher Operation des gastr. Carcinoms tendierte a ebenfalls zu normalen Werten, während b sich nicht veränderte. Nach Operation von gastr. Ulcesfällen erreichte b rascher normale Werte als a. W. Hiller. 4160□

Die Wirkung von Toxohormon auf den Eisen- und Kupferstoffwechsel. Hisashi Yamaguchi, Shigeyuki Ishigami, Naraji Terasita, Tomohiro Kurahori, Yukihito Tabuchi und Shigezaburo Fukui. (Gann, Japan. J. Cancer Res. **50**, Suppl. 87—88, März 1960; Osaka, Univ.; Res. Inst. for Microbiol. Dieseases, Dep. of

Internal Med.; engl.) — Vgl. vorst. Referat. — Subkutane Injektion von 20 mg *Toxohormon* (I; extrahiert nach der Meth. von Nakahara)/kg verursachte bei Kaninchen keine Veränderungen des *Fe*-Geh. des Serums. Der *Cu*-Geh. stieg schnell an u. erreichte nach 3 Tagen ein Maximum (1,5facher Normalgeh.). Der Fe-Geh. des Hirns zeigte nach 14 Tagen $1^1/_2$fachen Anstieg. In dem Knochenmark sank Fe auf 60%, während in Leber u. Niere keine Veränderungen erkannt werden konnten. *Cu* nahm in der Leber um 40—50% zu u. sank im Knochenmark um 60%. Subkutane Injektion von 50 mg I/kg täglich bei Ratten verursachte folgendes: Der Fe-Geh. der Leber stieg vom 14. Tage an u. erreichte am 21. Tag ein Maximum von 150%. Der Fe-Geh. des Hirns sank u. hatte am 14. Tag ein Minimum von 60%. Der Fe-Geh. des Knochenmarks sank langsam u. zeigte nach 14 Tagen eine Abnahme von 15%. In der Niere zeigten sich keine Veränderungen. Tumortragende Tiere reagierten nicht in dieser Weise. W. Hiller. 4160□

Eisenstoffwechsel in malignen Tumoren. 2. Mitt. **Ferritin in tumortragenden Tieren.** Hisashi Yamaguchi, Shigeyuki Ishigami, Syunichi Nakano, Takeshi Morii und Yoshimasa Watanabe. (Gann, Japan. J. Cancer Res. **50,** Suppl. 82—83, März 1960; Osaka, Univ., Res. Inst. for Microbiol. Diseases, Dep. of Internal Med.; engl.) — Vff. untersuchten die Beziehungen zwischen Tumorwachstum u. *Nicht-hämin-Fe-Konz.* (a) in verschiedenen Organen u. Tumoren u. den Einbau von Fe in diese Organe. Im Gehirn sank a am 3. Tag nach der Transplantation des Walker-256-Carcinosarkoms auf $^2/_3$ u. am 21. Tag auf $^1/_3$. In der Leber sank a auf die Hälfte am 10. Tag. In anderen Organen zeigten sich keine Veränderungen. Der in Tumoren gefundene Maximumwert betrug 15 γ/g (Ferritin–Fe-Konz.). Der *Hämosiderin*-Geh. u. *Ferritin*-Geh. zeigten die gleiche Tendenz wie a. Erhielten die tumortragenden Tiere $^{59}FeCl_3$ 14 Tage nach der Transplantation, so zeigten sie in der Leber 2mal u. im Gehirn 6mal soviel ^{59}Fe im Hämosiderin wie die Kontrolltiere. In den Tumor wurden 0,019% der gegebenen Dosis inkorporiert. Die entstehenden Werte für Ferritin waren 2mal soviel in der Leber, der Geh. im Tumor betrug 0,08%. W. Hiller. 4160□

Untersuchungen über den Eisenstoffwechsel von Krebs. 2. Mitt. Ikuro Kimura, Tsuyoshi Miyake und Torhikazu Kodani. (Gann, Japan. J. Cancer Res. **50,** Suppl. 89—90, März 1960; Okayama Univ. Med. School, Dep. of Internal Med.; engl.) — Der *Fe*-Geh. des Serums von Patienten mit malignen Tumoren zeigte im allg. niedrigere Werte im Vgl. zu Normalpersonen. Patienten mit Leukämie zeigten leicht erhöhte Werte. Die Erscheinungsrate der Sideroblasten ist bei Patienten mit malignen Tumoren gering, bei Patienten mit Leukämie unregelmäßig. Die Erscheinungsrate des radioakt. Fe in Erythroblasten ist bei Patienten mit malignen Tumoren höher, bei Leukämie geringer als bei Normalpersonen. Die Erythroblasten in malignen Tumoren befinden sich in einem Fe-Mangelstadium durch die ungenügende Fe-Versorgung des Knochenmarks.
W. Hiller. 4160□

Tumorwachstum und Serumsialsäurespiegel in Mäusen mit dem C3H Ascites-hepatom. Koh-Iti Turumi, Yasushi Nagai, Atsushi Kimura, Yoshiko Kawashima und Haruo Sato. (Gann, Japan. J. Cancer Res. **50,** Suppl. 76—78, März 1960; Fukushima Med. Coll., Dep. of Biochem. and Pathol.; engl.) — Mit dem Tumorwachstum in den Mäusen nimmt der Geh. an *Sialsäure* (I) zu. Wurden die Tumoren 2 Wochen nach der Inkubation operativ beseitigt, so stieg der I-Geh. innerhalb von 3 Tagen vorübergehend an, danach erfolgte ein Abfall u. nach diesem wiederum ein Anstieg. Der Anstieg wird mit dem Wiedereintritt des Metastasenstadiums gedeutet. Bei Mäusen, die keine Anzeichen des Wiedererscheinens der Metastasen zeigten, erreichte I 3 Wochen nach der Operation normale Werte. W. Hiller. 4160□

Chemie und Biologie der k-Mucopolypeptide. Hajime Masamune und Sen-Itiro Hakomori. (Proc. XVIIIth gen. Meeting Jap. Cancer Assoc. **1959,** 108, März 1960; Suppl. zu: Gann, Japan. J. Cancer Res. **50**; Tohoku Pharmaceut. School, Inst. for Cancer Res., Dep. of Biochem.; engl.) — Bei der Fraktionierung der Mucoverbb. des Hirns wurde ein einzelnes Mucopolypeptid, das für den Krebs charakterist. ist, gefunden. Vff. bezeichnen es als *k-Mucopolypeptid* (I). Durch sukzessive Fällungen mit Aceton aus Methanol kann I in k1 u. k2 fraktioniert werden. I besitzt folgende Charakteristica: *Glutaminsäure* (über 25%) ist vorherrschend neben geringeren Mengen an *Asparaginsäure, Serin, Glycin, Alanin, Valin* u. *Leucin. Hexosen* sind wenige in k_1 u. keine in k_2, *Pentosen* u. *Methylpentosen* sind zu ca. 8% vorhanden. Neben den bekannten Aminozuckern wurde ein unbekannter Aminozucker nach der Meth. von Stoffyn-Jeanloz nachgewiesen. Weiter wiesen Vff. noch ein ähnliches Mucopolypeptid nach, das bei der Elektrophorese bei der α-Globulinposition auftritt, es wurde als *α-Mucopolypeptid* (II) bezeichnet. II besitzt 12% Glucose. W. Hiller. 4160□

Autoradiographische Untersuchung über die Änderung des Eiweißstoffwechsels im Kern und Cytoplasma bei Cancerisierung der Rattenleber durch Buttergelb. K.-J. Lennartz, K. Hempel und W. Maurer. (Naturwissenschaften **48**, 529, 1. Aug.-H. 1961; Köln, Inst. für Med. Isotopenforsch. der Univ. u. Patholog. Inst. der Univ.; dt.) — Mit *4-Dimethylamino-Azobenzol* (I; insgesamt 1450 mg/Tier über 10 Tage) gefütterte Ratten bekamen nach Absetzen von I eine *³H-dl-Leucin*-Injektion (3000 mc/mMol; 5,5 mc/100 g Körpergewicht) u. wurden 90 Min. danach getötet. Mittels Silberkornauszählungen auf schwach belichteten Autoradiogrammen wurde die Aminosäure-Einbaurate in Kern- u. Cytoplasmaeiweiß von Leberparenchym (LeDAB), Leberzelladenom (LeAD) u. Leberzellen-Adenocarcinom (LeCA) ermittelt. Gegenüber LeDAB ergab sich für LeAD eine 1,9mal u. für LeCA eine 2,5mal größere Eiweiß-Synth. in den Kernen, während im Cytoplasma nur bei LeCA eine verstärkte Inkorporation festgestellt wurde. Der relative Anteil des Cytoplasmas an der Zelleiweiß-Synth. nimmt in der Reihenfolge normale Leber, LeDAB, LeAD u. LeCA ab. W. Gutsche. 4160□

Untersuchungen über die Peptidkonstitution der Proteine von menschlichem Cancergewebe. Kenkichi Oho, Seiro Sashida, Hiroshi Tsukasaki, Hideki Miyazaki, Eizo Yokoyama und Jiro Ikeda. (Gann, Japan. J. Cancer Res. **50**, Suppl. 100—101, März 1960; Tokyo, Med. Coll., Lurgical Dep.; engl.) — Vff. untersuchten Cancergewebe von Magen, Brust, Schilddrüse u. Lunge. Die Cancergewebe zeigten im Vgl. zu Normalgeweben geringere Mengen *Asparaginpeptide*. Die Peptide zeigten andere Aminosäuresequenzen, vermutlich als Folge einer Transpeptisation. W. Hiller. 4160□

Die Thiolgruppen der Tumorproteine und der Proteine des cancerogenen Magensaftes. Mamoru Kakei, Yasushi Takagi, Katuhiko Kubo, Tokio Sasai und Gyoichi Wakisaka. (Gann, Japan. J. Cancer Res. **50**, Suppl. 101—02, März 1960; Kyoto, Univ., 1. med. Klin., Central Labor., 2. Surgical Clin.; engl.) — Im cancerogenen Magensaft fand sich die charakterist. Natur der Tumorproteine. Vff. schließen, daß in dem Saft die spezif. Peptide einschließlich „Toxohormon" u. Verdauungs-Prodd. des Tumorgewebes sind. W. Hiller. 4160□

Biochemische Untersuchungen über Cancermitochondrien. 1. Mitt. Pyridinnucleotide in Mitochondrien. Taizyo Takahashi, Tomoya Kamiya, Kei Sawada und Minoru Ishizawa. (Gann, Japan. J. Cancer Res. **50**, Suppl. 70, März 1960; Univ. of Kyushu, Fac. of Med., Res. Inst. of Cancer.; engl.) — Die Mittelwerte der *Pyridinnucleotid* (I)-Geh. (μg/mg N) der frischen Mitochondrien hatten folgende Höhe: 7,6 erwachsene Rattenleber; 3,6 embryon. Rattenleber; 6,0 Rattenasciteshepatom (AH 130, AH 7974). Während der Inkubationsperiode blieb der I-Geh. in erwachsener Rattenleber konstant. 0,02m PO_4^{3-} setzten I aus Mitochondrien frei u. zerstörten I. Der intramitochondriale I-Geh. wurde durch Ggw. von über 0,44m *Saccharose* (II), 0,0004m *Adenosintriphosphat* (III) oder 4 μg/ml *Antimycin A* (IV) erhöht. Die Mitochondrien aus Rattenasciteshepatom setzten im Standardmedium I frei. I wurde darin zerstört. II, III u. IV hatten keinen Einfluß. W. Hiller. 4160□

Der Gehalt an freien Nucleotiden bei verschiedenen Funktionszuständen der Rattenleber. Heinrich Wrba, Helmut Schönenberger, Eugen Bamann und Rudolf Lang. (Naturwissenschaften **48**, 625, 1. Okt.-H. 1961; München, Pathol. Inst., Inst. für Pharmazie und Lebensmittelchemie; dt.) — Durch Extinktionsmessungen wurde der Geh. der Rattenleber an freien Nucleotiden im Normalzustand, nach partieller Hepatektomie mit nachfolgender Regeneration u. nach Buttergelb-Fütterung mit Cancerisierung bestimmt. Bei der regenerierenden wie bei der cancerisierenden Leber waren *Di-* u. *Triphosphopyridinnucleotid* erniedrigt, im ersten Fall die energiereichen Uridin-Verbb. erhöht, im zweiten die energiereichen Derivv. von Adenosin u. Uridin. M. Wiedemann. 4160□

Der Stoffwechsel von Blasencarcinogenen. 3. Mitt. Der Stoffwechselweg des $^{14}C_{(8)}$-2-Naphthylamins bei einzelnen Tierarten. M. W. Goldblatt, A. F. Henson und A. R. Somerville. (Biochem. J. **77**, 511—16, Dez. 1960; The frythe, Welwyn, Herts., Imp. Chem. Ind. Ltd., Ind. Hygiene Res. Labor. and Akers Res. Labor.; engl.) — 2. vgl. C. **1957**, 13073. — Nach Einzelinjektion von *$^{14}C_{(8)}$-2-Naphthylamin* (I) (ca. 1 mg/kg, intraperitoneal) scheiden Hund, Kaninchen, Meerschweinchen, Ratte u. Maus in den Faeces 3, 10—15, 10—15, fast 30 u. 10—15% *^{14}C*-haltiges Material aus, während die Menge im Harn 62—90% beträgt. Papierchromatogramme des Harns lassen die unterschiedliche I-Umwandlung bei den verschiedenen Arten erkennen. Die Konzz. der Radioaktivität in Galle u. Blut von Hund u. Katze nach intraperitonealer Injektion schwanken in gleicher Weise. Zu einem bestimmten Zeitpunkt ist die Konz. in der Galle viel größer als im Blute. Nach Einzelinjektion ist ^{14}C im Blut von Hunden u. Meerschweinchen mehrere Wochen lang nachweisbar. Beim Hunde verteilt sich die Aktivität auf Plasma u. Zellen, beim Meerschweinchen findet diese sich nach 3 Wochen vollkommen in den Zellen. Die bleibende Aktivität des Rattenbluts nach Einzelinjektion ist völlig in den Zellen, nicht in Plasma oder Erythrocytenhüllen enthalten. $^{14}C_{(8)}$-I wird rasch durch die Haut von Ratte u. Hund resorbiert. Aus der Harnblase wird I in merklichem Maße, $^{14}C_{(8)}$-2-Amino-1-naphthylhydrogensulfat viel langsamer in das Blut der Katze aufgenommen. K. Maier. 4160□

Wiederherstellung der Glykolyse durch Adenosintriphosphorsäure (ATP) bei der Immuncytolyse von Ascitestumorzellen. Christoph Landschütz. (Naturwissenschaften **48,** 528—29, 1. Aug.-H. 1961; Landstuhl/Pfalz; dt.) — Die Glykolyse von Ehrlich-Ascitestumorzellen (EATZ) wird in Humanserum sofort gehemmt. Außerdem werden die Zellen durch ein Lysin cytolysiert. Von Kaninchen gegen EATZ gebildete Antikörper u. Komplement zeigen die gleiche Wrkg.; 10^{-2} m, mit NaOH neutralisierte ATP hob die Glykolysehemmung auf u. steigerte sie sogar über den Normalwert. Die Cytolyse ließ sich durch ATP nicht hemmen. W. Gutsche. 4160□

Über die Aktivität der Blutcholinesterase von Patienten mit malignem Neoplasma. Toshio Kurokawa, Tatuo Saito, Sadao Ohira und Yosihisa Suzuki. (Proc. XVIIIth gen. Meeting, Jap. Cancer Assoc. **1959,** 75, März 1960; Suppl zu: Gann, Japan. J. Cancer Res. **50**; Tohoku Univ., Prof. Kusokawa's Clin.; engl.) — Die Aktivität der Serum-*Cholinesterase* (I) nimmt mit fortschreitender Krankheit ab, sie kann als Indicator für die Wirksamkeit der verabreichten Chemotherapeutica in fortgeschrittenen Fällen dienen. Bei erfolgreicher Anwendung steigt die I-Aktivität. Nach chirurg. Entfernung der Läsion fällt die I-Aktivität, d. h. daß sie nicht direkt vom Tumorgewebe beeinflußt wird. Die Erythrocyten-I zeigt in ihrer Aktivität keine Korrelation zur Serum-I. W. Hiller. 4160□

Einfluß verschiedener Hormone auf die Dehydrogenaseaktivität von MN-Sarcomazellen. Koichi Yasui, Yoshiko Watanabe und Sotokichi Morii. (Gann, Japan. J. Cancer Res. **50,** Suppl. 81, März 1960; Osaka, Red Cross Hosp.; engl.) — MN-Sarcoma tragende Mäuse erhielten 0,5—1,0 mg *Prednisolonacetat* am 4. u. 5. Tag nach der intraperitonealen Transplantation. Die *Dehydrogenase*-Aktivität wurde dadurch in den T-Zellen auf die Hälfte in den R-Zellen aber kaum erniedrigt. Mäuse mit intraabdominal inokuliertem MN/T Sarkom erhielten *Prednisolonacetat, DOCA, Östradiol, Hexöstrol, Progesteron, Testosteronpropionat, Insulin* oder *Thyroxin* 1 Woche vor bis 10 Tage nach der Transplantation. Die Geschw. der Formazanproduktion in Ggw. von *Glucose* war bei Östradiol markant u. bei Hexöstrol wenig erhöht, bei Androgen erniedrigt. Die anderen Verbb. hatten keinen Einfluß. W. Hiller. 4160□

δ-Aminolävulinsäuredehydrase bei Krebspatienten. 2. Mitt. Michimasa Tateiwa, Michio Ishikawa und Shin Hoshikawa. (Gann, Japan. J. Cancer Res. **50,** Suppl. 72, März 1960; Nagoya Univ. Med. School, Branch Hosp., Dep. of Surg.; engl.) — Die Krebspatienten zeigten in den Lebern erniedrigte Aktivität der *Katalase* (I) u. *Aminolävulinsäuredehydrase* (II), erniedrigten Nichthämin-*Fe*-Geh. u. *Cu*-Geh., geringere II-Aktivität der Erythrocythen u. niedrigeren Fe-Geh. des Serums im Vgl. zu Normalpersonen. Der Cu-Geh. des Serums war dagegen erhöht. In Wistar-Ratten, die intraperitoneal Yoshida-Sarkom transplantiert erhielten, war in den Lebern die Aktivität von I u. II u. der Geh. von Fe u. Cu erniedrigt, was eine Korrelation zwischen II u. der Cu-Fraktion anzeigt. Mäuse mit intraperitoneal inplantiertem Ehrlich-Ascitestumor zeigten keine Verminderung der II-Aktivität, jedoch geringere I-Aktivität, die Cu-Fraktion der Leber war erhöht. W. Hiller. 4160□

Cytochemischer Nachweis einiger Enzymsysteme in HeLa-Zellen. Per Fortelius, Eeva Levonen und Erkki Saxen. (Acta pathol. microbiol. scand. **52,** 23—33, 1961; Helsinki, State Serum Inst. and Univ. of Helsinki, Dep. of Pathol. and Dep. of Forensic Med.; engl.) — Vff. wiesen in HeLa-Zellen *Bernsteinsäuredehydrogenase* (I), *Cytochromoxydase* (II), *Leucinaminopeptidase* (III), *Naphthol-AS-esterase* (IV), *alkal.* (V) u. *saure Phosphatase* (VI) u. *5-Nucleotidase* (VII) nach. I ist in den Mitochondrien des Cytoplasmas vorhanden. VI, IV u. ein Teil der V u. II sind in dem Teil des Cytoplasmas am stärksten vertreten, der dem Nucleus am nächsten liegt. III ist gleichmäßig im Cytoplasma verteilt. VII findet sich nur im Kern, bei Gigaszellen jedoch auch im Cytoplasma. W. Hiller. 4160□

Histamin und cancerogene Kohlenstoffverbindungen. Simone Hatem. (Experientia [Basel] **15,** 219—20, 15/6. 1959; Paris, Univ., Fac. de Méd., Labor. du C.N.R.S.; franz.) — *Histamin* (I) setzt sich in wss. Medium mit den nichtcancerogenen Stoffen *Perylen* (II) u. *Pentacen* (III) sowie dem cancerogenen *3.4-Benzophenanthren* (IV), das in W. sehr leicht lösl. ist, zu komplexen Verbb. um. Ihre UV-Banden sind gegen die der ursprünglichen Substanzen II, III u. IV nach dem sichtbaren Gebiet hin verschoben. Dieser bathochrome Effekt macht eine Aktivierung des Mol. deutlich. Analoge Resultate ergaben die stark cancerogenen Stilbene *4-Aminostilben* u. *p-Dimethylaminostilben* sowie die Azoverbb. *Azobenzol* u. *3-Methoxyazobenzol* (nicht cancerogen), ferner *p-Aminoazobenzol* (schwach cancerogen) u. *2.3-Dimethyl-4-aminoazobenzol* u. *3'-Methyl-4-dimethylaminoazobenzol* (stark cancerogen). Beobachtet wurde, daß der bathochrome Effekt sich einstellt, sobald der cancerogene Charakter auftritt. Dieses Verh. scheint dem I eigentümlich zu sein, das in dieser Hinsicht mit Imidazol u. Äthylamin verglichen worden ist. Solche Komplexe können sich auch in vivo auf Kosten des I der Nerven bilden. Die in vivo erzielten Ergebnisse wurden auch histolog. mit Erfolg nachgeprüft. Nur cancerogene Substanzen gaben in vivo wie in vitro eine Komplex-Bldg. mit I. Aus diesen Ergebnissen wird gefolgert, daß I in malignen Tumoren fehlt, zum mindesten nur in sehr geringen Mengen vorhanden ist. Umgekehrt kann man auf Tumor-Bldg. schließen, wenn I aus seinem Normal-Vork. verdrängt, aus der Haut verschwunden ist.

P. Nachtwey. 4160□

Cancerogene Substanzen in Wasser und Boden. 8. Mitt. **Untersuchungen an Filteraktivkohle nach Verwendung im Wasserwerk.** J. Borneff und R. Fischer. (Arch. Hyg. Bakteriol. **146,** 1—16, Febr. 1962; Mainz, Univ., Hygien. Inst.; dt.) — 7. vgl. Arch. Hyg. Bakteriol. **145,** [1961], **334.** — Bei Extraktion von Filteraktivkohle, die 2 Jahre in einem Flußwasserwerk benutzt worden war, wurden die nichtcancerogenen KW-Stoffe *Fluoranthen, 10.11-Benzfluoranthen, 11.12-Benzflucranthen* u. die cancerogenen Verbb. *3.4-Benzpyren, 3.4-Benzfluoranthen, 1.2-Benzanthracen* u. *1.12-Benzperylen* nachgewiesen. Vff. schätzen die aufgenommene Dosis an cancerogener Substanz pro Person u. Jahr einige mg, wenn Oberflächenwasser ohne Filtration durch A-Kohle verwendet wird. Vff. halten eine Carcinomgefährdung für wahrscheinlich.

W. Hiller. 4160□

Cancerogene Substanzen in Wasser und Boden. 9. Mitt. **Untersuchungen von Filterschlamm eines Seewasserwerkes auf polycyclische, aromatische Kohlenwasserstoffe.** J. Borneff und R. Fischer. (Arch. Hyg. Bakteriol. **146,** 183—97, Juni 1962; dt.) — 8. vgl. vorst. Referat. — Vff. untersuchten Schlamm aus Schnellfiltern eines Bodenseewasserwerks u. fanden die cancerogenen Verbb. *3.4-Benzpyren, 3.4-Benzfluoranthen, 10.11-Benzfluoranthen, 1.2-Benzanthracen, 1.12-Benzperylen* u. *11.12-Benzfluoranthen* u. die nicht cancerogene Verb. *Fluoranthren.* Vff. halten im Augenblick die Dosis noch für so niedrig, daß keine Carcinomgefährdung besteht.

W. Hiller. 4160□

Über die Wirkungsart von RC4, ein neues Anticancermittel mit einem Äthyleniminring. 2. Mitt. **Strukturelle Veränderung des RC4 in wässeriger Lösung.** Motohiro Maruyama und Masao Uchida. (Proc. XVIIIth gen. Meeting, Jap. Cancer Assoc. **1959,** 29—30, März 1960; Suppl. zu: Gann, Japan. J. Cancer Res. **50;** Sankyo Co. Ltd., Takamine Labor.; engl.) — 1. vgl. C. **1961,** 16860; vgl. C. **1962,** 9755. — Wurde wss. Lsg. von *RC 4* (*Hydrochininon-bis-[diäthyleniminophosphat]*) bei 2° für 2 Wochen u. länger gehalten, so erhielt sie stärkere Hemmwrkg. gegen Glykolyse u. stimulierende Eigg. für alkal. Phosphatase der Ehrlich-Ascitestumorzellen. Die Anticancerwrkg. von RC 4 hatte keine Beziehung zur Hemmwrkg. gegen Glykolyse. Wurde RC 4-Lsg. bei verschiedenen Konzz. gehalten, so war bei höheren Konzz. die Bldg. von Inhibitorsubstanzen stärker. Die hauptsächlichsten Veränderungen, die eintreten, sind Verschwinden eines Äthyleniminringes u. Erscheinen des OH-Radikals. Eine quant. Analyse ergab kein Hydrochinon u. kein anorgan. Phosphat. 40—60% der Äthyleniminringe waren aufgesprengt. Die P—N-Bindung scheint stabil zu sein. W. Hiller. 4160□

Bioteste von mit Chemikalien in vitro behandelten Suspensionen des Nelson-Maus-Ascitestumors. George S. Tarnowski und Louise Artis Bates. (Cancer Res. **21,** Nr. 8, [Part II], 377—534, Sept. 1961; Rye, N.Y., Sloan-Kettering Inst. for Cancer Res., Div. of Exp. Chemotherapy; engl.) — Albinomäuse wurden mit Nelson-Maus-Ascitestumor inokuliert u. die nach 6—7 Tagen erhaltene Ascites-Fl. mit Locke-Ringer-Lsg. auf 10^8 Zellen per ml verdünnt. Ein ml der Zellsuspension wurde mit einem ml der Testchemikalien-Lsg. gemischt u. für 24 Std. bei +4° inkubiert. Von den 525 getesteten Verbb. erwiesen sich 20% als aktiv. $^2/_3$ der Stoffwechselinhibitoren waren aktiv. Von den Alkylierungsmitteln waren 57,5%, metallorgan. Verbb. 37,5%, Farbstoffen 30%, Aminosäure-Derivv. 25%, Fettsäure-Derivv. 29,4%, Antibioticis $^2/_3$ aktiv, Antimetaboliten, wie Purine, *Pyrimidine, Vitamine, Urethane, Colchicin* u. *Steroide,* zeigten geringe Aktivität. W. Hiller. 4160□

Tritium-markiertes Thymidin und die Untersuchung von Tumoren. W. E. Kisieleski. (Atompraxis **7**, 81—85, März 1961; Argonne, Argonne Nat. Labor., Div. of Biol. and Med. Res.; Chicago, Ill., Northwestern Univ., Med. School, Dep. of Pathol.; engl.) — Übersicht über die Verw. von ^{3}*H-Thymidin* bei Krebs-Unterss., wie Tumorwachstum, Metastasen-Bldg. u. ionisierende Wrkg. der Strahlung auf die Tumorzellen. — 48 Literaturangaben. U. Drehmann. 4160

E_2. Enzymologie. Gärung

Intracelluläre Lokalisierung von Carotinoidpigmenten und einiger Atmungsenzyme in Sarcina lutea. Micheline M. Mathews und W. R. Sistrom. (J. Bacteriol. **78**, 778—87, Dez. 1959; New York, N.Y., Univ. Coll. of Med., Dep. of Microbiol.; Cambridge, Mass., Harvard Univ., Biol. Labor.; engl.) — *Carotinoid*-Pigmente der *Sarcina lutea* kommen in zellfreien Extrakten als leicht sedimentierbare, besondere Proteinkomplexe vor. Verss., bei denen mittels Lysozym die Zellwand entfernt wurde, ergaben, daß das Pigment nicht mit dessen Struktur assoziiert ist. Bei Unters. der Anteile der Freisetzung von Zellkomponenten im Schalloscillator konnte gezeigt werden, daß das Pigment u. die Enzyme des *Bernsteinsäureoxydase*-Syst. mit der Zellmembran assoziiert waren u. nicht als Partikeln innerhalb des Protoplasmas auftreten. Anhaltspunkte, daß diese Komponenten an demselben Partikel anwesend sein können, wurden ebenfalls aufgezeigt. Die in den zellfreien Extrakten untersuchten Aktivitäten dieser Enzyme waren ein wesentlicher Prozentsatz ihrer Aktivitäten in der gesamten Zelle. H. Aman. 4210□

Struktur des Atmungskettensystems auf Grund von Untersuchungen mit Haemophilus parainfluenzae. Lucile Smith und David C. White. (J. biol. Chemistry **237**, 1337—41, April 1962; Hanover, N.H., Dartmouth Med. School, Dep. of Biochem.; engl.) — Das c_1-Typ-*Cytochrom* von *H. parainfluenzae*-Zellen der stationären Phase wird bei anaeroben Zellen in Ggw. von Succinat nur teilweise reduziert. Weitere Red. von *Cytochrom* c_1 (I) tritt bei Zusatz *red. Diphosphopyridinnucleotids* (II) zur anaeroben Suspension sowie bei weiterem Zusatz von $Na_2S_2O_4$ ein. *Cytochrom* a_1 u. a_2 werden unter allen 3 Bedingungen vollständig reduziert. Bei Zellzerkleinerung wird I in gleicher Menge in die Lsg. abgegeben, wie sie dem nicht enzymat. reduzierbaren Anteil in den Bakterien entspricht. Restliches I u. die übrigen Cytochrome bleiben an unlösl. Partikel gebunden. Weiteres I ist von diesen durch Waschen mit Puffer ablösbar. Die Atmungs-Geschw. der Partikel ändert sich erst, nachdem erhebliche I-Mengen durch Waschen entfernt worden sind. Oxydasen u. Reduktasen der Atmungspartikel oxydieren oder red. gelöstes I nicht. I erhöht nicht die Atmungs-Geschw. von Partikeln, deren I durch Waschen entfernt worden ist. Waschen beseitigt aber nicht die Fähigkeit der Partikel zur Red. von Ferricyanid in Ggw. von red. II oder Succinat oder zur Oxydation von Silicomolybdat. K. Maier. 4210□

Hämatinenzyme von Haemophilus parainfluenzae. David C. White und Lucile Smith. (J. biol. Chemistry **237**, 1332—36, April 1962; Hanover, N.H., Dartmouth Med. School, Dep. of Biochem.; engl.) — Die Haupthämatinenzyme von *Haemophilus parainfluenzae*-Zellen der stationären Phase sind *Cytochromfarbstoffe* (I). Die Zellen enthalten sehr wenig Katalase u. keine Peroxydaseaktivität. Es liegen wahrscheinlich 6 I vor, die in relativ großen Mengen gebildet werden können. Aus zerkleinerten Zellen ist ein lösl. *Cytochrom* (II) extrahierbar mit einem Absorptionsspektrum, das dem von Säuger-Cytochrom c_1 sehr ähnelt. Die Bakterien atmen offensichtlich nur mittels eines II-gekoppelten Systems. Das c_1-Typ-II wird bei anaerobem Zustand der Bakterien in Ggw. von red. Diphosphopyridinnucleotid, Succinat oder bei $Na_2S_2O_4$-Zusatz unterschiedlich stark reduziert. Das II-Syst. von *H. parainfluenzae* wird bei Nitratzusatz oxydiert, wobei eines der Cytochrome relativ stärker als die übrigen erfaßt wird. K. Maier. 4210□

Untersuchungen über Histidinreste in Hämproteinen im Hinblick auf deren Aktivität. 3. Mitt. **Photooxydation von Cytochrom c in Gegenwart von Methylenblau.** Misako Nakatani. (J. Biochemistry [Tokyo] **48**, 633—39, Nov. 1960; Fukuoka, Kyushu Univ., Fac. of Agric., Dep. of Agric. Chem.; engl.) — 2. vgl. C. **1962**, 14582. — Während der Photooxydation von *Cytochrom c* (I) in Ggw. von Methylenblau in Phosphatpuffer, pH 9,0, nahmen enzymat. Aktivität u. *Histidin* (II)-Geh. von I ab. Nach 43% Verlust des Gesamt-II (1,3 Mol/Mol I) trat vollständige Inaktivierung ein. Hinsichtlich der Empfindlichkeit gegen Photooxydation sind 2 Arten von II-Resten unterscheidbar, „langsam" u. „rasch" zerstörbare, von denen vermutlich nur letztere für die I-Aktivität notwendig sind. Photooxydation veränderte das Absorptionsspektrum von I, bes. die

Absorptionen bei 500—600 u. 404 mμ erheblich. Bis zur völligen I-Inaktivierung wurden ca. 5—6 Mol O_2 aufgenommen, so daß außer II offensichtlich noch weitere Aminosäuren oxydiert werden. K. Maier. 4210□

Untersuchungen über Histidinreste in Hämproteinen im Hinblick auf deren Aktivität. 4. Mitt. **Die Photooxydation von Peroxydase in Gegenwart von Methylenblau.** Misako Nakatani. (J. Biochemistry [Tokyo] **48,** 640—44, Nov. 1960; engl.) — 3. vgl. vorst. Referat. — Die enzymat. Aktivität kristalliner japan. *Meerrettich-Peroxydase* (I) blieb bei Zerstörung von 85% der gesamten Histidinreste (3,4 Mol/Mol I) durch Photooxydation in Ggw. von Methylenblau unverändert erhalten. Photooxydation von I bewirkte nur eine geringe Abnahme der Absorption im sichtbaren Gebiet. K. Maier. 4210□

Zur Umsatzbegrenzung peroxydatischer Reaktionen in verschiedenen Geweben. F. Portwich und H. Aebi. (Helv. physiol. pharmacol. Acta **18,** Nr. 1, C44—C46, 1960; Bern, Univ., Med.-chem. Inst.; dt.) — Zur Klärung der Faktoren, die den Umsatz peroxydat. Rkk. begrenzen, führten Vff. Modell-Verss. mit Organhomogenaten von Ratten durch. Als Indicator-Rk. diente die Oxydation von ^{14}*C-Formiat* (I). Während im Organismus eine Steuerung der Rk.-Geschw. durch die H_2-Donator-Konz. wahrscheinlich ist, kommen in diesem Modell-Syst. als limitierender Faktor *Katalase* (II) oder das H_2O_2-Angebot in Betracht. Bei Zugabe eines II-Überschusses zu Rattenleberhomogenat wurde die I-Oxydation lediglich um ca. 20% erhöht. Andererseits bewirkte der Zusatz eines geeigneten H_2O_2-Donors wie *Notatin* (III) u. *Glucose,* eine starke Steigerung der I-Oxydation (ca. 25fach). Bei einer Endkonz. von 80 γ III/ml wurde ein oberer Grenzwert erreicht. Hieraus schließen Vff., daß wenigstens im Leberhomogenat die peroxydat. Umsetzung von I durch das H_2O_2-Angebot begrenzt wird. Glutathion hatte nur geringe Wrkg.; eine wesentlich stärkere Wrkg. zeigten verschiedene *Purin*-Derivv., *Nucleotide* u. *Nucleoside,* die auf ihre Eig. als Substrate der Xanthinoxydase zurückzuführen sein dürfte. Eine Gegenüberstellung einiger Organe hinsichtlich der II-Aktivität zeigte ein ähnliches Verhalten von Leber u. Niere. In beiden Organen wird die I-Oxydation durch II-Zusatz kaum beeinflußt. Die Milz enthält nur wenig II. Gehirn u. Skelettmuskulatur sind Organe mit nur kleinem II-Geh. u. entsprechend geringer peroxydat. Aktivität. G. Bratfisch. 4210□

Zur Wirkungsweise einiger Katalaseinhibitoren. S. Fallab und H. Erlenmeyer. (Experientia [Basel] **16,** 59—60, 15/2. 1960; Basel, Anst. für anorgan. Chem.; dt.) — Vff. untersuchten den Mechanismus der *Katalase* (I)-Hemmung durch CN^-, N_3^- u. SH^-. Die Aktivitätsmessungen erfolgten durch polarograph. Best. der H_2O_2-Konz. bei —2,0 V. Alle Verss. wurden in 0,05m Phosphatpuffer von pH 7 bei 20 ± 2° durchgeführt. Die anfängliche H_2O_2-Konz. betrug 10^{-2}m, zur Zeit 0 wurden auf ein Endvol. von 20 ml 1 ml einer $4 \cdot 10^{-4}$%ig. Lsg. von kristallinem I gegeben. Unmittelbar nach der I wurde soviel Hemmstoff zugesetzt, daß eine 50%ig. Hemmung eintrat. Zur Prüfung der Frage, ob durch Ag^+ eine Enthemmung der I erreicht werden kann, wurde die Reihenfolge der Zugabe: I, Hemmstoff, Ag^+ gewählt. Die durch CN^- gehemmte I kann durch Ag^+ reaktiviert werden, die Hemmung ist somit prim. auf eine reversible Komplex-Bldg.-Rk. zurückzuführen. Die Hemmung durch SH^- u. N_3^- ist dagegen irreversibel, ihr liegt ein anderer Mechanismus zugrunde. H.-D. Nürnberger. 4210

Milchsäuredehydrogenaseaktivität von Herz und Skelettmuskel bei Übungsratten. Philip D. Gollnick und George R. Hearn. (Amer. J. Physiol. **201,** 694—96, Okt. 1961; Pullman, Wash., Washington State Univ., School of Phys. Educ., Res. Labor.; engl.) — Erwachsene ♂ Ratten (Gew. 340 g) wurden 5 Wochen lang durch Schwimmen (1/2 Std.; 37°) trainiert (a) u. mit untrainierten (b), gleichgefütterten Tieren verglichen. Bei a zeigte sich geringere Gew.-Zunahme, Vergrößerung von Nebennieren u. Herzbeutel, Verkleinerung von Niere u. Gastrocnemius im Vgl. zu b. Herz-Protein-Geh. war bei a größer als bei b; die *Milchsäuredehydrogenase*-Aktivität vergrößerte sich nach den Übungen in den Herzventrikeln u. blieb in den Skelettmuskeln unverändert. M. Metze. 4210□

Die Lokalisierung der Milchsäuredehydrogenaseaktivität in Serumfraktionen. Elliot S. Vesell und A. G. Bearn. (Proc. Soc. exp. Biol. Med. **94,** 96—99, Jan. 1957; New York City, N.Y., Rockefeller Inst. for Med. Res.; engl.) — Nach der Meth. von Wroblewsky und La Due wurde die *Milchsäuredehydrogenase* (I)-Aktivität in Serum in 3 elektrophoret. Regionen lokalisiert. In 6 Parallelen waren 48% der Aktivität im α_1-Globulin, 33% zwischen α_2-Globulin u. Albumin, 19% im β-Globulin. Im Hämolysat menschlicher Erythrocyten traten 3 entsprechende Maxima auf. Bei 2 Fällen von

Myocardialinfarkt mit erhöhter I war die Aktivität des α_1-Peaks, in 3 Fällen von Leukämie war die prozentuale Aktivität im α_2-Maximum bedeutend erhöht. Die Meth. wird zur Diagnose empfohlen. H.-G. Trüper. 4210□

Hämolytische oder hepatogene Hyperbilirubinämie? Ihre Abgrenzung an Hand der Heterogenität der Milchsäuredehydrogenase bei hochspannungselektrophoretischer Trennung. Vorl. Mitt. W. Wörner und H. Martin. (Klin. Wschr. **39**, 368–69, 1/4. 1961; Frankfurt/M., Univ., II. Med. Klinik; dt.) — Bei hochspannungselektrophoret. Trennung der *Milchsäuredehydrogenase* (I)- auf Acetatfolie kommt einer Erhöhung der Aktivität in einer Bande über 100 Wroblewski-Einheiten auch dann diagnost. Bedeutung zu, wenn die Gesamtaktivität nicht erhöht ist. Bei hämolyt. Hyperbilirubinämie findet sich dem I-Muster der Erythrocyten entsprechend eine Vermehrung der Aktivität in den Serumbanden 1 u. bes. 2, bei hepatogener Hyperbilirubinämie jedoch eine Vermehrung in der 5. Bande; bei posthepatit. Hyperbilirubinämie ist bei normaler Gesamtaktivität auch die Aktivität in den einzelnen Banden normal. U. Tausendfreund. 4210□

Polyalkoholdehydrogenasen. 4. Mitt. Kristallisation der L-Idit-Dehydrogenase aus Schafleber. M. G. Smith. (Biochem. J. **83**, 135–44, April 1962; Dunedin, New Zealand, Univ. of Otago, Med. School, Dep. of Biochem.; engl.) — 3. Vgl. C. **1957**, 7389. — Aus frischer Schafleber wird *L-Idit-Dehydrogenase* (I) durch Extraktion mit 0,02m Phosphatpuffer (pH 7), anschließende Hitzebehandlung auf 57° (8 Min.) u. nachfolgende intensive Reinigung des Extraktes hergestellt. Die spezielle Reinigung besteht aus folgenden Schritten: Ammoniumsulfat-, Aceton- u. A.-Fraktionierung, Trennung an Al_2O_3-Cγ-Gel, erneute Ammoniumsulfatfraktionierung, Kristallisation der Aldolase. Die spezif. Aktivität der erhaltenen I ist 350–400mal größer als die des Leberextraktes; es werden keine störenden Enzymaktivitäten nachgewiesen. Behandlung in der Ultrazentrifuge ergibt eine Proteinkomponente; das pH-Optimum von I für die Oxydation von *Sorbit* (II) liegt bei 10, das für die Ketose-Red. bei 7. Die K_m betragen bei pH 9 für II 1,1 mm, Ribit 1,8 mm, Xylit 0,18 mm u. DPN⁺ 0,60 mm. I katalysiert die Oxydation der am $C_{(2)}$ konfigurativ unterschiedlichen Saccharide II u. L-Idit einerseits u. Allit sowie Ribit andererseits, wobei in Ggw. von II u. Ribit die Oxydation geringfügig niedriger ist als bei II allein. Weitere Verss. beschäftigen sich mit der Hemmung von I durch p-Chlormercuribenzoat, Cystein, Glutathion, KCN, EDTA u. o-Phenanthrolin. A. Täufel. 4210

Über die Verteilung von Monoaminen und die zu ihrer Bildung notwendigen Enzyme im Gehirn. Å. Bertler und E. Rosengren. (Experientia [Basel] **15**, 382–84, 15/10. 1959; Lund, Univ., Dep. of Pharmacol.; engl.) — Vff. untersuchen Verteilung von *Noradrenalin* (I) u. *3.4-Dihydroxyphenylalanin* (II) im menschlichen Gehirn. Bes. beträchtliche Mengen II kommen im Nucleus caudatus u. im Putamen vor (2,0–6,5 μg/g). Die höchste I-Konz. (0,8–1,9 μg/g) wurde in den rostralen u. intermediären Regionen des Hypothalamus gefunden. Injektion von II in Kaninchen bewirkt schnelle Akkumulation von *3-Hydroxytyramin* in Gehirnteilen, die reich an Brenzcatechinaminen sind. Hemmungs-Verss. u. Aktivitäts-Unterss. deuten darauf hin, daß *5-Hydroxytryptophan* u. II vom gleichen Ferment decarboxyliert werden. P. Teichgräber. 4210□

Der Stoffwechsel des $^{14}C_{(1)}$-3-Hydroxytyramins in Hirngewebehomogenaten. M. Goldstein, A. J. Friedhoff, C. Simmons und N. N. Prochoroff. (Experientia [Basel] **15**, 254–56, 15/7. 1959; New York, N.Y., Univ. Coll. of Med., Dep. of Psychiatry and Neurol., Psychopharmacol. Res. Unit; engl.) — Vff. untersuchen den Stoffwechsel von *$^{14}C_{(1)}$-3-Hydroxytyramin* (I) in Gehirnhomogenaten der Kuh. Durch papierchromatograph. Isolierung in verschiedenen Lsgm.-Syst. wurde *3.4-Dihydroxyphenylessigsäure* als Hauptstoffwechsel-Prod. von I nachgewiesen. Aus einer bas. Fraktion wurden 3 radioakt. Zonen papierchromatograph. im „C"-Lsgm.-Syst. (vgl. Bush, Biochem. J. **1951**, 370) isoliert; Zone 1: nicht identifiziert, Zone 2: I u. Zone 3: *3-Methoxytyramin*. Diese Ergebnisse beweisen, daß allein *Aminoxydase* die Ursache für die meisten Metabolite von I im Gehirn ist. Ein möglicher Zusammenhang von I-Metaboliten mit dem Parkinson-Syndrom wird diskutiert. P. Teichgräber. 4210□

Hemmung der Diaminoxydase „in vivo" durch Hydrazinderivate. K. F. Gey, W. P. Burkard und A. Pletscher. (Helv. physiol. pharmacol. Acta **18**, Nr. 1, C27 bis C30, 1960; Basel, F. Hoffmann-La Roche & Co., A.G., Med. Forsch.-Abt.; dt.) — Eine *Diaminoxydase* (I)-Hemmung durch *Iproniazid* (II) wurde bisher neben einer *Monoaminoxydase* (III) in vitro nachgewiesen. Vff. untersuchten die I-Aktivität nach intraperitonealer Applikation verschiedener Hydrazin-Derivv. wie II, *Isoniazid* (IV), *Semicarbazid* (V) u. *Isopropylhydrazin* an Ratten u. Katzen. Die Best. der I-Aktivität erfolgte manometr. im Überstehenden von Rattendarmhomogenaten mit Cadaverin (0,01 m) als Substrat. Bei der Katzenniere wurde Putrescin als Substrat verwendet u. die I-Aktivität spektrophotometr. bestimmt. Eine einmalige Dosis von 20 mg II-Phosphat/kg bewirkte eine schnell eintretende I-Hemmung. Eine III-Hemmung im Hirn der gleichen Tiere entwickelte sich viel langsamer. Für eine 50%ig. I-Hemmung im Darm wurde weniger II benötigt als für eine gleich starke III-Hemmung im Hirn. Die II-Dosis für eine 50%ig. Hemmung von I im Darm u. der III in der Leber war etwa gleich groß. In der Katzenniere wurde I durch II stärker als III beeinflußt. Vff. stellten fest, daß zwischen der in vitro- u. in vivo-Hemmung von I durch II u. andere Hydrazin-Derivv. keine Parallelität besteht. So hemmt II in vivo I gleich stark wie das in vitro hochwirksame V, II hemmt weiter I ca. 10mal stärker als IV. G. Bratfisch. 4210☐

Enzymatischer Abbau von Desoxyribonucleinsäure. 3. Mitt. Wirkungsweise von Desoxyribonucleasen I und II. E. Fredericq. (Bull. Soc. chim. belges **69**, 475—91, Sept./Okt. 1960; Liège, Univ., Inst. de Chim. phys.; franz.) — 2. vgl. C. **1959**, 8588. — Untersucht wurde die Hydrolyse von *Desoxyribonucleinsäure* (III) des Thymus durch *Desoxyribonuclease I* (I) des Pankreas bzw. durch *Desoxyribonuclease II* (II) der Milz, wobei die Wrkg. viscosimetr., durch UV-Spektrophotometrie, Best. der in Säure lösl. Prodd., Titration der sek. Phosphatgruppen u. in der Ultrazentrifuge verfolgt wurde. Bei der II-Wrkg. wird eine erhebliche Verzögerung von Ansteigen der opt. Dichte der III gefunden, während die Viscosität sofort abnimmt. Bei I-Wrkg. besteht dagegen eine stärkere Verzögerung der Viscositätsabnahme. — Bei Ultrazentrifugieren der Hydrolysate während verschiedener Abbaustufen werden keine scharfen Grenzen erhalten. Vff. schließen, daß I u. II sämtliche III-Moll. gleichzeitig angreifen. — Titrationskurven von hydrolysierter III (pH 3—10) wurden mit denen von denaturierter III sowie von Nucleotidgemischen verglichen. Dabei erfolgen Verschiebungen von pK während der Hydrolyse; nach verlängerter Wrkg. von II u. I erscheinen 15% u. 35% der Phosphatgruppen. — Die Zahl der veresterten Phosphatgruppen läßt sich durch Titration zwischen pH 5,5 u. 8,5 ermitteln. — Das Freisetzen von sek. Phosphat durch II hört zur gleichen Zeit auf wie die Änderung der opt. Dichte bei 260 mμ. Dagegen geht bei I das Freisetzen von Phosphat auch dann weiter, wenn das Maximum der opt. Dichte erreicht ist. A. Hesse. 4210☐

Das pH-Optimum von adsorbierter Ribonuclease. Lewis B. Barnett und Henry B. Bull. (Biochim. biophysica Acta [Amsterdam] **36**, 244—46, Nov. 1959; Iowa City, Iowa, State Univ. of Iowa, Dep. of Biochem.; engl.) — *Ribonuclease* (I) zeigt im freien Zustand u. auch bei Adsorption an Dowex-50 dasselbe pH-Optimum, nämlich 8,0. Unterhalb u. oberhalb dieses Punktes bestehen kleine Aktivitätsunterschiede zwischen freier u. aktivierter I, die ohne Bedeutung sind. A. Hesse. 4210☐

Die Aktivität von Nucleosidphosphorylase auf 1-β-D-Arabinosyluracil in Escherichia coli. Henrique Tono und Seymour S. Cohen. (J. biol. Chemistry **237**, 1271—82, April 1962; Philadelphia, Pa., Univ. of Pennsylvania, School of Med., Dep. of Biochem.; engl.) — *E. coli*, Stamm W_c-, baut keine signifikante Menge von *1-β-D-Arabinofuranosyluracil* (I) als Ganzes in *Nucleinsäuren* (II) ein. Wachsende Zellen spalten vielmehr die Glykosylbindung von I. In II von Zellen des in Ggw. von I gezüchteten Stammes W_c- fand sich keine *Arabinose*, obwohl die C-Atome von D-Arabinose in geringem Umfang in der Ribose der Ribonucleinsäure–Uridylsäure erschienen. Suspensionen nichtwachsender E. coli-Zellen der Stämme W, B u. 9637 spalteten aus I Uracil ab, die Mutante 9637/FU nicht. W_c--Zellen spalten auch *1-β-D-Arabinofuranosylthymin* (III) u. *1-β-D-Arabinofuranosyl-5-fluoruracil. Uridinphosphorylase* (IV) katalysiert die I-Spaltung, merklich rasch aber nur bei relativ großen Substratkonzentrationen. III wird ebenfalls von Nucleosidphosphorylase aus W_c- gespalten. Ruhende W_c--Zellen reichern I von 10^{-4}m im Medium auf $44 \cdot 10^{-4}$m innerhalb der Zellen an. Bei dieser Konz. wirkt IV fast mit maximaler Geschwindigkeit. Suspensionen ruhender Zellen des Stammes 9637 speichern gleichfalls I erheblich, während Stamm 9637/FU aus der Nährlsg. I nicht merklich aufnimmt, woraus sich die Unfähigkeit der Fluoruracilresistenten Mutante zur I-Spaltung erklären läßt. Als Prod. der IV-Wrkg. auf I wurde *D-Arabinose-1-phosphat* (V) isoliert. I u. III wurden durch Einw. von Nucleosidphosphorylase auf V (enzymat. oder durch chem. Synth. erhalten) u. das entsprechende Pyrimidin hergestellt. Ruhende W_c--Zellen oder -Zellextrakte phosphorylierten eine sehr kleine Menge I zum Arabinonucleotid *5'-Phosphoarabinofuranosyluracil*. Letzteres spielt offensichtlich bei der Freisetzung von Uracil aus I durch E. coli keine wesentliche Rolle. IV ist wahrscheinlich an der Versorgung des Bakteriums mit diesem Pyrimidin aus I entscheidend beteiligt. K. Maier. 4210☐

Die oxydative Phosphorylierung in den mitochondrialen Teilen der Wurzeln der Gerste. Gaston Ducet, Albert Jean Rosenberg, Geneviève Vandewalle und André Andrejew. (C. R. hebd. Séances Acad. Sci. **246**, 2657—59, 5/5. 1958; Versailles, Stat. de Physiol. végétale.) — Es ist möglich, mitochondriale Teile von

Wurzeln u. Körnern der Erbse, die eine oxydative Phosphorylierung mit der Bernsteinsäure als Substrat eingehen, herauszupräparieren. Dagegen ergab die Präparation von Gerstenwurzeln nur eine sehr schwache Phosphorylierung. Diese Hemmung scheint durch *Adenosintriphosphatase* bewirkt zu werden. Die Ggw. von Phosphat in dem Milieu der Präparation hemmt dieses Enzym u. erlaubt eine bemerkenswerte Phosphorylierung nur solange zu unterhalten, als die Oxydation der Bernsteinsäure dauert.

P. Nachtwey. 4210□

Die Aktivität der sauren Phosphatase im Schwanzgewebe von hungernden und gefütterten Xenopuslarven. Brigitte Nichus und H. P. von Hahn. (Helv. physiol. pharmacol. Acta **18**, Nr. 1, C33—C35, 1960; Bern, Univ., Zoolog. Inst.; dt.) — Vff. untersuchten die Aktivität der *sauren Phosphatase* (**I**) bei hungernden u. gefütterten 30 mm langen *Xenopus*-Larven. Die gefütterten Tiere erhielten täglich Brennesselpulver. Für die Messung wurden die Schwänze von je 5 Tieren am After amputiert, in der Mitte geteilt u. die Spitzen u. die Basisstücke getrennt in 10%ig. Rohrzucker-Lsg., enthaltend 0,001 mol. Äthylendiamintetraessigsäure, homogenisiert. Die Gesamt-I-Aktivität pro Schwanz stieg in den „Futterschwänzen" langsamer als der N-Geh. an. In den „Hungerschwänzen" stieg der N-Geh. noch um ca. 15% bis zum 4. Hungertag u. fiel erst nach ca. 14 Tagen unter den Anfangswert. Die Gesamt-**I**-Aktivität fiel dagegen sofort nach Beginn des Hungerns. Innerhalb der Schwänze steigt die spezif. I-Aktivität zur Spitze hin an. Dies beruht nach Ansicht der Vff. auf dem größeren Anteil an inertem Muskelprotein in der Schwanzbasis. Phosphat ist ein kompetitiver Inhibitor von **I**; es ist daher möglich, daß das schnelle Absinken der **I**-Aktivität bei den hungernden Tieren mit einer erhöhten Konz. an freiem Phosphat im Gewebe im Zusammenhang steht.

G. Bratfisch. 4210□

Enzymatische Hydrolyse von Triphosphorinositid durch Rinderhirnextrakte. W. Thompson und R. M. C. Dawson. (Biochem. J. **83**, 5P—6P, April 1962; Cambridge, Agric. Res. Council, Inst. for Animal Physiol., Biochem. Dep.; engl.) — *Na-Triphosphoinositid* (**I**) wird in wss. Lsg. rasch durch Extrakte aus Rinderhirn (Acetonpulver) hydrolysiert, wobei hauptsächlich *anorgan. Phosphat* (**III**) neben kleineren Mengen wasserlösl. Inosit-haltiger *Phosphorsäureester* (**IV**) freigesetzt werden. In der Lipidphase ist anfänglich *Di-* neben *Monophosphorinositid* (**II**) anwesend, jedoch wird ersteres im Verlauf der Rk. ebenfalls zu **II** umgesetzt. Außerdem enthält diese Phase geringe Mengen an *Diglycerid*. Bei Sättigung des Rk.-Gemisches mit Ae. nimmt die Bldg. von **III** u. **II** ab u. der Geh. an **IV** u. *Diglycerid* steigt an. **IV** besteht hauptsächlich aus *Inosittriphosphat* neben geringeren Mengen an *-diphosphat*. 2 mögliche Enzymmechanismen für den Abbau von **I** im Gehirn werden diskutiert. Säure u. alkal. Phosphatasen wirken unter analogen Bedingungen kaum auf **I** ein. Die Gehirnextrakte hydrolysieren kein Glycerinphosphat.

G. Kirsten. 4210□

Über die Spezifität der Polynucleotidphosphorylase. Austausch von ^{32}P-Orthophosphat gegen Guanosin-5′-diphosphat und 8-Azaguanosin-5′-diphosphat in Gegenwart von Enzymen aus Escherichia coli und Bacillus cereus. J. Škoda, J. Kára und Z. Šormová. (Collect. czechoslov. chem. Commun. **26**, 2252—58, Sept. 1961; Prague, Czechosl. Acad. of Sci., Inst. of Organ. Chem. and Biochem.; engl.) — Vgl. C. **1962**, 1642. — Die Wrkg. von Polynucleotidphosphorylase (**I**) auf *8-Azaguanosin-5′-diphosphat* (**II**) wurde einerseits an *Escherichia coli* (E.c.), welche nur eine geringe Aktivität besitzt, *8-Azaguanin* (**III**) in Nucleinsäuren in vivo zu inkorporieren, andererseits an *Bacillus cereus* (B.c.) mit hierfür großer Aktivität untersucht. — Als Substrate wurden *Guanosin-5′-diphosphat* (**IV**) aus Guanosin-5′-triphosphat durch Partialhydrolyse mit nachfolgender chromatograph. Reinigung hergestellt. Als Ausgangsmaterial diente fermentativ hergestelltes *Azaguanosin* (**V**). *8-Azaguanosin-5′-monophosphat* (**VI**) wurde durch enzymat. Synth. aus **V** hergestellt u. chromatograph. rein gewonnen. **II** wurde auf dem Wege durch Kinasen katalysierter Phosphorylierung aus **V** oder **VI** erhalten. Das Absorptionsspektrum von **II** ist angeführt. — Die Aktivität der **I** wurde auf Grund des Austausches von *^{32}P-Orthophosphat* (**VII**) mit Nucleosiddiphosphaten unter Anwendung elektrophoret. Trennung des **VII** von Diphosphat bestimmt. — Zellfreie Bakterienextrakte aus E.c. u. B.c. wurden mittels der Hughes-Bakterienpresse bei -40^0 u. Zentrifugieren bei $30000 \cdot g$ hergestellt u. zur Best. des Austausches von **VII** mit **IV** verwendet. Aus gleichen Extrakten wurden Präpp. von **I** erhalten. In den zellfreien Extrakten von B.c. steht der Austausch von **VII** u. **II** in Einklang mit dem Einbau von **III** in vivo in die Ribonucleinsäuren (RNS) der Bakterien (Matthews, Smith, C. **1956**, 9762). Bei analogen Präpp. aus E.c. ist der Austausch von **VII** mit **II** bedeutend kleiner als mit **IV**. — Präpp. der **I** aus E.c. katalysieren den Austausch von **VII** mit **II** aktiver als analoge Präpp. aus B.c. Der Austausch von **VII** war bei **I** aus E.c. höher für **IV** als für **II**. Die Beziehung zwischen der Inkorporationsintensität von **III** in RNS in vivo mit dem Austausch des **VI** war also in den zellfreien Enzym-Syst. markanter als bei den gereinigten I-Präparaten. Die beobachtete stärkere Inkorporation von **III** in die RNS bei B.c. u. E.c. kann u. a. durch eine kleinere Spezifität des Enzymes, welches die Nucleosidphosphate in die RNS inkorporiert, verursacht sein. Auf Grund der Ergebnisse wird die Bedeutung von **I** in vivo diskutiert, u. es wird angenommen, daß **I** die Synth. von spezif. RNS in vivo nicht katalysiert. B. Meloun/Prag. 4210

Die Phosphatasen der höheren Pflanzen. Zofia Lassota. (Postępy Biochem. **4,** 347—54, 1958; Polsk. Akad. Nauk, Inst. Biochem. i Biofiz.) — Übersicht über neuere Forschungen. — 55 Literaturangaben. R. K. Müller. 4210□

Untersuchungen über D-Glycerinaldehyd-3-phosphatdehydrogensaen. 18. Mitt. **Die Lipidkomponente des Enzyms.** Kurze Mitt. T. Dévényi, T. Keleti, Bronislava Szörényi und M. Sajgó. (Acta physiol. Acad. Sci. hung. **18,** 271—74, 1961; Budapest, Hungar. Acad. of Sci., Inst. of Biochem.; engl.) — Vgl. C. **1960,** 6186. — Bei elektrophoret. Unterss. verschiedener *D-Glycerinaldehyd-3-phosphatdehydrogenasen* konnte nach 4maliger Rekristallisation an den Protein entsprechenden Stellen eine Lipidfärbung mit Sudan-Tiefblau durchgeführt werden. Die Lipidsubstanz ist offenbar mit einem Peptid verbunden (vor Hydrolyse keine Ninhydrin-Rk., nach Hydrolyse Serin, Glutaminsäure, Lysin, Alanin, Threonin u. Leucin nachweisbar). Das Lipid ist kein Phospholipid. Die Lipidkomponente hemmt die Oxydation von D-Glycerinaldehyd-3-phosphat u. die Aktivität von Alkoholdehydrogenase. Vermutlich spielen strukturelle Teile nahe der Coenzymbindung eine Rolle bei der Bindung der Lipidkomponente. U. Tausendfreund. 4210□

Die Reaktion von oxydiertem Glutathion, Cystaminmonosulfoxid und Tetrathionat mit den SH-Gruppen der D-Glycerinaldehyd-3-phosphatdehydrogenase des Kaninchenmuskels. Alexander Pihl und Rolf Lange. (J. biol. Chemistry **237,** 1356—62, April 1962; Montebello, Norwegen, Norwegian Radium Hosp., Norsk Hydro's Inst. for Cancer Res.; engl.) — Bei Verss. über Einw. von SH-Verbb. auf krist. *D-Glycerinaldehyd-3-phosphatdehydrogenase* (I) wurden folgende Ergebnisse erhalten. I wird von einfachen Disulfiden (Cystamin; Cystin) nicht gehemmt. In gleicher Weise erfolgt auch keine Hemmung durch oxydiertes Glutathion (**V**); wird aber **V** aus red. Glutathion-Lsg. beim Durchleiten von O_2 hergestellt, so hemmt das hierbei gebildete H_2O_2; hierauf sind ältere Befunde über angebliche Hemmung der I durch **V** zurückzuführen. — I wird in mäßigem Umfang durch Cystaminmonosulfoxid gehemmt. Die Hemmung, welche durch Thiole aufgehoben werden kann, beruht auf einer Blokkierung der SH-Gruppen der I, wobei gemischte Disulfide mit Cysteaminresten gebildet werden. — I wird durch *Tetrathionat* (II) im gleichen Ausmaß wie durch *p-Chlormercuribenzoesäure* (IV) gehemmt, wobei vollständige Hemmung bei Zusatz von 3 Mol auf 1 Mol I erfolgt. Diese durch Thiole umkehrbare Hemmung beruht auf einer stöchiometr. Rk. von II mit 3 besonderen, reaktionsfähigen SH-Gruppen der I, wobei Proteinsulfenylthiosulfatgruppen gebildet werden. — Die Rk. von I mit *D-Glycerinaldehyd-3-phosphat* (III) führt zum Verschwinden von höchstens 2 titrierbaren SH-Gruppen u. zu entsprechender Abnahme der Fähigkeit von I zur Rk. mit II. Bei der Bindung von III als Thioester sind die SH-Gruppen beteiligt. — Die Bindung von III schützt I nicht gegen die Hemmung durch **IV**. — Die Ergebnisse stützen die Ansicht, daß sämtliche SH-Gruppen für die I-Wrkg. von gleicher Wichtigkeit sind. A. Hesse. 4210□

Die Aktivität der Fructosediphosphat-1-phosphatase in der diabetischen Rattenleber. P. Ritter und F. Leuthardt. (Helv. physiol. pharmacol. Acta **18,** Nr. 1, C47—C48, 1960; Zürich, Univ., Biochem. Inst.; dt.) — Vff. untersuchten die Aktivität der *Fructosediphosphat-1-phosphatase* (I) in der Leber von alloxandiabet. Ratten. Sowohl die spezif. I-Aktivität als auch die Gesamt-I-Aktivität, bezogen auf Körper-Gew., ist in der Leber alloxandiabet. Ratten wesentlich höher als bei den Kontrolltieren. Bei Unterscheidung innerhalb der beiden Gruppen noch nach dem Gew. der Tiere, zeigte sich bei normalen u. diabet. Tieren, daß die noch wachsenden Tiere (200 g) eine mehr als doppelt so große I-Aktivität/Körper-Gew. aufweisen als die ausgewachsenen (300 g). In der Kontrollgruppe zeigten die jüngeren Tiere einheitlich einen höheren Blutzucker-Geh. als die älteren. G. Bratfisch. 4210□

Über die biologische Wirkung von Äthylthiamin. 2. Mitt. **Carboxylaseaktivität von Äthylthiaminpyrophosphat.** Shigeru Aramaki und Shozo Nakamura. (Vitamins [Kyoto] **18,** 393—96, 1959; Tokyo, Univ. of Tokyo, Fac. of Med., Dep. of Biochem.; jap., Auszug: engl.) — 1. vgl. C. **1960,** 2596. — *Äthylthiaminpyrophosphat* besitzt $^1/_{12}$—$^1/_{15}$ der *Cocarboxylase*-Aktivität. P. Gregorzewski. 4210□

Hefe-β-Glucosidase: Ein Vergleich der physikochemischen Eigenschaften von gereinigtem konstitutivem und induziblem Enzym. A. S. L. Hu, R. Epstein, H. O.

Halvorson und R. M. Bock. (Arch. Biochem. Biophysics **91,** 210—18, Dez. 1960; Madison, Wis., Univ. of Wisconsin, Dep. of Bact. u. Biochem.; engl.) — Aus der Hybridhefe *Saccharomyces dobzhanskii* × *S. fragilis* wurde durch Reinigung eine *β-Glucosidase* 200fach angereichert. Das Enzym präsentiert 0,64% des Zellproteins. Die Homogenität des Enzyms wurde durch Ultrazentrifugation u. Elektrophorese bestätigt. Das Absorptionsspektrum zeigt ein Maximum bei 2750—2790 u. ein Minimum bei 2490—2510 Å. Das Enzym hat ein pH-Optimum bei 6,6. K_m für p-Nitrophenyl-β-D-glucopyranosid war $9 \cdot 10^{-5}$ m bei pH 6,8. Es ist bis 50° stabil u. die Aktivierungsenergie beträgt ca. 16000 cal/Mol. Das Enzym benötigt keine Metalle. Cu^{2+}, Fe^{2+} u. Zn^{2+} hemmten bei Konz. von $5 \cdot 10^{-4}$ m. Das Enzym stimmte in seinen physikal.-chem. Eigg. mit einer Ausnahme (Verh. gegenüber natürlichen β-Glucosiden) mit einer aus *Rhodotorula minute* isolierten β-Glucosidase überein. Die Aktivitäts-Konst. von diesen β-Glucosiden waren 10mal größer für das konstitutive als für das induzible Enzym. W. Hiller. 4210□

Zur biochemischen Differenzierung von Saccharidgemischen unter Einsatz von Preßhefe. 2. Mitt. **Trennung von Modellgemischen.** K. Täufel, H. Ruttloff und E. Przyborowski. (Nahrung **4,** 512—27, 1960; Potsdam-Rehbrücke, Inst. für Ernährung; dt.) — 1. vgl. C. **1961,** 5847. — An Hand von pH-Messungen im Filtrat der Gärsubstrate von Vers.-Ansätzen wird nachgewiesen, daß die in Ggw. leicht vergärbarer anderer Saccharide sich manifestierende beschleunigte *Maltose* (I)-Dissimilation durch Hefe nicht ursächlich auf einen Abfall des pH-Wertes zurückzuführen ist. Gemäß den Ergebnissen von systemat. Verss. an Modellgemischen, enthaltend I, *Saccharose* (II), *Lactose* (III), *Glucose* u. *Fructose,* lassen sich von I u. III die 3 anderen Zucker durch Vergärung in 5%ig. Hefesuspension bei 30° während 15 bzw. 30 Min. abtrennen u. auf diese Weise differenziert auf reduktometr. Wege quant. erfassen. Die Best. von II im Gemisch erfolgt durch spezif. Hydrolyse mit Citronensäure (1% Säure, 35 Min., 100°). M. Ulmann. 4210□

Untersuchung über die Hemmung pektolytischer Enzyme von Fusarium oxysporum f. lycopersici. 2. Mitt. **Hemmung durch Pflanzenextrakte in vitro.** F. Grossmann. (Phytopathol. Z. **45,** 1—20, 1962; Göttingen, Georg-August-Univ., Inst. für Pflanzenpathologie u. Pflanzenschutz; dt.) — 1. vgl. Phytopathol. Z. **44,** [1962], 361. — Vf. prüft im Mazerationstest die Hemmung der *pektolyt. Enzyme* (I) von *Fusarium oxysporum forma lycopersici,* indem mit 20 ml Acetonextrakt 5 ml Kulturfiltrat des Pilzes inkubiert wurden. I wurde gehemmt durch autooxydierte (gebräunte) Säfte aus Kartoffelknollen, Ackerbohnen, Äpfeln u. Birnen. Zwiebelsäfte zeigen geringe Wirkung. Der in Äpfeln vorkommende Hemmstoff hat folgende Eigg.: Er nimmt mit fortschreitender physiolog. Reife zu, ist gegen kurzes Erhitzen auf 130° beständig, nicht dialysierbar, an Aktivkohle adsorbierbar, in Chlf. u. Ae. wenig lösl., durch NaCl aus wss. Lsg. aussalzbar. Vf. vermutet einen hydrolysierbaren Gerbstoff. Die in den autooxydierten Säften vorkommenden Inhibitoren scheinen chinoide Substanzen zu sein, die durch Oxydation zu niedermol. Phenolkörpern werden. W. Hiller. 4210□

Gegenwart eines Cellulaseinhibitors in Eucalyptusholz. G. Youatt. (Austral. J. Sci. **24,** 88, Aug. 1961; Victoria Australien, C.S.I.R.O. Wool Res. Labor., Div. of Proteinchem.; engl.) — Sägespäne von *Eucalyptus rostrata, E. wandoo* nicht aber von *E. regnans* enthalten einen in W. lösl. *Cellulase*-Inhibitor. Der Grad der Hemmung ist von der Art der Mischung von Inhibitor u. Substrat abhängig. Maximale Hemmung trat ein, wenn Enzym u. Inhibitor 5 Min. vor Vers.-Beginn zusammengebracht wurden. Der Inhibitor war sowohl gegen *Coptotermes*-Cellulase als auch gegen *Stachybotrys otra*-Cellulase wirksam. 0,02% der extrahierten Substanz hemmten die Cellulase von *S. atra* um 50%. *E. wandoo* enthält nur $^1/_2$—$^1/_3$ des Inhibitors im Vgl. zu *E. rostrata.* W. Hiller. 4210□

Fehlerhafte Resultate bei der Aktivitätsbestimmung von α-Amylasen bei Verwendung von Lintnerstärken. M. Ulmann und M. Richter. (Mber. dtsch. Akad. Wiss. Berlin **1,** 496—99, 1959; dt.) — Unterschiedliche mittlere Depolymerisationsgrade der „lösl. Stärken“ führen zu abweichenden Ergebnissen bei der colorimetr. Aktivitäts-Best. von α-Amylasen. Vff. empfehlen die bisher üblichen Begutachtungs- u. Prüfmeth. durch die Charakterisierung des mittleren Depolymerisationsgrades zu ergänzen. W. Moldenhauer. 4210□

Gelfiltrationschromatographie zur Trennung von Humanserum. Gunnar Lundblad. (Acta chem. scand. **15,** 212—13, 1961; Stockholm, Statens Bakt. Labor.; engl.) — Beschreibung des Nachw. von zwei verschiedenen *Arylesterasen* im Humanserum, von denen eine hitzelabil (Inaktivierung nach 30 Min. bei 56°) ist u. durch *Äthylendiamintetraessigsäure* (I) nicht beeinflußt wird, während die andere hitzestabil u. durch I völlig inaktivierbar ist. F. Krusen. 4210□

Über die Esterasen der Blutplättchen des Menschen (Cholinesterase und Arylesterase). D. Vincent, B. Maupin und M. C. Marquès-Vincent. (C. R. Séances Soc. Biol. Filiales **156**, 34—36, 1962, herausgeg. 20/5.; Toulouse, Hosp. de Purpan, Centre hospit. région. et Centre de Transfusion-Réanim. de l'Armée „Jean Juillard" à Clamart; franz.) — Blutplättchen des Menschen besitzen sehr schwache *Cholinesterase*-Aktivität, die jedoch noch schätzbar ist. *Arylesterase*-Aktivität ist in stärkerem Maße vorhanden. Das Verhältnis dieser Aktivitäten ist (Wirksamkeit auf Acetylcholin zur Wirksamkeit auf Phenylacetat) 0,02. P. Nachtwey. 4210□

Untersuchungen über Fermente des menschlichen Blutes. 5. Mitt. Definition und Methode zur Bestimmung der Arylesterasen des menschlichen Serums. W. Pilz. (Hoppe-Seyler's Z. physiol. Chem. **328**, 1—14, 1962; Leverkusen, Farbenfabriken Bayer A. G., Ärztl. Abt.; dt.) — 4. vgl. Hoppe Seyler's Z. physiol. Chem. **327** [1962], 256. — Durch präparative Elektrophorese in Stärkegel (5 × 15 × 50 cm; äußere Kühlung, 8 bis 10°; pH 8,4 bzw. 8,8; 120 V, 30 mA; 4—7 Tage) von menschlichem Serum läßt sich *Arylesterase I* (**I**) von *Arylesterase II* (**II**) trennen. **I** läuft in der Hauptsache mit dem Albumin, ein Teil in einer etwas in der Laufrichtung gegen Albumin verschobenen Phase „Präalbumin"; **II** findet sich zwischen der Albumin- u. der α_1-Fraktion (Postalbumin). Eine dritte Naphthylester-spaltende Fraktion, die zwischen dem α_1- u. β-Globulin läuft u. wahrscheinlich mit der *C-Esterase* von Augustinsson (C. **1960**, 2227) ident. ist, wurde wegen ihrer geringen Menge nicht näher untersucht. Die Mengen von **I** u. **II** verhalten sich (abhängig von einzelnen Individuum) wie 10:1 bis 10:0,3. **II** ist im Gegensatz zu **I** sehr empfindlich gegen Phosphorsäureester, bes. gegen *E 605*. Zur Unters. von **I** im Serum reicht es daher aus, das Serum mit 0,9%ig. NaCl-Lsg. unter Zusatz von mindestens 5 µg NaCl-Lsg. unter Zusatz von mindestens 5 µg *E 605*/ml zu verdünnen; dadurch werden alle anderen Esterasen quant. gehemmt. Aus dem Vgl. der Spaltbarkeit verschiedener Substrate ergibt sich *Propionsäure-β-naphthylester* (**III**) als bestes Substrat für eine Routine-Meth. zur Best. von **I** u. **II**. **III** wird von *Cholinesterase* des Serums nicht gespalten. — **I** u. **II** wirken optimal bei pH 7,0—8,5; die Best.-Meth. wird bei pH 7,2 des Serums durchgeführt; als Einw.-Zeit wurden 30 Min. gewählt. — Die Wrkg. von **I** gegen **III** wird durch Megaphen (**IV**) u. Natriumoleat (**V**) vollständig gehemmt. Die Wrkg. von **II** gegen **III** wird durch E 605, Prostigmin, **IV** u. **V** vollständig gehemmt. — Die Wrkg. von Vollserum gegen *p-Nitrophenylpropionat* (**VI**) oder *o-Nitrophenylacetat* (**VII**) wird durch **IV** vollständig gehemmt, während **V** ziemlich stark hemmt; E 605 hemmt die Wrkg. gegen **VI** wenig, die Wrkg. gegen **VII** stärker. — Es wird eine Meth. zur Best. von **I** u. **II** in Serum mitgeteilt, die eine Abänderung der früher (Pilz, C. **1962**, 4283) allg. für biolog. Material angegebenen Meth. darstellt. A. Hesse. 4210□

Die Wirkung der bakteriellen Proteinase Subtilisin B auf „natives" Hämoglobin Q. M. Ottesen und W. A. Schroeder. (Acta chem. scand. **15**, 926—60, 1961; Copenhagen, Carlsberg Labor., Chem. Dep.; engl.) — Die Unters. der Wrkg. von *Bacillus subtilis-Subtilisin B* (**I**) auf natives *Hämoglobin A* (**II**) zeigte, daß zu einem beliebigen Zeitpunkt nach **I**-Einw. ein **II**-Mol. völlig oder überhaupt nicht reagiert hat. Wenn vor der enzymat. Spaltung eines Proteins das Enzym letzteres zunächst denaturieren muß oder nur mit dem denaturierten Protein eines reversiblen Gleichgewichts zwischen denaturiertem u. nicht denaturiertem Protein reagiert, dann entspricht diese Denaturierung einem anderen Typ als der von Hitze hervorgerufenen, da die Prodd. aus nichtdenaturiertem u. hitzedenaturiertem **II** verschieden sind. K. Maier. 4210□

Untersuchungen über den Stoffwechsel von Amiden bei Mycobakterien. 1. Mitt. Reinigung und Eigenschaften einer Nicotinamidase aus Mycobacterium avium. Tokuji Kimura. (J. Biochemistry [Tokyo] **46**, 973—78, Aug. 1959; Tokyo, St. Paul's Univ., Coll. of Sci., Labor. of Biochem.; engl.) — 2. vgl. C. **1961**, 14329. — Aus mit Aceton getrockneten Zellen von *Mycobacterium avium* (auf Glycerinbouillon gewachsen) wird nach Verreiben mit Quarzsand, Fällen der Nucleotide mit Protaminsulfat, Fraktionieren mit $(NH_4)_2SO_4$, Adsorption an $Ca_3(PO_4)_2$-Gel u. Elution mit Phosphatpuffer, pH 7,3, eine *Nicotinamidase* (**I**) in 250—280fachem Reinheitsgrad erhalten. Gereinigte **I**, welche andere Amide wie L-Asparagin u. L-Glutamin (die vom Rohextrakt desaminiert werden) sowie Diphosphopyridinnucleotid nicht angreift, wirkt optimal bei pH 8,3. **I** wird schwach gehemmt durch Trispuffer, stark gehemmt durch Cu^{2+}, Zn^{2+}, Hg^{2+}, Fe^{3+} u. Cr^{3+}, mäßig gehemmt durch Chelatbildner, Dihydrostreptomycin u. Isonicotinsäurehydrazid. A. Hesse. 4210□

Die Transaminierung bei Anaerobiern. Eugenia Soru. (Rev. Chim. [Bucarest] **4**, 21—24, 1959; Bucarest, Labor. d'Enzymol. et Chaire de Biochimie près l'Inst. Médico-Pharmac., Inst. „Dr. I. Cantacuzino"; franz.) — Vgl. C. **1962**, 8662. — Die Verss. ergaben: *Clostridium tetani* zeigte keine *Transaminase* (**I**)-Aktivität auf eine der untersuchten

Aminosäuren (II), die größtenteils rasch verschwanden. *Vibrion septique*: keine I-Aktivität u. kein Verbrauch zugegebener II *Clostridium oedematiens*: sehr schwache I-Aktivität u. nur im Syst. *Glutamat–Oxalacetat*. *Clostridium welchii*: I-Aktivität verschiedener Stärke, je nach der II (NH_2-Donator) u. der Ketosäure (Acceptor). Cl. welchii ist befähigt zur Transaminierung folgender Syst.: *L-Asparaginsäure*, *L-Histidin*, *L-Phenylalanin*, *L-Glycin*, *L-Valin*, *L-Ornithin*, *L-Arginin* → α-Ketoglutarsäure; ferner *L-Glutaminsäure* → *Oxalessigsäure* u. *Brenztraubensäure*. Die II *Tyrosin*, *Prolin* u. *Lysin* konnten nicht als NH_2-Donatoren dienen. H. Aman. 4210□

Die Wirkung von N-Bromsuccinimid auf Chymotrypsin. T. Viswanatha und W. B. Lawson. (Arch. Biochem. Biophysics **93**, 128–34, April 1961; Bethesda, Md., Public Health Serv., US.-Dep. of Health, Educ. and Welfare, Nat. Inst. of Health, Nat. Inst. of Arthritis and Metabol. Dis.;engl.) — Bei Oxydation von *Chymotrypsin* (I) durch *N-Bromsuccinimid* (1 μMol/ml) kommt es, ebenso wie bei Trypsin, zu einer Oxydation der Tryptophanreste, jedoch außerdem zu einer Beeinträchtigung eines der 4 Tyrosine im I-Molekül. Die oxydative Veränderung von I führt zu einem Verlust an katalyt. Aktivität. Verzögerung sowohl der Acetylierungs- als auch der Deacetylierungsstufen, keine Beeinträchtigung der K_m-Konst. gegenüber typ. Proteinen u. Estersubstraten; die Fähigkeit zur Inkorporierung von Phosphoryl- u. Acetylgruppen in nahezu stöchiometr. Mengen aus Diisopropylphosphofluoridat u. p-Nitrophenylacetat bleibt allerdings erhalten. U. Tausendfreund. 4210□

Über den Mechanismus der Enzymwirkung. 70. Mitt. **Denaturierung von Trypsin und Acyltrypsin durch Harnstoff.** J. F. Riordan, M. Bier und F. F. Nord. (Arch. Biochem. Biophysics **90**, 125–31, Sept. 1960; New York, N.Y., Fordham Univ., Labor. of Organ. Chem. and Enzymology; engl.) — 69. vgl. C. **1961**, 8344. — Krist. *Trypsin* (I) u. *Succinyltrypsin* (II) wurden bei pH 9,5 in 0,05m Boratpuffer mit 1,0–6,0 m *Harnstoff* (III) bei 30° inkubiert u. danach die Wrkg. gegen *Benzoylargininäthylester* bei pH 8,0 u. 30° an der Zunahme der opt. Dichte bei 253 mμ ermittelt. Dabei erfuhr I eine mit der Inkubationszeit zunehmende, nach 24 Std. in jedem Fall zu völliger irreversibler Inaktivierung führende Wrkg.-Abnahme. Dagegen behält II einen wesentlich größeren %-Satz an Aktivität; offenbar ist II auch in Ggw. von III wesentlich stabiler gegen Selbstverdauung als I. — Irreversible Aktivierung durch 5 bzw. 8m III wurde an I, II u. auch *Acetyltrypsin* (IV) auch bei pH 6,6 u. 7,7 beobachtet. Dabei erfolgt mit steigender III-Konz. eine immer stärkere Annäherung des Verh. von II u. IV an das Verh. von I. — Bei Verss. ohne Zusatz von III verliert I in 24 Std. den größten Teil seiner Wrkg.; IV ist stabiler (40% Verlust in 24 Std.), während II nur ca. 10% Verlust in 18 Std. erfährt. — Bei Messung der Sedimentations-Konst. von I u. II in III-Lsgg. (0–7,5m; pH 5,0 bzw. 9,2) werden Ergebnisse erhalten, die mit den enzymat. Best. konform gehen. — Es wird folgende Rk.-Folge in Betracht gezogen:

Natives Protein ⇌ reversibel denaturiertes Protein → Irreversibel denaturiertes Protein
↓ ↙
Der Selbstverdauung unterliegendes Protein. A. Hesse. 4210□

Über den Mechanismus der Enzymwirkung. 71. Mitt. **Acylierungen von Trypsin in organischen Lösungsmitteln.** S. M. Vratsanos. (Arch. Biochem. Biophysics **90**, 132–38, Sept. 1960; engl.) — 70. vgl. vorst. Referat. — Die früher (Vratsanos, Bier, Nord, C. **1961**, **8343**) beschriebene Acetylierung von *Trypsin* (I) in Dimethylsulfoxid-Lsgg., die zu irreversibler Inaktivierung von I führt, wird unter Verw. von radioakt. Essigsäureanhydrid (II) weiter untersucht. Fortschreitende Acetylierung (die für freie NH_2-Gruppen hoch spezif. ist) geht mit fortschreitender Verminderung der I-Wrkg. einher, bis nach Aufnahme von 15 Acetylgruppen pro Mol. I völlige irreversible Inaktivierung erfolgt ist. Die Ninhydrin-Rk., aus welcher auf 17 NH_2-Gruppen/Mol. I geschlossen werden kann, verschwindet etwa im gleichen Maße. Bei Aufnahme von ca. 10 Acetylgruppen ist die I-Wrkg. erst um 10% vermindert. — Aus Verss. mit I-Kompetitoren (aliphat. u. aromat. Amine) ergibt sich große Spezifität der NH_2-Gruppen von I für Acetylierung. — Bei großem Überschuß an II werden in 21 Tagen bis zu ca. 28 Acetylgruppen gebunden, die aber durch anschließende Dialyse auf ca. 11 vermindert werden. Offenbar hängt die Inaktivierung mit einer spezif. Konfiguration zusammen, die I in dem Lsgm. annimmt. — Acetylierung in Formamid-Lsg. führt eher zu Formylierung als zu Acetylierung. — Betont wird, daß nach früheren Befunden, die Acetylierung in wss. Lsg. nur zu einer (durch Dialyse) reversiblen Inaktivierung führt. — Acylierung mit Phthalsäureanhydrid führt zur Aufnahme von 7–8 Resten/Mol. I unter 50%ig. Inaktivierung. A. Hesse. 4210□

In vitro-Produktion freier Fettsäuren durch Kaninchenlungengewebe. H. O. Heinemann. (Amer. J. Physiol. **201**, 607–10, Okt. 1961; New York City, Columbia Univ., Coll. of Physicians and Surg.; Francis Delafield Hosp.; engl.) — Es wurde die *lipolyt. Aktivität* des Lungengewebes in vitro an Kaninchenlungen untersucht (Lungenperfusion mit *Triglyceriden* in Kochsalz-Lsg. u. Inkubation von zerkleinertem Gewebe mit Triglyceriden (*Ediol*, Schenlabs). Das Lungengewebe zeigte lipolyt. Aktivität u. zwar die einer *Lipoproteinlipase* (I). Bei der Lungenperfusion mit Kaninchenplasma zeigte sich keine Erhöhung der I-Aktivität im Plasma. M. Metze. 4210□

Bioumwandlung von Prednison durch adaptierte, blockierte und nicht adaptierte Enzyme. F. G. Sulman, N. Khazan und J. E. Steiner. (Arch. int. Pharmacodynam. Thérap. **122**, 180—89, Okt. 1959; Jerusalem (Israel), Hebr. Univ.-Hadassah Med. School, Dep. of Appl. Pharmacol.; School of Pharm.; engl.) — Ratten, welche während 4 Monaten eine tägliche Injektion von 1 mg *Prednisonacetat* (II) oder *Prednisolonacetat* erhielten, entwickelten in der Leber steigende Mengen von *Enzymen* (I), welche diese exogenen Steroide in vitro abbauen. Die erhöhte I-Aktivität dieser „trainierten" Lebern kann in vitro durch ein *Blockierungsmittel* (III) für die Bioumwandlung, z. B. *Propyladiphenin* (SKF 525-A) herabgesetzt werden. — Histolog. unterscheiden sich diese Lebern nicht von normalen Lebern. — Diese Befunde liefern eine Erklärung für die bei manchen Patienten sich bei längerer II-Behandlung einstellende Toleranz, die zu ständiger Erhöhung der II-Dosis zwingt. Vff. diskutieren die Möglichkeit einer Anwendung von III. A. Hesse. 4210□

Eine modifizierte jodometrische Methode zur Penicillinasebestimmung. V. Csányi. (Acta physiol. Acad. Sci. hung. **18**, 261—63, 1961; Budapest, Med. Univ., Inst. of Med. Chem.; engl.) — Die für die Best. von *Penicillinase* geeignete jodometr. Meth nach Perret (Nature [London] **174**, [1954], 1012) wurde zur Anwendung bei serienmäßigen Unterss. modifiziert. *Na-Wolframat* u. *Gelatine* dienen dabei als Inhibitoren. U. Tausendfreund. 4210□

Aktivität der Lebercyclophorase in mit 1.2.3.4-Tetrahydro-β-naphthylamin (THNA) behandelten Ratten. V. Martini und M. Orunesu. (Experientia [Basel] **15**, 331—32, 15/9. 1959; Bari, Univ. of Bari, Inst. of Gen. Physiol.; engl.) — Ratten erhielten intraperitoneal 3 mg *1.2.3.4-Tetrahydro-β-naphthylamin* (I)/100 g in physiolog. Salz-Lsg.; nach 4 Std. wurden die Tiere getötet u. die Enzymaktivität in der Leber bestimmt. Die O_2-Aufnahme in Ggw. von Brenztraubensäure ist bei den mit I behandelten Tieren größer. Wurden verschiedene Intermediär-Prodd. des Citronensäurecyclus zugesetzt, so zeigte sich bei den mit I behandelten Tieren in allen Fällen eine höhere O_2-Aufnahme der Homogenate im Vgl. zu den Kontrolltieren. Die Ergebnisse stützen die Annahme, daß die Verabreichung von I an Ratten durch Stimulierung der Krebs-Cyclusaktivität einen erhöhten Kohlenhydratabbau herbeiführt. H. Aman. 4210□

In vitro-Wirkungen von 1.2.3.4-Tetrahydro-β-naphthylamin (THNA) auf die Succinatoxydation durch Rattenleberhomogenate. V. Martini und M. Orunesu. (Experientia [Basel] **15**, 332—33, 15/9. 1959; Bari, Univ. of Bari, Inst. of Gen. Physiol.; engl.) — Vgl. vorst. Referat. — In vitro Zusatz von 0,001 m THNA bewirkt bei der Bernsteinsäureoxydation verstärkte O_2-Aufnahme über längere Zeit. Vff. führen diese Wrkg. auf eine verstärkte Hemmung der Oxalacetat-Bldg. zurück, die die *Bernsteinsäuredehydrogenase*-Aktivität (I) hemmt. Die Red. des Methylenblaukomplexes wird nur während der ersten 12 Min. durch 0,02 m THNA-Zusatz verstärkt. Der Zusatz verändert nicht die Aktivität der Cytochromoxydase, sondern nur die Aktivität der I. Die Ergebnisse lassen vermuten, daß die Steigerung der Succinatoxydation in Ggw. von *THNA* auf eine direkte Stimulierung der Bernsteinsäuredehydrogenase-Aktivität zurückzuführen ist. H. Aman. 4210□

Einfluß von Hunger und Bestscher Mangelkost auf Adenosinphosphate und glykolytische Enzyme in der Rattenleber. Ingo Knoche und Fritz Hartmann. (Biochem. Z. **334**, 269—78, 1961; Marburg/Lahn, Univ., Med. Poliklin.; dt.) — Nach 72 std. Hungern oder 4 wöchiger Verfütterung von Best-Cholinmangelkost kommt es bei Ratten zu folgenden Veränderungen in der Leber: Von den Glykolyseenzymen zeigen *Diphosphofructosealdolase* u. *Pyruvatkinase* eine mit Stärke der Verfettung oder Länge der Hungerzeit zunehmende Verminderung ihrer Aktivität; *Enolase*-Aktivität fällt erst nach 72 std. Hungern ab, in der Fettleber keine Veränderung; *Zwischenferment*-Aktivität ist nach 24 std. Hungern erhöht u. fällt nach 48 Std. ab, analoge Veränderung in der Fettleber; *Milchsäuredehydrogenase*-Aktivität nimmt bei Hunger ab, bei Verfettung der Leber zu (große Streubreite der Werte); *Glutaminsäure–Oxalessigsäure-Transaminase* keine verwertbaren Ergebnisse; *Glutaminsäuredehydrogenase*-Aktivität nimmt in der Fettleber ab; *Adenosintriphosphat*-Konz. nimmt in der Hunger- u. Fettleber ab, die Konzz. von *Adenosindi-* u. *-monophosphat* nehmen zu. U. Tausendfreund. 4210□

Studien über die Ursachen des Enzymverlustes der geschädigten Zelle. F. H. Bruns, E. Brosswitz, H. Dennemann, H. D. Horn und E. Noltmann. (Klin. Wschr. **39**, 342—46, 1/4. 1961; Düsseldorf, Med. Akad., Inst. für Physiol. Chem. und der

I. Med. Klinik; dt.) — Zur Klärung der Ursachen, die ein Einströmen von Enzymprotein ins Plasma bei verschiedenartigen Erkrankungen wie Hepatitis, Herzinfarkt, Muskeldystrophie oder perniciöser Anämie zur Folge haben, wurden Modell-Verss. durchgeführt, die die Ursache dieses Enzymverlustes der geschädigten Zelle aufklären sollen. Die Ativitäten folgender Serumenzyme wurden unter verschiedenen experimentellen Bedingungen gemessen: *Aldolas* (I), *Phosphoglucoseisomerase* (II), *Phosphoglucomutase* (III), *Lactatdehydrogenase* (IV), *Glutamat-Oxalacetat-Transaminase* (V) u. *Äpfelsäuredehydrogenase* (VI). Als Stoffwechselgifte wurden Monojodacetat, Salyrgan, Fluoracetat, Dinitrophenol u. CO verwendet bzw. untersucht. Die Aktivitäten der Serumenzyme **I, II, III, IV, V** u. **VI** steigen nach intraperitonealer Gabe von Monojodacetat, Salyrgan, Fluoracetat u. Dinitrophenol an Ratten u. bei der CO-Vergiftung stark an. Die Befunde belegen die engen Beziehungen zwischen Zellintegrität u. Energiestoffwechsel. Es wird gefolgert, daß Enzymprotein aus Organzellen ins Plasma übertritt, wenn die biolog. Oxydation, d. h. der Elektronentransport vom Substrat-Wasserstoff zum mol. Sauerstoff blockiert oder die Transformation der Oxydationsenergie in chem. Bindungsenergie verhindert ist. P. Nachtwey. 4210□

Serumenzymveränderungen bei Hunden nach einer schweren Höhenhypoxie. Benjamin Highman und Paul D. Altland. (Amer. J. Physiol. **201**, 603—06, Okt. 1961; Bethesda, Md., Nat. Inst. of Health, Nat. Inst. of Arthrit. and Metabol. Diseases, Labor. of Exp. Pathol. and Physical Biol.; engl.) — Hunde wurden in der Unterdruckkammer Bedingungen ausgesetzt, die einer Höhe von 32000 Fuß entsprachen (4 Std. lang, 5 mal pro Woche, 7 Wochen lang). Blutunterss. zeigten während dieser Zeit einen graduellen Anstieg der Serum-*Glutaminsäure-Oxalessigsäure-Transaminase*-Werte Die *Milchsäuredehydrogenase*- bzw. *Glutaminsäure-Brenztraubensäure-Transaminase*-Werte stabilisierten sich nach 2 bzw. 3 Wochen auf einem leicht erhöhten bzw. 2—3fachen Betrag. Nach Beendigung der Hypoxie-Bedingungen fielen alle Werte stark während der ersten 2 Wochen ab u. normalisierten sich allmählich (nach 6 Wochen Normalwerte). M. Metze. 4210□

Über die Reaktion von $\Delta^{9,12}$-Linolsäureäthylester in Wasser. 3. Mitt. **Gärungshemmung durch das wasserlösliche Reaktionsprodukt.** Kurze Mitt. E. Schauenstein und G. Schatz. (Mh. Chem. **90**, 118—20, 27/2. 1959; Graz, Univ., Inst. für Physikal. Chem.; dt.) — 2. vgl. C. **1960**, 17084. — Dispergiert man $\Delta^{9,12}$-*Linolsäureäthylester* in W. einige Std. bei 40°, so entstehen wasserlösl. Prodd., deren Geh. an konjugierten C—C-Bindungen, Hydroxyl- u. Carboxylgruppen bestimmt wurde. Sie zeigen in Verss. mit gesunder Rattenleber eine Hemmung des O_2-Verbrauches u. der Glykogenolyse, sowie eine Beschleunigung der Lipoidoxydation um das 3- bis 4fache. Die Hemmung der glykolyt. Rk.-Folge wurde durch die Hemmung der Hefegärung, die bei einer Konz. von $2 \cdot 10^{-3}$ m/Liter ihr Maximum erreicht, gesichert. K. Zieloff. 4270

Dihydroxyaceton. Herstellung und Verwendung. S. R. Green, E. A. Whalen und E Molokie. (J. biochem. microbiol. Technol. Engng. **3**, 351—55, Dez. 1961; Staten Island 3, N.Y.; Wallerstein Comp., Div. of Baxter Labs.; engl.) — Zusatz von Maisquellwasser (0,5%) u. Einhalten des pH-Wertes um 5,5 während der Fermentation erbrachte bei 11% Glycerineinsatz in 72 Std. einen vollständigen Glycerinverbrauch u. eine Ausbeute an *Dihydroxyaceton* von 82% bezogen auf eingesetztes Glycerin. Grundmedium: 0,5% KH_2PO_4; 0,5% Bierhefe; 2% $CaCO_3$. M. Ringpfeil. 4270□

E₃. Mikrobiologie. Bakteriologie. Immunologie

Wirkt Vitamin C auf Keuchhustenbazillen antibiotisch? S. Banič. (Zbl. Bakteriol., Parasitenkunde, Infektionskrankh. Hyg., I. Abt., Orig. **175**, 98—100, Mai 1959; Ljubljana, Med. Fac., Microbiol. Inst.) — Platten mit Bordet-Gengon-Nährboden wurden mit verschiedenen *Vitamin-C*-Zusätzen versehen, mit Keuchhustenbazillen beimpft u. 4 Tage bei 37° inkubiert. In der Größe der Kolonien bestanden zu den Kontrollen keine Unterschiede. W. Hiller. 4310□

Die Wirkung von Orotsäure und 5-Methylorotsäure auf das Wachstum von Milchsäurebakterien und Vergleich zwischen Purin, Pyrimidin, Orotsäure und 5-Methylorotsäure. Enichiro Nishioka. (Tokyo Jikeikai med. J. **73**, 2038—40, 1958 referiert nach Jikeikai med. J. **6**, 295, Dez. 1959; Tokyo, Jikei-kai School of Med., Dep. of Biochem.; engl.) — ***Lactobacillus casei*** u. ***Streptococcus faecalis*** wurden unter Zusatz von ***Orotsäure*** (I) u. ***5-Methylorotsäure*** (II) kultiviert. Wurden **I** u. **II** zu einem ***Riboflavin*** enthaltenden Medium gegeben, so trat Wachstumssteigerung ein. Die Steigerung unterblieb in ***Nicotinsäure*** u. ***Folsäure*** enthaltenden Substrat. Im unvollständigen Medium bei L. casei waren ***Purin*** u. ***Pyrimidin*** stärker wirksam als **I** u. **II**. **II** zeigte die geringste Wirkung. W. Hiller. 4310□

Elektrophoretische Trennungen der löslichen Proteine von Neurospora. L. O. Chang, A. M. Srb und F. C. Steward. (Nature [London] **193**, 756—59, 24/2. 1962; Ithaka, N.Y., Cornell Univ., Dep. of Bot. and Plant Breeding; engl.) — Vff. beschreiben eine Elektrophorese an *Acrylamid* (I) als Träger u. zeigen deren Vorteile gegenüber der Papierelektrophorese u. der Elektrophorese an Stärke (II). Lösl. Proteine aus *Neurospora crassa*, die durch Papierelektrophorese in 6—8, mit II-Elektrophorese in 18 Proteinzonen aufgetrennt werden konnten, lieferten bei der Elektrophorese an I 25 Proteinzonen. Anwendung der Meth. auf die Unterscheidung von Mutanten von N. crassa.
W. Walter. 4315□

Ein spezifisches Polysaccharid aus Mycoplasma mycoides. S. H. Buttery und P. Plackett. (J. gen. Microbiol. **23**, 357—68, Okt. 1960; Parkville, Victoria, Div. of Animal Health, C.S.I.R.O., Animal Health Res. Labor.; engl.) — In unfraktionierten Suspensionen von *Mycoplasma mycoides* var. *mycoides* werden 10% Kohlenhydrat gefunden. Nach der Hydrolyse werden außer *Galaktose* wenig *Ribose* (evtl. aus Ribonucleinsäure) u. Spuren von *Glycerin* gefunden. 4% des *Galaktans* bestehen aus einem chloroformlösl. Lipid. Das intakte Polysaccharid zeigt eine opt. Drehung von $[\alpha]_D = -140^0$, nach Abtrennung der Lipidfraktion $[\alpha]_D = +80{,}8^0$, daraus folgt, daß 97% aus *D-Galaktose* bestehen.
P. Gregorzewski. 4315□

Über die Lipide von Corynebacterium ovis. Anne Diara und Julio Pudles. (Bull. Soc. Chim. biol. **41**, 481—86, 5/6. 1959; Paris, Inst. de Biol. Physico-chim.; franz.) — Aus den Lipoiden von *C. ovis* wurde *Corynomycolsäure* isoliert, die bislang nur in *C. diphtheriae* aufgefunden worden ist. *Trehalose-6.6'-dicorynomycolat*, das synthetisiert wurde, zeigt keine tox. Wrkg. (Meerschweinchenhaut).

Versuche: *Corynomycolsäure*, $C_{32}H_{64}O_3$, F. 69—71°, $[\alpha]_D$ +7,2° (c = 2; Chlf.) aus *C. ovis*-Lipidextrakt (PAe.) durch Chromatographie an Mg-Trisilicat-Celite (Elution mit Bzl.-Ae.-Gemischen); mikrokrist. (CH_3OH, PAe.). — *Palmiton*, F. 80—82° (PAe.), aus vorst. Verb. mit CrO_3 in Bzl.-Eisessig (48 Std., 37°; 6 Std., 50°). — *Trehalose-6.6'-dicorynomycolat*, $C_{76}H_{150}O_{15}$, F. 123°, $[\alpha]_D^{21}$ +64° (c = 1; Chlf.), aus *C. diphtheriae*-Corynomycolsäure, K-Salz, u. 6.6'-Ditosyltrehalose in Dimethylformamid (+ Spur W.) durch 3 Tage langes Erhitzen auf 140°, Ansäuern u. Chromatographie des Chloroformextrakts in PAe. an Kieselgel-Celite (PAe., Bzl., Bzl.-Ae., Ae., Ae.-CH_3OH) u. an Mg-Trisilicat-Celite (Bzl., Bzl.-Ae., Chlf., Chlf.-CH_3OH).
K. Maier. 4315□

Der Einfluß von Spurenelementen auf den Stoffwechsel aromatischer Verbindungen bei Bodenpilzen. Moira E. K. Henderson. (J. gen. Microbiol. **23**, 307—13, Okt. 1960; Craigiebuckler, Aberdeen, Macauley Inst. for Soil Res.; engl.) — Von den untersuchten Spurenelementen *Cu, Fe, Mn* u. *Zn* beeinflußt nur *Fe* den Stoffwechsel von *Brenzcatechin* (I), *o-* (II), *m-* (III), *p-Hydroxybenzoesäure* (IV), *o-, m-, p-Methoxybenzoesäure* (V), *3.4-Dimethoxybenzoesäure* (VI) u. *Vanillinsäuren* (VII) in *Aspergillus niger-, Hormodendrus sp.-* u. *Penicillium sp.*-Mycel. Aus III, IV u. V wird *Protocatechusäure*, aus II wird I, aus VI wird VII u. aus den Monomethoxybenzoesäuren werden II, III u. IV gebildet.
P. Gregorzewski. 4320□

Chemische Aktivität von an Austauschern adsorbierten Azotobacter agile. Tsutomu Hattori und Choseki Furusaka. (J. Biochemistry [Tokyo] **50**, 312—15, Okt. 1961; Sendai, Tohuko Univ., Inst. for Agricult. Res.; engl.) — Auf *Glucose* (I) kultivierte, anschließend an Dowex-1 (Cl^--Form) adsorbierte Zellen von *A. agile* ATCC 9046 verfügten nur über eine Aktivität von 25% bei der Oxydation von I u. von 37% bei der Oxydation von *Succinat* (II) verglichen mit nichtadsorbierten Zellen. Das pH-Optimum bei der Oxydation von I bzw. II lag bei adsorbierten Zellen bei 6,6 bzw. 7,3, bei freien Zellen bei 5,8 bzw. 6,3. Die verzögerte („lag")-Phase, die bei der Oxydation von II durch auf I gewachsene freie Zellen zu beobachten ist, verschwindet, wenn die Zellen adsorbiert werden. Die möglichen Ursachen für diese Erscheinungen werden diskutiert.
M. Lorenz. 4320□

Synthese bakterieller Cellulose aus einem markierten Vorläufer. A. W. Khan und J. R. Colvin. (Science [Washington] **133**, 2014—15, 23/6. 1961; Ottawa, Nat. Res. Council, Div. of Appl. Biol.; engl.) — In einer früheren Arbeit (Interscience, New York, im Druck) hatten Vff. gezeigt, daß sich aus A.-Extrakten akt. Suspensionen von *Acetobacter xylinum* (A.x.) eine Verb. isolieren läßt, die *Glucose* gebunden an *Lipoide* enthält. Nach dem dort beschriebenen Verf. stellten Vff. diese Substanz mit Hilfe einer Cellulose-freien Suspension von A.x. her, die 4—5 Min. in 2%ig. Lsg. ^{14}C-*Glucose* (2,5 μc/ml) in Phosphatpuffer (pH 6,0) bei 35° inkubiert wurde. Die Isolierung der Substanz erfolgte durch Adsorption aus A.-Lsg. an eine Magnesiumtrisilicat-Celite-Säule. Der Nachw. der Substanz erfolgte durch Autoradiographie. Die Einlagerung dieser Substanz in Cellulose wurde wie folgt nachgewiesen: Jeweils 1 ml der gelösten Substanz wurde einmal mit 1 ml W. (A) zum anderen mit 1 ml des zellfreien Kulturfiltrats von A.x. (B) 30 Min. bei 35° inkubiert. Als Kontrolle diente 1 ml gleichbehandelten Kulturfiltrats (C). Alle 3 Ansätze wurden mit abs. A. auf 10 ml aufgefüllt u. 15 Min. bei 15000·g zentrifugiert. Der Nd. wurde, falls vorhanden, mit 3 ml Chlf. behandelt u. zentrifugiert. A.–Chlf.-unlösl. Substanz war hauptsächlich in B, kaum in A u. nicht in C nachzuweisen. Diese Substanzen wurden mit heißer 4%ig. NaOH behandelt, gewaschen, in W. suspendiert, dialysiert u. nach Bedampfung elektronenmkr. untersucht. Der Nd. aus A war zum größten Teil in NaOH gelöst worden, der Rest erwies sich als amorphe Substanz. Dagegen zeigte der Nd. aus B eine fibrilläre Struktur wie bakterielle Cellulose, gab eine positive *Anthron*-Rk. u. war radioaktiv. Der Extrakt von A war radioakt., nicht jedoch der von B. Damit kann die isolierte Substanz als unmittelbarer Cellulosevorläufer gelten, der mit Hilfe eines im Kulturfiltrat enthaltenden Enzyms in Cellulose übergeführt wird. Die vermutlich in der Zelle aus Glucose gebildete Substanz kann offenbar die Zellwand passieren, um außerhalb zur Cellulose umgeformt zu werden, wobei der Lipoidanteil des Mol. möglicherweise für den Durchgang durch die Zellwand wichtig ist u. später in den Kreislauf zurückgenommen wird. Hans Thiele. 4320□

Nutzung von Inulin und Stärke durch 3 Fäulnisbakterien. M. K. Tolba und S. S. Ghanem. (Physiol. Plantarum [Copenhagen] **12**, 926—35, 1959; Cairo, Univ. of Cairo, Fac. of Sci., Dep. of Bot.) — Die Fäulnisbakterien *Bacterium aroideae, B. carotovorum* u. *B. phytophthorum* hydrolysieren *Stärke* vor Nutzung mittels eines konstitutiven Amylaseenzyms, wahrscheinlich einer in der Protoplasmaoberfläche der Bakterienzellen lokalisierten *α-Amylase*. Nutzung von *Inulin* erfolgt durch eine *β-Heterofructosidase* bei B. aroideae u. B. arotovorum u. wird bei B. phytopth. zum mindesten teilweise durch eine spezif. *Inulase* vermittelt. H. Aman. 4320□

Der Ketosäurestoffwechsel von Corynebacterium diphtheriae in Submerskultur. D. C. Edwards. (J. gen. Microbiol. **23**, 301—06, Okt. 1960; Beckenham, Kent, Langley Court, Wellcome Res. Labor., Biol. Div.; engl.) — *Brenztraubensäure* (I) erreicht ihr Maximum nach 12std. Inkubation. Danach sinkt der I-Geh. wieder ab. *Milchsäure* wird als I-Quelle angenommen, da sie bei der Bldg. von I abnimmt. Die Bldg. von *α-Ketoglutarsäure* ist großen Schwankungen unterworfen. Fe-Zusatz zum Medium, der die *Toxin*-Produktion vollständig unterdrückt, bleibt ohne Einfl. auf die I-Bildung. P. Gregorzewski. 4320□

Die Wirkung organischer Säuren auf den oxydativen Stoffwechsel intakter und zerstörter Escherichia coli. N. Weiner und P. Draskóczy. (J. Pharmacol. exp. Therapeut. **132**, 299—305, Juni 1961; Boston, Mass., Harvard Med. School, Dep. of Pharmacol.; engl.) — *Mandelsäure, Hippursäure, Milchsäure* u. *Essigsäure* hemmen den oxydativen Stoffwechsel von *Escherichia coli*. Um den Stoffwechsel intakter Mikroorganismen zu hemmen, ist nichtionisierte Säure erforderlich, die Hemmung des Stoffwechsels im zellfreien Überstand nach Ultraschall-Einw. ist abhängig von dem Anteil an ionisierter Säure. Offenbar dringt Säure in nichtionisierter Form in den Zelleib ein, um dort einer Dissoziation zu unterliegen u. in ionisierter Form den intracellulären Stoffwechsel zu stören. Das Ausmaß der Dissoziation ist abhängig vom pK der Säure u. dem intracellulären pH; die Hemmwrkg. auf den Stoffwechsel des intakten Mikroorganismus ist abhängig von der Konz. an nichtionisierter Säure, dem pK der Säure u. dem intracellulären pH. Als Wert für intracellulären pH konnte bei E. coli aus den Säure-Konzz., die für Hemmung intakter Bakterien u. Hemmung des Überstandes erforderlich sind, 5,6 errechnet werden. U. Tausendfreund. 4320□

Mikrobiologische und enzymatische Untersuchungen über Isoleucinisomere. 1. Mitt. **Die Verwertung der Stereoisomeren des Isoleucins durch Milchsäurebakterien.** Shigeki Yamada. (J. Biochemistry [Tokyo] **50**, 316—24, Okt. 1961; Osaka, Osaka Res. Labor., Tanabe Seiyku Co. Ltd.; engl.) — *Streptococcus faecalis, Leuconostoc mesenteroides* u. *Lactobacillus arabinosus* (L.a.) wurden auf ihre Fähigkeit, die 4 Stereoisomeren des Isoleucins zu verwerten, untersucht. *L-Isoleucin* (I) wurde von allen 3 Organismen in Abwesenheit oder in Ggw. von Vitamin B_6 verwertet. *L-allo-Isoleucin* (II), *D-Isoleucin* (III) u. *D-allo-Isoleucin* (IV) wurden nur von L.a. in Ggw. von Vitamin B_6 ausgenutzt. Dabei wurden I u. II am besten, III am schlechtesten toleriert. Maximales Wachstum auf I trat 24—48 Std. nach der Inkubation ein, auf II u. IV nach 48—72 bzw. 72—96 Std., auf III erst nach 96 Std. ein. Je niedriger der pH-Wert zum Zeitpunkt der Inkubation war, um so intensiver wurden die Verbb. angegriffen. Die Ausnutzung der Stereoisomeren ist abhängig von der Zus. des Kulturmediums. Enthält die Nährlsg. vorwiegend DL-Aminosäuren, dann ist das Wachstum schlechter als wenn in der Nährlsg. hauptsächlich L-Aminosäuren vorliegen. Die Ausnutzung der Isomeren ist dann geringer, wenn die Leucin- oder Valin-Konz. im Medium sehr hoch ist. *Pyridoxamin* übte den günstigsten Einfl. auf die Verarbeitung der Isomeren aus, gefolgt von *Pyridoxal* (V) u. *Pyridoxin* (VI). VI ist nur in Ggw. von I u. II wirksam. Hohe Konzz. von V u. VI wirken wieder hemmend. Bereits an die Isomeren adaptierte Zellen verarbeiten die Isoleucine wesentlich schneller als nichtadaptierte. M. Lorenz. 4320□

Mikrobiologische und enzymatische Untersuchungen über Isoleucinisomere. 2. Mitt. Mikrobiologische Bestimmung des L-Isoleucins und der Gesamtmenge der Isoleucinisomeren. Shigeki Yamada, Hiroshi Ito, Setsuko Furutsu und Ichiro Chibata. (J. Biochemistry [Tokyo] **50**, 325—29, Okt. 1961; engl.) — 1. vgl. vorst. Referat. — *Lactobacillus arabinosus 17-5* vermag auf den 4 Stereoisomeren des Isoleucins *L-Isoleucin* (I), *L-allo-Isoleucin*, *D-Isoleucin* u. *D-allo-Isoleucin* zu wachsen. Dieser Stamm eignet sich deshalb zur Best. von I u. der Gesamt-Isoleucin-Isomeren in einem Aminosäuregemisch, wenn er vorher an die Isomeren adaptiert wurde. M. Lorenz. 4320□

Untersuchungen über die Vitamin-B_{12}-Produktion mit Streptomyces olivaceus. 5. Mitt. Chemische Veränderungen in Lactose-angereichertem Medium. Osamu Terada, Kazuo Ohishi und Shukuo Kinoshita. (Vitamins [Kyoto] **18**, 380—85, 1959; Tokyo, Kyowa Fermentation Ind. Co.; jap., Auszug: engl.) — 4. vgl. C. **1963**, 1727. — In *Lactose* (I)-angereichertem Medium wird zuerst *Glucose* u. erst nach längerer Adaptationszeit auch I verwertet. Zu Beginn der I-Verwertung tritt ein verstärktes Mycelwachstum u. während der I-Utilisation eine stationäre Phase bei pH 8 auf. Durch I wird eine schnelle u. andauernde *Vitamin-B_{12}*-Bldg. erhalten. P. Gregorzewski. 4320□

Untersuchungen über die Vitamin-B_{12}-Produktion mit Streptomyces olivaceus. 6. Mitt. Über Lactoseadaption. Osamu Terada, Kazuo Ohishi und Shukuo Kinoshita. (Vitamins [Kyoto] **18**, 385—93, 1959; jap., Auszug: engl.) — 5. vgl. vorst. Referat. — Mikrobiolog. Beschreibung einer *Lactose*-adaptierten Mutante. P. Gregorzewski. 4320□

Synthese von Nucleotiden und Polynucleotiden in Trypanosoma cruzi. 2. Mitt. **In vitro-Einfluß des Thioguanins und des Aminonucleosids von Stylomycin.** J. F. Fernandes und Olga Castellani. (Exp. Parasitology **8**, 480—85, Okt. 1959; São Paulo, Brazil Univ., Fac. de Med., Labor. de Fisiol. Celular; engl.) — 1. vgl. C. **1960**, 11345. — Es wurde der Einfl. des *Thioguanins* u. des *Aminonucleosids* von *Stylomycin* (I) auf die Purinnucleotid- u. Polynucleotid-Synth. untersucht. Die Substanzen wurden zu einer *T. cruzi*-Suspension in Warburg-Gefäßen bei 28° gegeben. Zur gleichen Zeit oder 60 Min. später wurde $^{14}C_{(8)}$-Adenin zugeführt. Beide Substanzen behindern die Synth. der säurelösl. Adeninverbindungen. Der Effekt von Thioguanin ist nur vorübergehend. Beide scheinen die Synth. von Purinnucleinsäuren zu fördern. Das Aminonucleosid des I dient offenbar als Antagonist des Adenins, während die Muttersubstanz unwirksam ist. I ist der Trivialname des Antibioticums *6-Dimethylamino-9-[3'-desoxy-3'-(p-methoxy-L-phenylalanylamino)-β-D-ribofuranosyl]-purins.* K. Heyns. 4320□

Synthese von Nucleotiden und Polynucleotiden in Trypanosoma cruzi. 3. Mitt. **Einfluß des Aminonucleosids von Stylomycin auf den Parasiten in Gewebekulturen.** L. H. P. Silva, S. Yoneda und J. F. Fernandes. (Exp. Parasitology **8**, 486—95, Okt. 1959; engl.) — 2. vgl. vorst. Referat. — Es wurde der Einfl. des Aminonucleosids von *Stylomycin* auf *T. cruzi* in Gewebekulturen studiert. Das Nucleosid wurde stets in einer Endkonz. von 0,36 μMol/ml im Entw.-Medium angewandt. Es zeigte sich keine tox. Wrkg. auf die Embryozellen der Gewebekulturen, geringer Schaden bei extra cellulären Parasiten, zunehmende Degeneration u. manchmal allmähliche Besserung der intracellulären Leishmaniosen. Die Addition von Adenin, Adenosin, Desoxyadenosin oder deren Metaboliten, die bei der Synth. der Purinnucleotide durch den Organismus eingebaut werden, wirken der Rk. des Wirtes nicht entgegen. K. Heyns. 4320□

Nucleotid- und Polynucleotidsynthese in Trypanosoma cruzi. 4. Mitt. **Wirkung des Aminonucleosids von Stylomycin auf Mausinfektionen.** J. F. Fernandes, J. P. M. Pereira und L. H. P. Silva. (Exp. Parasitology **8**, 496—501, Okt. 1959; engl.) — 3. vgl. vorst. Referat. — In vitro-Studien zeigten, daß *Stylomycin* (I) die Synth. von Purinnucleotiden nicht behindert, während sein Nucleosid die Bldg. verhindert. Diese Tatsache, zusammen mit der Beobachtung, daß *T. cruzi* für beide Substanzen permeabel ist, eröffnet eine mögliche Erklärung für die verschiedenartigen Effekte des I bei Infektionen. Vff. beschreiben Einfl. des Nucleosids von I auf die Infektion durch *T. cruzi* bei Mäusen. Mäusen beiderlei Geschlechts mit einem Gew. zwischen 13—18 g wurde Blut infizierter Mäuse intraperitoneal injiziert. Um das Risiko bakterieller Kontamination zu vermeiden, wurde das infizierte Blut 3 Std. lang mit Penicillin u. Streptomycin in Konzz. von 200 μg/ml Blut behandelt. Diese Antibiotica beeinflussen

Trypanosomen nicht. Die Behandlung wurde 3 Std oder 6 Tage nach der Injizierung begonnen. Es wurde subkutan in Intervallen von 6 Std. injiziert, u. zwar 25 mg Aminonucleosid von I pro kg Lebendgewicht. Das Blut der Tiere wurde am 14. Tag auf den Geh. an Parasiten untersucht. Es wurde keine Heilung der Chagas erzielt. Die akute Krankheit mit hoher Sterblichkeit geht in eine chron. Infektion über. Von den unbehandelten Mäusen starben 70%, während von den behandelten Mäusen nur eine starb.
K. Heyns. 4320□

Mikrobiologische Hydroxylierungen an Mutterkornalkaloiden vom Clavintypus mit dem mexikanischen Rauschpilz Psilocybe semperviva Heim et Cailleux. A. Brack, R. Brunner und H. Kobel. (Helv. chim. Acta **45**, 276—81, 1/2. 1962; Basel, Sandoz; dt.) — Bei Zusatz von *Elymoclavin* (I) zu voll entwickeltem Mycel von *Psilocybe semperviva* Heim et Cailleux wird I zu *Penniclavin* u. *Isopenniclavin* hydroxyliert u. anschließend weiter abgebaut. *Agroclavin* wird durch den gleichen Pilz in *Setoclavin* u. Spuren von *Isosetoclavin* verwandelt. *Ergotamin* u. *Ergobasin* werden nur isomerisiert u. abgebaut, aber nicht hydroxyliert. P. Gregorzewski. 4320□

Dehydrierungsreaktionen mit Mycobacterium smegmatis bei 17-Ketosteroiden. Kurt Schuber, K.-H. Böhme und Ch. Kühn. (Ber. dtsch. Akad. der Wiss. Berlin **1**, 517—20, 1959; dt.) — Untersucht werden die im Stoffwechsel des Menschen vorkommenden 17-Ketosteroide: *Androsteron, Dehydroepiandrosteron, Ätiocholanolon, Androstan-3.17-dion,* Δ^4*-Androsten-3.17-dion* u. *Ätiocholan-3.17-dion.* Die Fermentation erfolgte bei 37° mit einer Zellsuspension von *Mycobacterium smegmatis* in einer Salz-Lsg. für Bakterien nach Turfitt. Steroid-Konz.: 10 mg/100 ml Nährlösung. Nach 6, 12, 24, 48 u. 72 Std. wurden Proben entnommen, mit Ae. extrahiert u. mit dem papierchromatograph. Syst. BUSH A getrennt. Zum Nachw. dienten Zimmermann-Rk., Kontaktphotographie u. UV-Spektrographie. In jedem Fall gehen die Umwandlungen über Δ^4*-Androsten-3.17-dion* zum $\Delta^{1.4}$*-Androstadien-3.17-dion.* Bei den gesätt. 17-Ketosteroiden wird in erster Stufe die OH-Gruppe in eine Ketogruppe übergeführt, hiernach erfolgt Dehydrierung in Δ^4 u. anschließend in Δ^1. Unterschiede bestehen lediglich in der Umsetzungsgeschwindigkeit. Eine weitergehende Dehydrierung u. Aromatisierung ist bei längerer Einw. von *M. smegmatis* auf die 17-Ketosteroide nachweisbar.
W. Moldenhauer. 4320□

Wirkung von pH auf die antifungale Aktivität von Undecylensäure und ihr Calciumsalz. Herbert N. Prince. (J. Bacteriol. **78**, 788—91, Dez. 1959; Belleville, N.J., Wallace and Tiernan, Inc., Res. Dep., Microbiol. Labor.; engl.) — Die antifungalen Aktivitäten von *Undecylensäure* (I) u. ihres *Ca*-Salzes waren bei Testung gegen eine Auswahl pathogener Pilze bei pH 4,5—6,0 gleich. Über pH 6,0 wurde das *Ca*-Salz stärker inaktiviert als die freie I. Auch die niedrigste hemmende Konz. undissoziierter I blieb zwischen pH 4,5—6,0 konstant. Von pH 6,5—9,0 zeigte die antifungale Aktivität von I mit *Trichophyton mentagrophytes* als Testorganismus keine einfache Beziehung zur Konz. undissoziierter I. H. Aman. 4330□

Untersuchungen über Dihydrothiamin. 14. Mitt. Die Hemmwirkung der Zersetzungsprodukte von Dihydrothiamin auf das Wachstum von thiaminbedürftigen Mikroorganismen. Chikataro Kawasaki und Chisae Yamada. (Vitamins [Kyoto] **25**, 402—05, 1962; Toyonaka, Osaka Univ., School of Pharm.; jap., Auszug: engl.) — *Kloechera apiculata* u. *Lactobacillus fermenti* wurden durch *Dihydrothiamin* (I) in Konz. von $^1/_4 \cdot 10^{-3}$ oder $^1/_4 \cdot 10^{-2}$m gehemmt. Zugabe von für das Wachstum beider Organismen erforderlichem *Thiamin* (II) hatte keinen Einfl. bei *K. apiculata,* hob jedoch die Hemmwrkg. bei *L. fermenti* in geringem Maße auf bei der I-Konz. von $^1/_4 \cdot 10^{-2}$m. Zugabe von 10 mg Hefeextrakt zum Medium an Stelle von II zeigte ähnliche Wirkung. I ist im sauren Medium instabil u. wird zersetzt in *Tris-[2-methyl-4-amino-5-pyrimidinylmethyl]-hexahydro-symm.-triazin* (III) u. *5 Hydroxy-3-mercaptopentanon-(2)* (IV). In Ggw. genügender Mengen II besitzt III keine Hemmwrkg. bei *K. apiculata.* Im Gegensatz dazu zeigte IV Hemmung. W. Hiller. 4330□

Untersuchung der bakteriostatischen und baktericiden Aktivität einiger Verbindungen gegenüber einem reinen Stamm sulfatreduzierender Bakterien. E. Lagarde. (Ann. Inst. Pasteur **100**, 368—75, März 1961; Marseille, C.N.R.S., Centre de Rech. Sci. Ind. et Maritimes; franz.) — Die Unters. der bakteriostat. u. baktericiden Aktivität von *γ-Alkylaminopropylamin* (Alkyl = C_{14-18}), *N-Laurylammoniumacetat, Dimethylbenzyllaurylammoniumchlorid, Dimethyldilaurylammoniumchlorid, Lauryldimethylaminoxid* u. *Hydrat, Na-β-[N-Alkylamino]-propionat* (Alkylamin aus Cocosfettsäuren), *Na-N-Alkylaminoacetat,* *{β-[β-(β-Hydroxyäthoxy)-äthoxy]-äthyl}-[β-(β-hydroxyäthoxy)-äthyl]-stearylbenzylammoniumchlorid,* Gemische aus vorst. Verbb., *Cu-Di-[β-alkylaminopropionat], Cu-Di-[laurylaminoacetat]* (im Gemisch mit ähnlichen Aminen aus Cocosfettsäuren) u. 40%ig. CH_2O-Lsg. gegenüber einem reinen *Desulfovibrio desulfuri-*

cans ergab mit 2 Ausnahmen eine gewisse Parallelität zwischen beiden Wirkungen. Einige geprüfte Verbb. sind von Bedeutung für die Bekämpfung der biol. Korrosion, da sie die Bakterien-Entw. in Konzz. von 5—20 ppm hemmen. Den Laurylrest enthaltende Verbb. waren am wirksamsten. K. Maier. 4330□

Die Toxizität von Farbstoffen und verwandten Verbindungen für holzzerstörende Pilze. J. W. Weaver, E. B. Jeroski und I. S. Goldstein. (Appl. Microbiol. **7**, 145—49, Mai 1959; Verona, Pa., Koppers Co., Inc.; engl.) — Im Agarplattentest erweisen sich bas. Arylmethanfarbstoffe als wirksame Fungicide für holzzerstörende Pilze. Die wirkungsvollsten sind *Brilliantgrün* u. *Malachitgrün*. Außerdem wurden getestet: *Chrysoidin G, Chrysoidin 3R, Setoglaucine, Setocyanin, Methylviolett B, Benzylviolett, Kristallviolett, Äthylviolett, Spirit blue, Rhodamin 6G, Rhodamin B, α-Naphthylamin, N.N-Dimethyl-* u. *N.N-Diäthylnaphthylamin, p-Dimethyl-* u. *p-Diäthylaminobenzaldehyd, p.p'-Diaminodiphenylmethan, p-Aminobenzophenon, p-Diäthyl-* u. *p-Dimethylaminobenzophenon, p.p'-Bis-[diäthylamino]-benzophenon* u. *3.7-Diaminoacridin*.
P. Gregorzewski. 4330□

Eine Untersuchung über die antibiotischen Eigenschaften der Wurzeln von Inula helenium, Compositae. W. Olechnowicz-Stępień und H. Skurska. (Postępy Hig. Med. doświadczalnej **15**, 420—22, Juli/Aug. 1960; Wrocław, Ludwik Hirszfeld Inst., Dep. of Pharmacol.; engl.) — Das äther. Öl aus dem Rhizom u. den Wurzeln von *Inula helenium* enthält *Alantolactone*, $C_{15}H_{20}O_2$, F. 72—74°, *Isoalantolacton*, F. 115°, Dihydroalantolacton, $C_{15}H_{22}O_2$, F. 174°, *Alantolsäure*, $C_{15}H_{22}O_3$, F. 94°, *Alantol*, $C_{10}H_{16}O$, Kp. 200° u. *Azulen*. Die Inhaltsstoffe werden papierchromatograph. getrennt u. die einzelnen Flecke auf ihre antibiolog. Wrkg. getestet u. gefunden, daß nur *Alantolactone* antifungale Aktivität besitzen, u. zwar gegenüber *Staphylococcus, Sarcina* (*lutea, aurantia* u. *rosea*), einige *Shigellae, Brucella abortus, Bacillus anthracis, Corynebacterium diphtheriae, Mycobacterium tuberculosis* u. *Penicillium* sp.
P. Gregorzewski. 4340□

Untersuchungen über die Wirkungsweise der antifungalen Heptaenantibiotica. Y. Henis und N. Grossowicz. (J. gen. Microbiol. **23**, 345—55, Okt. 1960; Jerusalem, Hebrew Univ., Hadassah Med. School, Dep. of Bact.; engl.) — Es wird die Wrkg. von *Heptamycin* (**I**) auf die Respiration von *Candida albicans* untersucht. **I** inhibiert beträchtlich die Oxydation von Pyruvat, Lactat u. Trehalose, nur geringfügig die von Glucose, Acetat, Acetaldehyd u. Äthanol. Die anaerobe Glykolyse wird signifikant gehemmt. **I** hemmt die Oxydation der aufgezählten Substanzen durch Blockierung des Eindringens in die Zellen. Zellfreie *Trehalose*-Präpp. aus *C. albicans* oder *Brenztraubensäurecarboxylase* werden durch **I** nicht gehemmt. Außerdem hemmen **I**, *Candicidin B, Ascosin, Trichomycin* u. *Amphotericin B* die Phosphataufnahme nichtproliferierender Suspensionen von *C. albicans*, dagegen wird die Veresterung von anorgan. Phosphat durch zellfreie Extrakte nicht gehemmt. Es wird angenommen, daß die fungistat. Wrkg. der Heptaenantibiotica in der Hauptsache in einer Verhinderung der Phosphataufnahme besteht.
P. Gregorzewski. 4340□

Über das Thiamin abbauende Bakterium. P und T Stämme. Michio Liao, Yoshitaro Fukuda und Tsutomu Higashiura. (Vitamins [Kyoto] **25**, 395—97, 1962; Osaka, Osaka Red Cross Hosp., Res. Labor.; jap., Auszug: engl.) — Vff. fanden, daß die von Cang isolierten, *Thiaminase* bildenden Bakterienstämme P u. T_3 in ihrem morpholog., biolog. u. dem Verh. in der Kultur sich vom m-Sta mm von *Bacillus thiaminolyticus* zwar etwas unterscheiden, daß sie aber trotzdem als zu *B. thiaminolyticus* gehörig zu betrachten sind u. keine neuen Species des Genus Bacillus darstellen.
W. Hiller. 4350□

Lokalisierung des Gruppenantigens der Streptococcus-D-Gruppe. Dorothy Jones und P. M. Frances Shattock. (J. gen. Microbiol. **23**, 335—43, Okt. 1960; Reading, Univ., Dep. of Microbiol.; engl.) — Serolog. wird nachgewiesen, daß das D-gruppenspezif. *Streptococcusantigen* nicht in der Zellwand, sondern im Zellinnern als Bestandteil des Cytoplasmas lokalisiert ist. P. Gregorzewski. 4370□

Die Hemmwirkung des Guanidins auf die Vermehrung der Enteroviren, speziell des Poliovirus. B. Loddo, W. Ferrari, G. Brotzu und A. Spanedda. (Boll. Ist. sieroterap. milanese **41**, 111—20, März/April 1962, Univ. di Cagliari, Ist. di farmacol., di igiene e di microbiol.; ital.) — *Guanidin* (**I**) hemmt deutlich die Vermehrung von 16 Poliovirusstämmen u. läßt 6 andere Virusarten unbeeinflußt. Auf diesen Beobachtungen läßt sich eine Klassifikation der Viren aufbauen. Die Wrkg. geht nicht auf eine Denaturierung der Viren oder Wirtszellen zurück, sondern **I** hemmt einen Prozeß, der für den Aufbau der Viren unabdingbar ist. Weder Vitamine noch Aminosäuren, Purine u. Pyrimidinbasen können diese Wrkg. aufheben. In vivo an der Maus ist die Aktivität geringer. Bei den näheren u. ferneren Derivv. des **I** ist die Wrkg. schwächer

(*Amino-I*, *N.N'-Anhydro-bis-[β-hydroxyäthyl]-biguanid*, *Deka-* u. *Dodekamethylenbiguanid*, *Dodecyl-I*, *Benzoyl-I*, *Nicotinoyl-I*, *Dimethylbiguanid*, *β-Phenethylbiguanid*, *Sulfaguanidin*, *Acetylsulfaguanidin*. Weitere 50 getestete Verbb. (Aminosäuren, Harnstoff-Verbb., Vitamine u. a.) zeigten diese Wrkg. nicht. K.-W. Glombitza. 4374□

Der Vergleich der Reaktionsart von Virusinhibitoren der Muschel (Mytilus edulis var. galloprovincialis) und der portugiesischen Auster (Crassostrea angulata) auf das Tabakmosaikvirus. Pierre Limasset. (C. R. hebd. Séances Acad. Sci. **253**, 2427—29, 10/11. 1961; franz.) — Extrakte der portugies. Auster verhielten sich gegenüber der für Tabakmosaikvirus überempfindlichen Tabakvarietät *Xanthi n.c.* bloß als Inhibitoren des Einbaues, während jene der Muschel die Vermehrung des bereits eingebauten Virus hemmten. L. Macher. 4374□

E₄. Pflanzenchemie. Pflanzenphysiologie. Pflanzenpathologie

Die Vermeidung von Verlusten bei der chromatographischen Isolierung von Carotin an Al_2O_3. I. Klimeš. (Sborník českoslov. Akad. zemědělských Věd, živočišná Výroba veterin. Med. **3** (**31**), 693—706, Sept. 1958.) — Zur Vermeidung von *Carotin* (I)-Verlusten bei der chromatograph. Aufarbeitung von frischen, getrockneten, silierten oder tiefgekühlten Pflanzen an Al_2O_3 schlägt Vf. eine Elution mit Ae.-Benzin 1:3 vor, u. zwar mit einer Menge, die um 30 ml höher ist als die notwendig erscheinende (Beobachtung mit bloßem Auge). Die Durchlauf-Geschw. soll 2 Tropfen/Sek. betragen. Die Aktivität des Al_2O_3 wird hier mit I- u. *Lykopin*-Lsg. (Tomatenextrakt) bestimmt.
U. Baumann. 4400

Verteilungschromatographische Trennung von Chlorophyllen und Carotinoiden grüner Pflanzen an Dünnschichten. A. Hager und Thea Bertenrath. (Planta **58**, 564—68, 1962; München, Univ., Bot. Inst.; dt.) — Zur besseren Trennung von *Chlorophyllen* u. *Carotinoiden* schlagen Vff. eine Dünnschichtchromatographie vor, bei der Glasplatten mit einer ca. 250 μ dicken Schicht aus 12 g Kieselgur, 3 g Kieselgel, 3 g $CaCO_3$, 0,018 g $Ca(OH)_2$ u. 55 ml Ascorbinsäure-Lsg. ($5 \cdot 10^{-3}$m) bestrichen werden. Aufgetragen wird ein Acetonextrakt aus Blättern. Als Trennungsmittelgemisch wird verwendet: 100 ml Bzn. (100—140°) + 10 ml Isopropanol + 0,25 ml W.; Laufzeit ca. 50 Minuten. Die Farbstoffzonen werden abgeschabt u. in einer Fritte mit A. 98% (Xanthophylle) u. n-Hexan (Carotin) eluiert. Der Zusatz von Ascorbinsäure soll die Oxydation der Farbstoffe u. damit ihr Verblassen verhindern. W. Hiller. 4400□

Nichtdestruktive Methode zur Bestimmung des Chlorophyllgehalts von Blättern. H. M. Benedict und R. Swidler. (Science [Washington] **133**, 2015—16, 23/6. 1961; South Pasadena, Calif., Southern California Labor., Stanford Res. Inst.; engl.) — Zum Studium der Zunahme des *Chlorophyll* (I)-Geh. chlorot. Blätter (Sojabohne u. Valenciaorange) nach Eisengaben entwickelten Vff. ein Verf. zur Best. des I-Geh. durch Reflexionsmessung. Ein mit Reflexionszusatz versehenes Colorimeter (Bausch u. Lomb Spectronic 20) diente zur Messung des reflektierten Lichts, wobei sich maximale Unterschiede zwischen chlorot. u. grünen Blättern bei 570 mμ dem Absorptionsmaximum des I ergaben. Bessere Ergebnisse wurden erzielt, wenn ein 625-mμ-Filter zwischen Blatt u. $MgCO_3$-Reflexionsoberfläche eingeschaltet wurde. Hans Thiele. 4400□

Zur Wahl der organischen Lösungsmittel bei der Gewinnung von Chloroplasten in nichtwässerigem Milieu. R. Thalacker und M. Behrens. (Experientia [Basel] **16**, 165—66, 15/4. 1960; Gießen, Justus-Liebig-Univ., Physiol.-Chem. Inst.; dt.) — Bei der Gewinnung der Chloroplasten mit organ. Lsgm. ist die Höhe des Lipidverlustes sowohl vom Lsgm. als auch vom Unters.-Material abhängig. Bei *Elodea canadensis* als Ausgangsmaterial werden weniger Lipide entzogen als bei Spinat u. Tabak. Von den untersuchten Lsgm. mit einem spezif. Gew. unter 1 lösen die aliphat. KW-Stoffe wenig Lipide. Ae., Bzl., Toluol u. Xylol lösen viel Lipide. Die größten Mengen waren in Chlf. + 1% A. gelöst (5 ml mehr als in aliphat. KW-Stoffen), CCl_4 nahm eine Mittelstellung ein. Da für die Isolierung der Chloroplasten in der Regel Fll. mit einem spezif. Gew. über 1 verwendet werden, empfehlen Vff. eine Kombination von PAe., Pentan, Hexan oder Heptan mit CCl_4. W. Hiller. 4400□

Chemische Untersuchung von Swertia corymbosa. T. R. Govindachari, P. C. Parthasarathy und S. Rajappa. (J. sci. ind. Res. [New Delhi], Sect. B **18**, 175—76, April 1959; Madras, Presidency Coll., Dep. of Chem.; engl.) — Im Ae.-Extrakt wird *Oleanolsäure*, $C_{30}H_{48}O_3$, F. 308—310°, *-methylester*, $C_{31}H_{50}O_3$, F. 200°, $[\alpha]_D^{30}$ +74 (Chlf.), u. *-methylesteracetat*, F. 221—223°, identifiziert. Alkaloide werden nicht gefunden.
P. Gregorzewski. 4420□

Chemische Untersuchung von Lochnera rosea. B. N. Nazir und K. L. Handa. (J. sci. ind. Res. [New Delhi], Sect. B, **18**, 175, April 1959; Jammu, Regional Res. Labor.; engl.) — Der alkohol. Extrakt von *Lochnera rosea*-Wurzeln enthält 1,22% Alkaloide, wovon 0,0195% auf *Reserpin* entfallen. P. Gregorzewski. 4420□

Chemische Untersuchung von Randia malabarica und Randia dumetorum. T. R. Govindachari, P. C. Parthasarathy und S. Rajappa. (J. sci. ind. Res. [New Delhi], Sect. B, **18**, 175, April 1959; Madras, Presidency Coll., Dep. of Chem.; engl.) — Aus dem ätherlösl. Anteil des Acetonextraktes der Wurzeln beider Pflanzenarten wird aus dem bicarbonatlösl. Teil *Scopoletin*, $C_{10}H_8O_4$, F. 203—205°, isoliert u. identifiziert. P. Gregorzewski. 4420□

Die jahreszeitliche Veränderung im Gehalt an Alginsäure, Mannit, Laminarin und Fucoidin bei der Braunalge Ecklonia radiata. C. M. Stewart und H. G. Higgins und Sue Austin. (Nature [London] **192**, 1208, 23/12. 1961; South-Melbourne, Commonwealth Sci. and Ind. Res. Organizat., Div. of Forest Products; engl.) — Unterss. mit verschiedenen Organteilen von *Ecklonia radiata* ergeben eine starke jahreszeitliche Änderung im Geh. an *Alginsäure, Mannit* u. *Laminarin*. Der Geh. an *Fucoidin* ist niedrig u. verändert sich im Verhältnis zum Trocken-Gew. nur wenig. D. Groß. 4420□

Chemische Untersuchung indischer Flechten. 21. Mitt. **Vorkommen von Fallacinal in Teloschistes flavicans.** T. R. Rajagopalan und T. R. Seshadri. (Proc. Indian Acad. Sci., Sect. A **49**, 1—5, Jan. 1959; Delhi, Univ., Dep. of Chem.; engl.) — 19. vgl. C. **1959**, 11587. — Vff. isolieren aus *Teloschistes flavicans* durch Extraktion mit heißem Chlf. u. Versetzen mit A. *Fallacinal* (I), F. 250—252°, orangerote Nadeln aus Chlf.–A. oder Bzl., I-*2.4-Dinitrophenylhydrazon*, F. 320—322°, I-*Acetat*, F. 181—183° u. aus der Chlf.–A.-Mutterlauge der I-Kristallisation *Physcion* (II), F. 204—206°, orangerote Nadeln u. Platten, aus Chlf.–A., II-*Dimethyläther*: F. 224—225°, gelbe Nadeln aus Chlf.–Äthylacetat. Aus dem Chlf.–A.-Extrakt läßt sich I auch durch Behandlung mit 2.4-Dinitrophenylhydrazin von II, das mit dieser Verb. nicht reagiert, abtrennen. Aus Eisessig enthaltender Dioxan-Lsg. wird II mit Hilfe von Girard's-Reagens isoliert. Die Flechten enthalten I u. II in einem Mengenverhältnis von 1:4 u. kein *Teloschistin* (III). I ist in wss. Na_2CO_3- u. $NaHCO_3$-Lsg. unlösl., aber purpurrot lösl. in wss. NaOH. Die alkal. Lsg. liefert beim Stehen einen violetten Nd., der mit alkohol. $FeCl_3$-Lsg. eine rotbraune Färbung ergibt u. sich in konz. H_2SO_4 orangerot löst. Durch partielle Methylierung von *Citreorosein* (ω-Hydroxyemodin, F. 288°) in Aceton mit Dimethylsulfat–Na_2CO_3 (4 Std. Rückfluß) wird III (F. 243—244°, orangegelbe Nadeln; *Acetat*: F. 193—194°; gelbe Nadeln) gebildet, das durch Oxydation mit akt. MnO_2 in Bzl. in I übergeführt werden kann. P. Fahrnlaender. 4420□

Über Protistocidin. P. Mäsiar und A. Nicák. (Collect. czechoslov. chem. Commun. **26**, 2259—65, Sept. 1961; Košice, P. J. Šafarik Univ., Dep. of Biochem. and Dep. of Pharmacol.; engl.) — Die Ae.-Chlf.-Fraktion des wss. Extraktes der Blüten des Weißdorns enthält Stoffe mit antiprotozoaler Wrkg., die an Al_2O_3 getrennt wurden. Zur Elution wurden Gemische von PAe., Ae., A. u. 0,01n HCl angewendet. Der Verlauf der Chromatographie wurde im UV verfolgt u. die biolog. Aktivität an *Tetrahymena* (Glaucoma) *pyriformis* gemessen. Es wurden 4 akt. Komponenten isoliert. *Protistocidin A*, mit PAe. desorbierbar, maximale Absorption bei 300 mμ. *Protistocidin B* (Hauptanteil) mit Ae. desorbierbar, maximale Absorption bei 255 mμ. *Protistocidin C*, mit Ae. unter Zugabe von 5—10% A. desorbierbar, maximale Absorption bei 270 mμ. *Protistocidin D* konnte weiter nicht charakterisiert werden. Der ursprüngliche Extrakt besteht wesentlich aus Protistocidin-negativen Stoffen. B. Meloun/Prag. 4420

Die chemische Zusammensetzung des ätherischen Öls aus Inula-racemosa-Wurzeln von in Jammu und Kachmir wachsenden Pflanzen. Gurmit Singh, Vishwa Paul und K. L. Handa. (J. sci. ind. Res. [New Delhi], Sect. B **18**, 351—52, Aug. 1959; Jammu, Regional Res. Inst.; engl.) — Vgl. C. **1962**, 4013. — Aus den Wurzeln werden durch Wasserdampf-Dest. 2,6% u. durch PAe.-Extraktion 5,7% halbfestes äther. Öl gewonnen. Durch Kühlen werden 3 krist. Fraktionen erhalten: FF. 90—100, 64—68 u. 56—60°. Die 1. Fraktion enthält als Hauptbestandteil *Isoalantolacton*, F. 111—112°, *Amid*, F. 239—240°. Die 2. u. 3. Fraktion bestehen aus *Alantolacton*, F. 71—72°, *Säure*, F. 94°, *Amid*, F. 205—206°. Das Öl besteht z. T. aus nichtidentifizierten Sesquiterpenen. P. Gregorzewski. 4420□

Entwicklung von Öl in den Samen von Helianthus annuus. C. Y. Hopkins und Mary J. Chisholm. (Canad. J. Biochem. Physiol. **39**, 1481—87, Okt. 1961; Ottawa, Nat. Res. Council, Div. of Pure Chem.; engl.) — Der Öl- u. Fettsäure-Geh. wurde bei *Helianthus annuus* in regelmäßigen Abständen untersucht. Die Öl-Bldg. beginnt ca. 10 Tage nach der Blüte. Nichts deutete darauf hin, daß sich in den Samen ein Intermediärprod.

anreichert, das später in Öl umgewandelt wird. Der Geh. an *Ölsäure* (**I**) u. *Linolsäure* (**II**) nimmt bis zur Reife ständig zu, der von *Palmitinsäure* u. *Stearinsäure* bleibt nahezu konstant. Zu Beginn der Entw. wird hauptsächlich **I** gefunden, später vor allem **II**. Da kaum Schwankungen im Geh. der langkettigen, gesätt. Säuren gefunden wurden, ist anzunehmen, daß diese bei der Synth. ungesätt. Fettsäuren keine Rolle spielen. Die Fettsäuren wurden gaschromatograph. bestimmt. U. Mothes. 4420□

Beitrag zur Untersuchung der nichtverseifbaren Substanzen des Ricinusöls. Émile André und Jacques Henry. (C. R. hebd. Séances Acad. Sci. **254**, 1143—45, 5/2. 1962; École pratique des Hautes Études, Labor. des Oléagineux; franz.) — Vff. stellen fest, daß zur Best. des unverseifbaren Restes in *Ricinusöl* die Extraktion mit Äther höhere u. zuverlässigere Resultate ergibt als die mit Petroläther.
M. Wiedemann. 4420□

Indolderivate im Apfel. Gisela v. Raussendorff-Bargen. (Planta **58**, 471 bis 482, 1962; Bonn, Univ., Inst. für Obstbau; dt.) — In verschiedenen vegetativen u. generativen Geweben von Apfel fanden sich stets dieselben Wuchsstoffe (festgestellt mit Hilfe des Weizenkoleoptilzylindertestes) jedoch in verschiedenen quant. Verhältnissen vor. Im Fruchtfleisch verschiedener Apfelsorten wurden folgende Verbb. gefunden: *Malonyltryptophan, Indol-3-carbonsäure, 2-Hydroxyindolyl-(3)-essigsäure* (**IV**), *Indolyl-(3)-essigsäure* (**III**), *Indol-3-aldehyd* (**I**) u. *Indolyl-(3)-essigsäureäthylester* (**II**). **I** war vor allem in reifen u. **II** in unreifen Früchten vorhanden. Teilweise wurde auch *Indol-3-acetamin* (**V**) gefunden. **III, IV** u. **V** verursachten die Wuchsstoff-Wrkg. im Koleoptilzylindertest.
W. Hiller. 4420□

Die phenolischen Bestandteile von Prunus domestica. 3. Mitt. **Identifizierung der Hauptbestandteile in den Geweben der Victoriapflaume.** W. E. Hillis und T. Swain. (J. Sci. Food Agric. **10**, 533—37, Okt. 1959; Cambridge, Low Temp. Res. Stat.; engl.) — 2. vgl. C. **1962**, 523. — Bei der zweidimensionalen Papierchromatographie der Methanolextrakte frischer Blätter, der äußeren Rinde u. des Holzgewebes von *Prunus domestica*, var. Victoria, zu verschiedenen Jahreszeiten konnten durch R_F-Werte u. UV-Spektren mit Sicherheit identifiziert werden: *Scopoletin* (**I**), (+)-*Catechin* (**II**), (—)-*epi-Catechin* (**III**), *Rutin* (**IV**) u. *Chlorogensäure* (**V**). Daneben sind als wahrscheinlich nachgewiesen *iso-Quercitrin* (**VI**) u. ein Leukoanthocyan, sowie eine Reihe von mit diazotiertem p-Nitroanilin bzw. mit Vanillin u. HCl positiv reagierende Verbb. u. eine Anzahl nicht identifizierter Substanzen. Die Verteilung der phenol. Bestandteile ist jahreszeitlich nur wenig, in den verschiedenen Pflanzengeweben jedoch sehr unterschiedlich: Verbb. **IV, V** u. **VI** werden ausschließlich in Blättern u. Blattstielen, andere nur im Holz- bzw. Holz- u. Rindengewebe gefunden. — 16 Literaturangaben. H. Spohn. 4420□

Pigmentanalytische Untersuchungen an Oenothera. 1. Mitt. **Vorversuche und Analyse der Blätter und Blüten von Oenothera suaveolens Desf., Mutante Weissherz.** Franz Schötz. (Planta **58**, 411—34, 1962; München, Univ., Bot. Inst. u. Bot. Garten; dt.) — Die grünen Blätter der Mutante enthalten folgende Pigmente in abnehmender Konz.: *Chlorophyll a, b, β-Carotin, Lutein, Violaxanthin, Neoxanthin, Zeaxanthin* u. *Luteinepoxid.* Die gelblichweißen Blätter weisen geringere Pigment-Geh. im Vgl. zu den grünen auf. Die Reihenfolge nach abnehmender Konz. ist jedoch anders: Chlorophyll a, b, Lutein, Violaxanthin, β-Carotin, Leuteinepoxid, Zeaxanthin, Neoxanthin. Der Gesamtpigment-Geh. der gelblichweißen Blätter beträgt ca. $^1/_3$ des Geh. der grünen. Die Blütenblätter zeigen im Verlauf ihrer Entw. eine ständige Abnahme an Pigmenten. Violaxanthin wird in Blüten zum häufigsten Carotinoid, daneben reichert sich ein weiteres Carotinoid N auf das 50fache an, das vermutlich aus 2 Xanthophyllen mit veresterten Hydroxylgruppen besteht. W. Hiller. 4420□

Untersuchungen über Öffnung und Anthocyangehaltsveränderungen der Blüten von Cichorium intybus im Licht–Dunkel-Wechsel und unter konstanten Bedingungen. Dietmar Todt. (Z. Bot. **50**, 1—21, März 1962; Tübingen, Univ., Bot. Inst.; dt.) — *Cichorium intybus* wird bei verschiedenen Photoperioden kultiviert u. der Anthocyan-Geh. der Blätter bestimmt. Bei einem Licht–Dunkel-Wechsel von 12:12 u. 15:9 Stunden sind in der Mitte der Licht- u. Dunkelphase Maxima der Anthocyansynthese. Beim 18-Std.-Cyclus (9:9 Std.) zeigt sich zur Mitte der Lichtphase ein Minimum u. gegen Ende der Licht- u. Dunkelphase je ein Maximum. Im 9:9-Std.-Cyclus erfolgt das Synth.-Maximum zu festen Zeiten im 12-Std.-Intervall. W. Hiller. 4420□

Das Ascorbinsäuresystem im Pflanzengewebe. 1. Mitt. **Einfluß verschiedener Extraktionsmethoden auf die Bestimmung der Dehydroascorbinsäure.** J. Barker und L. W. Mapson. (New Phytologist **58**, 58—67, April 1959; Cambridge, Univ., Bot. School, Dep. of Sci. and Ind. Res., Low Temp. Stat. for Res. in Biochem. and Biophysics; engl.) —

Bei der Extraktion von Pflanzengewebe mit HPO_3 (I) bei Zimmer-Temp. findet eine gewisse Oxydation von *Ascorbinsäure* (II) zu *Dehydro*-II statt. Diese Oxydation wird verringert, aber nicht ausgeschaltet, wenn mit I bei -3^0 oder mit Methanol-I bei -70^0 in Abwesenheit von O_2 extrahiert wird. Bei diesen Verff. findet man die niedrigsten Werte für Dehydro-II. Die Extraktion bei -70^0 erfolgt unmittelbar nach vorausgegangenem Schnellgefrieren des Gewebes. Bei längerem Verbleib im gefrorenen Zustand tritt verstärkte Oxydation von II auf. Ph. Fresenius. 4425□

Forschung über den β-Carotin- und Vitamin-E-Gehalt der Futterpflanzen Medicago sativa L. (Luzerne). V. Lautner. (Sborník českoslov. Akad. zemědělských Věd, Živočišná Výroba veterin. Med. **3 (31)**, 707—22, Sept. 1958.) — Luzernevarianten verschiedener Standorte werden in verschiedenen Vegetationsphasen u. Schnittzeiten auf ihren *β-Carotin-* (I), *Vitamin-E-*(II), Gesamt-*N-* u. Wasser-Geh. untersucht. Dabei werden je nach Standort u. Variante erhebliche Unterschiede festgestellt. Die intensive II-Bldg. tritt erst nach der maximalen I-Speicherung ein. U. Baumann. 4425

Einige Beobachtungen über die Kalium-Anreicherung in Maiswurzelmitochondrien. J. S. Kahn und J. B. Hanson. (Plant Physiol. **34**, 621—29, Nov. 1959; Urbana, Ill., Univ. of Illinois, Dep. of Agronom.; engl.) — Wurzeln von keimendem Mais wurden in Rohrzucker/Kaliumphosphat unter Zusatz von Äthylendiamintetraessigsäure homogenisiert, zur Entfernung der Kerne bei 3000·*g* u. zur Isolierung der Mitochondrienfraktion (M) bei 21000·*g* zentrifugiert. Es wurden Atmung u. Phosphorylierung (Ph) der M unter Zusatz von α-Ketoglutarsäure bzw. Bernsteinsäure in Relation zur Akkumulation (AK) von *K* gemessen. Das Verhältnis μ Atome O_2 (verbraucht):μMol K (akkumuliert) war nicht konst. u. betrug 10—100. Die Ph von M wurde durch Dinitrophenol oder Methylenblau gehemmt, jedoch nicht die AK von Kalium. Bei Verw. von *Ascorbinsäure* (I) als Substrat findet AK von K, jedoch keine Ph statt. Die Oxydation von I wird durch Cytochromoxydase beeinflußt. Die M zeigt während der Inkubation einen Verlust an Phospholipiden, der durch Zugabe von Glycerophosphat u. Acetylcholin partiell aufgehoben werden kann. R. Strufe. 4450

Die mögliche Rolle von Adenosintriphosphat auf die Rubidiumabsorption durch Messung des Einflusses von externem Phosphat, Dinitrophenol und Arsenat. N. Higinbotham. (Plant Physiol. **34**, 645—50, Nov. 1959; Washington State Univ., Dep. of Bot.; engl.) — Es wurde die Atmung (At) u. ^{86}Rb-Absorption (Ab) von Erbsenepicotylengewebe bei pH 4,8—5,0 unter dem Einfl. verschiedener Verbb. untersucht. In Ggw. von Indolylessigsäure u. Saccharose wird die *Rb*-Aufnahme durch Zusatz von Phosphat nicht beeinflußt. Dagegen wird durch *2.4-Dinitrophenol* (I) die At gefördert, die Rb–Ab aber inhibiert. Es wird angenommen, daß die Rb–Ab mit der oxydativen Phosphorylierung gekoppelt ist u. I als Entkoppler von At u. Phosphorylierung entweder durch Erhöhung der Hydrolysenrate von Adenosintriphosphat (ATP) oder durch Inhibierung der ATP-Bldg. auch die Rb–Ab hemmt. Zusätzlich wird auch die Aufnahme von Phosphat durch I beeinflußt. Ähnlich wie I wirkt Natriumarsenat. R. Strufe. 4450

Chemotaxis von Zoosporen gegenüber Wurzelexsudaten. George A. Zentmyer. (Science [Washington] **133**, 1595—96, 19/5. 1961; Riverside, Calif., Univ. of California, Dep. of Plant Pathol.; engl.) — Die Zoosporen eines im Erdboden vorkommenden pflanzlichen pathogenen Pilzes, *Phytophthora cinnamomi*, zeigen gegenüber Wurzelexsudaten von Avocado-Sämlingen eine deutliche Chemotaxis, die ebenso wie die Chemotropie ihrer Keimtuben in direkter Beziehung zur Infektion u. Krankheits-Entw. stehen. B. Görlich. 4455□

Die räumliche Verteilung von ^{35}S und die Art der markierten Verbindungen in Spinatblättern nach Begasung mit $^{35}SO_2$. Josef Weigl und Hubert Ziegler. (Planta **58**, 435—47, 1962; Darmstadt, TH, Bot. Inst.; dt.) — Vff. geben eine Meth. zur elektrophoret. Trennung von Sulfit, Sulfat, S-haltigen Aminosäuren u. N-Äthylmaleinimid-Verbb. durch SH-haltige Aminosäuren an. Wurden Spinatpflanzen mit 50 ppm $^{35}SO_2$ bei Licht intermittierend begast, so war nach 7 Std. Begasung ^{35}S in den Stomata 2—5mal mehr angereichert als im übrigen Blatt. SO_2 wurde rasch in *Cystein* u. *Glutathion* eingebaut, weiterhin fand eine Oxydation zu Sulfat statt. W. Hiller. 4460□

Absorption, Translokalisation und Stoffwechsel von auf Apfelblättern applizierter 1-Naphthylessigsäure. L. C. Luckwill und C. P. Lloyd-Jones. (J. horticult. Sci. **37**, 190—206, Juli 1962; Bristol, Univ., Long Ashton Res. Stat.; engl.) — $^{14}C_{(COOH)}$-*Naphthylessigsäure* (I) wurde in einer 20 ppm Lsg. auf Blätter unter Glas stehender Pflanzen gesprüht. Nach 4 Tagen befanden sich 10% der Aktivität auf den Blättern, 10% innerhalb der Blätter u. 80% waren verlorengegangen. Apfelblätter decarboxylieren I nicht, I wird jedoch durch UV abgebaut. Die Aufnahme von I in das Blatt verläuft rasch, solange das Blatt feucht ist, bei abgetrocknetem Blatt jedoch langsam; das Eindringen ist dann von der Feuchtigkeit der Luft abhängig. I zu den Basalblättern angewandt, wurde in die Früchte transportiert. $^3/_4$ des I waren jedoch in einer anderen Form. Wurde I über den Transpirationsstrom in abgeschnittene Blätter gegeben, so wurden 80—90% des I in eine in W. lösl. Additions-Verb. umgewandelt, die neutrale Rk. u. keine Auxinaktivität besitzt. Nach weiteren Tagen bildet sich eine zweite Additions-Verb. mit saurer Reaktion. W. Hiller. 4460□

Die Überführung von Glycin in Serin bei Zea mays. A. H. Hauschild. (Canad. J. Biochem. Physiol. **37**, 887—94, Juli 1959; Toronto, Ontario, Canada, Univ., Dep. of Bot., Connaught Med. Res. Labor.; engl.) — Mit NaOCl sterilisierter Mais wird in Dunkelheit zur Keimung gebracht u. die Wurzelspitzen in Na-Phosphatpuffer (pH 7,2) bei 0° homogenisiert. Nach dem Zentrifugieren (10 Min. bei 500·*g*) wird der Überstand mit Dowex-1 zur Entfernung von Tetrahydrofolsäure behandelt u. dialysiert. Auf papierchromatograph. Wege wurde festgestellt, daß das Dialysat (D) *Glycin* (**I**) in Ggw. von CH_2O u. *Tetrahydropteroylglutaminsäure* (**II**) in *Serin* (**III**) überführen kann. *Pyridoxalphosphat* (**IV**) dient als weiterer Cofaktor. Das pH-Optimum der Rk. liegt zwischen 6,6 u. 7,0. Die Gleichgewichts-Konst. für die Rk. I + $CH_2O \rightarrow$ III beträgt $3,1 \cdot 10^3$. Das Enzym, das diese Rk. katalysiert, läßt sich vorwiegend in der lösl. Zellfraktion nachweisen. R. Strufe. 4460

Das Schicksal des Sauerstoffs aus dem anorganischen Phosphat bei der Photophosphorylierung. A. R. Schulz und P. D. Boyer. (Arch. Biochem. Biophysics **93**, 335—37, Mai 1961; Stillwater, Okla., Oklahoma State Univ., Dep. of Biochem.; Minneapolis, Minn., Univ. of Minnesota, Dep. of Physiol. Chem.; engl.) — Der Einbau von PO_4^{3-} in ATP während der Photophosphorylierung in Spinatchloroplasten wurde verfolgt. Das aufgenommene PO_4^{3-} findet sich ausschließlich in dem terminalen Phosphatrest des ATP wieder. Der terminale Brückensauerstoff der ATP kommt nicht aus dem PO_4^{3-}. Bei einer Inkubation der Chloroplasten im Dunkeln oder im Licht findet kaum ein Austausch zwischen dem O-Atom des PO_4^{3-} u. dem O-Atom des W. oder des im ATP eingebauten PO_4^{3-} statt. M. Lorenz. 4460□

Die Reaktion von Chloroplastencytochromen auf Licht und Substrate. H. Lundegårdh. (Nature [London] **192**, 243—48, 21/10. 1961; Penningby, Sweden; engl.) — Übersicht. Vork. u. %-Satz von Cytochromen in den Chloroplasten, Rk. auf Licht, Einfl. von Substratfaktoren auf die Lichtreaktion. — 23 Literaturangaben. K. Maier. 4460□

Die Hauptwege des Atmungsstoffwechsels bei den höheren Pflanzen. J. W. Szarkowski. (Postępy Biochem. **4**, 333—46, 1958; Polsk. Akad. Nauk, Inst. Biochem. i Biofiz.) — Überblick: Saccharose u. Stärke, Glykolyse u. Oxydation der Brenztraubensäure, H- u. Elektronenüberträger, Endoxydasen. — 45 Literaturhinweise. R. K. Müller. 4462□

Molybdän-Mangan-Eisen-Antagonismus bei der Ernährung von Tomatenpflanzen. Gerald C. Gerloff, P. R. Stout und L. H. P. Jones. (Plant Physiol. **34**, 608—13, Nov. 1959; Berkeley, Calif., Kearney Foundation of soil science; engl.) — Tomatenpflanzen (TP) wurden in Nähr-Lsg. verschiedenen Konzz. ausgesetzt u. das Trockengew. der TP, der Grad der Eisenmangelchlorose (EC) u. der Geh. an Fe, Mn u. Mo nach Applikation von $FeSO_4$ bzw. $(NH_4)_6Mo_7O_{24}$ bestimmt. Die durch Mn induzierte EC wird durch Mo (0,7 ppm) verstärkt. Sowohl durch steigende Dosen von Mn (0,27—21,6 ppm) als auch durch Erhöhung der Mo-Konz. (0,7—6,7 ppm) im Nährmedium nimmt der Fe-Geh. u. das Wachstum der TP ab. Es wird angenommen, daß sich ein Fe-Co-Präcipitat geringer Löslichkeit in der TP bildet. R. Strufe. 4470

Über den Mechanismus der Aufnahme von Mineralsalzen bei der Wurzelbildung von Pflanzen. S. Guminski. (Postępy Biochemii **4**, 301—12, 1958; Wrocław, Uniw., Wyż. Szkoła Roln., Zakł. Fizjol. Roślin.) — Übersicht über Verss. u. Theorien zur Aufklärung des Mechanismus der selektiven Aufnahme von anorgan. Salzen während der Wurzelbildung. — 21 Literaturhinweise. R. K. Müller. 4470□

Die Rolle des Auxins bei der epinastischen Krümmung plagiotroper Seitensprosse von Coleus blumei Benth. Heinz Leike und Hermann v. Guttenberg. (Planta **58**, 453—70, 1962; Rostock, Univ., Bot. Inst.; dt.) — Vgl. C. **1962**, 17091. — Die für die epinast. Krümmungen erforderlichen Auxine werden bei intakten Pflanzen in jüngeren Blättern gebildet. Diese Blätter lassen sich durch Auftragen einer 0,1%ig. *Indolylessigsäure* (**I**)-Paste auf die Schnittstelle des dekapitierten Sprosses ersetzen. Die resultierende Krümmung ist vom Ort der Anwendung unabhängig. Die Wasseraufnahme von isolierten Sproßhälften wird durch I gefördert. W. Hiller. 4485□

Die Wirkung von 9 verschiedenen Gibberellinen auf Stengelelongation und Blutbildung bei unter nicht induktiven Bedingungen gewachsenen kältebedürftigen und photoperiodisch reagierenden Pflanzen. Marian Michniewicz und Anton Lang. (Planta **58**, 549—63, 1962; Pasadena, Calif., California Inst. of Technol.; engl.) — Vff. testeten die Wirksamkeit von *Gibberellin* A_1, A_2, A_3, A_4, A_5, A_6, A_7, A_8 u. A_9 auf Stengelelongation u. Blüten-Bldg. bei nicht blüteninduzierten Pflanzen von *Myosotis alpestris* u. *Centaurium minus* (kälteerfordernd), *Silene anneria* u. *Crepis paroiflora* (Langtagspflanzen) u. *Bryophyllum xenatum* (Lang–Kurztagspflanze). In bezug auf Blüten-Bldg. waren bei *M. alpestris* A_7 u. A_1, bei *C. minus* A_3, A_1, A_4, A_7, A_5 u. A_9; bei *S. anneria* A_7; bei *C. parviflora* A_4 u. A_7 u. bei *B. xenatum* A_3, A_4 u. A_7 am wirksamsten. Außer bei *Crepis* war eine Blüten-Bldg. stets mit stärkerer Internodienelongation verbunden. Zwischen chem. Struktur u. Wirksamkeit auf die Blüten-Bldg. wurde keine Korrelation gefunden. W. Hiller. 4485□

Die Beziehungen zwischen Gibberellin und Blütenstimulation bei Bryophyllum daigremontianum. Jan A. D. Zeevaart und Anton Lang. (Planta **58**, 531—42, 1962; Pasadena, Calif., California Inst. of Technol., Div. of Biol.; engl.) — Vff. untersuchen, ob es möglich ist, durch *Gibberellin* (I)-Anwendung die Menge des übertragbaren Blütenstimulans zu erhöhen, um die Beziehungen zwischen I u. dem Stimulans aufzuzeigen. *Bryophyllum daigremontianum* bildet Blütenknospen nur, wenn es vom Lang- in den Kurztag gebracht wird, u. nach I-Anwendung im Kurztag nur bei Nacht-Temp. von 11 u. 15°, jedoch nicht bei 19°. Blätter von I-induzierten Pflanzen eignen sich besser als Donatoren des Blütenstimulans als photoperiod. induzierte. Die durch I induzierten Triebe können auch wieder als Donatoren für das Stimulans fungieren. I u. das Stimulans sind nicht identisch. W. Hiller. 4485□

Einfluß von 2.4-Dichlorphenoxyessigsäure auf den Stoffwechsel von freien Aminosäuren in in vitro kultivierten Geweben von Karotten. Yves Ménoret und Georges Morel. (C. R. hebd. Séances Acad. Sci. **246**, 2652—55, 5/5. 1958; Paris, Acad. des Sci.; franz.) — 60—70 Tage alte Kulturen von *Daucus carota* werden auf frische Nährböden, die mit *Indolylessigsäure* (I) oder *2.4-Dichlorphenoxyessigsäure* (II) versetzt sind, umgepflanzt. Nach ½, 1, 2 u. 4 Std. werden die Kulturen gewogen, mit kochendem A. extrahiert u. aus diesem Extrakt nach Reinigung die *Aminosäuren* bestimmt. Im Nährboden mit I nahm der Geh. an NH_2-Stickstoff stark zu, am 4. Tage war er mehr als doppelt so hoch wie zu Beginn der Versuche. Es ist anzunehmen, daß der Mehrgeh. an N_2 aus dem Protein stammt. Mit II tritt in 12 Std. eine beträchtliche Steigerung des Aminosäure-N-Geh. ein, der aber in den nächsten Tagen ein Abfall bis etwa zum ursprünglichen Zustande folgt. Abgesehen von diesem Unterschied ist die Zus. der Aminosäuren nach 24 Std. in den beiden Wuchsstoffböden wesentlich verschieden. In I sind wesentlich mehr freie Aminosäuren gebildet als in II. P. Nachtwey. 4485□

Beeinflussung des Blühens bei Obstbäumen und Annuellen durch Purine, Pyrimidine und Trijodbenzoesäure. B. Kessler, R. Bak und A. Cohen. (Plant Physiol. **34**, 605—08, Nov. 1959; Rehovoth, Israel, Agricult. Res. Stat.; engl.) — Olivenbäume wurden mit Lsgg. (50 ppm) von *Uracil* (I), *Xanthin* (II), *Coffein* (III), *Adenin* (IV), *Guanin* (V) u. *Trijodbenzoesäure* (VI) besprüht. 1 Monat nach der Behandlung wurde in den Blättern (Bl) der Geh. an RNS, DNS u. A.-unlösl. N bestimmt. Außerdem wurde die Anzahl der Blüten nach der Behandlung ausgezählt. I u. II bewirkten die stärkste Zunahme der Blütenzahl. III wirkte ähnlich. Das Verhältnis RNS/DNS war bei den mit I, II u. III behandelten Bl. gegenüber den Kontrollen höher. Auch der Protein-Geh. der Bl. in Relation zum Gesamt-N war nach Anwendung von I—III deutlich verringert. VI war in der Dosierung von 50 ppm unwirksam, verhielt sich in der Konz. von 500 ppm ähnlich dem II. IV u. V waren unwirksam. Es wird eine enge Beziehung zwischen Blütenanzahl u. RNS/DNS-Relation angenommen. R. Strufe. 4485

Der Einfluß von Trijodbenzoesäure und Harnstoff auf das Verhalten von chlorotischen Citronenbäumen (Citrus limonia) gegenüber einer Blattanwendung von Eisenverbindungen. A. Bar-Akiva und E. J. Hewitt. (Plant Physiol. **34**, 641—42, Nov. 1959; Long Ashton, Bristol, Agricult. Res. Council, Unit of Plant Nutr., Res. Stat.; engl.) — Es wird der Einfl. von *Trijodbenzoesäure* (I) auf die Utilisation von Fe bei normalen u. chlorot. Citrusbäumen bestimmt. Die Messung der Fe-Aufnahme erfolgte unter Verw. von ^{59}Fe als *$FeCl_3$* in Form eines Sprays. Bei allen Bäumen war die Beweglichkeit u. Penetration von $FeCl_3$ gleich. *Harnstoff* (II) erhöht die Chlorophyll-Synth. der Blätter unter Einfl. von $FeCl_3$. Die Wrkg. ist nur auf den Ort der Applikation beschränkt. Durch gleichzeitige Verabreichung von I neben II wird keine Wrkg.-Steigerung von II erzielt. R. Strufe. 4485

Über die Fasciation im generativen Bereich von Lycopersicon esculentum und ihre Beeinflussung durch 2.3.5-Trijodbenzoesäure (Tiba). Oswald Kiermayer. (Planta **58**, 387—410, 1962; Gießen, Univ., Inst. für Pflanzenernährung; Linz a. d. Donau, Österr. Stickstoffwerke; dt.) — *Trijodbenzoesäure* (I) wurde in Konzz. von 10^{-1} bis 10^{-3}% auf Tomatenkotyledonen appliziert. I bewirkte die Ausbldg. ringverbänderter Apices, an denen sich Blütenanlagen mit verschiedenen Veränderungsgraden differenzierten. Höhere

I-Konzz. erhöhten die Anzahl der Ringblüten u. verminderten die Wachstums-Geschw. der Blütenanlagen. I steigert nur bei Sorten die Verbänderung, die von Natur aus dazu neigen, d. h. I intensiviert zwar, aber induziert nicht die Verbänderung.

W. Hiller. 4485□

Wachstumsregulierende Wirkungen von Aminosäuren und Dithiocarbaminsäurederivaten und ihre mögliche Beziehung zur chemotherapeutischen Aktivität. O. M. van Andel. (Phytopathol. Z. **45**, 66—80, 1962; Wageningen, Niederlande, Labor. of Phytopathol.; engl.) — Vf. testet Dithiocarbaminsäure-Derivv. auf ihre Auxinaktivität (Epinastietest), Antiauxinaktivität (Gurkenwurzelwachstumstest) u. chemotherapeut. Aktivität (gegen *Cladosporium cucumerium* in Gurken) u. erhielt folgende Ergebnisse: N.N-Dimethyldithiocarbamate: *S-Carboxymethyl-*; +, —, +. *S-1-Carboxyäthyl-*; +, —, —. *S-[1-Methyl-1-carboxyäthyl]-*; —, +, +. *S-[1-Äthoxycarbäthoxymethyl]-*; —, +, ±. *S-Carboäthoxymethyl-*; +, —, +. *S-[1-Methyl-1-carbäthoxyäthyl]-*; —, +, +. *S-Carbamylmethyl-*; +, —, +. *S-[1-Methyl-1-carbamyläthyl-*; —, +, +. *S-[N'-Methylcarbamylmethyl-*; —, +, +. *S.S'-Bis-[N.N-dimethylthiocarbamyl]-dimercaptoessigsäure*; —, +, +. *S-Carboxymethyl-N.N-diäthyldithiocarbamat*; —, —, —. *—N.N-di-n-butyldithiocarbamat*; —, —, —. *S-Carboxymethylpyrrolin-N-carbodithioat*; —, +, ±. *S-[1-Methyl-1-carboxyäthyl]-pyrrolin-N-carbodithioat*; —, +, —. *Na-Pyrrolidin-N-carbodithioat*; —, +, +. *S-Carboxymethylpyrrolidin-N-carbodithioat*; —, +, +. *S-Carboxymethylpiperidin-N-carbodithioat*; —, +, —. *S-Carboxymethyl-N.N-dimethyldithiocarbamat*; +, —, —. Die analogen Verhältnisse bei den Aminosäuren waren folgende: *d-Serin*; —, +, +. *l-Serin*; —, —, —. *dl-α-*; —, ±, ±. *dl-β-Aminobuttersäure*; —, ±, ±. *dl-α-*; nicht getestet, ±, ±. *dl-β-Aminobuttersäure*; nicht getestet, ±, ±. *γ-Aminobuttersäure*; —, —, —. *dl-β-*; —, —, —. *dl-α-Phenyl-α-alanin*; —, +, +. *dl-β-Phenyl-β-alanin*; +, nicht getestet, +. *l-threo-*; —, +, +. *d-threo-β-Phenylserin*; nicht getestet, +, +. *dl-erythro-β-Phenylserin*; nicht getestet, +, +. *Hippursäure*; —, +, +. Die Dithiocarbaminsäure-Derivv. enthalten sowohl Auxine als auch Antiauxine. Die Wrkg. hängt ab von der Substitution der H-Atome am α-C-Atom u. den N-Methylgruppen. Die Aminosäuren stimulierten das Wachstum während der ersten 24 Stunden.

W. Hiller. 4485□

E₅. Tierchemie. Tierphysiologie. Tierpathologie

Sialsäure und Spezifität der bei der Papierelektrophorese angewandten Schiffschen Perjodsäure–Fuchsin-Reaktion unter besonderer Berücksichtigung des Orosomucoids. Jean Montreuil und Gérard Biserte. (Bull. Soc. Chim. biol. **41**, 959—73, 25/9. 1959; Lille, Fac. de Méd. et de Pharmacie, Labor. de Chimie Biol.; franz.) — Vgl. C. **1961**, 3679. — Es wurde die Spezifität der Schiffschen *Perjodsäure–Fuchsin*-Rk. u. ihre Anwendung zur Auffindung durch Papierelektrophorese getrennter *Mucoide* untersucht. Im Falle des *Orosomucoids* verursacht Hydrolyse des größten Teiles der *Sialsäure* durch verd. H_2SO_4 oder spezif. Enzyme eine bedeutende Abnahme der Färbung. Dieses Verh. wird in bezug auf die Mucoid-Konstit. u. die analyt. Anwendung der Rk. besprochen.

H. Aman. 4500□

Glykogen in den Ciliatenparasiten des Frosches. G. P. Dutta. (Res. Bull. Panjab Univ. [N. S.] **11**, 163—66, Dez. 1960; Chandigarh, Panjab Univ., Dep. of Zool.; engl.) — Es wird nachgewiesen, daß die im Endoplasma der Ciliatenparasiten des Frosches (*Nyctotherus macropharyngeus* u. *Balantidium helenae*) vorhandenen Kohlenhydratkörper aus *Glykogen* bestehen. U. Tausendfreund. 4520

Zwei neue Pteridin-Pigmente in Drosophila melanogaster. C. Baglioni. (Experientia [Basel] **15**, 465—67, 15/12. 1959; Pavia, Univ., Ist. di Genetica; engl.) — Papierchromatograph. werden im roten Augenfarbstoff von *Drosophila melanogaster* (Wildtype Oregon R) neben verschiedenen schwachfluoreszierenden 5 stark fluorescierende, orangefarbene Verbb. nachgewiesen, von denen 3 durch direkten Vgl. mit authent. Präpp. als *Drosopterin* [I; R_F 0,07 (Butanol/Eisessig/W.; 4:1:5); 0,28 (5%ig. HCOOH); 0,13 (20%ig. KCl-Lsg.); Fluorescenz orangefarben], *Isodrosopterin* (II; R_F 0,10; 0,37; 0,22; orangefarben) u. *Neodrosopterin* (R_F 0,04; 0,12; 0,03; rot) identifiziert wurden. Die beiden anderen Verbb., *Fleck-4-Verb.* (R_F 0,08; 0,44; 0,31; orangefarben) u. *Fleck-5-Verb.* (R_F 0,10; 0,47; 0,39; orangefarben) treten im Puppenstadium noch nicht auf; erste zeigt ein dem I fast gleiches UV-Spektrum (vgl. Original), letztere ist wahrscheinlich mit II strukturverwandt. F. Heller. 4520□

Über die fluorescierenden Stoffe aus der Haut eines Frosches Rana nigromaculata. 1. Mitt. Isolierung und Eigenschaften des „Rana-chrom 1". Tadashi Goto und Tadao Hama. (Proc. Japan Acad **34**, 724—29, Dez. 1958; Yokohama-Hiyoshi, Keiô-

Gijuku Univ., Biol. Inst.; dt.) — Aus frischer Haut von 1000 Tieren (2 kg) wurden 70 mg *Rana-chrom 1* (I) isoliert. Die Häute wurden mit 10%ig. Trichloressigsäure extrahiert, nach Filtrieren mit 50%ig. NaOH neutralisiert, vom Nd. getrennt u. bei pH 4,5 mit Hg-Acetat in 5%ig. H_2SO_4 I gefällt. I wurde mit H_2S aus seinem Hg-Salz gelöst u. nach Filtrieren u. H_2S-Austreiben an Norit A adsorbiert. Nach Waschen mit W. wurde I 5mal mit n NH_3 + 40%ig. A. (1:1) eluiert, die Eluate mit H_2SO_4 neutralisiert u. I mit 37%ig. $AgNO_3$ gefällt. Das abgetrennte Ag-Salz wurde mit H_2S zersetzt u. auf Dowex 1-X 4 aufgetragen. Nach Waschen mit W. wurde mit 2n NaCl eluiert, das Eluat erneut an *Filtrolgrade 58* (II) adsorbiert u. nach Waschen mit W. mit heißem 0,5n NH_3 eluiert. Der Trockenrückstand des Eluats, in heißem W. aufgenommen u. filtriert, wurde warm an Dowex 50-X 4 adsorbiert. Beim Waschen mit W. wurde *Rana-chrom 4* eluiert. Andere fluorescierende Verbb. wurden mit 2n NH_3 eluiert u. nach Eindampfen im Vakuum in A. + 0,2n HCl (1:1) gelöst. Chromatographie dieser Lsg. an Al_2O_3 nach Brockmann ergab ein Band blau fluorescierendes *Rana-chrom 5* im Oberteil u. eine ebensolche wandernde Zone von I u. *Rana-chrom 3*. Letztere wurde getrennt, indem sie auf eine Säule von II, mit 5%ig. CH_3COOH gewaschen, gegeben wurden. Entwickelt wurde mit 0,05m Boratpuffer, pH 8,2; I wurde mit dem Puffer von pH 9,2 u. Rana-chrom 3 bei pH 10,2 eluiert. I wurde nach Ansäuern mit HCl erneut an II adsorbiert, mit W. u. 50%ig. Aceton gewaschen u. mit 0,2n HCl–Aceton (1:1) eluiert. Der in W. gelöste Trockenrückstand (Vakuum) wurde nach Filtrieren in der Wärme mit 0,1n NaOH auf pH 7,0 eingestellt u. ergab nach 2maliger Umkristallisation I, $C_9H_{11}N_5O_3 \cdot H_2O$ u. nach Trocknen bei 115 bis 120° $C_9H_{11}N_5O_3$. I verkohlte zwischen 243—280° ohne festen F. UV-Spektrum ergab Maxima bei 248 u. 322 mμ (0,1n HCl) sowie 255 u. 263 mμ (0,1n NaOH). Oxydation mit Perjodat ergab einen Reagensverbrauch, entsprechend 332 mg je 1 mMol I u. es wurde *2-Amino-6-hydroxy-8-formylpteridin*, das mit 2.4-Dinitrophenylhydrazin einen orangeroten Nd. bildete u. im UV-Spektrum (0,1n NaOH) Maxima bei 255, 274 u. 365 mμ hatte, sowie *Acetaldehyd* (blaue Färbung mit p-Hydroxydiphenyl in H_2SO_4) nachgewiesen. Oxydation von I mit $KMnO_4$ in 0,1n NaOH ergab *Pteridin-8-carbonsäure*. I, wird daher für ident. mit dem aus Drosophila u. menschlichem Harn isolierten *L-erythro-2-Amino-6-hydroxy-8-dihydroxypropylpteridin* gehalten. W. Schönborn. 4520□

Spektroskopie des Luminescenz-Systems von Apogon und seiner Kreuzreaktion mit dem System von Cypridina. Edward H.-C. Sie, W. D. Mc Elroy, Frank H. Johnson und Y. Haneda. (Arch. Biochem. Biophysics **93**, 286—91, Mai 1961; Princeton, N.J., Princeton Univ., Dep. of Biol.; Baltimore, Md., Johns Hopkins Univ., Dep. of Biol.; Yokosuka, Japan, Yokosuka City Mus.; engl.) — Methanol-Lsgg. hoch gereinigter Präpp. des *Luciferins* (I) des Fisches *Apogon* besitzen dieselben Absorptionsextremwerte wie I der Crustacee *Cypridina*. Auch die Veränderungen dieser Werte nach Oxydation u. die Maxima der Fluorescenzerregung sind gleich. K. Zingraf. 4520□

Nierentubulus-Effekt von Ammonium-Salzen auf den Elektrolyt-Transport. Jack Orloff, Melvin Kahn und Luis Brenes. (Amer. J. Physiol. **201**, 747—53, Okt. 1961; Bethesda, Md., Nat. Inst. of Health, Nat. Heart Inst., Labor. of Kidney and Electrolyte Metabolism; engl.) — Die Injektion von NH_4Cl in den Nieren–Pfortader-Kreislauf ruft eine Hemmung der Rückresorption von Na^+, Cl^-, HCO_3^- u. W. sowie der Abgabe von K^+ u. H^+ hervor. Auch die Total-NH_3-Ausscheidung wurde erhöht. M. Metze. 4550□

Bindung von Anionen durch Bindegewebe: Haut und Knorpel. M. B. Engel, N. R. Joseph, D. M. Laskin und H. R. Catchpole. (Amer. J. Physiol. **201**, 621—27, Okt. 1961; Chicago, Ill., Univ. of Illinois, Profess. Coll., Coll. of Dent., Pharmacy and Med.; engl.) — In vivo-Unterss. an Rippenknorpel u. Haut von Kaninchen mit einem potentiometr. Verf. gaben Aufschluß über die *Anionen*-Bindung von Bindegewebe. Als Anionen wurden verwendet: *Fluorid, Ascorbinsäure, Alizarinrot S*, drei isomere *Dihydroxybenzoesäuren* u. *Bernsteinsäure*. Es wurde die Kolloidladung in Beziehung zum pH gemessen u. Titrationskurven von Bindegewebekolloiden unter normalen Bedingungen u. in Ggw. von Anionen bestimmt. Oberhalb des isoelektr. Punktes (pH 2,2—2,5) wurde die negative Ladung vermindert, als Folge der Anionenbindung verbunden mit einer gleichzeitigen Protonenaufnahme. Dieser Effekt ist abhängig von der Natur des Anions u. den Eigg. der Kolloidkomponente. Höchstwahrscheinlich entstehen die Anionen im Stoffwechsel, werden an extracelluläre Substanzen gebunden u. bewirken so die Verteilung aller übrigen Ionen. — 29 Literaturangaben. M. Metze. 4550□

Calcium- und Strontium-Transport vom Blut zur Milch. A. R. Twardock und C. L. Comar. (Amer. J. Physiol. **201**, 645—50, Okt. 1961; Ithaca, N.Y., Cornell Univ. New York State Veterin. Coll., Dep. of Physiol. Biol.; engl.) — Als Beitrag zur Klärung der Frage nach den quant. Unterschieden zwischen dem *Ca*- u. *Sr*-Transport durch biolog. Membranen gegen einen Konz.-Gradienten wurde an Ziegen mit ^{45}Ca u. ^{85}Sr bzw. ^{89}Sr der Ionentransport vom Blut zur Milch in der Milchdrüse untersucht. Zwischen i.v. u. oraler Gabe bestand kein Unterschied, wie die Werte zeigten. Gleichbleibende Ca-Gaben über längere Zeit gaben einen Plasma-Ca-Spiegel von 36 mg% u. verursachten eine starke Senkung des ^{45}Ca- u. ^{85}Sr-Spiegels in Blut u. Milch u. verminderten die renale Ca–Sr-Auswanderung. Stabile Sr-Infusionen ergaben Sr-Spiegel im Blut von 4,6 u. in der Milch von 39 mg%; der ^{45}Ca-Spiegel wurde nicht beeinflußt, wohl aber der ^{89}Sr-Spiegel (Erhöhung um den Faktor 2). Injektionen in die Brustdrüse ergaben für ^{45}Ca u. ^{85}Sr gleiche Blutaufnahmewerte. — 27 Literaturangaben. M. Metze. 4550□

Einfluß der Veränderungen des Ionenverhältnisses in Lösungen mit drei Kationen (Na^+, K^+ und Ca^{2+}) auf die Überlebenszeit des Süßwasserfisches Leuciscus rutilus L. A. Jullien, J. Ripplinger, J. Cardot und M. Dury. (C. R. Séances Soc. Biol. Filiales **152**, 1545—48, 1958, herausgeg. 28/2. 1959; Besançon, Fac. de Sci., Labor. de Zool.; franz.) — Vgl. C. **1960**, 11003. — Vff. untersuchten den Einfl. der Veränderungen der Konz. von Na^+, K^+ u. Ca^{2+} auf die Überlebenszeit des Süßwasserfisches *Leuciscus rutilus* (L. r.) L. Die längsten Überlebenszeiten (bis 94 Tage) wurden in Lsgg. mit geringen Konzz. an $CaCl_2$ (0,001—0,02 m) bzw. bei einem Verhältnis von K/Ca = 0,2 bis 0,5 erhalten. Im allg. lagen die Überlebenszeiten von L. r. niedriger als bei der Schleie. B. Görlich. 4550□

Über das sensitivierende Vermögen der Salicylsäure. Kyoya Magoshi und Makoto Sato. (Tokyo Jikeikai med. J. **73**, 485—87, 1958, referiert nach Jikeikai med. J. **6**, 343, Dez. 1959; Tokyo, Jikei-kai School of Med., Dep. of Forensic Med.; engl.) — Meerschweinchen erhielten 10tägige intrakutane Injektionen von 0,1 ml *Salicylsäure* (I)-Lsg. (0,1%) mit 10% Pferdeserum. Nach 16—21 Tagen wurde die Hypersensitivität durch reine I-Lsg. getestet. Es trat leichte positive Rk. ein. Nach einer Schockinjektion traten leichte Schocksymptome u. kurz dauernder Abfall der Leukocythen ein. Vff. wiesen nach, daß das Serum den Antikörper zur I enthielt. Das Serum der sensitivierten Tiere zeigte stärkere UV-Absorption als das normaler Tiere mit gleicher I-Menge. W. Hiller. 4551□

Über das sensitivierende Vermögen der Dehydroessigsäure. Toshio Kasai und Yoshito Imamura. (Tokyo Jikeikai med. J. **73**, 488—91, 1958, referiert nach Jikeikai med. J. **6**, 343—44, Dez. 1959; Tokyo, Jikei-kai School of Med., Dep. of Forensic. Med.; engl.) — Vgl. vorst. Referat. — Meerschweinchen erhielten 10mal täglich intrakutane Injektionen von 0,1 ml 1% *Na-Dehydroacetat* (I) in 10% Pferdeserum. Nach 16—19 Tagen wurde die Hypersensitivität mit reiner I-Lösung getestet. Die Ergebnisse sind die gleichen wie die im vorst. Referat beschriebenen. W. Hiller. 4551□

Über das sensitivierende Vermögen von Natriumsorbinat. Nishio Suzuki und Toru Nagai. (Tokyo Jikeikai med. J. **73**, 510—14, 1958, referiert nach Jikeikai med. J. **6**, 344—45, Dez. 1959; Tokyo, Jikei-kai School of Med., Dep. of Forensic. Med.; engl.) — Vgl. vorst. Referate. — Meerschweinchen erhielten 10tägige intrakutane Injektionen von 0,1 ml 0,5% *Na-Sorbinat* in 10% Pferdeserum. Nach 15—21 Tagen wurde die Hypersensitivität mittels reiner *Salicylsäure*-Lsg. geprüft. Die Ergebnisse sind die gleichen wie die in den vorst. Reff. beschriebenen. W. Hiller. 4551□

Über das sensitivierende Vermögen von Nipagin A bei Meerschweinchen. Hajime Suzuki und Hikojiro Okada. (Tokyo Jikeikai med. J. **73**, 515—18, 1958; referiert nach Jikeikai med. J. **6**, 345—46, Dez. 1959; Tokyo, Jikei-kai School of Med., Dep. of Forensic Med.; engl.) — Vgl. vorst. Referate. — Die Tiere erhielten 10mal täglich intrakutane Injektionen von 0,1 ml Lsg. von *p-Hydroxybenzoesäureäthylester* (I; 1:500) in 10% Pferdeserum. Nach 16—19 Tagen wurde die Hypersensitivität durch reine I-Lsg. geprüft. Die Ergebnisse sind mit denen der vorst. Reff. identisch. W. Hiller. 4551□

Über das sensitivierende Vermögen von Brillantblau. Makoto Sato und Kyoya Magoshi. (Tokyo Jikeikai med. J. **73**, 526—29, 1958; referiert nach Jikeikai med. J. **6**, 346, Dez. 1959; Tokyo, Jikei-kai School of Med., Dep. of Forensic Med.; engl.) — Vgl. vorst. Referate. — Meerschweinchen erhielten 10mal täglich intrakutane Injektionen von 0,1 ml von *Brillantblau*-Lsg. (1:300) in 5% Pferdeserum. Nach 15—21 Tagen wurde die Hypersensitivität mit reiner *Salicylsäure*-Lsg. geprüft. Die Ergebnisse sind mit denen der vorst. Reff. identisch. W. Hiller. 4551□

Über das sensitivierende Vermögen von Natriumbenzoat. Hikojiro Okada und Hajime Suzuki. (Tokyo Jikeikai med. J. **73**, 530—32, 1958; referiert nach Jikeikai med. J. **6**, 346—47, Dez. 1959; Tokyo, Jikei-kai School of Med., Dep. of Forensic Med.; engl.) — Vgl. vorst. Referate. — Meerschweinchen erhielten 10 mal täglich intrakutane Injektionen von 0,1 ml *Na-Benzoat*-Lsg. (1:100) mit 10% Pferdeserum. Nach 15—21 Tagen wurde die Hypersensitivität mit reiner *Salicylsäure*-Lsg. bestimmt. Die Ergebnisse sind mit denen der vorst. Reff. identisch. W. Hiller. 4551□

Über das sensitivierende Vermögen von Auramin. Y. Imamura und T. Kasai. (Tokyo Jikeikai med. J. 73, 866—69, 1958; referiert nach Jikeikai med. J. 6, 349—50, Dez. 1959; Tokyo, Jikei-kai School of Med., Dep. of Forensic Med.; engl.) — Vgl. vorst. Referate. — Meerschweinchen erhielten 10 mal täglich Gaben von 0,1 ml einer *Auramin*-Lsg. (1:800) mit 10% Pferdeserum. Nach 15—21 Tagen wurde die Hypersensitivität mit *Salicylsäure* bestimmt. Die Ergebnisse sind mit denen der vorst. Reff. identisch. W. Hiller. 4551□

Das Verschwinden von Antigen beim überwinternden Erdhörnchen. Bernard N. Jaroslow und Douglas E. Smith. (Science [Washington] 134, 734—35, 15/9. 1961; Argonne, Ill., Argonne Nat. Labor., Div. of Biol. and Med. Res.; engl.) — Bei Prüfung des Verlaufs der Antigenkurve beim überwinternden Erdhörnchen (*Citellus tridecemlineatus*) nach Injektion von ^{131}*J-Rinderserumalbumin* ließ sich im Verlaufe einer 14tägigen Hibernation bei 5° kein erkennbares Verschwinden von Antigen nachweisen. Die Induktionsperiode hörte im Gegensatz zu nicht überwinternden Erdhörnchen statt nach 7 Tagen bereits 5 Tage nach dem Erwachen auf. U. Tausendfreund. 4551□

Untersuchungen über den Mechanismus der Ablagerung von Schwermetallsalzen in Knochengewebe. 1. Mitt. Über das Auftreten aktiver intermediärer Verbindungen im Blut, die zur Metallablagerung in Knochengewebe führen. Masahiro Okada und Akira Asoda. (Proc. Japan Acad. 34, 730—35, Dez. 1958; Tokyo, Med. and Dental Univ., Dep. of Pharmakol.; engl.) — Die Ablagerung der Schwermetalle in den Schneidezähnen erfolgte bei i.v Injektion (Kaninchen, Ohrvene) abnehmend in der Reihe zunehmender Löslichkeit: $Pb < Ag < Cu < Zn < Ca$. Die Ablagerung von Al, Cr u. Ni konnte infolge der angewandten histolog. Technik (gleichzeitige Säure- u. H_2S-Behandlung der Zahnschnitte) nicht nachgewiesen werden. Es wird durch Variation der Injektionsmethodik gezeigt, daß die zu einer Ablagerung führende Pb-Verb. nicht ion. u. nicht als schwer lösl. Salz (z. B. Pb-Phosphat) vorliegt, sondern daß das Pb mit Ca um eine Rezeptorsubstanz im Blut konkurriert, die als Vehikel für alle Schwermetalle dient. Die Pb-Verb. ist zunächst labil u. wird im Knochengewebe abgelagert, wird jedoch mit der Zeit beständiger u. dann in Leber, Gehirn, Nieren u. a. deponiert. W. Schönborn. 4552□

Untersuchungen über den Milchsäuregehalt des Magensaftes. 1. Mitt. Milchsäuregehalt des normalen Magensaftes. Ryuichi Aoyama. (Tokyo Jikeikai med. J. 73, 216—29, 1958; referiert nach Jikeikai med. J. 6, 333—34, Dez. 1959; Tokyo, Jikei-kai School of Med., Sugimoto's Dep. of Physiol.; engl.) — Durch die vom Vf. entwickelte Meth. ist es möglich, die Geh. an *Milchsäure* (I) u. *Brenztraubensäure* (II) in 1 ml Magensaft (5—10 γ I) zu bestimmen. Die Geh. an I u. II in einem leeren Magen am Morgen lagen bei 3,3 mg/dl u. 0,38 mg/dl. Die Geh. änderten sich kaum nach Verabreichung von Stimulantien. Bei höherer Sekretion des Magensaftes nahm der I-Geh. ab. Das Verhältnis von I:II unter gleichbleibenden Bedingungen ist ca. 10. Nach einer frischen Magensaftsekretion wurde das Verhältnis geändert, d. h. mit steigender HCl-Konz. nahm das I:II-Verhältnis ab. W. Hiller. 4555□

Sekretion von Calcium und Phosphat durch die Speicheldrüse des Hundes. L. L. Langley, O. R. Grimes jun. und D. F. Cockrell jun. (Amer. J. Physiol. 201, 599 bis 602, Okt. 1961; Birmingham, Ala., Univ. of Alabama, Med. Center, Dep. of Physiol.; engl.) — Unterss. an Hunden mit catheterisiertem Speicheldrüsengang ergaben einen 5fachen *Phosphat* (I)-Geh. im Plasma gegenüber dem im Speichel. Im Plasma ist 2—3 mal mehr *Ca* vorhanden als im Speichel. Bei Infusion von Na_2HPO_4 bzw. $CaCl_2$ versiebenfacht sich der I-Geh. im Plasma, während er sich im Speichel nur verdoppelt. Der Ca-Geh. steigt in beiden Fll. proportional an. Der I- u. Ca-Geh. im Speichel ist von der Sekretions-Geschw. abhängig, u. zwar ist er ihr umgekehrt proportional. M. Metze. 4555□

Grundlegende Versuche über die Fluorescenz-Bestimmung von Östrogenen (hauptsächlich über die Ermittlung optimaler Bedingungen für das Erscheinen der Fluorescenz). Yoshio Aizawa, Yoshiho Kurisu und Toshio Nihongi. (Tokyo Jikeikai med. J. 73, 690—92, 1958; referiert nach Jikeikai med. J. 6, 307—08, Dez. 1959; Tokyo, Jikei-kai School of Med., Dep. of Pharmacol.; engl.) — Die Verss. erfolgten in Ergänzung der Meth. Bates u. Cohen. Lösen der Substanz in 0,1n NaOH ergab starke Fluorescenz u. konst. Werte; weniger günstig war es, die Substanz im Vakuum zu trocknen oder in A. zu lösen. Zugabe von 1 ml H_2SO_4 90% zur erhitzten Substanz war am günstigsten. Zur Verdünnung nach dem Erscheinen der Fluorescenz ergab der Zusatz von 9 ml 65%ig. H_2SO_4 die stärkste Fluorescenz. Die günstigsten Erhitzungsbedingungen waren 80° für 10 Minuten. Die günstigste Prozedur ist folgende: Lösen der Substanz in 0,1n NaOH bei Zugabe einer geringen Menge A., Zugabe von 1 ml H_2SO_4 90%, Erhitzen auf 80° für 10 Min. u. Verdünnen mit 9 ml H_2SO_4 65%. W. Hiller. 4559□

Fluorometrische Bestimmung der Östrogene durch Trennung mittels Mikrochromatographie. Takeshi Nakano, Yoshio Aizawa und Yoshiho Kurisu. (Tokyo Jikeikai med. J. **73**, 693—97, 1958; referiert nach Jikeikai med. J. **6**, 308—09, Dez. 1959; Tokyo, Jikei-kai School of Med., Dep. of Pharmacol.; engl.) — Vgl. vorst. Referat. — Mit Hilfe der von Vff. entwickelten Meth. lassen sich *Östron*, *Östradiol* u. *Östriol* durch fl. Chromatographie leicht u. exakt trennen. Die Standardmengen bei dieser Meth. sind 1 μg jeder Substanz, es ist somit möglich, die Östrogene auch im Blut zu bestimmen. Chromatographiert wird an einer 0,2·20-cm-Aluminasäule. Die bewegliche Phase ist eine Mischung von *Bzl.* u. *Methanol* (I). Die Säule wird dann eluiert mit 2 ml 1% I-Bzl. (Östron), 1,5 ml 5% I-Bzl. (Östradiol) u. 1,5 ml 30% I-Bzl. (Östriol) bei 30° mit 13—15 Tropfen pro Minute. Die Ausbeute betrug 90%. Das Arbeiten bei 9° war weniger günstig. W. Hiller. 4559□

Getrennte fluorometrische Bestimmung der Östrogene (Phenolsteroide) im Blut. Yoshiho Kurisu. (Tokyo Jikeikai med. J. **73**, 698—701, 1958; referiert nach Jikeikai med. J. **6**, 309—10, Dez. 1959; Tokyo, Jikei-kai School of Med., Dep. of Pharmacol.; engl.) — Vgl. vorst. Referate. — Für die Best. wurde die Fluorescenz-Rk. nach Bates u. Cohen (vgl. vorst. Reff.) angewandt. Für die Extraktion der Phenolsteroide aus Blut wurden 10 ml nicht hydrolysiertes Ganzblut verwendet. Nach erfolgter Hämolyse durch Verdünnen mit Aqua dest. wurde mit 30 ml Ae. 2mal extrahiert, wobei 80% der Steroide extrahiert wurden. Die Fraktionierung geschah durch fl. Chromatographie, wie im vorst. Ref. beschrieben. Der durch fluorescierende Verunreinigungen mögliche Fehler wurde durch Rk. mit H_2O_2 korrigiert. *Östradiol* (I) nahm bei Frauen während der normalen Schwangerschaft zu. I u. *Östron* nahmen beide während der toxäm. Periode der Schwangerschaft zu. W. Hiller. 4559□

Mikrofluorometrische Bestimmung der Östrogene (Phenolsteroide) im Urin. Yoshiho Kurisu. (Tokyo Jikeikai med. J. **73**, 702—06, 1958; referiert nach Jikeikai med. J. **6**, 310—11, Dez. 1959; Tokyo, Jikei-kai School of Med., Dep. of Pharmacol.; engl.) — Vgl. vorst. Referate. — Die Best. geschah nach der Fluorescenz-Rk. von Bates u. Cohen (vgl. vorst. Reff.). Die Extraktion der Phenolsteroide aus dem Harn erfolgte nach der Meth. Jayle, die für den Gebrauch in Kliniken vereinfacht wurde. Die Fraktionierung geschah, wie in vorst. Reff. beschrieben wurde, durch Chromatographie an Aluminasäulen. Die ebenfalls noch fluorescierenden Verunreinigungen wurden eliminiert, indem die Fluorescenz der *Östrogene* durch H_2O_2 ausgelöscht wurde u. die auf Verunreinigungen zurückzuführende verbleibende Restfluorescenz bestimmt wurde. Der Fehler in der Best. durch gefärbte, in den Phenolsteroiden eingeschlossene Verbb. wurde durch die bekannte Beziehung, die zwischen dem Grad der Färbung u. der Fluorescenzintensität existiert, eliminiert. Die Beziehung ist gültig, wenn der Grad der Färbung durch die Durchlässigkeit bei 436 mμ, der Frequenz des anregenden Lichtes, ausgedrückt wird. Bei normalen unverheirateten Frauen stieg der Geh. an *Östron*, *Östradiol* u. *Östriol* im Urin während der Periode der Prämenstruation u. vor oder während der Ovulation an. *Östriol* wurde nach der Menstruation nicht vermindert ausgeschieden. Bei Frauen im Klimakterium stieg *Östriol* allein an. W. Hiller. 4559□

Eine neue für den Nachweis und die Bestimmung der Steroide geeignete Farbreaktion. Noboru Yoshizawa. (Tokyo Jikeikai med. J. **73**, 1568—74, 1958; referiert nach Jikeikai med. J. **6**, 325—26, Dez. 1959; Tokyo, Jikei-kai School of Med., Dep. of Pharmacol.; engl.) — *Corticosteroide* mit —OH-Radikal in $C_{(11)}$ (*Corticosteron*, *17-Hydroxycorticosteron*) nehmen auf dem Papier in der Fluorescenz-Rk. durch 15% H_3PO_4 einen grünen Farbton an. Im sichtbaren Licht erscheinen sie dagegen purpurgelb. Die entsprechenden Farbtöne für Corticosteroide mit einer Ketogruppe in $C_{(11)}$ (*11-Dehydro-17-hydroxycorticosteron*) sind blau u. farblos; die entsprechenden Farbtöne der Corticosteroide ohne Sauerstoff u. —OH-Radikal (*11-Desoxy-17-hydroxycorticosteron*, *11-Desoxycorticosteron*) sind orange u. gelblichorange. *Progesteron* mit einer Ketogruppe in $C_{(6)}$ (*6-Ketoprogesteron*) besitzt einen blauen Fluorescenzton u. eine braune Farbe im sichtbaren Licht. *6-β-Hydroxyprogesteron* u. *11-β-Hydroxyprogesteron* unterscheiden sich in der Färbung kaum, so daß ihre Unterscheidung schwer möglich ist. Bei den *Phenolsteroiden* sind die Verhältnisse folgende: *Östron* mit einer Ketogruppe in $C_{(17)}$ erscheint im Fluorescenzlicht grün, *17β-Hydroxy-* u. *16α-Hydroxyöstriol* erscheinen bläulichweiß. Die Fluorescenzfarbtöne von Östron u. Östradiol unterscheiden sich im Farbton kaum, wohl aber in der Helligkeit. Die Phenolsteroide zeigen keinen Farbton im sichtbaren Licht. W. Hiller. 4559□

Eine neue für den Nachweis und die Bestimmung der Steroide geeignete Farbreaktion mit Antimontrichlorid. Takeshi Nakao, Masanao Hirai und Noboru Yoshizawa. (Tokyo Jikeikai med. J. **73**, 1575—81, 1958; referiert nach Jikeikai med.

J. **6**, 326—27, Dez. 1959; Tokyo, Jikei-kai School of Med., Dep. of Pharmacol.; engl.) — *$SbCl_3$* in HCl ergibt mit Steroiden Farbreaktionen. *Corticosteroide* (I) mit einer Ketogruppe in $C_{(11)}$ (*11-Dehydro-17-hydroxycorticosteron*) ergeben im sichtbaren Bereich u. im UV keine Farbreaktion. I mit einer OH-Gruppe in β-$C_{(11)}$ (*Corticosteron, 17-Hydroxycorticosteron*) erscheinen im sichtbaren Licht gelb u. im UV grün. I ohne OH-Gruppe in α- u. β-$C_{(11)}$ u. ohne O in $C_{(11)}$ (*11-Desoxy-17-hydroxycorticosteron, 11-Desoxycorticosteron*) erscheinen im sichtbaren Licht purpurbraun u. im UV orange. Die OH-Gruppe in α-$C_{(17)}$ hat geringen Einfl. auf den Farbton dieser Reaktion. Bei den *Östrogenen* variiert der Farbton mit der Stellung u. Zahl der Hydroxy- u. Ketogruppen. Ist in $C_{(17)}$ eine Ketogruppe, so ist im sichtbaren Bereich keine Farb-Rk., im UV herrscht ein gelblicher Ton vor; bei einer OH-Gruppe in $C_{(3)}$ u. einer in β-$C_{(17)}$ resultiert im sichtbaren Bereich ein gelber Farbton u. im UV ein grüner. Ist eine OH-Gruppe in $C_{(3)}$, β-$C_{(17)}$ u. α-$C_{(16)}$ vorhanden, so sind die entsprechenden Farbtöne purpurrot u. im UV orange. Bei den *Progesteronen* herrschten folgende Farbtöne vor: Ketogruppe in $C_{(16)}$ gelb (im sichtbaren Licht) u. blau (im UV); Hydroxygruppe in α-$C_{(16)}$ hellbraun u. purpur. W. Hiller. 4559□

Der Ausstoß an adrenocorticotropem Hormon, gemessen durch zeitlich kontrollierte Hypophysektomie bei der Ratte. C. N. H. Long und M. F. M. Bonnycastle. (Canad. J. Biochem. Physiol. **35**, 929—33, Nov. 1957; New Haven, Conn., Yale Univ., Dep. of Physiol.; engl.) — Durch Variation des zeitlichen Abstandes zwischen der Exstirpation einer Nebenniere u. der Entfernung der Hypophyse weisen Vff. nach, daß letztere überraschend schnell (spätestens nach 5 Min.) auf den Eingriff reagiert. Als Test dient dabei der Vitamin-C-Geh. der noch verbleibenden intakten Nebenniere. Aus der Unters. auch dieses Organs schließen Vff., daß die Gesamtdauer der Ausschüttung von *Adrenocorticotropem Hormon* ca. 1 Std. dauert u. 2stufig erfolgt: Auf eine prim., rasche, stoßartige Sekretion folgt nach vorübergehendem Abklingen eine sek., weniger starke, zeitlich prolongierte Ausschüttung (Verss. an ♂ Ratten). H. Dannenbaum. 4560□

Immunchemische Untersuchungen des die interstitiellen Zellen stimulierenden Hormons der Schafhypophyse. N. R. Moudgal und Choh Hao Li. (Arch. Biochem. Biophysics **95**, 93—98, Okt. 1961; Berkeley, Calif., Univ. of California, Hormon Res. Labor.; engl.) — Vgl. C. **1962**, 11984 u. 5351. — Kaninchen wurden mit dem aus reinem Protein bestehenden die interstitiellen Gonadenzellen beeinflussenden Hypophysenhormon (ICSH) vom Schaf immunisiert. Das Antiserum (Anti-ICSH) bildet im Agargel mit rohen Hypophysenextrakten von Schwein u. Ratte Präzipitate. Anti-ICSH blockiert, normalen Ratten injiziert, die endogene ICSH-Aktivität, bei hypophysektomierten jungen Rattenmännchen hemmt es die Gew.-Zunahme der Prostata nach Verabfolgung von ICSH vom Schaf, Gonadotropin aus Stutenserum oder ICSH vom Menschen. Es neutralisiert die Wirksamkeit roher Hypophysenextrakte von Walfisch, Schwein u. Ratte, dagegen nicht die des menschlichen Choriongonatropins u. der Extrakte aus Hühnerhypophysen. E. Fischoeder. 4560□

Biogenese und Stoffwechsel der Brenzkatechinamine. J. Pellerin, J. Leduc und A. D'Iorio. (Rev. canad. Biol. **17**, 267—98, Sept. 1958; Montreal, Univ., Dep. of Physiol.; engl.) — Zusammenfassende Darst. über Biogenese u. Umsetzungen der *Brenzcatechinamine* im Organismus. Die Bedeutung der O-Methylierung für die Inaktivierung des *Adrenalins* u. *Noradrenalins* wird besonders herausgestellt. — 238 Literaturangaben. U. Baumann. 4561

Speicherung und Freisetzung der Brenzkatechinamine. N. R. Eade. (Rev. canad. Biol. **17**, 299—311, Sept. 1958; Montreal, McGill Univ., Dep. of Pharmacol.; engl.) — Vgl. C. **1960**, 9276. — Zusammenfassende Darst. über Speicherung u. Freisetzung der *Brenzcatechinamine. Adrenalin* u. *Noradrenalin* sind im Nebennierenmark in Granuli gespeichert, u. zwar in inakt. Form, wahrscheinlich durch *Adenosintriphosphat* gebunden. In dem Maße, wie *Acetylcholin* in den Nervenenden frei wird, werden die Brenzcatechinamine aus der Nebenniere frei. — 80 Literaturangaben. U. Baumann. 4561

Dopa-Aufnahme und Brenzcatechinamingehalt von Herz und Milz. A. Wegmann, K. Kako und A. Chrysohou. (Amer. J. Physiol. **201**, 673—76, Okt. 1961; Detroit, Mich., Wayne State Univ., Coll. of Med., Dep. of Med.; engl.) — *Dopa* (*Dihydroxyphenylalanin*; I) wurde Hunden unter verschiedenen Bedingungen infundiert u. der *Noradrenalin* (II)- u. *Adrenalin*-Geh. in Herz u. Milz untersucht. Es wurde keine Erhöhung der Werte beobachtet. Anscheinend hängt die I-Umwandlung in II nicht vom Substratangebot ab. M. Metze. 4561□

Beobachtungen über die gleichzeitige Ausscheidung von Adrenalin und Noradrenalin im Harn unter verschiedenen Bedingungen. B. G. Benfey, Irena Mazurkiewicz und K. I. Melville. (Rev. canad. Biol. **17**, 312—27, Sept. 1958; Montreal,

McGill Univ., Dep. of Pharm.; engl.) — In Verss. am Hund wird die Ausscheidung von *Adrenalin* (I) u. *Noradrenalin* (II) im Harn nach der Meth. von Euler u. Floding (vgl. Millar u. Benfey, Brit. J. Anesthesia [1958]) unter verschiedenen Bedingungen (*Ae.*- oder *Phenobarbital*-Narkose mit gleichzeitiger *Glucose*- oder *NaCl*-Infusion, Injektion von I-blockierenden Substanzen) bestimmt. Es wird festgestellt, daß der in der Blase vorhandene Urin viel II u. wenig I enthält, daß der I-Geh. während der Narkose oder nach I-Injektion unabhängig von der Verabreichung I-blockierender Substanzen, wie *Piperoxan, Chlorpromazin* oder *Hydergin*, ansteigt, während die II-Ausscheidung unverändert bleibt, daß nach II-Injektion die II-Ausscheidung ansteigt, während der I-Geh. unverändert bleibt u. daß die Verabreichung von I-blockierenden Substanzen vor der II-Injektion vermehrte II- u. verminderte I-Ausscheidung bewirkt. Die Ergebnisse lassen noch keine Schlüsse auf den Wrkg.-Mechanismus zu. U. Baumann. 4561

Untersuchungen an Nebennierenrindenextrakten mittels papierchromatographischer Methoden. Tsuguo Hidaka. (Tokyo Jikeikai med. J. **73**, 1199—1207, 1958; referiert nach Jikeikai med. J. **6**, 321—22, Dez. 1959; Tokyo, Jikei-kai School of Med., Dep. of Pharmacol.; engl.) — Vf. untersuchte nach verschiedenen Meth. dargestellte Nebennierenrindenextrakte (NE) papierchromatographisch. Bei dem *J-ACE*-NE (im Labor. des Vf. hergestellt) wurden neben *Cortisol* (I), *Cortison* (II), *Corticosteron* (III) im Toluol–Propylen–Glykol-Syst. noch 2 Flecke mit stärkerer u. 2 mit geringerer Polarität als I gefunden. Bei dem *Adrex* (Sankyo)-NE wurden dieselben Ergebnisse erhalten. Bei dem *Intesemin* (Teikoku Zôki)-NE wurden I, II, 2 Flecke mit stärkerer u. 2 mit geringerer Polarität als II gefunden, u. bei *ACE* (Upjohn)-NE wurden I, II u. 3 Flecke mit stärkerer Polarität als I nachgewiesen. W. Hiller. 4561□

Isolierung von Δ^4-Pregnen-11β.17α.20β.21-tetrolon-(3) aus dem Skelettmuskel normaler und einem Stress unterworfener Ratten nach Injektion von $^{14}C_{(4)}$-Hydrocortison. Frank De Venuto und Ulrich Westphal. (Arch. Biochem. Biophysics **93**, 423—27, Mai 1961; Fort Knox, Ky., U.S. Army Med. Res. Labor., Biochem. Div.; engl.) — Aus dem Chlf.-Extrakt des Skelettmuskels normaler u. einem Staubindenschock unterzogener Ratten, welcher 5 Min. nach intracardialer Injektion von *$^{14}C_{(4)}$-Hydrocortison* (I) gewonnen wurde, konnte unverändertes I u. *Δ^4-Pregnen-11β.17α.20β-21-tetrolon-(3)* (II) im Verhältnis 1:2 bzw. 1:5 isoliert werden. In Extrakten aus eviscerierten Tieren konnte II nicht isoliert werden. K. Zingraf. 4561□

Vererbung einer defekten „Organifizierung" von Jod bei familiärem strumigenen Kretinismus. Rose H. Parker und William H. Beierwaltes. (J. clin. Endocrinol. Metabolism. **21**, 21—30, Jan. 1961; Ann Arbor, Mich., Univ. Med Center, Dep. of Int. Med., Thyrold Res. Labor. and Clin. Radioisotope Unit.; engl.) — Unterss. an 90 Mitgliedern von 4 Generationen zweier verwandter Sippen, in denen mit rezessivem Erbgang ein Defekt im Einbau von *Jod* in organ. Jod-Verbb. in der Schilddrüse vererbt wird. U. Laschet. 4562□

Ist die Thyroxin-Bindung an Präalbumin von physiologischer Bedeutung? L. Korsgaard Christensen und A. D. Litonjua. (J. clin. Endocrinol. Metabolism **21**, 104—06, Jan. 1961; Leuwen, Univ. Klin. St. Rafael, Regia Inst. en Dienst van Inwendige Ziekten, Labor. van exp. Geneeskunde; engl.) — *Präalbumin* hat eine ausgesprochene Affinität zu *Thyroxin* (I), jedoch ist bei physiolog. pH-Werten die größte I-Menge an die I-bindenden Globuline gekoppelt. Die I-Bindung an das Präalbumin scheint daher ohne größere physiolog. Bedeutung zu sein. Die Unterss. wurden papierelektrophoret. mit ^{131}J-I durchgeführt. U. Laschet. 4562□

Einige Wirkungen der Magnesium-Belastung bei Patienten mit Schilddrüsenerkrankungen. John G. Wiswell. (J. clin. Endocrinol. Metabolism **21**, 31—38, Jan. 1961; Baltimore, Md., Univ. of Maryland, School of Med., Baltimore City Hosp., Dep. of Med., and Johns Hopkins Univ., School of Med.; engl.) — 1,0 g *Mg^{2+}*, 2mal täglich i.v. verabfolgt, hatte bei einem Schilddrüsengesunden, 2 Patienten mit prim. Myxödem u. 2 Patienten mit Hyperthyreose keinen Einfl. auf den Grundumsatz; Mg^{2+} hemmte auch nach Injektion von *Trijodthyronin* (I) nicht dessen Wrkg., hatte keinen Einfl. auf die *Na*- oder *P*-Ausscheidung bzw. die phosphatur. Wrkg. von I. In allen Fällen kam es zur gesteigerten *Ca*-Ausscheidung im Harn bei unterschiedlich hohem Ca-Blutspiegel. Mg^{2+} hat also auf die periphere Wrkg. der Schilddrüsenhormone keinen Einfluß. U. Laschet. 4562□

Verschiedene relative biologische Aktivitäten von D(—)- und L(+)-Trijodthyronin. Cyrus M. Greenberg, Carol A. Bocher, James F. Kerwin, Samuel M. Greenberg und T. H. Lin. (Amer. J. Physiol. **201**, 732—36, Okt. 1961; Philadelphia, Pa., Smith Kline and French Labor., Res. and Dev. Div.; engl.) — *D-(—)-3.5.3'-Tri-*

jodthyronin (I) u. das *L*-(+)-*Isomere* (II) wurden ♂ Ratten subkutan injiziert. I war 1/4 so calorigen wie II; 15 μg I/kg haben den O_2-Verbrauch von thyreoidektomierten Tieren zu einem, dem intakter Kontrolltiere vergleichbaren Betrag. Bei *Thiouracil*-behandelten Tieren ist I nur 0,08 mal so kropfverhindernd wie II u. beim Plasma–Cholesterin-Senkungstest an der Ratte nur 0,5 mal so akt. wie II, an der Maus nur 0,095 mal. Keine der beiden Substanzen verändert den Leber–Cholesterin-Stoffwechsel. M. Metze. 4562□

Gewebeverteilung von Thyroxin-Analogen und deren Einfluß auf den Cholesterin-Stoffwechsel. Charles H. Duncan und Maurice M. Best. (Amer. J. Physiol. **201**, 729—31, Okt. 1961; Louisville, Ky., Univ. of Louisville, School of Med., Dep. of Med.; engl.) — Die Thyroxin-Analogen *L*- (I) u. *D-Trijodthyronin* (II), *Tetrajodthyropropionsäure* (III) u. *Tetrajodthyroameisensäure* (IV; alle ^{131}J-markiert) wurden ♂ Ratten i.v. injiziert. II u. IV beeinflussen den *Cholesterin* (V)-Stoffwechsel sehr stark, bezogen auf ihre anderen biolog. Aktivitäten, während ein solches Verh. von I u. III nicht bekannt ist. Es wurde von Vff. die Verteilung der 4 Substanzen in Leber u. Muskel bestimmt. Die Ergebnisse zeigen, daß der Einfl. von II u. IV auf den V-Stoffwechsel nicht allein durch ihre Gewebeverteilung bestimmt wird. M. Metze. 4562□

Das Konversionsverhältnis als ein Bestimmungstest für die Schilddrüsenaktivität beim Fisch. C. P. Hickman jun. (Nature [London] **189**, 1012—13, 25/3. 1961; Edmonton, Canada, Univ. of Alberta, Dep. of Zool.; engl.) — Das Verf. beruht auf der bekannten Tatsache, daß die Geschw. des Übergangs von verabreichtem anorgan. ^{131}J in proteingebundenes ^{131}J im Plasma einen Rückschluß auf die Schilddrüsenaktivität bei Säugetieren zuläßt. Vff. beschreiben die Methodik zur in vivo-Best. von proteingebundenem ^{131}J bei Fischen von mindestens 30 g u. in vitro-Best. bei Fischen bis hinunter zu 1 g. Serien-Best. der Regenbogenforelle (Salmo gairdneri) u. der Flunder (Platichthys stellatus) zeigten, daß der Plasma-Geh. an proteingebundenem ^{131}J mit der Menge des verabreichten anorgan. ^{131}J ansteigt, am 4. oder 5. Tage ein Maximum erreicht u. dann wieder abnimmt. F. Krusen. 4562□

Rattenzwerchfelluntersuchungen mit 3-Desoxyglucose (3-Desoxy-D-ribohexose). Stanton Segal und James Conrad. (Arch. Biochem. Biophysics **93**, 364—68, Mai 1961; Bethesda, Md., Nat. Inst. of Health, Nat. Inst. of Arthritis and Metabol. Dis., Clin. Endocrinol. Branch.; engl.) — *Insulin* (I) oder *Glucose* (II) hemmten die Aufnahme von *3-Desoxyglucose* (III) durch das isolierte Rattenzwerchfell nicht. III hemmte die Aufnahme von II nicht u. hatte keinen Einfl. auf die durch I bewirkte erhöhte Aufnahme von II. Die Oxydation von II zu CO_2 verlief in Ggw. von III normal. K. Zingraf. 4564□

Immunochemische Untersuchungen am Insulin. 3. Mitt. **Die immunologische Aktivität von Insulinderivaten.** Masayasu Kitagawa, Kaoru Onoue, Motoaki Anai und Yuichi Yamamura. (J. Biochemistry [Tokyo] **48**, 645—50, Nov. 1960; Fukuoka, Kyushu Univ., Fac. of Med., Dep. of Biochem.; engl.) — 2. vgl. C. **1962**, 14580. — *Insulin* (I)-Derivv. wurden immunolog. mittels des Absorptionstests (Maus) u. der Haut-Rk. (Meerschweinchen) untersucht. Oxydiertes (Perameisensäure), dinitrophenyliertes u. weitgehend acyliertes I hatte hormonale u. immunolog. Aktivität verloren. Verestertes, acetyliertes, jodiertes I u. Phenylthiocarbamyl-I war noch immunolog. wirksam, aber ohne Hormonwirksamkeit. K. Maier. 4564□

Anregung der Pankreasinselzellen durch 2-Desoxy-D-glucose. Bernt Hökfelt und Gösta Hultquist. (Proc. Soc. exp. Biol. Med. **107**, 66—68, Mai 1961; Stockholm, Karolinska Hosp., Dep. of Endocrinol.; Uppsala, Univ., Dep. of Pathol.; engl.) — Bei der normalen Ratte bewirkt *2-Desoxy-D-glucose* (I; 50 mg/100 g) eine Verminderung der Färbbarkeit u. eine Entgranulierung des Cytoplasmas sowie eine Kernvergrößerung sowohl der α- als auch der β-Zellen der Pankreasinseln. Es kommt also zu einer Aktivitätssteigerung in beiden Zelltypen, so daß offenbar mit einer Sekretionssteigerung für *Insulin* u. *Glukagon* zu rechnen ist. Das Paradoxon einer α-Zellstimulierung bei Hyperglykämie läßt sich vielleicht durch die I-bedingte celluläre Glucopenie erklären, die den eigentlichen Reiz für die α-Zellen abgibt. U. Tausendfreund. 4564□

Trennung und Reinigung von Pankreaskallikreinen. E. Habermann. (Hoppe-Seyler's Z. physiol. Chem. **328**, 15—23, 1962; Würzburg, Univ., Inst. für Pharmakol. u. Toxikol.; dt.) — Die *Kallikrein* (I)-Fraktion von autolysiertem Schweinepankreas wird durch Fällen mit CH_3OH, Elektrophorese in Stärkesäule u. Chromatographie an DEAE-Cellulose gereinigt. I besteht aus I A u. IB, die bisher nur durch eine geringe Differenz in der elektrophoret. Wanderungs-Geschw. unterschieden werden; der isoelektr. Punkt eines Gemisches von 81% I A u. 19% I B liegt bei pH 4,4, das Molgew.

um 24000. 1 μg dieses Gemisches entwickelt am Blutdruck die Aktivität von 0,8 I-Einheiten u. spaltet unter Standardbedingungen je Std. 1,9 μMol p-Toluolsulfonylarginin-methylester. A. Hesse. 4564□

Unterscheidung von Kallikreinen und Kallikreinvorstufe mittels Antiseren und Diisopropylfluorphosphat. E. Habermann. (Hoppe-Seyler's Z. physiol. Chem. **328**, 24—30, 1962; dt.) — Vgl. vorst. Referat. — *Kallikrein* (**I**) aus Schweinepankreas erzeugt bei mehrwöchiger Verabreichung an Kaninchen *Antikörper*. Blockade des akt. Zentrums durch *Diisopropylfluorphosphat* (**II**) hemmt die Antigen-Eigg. nicht; dagegen bestehen immunolog. Unterschiede zwischen Pankreas-**I** u. Serum-**I** vom Schwein. — Die gesteigerte Hemmbarkeit von Humanserum-**I** durch Antihumanserum vom Kaninchen könnte auf immunolog. Ähnlichkeit zwischen Serum-*Kallikreinogen* (**III**) u. Serum-**I** bezogen werden. Serum-**II** ist jedoch durch seine Resistenz gegen **II** von Serum-**I** zu unterscheiden. — Voraussetzung für die Hemmbarkeit von **I** durch **II** ist also die Zugänglichkeit des akt. Zentrums, während die immunolog. Spezifität durch andere Eigg. des Mol. bestimmt wird. A. Hesse. 4564□

Freisetzung von 5-Hydroxytryptamin und Histamin aus neoplastischen Mastzellen durch alkalische Gewebeextrakte. N. J. Giarman, L. T. Potter und Margaret Day. (Experientia [Basel] **16**, 492—94, 15/11. 1960, New Haven, Conn., Yale Univ., School of Med., Dep. of Pharmacol.; engl.) — Alkal. Extrakte aus Hirn, Lungen, Niere, Duodenum, Milz, Herz u. Blut der Ratte setzen *5-Hydroxytryptamin* (*Serotonin*) u. *Histamin* aus Suspensionen neoplast. Mastzellen der Maus in Freiheit. Am aktivsten sind Extrakte aus Gehirn u. Niere. Zusatz von *Glucose* zur Nährlsg. verhindert das Freiwerden der Amine. Das akt. Prinzip der Extrakte ist stabil gegen Hitze, Säure u. Alkali u. kann durch Präcipitation oder Dialyse nicht völlig vom Protein abgetrennt werden. H. Goebel. 4569□

Biosynthese und Speicherung von Histamin, Heparin und 5-Hydroxytryptamin in der Mastzelle. Paul Hagen. (Canad. J. Biochem. Physiol. **39**, 639—42, März 1961; Winnipeg, Manitoba, Univ. of Manitoba, Dep. of Biochem.; engl.) — Übersicht. — 21 Literaturangaben. K. Maier. 4569□

Testosteronpropionat und Histaminstoffwechsel bei Ratten. K. S. Kim. (Amer. J. Physiol. **201**, 740—42, Okt. 1961; Singapore, Univ. of Malaya, Dep. of Physiol.; engl.) — Vgl. C. **1961**, 7281; C. **1962**, 10532. — Die *Histamin* (**I**)-Ausscheidung im Harn wurde bei Ratten unter verschiedenen Bedingungen untersucht: Orchidotomie erhöht **I** bei Sprague-Dawley-, aber nicht bei Wistar-Ratten; subkutan injiziertes *Testosteronpropionat* (**II**) senkt **I** bei ovarektomierten, aber nicht bei normalen Tieren. Exogenes **I** wird bei ♀ Tieren in weit größerem Maße im Harn ausgeschieden als bei ♂. Die Ergebnisse beweisen die enge Beziehung zwischen dem **I** -u. **II**-Stoffwechsel. M. Metze. 4569□

Die Bedeutung der Mitochondrien für die Biosynthese von Prophyrin und Häm. Seiyo Sano, Susumu Inoue, Yoichi Tanabe, Chiyoo Sumiya und Shiro Koike. (Acta Scholae med. Univ. Kioto **36**, 191—200, 1960; Kyoto, Kyoto Univ., Fac. of Med., Dep. of Public Health.; engl.) — Vff. berichten über die Biosynth. von *Porphyrin* (**I**) aus *δ-Aminolävulinsäure*, *Porphobilinogen*, *Uroporphyrin* (**II**) u. *Koproporphyrin* (**III**) durch Leber, Knochenmark u. rote Blutkörperchen. Nicht bekannt ist, ob die biosynthet. Mechanismen, die zu **I** u. zu *Häm* (**IV**) führen, miteinander ident. sind. Hierbei kommen nach Ansicht von Vff. den Mitochondrien (M) eine bedeutende Rolle zu: Bei der Kondens. von Glycin mit akt. Succinat ist die Ggw. unbeschädigter M im hämopoet. Gewebe wesentlich. Für die oxydative Decarboxylierung von **II** u. **III** zu *Protoporphyrin* (**V**) ist eine aus den M des Knochenmarks, rote Blutkörperchen, Leber oder Lymphknoten vorkommende *Decarboxylase* (**VI**) notwendig. **VI** ist nicht in den Lebermikrosomen oder der überstehenden Lsg. enthalten. **VI** ist noch akt. in aufgeschlossenen M oder in Acetontrockenpulver. M sind beteiligt an der Inkorporation von Fe in den **I**-Ring. Präpp. aus Leber u. roten Blutkörperchen besitzen die Fähigkeit, die Produktion an **V** zu reduzieren u. die von **IV** zu steigern. G. Bratfisch. 4572□

Protoporphyrin- und Hämbildung durch Erythrocyten von röntgenbestrahlten Enten und solchen nach Blutentnahme. J. Raymond Klein. (Amer. J. Physiol. **201**, 663—67, Okt. 1961; Upton, N.Y., Brookhaven Nat. Labor., Biol. Dep.; engl.) — Bei erwachsenen ♂ Enten zeigte sich nach Blutentnahme eine erhöhte Bldg. von Protohäm u. freiem Protoporphyrin durch Erythrocyten in vitro. Röntgenbestrahlung der Tiere senkte die *Häm*-Bldg., aber nicht die *Porphyrin*-Bildung. Die Häm-Bldg. wird nicht durch das natürliche Angebot an Porphyrinvorstufen u. Fe im Blut begrenzt; die Bldg. von freiem Porphyrin scheint nicht durch die Häm-Bldg. reguliert zu werden. M. Metze. 4572□

Wirkung von Kobaltchlorid auf das periphere Blut von Versuchshunden. M. Nikš und J. Gáborík. (Bratislavské lekárske Listy **35**, II, 581—97, 30/11. 1955; Bratislava, LFUK, Úst. všeob. a exp. patol.; slowak.) — Bei peroraler Zufuhr von *$CoCl_2$* (2 bis 4 mg/kg) tritt im Durchschnitt am 20. Tage Reticulocytose mit Erhöhung um 806%, dann Zunahme der Erythrocyten um 23,5% auf. Bei gleichzeitiger Verabreichung von Fe nimmt der Hämoglobin-Geh. um 13,8% zu, das Blut-Vol. um 16,6 ml/kg, der Hämatokritwert um 5,6 Teilstriche, die Viscosität des Blutes von 4,3 auf 5,5. Bei i.v. Zufuhr von $CoCl_2$ ist die Reticulocytose u. die Zunahme der Erythrocyten geringer, der Hämoglobinanstieg höher (25%), die Erythrocyten neigen zu Hyperchromie, unerwünschte Nebenwrkg. werden beobachtet. $CoCl_2$ eignet sich zur Verursachung einer echten Polyglobulie durch Neubldg. von Erythrocyten. Verabreichung von Vitamin B_{12} (10—20 μg/kg) bewirkt keine wesentliche Veränderung im peripheren Blut.
R. K. Müller. 4572□

Die Eisenbindungskapazität des Plasmas während der Schwangerschaft und Eisenmangel. E. H. Morgan. (Austral. J. Sci. **24**, 87—88, Aug. 1961; Nedlands, Univ. of Western Australia, Dep. of Physiol.; engl.) — *$^{59}FeCl_3$* wurde zu Blutplasma gegeben von a) schwangeren Frauen, b) einer nicht schwangeren Frau mit Eisenmangelanämie, c) einer normalen nicht schwangeren Frau. a) u. b) hatten hohe totale Eisenbindungskapazitäten (tE) 480—670 μg/100 ml Plasma, c) hatte einen Wert von 360 μg: $FeCl_3$ wurde zu je 2 Proben in dem Maße zugesetzt, daß der Fe-Wert einmal 0,5—1,0 μg per ml unter u. zum anderen 1,0—4,0 μg per ml über den Wert der tE lag. Nach einer Inkubation bei 37° für 30 Min. wurde elektrophoret. analysiert. In allen Proben, bei denen die Absättigung der tE ungenügend war (a, b, c) fand sich die Radioaktivität im *β-Globulin*-Band. Bei Fe-Überschuß konnte bei a u. b bei pH 8,6 keine andere Fe-bindende Fraktion als β-Globulin gefunden werden. Die Zunahme der tE bei anäm. u. schwangeren Personen ist völlig der Zunahme der Konz. des metallbindenden β_1-Globulins zuzuschreiben.
W. Hiller. 4574□

Heparintoleranz und Plasmaproteine. H. C. Godal. (Scand. J. clin. Lab. Invest. **13**, 314—25, 1961; Oslo, Univ. Hosp., Rikshospitalet, Inst. for Thrombosis Res.; engl.) — Wie Unterss. an Plasma von 43 Patienten mit verschiedenen Krankheiten zeigen, kann die Antithrombin-Wrkg. von *Heparin* durch *α_1-Glucoproteine* u. *Fibrinogen* aufgehoben werden. Demgegenüber sind Albumin, Haptoglobine, β-Lipoproteine, γ-Globulin, Paraproteine, Gerinnungsfaktoren (Prothrombin, Proconvertin, Christmas factor u. Stuart factor) sowie der Heparin-Cofaktor ohne Wirkung.
R. Reiss. 4574□

Der Einfluß von Heparin auf die Fibringerinnung. H. C. Godal. (Scand. J. clin. Lab. Invest. **13**, 306—13, 1961; Oslo, Univ. Hosp., Rikshosp., Inst. for Thrombosis Res.; engl.) — Vgl. vorst. Referat. — Unterss. an gereinigtem Fibrinogen u. Plasma über den Einfl. von *Heparin* (I), niedriger Temp., niedriger pH-Werte, der Ionen-Konz. u. des Ca-Geh. auf die Gerinnungszeit u. die physikal. Beschaffenheit des Fibrinkoagulats. Die Unterss. scheinen darauf hinzudeuten, daß eine umgekehrte Beziehung zwischen der Fibringerinnung u. der Antithrombin-Wrkg. von I besteht. Hohe I-Konzz. verzögern den Gerinnungseffekt. Durch Erhöhung der Ionen-Konz. kann dieser Prozeß umgekehrt werden. Protamin in Konzz., die geeignet sind, die verlängerte Thrombinzeit von heparinisiertem Plasma zu normalisieren, führt auch zu einer Normalisierung der Fibringerinnung.
R. Reiss. 4574□

Wirkung einiger Chemikalien auf die Hämagglutinationsaktivität und Infektiosität gegenüber Hühnerembryonen verschiedener Stämme von Newcastle-disease- und Geflügelpestviren. 1. Mitt. Wirkung von Kaliumpermanganat. M. K. Tolba und Josephine K. Eskarous. (Arch. Mikrobiol. **41**, 247—51, 1962; Univ. of Cairo, Fac. of Sci., Dep. of Bot.; engl.) — Bei Klass. (fowl-plague) u. Atyp. (New castle disease) Geflügelpest konnte bei verschiedenen Stämmen die Hämagglutinationsfähigkeit wie die Infektiosität durch *$KMNO_4$* in Konz. von 1000 ppm nahezu vollkommen zerstört werden. Die Stämme der Atyp. Pest waren resistenter.
M. Wiedemann. 4574□

Wirkung einiger Chemikalien auf die Hämagglutinationsaktivität und Infektiosität gegenüber Hühnerembryonen verschiedener Stämme von Newcastle-disease- und Geflügelpestviren. 2. Mitt. Wirkung von Äthylalkohol. M. K. Tolba und Josephine K. Eskarous. (Arch. Mikrobiol. **41**, 252—55, 1962; engl.) — 1. vgl. vorst. Referat. — Beide Viren wurden durch *A.* in Konz. von 75% u. darüber sowohl hinsichtlich Infektiosität wie Hämagglutination zerstört.
M. Wiedemann. 4574□

Wirkung einiger Chemikalien auf die Hämagglutinationsaktivität und Infektiosität gegenüber Hühnerembryonen verschiedener Stämme von Newcastle-disease- und Geflügelpestviren. 3. Mitt. Wirkung von Ascorbinsäure. M. K. Tolba und Josephine K. Eskarous. (Arch. Mikrobiol. **41**, 256—60, 1962; engl.) — 2. vgl. vorst. Referat. — *Ascorbinsäure* in Konzz. von 2,5—25 mg/ml setzte bei den Stämmen der beiden Viren die Hämagglutinationsfähigkeit herab, beeinflußte jedoch die Infektiosität nicht. M. Wiedemann. 4574□

Human-Autoprothrombin II. Orhan N. Ulutin, J. Frederic Johnson und Walter H. Seegers. (Amer. J. Physiol. **201**, 660—62, Okt. 1961; Detroit, Mich., Wayne State Univ., Coll. of Med., Dep. of Physiol. and Pharmacol.; engl.) — Wenn Human-*Prothrombin* bei pH 8,2 mit gereinigtem *Thrombin* aktiviert wird, entsteht *AutoprothrombinII* (I; Thromb. Diath. haematol. **5**, [1960], 218). I kann Serum im *Thromboplastin*-Bldg.-Test, wenn Blutplättchen zugefügt sind, ersetzen. Wenn man bei Hunden mit *Coumadin* deren Autoprothrombin-Konz. gleich Null werden läßt, kann I i.v. injiziert werden u. wird gut vertragen. M. Metze. 4574□

Die Rolle des Kohlenhydratanteiles im Rinderfibrinogen. K. Laki und L. Mester. (Biochim. biophysica Acta [Amsterdam] **57**, 152—54, 12/2. 1962; Bethesda, Md., Nat. Inst. of Health, Nat. Inst. of Arthritis and Metabol. Dis.; engl.) — *Fibrinogen* (I)-Präpp. enthalten ca. 1,7% Mannose + Galaktose, 1% Glucosamin u. 0,8% Sialsäure. Es ist möglich, den Kohlenhydratanteil durch Verw. von verd. Perjodat bei pH 7,0 selektiv zu oxydieren; die Oxydation ist von einem Verlust der Gerinnungsfähigkeit begleitet. K. Zingraf. 4574□

Der Einfluß des Komplexons 3 auf die Zusammensetzung des Blutserumeiweißspektrums bei Ratten und Meerschweinchen. L. Vozár und P. Bobek. (Pharmazie **13**, 704—07, Nov. 1958; Bratislava, Forschungsinst. für Volksernährung; dt.) — Das Eiweißspektrum von Ratten u. Meerschweinchen, die täglich 40 bzw. 25 mg *Äthylendiamintetraessigsäure* (I)/100 g Körper-Gew. erhalten, wurde papierelektrophoret. untersucht u. festgestellt, daß der Serum-Geh. an *γ-Globulin* (I) stark herabgesetzt ist. Es wird angenommen, daß der Einfl. von I auf den Ionenhaushalt des Organismus so stark ist, daß eine erhöhte Ausscheidung von *adrenocorticotropem Hormon* eintritt, die die Senkung des I-Geh. zur Folge hat. Vitamin-C-Mangel verstärkt die Wrkg. von I. Der Eiweißspiegel normalisiert sich nach Aussetzen der I-Behandlung. U. Baumann. 4574

Die Bindung von L-Tryptophan im menschlichen Plasma bei 37°. Rapier H. McMenamy, Charles C. Lund, Joseph van Marcke und J. L. Oncley. (Arch. Biochem. Biophysics **93**, 135—39, April 1961; Boston, Mass., Harvard Med. School, Dep. of Biol. Chem. and Dep. of Surg.; Boston City Hosp., 5th Surg. [Harvard] Serv.; engl.) — Vgl. C. **1959**, 10600. — Bei Prüfung der Bindungsfähigkeit des menschlichen Plasmas für *L-Tryptophan* (I) bei 37° konnte ein Wert von 18 μMol/kg für ungebundenes I ermittelt werden; ca. 25% des Gesamt-I im Nüchternplasma liegen in ungebundener Form vor. Die Konz. von ungebundenem I ist in Plasma u. Erythrocyten gleich hoch. U. Tausendfreund. 4574□

Identifizierung eines „spontan" aus Serumglobulin entstehenden Peptids mit Bradykinin. E. Habermann und M. E. Okon. (Hoppe-Seyler's Z. physiol. Chem. **326**, 171—73, 24/11. 1961; Würzburg, Univ., Inst. für Pharmakol. u. Toxikol.; dt.) — Eine säurebehandelte Globulinfraktion aus Rinderserum enthält nicht nur Kininogen, sondern auch freilegendes Enzym u. bildet infolgedessen nach Neutralisation u. Inkubation pharmakolog. akt. Material. Hieraus wurde *Bradykinin* erhalten. Zur Isolierung wurden 1,37 Liter dialysierte Ammonsulfat-Lsg. aus 8,225 Liter Rinderserum mit 13,7 ml 10n HCl 30 Min. bei 37° gehalten, auf pH 7,5 gebracht u. 2 Std. bei 37° inkubiert. Aufkochen mit A., Trocknen, Aufnehmen in Eisessig u. Fällen mit Ae. führte zu einem weißen Pulver, das nach Behandeln mit Trichloressigsäure mittels Carboxymethylcellulose in 2 Fraktionen verschiedener Bradykininaktivität (8,7 mg I u. 2,3 mg II) zerlegt wurde. Aus I wurde durch Papierchromatographie mit Butanol/Eisessig/W. reines Bradykinin erhalten, das mit dem synthet. ident. ist. Vff. berichten ferner über 2 von Pierce u. Webster (Biochem. biophysic. Res. Commun. **5**, [1961], 353) aus menschlichem Plasma isolierte Kallidine, die wahrscheinlich I u. II entsprechen. K. Heyns. 4574□

Isolierung und Struktur des Kallidins. E. Werle, I. Trautschold und G. Leysath. (Hoppe-Seyler's Z. physiol. Chem. **326**, 174—76, 24/11. 1961; München, Univ., Klin.-Chem. Inst. an der Chirurg. Klin.; dt.) — Vorbehandeltes Rinderplasma wird mit Submaxillaris-Kallikrein 40 Min. bei 20° inkubiert, auf pH 4 eingestellt, *Kallidin* (I) u. die Serumproteine über IRC 50 getrennt. Bei pH 6 werden zuerst die Serumproteine, bei pH 8 I mit Ammoniumformiat eluiert. Die I-Lsg. wird durch 3malige Fraktionierung an Sephadex G-25 fast protein- u. salzfrei erhalten. Das Rohprod. wurde papierchromatograph. (Butanol/Eisessig/W.) in vier Anteile getrennt. Die lysinhaltige Hauptaktivität ergab nach dem Edman-Abbau *Bradykinin* (II). Daraus folgt für I die Sequenz

Lys–Arg–Pro–Gly–Phe–Ser–Pro–Phe–Arg. Die Fraktionierung an CAM-Cellulose u. Elution mit Ammoniumformiat führt ebenfalls zu einer lysinhaltigen Hauptaktivität u. II-Nebenfraktion. Vff. berichten über eine Arbeit von Pierce u. Webster (Biochem. biophysic. Res. Commun. **5**, [1960], **353**) über die Isolierung von I-I u. I-II, die mit II u. I ident. sind. Die II-Bldg. (10%) wird auf die Wrkg. von Fremdenzym zurückgeführt. K. Heyns. 4574□

Reindarstellung und Charakterisierung von Serumhaptoglobinen. R. Kluthe, R. Bütler und H. Isliker. (Helv. physiol. pharmacol. Acta **18**, Nr. 1, C35—C37, 1960; Bern, Univ., Med.-chem. Inst. u. Schweizer Rotes Kreuz, Zentrallabor.; dt.) — Vgl. C. **1961**, 4780. — Die Hauptbedeutung der genet. determinierten *α_2-Serumhaptoglobine* (I) besteht in ihrer Eig., sich mit *Hämoglobin* (Hb) zu verbinden. Der gebildete I/Hb-Komplex wird im Gegensatz zu freiem Hb nicht durch die Niere ausgeschieden; hierdurch wird ein Hb–Fe-Verlust verhindert. Vff. berichten über eine immunoelektrophoret. Meth. zur Best. von I als I/Hb-Komplex. Diese Meth. beruht im wesentlichen auf der unterschiedlichen Löslichkeit der Zn–I- u. Zn–I/Hb-Komplexverbindungen. Die Zn-Präcipitation der Serumeiweißkörper aus dem Serum mit Hb-Zusatz ($1{,}6 \cdot 10^{-4}$m) beginnt bereits bei einem pH unter 5,9. Der Zn-Nd. bei pH 5,9 enthält über 70% der I-Aktivität des Serums (Zn-Konz. 0,01m, $+2^0$). Der Nd. wird zur Best. in 0,25m Komplexon I gelöst. Immunoelektrophoret. fanden Vff. I überwiegend als I/Hb; Verunreinigungen durch *α-Lipoproteine* u. *γ-Globuline* (II) ließen sich durch Carboxymethylcellulose-Austauschersäulen abtrennen. Es werden 2 Reinfraktionen erhalten: reiner I/Hb-Komplex u. reines II. I aus Seren der homocygoten I-Typen, 1—1 u. 2—2, ergaben in der Immunoelektrophorese ein einheitliches Bild. In der Ultrazentrifuge bestand I-Typ 1—1 aus einer Komponente 6,4 *S*, I-Typ 2—2 war uneinheitlich aus 3 Fraktionen zusammengesetzt. G. Bratfisch. 4574□

Beobachtungen über die Charakterisierung von Myoglobin bei den während des Erdbebens von Agadir (29/2. 1960) Verwundeten. M. J. Levêque und S. Trotemann. (Trav. Soc. Pharmac. Montpellier **20**, 228—33, 1960, herausgeg. 1961; Rabat Inst. Nat. d'Hyg. du Maroc, Labor. de Chim. et d'Hyg. industr.; franz.) — Das Auftreten von *Myoglobin* im Harn (Syndrom von Bywaters) ist lediglich der Ausdruck einer Muskelnekrose. Die Ausdehnung der traumat. Schädigungen kann durch Beobachtung des Transaminasen-Geh. im Serum festgestellt werden. K. Zingraf. 4574□

Gradientenchromatographie menschlicher Serumproteine und ihre Anwendung auf die Untersuchung des durch Ammoniumsulfat-Fraktionierung erhaltenen „Albumins" und „Globulins". Elbert A. Peterson, Mary M. Wyckoff und Herbert A. Sober. (Arch. Biochem. Biophysics **93**, 428—34, Mai 1961; Bethesda, Md., U. S. Dep. of Health, Educ. and Welfare, Publ. Health Serv., Nat. Inst. of Health, Nat. Cancer Inst., Labor. of Biochem.; engl.) — Beschreibung eines Verf. zur Chromatographie von Serumeiweiß unter Verw. von Tris-Phosphatpuffer in einem zusammengesetzten Gradienten mit anschließender Identifizierung der chromatograph. Fraktionen mittels Papierelektrophorese. Bei der Chromatographie der durch Ausfällung mit $(NH_4)_2SO_4$ aus menschlichem Serum erhaltenen Albumin- u. Globulinfraktion ergab sich, daß ihre Komponenten an der gleichen Stelle auftauchten wie bei der Behandlung von unfraktioniertem Serum. Bei den wenigen dabei auftretenden Ausnahmen scheint es sich um örtliche Verschiebungen u. nicht um eine Veränderung des Serums durch $(NH_4)_2SO_4$ zu handeln. K. Zingraf. 4574□

Über ein Begleitprotein des Hämoglobins erwachsener Menschen und seine Konzentration in der alkaliresistenten Fraktion. Yves Derrien, Georgette Laurent und Madeleine Borgomano. (C. R. hebd. Séances Acad. Sci. **242**, 1538—40, 12/3. 1956; franz.) — In Weiterführung früherer Unterss. wird über ein ungefärbtes Begleitprotein der alkaliresistenten Fraktion des adulten *Hämoglobins* berichtet. Quant. Beziehungen werden mitgeteilt. K. Ruckpaul. 4574□

Die Bindung von Cortisol durch Plasmaprotein. G. Virginia Upton und Philip K. Bondy. (Arch. Biochem. Biophysics **78**, 197—205, Nov. 1958; New Haven, Conn., Yale Univ., School of Med., Dep. of Internal Med.; engl.) — Bei Unterss. der Vff. über die Bindung von Plasma-*Cortisol* (I) durch Proteine wurde gefunden, daß bei einer I-Konz. geringer als 30 μg/100 ml I fest durch Plasmaprotein gebunden ist; I ist nicht ultrafiltrierbar. Bei einer erhöhten I-Konz., größer als 40 μg/100 ml, entweder durch Zugabe von exogenem I in vivo, oder als Wrkg. des adrenocorticotropen Hormons (ACTH), oder als Folge einer Krankheit, durch die I erhöht ist; sind ca. 15% von I ultrafiltrierbar. Vff. fanden keine qual. Unterschiede der Bindung von exogenem u. endogenem I bei hohen Konzentrationen. Hieraus schließen Vff., daß wahrscheinlich zwei verschiedene Arten der Bindung von I im Humanplasma vorkommen.
G. Bratfisch. 4574□

Strukturuntersuchungen über klinische Dextrane. 1. Mitt. Untersuchungen zur Methylierung und Perjodatoxydation. J. K. N. Jones und K. C. B. Wilkie. (Canad. J. Biochem. Physiol. **37**, 377—99, März 1959; Kingston, Ontario, Canada, Queen's Univ., Dep. of Org. Chem.; engl.) — Unters. der Konstit. 4 klin. verwendeter *Dextrane* (I; *C*-, *E*-, *S*-, *US*-I), d. h. partiell enzymat., therm. oder hydrolyt. (sauer) depolymerisierter I, die als Blutersatzmittel verwendet werden, mit Hilfe der Methylierung ergab, daß die Hauptfraktionen aus Ketten α-1 → 6-verbundener Glucopyranosereste bestehen, wobei 1 von jeweils 9,5—11 derselben auch Verzweigungsstellen in $C_{(3)}$ hat. 2 I sind wahrscheinlich auch in einem geringen Grad in $C_{(4)}$ verzweigt. Klin. I u. durch Ultrafiltration gewonnene I wurden der Perjodatoxydation unterworfen. K. Maier. 4576□

Der Einfluß der Applikation verschiedener glucosidischer Verbindungen auf die Ausscheidung organischer Säuren durch den Harn. Paul Fournier und Alice Digaud. (C. R. hebd. Séances Acad. Sci. **246**, 2661—64, 5/5. 1958; Paris, Labor. de Physiol. de la Nutrit. du C.N.R.S.; franz.) — Vgl. C. **1959**, 6208. — Die Verabfolgung von *Lactose*, *Xylose* oder *Mesoinosit* an Ratten führt zu einer Erhöhung der Ausscheidung verschiedener organ. Säuren mit dem Urin. Festgestellt wurden neben erhöhten Mengen an Ca Säuren des Tricarbonsäurecyclus: *Citronen-*, *Brenztrauben-*, *α-Ketoglutar-*, *Aconit-*, *Bernstein-*, *Fumar-*, *Malein-* u. *Hippursäure*. Als Grund für diese Steigerung vermuten Vff., daß Ca verschiedene Enzyme des Krebscyclus hemmt. P. Nachtwey. 4577□

Serumproteine in normalem Urin. D. S. Rowe und J. F. Soothill. (Clin. Sci. **21**, 75—85, Aug. 1961; Birmingham, Univ., Dep. of Exp. Pathol.; engl.) — Vff. weisen im ♂ Harn *Siderophilin*, *γ-Globulin* u. *Coeruloplasmin* nach. Die **3** Serumproteine haben im Harn ungefähr dasselbe Mengenverhältnis zu Albumin wie im Serum. Hochmol. α_2-Globulin u. β-Lipoprotein konnten nicht nachgewiesen werden. γ-Globulin u. andere Globuline waren anwesend. Vff. nehmen an, daß die Globuline im Urin in abgebauter Form vorliegen. Dieser Abbau wird nicht durch die enzymat. oder chem. Wrkg. des Urins verursacht. W. Hiller. 4577□

Über Antimetaboliten und fötale Entwicklung. R. H. H. Richter. (Helv. physiol. pharmacol. Acta **18**, Nr. 1, C46—C47, 1960; Bern, Univ.-Frauenklin.; dt.) — Zur Unters. der teratogenen Wrkg. exogener Noxen auf die fötale Entw. prüfte Vf. die nachst. synthet. Antimetaboliten: *Isoriboflavin* (I; *5.6-Dimethyl-9-[D-1'-ribityl]-isoalloxazin*), *4-Hydroxythiamin·HCl* (II), *4-Desoxypyridoxin* (III) u. *3-(3-Keto-17β-hydroxy-19-nor-4-androsten-17α-yl)-propionsäure-γ-lacton* (IV). Die verwendeten Wistar-Ratten erhielten neben einer Vitamin-B_2-Mangelkost peroral 8 mg I täglich vom 1.—21. Tag der Trächtigkeit. II erwies sich als starker, wirksamer Vitamin-B_1-Antimetabolit. Bei 5 von 7 trächtigen Tieren starben die Föten frühzeitig ab. III schien als Vitamin-B_6-Antimetabolit weit weniger wirksam zu sein. Nach täglicher Verabreichung von 5 mg III beobachtete Vf. keinerlei Schädigungen der Föten. Mit IV wurden bei den Wistar-Ratten 26% der ursprünglich vorhandenen 260 Implantationen derartig geschädigt, daß sie abstarben. IV wurde i.m. in öliger Lsg. täglich zu 3 mg/kg injiziert. G. Bratfisch. 4583□

Die Pigmente der Artemia salina L. Beziehung zwischen der Art der Pigmente und der Art der Fortpflanzung. Janine Dutrieu. (C. R. hebd. Séances Acad. Sci. **248**, 2522—24, 27/4. 1959; franz.) — Synth. von *Hämoglobin* (I) durch *Artemia salina* ist nur möglich, wenn das Milieu sauerstoffarm ist u. gewisse notwendige Nährstoffe liefert. Das Eierlegen erfolgt nur, wenn I-Synth. stattfindet, wobei das braune Pigment der Eischale dazu dient, den I-Überschuß bei der Mutter auszuscheiden. Ferner kann Eierlegen nur stattfinden, wenn einem I-Weibchen irgendwann genügend *Carotinoide* in der Nahrung zugeführt wurden. H. Aman. 4583□

Abnahme von Depotfett bei Ratten nach Verfütterung von extrem hydrierten Ölen. Antoni Horst, Izidor Kaganowicz, Irwina Zagórska und Danuta Rozynkowa. (Amer. J. Physiol. **201**, 617—20, Okt. 1961; Warszawa, Poland, Inst. of Fat Ind.; Poznań, Med. Acad., Dep. of Exp. Pathol.; engl.) — Ratten zeigten nach Verfütterung von einer 50% extrem *gesätt. Fette* enthaltenden Diät eine starke Abnahme von Körper-Gew. u. Körperfett innerhalb von 6 Wochen. Das Fettdepot war auch nach 10wöchiger Kontrolldiät noch nicht erholt. Als mögliche Erklärung für diese Ergebnisse wird eine Hemmwrkg. der extrem hydrierten Fette auf die Lipogenese aus Kohlenhydraten angenommen. M. Metze. 4585□

Die Wirkung der Diät auf die Serumlipide von fötalen, neonatalen und trächtigen Kaninchen. Meyer Friedman und Sanford O. Byers. (Amer. J. Physiol. **201**, 611—16, Okt. 1961; San Francisco, Calif., Mount Zion Hosp. and Med. Center, Harold Brunn Inst.; engl.) — Die *Cholesterin* (I), *Triglycerid* (II)- u. *Phospholipid* (III)-Werte der Kaninchenföten wurden signifikant höher gefunden als die der trächtigen Tiere. Nach Erhöhung der mütterlichen Blutlipide (durch I-reiche Diät oder *Triton WR-1339*-Injektion) fand keine Veränderung der Werte beim Fötus statt. Kurz nach der Geburt waren die II-Werte beim Neugeborenen 7mal höher als beim Muttertier, fielen in den nächsten 24 Std. stark ab u. stiegen nach dem 3. Tag wieder an bis zum 12. Tag. Danach fielen die II-Werte ab, bis nach 35 Tagen ein etwas höherer Wert erreicht war, als er bei jungen erwachsenen Tieren gefunden wurde. Der III-Geh. stieg bis zum 12. Tag an u. fiel dann bis zum 35. Tag, wo der Normalwert erwachsener Tiere erreicht war. Der I-Geh. verhielt sich ähnlich. Das Ansteigen von I u. III während der Saugperiode konnte durch Weglassen von I u. II aus der Nahrung verhindert werden. Der Einfl. von I in der Nahrung war für diese Erscheinung bes. groß. M. Metze. 4585□

Die Protein-Unterernährung bei Kindern. Die Unterernährung ist noch der Hauptfaktor für die hohe Krankheits- und Sterblichkeitsziffer in unterentwickelten Ländern. Nevin S. Scrimshaw und Moisés Béhar. (Science [Washington] **133**, 2039—48, 30/6. 1961; Guatemala, Inst. of Nutrit. of Central America [INCAP]; engl.) — Vff. beschreiben Erscheinungsformen u. Behandlung der durch Proteinunterernährung bei Kindern in unterentwickelten Ländern hervorgerufenen Kwashiorkor. A. Gude. 4585□

Biochemische und Nährwertuntersuchungen an ostpakistanischem Fisch. 1. Mitt. Die Anwendbarkeit verbesserter Meßmethoden für Jodabsorption und titrierbare Säure bei Untersuchungen über den Mechanismus des Fischverderbs. M. Qudrat-I-Khuda, H. N. De und J. C. Debnath. (Pakistan J. sci. ind. Res. **2**, 217—22, Okt. 1959; Dacca, Pakistan Council of Sci. and Ind. Res., East Reg. Labor.; engl.) — Zur Qualitäts-Best. von 11 ostpakistan. Fischen dienen verbesserte jodometr. u. acidimetr. Titrationen. Zur jodometr. Best. wird 1 g Fischfleisch mit Quarzsand u. 20 ml W. fein gemahlen u. mit 3mal 20 ml W. sofort in einen Jodkolben gespült. Dann wird 15 Min. geschüttelt, durch Glaswolle filtriert u. auf 100 ml aufgefüllt. Zu je 50 ml gibt man 10—20 ml 0,01n J-Lsg. u. titriert nach 10 Min. zurück. Die gesamttitrierbare Acidität (0,01n Na_2CO_3-Lsg.) betrug bei marktfrischem Fisch/g Trockenmasse, 21,66—48,35 ml u. ging nach 24std. Lagerung bei 80—84° F auf 5,81—21,08 ml zurück, das pH stieg von 6,25—6,46 auf 6,75—7,25. Der Verbrauch an 0,01n J-Lsg. betrug bei allen Fischen mit 1 Ausnahme 21,92—46,19 ml marktfrisch, nach 24 Std. 53,51 bis 104,07 ml. Nach den Ergebnissen lassen sich die untersuchten Fische im Hinblick auf ihre Verderblichkeit in 2 Gruppen einteilen. Ph. Fresenius. 4585□

Die Toxizität von Sojabohnenmehl nach Extraktion mit Aminen. Joseph Greenberg, D. Jane Taylor, Howard W. Bond und John F. Sherman. (J. Agric. Food Chem. **7**, 573—76, Aug. 1959; Bethesda, Md., Nat. Inst. of Allergy and Infect. Disease, Nat. Inst. of Health; engl.) — Sojabohnenmehl wurde mit *Diäthylamin*, *Triäthylamin* (I) u. *Butylamin* extrahiert. Die Extraktionsrückstände wurden mit 60—80% Aufzuchtfutter vermischt u. an einen Tag alte Küken verfüttert. Ca. 80% der Tiere starben innerhalb von 10 Tagen. Aceton-, A.- u. Trichloräthylenrückstände hatten keinen tox. Effekt. Durch I extrahiertes Baumwollsamenmehl, Erbsen, Sojabohneneiweiß, Zein u. Cerelose war in unterschiedlichem Grade toxisch. Gut vertragen wurden durch I extrahierte Gelatine u. Casein. Die Ursache der Toxizität wurde nicht geklärt. Eine Verbindung zwischen den Aminen u. dem eiweißhaltigen Material wird für wenig wahrscheinlich gehalten. H. D. Schlabitz. 4585□

Untersuchungen über den Vitaminbedarf von Geflügel. 3. Mitt. Bedarf von Vitamin A, D und E für Küken von Weißen Leghorn. Minoru Yoshida, Hiroshi Hoshii und Hiroshi Morimoto. (Vitamins [Kyoto] **25**, 384—89, 1962; Chiba, Nat. Inst. of Animal Ind.; jap., Auszug: engl.) — 2. Vgl. C. **1962**, 11271. — Vff. ermittelten einen *Vitamin-A*-Bedarf von 2650 I.E./kg Diät u. einen *Vitamin-D*-Bedarf von 200 I.C.U./kg Diät. Bei Ergänzung der Diät (Mais–Sojamehl + 6,3% tier. Fett bzw. Bataten–Sojamehl + 4,8% tier. Fett) mit *Vitamin E* wurde keine positive Wrkg. beobachtet. W. Hiller. 4585□

Untersuchungen über den Vitaminbedarf von Geflügel. 4. Mitt. Bedarf von Thiamin, Nicotinsäure und Cholin und die Tabelle des Vitaminbedarfs für Küken von Weißen Leghorn. Minoru Yoshida, Hiroshi Hoshii und Hiroshi Morimoto. (Vitamins [Kyoto] **25**, 390—94, 1962; jap., Auszug: engl.) — 3. vgl. vorst. Referat. — Der von Vff. ermittelte Vitaminbedarf liegt für *Thiamin* bei 2,5 mg, für *Nicotinsäure* bei 29 mg u. für *Cholin* bei 1,8 g/kg Diät. Die von Vff. ermittelten Werte liegen höher als die von dem National Research Council in den USA festgelegten. In einer Tabelle wird der Bedarf von 11 Vitaminen gegeben (Ergebnisse der Mitt. 1—4). W. Hiller. 4587□

Techniken für Ernährungsuntersuchungen an Ratten. 2. Mitt. **Experimentelle Techniken für Ernährungs- und biochemische Untersuchungen bei Ratten.** Kunio Okuda. (Vitamins [Kyoto] **18**, 531—38, 1959; Ube, Yamaguche Med. Coll., Dep. of Med.; Baltimore, Md., Johns Hopkins Univ., School of Hyg. and Publ. Health, Dep. of Biochem.; jap., Auszug: engl.) — Anleitung zur Erzeugung von Vitaminmangel u. Fettsucht. P. Gregorzewski. 4587□

Physikochemische Untersuchungen des Thiamins. Atsushi Watanabe. (Vitamins [Kyoto] **18**, 267—79, 1959; Osaka, Takeda Pharm. Ind. Ltd.; jap.) — Übersicht. — 27 Literaturangaben. P. Gregorzewski. 4587□

Untersuchungen über Methoden zur Entdeckung von Rindermastitis mit Hilfe der Milch. 2. Mitt. **Der Einfluß der latenten Mastitis auf den Gehalt und die Verteilung von Thiamin in der Milch.** Taro Nagasawa und Tamotsu Tanahashi. (Vitamins [Kyoto] **18**, 464—68, 1959; Gifu, Gifu Univ., Fac. of Agric.; jap., Auszug: engl.) — Der Gesamtgeh. normaler Milch an *Thiamin* beträgt 21,1—56,7 μg/dl u. im Durchschnitt 34,9 $\pm$ 3,06 μg/dl. Hiervon liegen 60,7% als *freies Thiamin*, 33,6% als *Cocarboxylase* u. 5,7% proteingebunden vor. Bei latenter Mastitis ist der Gesamtgeh. 10—15% niedriger. P. Gregorzewski. 4587□

Klinische Beobachtung von O-Benzoylthiamindisulfid bei Behandlung der Dermatosis. Katsu Takenouchi, Kazuo Aso, Kioichi Saito und Kyoko Morita. (Vitamins [Kyoto] **25**, 376—83, 1962; Chiba, Chiba Univ., School of Med., Dep. of Dermatol.; Tokyo, Tanabe Pharmazeut. Co.; jap., Auszug: engl.) — Bei Verabreichung von *O-Benzoylthiamindisulfid* (I) per os tritt Erhöhung des Thiamin-Geh. in Urin, Blut u. verschiedenen Geweben ein sowohl bei Normalpersonen als auch bei Normal- u. Thiaminmangelratten. I kann oral Patienten mit Dermatosis verabreicht werden, die einen geringeren *Thiamin*-Blutspiegel im Vgl. zu Normalpersonen haben. W. Hiller. 4587□

Der Einfluß von Nahrungsmittelfarbstoffen auf den Thiaminstoffwechsel. 4. Mitt. **Die Veränderung von freiem und verestertem Thiamin in verschiedenen Mäuseorganen.** Akira Yamada. (Vitamins [Kyoto] **25**, 218—21, 1962; Kumamoto, Kumamoto Women's Univ., Dep. of Nutritional Chem.; jap., Auszug: engl.) — Vgl. C. **1962**, 4231. — Nach Gaben von Nahrungsmittelfarbstoffen (Xanthene u. Azofarbstoffe) wurde in der Niere ein bes. niedriger *Thiamin*-Geh. festgestellt. Eine der Ursachen dafür scheint die beschleunigte Phosphorylierung in der Niere zu sein. I. Hahn. 4587□

Der Einfluß von Nahrungsmittelfarbstoffen auf den Thiaminstoffwechsel. 5. Mitt. **Die Veränderung des Thiaminspiegels in der Maus.** Akira Yamada. (Vitamins [Kyoto] **25**, 222—24, 1962; jap., Auszug: engl.) — 4. vgl. vorst. Referat. — Untersucht wurde der Einfl. von 15 verschiedenen Nahrungsmittelfarbstoffen (*Xanthene, Azo-, Indigo-, Polyphenylmethan-* u. *Nitrofarbstoffe*) auf den *Thiamin*-Spiegel. Mit Ausnahme von *Indigokarmin, Orange 1* u. *Säureviolett* senkten alle anderen Farbstoffe den *Thiamin*-Spiegel. I. Hahn. 4587□

Der Einfluß von Nahrungsmittelfarbstoffen auf den Thiaminstoffwechsel. 6. Mitt. **Die Veränderung der Phosphataseaktivität in der Niere der Maus.** Akira Yamada. (Vitamins [Kyoto] **25**, 373—75, 1962; jap., Auszug: engl.) — 5. vgl. vorst. Referat. — Die *alkal. Phosphatase*-Aktivität der Mäuseniere war höher bei Applikation von Farben der Xanthen- oder Azogruppe (Uranin, Phloxin, Eosin, Tartrazin) u. tiefer bei Indigofarben (Indigocarmin) im Vgl. zu den Kontrollen. Die *saure Phosphatase* nahm in allen Fällen ab. Vf. nimmt an, daß der Anstieg der Ausscheidung des *Thiamins* mit dem Urin nach Verabreichung von Nahrungsmittelfarben auf eine verstärkte Dephosphorylierung des Thiaminesters durch die alkal. Phosphatase der Niere zurückzuführen ist. W. Hiller. 4587□

Vergleichende Untersuchungen über verschiedene Methoden zur Bestimmung von Thiaminmangel. 2. Mitt. Mamoru Asukada, Hiroshi Akiyama, Masaya Hasumura und Toshihiko Shibuya.(Tokyo Jikeikai med. **J. 73**, 2536—38, 1958; referiert nach Jikeikai med. **J. 6**, 337, Dez. 1959; Tokyo, Jikei-kai School of Med., Sugimoto's Dep. of Physiol; engl.) — Vff. untersuchten die Veränderung des *Milchsäure/Brenztraubensäure*-Verhältnisses (MBV) vor u. nach i.v. Injektion von *Thiamin*. Nach Meinung der Vff. liegt Thiaminmangel vor, wenn das MBV im postabsorptiven Stadium niedriger als 7 ist u. wenn sich das MBV 50 Min. nach i.v. Injektion von Thiamin mehr als um 2 erhöht, verglichen mit dem postabsorptiven Stadium. Die Meth. ist bes. zur Best. eines latenten Thiaminmangels geeignet. W. Hiller. 4587□

Untersuchung über bakterielle Thiaminsynthese und -zerstörung. 4. Mitt. **Der Abbau von 2-Methylthiothiamin durch Thiaminase und die inhibitorische Wirkung der Pyrimidinhälfte.** Juichi Ogata. (Vitamins [Kyoto] **18**, 460—63, 1959; Ube, Yamaguchi Med. School, Dep. of Microbiol.; jap., Auszug: engl.) — 3. vgl. C. **1959**, 9956. —

Thiaminase von *Bacillus aneurinolyticus* hydrolysiert *2-Methylthiothiamin* (I) wie *Thiamin* (II). Die Hydrolyse von I wird durch die Pyrimidinhälfte stärker gehemmt als die Hydrolyse von II. Die Thiazolhälfte hemmt ebenfalls die I-Hydrolyse, aber nur wenig die von II. Auch die Pyrimidinhälfte von I hemmt die I-Hydrolyse. Staphylokokkenextrakt baut I ebenfalls ab. P. Gregorzewski. 4587☐

Die Wirkung von 5-Methylorotsäure auf das Wachstum von jungen Mäusen. Reihei Kohy. (Tokyo Jikeikai med. J. **73**, 327—29, 1958; referiert nach Jikeikai med. J. **6**, 294—95, Dez. 1959; Tokyo, Jikei-kai School of Med., Dep. of Biochem.; engl.) — Ratten erhielten zur Diät täglich 75—80 γ *5-Methylorotsäure* (I) bzw. *Orotsäure* (II). Bei gleichen Ausgangs-Gew. (40,3—40,4 g) wogen die Tiere nach 30 Tagen bei I-Zusatz 145 g, bei II-Zusatz 143 g. Die Kontrollen wogen 131 g. W. Hiller. 4587☐

Ermittlung des Gehaltes an Vitamin B_{12} in verschiedenen Tierprodukten, Exkrementen und in verschiedenen Teilen der Verdauungsorgane der Tiere. Jaroslav Kalous. (Sborník Vysoké Školy Zemědělské Praze **1959**, 323—35; tschech.) — Vf. ermittelt den Geh. an *Vitamin B_{12}* (I) mittels *Escherichia coli*-Kulturen (pH 7,2; 27°) nach der Agarplatten-Meth. in verschiedenen Tier-Prodd., Exkrementen u. Teilen der Verdauungsorgane von Nutztieren sowie in frischen u. fermentierten Exkrementen. Mit *E. coli* lassen sich noch 0,003γ I/ml nachweisen. Den höchsten I-Geh. ermittelte *E. coli* in den Lebern [120—258 (γ-%)], Nieren (154), in der Saugmilch (36), in der Acidofilmilch (27,3) u. in Rinderexkrementen (28,13) ,bezogen auf die Trockensubstanz. Von den Exkrementen der einzelnen Nutztiere wiesen die von Rindern den höchsten I-Geh. auf. Die Bldg. von I in den verschiedenen Teilen der Verdauungsorgane bei den einzelnen Tierarten ist verschieden. Beim Rind entstehen die höchsten I-Mengen im Pansen, bei Pferden im Blinddarm u. bei Schweinen im Dickdarm. Fermentation der Exkremente bei 40° erhöhte den Geh. an I deutlich (optimal nach ca. 48 Std.). Bei Schweinen wurden jedoch erst nach 7tägiger Fermentation Optimalwerte für I erhalten. Zugabe von Co zur Futterration von Mastschweinen erhöhte den Zuwachs sowie den I-Geh. in den Verdauungsorganen der Schweine u. bewirkte eine Herabsetzung des Futteraufwandes. — 41 Literaturangaben. B. Görlich. 4587☐

In vitro- und extragastrointestinale Wirkungen des Intrinsic factors. V. Herbert. (Int. Z. Vitaminforsch. [Bern] **31**, 382—83, 1961; Boston, Mass., Boston City Hosp., Thorndik Memorial Labor.; Harvard Med. School, Dep. of Med.; engl.) — Kurzer Überblick. Für das Vork. von *Intrinsic factor* (I) in der Galle sprechen folgende Befunde. Menschliche Galle u., weniger, Rattengalle steigern die Vitamin-B_{12}-Aufnahme von Rattenleberhomogenat u. Schweine-I-Konzentrat (K). Wie Ratten-I-Konzentrat erhöht Rattengalle die B_{12}-Aufnahme durch umgestülpte Rattendünndarmsäcke. In Ouchterlony-Agar bildeten Galle, Ratten- u. Humanmagenhomogenat u. K eine gemeinsame Präcipitation mit K-Antikörper. K. Maier. 4587☐

Untersuchungen über die Resorption von Intrinsic factor durch die durchströmte isolierte Rattenleber. M. Toporek. (Int. Z. Vitaminforsch. [Bern] **31**, 385—86, 1961; Philadelphia, Pa., Jefferson Med. Coll., Dep. of Biochem.; engl.) — Die Ergebnisse von Unterss. über die Aufnahme von *Intrinsic factor* (I) durch die durchströmte Rattenleber stimmen mit der Annahme überein, daß I die Resorption von *Vitamin B_{12}* durch die Leber als B_{12}-I-Komplex begünstigt. Die Leber baut den Komplex ab, speichert B_{12} u. gibt I an die Galle ab. K. Maier. 4587☐

Neue Vorstellungen über Natur und Wirkungsmechanismus des Intrinsic factors. G. B. J. Glass. (Int. Z. Vitaminforsch. [Bern] **31**, 383—85, 1961; New York, N.Y., New York Med. Coll.; engl.) — Kurze Übersicht. K. Maier. 4587☐

Untersuchungen über den L-Ascorbinsäureabbau. 16. Mitt. **Der Abbaumechanismus von L-Ascorbinsäure durch Bakterien.** 5. Mitt. Shintaro Kamiya. (Vitamins [Kyoto] **18**, 396—400, 1959; Iwata, Shizuoka Univ., Fac. of Agric., Dep. of Agric. Chem.; jap., Auszug: engl.) — 12. vgl. C. **1960**, 13749. — Unadaptierte Zellen sind in der Lage, *L-Ascorbinsäure* abzubauen, wenn eine kleine Menge *Glucose* u. *Caseinhydrolysat* gegeben werden. Es werden sowohl *D-Araboascorbinsäure* als auch *D-Glucoascorbinsäure* abgebaut, nicht aber *Reduktinsäure*, *Dihydroxymaleinsäure* u. *5-Methyl-3.4-dihydroxytetron*. Das Aktivitätsmaximum liegt für diese *L-Ascorbinsäureoxydase* bei pH 5,0 u. einer Substrat-Konz. von 800 μm. P. Gregorzewski. 4587☐

Untersuchungen über den L-Ascorbinsäureabbau. 17. Mitt. **Abbaumechanismus von L-Ascorbinsäure durch Bakterien.** 6. Mitt. Shintaro Kamiya. (Vitamins [Kyoto] **18**, 401—06, 1959; jap., Auszug: engl.) — 16. vgl. vorst. Referat. — Es werden 2 verschiedene Stoffwechselwege angenommen: *6-Phosphogluconat* → *3-Keto-6-phosphogluconat* (I) → *Ribulose-5-phosphat* (II) → *D-Ribose-5-phosphat* (III) oder *L-Ascorbinsäure* → *D-Araboascorbinsäure* → I → II → III. P. Gregorzewski. 4587☐

Untersuchungen über den L-Ascorbinsäureabbau. 18. Mitt. **Abbaumechanismus von L-Ascorbinsäure durch Bakterien.** 7. Mitt. Shintaro Kamiya. (Vitamins [Kyoto] **18**, 407—11, 1959; jap., Auszug: engl.) — 17. vgl. vorst. Referat. — Es wird folgender Stoffwechselweg wahrscheinlich gemacht: *L-Ascorbinsäure* → *Dehydroascorbinsäure* → *Diketo-L-gulonsäure* → (*L-Xyloson*) → *D-Arabinoson* → *D-Ribose*.
P. Gregorzewski. 4587 □

Untersuchungen über den L-Ascorbinsäureabbau. 19. Mitt. **Abbaumechanismus von L-Ascorbinsäure durch Bakterien.** 8. Mitt. Shintaro Kamiya und Toshio Nakabayashi. (Vitamins [Kyoto] **18**, 411—17, 1959; jap., Auszug: engl.) — 18. vgl. vorst. Referat. — Folgende 2 Stoffwechselwege werden angenommen: *L-Ascorbinsäure* (I) → *Dehydroascorbinsäure* → *Diketo-L-gulonsäure* → *L-Xyloson* → *D-Arabinoson* → *D-Ribose* → *D-Ribose-5-phosphat* (II). Der andere Weg verläuft über folgende Zwischenprodd.: I → *D-Araboascorbinsäure* → *3-Keto-D-gulonsäure* → II. II, das als Zwischenprod. beider Stoffwechselwege auftritt, wird in akt. *Glykolaldehyd* (III) u. *3-Phosphoglycerinaldehyd* (IV) gespalten, III wird zu *Essigsäure*, IV zu *Brenztraubensäure* (V) oxydiert. V wird über den Krebs-Cyclus zu H_2O u. CO_2 unter Bldg. kleiner Mengen *Essigsäure*, *D-Milchsäure* u. *Ameisensäure* abgebaut. P. Gregorzewski. 4587 □

Veränderungen des Vitamin-A-Gehalts im Serum in Verbindung mit einem durch Anaphylaxis und durch andere Ursachen hervorgerufenen Schock. Kin Matsuyama. (Tokyo Jikeikai med. J. **73**, 492—98, 1958; referiert nach Jikeikai med. J. **6**, 344, Dez. 1959; Tokyo, Jikei-kai School of Med., Dep. of Forensic Med.; engl.) — Kaninchen wurden mit *Eialbumin*, *Jod* (Lsg. nach Lugol), $K_2Cr_2O_7$ oder $HgCl_2$ durch 5 i.v. Injektionen von jeder Verb. sensitiviert. Nach 17 Tagen wurde eine schockhervorrufende Dosis i.v. gegeben u. der *Vitamin-A*-Geh. kurz bevor u. 1, 3, 6 u. 24 Std. nach der Injektion bestimmt. Die Tiere zeigten keine Unterschiede zu denen, die ebenfalls eine Schockdosis erhielten, ohne jedoch vorher sensitiviert zu sein. Nur bei den mit Jod behandelten Tieren trat geringe Erhöhung des Vitamin-A-Geh. ein. W. Hiller. 4587 □

Beziehungen zwischen Vitamin E und proteolytischer und autolytischer Aktivität des Skelettmuskels. Thomas R. Koszalka, Karl E. Mason und George Krol. (J. Nutrit. **73**, 78—84, Jan. 1961; Rochester, N.Y., Univ. of Rochester, School of Med. and Dent., Dep. of Biochem. and Anat., Div. of Exp. Radiol.; engl.) — Bei *Vitamin-E*-Mangelhamstern ist die *proteolyt.* u. *autolyt.* Aktivität in Skelettmuskeln 2—10fach höher als in Muskeln normal ernährter Tiere. Bei geringen Schäden stellt sich nach Vitamin-E-Fütterung die alte Aktivität wieder ein, bei größeren sinkt sie ab, bleibt aber erhöht. P. Gregorzewski. 4587 □

Untersuchungen über den Einbau von carboxylmarkiertem Biotin in Extrakte aus Hühnerleber. A. Gilgen, M. Bettex-Galland und F. Leuthardt. (Helv. physiol. pharmacol. Acta **18**, Nr. 1, C31—C32, 1960; Zürich, Univ., Biochem. Inst.; dt.) — Vff. untersuchten die Fixierung des *Biotins* (I) an die Proteine von Leberextrakten (LE) aus normalen u. I-Mangelhühnchen mit Hilfe von COOH-markiertem I. Der LE wurde aus Acetontrockenpulver von dem zellkern- u. mitochondrienfreien Überstehenden des Leberhomogenats gewonnen. Der LE wurde mit markiertem I für 1 Std. inkubiert oder für ½ Min. in Kontakt gebracht (nichtinkubierte Ansätze). Die Inkubation mit LE von I-Mangeltieren ergab eine viel höhere Fixierung als Inkubation mit LE aus Normaltieren. Diese offenbar enzymat. Fixierung von I scheint bei 2 γ I/ml bereits das Maximum erreicht zu haben. Aber auch beim bloßen Vermischen mit den LE ohne Inkubation wird I fixiert. Die spontane Fixierung ist konzentrationsabhängig u. steigt bei I-Mengen von 2—30 γ fast linear an. Durch $(NH_4)_2SO_4$-Fraktionierung der LE zur Isolierung der für den Einbau von I verantwortlichen Fraktion gelang es, 2 Mechanismen der I-Fixierung voneinander zu trennen. Die spontane, ohne Inkubation vor sich gehende konzentrationsabhängige Fixierung findet ausschließlich in der $(NH_4)_2SO_4$-Fraktion 0—25% Sättigung statt u. läßt sich sowohl bei Mangel -als auch bei Normaltieren feststellen. Beim 2. Mechanismus handelt es sich wahrscheinlich um einen enzymat. Einbau, der nur bei Mangeltieren funktioniert. Diese Rk. ist ATP-abhängig u. der Einbau findet in den beiden Fraktionen 0—25 u. 25—50% Sättigung an $(NH_4)_2SO_4$ statt. Nor-, Homo- u. Desthiobiotin können in hoher Konz. hemmen. Ein Zusatz von Chloramphenicol oder Präinkubation mit Ribonuclease haben auf den I-Einbau keinen Einfluß.
G. Bratfisch. 4587 □

Kohlenhydratstoffwechsel in normalen und in Höhen exponierten Mäusen nach einer Arsenvergiftung. L. Joe Berry und Dorothy S. Smythe. (Amer. J. Physiol. **197**, 37—40, Juli 1959; Bryn Mawr, Pa., Bryn Mawr Coll., Dep. of Biol.) — Mäuse wurden in einer Kammer 3—5 Wochen lang Bedingungen unterworfen, die einer Höhe von 20000 ft. entsprachen. 3—5 Std. nach den *As*-Injektionen wurden die Tiere untersucht. Die Höhentiere hatten weniger *Muskelglykogen* u. *Blutzucker*. Bei den mit As

behandelten Höhentieren nahm der Geh. an *Leberglykogen* u. *Kohlenhydraten* des Körpers schneller als bei den nicht Höhenbedingungen ausgesetzten Tieren ab. Die Höhentiere retinierten größere Mengen an markiertem Arsenit 1—3 Std. nach der Injektion.
W. Hiller. 4596□

Die Wirkungen einer Kälteakklimatisierung auf den Stoffwechsel der Kohlenhydrate und Lipide der Leber. J. M. Felts und E. J. Masoro. (Amer. J. Physiol. **197,** 34—36, Juli 1959; Boston, Mass., Tufts Univ., School of Med., Dep. of Physiol.; engl.) — Ratten, deren Schwanz operativ entfernt war, wurden für 4—6 Monate bei 25 bzw. bei 0—2° gehalten. Anschließend bzw. nach 24std. Fasten wurde der *Glykogen-* u. *Lipid* (I)-Geh. der Leber bestimmt. Er hatte folgende Werte (I-Geh. in Klammern): 25° nicht gefastet, 4,2% des Frisch-Gew. (5,7); 25°, bei 0—2° gefastet 0,3% (11,8); 0—2°, nicht gefastet 4,2 (5,4); 0—2°, gefastet 2,0 (5,7). Verss. mit Leberschnitten der Tiere ergaben, daß bei den an Kälte akklimatisierten Tieren $^{14}C_{(1)}$-Acetat u. $^{14}C_{(1)}$-Palmitat besser zu $^{14}CO_2$ oxydiert wurden. Eine Fettinfiltration fand bei den akklimatisierten Tieren nicht statt.
W. Hiller. 4596□

Glucose-Biokinetik beim Schaf. D. S. Kronfeld und M. G. Simesen. (Amer. J. Physiol. **201,** 639—44, Okt. 1961; Davis, Calif., Univ. of California, Coll. of Agric., Dep. of Animal Husbandry; School of Veterin. Med., Dep. of Physiol.; engl.) — Unterss. nach ^{14}*Glucose* (I)-Gaben beim Schaf ergaben 1—10 Std. nach der I-Aufnahme eine Transfer-Geschw. für I von 0,28—0,39 g/Std./kg, u. nach 96 Std. 0,18—0,20 g/Std./kg. Damit ist die I-Gesamtumsatz-Geschw. beim Schaf niedriger als die in der Literatur aufgeführten Werte für Ratten, Hunde u. Menschen. — 25 Literaturangaben.
M. Metze. 4596□

Oxydative Umsetzungen im Stoffwechsel der biogenen Amine. Theodore L. Sourkes. (Rev. canad. Biol. **17,** 328—66, Sept. 1958; Montreal, McGill Univ., Allan Memorial Inst. of Psychiatry; engl.) — Zusammenfassende Darst. über oxydative Umsetzungen der biogenen Amine. Die Arbeit enthält sowohl eine Aufstellung der wichtigsten im Organismus vorkommenden Amine als auch der die Rkk. katalysierenden Fermente. — 120 Literaturangaben. U. Baumann. 4596

γ-Aminobuttersäure und Faktor I. K. A. C. Elliott. (Rev. canad. Biol. **17,** 367—88, Sept. 1958; Montreal, McGill Univ., Dep. of Neurol. and Neurosurg.; Montreal Neurol. Inst., Donner Labor. of Exp. Neurochem.; engl.) — Übersicht über Arbeiten, die sich mit der *γ-Aminobuttersäure* (I), ihrer Verteilung, Freisetzung u. physiolog. Wrkg. befassen. Es scheint, daß I den Hauptanteil an der *Faktor-I*-Aktivität (Hemmung der Neuronen) hat. — 86 Literaturangaben. U. Baumann. 4596

L-Hydroxyprolinderivate. Erich Baer und R. John Stedman. (Canad. J. Biochem. Physiol. **37,** 583—87, April 1959; Toronto, Ontario, Univ. of Toronto, Banting and Best Dep. of Med. Res., Subdep. of Synthet. Chem. in Relation to Med. Res.; engl.). — In Weiterführung ihrer Unterss. über die Synth. des Phosphatidylhydroxy-L-prolins stellten Vff. Derivv. des Hydroxy-L-prolins her. Durch Behandlung von N-Cbo-hydroxy-L-prolin (Cbo = Carbobenzoxy) oder dessen Cyclohexylammoniumsalz mit Benzylchlorid u. Triäthylamin wird *N-Cbo-hydroxy-L-prolinbenzylester* erhalten.

Versuche: *N-Cbo-hydroxy-L-prolin-Cyclohexylammoniumsalz* (I), $C_{19}H_{28}N_2O_5$, F. 191—192° (A.-Ae.; Zers.), $[\alpha]_D^{24}$ —43,9° (W.; c = 5); durch langsames Hinzufügen von Cbo-chlorid zu einer Lsg. von Hydroxy-L-prolin in einer $KHCO_3$, K_2CO_3 u. Aceton enthaltenden wss. Lsg., Verdünnen, Extrahieren mit Äthylacetat, Eindampfen, Lösen in A. u. Behandeln mit Cyclohexylamin; 91%. — *N-Cbo-hydroxy-L-prolin* (II), $C_{13}H_{15}\cdot NO_5$, $[\alpha]_D^{26}$ —77,7° (c = 3; Chlf.), farbloses Glas, aus I durch Verteilung zwischen nHCl u. Äthylacetat, Extraktion der wss. Phase, Eindampfen u. Trocknen bei 78—80°/0,1 mm Hg. — *N-Cbo-hydroxy-L-prolin-S-benzylthiuroniumsalz*, $C_{21}H_{25}N_3O_5S$, F. 188 bis 188,5° (A.; Zers.), $[\alpha]_D^{25}$ —36,0° [A.-W. (1:1), c = 1]; durch Behandeln von I in W. mit S-Benzylthiuroniumchlorid in Wasser. — *N-Cbo-hydroxy-L-prolinbenzylester*, $C_{20}H_{21}NO_5$ $[\alpha]_D^{26}$ —59,0° (c = 5; Chlf.), gelbliches Öl, durch Erwärmen eines Gemisches aus II, Benzylchlorid u. Triäthylamin auf 75°, weitere Zugabe der letzten Verbb., Verteilung zwischen 2n HCl u. Ae. u. Eindampfen der äther. Lsg. im Vakuum. Auch durch Erwärmen eines Gemisches aus I, Benzylchlorid u. Triäthylamin auf 75° u. Aufarbeiten wie vorher. — *Hydroxy-L-prolin*, $[\alpha]_D^{26}$ —75,7° (W.; c = 1,3), durch katalyt. Hydrierung vorst. Verb. in einer Lsg. aus Eisessig, Methanol u. W. am Platinschwarzkatalysator. — *N-Cbo-DL-Serinbenzylester*, $C_{18}H_{19}NO_5$, F. 74,0—74,5° (CCl_4–PAe.), aus N-Cbo-DL-Serin durch Behandlung mit Triäthylamin u. Benzylchlorid. — *N-Cbo-DL-serin-p-nitrobenzylester*, $C_{18}H_{18}N_2O_7$, F. 94—94,5° (Bzl.), durch 3std. Erhitzen eines Gemisches aus vorst. Verb., Triäthylamin u. p-Nitrobenzylbromid in Tetrahydrofuran auf 75—80° u. Verteilung zwischen nHCl u. Äthylacetat, aus der organ. Phase 76%.
P. Gregorzewski. 4596□

Fette und Arteriosklerose. Nepomuk Zöllner. (Int. Z. Vitaminforsch. [Bern] **31**, 199—209, 1961; München, Univ., Med. Poliklinik; dt.) — Übersicht. — 11 Literaturangaben. K. Maier. 4596□

Zum Stoffwechsel der Lipide. Heribert Wagner. (Int. Z. Vitaminforsch. [Bern] **31**, 190—98, 1961; Basel, Univ., Physiol.-chem. Inst.; dt.) — Übersicht. Verdauung u. Resorption der Fette, Transport u. Aufnahme durch die Gewebe, Abbau u. Aufbau, Cholesterinstoffwechsel, -abbau. K. Maier. 4596□

Stoffwechsel der Lipide. M. Reynier. (Agressologie [Paris] **2**, Nr. 5, 501—11, Nov. 1961; Toulon, Hôpital Maritime Sainte-Anne, Trav. du Labor. de Rech. physiobiol. de la Marine nat. (CERB); franz.) — Abbau u. Synth. von Fetten, der Einfl. von Hormonen (adrenocorticotropes Hormon, Thyreotropin, Somatotropin, Adrenalin, Insulin, Thyroxin) auf den Stoffwechsel der Fettsäuren, die Verknüpfung zwischen Fett- u. Kohlenhydratstoffwechsel werden erörtert u. im Zusammenhang mit Koagulationsstörungen des Blutes (Heparin) u. den Lipiden die Atherosklerose u. das Altern diskutiert. — 34 Literaturangaben. K. Böhm. 4596□

Der in vitro-Stoffwechsel adiposer Gewebe. Martha Vaughan. (J. Lipid Res. **2**, 293—316, Okt. 1961; Bethesda, Md., Nat. Inst. of Health, Nat. Heart Inst., Labor. of Cell. Physiol. and Metabolism; engl.) — Übersicht über Fettsäurestoffwechsel in intaktem Gewebe, enzymat. Ablauf des Fettsäurestoffwechsels, Hexosestoffwechsel im intakten Gewebe u. die daran beteiligten enzymat. Vorgänge, Einfl. von Hormonen auf den in vitro-Stoffwechsel adiposer Gewebe, *Insulin*, Einfl. von *Adrenalin* u. *Noradrenalin*, von *3'.5'*- u. *5'-Adenosinmonophosphat*, von *ACTH*, *Glukagon*, *Serotonin* u. einigen Hypophysenhormonen, die Einfl. auf adiposes Gewebe haben. — 151 Literaturangaben. P. Gregorzewski. 4596□

Myocard-Kreatinphosphat und -Nucleotide bei Anoxie-Herzstillstand und Wiedererholung. Ellis S. Benson, Gerald T. Evans, Ben E. Hallaway, Clifford Phibbs und Esther F. Freier. (Amer. J. Physiol. **201**, 687—93, Okt. 1961; St. Paul, Minn., Hill Found. Res. Labor.; Univ. of Minnesota, Dep. of Labor. Med. and Surg.; engl.) — Im isolierten perfundierten Hundeherz wurde bei Anoxie (45 Min.) eine Senkung des *Kreatinphosphat* (I)- u. *Adenosintriphosphat* (*ATP*)-Geh. beobachtet. Nach partieller Wiederauffüllung mit O_2-Blut (30 Min. Perfusion) wurde der I-Wert wieder normal, aber die ATP-Konz. fiel noch mehr. Desaminierte ATP-Derivv., bes. Inosin, wurden in erhöhtem Maße im Myocard nach der Anoxie gefunden. Die Anoxie stört anscheinend das dynam. Gleichgewicht zwischen ATP-Abbau u. Resynth. durch Des- u. Reaminierung. — 32 Literaturangaben. M. Metze. 4597□

Untersuchungen über den Herzstoffwechsel. 4. Mitt. Der Stoffwechsel des Herzens bei experimentellem Kammerflimmern. Michael Klarwein, Walther Lamprecht und Eike Lohmann. (Hoppe-Seyler's Z. physiol. Chem. **328**, 41—52, 1962; München, TH, Organ.-chem. Inst.; Univ., I. Medizin. Klinik; dt.) — 3. vgl. C. **1958**, 198. — Um neue Wege zur Verhütung oder Behebung von Kammerflimmern zu finden, wurden Veränderungen wichtiger Metaboliten im linken Ventrikel untersucht. Die *Phosphorylase-a*-Aktivität nimmt bei Kammerflimmern (Hund, nach direktem Elektroschock) in den ersten 30 Sek. zu, nach 4 Min. Minimum; keine Veränderung der *Gesamtphosphorylase*; kein kausaler Zusammenhang zwischen Glykogenolyse-Geschw. u. Veränderungen der Phosphorylase-a-Aktivität. Bei Kammerflimmern wird *Glykogen* quant. zu *Glucose-6-phosphat*, *Glycerin-1-phosphat* u. *Lactat* abgebaut. *Pyruvat* u. *Dihydroxyacetonphosphat* nehmen bei Kammerflimmern kaum zu. *Phosphokreatin* sinkt innerhalb 6 Min. fast auf Null. *Adenosintriphosphat* u. die Summe der *Adenylsäuren* gehen erst nach der 4. Min. zurück. U. Tausendfreund. 4597□

Gehalt und Verteilung von Kalium, Natrium und Chloriden in der glatten Muskulatur des Uterus. C. Y. Kao. (Amer. J. Physiol. **201**, 717—22, Okt. 1961; Brooklyn, N.Y., State Univ. of New York, Downstate Med. Center, Dep. of Pharmacol.; engl.) — Zur weiteren Kenntnis des elektr. Verh. von glatten Muskeln (Ionenhypothese) wurde am Kaninchenuterus von unreifen Weibchen ohne Behandlung (a), nach *17β-Östradiol* (b)- u. nach *Progesteron* (c)-Behandlung Ionen-Geh. u. Inulinraum bestimmt. Bei a wurde der ganze Uterus zur Unters. verwendet, bei b u. c nur das isolierte Myometrium. a) W. 838 g, K 101 (Milliäquivalente), Na 87, Chlorid 67; b) 799 g, 109, 79, 67; c) 792 g, 111, 83, 72. M. Metze. 4597□

Die Bindung von Ca durch isolierte Myofibrillen. Vorl. Mitt. N. A. Biró und A. Mühlrad. (Acta physiol. Acad. Sci. hung. **18**, 275—78, 1961; Budapest, L. Eötvös Univ., Inst. of Phylogeny and Gen., Biochem. Group; engl.) — Die Bindung von *Ca* an Myofibrillen geht an 2 verschiedenen Stellen vor sich. 1 g Muskelfaserprotein enthält

ca. 10—20 μMol starker Bindungsstellen (Assoziations-Konst. 20—30000) u. ca. 100 μMol schwacher Bindungsstellen (Konst. um 100). Es werden Betrachtungen zum Problem der Auslöschung der Muskelrelaxation durch Ca angestellt.
U. Tausendfreund. 4597□

Entwicklung des renalen tubulären Transports von Tetraäthylammonium und p-Aminohippursäure bei Welpe und Ferkel. Barbara Rennick, Byron Hamilton und Robert Evans. (Amer. J. Physiol. **201,** 743—46, Okt. 1961; Syracuse, N.Y., State Univ. of New York, Upstate Med. Center, Dep. of Physiol.; engl.) — In Nierenschnitten von fetalen u. neugeborenen Welpen u. Ferkeln wurde der Transport von *Tetraäthylammonium* (I) u. *p-Aminohippursäure* (II) untersucht. Die Ergebnisse zeigten, daß diese beiden Transport-Syst. sich unabhängig voneinander beim fetalen u. neugeborenen Hund entwickeln. Der I-Transport war bei der Geburt gering u. stieg erst nach 9 Wochen zum Wert von erwachsenen Tieren auf. Der II-Transport war in fetalem u. Neugeborenengewebe aktiv. Beide entwickelten sich nicht unter anaeroben Bedingungen. Bei Ferkeln zeigten Nierenoberflächenschnitte einen geringen I- u. II-Transport in den ersten beiden Wochen. Nach 4 Wochen verstärkten sich beide bis zu einem Betrag, der dem von tieferen Nierenrindenschnitten glich; die letzten speicherten von der Geburt bis nach 8 Wochen die gleiche I- u. II-Menge. M. Metze. 4597□

2.4-Dinitrophenol und Chloridgehalt der Rattenaurikel. J. F. Lamb. (J. Physiology **152,** 31P—32P, Juni 1960; Edinburgh, Univ., Dep. of Vet. Physiol.; engl.) — Vgl. C. **1962,** 3168. — 15 Min. Perfusion von Rattenmuskel mit Tyrode-Lsg., die *2.4-Dinitrophenol* (I) (13 μm) enthielt, rief einen Chloridverlust von 9,0 mval/kg Naßgewicht hervor. Das Chloridgleichgewichtspotential (E_{Cl}) wurde zu 32 mV berechnet, d. h. Cl^--Ionen stehen nur anfangs zur Repolarisation der Membran zur Verfügung. Nach 15 Min. langer I-Einw. dauerten die Aktionspotentiale der Aurikel ca. 3 ms u. das Ruhepotential sank auf 10 mV ab. Bei Cl^--Ersatz in der Tyrode-Lsg. durch Benzolsulfonat verkürzte sich das Aktionspotential nur auf 20 ms ohne Abfall des Ruhepotentials oder Verminderung der Erregbarkeit. Möglicherweise besteht die I-Wrkg. auf Herzgewebe in einer starken Zunahme der Cl^--Permeabilität, wodurch eine Neigung zur Erniedrigung des Ruhepotentials u. Beschleunigung der Repolarisation des Aktionspotentials hervorgerufen wird. K. Maier. 4597□

Die Funktion von Calcium bei der Regulierung der Kaliumakkumulierung in Hirnrindenschnitten des Meerschweinchens. G. Gárdos. (Acta physiol. Acad. Sci. hung. **18,** 265—69, 1961; Budapest, Med. Univ., Inst. of Med. Chem.; Cardiff, Whitchurch Hosp., Neuropsych. Res. Unit, Med. Res. Council; engl.) — *Ca* scheint ein integrierender Bestandteil des den Transport von Kationen regulierenden Trägermechanismus zu sein. Eine Akkumulierung von *K* in Meerschweinchenhirnrindenschnitten kommt nur in Ggw. von Ca^{2+} (10^{-3}m $CaCl_2$) zustande. Ca^{2+} beeinflußt in den für eine maximale K-Akkumulierungs-Geschw. erforderlichen Konzz. den Kohlenhydratstoffwechsel u. die Energie-Bldg. nicht. U. Tausendfreund. 4598□

Die Wirkungen von organischen Blei- und Zinnverbindungen auf den Stoffwechsel von Hirnrindenschnitten der Ratte. A. Vardanis und J. H. Quastel. (Canad. J. Biochem. Physiol. **39,** 1811—27, Dez. 1961; Montreal, Quebec, McGill-Montreal Gen. Hosp., Res. Inst.; engl.) — *Tetraäthylblei* (I) u. *Tetraäthylzinn* (II) hemmen den akt. Transport von Aminosäuren in Schnitte der Rattenhirnrinde in Konzz., welche den *Glucose* (III)-Stoffwechsel der Schnitte nicht beeinflussen; sie hemmen die Oxydation von L-Glutamat durch die Schnitte u. heben in niedrigen Konzz. den durch K gesteigerten O_2-Verbrauch der Schnitte in Ggw. von III auf, besitzen aber prakt. keinen Einfl. auf den nicht durch K gesteigerten O_2-Verbrauch. Auch der O_2-Verbrauch von Schnitten, welche vorher mit Phospholipase A behandelt wurden, ist hochempfindlich gegen I. Die Hemmwrkg. von I u. II sind nicht auf eine Beimischung von Triäthylblei u. Triäthylzinn oder eine Umwandlung in dieselben zurückzuführen. K. Zingraf. 4598□

Veränderungen in der Konzentration und der intracellulären Verteilung der Hirnbrenzcatechinamine: die Wirkungen von Reserpin, β-Phenylisopropylhydrazin, Pyrogallol und 3.4-Dihydroxyphenylalanin, allein und in Kombination. H. Weil-Malherbe, Herbert S. Posner und Grace R. Bowles. (J. Pharmacol. exp. Therapeut. **132,** 278—86, Juni 1961; Washington, D.C., St. Elisabeths Hosp., Nat. Inst. of Mental Health, Clin. Neuropharmacol. Res. Center; engl.) — 2—5 mg *Reserpin* (I)/kg führen beim Kaninchen zu einer Verminderung der Konz. von *Norepinephrin* (II) u. *Dopamin* (III) in der lösl. Fraktion u., rascher, in der Teilchenfraktion des Gehirns. 10 mg *β-Phenylisopropylhydrazin* (IV)/kg hemmen den brenzcatechinaminverarmenden Einfl. von I; I löscht einen mäßigen, durch IV bewirkten Anstieg der II-Konz. aus. *Pyrogallol* (V) beeinflußt die II- u. III-Konz. sowie die I- u. IV-Wrkg. nicht; V potenziert bei gemeinsamer Anwendung von I + IV + V die IV-Wrkg. (Anstieg der II-Konz. in der lösl. Fraktion über die Norm). 20—100 mg *L-3.4-Dihydroxyphenylalanin* (*DOPA*)/Tier verändern die II- u. III-Konz. nicht; nach Vorbehandlung mit IV oder V führt DOPA zum III-Anstieg in beiden Fraktionen; die II-Konz. wird durch DOPA nur nach IV-Vorbehandlung gesteigert; die II-Konz. ist nach Vorbehandlung mit IV + V am größten. Die Wrkg. von IV u. DOPA entsprechen am I-vorbehandelten Gehirn denen der Norm. U. Tausendfreund. 4598□

Änderung der topographischen Verteilung von Glykogen im Gehirn von Iguana iguana in Abhängigkeit von der Umgebungstemperatur. A. Stolk. (Experientia [Basel] **16,** 508, 15/11. 1960; Amsterdam, Free Univ., Histolog. Labor.; engl.) — Änderung der Umgebungs-Temp. kann die *Glykogen* (I)-Konz. in den verschiedenen Gehirnbezirken von Iguana iguana vermindern oder vermehren. Temp.-Abfall scheint die I-Synth. im Gehirngewebe nicht zu hemmen. H. Goebel. 4598□

Über den Metabolismus von Noradrenalin und Dopamin im Gehirn. A. Pletscher und K. F. Gey. (Helv. physiol. pharmacol. Acta **18,** Nr. 1, C42—C44, 1960; Basel, F. Hoffmann-La Roche & Co. Akt.-Ges., Medizin. Forschungsabt.; dt.) — Vff. verglichen den Einfl. von *Iproniazid* (I) u. *Dopa* (II) auf den *Noradrenalin* (III)- u. *Dopamin* (IV)-Geh. des Rattenhirns. 16 Std. nach intraperitonealer (i.p.) Injektion von 100 mg I/kg zeigte sich eine deutliche Erhöhung der III- u. IV-Konzentration. 1 Std. nach i.p. Injektion von II war die abs. IV-Zunahme signifikant, die prozentuale IV-Erhöhung nicht signifikant höher als der III-Anstieg. Die II-bedingte IV-Vermehrung wurde durch I-Vorbehandlung erheblich, der III-Anstieg nur schwach, aber signifikant, verstärkt. Auf Grund der Erhöhung von endogenem IV u. der erheblichen Verstärkung des II-bedingten IV-Anstiegs durch I vermuten Vff., daß ein wesentlicher Abbaumechanismus von IV in der direkten oxydativen Desaminierung besteht. Der relativ starke Anstieg von endogenem III bei Monoaminooxydasehemmung läßt vermuten, daß auch von III ein wesentlicher Anteil ohne vorherige O-Methylierung oxydativ desaminiert wird. Vff. sind der Ansicht, daß die Ergebnisse dafür sprechen, daß prim. oxydative Desaminierung im Rattenhirn einen wichtigen Abbaumechanismus für III u. IV darstellt. G. Bratfisch. 4598□

Die Proteine des Nervensystems. Jerzy Krawczyński. (Postępy Biochem. **4,** 415—47, 1958; Lublin, PSK Nr. 1, Centr. Labor. klin.) — Systematik u. Stoffwechsel der Proteine des Nervengewebes u. ihre Bedeutung auf Grund neuerer Forschungen. — 155 Literaturangaben. R. K. Müller. 4598□

Biochemie des Sehvorgangs. J. Methfessel. (Pharmazie **13,** 681—85, Nov. 1958; Halle, Martin-Luther-Univ., Physiol.-chem. Inst.; dt.) — Übersicht über bisher bekannte Substanzen u. ihre Umsetzungen, die beim Sehvorgang eine Rolle spielen. — 25 Literaturangaben. U. Baumann. 4598

Postmortaler Anstieg von 5-Hydroxytryptamin im Rattenhirn nach 5-Hydroxytryptophanverabreichung. K. F. Gey und A. Pletscher. (Experientia [Basel] **16,** 372—73, 15/8. 1960; Basel, F. Hoffmann-La Roche AG., Pharmaceut. Abt.; engl.) — Nach intraperitonealer Injektion von 75 mg *DL-5-Hydroxytryptophan*/kg läßt sich bei Ratten ohne u. mit Vorbehandlung mit 100 mg *Iproniazid*/kg, intraperitoneal 16½ Std. vorher, eine starke postmortale Vermehrung von *5-Hydroxytryptamin* (Aufbewahrung des intakten Hirns bis zu 4 Std. bei 37°, Zimmer-Temp. u. in 0,1n HCl) im Gehirn erkennen, während bei Kontrolltieren eine Verminderung nachweisbar ist, die durch Iproniazid aufgehoben wird. U. Tausendfreund. 4598□

E₆. Pharmakologie. Therapie. Toxikologie. Hygiene

Orientierungsmechanismen der Stoffwechselwege in Abhängigkeit von der Umgebung und von den pharmakologischen Agentien. H. Laborit. (Agressologie [Paris] **2,** Nr. 5, 439—60, Nov. 1961; Paris; franz.) — Schwere Störungen in dem im wesentlichen energet. Cyclus von Emden-Meyerhof-Krebs sind Zeichen patholog. Geschehens mit Ausfällen innerhalb der Transportkette u. evtl. sogar Aussetzen der Oxydationsprozesse bei vorherrschender anaerober Glykolyse. Dabei scheint der Übergang zur direkten Oxydation ein wirksamer Schutzmechanismus zu sein. Unter besonderer Betonung der Bedeutung von TPN für den Stoffwechsel wird darauf hingewiesen, daß viele therapeut. Maßnahmen des letzten Jahrzehnts — Neuroplegica, Insulin + Glucose, K-Zufuhr, Na-Beschränkung, Cytochrom c — alle die Eig. besitzen, den Eintritt von Glucose-6-phosphat in den Pentoseweg anzuregen, den Weg also, über den die K-Pumpe richtig angeschlossen zu sein scheint u. über den die celluläre Ruhe, die Repolarisation, der Einsatz von H_2-Moll., der physiolog. Schlaf, die Lipido- u. Lactogenese,

Anacidose u. Alkalose, Hypothermie u. endergon. Geschehen verlaufen. Diese einheitliche Theorie der Mechanismen läßt die Pharmakologie u. Therapie von Problemen in Angriff nehmen, die zwar scheinbar recht verschieden sind, für die aber alle gewisse experimentelle Kontrollen bereits vorliegen u. veröffentlicht werden. K. Böhm. 4600□

Cardiovascular-Effekt von der radioprotektiven Substanz β-Aminoäthylisothiuroniumbromidhydrobromid. David H. Knott und R. R. Overman. (Amer. J. Physiol. **201**, 677—81, Okt. 1961; Memphis, Tenn., Univ. of Tennessee, Coll. of Med., Inst. of Clin. Invest.; engl.) — Der Einfl. von *β-Aminoäthylisothiuroniumbromidhydrobromid* (I)-Infusionen (i.v.; Hund) u. -Injektionen wurde durch Messung von Blutdruck, EKG, Herzausstoßmenge u. dgl. untersucht. Es wurde nach I eine starke Blutdruckerhöhung beobachtet, der bei schnellen i.v. Injektionen eine rasche Entw. von Hypotension folgte. Die Ergebnisse lassen auf eine direkte I-Wrkg. gegenüber peripheren Gefäßen u. Myocard schließen. M. Metze. 4601□

Unerwünschte Wirkungen von Vanillinsäurediäthylamid bei Hunden und Katzen. J. R. Campbell, D. D. Lawson und J. Sanford. (Brit. J. Anaesthesia **34**, 509—13, Aug. 1962; Glasgow, Univ., Vet. Hosp.; engl.) — Hunde u. Katzen erhielten nach einer Pentobarbitone-Narkose *Vanillinsäurediäthylamid* (I). I zeigte folgende Wrkg.: Senkung des Blutdrucks, Atemdepression, Abnahme der Frequenz u. Amplitude der Kontraktion. W. Hiller. 4607□

Biologische Verteilung eines Benzochinolizinderivats und dessen Wirkung auf den 5-Hydroxytryptamin- und Noradrenalin-Gehalt der Gewebe. D. E. Schwartz, A. Pletscher, K. F. Gey und J. Rieder. (Helv. physiol. pharmacol. Acta **18**, 10—16, 1960; Basel, F. Hoffmann-La Roche & Co. AG., Abt. für exp. Med.; dt.) — Vff. untersuchten an ♀ Meerschweinchen die Verteilung von *Benzochinolizinmethansulfonat* (I) auf verschiedene Organe (Blutplasma, Gehirn, Herz, Dünndarm, Leber, Nebenniere, Rückenfett u. Harn) sowie die Wrkg. von I auf den Geh. an *5-Hydroxytryptamin* (II) u. *Noradrenalin* (III). Hierzu wurde den ca. 300 g schweren Tieren, die durch 24 Std. langes Fasten vorbereitet wurden, 20 mg I/kg intraperitoneal injiziert. I bewirkte eine deutliche, ungefähr gleich starke Verminderung von II u. III im Gehirn sowie III im Herzen. Im Blut wurde die II-Konz. nur wenig, im Dünndarm überhaupt nicht erniedrigt. Die biolog. Halbwertszeit von I im Blutplasma u. in verschiedenen Organen betrug 0,9—2,7 Stunden. Die Wrkg. von I auf den II-Geh. des Gehirns u. des Herzens war nur von kurzer Dauer (12—16 Std.). Ein Vgl. der geprüften Wrkg. von I auf die einzelnen Organe ergab, daß zwischen der maximalen Konz. in den Geweben u. der Intensität der II-Depression keine Parallelität besteht. Aus den Ergebnissen schließen Vff., daß I eine reversible, nicht kumulierende u. relativ spezif. Wrkg. auf den II-Geh. des Gehirns ausübt. G. Bratfisch. 4607□

Wirkung von 6-Mercaptopurin auf die Homotransplantatreaktion der Ratte. Arthur N. Thomas, Donald L. Morton, Jackson T. Crane und Richard E. Gardner. (Proc. Soc. exp. Biol. Med. **107**, 70—71, Mai 1961; San Francisco, Calif., Univ. of California, Med. Center, Dep. of Surg. and Pathol.; engl.) — Durch Behandlung mit *6-Mercaptopurin* (20—350 mg/kg, 3mal/Woche) konnte bei Ratten eine nur geringfügige Verlängerung der Überlebenszeit von Haut-Homotransplantaten erzielt werden; sie betrug bei den hohen Dosierungen ca. 5 Tage; 350 mg wurden allerdings nicht mehr vertragen. Die Transplantat-Rk. konnte durch die Behandlung nicht unterdrückt werden. U. Tausendfreund. 4607□

Der Einfluß von Tannin auf die Aktivität des Uterus. Arnošt Texl. (Scripta med. Fac. Med. Univ. Brunensis Olomucensis **34**, 199—207, 1961; Brno, Univ. J.E.P., Farmakol. ústav.; tschech.) — 10 mg *Tannin*/kg i.v. erhöhen wesentlich den Tonus des Rattenuterus in situ. Dieser Effekt war bei Kaninchen oder Meerschweinchen nicht so ausgeprägt. *Adrenalin* oder *Papaverin* wirken als Antagonisten. *Gallussäure* i.v. oder Tannin peroral zeigten keine Wirkung. Z. Pechan. 4607

Der Einfluß von Resochinsulfat auf die Aktivität der Schilddrüse. Z. Lupínek, R. Parma, M. Konečný und E. Urbánek. (Scripta med. Fac. Med. Univ. Brunensis Olomucensis **34**, 257—62, 1961; Brno, Univ. J.E.P., Katedra farmakologie; tschech.) — *Resochinsulfat* verminderte die Speicherung von ^{131}J in der Rattenschilddrüse nur bei großen, tox. Dosen (täglich 20 mg/kg subkutan, 30 Tage), was Vff. durch unspezif. Wrkg. der Begleitinfektion erklären. Z. Pechan. 4607

Hemmung der Anaphylaxie bei Mäusen durch Vorbehandlung mit Cystein, Lysinäthylester und Tyrosinäthylester. W. M. Meyers und K. L. Burdon. (Experientia [Basel] **16**, 52—54, 15/2. 1960; Houston, Tex., Baylor Univ., Coll. of Med., Dep. of Microbiol.; engl.) — Durch intraperitoneale Injektion von 1 ml/20 g (0,005 Mol/kg) von *L-Cysteinhydrochlorid*, *DL-Tyrosinäthylesterhydrochlorid* oder *L-Lysinäthylesterdihydrochlorid*, 1 Std. vor der Hervorrufung eines anaphylakt. Schocks (Eialbumin), kann bei

Mäusen die Empfindlichkeit gegenüber dem Schockgeschehen herabgesetzt werden. Eine definitive Erklärung des Einfl. dieser Substanzen steht noch aus, möglicherweise hängt die Wrkg. mit ihrer Hemmfähigkeit gegenüber dem *Komplement* C_1' zusammen; vielleich sind die Tiere infolge teilweiser C_1'-Verarmung innerhalb der nächsten 24 Std. refraktär gegenüber weiteren Verss. zur Hervorrufung einer anaphylakt. Reaktion. U. Tausendfreund. 4607□

Einfluß der ε-Aminocapronsäure auf die Erhöhung der bei der Ratte durch Histamin hervorgerufenen Gefäßpermeabilität. P. Lefebvre, J. Salmon, J. Lecomte und H. van Cauwenberge. (C. R. Séances Soc. Biol. Filiales **156**, 183–86, 1962, herausgeg. 20/5.; Lüttich, Univ., Dep. de Clin. et de Pathol. méd et Inst. Léon Fredericq, Physiol.; franz.) — *ε-Aminocapronsäure* hemmt das fibrinolyt. System. Sie setzt bei der Ratte die Erhöhung der Gefäßdurchlässigkeit, die man durch *Histamin* herbeiführen kann, herab. Sie vermindert auch die Intensität einer Blutfleckenkrankheit, die bei der Maus durch Crotonöl erzeugt worden ist. Diese Wrkg. suggerieren die Teilnahme an den Erscheinungen der Fibrinolyse, ja sogar der einer nicht spezif. Eiweiß-Zers. u. bestimmter Rkk. in der Krankheits-Entw. in Betracht gezogener Entzündungen. P. Nachtwey. 4607□

Struktur und Wirkung von muscarinähnlichen Verbindungen. P. G. Waser. (Experientia [Basel] **16**, 347–49, 15/8. 1960; Zürich, Univ., Pharmakolog. Inst.; dt.) — Eine Reihe muscarinähnlicher Verbb. wurde an Katzen (Ganztiere; Carotis-Blutdruck, Atmung, Nickhautkontraktion mit u. ohne präganglionäre Sympathicusreizung, Gastrocnemius-Muskelzuckung nach N. ischiadicus-Reizung) u. isolierten Froschorganen ($^1/_4$ Lähmung des perfundierten Herzens u. submaximale M. rectus abdominis-Kontraktion) geprüft. Ersatz des Tetrahydrofuranrings in *Muscarin* (I) durch Tetrahydrothiophen vermindert die biolog. Aktivität erheblich. Dies beruht vermutlich auf der Unfähigkeit des S zur Bldg. von H-Bindungen mit der cholinerg. Receptorgruppe. Aromat. Charakter des Furanrings beeinflußt die I-Aktivität wenig, während diese bei *cis*-Stellung von CH_3- oder $(CH_3)_3N^+$-Gruppen bzgl. der OH-Gruppe stark abfällt. Geprüfte Verbb.: *DL-I-Jodid, Thiomuscarinjodid, Epi*-Verb. (OH in *cis*-Stellung zu einer Seitenkette), *Desmethylthio-Verb., trans-* u. *cis-Desmethylmuscarinjodid, trans-* u. *cis-4.5-Dehydromuscaronjodid, Propyl-* u. *Isobutyl*-Analoge von I. K. Maier. 4607□

Wirkungen von Iproniazid auf die Reaktionen des Hypothalamus gegenüber Adrenalin. B. Minz und J. Thuillier. (C. R. Séances Soc. Biol. Filiales **153**, 962 bis 965, 20/10. 1959; Paris, Fac. de Méd., Labor. de Pathol. et Thérapeutique gén. et Labor. de Biol. de la Clin. des Maladies Mentales; franz.) — Die Verss. an Kaninchen zeigten deutlich den Antagonismus zwischen *Reserpin* (I) u. *Iproniazid* (II, *Marsilid*): I red. den Geh. des Hypothalamus an *Brenzcatechinaminen* (III), verstärkt die cardiovasculären Rkk., blockiert aber die wehenanregende Rk. auf corticale Applikation von *Adrenalin*. II dagegen vermehrt den Geh. an III, hemmt die vasopressiven Rkk., läßt aber die wehenanregenden Rkk. intakt. Dies zeigt das Bestehen verschiedener biochem. Affinitäten in bestimmten Gehirnflächen an. Die evtl. Bedeutung von I u. II zur späteren funktionellen Erforschung dieser Strukturen wird besprochen. H. Aman. 4610□

Phenacetinaufnahme im Verhältnis zur 24stündigen endogenen Kreatinin-Clearance. A. W. S. Sørensen. (Scand. J. clin. Lab. Invest. **13**, 337–40, 1961; Hald, Dänemark, Rehabilitation Center, Danish Red Cross; engl.) — Vf. untersucht den Einfl. von *Phenacetin* (I) auf die Nierenfunktion (Kreatinin-Clearance) bei 265 Patienten mit rheumat. Arthritis u. 515 Patienten mit anderen Krankheiten. Während die Arthritiskranken eine herabgesetzte Nierenfunktion zeigen, führt I auch in großen Dosen nicht zu einer Veränderung der Clearance-Werte. R. Reiss. 4615□

Der Einfluß von Ephedrinverbindungen auf den Blutdruck bei Ratten. Kazuo Machiki. (Tokyo Jikeikai med. J. **73**, 1017–23, 1958; referiert nach Jikeikai med. J. **6**, 316, Dez. 1959; Tokyo, Jikei-kai School of Med., Dep. of Pharmacol.; engl.) — Vf. untersuchte den Einfl. von *l-, d-, dl-Methylephedrin* u. *l-, dl-Pseudoephedrin* auf den Blutdruck bei Ratten. Die Tiere erhielten 0,01 ml *Dial Urethan*-Lsg. (Ciba)/30 g Gew. subkutan injiziert. Der Blutdruck fiel graduell bis 40 Min. nach Anwendung, danach wurden die Ephedrin-Verbb. verabreicht. Mit Ausnahme von *l*-, d-Ephedrin zeigten alle Verbb. bei Applikation von 0,3 mg Erhöhung des Blutdrucks, bei 0,5 mg zeigte auch *l*-Ephedrin u. bei 1,0 mg auch d-Ephedrin Erhöhung. Tachyphylaxis wurde in keinem Fall beobachtet. W. Hiller. 4620□

Der Einfluß von Ephedrinverbindungen auf die Pulszahl. Kazuo Machiki. (Tokyo Jikeikai med. J. **73**, 1024–29, 1958; referiert nach Jikeikai med. J. **6**, 316–17, Dez. 1959; Tokyo, Jikei-kai School of Med., Dep. of Pharmacol.; engl.) — Vgl. vorst. Referat. — Anästhetisierte (Dial Urethane; Ciba) u. nicht anästhetisierte Ratten erhielten *l-*, *d-*, *dl-Ephedrin*; *l-*, *d-*, *dl-Methylephedrin* u. *l-*, *d-*, *dl-Pseudoephedrin* intraarteriell injiziert. Alle 9 Verbb. erhöhten unter beiden Bedingungen die Pulszahl. Bei Ephedrin u. Methylephedrin wurde die Pulszahl um 11 pro 15 Sek. erhöht. Die Erhöhung trat nach 4—14 Min. ein. Bei Pseudoephedrin war die Erhöhung gering, *l*-Pseudoephedrin wirkte etwas stärker. Die Erhöhung lag hier bei ca. 6 pro 15 Sekunden. W. Hiller. 4620□

Der Einfluß von 1-Allylphilopon auf die Pressorwirkung von Philopon (1-Phenyl-2-methylaminopropan). Kazuo Machiki. (Tokyo Jikeikai med. J. **73,** 1030—34, 1958; referiert nach Jikeikai med. J. **6,** 317—18, Dez. 1959; Tokyo, Jikei-kai School of Med., Dep. of Pharmacol.; engl.) — Subkutane Injektion von 2 mg *1-Allylphilopon* (I) verursachte keine Pressor-Wrkg. bei Ratten. Es wurde auch keine Reizung beobachtet. Bei subkutaner Injektion von 0,5 mg *Philopon* (II) erreichte der Blutdruck nach 6—8 Min. das Maximum, mit einer mittleren Steigerung von 18 mm Hg. Nach 30 Min. wurde noch ein um 4 mm Hg höherer Druck beobachtet. Die Pressor-Wrkg. von 0,3 mg **II** wurde durch subkutane Injektion von 2—4 mg **I** gehemmt. Die Pressor-Wrkg., die durch subkutane Injektion von 0,5 mg **II** hervorgerufen wurde, wurde nicht durch 2—4 mg **I** beeinflußt. **I** hemmt die Pressor-Wrkg. von **II** nur bis zu einem gewissen Grade. W. Hiller. 4620□

Ergebnisse der Behandlung von Schizophrenie mit Neuroleptica und Neuroleptica kombiniert mit Pentazol. Karel Náhunek. (Scripta med. Fac. Med. Univ. Brunensis Olomucensis **34,** 209—34, 1961; Brno, Univ. J.E.P., psychiatrická klinika; tschech.) — Die therapeut. Resultate bei 317 Schizophrenikern waren folgende: Am besten erwies sich die Therapie mit *Chlorpromazin* in Kombination mit *Pentazol* (I)-Konvulsionen. Bei Kontrollpatienten, die nur mit **I** behandelt wurden, trat die Verbesserung langsam ein. Gleichzeitige Applikation von I, Chlorpromazin u. *Reserpin* empfiehlt Vf. nicht, da häufiger Nebenwrkg. beobachtet wurden. Z. Pechan. 4622

Vergleich der Resorptionsgeschwindigkeiten von reiner und gepufferter Acetylsalicylsäure im Verdauungstrakt. Edward B. Truitt jun. und Ann M. Morgan. (Arch. int. Pharmacodynam. Thérap. **135,** 105—17, 1/1. 1962; Baltimore, Md., Univ. of Maryland, School of Med., Dep. of Pharmacol.; engl.) — Nach oraler Verabreichung von 0,6 g ungepuffertem *Aspirin* (I) war die Salicylat-Konz. im Plasma von Vers.-Personen nach 10, 15, 20 u. 30 Min. jeweils nur etwa halb so hoch wie nach Gabe von I, welches mit Al-Glycinat + $MgCO_3$ (Bufferin) gepuffert war. K. Zingraf. 4627□

Testierung antirheumatischer Stoffe wie Prednisolon, Phenylbutazon, Pyramidon und Aspirin an der Depolarisationsthrombose der Katze. Klaus Alexander und Hanspeter Keller. (Arch. int. Pharmacodynam. Thérap. **135,** 118—26, 1/1. 1962; Heidelberg, Univ., Pharmacol. Inst.; dt.) — Bei Katzen konnte Thrombose-Bldg. infolge der Einw. von Gleichstrom durch 100 mg *Novocain*/kg, 50 mg *Prednisolon*/kg, 200 mg *Phenylbutazon*/kg, 40 mg *Pyramidon*/kg, 350 mg *Aspirin*/kg oder 300 mg *Ca-Gluconat*/kg verhindert bzw. deutlich abgeschwächt werden; Na-Salicylat, Phenacetin u. Novalgin waren unwirksam. K. Zingraf. 4627□

Untersuchungen über neue sedative Arzneimittel. B. Bobrański. (Postępy Hig. Med. doświadczalnej **15,** 394—96, Juli/Aug. 1960; Wrocław, Med. Akad., Dep. of Pharm. Chem.; engl.) — Aus Phenyldiallylacetamid werden u. a. durch Hydratisierung *α-Phenyl-α-allyl-γ-valerolacton* (I) u. *α-Phenyl-α-hydroxypropyl-γ-valerolacton,* aus Diallylhomophthalsäureimid *Hydroxypropylallylhomophthalsäureimid* u. *2.6-Dimethyl-2.3.5.6-tetrahydropyran-[4-spiro-4']-1'.3'-diketo-1'.2'.3'.4'-tetrahydroisochinolin* (II) erhalten. I besitzt hypnot. u. **II** sedative Wirkung. Beim Sterilisieren entsteht aus *5-Allyl-5-[β-hydroxypropyl]-barbitursäure* (**III**) *α-Allophanyl-α-allyl-γ-valerolacton* (F. 138°; **IV**), aus diesem beim Kochen mit 5% HCl *α-Allyl-γ-valerolacton* (**V**), $C_8H_{12}O_2$. **IV** entsteht auch beim Erhitzen von **III** in A. oder durch Schmelzen. Durch chromatograph. Unters. des Urins nach Verabreichung von **III** wird nachgewiesen, daß **III** auch im Körper in **IV** u. **V** umgewandelt wird. P. Gregorzewski. 4627□

Untersuchungen neuer sedativer Arzneimittel. 6. Mitt. **Pharmakologische Eigenschaften neuer Derivate von Methylallyltetrahydrofuranon.** J. Giełdanowski und M. Wilimowski. (Postępy Hig. Med. doświadczalnej **15,** 408—10, Juli/Aug. 1960; Wrocław, Ludwik Hirszfeld Inst., Dep. of Pharmacol.; engl.) — *4-Allyl-2-methyltetrahydrofuranon-(5)-4-carbonsäureureid* (I) u. *4-Allyl-2-methyltetrahydrofuranon-(5)* (II) werden im Tier-Vers. untersucht. DL_{50} (Maus) intraperitoneal 1 g I/kg u. 0,75 g II/kg. 400 mg I/kg verursachen Stimulation, über 600 mg/kg Stimulation u. 40—60 Min. später Schläfrigkeit; 600 mg **II** bewirken schnell einen Schlaf von kurzer Dauer, der von milden ton. Konvulsionen begleitet werden kann. Hypnot. Wrkg. zeigt I erst bei letaler

Dosis. I beschleunigt das Einschlafen nach Evipan u. verlängert den Schlaf nach allen Schlafmitteln. I u. II zeigen den stärksten Synergismus mit Chloralhydrat. Stimulierenden Arzneimitteln (Cardiazol) oder konvulsiv wirkenden Mitteln (Strychnin) gegenüber zeigt I antagonist. Wirkung. P. Gregorzewski. 4627□

Untersuchungen neuer sedativer Arzneimittel. 7. Mitt. Pharmakologische Eigenschaften neuer Barbitursäure- und Hydantoinderivate. M. Wilimowski, J. Giełdanowski und L. Kędzierska. (Postępy Hig. Med. doświadczalnej **15**, 413–14, Juli/Aug. 1960; engl.) — 6. vgl. vorst. Referat. — *1.3-Dimethyl-5-allyl-5-[β-hydroxypropyl]-*, *1.3-Dimethyl-5-allyl-5-acetonyl-* u. *1-Methyl-5-allyl-5-[β-hydroxypropyl]-barbitursäure* (I) sowie *1-Allyl-5-phenyl-* u. *1.3-Diallyl-5-phenylhydantoin* (II) werden im Tier-Vers. untersucht. Sämtliche Verbb. zeigen konvulsive u. hypnot. Wrkg., 20 mg I/kg intraperitoneal wirken bei Katzen u. Kaninchen leicht blutdrucksenkend, II zeigt leicht sedative Wrkg. u. verstärkt die Wrkg. hypnot. Arzneimittel.
P. Gregorzewski. 4627□

Untersuchungen neuer sedativer Arzneimittel. 8. Mitt. Die zentrale Wirkung neuer Barbitursäurederivate. M. Wilimowski, J. Giełdanowski und A. Pelczarska. (Postępy Hig. Med. doświadczalnej **15**, 414–16, Juli/Aug. 1960; engl.) — 7. vgl. vorst. Referat. — *5-Isopropyl-5-[β-hydroxy-γ-jodpropyl]-*, *5-Isopropyl-5-[β-hydroxypropyl]-* u. *5-Phenyl-5-[β-hydroxypropyl]-barbitursäure* werden im Mäuse-Vers. untersucht. Alle Verbb. beschleunigen oder erhöhen die Wrkg. depressiver Pharmaka auf das Zentralnerven-Syst., es wird angenommen, daß sie aber nicht nur depressiv, sondern auch stimulierend wirken. Alle Substanzen zeigen Antagonismus zu *Cardiazol, Strychnin* u. *Pikrotoxin*, allerdings wird nicht das Auftreten von Krämpfen gemindert, sondern nur die Toxizität verringert. P. Gregorzewski. 4627□

Über anästhetisch wirksame Steroide. H. Witzel. (Z. Vitamin-, Hormon- u. Fermentforsch. [Wien] **10**, 46–75, 27/1. 1959; Berlin-West, Schering AG.; dt.) — Übersicht, histor. Überblick, pharmakolog. Eigg., Resorption, Schicksal u. Ausscheidung, Verträglichkeit, Wrkg. auf Zentralnerven-Syst., Atmung, Kreislauf, spasmolyt. Wrkg., Diurese, hormonale Wrkg., Beziehung zwischen Konstit. u. anästhet. Wrkg., klin. Erfahrungen mit der Steroidnarkose. — 113 Literaturangaben.
P. Gregorzewski. 4627□

Eine Untersuchungsmethode des pH- und Ionisationseinflusses von Arzneimitteln auf Herzgewebe unter besonderer Berücksichtigung von Pentobarbital. Harold F. Hardman, Joanne I. Moore und Bert K. B. Lum. (J. Pharmacol. exp. Therapeut. **126**, 136–42, Juni 1959; Ann Arbor, Mich., Univ. of Michigan, Dep. of Pharmacol.; engl.) — Als Test-Syst. dient ein Schildkrötenherz (*Chrysemys picta*), da es unempfindlich gegen Änderungen des pH des Perfusionsmediums zwischen 6,5 u. 9,5 ist. Der Grad der negativen inotropen Wrkg. von *Na-Pentobarbital* (I) ist der Konz. des undissoziierten I direkt proportional. Ionisiertes I zeigt keine negative inotrope Aktivität am perfundierten Schildkröten- u. Kaninchenherz. P. Gregorzewski. 4627□

Anästhesie für Carotisarterienchirurgie. P. F. Knight. (Brit. J. Anaesthesia **33**, 40–44, Jan. 1961; London, St. Mary's Hosp.; engl.) — *Halothane* (1% zu einer Narkosemischung aus 5 Liter N_2O u. 3 Liter O_2/Min.) wird als bes. günstiger Zusatz bei Durchführung von Carotisgefäßoperationen unter Hypothermie angesehen. Infolge der dadurch ausgelösten peripheren Vasodilatation wird der Wärmeverlust unterstützt u. die durch Eispackung induzierte Hypothermie beschleunigt, bei der Wiedererwärmung wird Vasoconstriction verhütet. U. Tausendfreund. 4627□

Chemische Struktur und corticale Aktivität. B. Broussolle und C. G. Wermuth. (Agressologie [Paris] **2**, Nr. 5, 513–20, Nov. 1961; Toulon, CERB Hôpital maritime de Sainte-Anne Trav. du Labor. de Rech. physiobiol. de la Marine nat.; franz.) — An intubierten, curaresierten u. künstlich beatmeten Kaninchen, denen 4 Elektroden in den Schädel eingeführt worden waren, wurden am EEG die zentralen Wrkg. von i.v. Gaben von *Brenzcatechin* (I) u. *Hydrochinon* (II) untersucht. 10 mg I/kg bzw. 25 mg II/kg bewirkten Aktivierung, 30 mg I/kg u. mehr als 50 mg II/kg führen konst. Konvulsionen herbei. Es werden Einw. auf corticale, retikuläre u. medulläre Bereiche angenommen. Als Antioxydantien können I u. II leicht H^+ abgeben, freie Radikale bilden u. vielleicht auf Lipoperoxide des Gehirns wirken, worüber aber Befunde fehlen. Die Aktivität dieser Diphenole hängt aber sicher mit ihrer reversiblen Oxydation zu Semichinonen u. Chinonen zusammen, da Blockierung einer OH-Funktion zum Wrkg.-Abfall führt. So ist I-Monophosphat 5 mal weniger wirksam als I, u. II-Diphosphat bewirkt bis zu letalen Dosen, die 200 mg II/kg äquivalent sind, keine Aktivitätssteigerung. Diese Befunde stützen also die Hypothese: Starke Wrkg. bei freien Hydroxylen, keine Wrkg., wenn beide OH-Gruppen blockiert sind. K. Böhm. 4630□

Untersuchungen über die Wirkungen von 3.3-Diäthyl-2.4-dioxotetrahydropyridin und 3.3-Diäthyl-2.4-dioxopiperidin auf das Zirkulationssystem. Isamu Kodaira. (Tokyo Jikeikai med. J. 73, 969—75, 1958; referiert nach Jikeikai med. J. 6, 312, Dez. 1959; Tokyo, Jikeikai School of Med., Dep. of Pharmacol.; engl.) — Vf. untersuchte den Einfl. von *3.3-Diäthyl-2.4-dioxotetrahydropyridin* (I, *Pyridione*) u. *3.3-Diäthyl-2.4-dioxopiperidin* (II, *Piperidone*) auf den Blutdruck nicht anästhesierter Ratten, auf das herausgeschnittene Krötenherz u. die Blutgefäße der hinteren Glieder. Injektion von über 10 mg I/100 g oder über 50 mg II senkte den Blutdruck um 10—20 mm. Der Blutdruckfall durch II geschieht im Vgl. zu I weicher u. unbestimmter u. wird erst später bemerkbar. II in Konzz. über 0,5% verlangsamte den Puls u. die Herzamplitude beim Krötenherz. I u. II hatten keinen Einfl. auf die peripheren Blutgefäße bei den Zirkulationsversuchen.
W. Hiller. 4630□

Die elektrische Aktivität der Taenia coli des Meerschweinchens unter dem Einfluß von Strophanthin. H. J. Schatzmann. (Helv. physiol. pharmacol. Acta 18, Nr. 1, C49—C52, 1960; Bern, Univ., Pharmakol. Inst.; dt.) — Zur Unters. des Wrkg.-Mechanismus von *Strophanthin* (I) registrierte Vf. mit Hilfe der Saccharosetrennwand-Meth. von Stämpfli (C. 1956, 9493) die Aktionspotentiale (AP) u. Änderungen des Membranpotentials (MP). Die Ergebnisse sprechen dafür, daß I an der Taenia die Membrandurchlässigkeit für Na u./oder K ändert. Es ist bekannt, daß I am Herzen den Membranwiderstand steigert u. den Na-Strom während des AP herabsetzt.
G. Bratfisch. 4630□

Die Wirkung cardiotonischer Glucoside auf das Meerschweinchenileum und deren Modifizierung durch Desoxycorticosteron. T. Godfraind und Anne Godfraind-de Becker. (Arch. int. Pharmacodynam. Thérap. 130. 435—36, 1/3. 1961; Léopoldville, Congo, Univ. Lovanium, Labor. de Pharmacodynamie; franz.) — *Digitalin, Ouabain* u. *K-Strophanthosid* bewirken in Konzz. von $4 \cdot 10^{-7}$ bis $2 \cdot 10^{-5}$ eine Ileumkontraktion, die trotz Ggw. von Glucosid in der Perfusions-Fl. (Tyrode) allmählich zurückgeht. Nach dieser Kontraktion reagiert das Ileum, wenn die erste Dosis sehr stark war, auf eine weitere nicht mehr, wenn die erste schwach war, tachyphylaktisch. Das Organ reagiert auf *Histamin* (I) oder *Acetylcholin* (II) in Ggw. von Glucosid zuerst verstärkt, dann schließt sich eine kompetitive Hemmung von I u. II an. Eine Konz. von 10^{-6} *Desoxycorticosteron* (III), die keine Eigenwrkg. mehr entfaltet, vermindert die Hemmung, die die Glucoside auf die I- oder II-Wrkg. ausüben. Eine stärkere III-Konz. ($5 \cdot 10^{-6}$, 10^{-5}) wirkt auf I u. II nicht kompetitiv antagonistisch.
K. Maier. 4630□

Hautdurchblutung unter Hypertensin (Ciba). D. von Capeller, L. K. Widmer und H. Staub. (Helv. physiol. pharmacol. Acta 18, Nr. 1, C12—C15, 1960; Basel, Med.-Univ.-Klin.; dt.) — Vff. untersuchten den Einfl. des synthet. Oktapeptides *Hypertensin II* (I) an 11 Hunden auf die Hautdurchblutung im Vgl. mit isopressor. Dosen von *Adrenalin* (II) u. *Noradrenalin* (III). Hierzu wurden den Tieren intradermale Quaddeln zu 0,05 ml isoton. ^{24}NaCl (4—16 μc) gesetzt. Nach einer Kontrollperiode von 5 Min. wurden I, II oder III i.v. injiziert. I verlangsamte die Clearance von ^{24}Na aus Hautquaddeln viel weniger als isopressor. Dosen von II u. III. Der Quotient T_2/T_1 als Maß der Vasoconstriction in der Haut liegt für I zwischen 1,13 u. 2,47, für II u. III hingegen zwischen 1,82 u. 5,81. Die geringere Vasoconstriction der Hautgefäße unter I (Ciba) erscheint Vff. von klin. Interesse, nachdem bei III-Infusionen nicht selten Hautnekrosen beobachtet werden konnten.
G. Bratfisch. 4630□

Die Einflüsse von Quecksilberverbindungen auf den Perfusionsdruck der Niere. R. Vargas und E. J. Cafruny. (J. Pharmacol. exp. Therapeut. 135, 112—19, Jan. 1962; Ann Arbor, Mich., Univ. of Michigan, Med. School, Dep. of Pharmacol.; engl.) — *Hg-Diuretica* u. *p-Chlormercuribenzoat* (I, nicht diuret.) bewirken bei Hunden eine andauernde Erhöhung des Perfusionsdrucks. Mit der Zunahme des Drucks nimmt auch der Urinfluß zu, die Na-Diurese wird durch I aber verringert u. durch die Hg-Diuretica gesteigert.
P. Gregorzewski. 4634□

Antiemetische Wirkung von Fluphenazin (Prolixin): Ein Vergleich mit anderen Phenothiazinen. Robert J. Laffan, Dimitris P. Papandrianos, John C. Burke und Bradford N. Craver. (J. Pharmacol. exp. Therapeut. 131, 130—34, Jan. 1961; New Brunswick, N.J., Squibb Inst. for Med. Res.; engl.) — Die Best. der antiemet. Wirksamkeit von *Fluphenazin* (I), *Triflupromazin* (II), *Chlorpromazin* (III) u. *Perphenazin* (IV) u. der Dauer der Schutzwrkg. gegen 20 μg Apomorphinhydrochlorid (i.v.) bei Hunden ergab, daß I (subkutan) 34—124 fach wirksamer als III sowie 4,2—7,5 u. 16,7—18fach wirksamer als IV u. II ist. Keines der 4 Phenothiazine zeigte signifikante Schutzwrkg. gegen den emet. Effekt von Lanatosid, Nicotin, Veratrum oder Stickstofflost. Die größere antiemet. Wirksamkeit von I, verglichen mit II, war von keiner größeren sedativen Wrkg. begleitet, während eine äquivalente Dosis II die Schlafdauer bei Pentobarbitalverabreichung fast verdoppelte. K. Maier. 4646□

Die Beteiligung von Kohlendioxid an der Toxizität von Sauerstoff bei hohem Druck. I. G. Walker. (Canad. J. Biochem. Physiol. **39,** 1803—09, Dez. 1961; Toronto, Ontario, Def. Res. Med. Labor., Biochem. Sect.; engl.) — Wenn Mäuse, welche allmählich an das Leben in CO_2-reicher Luft (Endkonz. 10—20%) gewöhnt worden waren, in eine reine Sauerstoffatmosphäre mit einem Druck von 75 lbs./sq.in. verbracht wurden, war die Zeit bis zum Auftreten von Krämpfen signifikant länger als bei nicht vorbehandelten Tieren. K. Zingraf. 4675□

Der Stoffwechsel von δ-Aminolävulinsäure, Porphobilinogen, Uroporphyrin und Koproporphyrin bei Bleivergiftung. Seiyo Sano, Yoichi Tanabe und Chiyoo Sumiya. (Acta Scholae med. Univ. Kyoto **36,** 186—90, 1960; Kyoto, Kyoto-Univ., Fac. of Med., Dep. of Public Health; engl.) — Vff. berichten über Best. von *δ-Aminolävulinsäure* (I), *Porphobilinogen* (II) in Harn u. Blut bei Pb-Vergiftung von Kaninchen. Die Geh. an I u. II sind hierbei im Blut erhöht, I u. II werden in den Harn ausgeschieden. G. Bratfisch. 4675□

Relation zwischen freiem Protoporphyrin und Hämoglobin in roten Blutzellen bei Bleivergiftung. Seiyo Sano, Susumu Inoue, Akira Harada und Zituo Orita. (Acta Scholae med. Univ. Kyoto **36,** 182—85, 1960; Kyoto, Kyoto Univ., Fac. of Med., Dep. of Public Health; engl.) — Vff. bestimmten an 31 Arbeitern aus Stahlmühlen u. 10 gesunden Personen freies *Koproporphyrin* (I) u. *Protoporphyrin* (II) in Erythrocyten (E) u. I im Harn in Relation zu E-Zahl, Hämoglobin (Hb), Retikulocyten, basophilen Zellen u. Hämatokrit zur Unters. eines gestörten Porphyrinstoffwechsels bei Pb-Vergiftung. Die Arbeiter aus Stahlmühlen zeigten folgende Symptome: Appetitlosigkeit, metall. Geruch, abdominale Schmerzen, Muskelschwäche u. Arthargie. 19 Arbeiter dieser Gruppe zeigten im Vgl. zu den Kontrollpersonen einen Anstieg an Harn-I, die II-Konz. in den E stieg auf das 10—50fache. Die basophilen Zellen waren markant erhöht. Es wurde jedoch keine Korrelation zwischen II-Konz. in den E u. der Anzahl an basophilen Zellen festgestellt. Bei 17 Personen dieser Gruppe wurde ein markanter Anstieg an freiem II trotz normaler E-Zahl u. Hb beobachtet, bei 14 Personen war der Anstieg des freien II von Anämie mit vermindertem Hb begleitet. Zur weiteren Klärung dieser Ergebnisse wurden Kaninchen, denen i.v. Pb-Acetat in Glucose-Lsg. verabreicht wurde, über 30 Tage 19 mg Vitamin B_{12}/Tag u. 15 mg Folsäure/Tag injiziert. Vff. diskutieren 3 mögliche Hypothesen zur Erklärung der Ergebnisse. G. Bratfisch. 4675□

Vergiftung von Merinoschafen auf Phalaris tuberosa L.-Weiden. R. M. Moore, G. W. Arnold und R. J. Hutchings. (Austral. J. Sci. **24,** 88—89, Aug. 1961; Canberra, Health Dep. and C.S.I.R.O., Div. of Plant Industry; engl.) — Vff. berichten über Vergiftungsfälle auf Weiden mit einem vorwiegenden Bestand an *Phalaris tuberosa.* Applikation von Co zeigte keine therapeut. Wrkg., die Mortalität war in den Tagen am höchsten, wo lichtreiche Tage auf Regenschauer folgten u. bei dunklem, bewölktem Wetter. Analysen ergaben, daß in diesen Tagen der NO_3^--Geh. in *Phalaris* hohe Werte besitzt (200 ppm), bedingt durch die intensive Mineralisation zu dieser Zeit. W. Hiller. 4675□

N-Acetyl-DL-penicillamin, ein neues orales protektives Agens gegen die letale Wirkung von Quecksilberchlorid. H. Vasken Aposhian und Mary M. Aposhian. (J. Pharmacol. exp. Therapeut. **126,** 131—35, Juni 1959; Nashville, Tenn., Vanderbilt Univ., School of Med., Dep. of Pharmacol.; engl.) — Eine Vorbehandlung mit 61,5 mg *N-Acetyl-DL-penicillamin*/kg schützt Ratten vor der letalen Wrkg. von 3,0 mg $HgCl_2$/kg. *Penicillamin* ist weniger wirksam. P. Gregorzewski. 4675□

F. Pharmazeutische Chemie. Desinfektion

Vorschläge zum DAB 7. 2. Mitt. **Wismutverbindungen.** R. Pohloudek-Fabini und F. Friedrich. (Pharmazie **15.** 9—17, Jan. 1960. Greifswald, Pharmazeut. chem. Inst.; dt.) — 1. vgl. C. **1962,** 5011. — Vff. unterbreiten für *Bismutum subcarbonicum, Bismutum subgallicum, Bismutum subnitricum, Bismutum subsalicylium* u. *Bismutum tribromphenylicum* Monographievorschläge für das DAB 7. Auf Summen-, Strukturformeln u. Molgew. der Verbb. wird verzichtet, da die genaue Konstit. der Verbb. noch umstritten ist. Für den Geh. an Wismut wird eine Mindest- u. Höchstgrenze festgelegt. Zur quant. Best. wird die komplexometr. Arbeitsweise empfohlen. Bei den Reinheitsprüfungen wird für alle in Frage kommenden Verunreinigungen eine bestimmte Höchstmenge zugelassen. — 55 Literaturangaben. H. Kala. 4750□

Vorschläge zum DAB 7. 9. Mitt. Bestimmung der Jodzahl. S. Bornkessel, L. Kny und J. Richter. (Pharmazie **15,** 19—20, Jan. 1960; Berlin, Inst. für Arzneim.-Prüfg.; dt.) — 8. vgl. Pharmazie **15,** [1960], 530—31. — Zur Best. der JZ. empfehlen Vff. ein modifiziertes Wijs-Verf., dessen Besonderheit durch die Verw. einer Jod im Überschuß enthaltenden Jodmonochlorid-Lsg. gek. ist. B. Schobess. 4750□

Vorschläge zum DAB 7. 10. Mitt. Benzoesäure, Borsäure. S. Bornkessel, L. Kny und J. Richter. (Pharmazie **15,** 20—22, Jan. 1960; dt.) — 9. vgl. vorst. Referat. — Vff. stellen 2 Monographievorschläge (Benzoe- u. Borsäure) für das DAB 7 zur Diskussion. Weiterhin werden mitgeteilt: Ergänzungen für die 1. u. 2. Mitt. (vgl. C. **1960,** 12767 u. C. **1961,** 13642) sowie ein zusätzliches Verzeichnis der Reagentien für das DAB 7. W. Schmollack. 4750□

Vorschläge zum DAB 7. 1. Mitt. Ätherische Öle. K. Bournot. (Pharmazie **15,** 23—29, Jan. 1960; Miltitz bei Leipzig, VEB Chem. Fabrik; dt.) — Vf. stellt 13 Monographievorschläge für das DAB 7 zur Diskussion (Artikel über allg. Prüfungs-Meth. für äther. Öle sowie für 12 einzeln benannte äther. Öle: Anis-, Kümmel-, Nelken-, Zimt-, Citronen-, Eucalyptus-, Fenchel-, Lavendel-, Pfefferminz-, Latschenkiefern, Rosmarin- u. Terpentinöl). Diese Monographievorschläge machen eine Erweiterung des für das DAB 7 vorgesehenen Reagentienverzeichnisses um Hydroxylaminhydrochlorid- u. Bromphenolblau-Lsg. erforderlich. W. Schmollack. 4750□

Vorschläge zum DAB 7. 1. Mitt. Methylenblau, Benzoesäure, Natriumbenzoat. S. Börngen, K. Gebler und F. Hauschild. (Pharmazie **15,** 17—19, Jan. 1960; Leipzig, Karl-Marx-Univ., Inst. für Pharmakol.; dt.) — Monographievorschläge zum DAB 7 werden für *Methylenum caeruleum, Acidum benzoicum* u. *Natrium benzoicum* gegeben. Neu aufgenommen sind bei Methylenblau der Nachw. von Schwefel u. Cl^-, bei Na-Benzoat u. Benzoesäure eine Geh.-Best. sowie für letztere eine Identitäts-Rk. mit $FeSO_4$ u. H_2O_2. G. Zessin. 4750□

Elektronische Hilfsmittel und ihre praktische Anwendung in der Pharmazie. Claus Führer. (Pharmaz. Ztg. verein. Apotheker-Ztg. **107,** 96—102, 18/1. 1962; Frankfurt/M., Univ., Pharmazeut. Inst.; dt.) — Vortrag über die elektron. Meßtechnik in Hinblick auf die Pharmazie u. Beschreibung einiger Meßgeräte. J. Lehmberg. 4750□

Das Treibgasaerosol als Arzneiform. W. Kempe und Middendorf. (Parfum., Cosmét., Savons **3,** 516—30, Dez. 1960; franz.) — Inhaltlich ident. mit der C. **1961,** 932 referierten Arbeit. H. Franzen. 4758□

Einfluß oberflächenaktiver Stoffe auf die Zerfallbarkeit von Tabletten. Lajos Aradi. (Acta pharmac. hung. **31,** 272—79; Nov. 1961; Budapest, Med. Univ., Pharmaz. Inst.; ung.) — Auf Grund der Unterss. ergab sich, daß die besten Ergebnisse mit Tween 20, 80 u. 60 erzielt werden. Die optimale Konz. der Tweens betrug 0,5—1,0%. Durch Zugabe von Tween nimmt die Bruchfestigkeit der Tablette ab. G. Ligeti. 4766

Über die Verfärbung von „Germicid-Zäpfchen". Lajos Barcza und Elemér Schulek. (Acta pharmac. hung. **32,** 49—54, März 1962; Budapest, L. Eötvös Univ., Lehrst. anorg. u. anal. Chem.; ung.) — Die Amidopyrin (I) u. o-Hydroxychinolin als Wirkstoffe u. Kakaobutter als Grundstoff enthaltenden „Germicid"-Zäpfchen, in Al-Folien gehüllt, verfärben sich oft während längerer Lagerung. Ihre Oberfläche erscheint orangegelb fleckig. Es wurde nachgewiesen, daß die Verfärbung durch die Wirkstoffe infolge nicht entsprechender Technologie verursacht wird. Die nach dem Ausgieß-Verf. hergestellten Zäpfchen wurden wahrscheinlich noch lauwarm in die Al-Folie eingehüllt, bevor sich eine „Grundstoffkruste" — wie bei den nicht verfärbten Zäpfchen der Fall ist — ausbilden konnte. Die Wirkstoffe waren im Grundstoff inhomogen verteilt, sie konnten auf der Oberfläche mit dem nicht genügend reinen Al in Rk. treten, d. h. die Verunreinigungen des Al beschleunigten die Zers. des I in verfärbte Abbauprodukte. G. Ligeti. 4766

Aus neuen Untersuchungen über pflanzliche Arzneimittel in der UdSSR. Stanisław Kohlmünzer. (Farmacja polska **16,** 242—43, 25/6. 1961; Kraków, PAN, Zakł. Farmakol.; pol.) — Übersicht über Forschungsgebiete des Inst. „WILAR" in Moskau u. des Chem.-pharmazeut. Inst. in Charkow. F. Urban. 4782□

Untersuchungen über die phenolischen Inhaltsstoffe von Pyrus communis L. 5. Mitt. Das Vorkommen von Gerbstoff in Birnenblättern. H. Friedrich. (Pharmazie **13,** 299—305, Mai 1958; Gatersleben, Dt. Akad. Wiss. Berlin, Inst. für Kulturpflanzenforschung; dt.) — 4. vgl. Pharmazie **13,** [1958], 153. — In Blättern von Wild- u. Edelbirnensorten wurde ein kondensierter, komplexer Gerbstoff, Hauptbestandteil Kaffeesäure, in Mengen von 0,8—2,9% (auf Frischsubstanz bezogen) gefunden. Bei Edelreisern konnte eine Abhängigkeit von der Unterlage, auf die sie gepfropft waren, festgestellt werden. Ein Konz.-Gefälle zur Baumkrone hin wurde nicht beobachtet. — 25 Literaturangaben. U. Drehmann. 4782□

Anwendung von die Viscosität erhöhenden Substanzen. Zygmunt Gołucki. (Farmacja polska 16, 97–100, 10/3. 1961; Warszawa, Inst. Farmac., Zakł. Farmac. stosow.; pol.) — Vf. beschreibt die Anwendung von Pflanzengummi, Pektinen, Kohlenhydraten, Alginaten, Eiweißsubstanzen, Polyäthylenglykol u. mehrwertigen Alkoholen bei der Herst. pharmazeut. Präparate. — 18 Literaturangaben. F. Urban. 4786□

Untersuchung der Löslichkeit von Arzneimitteln. 2. Mitt. Einfluß der Halogenide des Kaliums auf die Löslichkeit der Arzneimittel der Benzoesäuregruppe. W. P. Gussjakow und O. P. Brashnikowa. (Фармацевтичний Журнал (Київ) [Pharmaz. J. (Kiew)] **14**, Nr. 2, 24–26, 1959; Lwow, Med. Inst., Lehrstuhl für anorg. Chem.; ukrain.) — 1. vgl. C. **1961**, 3405. — Untersucht wurde die Löslichkeit von *Benzoesäure* (**I**), *Salicylsäure* (**II**), *Aspirin* (**III**) u. *Salol* (**IV**) in verschieden konz. Lsgg. von KCl, KBr, KJ u. KCNS. Die Löslichkeit von **I**, **II**, **III** u. **IV** in KCNS nimmt mit dessen steigender Konz. zu, erreicht bei 12–20% ein Maximum u. nimmt dann ab. Die Löslichkeit von **II**, **III** u. **IV** erreicht in der KBr-Lsg. das Maximum bei ca. 2%. In KCl nimmt mit steigender Konz. anfangs nur die Löslichkeit von **II** zu; **III** u. wahrscheinlich auch **IV** werden ausgesalzen. Die Löslichkeit von **I** in KCl, KBr u. KJ nimmt mit deren steigender Konz. ständig ab. O. Lebtag. 4786

Chemische Veränderung der Adrenalinlösungen und ihre Stabilisierung. 1. Mitt. Angéla Szepesy. (Gyógyszerészet [Pharmazie] **6**, 216–20, Juni 1962; Budapest, Med. Univ., Pharmaz. Inst.; ung.) — Die bisherigen Erfahrungen bzgl. Zers. der Adrenalin-Lsgg. während der Lagerung werden mitgeteilt (Einfl. der Temp. u. des pH-Wertes) u. der Zers.-Mechanismus erörtert. Die Faktoren, welche die oxydative Zers. katalysieren, sind angegeben. — Literaturhinweise über die Stabilisierung. G. Ligeti. 4790

Stabilitätsuntersuchungen von *l*-Noradrenalin-Hydrochlorid (NA)-Lösungen im Hinblick auf die Racemisierung. D. K. Agrawal und K. Steiger-Trippi. (J. mond. Pharmac. [La Haye] **4**, 201–10, Sept./Dez. 1961; Basel, J. R. Geigy AG.; Lucknow, Indien, Badshah Bagh; engl.) — Überprüfung der Racemisierung wss. *l*-Noradrenalin-Hydrochlorid-Lsgg. ergab als Optimum für die Haltbarkeit dieser Injektions-Fll. Verw. von doppeltdest., aufgekochtem W. als Lsgm., Zusatz von $Na_2S_2O_5$ u. Lagerung in N_2-gefüllten Ampullen bei 18–22°. Lsgg. von 0,1 g Noradrenalin-HCl, 0,9 g NaCl u. 0,1 g $Na_2S_2O_5$ in 100 ml doppeltdest., aufgekochtem W. haben pH-Werte von 3,7–4,5, bei denen die Racemisierung weitgehend gehemmt wird. U. Drehmann. 4790□

Neue Arzneimittel. Anonym. (Schweiz. Apotheker-Ztg. **94**, 57–60, 21/1. 1956; dt.) — *Dosulfin* (Geigy, Schweiz): Sirup u. Tabletten mit 4-Methylpyrimidyl-(2)-p-aminobenzolsulfonamid, N_1-[4-Isopropoxybenzoyl]-p-aminobenzolsulfonamid. Chemotherapeuticum. — *Neophyllin* (Dr. Seebach, Schweiz): Ampullen u. Tabletten mit Dihydroxypropyltheophyllin. Angioticum. K. Gerecke. 4800□

Neue Arzneimittel. Anonym. (Schweiz. Apotheker-Ztg. **94**, 219–27, 24/3. 1956; dt.) — *Nobecutan* (Bofors, Schweden): Spray mit Tetramethylthiuramdisulfid, Acrylestergemisch in organ. Lösungsmittel. Plast. Wundverband. — *Syntocinon* (Sandoz, Schweiz): Ampullen mit 3 u. 10 Einheiten synthet. Oxytocins. Uterotonicum. — *Sigmagen* (Schering, USA): Tabletten mit 0,75 (mg) Prednison, 325 Acetylsalicylsäure, 20 Ascorbinsäure, 75 Al-Hydroxid. Antirheumaticum. — *Tessalon* (Ciba, Schweiz): Perlen mit 50 (mg) u. Ampullen mit 5/ml p-n-Butylaminobenzoesäure-[nonaäthylenglykolmonomethyläther]-ester (Benzononatin). Antitussicum. — *Tromalyt* (Dr. Madaus, BRD): Antibioticum aus Tropaeolum majus. — *Nebacetin* (Lundbeck, Schweden): Salbe u. Puder mit 0,5 (%) Neomycin, 0,5 Bacitracin. Antibioticum. — *Neoclis* (Lafag, Schweiz): Suppositorien mit Na-Bicarbonat, K-Bitartrat. Laxans. K. Gerecke. 4800□

Neue Arzneimittel. Anonym. (Schweiz. Apotheker-Ztg. **94**, 521–28, 30/6. 1956; dt.) — *Penadur* (Wyeth, USA): Ampullen mit 600000 Einheiten N.N'-Dibenzyläthylendiamin-Dipenicillin G; *Penadur 6-3-3*: Ampullen mit 600000 (Einheiten) Benzathin-Penicillin, 300000 Procain-Penicillin, 300000 Kalium-Penicillin; Antibioticum. — *Rovamycin* (Specia, Frankreich): Tabletten mit 250 mg eines Antibioticums aus Streptomyces ambofaciens. — *Quaname* (Wyeth, USA): Tabletten mit 400 mg Meprobamat. Psychoplegicum. — *Reorganin* (Dr. Brunnengräber, BRD): Dragees mit 100 mg 3-o-Methoxyphenoxypropandiol-(1.2). Psychoplegicum. — *Serpatonil* (Ciba, Schweiz): Tabletten mit 0,15 (mg) Serpasil, 5 Ritalin. Gegen psychoneurot. Beschwerden. — *Purinor* (Henning, BRD): Ampullen u. Tabletten mit Adenin, Xanthin, Hypoxanthin, Orotsäure. Hepaticum. K. Gerecke. 4800□

Neue Arzneimittel. Anonym. (Schweiz. Apotheker-Ztg. **94**, 728–32, 29/9. 1956; dt.) — *Ribolac* (Zyma, Schweiz): Pulver mit Lactobacterium acidophilus (lyophilisiert), Vitamin-B-Komplex, Ascorbinäure. Gegen Dysbakterie. — *Micoren* (Geigy, Schweiz):

Perlen mit 25 (mg) α-[N-Crotonyläthylamino]-buttersäuredimethylamid, 25 α-[N-Crotonylpropylamino]-buttersäuredimethylamid, 3,45 2-p-Hydroxyphenylmethylaminoäthanol; Ampullen mit 7,5 (%) α-[N-Crotonyläthylamino]-buttersäuredimethylamid, 7,5 α-[N-Crotonylpropylamino]-buttersäuredimethylamid. Analepticum. — *Miltown* (Lederle, USA): Tabletten mit 400 mg Meprobamat. Tranquillizer. — *Metimyd* (Schering, USA): Lsg. von 5 (mg) Prednisolon, 100 Sulfacetamid-Na je ml; Salbe mit 5 Prednisolon, 100 Sulfacetamid-Na, 0,0025 Neomycinsulfat je g. Ophthalmicum.
K. Gerecke. 4800□

Neue Arzneimittel. Anonym. (Ann. pharm. franç. **14**, 97—99, Nov. 1956; franz.) — *Cortancyl* (Laboratories français de Chimiothérapie, Frankreich): Tabletten mit 5 mg 1-Dehydrocortison. Antiphlogisticum. — *Plicaderm* (Laboratoires Lavril, Frankreich): Lsg. von 3 (%) 1.2-Dihydroxyanthranol, 4 Tumenol, 5 Glycerin, 88 Alkohol. Dermaticum. — *Thiogenal* (Laboratoires Clévenot, Frankreich): Ampullen mit 5-[β-methylmercaptoäthyl]-5-[pentyl-(2')]-thiobarbitursaurem Natrium. Narcoticum. — *Misulban* (Laboratoires du Dr. Paris, Frankreich): Tabletten mit 2 mg 1.4-Bis-[methansulfonyloxy]-butan. Cytostaticum. — *Neo-Marcazole* (Laboratoires Avlon, Frankreich): Tabletten mit 5 mg Carbimazol. — *Dactyl* (Bellon, Frankreich): Tabletten mit 500 mg Diphenylessigsäure-N-äthylpiperidyl-(3)-esterdihydrochlorid. Spasmolyticum. — *Soframycine* (Chimiothérapie, Frankreich): Pulver mit 8,33% Framycetinsulfat. Antibioticum. — *G. 23.503* (Geigy, Frankreich): Tabletten mit 4 mg 3-[α-(4-Nitrophenyl)-β-acetyläthyl]-4-hydroxycumarin. Anticoagulans. — *Monodral* (Achriphar, Frankreich): Tabletten mit 2 mg α-Cyclopentyl-α-[thenyl-(2')]-α-hydroxyessigsäure-2-diäthylaminoäthylestermethobromid. Antispasmodicum. — *S. 85* (Hépatrol, Frankreich): Tabletten mit 500 mg Sulfanilamidodimethylimidotetrahydropyrimidindion. Chemotherapeuticum. K. Gerecke. 4800□

Neue Arzneimittel. Anonym. (Dtsch. Apotheker-Ztg. **97**, Nr. 37, Beil.: Neue Arzneimittel u. Spezialitäten Nr. 9, 45—48, Sept. 1957; dt.) — *Adiposetten* (Dr. Reiss, Berlin-West): Weiße Dragees: 10 mg d-Pseudonorephedrin; grüne Dragees: vegetabil. u. synthet. Laxantien, Axerophthol, Thiamin, Nicotinamid. Gegen Adipositas. — *Aloratin* (Schwarzkopf, BRD): Lsg. von 1% Carbaminoylcholinpantothenat. Dermaticum. — *Axilla* (Asche, BRD): Gel mit Al-Chlorid. Antihidroticum. — *Bevimult* (Desitin, BRD): Dragees mit 6 (mg) Thiaminhydrochlorid, 3 Riboflavin, 30 Nicotinamid, 6 Na-Pantothenat, 2 Pyridoxinhydrochlorid, 1 μg Cobalamin. Gegen Hypovitaminosen. — *Contrispasman* (Schicke & Hamacher, Berlin-West): Tabletten mit 20 (mg) Äthylpapaverin, 10 Extr. Belladonnae, 250 Amidopyrin, 50 Barbital-Na. Spasmolyticum. — *Cysto-Myacyne* (OWG-Chemie, BRD): Lsg. von 1 (%) Neomycinsulfat, 8 Euvernil. Urologicum. — *Denomerin* (Denopharm, BRD): Suppositorien mit 4 (mg) Yohimbinhydrochlorid, 0,1 Atropinsulfat, 1,5 Papaverinhydrochlorid, 50 Amidopyrin, Aloin, Campher, Extr. Chamomillae, Extr. Millefolii. Antidysmenorrhoicum. — *Digicor* (Hennig, BRD): Lsg. von 0,15 mg Digitoxin in Herzmuskelextrakt je ml. Cardiacum. — *Di-Paralene* (Abbott, BRD): Tabletten mit 50 mg 1-p-Chlorbenzhydryl-4-methylpiperazinhydrochlorid. Antiallergicum. — *Edicat* (Dr. Mauch, BRD): Tabletten mit 0,12 (mg) Scopolaminhydrobromid, 1,5 Metamphetamin, 10 Phenobarbital, 25 Coffein, 75 Phenacetin. Gegen Migräne. — *Lanatacanth* (Lindopharm, BRD): Dragees u. Lsg. je ml mit 0,2 mg Lanatosiden A, B, C in standardisiertem Crataegus-Extrakt. Cardiacum. — *Rautonin* (Pharmazeutische Fabrik Hameln, BRD): Tabletten mit 1 bzw. 2 mg Rauwolfia serpentina-Gesamtextrakt. Antihypertonicum. — *Solan-Augentonicum* (Dr. Winzer, BRD): Lsg. von 1000 I.E. Axerophthol/ml, Thiamin, Riboflavin, 0,1% Pantothensäure, 0,2% Ascorbinsäure, 0,1% Rb-Jodid, 0,1% Ca-Jodid, 1,5% Borsäure, Aqua Euphrasiae, Aqua Foeniculi, Aqua Melissae, Aqua Rosae. Ophthalmicum. — *Subtivaccin* (Biotest, BRD): Autolysat aus therapeut. wirksamen Stämmen von Bacillus subtilis u. B. megantherium. Gegen vegetative Dystonie. — *Sustanon „100“ u.* („*250*“) (Organon, BRD): Ampullen mit 20 (30) mg Testosteronpropionat, 40 (60) Testosteronphenylpropionat, 40 (60) Testosteronisocapronat, (100 Testosteroncaprinat). Gegen Hypogonadismus. — *Synthol* (Weimer, BRD): Lsg. von 0,26 (%) Dimethyl-o-dihydroxybenzol, 0,021 m-Dihydroxybenzol, 0,26 Menthol, 98,523 aromat. Alkoholgemisch. Analgeticum. K. Gerecke. 4800□

Neue Arzneimittel 1960. Mario Roggero und Andrea Pedrazzoli. (Boll. chim. farmac. **100**, 591—622, Aug. 1961; Labor. Ric. de A. Bertelli; C.S.p.A., Labor. Ric. de Farmac. Midy; ital.) — Übersicht. — 149 Literaturangaben.
J. Lehmberg. 4800□

Ein neuer Weg zu Phenylephrin. Peter B. Russell und Scott J. Childress. (J. pharmac. Sci. **50**, 713, Aug. 1961; Radnor, Pa., Wyeth Labor., Inc.; engl.) — Red.

von 3-Benzyloxy-N-methylmandelamid mit $LiAlH_4$ u. anschließende Abspaltung der Benzylgruppe liefert *Phenylephrin*.

Versuche: *3-Benzyloxybenzaldehyd* (I), $Kp._{0,6}$ 153—155°, durch 1std. Kochen eines Gemisches von 244 g 3-Hydroxybenzaldehyd u. 260 g Benzylchlorid in 1400 ml A. mit 46 g gelöstem Na; 348 g (Ausbeute). — *3-Benzyloxymandelsäuremethylester* (II), $C_{16}H_{16}O_4$, F. 76—78° (Ae.), durch Mischen von 53 g I u. 9 g HCN u. Zugeben von 0,5 ml gesätt. KCN-Lsg., 50 ml Ae., 10 ml Methanol u. Einleiten von 10 g HCl unter Kühlung; 41,5 g. — *3-Benzyloxy-N-methylmandelamid* (III), $C_{16}H_{17}NO_3$, F. 101—102° (A.–Ae.), durch mehrstd. Erhitzen von 41,5 g II u. 10 g Methylamin in 100 ml A. auf 70°, Konzentrieren u. Behandeln mit 200 ml Ae.; 35 g. — *3-Benzyloxy-α-methylaminomethylbenzylalkohol* (IV), $C_{16}H_{19}NO_2$, F. 103—105° (A.), durch Zugeben von 100 g III in 200 ml Tetrahydrofuran zu 29 g $LiAlH_4$ in 600 ml Tetrahydrofuran, 8std. Kochen, Zersetzen mit W., Filtrieren, Eindampfen. *Hydrochlorid*, F. 150—153° (F. 138—140°). — *3-Hydroxy-α-methylaminomethylbenzylalkohol, Hydrochlorid*, $C_9H_{13}NO_2 \cdot HCl$, F. 143—145°, durch katalyt. Hydrierung von 12 g IV-Hydrochlorid in 60 ml Methanol an Pd-Kohle; 8 g.

P. Gregorzewski. 4806□

Dehydrierung von Hydrocortison in 1.2-Stellung mit Hilfe von Mycobacterium SP Nr. 193. N. A. Krassilnikow, G. K. Skrjabin, I. W. Assejewa und L. O. Korssunskaja. (Доклады Академии Наук СССР [Ber. Akad. Wiss. UdSSR] **128,** 836—39, 1/10. 1959; Moskau, Univ., Inst. für Mikrobiol. der Akad. der Wiss. der UdSSR; russ.) — Für die Überführung von Hydrocortison (I) in *Prednisolon* (II) durch Dehydrierung von I in 1.2-Stellung eignete sich von den untersuchten Bakterienstämmen am besten Mycobacterium sp. Nr. 193. Als Kultur-Fl. mit optimaler Zus. erwies sich dest. W. mit 1% Hefe-Autolysat u. 1% Glucose. Die Umwandlung von I ist nach 5 Std. beendet; II zersetzt sich bei weiterem Verbleib in der Kultur-Fl. u. ist nach 36 Std. nicht mehr nachweisbar. Durch Extraktion nach 5—6 Std. mit Methylisobutylketon, Eindampfen u. Kristallisieren aus Aceton wird eine II-Ausbeute von 77—80% erzielt. II ist gemäß F., Misch-F., R_F-Wert u. IR-Spektrum völlig ident. mit einer Standardprobe von II. Helmut Schäfer. 4808

Röntgenkontrastmittel. 1. Mitt. Chemischer Teil. X. Perlia und J. Wellauer. (Schweiz. Apotheker-Ztg. **98,** 871—89, 19/11. 1960; Zürich, ETH, Pharm. Inst.; Zürich, Kantonspital, Röntgendiagnost. Zentralinst.; dt.) — Übersicht. — 64 Literaturangaben.

F. Thomas. 4824□

Untersuchungen des Pharmazeutischen Institutes in Warschau auf dem Gebiet der Synthese von Kontrastmitteln für die Röntgendiagnose. Halina Bojarska-Dahlig. (Farmacja polska **16,** 238—41, 25/6. 1961; Warszawa, Inst. Farmac., Zakl. Synt. I; pol.) — Übersicht. — 39 Literaturangaben. F. Urban. 4824□

Colorimetrische und photometrische Methoden im Deutschen Arzneibuch. Joachim Knabe. (Pharmaz. Ztg. verein. Apotheker-Ztg. **107,** 69—71, 11/1. 1962; Braunschweig, TH, Inst. für pharmazeut. Chem.; dt.) — Übersicht über Colorimetrie u. Spektralphotometrie im sichtbaren u. UV-Bereich zur Charakterisierung moderner Arzneimittel.

J. Lehmberg. 4880□

Anwendung der Gaschromatographie bei der Analyse von Chloroform, Tetrachlorkohlenstoff, Trichloräthylen, Tetrachloräthylen und Äthylchlorid. Edmond Gloesener. (J. Pharmac. Belgique [N. S.] **16** (**43**), 379—423, Nov.-Dez. 1961; Liège, Univ., Inst. de Pharm., Labor. d'Anal. des Médicaments; franz.) — Vgl. C. **1962,** 7620. — Beschreibung gaschromatograph. Verff., die bei einigen Cl-haltigen, flüchtigen, in der Pharmazie gebräuchlichen Verbb. die qual. u. quant. Best. von Verunreinigungen, die chem. nicht erfaßt werden können, erlauben. In Chlf. werden A., Methylenchlorid u. CCl_4 bestimmt. Die Analysen von CCl_4, Tri- u. Tetrachloräthylen u. Äthylchlorid werden beschrieben. Als stationäre Phasen werden Octoïl S, Sebacinsäure u. Transformatorenöl verwendet. — 34 Literaturangaben. U. Drehmann. 4880□

Bestimmung der Blei-, Zink- und Eisen-Verunreinigungen von Magnesium stearinicum. Jenő Hollós und Sándor Darányi. (Gyógyszerészet [Pharmazie] **6,** 222—26, Juni 1962; Budapest, Chinoin AG.; ung.) — Außer den in der USP XVI auf As u. Pb vorgeschriebenen Prüfungen, muß Magnesiumstearat auch auf Zn u. Fe untersucht werden, da diese infolge der Herst. zu erwarten sind. Zur Best. von Zn wird das Dithizon-Verf., zur Best. des Fe die Thioglykolsäure-Meth. verwendet. Anstatt der Einfarben-Meth. der USP XVI wird zur Best. der Pb-Verunreinigungen die modifizierte Mischfarben-Meth. nach Barcza [1960] vorgeschlagen. G. Ligeti. 4880

Zur Analyse von Formamid. W. M. Merliss. (Медицинская Промышленность СССР [Med. Ind. UdSSR] **13,** Nr. 5, 45—48, Mai 1959; Allunions Chem.-Pharmaz. Ordshonikidse-Forschungsinst.; russ.) — Es wird die Analyse von *Fomamid* auf N nach Kjeldahl u. die Best. des Wasser-Geh. nach Fischer beschrieben. H. Treumann. 4880□

Quantitative Säurechloridbestimmung von Benzoesäurechlorid und Palmitinsäurechlorid. Csaba Ömböly und Erzsébet Derzsi. (Acta pharmac. hung. **32,** 88—90, März 1962; Budapest, Vereinigte Arznei- u. Nährmittelfarbik; ung.) — Die zu untersuchende Probe wird in Ggw. von essigsaurem Hg(II)-Acetat mit einem Überschuß von Morpholin-Base (I) in CCl_4 zur Rk. gebracht; das Säurechlorid reagiert mit dem Morpholin unter Bldg. von Säureamid. Der Überschuß von I wird mit $HClO_4$ gegen Tropäolin durch Titration bestimmt. G. Ligeti. 4880

Potentiometrische Titration von Sulfathiocarbamid. György Milch. (Acta pharmac. hung. **32,** 55—58, März 1962; Budapest, Chinoin AG.; ung.) — *Sulfathiocarbamid* (I) wird in 2—3n NaOH-Lsg. mit 0,1n Jod-Lsg. gegen Pt u. Kalomelelektroden titriert. Mit dieser Meth. kann I auch in Arzneigemischen bestimmt werden. G. Ligeti. 4880

Refraktometrische Bestimmung von Barbitursäurederivaten. 6. Mitt. **Bestimmung von 5-Äthyl-5-butylbarbitursäure.** Maria Mincsev-Ralcseva. (Gyógyszerészet [Pharmazie] **6,** 220—22, Juni 1962; Budapest, Med. Univ., Pharmaz. chem. Inst.; ung.) — 5. vgl. C. **1962,** 17490. — Vf. stellte fest, daß der Zusammenhang zwischen n_D^{20} u. Konz. der 1—20%ig. alkohol. Lsg. von *5-Äthyl-5-butylbarbitursäure* linear u. somit die Best. möglich ist; n_D^{20} 1,3663, dn/dt = ±0,00037, K = $12{,}36 \cdot 10^{-4}$. G. Ligeti. 4880

Zur Frage der quantitativen Bestimmung der Alkaloide im Mutterkorn. N. G. Ssinilowa und M. Ja. Tropp. (Медицинская Промышленность СССР [Med. Ind. UdSSR] **13,** Nr. 5, 41—45, Mai 1959; Charkow, Chem.-Pharmaz. Forsch.-Inst.; russ.) — Die Verss. erstreckten sich auf die Extraktion der Alkaloide durch Perkolation u. Maceration. Die quant. colorimetr. Best. der Alkaloide nach der 8. Sowjet. Pharmakopoe (mit p-Dimethylaminobenzaldehyd) unter Anwendung einer wss. Extraktion erreicht eine Genauigkeit von 90—95%; die Dauer einer Analyse beträgt 3 Stunden. H. Treumann. 4880□

Chemische und biologische Prüfung von Papain enthaltenden Arzneipräparaten. Dezső Tapfer. (Acta pharmac. hung. **32,** 71—77, März 1962; Budapest, Med. Univ., Hyg. Inst.; ung.) — Zur chem. Wert-Best. von *Velardon* (Organon) wurde das Verf. von Willstätter herangezogen. Zur biolog. Wert-Best. wurde *Ascaris lumbricoides var. suis* angewendet. In $^1/_3$ der Fälle erreichten die untersuchten Präpp. in vitro nicht die erwünschte biolog. Aktivität u. es konnte in diesen mit der chem. Meth. eine 25 bis 30%ig. Aktivitätsverminderung nachgewiesen werden. Da die Stabilität der akt. Wirkstoffe zeitbegrenzt ist, wäre die Angabe eines Verw.-Termins zu empfehlen. G. Ligeti. 4880

Biologische Wertbestimmung von Digitalis lanata-Blattpulver und Lanatosid ABC enthaltenden Präparaten, bezüglich der Herstellung eines ungarischen Digitalis lanata-Blattpulver Standards. Sándor Simon und Sándor Varga. (Acta pharamac. hung. **31,** 253—61, Nov. 1961; Budapest, Kontrollabor. pharmaz. Ind.; ung.) — Die Wrkg. des aus 12 einheim. Digitalis lanata-Blattpulvern 1958 hergestellten Blattpulver-Standards (I) erwies sich in 8 Katzen-Verss. während eines Jahres stabil. 1959 stimmten in 13 Fällen von 15 die Werte der Handelsdrogen mit I überein (±20%). Auf Grund der geprüften Fehlergrenzen der Wert-Best. wird die Toleranz der Abweichung von I zu +17% bzw. —15% in Katzen-Verss. u. +13% bzw. —11% in Tauben-Verss. vorgeschlagen. Bei der Best. der DL von I oder ABC-Glykosid-Präpp. zeigen Tauben eine ausgeprägte jahreszeitliche Empfindlichkeitsveränderung. G. Ligeti. 4880

Bestimmung von Pantethin in Gegenwart von Pantothensäure. R. Ruggieri. (Boll. chim. farmac. **100,** 337—43, Mai 1961; Firenze, Ist. Chim. farmac. militare; ital.) — Vf. beschreibt die colorimetr. Best. von *Pantethin* in Ggw. von Pantothensäure bei Verw. von p-Dimethylaminobenzaldehyd oder Na-Nitroprussiat. Trennung erfolgt durch Papierelektrophorese mit 0,05m Na_2HPO_4-Lsg. (pH ca. 7) als Puffer-Lsg. oder durch kontinuierliche Elektrophorese mit derselben Lsg. oder mit 0,02m Na-Diäthylbarbiturat-Lsg. (pH 8,6). J. Lehmberg. 4880□

Prüfungsvorschriften für nichtoffizielle Arzneistoffe der Arzneimittel- und der Spezialitätenliste. J. Büchi. (Schweiz. Apotheker-Ztg. **98,** 529—34, 2/7., 545—56, 9/7. 1960; dt.) — Prüfungsvorschriften für *Cortisonum acetylatum* (AL), *Hydrocortisonum acetylatum* (AL), *Prednisolonum* (AL), *Prednisonum* (AL), *Neomycinum sulfuricum* (AL) u. *Novesin wander* (AL). F. Thomas. 4880□

Bestimmung von Tween 80 in antibiotischen Präparaten. István Floderer, János Cseh und Ervin Ferenczi. (Acta pharmac. hung. **31,** 280—86, Nov. 1961; Budapest, Vereinigte Arznei- u. Nährmittelfabrik; ung.) — Die Meth. von Brown u. Haynes [1955] wurde zur Best. der Tween-Derivv. verwendet. Die Fehlergrenze der photometr. Messung des blauen Co(II)-Rhodanidkomplexes liegt bei ±3%. Die Störwrkg. der Antibiotica u. die Schwierigkeiten des Herauslösens erhöhen die Fehlergrenze auf 6—7%. G. Ligeti. 4880

Quantitative papierchromatographische Bestimmung des Hydroxytetracyclins in Gegenwart von sauren Zersetzungsprodukten. Ferenc Sztaricskai. (Acta pharmac. hung. **32**, 63—70, März 1962; Debrecen, Biogal Gyógyszergyár; ung.) — Zur Best. von *Hydroxytetracyclin* wurde ein ringpapierchromatograph. Verf. angewendet. Als Laufmittel dient ein n-Butanol-Essigsäure-Wassergemisch (4 : 1 : 5). Das Whatman-Papier Nr. 1 wird mit Phosphatpuffer pH 3 imprägniert. Die ausgeschnittenen Flecke werden mit einem Methanol-1n HCl-Gemisch (5 : 1) extrahiert u. die Lsgg. bei 360 nm photometriert. Der Wirkstoff-Geh. wird aus einer Eichkurve abgelesen. Die Meth. bewährt sich zur Best. von I in Zwischenprodd. u. Tierfutter gut. G. Ligeti. 4880

Untersuchung und colorimetrische Bestimmung des Nystatin-Titan(IV)-Komplexes. László Mázor und Mária Pápay. (Acta pharmac. hung. **32**, 59—62, März 1962; Budapest, TU., Lehrstuhl allg. Chem.; ung.) — *Nystatin* (I) bildet mit $TiCl_4$ in Dimethylformamid-Lsg. einen roten Komplex, in welchem das I : Ti-Verhältnis 1 : 3 ist. Infolge der Lichtabsorption des Komplexes kann I bei 450 nm colorimetr. bestimmt werden. G. Ligeti. 4880

Physikalisch-chemische Bestimmungsmethoden für Antibiotica. 10. Mitt. Polymyxinbestimmung in der Kulturflüssigkeit. W. D. Karzewa und B. P. Bruns. (Антибиотики [Antibiotika] **4**, Nr. 5, 45—48, Sept./Okt. 1959; Allunions Wiss. Forsch.-Inst. für Antibiotica; russ.) — 9. vgl. C. **1961**, 5181. — Beschreibung einer Meth. der raschen quant. Best. (in 2 Std.) von *Polymyxin* (I) in Kultur-Fll. während der verschiedenen Stadien der Fermentation. Die Meth. beruht auf der Adsorption von I mit Hilfe des Ionenaustauscherharzes KB-1 u. nachfolgender Elution des adsorbierten I durch eine Lsg. von HCl in 40%ig. Methylalkohol. Im so erhaltenen u. von Verunreinigungen befreitem Eluat wird der I-Geh. mit Hilfe einer modifizierten Biuret-Rk. bestimmt. Die Ergebnisse der chem. Best. entsprechen den biolog. mittels Diffusion in Agar erhaltenen Ergebnissen. Die Meth. ist geeignet für Serienanalysen unter industriellen Bedingungen. E. Rentz. 4880□

Marino Golinelli, Bologna, Italien, **Herstellung einer injizierbaren Honiglösung,** dad. gek., daß man in dest. W. gelösten Honig unter sterilen Bedingungen in einer Ultrazentrifuge von den Eiweißstoffen befreit, filtriert u. die Lsg. gefriertrocknet. Für Injektionen werden 20—40%ig. Lsgg. des gefriergetrockneten Prod. verwendet. (**E. P. 848 051** vom 9/4. 1959, ausg. 14/9. 1960. **Zusatz zu E. P. 844 633; C. 1961, 17787.**) W. Heyer. 4790

J. R. Geigy Akt.-Ges., Basel (Erfinder: Willy Stoll, Basel, und Wilfried Graf, Riehen/Basel), Schweiz, **p-Substituierte Benzolsulfonamide** der Formel I

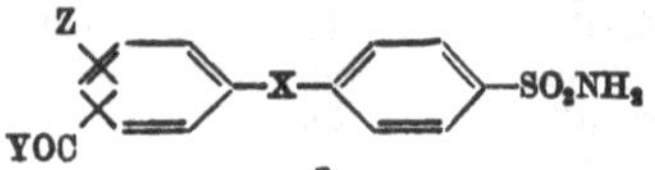

I

($X = O$, S, SO, SO_2; Y = Ester- oder Thioestergruppe, ggf. substituierte NH_2- oder $HNNH_2$-Gruppe; Z = H, eine oder mehrere Cl, Br, niedermol. Alkyl- oder Alkoxygruppen) erhält man durch Kondens. von I (Y = OH, Halogen, bes. Cl) mit einer HO- oder HS-Verb., mit NH_3, prim. oder sek. Amin, oder einem Hydrazin mit mindestens 1 H, zweckmäßig in Ggw. eines Lsgm. u. ggf. eines säurebindenden Mittels. — 29,4 (Teile) 4-Sulfamyl-diphenyläther-4′-carbonsäurechlorid werden in eiskalte Lsg. von 40 Diäthanolamin in 100 W. eingerührt, auf 90° erhitzt u. das Gemisch dann gekühlt → *4-Sulfamyldiphenyläther-4′-carbonsäurediäthanolamid*, F. 159°. — Folgende Sulfonamide werden noch hergestellt: (4-Sulfamyl-diphenyläther-4′-carbonsäure = II) II-*amid*, F. 218°; II-*äthylamid*, F. 214°; II-*diäthylamid*, F. 201°; II-*carbäthoxymethylamid*, F. 184°; II-*äthanolamid*, F. 197°; II-*diäthylaminoäthylamid*, F. 169°; II-*piperidid*, F. 220°; II-*morpholid*, F. 221°; II-*methylester*, F. 137—138°; II-*isopropylester*, F. 134°; II-*benzylester*, F. 128°; II-*hydrazid*, F. 236—238°. — Ferner *4-Sulfamyl-diphenyläther-2′-carbonsäureamid*, F. 204°; *4-Sulfamyldiphenylsulfid-4′-carbonsäureamid*, F. 219—221°; *4-Sulfamyldiphenylsulfon-4′-carbonsäureamid*, F. 276°. — *Carboanhydrasehemmer, Diuretica.* (**Schwz. P. 353 734** vom 28/12. 1956, ausg. 15/6. 1961.) A. Debo. 4807

Spofa, Spojené Farmaceutické Závody, Národní Podnik, Prag, Tschechoslowakei, **Herstellung stark spasmolytisch wirksamer Sulfoniumsalze** der allg. Formel I (R = Alkyl- oder Cycloalkylrest; R′, R″ = Alkylreste; A = Anion einer starken Säure). Man kondensiert Metallsalze substituierter Mandelsäuren der Formel $C_6H_5-C(R)(OH)-COOH$ mit 2-Chlor- oder 2-Bromäthylalkylsulfiden der Formel $Hal-CH_2CH_2-S-R'$ u. setzt die hierbei erhaltenen Sulfidester in an sich bekannter Weise

mit dem Ester einer starken anorgan. Säure der Formel R″A um. — Zum Beispiel kocht man α-Propylmandelsäure (II) mit 2-Chloräthylmethylsulfid in alkohol. Na-Äthanolat-Lsg. u. mischt den entstandenen u. isolierten *2-Methylmercaptoäthylester von* II, $Kp._{1,8}$ 150—152°, mit CH_3J u. reibt nach 3 Tagen mit Aceton an, wobei *2-[2-Phenyl-2-n-propyl-2-hydroxyacetoxy]-äthyldimethylsulfoniumjodid*, F. 92—93,5°, kristallisiert. — Analog: *2-Methylmercaptoäthylester von α-Cyclohexylmandelsäure*, $Kp._{1,8}$ 173—176° → *2-[2-Phenyl-2-cyclohexyl-2-hydroxyacetoxy]-äthyldimethylsulfoniumjodid*, F. 129—130°. (**Niederl. P. 99 079** vom 6/10. 1956, ausg. 15/9. 1961. Tschech. Prior. 6/10. 1955.)

F. Böhm. 4807

N. V. Philips' Gloeilampenfabrieken, Eindhoven (Erfinder: Jan Brug und Cornelis Albertus de Bock, Weesp), Niederlande, **Substituierte Aminoacetophenone** mit *antiviraler* Wrkg. besitzen die Formel I oder II (R = H oder Alkyl mit 1—6 C-Atomen). Zur Herst. läßt man z. B. 3′-Benzyloxy-4′-nitro-2-bromacetophenon in Chlf. auf Hexamethylentetramin einwirken, wobei *3′-Benzyloxy-4′-nitro-2-aminoacetophenonhydrochlorid*, F. 203—205°, entsteht. Durch katalyt. Hydrierung erhält man hieraus *3′-Hydroxy-2.4′-diaminoacetophenondihydrochlorid*, Zers. u. Verkohlung bei 197—199°. — Analog: *3′-Benzyloxy-4′-nitro-2-N-tert.-butyl-N-benzylaminoacetophenonhydrochlorid*, F. 177—178° → *3′-Hydroxy-4′-amino-2-tert.-butylaminoacetophenondihydrochlorid*, Zers. u. Verkohlung bei 228°. — *2′-Benzyloxy-5′-nitro-2-N-tert.-butyl-N-benzylaminoacetophenonhydrochlorid*, F. 170—172° (Zers.) → *2′-Hydroxy-5′-amino-2-tert.-butylaminoacetophenondihydrochlorid*, Verfärbung ab ca. 200°, kein Schmelzen oder Verkohlen bis 285°. — *2′-Benzyloxy-5′-nitro-2-aminoacetophenonhydrochlorid*, F. 190—192° (Zers.) → *2′-Hydroxy-2.5′-diaminoacetophenondihydrochlorid*, Verfärbung bei 220—230°, Verkohlung bei 240°. (**Niederl. PP. 98 366 u. 98 367** vom 6/6. 1958, ausg. 15/6. 1961.)

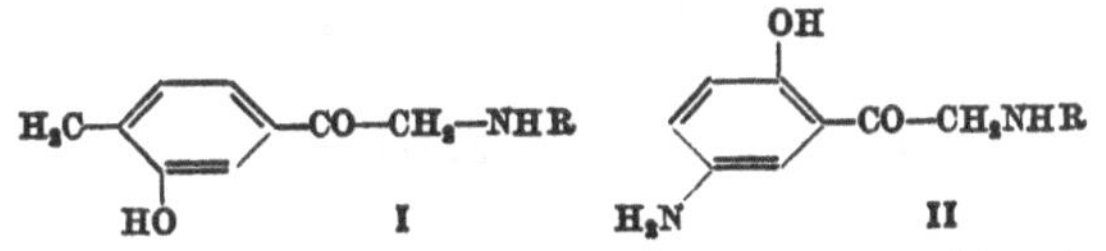

F. Böhm. 4807

Riker Laboratories, Inc., Los Angeles, übert. von: Gerhard W. Kusserow, Santa Monica, und Marshall D. Draper, Woodland Hills, Calif., V.St.A., **Herstellung von N-Acylglycinamiden** der allg. Formel R—CO—NH—$(CH_2)_n$—CO—N(R′)R″ (R = C_1—C_3-mono- oder polyalkyliertes Phenyl oder Styrol oder Halogenphenyl; R′ u. R″ = Alkyl, bes. CH_3 oder C_2H_5; n = 1—2). — Man schlämmt z. B. 10 (g) Glycinäthylester (I)-Hydrochlorid mit 50 cm³ Tetrahydrofuran (II) auf, leitet 20 Min. NH_3-Gas durch, filtriert vom NH_4Cl ab, engt im Vakuum auf 25 cm³ ein, gibt 3.4.5-Trimethoxybenzoesäure (III) u. anschließend 1,5 N.N′-Dicyclohexylcarbodiimid, in 10 cm³ II zu, läßt 4 Std. stehen u. entfernt durch Filtrieren 11 N.N′-Dicyclohexylharnstoff, engt im Vakuum wieder auf 25 cm³ ein u. erhält durch Zugabe von Ae. 12,8 I-III-Amid (F. 109—110°, Ae.). Man läßt ein Gemisch aus 2,0 dieser Verb., 0,5 N_2H_4-Hydrat u. 20 cm³ A. über Nacht bei Raum-Temp. stehen u. erhält durch Zugabe von 25 cm³ Ae. 1,88 Glycin-III-Amid (F. 164—165°), löst 1,88 dieser Verb. in 66,5 cm³ 0,1n HCl, kühlt auf 0°, setzt 7,0 cm³ 1n $NaNO_2$-Lsg. von 0° auf einmal u. anschließend 66,5 cm³ 0,1n HCl von 0° zu, extrahiert 3 mal mit je 25 cm³ Chlf., gibt 0,55 $(C_2H_5)_2NH$ zur kalten Chlf.-Lsg., läßt über Nacht im Dunkeln stehen, entfernt Chlf. im Vakuum u. erhält durch Ae.-Zugabe 1,86 *N-3.4.5-Trimethoxybenzoylglycin* (V)-*Diäthylamid*, F. 132—133,5° (CH_3OH-Ae.). — *N-3.4.5-Trimethoxybenzoyl-β-alanin-* (F. 105—107°); *N-p-Chlorbenzoylglycin-* (F. 98—100°); *N-3.4.5-Trimethoxycinnamoylglycin-* (F. 128—129°); *N-Anisoylglycin-* (F. 81,4—84°); *N-Veratroylglycindiäthylamid*. — V-*Dimethylamid* (F. 119—120°). — V-*Diisopropylamid* (F. 152—154°). — *Sedativa u. Hypnotica.* (**A. P. 2 956 081** vom 12/9. 1957, ausg. 11/10. 1960.) O. Müller-Meiningen. 4807

Merck & Co., Inc., Rahway, N.J., V.St.A., **Herstellung therapeutisch wirksamer Piperidinderivate.** Man läßt ein 4-Phenyl-4-carbalkoxypiperidin mit höchstens 3 C-Atomen im Alkoxyrest in Ggw. einer Säure mit CH_2O u. Acetophenon reagieren, das in p-Stellung eine OH-, NH_2- oder Acylaminogruppe tragen kann. Das erhaltene 1-[γ-Oxo-γ-phenylpropyl]-4-phenyl-4-carbalkoxypiperidin kann, ggf. nach Abspaltung des N-Acylrestes, mit Hilfe eines Red.-Mittels in das entsprechende 1-[γ-Hydroxy-γ-phenylpropyl]-4-phenyl-4-carbalkoxypiperidin umgesetzt werden. — Zum Beispiel kocht man 106,5 (g) 4-Phenyl-4-carbäthoxypiperidinhydrobromid mit 60 p-Acetylaminoacetophenon u. 30,5 Paraformaldehyd in Ggw. von 1,2 (cm³) konz. HBr in 600 A. → *1-[γ-Oxo-γ-(p-acetylaminophenyl)-propyl]-4-phenyl-4-carbäthoxypiperidinhydrobromid*, F. 214 bis 216,5°; *freie Base*, F. 86—92°. — Hieraus erhält man durch Kochen mit 10%ig. alkohol. H_2SO_4-Lsg. *1-[γ-Oxo-γ-(p-aminophenyl)-propyl]-4-carbäthoxypiperidin*; *Monohydrochlorid*, Zers. bei ca. 185°. Dieses ergibt beim Kochen mit $NaBH_4$ in wss.-alkal. Lsg. *1-[γ-Hydroxy-*

γ-(p-aminophenyl)-propyl]-4-phenyl-4-carbäthoxypiperidin; *Dihydrochlorid*, Zers. bei ca. 125°. — Analog: *1-[γ-Oxo-γ-(p-hydroxyphenyl)-propyl]-4-phenyl-4-carbäthoxypiperidinhydrobromid*, F. 202—205° → *1-[γ-Hydroxy-γ-(p-hydroxyphenyl)-propyl]-4-phenyl-4-carbäthoxypiperidin*, F. 140—160°. — *1-[γ-Oxo-γ-phenylpropyl]-4-phenyl-4-carbäthoxypiperidinhydrobromid*, F. 197—199° → *1-[γ-Hydroxy-γ-phenyl]-4-carbäthoxypiperidin*, F. 84 bis 87°; *Hydrochlorid*, F. 200—202°. (**Niederl. P. 98 858** vom 12/9. 1957, ausg. 15/8. 1961. A. Prior. 19/9. 1956.) F. Böhm. 4807

Wellcome Foundation Ltd. (Erfinder: Geoffrey George Coker), London, England, **Herstellung von Piperidinderivaten** der allg. Formel I, worin XN eine Dimethylamino- oder Diäthylaminogruppe oder eine heterocycl. Base XNH, worin >NH Teil eines Ringes, z. B. Piperidin, Morpholin oder Pyrrolidin; R′ ein geradkettiger oder verzweigter aliphat. KW-Stoffrest mit 1—4 C-Atomen ist, Y für —CN oder —COOAlk mit 1—3 C-Atomen in der Alkylgruppe u. A für ein anorgan. oder organ. Anion stehen, durch Rk. einer Verb. der Formel II mit einem quaternierenden Mittel R′Z, worin Z = Cl, Br oder Alkylsulfat ist.

I

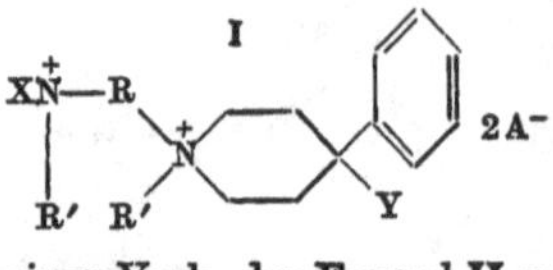

II

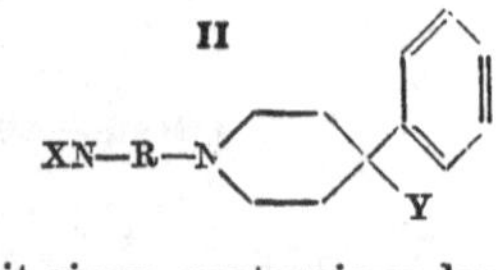

— Aus 4-Äthoxycarbonyl-4-phenyl-1-[2-pyrrolidinoäthyl]-piperidin in Aceton u. CH_3J unter Rückfluß → *N¹.N²-Dimethyläthylen-1-[4-äthoxycarbonyl-4-phenylpiperidinium]-2-pyrrolidiniumdijodid*, F. 243—245° (Zers.); *N¹.N²-Diäthyl-N¹.N²-dimethyläthylen-1-ammonium-2-[4-äthoxycarbonyl-4-phenylpiperidinium]-dijodid*, F. 231 bis 232° (Zers.), aus 4-Äthoxycarbonyl-1-[2-diäthylaminoäthyl]-4-phenylpiperidin u. CH_3J. *N¹.N²-Dimethyläthylen-1-[4-äthoxycarbonyl-4-phenylpiperidinium]-2-piperidiniumdijodid*, F. 247—248° (Zers.); *N¹.N²-Dimethyläthylen-1.2-bis-[4-äthoxycarbonyl-4-phenylpiperidinium]-dijodid*, F. 272° (Zers.); *N¹.N²-Dimethyläthylen-1-[4-äthoxycarbonyl-4-phenylpiperidinium]-2-morpholiniumdijodid*, F. 248° (Zers.); *N¹.N²-Dimethyltrimethylen-1-[4-äthoxycarbonyl-4-phenylpiperidinium]-3-morpholiniumdijodid*, F. 235° (Zers.), aus 4-Cyano-1-[2-morpholinoäthyl]-4-phenylpiperidin u. CH_3J → *N¹.N²-Dimethyläthylen-1-[4-cyano-4-phenylpiperidinium]-2-morpholiniumdijodid*, F. 253° (Zers.); *N¹.N²-Dimethyläthylen-1-[4-äthoxycarbonyl-4-phenylpiperidinium]-2-thiomorpholiniumdijodid*, F. 262—263° (Zers.). — *Ganglienblockierende u. blutdrucksenkende Mittel.* (**E. P. 834 453** vom 3/1. 1957, ausg. 11/5. 1960.) W. Heyer. 4807

Ciba Akt.-Ges., Basel (Erfinder: Max Matter, Worb, und Albert Kobler, Gümligen), Schweiz, **Herstellung neuer Isochinoline**, die in 1-Stellung eine mit einem 4—20 unsubstituierte oder durch niedere Alkyl- oder Alkoxyalkylreste substituierte Äthylenreste enthaltenden Polyäthylenglykolrest verätherte Oxygruppe aufweisen, dad. gek., daß man Isochinoline, die in 1-Stellung einen austauschfähigen Substituenten aufweisen, bes. solche, die im N-Ring Alkyl- u./oder Cycloalkylreste mit 4—7 C-Atomen besitzen, vorzugsweise 3-n-Butylisochinolin, mit Polyäthylenglykolen oder deren Mononiedrigalkyläthern oder mit Metallalkoholaten, bes. Hepta- bis Dodekaäthylenglykolen oder deren Monoalkyläther, umsetzt. — Aus 1-Chlor-3-n-butylisochinolin u. Nonaäthylenglykolmonomethyläther in Ggw. von metall. Na bei 110° → *Nonaäthylenglykolmethyläther-[3n-butylisochinolyl-(1)-äther]*, $Kp._{0,01}$ 215°; *Hexaäthylenglykolmethyläther-[3-äthylisochinolyl-(1)-äther]*, $Kp._{0,01}$ 178°; *Nonaäthylenglykolmethyläther-[3-n-hexylisochinolyl-(1)-äther]*, $Kp._{0,01}$ 230°; *Nonaäthylenglykolmethyläther-[4-n-butylisochinolyl-(1)-äther]*, $Kp._{0,01}$ 230°; *Nonaäthylenglykolmethyläther-[4-cyclohexylisochinolyl-(1)-äther]*; *Oktaäthylenglykolmono-3-n-butylisochinolyl-(1)-äther*; *Nonaäthylenglykolmethyläther-[3.4-tetramethylenisochinolyl-(1)-äther]*, $Kp._{0,01}$ 250°. — *Arzneimittel*, bes. Hustenmittel. (**Schwz. P. 344 724** vom 25/4. 1956, ausg. 14/4. 1960.) W. Heyer. 4807

J. R. Geigy Akt.-Ges., Basel, Schweiz, **Terapeutisch wirksame N-Aminoalkyl-10.11-dihydrodibenz-[b, f]-azepin-Derivate** besitzen die allg. Formel I (X = Halogen oder CH_3).

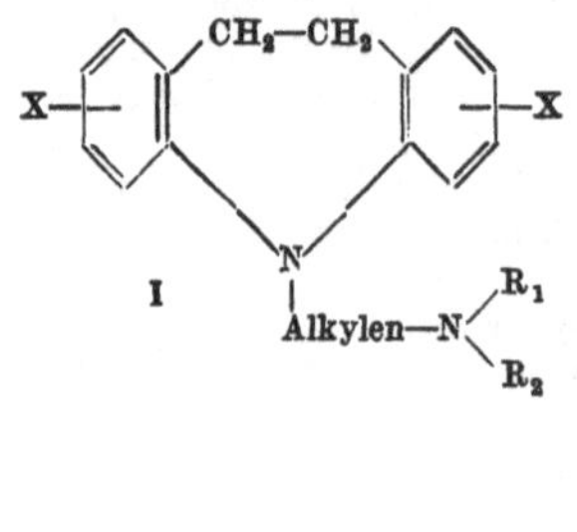

I

Zur Herst. erwärmt man z. B. 3.7-Dichlor-10.11-dihydrodibenz-[b, f]-azepin in Bzl. mit β-Dimethylaminopropylchlorid auf 45—50°, setzt $NaNH_2$ zu u. kocht 14 Std. → *5-[β-Dimethylaminopropyl]-3.7-dichlor-10.11-dihydrodibenz-[b, f]-azepin*, $Kp._{0,004}$ 173—175°; *Hydrochlorid*, F. 254°. — Analog: *5-[γ-Dimethylaminopropyl]-3.7-dichlor-10-11-dihydrodibenz-[b, f]-azepin*, $Kp._{0,01}$ 175—179°; *Hydrochlorid*, F. 174—175°. — *5-[β-Piperidinoäthyl]-3.7-dichlor-10.11-dihydrodibenz-[b, f]-azepin*, $Kp._{0,007}$ 191 bis

193°; *Hydrochlorid*, F. 238—240°. — *5-[γ-Dimethylaminopropyl]-2.8-dimethyl-10.11-dihydrodibenz-[b, f]-azepinhydrochlorid*, F. 177—178°. (**Niederl. P. 99 030** vom 14/9. 1955, ausg. 15/9. 1961. Schwz. Prior. 22/9. 1954.) F. Böhm. 4807

C. H. Boehringer Sohn, Ingelheim, **Herstellung von Nortropinderivaten.** Zu D. A. S. 1 077 223; C. **1961,** 4455 ist nachzutragen: *N-Äthylnortropinylbenzhydrylätherhydrochlorid*, F. 190—191°. — *N-n-Propylnortropinylbenzhydrylätherhydrochlorid*, F. 180—184°. — *N-n-Butylnortropinylbenzhydrylätherhydrochlorid*, F. 179—183°. — *N-n-Amylnortropinylbenzhydrylätherhydrochlorid*, F. 189—191°. — *N-Isobutylnortropinylbenzhydryläther*, *Hydrobromid*, F. 241—242°; *Methansulfonat*, F. 182 bis 183°. — Es können auch die entsprechenden p-Methoxybenzhydryläther hergestellt werden, z. B. *N-Äthylnortropinyl-p-methoxybenzhydrylätherhydrochlorid*, F. 168 bis 169°. (**Niederl. P. 99 099** vom 6/3. 1957, ausg. 15/9. 1961. D. Prior. 9/3. 1956.) F. Böhm. 4807

Julian Laboratories, Inc., Franklin Park, übert. von: Percy L. Julian, Oak Park, und Arthur Magnani, Wilmette, Ill., V.St.A., **Triketone der Pregnan- und Androstanreihe,** die als Zwischenprodd. zur Herst. von Steroidhormonen dienen, erhält man aus den durch Abbau von Sapogeninen erhältlichen in 12-Stellung durch Sauerstoff substituierten Verbb. auf folgenden verschiedenen Wegen: Man hydriert z. B. Pregnan-3α.12α-diol-20-on-diacetat katalyt. mit H_2/Raney-Ni in Methanol u. in Ggw. von KOH → *Pregnan-3α.12α.20β-triol* (I), F. 228—232°. Die Red. kann alternativ auch mit $NaBH_4$ durchgeführt werden. — I läßt sich sodann nach Überführung in das *Dihemisuccinat*, F. 191—192°, mit CrO_3 in Essigsäure oxydieren → *Pregnan-3α.20β-diol-12-on-dihemisuccinat*, F. 180—182°; *freier Alkohol* (II), F. 215—220°. — II + Acetanhydrid in Pyridin → II-*Diacetat* (III), F. 135—137°. — I + Acetanhydrid in Pyridin → I-*3.20-Diacetat*, F. 125—130°; daraus durch CrO_3-Oxydation in Essigsäure → **III.** — **III** läßt sich mit Br_2 in Chlf. u. in Ggw. von HBr bromieren u. durch anschließende Rk. mit methanol. HCl überführen → *11α-Brompregnan-3α.20β-diol-12-on* (**IVa**), F. 175° (Zers.); daraus durch Red. mit $NaBH_4$ in Methanol → *11α-Brompregnan-3α.12.20β-triol*, F. 203—204°, welches sich durch Dehydrochlorierung mit KOH überführen läßt → *11β.12β-Epoxypregnan-3α.20β-diol* (**IV**), F. 188—192°; daraus durch CrO_3-Oxydation → *11β.12β-Epoxypregnan-3.20-dion*, F. 139—142°. — **IV** läßt sich mit HBr in Aceton spalten → *12-Brompregnan-3α.11β.20β-triol*, F. 187—189°; daraus durch CrO_3-Oxydation u. Enthalogenierung mit Zn-Essigsäure → *Pregnan-3.11.20-trion*, F. 157—160°. — Analog: **IVa**-*3.20-Diacetat*, F. 163—165°, welches sich mit $NaBH_4$ in Methanol–W. red. läßt → *11α-Brompregnan-3α.12β.20β-triol-3.20-diacetat*, F. 154—156°. — Analog lassen sich die entsprechenden Verbb. der Allopregnanreihe herstellen, ferner werden beschrieben: *Testan-3α.17β-diol-12-on*, F. 250—252°; *Dihemisuccinat*, F. 162—164°; *Diacetat*, F. 187—189°. — *11α- u. 11β-Bromtestan-3.17-diol-12-ondiacetat*, F. 145—160°; F. des *11α-Isomeren*: 164—166°; F. des *11β-Isomeren*: 181—183° (Zers.). — *11β.12β-Epoxytestan-3α.17β-diol*, F. 205—235°. — *Testan-3.11.17-trion*, F. 134—136°. — *Zwischenprodd.* zur Herst. von *Heilmitteln*. (**A. P. 2 940 991** vom 1/3. 1957, ausg. 14/6. 1960.) U. Sievers. 4809

Merck & Co., Inc., V.St.A. (Erfinder: John Martin Chemerda, Edward Wells Tristram, David Frederick Hinkley und Jan Ten Broeke), **16α-Methylsteroide der Pregnanreihe.** Man setzt z. B. 16α-Methyl-3α.17α-dihydroxy-pregnan-11.20-dion (I) mit Semicarbazidhydrochlorid in üblicher Weise um → I-*20-Semicarbazon*, F. 227—245°, welches sich mit $NaBH_4$ in Tetrahydrofuran red. läßt → *16α-Methyl-3α.11β.17α-trihydroxypregnan-20-on-20-semicarbazon*; daraus durch Rk. mit konz. HCl → *16α-Methyl-3α.17α-dihydroxy-$\Delta^{9,11}$-pregnen-20-on*, F. 179—180°. Hieraus erhält man durch Bromierung, Ersatz des 21ständigen Br-Atoms durch J u. Rk. mit K-Acetat in Aceton → *16α-Methyl-3α.17α-dihydroxy-21-acetoxy-$\Delta^{9,11}$-pregnen-20-on*, F. 224—229°, welches sich mit CrO_3 in Essigsäure oxydieren läßt → *16α-Methyl-17α-hydroxy-21-acetoxy-$\Delta^{9,11}$-pregnen-3.20-dion* (**II**), F. 221—224°; $[\alpha]_D^{25}$ 38°. Zur Einführung der Doppelbindungen in den Ring A bromiert man **II** → *2.4-Dibrom-16α-methyl-17α-hydroxy-21-acetoxy-$\Delta^{9,11}$-pregnen-3.20-dion*, F. 196°; $[\alpha]_D$ 38,8° u. dehydrobromiert dieses mit NaBr in Ggw. von Dimethylformamid u. Dimethylanilin → *16α-Methyl-17α-hydroxy-21-acetoxy-$\Delta^{1.4.9,11}$-pregnatrien-3.20-dion*, F. 195—204°. — Man kann auch **II** mit 1 Mol. Br_2 bromieren → *16α-Methyl-4-brom-17α-hydroxy-21-acetoxy-$\Delta^{9,11}$-pregnen-3.20-dion*, F. 215° (Zers.); $[\alpha]_D$ 58,5°, u. dieses über das 3-Semicarbazon dehydrobromieren → *16α-Methyl-17α-hydroxy-21-acetoxy-$\Delta^{4.9,11}$-pregnadien-3.20-dion*. — *Zwischenprodd. zur Herst. von Heilmitteln*. (**F. P. 1 238 509** vom 3/9. 1959, ausg. 2/12. 1960. A. Prior. 5/9. 1958.) U. Sievers. 4809

Glaxo Laboratories Ltd., Greenford, England (Erfinder: Alan Gibson Long und Stephan Eardley), **16.17-Dehydro-20-oxosteroide** erhält man durch Überführung der 20ständigen Oxogruppe in ein Carbonyl-Deriv., nämlich das Alkoxyimido-Deriv., Dehydratisierung der 16.17-Stellung u. Regenerierung der geschützten Oxogruppe. — Man setzt z. B. 4.5α-Dihydrocortisonacetat in üblicher Weise zunächst mit Äthylenglykol um → *21-Acetoxy-3.3-äthylendioxy-17α-hydroxy-5α-pregnan-11.20-dion*, F. 275—280°; $[\alpha]_D^{18}$ 84°, welches sich durch Rk. mit Methoxylaminhydrochlorid in Ggw. von Pyridin überführen läßt → *21-Acetoxy-3.3-äthylendioxy-17α-hydroxy-20-methoxyimino-5α-pregnan-11-on*, F. 204—205°; $[\alpha]_D^{20}$ 42°; daraus durch Dehydratisierung mit $SOCl_2$ in Ggw. von Pyridin → *21-Acetoxy-3.3-äthylendioxy-20-methoximino-5α-Δ^{16}-pregnen-11-on*, F. 149—150°; $[\alpha]_D^{19}$ 49°, welches sich mit 2n HCl in Aceton spalten läßt → *21-Acetoxy-5α-Δ^{16}-pregnen-3.11.20-trion* (nach Reacetylierung), F. 197—199°; $[\alpha]_D^{20}$ 85°. — *Zwischenprodd. zur Herst. von Heilmitteln.* (**E. P. 866 730** vom 8/1. 1959, ausg. 26/4. 1961.) U. Sievers. 4809

Merck & Co., Inc. (Erfinder: Edward W. Tristram), **Herstellung von 2-Brom-Δ^1-pregnen-17α.21-diol-3.11.20-trion-21-acetat** durch Rk. von Δ^1-Pregnen-17α.21-diol-3.11.20-trion-21-acetat mit einem mol. Äquivalent Br_2 unter Bldg. von 1.2-Dibrompregnan-17α.21-diol-3.11.20-trion-21-acetat (I) u. Rk. des I mit einem mol. Äquivalent Dimethylformamid in Ggw. von LiCl. (**Aust. P. 230 545** vom 19/5. 1958, ausg. 27/10. 1960.) C. Lüttgen. 4809

Merck & Co., Inc. (Erfinder: Edward W. Tristram), **Herstellung von $\Delta^{1.4}$-Pregnadien-17α.21-diol-3.11.20-trion-21-acetat,** F. 220—230°, λ_{max} 2640, E-% 366 in H_2SO_4, λ_{max} 2390, E-% 356 in Methanol, durch Rk. von 4-Brom-Δ^1-pregnen-17α.21-diol-3.11.20-trion-21-acetat (I) mit Dimethylformamid (II) in Ggw. von LiCl (**III**). Man löst 0,5 g **III** in 20 ml **II**, gibt 2 g **I** zu, erhitzt 2 Std. auf dem Wasserbad, läßt 2 Std. abkühlen, filtriert die gebildeten Kristalle ab, reinigt sie mit 50%ig. wss. **II** u. mit W. u. trocknet im Vakuum. (**Aust. P. 230 546** vom 19/5. 1958, ausg. 27/10. 1960.) C. Lüttgen. 4809

Merck & Co., Inc., V.St.A. (Erfinder: Frank Allen Cutler jun. und John Martin Chemerda), **In 3-Stellung durch Sauerstoff substituierte Δ^{16}-Pregnen-20-one** erhält man durch Rk. eines entsprechenden 3-Acyloxypregnan-20-ons mit Br_2, Behandlung des erhaltenen 17.21-Dibromids mit NaJ, Ersatz des 21ständigen J-Atoms durch H u. Dehydrohalogenierung der 16(17)-Stellung. — Man setzt z. B. 3α.11β-Dihydroxypregnan-20-on-3-acetat in Chlf. mit Br_2 um → *17.21-Dibrom-3α-acetoxy-$\Delta^{9,11}$-pregnen-20-on*, F. 145—147°, welches sich durch Rk. mit NaJ in Aceton u. anschließende Behandlung mit $NaHSO_3$-Lsg. überführen läßt → *17-Brom-3α-acetoxy-$\Delta^{9,11}$-pregnen-20-on*, F. 147—160° (roh); 182—184° (rein); daraus durch Erhitzen mit Pyridin unter Rückfluß → *3α-Acetoxy-$\Delta^{9,11,16}$-pregnadien-20-on*, F. 143,5—148°. — Als Nebenprod. wird bei der Bromierung *17.21-Dibrom-3α-acetoxy-11β-hydroxypregnan-20-on*, F. 161,5 bis 164,5°, gebildet; daraus in analoger Weise durch Rk. mit NaJ u. $NaHSO_3$ → *17-Brom-3α-acetoxy-11β-hydroxypregnan-20-on*, F. 146—156°, sowie durch anschließende Dehydrobromierung mit Pyridin → *3α-Acetoxy-11β-hydroxy-Δ^{16}-pregnen-20-on*, F. 160,5 bis 161,5°. — *Zwischenprodd. zur Herst. von Heilmitteln.* (**F. P. 1 239 360** vom 8/7. 1959, ausg. 7/12. 1960. A. Prior. 14/7. 1958.) U. Sievers. 4809

Merck & Co., Inc., Rahway, übert. von: David Taub, Metuchen, und Norman L. Wendler, Summit, N.J., V.St.A., **16-Hydroxysteroide der Pregnanreihe.** Man setzt z. B. 9α-Fluor-$\Delta^{1.4}$-pregnadien-11β.17α.21-triol-3.20-dion-21-acetat (**Ia**) in Dimethylformamid/Methanol mit Semicarbazid (I) in Ggw. von I-Hydrochlorid um → **Ia**-*3.20-Bis-semicarbazon*, F. >300°, welches sich durch Erhitzen mit Essigsäure überführen läßt → *9α-Fluor-$\Delta^{1.4.16}$-pregnatrien-11β.21-diol-3.20-dion-21-acetat-3.20-bis-semicarbazon* (**II**), daraus durch Abspaltung der Schutzgruppen mit verd. HCl in Äthylendichlorid–Methyläthylketon → *9α-Fluor-$\Delta^{1.4.16}$-pregnatrien-11β.21-diol-3.20-dion-21-acetat*, F. 215—220°, aus welchem man durch Rk. mit OsO_4 in Dioxan *9α-Fluor-$\Delta^{1.4}$-pregnadien-11β.16α.17α.21-tetrol-3.20-dion-21-acetat*, F. 212—215°, herstellt; *freier Alkohol*, F. 256—260°. — Analog: *9α-Fluor-$\Delta^{4.16}$-pregnadien-11β.21-diol-3.20-dion-21-acetat-3.20-bis-semicarbazon*, F. 230—300°. — *9α-Fluor-$\Delta^{4.16}$-pregnadien-11β.21-diol-3.20-dion-21-acetat*, F. 184—185,5°. — *9α-Fluor-Δ^4-pregnen-11β.16α.17α.21-tetrol-3.20-dion-21-acetat*, F. 221—224°. — *Heilmittel.* (**A. P. 2 966 504** vom 5/2. 1957, ausg. 27/12. 1960.) U. Sievers. 4809

Merck & Co., Inc., Rahway, N.J., V.St.A., **Herstellung von in 3-Stellung O-haltigen 17α.21-Dihydroxy-20-ketosteroiden der Pregnanreihe** durch Behandlung von Steroiden, die an den C-Atomen 17, 20 u. 21 entsprechend der Formel I, in der n = 0—5 bedeutet, substituiert sind, mit Säure. — Man kocht 100 mg 17.20;-20.21-Bis-methylendioxy-4-pregnan-8.11-dion, 5 (ml) CH_3OH u. 5 5n-H_2SO_4 1 Std. auf dem Wasserbad, dampft das CH_3OH im Vakuum ab, extrahiert mit Äthylacetat, reinigt u. konz., löst den Rückstand in 0,3 Pyridin u. 0,3 Essigsäureanhydrid, erhitzt 10 Min. auf dem Dampfbad, gießt in Eiswasser u. extrahiert mit CH_2Cl_2 → *Cortisonacetat.* — In ähnlicher Weise werden *Hydrocortisonacetat, 6-Dehydrocortisonacetat, 6-Methylprednisonacetat* u. *Allopregnan-17α.21-diol-3.11.20-trion-21-acetat* hergestellt. (**Ind. P. 62 572** vom 13/12. 1957, ausg. 14/12. 1960.) C. Lüttgen. 4809

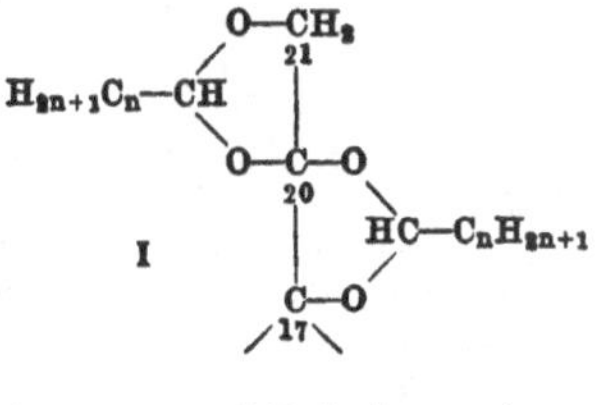
I

Lasdon Foundation, Inc., Yonkers, N.Y., übert. von: Max N. Huffman, Oklahoma City, Okla., V.St.A., **Androstan-16-ol-3-one.** Man setzt z. B. Androstan-3.16-dion mit Äthylorthoformiat in A. um, red. die erhaltene 3.3-Diäthoxy-Verb. mit $NaBH_4$ in Methanol, reinigt das Red.-Prod. mit Girards Reagens T u. sodann über das Succinat → *Androstan-16β-ol-3-on* (I), F. 153—154°. — Alternativ kann man Δ⁵-Androsten-3β.16β-diol-16-benzoat mit H_2/Pd-Kohle katalyt. hydrieren u. das erhaltene *Androstan-3β.16β-diol-16-benzoat* (II), F. 161—162°, mit CrO_3 in Essigsäure oxydieren → I. — Alternativ kann man Androstan-3β-ol-16-on zunächst acetylieren, das erhaltene 3-Acetat sodann mit $NaBH_4$ red. u. das Red.-Prod. benzoylieren → *Androstan-3β.16-diol-3-acetat-16-benzoat,* F. 143—144°; daraus durch partielle Hydrolyse mit methanol. KOH → II, das sich wie beschrieben, in I überführen läßt. — I-*Acetat,* F. 142—142,5°. — I läßt sich durch Rk. mit p-Toluolsulfonylchlorid u. Isomerisierung des erhaltenen p-Toluolsulfonates isomerisieren → *Androstan-16α-ol-3-on-acetat* (III), welches sich mit methanol. NaOH verseifen läßt → *Androstan-16α-ol-3-on,* F. 172—172,5°. — Analog läßt sich Δ^5-Androsten-3β.16α-diol-16-acetat mit H_2/Pd-Kohle katalyt. hydrieren → *Androstan-3β.16α-diol-16-acetat,* F. 167—168°; daraus durch Oxydation mit CrO_3 → **III**, F. 160 bis 161°. — *Heilmittel.* (**A. P. 2 963 493** vom 31/5. 1957, ausg. 6/12. 1960.) U. Sievers. 4809

British Drug Houses Ltd., London, England (Erfinder: David Neville Kirk, Vladimir Petrow und Marianne Helen Thomson), **3β-Acyloxy-6-methyl-Δ^5-steroide** erhält man durch Rk. der entsprechenden 3β.5α-Dihydroxy-6β-methylsteroide mit einem Acylierungsmittel in Ggw. eines sauren Katalysators. — Man setzt z. B. 3β-Acetoxy-5-hydroxy-6β-methyl-5α.25D-spirostan in Essigsäure u. Acetanhydrid mit 72%ig. $HClO_4$ um → *3β-Acetoxy-6-methyl-25D-Δ^5-spirosten,* F. 215 bis 218°; $[\alpha]_D^{24}$ —129°. — Analog wurden hergestellt (Verb., F. u. $[\alpha]_D$ gegeben): *3β.17β-Diacetoxy-6-methyl-Δ^5-androsten,* 125—127°; 76°; *3β.20β-Diacetoxy-6-methyl-Δ^5-pregnen,* 155°; —45°; *3β.20β-Dihydroxy-6-methyl-Δ^5-pregnen,* 207—208°; —74°; *3β-Formyloxy-6-methyl-25D-Δ^5-spirosten,* 214—216°; —126°; *3β-Decanoyloxy-6-methyl-25D-Δ^5-spirosten,* 77—79°; —96°; *3β-Benzoyloxy-6-methyl-25D-Δ^5-spirosten,* 188—192°; —80,2°; *3β-Acetoxy-6-methyl-Δ^5-cholesten,* 114—116°; —50°; *6-Methylstigmasterylacetat,* 105 bis 107°; —59°; daraus durch Verseifung → *6-Methylstigmasterin,* 133—134°; —49°. — *Zwischenprodd. zur Herst. von Heilmitteln.* (**E. P. 861 007** vom 16/1. 1958, ausg. 15/2. 1960.) U. Sievers. 4809

G. D. Searle & Co., Chicago, übert. von: Joseph S. Mihina, Skokie, Ill., V.St.A., **6-Oxygenierte 3.5-Cycloandrostanverbindungen.** Man setzt z. B. 17α-(2-Carboxyvinyl)-Δ^5-androsten-3β.17β-diol-γ-lacton (I) mit p-Toluolsulfonylchlorid in Ggw. von Pyridin um → I-*3-p-Toluolsulfonat,* F. 143—144°; $[\alpha]_D$ —9°; daraus durch Cyclisierung mit K-Acetat in Butanon → *17α-[2-carboxyvinyl]-3α.5-cyclo-5α-androstan-6β.17-diol-γ-lacton,* F. 182—185°; $[\alpha]_D$ 113°. Dieses läßt sich nach Oppenauer mit Al-Isopropylat in Ggw. von Cyclohexanon oxydieren → *17α-[2-Carboxyvinyl]-3α.5-cyclo-17-hydroxy-5α-androstan-6-on.* — Analog: *17α-[2-Carboxyäthyl]-Δ^5-androsten-3β.17β-diol-γ-lacton-3-p-toluolsulfonat,* F. 145,5—146°; $[\alpha]_D$ —78°. — *17α-[2-Carboxyäthyl]-3α.5-cyclo-5α-androstan-6β.17-diol-γ-lacton,* F. 53—55°; $[\alpha]_D$ 7,46°. — *17α-[2-Carboxyäthyl]-3α.5-cyclo-17-hydroxy-5α-androstan-6-on-lacton,* F. 155—157°; $[\alpha]_D$ 1,5°. — *Heilmittel.* (**A. P. 2 932 642** vom 8/6. 1959, ausg. 12/4. 1960.) U. Sievers. 4809

British Drug Houses Ltd., London, England (Erfinder: David Neville Kirk und Vladimir Petrow), **4-Organomercaptomethyl-3-oxo-Δ^4-steroide** erhält man durch Rk. eines entsprechenden 3-Oxo-Δ^4-steroids mit Formaldehyd oder dessen Polymeren u. einem Thiol in Ggw. eines bas. Katalysators. — Man setzt z. B. Testosteron mit Thiophenol, 40%ig. Formaldehyd in A. in Ggw. von Triäthylamin um → *4-Phenylmercaptomethyltestosteron,* F. 142—144°; $[\alpha]_D^{24}$ 32°; *Acetat,* F. 116,5—117°; $[\alpha]_D^{22}$ —6°. — Analog wurden die folgenden Verbb. hergestellt (Verb., F. u. $[\alpha]_D$ gegeben): *4-Benzylmercaptomethyltestosteron,* 113—116°; 98°; *4-Äthylmercaptomethyltestosteron,* 89—94°; 93°;

4-n-Butylmercaptomethyltestosteron, 109—110°; 108°; *4-[β-Hydroxyäthylmercaptomethyl]-testosteron*, 109—111°; 86°; *2α-Methyl-4-phenylmercaptomethyltestosteron*, 119—121°; 108°; *Acetat*, 143—146°; 107°; *17α-Methyl-4-phenylmercaptomethyltestosteron*, 136—138°; 5°; *4-Phenylmercaptomethyl-Δ^4-androsten-3.17-dion*, 136—138°; 150°; *4-Phenylmercaptomethylprogesteron*, 98—100°; 175°; *4-Phenylmercaptomethyl-$\Delta^{4.9,11}$-pregnadien*, —; —; *17α-Acetoxy-4-phenylmercaptomethylprogesteron*, 187—190°; 78°; *17α.20;20.21-Bis-methylendioxy-4-phenylmercaptomethyl-Δ^4-pregnen-3.11-dion*, 181—183°; 61°; *4-Phenylmercaptomethyl-25D-Δ^4-spirosten-3-on*, 151—153°; 4°; *4-Cyclohexylmercaptomethyltestosteron*, 138—141°; 91°; *4-p-Tolylmercaptomethyltestosteron*, 118—122°; 87°; *4-Furfurylmercaptomethyltestosteron*, ca. 70°; 92°; *17β-Hydroxy-4-phenylmercaptomethyl-$\Delta^{4.6}$-androstadien-3-on*, 146—149°; —; *6α-Methyl-4-phenylmercaptomethyltestosteron*, 111—112°; —45°; *4-Phenylmercaptomethyl-D-homotestosteron*, —; —; *4-Phenylmercaptomethyl-17α-vinyltestosteron*, F. 92—94°; 62°; *17α-Methyl-4-[p-tolylmercaptomethyl]-testosteron*, 143—144°; 92°; *4-Phenylmercaptomethyl-19-nortestosteron*, 140—142°; 87°; *4-[p-Tolylmercaptomethyl]-25D-Δ^4-spirosten-3-on*, 164—166°; 9°; *20.20-Äthylendioxy-17α-hydroxy-4-[p-tolylmercaptomethyl]-Δ^4-pregnen-2-on*, 158—159°; 73°; daraus durch Ketalhydrolyse → *17α-Hydroxy-4-[p-tolylmercaptomethyl]-Δ^4-pregnen-3.20-dion*, 169—171°; 94°; *20.20-Äthylendioxy-17α-hydroxy-4-phenylmercaptomethyl-Δ^4-pregnen-3-on*, 166—168°; 65°; *17α-Hydroxy-4-phenylmercaptomethyl-Δ^4-pregnen-3.20-dion*, 128—130°; 95°; *7α-Acetoxy-16-methylen-4-phenylmercaptomethyl-Δ^4-pregnen-3.20-dion*, 178—179°; —1°; *9α-Fluor-11β.17β-dihydroxy-17α-methyl-4-phenylmercaptomethyl-Δ^4-androsten-3-on*, 226—227°; 107°; *11β.17β-Dihydroxy-4-phenylmercaptomethyl-Δ^4-androsten-3-on*, 211—212°; 74°; *4-Phenylmercaptomethyl-Δ^4-androsten-3.11.17-trion*, 177—179°; 240°; *3-Oxo-4-phenylmercaptomethyl-$\Delta^{4.17,20}$-pregnadien-21-carbonsäureäthylester*, 127—128°; 115°; *11α-Hydroxy-4-phenylmercaptomethylprogesteron*, 137—139°; 129°; *4-[β-Methoxycarbonyläthylmercaptomethyl]-testosteron*, 96—97°; 79°. — *Heilmittel* sowie Zwischenprodd. zu deren Herstellung. (**E. P. 862 621** vom 19/11. 1958, ausg. 15/3. 1961.) U. Sievers. 4809

Armour & Co., Chicago, Ill., V.St.A., **Herstellung von Corticotropinpräparaten mit verlängerter Wirksamkeit.** Man vermischt Corticotropin, Gerbsäure, ein Zinksalz, z. B. Zn-Acetat, u. ggf. teilweise hydrolysierte Gelatine in wss. Lsg. u. erhält eine wss. Suspension eines in W. unlösl. Zn–Corticotropin–Tannat- bzw. Zn–Corticotropin–Gelatine–Tannat-Kompexes. Ggf. wird eine wss. Lsg. von Corticotropin u. teilweise hydrolysierter Gelatine mit Gerbsäure gemischt u. dann ein wasserlösl. Zn-Salz zugegeben. Die entstehende Suspension wird alkal. gemacht u. dann mit Gerbsäure vermischt. Zur Stabilisierung der Mischung wird ggf. Cystein zugesetzt. — 14 Beispiele. (**Oe. P. 215 073** vom 14/8. 1959, ausg. 10/5. 1961. A. Prior. 20/1. 1959.) M. F. Müller. 4809

UCLAF, Paris, Frankreich, **Herstellung von Tetra- und Tripeptiden.** S.N-Ditrityl-L-cysteinyl-L-prolin wird mit einem L-Leucinester (bes. dem Äthylester) kondensiert, u. zwar in Ggw. eines N.N'-disubstituierten Carbodiimids. Der dadurch entstandene Tripeptidester wird zu S.N-Ditrityl-L-cysteinyl-L-propyl-L-leucin verseift u. dasselbe mit einem Glycinester (bes. mit dem Methylester) in Ggw. eines N.N'-disubstituierten Carbodiimids kondensiert. Der entstehende Tetrapeptidester wird am N-Atom mit einem

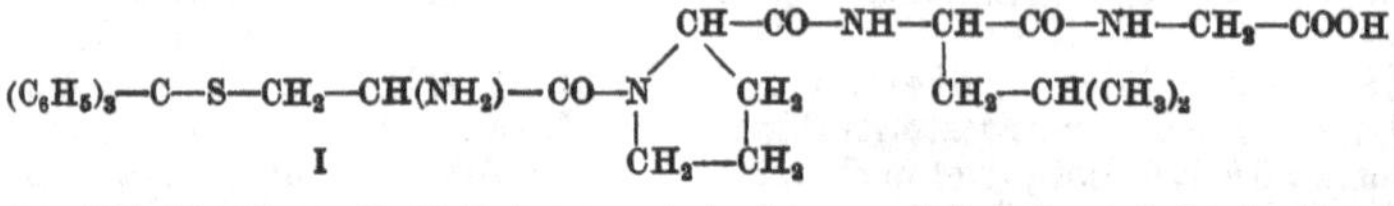

I

Gemisch aus wss. HCl + Aceton oder mit heißer Essigsäure selektiv detrityliert u. das Rk.-Prod. zu S-Trityl-L-cysteinyl-L-prolyl-L-leucylglycin der Formel I verseift: $C_{35}H_{42}N_4O_5S \cdot 1/2\ H_2O$, Molgew. 639,8, $[\alpha]_D^{20}$ $-28 \pm 2°$, 2%ig. in A. Methylester–Hydrochlorid von I: $C_{36}H_{45}ClN_4O_5S$, Molgew. 681,28, F. ca. 150°, $[\alpha]_D^{20}$ $-17 \pm 10°$ in 2%ig. Chlf. Außerdem wurden folgende neuen Zwischenprodd. hergestellt: S.N-Ditrityl-L-cysteinyl-L-prolyl-L-leucylglycin, $C_{54}H_{56}N_4O_5S \cdot 1/2\ C_6H_6$, Molgew. 912,13, F. 135—140°, $[\alpha]_D^{20}$ $+115 \pm 2°$, 2%ig. in Chlf.; ferner der Methylester hiervon, $C_{55}H_{58}N_4O_5S$, Molgew. 887,11, F. 130°, Zers., $[\alpha]_D^{20}$ $+120 \pm 2°$, 2%ig. in Chlf.; S.N-Ditrityl-L-cysteinyl-L-propyl-L-leucin, $C_{52}H_{53}N_3O_4S$, Molgew. 816,03, F. 120°, Zers., $[\alpha]_D^{20}$ $+80° \pm 2°$ (2%ig. in Chlf.); Äthyl-S.N-ditrityl-L-cysteinyl-L-propyl-L-leucinat, F. 120°, Zers., $[\alpha]_D^{20}$ $+80 \pm 2°$ (2%ig. in Chlf.); Strukturformeln aller Verbb. im Original. — Zwischenprodd. zur Synth. von Hormonen, z. B. Oxytocin. (**E. P. 848 406** vom 28/3. 1957, ausg. 14/9. 1960. F. Prior. 30/3. 1956.) A. Kalix. 4809

Charles E. Frosst & Co., übert. von: Irving Levi, Montreal, Canada, **α-Halogen-β-hydroxyalkohole** der allg. Formel I, R——CH(OH)—CH(X)—CH_2OH (R = H oder NO_2) erhält man bei der Rk. von Zimtalkohol oder p-Nitrozimtalkohol u. N-Brom-(Chlor-)bernsteinsäureimid im wss. Medium, wobei die sich bildende

Hypohalogensäure an den ungesätt. Alkohol angelagert wird. — Zimtalkohol u. N-Brombernsteinsäureimid in Ae. u. Wassermischung werden bei normaler Temp. mehrere Std. geschüttelt. Man trennt die Phasen u. extrahiert die wss. Phase mit Ae., die mit der Ae.-Phase vereinigt wird. Man wäscht mit $NaHCO_3$ u. anschließend mit Wasser. Man erhält *DL-1-Phenyl-2-brom-1.3-propandiol*, F. aus Chlf. 63—64°. — p-Nitrozimtalkohol → *DL-1-p-Nitrophenyl-2-brom-1.3-propandiol*, F. aus Chlf. 86—87°. *Zwischenprodd. für die Herst. von Heilmitteln*, bes. *Chloramphenicol*. (**A. P. 2 951 876** vom 15/7. 1958, ausg. 6/9. 1960.) G. König. 4811

Farmaceutici Italia Soc. An., übert. von: Carlo Giuseppe Alberti, Luigi Bernardi, Giovanni Larini und Alberto Vercellone, Mailand, Italien, **Umwandlung optisch aktiver Aminodiole in Racemate.** *l*-threo- oder d-erythro-N-Acylderivv. von phenylsubstituierten Aminopropandiolen der allg. Formel I werden zunächst in wss. Lsg. von 0—50° u. in Ggw. von Licht mit Halogenen oder halogenabspaltenden Gemischen (z. B. Alkalibromat + HCl) oxydiert, wobei die —CH(OH)-Gruppe durch eine CO-Gruppe ersetzt wird. Hierbei ist Y = H oder NO_2 u. COR ein Acetyl-, Monoachloracetyl-, Propionyl- oder Benzoylrest. Das Rk.-Prod. wird dann durch Einw. eines bas. Mittels (I) in wss. Lsg. oder einem organ. Lsgm. oder einem Gemisch von beiden bei 0—60°, bes. bei 15—30°, racemisiert. Als I wird bes. eine Suspension von $NaHCO_3$ in einer organ. Fl. verwendet, weiterhin sind verwendbar: Alkalicarbonate, -hydroxide, -phosphate, prim., sek. u. tert. Amine (aliphat., cycl. u. heterocycl.), Alkalialkoholate u. -enolate u. Alkalisalze von organ. Säuren; mit schwachen Alkalien dauert die Rk. einige Tage, mit starken 5—15 Minuten. Beispiele: *dl-threo-1-Phenyl-2-amino-1.3-propandiol*, F. 82—84°; *dl-p-erythro-Nitrophenyl-α-acetamido-1.3-propandiol*, F. 195°. Darst. der Ausgangs-Prodd. u. theoret. Ableitung des Verfahrens. (**A. P. 2 945 883** vom 14/8. 1956, ausg. 19/7. 1960. It. Prior. 20/5. 1953.) A. Kalix. 4811

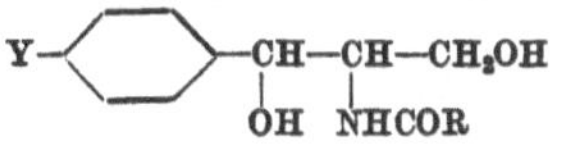

I

Chinoin Gyógyszer és Vegyészeti Termékek Gyára R. T., Budapest, Ungarn, **Trennung von threo-1-(p-Nitrophenyl)-2-aminopropan-1.3-diolen.** Einer wss. Lsg. von 1 Mol rac. Verbb. wird $^1/_2$ Mol eines Semiamids (I) eines opt. akt. Diacylweinsäure (II) zugesetzt, womit die eine opt. akt. Komponente ein unlösl. Salz bildet, während die andere in Lsg. bleibt. So bilden z. B. die I von d-Acylweinsäuren in fast quant. Ausbeute Ndd. mit den d-Aminodiolen, bes. dann, wenn die Rkk. in Ggw. von $^1/_2$ Mol Mineralsäuren, z. B. HCl, durchgeführt werden. Die I können am N-Atom durch Alkyl- oder Aralkylgruppen substituiert sein. Die I (die neue Verbb. sind), erhält man durch Zugabe der Anhydride von II zu konz. wss. Lsgg. von NH_3 oder Alkylaminen. — Beispiele: *Dibenzoyl-d-weinsäure* (III), F. 188°, $[\alpha]_D^{20}$ in Aceton — 138 bis —144°; *N.N-Dimethyldibenzoyl-d-weinsäure*-I, $[\alpha]_D^{20}$ in A. — 76°, *Diacetyl-d-weinsäure*-I, $[\alpha]_D^{20}$ in A. —28°, in Aceton —36°. Aus einer Lsg. von 0,1 Mol rac. threo-1-(p-Nitrophenyl)-2-aminopropan-1.3-diol u. 0,5 Mol III in 10 cm³ W. + 5 cm³ HCl krist. nach 2std. Rühren das Salz des d-Aminodiols mit III, F. 128—129°, $[\alpha]_D^{20}$ 84° in A., aus der Mutterlauge erhält man durch Zugabe von 2 cm³ konz. NH_3 unter Eiskühlung d-1-(p-Nitrophenyl)-2-aminopropan-1.3-diol, F. 161—162°, $[\alpha]_D^{20}$ 22°. Das obengenannte Salz kann durch Erwärmung mit n-HCl in III u. das freie d-Aminodiol getrennt werden. In analoger Weise werden die Rkk. mit den übrigen obengenannten I durchgeführt. (**E. P. 846 662** vom 28/1. 1959, ausg. 31/8. 1960. Ung. Prior. 28/1. 1958.) A. Kalix. 4811

C. F. Boehringer & Soehne G. m. b. H. (Erfinder: Rudi Gall, Mannheim, Erich Haack, Heidelberg, und Wolfgang Voemel), Mannheim, **Herstellung von Chloramphenicolestern.** Chloramphenicol (I) wird nach bekannten Verff. mit verätherten Oxyessigsäuren oder funktionellen Derivv. davon zu Derivv. der allg. Formel II verestert. Hierin ist R der Rest einer niedrigmol. Alkoxyessigsäure oder der Tetrahydrofurfurylessigsäure; die an das Äther-O-Atom gebundene Alkylgruppe kann auch durch ein oder zwei O-Atome unterbrochen sein. Beispiele: I-Methoxyacetat-(3), $C_{14}H_{16}N_2O_7Cl_2$, farblose Kristalle aus Ligroin + Essigester, F. 103—104°; I-Äthoxyacetat-(3), $C_{15}H_{18}N_2Cl_2$, farblose Kristalle aus Ligroin + Essigester, F. 130 bis 132°; I-Methoxyäthoxyacetat, $C_{16}H_{20}O_8N_2Cl_2$, F. 83—87° aus Ligroin + Essigester; I-Methoxyäthoxyäthoxyacetat, $C_{18}H_{24}O_9N_2Cl_2$, F. 57—61° aus Ligroin + Ae., I-Tetrahydrofurfuryloxyacetat, $C_{18}H_{22}O_8N_2Cl_2$, F. 111—114° aus Ligroin + Essigester; I-Dimethoxyisopropoxyacetat, $C_{18}H_{24}O_9N_2Cl_2$, F. 101—104° aus Ligroin + Essigester. Die I-Ester sind leichter lösl. als I u. daher besser als I zur Herst. von Injektions-Lsgg. geeignet; im Körper wird I leicht abgespalten. (**D. A. S. 1 119 298** Kl. 12q vom 5/2. 1958, ausg. 14/12. 1961.) A. Kalix. 4811

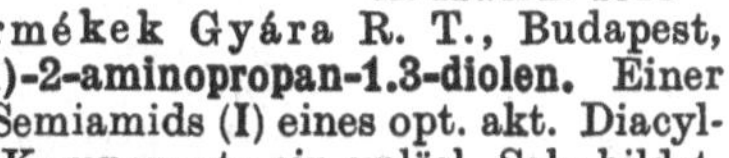

II

„Biochemie" G. m. b. H., Kundl (Erfinder: Hans Margreiter, Radfeld, Richard Brunner und Ernst Brandl, Kundl), Österreich, **Herstellung von Penicillinen** der allg. Formel $C_8H_{10}O_3NS-NH-Z_1-R_1$ $(X-R)_n$, worin Z_1 eine CO- oder SO_2-Gruppe, R_1 einen zweiwertigen, ggf. substituierten aliphat. Rest, X eine direkte Bindung, O oder S u. R_2 einen organ. Rest, bes. einen aliphat., araliphat., aromat. oder heterocycl. Rest, der ggf. substituiert sein kann, u. n = 1 oder 2 bedeuten, bzw. von Salzen dieser Penicilline durch Fermentation unter Zugabe von Precursorverbb., dad. gek., daß man als letztere ein Halogenid von Säuren der allg. Formel $(R_2-X)_n-R_1-Z_2$, worin R_1, R_2 u. X obige Bedeutung haben u. Z_2 eine COOH- oder SO_3H-Gruppe symbolisiert, zusetzt. Als solche Precursor werden in den Mengenbeispielen eingesetzt: α-Phenoxypropionsäurechlorid, Phenoxyessigsäurechlorid, α-Äthylphenoxyessigsäurechlorid, α-Dimethylphenoxyessigsäurechlorid, o-Kresoxyessigsäurechlorid, o-Methoxyphenoxyessigsäurechlorid, o-Chlorphenoxyessigsäurechlorid, o-Nitrophenoxyessigsäurechlorid, Isopropylidenaminooxyessigsäurechlorid, p-Kresoxyessigsäurechlorid, Phenylmercaptoessigsäurechlorid, Phenylessigsäurechlorid, n-Butoxyessigsäurechlorid, Cyclohexylessigsäurechlorid u. Na-Phenoxyacetat zusammen mit α-Methylphenoxyessigsäurechlorid. Diese Verbb. können nach kurzer Angärzeit, auch kontinuierlich oder absatzweise in kleinen Anteilen oder 3—5 Std. vor Beendigung der Fermentation zugesetzt werden. Ein Teil des Precursors kann auch in 1—20 Teilen eines organ. nicht tox. Lsgm., bes. Äthyl-, Butyl- oder Amylacetat gelöst zugesetzt werden. Schließlich ist der Zusatz von neutralisierend wirkenden Verbb. wie NaOH u./oder Puffersubstanzen wie $NaHCO_3$ oder Phosphatgemische vorgesehen. Erhöhung der Ausbeute bei der fermentativen Herst. bekannter Penicilline u. Bldg. neuer Penicilline, die bisher auf fermentativem Wege nicht erhaltbar waren. (**D. A. S. 1 118 401** Kl. 30h vom 10/11. 1960, ausg. 30/11. 1961. Oe. Prior. 24/11. 1959, 1/3. u. 17/9. 1960.) H. Schindler. 4811

Farbwerke Hoechst Akt.-Ges., vormals Meister Lucius & Brüning, Frankfurt/M. (Erfinder: Karl-Heinz Wallhäusser, Hofheim/Taunus, und Helmut Nahm, Kelkheim/Taunus-Münster), **Herstellung von (N-substituierten) 6-[Ureido-N']-penicillansäuren,** dad. gek., daß man zu einer Kultur-Lsg. von Penicillium chrysogenum während der Fermentation absatzweise oder kontinuierlich Isocyansäure bzw. deren Salze bzw. Isocyanate zusetzt u. anschließend die Penicillansäuren aus der Kulturlsg. isoliert. Beispiel mit Benzylisocyanat, das zu *Benzylureidopenicillansäure*, F. 196° (Zers.), mit β-Phenoxyäthylisocyanat, das zu *6-(N-β-Phenoxyäthylureido)-penicillansäure* führt, deren krist. *N-Äthylpiperidinsalz* F. 140° hat. Entsprechend: *6-(N'-4'-Carbmethoxypropylureido)-penicillansäure*, deren *Procainsalz* bei F. 110° (Zers.) schmilzt. Fermentations- u. Isolierungsbeispiele. (**D. A. S. 1 120 072** Kl. 30h vom 3/3. 1960, ausg. 21/12. 1961.) H. Schindler. 4811

American Cyanamid Co., New York (Erfinder: Anthony Joseph Shay, Pearl River, James Alfred Lowery, New City, Nestor Bohonos, Nanuet, und Edward James Backus, Pearl River), N.Y., V.St.A., **Herstellung und Gewinnung des Antibioticums Aspartocin** unter üblichen submersen Fermentationsbedingungen mittels Streptomyces griseus var spiralis oder Streptomyces T-3910, wobei dem wss. Nährmedium (I) zusätzlich ein Erdalkalimetallsalz, z. B. ein Ca-Salz, bes. $CaCO_3$, zugesetzt wird. Die Gewinnung erfolgt durch saure oder alkal. Extraktion des abfiltrierten Mycels u. weitere Extraktion dieser Extrakte mit n-Butanol, aus denen das Antibioticum mit Aceton bzw. PAe. gefällt wird. *Aspartocin*, $[\alpha]_D^{25}$ +26,4° (c = 2,1 in Methanol), charakterist. UV- u. IR-Spektren (Kurven). Morphologie u. Physiologie des Mikroorganismus. Antibakterielles Spektrum (Tabelle). Beispiele für Fermentation, Isolierung u. Herst. von I-Pikrat, Na- u. K-Salzen des I. (**D. A. S. 1 116 862** Kl. 30h vom 12/11. 1959, ausg. 9/11. 1961. A. Prior. 14/11. 1958.) H. Schindler. 4811

Aktiebolaget Pharmacia, Uppsala, Schweden, **Hochmolekulare, hydrophile Dextranäther,** erhält man bei der Rk. von Dextran (I), partiell depolymerisiertem Dextran oder Hydrodextran, mit einer bifunktionellen aliphat. Verb. mit 1—10 C-Atomen, in deren Kette eine Ätherbrücke sein kann u. die am Ende der Kette ein Halogenatom u./oder eine Epoxygruppe besitzt. Als bevorzugte Verbb. kommen Glycerin-Derivv., wie Epichlorhydrin, Dichlorhydrin, 1.2;3.4-Diepoxybutan, Äthylen-, Polyäthylenglykol, in Betracht. Die Rk. kann in Ggw. eines Lsgm. u. alkal. wirkender Stoffe, die einen katalyt. Effekt ausüben, ausgeführt werden. Die Reinigung der hochmol. Stoffe von 2000—1000000 durchschnittlichen Molgew. erfolgt bei lösl. Verbb., z. B. durch Fällung, Extraktion mit W., oder mittels Ionenaustauscher oder durch Dialyse. Die unlösl. Verbb. werden gemahlen u. mit W. oder organ. Lsgm. gewaschen. — Verw. an Stelle von *Blutplasma.* (**E. P. 854 715** vom 19/1. 1959, ausg. 23/11. 1960. Schwed. Prior. 13/3. 1958.) G. König. 4813

Institute for Medical Research, Ridgefield, übert. von: John H. Heller, Wilton, Conn., V.St.A., **Herstellung von stabilen Suspensionen gegen bakterielle Toxine.** Das entgiftete Toxin wird an A-Kohle, deren Teilchengröße 2—25 mμ beträgt, adsorbiert u. dann die beladenen A-Kohlen in physiolog. isoton. Injektions-Lsg. suspendiert. Beispiel mit dem Toxin des Chostridium batulinum Typ C. Weitere Anwendungen bei Arzneimitteln, Antigenen, Antiallergica, natürlichen u. künstlichen Hormonen, die zur Immunisierung oder Behandlung von Säugetieren u. Vögeln bevorzugt i.V. appliziert werden, da die Wrkg. auf das Reticulaendothelial-Syst. am sichersten ist. (**A. P. 2 952 585** vom 19/6. 1957, ausg. 13/9. 1960.) H. Schindler. 4813

California Institute Research Foundation, Pasadena, übert. von: Dan H. Campbell, Altadena, Calif., V.St.A., **Isolierung und Reinigung von eiweißhaltigen Antikörpern und Antigenen von Immunseren** durch Enteiweißen mittels des Diazoniumsalzes der p-Aminobenzylcellulose, dessen Herst. beschrieben wird u. das unlösl. Eiweiß-Verbb. gibt. Das Verf. wird in einer mit dem Adsorbens gefüllten Säule durchgeführt, aus der der Antistoff mittels HCl eluiert wird. Beispiel. Bes. genannt sind Tetanus- u. Diphtherietoxin sowie Poliovines. (**A. P. 2 957 808** vom 10/11. 1958, ausg. 25/10. 1960.) H. Schindler. 4813

Merck & Co., Inc., Rahway, N.J., übert. von: Elizabeth H. Thiele, Philadelphia, Pa., V.St.A., **Herstellung von Keuchhustenantigen.** Die in einem Caseinhydrolysat enthaltenden Medium entwickelten Hemophilus pertussis-Bakterien werden abzentrifugiert u. die das thermolabile Toxin u. das Antigen enthaltende Fl. bei Temp. um 0° während 10 Min.—48 Std. mit einem einwertigen C_{2-4}-Alkohol, z. B. A. oder Isopropanol (20—80 Vol.-%ig.) versetzt. Nach Filtration wird das Antigen gewonnen, dessen Toxicität um 87—97% herabgesetzt ist. — Beispiele — Tabellen. (**A. P. 2 965 543** vom 3/7. 1953, ausg. 20/12. 1960.) H. Schindler. 4813

Julius Stuart Youngner und Hans Noll, Pittsburgh, Pa., V.St.A., **Reinigung und Konzentration von Viren,** dad. gek., daß das Virus (I) u. der es verunreinigende Begleitstoff (II) mit einem Lipoid (III) oder einem lipoidähnlichen Stoff in Berührung gebracht u. dann das III u. das daran adsorbierte I von dem II getrennt werden. Hierzu wird I u. II durch eine III enthaltende Säule geschickt, worauf III mit dem daran adsorbierten I entfernt werden. Als III werden Cholesterin, Ergosterin, β-Sitosterin, Hexadecanol, Octadecanol, Palmitin- u. Stearinsäure, Hexadecylamin oder Stearinsäureamid genannt. Bei in W. nicht dispergierbaren III wird ein Netzmittel, z. B. Glycerin zu Tristearin, zugesetzt. In den Beispielen wird bes. der Grippevirus konz. u. gereinigt. Tabellen u. Kurven. (**D. A. S. 1 091 706** Kl. 30h vom 11/3. 1959, ausg. 27/10. 1960. A. Prior. 12/3. u. 7/7. 1958.) H. Schindler. 4813

Aransky Associates, Inc. (Erfinder: Ernest Braun), **Mittel gegen Krätze,** bestehend aus einem Knoblauch-Absud, der mit Rizinusöl emulgiert wird. Salicylsäure u. Sellerieöl sowie übliche Salbengrundlage können außerdem in das Prod. eingearbeitet werden. (**Aust. P. 227 902** vom 10/6. 1958, ausg. 19/5. 1960.) C. Lüttgen. 4815

Farbwerke Hoechst Akt.-Ges., vormals Meister Lucius & Brüning, Frankfurt/M.-Hoechst, **Herstellung von Sulfonylurethanen.** Zu D. A. S. 1 048 907; C. **1959,** 14825, ist nachzutragen, daß die genannten Sulfonylurethane auch durch Spaltung entsprechender Sulfonylharnstoffe $R-SO_2-NH-CO-NH-R_3$ (R vgl. l.c., R_3 = H oder aromat., aliphat. oder araliphat. Acylrest) mit α-Hydroxy-β-alkoxyäthanen erhalten werden. — β-Methoxyäthylurethane: *N-[4-Methylbenzolsulfonyl]*-, F. 131 bis 133° (CH_3OH), a) aus N-[4-Methylbenzolsulfonyl]-harnstoff (I) durch 8std. Kochen mit Glykolmonomethyläther (II); b) aus 25,6 (g) N'-Acetyl-I durch 4std. Kochen mit 200 II; 19 g (Ausbeute); c) aus N'-Diphenyl-I durch 4std. Kochen mit II; Kristalle. — *N-[4-Chlorbenzolsulfonyl]*-, F. 116—118° (CH_3OH), aus 30,5 N-[4-Chlorbenzolsulfonyl]-N'-butyrylharnstoff durch 4std. Kochen mit 200 II; Kristalle; 20 g. (**Oe. P. 208 875** vom 7/7. 1958, ausg. 10/5. 1960. D. Prior. 9/7. 1957 u. 26/6. 1958.) Eberhard Riedel. 4815

Institut für Virusforschung und Experimentelle Medizin, Sielbeck bei Eutin, übert. von: Marc Maurice Vermeulen, Etterbeek, Brüssel, Belgien, **Herstellung einer Brucellavaccine** für veterinärmedizin. Zwecke. Zunächst wird Brucella abortus wie üblich herangezüchtet u. darauf vom Kulturmedium abfiltriert. Dann werden die Bakterien in sterilem Medium aufgeschwemmt, daß $10^9—10^{12}$ in 1 ml enthalten sind, u. Patulin oder dessen Thiosemicarbazon in solcher Menge zugesetzt, daß das Bakterienwachstum vollständig verhindert wird ohne das Antigen zu verändern. Anschließend wird die Bakteriensuspension unter Kühlung ca. 8 Wochen bis zur vollständigen Autolyse gehalten u. dann das Antigen an z. B. hydratisiertes Al_2O_3 adsorbiert. — Beispiele — Tabellen. (**A. P. 2 958 629** vom 19/4. 1954, ausg. 1/11. 1960. Belg. Prior. 25/4. 1953.) H. Schindler. 4815

Imperial Chemical Industries Ltd., London, England, **Arzneimittel,** bestehend aus einer sterilen, injizierbaren wss. Lsg. von 1—30% *Cyanacethydrazid.* Zur Stabilisierung verwendet man reduzierende Sauerstoffsäuren des S bzw. deren Salze. Zur Behandlung von *Wurmerkrankungen der Atemwege bei Haustieren.* (**Belg. P. 560 960** vom 19/9. 1957, ausg. 20/5. 1960. E. Prior. 21/9., 7/12. 1956 u. 23/8. 1957.)
K. Koebke. 4815

Edward J. Ross und Charles H. Elbreder, St. Louis, Mo., V.St.A., **Mittel zur Behandlung von zahmen Käfigvögeln.** In je 28,35 g des den Käfigvögeln täglich verabreichten Tränkwasser werden 2000—6000 I.E. Penicillin G-K, 5—15 mg Streptomycinsulfat u. 0,1 μg Vitamin B_{12} gelöst. Die genannten Mengen dieser Verbb. können auch im Gemisch mit verträglichen Bindemitteln, z.B. Saccharose, Na_2SO_4, Mg-Silicat u. dgl., zu Tabletten von 194 mg Gewicht verabreicht werden, die im Tränkwasser gelöst werden. Die gleichen Mengen dieser Verbb. werden ferner zu Mineralblöcken unter Zusatz von NaCl, $CaCO_3$ u. $CaSO_4$ verarbeitet, die den Vögeln zum Verzehr in die Käfige gehängt werden. Die Mittel werden für die Dauer von mehreren Tagen verabfolgt u. bewirken die Heilung von *Atembeschwerden, Arthritis* u. *bakterieller Enteritis.* Außerdem werden Besserung des Wohlbefindens u. Gewichtszunahmen erzielt. (**A. P. 2 946 685** vom 2/12. 1957, ausg. 26/7. 1960.)
H. Karst. 4815

G. Analyse. Laboratorium

Ein Kryostat für tiefe Temperaturen mit weitem Einstellbereich. G. Hohlneicher. (Chemie-Ing.-Techn. **34,** 473—75, Juli 1962; München, TH, Phys.-Chem. Inst.; dt.) — Es wird ausführlich ein Thermostat beschrieben, der bei geringem Raumbedarf u. kleinem apparativen Aufwand die Einstellung von Temp. in einem weiten Bereich ermöglicht. Eine rotierende Pumpe erzeugt in einem geschlossenen Kreislauf einen Gasstrom, der durch ein Kühlmittel (z. B. fl. He oder fl. Luft) abgekühlt u. anschließend durch Aufheizen auf die gewünschte Temp. gebracht wird. Bes. geeignet ist das Gerät für Temp. von —160 bis —90°, jedoch lassen sich auch Temp. bis zu +120° einstellen. Die Temp.-Stabilität am Meßobjekt beträgt ± 1°.
G. Gattow. 5046□

Ionenaustauschchromatographie. Robert Kunin und F. X. Mc Garvey. (Analytic. Chem. **34,** 48R—50R, April 1962; Philadelphia, Pa., Rohm and Haas Co.; engl.) — Überblick über die Entw. der Ionenaustauscherchromatographie unter Berücksichtigung der Literatur in der Zeit von Nov. 1959 bis Nov. 1961 im Anschluß an den vorangegangenen Bericht (C. **1961, 4104**). Außer der Gaschromatographie an Mol.-Sieb-Zeolithen werden alle Meth. der Chromatographie an Ionenaustauschern betrachtet. Im einzelnen werden behandelt: Theoret., neue Ionenaustauscher von chromatograph. Interesse, App., grundlegende Meth. u. Anwendungen auf anorgan. Trennungen, in der Biochemie sowie in der organ. Chemie. — 70 Literaturangaben.
Gerhard Schulze. 5062□

Colorimetrische Methoden im Laboratorium. 4. Mitt. Spektrophotometrische Methoden. Mary P. Lord. (Lab. Pract. **7,** 224—26, April 1958; engl.) — 3. vgl. C. **1962,** 6521. — Beschreibung der allg. Prinzipien einiger Spektrophotometer-Typen.
W. Betcke. 5063□

Eine einfache Apparatur zur serienweisen Redoxtitration. H. V. Lott. (Experientia [Basel] **16,** 431—32, 15/9. 1960; Zürich, ETH, Inst. für allg. Bot.; dt.) — Beschreibung einer App. zur raschen redoxpotentiometr. Titration von säulenchromatograph. aufgetrennten Stoffen (Polyphenole, Ascorbinsäure, Redoxfarbstoffe).
K. Zingraf. 5066□

Redoxkinetische Titration: Ein neues analytisches Verfahren. K. S. G. Doss, K. Sundararajan, U. H. Narayanan und S. Visvanathan. (Electrochim. Acta [London] **1,** 22—25, April, Erratum: Electrochim. Acta [London] **1,** 295, Juli 1959; Karaikudi, South India, Central Electrochem. Res. Inst.; engl.) — Ein redoxkinet. Potential besteht zwischen jeder von 2 Pt-Elektroden, die in die Lsg. eines Redoxsyst. tauchen u. an die eine Wechselspannung angelegt wird, u. zwischen einer weiteren Pt-Bezugselektrode innerhalb der gleichen Lösung. Eine scharfe Änderung des Potentials tritt im Titrationsendpunkt auf, wenn das vorgelegte Redox-Syst. mit einem geeigneten Agens titriert wird. Nach der beschriebenen Meth. lassen sich z. B. Fe^{2+} cerimetr., manganometr. oder chromatometr. sowie J_2 mit Thiosulfat titrieren. Unter den beschriebenen Vers.-Bedingungen werden die Titrationsgenauigkeiten mit ± 0,02—0,4% angegeben.
E. Moisar. 5066□

Ein elektrochemisches Trennungsverfahren zur Verwendung in der Polarographie. R. L. Faircloth. (Talanta [London] **2,** 135—41, März 1959; Harwell, A.E.R.E., Res.

Group.; engl.) — Es wird ein Verf. beschrieben, das die Unters. von in Hg lösl. Metallen (z. B. Bi, Cd, Pb) auf einen sehr geringen Geh. an elektronegativeren Spurenmetallen gestattet. Das Verf. beruht darauf, daß ein Amalgam z. B. aus Bi in Berührung mit einer Bi^{3+}-haltigen HCl ein Potential annimmt, das von der Bi- u. Bi^{3+}-Konz. im Amalgam u. in der Lsg. abhängt u. welches kaum von der Ggw. der Spurenmetalle beeinflußt wird. Ist das Normalpotential für den Übergang des Spurenmetalles aus dem Amalgam in den Ionenzustand negativer als das Amalgampotential, so geht das Spurenmetall in die wss. Lsg. über u. kann dort polarograph. bestimmt werden. Die Anwendung der Meth. auf die Best. von *Pb* in Bi, *Zn* in Cd, *Cd* u. *Zn* in Pb u. *Zn* in Tl wird beschrieben.
E. Moisar. 5066□

Kontinuierliche polarographische Analyse. W. J. Parker. (Metal Ind. [London] **100**, 82—85, 2/2. 1962; British Polarographie Res. Inst.; engl.) — Es wird ein Überblick über Arbeitsweise der polarograph. Analyse gegeben u. an Hand von Beispielen aus der Metallurgie erläutert. F. Vier. 5066□

Polarographische Untersuchung des Chelatbildungsvermögens von EDTA und einigen nahe verwandten Chelatbildnern. W. Hoyle und T. S. West. (Talanta [London] **2**, 158—64, März 1959; Birmingham, Univ., Chem. Dep.; engl.) — Zur Best. des relativen Chelat-Bldg.-Vermögens wird ein polarograph. Verf. beschrieben, bei dem die Verschiebung des polarograph. Red.-Potentials ΔV von Cu^{2+} in saurer Lsg. durch Chelat-Bldg. gemessen wird. Für verschiedene Chelatbildner der Komplexonreihe besteht eine lineare Beziehung zwischen ΔV u. log K, wie Messungen an Komplexen ergaben, deren Stabilitäts-Konst. bekannt waren. Folgende Chelatbildner wurden untersucht (geordnet nach zunehmendem negativen Halbstufenpotential bei pH 2,5): *Di-2-hydroxyäthylglycin, Iminodiessigsäure, Methyliminodiessigsäure, o-Carboxyphenyliminodiessigsäure, 2.2'-Bis-(dicarboxymethylamino)-diäthyläther, 1.2-Bis-(2-dicarboxymethylaminoäthoxy)-äthan, 1.3-Diaminopropanol-(2)-N.N.N'.N'-tetraessigsäure, Nitrilotriessigsäure, Uramil-N.N-diessigsäure, N.N'-Äthylen-bis-2-(o-hydroxyphenyl)-glycin, Diäthylentriamin-N.N.N'.N''.N''-pentaessigsäure, N-2-Hydroxyäthyläthylendiamin-N.N'.N'-triessigsäure, Äthylendiamintetraessigsäure, trans-1.2-Diaminocyclopentan-N.N.N'.N'-tetraessigsäure, 1.2-Propylendiamin-N.N.N'.N'-tetraessigsäure, 1.2-Diaminocyclohexan-N.N.N'.N'-tetraessigsäure, 2.3-Diaminobutan-N.N.N'.N'-tetraessigsäure* u. *1.2-Diaminocycloheptan-N.N.N'.N'-tetraessigsäure.* Die Potentialverschiebung der entsprechenden Cd-Chelatkomplexe entspricht — soweit untersucht — im wesentlichen derjenigen der Cu-Komplexe.
E. Moisar. 5066□

a) Elemente und organische Verbindungen

Spektrochemischer Nachweis von Nichtmetallen. C. E. Harvey und J. W. Mellichamp. (Analytic. Chem. **33**, 1242—44, Aug. 1961; Pullman, Wash., C. E. Harvey Assoc.; Fort Moumouth, N.J., U.S. Army Signal Res. and Dev. Labor.; engl.) — Es wird ein Verf. zum gleichzeitigen Nachw. der Halogene, sowie von C, S, P u. Se durch spektrochem. Analyse beschrieben. Bei genauer Einhaltung der Arbeitsweise ist das Verf. auch auf Mikromengen übertragbar. Es erfordert einen geringen Zeitaufwand u. geringe Kosten. Zur Bereitung der Probe, die mit Ag-Pulver zu einer Tablette gepreßt wird, benötigt man nur kleinste Substanzmengen. Die Auswertung erfolgt nach charakterist. Linien der Nichtmetalle im Bereich von 3500—5000 Å. K. Ohls. G 228□

Trennung von Carbonat und Hydrogencarbonat durch Papierchromatographie. J. Subrahmanyam. (Z. analyt. Chem. **187**, 432—33, 1962; Waltair, India, Andhra Univ., Chem. Labor.; engl.) — Vf. fand, daß bei Verw. einer Vielzahl von Lsgm.-Gemischen zur papierchromatograph. Trennung von CO_3^{2-} u. HCO_3^- stets ident. R_F-Werte für beide Ionen erhalten werden. Die nähere Unters. ergab, daß durch atmosphär. CO_2 nach $CO_3^{2-} + CO_2 + H_2O \rightleftharpoons 2\,HCO_3^-$ das CO_3^{2-} in HCO_3^- umgewandelt wird. Vf. weist darauf hin, daß der von Pollard u. Mitarbeitern (C. **1951**, II, 3495) mitgeteilte R_F-Wert des CO_3^{2-} dem HCO_3^- zuzuordnen ist. Gerhard Schulze. G 260□

Bestimmung sehr kleiner Mengen Kohlendioxyd und die analytische Anwendung des Verfahrens. E. Schulek, J. Trompler, A. Haves-Endröi und I. Remport. (Ann. Univ. Sci. Budapestinensis Rolando Eötvös nominatae, Sect. Chim. **2**, 607—17, 1960; Budapest, L. Eötvös Univ., Inst. für anorg. u. anal. Chem.; dt.) — Zur Best. von chem. gebundenem u. von in Freiheit gesetztem CO_2 im Halbmikro- u. Mikromaßstab wurde ein verbessertes Titrations-Verf. ausgearbeitet u. eine bes. Absorptions-App. entwickelt. Das Verf. beruht auf der Rücktitration von überschüssiger $Ba(OH)_2$-Lsg. nach der Umsetzung mit CO_2 gegen HCl unter Verw. einer Pentan-Schutzschicht zur Fernhaltung von atmosphär. CO_2. Die Absorption von aus Carbonaten in Freiheit gesetztem CO_2 wird im geschlossenen, evakuierten Syst. vorgenommen. Das Prinzip dieser CO_2-Best. konnte auch in der organ. Elementaranalyse mit Erfolg angewendet werden. W. Betcke. G 260□

Quantitative Bestimmung von Kohlensuboxid durch Gaschromatographie. Thomas J. Hirt und Howard B. Palmer. (Analytic. Chem. **34**, 164, Jan. 1962; University Park, Pa., Pennsylvania State Univ., Dep. of Fuel Technol. u. Coll. of Miner. Ind.; engl.) — C_3O_2 wurde im Beckmann-GC-1-Chromatographen (7,5 ft. lange, $^1/_4$ in. weite Cu-Säulen mit einer Füllung von 23% Apiezon N u. 77% Ziegelmehl; 30—60 mesh) bestimmt. Mit He (15 lbs./sq.in.g) als Trägergas ist die Retentionszeit bei Raum-Temp. für Luft 1,2 Min., dicht gefolgt von CO, für CO_2 3 Min. u. für C_3O_2 6 Minuten. Die Banden sind sehr symm., u. die graph. Darst. Konz. [Mol/cm^3] gegen Bandenfläche [mm^2] ergibt eine Gerade. R. Krämer. G 260□

Über den gegenseitigen Einfluß der Alkalimetalle bei ihrer Bestimmung mit dem Flammenphotometer. T. F. Borowik-Romanowa. (Журнал Аналитической Химии [J. analyt. Chem.] **16**, 664—69, Nov./Dez. 1961; Moskau, Vernadsky-Inst. für Geochem. u. analyt. Chem. der Akad. der Wiss. der UdSSR; russ., Auszug: engl.) — 5000 mg/Liter KCl wurden Lsgg. zugesetzt, die jeweils 10 mg/Liter Li, Na, Rb oder Cs enthielten. Bei flammenphotometr. Unters. zeigte es sich, daß die Intensität der Li-Linie 670,8 nm durch den Zusatz prakt. nicht geändert wird, die Intensität der Na-Linie 589,3 nm wird geringfügig, die der Rb-Linie 780,0 nm bzw. der Cs-Linie 852,1 nm 9 bzw. 27fach erhöht. Nimmt man Eichkurven zur Best. von Rb in Ggw. steigender KCl-Mengen auf, so erhält man ohne KCl Parabeln, die bei steigender KCl-Konz. in gerade Linien übergehen. Die intensitätssteigernde Wrkg. des KCl wird theoret. berechnet aus der Vorstellung, daß der Ionisationsgrad der Atome des zu untersuchenden Elementes in Ggw. anderer Alkalimetalle zunimmt. Theoret. berechnete u. experimentell ermittelte Werte stimmen gut überein. E. Asmus. G 272□

Die Verwendung von 1.3-Dimethylviolursäure zur spektrophotometrischen Titration von Alkali- und Erdalkalimetallsalzen. Murray E. Taylor und Rex J. Robinson. (Analytic. Chem. **34**, 533—36, April 1962; Seattle, Wash., Univ. of Washington; engl.) — 1.3-Dimethyl-5-isonitrosobarbitursäure (I) bildet mit Li^+, Na^+, K^+, Rb^+, Cs^+, Be^{2+} u. Mg^{2+} in wss. Lsgg. gefärbte Salze, so daß eine photometr. Titration der Alkali- u. Erdalkalisalze in Konzz. von 0,0001—0,01 m mit einer Standardabweichung von 0,3 bis 1,5% möglich ist. I ist jedoch kein spezif. Reagens. Wss. Lsgg. von I bleiben in Ggw. von Alkalisalzen starker Säuren farblos, jedoch kann man Halogenide, Nitrate u. Sulfate nach Überführung in die Borate durch Schmelzen mit einem Überschuß von Borsäure photometr. titrieren. Weiterhin können kleine Mengen K^+ (48,1 μVal) bestimmt werden, indem man K^+ als $K[B(C_6H_5)_4]$ fällt, das Salz therm. zu KBO_2 zersetzt, in W. löst u. mit I titriert. Bei Vorliegen von $K^+ + Na^+$ als Salze schwacher Säuren bestimmt man zuerst durch Titration mit I den Geh. an $Na^+ + K^+$, fällt dann K^+ mit $Na[B(C_6H_5)_4]$ u. titriert K^+ gesondert. Die Absorptionsmaxima der Salze liegen bei ca. 540 mμ.
J. Kraetsch. G 282□

Kationaustauschverhalten von Calcium an Dowex 50 W-X 8. Abtrennung aus Mischungen. Santosh K. Majumdar und Anil K. De. (Analytica chim. Acta [Amsterdam] **25**, 452—56, Nov. 1961; Calcutta, Jadavpur Univ., Dep. of Chem.; engl.) — Vff. untersuchen das Kationaustausch-Verh. von Ca an Dowex 50 W-X8 unter Verw. von 1—4 m HNO_3, 1—4 m HCl, 1—4 m NH_4Cl-, 1—3 m $NaNO_3$-, 0,5—4 m CH_3COONH_4-Lsgg., 5%ig. Citronensäure (pH 5,8) u. einer CH_3COOH-CH_3COONH_4-Mischung (pH 4,2) als Elutionsmittel. Mit 400 ml 80%ig. Aceton, das 1 n an HCl ist, lassen sich Cu^{2+}, Zn^{2+}, Cd^{2+}, Hg^{2+} u. Fe^{3+} von Ca trennen, das danach mit 200 ml 2 m HCl eluiert wird. Co^{2+} u. Mn^{2+} lassen sich nicht quant. vom Ca trennen. Nach Aufgabe einer Ca–Ba-Mischung auf die Säule wird mit 200 ml einer 1 m CH_3COONH_4-Lsg. zunächst quant. Ca u. darauf mit 200 ml einer 4 m CH_3COONH_4-Lsg. Ba eluiert. Ca–Sr-Mischungen lassen sich nicht quant. trennen. Die Trennungs-Koeff. für Ba–Ca u. Ba–Sr mit verschiedenen Elutionsmitteln werden angegeben. W. Hein. G 283□

Bestimmung von Calcium in Strontiumsalzen und von Strontium in calciumreichen Materialien. P. Povondra und Z. Šulcek. (Chemist-Analyst **50**, 79, 93—94, Sept. 1961; Prague, Acad. of Sci., Central Geol. Inst., Labor. of Analyt. Chem.; engl.) — Ca u. Sr lassen sich mit Hilfe eines Kationenaustauschers durch selektive Elution mit Diaminocyclohexantetraessigsäure (I) bzw. EDTA (II) trennen u. dann photometr. bestimmen. — Reinigung von Sr-Salzen: das aus 50%ig. wss. $SrCl_2$-Lsg. an den stark sauren Austauscher adsorbierte Ca^{2+} (Verunreinigung) wird mit acetatgepufferter 0,02 m I-Lsg. (pH 5,1; gleiches Vol.) eluiert, Sr^{2+} anschließend mit einem doppelten Vol. NH_4Cl/NH_3-gepufferter 0,05 m II-Lsg. (pH 10). Sr^{2+} wird bei pH 4,5 als Oxalat gefällt u. zu $SrCO_3$ verglüht. — Reinigung von Ca-Salzen: entsprechend mit 0,05 m I-Lsg. —

Best. von Ca in Sr-Salzen: die Carbonatfällung wird in wenig HCl gelöst, verd. u. in die Austauschersäule gegeben. Diese wird mit 70 ml W. u. 20 ml 0,4m CH_3COONH_4-Lsg. gewaschen u. Ca^{2+} mit 100 ml 0,02m I-Lsg. eluiert. Das Eluat wird im Quarzbecher eingeengt, mit 20 ml konz. HNO_3 aufgekocht u. mit weiteren 20 ml HNO_3 zur Trockne abgeraucht. Der Rückstand wird mit 1 ml konz. HCl abgeraucht, in 2 ml HCl u. etwas W. aufgenommen u. die Lsg. auf 50 ml aufgefüllt. Ca wird flammenphotometr. bei 670 mμ bestimmt. — Best. von Sr in Ca-reichen Stoffen: die Probe (0,5 g) wird mit 10 ml HCl (1 : 1; nach Zusatz einiger Tropfen HNO_3) u. noch einmal mit 5 ml konz. HCl zur Trockne abgeraucht. Der Rückstand wird in 2 ml HCl u. 20 ml heißem W. aufgenommen u. filtriert. Das Filtrat wird auf 100 ml verd. u. in die Austauschersäule gegeben. Nach dem Waschen mit W. u. NH_4-Acetat-Lsg. wird Ca mit 200 ml 0,05m I-Lsg. u. dann Sr mit 20 ml 0,025m II-Lsg. eluiert. Sr wird photometr. bei 670 mμ bestimmt.
W. Betcke. G 284□

Photometrische Titration von Strontium mit EDTA unter Verwendung von Phthaleinkomplexon als Indicator. Kin'ya Ogawa und Sôichirô Musha. (Bull. Univ. Osaka Prefect., Ser. A **8**, 63—66, 1960; Osaka, Univ., Coll. of Engng., Dep. of Appl. Chem.; engl.) — Vff. beschreiben eine photometr. Titrations-Meth. zur Best. von Sr mit EDTA u. Phthaleinkomplexon als Indicator. Es wird im pH-Bereich zwischen 10 u. 11,5 u. bei 580 mμ gearbeitet. Der relative Fehler beträgt $\pm$ 1% bei einem Sr-Geh. von 0,1—7 mg/50 ml. Arbeitsvorschrift: 5 ml Puffer-Lsg. (1m NH_3/1m NH_4Cl) werden mit der Probe in einer Titrationsküvette auf 50 ml mit dest. Wasser verd. u. mit 2 ml einer 0,02%ig. Lsg. des Indicators in Methanol versetzt. Die Messung wird bei 580 mμ vorgenommen, die Endpunkt-Best. erfolgt graphisch. Dieter Heinrich. G 284□

Analyse des Aluminiumsulfats. Joaquin Navarro Sagrista. (Inform. Quím. analit. **15**, 14—20, Jan./Febr. 1961; span.) — Im techn. Al-Sulfat wurde das gebundene Al volumetr. mit NaOH u. Phenolphthalein unter Zusatz von $BaCl_2$ oder LiCl bestimmt. Das Gesamt-Al wurde mit Komplexon III u. Eriochromschwarz-T als Indicator durch Rücktitration mit $ZnCl_2$ bestimmt; SO_4^{2-} gravimetr. als $BaSO_4$. Freie Säure u. freies Al ließen sich nach Zusatz von n/10 H_2SO_4 u. einer genau neutralisierten Lsg. von KF u. H_2SO_4 mit NaOH titrieren. Fe als Verunreinigung wurde als Fe^{3+} direkt in der Lsg. mit Komplexon III u. Sulfosalicylsäure titriert oder nach üblichen oxidimetr. oder colorimetr. Meth. bestimmt. K. Huste. G 294□

Spektrographische Feststellung von Indium im Flugstaub. Mojmír Soudný und Miroslav Malínek. (Rudy **8**, 380—82, Nov. 1960; tschech.) — Zur Best. von *In* im Flugstaub u. anderen Materialien wurde eine spektrograph. Meth. unter Verw. eines Lichtbogens konst. Temp. ausgearbeitet. Als Standard-Lichtenergiequelle diente die Intensität von 5 mg restlos zur Verdampfung gebrachten Co_2O_3, wobei durch Anwendung eines 7stufigen Filters eine Intensitätsskala erhalten wurde. Der mittlere quadrat. Fehler beträgt $\pm$ 13%, der Zeitbedarf 1 Stunde. Gottfried Lange. G 296□

Jodometrische Halbmikrobestimmung von Thallium(III) nach einer amperometrischen Methode mit zwei polarisierbaren Elektroden. Rita Bhatnagar, M. L. Bhatnagar und N. K. Mathur. (Talanta [London] **9**, 455—56, Mai 1962; Jodhpur, India, Jaswant Coll., Dep. of Chem. u. M.B.M. Engng. Coll.; engl.) — Vff. beschreiben ein Verf. zur jodometr. Best. von Tl(III) mit Hilfe einer amperometr. Titration unter Verw. zweier polarisierbarer Pt-Elektroden, nach dem Konzz. bis zu 10^{-4}n bestimmt werden können. Das Verf. vermeidet die Nachteile, die sonst bei der Benutzung von Indicatoren zur Endpunktsanzeige auftreten. In sehr verd. Lsgg. (10^{-4}n) wird der Endpunkt am besten durch Extrapolation bestimmt, während bei Konzz. bis zu 0,01n die Dead-Stop-Meth. angewendet werden kann. J. Kraetsch. G 297□

Gravimetrische Bestimmung von Scandium mit Mandelsäure. I. P. Alimarin und Han-Si Shen. (Talanta [London] **9**, 1—7, Jan. 1962; Moskau, Lomonossow-Univ.; engl.) — Vff. beschreiben eine Meth. zur gravimetr. Best. von *Sc* mit Mandelsäure u. dessen Abtrennung von den Seltenerdmetallen u. Th. Eine wss. Sc-Salz-Lsg. wurde mit 8%ig. Mandelsäure-Lsg. versetzt (der pH-Wert muß zwischen 1,8 u. 3,2 liegen), 30 Min. lang erhitzt, auf Zimmer-Temp. abgekühlt, der flockige weiße Nd., der die Zus. $H_3[Sc(C_8H_6O_3)_3]\cdot n\,H_2O$ hat, mit 0,5%ig. Mandelsäure-Lsg. gewaschen, getrocknet, bei 800° bis zur Gew.-Konstanz erhitzt u. als Sc_2O_3 ausgewogen. Thermogravimetr. Unterss. der Verb. ergaben, daß bei 280° die Zers. beginnt. Das Sc-Mandelat löst sich leicht in NH_3 unter Bldg. von $(NH_4)_3[Sc(C_8H_6O_3)_3]$ u. in organ. Lsgm. wie Pyridin u. Äthylendiamin. Da die Seltenerdmetalle u. Th mit Mandelsäure bei pH 2—3 keinen Nd. bilden, können sie so von Sc abgetrennt werden. Zur quant. Trennung wurde aber nochmals umgefällt, indem der wie oben gefällte Nd. mit konz. NH_3 aufgelöst, die Lsg. mit 4n HCl neutralisiert u. wieder mit 8%ig. Mandelsäure-Lsg. ausgefällt, der Nd. getrocknet u. ausgewogen wurde. F. Sarfert. G 299□

Spektrochemische Bestimmung von La und Sc in Standardgranit G 1 mit der Additionsmethode. S. Held. (Spectrochim. Acta [London] **16,** 588—94, Juni 1960; Israel Atom. Energy Commiss.; engl.) — Zur Best. von *La* u. *Sc* in Standardgranit G 1 benutzt Vf. die von Świętoslowska u. Held (Chem. analit. [Warszawa] **3,** [1958], 531) beschriebene Meth. der einfachen Addition. Die Vertrauensgrenze liegt in der Größenordnung der von Rosendahl (C. **1959,** 1560) angegebenen Methode. Die vereinfachte Meth. kann für schnelle halbquant. Best. verwendet werden. M. Schüle. G 301□

Bestimmung von Lanthan mit Hexacyanoferrat (II). J. N. Gaur. (Z. analyt. Chem. **185,** 357—61, 1962; Jaipur, India, Univ. of Rajasthan, Dep. of Chem.; engl.) — Die Zus. des La–$[Fe(CN)_6]^{4-}$-Komplexes wurde mit Hilfe potentiometr. u. konduktometr. Titrationen untersucht u. ergab die Formel $LaK[Fe(CN)_6]$. Die gleiche Verb. bildet sich beim Vermischen bekannter Vol. von $K_4[Fe(CN)_6]$- u. $La(NO_3)_3$-Lsg. als Nd., so daß La mit $[Fe(CN)_6]^{4-}$ gravimetr. bestimmt werden kann. Ferner läßt sich das überschüssige $[Fe(CN)_6]^{4-}$ mit $Ce(SO_4)_2$-Lsg. titrieren, woraus sich eine indirekte Titration des La ergibt. K. Ohls. G 301□

Die optimalen pH-Bereiche für die vollständige Fällung einiger Seltenerdmetalle und die photometrische Bestimmung von Cer mit Gerbsäure. Mitsuo Kiboku und Chozo Yoshimura. (Japan Analyst **10,** 23—25, Jan. 1961; Kinki Univ., Fac. of Engng.; jap., Auszug: engl.) — *La, Ce* u. *Nd* geben mit Gerbsäure bei pH 6,4—10,8 (Acetatpuffer) quant. Fällungen. Mit Gerbsäure als Farbreagens läßt sich Ce bei pH 9,2, auch in Ggw. von La u. Nd, durch Absorptionsmessung bei 420 mμ bestimmen. Die Erfassungsgrenze beträgt 1,8 γ. W. Betcke. G 303□

Photometrische Cerbestimmung. A. I. Tscherkessow und T. Ss. Shigalkina. (Журнал Аналитической Химии [J. analyt. Chem.] **16,** 364—65, Mai/Juni 1961; Saratow, Pädagog. Inst. Astrachan, Techn. Inst. der Fisch-Ind. u. -Wirtsch.; russ., Auszug: engl.) — Kleine Cer(IV)-Mengen bewirken in schwefelsaurer Lsg. eine Entfärbung von Methylorange u. Methylrot. Gemessen wird im ersteren Falle in 60%ig. H_2SO_4 bei 496 nm, im zweiten in 80%ig. H_2SO_4 bei 533 nm die Extinktionsdifferenz gegenüber einem Blindansatz. Sie ist im Bereich 0—12 μg Ce/ml der Ce-Konz. proportional. 160facher Überschuß an Ni^{2+}, Mn^{2+}, Zn^{2+}, Cd^{2+}, Mg^{2+}, Al^{3+}, Cr^{3+}, MoO_4^{2-}, UO_2^{2+}, Cu^{2+} u. Co^{2+} stören nicht. Fe^{3+}, Cl^- u. NO_3^- dürfen höchstens in ca. 15fachem Überschuß anwesend sein. E. Asmus. G 304□

Colorimetrische Bestimmung des Ce(IV) mit 5-Vanillin-2-thiohydantoin. F. Pino-Pérez, F. Burriel-Martí und J. Valero. (Inform. Quím. analít. **15,** 1—13, Jan./Febr. 1961; Madrid u. La Laguna, C.S.I.C., Dep. de Quím. Analít.; span.) — Ce^{4+} wird quant. colorimetr. mit 5-Vanillin-2-thiohydantoin (I) in schwefelsaurer Lsg. bestimmt. I wurde durch Kochen von Thiohydantoin mit Vanillin in Eisessig dargestellt. Als Reagens dient eine gesätt. methanol. I-Lsg. (ca. 0,025%ig.). Von dieser werden jeweils 25 ml zu 25 ml Ce^{4+}-Lsg. zugesetzt. Das Optimum der Best. liegt bei 10 mg Ce^{4+} in dieser Lsg. u. bei pH 1—2. Bei größeren u. geringeren Konzz. sinkt die Absorption ab. Das Absorptionsmaximum liegt zwischen 520—530 mμ. Bei Konzz. $<$ 10 mg Ce^{4+} pro 50 ml Gesamtlsg. tritt außerdem noch ein scharfes Maximum zwischen 410—430 mμ auf. Die Lsgg. erfüllen das Beersche Gesetz u. sind 2 Std. lang völlig stabil. Es stören NH_4^+- u. Alkalisalze u. H_3PO_4 durch Bldg. schwerlösl. Ndd., außerdem Oxydationsmittel wie MnO_4^-, $Cr_2O_7^{2-}$ u. VO_4^{3-}. K. Huste. G 304□

Bestimmung des Gesamttitans in Titanmetall und Titantetrachlorid. Nakaaki Oda und Masaji Kubo. (Japan Analyst **10,** 890—94, Aug. 1961; Takaoka Plant, Nippon Soda Co. Ltd.; jap., Auszug: engl.) — Vf. beschreibt Unterss. über die volumetr. Best. von Ti. Metall. Ti wird schnell u. leicht kontrollierbar in einem HF–H_2SO_4-Gemisch gelöst. Wird nur HF verwendet, treten Störungen auf. Zum Lösen von $TiCl_4$ wird HCl empfohlen, indem eine definierte Probenmenge in die heiße Säure gegeben wird. Der fl. Zn-Amalgamreduktor erwies sich anderen Meth. gegenüber überlegen in bezug auf Zeitbedarf u. Einfachheit in der Handhabung. Die Red. erfolgte in einem Scheidetrichter mit seitlichem Ansatz. Die red. Ti-Lsg. konnte, sofern kein V vorhanden war, mit der üblichen $NH_4Fe(SO_4)_2$-Lsg. titriert werden. Bei Ggw. von V muß dieses nach irgendeiner Meth. bestimmt u. beim Ergebnis berücksichtigt werden. K. Roß. G 321□

Eisen(II) als Indicatorion für amperometrische Titrationen mit Äthylendinitrilotetraessigsäure. Anwendung auf die Bestimmung von Thorium. Gerald Goldstein, D. L. Manning und H. E. Zittel. (Analytic Chem. **34,** 358—61, März 1962; Oak Ridge, Tenn., Oak Ridge Nat. Labor., Analyt. Chem. Div.; engl.) — Vff. beschreiben ein amperometr. Titrations-Verf. mit EDTA (I), bei dem Fe^{2+} als Indicator verwendet wird. Bei einem Potential von +0,4 V (gemessen gegen eine Standardkalomelelektrode) wird Fe^{2+} bei Benutzung einer Pt-Elektrode nicht oxydiert, während das sich bei einem Überschuß von I bildende $Fe(I)^{2-}$ oxydiert u. der I-Überschuß durch linearen Stromanstieg angezeigt wird. Der für die Titrationen mögliche pH-Bereich ist 2—5, die meisten Titrationen werden bei pH 4,5 mit Acetatpuffer durchgeführt. Ionen, wie Th^{4+}, Bi^{3+}, Fe^{3+}, Sc^{3+}, Y^{3+}, Lu^{3+}, Yb^{3+}, Tm^{3+}, Er^{3+}, Ho^{3+}, Dy^{3+}, Tb^{3+} u. Pb^{2+}, deren I-Komplexe Stabilitäts-Konst. von $K > 10^{18}$ haben, können mit einem scharfen Umschlagspunkt, andere Ionen, wie Gd^{3+}, Cd^{2+}, Co^{2+} u. Zn^{2+} ($\log K \leqq 16—18$), mit ziemlich gut definiertem Endpunkt titriert werden, während Li^+, Mg^{2+}, Mn^{2+}, UO_2^{2+}, La^{3+}, Ce^{3+} u. Al^{3+} ($\log K \leqq 16$) nicht bestimmt werden können. Oxydierende Stoffe, einschließlich Luft, stören u. müssen soweit wie möglich durch Red. mit $NH_2OH \cdot HCl$ entfernt werden. In Lsgg. mit mehreren Ionen kann nur der Gesamtgeh. bestimmt werden. Die relative Standardabweichung ist durchschnittlich 1%. Weiterhin beschreiben Vff. bes. die Best. von Th^{4+} in Ggw. von U(VI), Zr u. anderen Kationen. Das Verf., das eine relative Standardabweichung von ca. 2% aufweist, wird durch ClO^{4-}, NO_3^-, Cl^- u. SO_4^{2-} bei einem Mol-Verhältnis Anion : Th^{4+} = 10 : 1, durch F^- bei $F^- : Th^{4+} = 1 : 1$ u. durch MoO_4^{2-}, Mn^{2+}, Ce^{3+}, Al^{3+} u. Cr^{3+} bei Metallion : Th = 1 : 1 u. durch U(VI) u. Zr bei U : Zr : Th = 5 : 5 : 1 nicht gestört. Arbeitsvorschrift: Man vermischt die Probe-Lsg., die 0,025—0,05 mMol des zu titrierenden Ions enthalten soll, mit 2 ml 3n Na-Acetat-Lsg. u. $HClO_4$ bis zum pH 4,5, verd. mit W. auf ca. 25 ml, entlüftet die Lsg. mit einem N_2-Strom, fügt 0,2 ml einer Lsg. von 0,8 g $Fe(NH_4)_2(SO_4)_2 \cdot 6\,H_2O$ in luftfreier 0,01 m $HClO_4$ hinzu u. titriert mit einer 0,02 m I-Lösung. Anschließend wird eine Blind-Lsg. titriert. Zur Best. von Th^{4+} in geschmolzenen Salzen (Reaktorspaltstoffe) vermischt man 1 g der Probe mit 10 ml HCl (1 : 1), 10 ml konz. $HClO_4$ u. 1 g H_3BO_3, dampft bis zur Nebel-Bldg. unter leichtem Erwärmen ein u. raucht so lange ab, bis sich die Probe gelöst hat u. das Vol. der Lsg. 5 ml beträgt. Dann füllt man auf 25 ml mit W. auf, versetzt 2 ml der Lsg. mit 8 ml Eisessig, ca. 50 mg $NH_2OH \cdot HCl$, 13 ml W. u. 2 ml 3 m Na-Acetat-Lsg. u. titriert wie beschrieben. J. Kraetsch. G 324□

Bestimmung des Thoriums mit Hilfe der Röntgenfluorescenzspektrographie. Maria Lucco Borlera. (Ric. sci. **30**, 1723—25, Nov. 1960; Torino, Politecn., Ist. di chim. gen. e appl. e di metallurg.; ital.) — Vf. beschreibt eine Röntgenfluorescenz-Meth. zur Best. von Th, bei der als innere Standardsubstanzen U (in Form von U_3O_8) u. Hg (in Form von HgO) u. als Analysatorkristall LiF verwendet wurde. Vor den Best. wurden Standardkurven für 2 Gemische hergestellt; bei dem 1. Gemisch lag die Th-Konz. zwischen 0,2 u. 1%, die des inneren Standards bei 1%, bei dem 2. Gemisch zwischen 2 u. 5% Th u. 5% innerer Standard. Verglichen werden die Intensitäten der $L_{\alpha_1\alpha_2}$-Strahlung des Th u. der der $L_{\alpha_1\alpha_2}$-Strahlungen des U bzw. des Hg. Analysen wurden durchgeführt mit Th-haltigen Sanden, Monazit, Thoriumpyro- u. -metaphosphat. Bei dem Monazit u. den Phosphaten wurde als Verdünnungsmittel Na_3PO_4 verwendet. Bei Verw. von HgO als innerem Standard ist der Fehler für Proben mit Th-Konzz. < 4% kleiner als 1,5% u. für Proben mit Th-Konzz. zwischen 5 u. 10% nicht höher als 2%. Die geringste nachweisbare Th-Menge beträgt 0,1%. Bei Verw. von U_3O_8 als innerem Standard ist die Genauigkeit noch größer. C. Gottfried. G 324

Bestimmung von Thorium in Fluoridsalzmischungen. R. F. Apple und J. C. White. (Chemist-Analyst **49**, 42—43, Juni 1960; Oak Ridge, Tenn., Oak Ridge Nat. Labor., Anal. Chem. Div.; engl.) — Zur Best. von Th in $LiF/BeF_2/UF_4/ThF_4$-Mischungen (verwendet als Reaktorbrennstoff) wird F durch Kochen in $HClO_4/H_3BO_3$ als BF_3 ausgetrieben. Nach Verdünnung auf ein bestimmtes Vol. wird ein Anteil nach Zusatz von W. u. Acetatpuffer mit verd. NaOH auf pH 4,0 ± 0,2 eingestellt. Dann wird ein geringer Überschuß EDTA zugesetzt u. gegen salpetersaure 0,01 m Cu(II)-Lsg. in Ggw. von Xylenolorange zurücktitriert. Ist CeF_3 zugegen, so wird es durch ein Extraktions-Verf. entfernt: nach Entfernung von F wie oben wird die Lsg. 6n an HCl gemacht. Dann wird Th(IV) mit 5 ml 0,1 m Tri-n-octylphosphinoxid in Cyclohexan ausgeschüttelt (10 Min. lang) u. in 20 ml 0,3 m H_2SO_4 reextrahiert. Titriert wird wie oben bei pH 3,0 ± 0,2. — Das Titrations-Verf. kann bei Verw. von 0,001 m Maß-Lsgg. u. in Ggw. von Ascorbinsäure auch für Mikromengen Th(IV) benutzt werden. W. Betcke. G 324□

Trennung von Arsen, Antimon und Zinn durch fraktionierte Destillation. P. de Bruyne und J. Hoste. (Bull. Soc. chim. belges **70**, 221—30, Mai/Juni 1961; franz.) — Vff. beschreiben eine Meth. zur fraktionierten Dest. des As, Sb u. Sn. Man dest. zunächst As in 11 n HCl als Trichlorid (I) bei konst. Temp. (109°) im Aufschlußkolben. Um die Dest. zu beschleunigen, entfernt man I mit einem CO_2-Strom. Die quant. Trennung dauert ca. 40 Minuten. — Ohne die Heizung oder den CO_2-Strom zu unterbrechen, gibt man 7 ml konz. H_3PO_4 (85% ig.) in den Kolben. Es entsteht ein stabiler Sn-Komplex. Man gibt ca. 50 ml konz. HCl (11n) in einen Tropftrichter u. läßt, nachdem die Temp. 160° erreicht hat, die Säure so eintropfen, daß Sb zwischen 155 u. 165° abdestilliert. Diese 2. Dest. dauert ca. 110 Minuten. Ohne Unterbrechung der Erwärmung u. des Gasstromes läßt man die Temp. auf 140° sinken u. gibt ca. 50 ml des Säuregemisches in den Kolben, um das Sn aus dem H_3PO_4-Komplex freizusetzen. Die Sn-Dest. bei 140° dauert ca. 75 Minuten. A. Leibbrandt. G 327□

Oxydimetrische Bestimmung von Zinn, Arsen und Antimon unter Verwendung einer Standard-Kaliumcyanoferrat(III)-Lösung. Mitsuo Kiboku. (Japan Analyst **10,** 19—22, Jan. 1961; Kinki Univ., Fac. of Engng.; jap., Auszug: engl.) — Sn(II), As(III) u. Sb(III) lassen sich oxydimetr. gegen $K_3[Fe(CN)_6]$-Lsg. (I) titrieren. Sn wird direkt bei pH 11,0—12,5 in Ggw. von $Na_5P_3O_{10}$ oder $Na_4P_2O_7$ als Komplexbildner u. Kakothelin als Indicator bestimmt, während As(III) u. Sb(III) erst als Sulfide gefällt werden. As_2S_3 u. Sb_2S_3 werden in 0,1n NaOH oder 10%ig. Soda-Lsg. gelöst u. As u. Sb indirekt durch Titration des S^{2-} gegen I unter Verw. von Na-Nitroprussiat als Indicator bestimmt. W. Betcke. G 327□

Spektrophotometrische Bestimmung von Zinn mit Stilbazo (Stilben-4.4′-bis-[1-azo-3.4-dihydroxybenzol]-2.2′-diammoniumsulfonat). Masayoshi Ishibashi, Yuroku Yamamoto und Riichi Todoroki. (Japan Analyst **10,** 1272—75, Nov. 1961; Kyoto, Univ., Fac. of Sci., Dep. of Chem.; jap., Auszug: engl.) — Das als Reagens für die colorimetr. Al-Best. bekannte Stilbazo (Stilben-4.4′-bis-[1-azo-3.4-dihydroxybenzol]-2.2′-diammoniumsulfonat) wird zur Sn-Best. benutzt. Die Rk. ist empfindlich, der Komplex 40 Min. lang beständig. Bei pH 5 weist er maximale Farbintensität auf. Bis zu 0,85 ppm Sn folgt die Eichkurve dem Beerschen Gesetz. Fe^{3+}, Cr^{6+}, V^{5+}, W^{6+} u. Mo^{6+} stören erheblich, Mn^{2+}, Ni^{2+}, Co^{2+}, Cd^{2+} u. Mg^{2+} dagegen nicht. Das Verhältnis von Sn zu Stilbazo beträgt unter den experimentellen Bedingungen 1 : 2.
R. Ristow. G 327□

Benzolische Nitroverbindungen als organische Reagentien für Zinn(II). Robert L. Burns und Fred M. Gruen. (J. chem. Educat. **38,** 410—11, Aug. 1961; East Lansing, Mich., Michigan State Univ., Dep. of Chem.; Olivet, Mich., Olivet Coll.; engl.) — Zum qual. Sn^{2+}-Nachw. wird 1 ml der Analysen-Lsg. mit 2 ml einer 2%ig. wss. 2.4-Dinitrophenol-Lsg. u. 5 ml einer 0,1m KOH-Lsg. versetzt. Die Bldg. einer blutroten Färbung ist sepzif. für Sn. Die Bldg. einer königsblauen Färbung in einer alkal. Lsg. nach Zusatz von 2 ml einer 2%ig. m-Dinitrobenzol-Lsg. in Isopropylalkohol ist ebenfalls spezif. für Sn^{2+}. W. Hein. G 327□

Gehaltsbestimmung von Zinn(II) in der Elektrolytlösung. Je. L. Kersner und I. I. Frendel. (Консервная и Овощесушильная Промышленность [Konserven- u. Dörrgemüse-Ind.] **17,** Nr. 1, 33—34, Jan. 1962; Wolgograd, Verwalt. für Lebensmittelind. des Volkwirtschaftsrats, Zentr. exp.-technol. Labor.; russ.) — Zur Sn(II)-Best. in Elektrolyt-Lsgg. werden 2 Varianten vorgeschlagen. 1. Zu einem Gemisch von 50 ml W., 20 ml konz. HCl, 20 ml 0,1n J_2-Lsg. u. 25 ml gesätt. $NaHCO_3$-Lsg. werden 10 ml des zu untersuchenden Elektrolyten (ca. 0,1 g $SnCl_2 \cdot 2\,H_2O$) zugefügt. Nach 2 Min. wird die Lsg. mit $Na_2S_2O_3$ titriert. 2. Durch 50 ml W. u. 20 ml konz. HCl wird 5 Min. lang ein CO_2-Strom durchgeleitet. Dann werden in die App. 10 ml Elektrolyt u. 20 ml J_2-Lsg. eingeführt. Nach 3 Min. wird der CO_2-Strom ausgeschaltet u. die Lsg. mit $Na_2S_2O_3$ titriert. S. Baryschnikow. G 327

Die flammenphotometrische Bestimmung von Blei in Bleilegierungen. C. L. Chakrabarti, R. J. Magee, W. F. Pickering und C. L. Wilson. (Talanta [London] **9,** 145—52, Febr. 1962; Belfast, Queen's Univ., Dep. of Chem.; engl.) — Es werden Meth. zur flammenphotometr. Best. von Pb in Pb-Legg. mit 3,9—84,5% Pb angegeben. Die Einwaage mit 70—100 mg Pb wird in konz. H_2SO_4 gelöst u. die Lsg. mit NH_4OH neutralisiert, nachdem zur Verhinderung der Hydrolyse der Sn- u. Sb-Salze NH_4-Citrat-Lsg. zugegeben worden war. Ausgefallenes $PbSO_4$ wird mit NH_4-Acetat gelöst. Nach dem Filtrieren wird die Lsg. auf 100 ml aufgefüllt. Gemessen wird bei 405,8 nm. Pb kann auch als $PbSO_4$ abgetrennt werden; wegen des geringeren Salz-Geh. dieser Lsg. wird die Genauigkeit etwas erhöht, sie beträgt ca. ± 5%. P. Kurzmann. G 328□

Gravimetrische Bestimmung geringer Bleimengen mit Chrom(II)-Salzlösungen. N. T. Wassina. (Журнал Аналитической Химии [J. analyt. Chem.] **16,** 241—42, März/April 1961; Lugansk, Med. Inst.; russ., Auszug: engl.) — Pb(II) wird quant. mit Cr(II) bei pH 3,7 u. Raum-Temp. zum Metall reduziert. Das ausgeschiedene Pb wird ausgewogen. As(V) u. Zn stören die Best. nicht. Sb(V) wird teilweise zum elementaren Zustand reduziert. Die Trennung des Sb vom Pb gelingt durch Behandlung der Analysen-Lsg. mit 0,2n $K_2Cr_2O_7$-Lsg. in H_2SO_4, wobei Sb in Lsg. geht u. Pb zurückbleibt. Die Resultate der Best. zeigen gute Ergebnisse bis zu Pb-Konz. von 1 mg/Liter.
Ch. Weiske. G 328□

Radiometrische Spurenanalyse. Quantitative Papierchromatographie von Blei mit ^{32}P-Phosphat. P. C. van Erkelens. (Analytica chim. Acta [Amsterdam] 25, 570—78, Dez. 1961; Utrecht, Inst. for Animal Husbandry „Schoonoord"; engl.) — Die Probe von 0,05—0,1 ml mit wenigstens 1 μg Pb wird mit A.-5n HCl (9 : 1) absteigend chromatographiert. Dadurch wird das Pb von den meisten anderen Ionen getrennt (R_F-Wert des Pb 0,15). Das verwendete Papier wird vorher je 24 Std. lang mit Methanol-konz. HCl (9 : 1), Methanol-NH_4OH (9 : 1) u. Methanol-W. (95 : 5) gewaschen u. dazwischen getrocknet. Der Fremdionen-Geh. kann einige 100 μg betragen. Nach dem Trocknen wird das Chromatogramm mit NH_3 behandelt u. dann von beiden Seiten mit einer 1%ig. bzw. 0,25%ig. Lsg. von $Na_2H^{32}PO_4$ mit 10 μc/ml besprüht. Nach dem Trocknen wird zur Entfernung des überschüssigen $Na_2H^{32}PO_4$ u. der Erdalkalien mit einem Borax-Oxalat-Puffer von pH 8 unter Zusatz von A. gewaschen. Nach erneutem Trocknen wird die Aktivität des Pb-Phosphats mit einem Endfenster-Zählrohr bei einem Schlitz von 5 mm u. einer Vorschub-Geschw. von 2—32 cm/h gemessen. Die erhaltene Kurve wird planimetriert. Der Fehler beträgt ca. ± 10%. Die Meth. kann für die Best. anderer Kationen abgeändert werden. R. Krämer. G 328□

Radiometrische Spurenanalyse von Blei mit Diäthyldithiocarbamat und ^{204}Tl. P. C. van Erkelens. (Analytica chim. Acta [Amsterdam] 26, 32—45, Jan. 1962; Utrecht, Inst. for Animal Husbandry „Schoonoord"; engl.) — Vgl. vorst. Referat. — Mit 2 Kationen M_1^+ u. M_2^+ u. Diäthyldithiocarbamat (DDC) stellt sich das Gleichgewicht $M_1^+ + M_2\text{-(DDC)} \rightleftharpoons M_1\text{-(DDC)} + M_2^+$ (1) ein. Bei pH 14 u. Anwesenheit von CN^- sind nur die DDC-Komplexe von Bi^{3+}, Tl^{3+}, Pb^{2+} u. Tl^+ beständig, u. zwar nimmt die Beständigkeit in der angegebenen Reihenfolge ab. Unter Verw. von Tl ergeben sich somit 2 Möglichkeiten für eine Pb-Best., den beiden Richtungen von (1) entsprechend. Pb-$(DDC)_2$ wird aus alkal. Lsg., die DDC u. KCN im Überschuß enthält, mit CCl_4 extrahiert u. Pb^{2+} gegen $^{204}Tl^{3+}$ durch Schütteln mit alkal. Tl^{3+}-Lsg. ausgetauscht. Die mit einem Geiger-Müller-Zählrohr bestimmte ^{204}Tl-Menge im CCl_4 ist ein Maß für die in der Probe enthaltene Pb-Menge. Spuren von anderen Ionen, die zusammen mit dem Pb extrahiert werden, werden auch mit dem Pb zurückextrahiert. Große Fe- u. Cu-Mengen verhindern die Pb-Extraktion, Hg^{2+} u. Ag^+ dagegen zeigen keinen Einfluß. Bi u. Tl stören; ihr Geh. wird durch Extraktion eines Probeteiles mit DDC in Ggw. von CN^- u. EDTA bestimmt, wobei Pb in der wss. Phase bleibt. Die Erfassungsgrenze des Verf. liegt bei 0,1 μg Pb mit einer Standardabweichung von 11%. Aus alkal. Lsg., die CN^- im Überschuß enthält, wird Pb^{2+} selektiv gegen Tl^+ ausgetauscht, indem man die Lsg. mit ^{204}Tl-DDC in $CHCl_3$ gelöst schüttelt. In der wss. Phase wird die ^{204}Tl-Menge mit einem Geiger-Müller-Zählrohr ermittelt; sie ist ein Maß für den Pb-Geh. der Probe. In dem Bereich von 0,5—6 μg Pb werden nur 60—70% erfaßt. Zur Best. des Austauschgrades setzt man eine bestimmte Menge ^{210}Pb hinzu u. ermittelt den ^{210}Pb-Geh. der wss. Phase unter Verw. eines Scintillationszählers u. der 47-keV-γ-Energie des ^{210}Pb. Tl u. Bi stören; sie werden wie oben entfernt. Andere Kationen können hier in noch größerer Menge vorhanden sein, ohne zu stören. Die Erfassungsgrenze liegt bei 0,05 μg Pb mit einer Standardabweichung von 12%. E. Schiewer. G 328□

Ein selektiver Nachweis von Vanadin mit Maltol. L. Sommer. (Z. analyt. Chem. 185, 263—66, 1962; Brno, J. E. Purkyně-Univ., Inst. für analyt. Chem.; dt.) — In sauren Lsgg. ergibt V(V) mit den 5-Hydroxy-4-pyronen Maltol, Kojisäure u. Mekonsäure intensive, orangebraune bis blauviolette Färbungen, die stark vom Säuregrad sowie der Reagens-Konz. abhängen u. mit der Zeit verblassen. Die Rk. besitzt ausgesprochenen Redoxcharakter. Am besten eignet sich Maltol zum V-Nachweis. Die blauviolette oder blaue Färbung ist in Lsgg. mit 1% Reagens-Konz. u. 40% H_3PO_4 am beständigsten u. kann außerdem durch Zugabe überschüssiger Oxalsäure stabilisiert werden. Höhere Maltol-Konzz. beschleunigen die Entfärbung der Lösungen. Zur Ausführung der Rk. versetzt man 1 Tropfen der schwach alkal. oder schwach sauren Probe-Lsg. auf der Tüpfelplatte mit einem Kristall Oxalsäure, 1 Tropfen 40%ig. H_3PO_4 u. 1 Tropfen 1%ig. wss. Maltol-Lsg. (in Ggw. von Ti^{4+} u. Fe^{3+} außerdem mit einem Körnchen NaF). In Ggw. von V(V) entsteht eine violette Färbung, die man bes. bei kleinen V-Geh. rasch mit einem Vgl.-Tropfen ohne V vergleichen muß. Die Empfindlichkeit entspricht einem pD-Wert von 5,6; sie ist vom Zustand des V(V) in der Lsg. prakt. unabhängig. Störende Einfl. von Fe^{3+}, Ti^{4+} u. UO_2^{2+} werden mit 40%ig. H_3PO_4 u. NaF beseitigt, Mo(VI) u. W(VI) können mit Oxalsäure getarnt werden, $Cr_2O_7^{2-}$ u. Ce^{4+} werden durch den Reagensüberschuß red. u. stören nicht, Cd^{2+}, Zn^{2+}, Pb^{2+}, Mn^{2+}, Co^{2+}, Ni^{2+}, Bi^{3+}, Al^{3+}, La^{3+}, In^{3+}, Ga^{3+}, Sc^{3+}, Th^{4+} u. Zr(IV) werden mit Maltol als farblose Komplexe maskiert, so daß die Rk. mit V(V) prakt. spezif. ist. Verwendet man Kojisäure als Reagens, so erreicht man einen pD-Wert von 5,4, doch ist die Färbung weniger beständig. Gerhard Schulz. G 330□

Volumetrische Bestimmung von fünfwertigem Vanadin mit Äthylendiamintetraessigsäure (ÄDTA). I. Sajó. (Z. analyt. Chem. **188**, 168—73, 1962; Budapest, Eisenforschungsinst.; dt.) — Vf. teilt 2 Verff. mit, nach denen einmal V(V) allein oder auch gemeinsam mit vorhandenem V(IV) im pH-Bereich 4—6,9 nach Zugabe eines ÄDTA-Überschusses u. Rücktitration mit Zn-, Pb- oder Cd-Acetat-Lsg. in Ggw. von Diphenylcarbazon oder Brenzcatechinviolett als Indicator, zum anderen V(V) direkt mit ÄDTA-Lsg. unter Verw. derselben Indicatoren ohne Zusatz von Hilfskomplexbildnern im pH-Bereich 6,7—6,9, in Ggw. von mehrwertigen Alkoholen (Glycerin, Mannit) als Hilfskomplexbildner aber im pH-Bereich 4,8—6,8 titrimetr. bestimmt werden kann. Im ersten Falle gibt man so viel 0,05 m ÄDTA-Lsg. zur Probe, daß das gesamte V komplex gebunden wird, neutralisiert mit NH_3 bzw. HCl gegen Phenolphthalein als Indicator, fügt 10 ml Puffer-Lsg. (500 g NH_4-Acetat u. 50 ml 96 % ig. Essigsäure/Liter) zu, kocht 5 Min. lang, verd. nach dem Abkühlen auf 150—300 ml mit W., gibt 0,5 ml 0,2 % ig Diphenylcarbazon-Lsg. u. 0,5 ml 0,01 % ig. Methylenblau-Lsg. hinzu u. titriert mit 0,05 m Zn-Acetat-Lsg. bis zum Farbumschlag von Bläulichgrün nach Violett. Mit 0,5 ml 0,2 % ig. Brenzcatechinviolett-Lsg. als Indicator erhält man einen ebenso scharfen Farbumschlag von Gelb nach Blau. Im zweiten Falle macht man 250—300 ml der Probe-Lsg. mit 10 ml 1 % ig. NaOH-Lsg. alkal., erhitzt zum Sieden, fügt während des Kochens 10—15 g NH_4Cl zu, läßt noch 10 Min. lang sieden, kühlt ab, versetzt mit 0,5 ml 0,2 % ig. Diphenylcarbazon- u. 0,5 ml 0,01 % ig. Methylenblau-Lsg. u. titriert mit 0,05 m ÄDTA-Lsg. bis zum Farbumschlag von Rot nach Bläulichgrün. In der Nähe des Endpunktes empfiehlt es sich, mit 1 ml Puffer-Lsg. schwach anzusäuern. Der Zusatz der Hilfskomplexbildner verhindert die Bldg. des Octavanadats im pH-Bereich 4,8—6,8. Man fügt zu diesem Zweck 5—20 ml Glycerin oder 10—12 g Mannit zu 150—200 ml der neutralen oder schwach alkal. Probe-Lsg., versetzt mit 10 ml Puffer-Lsg. u. titriert nach Indicatorzugabe wie oben. Gerhard Schulze. G 330□

Polarographische Untersuchungen von Niob(V) in Äthylendinitrilotetraessigsäure- und Citronensäurelösungen. John H. Kennedy. (Analytic. Chem. **33**, 943—46, Juni 1961; Wilmington, Del., E. I. du Pont de Nemours & Co., Inc., Explosives Dep., Exper. Stat. Labor.; engl.) — Vf. untersuchte polarograph. die Komplex-Bldg. von Nb(V) in EDTA u. in Lsgg. von Citronensäure (I). Mit 0,001 m Nb-Lsgg. bildeten sich in EDTA Komplexe, die in 0,03 m EDTA-Lsg. bei pH 3,0 bei —0,593 V (gemessen gegen eine gesätt. Hg_2Cl_2-Elektrode) red. wurden. In verd. I-Lsgg. ($< 0{,}2$ m) entstand ein nicht reduzierbarer Komplex, während bei pH 3 in konz. Lsgg. (1 m) ein Komplex gebildet wurde, der sich bei —0,951 V reduzieren ließ. Vf. nimmt an, daß bei niedrigen I-Konzz. nicht reduzierbare, polynucleare Komplexe vorliegen, die bei höheren I-Konzz. zu reduzierbaren, wahrscheinlich mononuclearen Verbb., abgebaut werden. Durch Kochen einer 1 m I-Lsg. wurde durch Hydrolyse ein weiterer nicht reduzierbarer Komplex erhalten, dessen Stabilität größer als die der beiden anderen Komplexe war. Vf. entwickelte weiterhin mit Hilfe des reduzierbaren Nb-Komplexes eine polarograph. Nachw.-Meth. für Nb, mit der zuverlässige Resultate bei Konzz. von 0,5—50 mg Nb(V)/100 ml erhalten wurden. W, Mo u. Tl störten nicht, während in Ggw. von Ta eine bes. Eichkurve aufgestellt werden mußte. J. Kraetsch. G 331□

Spektrophotometrische Bestimmung von Niob als reduzierte Molybdatoniobsäure. J. C. Guyon, G. W. Wallace jun. und M. G. Mellon. (Analytic. Chem. **34**, 640—43, Mai 1962; Lafayette, Ind., Purdue Univ., Dep. of Chem.; engl.) — Das Red.-Prod. eines Molybdatoniobat-Komplexes wird als Grundlage für ein spektrophotometr. Best.-Verf. für Nb(V) benutzt. Man löst die Nb enthaltende Probe, entfernt die störenden Ionen, engt die Lsg. auf 10—15 ml ein, fügt 15 ml einer 2 % ig. $Na_2MoO_4 \cdot 2\,H_2O$-Lsg. zu u. stellt den pH-Wert auf 1,5 ein. Nach 10 Min. gibt man 10 ml H_2SO_4 (1 : 4) u. nach genau 5 Sek. 2 ml 0,5 % ig. $SnCl_2$-Lsg. (hergestellt durch Lösen von 110 g $SnCl_2 \cdot 2\,H_2O$ in 170 ml konz. HCl u. Verdünnen auf 1 Liter) zu. Man verdünnt auf 50 ml u. mißt die Extinktion bei 725 mμ genau 4 Min. nach Zugabe der $SnCl_2$-Lösung. Das Syst. gehorcht dem Lambert-Beerschen Gesetz im Bereich von 0,1—10 ppm. Ag^+, Ba^{2+}, Bi^{3+}, Pb^{2+} u. Sr^{2+} geben unter den Verf.-Bedingungen unlösl. Niederschläge. As^{3+}, As^{5+}, $C_2O_4^{2-}$, Citrat, CN^-, Co^{2+}, Cr^{3+}, Cr(VI), F^-, Fe^{2+}, JO_4^-, PO_4^{3-}, Sb^{3+}, SCN^-, SeO_4^{2-}, SiO_3^{2-}, VO_3^- u. WO_4^{2-} stören. Vff. benutzten das Verff. zur Best. von Nb in Stahl. F. Sarfert. G 331□

Trennung des Niobs vom Tantal durch Ausschüttelung des Niob-8-Hydroxychinolinates bei niedrigen pH-Werten. M. Dular und L. Kosta. (Vestnik sloven. kem. Društva **1959**, 59—64; Ljubljana, „St.-Stefan“ Inst.; dt.) — Vff. untersuchen radiochem. die Trennung von Nb u. Ta aus wss. Lsg. (0,1- u. 0,05 m Citronensäure/NH_4-

Citratpuffer) durch Extraktion mit 0,1- u. 0,02m 8-Hydroxychinolin (I)-Lsg. in $CHCl_3$. Die Extraktionskurve hat für Nb im pH-Bereich 2,5—4,5 (90% Extrakt) u. bei pH 8 (ca. 90%) ein Maximum sowie bei pH 5,5—7,0 ein Minimum (ca. 50%), die des Tl je ein Maximum bei pH 5,5 (60%) u. pH 8 (ca. 30%) für 0,1m Puffer- u. 0,1m I-Lösung. Konzz. des Puffers $>$0,2- u. $<$0,1m u. von I $<$0,1m sowie bei Verw. von 5.7-Dibrom-I liefern schlechtere Ergebnisse. Optimaler pH ist 3,5 (Tl $<$5%). Die Verschiedenheit der aus alkal. (gelb) u. sauren Lsgg. (farblos) gewonnenen Nb-Extrakte wird mit unterschiedlicher Zus. dieses 8-Hydroxychinolats erklärt. H.-P. Rettig. G 332□

Bestimmung von Niob und Tantal in Mineralien, Erzen und Konzentraten durch Ionenaustausch. Silve Kallmann, Hans Oberthin und Robert Liu. (Analytic. Chem. **34**, 609—13, Mai 1962; Teaneck, N.J., Ledoux & Co., Res. Div.; engl.) — Vff. beschreiben Verff. zur Trennung u. Best. von Nb u. Ta in verschiedenen Mineralien, bei denen Nb u. Ta von den üblichen Begleitelementen u. auch voneinander durch Ionenaustausch (Dowex-1, 100—200 mesh) aus einer HCl/HF-Mischung getrennt werden. Die Meth. erfordern keine vorhergehenden Trennungsgänge; nur in Ggw. von Sn, Sb oder Bi sind geringe Modifikationen notwendig. Der Aufschluß der Proben erfolgt allg. am besten mit HCl/HF unter leichtem Druck. J. Kraetsch. G 332□

Röntgenspektrometrische Bestimmung von Tantal und Niob und einiger Begleitelemente in tantalniobhaltigen Stoffen. Hans Rothmann, Helga Schneider, Johannes Niebuhr und Curt Pothmann. (Arch. Eisenhüttenwes. **33**, 17—22, Jan. 1962; Nürnberg, Zentrale Forsch. der Ges. für Elektrometallurg. m. b. H.; dt.) — Es werden drei Verff. für die röntgenspektrometr. Analyse verschiedener Ta–Nb-haltiger Stoffe beschrieben. 1. Die Analyse von Ta u. Nb in der HF-Lsg. nach chem. Isolierung der Erdsäuren; 2. die Analyse von Ta, Nb u. der Begleitelemente in säurelösl. Ferro- u. Speziallegg. in der HF-Lsg. nach direktem Lösen der Leg. u. 3. die Analyse von Ta, Nb u. der Begleitelemente in Erzen nach dem Boraxaufschluß unter Verw. von Boraxscheiben. Für alle drei Verff. werden Beleganalysen angeführt. Die Reproduzierbarkeit ist gut. Der Zeitaufwand ist wesentlich geringer als bei den rein chem. Analysenverfahren. H. Hochstein. G 332□

Extraktion und spektrophotometrische Bestimmung des Protactinium(V) durch Komplexbildung mit Thenoyltrifluoraceton. Boris Mjassoedov und Roland Muxart. (Bull. Soc. chim. France **1962**, 237—39, Febr.; Arcueil, Inst. du Radium; franz.) — Die gelbe Farbe des Chelatkomplexes des Pa(V) mit Thenoyltrifluoraceton (I) in Bzl. wird zur colorimetr. Best. des reinen ^{231}Pa verwendet. Aus 6m HCl werden ca. 90% des Pa mit einer 0,5n I-Lsg. extrahiert. Im Bereich 1,3—8,7 μg $^{231}Pa/cm^3$ ist bei 430 u. 440 mμ das Beersche Gesetz erfüllt. L. Lindner. G 333□

Colorimetrische Wismutbestimmung als Caprolactamjodobismutat. H. Sikorska-Tomicka. (Z. analyt. Chem. **187**, 258—62, 1962; Bialystok, Medizin. Akad., Inst. für allg. Chem.; dt.) — Vf. beschreibt eine photometr. Bi-Best., bei der das in W. unlösl. Caprolactamjodobismutat mit Chlf. extrahiert u. die Extinktion der mit Aceton geklärten organ. Phase gemessen wird. Die Probe-Lsg. wird in einem 20-ml-Scheidetrichter mit 0,5 ml 0,5%ig. KJ-Lsg., 1 ml 30%ig. Caprolactam-Lsg. u. 0,5 ml 2n HNO_3 versetzt u. mit W. auf 4 ml aufgefüllt. Nach dem Schütteln läßt man zur Abscheidung des orangegelben Nd. 5 Min. lang stehen, extrahiert mehrere Male mit je 0,5 ml Chlf., bis die Chlf.-Schicht farblos bleibt, füllt die vereinigten Extrakte in einem Meßkolben mit Chlf. auf 3 ml auf, setzt 2 ml Aceton hinzu u. ermittelt die Extinktion in einer 1-cm-Küvette gegen W. in einem Pulfrich-Photometer bei 420 nm. Die Absorptionskurve nimmt im Bereich von 420—720 nm kontinuierlich ab, ohne ein Maximum zu durchlaufen. Bei 420 nm beträgt der molare Extinktions-Koeff. des Komplexes 5372. Das Beersche Gesetz ist im Konz.-Bereich von 20—200 μg Bi/4 ml Lsg. erfüllt. Statt Chlf. kann auch Äthylacetat als Extraktionsmittel verwendet werden. Bis 40° hat die Temp. keinen Einfl. auf die Extinktion der Extrakte. Innerhalb 1½ Std. bleibt die Extinktion ebenfalls unverändert. Die maximale Extinktion wird in Lsgg. erhalten, die 1 ml bis 4n HNO_3 oder H_2SO_4/4 ml Fl. enthalten. HCl ist zum Ansäuern ungeeignet. 2,5 mg KJ u. 300 mg Caprolactam/4 ml Lsg. reichen zur Erlangung maximaler Extinktionswerte aus. Pb^{2+}, Cd^{2+}, Zn^{2+} u. Mg^{2+} stören bis zum 10fachen, Fe^{3+} stört bis zum 3fachen Überschuß gegenüber Bi nicht. Die Cu^{2+}- u. die Cl^--Konz. darf die Bi-Konz. nicht überschreiten; selbst sehr kleine Mengen Hg^{2+} u. Sb^{3+} machen die Bi-Best. unmöglich. Die Genauigkeit beträgt 2—5%. Gerhard Schulze. G 334□

Untersuchungen an zweiwertigen Chromsalzen. 9. Mitt. Eine vergleichende Untersuchung von visuellen und potentiometrischen Endpunkten. J. P. Tandon und R. C. Mehrotra. (Z. analyt. Chem. **187**, 410—15, 1962; Gorakhpur, Indien, Univ. of Gorakhpur, Chem. Labor.; engl.) — 8. vgl. C. **1960**, 16210. — Vff. titrieren $K_2Cr_2O_7$-,

Ce(SO₄)₂-, *KJO₃*-, *KBrO₃*- u. *CuSO₄*-Lsgg. mit $CrSO_4$-Lsg. gegen Neutralrot oder Phenosafranin bzw. potentiometr. mit Pt- gesätt. Kalomelelektrode oder Pt- Glaselektrode. Die Übereinstimmung der visuell u. potentiometr. erhaltenen Werte ist gut. Die Glaselektrode ist der Kalomelelektrode vorzuziehen. H.-G. Moslé. G 335□

Photometrische Chrombestimmung. Heinrich Hartkamp. (Z. analyt. Chem. **187**, 16—29, 1962; Dortmund, Inst. für Spektrochem. u. angew. Spektroskop.; dt.) — Vf. beschreibt eine Meth. zur photometr. Best. mittlerer Cr-Geh., die auf der Umsetzung von Cr^{3+} in schwach sauren, heißen Lsgg. mit Pyridin-2.6-dicarbonsäure (I) zu violettem Bis-[pyridin-2.6-dicarboxylato]-chromat(III) mit einem Absorptionsmaximum bei 550 nm beruht. Die Zus. des Komplexes wurde nach der Meth. von Job u. durch Analyse des NH_4-Salzes, das aus konz. Lsgg. durch Sättigen mit $(NH_4)_2SO_4$ in violetten, tetragonalen Bipyramiden fast quant. ausfällt, ermittelt. Zwischen pH 2,5 u. 6,0 erfolgt quant. Bldg. des Komplexes, die Extinktionen sind in diesem Bereich pH-unabhängig. In Lsgg. von pH <1 entsteht ein blauer 1 : 1-Komplex. Zur Bldg. des 1 : 2-Komplexes ist nur ein geringer I-Überschuß erforderlich, größere I-Mengen stören nicht. Bei Zimmer-Temp. erfolgt die Bldg. sehr langsam, in der Siedehitze jedoch prakt. sofort. Kühlt man anschließend ab, so bleiben die Meßwerte mehrere Tage lang konstant. Die Rk. ist wegen ihrer mittleren Empfindlichkeit ($\varepsilon_{550} = 242{,}5$ Liter/Mol·cm) zur Best. von 5—250 μg Cr pro ml geeignet. In diesen Grenzen gilt das Beersche Gesetz streng. Die Temp.-Abhängigkeit der Extinktion läßt sich durch die Gleichung $E_t = E_{20}\,[1 - 0{,}0012\,(t - 20)]$ wiedergeben. Die meisten Kationen u. Anionen stören auch in wesentlich größerer Menge gegenüber Cr nicht. Die Einfl. durch Fe^{3+}, Co^{2+} u. Ni^{2+} lassen sich rechner. eliminieren. Fe^{2+} muß zu Fe^{3+} aufoxydiert werden. Das Verf. wird auf die Cr-Best. in legierten Stählen angewendet. Gerhard Schulze. G 335□

Spektrophotometrische Bestimmung von Molybdän mit o-Phenanthrolin. E. Havermans, F. Verbeek und J. Hoste. (Analytica chim. Acta [Amsterdam] **26**, 326—31, April 1962; Gand, Belgique, Univ., Labor. de Chim. analyt.; franz.) — Vff. untersuchen die roten, relativ instabilen Komplexe, die sich bei der Rk. von o-Phenanthrolin (I), 5-Methylphenanthrolin, 5.6-Dimethyl-1.10-phenanthrolin, 4.7-Diphenyl-1.10-phenanthrolin, 2.2′.2″-Terpyridyl, 2.2′-Dipyridyl u. 4.4′-Dimethyl-2.2′-dipyridyl mit Mo(VI) in Ggw. von Mo(V) bzw. einem Red.-Mittel, wie $SnCl_2$, in salzsaurer Lsg. bilden. Die Farb-Rk. zwischen Mo(VI) u. I ist dabei am empfindlichsten u. wird zur quant. photometr. Best. von Mo herangezogen. Der unlösl. 1 : 1-Komplex bildet sich in einer an HCl 2,8—3n Lsg. in Ggw. von $SnCl_2$ u. kann durch Gummi arabicum etwas stabilisiert werden. Sein Absorptionsspektrum weist bei 508 nm ein Maximum auf. Der molare Extinktions-Koeff. wurde zu 6290 bestimmt. Die von Vff. auf dieser Komplex-Rk. aufgebaute Best.-Meth. für Mo ist ausreichend genau. Wegen der Instabilität des Komplexes muß jedoch sehr schnell gearbeitet werden. Die Best. stören SO_4^{2-} u. NO_3^- sowie Na, K, Mg, Ba, Ca, Mn^{2+} u. Zn in 10fachem Überschuß nicht, während Cu^{2+}, Co^{2+}, Al^{3+} u. Cr^{3+} schon bei einem Verhältnis 1 : 1 stören. Konzz. von 2—9 μg Mo/ml konnten bestimmt werden. — Arbeitsvorschrift: In einen 25-ml-Meßkolben werden 10 ml der neutralen Unters.-Lsg. (Endkonz. an Mo 2—9 μg/ml) mit 2,5 ml einer 0,5%ig. Lsg. von Gummi arabicum, 0,5 ml einer 0,5%ig. alkohol. Lsg. von I, 0,5 ml einer 0,005m $SnCl_2$-Lsg. (4,8n an HCl) u. sofort anschließend mit 6 ml 12n HCl versetzt, zur Marke mit W. verd. u. sofort bei 508 nm gegen eine Blindprobe photometriert. Der Geh. an Mo wird einer Eichkurve entnommen. H. Fries. G 336□

Thioäpfelsäure als Reagens zur photometrischen Molybdänbestimmung. A. I. Bussew und Tschshan Fan. (Журнал Аналитической Химии [J. analyt. Chem.] **16**, 171—79, März/April 1961; Moskau, Lomonossow-Univ.; russ., Auszug: engl.) — Es wurde die Wechselwrkg. von Mo(V) u. Mo(VI) mit Thioäpfelsäure (HTAS, I) unter verschiedenen Bedingungen untersucht. Nach der Molar-ratio-Meth. wurde festgestellt, daß Mo(VI) in der sich bildenden grünlichgelben Lsg. bei pH 3,6 mit zwei Moll. I reagiert u. den Komplex $MoO_2(TAS)_2$ bildet. Nach dieser Meth. wird für Mo(V) in der gelben Lsg. in 0,04m HCl der Komplex $Mo_2O_3(TAS)_4$ angenommen. I kann analog wie Thioglykolsäure zur photometr. Best. von Mo verwandt werden. Es wurden zwei Varianten des Verf. (in 0,5n HCl u. bei pH 3,6) ausgearbeitet. Die Selektivität der Meth. in 0,5n HCl ist bedeutend höher als bei pH 3,6, aber die Empfindlichkeit ist geringer. — Arbeitsvorschrift (in 0,5n HCl): 12 ml der neutralen Unters.-Lsg., die nicht mehr als 1 mg Mo enthält, werden in einen 25-ml-Kolben gegeben u. ca. 2 ml verd. HCl (1 : 1) hinzugefügt, was für die Endlsg. eine HCl-Konz. von 0,5n bedeutet. Nach Hinzufügen von 7,5 ml 0,2m I-Lsg. wird aufgefüllt u. gut durchgemischt. Nach 20 Min. wird die opt. Dichte bei 350, 365, 380, 400 oder 420 mμ gemessen. Das Beersche Gesetz wird von 1 bis 40 μg/ml Mo befolgt. Es wird der Einfl. folgender Elemente auf die Best. u. Möglicheiten zur Umgehung der Störungen beschrieben: Zr, Ti, Fe(III), V(V), W(VI), Cu, Cr. I gestattet, Mo im Stahl u. in Legg. zu bestimmen, die Zr u. Ti enthalten. Eine entsprechende Vorschrift wird für die Meth. bei pH 3,6 gegeben. Armin Hermann. G 336□

3-Hydroxyl-1-p-sulfophenyl-3-phenyltriazen als ein neues photometrisches Reagens auf Molybdän. N. C. Sogani und S. C. Bhattacharya. (Analytic. Chem. **33**, 1273—74, Aug. 1961; Poona, India, Nat. Chem. Labor.; engl.) — 3-Hydroxy-1-p-sulfophenyl-3-phenyltriazen (I) ist als Reagens für die photometr. Analyse von Mo in Ggw. von Co^{2+}, Ni^{2+}, Zn^{2+}, Mn^{2+}, UO_2^{2+}, Ca^{2+} u. bes. W^{6+} geeignet. Die Extinktion einer wss. Lsg. des Mo-Komplexes erreicht bei pH-Werten zwischen 2,8 u. 3,7 bei 26° u. bei einem Verhältnis I : Mo = 25 : 1 nach 22 Min. einen maximalen Wert, der 3 Std. lang konst. bleibt. Das Beersche Gesetz wird bei 420 nm im Bereich von 1—25 ppm Mo erfüllt. I ist den meisten anderen Reagentien auf Mo überlegen u. ist bes. bei Analysen in Ggw. von W besser geeignet als Mercaptoessigsäure. J. Kraetsch. G 336□

Die spektrographische Bestimmung von Molybdän in Uran–Molybdän-Legierungen. Douglas H. Purcell. (Appl. Spectroscopy **15**, 101—03, 1961; Erwin, Tenn., W. R. Grace & Co., Davison Chem. Dev., Nucl. Reactor Materials Plant; engl.) — Vf. beschreibt die spektrograph. Mo-Best. in für Kernreaktoren verwendeten U-Mo-Legg. mit 1—5% Mo nach der point-to-plane-Funkenmethode. Zum Abfunken dienen $^1/_8$ in. dicke, durch Schmirgeln vorbehandelte Scheiben der zu untersuchenden Leg. bzw. der Eichproben, deren Mo-Geh. chem. bestimmt wurde. Das Spektrum wird photograph. aufgenommen u. photometr. ausgewertet. Die Genauigkeit beträgt ca. 7%, die benötigte Zeit ca. 15 Minuten. W. Feldmann. G 336□

Natrium–Alizarin-3-sulfonat als chromophores Reagens. 2. Mitt. Colorimetrische Bestimmung von Wolfram(VI). Surendra Nath Sinha und Arun K. Dey. (Z. analyt. Chem. **183**, 182—87, 1961; Allahabad, India, Univ., Chem. Labor.; engl.) — 1. vgl. C. **1962**, 3206. — Vff. beschreiben eine colorimetr. Best. von W(VI) mit Alizarinrot S (I; Na-Alizarin-3-sulfonat). Die Zus. des Farbkomplexes ist MeI_2. Bei einem Absorptionsmaximum von 470 nm gehorcht die Extinktion im Bereich von 0,37 bis 13,3 ppm W (beim pH 3,5—5,8) dem Beerschen Gesetz. Da die meisten Fremdionen stören, müssen sie vor der Best. abgetrennt werden. H. Nentwig. G 337□

Makro- und Mikrobestimmung von Spuren Kobalt. 2. Mitt. Abtrennung von Spuren Kobalt durch Extraktion mit Dithizon. D. Monnier, W. Haerdi, J. Vogel und P. E. Wenger. (Helv. chim. Acta **42**, 1846—54, 15/10. 1959; Genève, Univ., Labor. de Chim. Minér., de Chim. Anal. et de Microchim.; franz.) — 1. vgl. C. **1960**, 7271. — Es wurde das Verh. der Verteilungs-Koeff. von Co für Co-Mengen von 10^{-6} bis 10^{-9} g bei der Extraktion mit Dithizon (I) u. verschiedenen organ. Lsgm. in Abhängigkeit von der Co-Konz., der Konz. an I, von der Schüttelzeit u. vom pH-Wert unter Verw. von ^{60}Co untersucht; als organ. Lsgm. wurden CCl_4 u. Ae. benutzt. Bei der Extraktion von 0,5 μg Co in Ggw. von 3,5% Na-Citratpuffer (pH 8) mit jeweils 2 ml CCl_4 u. verschiedenen Mengen an I wurde festgestellt, daß eine befriedigende Extraktion erst erreicht wird, wenn die Konz. an I $\geqslant$0,04%. Da mit CCl_4 das Phasengleichgewicht jedoch nicht vor ½ std. Schütteln erreicht wird, wurde als organ. Lsgm. Ae. eingeführt, mit dem bereits nach 1 Min. langem Schütteln eine 98%ig. Extraktion erreicht wird. Mit *einer* Extraktion können mit Ae. 3,25—0,0005 μg Co quant. extrahiert werden; vollständige Extraktion ist nur im pH-Bereich 7—10 möglich. Ohne Zerstörung von I ist die Reextraktion von kleinen Co-Mengen weder mit verschiedenen HCl-Konzz. noch mit HNO_3 auch nach mehrmaligem Auswaschen quantitativ. Besonders zur polarograph. Best. des abgetrennten Co muß deshalb I nach dem angegebenen Verf. (l. c.) entfernt werden. W. Karcher. G 355□

b) Organische Verbindungen

Ein Mikroschnellverbrennungsautomat zur Bestimmung von Kohlenstoff und Wasserstoff in organischen Stoffen. Franz Salzer. (Z. analyt. Chem. **181**, 59—76, 1961; Marl, Krs. Recklinghausen, Chem. Werke Hüls Akt.-Ges., Unters.-Labor.; dt.) — Es wird ein App. zur Mikrobest. von C u. H beschrieben, bei dem ca. 4 mg Substanz in einer Quarzkapsel im leeren Rohr verbrannt werden. Stickoxide werden mit MnO_2 absorbiert. Der Laufbrenner läuft automat. vom Verbrennungsofen weg entgegen dem O_2-Strom über die Kapsel, bleibt dort stehen u. läuft dann in die Ausgangsstellung zurück. Das durch einen Regler festgelegte Verbrennungsprogramm ist für feste, schwer verbrennbare u. fl., leichtflüchtige Stoffe anwendbar. Bedingung ist Temp.-Konstanz des Verbrennungs- u. Wägeraums. Best.-Dauer einschließlich Wägung ca. 20 Minuten. Vgl.-Streubereiche σ für C: $\pm$0,13%, für H: $\pm$0,07%. E. Faulhaber. 5352□

Automatische Temperaturregelung des Kontaktofens für die Sauerstoffbestimmung nach Unterzaucher. Antonio Campiglio. (Mikrochim. Acta [Wien] **1961**, 796–800, Pavia, Univ., Chem.-pharmazeut. Inst., Mikrochem. Abt.; dt.) — Es wird eine Regelungs-Vorr. für die Temp. des Kohlekontaktofens zur mikroanalyt. Best. des O nach Unterzaucher beschrieben, die eine Konstanthaltung der Temp. von 1120° im Kontaktofen innerhalb ±1° gestattet. Die Best. des O in den Testsubstanzen Benzoesäure, Pikrolonsäure, Vanillin, Mannit u. Oxalsäure ergab Fehler, die innerhalb ±0,10% lagen. K. Ohls. 5352□

Eine schnelle Sauerstoffbestimmung in organischen Substanzen. A. Götz. (Z. analyt. Chem. **181**, 92–100, 1961; Knapsack bei Köln, Knapsack-Griesheim Akt.-Ges., Organ.-analyt. Labor.; dt.) — Die Meth. beruht auf der spontanen Zers. von 2–30 mg Substanz in einer auf 1120° erhitzten Quarzkugel (Skizze). Die Zers.-Prodd. gelangen mit H_2 als Trägergas über einen Kohlekontakt auf die chromatograph. Säule. Anschließend wird die Änderung der Wärmeleitfähigkeit von H_2 gegen CO gemessen. Die Meßwerte sind zufriedenstellend. E. Faulhaber. 5352□

Die direkte Mikrobestimmung von Sauerstoff in organischen Verbindungen. F. Canal. (Lab. sci. [Milano] **9**, 37–42, März/April 1961; Milano, „Farmitalia", Labor. Ric. chim.; ital.) — Übersicht über Geschichte u. moderne Meth. zur Best. von O_2, Beschreibung der von Heraeus hergestellten u. hier modifizierten App. u. deren Arbeitsweise, die bei 2–6 mg Einwaage gute Ergebnisse für O_2 liefert. G. Platzer. 5352□

Bemerkungen zur Stickstoffbestimmung nach Kjeldahl. E. Schulek und M. Fehér. (Ann. Univ. Sci. Budapestinensis Rolando Eötvös nominatae, Sect. Chim. **2**, 543–45, 1960; Budapest, Eötvös Univ., Inst. für anorgan. u. analyt. Chem.; dt.) — Als Hauptfehlerquelle bei der N_2-Best. nach Kjeldahl wurden in die Vorlage hinübergerissene Tröpfchen starker Lauge ermittelt. Die Anwendung starker Lauge läßt sich bei Abdunstung der Haupt-H_2SO_4-Menge in einem Strom gereinigter Luft oder inerten Gases vermeiden. Durch Auffangen des NH_3 in neutralem W. statt in Säure kann auch der Rücktitrationsfehler ausgeschaltet werden (der durch den NH_3-Dampfdruck der wss. Lsg. verursachte Fehler ist nach eingehenden Unterss. unter den herrschenden Bedingungen $<0,08\%$). Unter Ausnutzung dieser Erkenntnisse (Neutralisation mit 1n NaOH) konnten bei der Kjeldahl-Best. auch im Submikromaßstab (100–600 γ NH_3) gute Ergebnisse erzielt werden. W. Betcke. 5352□

Dumas-Mikrobestimmung von Stickstoff; Eichung des Azotometers. Ervin Stehr. (Microchem. J. **4**, 207–12, Juni 1960; Beacon, N.Y., Texaco, Inc., Texaco Res. Center; engl.) — Beschreibung eines einfachen, zeitsparenden Verf. für die Eichung von Mikroazotometern. Die Eichung wird dadurch erreicht, daß man genau gemessene Inkremente N aus einer Mikrobürette in den graduierten Teil des Azotometers einbringt u. das jedem Teilstrich äquivalente Vol. N bestimmt. Der Vorteil der Meth. beruht darauf, daß die Eichung unter den gleichen Bedingungen vorgenommen wird, wie eine Analyse u. sich aus diesem Grunde Korrekturen bzgl. der Meniskushöhe u. des Haftens der KOH an der Glaswand erübrigen. A.-M. Fretzdorff. 5352□

Mehrfachbestimmungen von Stickstoff nach der Mikromethode von Dumas. Satoshi Mizukami und Keikichi Miyahara. (Mikrochim. Acta [Wien] **1962**, 705–16; engl.) — Ein Verf. zur gleichzeitigen Durchführung mehrerer N_2-Best. nach Dumas wird beschrieben. Der Verbrennungsofen kann 8 Verbrennungsrohre in gleichmäßiger Entfernung von seiner Längsachse aufnehmen. Ein verbessertes Düsenazotometer ohne Schliffverbindungen wird konstruiert. Die Analysen werden gleichzeitig in der üblichen Art durchgeführt, so daß im 7std. Arbeitstag 32 Best. möglich sind. Die mittlere Abweichung von 88 Analysen im Routinebetrieb beträgt ±0,12% N. J. Peters. 5352□

Die quantitative Bestimmung von Stickstoff durch eine weiter modifizierte Indantrionhydrat-Methode. S. Jacobs. (Analyst **87**, 53–57, Jan. 1962; London, Nat. Inst. for Med. Res.; engl.) — Vf. beschreibt ein modifiziertes Verf. zur Best. von N in Proteinen als NH_3 mit Indantrionhydrat (I). Das Digerieren extrem kleiner Mengen Serum (ca. 5 μl) wird ohne Verw. eines Katalysators mit ca. 10–20 μl konz. H_2SO_4 in einem verschlossenen Rohr aus Pyrexglas durchgeführt. Das Verf. ist allg., wie Unterss. an 11 organ. Verbb. zeigen, zur quant. Best. von N in organ. Substanzen geeignet, wobei jedoch NO_2-Gruppen red. werden müssen. Die Farb-Rk. zwischen 0,35 μMol NH_3 u. I wird durch 61,0 mg SO_4^{2-} nicht gestört. J. Kraetsch. 5352□

Eine schnelle automatische Mikrobestimmung von Stickstoff. L. Dorfman, R. Oeckinghaus, F. Anderson und G. I. Robertson. (Analytic. Chem. **34**, 678–82, Mai 1962; Summit, N.J., Ciba Corp., Div., Ciba Pharmaceut. Co., Res. Dep.; engl.) — Basierend auf der Shelbergschen Meth. zur Best. von N_2 (vgl. C. **1952**, 5950) beschreiben

Vff. eine App. zur schnellen automat. Mikroanalyse. Eine Analyse kann in 6—15 Min. durchgeführt werden. Es wird beschrieben, wie die Fehlermöglichkeiten der Einrichtung unterdrückt werden können. J. Peters. 5352□

Gaschromatographische Bestimmung der Verbrennungsprodukte bei der Mikrobestimmung von Stickstoff. M. Šimek und K. Tesařík. (Collect. czechoslov. chem. Commun. **26**, 1337—42, Mai 1961; Brno, Univ., Inst. für analyt. Chem.; Tschech. Akad. der Wiss., Labor. für Gasanalyse; dt.) — Auf gaschromatograph. Wege wurden die gasförmigen Beimischungen von N_2, die bei der Dumas-Meth. zur Mikrobest. von N in organ. Verbb. vorkommen u. zu fehlerhaften Ergebnissen führen können, bestimmt u. die Einfl. einzelner Phasen des ganzen Analysenganges auf ihre Menge u. Zus. ermittelt. Die Trennsäule war mit synthet. Ca–Al-Silicat u. Aktivkohle gefüllt; als Trägergas diente Ar u. H_2. Die Analysen mehrerer N-haltiger Verbb. nach Dumas wurden in der App. nach Dubský ausgeführt; die Gasproben zur gaschromatograph. Best. wurden aus dem Azotometer mit einer feingraduierten 1-ml-Injektionsspritze entnommen u. dosiert. Als CO_2-Quelle dienten Trockeneis (I) u. $NaHCO_3$ (II). Die CO_2-Verunreinigungen betrugen insgesamt $4 \cdot 10^{-3}$% (bei CO_2 aus I) bzw. $3{,}21 \cdot 10^{-3}$% (bei II) u. bestanden überwiegend aus N_2 neben ca. $2 \cdot 10^{-4}$% O_2; bei I wurden auch $0{,}7 \cdot 10^{-4}$% H_2 festgestellt. Nach der Absorption in 50%ig. KOH-Lsg. beträgt das Vol. der nicht absorbierten u. in das Azotometer übergegangenen CO_2-Beimischungen ca. 0,003—0,004 ml (>90% N_2 u. ca. 5,5% O_2) bei einem CO_2-Verbrauch von ca. 100—150 ml. Dazu ist noch die an der Füllung des Verbrennungsrohres sorbierte Luft von 0,001—0,003 ml zuzurechnen. Beim Durchgang des CO_2 durch die CuO-Schicht im Verbrennungsrohr steigt infolge der therm. Zers. von CuO die O_2-Menge im CO_2 mit steigender Temp. an. Geringe Spuren H_2 (10^{-5}%) werden an CuO selbst bei 900° nicht verbrannt. Wird feuchtes CO_2 über die Cu-Spirale geleitet, erhöht sich mit der zunehmenden Temp. durch die therm. Dissoziation des W. der H_2-Geh. im CO_2. O_2 wird an Cu selbst bei Temp. >900° nicht quant. festgehalten, u. Spuren O_2 (10^{-4}%) verbleiben im CO_2. Immerhin sind die durch alle diese Erscheinungen verursachten positiven Analysenfehler vernachlässigbar klein. Die Red. der Stickstoffoxide an Cu ist schon bei >350° vollständig. CO als Prod. der CO_2-Zers. wurde in keinem Falle festgestellt. Zur quant. Verbrennung des bei der Pyrolyse organ. Verbb. in CO_2-Atmosphäre gebildeten CH_4 an CuO ist eine Temp. von ≧750° erforderlich; bereits bei 670° gehen 22% der CH_4-Gesamtmenge in das Azotometer über. Bei einer raschen Verbrennung explosiver Verbb., bei der die gasförmigen Zers.-Prodd. mit der Rohrfüllung nicht genügend lang in Berührung waren, treten positive Analysenfehler von >10% ein. N_2 enthält in diesem Fall NO u. CH_4. Hingegen hat eine unvollständige Proben-Zers. bei zu niedrigen Temp. erhebliche negative Fehler (10—40%) zur Folge. Meist bewährt sich eine langsame Verbrennung der Probe bei ca. 300° unter allmählicher Erhöhung der Temp. bis auf 800°. K. Kámen/Prag. 5352

Die besten Möglichkeiten zur Fluorbestimmung organischer Verbindungen. H. Baliczo. (Z. analyt. Chem. **181**, 110—22, 1961; Wien, Univ., Inst. für anorgan. Chem.; dt.) — An Hand von 60 Literaturangaben diskutiert Vf. die brauchbarsten Meth. zur Best. von *F* in anorgan. u. organ. Stoffen auch im Halbmikro- u. Submikromaßstab. E. Faulhaber. 5352□

Über eine Mikrobestimmung von Fluor in organischen Verbindungen. R. Lévy und E. Debal. (Mikrochim. Acta [Wien] **1962**, 224—40; Paris, Centre Nat. de la Rech. Sci., Serv. Central de Microanalyse; franz.) — Die Verbrennung organ. F-Verbb. im O_2-gefüllten Kolben nach Schöninger bzw. in der Flamme eines Knallgasbrenners wurden vergleichsweise untersucht u. beschrieben. Das nach der Verbrennung in wss. Lsg. vorliegende Fluorid wurde nach einem spektrophotometr. Verf. bestimmt, das auf der Herabsetzung der Extinktion einer Eisen(II)-sulfosalicylsäure-Lsg. beim Zusatz von F^- beruht. Die Extinktion wurde im Absorptionsmaximum bei 510 mμ gemessen. Es wurde in einer mit Monochloressigsäure gepufferten Lsg. vom pH 2,8—2,9 bei 25° gearbeitet. H. Fries. 5352□

Beitrag zur jodometrischen Mikrobestimmung des Selens in organischen Verbindungen nach Verbrennung im sauerstoffgefüllten Kolben. Wolfgang Ihn, Gerhard Hesse und Peter Neuland. (Mikrochim. Acta [Wien] **1962**, 628—33; Jena, Dt. Akad. der Wiss. zu Berlin, Inst. für Mikrobiol. u. exp. Therap.; dt.) — Es werden zwei Mikrometh. der Se-Best. in organ. Verbb. nach Verbrennung in einem modifizierten Schöniger-Kolben beschrieben. Durch Vorlage eines Oxydationsmittels bei der Verbrennung im Kolben läßt sich eine Se-Abscheidung verhindern (einmal abgeschiedenes Se geht nur schwer wieder in Lösung), so daß die schnelle u. elegante Meth. nach Schöniger auch für Se-Best. zuverlässig angewandt werden kann. Als Oxydationsmittel bewährt sich Br_2-Wasser oder konz. H_2SO_4 mit einem geringen Anteil rauchender HNO_3.

Nach Beseitigung des überschüssigen Oxydationsmittels u. (im Falle des Br_2-Wassers) nach Red. des teilweise gebildeten SeO_4^{2-} durch Kochen mit HCl kann das erhaltene H_2SeO_3 jodometr. bestimmt werden. Die gesamte Best. ist in ca. 30 Min. durchzuführen, die Genauigkeit liegt in der üblichen Fehlergrenze von $\pm 0,3\%$. J. Peters. 5352□

Wasserbestimmung in organischen Substanzen mit chemischen Methoden. Ernst Eberius. (Z. analyt. Chem. **181**, 172—80, 1961; Duisburg-Hamborn, Akt.-Ges. für Zinkindustrie vorm. W. Grillo; dt.) — Es wird ein Überblick über die Unterschiede zwischen physikal. u. chem. Meth. zur Wasser-Best. in organ. Stoffen gegeben sowie über die Voraussetzungen, Eigg. u. Anwendungen der chem. Meth.: Karl-Fischer-Titration, Acetylchlorid-Meth. u. die Umsetzungen des Verbrennungswassers mit anorgan. Chloriden u. verflüssigten organ. Säurechloriden. E. Faulhaber. 5356□

Kontinuierliche Messung von Spuren Wasser in Flüssigkeiten mit einer automatischen coulometrischen Titrationsmethode. E. Barendrecht und J. G. F. Doornekamp. (Z. analyt. Chem. **186**, 176—86, 1962; Geleen, Niederlande, Staatsmijnen in Limburg, Zentrallabor.; dt.) — Vff. beschreiben eine automat. coulometr. Titrations-Meth. zur Best. von Spuren H_2O in organ. Fll., die auf der Karl-Fischer-Meth. beruht. Als Reagens-Lsg. wird eine modifizierte Karl-Fischer-Lsg. verwendet, ein sog. mit H_2O „neutralisiertes" Karl-Fischer-Reagens, in dem also fast alles J_2 in HJ verwandelt ist u. aus dem durch anod. Oxydation elektrolyt. J_2 abgeschieden werden kann. Die kontinuierliche Wrkg. wird wie folgt realisiert: Ein konst. Fl.-Strom (z. B. Methanol mit einem H_2O-Geh. $<1\%$ u. einer Strömungs-Geschw. von 20 bis 200 ml je Std.) wird einer coulometr. Zelle zugeführt. In dem anod. Raum dieser Zelle wird an einer rotierenden Pt-Elektrode J_2 aus dem modifizierten Karl-Fischer-Reagens erzeugt. Die Größe der Elektrolysestromstärke wird mittels der Kombination eines amperometr. Syst. u. einer elektron. Kontrollanlage gesteuert. Auf diese Weise wird die genaue Menge J_2 je Zeiteinheit hergestellt, wobei nach dem Gesetz von Faraday für 1 μg H_2O, das je Sek. in die Zelle eintritt, ein Strom von 10,72 mA notwendig ist. Die Größe der aufgezeichneten Elektrolysestromstärke ist also dem H_2O-Geh. der zu bestimmenden Fl. proportional. Die untere u. obere Grenze der H_2O-Zufuhr in der Sek. ist 1 bzw. 50 μg. Die untere Grenze wird durch das Signal–Rauch-Verhältnis bestimmt, das seinerseits wieder durch das des Indicator-Syst., des Verstärkers u. durch die Dosiergenauigkeit der Probe-Lsg. bestimmt wird. Die Genauigkeit der App. kann innerhalb des Konz.-Bereiches von 100—500 mg H_2O im Liter auf 3—5% gebracht werden. Auf Einzelheiten des Automaten wird näher eingegangen. U. Skurnia. 5356□

Bestimmung von Wasserspuren in Kohlenwasserstoffen. M. Kubínová, O. Vilím und V. Svoboda. (Collect. czechoslov. chem. Commun. **26**, 1320—24, Mai 1961. Gottwaldov, Forsch.-Inst. für synthet. Kautschuk; dt.) — Zur Best. von geringen Spuren W. (bis $5 \cdot 10^{-4}\%$) in fl. KW-Stoffen wird eine einfache Meth. beschrieben, die auf der nephelometr. Messung der bei der Hydrolyse von $TiCl_4$ (I) gebildeten Trübung beruht. 20 ml der Substanz werden in eine getrocknete u. mit trocknem N_2 gefüllte Nephelometerküvette mit Hilfe einer in gleicher Weise behandelten Injektionsspritze eingebracht u. mit überschüssigem I versetzt. Die erforderliche, stets ungefähr gleiche Menge von I wird der Analysensubstanz durch 30 Sek. langes Einleiten eines trocknen N_2-Stroms zugeführt, der vorher durch eine I-Lsg. in trocknem *n-Heptan* (**II**; 1 : 1) geführt wurde. Die entstandene Trübung wird im Pulfrich-Photometer mit dem Filter L-12 gemessen; ihre Intensität bleibt 10 Min. unverändert. Zur Eichung der Photometerskala werden Standard-Lsgg. in **II** verwendet, die durch Zugabe von mit W. gesätt. *Hexan* (**III**) zu **II** bereitet werden. Der Wasser-Geh. in **III** wurde mit der von Pyrrah u. Roberton modifizierten Karl-Fischer-Meth. bestimmt.

K. Kámen/Prag. 5356

Bestimmung von Spuren Wasser in Kohlenwasserstoffen. Eine Calciumcarbid-Verteilungsgaschromatographie-Methode. H. S. Knight und F. T. Weiss. (Analytic. Chem. **34**, 749—51, Juni 1962; Emeryville, Calif., Shell Dev. Co.; engl.) — Der KW-Stoff wird direkt in ein an den Vorratsbehälter anschließbares, mit Ca_2C gefülltes Rk.-Rohr übergeführt. Das in der Rk. mit dem im KW-Stoff enthaltenen W. entstandene C_2H_2 wird mit getrocknetem N_2 aus dem Reaktor herausgespült u. gaschromatograph. mit einem Flammenionisationsdetektor bestimmt. Bei Anwendung von 5-ml-Proben können bis zu 3 ppm W. gut bestimmt werden. Bei 20 u. 0,3 ppm W. lassen sich die Werte bis auf ca. 7 bzw. 15% genau reproduzieren. W. Betcke. 5356□

Die Analyse leichter Kohlenwasserstoffe mit Hilfe von Molekularsieben. M. Ss. Wigdergaus, K. A. Golbert und O. L. Gorschunow. (Химия и Технология Топлив и Масел [Chem. Technol. Brennstoffe Öle] **6**, Nr. 7, 62—63, Juli 1961; russ.) — Der Chromatograph CH T-2 M mit Verbrennungswärmedetektor dient zur genauen Trennung der leichten Komponenten der KW-Stoff-Fraktionen in der Industrie. Als Adsorbent wird Lindes Molekularsieb-5A (0,25—0,5 mm Ø, 5 Std. lang bei 300° aktiviert) verwendet. Länge der Trennsäule 2,5 m, Innendurchmesser 4 mm. Als Trägergas wird Luft verwendet. Die Trennung leichter KW-Stoffe u. H_2 erfolgt bei 86° u. einer Durchfluß-Geschw. von 80 ml/min. Für Acetylen u. Propan beträgt die Temp. 140° u. die Durchfluß-Geschw. 120 ml/min. Die Analysendauer kann durch Verkürzung der Adsorptionsschicht bedeutend vermindert werden. Analoge Resultate werden mit Wärmeleitfähigkeitsmeßzellen u. anderen Trägergasen erhalten. E. Heinemann. G 500□

Quantitative Bestimmung von Äthylchlorid in seinen Gemischen mit Methylchlorid. Giancarlo Perugini und Eraldo Scota. (Chim. e Ind. [Milano] **43,** 1307—09, Nov. 1961; Bussi, Pescara, Labor. centrale Controlli e Ric. della Soc. Montecatini; ital.) — Die direkte quant. Best. von C_2H_5Cl (I) in seinen Gemischen mit CH_3Cl (II) erfolgt durch selektive Pyrolyse am Pt-Netz bzw. Pt-Asbest bei einer Temp. von 850—900°. Bei diesen Bedingungen wird nur I unter Entw. von HCl zersetzt, während II nicht der sauren Pyrolyse unterworfen ist. Anschließend wird die saure Lsg. mit 0,1n-NaOH unter Verw. von Methylorange als Indicator titriert u. II aus der Differenz ermittelt. Die mit Gemischen von techn. reinen Prodd. erhaltenen Analysenergebnisse bestätigen die Brauchbarkeit dieser Methode. Die Best. wird durch Ggw. von Feuchtigkeit u. nicht leicht abzutrennende Alkohole gestört. Die verwendete App. ist im einzelnen beschrieben. G. Platzer. G 510□

Halbmikromethode zur Identifizierung und Bestimmung von Tetrachlorkohlenstoff. P. Blanc, Godfrain und R. Lescure. (Chim. analytique [4] **41,** 54—55, Febr. 1959; franz.) — Läßt man Thymol u. CCl_4 (I) in Ggw. von Cu-Pulver 5 Min. lang in einem sd. Wasserbad miteinander reagieren, entsteht eine rosa Färbung, die für I spezif. ist u. deren Intensität ein Maß für den I-Geh. ist. Andere aliphat. Halogen-KW-Stoffe geben diese Rk. nicht; die Meth. gestattet z. B. den Nachw. von wenigen mg I in $CHCl_3$. W. Kupfer. G 510□

Colorimetrie von Alkoholen mit Hilfe der Di-[8-hydroxychinolyl]-orthovanadinsäure. Maurice Pesez und Jaroslaw Bartos. (Bull. Soc. chim. France **1961,** 1930, Okt. Paris, Centre de Rech. Roussel-Uclaf; franz.) — Vff. beschreiben eine quant. Best.-Meth. für Alkohole, die auf einen Farbumschlag des in $CHCl_3$ (I) rotvioletten V-Oxinatkomplexes nach Rot in Ggw. eines Alkohols beruht. Dieser Farbumschlag ist auf eine syn-anti-Isomerie zurückzuführen. Der rotviolette Komplex ist aus der Lsg. in I durch 1n Na_2CO_3-Lsg. zu extrahieren, während die rote Form zurückbleibt. Diese rote Farbe in der $CHCl_3$-Phase schlägt bei Zugabe von CH_3COOH, die 5% $CHCl_2COOH$ enthält, in eine stabile blaue Färbung um. Das Absorptionsspektrum dieses entstandenen blauen Komplexes hat bei 600 nm ein Maximum. Auf diese Weise konnten viele Alkohole bestimmt werden (auch polycycl. Alkohole). — Arbeitsvorschrift: *Na-Di-[8-hydroxychinolyl]-orthovandat* (II) u. 0,27 g Ammoniummetavanadat werden in 7 cm^3 1n Na_2CO_3 gelöst, mit W. auf 10 cm^3 verdünnt u. 5 Min. lang bis zur Vertreibung von NH_3 erhitzt. In einem mit Rührer versehenen Kolben werden 1 g 8-Hydroxychinolin in 3,5 cm^3 2n Na_2CO_3-Lsg. gelöst, auf 15 cm^3 mit W. verd., unter vorsichtigem Sieden obige Lsg. zugesetzt. 10 Min. lang erhitzt, 50%ig. wss. Lsg. von CH_3COOH tropfenweise zugefügt, bis sich der gebildete schwarze Nd. nicht mehr löst, filtriert, gekühlt, wobei sich gelbe Kristalle bilden, mit W. gewaschen u. im Vakuum über KOH getrocknet. — *Reagens*: 0,04 g II werden fein pulverisiert in 9 cm^3 I suspendiert, zum Sieden erhitzt, 1 cm^3 I, das 0,026 g CH_3COOH enthält, zugefügt, 1 Min. lang zum Sieden erhitzt auf 20° abgekühlt u. filtriert. — Best.: Zu einer Probe der Unters.-Substanz in 4 cm^3 I werden 1 cm^3 Reagens gegeben. 2½ Std. lang wird bei 20—22° stehengelassen, 5 cm^3 1n Na_2CO_3-Lsg. dann zugegeben, bis zum Verschwinden der schwarzvioletten Farbe gerührt, dekantiert, 0,5 cm^3 CH_3COOH, die 5% $CHCl_2COOH$ enthält, zugefügt u. bei 600 nm die Extinktion gemessen.
H. Fries. G 550□

Über die Trennung der isomeren gesättigten aliphatischen Alkohole bis zu 5 C-Atomen mittels der Gas-Flüssig-Chromatographie. H. Pfenninger. (Helv. chim. Acta **45,** 460—62, 15/3. 1962; Zürich, ETH, Inst. für Landwirtsch. Bakteriol. u. Gärungsbiol.; dt.) — Dioctylsebacat eignet sich hervorragend als Trenn-Fl. für die gaschromatograph. Trennung von in Fuselölen vorkommenden Alkoholen. — 20% Dioctylsebacat wurde auf Celite 30 (60 mesh) aufgetragen. Säulenlänge 160 cm, Ø 8 mm. He diente bei 75° mit einer Geschw. von 1,5 ml/mm^2 als Trägergas. Retentionszeiten: *Methanol* 0,138, A. 0,154, *2-Propanol* 0,221, *2-Methyl-2-propanol* 0,279, *1-Propanol* 0,405, *2-Butanol* 0,552, *2-Methyl-1-propanol* 0,734, *2-Methyl-2-butanol* 0,754, *1-Butanol* 1,00, *2.2-Dimethyl-1-propanol* 1,048, *3-Methyl-2-butanol* 1,070, *3-Pentanol* 1,269, *2-Pentanol* 1,281, *3-Methyl-1-butanol* 1,868, *2-Methyl-1-butanol* 1,917, *1-Pentanol* 2,418. G. v. Waldeyer-Hartz. G 560□

Die Trennung von 2.4-Dinitrophenylhydrazonen aliphatischer Aldehyde durch Flüssigkeit-Flüssigkeit-Extraktion. Erkki Honkanen. (Acta chem. scand. **15,** 449—50, 1961; Helsinki, Biochem. Inst., Labor. of the Foundat. of Chem. Res.; engl.) — Die Trennung von 2.4-Dinitrophenylhydrazonen (I) aus ihren Mischungen ist schwierig, da sie leicht Mischkristalle bilden. Als geeignetes Lsgm. erwies sich eine Mischung aus PAe.-Äthylenglykolmonomethyläther u. W. im Verhältnis 10:10:2,5. Vf. gibt für 20° folgende Verteilungs-Koeff. für die I der normalen aliphat. Aldehyde (C_1—C_9): C_1 0,08, C_2 0,15, C_3 0,31, n-C_4 0,53, n-C_5 0,86, n-C_6 1,2, n-C_7 1,9, n-C_8 3,0, n-C_9 4,6. Mit Hilfe einer Gegenstrom-App. gelingt die Trennung von C_1—C_5 vollständig, für C_6—C_9 zufriedenstellend. S. v. Schieszl. G 660□

Papierchromatographie von 2.4-Dinitrophenylhydrazonen der aromatischen Ketone. Eli Breuer, Haim Leader und Shalom Sarel. (Bull. Res. Council Israel, Sect. A **9,** 43—45, April 1960; Jerusalem, Hebrew Univ., School of Pharm., Dep. of Pharm. Chem.; engl.) — Vff. erzielten papierchromatograph. unter Verw. von Wasser-N.N-Dimethylformamid als stationäre Phase u. Cyclohexan–CCl_4–N.N-Dimethylformamid (20:4:1) als mobile Phase befriedigende Trennungen der in Xylol gelösten 2.4-Dinitrophenylhydrazone von *Isobutyrophenon* (F. 160°; R_F 0,90), *Butyrophenon* (190°; 0,86), *Benzophenon* (232°; 0,80), *Propiophenon* (185°; 0,75), *Cyclopropylphenylketon* (212°; 0,75), *Acetophenon* (243°, 0,58), *1-Acetylnaphthalin* (248°, 0,53), *2-Acetylnaphthalin* (253°; 0,52), *Propionaldehyd* (155°; 0,70), *Benzaldehyd* (232°; 0,35), *Formaldehyd* (166°; 0,30), *2.4-Dinitrophenylhydrazin* (200°; 0). Während einer Entwicklungsdauer von 5 bis 6 Std. wanderte die Lsgm.-Front um ca. 30 cm. W. Hein. G 1150

Phthalanilsäuren als Derivate zur Charakterisierung primärer aromatischer Amine. N. V. Subba Rao und C. V. Ratnam. (J. sci. ind. Res. [New Delhi], Sect. B **21,** 45—47, Jan. 1962; Hyderabad, Osmania Univ., Dep. of Chem.; engl.) — Eine Benzol-Lsg. des zu analysierenden prim. aromat. Amins wird mit Phthalsäureanhydrid in Bzl. versetzt u. bei Zimmer-Temp. gut geschüttelt. Der F. der sich bildenden Phthalanilsäure (I) dient zur Identifizierung des Amins. Es entsteht aus Anilin I ($C_{14}H_{11}NO_3$, F. 169°), o-Toluidin *2'-Methyl-*I ($C_{15}H_{13}NO_3$, F. 173°), m-Toluidin *3'-Methyl-*I ($C_{15}H_{13}NO_3$, F. 157°), p-Toluidin *4'-Methyl-*I ($C_{15}H_{13}NO_3$, F. 155°), o-Aminophenol *2'-Hydroxy-*I ($C_{14}H_{11}NO_4$, F. 221°), m-Aminophenol *3'-Hydroxy-*I ($C_{14}H_{11}NO_4$, F. 221°), p-Aminophenol *4'-Hydroxy-*I ($C_{14}H_{11}NO_4$, F. 289°), o-Aminothiophenol *2'-Thio-*I ($C_{14}H_{11}NO_3S$, F. 177°), o-Anisidin *2'-Methoxy-*I ($C_{15}H_{13}NO_4$, F. 184°), p-Anisidin *4'-Methoxy-*I ($C_{15}H_{13}NO_4$, F. 138°), p-Phenetidin *4'-Äthoxy-*I ($C_{16}H_{15}NO_4$, F. 203°), o-Chloranilin *2'-Chloro-*I ($C_{14}H_{10}ClNO_3$, F. 144°), m-Chloranilin *3'-Chloro-*I ($C_{14}H_{10}ClNO_3$, F. 184°), p-Chloranilin *4'-Chloro-*I ($C_{14}H_{10}ClNO_3$, F. 190°), o-Nitranilin *2'-Nitro-*I ($C_{14}H_{10}N_2O_5$, F. 145°), m-Nitranilin *3'-Nitro-*I ($C_{14}H_{10}N_2O_5$, F. 240°) p-Nitranilin *4'-Nitro-*I ($C_{14}H_{10}N_2O_5$, F. 186°) Anhtranilsäure *2'-Carboxy-*I ($C_{15}H_{11}NO_5$, F. 172°), m-Aminobenzoesäure *3'-Carboxy-*I ($C_{15}H_{11}NO_5$, F. 276°), p-Aminobenzoesäure *4'-Carboxy-*I ($C_{15}H_{11}NO_5$, F. 280°), p-Aminoacetophenon *4'-Acetyl-*I ($C_{16}H_{13}NO_4$, F. 203°), p-Aminoacetanilid *4'-Acetylamino-*I ($C_{16}H_{14}N_2O_4$, F. 283°) p-Aminoazobenzol *4'-Azophenyl-*I ($C_{20}H_{15}N_3O_3$, F. 249°), 2.4-Dimethylanilin *2'.4'-Dimethyl-*I ($C_{16}H_{15}NO_3$, F. 148°), 2.4-Dichloranilin *2'.4'-Dichloro-*I ($C_{14}H_9Cl_2NO_3$, F. 154°), 2.5-Dichloranilin *2'.5'-Dichloro-*I ($C_{14}H_9Cl_2NO_3$, F. 171°), 3-Methyl-4-nitranilin *3'-Methyl-4'-nitro-*I ($C_{15}H_{12}N_2O_5$, F. 201°), 3-Methyl-6-nitranilin *3'-Methyl-6'-nitro-*I ($C_{15}H_{12}N_2O_5$, F. 140°), p-Aminosalicylsäure *3'-Hydroxy-4'-carboxy-*I ($C_{15}H_{11}NO_6$, F. 186°), α-Naphthylamin *N-(1-Naphthyl)-phthalaminsäure* (II) ($C_{18}H_{13}NO_3$, F. 193°), β-Naphthylamin *N-(2-Naphthyl-*II ($C_{18}H_{13}NO_3$, F. 215°), 1-Amino-5-naphthol *N-(5-Hydroxy-1-naphthyl)-*II ($C_{18}H_{13}NO_4$, F. 218°; Zers.) u. 2-Aminothiazol *N-(2-Thiazolyl)-*II ($C_{11}H_8N_2O_3S$, F. 185°). G. Pankow. G 1310

Die potentiometrische Bestimmung aromatischer Amine durch Diazotierung. Ernst Dachselt. (Proc. Nat. Acad. Sci. India, Sect. A **30,** 108, 1961; Graz, Österreich; engl.) — Zuschrift zu Sitaramaiah u. Sharma, C. **1961,** 4118. Vf. verweist auf ident. Ergebnisse in eigener Veröff. (Z. Elektrochem. **31,** [1925], 662). F.-M. Friedrich-Anderseck. G 1310□

Photometrische Titration aromatischer Amine. Charles A. Reynolds, Francis Hugh Walker und Evelyn Cochran. (Analytic. Chem. **32,** 983—84, Juli 1960; Lawrence, Kans., Univ. of Kansas, Dep. of Chem.; engl.) — Vff. geben ein Verf. zur photometr. Titration aromat. Amine (I) an, bei dem die Absorption der I in mit HCl-gesätt. Pyridin-Lsg. während des Zusatzes von Acetanhydrid (0,001 m) verfolgt wird. Die Genauigkeit beträgt im mg-Bereich ±0,8%. Titriert werden können unsubstituierte sowie I mit Alkyl-, Alkoxy-, Hydroxy- u. Halogengruppen. Alkohole, Phenole u. aliphat. Amine stören nicht. Das Verf. wurde angewandt zur Best. von (in Klammern Wellenlänge): *Anlin* (310 μ)m, *m-Toluidin* (310), *p-Anisidin* (330), *p-Chlor-* (320) u. *N-Methyl-*

anilin (320), *m-Amino-* (320) u. *2-Amino-4-phenylphenol* (350), *p-Aminoacetanilid* (340) u. *2-Naphthylamin* (370). Der Mechanismus der Acetylierung der I wird diskutiert.
U. Uhlich. G 1310□

Bestimmung kleiner Gehaltsmengen der Komponenten im Zweistoffgemisch von 3- und 4-Methylpyridin. J. Souček und J. Vřeštál. (Collect. czechoslov. chem. Commun. **26**, 1466—69, Mai 1961; Brno, Militär. Akad. „A. Zápotocký"; dt.) — Zur Analyse der Gemische von Pyridin (I)-homologen, bes. *3-* (II) u. *4-Methylpyridin* (III) bewährt sich die Spektrophotometrie im IR-Bereich bei 400—600 cm^{-1} viel besser als bei den bisher allg. verwendeten Frequenzen $> 700\ cm^{-1}$. Die Absorptionsspektren von II u. III weisen bei 484 cm^{-1} (III) bzw. 628 cm^{-1} (II) charakterist. Absorptionsbanden auf, so daß noch $< 1\%$ einer der beiden Verbb. in ihrem bin. Gemisch bestimmt werden kann. Diese Empfindlichkeit ist viel größer als die der Messungen bei höheren Frequenzen, wo sich die entsprechenden Banden gegenseitig stark stören. Bei der Aufstellung der benötigten Eichkurven werden die Absorptionsbanden der Gemische von II- u. III-Eich-Präpp. bei den angegebenen Frequenzen u. bei verschiedenen Gew.-Verhältnissen beider Komponenten nach Wright ausgewertet. Die Eichkurven sind bis zum Geh. von 8% II bzw. 4% III prakt. linear. Bei einem größeren Geh. von II (III) werden schmale Küvetten oder Probe-Lsgg. in Cyclohexan verwendet. Die Genauigkeit der Best. beträgt $\pm 0{,}2$ abs. %. Das Verf. ist auch zur Reinheitskontrolle von I u. sonstigen Alkylpyridin-Derivv. (z. B. *2-Methylpyridin*), geeignet. K. Kámen/Prag. G 3231

Bestimmung von Derivaten des Oxins und einiger Oxinate in Eisessig. L. Serrano Berges und M. Herrero Lancina. (An. Real Soc. españ. Física Quím., Ser. B **53**, 763—66, Dez. 1957; Zaragoza, Univ. de Zaragoza, Fac. de Ciencias, Labor. de Quím. Analit.; span.) — Zur Best. von Oxin, 2-Methyloxin, 5-Nitro-2-methyloxin u. 5.7-Dibromoxin (I) wurden diese in Eisessig gelöst u. mit $HClO_4$, gelöst in Eisessig u. Acetanhydrid, potentiometr. titriert. Die Ergebnisse im Halbmikromaßstab sind exakt, nur bei I versagt die Methode. Zur Best. der Oxinate von *Mg*, *Zn* u. *Cd* wurden diese in ca. 0,2nHCl, die mit CH_3COONa auf ca. pH = 4 gebracht worden war, gelöst; das gebildete Oxin wurde mit $CHCl_3$ extrahiert u. nach Verdampfen des $CHCl_3$ potentiometr. titriert. K. Huste. G 3231□

Colorimetrische Zuckerbestimmung mit 3.4-Dinitrobenzoesäure. Tsunematsu Takemoto, Kōji Daigo und Tadao Takai. (J. pharmac. Soc. Japan [Yakugaku-zasshi] **75**, 1024, 25/8. 1955; Ōsaka, Univ., Pharmakol. Inst.; jap.; Auszug: engl.) — 1 ml 3.4-Dinitrobenzoesäure u. 1 ml Zucker-Lsg. werden 10 Min. lang erhitzt. Danach werden 4 Tropfen konz. HCl u. 6 cm^3 Isoamylalkohol zugesetzt. Dieses Verf. ermöglicht den colorimetr. Nachw. von 100—600 γ *D-Glucose*, *D-Ribose*, *D-Xylose*, *L-Arabinose*, *D-Fructose*, *D-Glucuronsäure*, *D-Galaktose*, *L-Rhamnose* oder *D-Mannose*/ml. bei 395 nm.
F. Mossner. G 3400

Modifikation der Methode von G. Bertrand und der Technik von Bierri für die Glucosebestimmung. Eugen Macovschi und Corina Sarmanioti. (Studii Cercetări Biochim. [Bucureşti] **1**, 271—76, 1958; Bucureşti, Acad. R.P.R., Inst. de biochim.; rum.) — Zur Glucose-Best. wird die Meth. von Bertrand in der Ausführung von Bierri dahin abgeändert, daß zur Erleichterung des Filtrierens durch Filterpapier $NaHCO_3$ u. zum Schutz von Cu_2O gegen Luftoxydation $ZnSO_4$ zugegeben werden. Man kocht 20 ml 4%ig. $CuSO_4$-Lsg. u. 20 ml einer Lsg. von 200 g Seignettesalz u. 150 g NaOH auf 1 Liter u. 20 ml Glucose-Lsg. bekannter Konz. genau 3 Min. lang, gibt der heißen Lsg. 4 ml 20%ig. $ZnSO_4$-Lsg. u. 6 g $NaHCO_3$ zu, rührt einige Min. u. filtriert durch ein quant. Filter. Der rote Nd. wird bis zur Farblosigkeit des Filtrats mit bidest. W. gewaschen, auf dem Filter mit 20—30 ml einer Lsg., die 50 g $Fe_2(SO_4)_3$ u. 200 g konz. H_2SO_4 in 1 Liter W. enthält, gelöst u. das Filtrat nach mehrmaligem Auswaschen des Filters mit einer Lsg. von 5 g $KMnO_4$/Liter titriert. Alle Reagentien werden in bidest. W. gelöst.
R. K. Müller. G 3400□

Trennung und Bestimmung von Isomaltose und Gentiobiose. Nobuko Seno. (Natur. Sci. Rep. Ochanomizu Univ. **9**, 57—60, Dez. 1958; Tokyo, Ochanomizu Univ., Fac. of Sci., Dep. of Chem.; jap.; Auszug: engl.) — Isomaltose u. Gentiobiose lassen sich elektrophoret. auf Filterpapier Whatman Nr. 1 oder Tôyô-roshi Nr. 53 mit einer Puffer-Lsg. aus 0,05m Borax- u. 0,1nNaOH-Lsg. (6:4; pH 9,8) als Laufmittel bei 650—700 V u. 15—20 mA besser trennen u. identifizieren als durch einfache Papierchromatographie. Zur quant. Best. werden die Boratkomplexe der beiden Disaccharide an dem stark bas. Anionenaustauscher Dowex 1-X 4 oder -X 8 (250—300 mesh) getrennt.
W. Hein. G 3400□

Untersuchungen an Terpenen. 4. Mitt. Eine Schnellmethode für die Bestimmung von α-Terpinen. James Verghese und Samson T. Jacob. (J. sci. ind. Res.

[New Delhi], Sect. B **18**, 41–42, Jan. 1959; Vellore, N. Arcot, Christ. Med. Coll., Dep. of Chim.) — 3. vgl. C. **1962**, 12304. — In Verbesserung früherer Verff. zur analyt. Best. von *Maleinsäureanhydrid* (MA)-*Addukten* (vgl. Birch, C. **1937**, II, 4250) wurde ein durch Dehydrieren von Terpineol erhaltenes, *α-Terpinen* (I)-haltiges *Öl* (5 cm^3) mit 3–4 g MA-Pulver in geschlossenem Gefäß 2 Std. auf 75° ± 2° (Wasserbad) erwärmt, gekühlt, mit 10% ig. NaOH alkalisiert u. das Dampfdestillat gemessen, dessen Vol.-Differenz den I-Geh. angibt. Die Meth. eignet sich auch zur quant. Best. kleinerer I-Mengen u. ebenso zur Darst. von Addukten ähnlicher konjugierter Terpenoide.

W. Schulenburg. G 3600□

Die Zersetzung sauerstoffhaltiger Terpene in den Probengebererhitzern der Gaschromatographie. E. A. Day und P. H. Miller. (Analytic. Chem. **34**, 869–70, Juni 1962; Corvallis, Oreg., State Univ., Dep. of Food Sci. and Technol.; engl.) — An Gaschromatogrammen der Extrakte von *Rubus ursinus var. loganobaccus* u. *α-Terpineol*, die sich nur in der angewendeten Temp. des Probenvorerhitzers unterscheiden, wird gezeigt, daß die Zers. bei 100° unvollständig, bei 205° dagegen vollständig ist.

W. Betcke. G 3600□

Die Farbreaktion zwischen Vitamin A und Schwefelsäure. Roberto Biffoli. (Boll. Lab. chim. provinc. **10**, 380–88, 1959; Firenze, Labor. chim. prov.; ital.) — Es wurden spektrophotometr. Unterss. über die Rk. von Vitamin A (I) mit H_2SO_4 ausgeführt. Die besten Rk.-Bedingungen erhält man durch Behandeln von 1 ml I in A. mit 4 ml 75%ig. H_2SO_4, mehrere Sek. langes Schütteln, Stehenlassen u. Photometrie der himmelblauen, rasch nach Karmesinrot umschlagenden Färbung bei 525 nm. Die Farbe ist stundenlang beständig, so daß diese Rk. zur quant. Best. von I, bes. in Heilmitteln, benutzbar ist. G. Platzer. G 3800□

c) Bestandteile von Pflanzen und Tieren

Dichromat–Chlorat-Durchtränkung vor dem Färben von Entartungen in Gehirn und Rückenmark. F. D. Anderson. (Stain Technol. **34**, 65–67, März 1959; Jersey City, N.J., Seton Hall Coll. of Med. and Dent., Dep. of Anatomy; engl.) — Folgende mit dem Nauta-Gyax u. dem Swank-Davenport-Verf. vereinbarte Meth. zur Fixierung degenerierter Nervenfasern wird angegeben: das Zentralnerven-Syst. wird mit 0,9%ig. wss. NaCl-Lsg., darauf mit einer 5% $K_2Cr_2O_7$ u. 2,5% $KClO_3$ enthaltenden Lsg. getränkt u. dann 1–3 Tage lang in 10%ig. Formalin gehärtet; für die Ag-Färbung schließt sich eine 12std. Behandlung mit einer 10%ig. Formalin-Lsg. in 20%ig. A. an. Es folgt Schneiden u. Färben in üblicher Weise. W. Betcke. 5661□

Die Sichtbarmachung von Insulin im Säugetierpankreas mit Hilfe einer Fluorescenz–Antikörper-Methode. Paul E. Lacy und J. Davies. (Stain Technol. **34**, 85–89, März 1959; St. Louis, Mo., Washington Univ., School of Med., Dep. of Pathol. and Anatomy; engl.) — Es wird ein Verf. zur Sichtbarmachung von Säugetierpankreasinsulin mit Hilfe eines für Insulin spezif. Fluorescenzantikörpers (tier. Anti-Insulin in Verbindung mit Fluoresceinisocyanat) beschrieben. W. Betcke. 5661□

Carbolfuchsin als Färbemittel für menschliche Chromosomen. D. H. Carr und J. E. Walker. (Stain Technol. **36**, 233–36, Juli 1961; London, Kanada, Univ., Dep. of Microsc. Anatomy; engl.) — Aus Leukocyten- oder Knochenmarkkulturen stammende Zellen werden mit hypoton. Citrat-Lsg. behandelt, in 45%ig. Essigsäure zerdrückt, mit festem CO_2 gefroren u. nacheinander getaucht: 5 Min. in A., 10 Sek. in 0,2%ig. Lsg. von Parlodion in gleichen Teilen A. u. Ae., an der Luft getrocknet, 5 Min. behandelt mit 70%ig. A., 5 Min. mit dest. W., 2–5 Min. mit einem Gemisch von 0,3%ig. Lsg. von bas. Fuchsin in 5%ig. Phenol, 6 ml Eisessig, 6 ml 37%ig. Formaldehyd, abs. A. u. Xylol. Die Färbe-Lsg. ist bei Aufbewahrung im Dunkeln mehrere Wochen haltbar. W. Wesly. 5661□

Eine verteilungschromatographische Säule zur Trennung von 50-g-Mengen von Pflanzenextrakten. G. S. Pope. (Lab. Pract. **8**, 416–18, Dez. 1959; Shinfield, Reading, Nat. Inst. for Res. in Dairying; engl.) — Aufbau u. Füllung einer chromatograph. Säule werden beschrieben, die zur Trennung von Pflanzenextrakten geeignet ist. Das Rohr (Länge 5 ft., innerer 4 in.) wurde mit Celite 545 als Trägersubstanz gefüllt. Als stationäre Phase diente die untere Schicht eines Gemisches aus Toluol, Äthylacetat, CH_3OH u. W. (1,2:0,8:1,0:1,0), als bewegliche Phase die obere Schicht. Die Meth. wurde zur Gewinnung von *Miröstrol* aus *Pueraria mirifica* angewendet.

F. Voigt. 5666□

Stickstofffreie Ninhydrin-positive Verbindungen bei der Ionenaustauschchromatographie. Identifizierung von Lävulinsäure in hydrolysierten Pflanzenfraktionen. R. M. Zacharius und E. A. Talley. (J. Chromatogr. [Amsterdam] **7**, 51–55, Jan. 1962; Philadelphia, Pa., Eastern Reg. Res. Labor.; engl.) — Bei der Ionenaustauschchromatographie säurehydrolysierter Bohnensamen an Dowex 50-X 8 (200 mesh) mit Na-Citratpuffer vom pH 2,2 wurden zwei N-freie, jedoch Ninhydrin positive Berge erhalten, deren größerer nach Isolierung als *Lävulinsäure* (I) identifiziert werden konnte. Es wurde festgestellt, daß die Empfindlichkeit von I gegen Ninhydrin wesentlich geringer ist, als bei allen N-haltigen Verbindungen. Der I-Geh. beträgt ca. 37 mg/g Samen. M. Finke. 5666□

Gemeinschaftliche Untersuchung der Glucoseoxydase-Methode für Fructose in Pflanzen. Kenneth T. Williams und Earl F. Potter. (J. Assoc. off. agric. Chemists **44**, 267–69, Mai 1961; Albany, Calif., Western Regional Res. Labor.; engl.) — Auf Grund einer von 4 verschiedenen Analytikern gemeinschaftlich vorgenommenen Unters. empfehlen Vff., die Best. von Fructose in Pflanzen mit der Glucoseoxydase-Meth. amtlich zusätzlich zu anderen Zucker-Best.-Meth. zuzulassen. A.-M. Fretzdorff. 5666□

P. Ss. Ssaakjan, **Bestimmung des molekularen (Kryolith)- Verhältnisses des Elektrolyten der Al-Elektrolyse** durch Erhitzen einer Probe des Elektrolyten mit NaF auf 800–850° unter Umsetzung gemäß $3\ NaF + AlF_3 \rightarrow Na_3AlF_6$ u. Rücktitration von überschüssigem NaF mit $Th(NO_3)_4$. — 4,25 (g) auf $\leqq$0,1 mm zerkleinerter Elektrolyt u. 0,75 NaF werden 20 Min. auf 800° erhitzt. Nach Abkühlen wird zerkleinert, mit 100 ml W. 1–2 Min. gekocht, auf 200 ml aufgefüllt u. ein Aliquot mit 0,05 n-$Th(NO_3)_4$ gegen alizarinsulfonsaures Na bis zur Rosafärbung (Bldg. eines ThF_4-Alizarin-Komplexes) titriert. (**UdSSR. P. 122 138** vom 27/3. 1959.) L. Großner. G 294

G. I. Baglaj, **Refraktometrische Bestimmung des Phosphatidgehaltes** in Phosphatidkonzentraten durch Messung einer hydratisierten u. einer trockenen Lsg. in Monobromnaphthalin (I). Die Phosphatide werden in der 3fachen Menge I gelöst, eine Hälfte der Lsg. wird mit W. gesätt., die andere Hälfte über Na_2SO_4 getrocknet. Die Auswertung geschieht nach der empir. Formel $F = 1403\,\Delta n + 18{,}76$ (F = % Phosphatid; Δn = Differenz der bei konst. Temp. gemessenen Brechungsindices). (**UdSSR. P. 121 896** vom 7/12. 1958.) L. Großner. G 5781

H. Angewandte Chemie

H_1. Allgemeine chemische Technologie

Verbesserung der Kontrolle in der chemischen Industrie durch Verarbeitung von Betriebsdaten. Dionýs Singer. (Chem. Průmysl **11 (36)**, 294–98, Juni 1961; Ústí n. L., Spolek pro chemickou a hutní výrobu; tschech.) — Am Beispiel der H_2SO_4-Herst. wird eine Anleitung der halbautomat. Kontrolle unter Verw. von Lochkarten diskutiert. J. Schneider. 5800□

Entwurf und Betrieb einer halbtechnischen Hochdruckveredlungsanlage. J. A. Bichard, J. Bumbulis und R. M. Butler. (Canad. J. chem. Engng. **39**, 267–70, Dez. 1961; Sarnia, Ont., Imp. Oil Ltd., Res. Dep.; engl.) — Entwurf u. Ausführung einer halbtechn. Anlage für die Unters. von Veredlungsprozessen bis zur Temp. von 1200°F u. Drücken bis zu 1500 lbs./sq.in. werden beschrieben. In Diagrammen sind typ. Veredlungs-Rkk. (Naphthalin-, Paraffinaromatisierung, Isomerisierung, Crackung), Fließschemata u. Rk.-Syst. dargestellt. Die Materialbilanzen u. Prod.-Ausbeute wurden mit einer IBM 650-Rechenmaschine ermittelt. H. Schroeder. 5800□

Größenverteilung von Tröpfchen aus Zentrifugal-Spritzdüsen. Paul A. Nelson und William F. Stevens. (A. I. Ch. E. Journal **7**, 80–86, März 1961; Evanston, Ill., Northwestern technol. Inst.; engl.) — Für Tröpfchen von aus Zentrifugalspritzdüsen versprühten Fll. wird die Verteilung des Vol. auf die verschiedenen Tröpfchendurchmesser untersucht. Dazu werden in einer näher beschriebenen App. die Tröpfchen ausgefroren u. die Verteilung durch Aussieben auf Mikrosieben u. Wägung bestimmt. Es zeigt sich, daß das auf die einzelnen Tropfengrößen entfallende Fl.-Vol. als Funktion der Quadratwurzel aus dem Tröpfchendurchmesser recht genau nach der Gaußschen Fehlerkurve verteilt ist. Mittelwert (= Wurzel aus dem „50%-Durchmesser", dadurch definiert, daß 50% des Vol. auf Tröpfchen mit kleineren, 50% entsprechend auf größere Durchmesser entfallen) u. Streuung dieser Verteilung werden mittels Dimensionsanalyse unter Vernachlässigung schwächerer Einfl.-Größen als Funktionen von Kenngrößen graph. ermittelt, die ihrerseits wieder aus Reynolds-Zahl, Weberscher Zahl u. Spitzenwinkel des Sprühkegels gebildet sind. Die 6 untersuchten organ. Fll. mit Gefrierpunkten oberhalb von –20° ergeben trotz großer Unterschiede in Dichte, Zähigkeit u. Oberflächenspannung gut übereinstimmende Werte; die Ergebnisse für W. weichen etwas davon ab. W.-G. Ackermann. 5800□

Einige Betrachtungen über die Flüssigkeitsströmung durch Gebläsesprühdüsen. N. Dombrowski, D. Hasson und D. E. Ward. (Chem. Engng. Sci. **12**, 35—50, März 1960; London, Imp. Coll., Dep. of Chem. Engng.; engl.) — Unterss. über das Fließverh. einer Fl.-Lamelle (Kerosin–Paraffin- u. W.–Glykol-Gemische, A., Benzaldehyd u. Äthylacetat), die in der rechteckigen Öffnung einer Gebläsesprühdüse entsteht, zeigen, daß die Stromlinien gerade sind u. durch die gekrümmte Begrenzung nicht beeinflußt werden. Die Strömungs-Geschw. entlang einer Stromlinie ist konst. u. unabhängig von der Viscosität. Die Lamellendicke ist umgekehrt proportional der Entfernung von der Öffnung u. kann durch einen Dickenparameter wiedergegeben werden. Bei niedrigen Spritzdrücken ist der Dickenparameter eine Funktion von Oberflächenspannung, Spritzdruck, Dichte u. Viscosität, bei hohen Spritzdrücken von Spritzdruck, Dichte u. Viscosität. Der Weg der Lamelle ist eine Funktion von Spritzdruck, Lamellendicke u. Oberflächenspannung. W. Wesly. 5800□

Längsdurchmischung in mit Kugeln gefüllten Rohren. E. J. Cairns und J. M. Prausnitz. (Chem. Engng. Sci. **12**, 20—34, März 1960; Berkeley, Calif., Univ. of California, Dep. of Chem. Engng.; engl.) — Die Längsdurchmischung eines Wasserstroms, der durch ein mit Kugeln gefülltes Rohr fließt, wird untersucht. Dabei wird stufenweise $NaNO_3$-Lsg. eingespritzt, deren Leitfähigkeit registriert wird. Das von Einstein vorgeschlagene, statist. Modell ist anwendbar. Die Ergebnisse werden in Form eines Koeff. der turbulenten Diffusion als Funktion des hydraul. Radius u. der linearen Geschw. dargestellt. Die gefundenen Diffusions-Koeff. sind etwas kleiner als die von anderen Autoren bereits ermittelten. W. Wesly. 5800□

Chemisch beständige Stähle und ihre Verwendung im Apparatebau. F. Potisk. (Österr. Chemiker-Ztg. **62**, 61—73, März 1961; Ternitz, Schoeller-Bleckmann-Stahlwerke A.G.; dt.) — Besprechung der Stahlarten mit nicht rostenden u. säurebeständigen Eigenschaften. Herst. durch Leg. mit Cr, Ni, Mo, wobei ein bestimmter sehr kleiner Geh. an C eingehalten werden muß. Bei der Wahl der geeigneten Qualität ist eine Rost-Bldg., die Oberflächenbehandlung, ein etwaiger Kornzerfall bei höherer Temp., die Spaltkorrosion sowie die Kontaktkorrosion zu beachten. Hinweis auf die Verw. chem. beständiger Stähle für Atomenergieanlagen. A. Knickenberg. 5802□

Die Verwendung von Titan in der chemischen Industrie. J. Monaghan. (Teknillisen Kem. Aikakauslehti [Z. techn. Chem.] **19**, 18—25, Jan. 1962; Birmingham, I.C.I. Metals Div.; engl.) — Übersicht über das Verh. von Ti gegenüber korrodierenden Chemikalien u. seine Verw.-Möglichkeiten als korrosionsbeständiger Werkstoff für chem. Apparate. S. Beckmann. 5804□

Bestimmung der Materialbewegung in Drehöfen für die Gipsschwefelsäureerzeugung in den Chemischen Werken „Wizów". K. Akerman, P. M. Hoffmann, A. Poczynajło, J. Majchrowski, J. Glondalski und J. Oglaza. (Isotopentechnik **1**, 165—66, 1960/61; Warschau, Inst. für Atomkernforsch.; dt.) — Zusammen mit dem trockenen Einsatzgut wird gepulvertes $^{24}Na_2SiO_3$ (energiereiche γ-Strahlung) in den Drehofen eingeschleust. Durchgangszeit u. -Geschw. werden mit Zählrohren gemessen. Die ersten drei Viertel der Ofenlänge werden unabhängig von der Drehzahl in insgesamt derselben Zeit durchlaufen, wie sie für das letzte Viertel, die Zone hoher Temp., allein benötigt wird, wo auch die Drehzahl Einfl. gewinnt. Die Resultate geben die Grundlagen für technolog. Verbesserungen u. ermöglichen auch, Reparaturen am Ofenfutter während des Betriebs durchzuführen. M. Hagedorn. 5812□

Verwendung von Wärmeaustauschern in chemischen Fabriken. C. H. Gilmour. (Ind. Engng. Chem., int. Edit. **52**, 465—67, Juni 1960; South Charleston, W.Va., Union Carbide Chem. Co.; engl.) — Vf. betont die nicht immer genügend beachtete Bedeutung des Wärmeaustausches für die Rentabilität chem. Betriebe. Er bespricht verschiedene Arten von Wärmeaustauschern vom Mantelrohr-Typ u. Spezialausführungen, wie u. a. solche aus Graphit, mit vergrößerten Oberflächen, Anordnungen in Schlangen- oder in Spiralform, als in Gestellen hängende Plattenaustauscher oder als Rohraustauscher mit langsam im Innenrohr umlaufenden Rührern zum Transport u. Wärmeaustausch hochviscoser Fll. oder Schlämme. M. Hagedorn. 5814□

Wärmeübergang in einem Flüssigkeitsfilm an einer senkrechten Fläche. W. S. Norman und V. McIntyre. (Trans. Instn. chem. Engr. **38**, 301—07, Dez. 1960; Manchester, Coll. of Sci. and technol., Dep. Chem. Engng.; engl.) — Die Fl.-Menge, die nötig ist, einen kontinuierlichen Film auf der Oberfläche eines Rohres aufrechtzuerhalten, hängt ab von der Temp. der Fl. u. der des Rohres. Die gefundenen Ergebnisse stehen somit in Beziehung zur Filmstärke im Moment des Reißens u. dem Prod. aus $\sigma\,\Delta\sigma$, bei dem σ die Oberflächenspannung der Fl. ist u. $\Delta\sigma$ der Unterschied zwischen der Oberflächenspannung im Gleichgewicht mit der Rohroberfläche u. der totalen Oberflächenspannung. Diese Beziehungen sind ähnlich, wie sie auch bei der Absorption u. Dest. gefunden werden können. Die Wärmeübergangs-Koeff. unterliegen großen Schwankungen. Die meisten Koeff. zeigten Maxima beim Zerreißen des Films. F. Rosendahl. 5816□

Untersuchungen über die Korngrößenverteilung feingebrochener Materialhaufen. J. Lázár. (Acta techn. Acad. Sci. hung. **32**, 325—41, 1961; Budapest, Konstr.-Bur. f. Ind. u. Landwirtschaft; dt.) — Bei der Feinzerkleinerung entspricht die Gew.-Verteilung der Teilchen annähernd der logarithm. Normalverteilung. Auf dem Gebiet der Grobzerteilung gelten andere Gesetze. Bei der Feinzerteilung unterscheidet man 2 Teilgebiete: a) das Mahlen mit Teilchengrößen d von einigen μ, b) das Feinbrechen, wo d in mm gemessen wird. Bei a) spielt d für die Korngrößenverteilung die entscheidende Rolle, bei b) hat d der feinsten Körper eine viel geringere Bedeutung als bei a), dagegen ist die Rolle der groben Körner, also auf der rechten Seite der Verteilungskurve, von größerem Interesse. Bei b) entspricht die Verteilung der erzeugten Haufen bei großen Drehzahlen der logarithm. Normalverteilung. Wie auch theoret. gezeigt wird, nähert sich mit abnehmender Drehzahl die Verteilung der Haufen der Rosin-Rammlerschen Formel. E. Roeder. 5820□

Anwendung von Gleichgewichtsbeziehungen des Ionenaustausches auf der Verfahrensberechnung. Norman W. Frisch und Francis X. McGarvey. (Chem. Engng. Progr., Sympos. Ser. **55**, Nr. 24, 51—59, 1959; Philadelphia, Pa., Rohm & Haas Co.; engl.) — Aus einfachen Gleichgewichtsbeziehungen werden für den Austausch einwertiger Ionen Gleichungen abgeleitet, die für kontinuierliche Gegenstromregeneration u. für Regeneration in fester Schüttung gleiche Form haben. Berechnungen von Regenerationsgrad u. Ionenschlupf in Abhängigkeit vom Verhältnis (Äquivalente, regenerierendes Ion/Harzäquivalente), in denen graph. die scheinbare Gleichgewichts-Konst. abgeschätzt wird, stimmen mit bekannten Daten an quartern. Ammoniumharzen u. Sulfonsäureharzen gut überein, u. zwar um so besser, je niedriger die Regenerationswerte u. die Gleichgewichts-Konst. sind. Es ist anzunehmen, daß man zur Berechnung langsam verlaufender Austauschvorgänge noch kinet. Beziehungen berücksichtigen muß. R. Junge. 5826□

Untersuchungen über den Einfluß der Belüftung auf die Flotationskinetik. I. Huber und Bujor Georgescu. (Studii Cercetări Metalurgie [Bucureşti] 6, 67—83, 1961; rum.; Rev. roum. Métallurgie **6**, 253—67, 1961; dt.) — Vff. untersuchen den Einfl. der Belüftung auf die Flotationskinetik u. bestimmen die Größe der Luftblasen mittels direkter photograph. Aufnahmen der Blasen in der Flotationszelle bei wechselnder Luftmenge. Sie verfolgen gleichzeitig den Einfl. der Luftmenge auf den Luft-Geh. der Trübe. Ferner werden Flotations-Verss. mit verschiedenen Mineralien bei abwechselnden Belüftungsbedingungen durchgeführt. Bei zunehmender Luftmenge erfolgt eine Erhöhung der Flotations-Geschw., aber nur bis zu einer optimalen Luftmenge, da bei deren Überschreitung die Flotations-Geschw. abzunehmen beginnt. A. Braniski. 5828

Einige theoretische Fragen der Klassier- und Waschhydrozyklone. G. Tarján. (Acta techn. Acad. Sci. hung. **32**, 357—88, 1961; Miscolc, TU, Inst. of Mineral Dressing; engl.) — Im Zyklon werden Über- u. Unterlauf durch die zylindr. Fläche der axialen Geschw. = 0 voneinander getrennt; die hier im Gleichgewichtszustand umlaufenden Körner ergeben die Grenzkorngröße der Klassierung u. die Dichte der Schwertrübe ist die Trennungswichte des Waschzyklons. Für die im Gleichgewichtszustand umlaufenden Korngrößen d werden 3 Gleichungen angegeben, die gelten, wenn die Reynoldsschen Zahlen $Re < 1$, $Re = 30$ bis 300 oder $Re > 800$ zutreffen. Auch für die Berechnung der Dichte der Schwertrübe in Abhängigkeit von d werden Berechnungsmöglichkeiten angegeben. E. Roeder. 5852□

Experimentelle Untersuchung des Auffrierens von dünnen Eisschichten. N. Kudrjaschow. (Холодильная Техника [Kälte-Techn.] **36**, Nr. 3, 4—10, Mai/Juni 1959.) — Vf. führt eine Vers.-Reihe in einer Kühlkammer bei natürlicher Luftzirkulation durch. Dabei wurde festgestellt, daß die Dicke der entstandenen Eisschicht proportional der Temp.-Senkung ist. Eine zweite Vers.-Reihe wurde in einem besonderen App., der in die Kühlkammer gestellt wurde, vorgenommen. Hier zeigte sich, daß die Dauer des Auffrierens dünner Schichten von der Temp., der Bewegungs-Geschw. u. der Feuchtigkeit der Luft abhängig ist. Die 3. Serie wurde im Winter unter freiem Himmel durchgeführt, wobei die Abhängigkeit von Witterungsfaktoren festgestellt werden konnte. Es zeigte sich, daß bei einer Außentemp. von $-7{,}5^0$ u. einer Wind-Geschw. von 1 m/s das W. um die Mittagszeit bei klarem Himmel nicht gefriert. H. Treumann. 5858□

Kryostat und Zubehör zur Dehnungsprüfung bei -423^0 F. J. F. Watson und J. L. Christian. (Mater. Res. Standards **1**, 87—90, Febr. 1961; San Diego, Calif.; engl.) — Beschreibung eines App. mit fl. H_2 als Kühlmittel, um die mechan. Eigg. verschiedener Materialien bei —423° F zu prüfen. Die wesentlichen Merkmale sind: Schnelligkeit der Prüfung, Raum für große Prüfmuster, Anpassungsfähigkeit, um verschiedene Materialien bei unterschiedlichen Temp. zu messen u. Sicherheitseinrichtungen. Das Zubehör umfaßt: Fl.-Spiegelanzeiger, Thermoelemente, Erhitzer sowie einen Dehnungsmesser für Gebrauch bei tiefen Temperaturen. Die Sicherheitseinrichtungen, Ablauf des Verf. u. Meßergebnisse bei Prüfung einer Al-Leg. bei 78° F (Raum-Temp.), —320° F (fl. N_2) u. —423° F (fl. H_2) sind angegeben. F. Zeidler. 5858□

Eine Untersuchung über die Viscositäts- und Trägheitskoeffizienten für die Strömung von Gasen durch poröse Sintermetalle mit hohen Druckgradienten. D. B. Greenberg und E. Weger. (Chem. Engng. Sci. **12,** 8—19, März 1960; Baltimore, Md., John Hopkins Univ., Dep. of Chem. Engng.; engl.) — Unterss. über die gleichförmige Strömung von Gas (N_2) unter hohen Druckgradienten durch poröse Sintermetalle (Bronze, Messing, Ni, Cu, W) mit bekannten Porengrößenverteilungen zeigen, daß die Permeabilität (reziproker Wert des Viscositäts-Koeff.) nicht vom Druck abhängt, aber mit steigender Temp. des porösen Sintermetalls beträchtlich fällt. Diese Abnahme wird den kleinen Änderungen der Oberflächenstruktur der Sintermetallteilchen zugeschrieben. Der Trägheits-Koeff. ist für jeden Prüfkörper innerhalb des untersuchten Temp.- u. Druckbereiches (15—60°, 25—790 lbs./sq.in.) konstant. W. Wesly. 5862□

Verwendung von ausgerichteten Spritzstrahlböden bei industriellen Destillationskolonnen. M. Clément. (Bull. Assoc. franç. Techniciens Pétrole **1961,** 529—40, 31/7.; Techn. d'Esso Res. and Engng. Co.; franz.) — Kolonnenböden mit ausgerichtetem Spritzstrahl sind neuartig, kostensparend u. hochleistungsfähig. Sie sind ausgezeichnet durch die Arbeitsweise ohne Fl.-Gradienten u. ihren geringen Druckverlust, da durch Ausnützung des Impulses der aufsteigenden Dämpfe der Fl.-Ablauf vom Boden erleichtert wird. Bei Ersatz gewöhnlicher Glockenböden durch Strahlböden werden 30% an Leistung gewonnen, der Wirkungsgrad steigt um den gleichen Anteil.
F. Zeidler. 5864□

Untersuchung der Stoffübertragung durch einphasigen Gasstrom in Füllkörperkolonnen. N. M. Shaworonkow, I. A. Gildenblat und W. M. Ramm. (Журнал Прикладной Химии [J. angew. Chem.] **33,** 1790—1800, Aug. 1960; russ.) — Die Vers.-Ergebnisse an unregelmäßig angeordneten Füllringen von 10—50 mm können durch folgende Gleichung ausgedrückt werden· $Nu'_{äq} = 0{,}407\ Re_{äq}^{0,655} \cdot (Pr^1)^{1/3}$. Bei regelmäßig angeordneten Füllkörpern (Ringe von 15—100 mm, Rohre mit Ø = 50 u. einer Höhe von 100—400 mm, Wabenblöcke von 100 u. 200 mm Höhe) kann folgende Gleichung angewandt werden: $Nu'_{äq} = 0{,}234 Re_{äq}^{0,697} \cdot (Pr^1)^{1/3} \cdot 1/d_{äq})^{(-0,47}$ ($Nu'_{äq}$ = Nusselt-Diffusionskriterium bei äquivalentem Durchmesser $d_{äq}$ des Füllkörpers in m; Pr^1 = Prandtl-Diffusionskriterium.) H. Treumann. 5864□

Der Wirkungsgrad von Borad-Ring-Packungen. S. R. M. Ellis und B. Goodwin. (Ind. Chemist **37,** 436—40, Sept. 1961; Birmingham, Univ.; engl.) — Die bei Verw. von $^1/_2$in.-Borad-Ringen zur Dest. von Gemischen aus Methylcyclohexan u. Toluol bei Atmosphärendruck erzielten Ergebnisse werden verglichen mit denen mit $^1/_4$ in. an Kolonnen von Ø = 3, 4 u. 6 in. erzielten Werten. Bei einer Dest.-Menge von 400 (lb./sq. ft./Std.) ist die Wirksamkeit für $^1/_2$ in.-Ringe doppelt so groß, bei 1220 beinahe gleich derjenigen, die mit $^1/_4$ in. erzielt wird. G. Frikell. 5864□

Praktische Anwendungen der Kittel-Platte. B. Pollard. (Ind. Chemist **37,** 426—32, Sept.; 481—84, Okt. 1961; Constructors John Brown Ltd.; engl.) — Vf. beschreibt die Weiterentw. der von Kittel entwickelten Vorr. zur Verbesserung des Kontaktes zwischen fester u. fl. Phase im Gegenstrom-Verf. bei der fraktionierten Dest. zum Gaswaschen u. a., wodurch eine ständige u. ununterbrochene Erneuerung der Oberfläche u. laufende Neuverteilung der in Kontakt tretenden Prodd. bewirkt wird. Die verschiedenen Ausführungsformen werden beschrieben. G. Frikell. 5864□

Der Proabd-Reiniger. J. G. D. Molinari. (Ind. Chemist **37,** 323—26, Juli 1961; Chem. Engng. Wiltons Ltd.; engl.) — Es wird das im E. P. 837 295 geschützte Verf. zur Reinigung von Naphthalin durch Kristallisation beschrieben. Es ist möglich, ein von Thionaphthen freies Prod. (F. 79°) zu erhalten. Das Verf. kann auch auf die Reinigung von Bzl. angewendet werden, bes. zur Entfernung der Paraffine.
F. Rosendahl. 5868□

Flüssigkeitsverteilung in Horden-Rost-Packungen. 3. Mitt. **Die Auswirkung der Eigenschaften der Flüssigkeit.** J. W. Mullin und W. M. Butt. (Trans. Instn. chem. Engr. **38,** 308—16, Dez. 1960; London, Univ. Coll., Dep. chem. Engng.; engl.)— 2. vgl. C. **1960,** 4954. — Änderungen der Oberflächenspannung u. der Viscosität der herabfließenden Fl. haben eine deutliche Wrkg. auf die seitliche Streuung bei jeder Berührung mit einem Hordenrost, mit denen eine Kolonne gefüllt ist. Die Wrkg. der Änderung der

Dicke u. des Winkels des Rostes ist eine andere. Die Wrkg. auf die krit. Geschw. L_{krit} kann vernachlässigt werden im Vgl. zur Änderung der Dimensionen der Roste. Eine Vergrößerung der Oberflächenspannung u. der kinemat. Viscosität erhöht den Wert von L_{krit}, z. B. bei der Beaufschlagung mit Fl. bis zu einer Menge, oberhalb der der Grad der seitlichen Verteilung einen konst. Wert annimmt. Die Änderung der Roste hat keinen Einfl. auf L_{krit}. Die Oberflächenspannung u. die Stärke der Roste sind die Hauptfaktoren, um die Menge der Beaufschlagung zu bestimmen, bei der die Fl. die Roste erreicht, wodurch die Benetzung der Roste eingeleitet wird.
F. Rosendahl. 5882□

Ein für kinetische Untersuchungen brauchbares fettfreies Vakuumventil. W. R. Doty und P. R. Ryason. (Rev. sci. Instruments **32**, 89—90, Jan. 1961; Richmond, Calif., California Res. Corp.; engl.) — Gelegentlich von Unterss. über die relativen therm. Stabilitäten von Tetraäthyl- u. Tetramethylblei wurde ein Vakuumventil konstruiert, bei dem zur Dichtung *Viton-A* verwendet wurde, wobei zur Bindung des Viton-A an das Glas ein Epoxyharz verwendet wurde. Vakuum-Verss. ergaben, daß bei geschlossenem Ventil innerhalb 1 Std. bei Drücken von ca. 0,1 μ Hg in einem Vol. von 1 Liter u. einem Außendruck von 1 at kein Druckunterschied feststellbar war. C. Gottfried. 5882

Chemische Kernreaktoren. R. L. Von Berg. (Chem. Weekbl. **57**, 650—54, 23/12. 1961; niederl.) — Erörterung der Möglichkeit, Kernenergie für chem. Prozesse anzuwenden u. die radioakt. Spalt-Prodd. zurückzugewinnen. Die Kinetik u. Wirtschaftlichkeit solcher Vorgänge wird am Beispiel der Bldg. von NO_2 aus der Luft behandelt.
W. Wesly. 5894□

Energieverteilung in bestrahlten Schlammteilchen chemischer Reaktoren. D. F. Rudd. (Chem. Engng. Sci. **12**, 51—55, März 1960; Univ. of Minnesota; engl.) — Manche durch Bestrahlung hervorgerufene chem. Rkk. werden durch Einführung phosphorescierender Teilchen beschleunigt, wobei die Teilchen Strahlungsenergie absorbieren u. im Reaktor ausstrahlen. Die Energieverteilung wird für Strahlungsreaktoren mit Rührer berechnet. W. Wesly. 5894□

Die Verwendung einer Digital-Rechenmaschine für die Berechnung der Porenverteilung in einem Katalysator. C. Clément, R. Montarnal und P. Trambouze. (Rev. Inst. franç. Pétrole Ann. Combustibles liquides **17**, 558—67, April 1962; Inst. franç. du Pétrole; franz.) — Die Messung der porösen Oberfläche u. der Porenverteilung ist von großer Bedeutung für die Entw. u. Beurteilung von Katalysatoren. Im Artikel werden die Anwendung eines Digital-Computers auf dieses Problem geschildert u. die Aufstellung des Rechenprogramms an Hand eines prakt. Beispiels erläutert.
H. Seidel. 5904□

Einige Untersuchungen über die Schwankungen der Feststoffkonzentration und über rheologische Eigenschaften von Gaswirbelschichten. G. Schiemann, K. Schügerl, F. Fetting (unter Mitarbeit von H. Rötger, G. Boettger, K. Heidel, M. Merz und O. Winter). (Chemie-Ing.-Techn. **33**, 725—38, Nov. 1961; Hannover, TH, Inst. für Techn. Chem.; dt.) — In Gaswirbelschichten werden Häufigkeits- u. Wahrscheinlichkeitsverteilungen der Dichte der Mischphase, der Blasengröße u. der Druckschwankungen in Abhängigkeit von Gas-Geschw., Korngröße u. Abstand vom Anströmboden durch Absorptionsmessung von Röntgenstrahlen, β-Strahlen u. Licht sowie durch Messungen mit einer Drucksonde untersucht. Die Abhängigkeit der mittleren Dichte u. der Stärke der Dichteschwankungen der Mischphase von der Gas-Geschw. u. der Korngröße wird gesetzmäßig erfaßt. Durch rheolog. Messungen mit einem Rotationsviscosimeter wird das Reibungsgesetz für stabile Mischphasen ermittelt u. seine Abhängigkeit von Gas-Geschw. u. Korngröße bestimmt. Der bei „instabilen" Mischphasen beobachtete unregelmäßige Verlauf der Fließkurven wird auf die Änderung von Dichte u. Struktur der Mischphase zurückgeführt. W. Wesly. 5904□

Giacomo Ferrari, Italien, **Fensterkitt** aus Faserasbest, Asbestmehl u. Siccativöl mit Zusatz von Harz. — 50 (kg) Kolophonium werden in 20 Leinöl verrührt u. mit 50 Asbestfasermaterial gemischt; 1 Std. wird gerührt. Dabei werden zugegeben: 20 Leinöl, danach 20 Standöl, wieder 20 Leinöl, 150 Asbestmehl u. 50 Co-Naphthenat (mit 6% Co). (**F. P. 1 227 638** vom 16/6. 1959, ausg. 22/8. 1960. It. Prior. 12/8. 1958.)
M. F. Müller. 5811

Skandinaviska Aerosol Aktiebolaget, Schweden, **Druckmittelgemisch zur Erzeugung von Aerosolen.** Das Druckmittel ist bei normaler Temp. gasförmig u. unter dem im Behälter herrschenden Druck flüssig. Man verwendet z. B. 50 cm^3 einer Mischung aus Butan u. seinen Homologen mit einer D. von ca. 0,6 u. fügt 50 cm^3 Dichlortetrafluoräthan (Freon 114) mit der D. 1,4 in fl. Zustand hinzu. Das Druckmittelgemisch hat die D. 1. Wird ein Aerosol-Behälter mit 40 Teilen dieses Gemisches u.

60 Teilen W. (oder Wirkstoff-Lsg.) gefüllt, kann die gesamte Fl.-Menge als Aerosol zerstäubt werden. — Weiter sind genannt: Trichlorfluormethan (Freon 11), Dichlordifluormethan (Freon 12), Monochlordifluoräthan (Genetron 101), Vinylchlorid, Butan, Propan u. analoge KW-Stoffe. — Verw. zum Zerstäuben von *Insekticiden, Desodoriermitteln, Lacken, kosmet. Fll.* u. *Reinigungsmitteln*. (**F. P. 1 218 156** vom 2/3. 1959, ausg. 9/5. 1960.) W. Wittholz. 5825

Kenji Negoro, Hachiro Hiyama und Keiji Oshima, Osaka, Japan, **Herstellung eines anionischen Aktivierungsmittels.** Neutralöl mit Kp. $>200^0$ aus dem Teer der Kohletrockendest. oder dessen Fraktionen werden sulfoniert u. dann mit einem aliphat. Aldehyd umgesetzt, oder es wird in umgekehrter Reihenfolge verfahren. — Zu 30 g Kreosotöl gießt man langsam 20 g handelsübliche konz. H_2SO_4 u. rührt 5 Std. bei $\leq 170^0$, verd. mit W., entfernt nicht umgesetztes Material mit Bzl., setzt 15 g Formalin zu u. rührt 30 Min. bei 50^0, gibt Kalk zu, filtriert ab u. stellt mit Na_2CO_3 oder $(NH_4)_2CO_3$ das neutrale Salz her. — Verw. als *Dispersions-, Homogenisier-* u. *Emulgierungsmittel, Reinigungs-* u. *Waschmittel.* (**Jap. A. S. 9 443/1960** vom 2/4. 1957, ausg. 18/7. 1960.) M. Pankow. 5825

Tokuyama Soda Kabushiki Kaisha (Erfinder: Koji Okami, Yukio Mizutani und Sumio Akiyama), Tokuyama, Japan, **Herstellung anionischer Austauscherfolien** durch Pfropfpolymerisation hochmol. Polystyrole mit halogenhaltigen Alkylgruppen in Lsg. in polymerisierbaren Monomeren u. Umwandlung der Halogenalkylgruppe zu einer ionenaustauschenden Gruppe. — 5 (g) chlormethyliertes Polystyrol (15,6% Cl-Geh.), in einer Mischung aus 10 Styrol, 10 Methylmethacrylat u. 5 40%ig. Divinylbenzol gelöst, werden mit etwas Benzoylperoxid kurze Zeit bei 60 bis 70^0 gehalten, auf Glasplatten wird ausgestrichen u. 10 Std. bei 80^0 gehalten. Die erhaltene Folie taucht man 24 Std. in wss. $(CH_3)_3N$-Lösung. (**Jap. A. S. 12 942/1960** vom 2/4. 1958, ausg. 8/9. 1960.) M. Pankow. 5827

Asahi Glas Kabushiki Kaisha, Tokyo (Erfinder: Tadashi Yawataya, Tokyo, und Hiroshi Hani, Fujisawa), Japan, **Kontinuierliche Herstellung einer Anionenaustauscherfolie.** Die Folie [z. B. aus 60 Teilen Styrol–Butadien (50 : 50%)-Gummi u. 40 Teilen Polystyrol, die auch durch Fasermaterial verstärkt sein kann] wird mittels Leitrollen durch eine Reihe von Trögen geführt, in deren erstem ein Haloalkylierungsmittel ($SnCl_4$–Chlormethyläther–Tetrachloräthan) einwirkt, worauf sie durch Waschtröge mit CH_3OH u. Kerosin u. dann durch einen Trog mit Aminierungsmittel [$N(CH_3)_3$–CH_3OH] u. anschließend durch solche mit W. läuft. — Zeichnung. (**Jap. A. S. 13 466/1960** vom 25/12. 1958, ausg. 15/9. 1960.) M. Pankow. 5827

Asahi Kasei Kogyo Kabushiki Kaisha, Osaka (Erfinder: Yoshio Sumida, Tokyo, Maomi Seko, Masaaki Watanabe, Hideo Kawade, Teruyuki Misumi und Yasumichi Yamagoshi, Nobeoka), Japan, **Herstellung amophoter Ionenaustauscherharze.** Man polymerisiert aliphat. u./oder aromat. Monovinyl-Verbb. mit Monovinyl-Verbb., die Sulfon-, Phosphor-, Carbonsäuregruppen, OH-, Thiogruppen oder durch Verseifung solche ergebenden Gruppen enthalten, u. Monovinyl-Verbb., die Amingruppen oder mit Aminen reagierende Chlormethyl- u./oder Äthoxygruppen aufweisen, ferner mit Mehrfachvinyl-Verbb. u. Weichmachern zu Polymeren oder führt dann, wenn nötig, Sulfonierung, Chlormethylierung, Aminierung u. Verseifung durch. — 100 (Teile) Styrol, 60 Butyläthylensulfonat u. 240 4-Vinylpyridin werden in N_2 2 Std. bei 80^0 teilpolymerisiert, 40 Divinylbenzol, 60 Äthylvinylbenzol, 120 Dimethylphthalat u. 0,4 Benzoylperoxyd zugesetzt. Die Mischung wird 48 Std. bei je 60^0 u. 80^0 gehalten. Man schneidet das Polymere zu 20·20·0,5-mm-Tafeln, die in 2n NaOH bei Rückfluß-Temp. 100 Std. zu sulfonsaurem Na verseift werden, das mit n-HCl die Sulfonsäure ergibt. 50 des Polymeren werden mit 50 Propylbromid 100 Std. bei Rückfluß-Temp. gehalten, wobei Propylbromid unter Quaternisierung an die Pyridingruppe angelagert wird. — Man kann auch zu einem Styrol teilpolymeren Divinylbenzol, Äthylvinylbenzol u. Dimethylphthalat u. Benzoylperoxyd geben u. polymerisieren u. das Polymere nach Zerschneiden zu Tafeln mit $ZnCl_2$ u. Chlormethyläther behandeln, dann mit SO_3 u. Dichloräthan sulfonieren u. mit Trimethylamin behandeln. — 20 Beispiele. (**Jap. A. S. 9 438/1960** vom 28/11. 1956, ausg. 18/7. 1960.) M. Pankow. 5827

Duval Sulphur & Potash Co., Houston, Tex., V.St.A. (Erfinder: Douglas Johnston Bourne und Martin Henry Harrison), **Schaumflotation von Kalium- und Natriumchlorid enthaltenden Mineralien** in mehreren Stufen. Das in der 1. Stufe von Bergen befreite Rohkonzentrat wird in einer 2. Stufe der Flotation nachgereinigt. Das hierbei anfallende Mittel-Prod., das KCl, NaCl u. tonhaltiges Material enthält, wird durch Sieben von der Fraktion — 28 Maschen (Taylor-Standard) — befreit. Die übrigen Fraktionen (+ 14, — 14, 28 Maschen) werden dem flotierten Prod. der 2. Stufe zugeführt.

u. diese Mischung wird durch Zentrifugieren von den Feststoffen (Salz) getrennt. Die Fl. kehrt im Kreislauf zur 1. Stufe zurück. Durch Trocknen der Feststoffe wird ein hochprozentiges Endprod. erhalten. (**E. P. 864 529** vom 9/4. 1957, ausg. 6/4. 1961.) W. Hauswald. 5829

English Clays Lovering Pochin & Co. Ltd., St. Austell, England (Erfinder: William Windle), **Behandlung von Produkten der Schaumflotation.** Um die Spuren von Schaummitteln (Xanthate, Amine, Ölsäure, Kresylsäure, pine-oil, höhere Alkohole, Dieselöl u. Paraffinöl) aus dem Schaum-Prod. zu entfernen, wird dieses in eine wss. Suspension übergeführt, der man Kalk zur Erzielung eines pH-Wertes von mindestens 9 zusetzen kann. Die Suspension wird belüftet u. der Schaum entfernt. Das in der Flotationszelle verbleibende Prod. ist prakt. frei von Schaummitteln. (**E. P. 872 760** vom 8/4. 1959, ausg. 12/7. 1961.) W. Hauswald. 5829

Dow Chemical Co., Midland, Mich., V.St.A. (Erfinder: Giffin Denison Jones), **Copolymere von Acrylamid und aromatischen Vinylsulfonaten als Ausflockungsmittel** für anorgan. Feststoffe aus wss. Suspensionen. Das Gemisch besteht zu 99—90 Mol.-% aus Acrylamid u. 1—10 aromat. Vinylsulfonat (Vinylbenzolsulfonsäure, Vinylbenzylsulfonsäure, wasserlösl. Alkali- u. Erdalkalisalzen dieser Säuren) u. alkylsubstituierten Derivv. dieser Säuren u. Salze, mit 1—2 Alkylsubstituenten, die 1—3 C-Atome aufweisen u. am Benzolkern angreifen. Das Copolymere wird in Ggw. eines Katalysators, wie K- oder Na-Persulfat, H_2O_2 oder dgl. bei 0—100° bei normalem oder erhöhtem Druck in wss. Lsg., die einen pH zwischen 3—9 besitzt, hergestellt. Von dem Copolymeren werden mindestens 0,005 lbs./t suspendierten Feststoffes zum Ausflocken benötigt. (**E. P. 859 269** vom 3/7. 1959, ausg. 18/1. 1961.) W. Hauswald. 5829

General Electric Co., Schenectady, N.Y., V.St.A., **Destillationsverfahren.** Die zu destillierende Fl. wird in dünner Schicht auf einer beheizten Fläche mittels rotierender elast. Wischer verteilt. Die latente Verdampfungswärme reicht dadurch aus, die erwünschten Fl.-Teile von einem zum anderen Wischer zu verdampfen. — Vorrichtung. (**E. P. 856 489** vom 8/8. 1958, ausg. 14/12. 1960. A. Prior. 12/8. u. 26/12. 1957.) G. Fritsch. 5865

A. P. V. Co. Ltd., London, England (Erfinder: George Anthony Dummett und Harry Christopher Cooper), **Reinigung von Flüssigkeiten** durch Entfernen verdampfbarer Verunreinigungen. Mittels Dampf, der in einer eigens hierfür ausgebildeten Kolonne im Gegenstrom durch die zu reinigende Fl., die bis zu einem Nebelschleier fein verteilt wird, geleitet wird, wird die Verunreinigung mit dem Dampf am Kopf der Kolonne abgeführt, während die gereinigte Fl. am Fuß der Kolonne anfällt. — Vorrichtung. (**E. P. 856 461** vom 2/12. 1955, ausg. 14/12. 1960.) G. Fritsch. 5865

Bendix Aviation Corp., Detroit, Mich. (Erfinder: Thomas Joseph Bulat, Davenport, Iowa), V.St.A., **Herstellung von radioaktiven Ölen.** Man versetzt eine wss. Lsg. einer radioakt. Substanz mit einem aliphat. Alkohol mit <5 C-Atomen (z. B. Isopropanol), emulgiert die alkohol. Lsg. mit einem Öl (z. B. Wal-, Ricinus-, Oliven-, Paraffin-, Schmier-, Schneidöl), klärt die Emulsion mit einem Dispergierungsmittel (z. B. o-Dichlorbenzol, Xylol, Butylacetat) u. entfernt das W., den Alkohol u. das Dispergierungsmittel durch Erhitzen. (**F. P. 1 153 992** vom 13/6. 1956, ausg. 31/3. 1958. **D. A. S. 1 041 625** Kl. 23c vom 19/6. 1956, ausg. 23/10. 1958. **E. P. 795 028** vom 14/6. 1956, ausg. 14/5. 1958. Alle A. Prior. 22/6. 1955.) T. Oppermann. 5894

Dow Chemical Co., übert. von: Bernard J. Thiegs, Midland, Mich., V.St.A., **Stabilisierte, saure, schaumerzeugende Lösung,** gek. durch W. mit einem Geh. von 0,25—25% (der Gesamtmischung) an schaumerzeugenden Stoffen, z. B. wasserlösl. Proteinen u. Celluloseäther-Derivv., die relativ unpolar sind u. in 1%ig. wss. Lsg. von 25° eine Oberflächenspannung von <60 dyn/cm haben, sowie mit einem Geh. von 0,05—5% (der Gesamtmischung) an Carbonsäuren mit einem durchschnittlichen Molgew. von ca. 250, einem durchschnittlichen Äquivalent-Gew. von ca. 80 u. die im Durchschnitt 2,5—5 Carboxylgruppen/aromat. Kern enthalten. (**A. P. 2 949 426** vom 21/5. 1957, ausg. 16/8. 1960.) A. Gradl. 5907

H_3. Elektrotechnik

General Electric Co., übert. von: Carlyle S. Herrick, Alplaus, N.Y., V.St.A., **Herstellen großer ringförmiger Einkristalle** aus einem Ring kristallinen Materials, z. B. aus Si. Der Ring wird sehr langsam um seine Achse gedreht u. dabei parallel zur Achse zonengeschmolzen. — Abbildungen. (**A. P. 2 967 095** vom 25/7. 1958, ausg. 3/1. 1961.) O. Steil. 5953

Wacker-Chemie G. m. b. H., München, **Herstellung von kristallinem, sehr reinem Siliciumcarbid, insbesondere für Halbleiter.** Ein oder mehrere im Gas- oder Dampfzustand vorliegende alkylierte, ggf. Halogen enthaltende Silane, deren Atomverhältnis C:Si = 1 beträgt, werden direkt oder indirekt auf 600 bis ca. 2000° erhitzt, wobei die Abscheidung des gebildeten Si-Carbids ggf. an Abscheidungskörpern, wie hochreinem geformten Graphit oder Si-Carbid, erfolgt, die mittels elektr. Hochfrequenz, Elektronenbeschuß oder -fackel beheizt werden. Zur Überführung in den grobkristallinen Zustand wird das Prod. auf 1600 bis ca. 2000° mit oder ohne Anwendung einer inerten Gasatmosphäre (Edelgase, H_2 u./oder CO) oder Vakuum erhitzt. Diese Erhitzung kann in Ggw. inerter Gase bei Normal-, Über- oder Unterdruck bei 700—2500° erfolgen. Der Druckbereich liegt zwischen $^1/_{1000}$ u. mehreren Atmosphären. — Vgl. D. A. S. 1 047 180; C. **1959,** 11377. (**Oe. P. 213 846** vom 3/4. 1959, ausg. 10/3. 1961. D. Prior. 3/4. 1958 u. 31/1. 1959.) W. Wittholz. 5953

Siemens & Halske Akt.-Ges., Berlin und München, übert. von: Karl Siebertz, München, **Herstellung hochreiner einkristalliner Halbleiterstäbe** mittels eines Keimkristalls durch Ziehen aus einer tiegellosen Schmelze, die durch Ablagerung des Rk.-Prod. einer hochreinen gasförmigen Verb. laufend gespeist wird. Um möglichst viel von dem Rk.-Prod. in die Schmelzzone zu bringen, soll die Schmelzzone eine Elektrode (Kathode) einer oder mehrerer Gasentladungen bilden. Die zu zersetzende Verb. wird auf die Schmelzzone gerichtet zugeführt. — Abbildungen. (**A. P. 2 999 737** vom 16/4. 1959, ausg. 12/9. 1961. D. Prior. 30/4. 1958.) O. Steil. 5953

North American Philips Co., Inc., New York, N.Y., V.St.A., übert. von: Marcel Pieter Alfons François, Brüssel, Belgien, **Herstellung von Halbleiterkristallen mit wenig Versetzungen.** In dem Teil des bereits angewachsenen Stabes, in welchem therm. Spannungen Verwerfungen u. Versetzungen auftreten können, wird ein konst. Temp.-Gradient aufrechterhalten. Beim Ziehen aus der Schmelze soll auf der Schmelze ein Graphitring schwimmen, dessen Öffnung nur wenig größer als der Durchmesser des gezogenen Stabes ist. Dieser Ring kann sich nach oben kon. erweitern. Beim tiegelfreien Zonenschmelzen ist der Stab von einem Graphitring umgeben, der induktiv erhitzt wird u. dessen Außendurchmesser das Zwei- bis Dreifache des Stabdurchmessers beträgt. — Abbildungen. (**A. P. 3 002 824** vom 18/11. 1957, ausg. 3/10. 1961. Niederl. Prior. 28/11. 1956.) O. Steil. 5953

Sprague Electric Co., North Adams, übert. von: Preston Robinson, Williamstown, Mass., V.St.A., **Herstellen von n- oder p-leitenden Schichten in einem Halbleiterkristall** durch Diffusion. Die Oberfläche des Kristalls wird zunächst mit einer dünnen Schicht (Oxidhaut) überzogen u. auf diese der zu diffundierende Stoff (I) aufgebracht. Durch Erhitzen kann dann I kontrolliert in den Kristall diffundieren. (**A. P. 2 981 646** vom 11/2. 1958, ausg. 25/4. 1961.) O. Steil. 5953

Texas Instruments, Inc., übert. von: Rowland E. Johnson, Dallas, Tex., V.St.A., **Raffination von Halbleitermaterial von Verunreinigungen mit über 1 liegenden Segregationskonstanten.** Das zu reinigende Material wird geschmolzen u. fortschreitend von einem Ende zum andern zur Erstarrung gebracht, worauf eine geschmolzene Zone von dem genannten Ende aus den festen Barren durchzieht, wobei das Vol. der geschmolzenen Zone in nicht linearer Weise zunimmt, bis die Erstarrungsfront bei ca. 25 % der Barrenlänge angekommen ist u. darauf das Vol. der geschmolzenen Zone abnimmt, um eine maximale Konz. von Verunreinigungen in der genannten geschmolzenen Zone zu bekommen. — Graph. Darstellung. (**A. P. 2 996 374** vom 13/11. 1958, ausg. 15/8. 1961.) M. Neckermann. 5953

Benjamin Foster Co. (Erfinder: Irvin John Steltz), **Isoliermasse,** bestehend aus einer Lsg. von Bitumen in einem Gemisch von brennbaren u. nichtbrennbaren Lsgm., z. B. 19 (Teilen) Weichbitumen, 5,5 Steinkohlenteerpech, 3,5 Gilsonit, 8,4 Chlorparaffin, 0,1 Naturlatex, 4 Antimonoxid, 4 Kalkmehl, 6 Glimmer, 18 Schiefermehl, 12 Asbestfasern, 4 1.1.1-Trichloräthan, 8 Perchloräthylen u. 7,5 Petroleumdestillat. (**Aust. P. 230 987** vom 9/9. 1959, ausg. 24/11. 1960. A. Prior. 17/11. 1958.) C. Lüttgen. 5957

Minnesota Mining & Mfg. Co., St. Paul, Minn., V.St.A., **Hitzebeständige Masse für elektrische Isolierung,** die $\geq$70% Polyäthylen enthält, das mit einem Schutzstoff gegen therm. Zers. gemischt u. starker ionisierender Bestrahlung ausgesetzt wurde, dad. gek., daß als Schutzstoff eine Mischung von chloriertem Harz oder einem Butadien–Styrol-Mischpolymerisat mit einem Antioxydans u. Ruß verwendet wird. Als Schutzstoffe dienen bes. Sb_2O_3 oder ZnO enthaltendes chloriertes Harz, oder Butylkautschuk. — Beispiel für die Zus. der Masse: 100 (Teile) Polyäthylen, 0,15 Antioxydans (aromat. Amine), 5 chloriertes Harz, z. B. ein chloriertes Polyphenylharz, 5 Sb_2O_3 u. 0,4 Ruß. — Verarbeitung zu Filmen, Pellets, Rohren, Fasern, Selbstklebestreifen, Überzügen auf Textil-Prodd., Grundschichten für Klebebänder, Kabel- u. Drahtisolationen. — Mengenbeispiele. (**E. P. 860 344** vom 20/2. 1957, ausg. 1/2. 1961. A. Prior. 20/2. u. 21/3. 1956.) G. Vogel. 5957

Plessey Co. Ltd., Ilford, übert. von: John M. Herbert, Horton, England, **Herstellung von keramischem, dielektrischem Material,** das wegen seiner hohen Permittivität für *dielektr. Kondensatoren* geeignet ist. Ein Gemisch aus $BaTiO_3$ u. mindestens 14 Mol.-% MnO wird geformt u. anschließend in reduzierender Atmosphäre bei ca. 1150° gesintert, wobei $MnO(BaTiO_3)_2$ u./oder $MnO(BaTiO_3)_4$ u./oder $MnO(BaTiO_3)_6$ gebildet wird. Substitution eines Teiles des Ba durch Mg, Be, Ca, Sr, Y u. La u. eines Teiles des Ti durch Zr, Ce, Th, Sn u. Ta ist möglich. Die dielektr. Eigg. der Verbb. ändern sich mit der Menge der Substituenten. (**A. P. 2 946 937** vom 7/5. 1956, ausg. 26/7. 1960.) G. Frikell. 5957

Nippon Denshin Denwa Kosha (Erfinder: Toyotaro Shiramatsu und Tsuneo Tamada, Tokyo, und Tomio Tadokoro, Hachioji), Japan, **Herstellung von verstärktem plastischem Material für elektrische Isolierungen.** Man tränkt Trägermaterial (Glasgewebe, -matten, Papier, Kunstfasermatten), mit einer fließbaren Harzmasse aus Kautschuk, Styrol u. Divinylbenzol, die einen Härtungskatalysator gelöst enthält, u. härtet bei geringem Druck durch Erhitzen. — Man gibt 0,5% Benzoylperoxid zu einer Mischung aus 15 (Gew.-Teilen) Kautschuk, 5 Divinylbenzol u. 80 Styrol, tränkt damit eine Glasfasermatte u. härtet die 2—3 mm starke Platte zunächst 7—12 Std. bei 60° in der Form u. später nach Bedarf 2—3 Std. bei 150°. (**Jap. A. S. 13 134/1960** vom 19/5. 1958, ausg. 10/9. 1960.) M. Pankow. 5957

Wacker-Chemie G. m. b. H., München, **Herstellung selbstklebender Organopolysiloxanelastomerer** durch Kondens. von diorganosubstituierten Organopolysiloxanen mittels 0,001—0,1 Gew.-% H_3BO_3 oder deren Estern einerseits u. einem für die Kondens. üblichen B-freien Katalysator [Phosphornitrilchlorid (I)]; man härtet das Kondens.-Prod. ggf. nach Zusatz von Füllstoffen. — Die erhaltenen Stoffe eignen sich bes. zum *Verkleben von Metallen* mit B-freien Organopolysiloxanelastomeren oder solcher Polymerer miteinander, z. B. bei der Reparatur solcher Polymerer. — Zu 100 (g) linearem Dimethylpolysiloxan gibt man 10 mg H_3BO_3 in Form einer gesätt. wss. Lsg. u. danach 0,1 trimeres Phosphornitrilchlorid in 1 cm³ CH_2Cl_2 u. erhitzt auf 120°, bis die Masse nicht mehr gerührt werden kann. 50 des Prod., 20 SiO_2 u. 1 Di-[4-chlorbenzoyl]-peroxid werden bei 250° in 5 Sek. gehärtet. Bänder aus solchem Material dienen als *Isoliermaterial* für Cu-Leiter. (**Oe. P. 217 708** vom 18/2. 1960, ausg. 25/10. 1961. D. Prior. 20/2. 1959.) M. Pankow. 5957

Armco International Corp. (Erfinder: Martin Fredrick Littmann), Middletown, Ohio, V.St.A., **Herstellung eines dünnen magnetischen Materials mit hoher Permeabilität.** Eine Leg. aus 75—85 (%), bes. 80 ± 2, *Ni* u. 3—6, bes. 4,0 ± 0,3, *Mo*, Rest *Fe* wird durch Heiß- u. Kaltwalzen unter Zwischenglühen auf eine Dicke $<25\ \mu$ gebracht, u. zwar wird das Material zur Erzielung einer niedrigen Koerzitivkraft u. einer rechteckigen Hysteresisschleife von einer durch Heißwalzen erzielten Zwischenstärke in einer Folge von Stufen mit dazwischen eingeschobenen Glühstufen auf die endgültige Stärke verringert mit der Maßgabe, daß die letzte Stufe bei einer Stärke stattfindet, bei der eine 70—85%ig. Streckung stattfindet. Anschließend wird das Material in einer vorwiegend aus H_2 bestehenden Atmosphäre mit einem Taupunkt $<-40°$ bei 750—1050° geglüht. — Diagramm. (**D. A. S. 1 091 343** Kl. 40d vom 23/8. 1956, ausg. 20/10. 1960. **E. P. 822 360** vom 8/8. 1956, ausg. 21/10. 1959.) Hans Hoffmann. 5959

Owens-Corning Fiberglas Corp., übert. von: Harry B. Whitehurst, Newark, Ohio, V.St.A., **Ferromagnetisches keramisches Fasermaterial.** Zur Herst. werden aus einem ferrithaltigen Glasfluß Fäden gezogen. Diese werden zum Ausrichten der magnet. Elementarbezirke beim Abkühlen einem magnet. Orientierungsfeld ausgesetzt. (**A. P. 2 968 622** vom 30/12. 1958, ausg. 17/1. 1961.) H. Kessel. 5959

Centre National de la Recherche Scientifique, Paris, Frankreich, **Magnetkern** aus gepreßtem u. gesintertem weichem Ferrit mit einer Koerzitivkraft von 0,3 Oe u. einem Geh. von 50 (Mol.-%) Fe_2O_3, 0,3—8 FeO, 20—50 MnO, 0—30 ZnO u. 0,1—1 Gew.-% CaO. — Abb.; 4 Diagramme. (**Oe. P. 215 165** vom 13/7. 1955, ausg. 25/5. 1961. F. Prior. 13/7. 1954.) O. Kayser. 5959

Western Electric Co., Inc., New York, N.Y., V.St.A., **Ferritmasse,** bes. für das Mikrowellengebiet. Einem bei 900° vorgesinterten Oxidgemisch, das 16—18 (%) Mg, 4—6 Cu, 2—4 Mn u. 73—77 Fe, bezogen auf 100 Metall, enthält, werden 0,1—1 Al_2O_3, ZrO_2, BeO oder TiO_2 zugesetzt. Dieses Gemisch wird mit 352—3520 kg/cm² zu Formstücken verpreßt u. bei 1250—1350° in oxydierender Atmosphäre gebrannt. (**Oe. P. 218 260** vom 22/12. 1959, ausg. 27/11. 1961. A. Prior. 29/12. 1958.) O. Kayser. 5959

Union Carbide Corp. (Erfinder: Paul Arthur Marsal, Lewis Frederick Urry und Andrew Tasch), **Kathode für Trockenzelle,** bestehend aus feinteiligem oxid. Depolarisationsmaterial (MnO_2, HgO, Ag_2O, CuO, V_2O_5, NiO), feinteiligem C-haltigem Material (Ruß, Graphit), einem Elektrolyten u. elektr. leitendem, gegenüber dem Elektrolyten inerten Fasermaterial (Stahl-, Fe- oder Ni-Wolle). — Beispiel: 73 (Gew.-%) MnO_2, 1 Acetylenruß, 10 Graphit, 5 Stahlwolle, 11 27 vol.-%-ig. KOH-Lösung. (**Aust. P. 228 236** vom 8/10. 1958, ausg. 9/6. 1960. A. Prior. 9/10. 1957.) K. Demmler. 5971

United States of America, Secretary of Navy, übert. von: David Norman Craig und John Philip Selrodt, Washington, D.C., V.St.A., **Elektrolyt für Trockenelemente,** welche bei Temp. bis zu —50° gebrauchsfähig bleiben, besteht aus einer wss. Lsg., die 47 (Gew.-%) $CH_3NH_2 \cdot HCl$, 10—20 NH_4Cl u. bis zu 10 $ZnCl_2$ enthält. (**A. P. 2 950 999** vom 18/3. 1944, ausg. 30/8. 1960.) F. Laaß. 5971

Elgin National Watch Co., übert. von: Thomas L. Boswell, Elgin, Ill., V.St.A., **Indium-Lösungselektrode für Primärelemente.** Die Elektrode besteht aus einer Leg., die wenigstens 90 (Gew.-%) In, 0,05—8 Bi u. Rest Sb, Pb, Zn, Cu, Ag, Hg, Sn, Cd oder bes. Li enthält. Der Zusatz von Bi soll die Polarisation der Elektrode reduzieren, die übrigen Metalle der tern. Legg. ergeben eine Verbesserung der Härte des weichen In. (**A. P. 2 959 631** vom 1/7. 1954, ausg. 8/11. 1960.) F. Laaß. 5971

Union Carbide Corp., New York, übert. von: Alphonse M. Heuminckx, Lancaster, N.Y., V.St.A., **Cadmium-Elektroden** für Ni-Cd-Akkumulatoren werden hergestellt durch 10—15 Min. langes Eintauchen einer porösen Ni-Platte in eine gesätt. $Cd(NO_3)_2$-Lsg. u. Überführen des $Cd(NO_3)_2$ in CdO durch therm. Behandlung. Dazu werden die imprägnierten Platten in einem Ofen, in welchen Luft eingeblasen wird, 10—15 Min. auf 350—900°, bes. auf zwischen 450 u. 500° erhitzt. Die so hergestellten Elektroden sollen eine bessere Lebensdauer u. erhöhte Kapazität aufweisen. — Kurven. (**A. P. 2 952 570** vom 20/5. 1958, ausg. 13/9. 1960.) F. Laaß. 5971

Gould-National Batteries, Inc., St. Paul, Minn., übert. von: Harold E. Zahn, Buffalo, N.Y., V.St.A., **Blei-Akkumulatoren** mit verringerter Selbstentladung werden erhalten durch Verw. von Platten, deren Gitter aus einer Leg. aus 1,5—4,5 (Gew.-%) Sb, 0,1—0,5 As, 0,1—0,5 Sn, 0,005—0,05 Cu, Rest Pb bestehen. As ergibt einen die Korrosion verhindernden Effekt, Sn erhöht die Fließfähigkeit u. Cu bewirkt eine Verbesserung der Dehnbarkeit, der Festigkeit u. der Härte der Legierung. (**A. P. 2 953 619** vom 31/7. 1958, ausg. 20/9. 1960.) F. Laaß. 5971

Chloride Batteries Ltd., Clifton Junction, England, **Röhrchen für Röhrenelektroden von Blei-Akkumulatoren** werden hergestellt durch Weben, Flechten oder Wirken von Fäden aus Polyvinylchlorid oder Polyäthylen, Anordnen der Röhrchen auf metall. Dornen u. Erwärmen auf eine Temp., bei der die sich berührenden Fäden an den Kreuzungspunkten derart zusammensintern, daß die Röhrchen einen hohen Steifigkeitsgrad erhalten u. etwas schrumpfen. (**Ind. P. 62 027** vom 16/10. 1957, ausg. 1/3. 1960. E. Prior. 12/11. 1956.) F. Laaß. 5971

Yardney International Corp., übert. von: Meyer Mendelsohn und Frank Solomon, New York, N.Y., V.St.A., **Separator für alkalische Akkumulatoren,** bes. Ag-Zn-Akkumulatoren. Eine Folie aus regenerierter Cellulose oder Polyvinylalkohol oder Nylongewebe als Träger wird durch Eintauchen in eine Lsg. (I) mit einem Überzug aus sulfoniertem Protein überzogen. I wird erhalten durch Lösen von Casein, Zein, Sojabohnenprotein, Keratin oder Gelatine in H_2SO_4, Ausfällen mit KOH u. Auflösen des Nd. in verd. H_2SO_4. (**A. P. 2 964 584** vom 29/7. 1957, ausg. 13/12. 1960.) F. Laaß. 5971

Thorn Electrical Industries Ltd., London, England (Erfinder: Peter Whitten Ranby und David Richard Palowkar), **Leuchtschirm.** Die Leuchtschicht besteht aus einem bei 1200° geglühten Gemisch aus $CaCO_3$, MgO, SiO_2, Li_2CO_3 u. Ce(IV)-NH_3-Nitrat, in welchem das atomare Mengenverhältnis von Ca : Mg = 1 : 0 bis 1 : 5, das von (Ca + Mg) : Si = 1 : 2—6 : 1, von Ce : Si = 0,002 : 1—0,1 : 1 u. von Li : Si = 0,002 : 1—1 : 1 ist. Wenn das Gemisch homogen geworden ist, wird noch eine Zeit lang in einer H_2-Atmosphäre geglüht, um einen Teil des Ce in den dreiwertigen Zustand zu überführen. Bei Einw. von Kathodenstrahlen fluoresciert das Gemisch tiefblau bis UV. (**E. P. 837 351** vom 14/1. 1958, ausg. 15/6. 1960.) A. Kalix. 5975

International Minerals & Chemical Corp., Chicago, Ill., V.St.A., **Herstellung eines Perlitgemisches mit verbesserter Lichtreflexion** durch Beimischen von TiO_2, MgO, $MgCO_3$, ZrO_2 oder $CaHPO_4$ im Gew.-Verhältnis von 5 : 1—200 : 1, wobei die beigemischten Stoffe eine Teilchengröße $<$0,074 nm aufweisen, u. Erhitzen auf 815 bis 1150°. (**Belg. P. 561 097** vom 25/9. 1957, ausg. 20/5. 1960. A. Prior. 19/10. 1956.) K. Demmler. 5975

Sylvania Electric Products, Inc., Wilmington, Del., V.St.A., **Luminescenzmaterial,** bestehend aus Ba- oder Ba-Sr-Phosphat, das mit Sn aktiviert ist, das sich wenigstens z. T. im 2wertigen Zustand befindet, u. 2,70—2,75 (Grammatome) Ba u.

0,04 Sn pro Grammol P_2O_5 enthält. (**E. P. 845 594** vom 2/8. 1957, ausg. 24/8. 1960. A. Prior. 2/8. 1956.) K. Demmler. 5975

Sylvania Electric Products, Inc., V.St.A. (Erfinder: Paul Goldberg und Allen Louis Solomon), **Herstellung von Elektroluminescenzmaterial** auf der Basis von ZnS mit einem Zusatz von CdS oder Se-Sulfid u. ZnO. Als Aktivierungsmittel dient Cu-Metall. — Beispiele. (**F. P. 1 218 665** vom 29/12. 1958, ausg. 12/5. 1960. A. Prior. 30/12. 1957.) M. F. Müller. 5975

H_4. Wasser. Abwasser·

Biologische Beschaffenheit und Gütezustand von Trinkwasser-Talsperren. Arno Wetzel. (Wasserwirtsch.-Wassertechn. **12**, 55—61, Febr. 1962; Leipzig; dt.) — Zusammenfassender Bericht über den für Trinkwassertalsperren wünschenswerten Zustand geringer biolog. Produktivität, Maßnahmen zu seiner Erreichung u. Folgen bei Abweichungen davon. I. Vieweg. 6014□

Über den derzeitigen Stand der Abwasserbeseitigung in Zuckerfabriken. Horst Mühlpforte. (Wasserwirtsch.-Wassertechn. **12**, 65—70, Febr. 1962; Hadmersleben; dt.) — Eine befriedigende Reinigung des große Schäden verursachenden Abwassers von Zuckerfabriken ist nur auf Rieselfeldern oder in Ausfaulteichen möglich. Da der Flächenbedarf dieser Verff. beachtlich ist, muß der Abwasseranfall gesenkt werden. Das ist begrenzt durch Änderungen in der Verf.-Technologie u. Rückgewinnung von Abwasserinhaltsstoffen u. wesentlich durch weitgehenden Ausbau innerbetrieblicher Abwasserkreisläufe möglich. Dazu ist es notwendig, die Kreisläufe der einzelnen Abwasserarten zu trennen, ungelöste Bestandteile abzutrennen u. durch Chloren, Erhitzen oder andere Desinfektionsmaßnahmen Gärungsvorgänge zu unterbinden. I. Vieweg. 6036□

Konstruktion und Wirksamkeit von Filtermedien aus Plasten. V. A. Minch, John T. Egan und Mc Dewain Sandlin. (J. Water Pollut. Control Federat. **34**, 459—69, Mai 1962; Chillicothe, Ohio; engl.) — Vff. berichten über den Einsatz von Filterkörpern aus Plasten in einem Rieselfilter, das als Teil einer Kläranlage für die Abwasser einer Papiermühle dient. Gegenüber den mit Steinen oder Ziegeln versehenen besitzt ein mit plast. Material gefülltes Filter größere Porosität, höheren Luftdurchtritt u. bessere Fl.-Verteilung. Belastungsstöße u. Überlastung des Filters werden gut bewältigt. P. Olschinka. 6040□

Die ökonomische Bedeutung von Pufferbecken bei der biologischen Abwasserbehandlung nach dem Turmtropfkörperverfahren. Otto Scharfe und Klaus Herzog. (Wasserwirtsch.-Wassertechn. **12**, 77—79, Febr. 1962; Erfurt, Wasserwirtschaftsdirektion „Werra-Gera-Unstrut", Abt. I; dt.) — Turmtropfkörperanlagen für die biolog. Behandlung städt. u. häuslicher Abwässer zeigen bei Überbelastung ein erhebliches Absinken des Wrkg.-Grades. Deshalb muß ihrer Bemessung zur Bewältigung von Zuflußspitzen nicht die mittlere Tagesabwassermenge, sondern ein größerer Wert zugrunde gelegt werden. Vff. weisen durch Vgl.-Berechnungen nach, daß bei Anlagen in der Größenordnung bis zu 50000 Einwohnergleichwerten Kosteneinsparungen von 20—30% erzielt werden können, wenn ein Pufferbehälter geeigneter Größe vorgeschaltet u. der Inhalt der Turmtropfkörper auf die mittlere Tagesmenge ausgelegt wird. I. Vieweg. 6044□

Aerobe Aufbereitung von Textilfabrikabwässern. E. L. Jones, T. A. Alspaugh und H. B. Stokes. (J. Water Pollut. Control Federat. **34**, 495—512, Mai 1962; Greensboro, N.C.; engl.) — Vff. berichten über einen einstufigen Kontaktstabilisierungsprozeß mit getrennter Stabilisierungs- u. Kontaktzone im Belüftungsbecken zur Behandlung der Abwässer von Textilfabriken im Gemisch mit Haushaltungsabwässern (HA) (1 : 1). Die Adaptierung des biolog. Oxydations-Syst. ist gut, wenn pH <10 bleibt. Cr^{3+}-Geh. von <10 mg/Liter sind ohne merklichen Einfluß. Bei Verlängern der Stabilisierungszeit von 48 auf 72 Std. genügt Zumischung von 10% HA; pH-Kontrolle, Absetzbecken u. zusätzliche Einrichtungen zur Schlammbeseitigung können entfallen. P. Olschinka. 6044□

Anreicherungsmethode für die spektrochemische Bestimmung von siebzehn Spurenelementen in natürlichem Wasser. William D. Silvey und Robert Brennan. (Analytic. Chem. **34**, 784—86, Juni 1962; Sacramento, Calif., U.S. Dep. of Interior, Geol. Survey; engl.) — Die Wasserprobe, die die Spurenelemente in Mengen von 0,5 bis 0,002 mg enthalten soll, wird auf ca. 100 ml eingedampft u. mit 8-Hydroxychinolin, Tannin u. Thionalid versetzt, nachdem In als Puffer u. Pd als innerer Standard zugefügt worden waren. Der Al, Co, Cr, Cu, Fe, Ga, Ge, Mn, Ni, Ti, V, Bi, Pb, Mo, Cd, Zn u. Be enthaltende Nd. wird verascht; die Oxide werden im Gleichstrombogen untersucht. Der durchschnittliche Fehler betrug $\pm 15\%$, die Standardabweichung $\pm 3{,}3\%$ im Bereich 0,0025—0,25 mg Metall in der Elektrode. P. Kurzmann. 6057□

Automatische Bestimmung von freiem Chlor im Wasser bei der Société des Eaux in Marseille. M. Bossy. (Techn. Sci. munic. **57**, 201—03, Mai 1962; Marseille, Labor. de la Soc. des Eaux.; franz.) — Der Geh. an freiem Cl_2 im W. kann bestimmt werden, indem man KJ-Stärke-Lsg. zusetzt u. das ausgeschiedene J mit As_2O_3-Lsg. titriert. Die beschriebene automat. arbeitende App. beruht darauf, daß die auftretende Blaufärbung dem Cl_2-Geh. proportional ist, solange er unter 1 ppm bleibt. Magnetventile, von einer Schaltuhr gesteuert, lassen alle 10 Min. 200 ml W. u. 2 ml KJ-Stärke-Lsg. in die Küvette eines lichtelektr. Photometers eintreten; der Ausschlag des damit verbundenen Galvanometers wird aufgezeichnet. Der Meßbereich erfaßt 0—0,5 ppm freies Cl_2. Die Ergebnisse sind auf $<0{,}1$ ppm reproduzierbar. Zur Eichung dienen Probe-Lsgg., die nach der eingangs genannten Meth. eingestellt werden. R. Hegenbarth. 6060□

Eine verbesserte Methode für die Bestimmung von Nitraten in Wasser durch Zusatz eines Überschusses an Indigocarmin und manganometrische Rücktitrierung. D. Ceaușescu. (Rev. Chim. [București] **11**, 174—75, März 1960; rum.) — Die Verbesserung der Meth. beruht auf einem einfachen u. leicht anwendbaren Oxydations-Verf. der reduzierenden Substanzen, die die Best. stören: Oxydation in alkal. Medium mit $KMnO_4$ (I), Ansäuern u. Red. des restlichen I mit Oxalsäure. H. Guischard. 6060□

Schnellbestimmung von Nitrat in Frisch- und Salzwasser. H. A. C. Montgomery und Joan F. Dymock. (Analyst **87**, 374—78, Mai 1962; Stevenage, Herts., Water Pollut. Res. Labor.; engl.) — Vff. berichten über eine Verbesserung der Meth. von Hartley u. Asai (C. **1962**, 607) zur Best. von NO_3^-, durch die die vorherige Abtrennung von Cl^- entfällt. Die Rk. zwischen 2.6-Xylenol u. NO_3^- findet in 75%ig. H_2SO_4 in Ggw. von NH_4Cl statt. Die Konz. des gebildeten Prod. wird durch Ermittlung der Extinktion bei 304 nm bestimmt. Durch diese Verbesserung u. durch Verw. von 4-cm-Küvetten wird der Best.-Bereich bis auf 55 ppm Nitrat-N erweitert u. eine vorherige Einengung der Proben mit geringem NO_3^--Geh. vermieden. Die Empfindlichkeit bei einer statist. Sicherheit von 95% beträgt 0,13 ppm Nitrat-N. Der Variations-Koeff. beträgt 1,8 bzw. 0,7% bei 10 bzw. 40 ppm Nitrat-N. J. Peters. 6060□

Die photometr. Bestimmung von Kupferspuren im Trinkwasser. D. C. Abbott und J. R. Harris. (Analyst **87**, 497—99, Juni 1962; London, Dep. of Sci. and Ind. Res., Labor. of Gov. Chem.; engl.) — Eine photometr. Meth. zur Best. von Cu-Spuren im Trinkwasser wird beschrieben, bei der Cu mit einer Lsg. von Zn-Dibenzyldithiocarbamat (I) in CCl_4 quant. extrahiert u. der Cu-Geh. photometr. bei 430 mμ bestimmt wird. Das Verf., das für eine Analyse 10 Min. benötigt, erlaubt Best. bis zu 1 μg Cu. Die Eichkurve verläuft von 0 bis 40 μg Cu linear. Andere im Trinkwasser vorhandene Metalle stören nicht. Arbeitsvorschrift: Man vermischt 50 ml der Probe (Cu-Geh. $\leqq 40$ μg Cu) mit 5 ml 50 Vol.-%ig. H_2SO_4 u. 10 ml einer 0,05%ig. Lsg. von I in CCl_4, schüttelt 1 Min. lang, läßt nach Trennung der Schichten 1—2 ml über einen trockenen Baumwollpfropfen ablaufen u. photometriert den CCl_4-Extrakt. J. Kraetsch. 6060□

Bestimmung von Spuren Blei im Trinkwasser. D. C. Abbott und J. R. Harris. (Analyst **87**, 387—89, Mai 1962; London, Labor. of the Governm. Chem., Dep. of Sci. and Ind. Res.; engl.) — In einen 100 ml-Schütteltrichter gibt man 50 ml der Probe mit nicht mehr als 25 μg Pb, fügt 1 ml 10%ig. Na-Hexametaphosphat-Lsg. (zur Verhinderung der Ausfällung von Erdalkaliphosphaten) u. 1 ml 1%ig. $NH_2OH \cdot HCl$-Lsg. (zur Red. von Fe^{3+}) hinzu, schüttelt u. versetzt mit 30 ml alkal. CN^--Lsg. [340 ml NH_4OH (D. 0,880), 75 ml 2%ig. Na_2SO_3-Lsg. 30 ml 10%ig. KCN-Lsg. u. 605 ml Wasser]. Dann fügt man 0,5 ml Dithizon-Lsg. (6 ml einer 0,1%ig. Lsg. in $CHCl_3$ werden mit 10 ml 0,5n NH_4OH-Lsg. geschüttelt, die wss. Phase wird filtriert u. verwendet) u. 10 ml $CHCl_3$ hinzu, schüttelt 1 Min. lang, filtriert die organ. Phase durch Baumwolle u. mißt die Durchlässigkeit gegen $CHCl_3$ bei 520nm. Im Bereich von 0—25 μg Pb beträgt die Genauigkeit $\pm 1\,\mu$g. J. Peters. 6060□

Abwässer von Gerbereien. A. Simoncini und L. del Pezzo. (Cuoio-Pelli-Mater. concianti **36**, 199—214, März 1960; Napoli-Turin, Staz. sperim. per l'Ind. delle Pelli e delle Mater. concianti; ital.) — Vff. beschreiben kurz die Analysen-Meth. zur Unters. von Gerbereiabwässern. Die Analyse liefert nach dem Mischen der aus den verschiedenen Gerbereibetrieben stammenden Abwässer folgende Mittelwerte: Aus der Cr-Leder-Herst. fallen an festen Substanzen insgesamt 7500 (mg/Liter), an lösl. Substanzen 4500, an suspendierten Substanzen 3000, an CaO 120, Sulfid 30, Alkalität 12,20 ml n HCl/Liter, Spuren von Cr_2O_3, BSB 1200 mg O_2/Liter u. pH: 11,20; aus der Lohgerberei fallen auf feste Substanzen insgesamt 6500, lösl. Substanzen 4400, Substanzen in Suspension 2100, CaO 100, Sulfid 20, Alkalität 11 ml, BSB 1500 mg O_2/Liter u. pH: 10,8. G. Platzer. 6068□

Bestimmung von Chrom in Abwässern. Julian Mokrzycki und Jerzy Zawadzki. (Prace Inst. Włókiennictwa **11**, 128—40, 1961; Lodz, Biuro Projektow Bud. Komun.; pol.) — Vff. untersuchen verschiedene Meth. zur Best. von Cr in Abwässern auf Reproduzierbarkeit der Ergebnisse. Am häufigsten angewandt wird die colorimetr. Meth. mit *Diphenylcarbazid* (I). Der Einfl. der H_2SO_4-Konz. u. des Na_2SO_4 auf die Intensität der Farbrk. wird untersucht. Es wird eine Meth. zur Herst. von Standard-Lsgg. zur Best. der Extinktion angegeben, ferner werden verschiedene Verff. der Oxydation von Cr^{3+} zum Cr^{6+} in Lsg. u. im Trockenrückstand geprüft. Eine exakte Analyse setzt die getrennte Best. des Cr im W. u. im Sediment voraus. Zur Anwendung sollte eine Probemenge mit einem Cr-Geh. von 0,5—10 mg gelangen. In einem 250 ml-Becherglas wird die Probe mit 5 ml 0,2n schwefliger Säure oder Na_2SO_3 u. H_2SO_4 versetzt, mit dest. W. auf 100 ml aufgefüllt u. 5—10 Min. gekocht. Nach dem Abkühlen wird der pH auf 6—6,5 eingestellt. Durch Zugabe von 0,15 g MgO u. Aufkochen wird gefällt. Das gefällte $Cr(OH)_3$ sowie überschüssiges MgO werden abfiltriert u. mit dest. W. gewaschen. Das Filter wird verascht, der Rückstand in einem Mörser mit der 4fachen Menge Na–Mg-Gemisch (Na_2Co_3 : MgO = 1 : 2) vermischt u. in den zum Veraschen benutzten Porzellantiegel gegeben. Verluste werden durch 2—3maliges Verreiben von Na–Mg-Gemisch u. Überführen in den Tiegel ($^1/_3$ Füllung) vermieden. Der mit Deckel versehene Tiegel wird in einer Muffel 1 Std. lang geglüht, der Inhalt nach dem Abkühlen mit heißem W. aufgenommen, filtriert u. gewaschen. Die vereinigten Filtrate werden in einen Meßkolben auf 250 ml aufgefüllt. Zur colorimetr. Best. sind 0,1—2 mg Cr erforderlich. Zunächst wird die Alkalität der Probe durch Titrieren von 10 ml der Lsg. mit 0,2n H_2SO_4 gegen Methylorgange bestimmt. Die erforderliche Probemenge (10 ml) wird sodann in einem Nessler-Zylinder mit der berechneten H_2SO_4-Menge versetzt. Nach Zugabe von 2,5 ml 0,2n H_2SO_4 u. 1 ml 1%ig. **I** in alkohol. Lsg. wird mit dest. W. auf 100 ml aufgefüllt u. sorgfältig gemischt. Nach 20 Min. erfolgt Vgl. mit den Standardlösungen. Cr^{3+} wird in gleicher Weise bestimmt, jedoch entfällt die Red. mit H_2SO_3. Cr^{6+} muß nach Fällung des Cr^{3+} sehr sorgfältig abfiltriert werden. Der Cr^{6+}-Geh. ergibt sich aus der Differenz des Gesamt-Cr-Geh. zu Cr^{3+}. Zur Best. des *Cr*-Geh. im Sediment wird filtriert, verascht, mit Na–Mg-Gemisch oxydiert u. im übrigen wie oben behandelt.
Hans Thiele. 6068□

Wesley N. Karlson, Park Ridge, Ill., V.St.A., **Wasservorbehandlung zur Herstellung von kohlensäurehaltigen Trinkwässern** mit einem lösl. Na-Polyphosphat der Formel $Na_{12}P_{10}O_{31}$ mit ca. 63,5% P_2O_5-Geh. u. anschließendes Carbonisieren. Eine 1%ig. Lsg. des Phosphats hat ein pH von ca. 7,2, hält etwaige Metallsalze in Lsg. u. bewirkt eine längere Bindung der CO_2 im W., wodurch es nicht so schnell schal wird. Geschmacksstoffe werden nicht beeinflußt. (**A. P. 2 943 539** vom 30/1. 1957, ausg. 5/7. 1960.) H. Schindler. 6013

Richardsons Westgarth & Co. Ltd. (Erfinder: Adolf Frankel), Northumberland, England, **Gewinnung von Süßwasser aus Salzwasser.** Das salzhaltige W. wird durch mehrere Heizkammern (I) geführt, die mit einer gemeinsamen Aufheizung versehen sind. Den I sind jeweils Aufsiedekammern u. Abscheider für mitgerissene Wassertropfen zugeordnet. — Abbildungen. (**E. P. 855 550** vom 27/5. 1957, ausg. 7/12. 1960.) H. Blachetzki. 6015

American Machine & Foundry Co., Inc., New York, N.Y., übert. von: William R. Williamson, Wethersfield, und Maxim Silencer Co., Hartford, Conn., V.St.A., **Wassergewinnung aus Seewasser durch Verdampfen.** Die Siedekammer (I) u. die Reinigungskammer (II) sind im gemeinsamen Gehäuse übereinander angeordnet. In der I ist durch zylindr. Einbauten ein ringförmiger Raum gebildet, durch den das Wasser–Dampfgemisch nach oben geleitet u. über dessen Oberkante die flüssige Phase nach unten in die I geführt werden. Zwischen I u. II ist ein V-förmiger Boden, in welchem mitgerissene flüssige Anteile gesammelt werden. — Abbildungen. (**A. P. 2 960 449** vom 6/2. 1956, ausg. 15/11. 1960. **E. P. 811 474** vom 19/10. 1956, ausg. 8/4. 1959. A. Prior. 6/2. 1956.) H. Blachetzki. 6015

John Thompson-Kennicott Ltd., Wolverhampton, England (Erfinder: George Travis Davison), **Reinigen von Wasser** durch Zusatz von $KMnO_4$ (u. $MnSO_4$ nacheinander) in einer Menge, die zur vollständigen Oxydation der organ. Substanz nicht ausreicht. Der gebildete Nd. von MnO_2 soll in die Filterzonen eindringen. Verbesserte Wrkg. durch Zusatz von Cu als Katalysator. (**E. P. 830 964** vom 13/1. 1955, ausg. 23/3. 1960.) H. Schindler. 6025

Permutit Co. Ltd. (Erfinder: Frank Laurence Tye), *Verfahren zum Elektrolysieren in einer Vielkammerzelle.* (Aust. P. 232 083 vom 11/3. 1959, ausg. 16/2. 1961. E. Prior. 12/3. 1958. — C. 1961, 16605 [E. P. 845 653].)

H_5. Anorganische Industrie

Komplexe Verarbeitung von Schwefelerzen nach der kontinuierlichen thermischen Methode. A. G. Kassatkin, W. M. Lekaje und L. N. Jelkin. (Химическая Промышленность [Chem. Ind.] **1961**, 300—06, Mai; Moskau, Chem.-Techn. Mendelejew-Inst.; russ.) — Vff. beschreiben Anlagen zur Dest. von *S* aus sulfid. Erzen mit Drehrohröfen, an deren unterem oder oberem Ende die Erze eingeführt werden. Nach Cyclonentstaubung werden die S-Dämpfe kondensiert u. die Restgase gewaschen. In einer Anlage wird der schüttbare Dest.-Rückstand nach Zumischung von Ton auf Zementklinker verarbeitet. Es werden verschiedene Ausführungsformen beschrieben (Abb.) u. Probleme der Werkstoffwahl, der Isolation u. der Abfallverwertung erörtert. Der in einer Ausbeute von 90—92% gewonnene S hat eine Reinheit von 99,8—99,9% bei einem Bitumen-Geh. von 0,01%. Das Verf. läßt sich vollkommen mechanisieren u. automatisieren. R. K. Müller. H 253□

Automatische Regulierung des technologischen Prozesses der Gewinnung von Hydroxylamindisulfonat. A. M. Taikow. (Химическая Промышленность [Chem. Ind.] **1961**, 289—90, April; russ.) — Bei der Gewinnung von *Na–NH₄-Hydroxylamindisulfonat* durch Umsetzung von $NaNO_2$ mit NH_4HSO_3 u. SO_2 kann man das Verhältnis $NaNO_2$: NH_4HSO_3 auf Grund des Redoxpotentials steuern, für dessen Best. an Stelle der üblichen Pt-Elektrode eine Sb-Stabelektrode verwendet wird. Die Glaselektroden arbeiten zuverlässiger, wenn man sie in organ. Glas einbettet. Die Automatisierung erfolgt unter Konstanthaltung von JZ. u. SZ., Regelung der Temp. durch die $NaNO_2$-Zugabe u. Stabilisierung des Fl.-Standes des fl. NH_3. R. K. Müller. H 253□

Das Ausbringen von Selen und Tellur aus Schlämmen der Schwefelsäure-Industrie und der Cellulose-Papier-Industrie nach der Methode des Sinterns mit calcinierter Soda. L. A. Ssoschnikowa und M. Je. Jesernitzkaja. (Цветные Металлы [Nichteisenmetalle] **33**, Nr. 3, 55—59, März 1960; russ.) — Die bei der H_2SO_4-Fabrikation u. anderen SO_2-verbrauchenden Betrieben anfallenden Schlämme enthalten 3—50% *Se* u. 0,2—18% *Te*. Durch Calcinieren dieser Schlämme mit Soda werden Se u. Te in *Na_2SeO_3* u. *Na_2TeO_2* übergeführt; bei Te soll die Temp. von 450° nicht überschritten werden, da bei höheren Temp. eine Oxydation zu schwerlösl. Na_2TeO_4 eintritt. — Das techn. Verf. beruht im Calcinieren der Schlämme mit ¼—3 Gewichtsteilen Soda je nach dem Te-Geh. bei 300—350°/2 Std. u. Auslaugen mit W. bei 70°/2 Stunden. Die Lsg. wird mit HCl neutralisiert, das ausgefallene TeO_2 abfiltriert, in HCl gelöst u. mit SO_2 zu techn. Te reduziert. Das in Lsg. verbliebene Se wird unter Zusatz von $FeSO_4 \cdot 7H_2O$ mit SO_2 auf techn. Se reduziert. — Das in manchen Schlämmen vorhandene As wird vor der Calcinierung durch Auslaugen mit Soda-Lsg. (25%, 2 Std., 80—90°) entfernt. Labor.-Verss. zeigten ein Ausbringen bis zu 88% Se u. 89% Te. J. Tůmová. H 255□

Gesellschaft zur Förderung der Forschung an der Eidgenössischen Technischen Hochschule (Erfinder: **Fritz Held**), Zürich, Schweiz, *Erzeugung von Ozon.* (**Schwz. P. 359 689** vom 4/9. 1958, ausg. 15/3. 1962. Oe. Prior. 24/7. 1958. — C. **1961**, 13313 [D. A. S. 1 101 375].)

Food Machinery & Chemical Corp., New York, N.Y., V.St.A., *Herstellung von Alkali- und Erdalkalipersulfaten.* (**Ind. P. 65 480** vom 10/10. 1958, ausg. 11/11. 1960. — C. **1960**, 15176 [A. P. 2 899 272].)

Inventa Akt.-Ges. für Forschung und Patentverwertung, Luzern, Schweiz, *Kontinuierliche Herstellung von Hydroxylaminsulfatlösung.* (**Ind. P. 66 687** vom 10/2. 1959, ausg. 27/1. 1961. — C. **1961**, 6636 [D. A. S. 1 092 892].)

Farbenfabriken Bayer Akt.-Ges., Leverkusen, *Herstellung von Schwefeldioxid.* (**E. P. 837 027** vom 29/3. 1957, ausg. 9/6. 1960. D. Prior. 31/3. 1956. — C. **1958**, 13609 [D. A. S. 1 028 097].)

Badische Anilin- & Soda-Fabrik Akt.-Ges., Ludwigshafen/Rh. (Erfinder: **Walter Spormann**, Bad Dürkheim, und **Joachim Heinke**, Ludwigshafen), *Herstellung von wasserfreiem Natriumsulfit.* (**E. P. 867 199** vom 19/3. 1959, ausg. 3/5. 1961. D. Prior. 21/3. 1958. — C. **1960**, 14482 [D. A. S. 1 076 645].)

United States Borax & Chemical Corp., V.St.A. (Erfinder: **Carl Lowell Randolph** und **Joseph Gordon Bower**), *Herstellung von Borazolen.* (**F. P. 1 236 239** vom 16/9. 1959, ausg. 14/11. 1960. A. Prior. 22/9. 1958. — C. **1961**, 7354 [D. A. S. 1 091 549].)

W. C. Heraeus G. m. b. H., Hanau, übert. von: **Harold Schaefer**, Münster, *Herstellung von reinem Silicium.* (**A. P. 2 989 376** vom 12/3. 1954, ausg. 20/6. 1961. D. Prior. 19/3. 1953. — C. **1961**, 15523 [D. B. P. 974 625].)

Union Carbide Corp., New York, übert. von: **Earl G. Caswell**, Danville, Ind., V.St.A., *Reinigen von Silan.* (**A. P. 2 971 607** vom 14/7. 1958, ausg. 14/2. 1961. — C. **1961**, 8432 [D. A. S. 1 095 796].)

Knapsack-Griesheim Akt.-Ges., Knapsack, *Abscheidung von dampfförmigem Phosphor.* (**E. P. 865 731** vom 29/10. 1958, ausg. 19/4. 1961. D. Prior. 21/12. 1957. — C. **1959**, 10034 [D. A. S. 1 048 885].)

A/B Kemishka Patenter, übert. von: **Rolf Gunnar Jonas Nordengren**, Landskrona, Schweden, *Herstellung von Phosphorsäure.* (**A. P. 3 003 852** vom 15/10. 1958, ausg. 10/10. 1961. Schwed. Prior. 16/2. 1955. — C. **1959**, 3940 [D. A. S. 1 027 647].)

Joh. A. Benckiser G. m. b. H., Chemische Fabrik, Ludwigshafen/Rh., übert. von: **Margot Becke** geb. **Goehring** und **Ekkehard Fluck**, Heidelberg, *Herstellung von Pyrophosphorylchlorid.* (**A. P. 3 014 786** vom 27/5. 1960, ausg. 26/12. 1961. D. Prior. 5/6. 1959. — C. **1962**, 265 [D. A. S. 1 098 495].)

Petrochemicals Ltd., London, England, *Herstellung von Metallsuspensionen.* (**Belg. P. 559 997** vom 12/8. 1957, ausg. 22/4. 1960. E. Prior. 14/8. 1956 u. 18/6. 1957. — C. **1960,** 14151 [E. P. 815 543].)

Karl Ziegler, Mülheim/Ruhr (Erfinder: **Paul A. Lobo**, Ponca City, Okla., V.St.A.), *Herstellung höherer Aluminiumtrialkyle.* (**D. A. S. 1 130 808** Kl. 12o vom 16/4. 1960, ausg. 7/6. 1962. A. Prior. 16/4. 1959. — C. **1962,** 14650 [A. P. 2 971 969].)

British Titan Products Co. Ltd., Billingham, England, *Abführung fester Stoffe, die aus durch Chlorierung von Titan enthaltenden Erzen gebildeten Gasen abgeschieden wurden.* (**Niederl. P. 100 685** vom 22/11. 1956, ausg. 15/3. 1962. E. Prior. 28/11. 1955. — C. **1959,** 920 [D. A. S. 1 029 812].)

Ciba Ltd., Basel, übert. von: **Walter Scheller**, Neue Welt, Schweiz, *Trennen von Niob und Tantal.* (**A. P. 2 998 298** vom 30/7. 1956, ausg. 29/8. 1961. Schwz. Prior. 4/8. 1955. — C. **1959,** 15806 [Oe. P. 194 371].)

Farbenfabriken Bayer Akt.-Ges., übert. von: **Gerhard Heinze**, Leverkusen, *Gewinnung von Chromtrioxid.* (**A. P. 3 002 815** vom 1/7. 1959, ausg. 3/10. 1961. D. Prior. 17/7. 1958. — C. **1960,** 2309 [D. A. S. 1 065 394].)

Rohm & Haas Co., Philadelphia, Pa., V.St.A., *Selektives Extrahieren von Nitraten aus sulfathaltigen Lösungen.* (**E. P. 878 244** vom 19/3. 1958, ausg. 27/9. 1961. A. Prior. 20/3. 1957. — C. **1960,** 7973 [D. A. S. 1 068 674].)

H_6. Silicatchemie. Baustoffe

Elektrische Schweißung von Glas durch Hochspannung von Netzfrequenz. Desider Eröss. (Sklář a Keram. **10,** 36—41, Febr. 1960; Praha, Výzk. úst. pro vakuovou elektrotechniku; tschech.) — Die verschiedenen elektr. Heiz-Meth. (Widerstands-, Induktions- u. dielektr. Heizung) werden vergleichend auf ihre Eignung zum Schweißen von Glas untersucht. Der Einfl. der Stromzufuhr zum Glas auf dessen Verh. u. Eigg. wird erörtert. Beim Hochspannungsschmelzen werden Spannungen von der Größenordnung 3—6,5 kV verwendet. R. K. Müller. 6168□

Bemerkung über die Elastizitätsmoduln von Zirkonerde enthaltenden Natronkalkgläsern. H. P. Hood und Paul M. Sutton. (J. Amer. ceram. Soc. **44,** 200, April 1961; Corning, N.Y., Corning Glass Works; engl.) — Auf Grund neuer Unterss. wird eine Gegenüberstellung der neuen Modulwerte zu den von Horak & Sharp [1935] bekanntgegebenen Werten für Natronkalkgläser mit 0—6% ZrO_2-Zusatz vorgenommen. Die aus den neuen Werten berechneten Poisson-Verhältniszahlen schwanken nur um $\pm$ 4%, während die älteren zu negativen Verhältniszahlen führen, die für isotrope Stoffe unbekannt sind. R. Kaiser. 6200□

Keimbildung und Wachstum von Natriumdisilicat-Kristallen in Natriumdisilicatgläsern. William D. Scott und Joseph A. Pask. (J. Amer. ceram. Soc. **44,** 181—87. April 1961; Berkeley, Calif., Univ. of Calif., Dep. Mineral Technol.; engl.) — Mit Hilfe, einer näher beschriebenen Vakuum-App. ließen sich das Verh. einer Glasschmelze bei der Kristallkeim-Bldg. u. das Kornwachstum mkr. verfolgen. Hierzu dienten als Vorlage 2 Na_2SiO_5-Gläser, von denen das eine (I) ein SiO_2 : Na_2O-Verhältnis von 1,96, das andere (II) ein solches von 1,99 gegenüber der Theorie von 2,0 aufwiesen. Die Keim-Bldg. u. die Wachstums-Geschw. der gebildeten Kristalle wurden durch ein auf die App. aufgesetztes Polarisationsmikroskop opt. untersucht. Keim-Bldg. trat zwischen dem Glastropfen u. seiner Unterlage, einem elektr. beheizten Pt-Blech auf, an der Phasengrenze Glas–Gasphase nur bei Anwesenheit von Wasserdampf. Rhomb. α-Kristalle u. monokline β-Kristalle erschienen bei I u. II u. behielten ihre Kristallform ohne Transformierung bei. Das Wachstum von α- wie auch β-Kristallen steigerte sich von 600—800°, um dann rasch bis F. 874° abzufallen. Das Maximum des Wachstums lag bei I sehr viel niedriger als bei II; die Größenzunahme wurde als Funktion der Temp. graph. u. in einer mathemat. Formel wiedergegeben. R. Kaiser. 6200□

Die Lösungskinetik von SiO_2 in der Na_2O-2 B_2O_3-Schmelze. Jan Hlaváč und Pavel Strnad. (Silikáty [Praha] **5,** 302—08, 1961; Praha, Katedra technol. silikátů Vys. školy chem.; tschech.) — Unters. der Auflösung von dünnen SiO_2-Plättchen (10·10·1 mm) bei vertikaler Aufhängung in der $Na_2O \cdot 2\ B_2O_3$-Schmelze (Pt-Tiegel) im Temp.-Intervall zwischen 900—1200° u. einer Auflösungszeit zwischen 5—60 Minuten. Die Abhängigkeit Gewichtsverlust–Zeit verläuft der zu Bldg. einer Oberflächendiffusionsschicht nötigen Zeit linear. Die ermittelten Werte werden nach den theoret. Vorstellungen über das Lösen von festen Stoffen in Fl. erklärt; dem Lösen entspricht eine Aktivierungsenergie von 28 kcal/Mol, u. es wird geschlossen, daß die Auflösungs-Geschw. durch die Diffusion in der Grenzschicht kontrolliert wird. J. Tůmová. 6204□

Über die Rolle des vorherigen Anfeuchtens bei der plastischen Vorbereitung von keramischer Masse. L. L. Koschljak und M. G. Lundina. (Строительные Материалы [Baumaterialien] **7,** Nr. 3, 30—32, März 1961; russ.) — Unterss. zeigten, daß die Anfeuchtung von keram. Rohstoffen vor der Verarbeitung die Dispergierung des Lehms durch Vergrößerung der zwischenmol. Kräfte erhöht u. damit die Festigkeit der hergestellten Gegenstände verbessert u. die Bldg. von Rissen vermindert. G. Winkhaus. 6208□

Verwendung von tonhaltigem Schiefer für die Herstellung von Keramsit. Ss. Ss. Nikolajew, M. F. Ssedowa, I. I. Buschtedt, W. P. Ssemendajew, W. W. Jeremenko und L. Je. Wrublewski. (Строительные Материалы [Baumaterialien] **7**, Nr. 7, 34, 37, Juli 1961; russ.) — Chem. Unterss. von tonhaltigem Schiefer u. dessen Aufbereitungs-Meth. zur Darst. von *Keramsit* werden aus techn. u. ökonom. Gründen zur Erweiterung des Baustoffmarktes durchgeführt u. diskutiert. Als brauchbar erwiesen sich die Schiefer der Permstufe der Arktis. W.-D. Heußner. 6208□

Oberflächendeckglasur auf Stealit. Dagmar Chourová. (Sklář a Keram. **10**, 323—29, Dez. 1960; Praha; tschech.) — Als Trübungsmittel für Oberflächenglasuren aus Ca–B-Silicatglas auf *Stealit* (Steatit mit niedrigen Verlustwerten) werden SnO_2, $ZrSiO_4$ u. TiO_2 u. Gemische von $ZrSiO_4$ u. SnO_2 untersucht. Als brauchbarste Glasur erweist sich eine solche mit 16% TiO_2, die 50 Min. lang bei 960° gebrannt wird, gute Haftfestigkeit u. Deckkraft besitzt u. nicht zum Gelbwerden bei höherer Temp. neigt. R. K. Müller. 6212□

Eigenschaften und Kennzeichen von Calciumboratrohglasuren. Celestino Ficai und Paolo Coraducci. (Ceramica [Milano] **15**, Nr. 7, 47—49, Juli 1960; Bologna, Ist. di Chim. e Techn. dei Prodotti Ceram., Fac. di Ingegneria, Univ.; Bologna, Lab. Chim. Soc. Barbieri u. Burzi; ital.) — Mit dem Ziel der Verw. ungefritteter Glasuren berichten Vff. über systemat. Arbeiten an Glasurversätzen auf Calciumboratbasis ($CaO \cdot B_2O_3 \cdot 4\,H_2O$), welche zum Glasieren von Biskuitware geeignet sind. Durch DTA, dilatometr. Messungen, Beobachtungen im Erhitzungsmikroskop bei Labor.-Verss. u. im halbtechn. Maßstab werden chem. u. physikal.-chem. Eigg. verschiedener Glasurversätze ermittelt sowie über die Technologie ihrer Herst. u. Verarbeitung berichtet. In ergänzenden Unterss. wird die Verw. färbender, opakisierender u. die Brillanz erhöhender Komponenten bei diesen Glasuren geprüft. W. Anika. 6212□

Kontrolle der Glasureigenschaften mit Hilfe von Eutektika. 3. Mitt. Alkalische Erden–Boroxid–SiO_2-Systeme einzeln und in Verbindungen. Arthur S. Watts. (J. Amer. ceram. Soc. **44**, 272—76, 1/6. 1961; Columbus, Ohio, Univ., Dep. of Ceram. Engng.; engl.) — 2. vgl. C. **1959**, 16128. — Alkal. Erden–B_2O_3–SiO_2-Syst. sind wichtig für die Zus. keram. Glasuren u. Körper, weil sie die Einführung von B_2O_3 in unlösl. Form ermöglichen. Es werden die Syst. $BaO–B_2O_3–SiO_2$, $CaO–B_2O_3–SiO_2$, $SrO–B_2O_3–SiO_2$ u. $BaO \cdot B_2O_3 \cdot SiO_2–CaO \cdot B_2O_3 \cdot SiO_2–SrO–B_2O_3 \cdot SiO_2$ untersucht. R. Walcker. 6212□

Durch Oberflächenschliff von Porzellan in Quarzkörnern hervorgerufene Spannungen. W. J. Smothers. (J. Amer. ceram. Soc. **44**, 197, April 1961; Baberton, Ohio, Ohio Brass Cy.; engl.) — Beim Schleifen von Porzellanflächen ließen sich an hervorstehenden Quarzkörnchen aufgetretene Spannungen nicht durch wiederholtes Brennen beseitigen, wie Messungen der Breite der Röntgenlinien ergaben. Die beste Lösung zur Verhinderung solcher Spannungsrisse war das Schleifen unter Wasser. R. Kaiser. 6214□

Bei der Herstellung von elektrotechnischem Porzellan vorkommende Fehler, ihre Ursache und Beseitigung. Otto Vlachovský. (Sklář a Keramik **10**, 295—302, Nov. 1960; Čab, Elektroporcelán, n. p., závod 05; slowak.) — Systemat. Unters. der im Verlaufe der Herst. von elektrotechn. Porzellan, beginnend bei der Wahl der Rohstoffe bis zur Abkühlung nach dem Brennen, auftretenden Fehler. R. K. Müller. 6214□

Die Eignung statistischer Methoden zum Aufsuchen nutzbarer Lagerstätten von Ton mit hohem Gehalt an Tonerde. E. G. Williams und J. C. Griffiths. (Pennsylvania State Univ., Mineral Ind. Exp. Stat., Bull. **1961**, Nr. 77, 29—34, Juni; engl.) — Vff. teilen Meth. zur Feststellung nutzbarer Vork. von Qualitätston mit, die auf der Erkenntnis fußen, daß der zusammen mit hochtonhaltigen Schichten vorkommende obere Conoquenessing-Sandstein größere Mengen an Quarz u. rundem Turmalin enthält, als der zusammen mit tauben Schichten vorkommende. Probenahme, Vorbereitung des Materials u. Analysen, die sich auf Größe u. Form der Quarz- u. Turmalinteilchen erstrecken. Eintragung auf einen Lageplan u. die Auswertung werden beschrieben. G. Frikell. 6216□

Messung der strukturmechanischen Eigenschaften von Systemen Kaolin–Wasser. Pavel Hrma. (Silikáty [Praha] **5**, 277—301, 1961; Praha, Vys. škola chem.-technol., Katedra technol. silikátů; tschech.) — Unterss. der Eigg. (bes. der Viscosität u. Plastizität) von Teigen u. Schlickern der Na- u. Ca-Form des Kaolins von Sedlec (Zettlitz), werden durchgeführt (graph. Darst. der Meßergebnisse). Die Ergebnisse werden vom Standpunkt der Ton–Wasser-Syst. nach Děrjagin, Dumanski u. Rebinder diskutiert. J. Tůmová. 6216□

Feuchtigkeitsverteilung in plastischem Ton während der Lagertrocknung. R. W. Ford und W. Noble. (Trans. Brit. ceram. Soc. **59**, 58—74, Febr. 1960.) — Verss. über die Fließbewegung im Innern eines Tonbarrens zeigten, daß bei Unterbrechung der Trocknung durch mehrtägige Einlagerung in einen geschlossenen Behälter der Feuchtigkeitsstrom von Punkten höchsten Wassergeh. nach solchen geringeren Wassergeh. aufhört, bevor der Wassergeh. an allen Querschnittsstellen der gleiche geworden ist. Dieser Zeitpunkt wird bei verschiedenen Tonmassen zu verschiedenen Zeiten erreicht.

R. Kaiser. 6216□

Pressen der Schamotte mit höherem Gehalt an Magerungsmitteln. Karel Špičák. (Silikáty [Praha] **5**, 324—27, 1961; Praha, Katedra technol. silikátů Vys. školy chem.; tschech.) — Prüfung des halbtrockenen Pressens von Rohstoffen für die Herst. von Glashäfen u. Hüttenschamotte unter Benutzung von Schamotte u. Letten als Magerungsmittel im Verhältnis 6 : 4; 7 : 3; 8 : 2 u. einer Feuchtigkeit von 5; 8 u. 10%. Mit Vorteil wurde Ölsäure als Preßmittel zugesetzt. Es zeigt sich, daß bei den üblichen Feuchtigkeiten u. Drücken selbst bei Benutzung von Preßzusätzen die beiden einfachen Gleichungen nach Balschin u. Kasakiewitsch gebraucht werden können.

J. Tůmová. 6218□

Erosionsbeständigkeit keramischer Materialien in Petroleumraffinerien. C. R. Venable jun. (Amer. ceram. Soc. Bull. **38**, 363—68, 15/7. 1959; Bartlesville, Okla., Phillips Petroleum Co.; engl.) — Mit dem Ziel der schnellen u. den prakt. Fertigungsbelangen entsprechenden Bewertung bzgl. der Erosionsfestigkeit feuerfester Materialien berichtet Vf. über ein Testverfahren. Feuerfeste Mörtel u. Steine, wie sie die Ölraffinerien verwenden, werden auf Erosionsbeständigkeit (Eb), Druckfestigkeit u. Schwindung untersucht. Bei den Mörteln werden die Anmachwassermengen, die Lagerungsverhältnisse beim Abbinden sowie die Trocken- u. Brennbedingungen variiert. Nach eingehender Beschreibung des Test-Verf. u. der -Vorr. teilt Vf. für Eb die Formel $E = 100 \cdot V \cdot B/W$ mit. SiC, „phos-tab“ u. mit Keramik beschichteter Stahl liefern neben Stampfmassen für Eb die besten Werte. Es zeigt sich, daß die Mörtel oberhalb einer spezif. Brenn-Temp. verminderte Eb besitzen u. daß, von Ausnahmen abgesehen, bei hohen Druckfestigkeiten gute Eb resultieren. Für die Schwindung werden selten Werte über 0,8% gemessen. Der Wassergeh. beim Anmachen soll so niedrig wie möglich gehalten werden, da durch W. starke negative Beeinflussung von Eb eintritt. Eingehende Besprechung, unter welchen Gesichtspunkten in der Praxis der Ölraffinerien die einzelnen Materialien am zweckmäßigsten einzusetzen sind u. wie die Verarbeitung am sachgemäßesten erfolgt.

W. Anika. 6218□

Die Metallisierung von keramischen Stoffen mit hohem Al_2O_3-Gehalt. E. P. Denton und H. Rawson. (Trans. Brit. ceram. Soc. **59**, 25—37, Febr. 1960; engl.) — Es werden 2 Meth. der Metallisierung von Al_2O_3 enthaltenden keram. Stoffen beschrieben: Die Metallisierung mit einem Mo–Mn-Gemisch u. die Meth. der Red. von MoO_3 zu Metall. Bei der 1. Meth. bildet vorhandenes SiO_2 die Möglichkeit zur Bldg. von Rhodonit (MnO–SiO_2), das eine dichte Zwischenschicht für die Mo-Auflage bildet. Bei Abwesenheit von SiO_2 oxydieren vorhandene Basen, wie MgO oder CaO, in feuchtem H_2 das Mn, welches mit Al_2O_3 ein Aluminat als Zwischenschicht bildet. Im 2. Falle wird die Flüchtigkeit des MoO_3 durch Bldg. von $Al_2(MoO_4)_3$ gehemmt; ein kleiner Teil hiervon wird im H_2-Strom zu Metall red. u. umhüllt die Tonerdeteilchen. R. Kaiser. 6220□

Die Hydratationswärme von Silicat- und Puzzolanzementen. F. Ferrari. (Cemento [Milano] **57**, Nr. 2, 19—25, Febr. 1960; Pisa, Ist. di Chim. Ind. e Appl. dell'Univ. degli Studi; ital.) — In bezug auf eigene u. Literaturarbeiten über die Hydratationswärme (Hy) beim Abbinden von Portland- u. Spezialzement (bes. aus dem Gebiet der Portland- u. Erzzemente) wird mitgeteilt, daß ein schnelles Abbinden u. hohe Anfangsfestigkeit stets zu großer Hy führen. Die besondere Bedeutung des Tonerdemodul für Hy wird hervorgehoben u. gezeigt, daß bei Tonerdemoduln von 1,36—0,64 Hy von 144—95 cal/g resultieren, was hier vorwiegend durch die geringe Hy des Tetracalciumaluminatferrits bedingt ist. Außerdem ist für niedrige Hy Voraussetzung, daß geringe Mengen von C_3S u. am besten kein C_3A neben 40—50% C_2S vorhanden sind. Es werden außer den chem. auch die physikal.-chem. u. physikal. Komponenten (Abkühlbedingungen des Klinkers, seine Mahlfeinheit), die Hy beeinflussen, besprochen. Weitere, merkliche Verminderung der Hy wird durch Verw. von Puzzolane erreicht. Puzzolanzemente, bei denen der Portlandzementanteil durch Ferrozement (Ferrarizement Typ 680 u. 550) ersetzt wird, erweisen sich als günstig. Eine im Hinblick auf bes. niedrige Hy entwickelte Zementtype wird angegeben. Es wird ein Ferrarizement bes. niedriger Basizität (Sättigungs-Koeff. 81, Silicatmodul 2,96, Tonerdemodul 0,72) mit aussortierten, sauren Puzzolanen (von Bacoli) u. geringen Mengen $CaSO_4$ angemacht. Dieser Zement weist, neben der niedrigen Hy von 20,4 cal/g für 7-Tage-Lagerung, ein Minimum an Schwindung u. ein Maximum an chem. Widerstandsfähigkeit auf. Tabellar. Zusammenstellung der Ergebnisse, 24 Literaturangaben. W. Anika. 6222□

Über den Mechanismus der Kristallisation der Komponenten des Zementsteines. W. B. Ratinow, T. I. Rosenberg, N. M. Rubinina und G. G. Melentjewa. (Доклады Академии Наук СССР [Ber. Akad. Wiss. UdSSR] **136**, 1407—09, 21/2. 1961; russ.) — Die Kristallisation der Komponenten des Zementsteins aus übersätt. wss. Lsgg. von Alit ($3\,CaO \cdot SiO_2$), Belit ($2\,CaO \cdot SiO_2$), $CaSO_4 \cdot 0{,}2\,H_2O$ u. Ca-Hydrosulfoaluminat wird in Abhängigkeit vom Übersättigungsgrad untersucht. Die Ergebnisse werden durch die Gleichung von Roginski u. Todess [1940] für die Kristallisation von Stoffen im Diffusionsgebiet beschrieben. Der geringe Einfl. von Monoäthanolaminzusätzen der Größenordnung 10^{-3} bis 10^{-4} Mol u. die festgestellte Abhängigkeit der Wachstums-Geschw. der Kristalle von der Geschw. des Mischens u. Schüttelns der Lsgg. zeigen, daß die Kristallisation der Komponenten des Zementsteins unter den Vers.-Bedingungen im Diffusionsgebiet verläuft. U.-L. Rau. 6222□

Die Gewinnung von Baumaterialien aus Mörtelgemischen bei dynamo-thermischer Einwirkung. O. Je. Korolewa und M. G. Tolotschkowa. (Строительные Материалы [Baumaterialien] **7**, Nr. 6, 35—37, Juni 1961; russ.) — Vff. untersuchen die Kinetik des Härtungsprozesses an 3 verschiedenen Zement–Sand-Proben bei dynamotherm. Behandlung in Abhängigkeit von Druck, Temp., mineralog. Zus. u. Zus. der Mörtel. Die erhaltenen Strukturen lassen sich durch die Druckhärtung u. Aushärtung bei Temp. bis 95° wesentlich verbessern, wobei nach 3 Std. eine Bruchfestigkeit von 300—350 kg/cm² erreicht wird. W.-D. Heußner. 6222□

Verwendung von indischem Glas als Standard-Zuschlag bei der Ermittlung des Einflusses alkalischer Zuschlagstoffe im Beton. N. S. Bawa und M. L. Bhatia. (J. sci. ind. Res. [New Delhi], Sect. D **20**, 163—65, April 1961; New Delhi, Indien, Central Road Res. Inst.; engl.) — Es wurde festgestellt, daß in Calcutta hergestelltes Glas geeignet ist, an die Stelle des bei der ASTM-Best. vorgeschriebenen Pyrexglases als Zuschlagstoff für Beton zu treten. G. Frikell. 6224□

Über die Eigenschaften der Füllmittel für Beton und Schnellmethoden ihrer Prüfung. Ss. F. Ssuchotzki und W. Je. Magids. (Строительные Материалы [Baumaterialien] **7**, Nr. 6, 19—22, Juni 1961; russ.) — Unterss. neuer Maßstäbe für die Verw. verschiedener mineral. Füllstoffe werden nach dem technolog. Stand der Produktion durchgeführt. Allg. Abhängigkeiten zwischen Korngröße, Kornform u. spezif. Oberfläche u. den Bruchbelastungsfestigkeiten der erhaltenen Proben bestimmen Vff. an Betongemischen mit Zusätzen von Dolomit sowie anderen Erguß- u. metamorphen Gesteinen. Zur Best. optimaler Eigg. von Schotter- u. Gesteinszusätzen werden zwei Schnell-Meth. diskutiert. W.-D. Heußner. 6224□

Die optimale Zusammensetzung von feinkörnigen zementfreien Betonen aus eisenhaltigen Gesteinen. G. I. Knigina. (Строительные Материалы [Baumaterialien] **7**, Nr. 6, 15—18, Juni 1961; russ.) — Al-Silicate wechselnder Zus. von gemahlenen Gesteinen, Hochofenschlacken u. Bindezusätzen bilden bei niedriger Temp. in kurzen Zeiten gut krist. Phasen eines zementfreien Betons, dessen Härtung durch hydrothermale Bearbeitung beschleunigt wird. Durch Oberflächen-Best. der gemahlenen Gesteinszusätze werden optimale Mahlfeinheiten dieser Hilfsstoffe festgelegt, welche die Porosität, Plastizität, den Feuchtigkeits-Geh. u. die Festigkeit des Mikrobetons vergrößern. Erhöhung des Geh. an gemahlenem Gestein vermeidet die Riß-Bldg. des gehärteten Betons. W.-D. Heußner. 6224□

Eine wirksame Methode zur Aktivierung von Schlackenbeton-Gemischen. K. A. Olechnowitsch, Je. W. Tschuprunenko und K. I. Martschenko. (Строительные Материалы [Baumaterialien] **7**, Nr. 8, 38—39, Aug. 1961; russ.) — Vff. zeigen, daß Wechselstrom bestimmter Frequenz bei der Herst. von Schlackenbetongemischen die auf der Oberfläche gebildeten koll. Filme zerstört. Diese Filme erschweren die Diffusion des W. u. verlangsamen den Hydratationsprozeß. W.-D. Heußner. 6224□

Technologie und Eigenschaften von Keramsitschaumbeton. P. D. Kewesch und I. F. Besrjadin. (Строительные Материалы [Baumaterialien] **7**, Nr. 8, 39—41, Aug. 1961; russ.) — Der Keramsitschaumbeton, eine Mischung von Keramsitkies mit Schaumbeton u. anderen Zusätzen, ist ein neuartiges techn. Baumaterial. Der Masse kann durch Druck oder Guß jede Form gegeben werden. Hohe Zug- u. Belastungsfestigkeit, gute Wärmebeständigkeit u. geringer Feuchtigkeits-Geh. nach der Erhärtung zeichnen dieses Material aus. W.-D. Heußner. 6224□

Wärmeisolierender Gasbeton aus den Abfällen der Asbestzementindustrie. W. W. Manshurnet, A. A. Paschtschenko und Je. A. Lasskaja. (Строительные Материалы [Baumaterialien] **7**, Nr. 3, 33, März 1961; russ.) — Die Verwendbarkeit von Abfällen der Asbestzementfabriken zur Herst. von wärmeisolierendem Gasbeton wurde durch Thermoanalyse geprüft. Es zeigte sich, daß der erhärtete Zement zwischen 150 u. 700° völlig dehydratisiert wird. Maximale Festigkeit der Gegenstände wurde bei einem Brand bei 700° erzielt. Als Gasbildner wurde techn. Perhydrol verwendet. Die Wasseradsorption des Gasbetons wurde durch Behandlung mit 30%ig. Na-Methylsiliconat- u. 5%ig. Polyäthylhydroxysilan-Lsg. optimal erniedrigt. G. Winkhaus. 6224□

Untersuchung zur Ermittlung der Stoffeigenschaften von Hüttenbims. Walther Kayser. (Stahl u. Eisen **81**, 1288–92, 14/9. 1961; Rheinhausen; dt.) — Von mehreren Hüttenbimssorten von verschiedener Herkunft, die in ihrer chem. Zus. stark voneinander abweichen, werden verschiedene Güte-Eigg. geprüft. Hierbei erfolgt die Prüfung der Kornfestigkeit nach dem Original-Verf. u. dem abgewandelten Verf. nach Hummel sowie nach dem Los-Angeles-Verfahren. Die Aussagen dieser Prüf-Verff. werden miteinander verglichen. Ferner werden noch die Porenverhältnisse geprüft u. die Abhängigkeit zwischen Kornfestigkeit u. Gesamtporigkeit ermittelt.
H. Hochstein. 6224□

Kriechen von Beton. Der Einfluß von Schwankungen der Feuchtigkeit in der Atmosphäre. Torben C. Hansen. (VIth Congr. IABSE, Stockholm **1960**, 57–65, Stockholm, Royal Inst. of Technol., Swed. Cement and Concrete Res. Inst. — Sep.; engl.) — Vgl. C. **1959**, 15479. — Unterss. über das „Kriechen“ von Trägern aus Beton bei Schwankungen der Luftfeuchtigkeit zeigen, daß in der 1. Trockenperiode das Kriechen über das bei konst. durchschnittlicher Feuchtigkeit beobachtete Maß ansteigt. Bei den folgenden Trockenperioden, denen eine Periode mit hoher Luftfeuchtigkeit vorausging, ist das Kriechen geringer als bei konst. Verhältnissen.
W. Wesly. 6224□

Untersuchung der Hydratationskinetik des α- und β-Calciumsulfat-Hemihydrats in verdünnter Suspension. Vladimír Šatava, Jiří Marek und Josef Matoušek. (Silikáty [Praha] **5**, 309–19, 1961; Praha, Vys. škola chem.-technol., Katedra technol. silikátů; tschech.) — Die Hydratationskinetik des α- u. β-$CaSO_4 \cdot 0{,}5\ H_2O$ wurde in wss. Suspension bei Temp. zwischen 0 u. 60° u. konst. Rühr-Geschw. untersucht u. ermittelt, daß die Hydratations-Rk. „über die Lsg.“ verläuft. Das Lösen des Hemihydrats verläuft zwar schnell, doch wird die Rk. durch die Abscheidung des Gipses gesteuert. Bei Temp. $<36°$ verläuft die Keim-Bldg. rasch, u. der langsamste Vorgang ist die Rk. an der Grenze Kristall/Lösung. Die Lsg.-Konz. bleibt konst., solange die Lsg.-Geschw. die Kristallisation kompensiert, die Geschw. des Vorgangs kann durch die Gleichung $dy/dt = K \cdot y^{2/3}$ beschrieben werden; die Aktivierungsenergie des Vorgangs liegt beim α-Hemihydrat bei 4100 cal, beim β-Hemihydrat bei 3900 cal. Beim Absinken der Konz. der Lsg. bestimmt den Vorgang die Lsg.-Geschwindigkeit. Bei erhöhter Temp. schwindet die Fähigkeit zur Keim-Bldg., so daß der Hydratationsvorgang langsamer verläuft. J. Tůmová. 6226□

Elastizitätsmodul und Mörtelfestigkeiten in Beziehung zu den Eigenschaften der Zuschlagstoffe. Luciano Cussino. (Ind. ital. Cemento **30**, 38–41, Febr. 1960; Casale Monferrato, Labor. Centrale Ric. e Controlli Rep. Sperimentazione Calcestruzzi-Unione Cementi Marchino u. C.; ital.) — Es wird die Beziehung zwischen dem Elastizitätsmodul (E) des Mörtels u. seiner Biege-, Zug- u. Druckfestigkeit in Abhängigkeit von den Eigg. der Zuschlagstoffe (Z) untersucht. Ein Hochofenzement, Typ 680, wird mit verschiedenen Sandsorten u. grobem Z unterschiedlicher Art angemacht. Die Ergebnisse für E u. die mechan. Festigkeiten zeigen, daß die physikal.-mineralog. Eigg. der Z entscheidend die Elastizität des Mörtels beeinflussen. In Abhängigkeit von Z u. Zement besteht für jeden Mörtel ein konst. Verhältnis von E zur mechan. Festigkeit. Dadurch ist es möglich durch zerstörungsfreie Best. des E quant. Rückschlüsse auf die Festigkeit des Mörtels zu ziehen. W. Anika. 6226□

Über die Verbesserung der Eigenschaft von Flußmitteln und die Zweckmäßigkeit der Anreicherung von Kalksteinen durch Waschen. A. W. Anikejew. (Горный Журнал [Bergbau-J.] **1961**, Nr. 11, 66–68, Nov.; russ.) — Verff. zur kombinierten Trocken–Naß-Anreicherung von Kalkstein wurden ausgearbeitet u. eine erhebliche Ausbeutesteigerung bei der Gewinnung von reinem Kalk erzielt. G. Winkhaus. 6226□

Über die Gewinnung von Kalk für die Herstellung von Werkstücken durch Autoklavenhärtung. Ss. G. Jepifanowski. (Строительные Материалы [Baumaterialien] **7**, Nr. 6, 11–15, Juni 1961; russ.) — Vf. diskutiert Unters.-Ergebnisse u. techn. berechnete Auswertungen über die Vervollkommnung u. Automation des Brennprozesses von Rohkalken. Eine günstige Brenn-Temp. wird mit 930–950° angegeben.
W.-D. Heußner. 6226□

Die Zusammensetzung von totgebranntem Kalk und die Gründe des Totbrennens. A. W. Wolshenski und B. N. Winogradow. (Строительные Материалы [Baumaterialien] **7**, Nr. 6, 30–32, Juni 1961; russ.) — Die Rk. zwischen Fe_2O_3 u. Rohkalken beim Brennprozeß verursacht die Bldg. von Kristallphasen der Zus. $4\,CaO \cdot Al_2O_3 \cdot Fe_2O_3$ u. $2\,CaO \cdot Fe_2O_3$ neben β-$2\,CaO \cdot SiO_2$, die über die Rekristallisationsprozesse Mergelstrukturen bilden. Durch Unterss. im Temp.-Bereich 1300—1600° werden die Gründe des Totbrennens von Kalk in der direkten Verw. von Naturgas zur Beheizung der Drehöfen gefunden. Geringe Fe-Geh. in der auf dem Kalk sich absetzenden Asche bilden krist. Mischphasen vom Typ des Belit u. Al-Ferrit, welche die Struktur zerstören u. totgebrannte Zonen bilden. W.-D. Heußner. 6226□

Baumaterialien und Werkstücke aus Schilf. Ja. I. Linetzki und M. G. Gutina. (Строительные Материалы [Baumaterialien] 7, Nr. 3, 14—21, März 1961; russ.) — Überblick über die Verw. von Schilf als Baumaterial. G. Winkhaus. 6228□

Verwendung von Erdölschlamm als ausbrennender Zusatz bei dem Brennen von Diatomitwerkstücken. A. Ss. Miropolski und A. G. Perschin. (Строительные Материалы [Baumaterialien] 7, Nr. 3, 28—29, März 1961; russ.). — Erdölschlamm, der ein sonst nicht verwertbares Prod. der Erdölindustrie darstellt, wurde als ausbrennender Zusatz u. teilweiser Ersatz von Holzspänen bei der Herst. von Wärmeisolatoren (Steine Platten) verwendet. Der Schlamm hat die Zus.: 35—40% W., 25—30% Erdöl-Prodd. 40—30% mechan. Beimengungen; D. 1,1—1,4; Heizwert 2100—2300 kcal/g. G. Winkhaus. 6228□

Schnellbrennen von Keramsit in den Fabriken des Fernöstlichen Küstengebietes. K. A. Adamtschik. (Строительные Материалы [Baumaterialien] 7, Nr. 3, 23—25, März 1961; russ.) — Vgl. vorst. Referat. — Die Technologie des beschleunigten Brennens von *Keramsit* unter Verw. von Lehmen, die keine besonderen Zusätze u. keine Vorbehandlung erfordern, wurde ausgearbeitet. G. Winkhaus. 6228□

Untersuchung des Brennprozesses von Keramsit im Drehofen. P. I. Berenstein. (Строительные Материалы [Baumaterialien] 7, Nr. 7, 32—34, Juli 1961; russ.) — Vgl. vorst. Referat. — Im Temp.-Bereich von 40—1170° wird an verschiedenen *Keramsit*-Proben der Verlauf des Brennprozesses untersucht. Drehofen-Temp. u. Verweilzeit im Ofen bestimmen die mechan. Eigg. u. den Feuchtigkeitsgrad. Optimal ist ein Brennen bei 1000—1150° während 10 Minuten. W.-D. Heußner. 6228□

Organische Klebstoffe zur Bindung keramischer Ziegel. J. V. Fitzgerald, H. B. Wagner und F. E. Bernett. (Mater. Res. Standards 1, Nr. 3, 196—99, März 1961; Princeton, N.J., Tile Council of America, Res. Center; Philadelphia, Pa., Drexel Inst. of Technol.; engl.) — Eine Unters. von 51 organ. Klebstoffen auf Kautschuk-, Harz- u. Latexbasis zur Bindung keram. Ziegel zeigt, daß die Schubbindefestigkeit (SF) (Zahlentafel) größer als die Zugbindefestigkeit ist. Die Gründe für die Forderung nach einer Mindestlabor.-SF von 50 lbs./sq.in. werden erörtert. W. Wesly. 6228□

Zur Stabilisierung von Löß Ost- und West-Iowas erforderliche Portlandzementgehalte. R. L. Handy und D. T. Davidson. (Proc. Iowa Acad. Sci. 64, 276—313, 1957; Ames, Iowa, Iowa Acad. of Sci., Engng. Exp. Stat.; engl.) — Lößproben von Iowa wurden im Hinblick auf ihre Verwendbarkeit als „Bodenzement" zum Straßenbau auf ihre chem. u. physikal. Eigg. untersucht. Im „Boden-Zement-Test" wurden Löß-Zement-Mischungen künstlicher Witterung unterworfen, um ihre Strukturstabilität bei Befeuchtung u. Austrocknung, Gefrieren u. Auftauen, ihre Dichte bei wechselnder Feuchte u. ihre Härte zu prüfen. Der zur Erzielung optimaler Eigg. erforderliche Zementanteil ist unabhängig von den Bodenformationen infolge des wechselnden Verh. im Gefrier-Auftau-Test. Dieses Verh. zeigte eine Wechselbeziehung zum Ton-Geh. des Lößes. In allen Gebieten erforderte der grobkörnige Löß des C-Horizontes den geringsten Zementanteil (12 Gew.-%). Feinerem Löß u. Materialien aus den B-Horizonten mußten 14—18 Gew.-% Portlandzement zugemischt werden. Als ungeeignete Materialien erwiesen sich die mittelgroben Löße des westlichen u. die der A- u. B-Horizonte der Fayette-Formationen des nordöstlichen u. östlichen Landesteils. Wilfried Werner. 6230□

Bestimmung des Natrium- und Kaliumgehaltes in Silicaten mit hohem Calciumgehalt durch das Flammenphotometer. Jiří Tůma. (Silikáty [Praha] 5, 333—41, 1961; Brno, Geolog. průzkum, n. p.; tschech.) — Ermittlung der Korrektionsfaktoren (graph. u. numer. Zusammenstellung) für die Best. von Na_2O u. K_2O in Silicaten bei Anwesenheit großer CaO-Mengen (bis zu 50%) bei der Best. mit dem Flammenphotometer Zeiss II, Filter Na 59; K 77 J u. Ca 63 J, Acetylen-Luft-Flamme, Empfindlichkeit 1 : 1. Der Na_2O-Geh. ist vom CaO-Geh. abhängig; die Abhängigkeit ist jedoch nicht linear (geringerer Anstieg der Korrektionsfaktoren zwischen 0 u. 5% CaO als zwischen 30 u. 50%). Bei der Best. des K-Geh. kann ein CaO-Geh. bis zu 15% vernachlässigt werden, u. auch bei weiter ansteigendem CaO-Geh. sind die Korrektionsfaktoren geringfügig. Die höheren Best.-Werte des Na_2O u. K_2O werden durch die Durchlässigkeit der selektiven Filter für die Ca-Linien verursacht. Arbeitsvorschrift: 0,5 g des Silicats werden in einer Pt-Schale mit 5 ml HCl u. 20 ml HF zersetzt, bei 550° geglüht, mittels

5 ml HCl digeriert, mit 40 ml sd. W. aufgenommen u. nach Filtrieren auf 250 ml verdünnt. Zur Vermeidung der Alkalienextraktion aus dem Glas wird nur in PVC-Gefäßen gearbeitet. J. Tůmová. 6240□

Colorimetrische Bestimmung der Ligninsulfonate in Zementzuschlägen. Livio Angeletti und Vincenzo dell'Arciprete. (Ind. ital. Cemento **30**, 257—59, Sept. 1960; Colleferro, Centro Studi Cementisegni; ital.) — Im Hinblick auf die Bedeutung der Ligninsulfonate (I) als Plastifikatoren im Mörtelbett berichten Vff. über eine quant. Best.-Meth. für I. Dabei wird in einem wss. Auszug nach Behandlung mit HCl-saurer β-Naphthylamin-Lsg. die Ligninsulfonsäure colorimetr. bestimmt. Genaue Beschreibung des Analysen- u. Arbeitsverfahrens. Quant. Best. auf Grund von Eichkurven aus Lsgg. bekannter Konzentration. Durch die einfache Arbeitsweise u. gute Reproduzierbarkeit der Ergebnisse ist das Verf. zur laufenden Fertigungsüberwachung geeignet. W. Anika. 6252□

Konzentrationsbestimmung von Schwefel- und Flußsäure im Polierbad. Vlastimil Kupf. (Silikáty [Praha] **5**, 328—32, 1961; Nový Bor, VPUS, n. p.; tschech.) — Das Polierbad für Glas enthält außer Salzen u. W. ca. 50% H_2SO_4 u. 14% HF. HF wird amperometr. mit $FeCl_3$ titriert, H_2SO_4 durch Abzug des HF-Geh. von der Gesamtacidität berechnet. Durchführung: 0,7—1 g der Lsg. werden in einem Kunststoffgefäß nach Zusatz von Phenolphthalein mit n-NaOH titriert. Die austitrierte Lsg. wird mit HCl auf pH 3—4 (Methylorange) eingestellt, 30 ml abs. A. u. 10 ml Puffer-Lsg. zugesetzt (3,2 g Na_2CO_3; 43,3 g Monochloressigsäure in 100 ml W.) u. mit NaCl gesättigt. Nach Einführen der Elektroden wird amperometr. mit 0,1 m-$FeCl_3$-Lsg. titriert. Die evtl. anwesende Fluorkieselsäure wird bei der Best. nicht berücksichtigt. Die Analyse ist schnell durchführbar u. entspricht den Betriebsanforderungen. J. Tůmová. 6260□

Jenaer Glaswerk Schott & Gen., Deutschland, **Optische Gläser.** Der Bereich der opt. Gläser auf der Basis La_2O_3 (I), ThO_2 (II) u. B_2O_3 (III) mit n_d zwischen 1,70 u. 1,82 u. erhöhtem ν ist auf Diagrammen zeichner. umrissen. So weist z. B. ein Glas mit 31 (Gew.-%) **III**, 41,5 **I** u. 27,7 **II** die Werte n_d = 1,7668 u. ν = 52,25 auf. Das Verhältnis **I**:**II** soll zwischen 37:34 u. 57:40 liegen, Rest ThO_2. Bei Anwesenheit von bis zu 1,5 Li_2O liegt dieses Verhältnis zwischen 31:39,9 u. 51:46,5. Das Glas kann durch Zusatz eines Erdalkaliborates oder von ZnO, CdO oder SiO_2 stabilisiert werden u. bis zu 12 ZrO_2, SnO_2, Ta_2O_5, Nb_2O_5 oder WO_3 enthalten. — Zum Beispiel hat ein Glas der Zus. 43 La_2O_3, 37,7 B_2O_3, 11,2 ZnO, 0,3 Li_2O, 4,5 ZrO_2 u. 3,3 WO_3 die Werte: n_d = 1,7332 u. ν = 51,0. — Diagramme. (**F. PP. 1 222 499** vom 14/11. 1958, ausg. 10/6. 1960. D. Prior. 16/11. 1957 u. **75 061** [Zusatz-Pat.] vom 21/1. 1959, ausg. 7/7. 1961. D. Prior. 25/1. 1958.) Hans Hoffmann. 6201

Comp. Française Thomson-Houston, Frankreich (Erfinder: Robert Henry Bristow), **Keramischer Forsterit-Spinellkörper,** dessen therm. Ausdehnungs-Verh. bei 25—800° demjenigen von Ti entspricht, besteht z. B. aus 41,6 (Gew.-%) MgO, 33,65 Al_2O_3, 23,75 SiO_2 u. 0,99 BaO oder aus 49,4 MgO, 13,2 Al_2O_3, 36,4 SiO_2 u. 1 BaO. — Zustandsdiagramme, 2 Abbildungen. (**F. P. 1 268 672** vom 3/8. 1960, ausg. 6/12. 1961. A. Prior. 4/8. 1959.) Hans Hoffmann. 6221

Armour Research Foundation of Illinois Institute of Technology, V.St.A. (Erfinder: Samuel W. Bradstreet und Harold L. Rechter), **Oxydationskatalytisch wirkende keramische Oberflächenschichten für Verbrennungsmotore.** Die Überzugsmassen bestehen aus 30 bis ca. 100(%) Ce_2O_3, 0,01—20 Nd_2O_3 u. 0,01—20 Pr_2O_3 von einer Teilchengröße zwischen 0,5 u. 250 μ. Geringe Mengen von La_2O_3, Sc_2S_3, Y_2O_3 oder ThO_2 sowie deren Mischungen können der Grundmasse beigefügt sein. — Beispiel für die Zus. einer Auskleidungsmasse: 45 CeO_2, 22,5 La_2O_3, 17,9 Nd_2O_3, 5,7 Pr_2O_3, 0,25 ThO_2, 1,5 SO_3, 2,9 Y_2O_3 u. Sc_2O_3, 0,8 P_2O_5 u. 1 CaO + MgO. Eine entsprechend ausgerüstete Verbrennungskammer eines Motors wird beschrieben. — 2 Abbildungen. (**F. P. 1 260 227** vom 26/3. 1960, ausg. 22/8. 1961. A. Prior. 26/3. 1959.) Hans Hoffmann. 6221

V. Lach, J. Slaba und V. Potucek, Prag, Tschechoslowakei, **Gegen Ionenstrahlen schützendes keramisches Material.** Als Bindemittel für Füllstoffe aus Abfällen, die Pb, Fe, Sn, Si, Ca, Sb, As, Mn, Al, W, Cr, Cu, Zn, Na, Ag, Ni, Cd u./oder Ti enthalten, wird ein Gemisch aus 6—9,5 (Mol) PbO u. Fe_2O_3, Sb_2O_3 u. As_2O_3, 1 Al_2O_3 u. 2,0—2,8 SiO_2 verwendet. Die Masse wird bei über 580° gebrannt u. evtl. glasiert, gefärbt. (**Belg. P. 562 742** vom 27/11. 1957, ausg. 3/6. 1960.) G. Frikell. 6221

Centre National de la Recherche Scientifique (Erfinder: Andre Pierrot, Yves Lescroel und Charles Guillaud), **Ferrit,** bestehend aus 51—52,5 (Mol-%) Fe_2O_3, 4—10 FeO, 16—30 MnO u. Rest in der Hauptsache ZnO. Die Herst. erfolgt durch Erhitzen des gepreßten Gemisches auf 1150—1280° in einer N_2-Atmosphäre mit einem Geh. an 2—20 O_2 u. langsames Abkühlen in reinem N_2. (**Aust. P. 230 543** vom 24/4. 1958, ausg. 27/10. 1960. F. Prior. 2/5. 1957 u. 12/2. 1958. **Ind. P. 64 088** vom 15/5. 1958, ausg. 19/8. 1960.) C. Lüttgen. 6221

Badische Anilin- & Soda-Fabrik Akt.-Ges., Deutschland (Erfinder: Hans Reinhard, Rolf Petri und Friedrich Hoelscher), **Herstellung plastischer Zementmischungen.** Zur Verbesserung der Elastizität u. Stabilität zementhaltiger Baustoffmischungen werden 0,5—50 (Gew.-%) Zement mit 40—80 Vinylchlorid u./oder Vinylidenchlorid, 10—30 Acrylnitril u. 5—45 eines Acryl- oder Methacrylsäureesters oder eines Vinylcarbonats oder mit einem Gemenge dieser Monomeren vermischt. (**F. P. 1 269 384** vom 18/7. 1960, ausg. 15/12. 1961. D. Prior. 18/7. 1959.) Hans Hoffmann. 6223

Mole Norton S. p. A., Corsico, Mailand, Italien, **Feuerfester Zement,** der rasch abbindet ohne Anwendung von Wärme, enthaltend 90—99(%) eines durch CaO stabilisierten ZrO_2 (3—6 CaO, bezogen auf ZrO_2) u. 10—1 Aluminiumphosphat, das bis zu einem pH-Wert von 3 überschüssige H_3PO_4 enthalten kann. (**It. P. 542 573** vom 6/10. 1955.) K. Koebke. 6223

Soc. Financière de Transports et d'Entreprises Industrielles (Sofina) Soc. An., Brüssel, Belgien, **Hochofenzement mit hoher Anfangsfestigkeit** wird erhalten durch Zusatz geringer Mengen Alkalisalze, bes. 4,2—3,8(%) Na_2SO_4, ferner 2,1—1,9 $Ca(OH)_2$. An Stelle von $Ca(OH)_2$ kann auch Portlandzementklinker treten. (**Belg. P. 555 216** vom 21/2. 1957, ausg. 12/2. 1960.) G. Frikell. 6223

Casius Corp. Ltd., Montreal, Quebec, Canada, übert. von: Leo Torsten Ulfstedt und Endel Wijard, Södertälje, Anders Gustav Wastesson, Ronninge, und Karl Axel Jörgensen, Södertälje, Schweden, **Abbindebeschleuniger für hydraulische Bindemittel.** Ein Zusatz von 0,1—5 Gew.-% bas. Mg-Carbonat zu einem hydraul. abbindenden Gemisch aus feingemahlener Hochofenschlacke (**I**) u. Portlandzement (**II**) bewirkt eine wesentliche Verkürzung der Abbindezeit (AZ) ohne die bei Zusatz von Metallchloriden eintretende Gefahr einer Korrosion oder von Ausblühungen bei Verw. von in W. lösl. Sulfaten. — Zum Beispiel wird bei einem Gemisch aus 20 bis 50 (Gew.-Teilen) Sand, 10—70 **I**, 30 **II**, 0,01—0,5 Al-Pulver u. 0,1—3 leichtem bas. Mg-Carbonat zur Herst. eines *Porenbetonkörpers* die AZ von über 24 (Std.) auf 4—10 verkürzt. (**A. P. 2 987 407** vom 15/8. 1958, ausg. 6/6. 1961. Schwed. Prior. 19/8. 1957.) G. Frikell. 6225

Wilhelm Biek, München, **Herstellen einer gießfähigen Mischung für Porenbetonbauteile aus Industrieabfällen.** Zur Qualitätsverbesserung wird zunächst wenigstens ein Teil der Mörtelbildner, bes. CaO, mit einem Teil der SiO_2 enthaltenden Industrieabfälle, z. B. Steinkohlenflugasche mit bis zu 50% Unverbranntem, fein vermahlen u. dann mit den weiteren Festbestandteilen u. W. vermischt. (**D. A. S. 1 122 896** Kl. 80b vom 12/4. 1950, ausg. 25/1. 1962. **Zusatz zu D. B. P. 973 075; C. 1961, 6282.**) G. Frikell. 6225

Klöckner-Hütte Bremen Akt.-Ges., Bremen, **Weißer Beton** für *Fahrbahnmarkierungen.* Dem weißen Vorsatzbeton [1 (Teil) weißer Portlandzement, 1 weißer Kalksteinsand, 1 weißer Hartgesteinssand u. $1^1/_3$ weißes Hartgestein] werden zur Selbstreinigung unter Einw. des Regenwassers $\geqq 3\%$ des Gew. der Zuschläge an TiO_2 (aus Anatas gewonnenes TiO_2) zugesetzt. Bei der Selbstreinigung löst das Regenwasser geringe Mengen des Betonbindemittels. Dabei bildet sich infolge Hydratisation des TiO_2 eine TiO_2-Emulsion, die die Schmutzteilchen einhüllt u. dabei sogar eine Aufhellung des Betons bewirkt. (**Oe. P. 209 771** vom 28/10. 1958, ausg. 25/6. 1960. D. Prior. 6/11. 1957.) O. Kayser. 6225

Elrio Soc. An., Vaduz, Liechtenstein (Erfinder: Manuel Hernandez de Los Angeles, Casablanca, Marokko), **Leichtbeton hoher Festigkeit** wird hergestellt durch Verw. eines aus gekörntem, expandiertem Vermiculit, der mit einer aus Zement u. W. hergestellten Oberflächenschicht verstärkt wurde, hergestellten leichten, aber widerstandsfähigen Füllmittels. (**Schwz. P. 359 650** vom 27/4. 1960, ausg. 28/2. 1962. F. Prior. 12/11. 1959.) G. Frikell. 6225

Pierre Henri Charles Belverge, Frankreich, **Herstellung von gebranntem Gips.** Zur Herst. von $CaSO_4 \cdot {}^1/_2\,H_2O$ wird zerkleinertes $CaSO_4 \cdot 2\,H_2O$ in einem horizontalen Drehrohrofen durch Erhitzen auf ca. 500° in $CaSO_4$ übergeführt u. in einen ähnlich ausgebildeten Kühlofen geleitet, wo das Brenngut mit etwa der doppelten Menge Rohgips ($CaSO_4 \cdot 2\,H_2O$) gemischt wird, so daß sich eine Temp. von ca. 170° einstellt. In der mit Wasserdampf gesätt. Atmosphäre bildet sich aus dem Mischgut $CaSO_4 \cdot {}^1/_2\,H_2O$. — Vorr., Abbildung. (**F. P. 1 216 529** vom 28/11. 1958 ausg., 26/4. 1960.) Hans Hoffmann. 6227

Joseph Marie François Bouillon genannt Yves Bouillon, Frankreich, **Herstellung eines gipshaltigen Baustoffes** aus einer mit W. angemachten Mischung aus Gips (II), Zement (I) u. Puzzolanen oder anderen vulkan. Füllstoffen. — Beispiel für eine Mörtelmischung: 165 (dm^3) II, 165 I, 330 Füllstoffe u. 340 Wasser. (**F. P. 1 220 145** vom 31/12. 1958, ausg. 23/5. 1960.) Hans Hoffmann. 6227

R. Lenoble, Gosselies, H. Willot und H. Godin, Jemappes, Belgien, **Auf kaltem Wege hergestellte Bauformkörper,** die elast., biegsam u. zugfest sind, werden erhalten aus einem Gemisch von hydraul. Bindemittel, einem glimmerhaltigen Ca-Silicat, wie feingemahlenem Tuff u. einem inerten Füllstoff, wie Sand, z. B. 30—50(%) Ca-Silicat, 55—30 Füllstoff, 15—20 Zement. Die Masse wird mit W. angemacht, gepreßt u. gerüttelt. (**Belg. P. 554 376** vom 22/1. 1957, ausg. 29/1. 1960.) G. Frikell. 6229

Benjamin Foster Co., V.St.A., **Wärmeschutz- und -isoliermasse für industrielle Einrichtungen,** die ein Mischpolymerisat oder ein Polymerisat von Isobutylen, ggf. von Isobutylen u. Styrol oder Isopren u. weitere Zusätze eines Wachses, z. B. von chloriertem Paraffin, Asbest, Talk, Sb_2O_3, Al-Silicathydrat (Bentone 18), enthält. — Das Prod. enthält z. B. 20 (Gew.-%) Isobutylen–Styrol-Mischpolymerisat, 24 Bzn., 23 Xylol, 31 Weichparaffin (Kendex 1430), 1 Bentone 18 u. 1 Alkohol. (**F. P. 1 220 976** vom 14/1. 1959, ausg. 30/5. 1960.) M. F. Müller. 6229

Comp. de Saint-Gobain, Frankreich (Erfinder: Maurice Bourgeaux und Ivan Peyches), **Glaspoliermittel** aus 5—75% eines Schleifmittels in Form eines Oxids, Borids, Carbids, Nitrids, von Diamant zusammen mit einem Oxid des V, Mn, Sb, Pb. Genannt sind z. B. SiO_2, Al_2O_3, B_4C, SiC als Schleifmittel u. als Metalloxide MnO u. MnO_2, oder ein Gemisch von beiden in gleichen Gew.-Mengen zusammen mit 25% B_4C. (**F. P. 1 249 904** vom 23/11. 1959, ausg. 22/3. 1961.) M. F. Müller. 6239

Corning Glass Works (Erfinder: **Stanley Donald Stookey**), *Keramikartige Glasmassen.* (**Aust. P. 228 990** vom 25/2. 1959, ausg. 21/7. 1960. A. Prior. 3/3. 1958. — C. **1961,** 17351 [D. A. S. 1 090 397].)

British Dielectric Research Ltd., London, übert. von: **Karl Wolfgang Plessner**, Ruislip, und **Roger West**, South Harrow, England, *Keramische dielektrische Materialien.* (**A. P. 2 980 546** vom 12/4. 1957, ausg. 18/4. 1961. E. Prior. 17/4. 1956. — C. **1959,** 2589 [E. PP. 795 449, 795 450 u. 795 451].)

Continental Oil Co., Ponca City, Okla., übert. von: **Roscoe C. Clark jun.**, Midland, Tex., **Henry F. Coffer** und **D'Arcy A. Shock**, Ponca City, Okla., V.St.A., *Leichtzement.* (**Can. P. 568 519** vom 2/10. 1954, ausg. 6/1. 1959. A. Prior. 21/10. 1953. — C. **1959,** 1580 [A. P. 2 803 555].)

H_7. Agrikulturchemie. Schädlingsbekämpfung

Hydrothermische Verarbeitung von Phosphaten im Cyclonofen. Ss. I. Wolfkowitsch, A. A. Ionass, Je. B. Melnikow, R. Je. Remen, L. N. Ssidelkowski, Ju. W. Trojankin, A. P. Schurygin und T. N. Jagodina. (Химическая Промышленность [Chem. Ind.] **1961,** 394—99, Juni; Forsch.-Inst. für Düngemittel u. Insektofungicide; russ.) — In Vers.-Cyclonöfen mit Leistungen bis zu 330 kg/Std. werden Phosphorite verschiedenen Ursprungs bei $>1400^0$ mit Luftüberschuß geschmolzen. Dabei gehen in 16 Std. $>96\%$ des P_2O_5-Geh. in citratlösl. Form über. Der F-Geh. beträgt $<0{,}2\%$. Analoge Verss. mit einem Apatitkonzentrat ergeben in 112 Std. eine 83—97%ig. P_2O_5-Umwandlung. Die Prodd. sind als Düngemittel oder Futterzusatz geeignet. R. K. Müller. 6282□

Der Einfluß löslicher Anionen auf einige physikalische und physikochemische Bodeneigenschaften. D. E. Longenecker. (Soil Sci. **90,** 185—91, Sept. 1960; Texas Agric. Exp. Stat.; engl.) — Zwei Tonböden mit überwiegendem Montmorillonit (+ Illit + Kaolinit) wurden mit Ca gesätt., sodann salzfrei gewaschen u. getrocknet. Nunmehr wurden mit Hilfe von 0,1, 0,5- u. 1,0n Lsg. von KCl, NaCl, KNO_3, $NaNO_3$, K_2SO_4, Na_2SO_4, $KHCO_3$, $NaHCO_3$, K_2CO_3 bzw. Na_2CO_3 dicke Pasten hergestellt, in Stangen geformt u. deren Bruchfestigkeit [in Millibar unter Verw. des Geräts von Richards (C. **1955,** 912)] bestimmt. An der Tonfraktion wurden Flockungs-Vol., Kationenaustauschkapazität u. Viscosität der Suspensionen bei 25^0 bestimmt. Bei der Bruchfestigkeit zeigte sich ein starker spezif. Anioneneffekt (in Reihenfolge abnehmender Festigkeit: $CO_3^{2-} > HCO_3^- = SO_4^{2-} > NO_3^- = Cl^-$). Die Festigkeit nahm mit steigender Salz-Konz. ab u. war bei Na-Salzen (wegen stärkerer Dispersion) allg. höher als bei K-Salzen. SO_4^{2-} bewirkte das größte Flockungs-Vol., zwischen NO_3^- u. Cl^- bestanden keine großen Unterschiede. Ähnliches gilt für die Kationenaustauschkapazität (Mg^{2+} gegen Na^+). G. Jagnow. 6302□

Untersuchungen an aus verschiedenen Bodentypen isolierten Huminsäuren. K. Nehring. (Z. Pflanzenernähr., Düng., Bodenkunde **69 (114)**, 71—86, 1955; Rostock, Univ., Inst. für Agrikulturchem. u. Bodenkunde; dt.) — Auf Grund der Ergebnisse umfassender eigener Unterss. vertritt Vf. die Auffassung, daß der Bodentyp von wesentlichem Einfl. auf den Charakter der gebildeten *Huminsäuren* (I) ist u. diesen weitgehend bestimmt. Weiter spielt die Nutzung des Bodens, d. h. der Bestand, unter dem sich die I gebildet haben, eine wichtige Rolle. M. Winiker. 6304□

Über Komposthuminsäuren aus verschiedenen pflanzlichen Ausgangsstoffen. U. Springer. (Z. Pflanzenernähr., Düng., Bodenkunde **69** (**114**), 66—71, 1955; München, Bayer. Landesanst. für Pflanzenbau u. Pflanzenschutz; dt.) — Es wurde gezeigt, daß die *Komposthuminsäuren* (I) u. die zum Vgl. herangezogenen Braunhuminsäuren aus Torf u. Kasslerbraun sowie Bodenhuminsäuren je nach Ausgangsmaterial mehr oder weniger charakterist. Unterschiede in den C-, H- u. N-Werten, in den funktionellen Gruppen (Hydroxyl, Carboxyl), in der Resistenz gegenüber saurer u. alkal. Hydrolyse u. in den Farbwerten aufweisen. Unter der Annahme, daß das Lignin (bei Torfhuminsäuren ligninartige Komplexe) den Grundbaustein der Huminsäuren bildet, kann man die genannten Unterschiede damit erklären, daß je nach Herkunft des I auch Gerbstoffe, Eiweißreste, Gerbstoffeiweißkomplexe u. Polyuronsäuren mit dem Ligninhuminsäure-Mol. der I gekoppelt bzw. den I mechan. beigemengt sein könnten. M. Winiker. 6304□

Über die Verrottung von Futterpflanzenwurzeln an Hand von Modellversuchen. A. Kullmann. (Z. Pflanzenernähr., Düng., Bodenkunde **84** (**129**),Verh. int. bodenkundl. Ges., Hamburg **1**, 127—32, 24/31. 8. 1958, herausgeg. 1959; Müncheberg/Mark, Inst. für Acker- u. Pflanzenbau der DAL; dt.) — Auf Grund der Ergebnisse von Modell-Verss. mit Luzerne- u.Schafschwingelwurzeln vertritt Vf. die Ansicht, daß jeder Pflanzenart nicht nur eine charakterist. chem. Zus. ihrer Wurzeln, sondern auch ein jeweilig typ. Verlauf der stofflichen Veränderungen ihrer Wurzelsubstanz zugesprochen werden muß. M. Winiker. 6304□

Die Nitrifikation in Böden nach unterschiedlichen Trockenperioden. H. F. Birch. (Plant and Soil [The Hague] **12**, 81—96, Jan. 1960; Kikuyu, Kenia, East African Agric. and Forest Res. Organ.; engl.) — 7 Böden mit C-Geh. von 1—7% wurden 3—15 Wochen lang lufttrocken gelagert. Nach der Wiederbefeuchtung wurden C-Mineralisierung u. NH_4- u. NO_3-Bldg. während 19 Tagen gemessen u. mit der der ungetrockneten Bodenproben verglichen. Die Trockenproben wiesen höhere Werte auf als die feuchten. Die erhöhte Mineralisierung war proportional den C-Geh. der Böden bei gegebener Trockendauer u. linear abhängig vom log der Zeit, während der der Böden im trockenen Zustand war. Böden mit hohen C-Geh. lieferten nach der Trockenlagerung bis über 1 t $(NH_4)_2SO_4$-Äquivalent mehr als ohne Trocknung. Das C/N-Verhältnis der Mineralisierungs-Prodd. war bei den Trockenproben enger. Wilfried Werner. 6304□

Untersuchungen über Jod in Böden. R. Gallego und S. Oliver. (An. Edafol. Fisiol. vegetal **18**, 207—38, März 1959; Madrid, Inst. de Edafol. y Fisiol. veget.; span.) — Vgl. C. **1961**, 17321. — Nach der l. c. beschriebenen Meth. wird der J-Geh. von span. Böden ermittelt. Es ergeben sich Mengen zwischen 0,40 u. 52,0 ppm, wobei 50% der Werte unter 3 ppm liegen. Kalkböden enthalten im allg. mehr J als kieselsaure Böden, die höchsten J-Mengen werden bei Böden mit hohem Geh. an Ton u. organ. Substanz gefunden. — 43 Literaturangaben. R. K. Müller. 6304□

Scheinbare Beweglichkeit von Kalium- und Chloridionen in Boden- und Ton-Pasten. J. Letey und A. Klute. (Soil Sci. **90**, 259—65, Okt. **1960**; Univ. of Illinois; engl.) — Vff. beschreiben eine App. zur Best. der scheinbaren Beweglichkeiten (SB) von K^+ u. Cl^-. Diese wurden in 3 verschiedenen Böden in Abhängigkeit von der Konz. an KCl bestimmt. Dabei nimmt die SB des Cl^- mit zunehmender Konz. an KCl ab, die des K^+ zu. Die SB von Cl^- ist größer als die des K^+. — 8 Literaturangaben. J. Neels. 6304□

Eine Erhebung über die pH-Werte der Böden der East Malling-Versuchsstation. G. C. White. (Annu. Rep. East Malling Res. Stat., Near Maidstone, Kent **48**, 77—80, 1960, herausgeg. 1961; engl.) — Die Böden der Vers.-Station wurden systemat. auf ihre Rk. untersucht, wobei alle 22 yard eine Probe gezogen u. in Oberboden (0—6 in.) u. Unterboden (6—12 in.) getrennt wurden. Es wurden pH-Schwankungen zwischen 4,0 u. 8,5 gefunden, jedoch fielen 75% der Proben in den pH-Bereich 5,5—7,5. Im allg. wiesen die Proben des Oberbodens etwas tiefere pH-Werte auf als die Unterbodenproben. Die mittlere Differenz von 0,24 pH-Einheiten war hoch signifikant. Die Erhebungsergebnisse sind in 2 Farbkarten niedergelegt. Wilfried Werner. 6304□

Der Einfluß von Bodentemperatur und Phosphordüngung auf Wachstum und Mineralstoffaufnahme von Tomatensämlingen. John C. Lingle und Ralph M. Davis. (Proc. Amer. Soc. horticult. Sci. **73**, 312—22, Juni 1959; Davis, Calif., Univ. of California; engl.) — Tomatensämlinge wurden in Boden- u. Sandkultur bei unterschiedlicher

Substrat-Temp. (zwischen 50 u. 85° F) u. P-Düngung (ohne bzw. 50 lbs. P_2O_5/acre) angezogen. 6 Wochen nach dem Auflaufen wurden die Pflanzen geerntet u. auf ihren Mineralstoff-Geh. analysiert. Das Wachstum der Pflanzen war bei der höchsten Temp. der Wurzelumgebung am besten, der Trockensubstanz-Geh. nahm mit zunehmender Wurzel-Temp. jedoch ab. Die P-Wrkg. erwies sich als von der Temp. abhängig. Bei Bodensubstrat wurde durch P-Zufuhr bei mittleren Temp., beim Sandsubstrat bei den höchsten Temp. der größte Mehrertrag erzielt. Die Geh. der Pflanzen an P, K u. Na stiegen mit der Wurzel-Temp. an, wogegen die Geh. an Ca u. Mg zunächst anstiegen, bei hohen Temp. aber wieder leicht abfielen. Wilfried Werner. 6304□

Verringerte Kartoffelqualität in Feldversuchen mit hoher Stickstoffdüngung. Herman Timm, L. D. Doneen, Torrey Lyons, J. C. Bishop, V. H. Schweers und J. R. Stockton. (Calif. Agric. **14**, Nr. 1, 13, Jan. 1960; Davis, Calif., Univ. of California; engl.) — In 3 Feld-Verss. wurde die Wrkg. steigender N-Gaben auf Ertrag, Qualität u. Stärke-Geh. von Kartoffeln (Sorten: White Rose, Kennebec) untersucht. Eine Steigerung der N-Gabe von 60 auf 180 lbs./acre brachte Mehrerträge bis 14,1%. Eine weitere Steigerung auf 240 lbs. N/acre erhöhte die Erträge nur noch geringfügig. Der Ertrag an marktfähigen Knollen mittlerer Qualität wurde durch steigende N-Gaben sowohl abs. als auch relativ erniedrigt. Dagegen stieg der Anteil an deformierten u. bei der Sorte Kennebec auch der gefaulten Knollen an. Der Stärke-Geh. fiel bei erhöhten N-Gaben signifikant ab, was auf die mit der N-Steigerung einhergehende physiolog. Reifeverzögerung zurückgeführt wird. Wilfried Werner. 6304□

Voraussetzungen für eine wirkungsvolle Verbesserung der Stickstoffversorgung von Nadelholzbeständen. H. Zött. (Z. Pflanzenernähr., Düng., Bodenkunde **84** (**129**), Verh. int. bodenkundl. Ges., Hamburg **1**, 116—22, 24/31. 8. 1958, herausgeg. 1959; München, Forstl. Forschungsanst., Inst. für Bodenkunde u. Standortslehre; dt.) — Vortrag. — 29 Literaturangaben. M. Winiker. 6304□

Die Bedeutung der Wechselwirkungen bei Düngungs- und Kalkungsversuchen mit Erdbeeren. Richard K. Kirsch. (Proc. Amer. Soc. horticult. Sci. **73**, 181—88, Juni 1959; Corvallis, Oreg., Oregon State Coll., Agric. Exp. Stat.; engl.) — Auf 3 Schlufflehmböden (pH 5,2—5,9) wurden 2- bzw. 3jährige Unterss. über die Wrkg. von N, P- u. K-Düngung sowie Kalkung auf den Ertrag u. die Qualität von Erdbeeren durchgeführt. An 2 Standorten wurde der Ertrag durch Kalkung, unabhängig von der Düngung, stets vermindert. Auf dem 3. Standort wirkte Ca nur in Abwesenheit von K depressiv. K kompensierte die Ca-Depression u. wirkte ertragssteigernd. Ebenso förderte K die Qualität der Früchte (Erhöhung des Refraktometerwertes). N steigerte auf einem Standort den Ertrag generell, auf den beiden anderen nur in Abwesenheit von P. Bei Anwendung von N im Frühjahr wurde im Vgl. zur Herbstdüngung der Anteil an faulen Früchten erhöht. Die P-Wrkg. erwies sich als abhängig von der Kalkung. Die durch P erzielte Ertragssteigerung war am größten, wenn kein Kalk verabreicht wurde. Wilfried Werner. 6304□

Beiträge zur Mikronährstofffrage. 1. Mitt. K. Jungermann. (Landwirtsch. Forsch. **13**, 153—67, 1960; Darmstadt, Landwirtschaftl. Versuchsanst.; dt.) — Vf. führte umfangreiche Unterss. über den Mikronährstoff-Geh. von hess. Böden, von Heu verschiedener Herkunft u. von Weizenkorn verschiedener Herkunft durch. Ebenso wurde der Einfl. von Düngungsmaßnahmen auf die Mikronährstoff-Geh. von Boden u. Pflanze geprüft. Die Geh. an Gesamt- u. an lösl. B, Cu, Co u. Mn schwankten in den Böden gleicher geolog. Herkunft sehr stark. Trotz dieser Schwankungen waren diluviale Sande u. leichte Buntsandsteinverwitterungsböden deutlich am schlechtesten versorgt. Im Falle von Cu, B u. Mn lagen die höchsten Geh. in der Krume, beim Co im Unterboden vor. Wiesenböden wiesen durchweg hohe Geh. an lösl. Co, Cu u. Mn auf. In Übereinstimmung mit den Ackerböden ist auch hier am ehesten auf diluvialen Sanden u. Buntsandsteinverwitterungsböden mit Mangel zu rechnen, bes. bei Cu. — In 260 Weizenkornproben wurden folgende Mikronährstoff-Geh. ermittelt (ppm): Cu 3,3—7,9; Zn 18—46; Mn 21—85; B = 0,8—4,8. Die Mikronährstoff-Geh. standen in keinem unmittelbaren Zusammenhang zur Ertragshöhe u. damit zur Betriebsintensität u. Düngung. Das gleiche gilt auch für die in einigen Fällen bestimmten Geh. an Co (0,008—0,067 ppm) u. Mo (0,09—0,72 ppm). Insgesamt entsprachen die gefundenen Geh. im wesentlichen den in der Literatur schon vorliegenden Werten. Wilfried Werner. 6304□

Untersuchungen über Wirkung und Bedeutung der Bodenbakterien. 2. Mitt. **Fluorescenzmikroskopische Untersuchungen über den Einfluß von Flotal auf die Bakteriendichte schwerer Böden.** O. Siegel und Ch. Disselkamp. (Landwirtsch. Forsch. **11**, 265—69, 1958; dt.) — 1. vgl. C. **1961**, 18478. — Bei der fluorescenzmkr. Unters. von schweren, kalkhaltigen Böden wurde als Folge einer *Flotal* (I)-Behandlung im allg. eine starke Zunahme der Bakterienzahlen festgestellt. Diese Beobachtung läßt den Schluß zu, daß durch **I** eine wesentliche Verbesserung der Struktur dieser Böden bewirkt wird. M. Winiker. 6306□

Anwendung von Maleinsäurehydrazid zur Verhütung des Keimens von Kartoffeln und Zwiebeln. A. Ss. Lobanowa und M. S. Pokrowskaja. (Консервная и Овощесушильная Промышленность [Konserven- u. Dörrgemüse-Ind.] **17**, Nr. 8, 29—33, Aug. 1962; Zentr. Forsch.-Inst. für Konserven- u. Dörrgemüseind.; russ.) — 3—4 Wochen vor der Kartoffel- u. 2 Wochen vor der Zwiebelernte werden die Pflanzenkulturen mit 1000 Liter/ha 0,25%ig. wss. Lsg. von *Maleinsäurehydrazid* (**I**) bespritzt. Als **I**-Präp. werden bes. das Na- bzw. Diäthanolaminsalz angewandt. Das durch grüne Blätter u. Stengel in die Knollen bzw. Zwiebel eindringende **I** übt eine intensive vorbeugende Wrkg. auf das Keimen aus (bis zu 100% keimten nicht). Die behandelten Prodd. können als Lebensmittel verwendet werden. S. Baryschnikow. 6312

Einige Wirkungen von 2.4-D auf Ertrag und Wurzelwachstum von Weizen. N. G. Johanson und T. J. Muzik. (Bot. Gaz. **122**, 188—94, März 1961; Washington, Agric. Exp. Stat.; engl.) — Die Unterss. sollten die Frage klären, welche der im Nordwesten der USA angebauten Weizensorten gegen das Herbicid bes. empfindlich sind, welches das anfälligste Entw.-Stadium der Pflanzen ist, u. ob verschiedene *2.4-D*-Formen (Ester bzw. Amin) unterschiedlich starke Schädigungen hervorrufen. Die stärksten Ertragsminderungen nach 2.4-D-Besprühungen traten bei der Sorte „Brevor" auf. Im Keimlings- u. Blütenstadium erwiesen sich die Pflanzen am empfindlichsten gegen den Wuchsstoff. Der Isopropylester von 2.4-D war stärker tox. als das Triäthanolaminsalz. Die Blattbesprühungen mit 2.4-D verursachten ein anomales Wurzelwachstum: Die Primärwurzelverlängerung wurde gehemmt, die Zahl der Lateralwurzel nahm zu, das Wachstum dieser Wurzeln wurde jedoch ebenfalls gehemmt. Wilfried Werner. 6312□

Zur völligen Abtötung von lebenden Eichensprößlingen sind wiederholte Herbicidgaben erforderlich. O. A. Leonard. (Calif. Agric. **14**, Nr. 1, 15, Jan. 1960; Davis, Calif., Univ. of California; engl.) — Vf. führte Verss. zur Abtötung von Eichensprößlingen, die sich nach Rodung oder Abbrennen eines Eichenunterholzes wieder auf dem Standort ansiedelten, mit *Silvex* [2-(2.4.5-TP); **I**], *Brush killer* (eine Mischung von *2.4-D-* u. *2.4.5-T-Ester*; **II**) u. *2.4-D-Amin* (**III**) durch. **I** erwies sich im allg. als wirksamer gegen die Eichenpflanzen als **II**, bes. im späten Frühjahr in der Periode des akt. Sproßwachstums. **II**-Behandlung war bes. im Spätherbst nach Regen erfolgreich. Die Herbicid-Wrkg. von **III** war sehr wechselhaft. Bei Anwendung im Spätherbst, Winter u. Frühling war es z. T. **I** u. **II** überlegen. Die **III**-Wrkg. konnte durch Erhöhung der Konz. von 4 auf 32 lbs. **I**/100 gal. W. erheblich verbessert werden. Ein Zusatz von ½% Öl zur **III**-Lsg. erhöhte deren Wirksamkeit weiter. Wilfried Werner. 6312□

Aus Versuchen zur Bekämpfung des Glatthaferbrands Ustilago perennans Rostrup auf Raygras (Arrhenatherum elatius L.) durch Beizen der Samen. Jadwiga Tomala-Bednarek. (Roczniki Nauk rolniczych, Ser. A **83**, 929—56, 1961; Zakł. Fitopatol. SGGW; pol.) — Der Glatthaferbrand auf Raygras kann durch Beizen des Samens mit *organ. Hg*-Präpp. bekämpft werden. Hg-freie Präpp. sind unwirksam. *Formalin* hat zwar ebenso gute Wrkg., erniedrigt aber die Keimkraft des Samens. — 38 Literaturangaben. F. Urban. 6312□

Phytotoxizitätsversuche mit einigen Fungiciden an Prince Albert-Spalieräpfeln. A. H. M. Kirby und Margery Bennett. (Annu. Rep., East Malling Res. Stat., Near Maidstone, Kent **48**, 113—15, 1960, herausgeg. 1961; engl.) — In 4jährigen Verss. wurden junge Prince Albert-Spalieräpfel 2mal vor u. 3mal nach der Blüte mit folgenden Fungicid-Lsgg. besprüht: 0,05% *Dinocap* (**I**), 0,1% *Captan* (**II**) u. 0,05% **I** + 0,1% **II**. Durch **I** wurden Fruchtansatz u. Ertrag erheblich reduziert. **II**-Sprays wirkten dagegen nicht ungünstig. Bei kombinierter Behandlung mit beiden Fungiciden wurde ein etwas geringerer Fruchtansatz als mit **II** allein erzielt, der Ertrag lag aber in der gleichen Höhe wie nach **II**-Sprays. — Es wird daher empfohlen, bei der Bekämpfung des Apfelschorfs mit **I** stets auch eine Mehltaubekämpfung mit **II** vorzunehmen, wodurch der negative **I**-Effekt auf den Ertrag kompensiert wird. Wilfried Werner. 6312□

Zur Perspektive der Anwendung von Carbothion. I. M. Poljakow. (Защита Растений от вредителей и Болезней [Pflanzenschutz] **6**, Nr. 11, 30—32, Nov. 1961; russ.) — Durch Besprengen von mit Rhizoctonia aderholdii Kolosch bzw. Plasmodiophora brassicae Woron infiziertem Boden mit 2—3 Liter/m² W., das 10 bzw. 20 g *Carbothion* (**I**; Na-Methyldithiocarbamat) enthält, konnten die vorst. Krankheitserreger der Kohl- bzw. Kruziferenkulturen abgetötet werden. Die Brauchbarkeit von **I** bei der Bekämpfung verschiedener, bes. die Asternkulturen befallender Fusariumarten wird durch Verss. nachgewiesen. S. Baryschnikow. 6312

Gewinnung des Dinatriumsalzes der 3.6-Endoxohexahydrophthalsäure (Endothal). P. A. Moschkin, W. I. Lutkowa, N. N. Rasumowa, L. D. Perzow und Ss. F. Kalinkin. (Химическая Промышленность [Chem. Ind.] **1961**, 237—38, April; russ.) — Das Di-Na-Salz der *3.6-Endoxohexahydrophthalsäure* (**I**; „*Endothal*") beschleunigt das Welken u. Abfallen der Blätter der Baumwollpflanze (Desiccans, Defolians). Der wss. Lsg. von **I** werden dabei $(NH_4)_2SO_4$ u. Stoffe, die das Haften von **I** an den Blättern fördern, zugesetzt. Zur Darst. von **I** führen Vff. in eine benzol. Lsg. von Maleinsäureanhydrid Furan + H_2 + CO_2 (Decarbonylierungs-Prodd. von Furfurol) ein u. vollenden die Kondens. zu 3.6-Endoxotetrahydrophthalsäureanhydrid in 3 Reaktoren bei 20—40°. Nach Abfiltrieren wird das Addukt (F. 108—110°; 80% Ausbeute) mit Na_2CO_3 in das Di-Na-Salz der 3.6-Endoxotetrahydrophthalsäure umgewandelt, das dann bei 50°, 50 atü u. Vol.-Geschw. 0,8 h^{-1} zu **I** hydriert wird. R. K. Müller. 6312□

Trichothecin bei der Bekämpfung der Baumwoll-Welkekrankheit. G. M. Kublanowskaja und N. W. Ssuchatschewa. (Защита Растений от Вредителей и Болезней [Pflanzenschutz] **6**, Nr. 12, 25—26, Dez. 1961; Inst. für Pflanzenschutz des Ministeriums für Landwirtsch. der UsbekSSR; russ.) — Durch Einweichen der Baumwollsamen in 0,025%ig. Lsg. von *Trichothecin* (**I**) mit nachfolgendem 3fachen Gießen der Pflanzen mit dieser Lsg. konnte die Zahl der welkekranken Stauden während der ganzen Vegetationsperiode im Vgl. zur Kontrolle um 47—52% herabgesetzt werden. Durch alleiniges Einweichen der Samen in der vorst. **I**-Lsg. wurde die Wirksamkeit der obigen Behandlung um 50% herabgesetzt. Es wird demzufolge angenommen, daß die Einw. sehr geringer **I**-Mengen eine Veränderung des Stoffwechsels der Pflanze (Ursache ihrer erhöhten Resistenz gegenüber der Welkkrankheit) zur Folge hat. Die Keimfähigkeit der Samen wird durch **I** nicht beeinflußt. Durch Bestäuben der Samen mit 1%ig. **I** konnte der Ernteertrag nicht immer erhöht werden. S. Baryschnikow. 6312

Systemische Wirksamkeit von Dimethoate an Baumwollsamen. D. A. Lindquist, Joseph Hacskaylo, J. C. Clark und T. B. Davich. (J. econ. Entomol. **54**, 1132—35, Dez. 1961; Texas, Tex., Coll. Stat.; engl.) — Gegen Anthonomus grandis Boheman (**a**) u. Aphis gossypii Glover war *Dimethoate* (**I**) als system. Saatgutbehandlungsmittel nicht bes. wirksam, es verursachte außerdem eine Red. des Auflaufens. Mit Hilfe von mit ^{32}P markiertem **I** wurde festgestellt, daß die Aufnahme durch die Pflanzen in den ersten 3 Tagen nach dem Pflanzen sehr schnell vor sich ging. Von **I** wurde nach 2tägiger Behandlung von den Samen mehr aufgenommen, als nach 0, 1, 3 oder 4 Tagen. **I** war gegen **a** weniger wirksam als Phorate. Fritz Müller/Ludwigshafen. 6312□

Laboratoriumsversuche mit einigen Phosphorsäureestern gegen Baumwolläuse. J. C. Keller und B. A. Butt. (J. econ. Entomol. **54**, 1262, Dez. 1961; engl.) — Eine 100%ig. Abtötung von Aphis gossypii Glover bei einer Konz. von 0,01% erreichten: *Shell-SD-4092*, *Shell-SD-4329*, *General-Chemicals-3661*. Ein 96—97%ig. Erfolg wurde mit *Shell-BAS-4294*, *Shell-BAS-4475* u. *SD-2244* erzielt. Eine 80—88%ig. Wirksamkeit hatten *SD-3562*, *SD-5539*, *Hercules-3895* u. *Monsanto-CP-10502*. Alle genannten Mittel waren wirkungsvoller als *Schradan* oder *Malathion*. *Hercules-3004* (0,015%) erreichte 84%, *General-Chemicals-3582*, *Shell-SD-5533*, *General-Chemicals-3583*, *Phosphamidon*, *Monsanto-CP-10516*, *General-Chemicals-4072*, *Monsanto-CP-12432* (sämtlich in einer Konz. von 0,25%) 75—97% Abtötung. Am wenigsten wirksam (54—92% Abtötung) waren (in einer Konz. von 1%): *Bayer-22684*, *Bayer-24869*, *Dibrom*, *Heyden-Newport-Newphos-No. 1*, *General-Chemicals-3707* u. *Bayer-25820*.
Fritz Müller/Ludwigshafen. 6312□

Über die Hydrolyse der Chlorbenzolsulfonsäure, eines Abfallproduktes der DDT-Herstellung. Ss. G. Rykliss und A. R. Perkina. (Химическая Промышленность [Chem. Ind.] **1961**, 461—64, Juli; russ.) — Die bei der Darst. von *DDT* als Nebenprod. erhaltene *Chlorbenzolsulfonsäure* (**I**) geht durch Hydrolyse, optimal bei 215—220° in ca. 2 Std. in *Chlorbenzol* (**II**) u. H_2SO_4 über; die **II**-Ausbeute beträgt 90—91%. In Ggw. Cl-haltiger organ. Verbb. in techn. **I** werden auch HCl, gefärbte Stoffe u. verharzte Prodd. gebildet. Vers.-Anlagen für die kontinuierliche Durchführung der Hydrolyse von **I** im Labor. mit 1 u. 2 Kolben werden beschrieben (Abb.); bei 2stufiger Hydrolyse wird die 1. Stufe bei 165—175°, die 2. Stufe bei 200—210° durchgeführt. Eine Isolierung von **I** aus dem Ausgangsrohstoff ist unzweckmäßig. **II** wird aus dem Prod. durch Dest. mit Wasserdampf gewonnen. Auf 1 t **II** werden 2—3 t Wasserdampf zur Hydrolyse, 5 t zur Dest. verbraucht. R. K. Müller. 6312□

Wirksame Präparate gegen den Kartoffelkäfer. M. G. Keisseruchski und G. Ss. Ssokolowa. (Защита Растений от Вредителей и Болезней [Pflanzenschutz] **6**, Nr. 3, 52, März 1961; Kaliningrad, Allunions-Pflanzenschutz-Inst.; russ.) — Zur Bekämpfung des Kartoffelkäfers werden zweckmäßig 2,2 kg/ha DDT als 50%ig. DDT-Paste bzw. 30% DDT enthaltendes Pulver angewandt. S. Baryschnikow. 6312

Bekämpfung einiger Kartoffelschädlinge in Arizona durch Bodenanwendung von gekörntem Phorate. Paul D. Gerhardt und Don L. Rurley. (J. econ. Entomol. **54**, 1217—21, Dez. 1961; Tucson, Ariz., Univ. of Arizona; engl.) — Bodenanwendung von 10%ig. *Phorate* (**I**)-Körnern (20 lbs/acre) zur Pflanzzeit zeitigte ein gutes Bekämpfungsergebnis gegen Paratrioza cockerelli Sulc. (**a**) u. Myzus persicae Sulzer (**b**) 100 Tage lang, ebensogut wirkte ein Düngemittel-**I** (0,2%)-Gemisch, während *Parathion-Schwefel*-Staub vom Flugzeug aus nur gegen **a**, nicht aber gegen **b** erfolgreich war. Ohne **a**-Bekämpfung war der Ertrag ca. 50% geringer. Fritz Müller/Ludwigshafen. 6312□

Das Insekticid Carbamat. K. D. Schwetzowa-Schilowskaja, L. P. Botscharowa und W. W. Schtscherbakow. Защита Растений от Вредителей и Болезней [Pflanzenschutz] **6**, Nr. 9, 31, Sept. 1961; Melitopol; Vers.-Station für Gartenbau; Abt. für Pflanzenschutz; russ.) — Durch Bestäubung von Apfelbäumen mit einer 0,1—0,2%ig. Suspension von *1-Naphthyl-N-methylcarbamat* (**I**), die als „Carbamat“, „Sevin“, „Carpolin“ bzw. „Präparat-7744“ bezeichnet werden, konnte der Anteil der durch die Carpocapsa pomonella bzw. die Tortrixarten beschädigten Äpfel von 70,0 (%) auf 0,3—1,6 bzw. von 20,5 auf 0,7—7,0 herabgesetzt werden. Die DL_{50} von **I** beträgt (Verss. an Ratten) 540 mg/kg (250 mg/kg für DDT). S. Baryschnikow. 6312

Neue Insekticide und ihre Wirksamkeit. P. N. Galachow. (Защита Растений от Вредителей и Болезней [Pflanzenschutz] **5**, Nr. 10, 30—33, Okt. 1960; russ.) — Beschrieben werden: *Mercaptophos*, „*Präparat-M-81*“ (je 50% O.O-Dimethyl-β-äthylmercaptoäthyldithiophosphat u. OP-7 enthaltendes Präp.), *Methylmercaptophos*, *Carbophos*, *Metaphos* (bzw. Wofatox), *Polychlorpinen* (DDT + Chlorten), Estersulfonat, benetzbares *DDT*-Pulver, *Heptachlor*, *TMDT* mit Heptachlor- bzw. γ-Hexachlorangabe, *Cu-Trichlorphenolat* + *Aldrin*, *KMME-Nr. 30* [ein 40 (%) Paraffindestillat, 40 Transformatorenöl, 2 Sulfitablauge, 0,5 OP-7 bzw. OP-10 u. 17,5 W. enthaltendes Präp.] u. eine „auf Grundlage von 92%ig. Spindelöl S u. 4—8% OP-7 hergestellte Emulsion“. S. Baryschnikow. 6312

Resultate der Anwendung von granulierten Insekticiden. W. N. Polewschtschikowa. (Защита Растений от Вредителей и Болезней [Pflanzenschutz] **6**, Nr. 12, 23—24, Dez. 1961; Forsch.-Inst. für Pflanzenschutz des Ministeriums für Landwirtsch. der UsbekSSR; russ.) — 2 kg *M-74* (Staub) werden auf 100 g des üblichen granulierten (Partikel-Ø = 1,5—2,0 mm) Superphosphats aufgebracht. 25—50 kg/ha des Prod. werden bei der Saat mit Luzernesamen gemischt. Das Verf. schützt die junge Saat vor den Schädigungen durch den Rüsselkäfer (Sitona sulcifrons), erhöht die Intensität der Knöllchen-Bldg. auf das 2—2,5fache u. steigert den Ertrag der 1. Mahd um 54%. Die Verfütterung der Luzerne soll frühestens 60 Tage nach der Saat stattfinden. Die Herst., Dosierung u. Wrkg. analog bereiteter granulierter Insekticide mit *M-81*, *M-82*, „*Nr. 6*“, *Mercaptophos*, *P-2*, *Intrathion*, *Heptachlor*, *Methylmercaptophos* u. *Rogor* wird gleichfalls beschrieben. S. Baryschnikow. 6312

Wirkung sauberer Kulturen und zeitiger Acaricidfrühjahrsbehandlung auf überwinternde Spinnmilben an Freilandrosen. T. J. Henneberry und E. A. Taylor. (J. econ. Entomol. **54**, 1255—56, Dez. 1961; engl.) — Gegen Tetranychus telarius L. an Freilandrosen waren gut wirksam Sprühungen mit *Aramite* (**I**), *Tedion* (**II**) oder **I** + **II**, bes., wenn vorher die als Winterwirte dienenden Unkräuter entfernt worden waren. Fritz Müller/Ludwigshafen. 6312□

Wirkung der Temperatur und Feuchtigkeit auf die Dauerhaftigkeit einiger Insekticidbeläge. G. S. Kalkat, R. H. Davidson und C. L. Brass. (J. econ. Entomol. **54**, 1186—90, Dez. 1961; Columbus, Ohio, Ohio State Univ.; engl.) — In Labor.-Verss. mit Tribolium castaneum Herbst als Vers.-Tier behielten bei 90° F u. 55% relativer Luftfeuchtigkeit die Emulsionsbeläge von *Aldrin*, *Heptachlor*, *Heptachlorepoxid*, *Parathion*, *Diazinon* u. *Malathion* ihre Wrkg. länger als bei 110° F. Bei höherer relativer Luftfeuchtigkeit (90%) war die Wirksamkeit der Beläge wesentlich größer. Fritz Müller/Ludwigshafen. 6312□

Die Erdbeermilbe (Stenotarsonemus pallidus Banks) und ihre Bekämpfung. Franciszka Jaumień und Stanisław Wiąckowski. (Roczniki Nauk rolniczych, Ser. A **83**, 911—26, 1961; pol.) — Zur Bekämpfung der Erdbeermilbe ist am besten *Endrin* geeignet. Es wirkt auch noch im Jahr nach der Anwendung nach. *Lindan*, *Kelthane* wirken schwächer, *Diazinon* u. *Thiometon* sind unwirksam. *Parathion* begünstigt die Entw. des Schädlings, da es seine natürlichen Feinde schädigt. — 33 Literaturangaben. F. Urban. 6312□

Beurteilung neuer Mittel zur Apfelwicklerbekämpfung in Washington. Stanley C. Hoyt. (J. econ. Entomol. **54**, 1127—30, Dez. 1961; Wenatchee, Wash., Tree fruit Exp. Stat.; engl.) — In Freiland-Verss. zur Bekämpfung von Carpocapsa pomonella L.

an Äpfeln bewährten sich bes. gut *Sevin* [1(lb/100 gal.) 50%ig. Netzpulver] u. *Guthion* (0,75). Nicht ganz so wirksam waren *Diazinon* u. *Äthylguthion, Ethion* wirkte nur in den ersten beiden Jahren. *Trithion* war gut wirksam, aber pflanzenschädigend. Aussichtsreich erschienen *Dimethoate, Phosphamidon, Bayer-29493* u. *Bayer-22408*. Als ungenügend wirksam erwiesen sich *Ryania, Dilan, Kepone* u. *DDT*, Zugabe von *Parathion* oder *Malathion* zu letzterem verbesserte das Ergebnis.

Fritz Müller/Ludwigshafen. 6312□

Laboratoriumsversuche mit Insekiticiden gegen die Salzsumpfraupe. F. H. Harries. (J. econ. Entomol. **54**, 1266, Dez. 1961; engl.) — Gegen Estigmene acrea Drury zeitigten bei Anwendung von 4 lbs/100 gall. eine bessere Abtötungs-Wrkg. als die anderen 10 geprüften Insekticide: *Phosdrin, Sevin, Dibrom, Parathion* u. *Diazinon*. Die P-Verbb. waren mit Ausnahme von *Malathion* besser wirksam als die chlorierten KW-Stoffe. — In einem anderen Vers. waren besser wirksam als *Parathion*: *Union-Carbide-10854, Sindar-Corp.-A-1634, Bayer-24869*. Letztere sowie *ENT-21195* u. *Gen. Chemical-3661* waren den anderen 10 geprüften Insekticiden überlegen. In einem 3. Vers. waren *Gen.-Chemical-3583, 3582* u. *4072* gut wirksam u. den anderen 3 geprüften Insekticiden überlegen. Fritz Müller/Ludwigshafen. 6312□

Bekämpfung des Rotrostblasenfußes an Bananen in Honduras. John L. Nickel. (J. econ. Entomol. **54**, 1071—74, Dez. 1961; La Ceiba, Honduras, Standard Fruit Co.; engl.) — Chaetanophothrips orchidii Moulton an Bananen konnte durch 2malige Anwendung von *Dieldrin* (1 quart/acre, 1,5 lbs Wirkstoff/gal.) innerhalb 14 Tagen (in der Form einer gewöhnlichen Ölspritzung) gegen Blattflecken vom Hubschrauber aus mit ausgezeichnetem, 7 Monate andauerndem Erfolg ohne unangenehme Nebenwrkg. bekämpft werden. Fritz Müller/Ludwigshafen. 6312□

Untersuchungsergebnisse neuer Präparate zur Bekämpfung von Milben und Pseudococcus citri. G. W. Dolidse. (Виноделие и Виноградарство СССР [Weinbereit. Weinbau UdSSR] **22**, Nr. 5, 38, 1962; russ.) — Durch Spritzen von Reben mit 0,1%ig. *Phencaptan-* bzw. *Kelthane*-Suspension kann ein neues Auftreten von Milben auf den Blättern der Pflanzen während 20 bzw. 10 Tagen verhindert werden. Eine analoge Behandlung der Reben mit 0,15—0,20%ig. *Phosphamid*-Suspension gewährleistet eine 100%ig. Vernichtung der Larven von Pseudococcus citri u. eine 94,4—98,0%ig. Abtötung der erwachsenen Schädlinge. S. Baryschnikow. 6312

Untersuchungen an Giftködern für die eingeschleppte Feuerameise: Beurteilung verschiedener Ködermaterialien. C. S. Lofgren, F. J. Bartlett und C. E. Stringer. (J. econ. Entomol. **54**, 1096—1100, Dez. 1961; Gulfport, Miss., Plant Pest Control Div.; engl.) — In Labor.- u. Freiland-Verss. wurde gefunden, daß trockene Köder nur geringe Anziehungskraft auf Solenopsis saevissima richteri Forel ausüben. Gemische von Pflanzen- oder Fischöl mit Mehl oder trockenem Blut waren dagegen sehr wirksam. Mit einem Zusatz von 0,125 oder 0,25% *Kepone* erreichten einen über 90%ig. Bekämpfungserfolg: *Erdnußöl + Mehl* oder *Monoglyceride, Erdnußbutter, Mehl + Sojabohnen*, oder *Baumwollsaatöl* u. *Fischöl + Trockenblut*. Fritz Müller/Ludwigshafen. 6312□

Polychlorpinen und Chlorophos bei der Bekämpfung von Waldschädlingen. D. F. Rudnew und N. E. Kononowa. (Защита Растений от Вредителей и Болезней [Pflanzenschutz] **6**, Nr. 6, 35, Juni 1961; russ.) — Vff. berichten über die Wrkg. u. die Verw. von *Polychlorpinen* (PChP) u. *Chlorophos* bei der Bekämpfung der Kieferschädlinge *Lophirus pini* u. *Neodiprion sertifer*. S. Baryschnikow. 6312

Vergleich der Wirksamkeit zweier synthetischer Pyrethroide, die in Kerosinsprays giftiger gegen Stubenfliegen sind als Pyrethrine. W. A. Gersdorff und P. G. Piquett. (J. econ. Entomol. **54**, 1250—52, Dez. 1961; engl.) — Ein *Allethrin* (**I**)-Analoges mit einer *Propargyl*-Gruppe an Stelle der *Allyl*-Gruppe in der Seitenkette der *ketoalkohol*. Komponente besaß gegen Musca domestica L. eine Wrkg. von 64% von **I** u. von 195% des *Pyrethrums* (**II**). Ein Analoges mit der *Phenyl*-Gruppe statt der *Isobutenyl*-Gruppe der Säurekomponente besaß 41% der Wrkg. von **I** u. 120% der von **II**, jedoch nur 34% der des entsprechenden **I**-Isomeren. Fritz Müller/Ludwigshafen. 6312□

Analyse des Düngemittels Calciummetaphosphat. Krystyna Lasiewicz und Henryka Zawadzka. (Chem. analit. [Warszawa] **3**, 1019—25, 1958; Luboń, Inst. Kwasu Siark, i Naw. fosfor.; pol.) — Die feingemahlene Probe des Ca-Metaphosphats (1 g) wird 1 Std. lang mit einer neutralen NH_4-Citrat-Lsg. auf dem Wasserbad extrahiert. Der Extrakt wird nach Filtration u. Überführung des Metaphosphats in Orthophosphat mit $(NH_4)_2MoO_4$ versetzt. Nach Überführung des abgetrennten PO_4^{3-} in $MgNH_4PO_4$ wird Mg komplexometr. bestimmt u. auf PO_4^{3-} umgerechnet. F. Urban. 6322□

Die Vanadat-Molybdat-Methode bei der Bestimmung der Phosphorsäure im Ammoncitratauszug nach Petermann. Ergänzende Kurzmitt. zu: „**Die Anwendung der Vanadat-Molybdat-Methode bei der Bestimmung der Phosphorsäure in Dünge-**

mitteln.“ H. Munk. (Landwirtsch. Forsch., Sonderh. Nr. **14**, 90—91, 1960; Castrop-Rauxel, Gewerksch. Victor, Landw. Versuchsstat. Bladenhorst; dt.) — In seiner früheren Arbeit (C. **1962**, 17897) konnte Vf. zeigen, daß bei Anfärbung des P_2O_5 nach der Vanadat-Molybdat-Meth. im Ammoniumcitratauszug die *Citronensäure* (**I**) eine gewisse Reagensmenge blockiert u. damit die Intensität des Farbkomplexes vermindert. Dieser Effekt der I wird nunmehr folgendermaßen erklärt: Bekanntlich bildet I bei der Phosphatausschüttelung mit Ammoniumcitrat mit dem Kation des Phosphats, meist Ca^{2+}, einen Komplex. In der Reagens-Lsg. sind im sauren Bereich $(MoO_2)^{2+}$-Ionen vorhanden, die mit I ebenfalls eine Komplex-Verb. eingehen, die aber wesentlich beständiger zu sein scheint als der Ca-Komplex. Aus der Reagens-Lsg. wird also so viel Mo entnommen, bis sämtliche I komplex gebunden ist. Der verbleibende Rest reicht dann oft nicht mehr für die gesamte gelöste P_2O_5 zur Bldg. des Vanadatkomplexes aus. — Durch Erhöhung der NH_4-Molybdatmenge im Reagenszusatz läßt sich der interferierende Effekt von I vollständig ausschalten. Da hierdurch jedoch die Beständigkeit der Färbung verschlechtert wird, muß auch die HNO_3-Menge erhöht werden, wodurch die Konstanz der Färbung wieder erreicht wird. Die neue Reagensmischung besteht also aus gleichen Teilen HNO_3 (1:1 verd.), 0,25% ig. NH_4-Vanadat-Lsg. u. 15% ig. NH_4-Molybdat-Lsg., die in dieser Reihenfolge gemischt werden. Die Haltbarkeit der Mischung beträgt ca. 2 Monate. Mit 30 ml des Reagenses können im Meßbereich von 1—5 mg P_2O_5 4 ml Petermannscher Citrat-Lsg. kompensiert werden. Die Messungen sollten 2—5 Std. nach der Anfärbung vorgenommen werden. Wilfried Werner. 6322□

Über die Genauigkeit der Bodenanalysen in Finnland. Esko Lakanen. (Maatalouden Tutkimuskeskus, Maantutkimuslaitos, agrogeol. Julkaisuja [Agric. Res. Centre — Dep. Soil Sci., agrogeol. Publ.] Nr. **76**, 1—33 1960; finn.) — Bei 2316 Bodenproben wurden Doppel-Best. von Ca^{2+}, K^+, PO_4^{3-} u. pH nach der in Finnland üblichen Routine-Meth. der Bodenanalyse ausgeführt u. die Ergebnisse statist. ausgewertet. Die Böden wurden mit der 10fachen Menge einer je 0,5n Lsg. von CH_3COOH u. CH_3COONH_4 1 Std. extrahiert, Ca^{2+} u. K^+ flammenphotometr. u. PO_4^{3-} colorimetr. bestimmt; der pH-Wert wurde in einer wss. Suspension der Bodenprobe (1:2,5) ermittelt. Die Übereinstimmung der Werte der pH-Best. wird beeinflußt von der Bodenart, der Pufferkapazität u. der Acidität des Bodens. Die Abweichungen vom Mittelwert betrugen 0,03—0,07 pH-Einheiten. Die Genauigkeit der Ca^{2+}, K^+ u. PO_4^{3-}-Best. wird beeinflußt von der Inhomogenität der Bodenprobe, von der Genauigkeit des Abmessens aliquoter Teile der Lsg., von der nicht ganz gleichmäßigen Extraktion der verschiedenen Bodenarten u. von der Genauigkeit der Messung, die bei der colorimetr. Meth. geringer ist als bei der flammenphotometrischen. Die Ca^{2+}-Best. ist am genauesten (mittlerer Fehler $\pm 3,8—2,2\%$) u. wird nur vom Nährstoff-Geh. des Bodens beeinflußt. Bei der K^+-Best. (mittlerer Fehler $\pm 3,9—2,5\%$) besteht eine Abhängigkeit der Genauigkeit vom Nährstoff-Geh. u. Bodentyp. Die Genauigkeit der PO_4^{3-}-Best. (mittlerer Fehler $\pm 21,2—3,3\%$) ist bei niedrigem Geh. am geringsten u. nimmt mit steigendem Geh. stark zu. S. Beckmann. 6324□

Entwicklung einer Methode zur Ermittlung des Gehalts von Böden in Israel an für Mais verfügbarem Stickstoff. J. Hagin und S. Ravikovitch. (Z. Pflanzenernähr., Düng., Bodenkunde **84** (**129**), Verh. int. bodenkundl. Ges., Hamburg **1**, 110—16, 24.—31/8. 1958, herausgeg. 1959; Rehovot, Israel, Agricult. Res. Stat.; engl.) — 5 g Boden werden mit 5 g gewaschenem Sand vermischt. Diese Mischung wird in einem Büchner-Trichter der Perkolation unterworfen, um den größten Teil der anfänglich vorhandenen *Nitrate* (**I**) zu entfernen. Die noch feuchten Boden–Sand-Gemische werden 2 Wochen bei 30° inkubiert. Sodann wird ihr Geh. an I mittels der Phenol–Disulfonsäure-Meth. ermittelt. M. Winiker. 6324□

Einige Fehlerquellen bei der Messung der pH-Werte von Böden. J. N. S. Hill. (J. South African chem. Inst. **14**, 98—99, Oktober 1961; Mount Edgecombe, Natal, South African Sugar Ass. Exp. Station, Soils Sect.; engl.) — Die Unterss. des Verf. zeigen, daß bei Benutzung sauberster Glaselektroden u. einer mechan. Rühr-Vorr. keine Differenzen bei der pH-Messung mit verschiedenen Gerätetypen auftreten. H. Moenke. 6324□

Bestimmung des Gehaltes an Organophosphorinsekticiden in Luft. M. A. Trotzenko und W. P. Wendt. (Заводская Лаборатория [Betriebs-Lab.] **24**, 820—21, 1958, Kiew, Inst. für Arbeitshygiene u. Berufskrankheiten; russ.) — Summar. Best. der Isomeren von Mercaptophos in Luft mit der Molybdänblau-Rk. nach Zerstörung des Insekticids mit konz. Mineralsäuren in Ggw. von $KMnO_4$. Empfindlichkeit: 4—5 γ Insekticide/5 ml Lsg. (visuelle Colorimetrie), 1 γ Insekticide/5 ml Lsg. (Photocolorimetrie). Man leitet einen Luftstrom (4 Liter/min) durch ein Rohr mit 1,5—2,0 g Silicagel, wäscht dann mit 5—7 ml Ae., den man dann bei 40° abdestilliert. Zum Rückstand gibt man 2,5 ml konz. HNO_3 u. 0,1 ml einer schwefelsauren $KMnO_4$-Lsg. (0,5 g $KMnO_4$ in 10 ml konz. H_2SO_4), entfernt HNO_3 (175—180°), gibt 7 ml dest. H_2O u. danach schwefelsaure Ammoniummolybdat-Lsg. sowie Hydraziniumsulfat zu, erhitzt im Wasserbad u. colorimetriert die Lösung. H. Leune. 6328□

Zur Reproduzierbarkeit der LT-50-Werte im Drosophila-Test. Siegfried Bombosch und H. Huesmann. (Nachrichtenbl. dtsch. Pflanzenschutzdienstes [Braunschweig] **12**, 107—10, Juli 1960; Göttingen, Univ., Inst. für Pflanzenpathologie u. Pflanzenschutz; dt.) M. Winiker. 6328□

Spektrophotometrischer Nachweis des Molluskicids 5.2′-Dichlor-4′-nitrosalicylsäureanilid. Keith J. Farrington. (Analytic. Chem. **34**, 1338—39, Sept. 1962; Glebe, N.S.W., Australia, Commonwealth Sci. and Ind. Res. Organis., Div. of Animal Health, McMaster Labor.; engl.) — Zur Best. von *5.2′-Dichlor-4′-nitrosalicylsäureanilid* (I) in W. wird I mit Chlf. aus angesäuerter Lsg. extrahiert u. mit Äthanolamin umgesetzt bzw. die wss. Lsg. nach Zusatz von $NaHCO_3$ u. 0,02%ig. Safranin-O-Lsg. mit Chlf. extrahiert. Die Chlf.-Schichten werden bei 385 bzw. 515 nm spektrophotometriert. Aus Eichkurven wird die I-Konz. entnommen. Beide Verff. ermöglichen die Best. von 0,2—1,5 ppm I. Da I in W. nicht sehr gut lösl. ist, erfordert die Aufstellung der Eichkurve besondere Vorkehrungen. W. Kupfer. 6328□

Beitrag zur Prüfung organischer Abfallstoffe auf Pflanzenschädlichkeit. R. Dörr. (Landwirtsch. Forsch., Sonderh. Nr. **14**, 86—91, 1960; Stuttgart-Hohenheim, Landw. Hochsch., Inst. für Pflanzenernährungslehre u. Bodenbiol.; dt.) — Zur Prüfung organ. Abfallstoffe auf pflanzenschädigende Substanzen wird ein Kleingefäß-Vers. (ähnlich dem Neubauer-Vers.) mit möglichst 2 in ihrer Rk. verschiedenen Böden u. Gerste als Vers.-Pflanze vorgeschlagen. 400 g des Boden–Sand-Gemisches werden mit bei wasserarmen Abfallstoffen 0, 0,5, 2,0 u. 5,0 g, bei wasserreichen 0, 1, 4 u. 10 g versetzt. Die Vers.-Zeit beträgt 4—6 Wochen. Es wird geerntet, sobald die Kontrollpflanzen gelbe Blätter bekommen. Eine geprüfte Substanz gilt als pflanzenschädlich, wenn a) die Pflanzen nicht keimen, b) nach der Keimung eingehen, c) die Trockenmasse-Bldg. signifikant niedriger als in der Kontrollreihe ist. Die Substanz gilt als frei von pflanzenschädigenden Stoffen, wenn in allen drei Düngungsgliedern die gleiche oder eine höhere Trockenmasse-Bldg. als in den Kontrollen erzielt wird.
Wilfried Werner. 6328□

Badische Anilin- & Soda-Fabrik Akt.-Ges., Deutschland (Erfinder: **Heinrich Diekmann** und **Wilhelm Wagner**), *Herstellung von Kalkammonsalpeter enthaltenden Düngemitteln.* (**F. P. 1 266 179** vom 26/8. 1960, ausg. 8/11. 1961. D. Prior. 26/8. 1959. — C. **1962**, 3953 [D. A. S. 1 111 218].)

Amchem Products, Inc. (Erfinder: **Richard David Hart** und **Harvey Peter Raman**), *Unkrautvertilgungsmittel.* (**Aust. P. 232 325** vom 29/8. 1958, ausg. 23/2. 1961. A. Prior. 19/11. 1957. — C. **1961**, 988 [E. P. 830 060].)

Parke, Davis & Co., Detroit (Erfinder: **Alexander Mazyck Moore** und **Horace Albert DeWald**, Ann Arbor), Mich., V.St.A., *Herstellung von 6-Diazo-5-oxonorleucin.* (**Schwz. P. 351 280** vom 24/8. 1956, ausg. 28/2. 1961. A. Prior. 25/8. 1955 u. 9/3. 1956. — C. **1960**, 1303 [Oe. P. 197 354].)

Schering Akt.-Ges., Berlin, *Bekämpfung von Nematoden.* (**Oe. P. 216 284** vom 13/1. 1960, ausg. 25/7. 1961. D. Prior. 22/4. 1959. — C. **1962**, 11340 [E. P. 866 970].)

American Cyanamid Co., New York, N.Y., V.St.A., *Insekticide und Acaricide.* (**E. P. 887 308** vom 23/1. 1959, ausg. 17/1. 1962. A. Prior. 24/1. 1958. — C. **1961**, 12977 [D. A. S. 1 097 751].)

Farbenfabriken Bayer Akt.-Ges., Leverkusen, *Tricyclische O-enthaltende Verbindungen und Insektenbekämpfungsmittel.* (**E. P. 869 485** vom 8/7. 1959, ausg. 31/5. 1961. D. Prior. 10/7. u. 12/7. 1958. — C. **1960**, 14160 [D. A. S. 1 075 373] u. C. **1961**, 7401 [D. A. S. 1 088 066].)

Ciba Ltd., Basel, übert. von: **Richard Sallmann**, Binningen, Schweiz, *Schädlingsbekämpfungsmittel.* (**A. P. 2 995 486** vom 30/1. 1956, ausg. 8/8. 1961. Schwz. Prior. 25/9. 1951. — C. **1962**, 280 [D. B. P. 974 569] u. C. **1956**, 7921 [Schwz. P. 307 235].)

Food Machinery & Chemical Corp., New York, N.Y., V.St.A., *Schädlingsbekämpfungsmittel.* (**E. P. 872 221** vom 15/7. 1957, ausg. 5/7. 1961. A. Prior. 16/7. 1956, 9/4., 22/4. u. 23/4. 1957. — C. **1960**, 4979 [A. P. 2 865 946]; C. **1960**, 17587 [A. P. 2 882 198]; C. **1961**, 990 [A. P. 2 877 152] u. C. **1962**, 3241 [Aust. P. 227 930].)

H_8. Metallurgie. Korrosion

Midland Silicones Ltd., London, England, **Form- und Kernmasse für Gießereizwecke** enthält bis zu 10 Gew.-% eines *Alkalisilicates* mit mindestens 10% Silicat-Geh. u. einem Verhältnis von *Silicat* zu *Alkalimetalloxid* von wenigstens 0,5:1. Bezogen auf das wss. Silicat werden 1—15 Gew.-% eines damit verträglichen *Silicons* zugesetzt, das durchschnittlich im Mol. 0,9—1,7 einwertige aliphat. KW-Stoffradikale pro Si-Atom u. wenigstens 3 Gew.-% (bezogen auf die organ. Si-Verb.) Alkoxyradikale mit 1—6 C-Atomen enthält. Beispielsweise besteht der Siliconzusatz aus 75 (Mol-%) *Monomethylsiloxan*, 24 *Dimethylsiloxan*, 1 *Trimethylsiloxan* u. 6 Gew.-% Si-gebundenen *Isopropoxy*-Gruppen im Molekül. — In üblicher Weise mit CO_2 ausgehärtete oder getrocknete Formen oder Kerne aus dieser Masse eignen sich hervorragend zum Vergießen von Metallen, bes. *Gußeisen* u. zerfallen nach dem Gießen bes. leicht. (**E. P. 857 132** vom 8/1. 1959, ausg. 29/12. 1960. A. Prior. 16/1. 1958.) W. Schwarzmaier. 6383

Misco Precision Casting Co., Mich., V.St.A. (Erfinder: Theodore Operhall), **Gießform für Metalle der Gruppe IV A des Periodischen Systems der Elemente, bes. Ti**, wird in herkömmlicher Weise hergestellt, sodann auf der Formfläche eine dünne Sperrschicht gleicher Art wie das Gießgut aufgetragen. Diese Schicht wird nach dem Gießen entfernt, z. B. weggeätzt. (**E. P. 842 158** vom 7/5. 1957, ausg. 20/7. 1960.) W. Schwarzmaier. 6383

Heinrich Koch und Reinhard Koch, Sprockhövel, Westfalen, **Aushärten von Gießereisandformen mittels CO_2.** An einer an der Form angeordneten Gasabflußöffnung wird ein Indicator verwendet, der sichtbar auf CO_2 anspricht. Eine Überschußbegasung wird hierdurch beim Aushärten vermieden. — Vgl. D. A. S. 1 031 935; C. **1960**, 4013. (**E. P. 842 054** vom 20/2. 1958, ausg. 20/7. 1960. D. Prior. 6/3. 1957.) W. Schwarzmaier. 6383

Institut Dr. Ing. Reinhard Straumann Akt.-Ges. (Erfinder: Reinhard Straumann), Waldenburg, Schweiz, **Uhrenbestandteile** aus einer Leg. mit 55 bis 65 (%) *Cu*, 18—22 *Ni* u. 18—22 *Mn*. Solche Bestandteile sind z. B. Anker, Ankerrad, Trieb, Lagerhülse, Lagerzapfen, Zeiger, Unruh, Bestandteile des Räderwerkes u. des Datummechanismus. (**Schwz. P. 344 847** vom 30/12. 1958, ausg. 14/4. 1960.) G. Apel. 6433

International Nickel Co. of Canada Ltd., Copper Cliff, Canada (Erfinder: P. E. Queneau, W. K. Sproule und G. C. Nowlan jun.), **Abscheiden von Nickel aus sulfidischen Eisenerzen.** Zunächst wird mittels Schaumflotation ein Erzkonzentrat mit $<1\%$ *Ni*-Geh. hergestellt, wobei nur $<5\%$ der Partikel durch ein Maschensieb von 80/cm zurückgehalten werden dürfen, hierauf erfolgt das Rösten in Form einer Suspension bei 650—735°. Ni wird alsdann als *Sulfat* gewonnen. (**Schwed. P. 154 879** vom 11/6. 1952, ausg. 19/6. 1956. Can. Prior. 11/6. 1951.) K. H. Kähler. 6435

E. I. du Pont de Nemours & Co., übert. von: Charles H. Winter jun. und Evan L. Anderson, Wilmington, Del., V.St.A., **Herstellung von hochschmelzenden Metallen** (*Ti, Zr, Hf, Nb, Mo, W, Ta*) durch Rk. eines Erdalkalimetalls (Mg, Ca, Ba, Sr) mit einem flüchtigen Halogenid des betreffenden Metalls (Halogen-Atom-Nr. >9) bei 750—1400° in einem abgeschlossenen Syst., in dem die Rk.-Zone nicht an die Außenwände grenzt, wobei das reduzierende Erdalkalimetall kontinuierlich in Form eines Stabes in den das flüchtige Halogenid enthaltenden Reaktor eingebracht wird. Die Wände des Reaktors werden auf einer Temp. gehalten, die unterhalb der Schmelz-Temp. des entstehenden Salzes liegt. — Abbildungen. (**Can. P. 568 654** vom 22/3. 1956, ausg. 6/1. 1959.) H.-J. Nitzschke. 6449

E. I. du Pont de Nemours & Co., Wilmington, Del., übert. von: Carl M. Olson, Kennett Square, Pa., V.St.A., **Herstellung von Ti** durch Red. eines dampfförmigen *Ti-Halogenids* (*Chlorid, Jodid, Bromid*) mit einem geschmolzenen reduzierenden Metall (*Alkali-, Erdalkalimetalle, Be, Al*) in Ggw. eines geschmolzenen, mit Ti Legg. bildenden Metalls (*Zn, Cd*), wobei das reduzierende Metall in einer Menge von 2—20 Gew.-%, bezogen auf die Gesamtmenge an reduzierendem u. legierendem Metall, eingesetzt wird, das flüchtige Halogenid des reduzierenden Metalls entfernt u. aus der erhaltenen Lsg. von Ti in dem legierenden Metall letzteres abdest. wird. (**Can. P. 568 652** vom 17/3. 1956, ausg. 6/1. 1959.) H.-J. Nitzschke. 6449

Edmond Brellier und Aram Haroutounian, Paris, Frankreich, **Gold-Legierungen** bestehen aus 65—90 (%) *Cu*, 4—25 *Ni*, 3—10 *Zn*, Rest 37,5—92 *Au*. Die Legg., die noch ca. 0,025 *Mn* enthalten können, werden einer Wärmebehandlung unterworfen, indem man sie zunächst ca. 4 Std. lang bei 300° glüht, dann auf ca. 700° erwärmt, für ca. 1 Std. in einer reduzierenden Atmosphäre bei der letztgenannten Temp. nachglüht, anschließend in einer Fl., z. B. Alkohol, auf Umgebungs-Temp. abschreckt, darauf auf ca. 250° wiedererwärmt u. ca. 1 Std. lang bei dieser Temp. nachglüht, worauf in Luft abgekühlt wird. Die Legg. besitzen einen hohen Korrosionswiderstand u. werden je nach ihrer Zus., bes. ihrem Au-Geh., durch Wärmebehandlung entweder weicher (besser schmied- u. streckbar) oder härter u. elast. als übliche Au-Legg., oder sie sind entsprechend ihrer Zus. gegen Wärmebehandlung unempfindlich. (**Oe. P. 214 156** vom 19/8. 1958, ausg. 27/3. 1961.) C. Götze. 6463

Alscope Explorations Ltd., Vancouver, British Columbia, Canada, übert. von: Ernest Samuel Nossen und Roy E. Parks, Passaic County, N.J., V.St.A., **Herstellung von Legierungen** in einer Verf.-Stufe, dad. gek., daß ein Oxid eines *schwerschmelzenden Metalls* (I) (*Ti, Zr, Mo, V, B, Cr, Mn*) mit einem reduzierenden Metall (*Al, Mg*) in Ggw. eines indifferenten, mit I legierbaren Metalls (z. B. *Cu*) u. einer Salzschmelze zur Rk. gebracht wird, die aus *Fluoriden* u./oder *Chloriden* besteht, durch die die beim Verf. entstehenden Schlacken gelöst werden. — Zeochnung. (**A. P. 2 919 189** vom 7/3. 1958, ausg. 29/12. 1959.) G. Apel. 6471

United States Atomic Energy Commission, übert. von: Henry A. Saller, Columbus, Ohio, V.St.A., **Herstellung von Uran-Aluminium-Legierungen** mit einem *U*-Geh. von >14%, dad. gek., daß *Al-Pulver* mit einer pulverförmigen intermetall. U-Verb., u. zwar UAl_2, UAl_3, UAl_5 u. UBe_9, in einer Menge gemischt wird, daß die Mischung 14—70% U enthält, die Mischung in die Endform gepreßt u. bei 450—600° gesintert wird. (**A. P. 2 917 383** vom 29/7. 1949, ausg. 15/12. 1959.) G. Apel. 6475

United States Atomic Energy Commission, übert. von: Donald H. Schell und Haskell Sheinberg, Los Alamos, N.Mex., V.St.A., **Wolfram-Legierungen** aus 1,72 (%) *Ni*, 2,47 *Cu*, 4,13 *Pb*, Rest *W* werden auf pulvermetallurg. Wege hergestellt u. besitzen hohe Dichte u. Festigkeit sowie gute Bearbeitbarkeit. (**A. P. 2 916 809** vom 30/6. 1958, ausg. 15/12. 1959.) G. Apel. 6475

Monsanto Chemical Co., V.St.A. (Erfinder: Paul Marcus Hamilton), **Sintermetalle von hoher Festigkeit.** Pulverförmige Metalle, wie *Ni, Co, Fe, Cu, Zn, Cr, Mo, V, Mn, Nb, Ta, W, Be, Ag, Pb, Bi* oder *Au* oder Mischungen hiervon werden zur Erhöhung der Festigkeit des hieraus zu erstellenden Sinterkörpers mit nicht reduzierbaren, feinverteilten Oxiden, wie SiO_2, *MgO, CaO, BaO*, UO_2, B_2O_3, Al_2O_3, HfO_2 oder ThO_2, vermischt. Die Oxide können durch Behandeln versprühter Salz-Lsgg. mit oxydierender Flamme gewonnen werden u. werden in Mengen bis zu 20% dem Metallpulver beigemischt. Die mittlere Größe der Pulverteilchen soll 300—1000 Å betragen. — Zum Beispiel wird ein Gemisch aus NiO u. Al_2O_3 in reduzierender Atmosphäre auf 500 bis 1500° erhitzt u. das gewonnene Pulver nach der Formgebung bei 1000—2000° gesintert. (**F. P. 1 216 574** vom 10/12. 1958, ausg. 26/4. 1960. A. Prior. 13/12. 1957.) Hans Hoffmann. 6475

VEB Hartmetallwerk Immelborn, Immelborn (Erfinder: Curt Agte und Walter Dubel), **Sinterkörper.** Eine Mischung von 1—80 (%) Al_2O_3, 20—90 *Carbide* u. evtl. bis 10 *Metalle*, z. B. Metalle der Fe-Gruppe, wird zu Körpern geformt. Diese werden in Pulver aus *Oxid* oder Oxiden mit einem F. über 1500° eingebettet u. gesintert, wobei das Sintern in inerter oder reduzierender Atmosphäre erfolgen kann. (**E. P. 841 576** vom 24/9. 1956, ausg. 20/7. 1960.) C. Götze. 6475

Deutsche Edelstahlwerke Akt.-Ges., Krefeld (Erfinder: Joseph P. Scanlan, Yonkers, und Louis Alter, Bronx, N.Y., V.St.A.), **Herstellung von metallischen, porös gesinterten Blechen, Formteilen und dergleichen** unter Verw. eines beim Sintern sich verflüchtigenden Kunstharzbindemittels, dad. gek., daß Metallpulver, bes. solches aus korrosionsbeständigem *Stahl, Ni* oder Ni-Legg., mit einer Lsg. eines *aushärtbaren Kunstharzes* von 0,5—4% Harz verrührt wird, bis das Lsgm. verflüchtigt ist, worauf das gesiebte, mit Kunstharz überzogene Metallpulver lose oder unter geringer Druckanwendung in Formen gefüllt, das Harz bei seiner Aushärte-Temp. ausgehärtet u. der Körper gesintert wird. Dem Pulver können vor der Sinterung Verstärkungen in Form von perforierten Blechen u./oder Metallgeweben eingewalzt oder eingepreßt werden. Es kann auch ein endloses Verstärkungsblech auf ein Trägerband aufliegend stetig vorwärtsbewegt u. mit *Cu* besprüht, das sodann mit einer Auflage aus pulverförmigem, mit Harz überzogenen Metall versehen wird, worauf das Band nach dem Passieren von Walzen durch einen Aushärteofen u. einen Sinterofen läuft. — Abbildungen. (**D. A. S. 1 114 329** Kl. 40b vom 12/1. 1955, ausg. 28/9. 1961. A. Prior. 13/1. 1954.) C. Götze. 6475

General Electric Co., New York, N.Y., übert. von: Max Ferdinand Grandey, Hamilton, Ohio, V.St.A., **Herstellung von Metallschaum aus Nickelpulver.** Reines *Ni*-Pulver wird mit festem *Methylphenylsilan-Harz* gemischt, die Mischung zur Schaum-Bldg. 1—2 Std. lang auf 400°F, dann in H_2-Atmosphäre auf 800°F, anschließend langsam während 2—5 Std. auf 1200°F erhitzt, 1—1½ Std. auf dieser Temp. gehalten, dann langsam auf 1800—2400°F weitererhitzt u. diese Temp. 1—1½ Std. gehalten. Zur Verbesserung der Schaum-Bldg. kann eine *Cyan*-Verb. zugesetzt werden. Der so erhaltene Schaum ist leicht, zug- u. stoßfest, duktil, oxydationsbeständig, besitzt geringe

Wärmeleitfähigkeit u. kann als Wärmeschutz, Hochfrequenzschalldämpfer, Regler für Gase, Dämpfe u. Fll., Filter u. ölhaltige Lager verwendet werden. (**A. P. 2 917 384** vom 19/1. 1956, ausg. 15/12. 1959.) G. Apel. 6475

Aktiebolaget Kanthal, Hallstahammar, Schweden, **Sinterkörper** bestehen aus 20—98 (%) SiB_x, wobei x zwischen 2,5 u. 14 liegt, 2—80 eines Bindemittels, das Si u./oder B enthält, u. zwar *Boride* oder *Silicide* der Elemente *Ti, Zr, Hf, V, Nb, Ta, Cr, Mo* u. *W* einzeln oder zu mehreren, bes. *Disilicide* u. Silicide der Formel M_5Si_3, wobei M eines der genannten Elemente bedeutet. Das Bindemittel kann auch keram. Ursprungs sein, z. B. 20—100 SiO_2, 0—5 B_2O_3, 0—80 Al_2O_3 u. 0—10 Na_2O oder K_2O. Die Körper sind in der Hitze verschleiß- u. oxydationsfest. (**E. P. 860 328** vom 4/3. 1959, ausg. 1/2. 1961. Schwed. Prior. 13/3. 1958.) C. Götze. 6477

Jones & Laughlin Steel Corp., Pittsburgh, übert. von: Walter Batz, Hopewell Township, Beaver County, und James W. Thurman, Pittsburgh, Pa., V.St.A., **Herstellung von mit Aluminium plattiertem Stahl.** Das Al wird auf einen Stahl mit einem Geh. an akt. *N* von 0,001—0,010% bei Raum-Temp. aufgebracht, so daß die Al-Schicht mechan. haftet, z. B. durch Aufwalzen. Dann wird auf 700—1070°F so lange erhitzt, daß eine metallurg. Bindung zwischen Al u. Fe unter Einw. des *N*-Geh. entsteht, ohne daß sich eine spröde Fe–Al-Zwischenschicht ausbildet. Der so plattierte Stahl zeichnet sich durch eine hohe Duktilität aus. (**A. P. 2 965 963** vom 21/9. 1956, ausg. 27/12. 1960.) F. Vier. 6479

Engelhard Industries, Inc., Newark, übert. von: Max J. Stumbock, South Orange, N.J., V.St.A., **Thermostatisches Metallband** besteht aus einer Schicht aus einem Metall mit hohem Wärmeausdehnungs-Koeff., z. B. einer *Fe*-Leg. mit 22 (%) *Ni*, 3 *Cr* u. einer Schicht aus einem Metall mit niedrigem Wärmeausdehnungs-Koeff., z. B. einer Fe-Leg. mit 36 Ni. Auf der Schicht mit hohem Wärmeausdehnungs-Koeff. ist eine Schicht aus einem Metall hoher Wärmeleitfähigkeit, z. B. *Cu* oder *Ag*, angeordnet u. darauf ein schwarzer Anstrich, z. B. aus „*Ebonol*". Die beiden letzteren Überzüge bewirken, daß das Band auf Wärmeänderungen schneller anspricht. Das Band kann zur thermostat. Kontrolle als Stromunterbrecher verwendet werden. (**A. P. 2 962 806** vom 18/7. 1955, ausg. 6/12. 1960.) F. Vier. 6479

Chicago Bridge & Iron Co., Ill., übert. von: Robert C. Bertossa, Birmingham, Ala., V.St.A., **Herstellung von mit Molybdän plattiertem Metall,** bes. aus *Fe* oder *Stahl,* durch Löten im Vakuum. Zwischen dem Mo u. dem Grundmetall wird *Zr, Nb* oder *Ta* angeordnet. Als Lot kann *Cu* verwendet werden. Durch die Zwischenschicht wird der erhebliche Unterschied der Ausdehnungs-Koeff. zwischen dem Grundmetall u. dem Mo ausgeglichen. (**A. P. 2 966 738** vom 3/1. 1955, ausg. 3/1. 1961.) F. Vier. 6479

Ferd. Wagner (Erfinder: Erich Dönnges), Pforzheim, **Herstellen von korrosionsbeständigen Gegenständen aus Metallen durch Kaltverformen,** dad. gek., daß mit der Kaltverformung dort aufgehört wird, wo ein Maximum der Korrosionsbeständigkeit einem bestimmten Härtewert zugeordnet ist, der vorher durch Best. der Kaltverformungshärte als Funktion der Korrosions-Geschw. ermittelt worden ist. — Diagramm. (**D. A. S. 1 110 430** Kl. 40d vom 14/2. 1956, ausg. 6/7. 1961.) G. Apel. 6491

Comp. des Lampes, Frankreich (Erfinder: Clarence Herman Toensing), **Herstellung von Drähten aus hitzebeständigen Metallen.** Hitzebeständige Metalldrähte aus *W*, *Mo* oder dgl. werden mit dem wss. Brei eines Metallpulvers gleicher oder verwandter Art überzogen, der nach dem Trocknen auf den Grunddraht aufgesintert wird. Das Ganze wird hierauf auf den wünschenswerten Durchmesser gezogen. — Abbildungen. (**F. P. 1 218 855** vom 13/3. 1959, ausg. 13/5. 1960. A. Prior. 17/3. 1958.) Hans Hoffmann. 6491

Engelhard Industries, Inc., Newark (Erfinder: James Spencer Hill, Cranford, und Cecil Spencer Sivil, East Orange), N.J., V.St.A., **Herstellen von Drähten aus Platinmetallen,** wie *Pt, Pd, Rh,* wobei mehrere Drähte zu einem Bündel vereinigt werden, das durch Kaltziehen auf den gewünschten Querschnitt gebracht wird, dad. gek., daß die Drähte des Bündels vor dem Kaltziehen durch Glühen oberhalb der Rekristallisations-Temp. u. durch Warmformgebung verschweißt werden. — Zeichnungen. (**D. A. S. 1 114 038** Kl. 40d vom 13/11. 1959, ausg. 21/9. 1961. A. Prior. 13/11. 1958.) G. Apel. 6491

Texas Instruments, Inc., Dallas, Tex., übert. von: Heinz R. Pflumm, North Attleboro, und Freeman P. Rogers, Plainville, Mass., V.St.A., **Herstellen von Kerndrähten, Kernstäben mit fester Phasen-Verbindung zwischen Kern und Umhüllung.** Zunächst werden die Oberflächen des Kerns u. die Innenflächen der zylindr. Umhüllung gereinigt. Nach dem Zusammenbringen von Kern u. Mantelhülle (Kern z. B. Cu, Hülle aus nichtrostendem Stahl) wird ein guter Kontakt durch Hämmern oder Walzen hergestellt. Hierauf wird erhitzt, um eine erste Teilbindung. der Oberflächen zu bewirken (Diffusion). Anschließend wird der Draht oder Stab auf eine Endtemp. gebracht, die im Bereich der Rekristallisation des oder der zuvor gehärteten Metalle (Kern u. Hülle) bis zur höchsten Rekristallisations-Temp. liegt (z. B. zwischen 400 bis 1850° F). (**A. P. 2 947 078** vom 30/10. 1957, ausg. 2/8. 1960.) W. Hauswald. 6493

Metallic Surfaces Research Laboratories Ltd., Uxbridge, Middlesex, England (Erfinder: Robert Lionel Samuel und Norman Anthony Lockington), **Herstellung von Überzügen aus Metall- oder Metalloidboriden auf metallischen Oberflächen.** Zuerst wird in die Metalloberfläche das Metall oder Metalloid des Borids, z. B. *Cr, Si, Al, V, Ti, Zr, Mo, W, Nb* oder *Ta*, z. B. durch Einsetzen des Gegenstandes in eine Mischung des metall. oder metalloid. Pulvers mit Al_2O_3 u. NH_4F u. Erhitzen in einem geschlossenen Gefäß, eindiffundiert. Danach wird in einer B-Pulver enthaltenden Mischung erhitzt. Es bilden sich verschleißfeste, hitzebeständige Überzüge, z. B. auf Eisen, Stahl, Ni, Co, W, Mo, Ti, Zr oder Cu. (**E. P. 861 644** vom 9/6. 1958, ausg. 22/2. 1961.) F. Vier. 6493

Solar Aircraft Co., San Diego, Calif., V.St.A., **Herstellung von Aluminiumdiffusionsschichten auf der Oberfläche von Gegenständen aus Eisen und Stahl** durch Behandeln mit einer wss. Aufschlämmung, von Al-Pulver bei erhöhter Temperatur. Zur Verhinderung einer Rk. zwischen dem Al-Pulver u. W. wird als Inhibitor ein gesintertes Erdalkali- oder ein gesintertes Alkali–Erdalkaliborat zugesetzt. Zum Beispiel kann eine Mischung von BaO, B_2O_3 u. AlF_3 gesintert werden. (**E. P. 868 933** vom 13/6. 1957, ausg. 25/5. 1961. A. Prior. 16/7. 1956.) V. Fier. 6493

Tainton Co. (Erfinder: John Earl Cutcliffe), Baltimore, Md., V.St.A., **Herstellung eines metallischen Überzuges** auf metall. Gegenständen durch Aufbringen von Metallpulver mit einem Prallmaterial in einem fl. Schutz-Koll. u./oder organ. oberflächenakt. Stoffe enthaltenden Medium nach Patent 1 072 857, dad. gek., daß als Prallmaterial im wesentlichen *Glas-* oder *Porzellankugeln* verwendet werden, wobei mindestens 10% der Kugeln einen 1,5 mm nicht übersteigenden Durchmesser haben. (**D. A. S. 1 126 698** Kl. 48b vom 29/8. 1957, ausg. 29/3. 1962. E. Prior. 10/9. 1956. **Zusatz zu D. A. S. 1 072 857; C. 1961, 2089.**) F. Vier. 6517

Harshaw Chemical Co. (Erfinder: Paul W. Moy), **Kupferplattierungslösung,** gek. durch einen Geh. an bas. ionisierbarem Cu-Salz, bes. $CuCN$, u. an einem heterocycl. *Mercaptan*, das den Mercaptorest an einem Ring-C-Atom eines Triazinkernes, z. B. Dithioammelid, Thioammelin, gebunden enthält, als Glanz erzeugendes Mittel. (**Aust. P. 228 435** vom 10/1. 1957, ausg. 23/6. 1960.) K. Demmler. 6517

Gevaert Photo-Producten N. V., Antwerpen (Erfinder: Charles Walter Maho, Hove-Antwerp), Belgien, **Herstellung von Bändern für magnetische Registriervorrichtungen.** Die Bänder, z. B. aus *Polyvinylchlorid*, werden mit einer $CuNO_3$ u./oder $AgNO_3$ enthaltenden Lsg. u. gleichzeitig mit einer im Red.-Mittel, z. B. *Formaldehyd*, enthaltenden Lsg. bespritzt, so daß sich ein Metallüberzug auf dem Band bildet. Vor dem Aufspritzen kann das Band mit einer HCl u. $SnCl_2$ enthaltenden wss. Lsg. behandelt werden. (**E. P. 861 710** vom 4/3. 1959, ausg. 22/2. 1961. Belg. Prior. 5/3. 1958.) F. Vier. 6517

Metal & Thermit Corp. (Erfinder: Frank Passal), **Elektrolytische Badlösung zum Verchromen,** bestehend aus einer wss. CrO_3-Lsg. mit einem Zusatz von wenigstens 0,005 g/Liter eines disulfonierten Monoalkyldiphenyloxids zwecks Verminderung des Sprühens u. der Nebelbildung. — Beispiel: 250 (g/Liter) CrO_3, 2,5 SO_4 (als Na_2SO_4), 0,25 *Na-Salz des disulfonierten Dodecyldiphenyloxids.* (**Aust. P. 228 562** vom 7/10. 1958, ausg. 30/6. 1960. A. Prior. 8/10. u. 22/11. 1957.) K. Demmler. 6519

Riedel & Co., Spezialfabrik für Galvanotechnik (Erfinder: Karl-Friedrich Daum), Bielefeld, **Galvanisches Abscheiden glänzender, rißfreier Chromüberzüge** aus einem wss. Chrombad mit 350 g/Liter CrO_3, 0,2—0,5% H_2SO_4 u. 0,05—0,25% Kieselfluorwasserstoffsäure, bezogen auf CrO_3, dad. gek., daß die zu verchromenden Gegenstände zunächst in ein aus der wss. Lsg. von 10—30 g/Liter einer aliphat. Oxysäure bestehendes Formierbad getaucht u. dann im Chrombad bei 47—52° u. 13—20 A/dm² der Cr-Überzug abgeschieden wird. (**D. A. S. 1 117 963** Kl. 48a vom 12/12. 1958, ausg. 23/11. 1961.) H. Hänle. 6519

General American Transportation Corp., Chicago (Erfinder: Paul Talmey, Barrington, Ill., und Gregoire Gutzeit, Highland, Ind.), V.St.A., **Chemisches Vernickeln** von Trägern mit katalyt. Oberfläche mit einer wss., *Ni-Ionen* u. *Hypophosphit*-Ionen enthaltenden Lsg., dad. gek., daß der Lsg. in Spurenmengen als

Stabilisator mindestens eine *S-Verb.* oder, falls in der Lsg. bereits Spuren von S vorhanden sind, eine Verb. zugesetzt wird, die imstande ist, mit dem in der Lsg. vorhandenem S in irgendeiner Form S-Verbb. zu bilden, z. B. im Schwermetallsalz, mit Ausnahme von Metallen der VIII. Gruppe des Period. Syst., ein *Xanthogenat*, ein *Thiophosphat*, *PbS*, *Te* oder *Sn*. (**D. A. S. 1 123 174** Kl. 48b vom 1/12. 1953, ausg. 1/2. 1962. A. Prior. 3/6. 1953.) F. Vier. 6521

Hanson-Van Winkle-Munning Co., V.St.A. (Erfinder: Donald Gardner Foulke, William Bull Stoddard jun., Otto Kardos und Walter Bernhard Kleiner), **Galvanisches Glanznickelbad** besteht aus einer sauren Ni-Salz-Lsg. mit Zusatz 1. von 25 mg/Liter bis zur Sättigung einer 1,2 Benzopyron-Verb., wie Cumarin, in dem mindestens ein H-Atom ersetzt ist durch die Alkyl-, Alkoxy- oder Acyl-Gruppe oder durch ein Halogen, u. 2. von 0,1—10 mMol einer in W. lösl. Acetylenverbindung. Solche sind z. B. *3-Butin-1.2-diol*, *3-Methyl-1-butin-3-ol*, *1-Acetoxy-2-propin*, *1-Bromo-2-propin*. (**F. P. 1 250 864** vom 26/2. 1960, ausg. 10/4. 1961. A. Prior. 11/3. 1959.) F. Markhoff. 6521

Colin Stewart Ltd., Winsford, Cheshire, und Joseph Sankey & Sons Ltd., Bilston, Staffordshire, England (Erfinder: James Nicholas Wilson), **Schutzschicht für Geschosse mit hoher Geschwindigkeit.** Nach vorhergegangenem Ätzen oder Anodisieren der Metalloberfläche wird eine Schutzschicht mit einer Paste nach E. P. 655 637 aus feingepulverter *Kieselerde* (mit einer Teilchengröße nicht über 10μ), Na_2SiO_3 als Bindemittel, einem Korrosionsinhibitor u. W. aufgebracht. (**E. P. 821 425** vom 15/9. 1955, ausg. 7/10. 1959. **Zusatz zu E. P. 655 637.**) H. Baur. 6529

Soc. Continentale Parker, Frankreich, **Herstellen einer Phosphatierungslösung.** Der Geh. der Phosphatierungs-Lsg. an freier H_3PO_4 wird durch Zusatz von BPO_4 eingestellt. — Beispiel: 9,6 (Teile) $ZnSO_4 \cdot 1$ aq, 7,3 $(NH_4)H_2PO_4$, 4,5 $BPO_4 \cdot 1$ aq u. 3,7 KNO_3 werden in W. gelöst u. der Lsg. bei 55—60° angewendet. (**F. P. 66 468** vom 1/6. 1954, ausg. 8/3. 1957. D. Prior. 30/10. 1953. **Zusatz zu F. P. 1 099 952.**) F. Markhoff. 6533

Willi Presting, Karl Steinbach, Gerhard Göpke, Halle/Saale, und H. Curt Greif, Radebeul, **Wässerige Wachsemulsionen für Oberflächen- und Korrosionsschutz** von Maschinen u. Metallteilen bestehen aus KW-Stoff-Wachsen, welche die Wärme- u. Kältefestigkeit des Wachsüberzugs regeln, u. enthalten außerdem NH_4-Salze hochschmelzender Montansäuren oder montansäurehaltiger Wachse als Emulgatoren, sowie ein Paraffinanoxydat. Die mit der Wachsemulsion überzogenen Eisenbleche lassen sich einwandfrei verschweißen, weshalb die Anwendung bes. im Schiffbau vorteilhaft ist. — Eine Wachsemulsion, welche kältebeständige Wachsüberzüge liefert, enthält 3 (Gewichtsteile) gebleichtes *Montanwachs*, 1,8 gebleichtes *Schwerölgatsch* (Ep. 50°), 0,7 *Ozokerit*, 1,1 *Weichparaffin*, 1 *Anoxydat von Syntheseparaffin*, 11 *Testbenzin*, 1,4 *Ammoniak* (28% NH_3), 80 *Wasser*. (**D. P. [DDR] 22 805** Kl. 22g vom 23/12. 1959, ausg. 1/3. 1962 [Wirtschaftspatent].) M. F. Müller. 6539

Gino Amici, Rom, Italien, **Rostschutzmittel.** Zum It. P. 451 828 ist nachzutragen, daß man an Stelle des fl. Paraffins auch *feste KW-Stoffe* verwenden oder durch einen Anteil an festem Paraffin (I) die Konsistenz des Mittels auf den gewünschten Grad einstellen kann. — Beispiel: 65 g *Vaselin*, wasserfrei, 5 (cm^3) *Vaselinöl*, 15 *α-Pinen* enthaltende Stoffe, wie Essenzen des Pinus, Eukalyptus, 15 *Bzn.*, festes I nach Wunsch. — Vgl. A. P. 2 743 202; C. **1957**, 6892. (**It. P. 525 449** vom 31/5. 1954. **Zusatz zu It. P. 451 828.**) K. Koebke. 6539

General Aniline & Film Corp., New York, N.Y., übert. von: Joseph P. Copes, Easton, Pa., V.St.A., **Schutz von Metallen gegen Korrosion.** Man setzt den Anstrichmassen, Entfettungs- u. Reinigungsmitteln, Schmiermitteln usw. zur Rostinhibierung einen *Ester aus 1.4-Butandiol* oder *1.2.4-Butantriol mit Ölsäure* oder mit *dimerisierter Linolsäure* zu. (**A. P. 2 976 245** vom 13/6. 1957, ausg. 21/3. 1961.) P. Krug. 6539

Cities Service Research & Development Co., New York, N.Y., übert. von: William B. Hughes, Webster Groves, Mo., V.St.A., **Verminderung der Korrosion von Eisen** in korrodierenden Fll. durch Zusatz einer sauren, CO_2 u. H_2S enthaltenden Verb. der nebenst. Formel, in der R ein 2wertiger KW-Stoffrest mit 1—18 C-Atomen ist (eine *Thiazolin–Oxazolin*-Verbindung). (**A. P. 2 964 471** vom 26/6. 1959, ausg. 13/12. 1960.) H. Baur. 6539

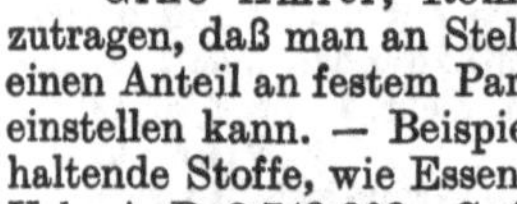

Hagan Chemicals & Controls, Inc., übert. von: George B. Hatch, Allison Park, Pa., V.St.A., **Verhinderung der Korrosion von Kupfer und seinen**

Legierungen durch Wasser, das auch mit unedleren Metallen (Fe, Al, Zn) in Berührung kommt. Dem W. werden ca. 0,05—5,0 Teile auf 10^6 Teile W. eines wasserlösl. *1.2.3-Triazols* u. nicht mehr als 50 Teile auf 10^6 Teile W. eines wasserlösl. *Alkalipolyphosphats*, aber in Mengen, die einen Schutzfilm ergeben, zugefügt, gegebenenfalls noch *Chloramin*. (**A. P. 2 941 953** vom 27/7. 1956, ausg. 21/6. 1960.) H. Baur. 6539

Geigy Chemical Corp., Yonkers, übert. von: John D. Spivack, Spring Valley, N.Y., und Harry Kroll, Warwick, R.I., V.St.A., **Schutz von Metallen gegen Korrosion.** Auf die Metalloberfläche wird eine Verb. der allg. Formel $(R-Ar-R^1)_nX$ aufgetragen, worin bedeuten R = 1 oder 2 aliphat. Reste mit 4—30 C-Atomen Ar einen Bzl.- oder Naphthalinrest, R^1 einen Alkylenrest mit 1—5 C-Atomen, X einen Polyaminrest der Formel $-NR^2[(C(R^3)H)_mNR^4]_qH$, wobei R^2, R^3 u. R^4 = H bzw. niedere Alkyl-, Oxalkyl- oder Alkylenoxidreste darstellen u. n, m u. q ganze Zahlen von 1—6. Man kann die Verbb. in geeigneten Trägern polarer oder nichtpolarer Art, wie W., Alkoholen, Phenolen, Äthern, Estern, Wachsen, Siliconen, fl. oder festen KW-Stoffen lösen bzw. dispergieren. (**A. P. 2 952 635** vom 29/3. 1957, ausg. 13/9. 1960.) P. Krug. 6539

Dow Chemical Co., übert. von: Roger F. Monroe, Midland, Mich., V.St.A., **Korrosionsinhibitor** zum Schutz metall. Oberflächen, bes. aus *Fe* u. *Ni* enthaltenden Legg., gegen den Angriff durch nichtoxydierende Säuren bei Temp. unter 200°F besteht aus *2-(2-Propinyloxy)-tetrahydropyren*, das in Mengen von 0,1—1,0 Gew.-% der wss. Lsg. der genannten Säure zugesetzt wird. (**A. P. 2 952 509** vom 3/2. 1958, ausg. 13/9. 1960.) H. Baur. 6539

Foundry Flux Ltd (Erfinder: **David Lumb**), *Behandlung geschmolzener Metalle*. (**Aust. P. 228 828** vom 26/11. 1957, ausg. 14/7. 1960. E. Prior. 29/12. 1956. — C. **1961**, 1719 [F. P. 1 189 045].)

R-N Corp. (Erfinder: **Richard Earl**), *Eisengewinnung*. (**Aust. P. 228 622** vom 10/6. 1958, ausg. 7/7. 1960. A. Prior. 10/2. 1958. — C. **1961**, 1357 [E. P. 827 825].)

Union Carbide & Carbon Corp., New York, übert. von: **Joseph H. Brennan**, Niagara Falls, und **Earle R. Saunders**, Grand Island, N.Y., V.St.A., *Ferrochrom-Al-Legierung*. (**Can. P. 556 120** vom 28/2. 1955, ausg. 15/4. 1958. A. Prior. 5/4. 1954. — C. **1959**, 15500 [E. P. 764 818].)

Freeport Sulphur Co. (Erfinder: **Robert C. Hills**), *Gewinnung von Nickel und Kobalt aus oxidischen Eisenerzen und Konzentraten*. (**Aust. P. 230 855** vom 5/12. 1958, ausg. 17/11. 1960. A. Prior. 16/12. 1957. — C. **1961**, 15916 [F. P. 1 217 275].)

Mond Nickel Co. Ltd. (Erfinder: **Charles Alfred Clark**), *Nickel-Kupfer-Legierungen für Kompensatorelemente*. (**Aust. P. 228 687** vom 13/5. 1958, ausg. 7/7. 1960. E. Prior. 16/5. 1957. — C. **1962**, 3971 [Belg. P. 567 606].)

Sierra Metals Corp. (Erfinder: **Rudolf Harold Thielemann**), *Tantallegierung*. (**Aust. P. 230 639** vom 30/6. 1958, ausg. 3/11. 1960. A. Prior. 1/7. 1957. — C. **1961**, 9584 [D. A. S. 1 087 814].)

Sierra Metals Corp. (Erfinder: **Rudolf Harold Thielemann**), *Tantal-Niob-Legierungen*. (**Aust. P. 230 764** vom 30/6. 1958, ausg. 10/11. 1960. A. Prior. 1/7. 1957. — C. **1961**, 11510 [A. P. 2 907 654].)

Ions Exchange & Chemical Corp., New York, N.Y., übert. von: **Kenneth N. Brown**, Teaneck, N.J., V.St.A., *Elektrolytische Herstellung von Ag-Pulver*. (**Can. P. 556 000** vom 7/6. 1954, ausg. 15/4. 1958. A. Prior. 8/6. 1953. — C. **1960**, 9716 [D. A. S. 1 048 422].)

H_9. Organische Industrie

Einige kennzeichnende Merkmale der Erdölrohstoffe verarbeitenden chemischen Industrie. E. J. G. Toxopeüs. (Chim. e Ind. [Milano] **43**, 892—95, Aug. 1961; L'Aja, N. V. Bataafse Internat. Chem. Mij. N. V.; ital.) — Histor. Überblick über Entw. u. Stand der auf *Erdölbasis* begründeten *chem. Industrie* seit ihrem ersten Auftreten in USA gegen 1920. Ihr Einfl. auf das Gepräge der herkömmlichen neuzeitlichen chem. Industrie, bes. auf weitgehende Automatisierung, Planung u. Bau von App. u. Verff. u. Entw. katalyt. Meth. sowie auf die industrielle Erschließung rohstoffarmer Gebiete u. neuer Märkte werden neben andern wirtschaftlichen Gesichtspunkten an Hand von Diagrammen u. Tabellen hervorgehoben. A. Sander. 6550□

Alkylierung. Lyle F. Albright und R. Norris Shreve. (Ind. Engng. Chem., int. Edit. **53**, 492—94, Juni 1961; Lafayette, Ind., Purdue Univ.; engl.) — Vgl. C. **1962**, 10634.—Fortschrittsbericht über 1960. —86 Literaturangaben. M. Hagedorn. 6578□

Verfahren zur Oxydation von Propylen. Peter W. Sherwood. (Brennstoff-Chem. **42**, 375—77, Dez. 1961; dt.) — Neue Verff. der *Oxydation* von *Propylen* zu *Acrolein, Aceton, Propylenoxid*, Acrylonitril u. Acrylaten u. ihre techn. Durchführung sowie wirtschaftliche Bedeutung werden besprochen. S. Gipp. 6582□

Neue Hydrierverfahren mit komplexen Borverbindungen und ihre Anwendung. Laureano Vilalta. (Afinidad **18 (40)**, 239—41, Juli/Aug. 1961; span.) — Fortschrittsbericht über neue *Hydrier-Verff.* mit Hilfe von *B-KW-Stoffkomplexen* u. deren techn.-wirtschaftliche Vorteile. A. Sander. 6584□

Hochsiedende Formale aus Formalin und Alkohol. D. M. Winokurow. (Известия Высших Учебных Заведений (Иваново), Химия и Химическая Технология [Hochschulnachr., (Iwanowo), Chem. u. chem. Technol.] **3**, Nr. 1, 190—92, 1960; Lwow, Forsttechn. Inst., Lehrstuhl für allg. u. anorg. Chem.; russ.) — Vf. hat ein Verf. zur Gewinnung von hochsd. Formalen ausgearbeitet. Danach wird die Rk. zwischen Formaldehyd u. einem höheren Alkohol (von Butanol an) in Ggw. von Mineralsäure als Katalysator durchgeführt. Das Verf. kann für die techn. Gewinnung von Formalin-Prodd. empfohlen werden. Für *Dibutyl-*, *Diisobutyl-*, *Diisoamyl-*, *Dicyclohexyl-* (erstmalig) u. *Dibenzylformal* werden die Werte für Kp., $D._4^{20}$ u. n_D^{20} mitgeteilt. K. Wekua. 6598□

Einfluß von Substituenten bei der Umsetzung von Allylderivaten mit Nickelcarbonyl, Acetylen und Kohlenoxid. Gian Paolo Chiusoli und Giorgio Bottaccio. (Chim. e Ind. [Milano] **43**, 1022, Sept. 1961; Novara, Soc. Montecatini, Ist. di Ric. „G. Donegani"; ital.) — Das Verh. β-substituierter Allyl-Derivv. bei Oxosynth. bzw. Rkk. mit C_2H_2, CO u. HO-Verbb. (ROH), die je nach dem induktiv negativen (**—I**) oder positiv mesomeren (**+M**) Charakter des reagierenden C-Atoms im Substituenten (**Y**) gegenüber den andern Rk.-Teilnehmern zu einer Carboxylierung oder aber zu einer Dimerisierung des Mol. führen kann unter Abspaltung der Allylgruppe als Carbanion eines labilen, das Halogen **X** enthaltenden Zwischenprod., wird untersucht. Die Rk. mit der Gruppe ROH führt daher unter Aufnahme eines Protons zur Bldg. des weniger stabilen Tautomeren nach der Gleichung $Y{-}CH{=}CH{-}CH_2{-}Ni{-}X \rightarrow Y{-}CH{=}CH{-}CH_2^- + NiX^+$; $Y{-}CH{=}CH{-}CH_2^- + ROH \rightarrow Y{-}CH_2{-}CH{=}CH_2 + RO^-$. Die gute Rk.-Fähigkeit der Allyl-Verbb. mit Substituenten vom Typ **+I +M** wird dagegen auf die Radikal-Eigg. der reagierenden Allylgruppen zurückgeführt. A. Sander. H 460□

Die Bewertung von Katalysatoren bei der Herstellung von Butadien und Styrol. Bohuslav Kovařík. (Chem. Průmysl **11 (36)**, 472—73, Sept. 1961; Gottwaldov, Výzkumný ústav syntet. kaučuku; tschech.) — Die *Katalysatoren* nach Lebeděv u. Ostromyslenský für die *Butadien-* u. *Styrol*-Herst. werden verglichen. Die Zus. des Katalysators, der Verlauf der Rk., die theoret. Temp. der Konversion (40%), der Grad der Verdünnung von Rohstoffen mit W., die Rk.-Temp., die Konversion, die Ausbeute, die Rk.-Dauer, die Regenerationsdauer, die Ausnutzung des Katalysators, die Lebensdauer, die Leistung des Katalysators, das Schütt-Gew., der Preis des Katalysators u. der Anteil des Preises des Katalysators am Prod.-Preis werden tabellarisiert. Aus dem Vgl. folgt, daß das Ostromyslenský-Verf. vorteilhafter ist. J. Schneider. H 460□

Synthese von Kohlenwasserstoffen aus Kohlenoxid und Wasserdampf. 7. Mitt. **Kinetik, Mechanismus und technische Reaktionsführung bei der Reaktion an Eisenkontakten.** Herbert Kölbel, Friedrich Engelhardt und Hans Hammer. (Brennstoff-Chem. **42**, 65—72, März 1961; Berlin, TU, Inst. für Techn. Chemie; Homberg/Niederrhein, Chem. Werke der Rheinpreußen AG für Bergbau u. Chemie, Labor.; dt.) — 6. vgl. C. **1961**, 9743. — Aus kinet. Unterss. zur KW-Stoff-Synth. aus CO u. Wasserdampf gemäß der vereinfachten Bruttogleichung $3\,CO + H_2O = -CH_2- + 2\,CO_2$ an *Eisenkatalysatoren* bis zu 70 atü u. zwischen 240 u. 250° ergeben sich charakterist. Unterschiede für den Verlauf dieser Rk. gegenüber dem der Fischer-Tropsch-Synthese. Es werden Schlußfolgerungen für die techn. Rk.-Führung im Festbett u. im Blasensäulenreaktor (Flüssigphase-Verf.) gezogen. K. Triems. H 500□

Synthese von Kohlenwasserstoffen aus Kohlenoxid und Wasserdampf. 8. Mitt. **Synthese an Nickelkatalysatoren.** H. Kölbel und J. Gaube. (Brennstoff-Chem. **42**, 149—53, Mai 1961; dt.) — 7. vgl. vorst. Referat. — Es werden die optimalen Rk.-Bedingungen für die *Synth.* von *KW-Stoffen* u. sauerstoffhaltigen Verbb. aus CO u. H_2O nach Kölbel u. Engelhardt an *Ni-Katalysatoren* ermittelt. Die Abhängigkeit der Rk.-Geschw. von den Partialdrucken läßt sich in ähnlicher Weise wie an Fe- u. Co-Katalysatoren durch einen Ausdruck der Form $r = K_1 p^b_{H_2O} + K_2 p^d_{H_2}$ darstellen. Durch den Vgl. der Konst. der Gleichungen für Fe-, Co- u. Ni-Katalysatoren können einige Besonderheiten dieser Katalysatoren erklärt werden. K. Triems. H 500□

Die chemische Wirkung einer Gasentladung auf Kohlenwasserstoffe. 1. Mitt. **Die Umwandlung von Methan in Verbindungen mit höherem Molekulargewicht und der Einfluß der Reaktionsbedingungen auf diese Umwandlung.** H. J. Kraaijveld und H. I. Waterman. (Brennstoff-Chem. **42**, 369—75, Dez. 1961; Delft, Niederlande, TH, Inst. für Chem. Technol.; dt.) — Wird CH_4 sehr kurze Zeit dem Einfl. einer *Gasentladung* ausgesetzt, so entstehen gesätt. u. ungesätt. KW-Stoffe von C_2—C_6. Kontaktzeit u. Stromstärke beeinflussen die CH_4-Umwandlung in übereinstimmender Weise, bei ihrer

Erhöhung nimmt die Ausbeute zu, wobei die Bldg. der C_2- u. C_3-KW-Stoffe ein Maximum erreicht. Eine weitere Zunahme der Umwandlung hat ausschließlich die Bldg. höhermol. Verbb. zur Folge. Durch Druckerhöhung wird die Ausbeute an C_2-KW-Stoffen, bes. C_2H_2 (maximal 22,5 Gew.-% bei 10 Torr) erhöht. Die Menge an umgewandeltem CH_4 hängt nur von der Energiezufuhr je Gew.-Menge Grundstoff ab. S. Gipp. H 500□

Die Herstellung von Vinylchlorid durch katalytische Spaltung von Dichloräthan. Vladimír Medonos, Vlastimil Růžička und Karel Šilínek. (Chem. Průmysl **11** (36), 229—35, Mai 1961; Praha, Vysoká škola chemickotechnol.; tschech.) — Die Herst. von *Vinylchlorid* (I) durch *katalyt. Abspaltung* von HCl aus *Dichloräthan* (II) in der Gasphase unter Verw. von $BaCl_2$ an Aktivkohle, Silicagel oder Bimsstein als Katalysator in Ggw. kleiner Mengen Cl_2 wird untersucht. Die besten Ergebnisse werden unter Verw. von $BaCl_2$ an Aktivkohle bei 350° in Ggw. von 0,5% Cl_2 erreicht. 100%ig. Umwandlung von II in I erforderte 2,90 Mol II = 28,7 g = 22,8 ml, 80%ig. Umwandlung → 3,46 Mol = 34,2 g = 27,2 ml, 60%ig. Umwandlung → 4,07 Mol = 40,2 g = 31,9 ml, berechnet auf 1 Liter Katalysator/Stunde. J. Schneider. H 520□

Die Aktivkohle als Katalysatorträger bei der Vinylchloridsynthese. Ján Janda. (Chem. Průmysl **11** (36), 586—88, Nov. 1961; Nováky, Výskumný ústav pre petrochém.; tschech.) — Die Verw. von *Aktivkohle* (A) als *Katalysatorträger* bei der *Synth.* von CH_2:*CHCl* wird untersucht. Es wird festgestellt, daß mit steigender spezif. Oberfläche von A die Aktivität des Katalysators steigt u. seine Lebensdauer sinkt. Die optimale spezif. Oberfläche von A beträgt 500—600 m^2/g. Mit steigendem Geh. von Fe u. Zn in A steigt die Bldg. von Nebenprodd., bes. von 1.1-Dichloräthan.
J. Schneider. H 520□

Intensivierung der Trichloräthylenherstellung. Ladislav Adamíra, Lubomír Procházka und Daniel Jeřábek. (Chem. Průmysl **11** (36), 299—301, Juni 1961; Ústí n. L., Spolek pro chem. a hutní výrobu; tschech.) — Durch *Intensivierung* der Anlage wird die Kapazität der Cl_2C:*CHCl*-Herst. um das 4fache erhöht. Die Anlage arbeitet nach der Rekonstruktion vollkommen kontinuierlich. Die Intensivierung von einzelnen App. wird bes. beschrieben. J. Schneider. H 520□

Hochtemperaturchlorierung von Propylen im Zyklonreaktor. Jaroslav Dykyj, Pavol Klúčovský, Jozef Haspra und Imrich Ondruš. (Chem. Průmysl **11** (36), 281—84, Juni 1961; Nováky, Výskumný ústav pre petrochém.; tschech.) — Die *Hochtemp.-Chlorierung* von *Propylen* (I) zu *Allylchlorid* in einer Vers.-App. wird untersucht. Die in der Literatur angegebenen Ausbeuten für das Mol-Verhältnis von I/Cl_2 = 5 werden dabei schon bei einem Mol-Verhältnis von 2—3 erreicht. Es wird festgestellt, daß die reaktive Ausbeute V* (Verhältnis des Molenbruches von I zu Molenbruch von höher sd. Anteilen, die als Dichlorpropan ausgedrückt werden) eine Funktion des geometr. Faktors G_f des Zyklons, des Mol-Verhältnisses von I/Cl_2 = P u. des Durchmessers der Reynoldsschen Zahl (Re*) der Strömung in einzelnen Düsen ist. Bei den Bedingungen $G_f > 50$ u. $P \geqq 2$ gilt $V^* = 155 \cdot 10^{-6} \cdot Re^*$. J. Schneider. H 520□

Die technische Gewinnung von Isopren. C. J. Baas und J. C. Vlugter. (Chem. Weekbl. **57**, 389—95, 22/7. 1961; Delft, Techn. Hogeschool, Labor. für Chem. Technol.; niederl.) — Die *Darst.* von *Isopren* 1. aus Aceton u. C_2H_2, 2. durch Dehydrieren von Isopenten, 3. aus Isobutylen u. HCHO, 4. über das dimere Propylen wird beschrieben.
B. Scheifele. H 520□

Die Gewinnung von Alkoholen durch Carbonylierung. G. Norcross. (Chim. e Ind. [Milano] **43**, 880—84, Aug. 1961; Londra, I.C.I., Heavy Org. Chem. Div.; ital.) — Übersicht über Entw. u. techn. Stand der sich vom 1938 entdeckten „Oxo"-Verf. der Ruhr-Chemie ableitenden Verff. zur *Herst. prim. Alkohole* aus ungesätt. KW-Stoffen (z. B. Crackfraktionen der Steinkohlenteer- u. Petroleum-Dest.) durch druckkatalyt. Anlagerung von CO u. gleichzeitiger oder nachfolgender Hydrierung der als Zwischenprodd. auftretenden Aldehyde. Auf die techn.-wirtschaftliche Bedeutung solcher Alkohole zur Darst. von Weichmachern für die Kunststoffindustrie, bes. der Alkylphthalate, sowie auf die großtechn. Verw. u. Entw. des Prozesses in den Anlagen der I.C.I. in Billingham wird ausführlich hingewiesen. — 3 Abb., 4 Tabellen, 3 Literaturangaben. A. Sander. H 560□

Die Synthese des Butylglykoläthers aus Äthylenoxid und Butylalkohol. Milan Repáš, Josef Strešinka und Tibor Rendko. (Chem. Průmysl **11** (36), 469—72, Sept. 1961; Nováky, Výskumný ústav pre petrochém.; slowak.) — Vgl. Chem. Průmysl **11** (36), [1961], 345. — Bei der Labor.-Synth. von *Butylglykoläther* aus *Äthylenoxid* u. *Butylalkohol* wird der Einfl. der Temp., der Rk.-Dauer u. des Mol-Verhältnisses auf die Ausbeute u. auf die Zus. des Prod. untersucht. Die optimalen Bedingungen bei der Monobutylglykoläther-Herst. sind ein Mol-Verhältnis Äthylenoxid/n-Butylalkohol = 1:3,2—3,6, eine Rk.-Dauer von 12 Std. u. ein Druck von 16 atü. Unter diesen Bedingungen wird eine 96%ig. Ausbeute erreicht, u. zwar 72% Monobutylglykoläther u. 24% höhere Glykoläther, die als Dibutylglykoläther berechnet werden.

J. Schneider. H 570□

Die Verwendung von Ionenaustauschern bei der Glycerinherstellung. Emil Krejcar und Antonín Kopecký. (Chem. Průmysl **11** (36), 660—63, Dez. 1961; Pardubice, Výzkumný ústav syntet. pryskyřic a laků; Praha, Výzkumný ústav sdru ení tukového průmyslu; tschech.) — Vgl. C. **1961**, 12683. — Die *Herst.* von *Glycerin* aus „süßem W.", das bei der Herst. von Ölen u. Fetten abfällt, durch die Dest.-Meth. oder durch die *Austauscher*-Meth. wird verglichen. Es werden energet. u. Materialbilanzen durchgeführt. Die Unkosten für 1 t 98,5%ig. Glycerin nach der Austauscher-Meth. sind um 1058 Kčs kleiner als die nach der Dest.-Methode.

J. Schneider. H 580□

Die partielle Veresterung von Siliciumtetrachlorid und Phosphortrichlorid mit Methanol. Ivo Wiesner. (Chem. Průmysl **11** (36), 461—65, Sept. 1961; Ustí n. L., Spolek pro chem. a hutní výrobu; tschech.) — Die Herst. von CH_3OSiCl_3, $(CH_3O)_2 \cdot SiCl_2$, $(CH_3O)_3SiCl$, $C_2H_5OSiCl_3$, $(CH_3)_3SiOC_2H_5$, $CH_3OP(O)Cl_2$, $(CH_3O)_2P(O)Cl$, $CH_3 \cdot OPCl_2$ u. $(CH_3O)_2PCl$ wird untersucht. Die Verss. werden in einer kontinuierlich oder halbkontinuierlich arbeitenden Labor.-App. durchgeführt. Die optimalen Bedingungen für die Herst. einiger Prodd. werden tabellarisiert. Es wird festgestellt, daß die Ausbeute an Cl-haltigen Estern 1. von der restlosen u. schnellen Entfernung von HCl aus dem Rk.-Medium, 2. vom Wasser-Geh. in CH_3OH (maximal 0,02%), 3. von den Neben-Rkk. von HCl mit den Cl-haltigen Estern, 4. von den Disproportionierungs-Rkk. u. 5. vom Mitreißen der Chlorsilandämpfe mit Rk.-HCl, abhängt. Diese Beziehungen werden graph. dargestellt. Die vollständige Beseitigung von Rk.-HCl konnte noch nicht erreicht werden. Die besten Ergebnisse werden mit einem Spiralkocher erzielt.

J. Schneider. H 590□

Äthyl-β-[β-cyanäthoxy]-äthylsulfid. Cornelio Caldo und Luigi Bartolucci. (Chim. e Ind. [Milano] **43**, 1022, Sept. 1961; Terni, Soc. „Polymer", Ist. ric.; ital.) — Aus dem nach Nenitzescu [1935] erhaltenen *Äthyl-β-hydroxyäthylthioäther* (I) wird durch Rk. mit Acrylonitril (II) das entsprechende Cyanäthyl-Deriv. erhalten.

Versuche: *Äthyl-β-[β-cyanäthoxy]-äthylsulfid*, $C_7H_{13}NOS$, Kp.$_{20}$ 151°, aus 0,466 Mol II u. 0,425 Mol I unter 20std. Rühren mit 40%ig. wss. KOH bei 25° u. 4std. Nachrühren bei 50—55°; unangenehm riechendes Öl; $D._4^{20}$ 1,4768; n_D^{20} 1,4768; 75—80% Ausbeute.

A. Sander. H 600□

Die Trennung von Produkten der Oxosynthese durch Gas–Flüssigkeits-Chromatographie. Michal Šingliar und Alexej Ušakov. (Chem. Průmysl **11** (36), 524—26, Okt. 1961; Nováky, Výskumný ústav pre petrochém.; slowak.) — Die verwendete Gas–Fl.-chromatograph. Meth. bei der analyt. Kontrolle der Zwischen- u. Endprodd. bei der Aldolisierung von Butyraldehyd u. bei der Hydrierung der hergestellten ungesätt. Aldehyde C_8 wird beschrieben; das Chromatogramm wird angegeben.

J. Schneider. H 650□

Verfahren zur Darstellung von Acrolein aus Propylen und Sauerstoff. Marco Agamennone. (Chim. e Ind. [Milano] **43**, 875—80, Aug. 1961; Novara, Soc. Montecatini, Ist. di ric. „G. Donegani"; ital.) — Nach kurzem Rückblick auf die wichtigsten Verff. zur Herst. von *Acrolein* wird über Ergebnisse von Labor.-Verss. zur Oxydation von *Propylen* mit O_2 in langen engen, thermostat. auf 380—400° gehaltenen Cu-Röhren berichtet. Die sich mit einer dünnen Schicht von Cu_2O überziehende Innenwand katalysiert die Oxydation u. verhütet durch rasche Aufnahme der Rk.-Wärme jegliche Überhitzung. Dadurch ist es möglich, ohne Verdünnungsmittel auch bei Überdruck zu arbeiten u. die Ausbeute erheblich zu verbessern. An Hand eines Fließbildes wird eine Vers.-Anlage beschrieben, deren Reaktor aus einem Wärmeaustauscher in Form enger Cu-Rohrbündel besteht. Der günstigste Betriebsdruck hinsichtlich Qualität u. Ausbeute an Acrolein beträgt 4 atü. Die Thermostatfüllung besteht aus Dowtherm. Bei 4 at, 390° u. 0,8 Sek. Verweilzeit wird eine mol. Ausbeute von 58% neben geringen Mengen CH_2O, Ketonen u. anderen gesätt. Aldehyden erhalten, entsprechend einer Gesamtausbeute von CO-Derivv. von 68%. A. Sander. H 670□

Hydroformylierung von Propylen. 1. Mitt. Vendelín Macho. (Chem. Průmysl **11** (36), 630—34, Dez. 1961; Nováky, Výskumný ústav pre petrochém.; slowak.) — Durch diskontinuierliche Isochron-Verss. wird der Einfl. der Konz. von $Co_2(CO)_8$ auf die Konversion von *Propylen* (I), die Bldg. von *n-Butyraldehyd* (II), *Isobutyraldehyd* (III) u. von hochsd. Anteilen (A) untersucht. Bei 150°, 180—190 atü in 60 Min. u. einer Konz.

von >0,1% Co (bezogen auf I) steigt die Rk.-Geschw. nicht, bei der Konz. bis 0,8% Co ändert sich das **II/III**-Verhältnis u. der Geh. an A. Bei der Verlängerung der Rk.-Dauer auf 180 Min. unter gleichen anderen Bedingungen steigt der Geh. an A im Prod. mit wachsender Konz. an Co. Bei Konz. an 0,1 oder 0,5 oder 0,8% Co bilden sich 20 oder 37% oder mehr als 40% an A. Bei 140° u. 200 atü in 50 Min. steigt mit wachsender Konz. an Co das Verhältnis **II/III** u. der Geh. an A im Prod. nur wenig. Bei einer Konz. von 0,1 bzw. 0,4 bzw. 0,8% beträgt das Verhältnis 1,5 bzw. 1,6 bzw. 1,7. Unter diesen Bedingungen steigt der Geh. an A von 7,7 auf 9%. Der Einfl. des Synth.-Gases ($CO:H_2 = 1$) wird im Bereich von 100—300 atü bei einer Konz. von 0,1% Co u. der Rk.-Dauer von 60 Min. untersucht. Die Rk.-Geschw. steigt stark bis zu 200 atü, dann nur noch wenig. Mit wachsendem Druck steigt das Verhältnis **II/III** u. beträgt bei 100 bzw. 200 bzw. 300 atü 1,1 bzw. 1,4 bzw. 1,8. Unter diesen Bedingungen beträgt der Geh. an A 7,5 bzw. 18 bzw. 29%. Der steigende Geh. an A wird durch Folge-Rkk. von **III** verursacht. J. Schneider. H 670□

Anwendung eines Ionenaustauschharzes zum Abtrennen von Äthylendiamin aus Lösungen seines Hydrochlorids. Paolo Beltrame. (Chim. e Ind. [Milano] **43**, 985—88, Sept. 1961; Milano, Univ., Ist. di chim. fis.; ital.) — Mit Hilfe des *Austauschharzes Amberlite IRA-410* (A) kann $H_2NCH_2CH_2NH_2$ aus der wss. Lsg. seines *Hydrochlorids* sowie auch in Ggw. von Diäthylentriaminhydrochlorid u. NH_4Cl abgetrennt werden. Zu den Verss. dient eine 1 m lange chromatograph. Kolonne mit einer Schicht von 420 cm³ angefeuchtetem A-Chlorid. App., theoret. Grundlagen, Ausführung u. Ergebnisse der verschiedenen Verss. sowie die angewandten analyt. Meth. werden beschrieben u. an Hand von Kurven erörtert. A. Sander. H 910□

Katalytische Synthese von Propiophenon aus Benzoe- und Propionsäure im Wasserdampf-Wirbelbett. Giacomo Lemetre und Carlo Alberto Pauri. (Chim. e Ind. [Milano] **43**, 1019—22, Sept. 1961; Colleferro [Roma], „Bombrini Parodi-Delfino", Centro Studi Chim.; ital.) — Eine Verbesserung der *katalyt. Darst.* von *Propiophenon* (I) gelingt durch Anwendung eines *Wasserdampfwirbelbetts* in Ggw. eines 70/30 Al_2O_3/ThO_2-Katalysators (A), ausgehend von einem Propion/Benzoesäure-Gemisch, das im mol. Verhältnis von 1:4 bis 1:7 eine Umsetzung von 90—95 (%), im Verhältnis von 1:1,5 bis 1:2 eine von 85—90 der angewendeten Benzoesäure gibt. Das Verhältnis W./Benzoesäure kann dabei von 6:1 bis 8:1 variieren. Die verbesserte Ausbeute wird auf eine wirksamere Verteilung von A u. die antistat. Wrkg. des Wasserdampffließbetts zurückgeführt, wodurch die Lebensdauer von A verlängert u. die Kondens. erleichtert wird. App., Herst. u. Aktivierung von A, Ausführung der Kondens., Abtrennung u. Dest. der Rk.-Prodd. werden an Hand eines Fließschemas u. von Tabellen näher beschrieben u. erörtert. A. Sander. H 1160□

Naphthalin aus Erdöl. P. W. Sherwood. (Brennstoff-Chem. **42**, 283—86, Sept. 1961; dt.) — Übersicht über die techn. u. wirtschaftlichen Gegebenheiten der Herst. von *Naphthalin* in den USA. — 10 Literaturhinweise. P. Bornemann. H 2700□

Einfluß der elastischen mechanischen Schwingungen auf den Prozeß der Extraktion von Beimengungen aus Polyäthylen. A. M. Ginstling und A. A. Baram. (Известия Высших Учебных Заведений (Иваново), Химия и Химическая Технология [Hochschulnachr. (Iwanowo), Chem. u. chem. Technol.] **3**, Nr. 1, 170—71, 1960; Leningrad, Technol. Lensowjet-Inst., Lehrstuhl für Prozesse u. Apparaturen; russ.) — Zur Entfernung der Katalysatoren $Al(C_2H_5)_3$ u. $TiCl_4$ aus dem Niederdruckpolyäthylen nach der Rk. behandelten Vff. das Rk.-Gut im Ultraschallfeld. Auf diese Weise ist es gelungen, die Reinigung von Polyesterpulvern von den organ. Beimengungen um das 1,3—1,5fache zu verbessern. Das Verf. braucht weniger Zeit als das übliche (mechan. Schütteln), jedoch ist der Reinigungsgrad bei verschiedenen Polyäthylenen auch unter gleichen Bedingungen unterschiedlich. K. Wekua. H 4010□

Helmut Sachse, Wolfen, Kr. Bitterfeld, und Jürgen Serowy, Halle/Saale, **Entfernung einer Komponente aus einem ternären Flüssigkeitssystem** mit mehreren Dest.-Feldern, z. B. CH_2Cl_2–Methanol–W., durch Rektifikation, wobei das zu trennende Gemisch kontinuierlich der Kolonne zugeführt u. eine der verbleibenden Komponenten, deren aufsteigender Dampf das zu trennende Gemisch in ein anderes als das diesem Gemisch ursprünglich zugehörige Dest.-Feld bringt, in der Destillierblase vorgelegt wird. (**D. P. [DDR] 20 935** Kl. 12o vom 30/10. 1957, ausg. 14/2. 1961 [Wirtschaftspatent].) P. Kühn. 6561

Wolfgang Langenbeck, Hans Dreyer, Richard Mahrwald, Dietwart Nehring, Rostock, und Jürgen Welker, Halle/Saale, **Herstellung hochaktiver Mischcarbonatkatalysatoren aus Metalloxiden mit Trägereigenschaften und Salzen**

katalytisch wirksamer Metalle. Eine Aufschlämmung des Oxids des Trägermetalls, z. B. MgO oder CaO, in einer wss. Lsg. des oder der Salze des katalyt. akt. Metalls bzw. der katalyt. akt. Metalle, z. B. Ni, Co, Cu, wird bei erhöhter Temp. (100—200°) einer Druckbehandlung (10—100 at) mit CO_2 unterworfen. — *Hydrierkatalysator.* (**D. P.** [**DDR**] **21 409** Kl. 12g vom 5/6. 1958, ausg. 7/6. 1961 [Wirtschaftspatent].) P. Kühn. 6585

A. Boake, Roberts & Co. Ltd., England, **Herstellung von antimonhaltigen organischen Zwischenprodukten** für die Herst. von Farben, Appreturen für Textilien u. *synthet. Harzen*, welche besondere Eigg. besitzen, durch Rk. von $SbCl_3$ mit einer Epoxid-Verb., die z. B. erhältlich ist durch Epoxydation eines Esters einer ungesätt. höheren Fettsäure, z. B. Sojaöl, oder durch Einw. von $SbCl_3$ auf ein ungesätt. Polyesterharz, z. B. ein Estergemisch aus Propylenglykol u. einem Gemisch aus Maleinsäureanhydrid u. Phthalsäure. Die Rk. mit $SbCl_3$ findet in Ggw. von Chlf. statt; ggf. wird ein Sikkativ zugegeben. (**F. P. 1 223 831** vom 6/5. 1959, ausg. 20/6. 1960. E. Prior. 8/5. 1958.) M. F. Müller. 6599

Metallgesellschaft Akt.-Ges., Frankfurt/M., **Olefine** erhält man durch Cracken von KW-Stoffen, z. B. Äthan, Schweröldestillaten, Rohöl, bei 700—1000° in Ggw. eines feinkörnigen, kugligen oder sphär. Trägers, bes. mit 0,3—1,2 mm Korngröße (Sand, Hochofenschlacke) in einer besonderen Vorr., s. Zeichnung. (**E. P. 874 783** vom 15/1. 1960, ausg. 10/8. 1961. D. Prior. 10/9. 1959.) G. Krauß. H 520

Knapsack-Griesheim Akt.-Ges., Knapsack bei Köln, **1-Cyan-1.3-butadien** erhält man durch therm. Spaltung von 1-Acetoxy-1-cyan-2-buten bei 450—650, bes. 520—580°, unter Zerstäubung mit einem auf 700—1000° erhitzten inerten Gas (N_2, CO, CO_2, deren Mischungen) u. einer Verweilzeit von 0,5—10 Sekunden. Die entstandenen Rk.-Gase werden dann durch Eindüsen von W. auf 20—70, bes. 30—60°, abgekühlt; die Dest. erfolgt in Ggw. eines mehrwertigen Phenols, von Pikrinsäure oder $NaNO_2$ als Polymerisationsverzögerer. Die Ausbeute beträgt 97—98%, die an wiedergewonnener Essigsäure 95—96%. Die heißen Gase werden durch Verbrennen von CO, Methan oder Leuchtgas erzeugt. (**E. P. 879 054** vom 21/4. 1960, ausg. 4/10. 1961. D. Prior. 25/4. 1959.) G. Krauß. H 520

Badische Anilin- & Soda-Fabrik Akt.-Ges. (Erfinder: Friedrich-Wilhelm Schierwater, Walter Teltschik und Heinz Wurtz), Ludwigshafen/Rh., **Acetylen** erhält man durch unvollständige Verbrennung von KW-Stoffen (I) mit O_2, wobei diese beiden getrennt vorgewärmt u. gemischt werden. Die Mischung der vorgewärmten Gase wird dann in einer Flamme umgesetzt u. das Spaltgas anschließend abgeschreckt. Werden gas- oder dampfförmige I oder deren Mischungen verwendet, deren bes. mittleres Molgew. größer als das des O_2 ist, so muß die Strömungs-Geschw. der I oder deren Mischungen an der Mischstelle kleiner als die des O_2 sein, u. die Mindest-Geschw. der I muß 100 m/s betragen. Das Verhältnis der Geschw. der I zu der des O_2 an der Mischstelle soll gleich der Quadratwurzel aus dem Verhältnis der Dichte des O_2 zu der des I sein. — Leichtbenzin u. O_2 werden getrennt auf 360° vorgewärmt, dann nach D. B. P. 895 443 gemischt; anschließend wird die Mischung in einer Flamme umgesetzt u. das Spaltgas auf 80° abgeschreckt; es enthält 10% Acetylen. Die Geschw. des O_2 ist 250 u. die des Bzn. 150 m/s bei 360° u. 1 ata; das Verhältnis der Geschw. ist 0,6. Bei dieser Geschw. treten keine Vorzündungen im Mischraum auf. (**D. A. S. 1 108 203** Kl. 12o vom 21/1. 1960, ausg. 8/6. 1961.) G. Krauß. H 530

Anderson Chemical Co., Weston, übert. von: William E. Smith und Amos R. Anderson, Adrian, Mich., V.St.A., **Metallalkoxide und Metallalkyle** erhält man bei der Einw. von Alkoholen oder Alkylchloriden in der Dampfphase auf Metalle der Gruppen I A, II A oder III A in der Hitze unter Rückfluß, wobei der Kp. des umzusetzenden Alkohols oder Alkylchlorids < des F. der Metalle liegen soll. Es werden hergestellt: *$Li(OCH_3)$, $Na(OCH_3)$, $Mg(OCH_3)_2$, $Al(OC_2H_5)_3$, $Li(C_4H_9)$.* — Skizze. (**A. P. 2 965 663** vom 25/11. 1957, ausg. 20/12. 1960.) G. König. H 560

Wallace & Tiernan, Inc., Newark, N.J., übert. von: James B. Harrison, Eggertsville, und Orville L. Mageli, Grand Island, N.Y., V.St.A., **Peroxyphosphorsäureester** (I) der allg. Formel $[(RO)_2P(=O)\cdot O\cdot O]_nR'$, erhält man bei der Rk. der Chlorphosphate mit organ. Peroxiden in Ggw. einer alkal. Verb. u. bei unterhalb der Zers.-Temp. von I oder der eingesetzten Verbindungen. In I bedeuten R u. R' geradkettige oder verzweigte aliphat. Reste, carbocycl. oder Aralkylgruppen u. n eine ganze Zahl <3. Als alkal. Verbb. kommen neben den Alkalihydroxiden bes. die organ. Basen wie Pyridin, Piperidin, Chinolin, Picoline, niedrigmol. Amine sowie NH_3 in Betracht. — 0,1 Mol Di-n-octylchlorphosphat mischt man mit 0,2 des Na-Salzes von tert.-Butylperoxid bei 20—30°. Man extrahiert mit PAe., wäscht den Extrakt mit W., trocknet über wasserfreiem $MgSO_4$, filtriert u. verdampft den PAe., wobei *Di-n-octylperoxy-tert.-butylphosphat* als Öl anfällt, n_D^{25} 1,4380, $D._4^{25}$ 0,9484 ($C_{20}H_{43}O_5P$). Es werden ferner folgende *Phosphate* hergestellt: *Di-n-butylperoxy-tert.-butyl-*, D_4^{25} 0,9939, n_D^{25} 1,4248 ($C_{12}H_{27}O_5P$); *Di-n-butylperoxypinanyl-*, D_4^{25} 1,0371, n_D^{25} 1,4577; *Diäthylperoxy-tert.-butyl-*, n_D^{25} 1,4163, D_4^{25} 1,0456; *Di-n-octylperoxycumyl-*, ($C_{25}H_{45}O_5P$); *Di-n-butylperoxycumyl-*, n_D^{25} 1,4677, D_4^{25} 1,065; *Di-n-octylperoxypinanyl-*, n_D^{20} 1,4593, D_4^{25} 0,9949 ($C_{26}H_{51}O_5P$); *Di-n-butylperoxyhexyl-*, n_D^{25} 1,4264, D_4^{25} 0,9969 ($C_{14}H_{31}O_5P$); *Diphenylperoxy-tert.-butyl-*, n_D^{25} 1,4996 ($C_{16}H_{19}O_5P$); *Diphenylperoxycumyl-*, n_D^{25} 1,5182 ($C_{21}H_{21}O_5P$); *2.5-Dimethylhexan-2.5-diperoxy-(diphenyl)-*, n_D^{28} 1,5233, D_4^{28} 1,197 ($C_{32}H_{36}O_{10}P_2$); *2.5-Dimethylhexan-2.5-diperoxy-(di-n-butyl)-*, n_D^{24} 1,4320, D_4^{24} 1,0607 ($C_{24}H_{52}O_{10}P_2$). — *Initiatoren für Polymerisation* von Vinyl-Verbb., u. Herst. v. Polyestern, Polythenen u. Silicongummi; *Germicide, Fungicide, Insekticide, Miticide, Bleichmittel*, bes. für Lebensmittel. (**A. P. 2 960 526** vom 21/7. 1958, ausg. 15/11. 1960.) G. König. H 590

American Oil Co., Texas City, übert. von: Paul D. May, Galveston, und Robert J. Lee, La Marque, Tex., V.St.A., **Mercaptane** werden hergestellt durch Erhitzen von 320 (g) H_2S, 200 2.5-Dimethylhexadien-(2.4), 50 W. u. 3 Di-tert.-butylperoxid im Autoklav bei 250° F u. 100 lbs./sq.inch. Nach 12 Std. wird die organ. Schicht abgetrennt u. dest. → 45,7 *2.5-Dimethylhexen-(2)-thiol-(4)*, $Kp._{10}$ 54—57°; D_4^{25} 0,857; n_D^{25} 1,4689 u. 49,7 *2.5-Dimethylhexan-3.4-dithiol*, gelb, $Kp._{10}$ 101—103°; D_4^{25} 0,956; n_D^{25} 1,4980. — *Vernetzungsmittel* für synthet. Gummi, *Oxydationsstabilisatoren* für olefin. Polymere, *Zwischenprodd.* für Insekticide u. Herbicide. (**A. P. 2 960 538** vom 30/3. 1959, ausg. 15/11. 1960.) A. Debo. H 600

Union Oil Co. of California, Los Angeles, übert. von: Irving D. Webb, Yorba Linda, Calif., V.St.A., **Schwefeladdukte von Thioameisensäureorthoestern** werden erhalten durch Erhitzen von $HC(SR)_3$ (R = Alkyl mit 1—22 C-Atomen, Aryl) mit Überschuß von elementarem Schwefel in Ggw. eines Friedel-Crafts-Katalysators. — 1 Mol $HC(SC_3H_7)_3$, $^5/_8$ Mol S_8 u. 0,05 Mol $ZnCl_2$ werden 2 Std. auf 160—170° erhitzt. Nach Reinigung mit trockenem N_2 bei 100° u. 40 Torr → *$(C_3H_7S)_3CH \cdot S_5$* als gelbes Öl. — 1 Mol $HC(SC_{12}H_{25})_3$, $^5/_8$ Mol S_8 u. 0,05 Mol $ZnCl_2$ 4 Std. bei 200° → *$(C_{12}H_{25}S)_3CH \cdot S_5$*. — 1 Mol $HC(SC_6H_4CH_3\text{-}o)_3$, 1 Mol S_8 u. 0,1 Mol $ZnBr_2$ in CCl_4 6 Std. bei 170—180° → *$(o\text{-}CH_3C_6H_4S)_3CH \cdot S_{7,8}$*; analog *$(C_6H_5S)_3CH \cdot S_{7,8}$*. — 50 (Teile) $HC(SCH_3)_3$, 21 S u. 0,5 $ZnCl_2$ $1^1/_4$ Std. bei 145—155° unter eigenem Druck → *$(CH_3S)_3CH \cdot S_2$*. — Bes. die niedrigen Orthoalkylester können bis 15 Atome S je Mol. binden. — *Vulkanisationsbeschleuniger, Zusätze* für *Höchstdruckschmiermittel, Fungicide, Nematocide* u. *Baktericide*. (**A. P. 2 966 522** vom 19/5. 1958, ausg. 27/12. 1960.) A. Debo. H 600

Farbenfabriken Bayer Akt.-Ges., Leverkusen (Erfinder: Harry Welz und Hans Stroh, Krefeld), **Reinigung von Alkylsulfochloriden** bzw. ihrer Gemische mit dem Ausgangs-KW-Stoff mittels wasserfreier HF bei 0—15° unter Normaldruck, bei höherer Temp. unter Druck u. Abtrennung des Säureteers. (**D. A. S. 1 119 855** Kl. 12o vom 22/9. 1960, ausg. 21/12. 1961. **Zusatz zu D. A. S. 1 103 323; C. 1961, 13716.**) A. Debo. H 600

Standard Oil Co., Cleveland, übert. von: James L. Callahan, Bedford, Robert W. Foreman, Cleveland, und Franklin Veatch, Lyndhurst, Ohio, V.St.A., **Ungesättigte Aldehyde und Ketone** erhält man durch Oxydation von aliphat. oder cycloaliphat. Olefinen (I), bes. mit 3—8 C-Atomen, mit O_2 (Luft) im Mol-Verhältnis 1:0,5—5, bes. 1:1, u. im Gaszustand bei 500—1000, bes. 750—850° F, u. 0,1—200, bes. 1—15, Sek. Verweilzeit in Ggw. von Bi-Molybdat oder Bi-Phosphormolybdat, bes. der allg. Formel $Bi_aP_bMo_cO_d$ (a = 0,5—18, bes. 6—12; b = 0—5; c = 12; d = 36—76) als Fest- oder Fließbettkatalysator, der auch auf Träger, wie SiO_2, Al_2O_3, TiO_2, SiC, Al_2O_3–SiO_2 u. Alundum aufgebracht sein kann, u. ggf. W., bes. im Verhältnis von I:W. = 1:1—10, bes. 1:3—5, u. Verdünnungsmitteln (N_2, CO_2, Äthan, Propan, Butan, Pentan). Die Katalysatoroberfläche soll höchstens 500 m^2 je g betragen. — 170 g 85%ig. MoO_3 u. 150 cm^3 W. werden zu 1330 g 30%ig. wss. koll. Kieselsäuresol gegeben, dann 364 g $Bi(NO_3)_3 \cdot 5\,H_2O$, 200 cm^3 W. u. 20 cm^3 HNO_3 zugefügt. Die Mischung wird getrocknet, 16 Std. auf 1000° F erhitzt u. granuliert (40—140 Siebmaschen). Über 200 g dieses Katalysators werden bei 800° F je Min. 0,01 Mol Propylen u. 0,056 Mol Luft u. 0,039 Mol. W. bei einer Verweilzeit von 3,1 Sek. geleitet; die Ausbeute an *Acrolein* beträgt 73,1%, bezogen auf Propylen; als Nebenprodd. entstehen 10% *Acetaldehyd, Essigsäure* u. *Acrylsäure*. Die Aldehyde oder Ketone werden aus den Rk.-Gasen mit kaltem W. oder anderen Lsgm., bes. nichtpolaren, z. B. KW-Stoff-Fraktionen, ausgewaschen. Ferner können oxydiert werden: 1- u. 2-Buten, Isobutylen, 1- u. 2-Penten, 3-Methyl-1-buten, 2-Methyl-2-buten, 1- u. 2-Hexen, 4-Methyl-1-penten, 3.3-Dimethyl-1-buten, 4-Methyl-2-penten, 1-Octen, Cyclopenten, Cyclohexen, 3-Methylcyclohexen. — α- oder β-Butylen → *Methylvinylketon*. — 1- oder 2-Penten → *Äthylvinylketon* bzw. *3-Penten-2-on*. — 2-Methyl-2-buten → *Methylisopropenylketon*. — Cyclopenten → *Cyclo-*

penten-2-on. — Vgl. F. P. 1 208 397; C. **1962**, 3981. (**A. P. 2 941 007** vom 10/6. 1957, ausg. 14/6. 1960. **Belg. P. 568 481** vom 10/6. 1958, ausg. 21/10. 1960. A. Prior. 10/6. 1957.)
G. Krauß. H 650

Československá Socialistická Republika (Erfinder: Vitězslav Doležalík und Alfred Foniok, Brünn), Tschechoslowakei, **Reinigung von Formaldehyd** bis auf einen Geh. von höher als 99,9% HCHO mit einem Geh. an HCOOH u. sauren Bestandteilen, der niedriger als 0,02% ist u. mit weniger als 0,1% W., wobei der rohe HCHO mit einem Geh. an W., HCOOH u. anderen Verunreinigungen, der weniger als 70% beträgt, mit extrahierenden Mitteln, die bis acht Bindungen vom Typ —C—O—C— aufweisen, behandelt wird, d. h. mit symm. Trioxan oder/u. Acetalen u. Halbacetalen. Gleichzeitig wird HCHO mit in W. unmischbaren inerten Verbb. in Berührung gebracht, die mit Verbb., die 1—8 Gruppen von —C—O—C— im Mol enthalten, mischbar sind. (**Tschech. P. 99 988** vom 9/6. 1960, ausg. 15/6. 1961.) L. Macher. H 670

Phrix-Werke Akt.-Ges., Hamburg (Erfinder: Eugen Müller, Martin Bauer und Wolfgang Rundel, Tübingen), **Herstellung aliphatischer und aliphatisch-aromatischer Ketone.** Man setzt aliphat. oder aliphat.-aromat. Ketone mit Diazomethan in Ggw. inerter Lsgm. u. solchen Lewis-Säuren als Katalysatoren um, die in Mischung mit den Ausgangsketonen die im Spektrogramm im Bereich von 290 mμ auftretenden Nebenbanden dieser Ketone hinsichtlich ihrer Lage u. Extinktionshöhe verändern, wie BF_3, $AlCl_3$, $ZrCl_4$, Al-Triäthyl, Diäthylaluminiumchlorid, $ZnCl_2$. — Zu einer Lsg. aus 25,5 g Methyl-n-hexylketon in 50 ml Ae. gibt man 3mal je 0,5 ml BF_3-Ätherat u. tropft 550 ml ca. 0,6molare Diazomethan-Lsg. (I) bei 0° zu. Man erhält 16,2 g *Methylheptylketon*, $Kp._{11}$ 76—79°, u. 8 g *Methyloctylketon*, $Kp._{11}$ 90—93°. Methyl-n-butylketon + $AlCl_3$ + I → 6% *Äthyl-n-butylketon* + 34% *Methyl-n-amylketon* (II) + 12% *Methyl-n-hexylketon* (III). III + $AlCl_3$ + I → 26% *Methyl-n-heptylketon* (V), + 24% *Äthyl-n-hexylketon* + 6% *Methyl-n-octylketon*. II + $AlCl_3$ + I → 28% III + 3 % *Äthyl-n-amylketon* (IV) + 16% V. II + Al-Triäthyl + I → 40% III + 10% IV + 20% V. Acetophenon + $AlCl_3$ + I → *Methylbenzylketon* neben *Propiophenon*. Mesityloxid + $AlCl_3$ + I → *5-Methyl-4-hexen-2-on* u. *5-Methyl-4-hexen-3-on*. — *Zwischenprodukte*. (**D. A. S. 1 118 185** Kl. 12o vom 1/7. 1960, ausg. 30/11. 1961.)
A. Jahn. H 710

Chemische Werke Hüls Akt.-Ges., Marl (Erfinder: Werner Kirchhoff, Marl), **Herstellung von Methylketonen.** Man isomerisiert Epoxide der Formel $R—\overline{CH—CH_2—O}$ (R = Alkyl, Cycloalkyl, Aryl, die Substituenten tragen können, die nicht mit Mg-Halogeniden reagieren) in Ggw. von Mg-Halogeniden bei Temp. von 50—250°. — 100 g n-1.2-Epoxydodecan werden mit 3 g MgJ_2-Ätherat (I) 20 Std. unter Rühren auf 120—140° erhitzt u. nach dem Aufarbeiten 53 g *Methyldecylketon* erhalten, $Kp._{0,3}$ 60—64°. n-1.2-Epoxypentadecan + I → *Methyltridecylketon*, $Kp._{0,5}$ 96—113°, F. 35°. Gemisch aus Monoepoxiden des 1.2.4-Trivinylcyclohexans + I → Isomerengemisch, $Kp._{0,6}$ 60—70°. Propylenoxid + I → *Aceton* neben wenig *Propionaldehyd* u. größeren Mengen höher sd. Rk.-Produkte. p-Nitrostyroloxid + I → *p-Nitroacetophenon*. (**D. A. S. 1 119 246** Kl. 12o vom 23/3. 1960, ausg. 14/12. 1961.) A. Jahn. H 710

Esso Research and Engineering Co., Elizabeth, N.J., V.St.A., **Carbonsäuren** erhält man durch Rk. von acycl. Olefinen (bes. $C_4—C_{20}$) oder ringförmigen Polyolefinen, wie Vinylcyclohexen, mit 2—6 Vol.-% O_3 enthaltendem O_2 (0,01 bis 0,5 foot³/Liter/min) in Ggw. eines reaktionsfähigen Lsgm., wie einem Alkanol $C_1—C_4$, HCOOH (I) oder CH_3COOH (II), bei —100 bis +30° u. anschließende Spaltung des erhaltenen Ozonids mit O_2 in Ggw. von I oder deren Gemisch mit II u. von 0,5 bis 1 Gew.-% O_3, wobei man 2—20 (Mol) I je Peroxidgruppe verwendet. — Beispiel zur Herst. von *Heptylsäure* aus Octen-(1). (**E. P. 880 433** vom 29/12. 1959, ausg. 25/10. 1961. A. Prior. 13/2. 1959.) O. Müller-Meiningen. H 800

Toyo Koatsu Industries, Inc., Tokyo, Japan, **Gemische gesättigter aliphatischer Mono- und Dicarbonsäuren** erhält man durch Ozonisierung von ungesätt. Fettsäuren u. anschließende Ozonidspaltung. Diese erfolgt in Ggw. von 0,01—10 Gew.-% H_3PO_4, Pyro- oder Meta- oder Polyphosphorsäuren, phosphoriger Säure, P_2O_5, Trikresyl-, Triäthyl-, Tributyl-, Trioctylphosphat, Äthylmeta- oder Butylpyrophosphat oder Octylphosphit. Beispiele für die Herst. von Gemischen aus *Capronsäure* ($Kp._{15}$ 105—110°), *Pelargonsäure* ($Kp._{15}$ 142—147°) u. *Azelainsäure* (F. 104—105°) aus Reiskleie- u. Tallölfettsäure. (**E. P. 884 438** vom 25/3. 1960, ausg. 13/12. 1961. Jap. Prior. 27/3. 1959.)
O. Müller-Meiningen. H 800

Imperial Chemical Industries Ltd., London, England (Erfinder: Gordon Howard Whitfield und Edward Kemp), **Herstellung niedermolekularer gesättigter Fettsäuren** erfolgt durch Oxydation der entsprechenden Aldehyde mit O_2 in

Ggw. eines Katalysators, wie Co- oder Mn-Naphthenat u. von H_3PO_4 oder einem Phosphat, wie NaH_2PO_4, bei 30—150°, bes. 40—100°, u. nicht >30, bes. nicht >10 at. — Beispiele zur Herst. von *Propionsäure*. (**E. P. 879 591** vom 23/3. 1959, ausg. 11/10. 1961.) O. Müller-Meiningen. H 810.

E. I. du Pont de Nemours & Co., Wilmington, Del., übert. von: Frank W. Lane, Elkton, Md., V.St.A., **Herstellung von organischen Titanverbindungen** durch Rk. von $TiCl_4$ (I) mit Mono- oder Dicarbonsäureestern bei 100—300°, bes. 100 bis 200°, unter Wasserausschluß, z. B. nach: 4 $CH_3(CH_2)_{16}COOCH_3$ (II) + I → $Ti[OOC(CH_2)_{16}\cdot CH_3]_4$ + 4 CH_3Cl oder 2 II + I → $Cl_2Ti[OOC(CH_2)_{16}CH_3]_2$ (III) + 2 CH_3Cl. III liefert beim Erhitzen unter Polymerisation $Ti_2Cl_3O[OOC(CH_2)_{16}CH_3]_3$ + $CH_3(CH_2)_{16}COCl$. — Man setzt z. B. unter N_2 108 (g) Methyloleat mit 34,5 I um, wobei die Temp. schnell auf 60° steigt, u. erhitzt anschließend innerhalb 2 Std. bis auf 160°, wobei ab 100° insgesamt 14 cm³ CH_3Cl abdestillieren. Das hierbei erhaltene wachsartige *Oleoylpolytitanat* vom Molgew. 4800 enthält 4,5% Ti u. 3,06% Cl. — 1 (Mol) I + 1 Tetraisopropyltitanat → Diisopropyldichlortitanat. Man löst 238 (1 Mol) I in Cyclohexan (IV) u. setzt der Lsg. 318 (1 Mol) Diisopropylsebacat gelöst in IV unter Rückfluß-Temp. zu, dest. dann IV ab u. erhitzt unter Normaldruck bis zur End-Temp. von 200° unter N_2 u. erhält unter Rückgewinnung von 80% Isopropylchlorid ein *Polysebacyldiisopropyltitanat* mit einem Ti-Geh. von 13%. — Durch Rk. von $(CH_3O)_2TiCl_2$ mit Terephthalsäuredimethylester in „Diäthyl-Cellosolve" erhält man neben CH_3Cl ein *Polyterephthaloyldimethyltitanat* mit einem Ti-Geh. von 14,5%. — Die Prodd. dienen zur Herst. von Überzügen oder als Zusätze zu trocknenden Ölen oder Plasten, um die Härte u. Dichte der mit ihnen hergestellten Überzüge zu erhöhen. (**A. P. 2 966 505** vom 24/8. 1956, ausg. 27/12. 1960.) O. Müller-Meiningen. H 810

Rohm & Haas Co., übert. von: Marvin J. Hurwitz, Elkins Park, Paul M. Zorn jun., Trevose, und Andrew M. Craig jun., Philadelphia, Pa., V.St.A., **Herstellung von Estern des Pentaerythrits (I) mit gesättigten aliphatischen Monocarbonsäuren (II)**. Man erhitzt z. B. ein Gemisch aus 290 (Teilen) Isobuttersäure, 127 n-Hexansäure, 255 2-Äthylbuttersäure u. 254 Di-I 30 Std. lang unter Abdest. von 108 W. auf 200° bis die OHZ. auf 0,5 gefallen ist, kühlt auf 120°, setzt 20 A-Kohle zu u. erhitzt 5 Std. lang auf 200—210°/0,1—0,2 mm bis unter Abdest. von überschüssigen II die SZ. ca. 0,02 beträgt u. filtriert das Endprod. von der A-Kohle ab. In weiteren Beispielen werden auch Mono- u. Tri-I u. deren Gemische mit Di-I u. als II auch 2-Methylpentan-, 2-Methylbutter-, n-Capryl-, 2-Äthyl-4-methylpentan-, n-Pentan-, 2-Äthylhexan- u. Isovaleriansäure verwendet. — *Weichmacher*. (**A. P. 2 958 706** vom 28/2. 1958, ausg. 1/11. 1960.) O. Müller-Meiningen. H 810

Montecatini Soc. Gen. per l'Industria Mineraria e Chimica, Mailand, Italien, **ε-Halogencapronsäuren** erhält man durch Rk. von Cyclohexanonperoxid in einer Halogenwasserstoffsäure, wie HCl, HBr oder HJ oder einem entsprechenden Alkali- oder Erdalkalihalogenid in Ggw. einer Fe-II- oder Cu-I-Verb., bes. Cu-I-chlorid oder $FeSO_4$, bei —20 bis +50°, bes. —10 bis +10°, in Abwesenheit von Luft-O_2. — Beispiele zur Herst. von *ε-Chlor-* (F. 25°), *ε-Brom-* (F. 36°) u. *ε-Jodcapronsäure* (F. 42°, PAe.). (**E. P. 884 761** vom 16/5. 1958, ausg. 20/12. 1961. It. Prior. 17/5. 1957.) O. Müller-Meiningen. H 810

Standard Oil Co., Cleveland, übert. von: James D. Idol jun., Shaker Heights, James L. Callahan, Bedford, und Robert W. Foreman, Cleveland, Ohio, V.St.A., **α.β-Ungesättigte Carbonsäuren** erhält man durch Oxydation der entsprechenden ungesätt. Aldehyde im Gaszustand mit O_2 oder Luft bei 400—850, bes. 450 bis 750° F u. einer Verweilzeit von 1—150, bes. 15—25 Sek., in Ggw. von bes. W. u. Oxiden des Mo oder Cr oder deren Mischungen, die auch auf Träger, wie Silicagel, das Al_2O_3-haltig sein kann, Ti- oder Zr-Oxid aufgebracht sein können, als Fest- oder Fließbettkatalysator. Der Träger soll wenigstens 10, bes. 20% Katalysator enthalten. Das Mol-Verhältnis von Aldehyd zu O_2 beträgt 0,5:50, bes. 1:1; das zu W. 1:0—12, bes. 3:1. Nach dem anderen Verf. dienen als Katalysator die Oxide von V oder Ag, bes. Ag-Vanadat. — 235 g 85%ig. MoO_3 gibt man zu 2000 g 30%ig. wss., schwach alkal. Silicagel, dann 10 cm³ konz. HNO_3 unter Rühren. Die Mischung wird zur Trockne eingedunstet, 12 Std. lang auf 1000° F erhitzt u. granuliert (40—100 Maschen). Über 300 g dieses Katalyators leitet man eine Mischung aus 13,5 (%) Acrolein, 43,2 Luft u. 43,2 W. bei 710° F u. 19,8 Sek. Verweilzeit, wodurch in 22,5%ig. Ausbeute *Acrylsäure* (I) erhalten wird; mit CrO_3 auf Silicagel beträgt die Ausbeute 46,8; mit Ag-Vanadat 43. Die Oberfläche des Katalysators soll 1—250, bes. 25—100 m², je g betragen. Methacrolein → *Methacrylsäure*. — Nach einem weiteren Verf. dient als Katalysator Phosphormolybdänsäure der allg. Formel $H_3PMo_xO_y$ (x = 5—20; Y = 19—64) oder deren Metallsalze, bes. von Bi, Sn oder Sb. Die Oxydation erfolgt bei 500—900, bes. 650—750° F. Der Träger soll wenigstens 10, bes. wenigstens 50% Katalysator enthalten. Ausbeute an I 85%. — Als α.β-ungesätt. Aldehyde, die noch durch Alkyl-, Cycloalkyl-, Aryl-, OH-, Äther-, Carboxy-, Carboxyester-, Ketogruppen, NO_2 oder Halogen substituiert sein können, sind noch zu den entsprechenden Säuren oxydierbar: α-Chlor-, α-Äthylacrolein, β-Methyl-, α β-Dimethyl-, α.γ-Dimethyl-, β-Äthylcrotonaldehyd, 2-Hexenal, α-Isobutyl-, α-Amyl-, α- oder β-Cyclohexyl-, β-Phenäthylacrolein, Tetrol-, Zimt-, Propargylaldehyd; außerdem noch Vinyl-, Methylvinyl-, Isopropenylacetaldehyd, 3- oder 4-Pentenal u. 2-Phenyl-4-hexenal oder deren Mischungen. (**A. PP. 2 881 212** vom 18/3. 1957, **2 881 213** u. **2 881 214** vom 17/12. 1957, alle ausg. 7/4. 1959. **Belg. P. 565 766** vom 15/3. 1958, ausg. 29/7. 1960. A. Prior. 18/3. 1957.) G. Krauß. H 810

Standard Oil Co., Cleveland, übert. von: Franklin Veatch, Lindhurst, und James D. Idol jun., Shaker Heights, Ohio, V.St.A., **Acrylsäureester** erhält man durch Rk. von Acryl- oder Methacrylsäurenitril im Dampfzustand mit W., bes. im Verhältnis 1:1—5, u. einem Alkanol, bes. mit 1—4 C-Atomen, bei 400—800, bes. 600 bis 650° F, bei normalem oder schwach erhöhtem Druck bis höchstens 5 at in Ggw. eines festen Veresterungskatalysators als Fest- oder Fließbett, wie SiO_2, SiO_2–Al_2O_3, Oxide von Ti, Zr u. Th, die geringe Mengen H_3PO_4 oder MoO_3 oder als Oxydationsbeschleuniger Pt, Ni, Fe, Cu oder Ag enthalten können. Die Verweilzeit beträgt 5—40, bes. 20—40 Sekunden. Die Ggw. von W. unterdrückt die Bldg. von Äthern u. Olefinen aus dem Alkanol. — Aus 33 (Mol.-%) Acrylsäurenitril, 33 Methanol u. 33 W. bei 600° F in Ggw. von 500 g Silicagel (30—100 Siebmaschen) u. 33 Sek. Verweilzeit, Auswaschen der Rk.-Gase im Gegenstrom mit 1%ig. wss. HCl → *Acrylsäuremethylester*, Umwandlung 12%. (**A. P. 2 913 486** vom 7/7. 1958, ausg. 17/11. 1959. **E. P. 862 220** vom 26/6. 1959, ausg. 8/3. 1961. A. Prior. 7/7. 1958.) G. Krauß. H 810

Soc. des Usines Chimiques Rhône-Poulenc, Paris, Frankreich, **Herstellung von Adiponitril** erfolgt in der Dampfphase, indem man Adipinsäure (I) als in einem NH_3-Strom suspendiertes Pulver bei einer Temp. unter dem F. der I in eine Schmelz-Vorr. einführt, aus der mit dem NH_3 ein Gemisch aus I-Dampf u. I-Tröpfchen an heißen Oberflächen, an denen völlige Verdampfung der I eintritt, vorbei in den auf 350—370° gehaltenen Kontaktraum gelangt. Gew.-Verhältnis NH_3:I = 1,85—2,3:1. (**E. P. 877 664** vom 7/7. 1960, ausg. 20/9. 1961. F. Prior. 10/7. 1959.)
O. Müller-Meiningen. H 820

Esso Research and Engineering Co., Elizabeth, N.J., V.St.A., **1.12-Dodecandisäure** erhält man durch Rk. von 1 Mol Cyclododecen, Cyclododecanol oder Cyclododecanon mit 3—10 Mol 25—70%ig., bes. 45—60%ig., HNO_3 in Ggw. von 5—50, bes. 10—30 Gew.-% (berechnet auf HNO_3) einer gesätt. Fettsäure C_2—C_4, bes. CH_3COOH, bei 50—100° u. 1—10 at. — Zwischenprodukt. (**E. P. 876 335** vom 7/12. 1959, ausg. 30/8. 1961. A. Prior. 2/3. 1959.) O. Müller-Meiningen. H 820

Esso Research and Engineering Co., Elizabeth, N.J., V.St.A., **1.12-Dodecandisäure** (F. 124—125°) erhält man durch Rk. von Cyclododecanon mit Luft in Ggw. eines Katalysators, wie Mn-Acetat, in 1—20 Gew.-% W. enthaltender CH_3COOH bei 75—150° u. 1—20 at. — Zwischenprodukt. (**E. P. 878 241** vom 7/12. 1959, ausg. 27/9. 1961. A. Prior. 2/3. 1959.) O. Müller-Meiningen. H 820

Union Carbide Corp., New York, N.Y., V.St.A., **Herstellung von Poly-(2.3-epoxyalkanoyloxy)-alkanen.** Man erhitzt z. B. ein Gemisch aus 268 (g) 1.1.1-Trimethylolpropan (2 Mol) (I), 936 2-Äthyl-2-hexensäure (II) (6 Mol), 300 Toluol u. 3,6 p-Toluolsulfonsäure unter Rückfluß u. Abdest. von 100 W. 67 Std. auf 150—175°, neutralisiert mit CH_3COONa, wäscht mit W., trocknet, entfernt nicht umgesetzte **II** bei 240°/4 mm u. erhält durch „flash"-Dest. über eine 1-bödige Kolonne 791 I-*tris*-II-*Ester*, $C_{30}H_{50}$·O_6, Kp.₃ 194—240°. Man gibt zu 250 des Esters innerhalb 1 Std. 654 einer 25,6%ig. CH_3·COOOH-Lsg. in Äthylacetat bei 50°, steigert nach 2 Std. die Temp. auf 65—70° u. hält diese weitere 5 Std., entfernt dann flüchtige Anteile im Vakuum, verd. mit dem gleichen Vol. Bzl., wäscht mit 10%ig. NaOH u. W., trocknet schließlich im Vakuum u. erhält 92%ig. I-*tris*-(*2.3-epoxy-2-äthylhexanoat*), $C_{30}H_{50}O_9$, CH_3—CH_2—C—(—CH_2—OOC—C(C_2H_5)—CH—CH_2—CH_2—CH_3)₃. Analog erhält man aus Pentaerythrit (III) u. **II** über
└—O—┘
den entsprechenden ungesätt. Ester (n_D^{30} 1,4810) III-*tetrakis*-(*2.3-epoxy-2-äthylhexanoat*), C(—CH_2—OOC—C(C_2H_5)—CH—CH_2—CH_2—CH_3)₄, n_D^{30} 1,4698. (**E. P. 883 260**
└—O—┘
vom 19/1. 1960, ausg. 29/11. 1931. A. Prior. 12/3. 1959.) O. Müller-Meiningen. H 850

Shell Internationale Research Mij. N.V., Den Haag, Niederlande, **Herstellung von Epoxyestern** erfolgt durch Rk. von 1 (Mol) einer Carbonsäure (I) mit 2—15, bes. 10, einer Epoxyhalogen-Verb., wie Epichlorhydrin, in Ggw. einer Alkali-

Verb., bes. KOH, u. von 0,01—5, bes. 0,01—3 Gew.-% (berechnet auf I) einer Verb. der allg. Zus. $[(R)_2Y(R)_2]^+X^-$ (Y = N, P, As; X = Anion einer anorgan. Säure; R = KW-Stoff-Rest), z. B. Tetramethylammoniumbromid oder einem tert. Amin, dessen wss. Lsg. ein pH < 10 zeigt, bei 95—115°, bes. 110°, wobei man das Alkali innerhalb 35—145 Min. zugibt. (**E. P. 876 125** vom 24/12. 1959, ausg. 30/8. 1961. A. Prior. 29/12. 1958.) O. Müller-Meiningen. H 850

General Aniline & Film Corp., New York, N.Y., übert. von: Earl P. Williams, Pen Argyl, Pa., und Raymond L. Mayhew, Phillipsburg, N.J., V.St.A., **Wachsartige, wasserunlösliche Anlagerungsprodukte** erhält man durch Erhitzen von 1 Mol N-Alkyl-γ-hydroxycarbonsäureamid der allg. Formel $R—CH(OH)CH_2CH_2CONHR_1$ (R = H, Methyl; R_1 = gesätt. oder ungesätt. Alkyl mit 3—18 C-Atomen, erhältlich aus 1 Mol eines N-Alkylamins mit 1 Mol γ-Butyrolacton oder γ-Valerolacton bei 80—95°) mit 1 Mol eines Alkanolamins der allg. Formel $R_2—N(R_3)—R_4$ (R_2 = Hydroxyalkyl mit 1—18 C-Atomen; R_3 u. R_4 = H, Alkyl oder Hydroxyalkyl mit 1—5 C-Atomen, Cycloalkyl, Phenyl) auf 100—160°. — Aus 1 Mol N-Decyl-γ-hydroxybutyramid, erhältlich aus γ-Butyrolacton (I) u. N-Decylamin, u. 1 Mol Triäthanolamin nach 3 std. Erhitzen auf 150 bis 155° → 397 g schwach lohfarbene, *wachsartige Masse; verfestigt PAe.; Rostschutzmittel.* — Ferner werden umgesetzt: N-Tetradecyl-γ-hydroxybutyramid u. N-Octadecyl-γ-hydroxybutyramid mit Diäthanolamin. Ferner sind umsetzbar: $CH_3CHOHCH_2CH_2CONHCH_2CH = CH_2$ [aus Allylamin + γ-Valerolacton (II)], $HOCH_2CH_2CH_2CONH(CH_2)_3CH_3$ (aus n-Butylamin + I), $CH_3CHOHCH_2CH_2CONH(CH_2)_7CH_3$ (aus n-Octylamin + II), $CH_3 \cdot CHOHCH_2CH_2CONHCH_2(CH_2)_8CH_3$ (aus n-Decylamin + II), $HOCH_2CH_2CH_2CONH \cdot CH_2(CH_2)_{14}CH_3$ (aus n-Cetylamin + I) u. die Rk.-Prodd. aus I u. z. B. einer Mischung aus 10% Hexadecylamin, 10% Octadecylamin, 35% Octadecenylamin u. 45% Octadecadienylamin mit Äthanol-, Diäthyläthanol-, Butanol-, Isobutanol-, Tributanol-, Pentanol-, Dipentanol-, Hexanol-, Cyclohexyläthanol-, N-Phenyläthanol-, Palmitylol-, Laurylol- u. Stearylolamin. Wird die Rk.-Mischung länger als 4 Std. auf über 160° erhitzt, so erhält man dunkle, in W. dispergierbare, ölige Flüssigkeiten. — Verw. als Insekticide, Fungicide, Nematocide, bes. gegen Meloidogyne incognita u. Phytophthora infestans; Weichmacher u. antistat. wirkende Mittel für Textilien; Korrosionsschutzmittel; Schaumstabilisierungsmittel; Zusatzmittel zu Schneidölen, Asphaltmischungen, Straßenbaustoffen u. Hautcremes. (**A. P. 2 923 738** vom 8/5. 1958, ausg. 2/2. 1960.) G. Krauß. H 850

Československá Socialistická Republika (Erfinder: Vlastislav Novák, Pardubice, Miloslav Bílek, Bobrová, und Zdenka Lonnerová, Pardubice), Tschechoslowakei, **Herstellung von Bleicyanamid** durch Fällung eines wss. Auszuges von Kalkstickstoff (I) mit Lsgg. von Bleisalzen, wobei die Verunreinigungen des I zuvor durch Fällen mit eisenhaltigen Verbb. beseitigt werden; die letzteren werden in äquivalenten Mengen der festgestellten sulfid. u. phosphid. Verunreinigungen des I aufgewendet. (**Tschech. P. 99 980** vom 3/6. 1960, ausg. 15/6. 1961.) L. Macher. H 890

Chas. Pfizer & Co., Inc., Brooklyn, N.Y., V.St.A., **Herstellung von N.N'.N'.trisubstituierten Hydroxyaspartamiden (I)** der allg. Zus. $R–NH—OC—CH(OH)—CH–(NHR^2)—CO—NHR^1$ (R, R^1 u. R^2 = Alkyl $C_1—C_{18}$, Alkenyl $C_3—C_{18}$, Aralkyl $C_7—C_{10}$, Gesamtzahl der C-Atome von R = 18—54). — Man tropft z. B. in eine Suspension von 5 (g) Epoxybernsteinmethylester (II) in 50 cm³ CH_3OH innerhalb 30 Min. eine Lsg. von 6,7 $C_6H_5CH_2NH_2$ in 20 cm³ CH_3OH bei 30—40° unter N_2 ein; rührt bei dieser Temp. noch 45 Min. u. erhält als Nd., nach Waschen mit wenig Eiswasser 4,5 *N.N¹-Dibenzylepoxysuccinamid*, $C_{18}H_{18}N_2O_3$, F. 178—180° (Dioxan). — Analog erhält man folgende Epoxysuccinamide: *Dipropyl-, Di-(phenyläthyl)-; Di-(phenylbutyl)-; Bis-allyl-*, $C_{10}H_{14}N_2O_3$, F. 218—220°; *Bis-decyl-; Dimethyl-*, $C_6H_{10}N_2O_3$, F. 238—240°; *Bis-octadecyl-*, F. 146—147°; *Bis-octadecenyl-; Dihexenyl-; Bis-hexadecyl-*, $C_{36}H_{70}N_2O_3$, F. 143 bis 144°; *Bis-octyl-*, F. 168—169,5°; *Dinonyl-*, F. 169—171°. — *Bis-undecyl-*, F. 162—164°; *Bis-dodecyl-*, F. 162—164°. — Man gibt zum Gemisch aus 25 II u. 200 cm³ A. unter N_2 115 Decylamin, erwärmt 22 Std. auf 70—74° u. erhält nach Umkristallisieren des wachsartigen Rohprod. aus $CH_3CON(CH_3)_2$ *N.N¹.N²-Tridecylhydroxyaspartamid*, $C_{34}H_{69}N_3O_3$, F. 119,5—120,5°. Analog erhält man folgende Hydroxyaspartamide: *Trioctadecyl-*, $C_{58} \cdot H_{117}N_3O_3$, F. 111—112° (Chlf. u. Hexan); *Trioctyl-*, $C_{28}H_{57}N_3O_3$, F. 120—122° (Dioxan u. Chlf.); *Trihexyl-, Trioctadecenyl-; Tribenzyl-; Trihexenyl-; Tri-(phenyläthyl)-; Tri-(phenylbutyl)-*; weitere Beispiele zur Herst. von I durch Rk. von N.N¹-disubstituierten Eposuccinamiden mit Aminen. Die Prodd. dienen als Geliermittel. (**E. P. 880 267** vom 12/11. 1958, ausg. 18/10. 1961. A. Prior. 21/11. 1957.) O. Müller-Meiningen. H 950

Československá Socialistická Republika (Erfinder: Milos Hudlický, Prag), Tschechoslowakei, **Herstellung von γ-Fluorglutaminsäure (I)**. Man führt zuerst den Alkyl (Äthyl)-ester der $\alpha.\alpha.\beta$-Tribrompropionsäure mit $HgF_2 + J_2$ bei 120 bis 190° in den Alkylester der α-Fluor-$\alpha.\beta$-dibrompropionsäure über, den man zum Alkylester der α-Fluoracrylsäure mit Zn-Staub, der mit $SnCl_2$ aktiviert wurde, beim Kp. des Rk.-Gemisches umsetzt u. den man hierauf mit dem Alkylester (Äthylester) der Acylamidomalonsäure in Ggw. alkal. Kondens.-Mittel (Na-Äthylat in abs. A.) in den Alkylester der *1-Fluor-3-acylamido-1.3.3-propantricarbonsäure* überführt, der durch Decarboxylierung u. Verseifung mit konz. HCl beim Kp. des Gemisches in **I** umgesetzt wird. (**Tschech. P. 99 613** vom 6/5. 1960, ausg. 15/5. 1961.) L. Macher. H 950

E. I. du Pont de Nemours & Co., Wilmington, Del., V.St.A. (Erfinder: Bert Sorelle Gorton und Norman Laurance Hause), **Herstellung von l-Lysin (II)** aus d-Diaminopimelinsäure (**I**) nach: $HOOC-CH(NH_2)-(CH_2)_3-CH(NH_2)-COOH \rightarrow H_2N-(CH_2)_4-CH(NH_2)-COOH + CO_2$. — Man racemisierte entweder **I** durch Erhitzen mit einer nicht oxydierend wirkenden Säure unter Bldg. des entsprechenden **I**-Salzes u. unterwirft dieses einer enzymat. Decarboxylierung zu **II** oder man decarboxyliert zunächst **I** enzymat., trennt hierbei gebildetes **II** ab, racemisiert den Rest von **I** mittels Säure u. decarboxyliert das Racemat zu **II**, wobei man das Verf. mehrmals wiederholen kann. Die Racemisierung erfolgt bei 125—230°, bes. 150—200°, in einer 0,5—50% ig. wss. **I**-Lsg., wobei man bes. 0,1—12nHCl, H_2SO_4, H_3PO_4 oder einen sauren Ionenaustauscher verwendet. Die Decarboxylierung erfolgt bei 20—45° u. einem pH 6,5—8,5, bes. bei 25°, u. pH 7,5 in einer 0,1—3% ig. **I**-Lsg., wobei man auf 1000 (Teile) Lsg. 5—20 Enzym, z. B. aus *Aerobacter aerogens* ATCC 12409 oder ATCC 8724, *Bacillus sphaericus, Escherichia coli, Sarcina lutea* oder *S. urea* verwendet. (**E. P. 875 354** vom 16/2. 1960, ausg. 16/8. 1961.) O. Müller-Meiningen. H 950

Monsanto Chemical Co., St. Louis, Mo., V.St.A., **Disubstituierte Hydrochinone.** Eine Lsg. u./oder Suspension von Hydrochinon (**I**) in 30—80%ig. wss. H_2SO_4 setzt man mit mindestens der 2fach mol. Menge (bezogen auf **I**) eines Olefins, arylsubstituierten Olefins oder eines Dien-KW-Stoffs bzw. einer solche Ausgangs-Verbb. unter den Rk.-Bedingungen liefernden Substanz, ggf. unter Erwärmen, um. — Man erhält so durch Zugabe von 50 (Gew.-Teilen) Trimethyläthylen innerhalb von 45 Min. zu einer Suspension von 25 **I** in 400 65%ig. H_2SO_4 bei 26—45° *Diamylhydrochinon*, F. 178—179°, als weißen Niederschlag. — Analog entstehen: *Di-tert.-butylhydrochinon*, weißes krist. Pulver, aus **I** u. tert.-Butylalkohol; *Di-amylhydrochinon*, weißes krist. Pulver, F. 178 bis 182°, aus **I** u. tert.-Amylalkohol; *Di-phenyläthylhydrochinon*, viscoser, hellroter Sirup, aus **I** u. Styrol. (**E. P. 858 028** vom 10/2. 1958, ausg. 4/1. 1961.) A. Mohr. H 1060

Trubek Laboratories, East Rutherford, N.J., übert. von: Joseph Levy, Paramus, N.J., und Joseph H. Mayer, New York, N.Y., V.St.A., **Herstellung von aromatischen Disulfiden** der Zus. Ar—S—S—Ar erfolgt durch Rk. eines aromat. Sulfonylchlorids (**I**) der Zus. $Ar-SO_2Cl$ mit überschüssiger wss. H_3PO_4 (**II**) u. 0,01 bis 1 Mol Alkalijodid, berechnet auf **I** bei 20—100°. — Zur Lsg. von 90 (g) Roh-**II** (Nebenprod. der Herst. von CH_3COCl aus $CH_3COOH + PCl_3$) in 60 W. gibt man eine Lsg. von 3,2 NaJ in 10 W., erwärmt das Gemisch auf 85° u. setzt innerhalb von 3 Std. eine Lsg. von 44,2 m-Nitrobenzolsulfonylchlorid (F. 57—60,6°) in 50 CH_3COOH, rührt 30 Min. bei 95°, verd. mit 500 W. u. erhält durch Abkühlen 28,8 (93,5%) *Bis-(m-nitrophenyl)-disulfid*, F. 80,4—81,3°. — Analog erhält man aus $C_6H_5SO_2Cl \rightarrow$ *Diphenyldisulfid*, F. 75,6 bis 78,6°. — p-Toluolsulfonylchlorid $\rightarrow$ *Ditolyldisulfid*, F. 44,2—45,7°. — Chlorbenzolsulfonylchlorid $\rightarrow$ *Bis-(p-chlorphenyl)-disulfid*, F. 70,7—71,9°. — Als Lsgm. kann man z. B. auch Toluol, Bzl., Heptan, Propionsäure u. dgl., an Stelle von **II** PCl_3 + W. verwenden. (**A. P. 2 986 581** vom 5/11. 1959, ausg. 30/5. 1961.) O. Müller-Meiningen. H 1090

Aerojet-General Co., Azusa, übert. von: Gustave B. Linden, Los Angeles, Calif., V.St.A., **Aromatische Sulfonsäurenitroketoalkylester** der allg. Formel **I** (R = H, Alkyl; R' = Nitroalkyl) werden hergestellt durch Rk. von aliphat. Nitro-2-ketoalkoholen mit Sulfonylhalogeniden. — Zu 40 ml wasserfreiem Pyridin gibt man bei —5 bis 0° 4,8 g 5.5.5-Trinitro-2-ketopentanol-(1) u. 3,8 g p-Toluolsulfonylchlorid. Nach 1½ Std. gießt man die Rk.-Mischung auf Eis, wäscht das braune Öl mit verd. HCl u. nimmt in Methanol auf $\rightarrow$ *p-Toluolsulfonsäure-[5.5.5-trinitro-2-ketopentyl-(1)]-ester*, $C_{12}H_{13}N_3O_{10}S$, F. 104,5—105°. — *Zwischenprodd.* für Treibstoffzusätze, Polymerisationszusätze. (**A. P. 2 978 477** vom 8/12. 1953, ausg. 4/4. 1961.) A. Debo. H 1090

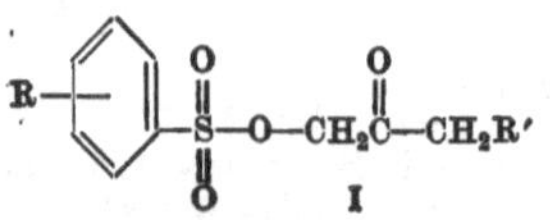

I

General Aniline & Film Corp., New York, übert. von: Lester N. Stanley, Delmar, N.Y., V.St.A., **Polyhydroxyarylphenone** erhält man durch Kondens. einer o-Hydroxyarylcarbonsäure der allg. Formeln I u. II mit einem Phenol der allg. Formel III in Ggw. einer Mischung aus 0,3—5 (Teilen) PCl_3 u. 1—4 $ZnCl_2$ als Katalysator u. 3—15 einer 100 bis 106%ig. H_3PO_4 als Lsgm. bei 45—75° (R u. R_1 = entweder H, OH, Br, Cl, Alkyl oder Alkoxy; R_2 u. R_3 = entweder H oder OH). — Aus 33 g β-Resorcylsäure u. 29,5 g Resorcin in Ggw. einer Mischung aus 67 g $ZnCl_2$ u. 317 g 103%ig. H_3PO_4 (erhalten durch Mischen von 190 g Polyphosphorsäure u. 127 g 85%ig. H_3PO_4) u. 38 g PCl_3 bei 60°, dann Eingießen in Eis u. W. → *2.2'.4.4'-Tetrahydroxybenzophenon*, F. 200—201°; Ausbeute 85%. — Salicylsäure + Resorcin → *2.2'.4-Trihydroxybenzophenon*. — 4-Methylsalicylsäure → *2.2'.4'-Trihydroxy-4-methylbenzophenon*. — 4-Chlorsalicylsäure → *4-Chlor-2.2'.4'-trihydroxybenzophenon*. — Phenol → *2.4.4'-Trihydroxybenzophenon*. — Resorcinmonomethyläther → *2.2'.4-Trihydroxy-4'-methoxybenzophenon*. — Pyrogallol → *2.2'.3.4.4'-Pentahydroxybenzophenon*, wasserlöslich. — 1-Hydroxy-2-naphthoesäure → *1.2'.4'-Trihydroxynaphthophenon*, auch erhältlich aus 2.3.4-Trihydroxybenzoesäure. — Ferner können umgesetzt werden: 3-Methyl-, 3-Chlor-, 3-Methoxy-, 4-Methoxy-, 4-Äthoxysalicylsäure, 2.4-Dihydroxybenzoesäure, 3-Hydroxy-2-naphthoesäure mit Resorcinmonoäthyläther, m- u. o-Kresol, o- u. m-Chlorphenol, Brenzcatechin. — Verw. für *Lacke* u. *plast. Massen*. (**A. P. 2 921 962** vom 20/6. 1958, ausg. 19/1. 1960.) G. Krauß. H 1180

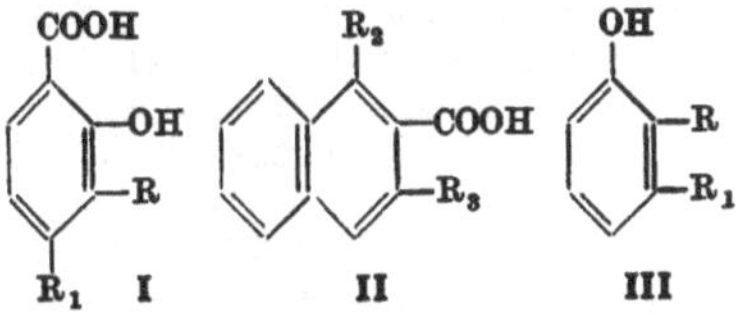

I II III

Monsanto Chemical Co. (Erfinder: Albert Joseph Blardinelli, John Arnold Stephens und William Harry Yanko), **Herstellung von Chloralkylestern aromatischer Säuren.** Man bringt gasförmiges Cl_2 bei 0—100, bes. 15—50°, bei radioakt. Bestrahlung zur Rk. mit niederen Alkylestern von aromat. Carbonsäuren, bei denen der ggf. mit Cl substituierte aromat. Kern direkt durch ein Kern-C-Atom an wenigstens einen Carbalkoxyrest gebunden, aber frei von anderen Substituenten als Cl u. Carbalkoxyresten ist. — Z. B. wird durch Chlorierung bei 44° aus Methylbenzoat unter fluorescierender Bestrahlung *1.2.3.4.5.6-Hexachlorcyclohexancarbonsäuremethylester*, F. 116 bis 119°, u. *Chlormethylbenzoat* erhalten. (**Aust. P. 228 944** vom 27/11. 1957, ausg. 21/7. 1960.) K. Demmler. H 1200

Heyden Newport Chemical Corp., Del., übert. von: Theodore A. Girard, Wayne Township, Eugene P. Di Bella, Garfield, und Henri Sidi, Rutherford, N.J., V.St.A., **Trichlorbenzoesäure** erhält man durch Oxydation eines Trichlorbenzylesters, der durch Rk. eines Trichlorbenzylhalogenids mit dem Alkalisalz einer gesätt. aliphat. Monocarbonsäure erhalten wurde. Als Oxydationsmittel wird bes. HNO_3 verwendet. — Beispiele: *2.3.6-Trichlorbenzoesäure* u. deren Isomere. (**A. P. 2 980 732** vom 15/10. 1956, ausg. 18/4. 1961.) L. Stadelmann. H 1210

Československá Socialistická Republika (Erfinder: Josef Ratuský, Prag), Tschechoslowakei, **Herstellung von Terephthalsäure** (I) durch Ausfällen aus einer wss. Lsg. von K-Terephthalat, auf die man CO_2 einwirken läßt, worauf das saure Terephthalat (II) von der Lsg. des $KHCO_3$ abfiltriert wird. Auf II läßt man in wss. Suspension Benzoesäure u. Benzoltricarbonsäure einwirken. Das ausgeschiedene I wird abfiltriert. Das Filtrat enthält ein Gemisch von normalen K-Salzen der Benzoesäure u. Benzoltricarbonsäure, die für die Isomerisation geeignet sind. (**Tschech. P. 99 554** vom 23/11. 1959, ausg. 15/5. 1961.) L. Macher. H 1220

Standard Oil Co., Chicago, Ill., übert. von: James R. Stephens, Gary, Ind., V.St.A., **Herstellung von Trimellitsäureamidimid**, F. 312°, dad. gek., daß man Trimellitsäuretriamid in wss. Lsg. auf 80 bis ca. 120° erhitzt, nach Aufhören der NH_3-Entw. die Lsg. kühlt u. den Nd. isoliert. — *Zwischenprodukt*. (**A. P. 2 960 509** vom 20/3. 1959, ausg. 15/11. 1960.) W. Heyer. H 1230

Chemische Werke Hüls Akt.-Ges., Marl, **Cyclododecen**, $Kp._{20}$ 117°; $D._4^{20}$ 0,871; n_D^{20} 1,4842; 92,5% (Ausbeute), erhält man durch Rk. von 1 Mol Cyclodecan (herstellbar durch vollständige Hydrierung von Cyclododeca-1.5.9-trien), bes. mit 0,75 bis 0,8 Mol Cl_2 in Ggw. von Chlf., CCl_4 oder Tetrachloräthan bei 30—110, bes. 40—70°, in Abwesenheit eines Katalysators u. von Licht u. HCl-Abspaltung aus dem entstandenen durch Dest. gereinigten *Chlorcyclododecan*, $Kp._{0,5}$ 84°; $D._4^{20}$ 0,983; n_D^{20} 1,4905; 53%; in Ab- oder Anwesenheit eines Katalysators (Alkali-, Erdalkali-, Al-, Zn-, Cu-, Ni-, Mn- oder Fe-Halogenide, -Sulfate, -Nitrate, Al_2O_3, bes. $FeCl_3$ u. Fe-Späne) bei >180°, bes.

240—260°. Als Neben-Prodd. entstehen *Dichlorcyclododecane.* — Zwischen-Prod. zur Herst. von Decan-1.10-dicarbonsäure durch Oxydation u. Polyestern. (**E. P. 874 419** vom 31/5. 1960, ausg. 10/8. 1961. D. Prior. 21/12. 1959.) G. Krauß. H 1810

Chemische Werke Hüls Akt.-Ges. (Erfinder: Karl-Adolf Müller, Werner Kirchhof und Walter Franke), Marl/Recklinghausen, **Cyclododecanon (I)** erhält man durch Rk. von Cyclododecen mit einer starken, hochkonz. Säure (70—100%ig. H_2SO_4, H_3PO_4, HCOOH, CCl_3COOH) im Gew.-Verhältnis 2:1 bis 1:10, bes. 1:1 bis 1:3, bei —50 bis +150°, bes. —20 bis +5°, bes. in Ggw. von Verdünnungsmitteln (gesätt. KW-Stoffe, organ. Säuren, wie CH_3COOH, Ester, Alkylsulfate, wie Mono- oder Dimethylsulfat, Alkohole), bei einer Rk.-Zeit von bes. 0,5—5 Min., Verdünnen des Rk.-Gemisches mit W., Erhitzen des gebildeten Cyclododecylesters auf 70—100° zunächst in alkal., dann in saurem Medium, Extraktion des z. B. in 62%ig. Ausbeute abgeschiedenen *Cyclododecanols* (II), mit z. B. Ae., Dest. des Ae.-Extraktes, Erhitzen des reinen II mit Raney-Ni auf 190°, Abtrennen des Katalysators u. Dest. des Filtrates; Ausbeute 92%. — *Zwischen-Prod. zur Herst. von n-Dodecandisäure* u. *Dodecanolactam,* die für die Herst. von Kunststoffen u. Hilfs-Prodd. von Bedeutung sind. (**D. A. S. 1 103 326** Kl. 12o vom 12/2. 1960, ausg. 30/3. 1961.) R. Hauß. H 1960

Badische Anilin- & Soda-Fabrik Akt.-Ges. (Erfinder: Otto von Schickh und Horst Metzger), Ludwigshafen/Rh., **α-Chloroxime und deren Hydrochloride.** Zu D. A. S. 1 082 253; C. **1961,** 1016 ist nachzutragen: Es werden hergestellt Verbb. der allg. Formel $R—C(Cl)(R_1)—C(R_2)=NOH\cdot(HCl)_n$ (R, R_1 u. R_2 = H, Alkyl, Cycloalkyl, Aralkyl, Aryl, Acyloxy, Hydroxyalkyl, die mit Alkyl oder Aralkyl veräthert oder acyliert sein können; R kann mit R_2 oder mit R_1 einen cycloaliphat. Ring bilden; n = 1 oder 2) durch Rk. von Olefinen der allg. Formel $R—C(R_1)=CH—R_2$ mit NOCl in Ggw. von HCl. (**E. P. 871 768** vom 23/4. 1959, ausg. 28/6. 1961. D. Prior. 24/4. 1958.) G. Krauß. H 1960

Reanal Finomvegyszergyár, Budapest, Ungarn (Erfinder: Ferenc Zilahy), **Herstellung von 1.2-Diaminocyclohexan, dessen Salzen und 1.2-Diaminocyclohexantetraessigsäure,** indem man 2-Aminocyclohexanolschwefelsäurehalbester in Lsgm. (W. oder A.) bei 100—180° unter 3—20 at mit NH_3 reagieren läßt. Das erhaltene Sulfat wird ggf. in die *freie Base,* in ein anderes *Salz* oder mit Chloressigsäure in die *Tetra-[carboxymethyl]-Verb.* umgewandelt. (**Ung. P. 149 979** vom 30/12. 1960, ausg. 20/12. 1961.)

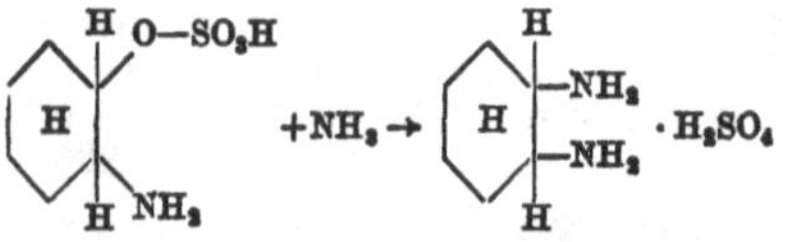

F. Landsberger. H 2150

Union Carbide Corp., New York, N.Y., V.St.A., **Herstellung von Bisphenolen** durch Rk. eines Phenols (I) mit einem reaktiven H-Atom in p-Stellung zur phenol. OH-Gruppe mit einem Keton, das mindestens eine Methylgruppe in α-Stellung zur Carbonylgruppe aufweist, in Ggw. eines unlösl. kationenaustauschenden polymeren Harzes bei ≧40°, wobei das I im mol. Überschuß vorliegt. — Man rührt 58 g Aceton, 940 Phenol u. 250 dehydratisiertes sulfoniertes Styrol-Divinylbenzol-Polymerisat 5 Std. bei 75°, filtriert u. konz. das Filtrat bei 200° u. 0,25 mm Hg. Der Rückstand besteht aus 137 *2.2-Bis-(4-hydroxyphenyl)-propan,* F. 155—157°. Analog: *1.1-Bis-(4-hydroxy-3-chlorphenyl)-cyclohexan* aus o-Chlorphenol u. Cyclohexanon. (**Ind. P. 66 180** vom 19/12. 1958, ausg. 30/6. 1960.) C. Lüttgen. H 2260

Badische Anilin- & Soda-Fabrik Akt.-Ges. (Erfinder: Kurt Wick, Ludwigshafen/Rh., und Friedrich Becke, Heidelberg), **Gegebenenfalls alkylsubstituierte Methylen-bis-cyclohexanone** erhält man durch Rk. eines Dialkylaminomethylcyclohexanons mit überschüssigem, ggf. alkylsubstituiertem Cyclohexanon (I) durch Erhitzen zum Sieden bei normalem Druck, ggf. Kochen der Mischung unter Rückfluß bis zu 3 Std. u. Abtrennen des Rk.-Prod. durch fraktionierte Vakuumdestillation. — Zum Beispiel werden 65 (Teile) Dimethylaminomethyl-I u. 100 I (98%ig.) 1 Std. unter Rückfluß erhitzt (Sumpf-Temp. 145°), das gebildete $NH(CH_3)_2$ vollständig aus dem Rk.-Gemisch durch einen N_2-Strom entfernt u. die Mischung fraktioniert dest.; man erhält 66 Teile = 84%ig. Ausbeute, bezogen auf verbrauchtes **I,** *Methylen-bis-***I,** $Kp._5$ 159—161°. — Analog erhält man *Methylen-bis-(4-methyl-***I**), F. (aus A.) 148°; *Dioxim,* F. 222°; Ausbeute 79,5%. — *Lsgm., Zwischenprodd. zur Herst. von Pharmazeutica u. Kunststoffen.* (**D. A. S. 1 109 675** Kl. 12o vom 27/1. 1960, ausg. 29/6. 1961.) R. Hauß. H 2370

J. W. Ayers & Co., Easton, Pa., übert. von: Jacobus Rinse, Bernardsville, N.J., V.St.A., **Trimere cyclische Aluminium-Sauerstoffverbindungen** erhält man durch

Erhitzen von je 1 Mol eines Al-Alkoholats (I), bes. Al-Isopropylat, einer Monocarbonsäure C_1—C_{22} oder eines Dicarbonsäureanhydrids u. W. bis 3 Mol des dem I entsprechenden Alkohols frei geworden sind, der dann mit dem ggf. verwendeten Lsgm. abdest. wird. Als Carbonsäure werden z. B. verwendet: Tallölfett-, Leinsaatfett-, Stearin-, Äthylhexan-, Capron-, Hydroxystearin-, Benzoe-, Phthal-, Behensäure. An Stelle der Carbonsäuren kann man z. B. auch Oleylalkohol, Cyclohexanol, Harzalkohol (Abietol) u. Amylphenol mit I umsetzen. — Die Endprodd. dienen als säurebindende, Gelier- u. Verdikkungsmittel u. wasserabstoßend machende Verbb., Harze u. Polymerisationsteilnehmer. — Vgl. auch F. P. 1 179 288; C. **1961,** 16286. (**A. P. 2 979 497** vom 12/2. 1957, ausg. 11/4. 1961.) O. Müller-Meiningen. H 3000

Československá Socialistická Republika (Erfinder: Franz Kupčík, Moravičany, Miroslav Liška und Milan Konupčík, Olmütz), Tschechoslowakei, **Herstellung von 5-Nitrofuran-2-carbonsäure (I)** aus 5-Nitrofuraldiacetat (II) durch saure Hydrolyse u. Oxydation des entstandenen 5-Nitrofurals mit H_2O_2 bei 35° nicht übersteigenden Temperaturen. — Beispiel: In 25—30 ml H_2SO_4 (75%) trägt man 24,3 (g) II ein, worauf man unter Rühren u. Kühlen eine äquivalente Menge an 40%ig. H_2O_2 so einführt, daß die Temp. 30—35° nicht übersteigt. Man gewinnt 12,5 I (= 80% der Theorie) vom F. 185—186°. (**Tschech. P. 99 611** vom 5/5. 1960, ausg. 15/5. 1961.) L. Macher. H 3061

Magyar Állam (Erfinder: Gabriel Fodor, Irene Vicze, Josef Tóth, Geisa Janscó und Kornelius Láng), Budapest, Ungarn, **3α-Acyloxy-6β-hydroxytropan** erhält man bei der partiellen Verseifung von 3α.6β-Diacyloxytropan mit wss. NaOH oder KOH. — (±)-3α.6β-Diacetoxypropan löst man in KOH u. Aceton, hält 85 Min. bei normaler Temp., stellt mit n-100 HCl genau auf pH 7 u. dampft im Vakuum zur Trockne. Anschließend löst man in W., stellt mit KOH auf pH 9 u. extrahiert mit Chlf., trocknet den Extrakt über Na_2SO_4 u. verdampft das Chlf., wobei ein Öl sich ausscheidet, welches, mit Ae. behandelt, Kristalle von (±)-3α-Acetoxy-6β-hydroxytropan, F. 116—117°, ergibt. — (±)-3α.6β-Diisovaleryloxytropan → (±)-3α.6β-Dihydroxytropan-3-monoisovalerat. Mit HCl in abs. A. erhält man das Hydrochlorid, F. 180°. — Zwischenprodukte. (**Ung. P. 144 862** vom 1/4. 1957, ausg. 15/12. 1961.) G. König. H 3500

Merck & Co., Inc., Rahway, N.J., V.St.A. (Erfinder: Earl Martin Chamberlin, John Martin Chemerda, Jan Ten Broeke und Edward Wells Tristram), **Herstellung von 16α-Alkyl-3α-hydroxy-11-oxo-17(20)-pregnen-21-säurealkylester.** Man bromiert 3α-Acetoxy-16α-methylpregnan-11.20-dion in Eisessig mit Br_2 → 3α-Acetoxy-17α.21-dibrom-16α-methylpregnan-11.20-dion, F. 227° (Zers.), das in A. gelöst u. mit KOH gekocht 3α-Hydroxy-16α-methyl-11-oxo-17(20)-pregnen-21-säure (I), F. 215—223°, gibt. Mit Diazomethan in Ae. behandelt, erhält man den I-*Methylester*, F. 80—90°; IR-Spektrum 2,8—3,0 μ (OH), 5,87 μ (Carbonyl), 6,06 μ (Doppelbindung). (**Aust. P. 232 343** vom 27/10. 1958, ausg. 23/2. 1961. A. Prior. 13/11. 1957. **Ind. P. 65 621** vom 29/10. 1958, ausg. 25/2. 1961.) C. Lüttgen. H 3700

Vinyl Products Ltd. (Erfinder: **John Edwin Oakley Mayne, Henry Warson** und **Robert John Parsons**), *Vinylester.* (**Aust. P. 228 609** vom 29/1. 1958, ausg. 7/7. 1960. E. Prior. 30/1. 1957. — C. **1961,** 18125 [F. P. 1 198 613].)

General Aniline & Film Corp., New York, N.Y. (Erfinder: **David E. Graham,** Winfield, N.J.), V.St.A., *Hydrierung von aromatischen Nitroverbindungen.* (**Schwz. P. 356 466** vom 6/2. 1957, ausg. 13/10. 1961. A. Prior. 6/2. 1956. — C. **1960,** 15568 [F. P. 1 172 211].)

Sicedison S. p. A., Mailand, Italien, *Stabilisieren von Trichloräthylen.* (**E. P. 878 718** vom 10/9. 1958, ausg. 4/10. 1961. It. Prior. 15/11. 1957. — C. **1962,** 1792 [F. P. 1 201 394].)

E. I. du Pont de Nemours & Co., Wilmington, Del., V.St.A. (Erfinder: **Donald Eldon Welton**), *Herstellung von trans-1.4-Dichlorbuten-(2).* (**E. P. 800 029** vom 10/12. 1958, ausg. 18/10. 1961. A. Prior. 13/12. 1957. — C. **1961,** 14456 [D. A. S. 1 081 003].)

Studiengesellschaft Kohle m. b. H., Mülheim/Ruhr, *Trimere des 2.3-Dimethyl-1.3-butadiens.* (**E. P. 837 267** vom 26/8. 1958, ausg. 9/6. 1960. Oe. Prior. 2/9. 1957. — C. **1961,** 6312 [D. A. S. 1 078 108].)

Badische Anilin- & Soda-Fabrik Akt.-Ges. (Erfinder: **Günther Hamprecht,** Limburgerhof, **Mathias Schwarzmann,** Ludwigshafen/Rh., und **Manfred Tittel,** Mannheim), *Alkoxy- und Aryloxy-Al-Hydride oder deren Komplexverbindungen.* (**E. P. 878 136** vom 2/2. 1960, ausg. 27/9. 1961. D. Prior. 3/2. 1959. — C. **1961,** 6678 [D. A. S. 1 085 515].)

Farbenfabriken Bayer Akt.-Ges., Leverkusen, *Hydroxylgruppenhaltige Polysulfide.* (**E. P. 872 126** vom 10/9. 1959, ausg. 5/7. 1961. D. Prior. 24/9. 1958 u. 8/1. 1959. — C. **1961,** 10744 [D. A. S. 1 093 790] u. C. **1962,** 301 [D. A. S. 1 098 937].)

Badische Anilin- & Soda-Fabrik Akt.-Ges. (Erfinder: **Harry Distler** und **Karlhugo Küspert**), Ludwigshafen/Rh., *Herstellung von wasserlöslichen Salzen α,β-äthylenisch ungesättigter Sulfonsäuren.* (**E. P. 880 329** vom 31/12. 1959, ausg. 18/10. 1961. D. Prior. 7/1. 1959. — C. **1961,** 5250 [D. A. S. 1 090 656].)

Consortium für Elektrochemische Industrie G. m. b. H. (Erfinder: **Jürgen Smidt, Walter Hafner, Josef Sedlmeier, Reinhard Jira, Rudolf Rüttinger** und **Horst Teich**), *Herstellung von gesättigten Aldehyden und Ketonen.* (**Aust. P. 228 831** vom 31/12. 1957, ausg. 14/7. 1960. D. Prior. 4/1. u. 7/8. 1957. — C. **1959**, 14879 [D. A. S. 1 049 845].)

Eastman Kodak Co., Rochester, N.Y., V.St.A. (Erfinder: **Charles Donald Robeson** und **Albert James Chechak**), *Herstellung von Octadien-(3.5)-dion-(2.7) und Octen-(4)-dion-(2.7) aus Octanol-(7)-dien-(3.5)-in-(1).* (**E. P. 883 228** vom 15/4. 1958, ausg. 29/11. 1961. A. Prior. 17/4. 1957. — C. **1962**, 4723 [D. A. S. 1 103 916].)

Stamicarbon N. V., Heerlen, Niederlande, *Reinigung von dampfförmigem Maleinsäureanhydrid mit feinkörnigem Graphit oder Koks.* (**E. P. 851 570** vom 21/7. 1958, ausg. 19/10. 1960. Niederl. Prior. 24/7. 1957. — C. **1960**, 11468 [Niederl. P. 92 484].)

F. Hoffmann-La Roche & Co. Akt.-Ges., Basel, Schweiz (Erfinder: **Waldemar Guex, Otto Isler, Rudolf Rüegg** und **Gottlieb Ryser**), *Herstellung von Polyendicarbonsäuren.* (**Aust. P. 230 394** vom 20/11. 1958, ausg. 13/10. 1960. Schwz. Prior. 27/11. 1957. E. Prior. 28/8. 1958. — C. **1962**, 7695 [F. P. 1 213 175].)

F. Hoffmann-La Roche & Co. Akt.-Ges., Basel, Schweiz, *Herstellung von Polyendicarbonsäuren und -estern.* (**Ind. P. 66 035** vom 5/12. 1958, ausg. 29/10. 1960. E. Prior. 28/8. 1958. — C. **1962**, 7695 [F. P. 1 213 175].)

Feldmühle Papier- und Zellstoffwerke Akt.-Ges., Düsseldorf, *Alkaliharnstoffe.* (**E. P. 881 582** vom 7/11. 1958, ausg. 8/11. 1961. D. Prior. 16/11. 1957. — C. **1959**, 15506 [D. A. S. 1 061 313].)

UCLAF, Paris, Frankreich, *Herstellung von Peptiden.* (**E. P. 863 170** vom 21/7. 1958, ausg. 15/3. 1961. F. Prior. 22/7. 1957. Zusatz zu E. P. 791 319; C. 1960, 1680. — C. **1961**, 3151 [D. A. S. 1 065 424].)

Callery Chemical Co. (Erfinder: **William Howard Schechter** und **Thomas Blair Williams**), Pittsburgh, Pa., V.St.A., *Trimethoxyboroxin.* (**E. P. 872 140** vom 23/10. 1959, ausg. 5/7. 1961. — C. **1961**, 17389 [A. P. 2 926 186].)

Farbwerke Hoechst Akt.-Ges., vormals Meister Lucius & Brüning, Frankfurt/M., *Herstellung quartärer organischer Phosphoniumverbindungen.* (**E. P. 881 656** vom 30/1. 1958, ausg. 8/11. 1961. D. Prior. 30/1., 2/2., 25/5. u. 7/6. 1957. — C. **1960**, 8011 [D. A. S. 1 067 811], C. **1959**, 7602 [D. A. S. 1 041 958], C. **1959**, 10398 [D. A. S. 1 042 583] u. C. **1959**, 10726 [D. A. S. 1 045 401].)

National Aluminate Corp., Chicago, Ill., V.St.A., *Herstellung organischer Bleiverbindungen.* (**Ind. P. 64 787** vom 29/7. 1958, ausg. 5/5. 1960. — C. **1961**, 11893 [E. P. 839 172].)

British Petroleum Co. Ltd., London, England (Erfinder: **Peter Desmond Holmes** und **John Charles Stalley**), *Herstellung von Aromaten aus Gemischen, die nichtaromatische Kohlenwasserstoffe mit mindestens 6 C-Atomen enthalten.* (**Aust. P. 230 354** vom 3/4. 1958, ausg. 13/10. 1960. — C. **1961**, 8834 [E.P. 834 912].)

British Petroleum Co. Ltd., London, England, *Herstellung von Benzol.* (**Belg. P. 570 214** vom 8/8. 1958, ausg. 25/8. 1961. E. Prior. 8/8. 1957. — C. **1961**, 5254 [E. P. 824 061].)

Stamicarbon N. V., Heerlen, Niederlande, *Entfernen von Thiophen aus aromatischen Kohlenwasserstoffen.* (**Belg. P. 569 821** vom 28/7. 1958, ausg. 30/6. 1961. Niederl. Prior. 29/7. 1957. — C. **1962**, 1410 [Oe. P. 205 964].)

Stamicarbon N. V., Heerlen, Niederlande, *Entfernen von Thiophenen aus aromatischen Kohlenwasserstoffen.* (**Ind. P. 64 745** vom 24/7. 1958, ausg. 9/12. 1960. — C. **1961**, 4885 [E. P. 824 914].)

Farbenfabriken Bayer Akt.-Ges., Leverkusen, übert. von: **Joachim Nentwig** und **Hermann Schnell**, Krefeld, *Pentachlorphenyläther mehrwertiger Alkohole.* (**A. P. 2 946 806** vom 22/5. 1957, ausg. 26/7. 1960. D. Prior. 26/5. 1956. — C. **1959**, 1607 [D. A. S. 1 027 204].)

Imperial Chemical Industries Ltd., London, England (Erfinder: **Dennis Albert Dowden** und **Alexander Muirhead Ure Caldwell**), *Oxydation aromatischer Kohlenwasserstoffe.* (**E. P. 883 315** vom 26/6. 1957, ausg. 29/11. 1961. — C. **1962**, 6584 [F. P. 1 207 563].)

Deutsche Gold- und Silber-Scheideanstalt vormals Roessler, Frankfurt/M., *Herstellung von Fluorbenzoesäuren.* (**E. P. 875 655** vom 24/8. 1959, ausg. 23/8. 1961. D. Prior. 27/8. 1958. — C. **1961**, 301 [D. A. S. 1 080 999].)

Imperial Chemical Industries Ltd. (Erfinder: **Albyn William Norman Brown, Colin Bertie Cotterill, Fred Dean** und **Gordon Howard Whitfield**), *Oxydation organischer Verbindungen.* (**Aust. P. 228 824** vom 31/10. 1957, ausg. 14/7. 1960. E. Prior. 21/11. 1956 u. 12/4. 1957. — C. **1961**, 15200 [E. P. 825 429].)

Mid-Century Corp. (Erfinder: **Alfred Saffer** und **Robert Samuel Barker**), *Heteroaromatische Carbonsäuren.* (**Aust. P. 228 618** vom 13/5. 1958, ausg. 7/7. 1960. — C. **1959**, 13637 [A. P. 2 833 816].)

Monsanto Chemical Co. (Erfinder: **Robert William Radue**), *Stabilisieren von Salicylsäure.* (**Aust. P. 228 884** vom 13/3. 1958, ausg. 21/7. 1960. A. Prior. 18/3. 1957. — C. **1961**, 16658 [A. P. 2 918 491].)

Comp. Française des Matières Colorantes, Paris (Erfinder: **Marcel Jirou**, Sotteville-les-Rouen, und **Jean Marie Frey**, La Mariere), Frankreich, *Aromatische Amine.* (**E. P. 883 297** vom 16/12. 1957, ausg. 29/11. 1961. F. Prior. 14/12. 1956. — C. **1959**, 15508 [F. P. 1 165 628].)

UCLAF, Paris, übert. von: **Gaston Amiard**, Noisy-le-Sec, und **Leon Velluz**, Paris, Frankreich, *N-Benzyl- und N-Glycylpeptide.* (**A. P. 2 948 714** vom 16/2. 1955, ausg. 9/8. 1960. F. Prior. 19/2. 1954. — C. **1958**, 1703 [F. P. 1 100 016].)

Stamicarbon N. V., Heerlen, Niederlande, *Katalytische Hydrierung von Benzol zu Cyclohexan.* (**Belg. P. 571 002** vom 6/9. 1958, ausg. 15/12. 1961. Niederl. Prior. 16/9. 1957. — C. **1962**, 305 [Niederl. P. 97 039].)

Studiengesellschaft Kohle m. b. H., Mülheim/Ruhr, *Cyclododecatriene-(1.5.9).* (**E. P. 849 236** vom 30/1. 1958, ausg. 21/9. 1960. D. Prior. 31/1. 1957. Zusatz zu E. P. 848 951; C. 1962, 2911. — C. **1959**, 8331 [D. A. S. 1 043 329].)

Hercules Powder Co., Wilmington, Del., V.St.A. (Erfinder: **H. C. Dehm** und **L. G. Maury**), *Hexahydroterephthalsäure.* (**Belg. P. 571 022** vom 6/9. 1958, ausg. 15/12. 1961. A. Prior. 9/9. 1957. — C. **1960**, 7345 [A. P. 2 888 484].)

F. Hoffmann-La Roche & Co. Akt.-Ges., Basel, Schweiz, *Herstellung bis-quaternärer N.N'-Bis-[cyclohexylalkyl]-diamine.* (**Ind. P. 65 471** vom 8/10. 1958, ausg. 15/11. 1960. — C. **1962**, 8791 [F. P. 1 216 972].)

Borax Consolidated Ltd. (vormals **Borax Consolidated [Sales] Ltd.**), London, England (Erfinder: **Don Lester Hunter** und **Edgar Wladislaus Fajans**, Los Angeles, Calif., V.St.A.), *Herstellung von Borsäurecyclohexylestern.* (**Schwz. P. 350 964** vom 19/10. 1955, ausg. 15/2. 1961. Zusatz zu Schwz. P. 338 451; C. 1960, 7690. — C. **1960**, 10064 [E. P. 787 146].)

Badische Anilin- & Soda-Fabrik Akt.-Ges. (Erfinder: **Peter Dimroth** und **Heinrich Pasedach**), Ludwigshafen/Rh., *2.3-Dihydrofurane.* (**E. P. 849 192** vom 26/5. 1959, ausg. 21/9. 1960. D. Prior. 29/5. 1958. — C. **1960**, 4027 [D. A. S. 1 064 957].)

Henkel & Cie. G. m. b. H., übert. von: **Bruno Blaser, Werner Stein** und **Hubert Schirp**, Düsseldorf, *Thiophencarbonsäuren.* (**A. P. 2 948 737** vom 6/3. 1959, ausg. 9/8. 1960. D. Prior. 30/7. 1958. — C. **1961**, 5617 [D. A. S. 1 088 983].)

Farbenfabriken Bayer Akt.-Ges., Leverkusen, *Dithiacyclohexene.* (**E. P. 881 409** vom 18/3. 1958, ausg. 1/11. 1961. D. Prior. 18/3. 1957. — C. **1962**, 2910 [F. P. 1 205 227].)

Ruhrchemie Akt.-Ges., Oberhausen, *Herstellung von 4.5.6.7.10.10-Hexachlor-4.7-endomethylen-4.7.8.9-tetrahydrophthalan.* (**E. P. 848 581** vom 16/12. 1957, ausg. 21/9. 1960. D. Prior. 3/1. 1957. — C. **1959**, 13637 [D. A. S. 1 026 325].)

General Electric Co., Schenectady, N.Y., V.St.A., *Herstellung von Carboxyalkylpolysiloxanen.* (**E. P. 864 681** vom 12/3. 1958, ausg. 6/4. 1961. A. Prior. 20/3. 1957. — C. **1960**, 12850 [A. P. 2 900 363].)

H_{10}. Färberei. Organische Farbstoffe

Neue Anschauungen in der physikalischen Chemie der Färbung. Zdeněk Petrů. (Chemie [Praha] **10**, 925—44, Nov. 1958; Ústí nad Orlici, Výzk. úst. bavlnářský; tschech.) — Übersicht über neuere Arbeiten: Kinetik der *Färbung*; thermodynam. Gesichtspunkte (chem. Potentiale, Affinitäten); Bindungen zwischen Farbstoff u. Faser; Färbung von Kunstfasern. — 43 Literaturhinweise. R. K. Müller. 7002☐

Die Reaktionen von kaltziehenden Procionfarbstoffen mit Cellulose. T. L. Dawson, A. S. Fern und C. Preston. (Tinctoria [Milano] **59**, 194—202, Mai 1962; Manchester Imp. Chem. Ind. Ltd., Dyestuffs Div.; ital. — C. **1961**, 8121.) J. Lehmberg. 7002☐

Neuere Erfahrungen mit Remazol-Farbstoffen. E. Ungermann. (Z. ges. Textilind. **64**, 403—10, Mai 1962; Frankfurt/M.-Höchst, Farbwerke Hoechst AG., Anwendungstechn. Abt. Farben; dt.) — Einige Remazol-Färbeverff. unter dem Gesichtspunkt des neuesten Standes der Färbetechnik werden beschrieben. Die theoret. Zusammenhänge von chem. Konstit. u. färber. Eigg. der *Remazol-Farbstoffe* werden erörtert. I. Beßer. 7006☐

Mikrofärbegerät für das Laboratorium. Ferenc Péter und Béla Mihalik. (Magyar Textiltechn. [Ung. Textiltechn.] **1956**, 163—64, Mai; Budapest, TH, Inst. für organ.-chem. Technol.; ung.) — Eine Glas-App. mit Thermostatbad u. außen angebrachtem Rührraum wird beschrieben. Sie ist auch geeignet für colorimetr., pH- oder Redoxpotential-Best. während des Färbeprozesses. T. Krakkay. 7006☐

Neue Methoden zum Färben von Cellulosefasern. F. I. Ssadow. (Химическая Наука и Промышленность [Chem. Wiss. Ind.] **4**, 756—60, 1959; russ.) — Kurze Übersicht über das Wrkg.-Prinzip der Färbung von Cellulosefasern mit Procion-, Cibacron- u. Remazolfarbstoffen. — 9 Literaturangaben. R. Wittwer. 7020☐

Das Säure-Einbad-Verfahren für Halbwolle im Blickpunkt der Wolfener Farbstoffsortimente. Julius Frische und Eckhard Völkl. (Dtsch. Textiltechn. **12**, 206—07, April 1962; Wolfen, VEB Farbenfabrik; dt.) — Ein Überblick über die Vorteile des *Halbwoll-Säure-Einbad-Färbeverf.* gegenüber dem neutralen Färbeverf. wird gegeben. Die Durchführung u. der Einsatz geeigneter *Wolfener Farbstoffe* sowie Reservierungsmittel bei diesem Verf. werden beschrieben. I. Beßer. 7020☐

Färben von hellen Pastelltönen im Peroxidbleichbad. Peter Maurer. (Z. ges. Textilind. **63**, 852—53, Okt. 1961; dt.) — Überblick über die rationellen Färbemeth. mit Indanthren- u. substantiven Farbstoffen auf Baumwolle in *Peroxidbleichbädern.* A. Reiff. 7020☐

Erfahrungen bei Färbung, Druck und Ausrüstung der Polyamidfasern in der Fabrik Goldberger. Rezső Reichmann, Erika Keppich, János Polgár und István Zeisel. (Magyar Textiltechn. [Ung. Textiltechn.] **1956**, 188—91, Mai; ung.) — Erfahrungen über das Verf. sowie die Rezeptur für die Vorwäsche, das Bleichen, die Thermofixierung, das *Färben*, Trocknen, *Bedrucken* sowie die Ausrüstung von *Nylon-* u. *Perlongeweben* werden mitgeteilt. T. Krakkay. 7022☐

Der Einfluß von Kunstharzappreturen auf Nuance und Lichtechtheit naphtanilidgefärbter Ware. H. Herzog und J. Koszticza. (Textil-Rdsch. [St. Gallen] **16**, 782—90; Sept./Okt. 1961; Pratteln, Rohner AG., Colorist. Abt.; dt.) — An Hand der tabellar. zusammengestellten Ergebnisse über Farbton- u. Lichtechtheitsprüfungen an Baumwollfärbungen mit 200 Kombinationen aus Naphthanilidfarbstoffen mit 4 typ.

Ausrüstungsharzen (Ureol P = Harnstoff/Formaldehyd-Vorkondensat [UP], Lyofix CH = Melamin/Formaldehyd-Vorkondensat [LCH], Phobotex FT = mit Fettsäuren modifiziertes Melaminharz u. Uformite R-1 = Dimethyloläthylenharnstoff) u. Katalysatoren wird dargelegt, daß die Ausrüstung eine Farbtonänderung von durchweg 4—5 — ausgedrückt in Noten des Graumaßstabes — bewirkt. Die Lichtechtheit wird durch Ausrüstung mit den Kunstharzen **UP** u. **LCH** bei einem Großteil der Färbungen erhöht, während eine Lichtechtheitsverminderung bei diesen Harzen nur in einigen Ausnahmefällen eintritt. Die beiden anderen Harze zeigen keinen nennenswerten Einfl. auf die Lichtechtheit. Bei den Katalysatoren (NH_4Cl u. Metallsalze) sind keine merklichen Unterschiede bzgl. der Farbtonänderung u. Lichtechtheitsbeeinflussung erkennbar.
H. Sontag. 7028□

Untersuchungen über die kontinuierliche und automatische Bestimmung von Reduktionsverfahrensflüssigkeiten in der chemischen Farbstoffindustrie. 1. Mitt. Polarographische Analyse von Hydrosulfit in Gegenwart von Natriumhydroxid. Syotaro Oka. (Japan Analyst **10**, 774—78, Juli 1961; Shimadzu Seisakusho, Measuring and Ind. Instruments Div.; jap., Auszug: engl.) — Beschreibung einer neuen, innerhalb 10% genauen, *polarograph. Analysen-Meth.* für *Hydrosulfit-Lsgg.* (Konz. $5 \cdot 10^{-4}$ bis $5 \cdot 10^{-2}$ m). Da die Konz. an $NaHSO_3$ in der Red.-Fl. gewöhnlich 0,1 m oder mehr beträgt, also zuviel für die direkte Polarographie, wird mit W. verdünnt.
A. Leibbrandt. 7086□

Československá Socilaistická Republika (Erfinder: Josef Neubauer, Bartelov, und Franz Koumar, Arnolec), Tschechoslowakei, **Verdickungsmittel für den Filmdruck auf Polyamid-Textilien zur Zubreitung des Druckmittels aus sauren Farbstoffen.** Als Verdickungsmittel wird ein Gemisch von Stärke–Tragant verwendet, dem man organ. Säuren (Oxal- oder Essigsäure) zusetzt, um die Stärke teilweise abzubauen. — Beispiel: 38 (g) Thioharnstoff + 12 Kondens.-Prod. aus Äthylenoxyd erwärmt man mit 476 W. auf 75°, setzt den sauren Farbstoff hinzu u. anschließend noch 95—120 Weizen- oder ähnliche Stärke in 126 W. von 30°. Die Temp. von 75—80° hält man 20 Min. aufrecht. Dann werden 11 Oxalsäure, 27 Essigsäure (90%ig.) u. 215 Tragant (60/100) zugefügt u. die Temp. 20 Min. auf 75—80° gehalten. Unter Rühren wird diese Druckfarbe gekühlt. (**Tschech. P. 98 913** vom 8/12. 1959, ausg. 15/3. 1961.)
L. Macher. 7007

Československá Socialistická Republika (Erfinder: Josef Neubauer, Bartelov, und Franz Koumar, Arnolec), Tschechoslowakei, **Schwarze Farbe für den Filmdruck von Polyamid-Textilien** gek. durch Zusatz von Tannin zur aus sauren Farbstoffen bereiteten Druckfarbe. — Beispiel: 38 (g) Thioharnstoff + 12 Kondens.-Prod. aus Äthylenoxid wird in 476 W. auf 75° erwärmt u. hernach 24 schwarze Farbe + 3 „Midlonbraun R“ zugesetzt. Dann rührt man 95—120 Weizenstärke in 126 W. von 30° zu u. erwärmt 20 Min. auf 75—80°; man setzt dann 11 Oxalsäure + 4 Tannin + 36 Essigsäure (90%ig.) hinzu, erwärmt 25 Min. lang auf 75—80°. Nach Auftragen dieser Druckfarbe dämpft man das Gewebe 5—20 Min. bei 0,2 atm (105°). (**Tschech. P. 98 943** vom 8/12. 1959, ausg. 15/3. 1961.) L. Macher. 7007

Farbwerke Hoechst Akt.-Ges., vormals Meister Lucius & Brüning, Frankfurt/M. (Erfinder: Helmut Gies, Hofheim, und Wilhelm Happe, Schwalbach), **Erzeugung echter schwarzer Färbungen auf natürlichen Eiweißfasern, geformten Gebilden aus Polyamiden oder Polyurethanen, oder auf Mischungen aus den vorstehend genannten Materialien unter sich oder mit Materialien aus Celluloseestern oder linearen aromatischen Polyestern.** Zu D. A. S. 1 088 461; C. **1961**, 5972, ist nachzutragen: Das beschriebene Verf. ist auch zur Erzeugung von Färbungen auf den vorst. genannten Substraten geeignet. (**D. A. S. 1 112 720** Kl. 8m vom 20/1. 1960, ausg. 17/8. 1961.)
F. Böhm. 7021

Ciba Akt.-Ges., Basel (Erfinder: Heinz Abel, Rensach/Bl.), Schweiz, **Färben von Mischgeweben aus Wolle und anderen Fasern** mit sauren Wollfarbstoffen in Bädern, die zu Beginn des Färbens sauer reagieren (Zusatz von Essigsäure) u. für Wolle reservierende Mittel u. Hexamethylentetramin enthalten. Solche Mittel enthalten z. B. eine salzbildende OH-, SH- oder SO_3H-Gruppe (Alkylnaphthalinsulfonsäuren, Thiophenole, Phenole, die mit Alkalisulfiden, Sulfiten, Sulfitformaldehyd oder durch Sulfurieren lösl. gemacht wurden), ferner Benzylhalogenide u. Kondens.-Prodd. der Naphthalinsulfonsäure, sowie Tannin, Komplex-Verbb. von Sb oder Sn mit sulfurierten Phenolen (letztere können aus Phenolen durch Rk. mit Alkali- oder Erdalkalimetallen in Ggw. von S hergestellt werden). Die Wolle kann mit solchen Cr oder Co enthaltenden Monoazofarbstoffen gefärbt werden, in welchen jedes Metallatom an 2 Moll. Farbstoffkomplex gebunden ist. Nach diesem Verf. kann Wolle oder Halbwolle, die Cellulose fasern enthält, gleichzeitig mit Direktfarbstoffen gefärbt werden. (**Ung. P. 149 482** vom 6/11. 1959, ausg. 20/10. 1961. Schwz. Prior. 14/11. 1958.) F. Landsberger. 7021

Československá Socialistická Republika, Tschechoslowakei (Erfinder: Felix Seidel und Günther Trentsch, Wolfen), **Färbung von Carbonamid-, Sulfonamid- oder Cellulose-Gruppen enthaltenden Stoffen**, die man zuvor mit Diketen u. dann mit kupplungsfähigen Diazoniumsalzen behandelt. — Beispiel: 2,5 (kg) Wolle, die man 3 Std. mit 25 Liter Bzl. + 10 ml Pyridin + 2,5 Liter Diketen gekocht hat, diazotiert man mit 3 p-Toluidin + 7,5 HCl konz. + 25 Liter W. + 2,5 $NaNO_2$ in 15 Liter Wasser. — Gelbgefärbte Wolle. (**Tschech. P. 98 752** vom 2/10. 1959, ausg. 15/3. 1961. D. Prior. 23/1. 1959.) L. Macher. 7021

Sandoz Akt.-Ges., Basel (Erfinder: Paul Bücheler, Reinach), Schweiz, **Haltbares Dispersionsfarbstoffpräparat** zum Färben von synthet. Fasern aus wss. Dispersion oder in der Masse enthält neben einem üblichen Dispergiermittel ein *1.5-Dihydroxy-4.8-diamino-2-arylanthrachinon*, z. B. 1.5-Dihydroxy-4.8-diamino-2-(4'-methoxy)-phenylanthrachinon, das Triacetatkunstseide blau färbt. (**Schwz. P. 351 253** vom 19/3. 1958, ausg. 28/2. 1961.) F. Böhm. 7021

Aziende Colori Nazionali Affini A.C.N.A. S.p.A. (Erfinder: Corrado Fuortes, Enrico Ferraris und Amerigo Wildermuth), Mailand, Italien, **Färben von Polyolefinen.** Durch Polymerisation von Olefinen (Äthylen oder Propylen) hergestellte Textilfasern, Filme oder sonstige Gegenstände werden unmittelbar mit bas. oder in Kunststoffen lösl. Anilinfarbstoffen (Methylviolett, Setylrosa, Mikrosetylorange usw.) gefärbt, indem der Kunststoff vor dem Färben mit einem oder mehreren aliphat. Aminen, dann mit wss. Säure-Lsg. behandelt wird. Als Amine werden wenigstens 4 C-Atome enthaltende verwendet (Octylamin, Laurylamin, Oleylamin oder Oleyl- u. Stearylamin bzw. eine Mischung von Aryl-, Oleyl- u. Palmitylamin). Es können pulverisierte Kunststoffe verwendet werden, die geschmolzen mit den Aminen vermischt u. homogenisiert werden oder solche Mischungen, die durch Vermischung des Polymeren mit dem Amin u. nachfolgendes Schmelzen gewonnen werden. Die synthet. Fasern werden zunächst versponnen, in wss. Amin-Lsg. u. nachfolgend in die Säure-Lsg. getaucht. Man verwendet 0,1—5%ig., bes. 0,5—1,5%ig. Amin-Lsgg. bei 50—90°. Als Säure wird HCl oder HNO_3 empfohlen bei einer Konz. von 1—20%, bes. 10%, u. 80—90°. (**Ung. P. 149 479** vom 7/5. 1960, ausg. 20/10. 1961.) F. Landsberger. 7021

Farbwerke Hoechst Akt.-Ges., vormals Meister Lucius & Brüning (Erfinder: Wilhelm Eckert, Frankfurt/M., und Hermann Remy, Bad Soden), **Überführung von Perylen-3.4.9.10-tetracarbonsäurediimid in eine als Pigmentfarbstoff verwendbare Form.** Man erhitzt die nach den üblichen Feinverteilungs-Verff. erhaltene Paste in hochsd. organ. Lsgm. (Kp. >120°), wie Dichlorbenzol oder 1-Chlornaphthalin, ggf. in Ggw. eines Emulgators, unter Abdestillieren des Verdünnungsmittels der Paste (z. B. W. u. Methanol), kocht nach Erreichen des Kp. des hochsd. Lsgm. unter Rückfluß, filtriert u. trocknet. Das so erhaltene Pigment färbt z. B. weichmacherhaltiges Polyvinylchlorid stark blaustichigbordorot. (**D. A. S. 1 115 711** Kl. 8m vom 29/9. 1956, ausg. 26/10. 1961. **E. P. 861 218** vom 27/9. 1957, ausg. 15/2. 1961. D. Prior. 29/9. 1956.) F. Böhm. 7021

Sandoz Akt.-Ges., Basel (Erfinder: Ernest Merian, Bottmingen, Walter Wehrli, Riehen, Schweiz, und Bruno J. R. Nicolaus, Mailand, Italien), **Haltbares Färbepräparat zum Färben von Polyesterfasern.** Es enthält neben einem üblichen Dispergiermittel als Dispersionsfarbstoff ein Kondens.-Prod. eines durch Alkoxygruppen substituierten Terephthalaldehyds mit einem funktionellen Deriv. der Cyanessigsäure, z. B. ein Kondens.-Prod. aus 2.5-Dimethoxyterephthalaldehyd u. Cyanessigsäuremethylester, das eine gelbe Färbung erzeugt. (**Schwz. P. 350 634** vom 10/12. 1957, ausg. 31/1. 1961.) F. Böhm. 7021

Sandoz Akt.-Ges., Basel (Erfinder: Curt Müller, Basel, und Urs Lerch, Neuallschwil), Schweiz, **Beständige Färbepräparate** zum Färben von Polyesterfasern in marineblauen u. schwarzen Tönen. Sie enthalten je einen oder mehrere Dispersionsfarbstoffe der allg. Formeln **I** u. **II** (Gew.-Verhältnis 55—95:45—5) u. mindestens

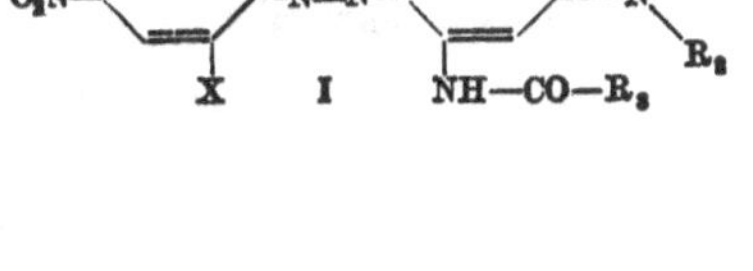

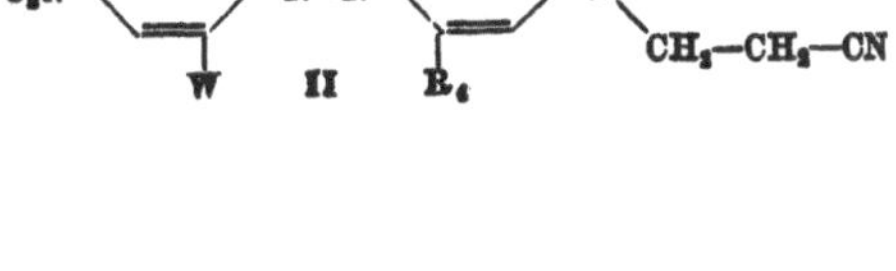

ein anionakt. Dispergiermittel (X = H, Cl, Br, CN, F_3C oder NO_2; Z = H oder niedermol. Alkoxy; R_1 = niedermol. Alkyl, Alkoxyalkyl oder Acyloxyalkyl; R_2 = niedermol. Acyloxyalkyl; R_3 = niedermol. Alkyl; V = H, Cl oder Br; W = Cl, Br, CN oder F_3C; R_4 = H, Cl, Methyl oder Äthyl). — Beispiel: 27 (Teile) *2.4-Dinitro-6-brom-2'-acetylamino-4'-bis-(acetoxyäthyl)-amino-5'-äthoxy-1.1'-azobenzol*, 3 *2-Cyan-4-nitro-4'-(N-äthyl-N-cyanäthyl)-amino-1.1'-azobenzol* u. 70 *dinaphthylmethansulfonsaurem Na.* (**Schwz. P. 352 310** vom 20/6. 1960, ausg. 14/4. 1961.) F. Böhm. 7021

Farbenfabriken Bayer Akt.-Ges., Leverkusen (Erfinder: Walter Wunder, Karl-Heinz Gehringer, Köln, und Erich Lehmann, Burscheid), **Erzeugung wasserunlöslicher Azofarbstoffe** auf Körpern aus *aromatischen Polyestern* (bes. *Polyäthylenterephthalaten*), *synthet. Polyamiden* u. *Polyurethanen*. Sulfonsäure- u. carbonsäuregruppenfreie Diazoamino-Verbb. der Formel $(X_1)(X_2)(X)_3R-N=N-R_1(Y_1)\cdot(Y_2)-N=N-N(R_2)(R_3)$ werden mit den Kupplungskomponenten, welche freie Carbonsäuregruppen enthalten, in alkal. Medium in beliebiger Reihenfolge auf die zu färbenden Fäden, Fasern oder Bänder aufgebracht u. die Farbstoffe bei erhöhter Temp. entwickelt, z. B. bei 60—130°. Die Färbeflotte enthält als Zusätze die üblichen Dispergiermittel, Färbebeschleuniger, Elektrolyte u. Puffersubstanzen. In der Formel bedeuten: R u. R_1 = Reste der Bzl.- oder Naphthalinreihe; R_2 u. R_3 = Alkyl-, Cycloalkyl-, Aralkyl- oder Arylgruppen ohne wasserlösl. machende Substituenten; X_1 u. X_2 = H, Halogen, Alkyl-, Alkoxy-, Aroylamino-, Nitro-, Nitrilo-, Sulfonamidgruppe; Y_1 u. Y_2 = H, Alkyl-, Alkoxy-, Aroylamino- oder Sulfonamidgruppe; X_3 = H oder $-N=N-NR_2R_3$. — 1 (g) der Diazoamino-Verb. aus diazotiertem 4-Amino-2.5-dimethoxy-4'-nitroazobenzol u. Morpholin wird in ein Bad von 1 Liter W. von 40° eingetragen, das 1 eines Kondens.-Prod. eines höheren Alkohols mit Äthylenoxid u. 1 Na_2HPO_4, 5 Na_2SO_4 u. 5 o-Dichlorbenzol enthält. In dieses Bad werden 25 Polyäthylenterephthalat-Stranggarn eingetragen. Die Temp. des Bades wird innerhalb 20—30 Min. auf 100° erhöht u. dabei 60—90 Min. gefärbt. Danach wird das Material in einer Flotte, die 2 2-Hydroxycarbazol-3-carbonsäure u. 1 eines Kondens.-Prod. eines höheren Alkohols mit Äthylenoxid enthält, 30—50 Min. bei 90—100° behandelt, wobei der Farbstoff entwickelt wird. Das Prod. erhält eine blauschwarze Färbung. — Tabelle mit weiteren Beispielen. (**Oe. P. 214 893** vom 11/12. 1959, ausg. 25/4. 1961. **F. P. 1 244 062** vom 24/12. 1959, ausg. 20/1. 1961. Beide D. Prior. 27/12. 1958.) M. F. Müller. 7021

Farbenfabriken Bayer Akt.-Ges., Leverkusen (Erfinder: Walter Wunder, Karl-Heinz Gehringer, Köln, und Erich Lehmann, Burscheid), **Herstellung von wasserunlöslichen Azofarbstoffen auf Gebilden aus aromatischen Polyestern,** bes. Polyäthylenterephthalaten. Man bringt Diazoamino-Verbb. I mit üblichen Eisfarbenkupplungskomponenten aus wss. Medium gemeinsam oder nacheinander auf die zu färbenden Gebilde (Fäden, Fasern, Folien, Bänder u. dgl.) auf u. entwickelt anschließend

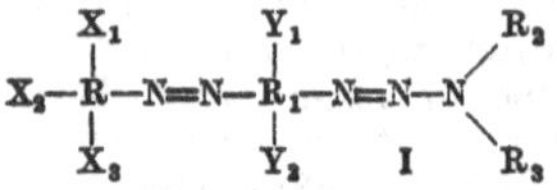

die Farbstoffe in Ggw. von aromat. Carbonsäuren bei 90—130°. In I bedeuten R u. R_1 Reste der Bzl.- oder Naphthalinreihe, R_2 u. R_3 sind Alkyl-, Cycloalkyl-, Aralkyl- oder Arylgruppen ohne wasserlösl. machende Substituenten, wobei die Alkylgruppen unter Bldg. eines heterocycl. Ringes miteinander verknüpft sein können, X_1, X_2 u. X_3 = H, Alkyl-, Alkoxy-, Aroylamino-, Nitro-, Nitrilo-, Sulfonamid- oder Halogenreste, Y_1 u. Y_2 = H, Alkyl-, Alkoxy-, Aroylamino- oder Sulfamidgruppen. Geeignete Diazokomponenten für die Herst. der Diazoamino-Verbb. sind z. B. 4-Amino-2.5-dimethoxy-4'-nitroazobenzol (**II**), 4-Amino-2.5-dimethoxy-2'.6'-dichlor-4'-nitroazobenzol, 2-Amino-4-methoxy-5-methyl-2'-chlor-4'-nitroazobenzol. — 1 (g) der Diazoamino-Verb. aus diazotiertem **II** u. Diäthylamin u. 1 1-[2'-Hydroxynaphthoyl-(3')-amino]-4-chlorbenzol werden in ein Bad von 1 Liter 40° warmem W. eingetragen mit weiterem Zusatz von 1 eines Kondens.-Prod. eines höheren Alkohols mit Äthylenoxid, 1 Na_2HPO_4, 5 Na_2SO_4 u. 5 Dichlorbenzol. Mit diesem Bad wird ein Gewebe aus Polyäthylenterephthalat bei 100° gefärbt. Man erhält eine schwarze Färbung mit guten Echtheitseigenschaften. Zahlreichere weitere Beispiele, Tabelle. (**Oe. P. 215 945** vom 25/11. 1959, ausg. 26/6. 1961. D. Prior. 28/11. 1958 u. 5/2. 1959.) M. F. Müller. 7021

Ciba Akt.-Ges., Basel, Schweiz, **Färben von stickstoffhaltigen Fasern** (Wolle, Seide, Polyamidfasern) mit mindestens 2 wasserlösl. machenden Gruppen, bes. Sulfonsäuregruppen enthaltenden Farbstoffen in Ggw. von Verbb. (**I**), die mindestens ein bas. N-Atom aufweisen, an welches mindestens ein eine Polyglykolätherkette enthaltender Rest gebunden ist, wobei das Mol. mindestens 3 $-\overset{|}{\underset{|}{C}}-\overset{|}{\underset{|}{C}}-O$-Gruppen u. mindestens 4 nicht einer solchen Gruppe angehörende C-Atome enthält. Geeignete Farbstoffe sind z. B. sulfonsäuregruppenhaltige Kupferphthalocyanine, welche 2, 3 oder 4 Sulfonsäuregruppen u. ggf. Halogenatome enthalten, ferner 1.2-Cr- oder Co-Komplex-Verbb. von Monoazofarbstoffen. Die Verbb. I sind z. B. aus 1 (Mol) eines Amins mit 3—20 eines Alkylenoxids erhältlich, z. B. aus 1 Oleylamin u. 6, 8 oder 16 Äthylenoxid oder aus 1 Stearylamin u. 4, 8 oder 16 Äthylenoxid. — Zahlreiche Farbstoffe werden aufgeführt. (**Oe. P. 213 830** vom 18/2. 1960, ausg. 10/3. 1961. **F. P. 1 252 272** vom 18/2. 1960, ausg. 28./4. 1961. Beide Schwz. Prior. 19/2. u. 31/7. 1959.) M. F. Müller. 7021

Ciba Akt.-Ges., Basel, Schweiz, **Nachbehandlung von Textilfärbungen,** welche auf Cellulosefasern mit Farbstoffen hergestellt worden sind, die mit den Cellulosefasern eine chem. Bindung einzugehen vermögen, mit wss. Zubereitungen, die anionakt. Dispergiermittel enthalten, deren Kation durch eine organ. Base gebildet wird, z. B. Salzen aus tert. Aminen $(R_1)(R_2)NR_3$ u. höhermol. Fettsäuren (R_1 u. R_2 = niedrigmol. Alkylreste; R_3 = Alkyl- oder Cycloalkylrest), wie Dimethylcyclohexylaminooleat, auch Tetramethylammoniumoleat. Außer den Dispergiermitteln werden ggf. Seifen, z. B. K- oder Na-Oleat, verwendet. (**Oe. P. 214 892** vom 2/2. 1960, ausg. 25/4. 1961. Schwz. Prior. 3/2. 1959.) M. F. Müller. 7021

Farbenfabriken Bayer Akt.-Ges., Leverkusen (Erfinder: Carl Taube, Leverkusen, und Klaus Böckmann, Köln), **Nachbehandlungsmittel für Direktfärbungen** sind quatern. Polyammonium-Verbb., die durch Rk. von Dimethylamin mit Epichlorhydrin oder Glycerin-α.α'-dichlorhydrin erhalten werden. Sie werden in üblicher Weise, zweckmäßig in Form wss. Lsgg. u. in Ggw. wasserlösl. Sulfate, wie Na_2SO_4, angewendet. (**D. A. S. 1 111 144** Kl. 8m vom 26/11. 1957, ausg. 20/7. 1961.) F. Böhm. 7021

Ciba Akt.-Ges., Basel (Erfinder: Hans R. Zbinden, Basel, Luzius Schibler, Riehen, Arthur Krauer, Reinach, und Hans U. Gassmann, Basel), Schweiz, **Herstellung von wasserunlöslichen, härtbare Harze enthaltenden, wässerigen Pigmentpräparaten** zum Färben oder Bedrucken von Textilien. Man vermischt einen knetbaren Teig, der mindestens eine härtbare, wasserunlösl., verätherte, ggf. in einem organ. Lsgm. gelöste Methylol-Verb. einer mit CH_2O härtbare Aminoplaste bildenden Substanz von Amidcharakter als kontinuierliche Phase u. mindestens ein darin dispergiertes Pigment enthält, mit einem ionenfreien Emulgator u. führt disses Gemisch durch Zusatz von W. in eine Dispersion vom Öl-in-W.-Typus über. Es können auch thermoplast. Polymerisate u. Weichmacher hierfür mit verarbeitet werden. (**Schwz. P. 352 993** vom 5/4. 1957, ausg. 15/5. 1961.) F. Böhm. 7023

Badische Anilin- & Soda-Fabrik Akt.-Ges. (Erfinder: Rolf Zeidler, Bruno Hantsch und Otto Stichnoth), Ludwigshafen/Rh., **Färben und Bedrucken von Gebilden aus Polyestern** mit Dispersions- u./oder Küpenfarbstoffen. Man verwendet solche Verbb. als Carrier, die mindestens eine CN-Gruppe enthalten, die über eine Alkylengruppe an ein N-Atom gebunden ist. Nach E. P. 875 055 sollen sie der Formel NC—R—N(X)(Y) entsprechen [R = Alkylen mit 1—3 C-Atomen; X = H oder —R—CN; Y = H, Alkyl mit 1—4 C-Atomen, Acylrest einer aliphat. Monocarbonsäure mit 1—4 C-Atomen oder Rest der Formel —CO—$(—CH_2—)_n$—CO—N(X)—R—CN; n = 0 oder 1]. Geeignete Verbb. dieser Art sind z. B. 2-Formylaminopropionitril u. N.N-Bis-(2-cyanäthyl)-formamid. (**D. A. S. 1 119 817** Kl. 8m vom 25/3. 1959, ausg. 21/12. 1961. **E. P. 875 055** vom 23/3. 1960, ausg. 16/8. 1961. **F. P. 1 252 980** vom 25/3. 1960, ausg. 12./5. 1961. Beide D. Prior. 25/3. 1959.) F. Böhm. 7023

Sandoz Akt.-Ges., Basel (Erfinder: Ernest Merian, Bottmingen, und Curt Müller, Basel), Schweiz, **Färben und Bedrucken von Polyesterfasern.** Man verwendet Dispersionsfarbstoffe der Formel I (x = CN-, Alkylsulfonyl-, Sulfonsäure-

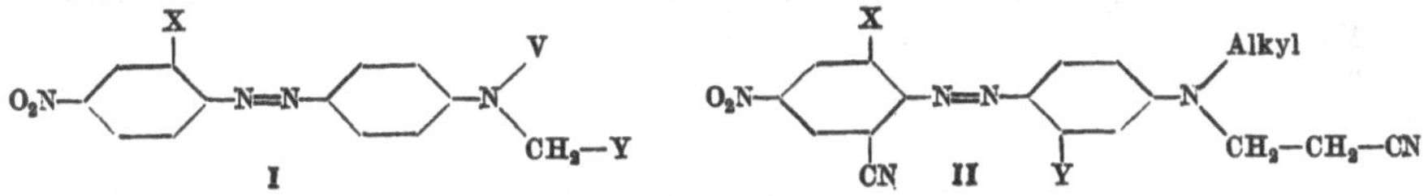

I II

alkylamid- oder Sulfonsäuredialkylamidgruppe; Y = CH_2—CN, CHF_2 oder CF_3; V = Alkyl- oder Alkenylrest mit 1—4 C-Atomen) oder **II** (X = Cl oder Br, nach E. P. 855 488 auch H; Y = H oder CH_3; Alkyl = nicht substituierter KW-Stoff-Rest mit 1—4 C-Atomen), in Ggw. üblicher Dispergiermittel, die den Farbstoffen vorher beigemischt werden können. Geeignete Farbstoffe sind z. B. 4-Nitro-2-methylsulfonyl-4'-(N-cyanäthyl-N-äthyl)-amino-1.1'-azobenzol, 4-Nitro-2-cyan-6-chlor-2'-methyl-4'-(N-cyanäthyl-N-äthyl)-amino-1.1'-azobenzol u. 4-Nitro-2-cyan-4'-(N-cyanäthyl-N-äthyl)-

amino-1.1'-azobenzol. (**Schwz. PP. 349 951** vom 30/4. 1958, ausg. 31/12. 1960, **353 330** [Zusatz-Pat.] vom 5/3. 1959, ausg. 31/5. 1961 u. **354 752** [Zusatz-Pat.] vom 5/3. 1959, ausg. 31/7. 1961. **E. P. 855 488** vom 17/4. 1959, ausg. 30/11. 1960. Schwz. Prior. 30/4. 1958 u. 5/3. 1959.) F. Böhm. 7023

Badische Anilin- & Soda-Fabrik Akt.-Ges. (Erfinder: Alfons Janson und Adolf Blum), Ludwigshafen/Rh., **Druckpasten für das Direkt- oder Ätzdruckverfahren** mit einem Geh. an Derivv. des NH_3, die mindestens einmal über N gebunden den Rest eines Alkali- oder NH_4-Salzes der Methansulfinsäure enthalten, als Red.-Mittel. Genannt sind z. B. Verbb. der Formeln $[H_2N-CH_2SO_2]^{\ominus}Na^{\oplus}$ (I), $[O_2SH_2C\cdot NH\cdot CH_2-CH_2-NHCH_2\cdot SO_2]^{\ominus\ominus}[Na^{\oplus}]_2$, $[O_2S\cdot CH_2\cdot NH\cdot CO\cdot NH\cdot CH_2\cdot SO_2]^{\ominus\ominus}[K^{\oplus}]_2$, $[(O_2S\cdot CH_2)_3N^{\ominus\ominus\ominus}][Na^{\oplus}]_3$. — Beispiel: Ein Baumwollgewebe wird mit folgender Druckpaste bedruckt: 20 (Teile) Indanthrenrot FFB, 60 Thiodiglykol, 600 Stärke–Tragant-Verdickung, 120 K_2CO_3, 80 I, 120 Wasser. Das getrocknete Gewebe wird mit luftfreiem Wasserdampf 15 Min. lang bei 100° gedämpft, gespült, oxydiert u. erneut gespült. — In gleicher Weise kann ein Gewebe aus Zellwolle, Viscose- oder Kupferseide bedruckt werden. — 13 weitere Beispiele. (**Oe. P. 213 831** vom 18/3. 1960, ausg. 10/3. 1961. D. Prior. 18/4. 1959.) M. F. Müller. 7023

Farbenfabriken Bayer Akt.-Ges., Leverkusen (Erfinder: Wilhelm Graulich, Dormagen, Wilhelm Berlenbach und Wolfgang Lehmann, Leverkusen), **Druckpasten zum Bedrucken von Fasermaterialien,** wie Textilien oder Papier, aus bindemittel- u. pigmenthaltigen W.-in-Mineralöl-Emulsionen, die in der äußeren flüchtigen Mineralölphase ein dispergiertes Pigment u. in der inneren wss. Phase mindestens ein wasserlösl. Bindemittel u. ein dispergiertes Bindemittel enthalten. Die auf dem Fasermaterial erzielten Filme werden, ggf. bei erhöhter Temp., vernetzt. In der inneren wss. Phase werden z. B. als wasserlösl. Filmbildner Salze bas. Polyharnstoffe u./oder Salze der Rk.-Prodd. aus Polyaminen u. Epihalohydrinen oder Dichlorhydrinen oder Chloressigsäureestern verwendet. Ebenso sind die Kondens.-Prodd. von Harnstoff oder Melamin mit Formaldehyd verwendbar, bes. mit verätherten Methylolgruppen, ferner die wasserlösl. Polymerisate des Acryl- u. Methacrylamids, in denen die Methylolgruppen veräthert sind. — 10 Beispiele. (**Oe. P. 214 894** vom 18/12. 1959, ausg. 25/4. 1961. D. Prior. 27/12. 1958.) M. F. Müller. 7023

Farbwerke Hoechst Akt.-Ges., vormals Meister Lucius & Brüning Frankfurt/M., **Bedrucken und Klotzen von Textilmaterial,** wobei als Verdickungs- bzw. Haftmittel oberflächenakt. Derivv. von höhermol. Polyglykolen verwendet werden, z. B. die Veresterungs-Prodd. höhermol. Polyglykole mit Carbonsäuren oder Phosphorsäuren; letztere können noch mit Carbonsäuren nachverestert sein. Ggf. werden Emulsionen von Lsgg. der Polyglykol-Kondens.-Prod. mit KW-Stoffen verwendet.

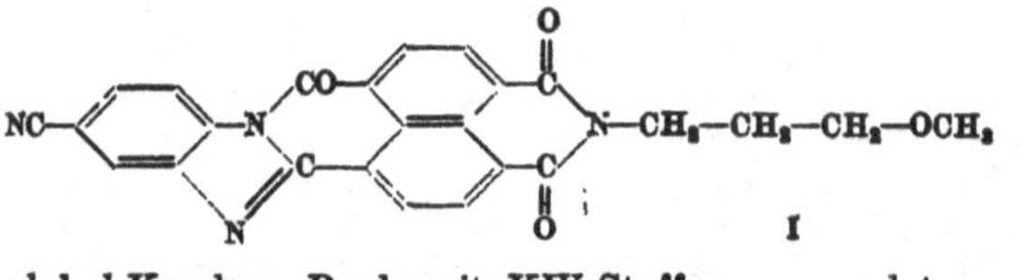

I

— Beispiel: Aus dem Kondens.-Prod. von je 1 Mol Polyglykol (Molgew. 1000) u. Stearinsäure wird eine 10%ig. wss. Lsg. hergestellt, in die der Farbstoff I eingerührt wird. Die wss. Dispersion wird auf ein Gewebe aus Polyäthylenglykolterephthalat gedruckt, danach wird getrocknet u. der Farbstoff 30 Sek. bei 180—210° fixiert. Es wird gespült, geseift u. reduzierend nachbehandelt. — 11 weitere Beispiele. (**Oe. P. 215 392** vom 17/8. 1959, ausg. 25/5. 1961. D. Prior. 19/8. 1958.) M. F. Müller. 7023

Karl Bene und Sándor Novák, Budapest, Ungarn, **Färben diazotierbarer Textilien aus tierischen Fasern.** Das Material wird bei Lichtausschluß diazotiert, getrocknet u. mit Diapositiven beleuchtet, nachher mit Resorcin, β-Naphthol oder Entwickler Z entwickelt. (**Ung. P. 149 588** vom 6/2. 1960, ausg. 20/11. 1961.) F. Landsberger. 7025

Therachemie chemisch-therapeutische G.m.b.H. (Erfinder: Wilhelm Jakob Kaiser und Alfons Sturm), Düsseldorf, **Mittel zum Färben von Haaren oder Pelzen** in blonden u. braunen Tönen enthält neben üblichen Bestandteilen Verbb. der Formel I (n = beliebige ganze Zahl, bes. 3; X = Alkalimetall, NH_4 oder H). Die Mitverwendung von Oxydationsmitteln ist nicht erforderlich. (**D. A. S. 1 114 775** Kl. 8m vom 23/7. 1957, ausg. 12/10. 1961.) F. Böhm. 7025

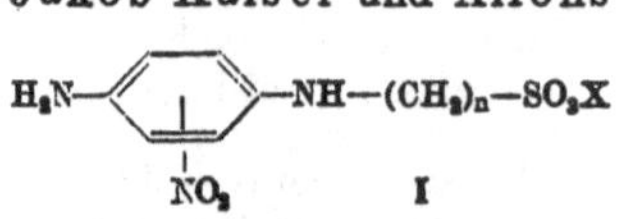

I

Ciba Akt.-Ges., Basel, Schweiz, **Herstellung von Farbstoffderivaten** organ. wasserlösl. Farbstoffe, die mindestens einen, zur Umsetzung mit Alkylolgruppen (auch veräthert) befähigten Substituenten besitzen, z. B. Amino- oder N-Alkylolgruppen, werden mit Bldg.-Gemischen von Harzvorkondensaten (auch Alkylolgruppen enthaltend), bes. den Bldg.-Gemischen von Aminoplasten umgesetzt. Man verwendet bes. Ausgangsfarbstoffe, deren reaktionsfähige Substituenten an 1.3.5-Triazinringe gebunden sind. An Farbstoffklassen werden genannt: Nitro-, Oxazin-, Kupferphthalocyanin-, Polymethin-, Azomethin-, Azoxy-, Anthrachinon- u. bes. Azofarbstoffe. Die erhaltenen Farbstoff-Derivv. eignen sich bes. zum Färben von Textilien. In einem Rk.-Gefäß mit Rührer, Rückflußkühler u. Thermometer werden 650 (Teile) wss. Formaldehyd-Lsg. (37%ig.) u. 0,54 Vol. NaOH (30%ig.) auf 30° erwärmt. Nach Zugabe von 108 Harnstoff werden 9 des Farbstoffes der Formel I in 100 W. gelöst, zugegeben; während der Kondens. soll Brillantgelbpapier eine braune Färbung zeigen. Die Lsg. wird auf 90° erhitzt u. 0,8 Vol. NaOH (30%ig.) zugefügt. Nach 80—90 Min. läßt man erkalten u. dest. bei 50—55° im Vakuum, bis man 420 Vol. Destillat erhalten hat. Die auf 30° gekühlte Mischung wird mit 534 Methanol versetzt u. nach Kühlen auf 20° werden 12,8 HCl (30%ig.) in 8 W. zugegeben. Die Temp. steigt in 15 Min. auf 32—34°. Die Verätherung wird dann durch Zugabe von 12—13 Vol. NaOH (30%ig.) abgebrochen. Die Lsg. wird im Vakuum konz., wobei die Temp. von 40 auf 85° erhöht wird u. man 650—700 Vol. Destillat erhält. Das zurückbleibende viscose Harz wird filtriert. Man erhält 263 Harz, das sich in W. leicht löst. Baumwolle wird am Foulard mit einer Lsg. aus 1000 (Vol.) W., 150 (Teilen) Farbstoff-Deriv. u. 5 Ammoniumsulfat behandelt. Das getrocknete Gewebe wird 5 Min. bei 150° gehärtet. Die rubinrote Färbung ist gut licht-, wasch- u. reibecht. (**Oe. P. 213 525** vom 27/2. 1959, ausg. 27/2. 1961. **F. P. 1 225 137** vom 24/2. 1959, ausg. 29/6. 1960. Beide Schwz. Prior. 28/2. 1958.)

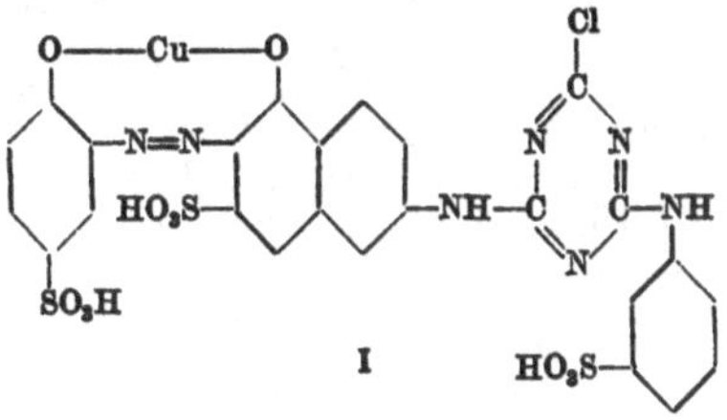

I

F. Rath. 7049

Farbenfabriken Bayer Akt.-Ges. (Erfinder: Roderich Raue), Leverkusen, **Herstellung basischer Farbstoffe.** Farbstoffe der allg. Formel I (R = restlicher Bestandteil eines 5- oder 6gliedrigen heterocycl. Ringes; R_1 = Alkyl, Aralkyl, Aryl oder Cycloalkyl; A = aromat. oder heterocycl. Rest u. m = 1 oder 2) werden mit quaternierenden Mitteln umgesetzt. Die Farbstoffe eignen sich zum Färben von Gebilden aus Polyacrylnitril. Der Hydrazofarbstoff aus diazotiertem Aminobenzol u. 1.3.3-Trimethyl-2-methylenindolenin (II) wird durch Behandlung mit Na_2CO_3-Lsg. in die Azoform übergeführt (F. 153—154°). 14,6 (Gew.-Teile) dieser Verb. werden in 50 Vol.-Teilen Toluol gelöst u. mit 9,34-Toluolsulfonsäuremethylester versetzt u. dann erwärmt, wobei ein orangegelber kristalliner Nd. entsteht. Der Farbstoff in Form des 4-Toluolsulfonats schmilzt nach Umkristallisieren aus Methyläthylketon bei 202—203°. In gleicher Weise erhält man durch Umsetzung mit Methyljodid einen quatern. Farbstoff (F. 241—242°). Die Farbstoffe färben Fasern aus Polyacrylnitril (III) u. Acetatseide rotstichiggelb. Der Hydrazofarbstoff aus 1-Amino-4-methylbenzol u. II wird wie oben in die Azo-Verb. übergeführt (F. 153—154°) u. mittels Butylbromid quaternisiert. Färbung auf III rotstichiggelb u. hervorragend echt. Die Azo-Verb. aus dem Hydrazofarbstoff aus 1-Amino-4-methylbenzol u. 1.3.4-Trimethyl-6-methylendihydropyrimidon-2 hat einen F. 186 bis 188°. 10,3 (g) dieser Azo-Verb. werden in 100 ml Toluol gelöst. Dann werden 4,8 Dimethylsulfat zugetropft, wobei sich ein gelber Nd. bildet. Der isolierte Farbstoff färbt III rotstichiggelb. Verwendet man an Stelle von 1-Amino-4-methylbenzol 1-Amino-4-methyloxymethylbenzol, so erhält man eine Azo-Verb. (F. 174—178°), bei Verw. von 1-Amino-4-acetanilid eine Azo-Verb. (F. 219°). Diese beiden Farbstoffe färben III orange. (**D. A. S. 1 083 000** Kl. 22a vom 30/8. 1957, ausg. 9/6.1960. **Schwz. P. 354 530** vom 12/8. 1958, ausg. 15/7. 1961. D. Prior. 30/8. 1957.)

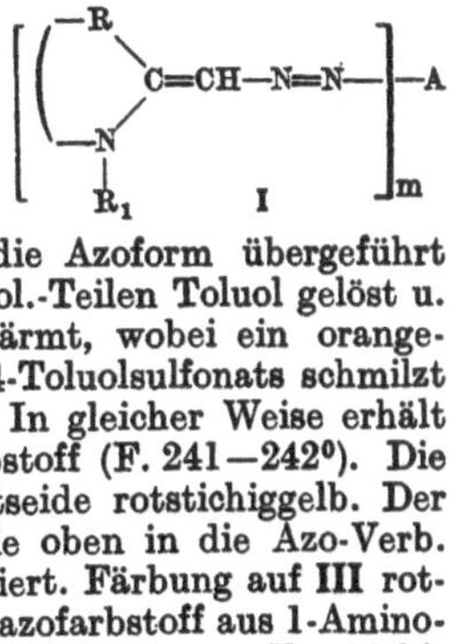

I

F. Rath. 7049

Josef Valik und Josef Slechta, Usti, Labem, Tschechoslowakei, **Herstellung von hochdispersen Teigen und Pulvern von wasserunlöslichen Küpenfarbstoffen und Phthalocyaninen.** Man löst den Farbstoff in konz. H_2SO_4 u. gießt diese Lsg. in eine gesätt., wss., mit H_2SO_4 angesäuerte Lsg. von Sulfaten des 2wertigen Fe, Cu oder Zn, wobei der Farbstoff zusammen mit saurem Salz des 2wertigen Metalls ausgeschieden wird. Letzteres wird durch Verdünnen mit W. in Lsg. gebracht u. der feinverteilte

Farbstoff abfiltriert, ausgewaschen u. in bekannter Weise auf Teige oder Pulver verarbeitet. (**D. A. S. 1 118 154** Kl. 8m vom 11/3. 1959, ausg. 30/11. 1961. **E. P. 884 154** vom 9/3. 1959, ausg. 6/12. 1961.) F. Böhm. 7049

Ciba Akt.-Ges., Basel (Erfinder: Raymond Gunst, Binningen), Schweiz, **Herstellung von Azofarbstoffen** der allg. Formel I (X = Diazokomponente mit mindestens 1 SO_3H, auch azogruppenhaltig; Y = Rest einer in α-Stellung kuppelnden enolisierbaren Azokomponente u. Z = H oder Alkyl; X oder Y müssen einen mindestens bicycl. aromat. Kern enthalten). Die Farbstoffe eignen sich *zum Färben u. Bedrucken cellulosehaltiger Materialien.* — *1-Amino-3-acetylaminobenzol-6-sulfonsäure* → *1-(3'-Aminophenyl)-5-pyrazolon-3-carbonsäure* → *1-Amino-3-acetylaminobenzol.* Der erhaltene Diazofarbstoff wird mit Cyanurchlorid kondensiert u. färbt dann Cellulosefasern waschecht braungelb. (**Oe. P. 200 687** vom 4/7. 1957, ausg. 25/11. 1958. **F. P. 1 180 712** vom 4/7. 1957, ausg. 9/6. 1959. **E. P. 863 754** vom 5/7. 1957, ausg. 29/2. 1961. **D. A. S. 1 066 300** Kl. 22a vom 28/6. 1957, ausg. 1/10. 1959. **Belg. P. 558 957** vom 4/7. 1957, ausg. 8/4. 1960. Alle Schwz. Prior. 5/7. 1956. **Schwz. P. 348 493** vom 5/7. 1956, ausg. 14/10. 1960.) F. Rath. 7053

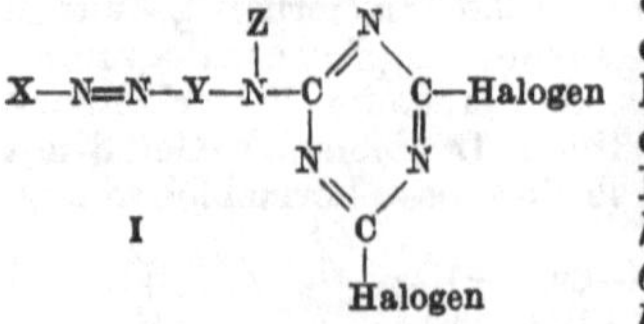

I

Badische Anilin- & Soda-Fabrik Akt.-Ges., Ludwigshafen/Rh. (Erfinder: Julius Eisele, Ludwigshafen/Rh., Wilhelm Federkiel, Frankenthal, Guenter Krehbiel, Ludwigshafen/Rh., Hans Krzikalla, Heidelberg, Guenter Lange und Heinz Pohlemann, Ludwigshafen/Rh.), **Herstellung wasserlöslicher Azofarbstoffe.** Die Farbstoffe enthalten mindestens einen Rest der allg. Formel I (R_1 u. R_2 = H, Alkyl, Hydroxyalkyl oder Halogen; R_3 = H, Alkyl, Hydroxyalkyl, Halogen oder Carboxyl). Der Acryloylrest ist über ein N-Atom an den Farbstoff gebunden. Die Farbstoffe eignen sich zum Färben u. Bedrucken von Wolle, Seide, linearen Polyamiden, -urethanen u. Leder. — *1-Amino-4-acryloylaminobenzol* (**II**) → *2-Hydroxynaphthalin-6-sulfonsäure.* Der isolierte Farbstoff färbt Wolle aus schwach saurem Bad sehr echt u. gleichmäßig leuchtend rot. — *1-Aminobenzol-4-sulfonsäure* → *1-Acrylamino-3-hydroxy-6-methylbenzol.* Der Farbstoff färbt Wolle, Naturseide u. lineare Polyamide gelb. — **II** → *1-Acryloylamino-8-hydroxynaphthalin-4.6-disulfonsäure.* Der Farbstoff färbt Wolle klar violett u. sehr wasserecht. (**Oe. P. 211 447** vom 13/12. 1958, ausg. 10/10. 1960. **F. P. 1 228 834** vom 12/12. 1958, ausg. 2/9. 1960. **E. P. 858 183** vom 12/12. 1958, ausg. 11/1. 1961. Alle D. Prior. 13/12. 1957.) F. Rath. 7053

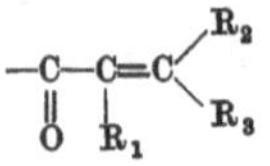

I

Farbenfabriken Bayer Akt.-Ges., Leverkusen (Erfinder: Gerhard Dittmar, Leverkusen, Rolf Pütter, Düsseldorf, Walter Scholl, Köln, und Fritz Suckfüll, Leverkusen), **Herstellung metallhaltiger Azofarbstoffe.** Man läßt auf ein Gemisch von Monoazofarbstoffen der allg. Formeln **I** u. **II** chrom- oder kobaltabgebende Mittel einwirken. — 43,5 (Gew.-Teile) des Monoazofarbstoffes *2-Amino-1-hydroxybenzol-5-sulfonsäureamid* → *4'-Hydroxynaphtho-(2'.1' : 4.5)-oxathiol-S-dioxid* u. 34,3 des Monoazofarbstoffes *2-Amino-1-hydroxybenzol-4-sulfonsäureamid* → *2-Hydroxynaphthalin* werden mit 16 $K_2Cr_2O_7$ u. 30 Traubenzucker chromiert. Der wie üblich isolierte Farbstoff färbt *Wolle* marineblau u. gut allgemeinecht. Die Farbstoffe eignen sich auch zum Färben von Seide, Leder, Polyamid- u. Polyurethanfasern. (**Oe. P. 208 979** vom 11/12. 1958, ausg. 10/5. 1960. **F. P. 1 217 982** vom 22/12. 1958, ausg. 6/5. 1960. **E. P. 858 842** vom 12/12. 1958, ausg. 18/1. 1961. Alle D. Prior. 23/12. 1957.) F. Rath. 7053

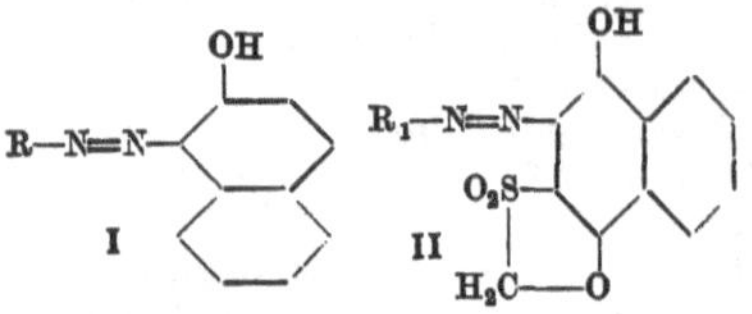

I II

Farbenfabriken Bayer Akt.-Ges., Leverkusen (Erfinder: Walther Benade, Gerhard Dittmar, Leverkusen, und Walter Scholl, Köln), **Herstellung von metallhaltigen Monoazofarbstoffen.** Auf Monoazofarbstoffe der allg. Formel I (Ac = Acylrest; X = OH oder beim Metallisieren in OH überführbarer Rest u. R = niedrigmol. Alkyl) läßt man ggf. in Mischung mit anderen metallisierbaren Monoazofarbstoffen Cr- oder Co-abgebende Mittel so einwirken, daß (1 : 2) Metallkomplex-Verbb. erhalten werden. Die erhaltenen Farbstoffe eignen sich hervorragend zum *Färben von Wolle.* — *6-Nitro-4-acetylamino-2-amino-1-hydroxybenzol* → *1-Methylsulfonylamino-7-hydroxynaphthalin.* Der Farbstoff wird kobaltiert u. ist getrocknet ein blaues Pulver, das sich leicht in W. löst u. Wolle rotstichigblau echt u. gleich-

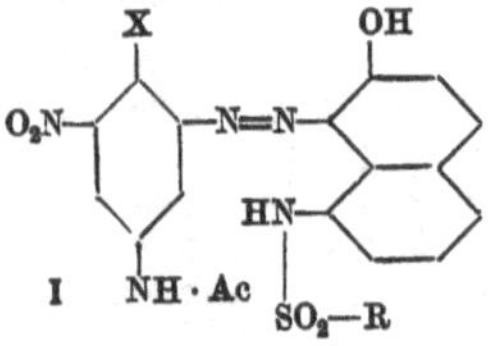

I

mäßig färbt. (**Oe. P. 210 037** vom 23/3. 1959, ausg. 11/7. 1960. **F. P. 1 228 427** vom 3/4. 1959, ausg. 29/8. 1960. **E. P. 869 842** vom 11/3. 1959, ausg. 7/6. 1961. Alle D. Prior. 5/4. 1958. **D. A. S. 1 117 237** Kl. 22a vom 5/4. 1958, ausg. 16/11. 1961.)
F. Rath. 7053

Sandoz Akt.-Ges., Basel (Erfinder: August Schweizer, Muttenz, und Walter Wehrli, Riehen), Schweiz, **Herstellung von metallhaltigen Polyazofarbstoffen** der allg. Formel I (R_1, R_2 u. R_3 = Reste der Benzol- oder Naphthalinreihe mit zusammen mindestens 2 SO_3H-Gruppen; R_4 ist ggf. substituierter Naphthalinrest mit mindestens einer wasserlöslichmachenden Gruppe u. der Azogruppe in Nachbarstellung zu —O—Me—; Me = Cu oder Ni; der Kern A kann durch Alkyl oder Alkoxy substituiert sein. Die Farbstoffe eignen sich zum Färben von Wolle, Seide u. Leder u. bes. von Fasern aus natürlicher u. regenerierter Cellulose.

I

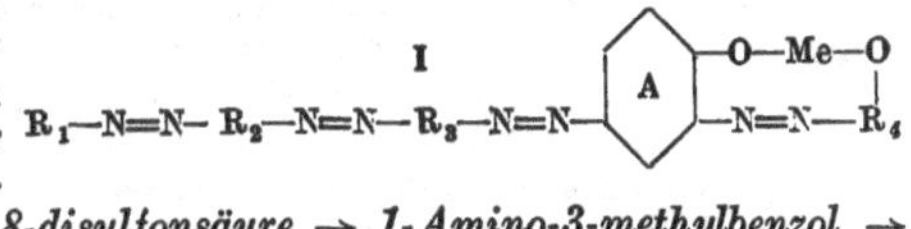

— *2-Aminonaphthalin-4.8-disulfonsäure → 1-Amino-3-methylbenzol → 1-Amino-3-methylbenzol → 1-Amino-2-hydroxybenzol.* 33 (Teile) dieses Farbstoffes werden indirekt diazotiert u. mit 11,2 2-Hydroxynaphthalin-4-sulfonsäure gekuppelt. Der erhaltene Tetrakisazofarbstoff wird in die Kupferkomplex-Verb. übergeführt. Er färbt Baumwolle licht- u. waschecht dunkelbraun. (**Schwz. P. 351 356** vom 5/12. 1956, ausg. 28/2. 1961. **F. P. 1 195 265** vom 4/12. 1957, ausg. 16/11. 1959. **E. P. 828 668** vom 4/12. 1957, ausg. 24/2. 1960. Beide Schwz. Prior. 5/12. 1956.) F. Rath. 7055

Badische Anilin- & Soda-Fabrik Akt.-Ges. (Erfinder: Karl Maier), Ludwigshafen/Rh., **Anthrachinonfarbstoffe,** die vor allem als Dispersionsfarbstoffe für hydrophobe Fasern, bes. aus linearen Polyestern, geeignet sind, die sie in gut licht-, bügel- u. sublimierechten rosa bis violettrosa Tönen färben, erhält man durch Rk. von 1-Amino-2-halogen-4-hydroxyanthrachinonen mit Halogenphenolen zu 1-Amino-2-halogenaryloxy-4-hydroxyanthrachinonen. — Durch Eintragen von 60 (Gew.-Teilen) 1-Amino-2-brom-4-hydroxyanthrachinon (I) bei 120° in eine geschmolzene Mischung aus 300 p-Chlorphenol (II) u. 30 KOH u. 8 std. Rühren bei 140—145° erhält man einen Farbstoff, Kristalle aus Chlorbenzol, F. 206—207°, der Polyäthylenterephthalatfasern violettstichigrosa färbt. In ähnlicher Weise erhält man weitere Farbstoffe aus I u.: o-Chlorphenol, F. 194—195°; m-Chlorphenol (III), Kristalle aus Toluol, F. 198 bis 199°; p-Bromphenol, F. 216—218°; p-Chlor-m-kresol, F. 216—217°; 2.4-Dichlorphenol, F. 208—210°; einem Gemisch aus II u. III; Chlorxylenol der Zus. IV mit dem F. 114—116° u. 22,3% Cl, F. 235—237°; 2.4.6-Trichlorphenol, Kristalle aus Anisol, F. 254—255°. (**D. A. S. 1 113 051** Kl. 22b vom 8/7. 1959, ausg. 24/8. 1961.)

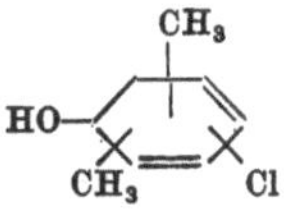

IV

O. Roick. 7059

Farbwerke Hoechst Akt.-Ges., vormals Meister Lucius & Brüning (Erfinder: Otto Fuchs, Fritz Meininger und Gerhard Pfeiffer), Frankfurt/M., **Leukoschwefelsäureester aus Küpenfarbstoffen,** auch schwer veresterbaren, deren Färbungen u. Drucke sich durch Reinheit des Farbtons u. gute Echtheits-Eigg. auszeichnen, erhält man durch Red. des Küpenfarbstoffes mit einem Alkaliboranat u. einem Alkalidithionit in Ggw. eines Carbonsäureamids der allg. Zus. $R_1—CO—N(R_2)R_3$ (R_1 oder R_2 = H oder niedere Alkylgruppe, R_3 = niedere Alkylgruppe) u. anschließende Rk. der erhaltenen Leuko-Verb. mit einem Sulfatierungsmittel. — 20 (Gew.-Teile) Dimethoxydibenzanthron suspendiert man in 200 N-Methylacetamid (I), trägt 1 K-Boranat u. 1 Na-Dithionit ein, rührt unter N_2 6 Std. lang bei 40°, gibt das Gemisch in ein Sulfatierungsgemisch aus 50 I, 100 1.2-Dichloräthan (II) u. 50 stabilisiertem SO_3, rührt 1 Std. lang, trägt das Rk.-Gemisch in 15%ig. Na_2CO_3-Lsg. ein, dest. im Vakuum II ab, filtriert u. salzt den Leukoschwefelsäureester mit KCl aus. In ähnlicher Weise können die Leukoschwefelsäureester von 3.4.8.9-Dibenzpyrenchinon-(5,10) (III), 1.1′.5.1″-Trianthrimid-2.2′.6.2″-carbazol, 5.5′-Dichlor-7.7′-dimethylthioindigo, 4.5.4′.5′-Dibenzthioindigo, des Kondens.-Prod. aus 1-Aminoanthrachinon-2-carbonsäurechlorid u. 2-Amino-3-oxyanthrachinon oder des dibromierten III hergestellt werden. (**D. A. S. 1 117 242** Kl. 22b vom 23/6. 1959, ausg. 16/11. 1961.) O. Roick. 7059

Ciba Akt.-Ges., Basel (Erfinder: Henri Riat, Arlesheim, René de Montmollin), Neuallschwil, und Eugen Koller, Binningen), Schweiz, **Herstellung von organischen Farbstoffen,** die mindestens zwei wasserlöslichmachenden Gruppen u. einen Rest der allg. Formel I (X = H oder $—CH_2—COOH$) enthalten, der bes. über einen prim. oder sek. Aminrest an einen aromat. Rest des Farbstoffes gebunden ist.

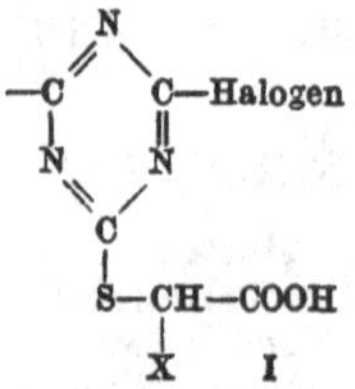

I

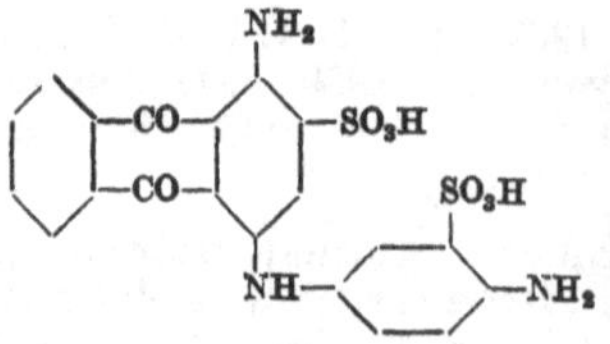

II

Folgende organ. Farbstoffe werden genannt: Stilben-, Azin-, Dioxazin-, Xanthon-, Thioxanthon- u. bes. saure Phthalocyanin-, saure Anthrachinon- u. vor allem Azofarbstoffe, bes. metallfreie. Die Farbstoffe eignen sich zum Färben cellulosehaltiger Materialien wie Leinen, Zellstoff, regenerierte Cellulose u. bes. Baumwolle. — 24,5 (Teile) des Farbstoffes der Formel II werden in 2000 W. gelöst, mit Na_2CO_3-Lsg. neutralisiert, zu einer Suspension von 9,2 Cyanurchlorid in Eiswasser gegeben u. mit NaOH-Lsg. neutralisiert. Dann erfolgt Zugabe von 4,6 Mercaptoessigsäure, gelöst in 50 1n NaOH-Lsg. bei 10 bis 20° u. danach nochmals Zugabe von 50 1n NaOH-Lsg. bei 30—40°. Der Farbstoff wird ausgesalzen u. wie üblich isoliert. Er färbt *Baumwolle* (III) wasch- u. kochecht blau. *4-Acetylamino-1-aminobenzol-2-sulfonsäure → 2-Amino-5-hydroxynaphthalin-7-sulfonsäure.* 1 (Mol) dieses Farbstoffes wird mit 1 Cyanurchlorid kondensiert u. mit Mercaptoessigsäure umgesetzt. Der erhaltene Farbstoff färbt III wasch- u. lichtecht scharlach. Der Farbstoff aus 9,9 (Teilen) Kupferphthalocyanin-3-monosulfonsäure-(p-aminophenyl)-amid-3'.3''.3'''-trisulfonsäure, 1,9 Cyanurchlorid u. 0,05 Mercaptoessigsäure färbt III koch-, wasch- u. seifenecht blau. (**D. A. S. 1 111 754** Kl. 22a vom 13/8. 1958, ausg. 27/7. 1961. **Oe. P. 206 081** vom 21/8. 1958, ausg. 10/11. 1959. **F. P. 1 209 614** vom 20/8. 1958, ausg. 2/3. 1960. Alle Schwz. Prior. 22/8. 1957.) F. Rath. 7063

Imperial Chemical Industries Ltd., London (Erfinder: Raymond Price und Cyril Eric Vellins, Manchester), England, **Herstellung von Reaktivfarbstoffen.** Ein symm.-Triazin mit mindestens einem Halogen u. einer Thiocyangruppe wird mit einer wasserlösl. gefärbten Amino-Verb. umgesetzt. — 19,4 (Teile) K-Thiocyanat, in 240 Aceton gelöst, werden bei 15° in eine Lsg. von 18,45 Cyanurchlorid in 190 Aceton gegeben. Nach 30 Min. wird filtriert u. zum Filtrat eine Suspension von 46,5 2-(4'-Amino-2'-methylphenylazo)-naphthalin-4.8-disulfonsäure (als Na-Salz) in 400 „Cellosolve" gegeben. Der Farbstoff wird wie üblich isoliert u. liefert auf Baumwolle gelbe Färbungen von sehr guter Wasch- u. Lichtechtheit. Außer Azofarbstoffen werden Anthrachinon- u. Kupferphthalocyaninfarbstoffe zu Reaktivfarbstoffen umgesetzt. (**D. A. S. 1 113 049** Kl. 22a vom 9/2. 1959, ausg. 24/8. 1961. **F. P. 1 223 655** vom 12/2. 1959, ausg. 20/6. 1960. Beide E. Prior. 12/2. 1958. **E. P. 852 911** vom 12/2. 1958, ausg. 2/11. 1960.) F. Rath. 7063

Československá Socialistická Republika, Tschechoslowakei (Erfinder: Herbert Bach und Freimut Schmidt, Wolfen), **Herstellung schwefelhaltiger Farbstoffe** durch die Einw. von S oder S-abgebender Stoffe auf Methylpyrene u. aromat. Amine oder Diamine bei 200—280° (optimal bei 240—260°). — Beispiel: 20 (Gew.-Teile) 4-Methylpyren + 10 4-Phenylendiamin erhitzt man mit 90 S auf 240—260° bis zur Beendigung der Schwefelung. Die erhaltene Schmelze löst man in Na_2S völlig auf. Mit dem erhaltenen Farbstoff läßt sich Baumwolle gelboliv bis gelbbraun waschecht färben. (**Tschech. P. 98 550** vom 22/9. 1959, ausg. 15/2. 1961. D. Prior. 22/1. 1959.) L. Macher. 7071

Badische Anilin- & Soda-Fabrik Akt.-Ges., Ludwigshafen/Rh. (Erfinder: Arnold Tartter, Lambsheim/Pfalz), **Tetraazaporphinfarbstoffe,** in der Regel gut wasserlösl., geeignet zum Färben von Wolle, Polyamiden, Leder, Papier u. cellulosehaltigem Material, erhält man in der Weise, daß man Arylsulfonsäuren, die mindestens 2 freie Aminogruppen enthalten, halbseitig mit Tetrazaporphinsulfonsäurechloriden (I) umsetzt u. die dabei nicht umgesetzten Sulfonsäurechloridgruppen mit NH_4OH u./oder prim. u./oder sek. Monoaminen bzw. deren Salzen mit schwachen Säuren oder mit Monoaminoalkyl- oder -arylsulfonsäuren oder mit Monoaminohydroxyarylsulfonsäuren umsetzt. Man kann auch Gemische von Arylsulfonsäuren (II), die mindestens 2 freie Aminogruppen enthalten, u. NH_4OH u./oder prim. u./oder sek. Monoaminen bzw. deren Salzen mit schwachen Säuren oder Gemische von II u. Monoaminoalkyl- oder -arylsulfonsäuren oder Monoaminohydroxyarylsulfonsäuren mit I umsetzen. — 50 (Gew.-Teile; phthalocyanin = III) Monochlor-Cu-III sulfochloriert man durch 2std. Erhitzen in 400 $ClSO_3H$ bei 125°, neutralisiert mit NH_4HCO_3, gibt 20 1.3- oder 1.4-diaminobenzolsulfonsaures Na in 150 W. unter Rühren hinzu, trägt 100 $(NH_4)_2CO_3$ ein u. rührt noch 15 Std. lang bei normaler Temperatur. Man erhält ein Monochlor-Cu-III, das eine Sulfonsäure-(aminobenzolsulfonsäure)-amid- u. eine Sulfonsäureamidgruppe enthält u. Baumwolle u. Polycaprolactam türkisblau färbt. Wird die Sulfochlorierung 4 Std. lang bei 130—135° durchgeführt, so erhält man bei entsprechender Umsetzung ein eine Sulfonsäure-(aminobenzolsulfonsäure)-amidgruppe enthaltendes Monochlor-Cu-III-trisulfonsäureamid, das sich in W. grünstichigblau löst. Farbstoffe, die in W. rotstichigblau lösl. sind, erhält man bei der Rk. von sulfochlorierten Diaza-III oder Tetrazatetramethyldibenzo-Ni-porphin, wobei NH_4HCO_3 auch durch Mono- oder Diäthanolamin ersetzt werden kann. Durch Rk. von Cu-III-trisulfonsäurechlorid (IV) mit einer neutralisierten wss. Lsg. von 4.4'-Diaminodiphenyl-3-sulfonsäure u. 1-Aminobenzol-4-sulfonsäure erhält man ein Sulfonsäure-(aminodiphenylsulfonsäure)-amid- u. Sulfonsäure-(benzoesäure)-amidogruppen enthaltendes Cu-III, in W. blau lösl., färbt Wolle, lineare Polyamide oder Leder türkisblau. Setzt man **IV** mit 1.4-Diamino-2-sulfonsäure u. 1-Hydroxy-2-aminobenzol-4-sulfonsäure um, so wird ein Farbstoff erhalten, der auf Textilgut aus Cellulose prakt. nicht aufzieht, aber Wolle oder Polycaprolactam aus saurem Bade grünstichigblau färbt. (**D. A. S. 1 113 055** Kl. 22e vom 24/10. 1957, ausg. 24/8. 1961.) O. Roick. 7073

Ciba Akt.-Ges. (Erfinder: Armin Caliezi), Basel, Schweiz, **Chinacridone.** Verbb. der allg. Zus. I (R_1 = H, aliphat. oder aromat. Rest u. R_2 = Arylrest, in dem mindestens eine o-Stellung zur —NH-Gruppe unsubstituiert ist), z. B. (-terephthalsäure-II), 2.5-Diphenylamino-, 2.5-Bis-[2'.4'-dimethylphenylamino]-, 2.5-Bis-[4'-diphenylamino]- oder 2.5-Di-anilido-2'.4'.2''.4''-tetrachlor-II, behandelt man, zweckmäßig bei 150—200°, mit Polyphosphorsäure [III, $H_{n+2}P_nO_{3n+1}$ (n = mindetens 2)] als cyclisierendem Mittel. — Erhitzt man

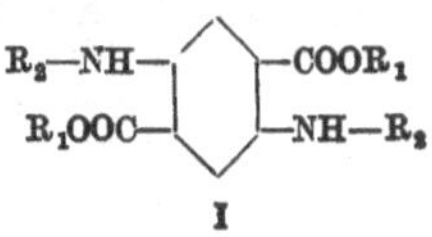

I

8 (Gew.-Teile) 2.5-Diphenylamino-II in 2 Std. in 80 III auf 200°, rührt eine weitere Std. bei 200°, kühlt ab, verd. mit W., filtriert u. kocht den Rückstand mit verd. NaOH aus, so erhält man 7,1 *Chinacridon*, ein violettrotes Pulver. In ähnlicher Weise kann man *2.4.9.10-Tetramethyl-*, *2.9-Diphenyl-* oder *2.4.9.11-Tetrachlorchinacridon* erhalten. (**D. A. S. 1 112 597** Kl. 22e vom 10/6. 1959, ausg. 10/8. 1961. Schwz. Prior. 11/6. 1958.) O. Roick. 7077

J. R. Geigy Akt.-Ges., Basel, Schweiz (Erfinder: **Leslie Balassa**), *Textildruck- und -färbepräparat.* (**Aust. P. 230 346** vom 6/3. 1958, ausg. 13/10. 1960. A. Prior. 6/3. 1957. — **C. 1962**, 1804 [E. P. 830 872].)

Farbwerke Hoechst Akt.-Ges., vormals Meister Lucius & Brüning, Frankfurt/M., übert. von: **Adolf Hartmann**, Gessertshausen, **Wilhelm Happe**, Schwalbach, und **Gerhard Gatys**, Bobingen, *Verbesserung der Anfärbbarkeit von geformten Gebilden aus Polyestern.* (**A. P. 2 989 363** vom 5/3. 1957, ausg. 20/6. 1961. D. Prior. 10/3. 1956. — **C. 1957**, 12017 [D. A. S. 1 006 383].)

Farbenfabriken Bayer Akt.-Ges., Leverkusen, übert. von: **Walter Hees** und **Otto Schneider**, Köln, *Färbeverfahren.* (**A. P. 2 992 877** vom 13/8. 1957, ausg. 18/7. 1961. D. Prior. 30/8. 1956. — **C. 1959, 6640** [D. A. S. 1 039 478].)

Celanese Corp. of America, New York, N.Y., übert. von: **Victor S. Salvin, Basil S. Sprague**, New Providence, und **Fred Fortess**, Summit, N.J., V.St.A., *Textilfärbeverfahren.* (**A. P. 2 982 597** vom 2/12. 1954, ausg. 2/5. 1961. — **C. 1959**, 16794 [E. P. 791 392].)

Ciba Ltd., Basel, Schweiz, *Herstellung von gefärbten Gebilden aus Viscose.* (**E. P. 879 071** vom 24/3. 1958, ausg. 4/10. 1961. Schwz. Prior. 26/3. 1957 u. 11/2. 1958. — **C. 1961**, 12653 [Oe. P. 205 654].)

Vereinigte Glanzstoff-Fabriken Akt.-Ges., Wuppertal, übert. von: **Wolfgang Jurgeleit**, Davenport, Iowa, V.St.A., *Farbstoffe für Polyolefine und Polyvinylidenchlorid.* (**A. P. 2 989 358** vom 23/9. 1958, ausg. 20/6. 1961. D. Prior. 25/9. 1957. — **C. 1960**, 1335 [D. A. S. 1 056 579].)

Farbwerke Hoechst Akt.-Ges., vormals Meister Lucius & Brüning, Frankfurt/M., *Erzeugung unlöslicher Disazofarbstoffe auf geformten Gebilden aus aromatischen Polyestern oder Celluloseacetat.* (**E. P. 872 948** vom 19/12. 1957, ausg. 12/7. 1961. D. Prior. 19/12. 1956. — **C. 1959**, 12060 [D. A. S. 1 045 364].)

Farbenfabriken Bayer Akt.-Ges., Leverkusen, *Färben und Bedrucken von Textilien.* (**E. P. 872 526** vom 26/11. 1957, ausg. 12/7. 1961. D. Prior. 1/12. 1956. — **C. 1960**, 15913 [D. A. S. 1 074 002].)

Celanese Corp. of America, New York, N.Y., übert. von: **Paul A. Studer**, Millburn, N.J., V.St.A., *Bedrucken von Textilien.* (**A. P. 2 992 878** vom 24/8. 1955, ausg. 18/7. 1961. — **C. 1961**, 9985 [E. P. 825 142].)

Farbenfabriken Bayer Akt.-Ges., Leverkusen, übert. von: **Helmut Kleiner** und **Heinrich Gutjahr**, Köln, *Erzeugung von Eisfarben beim Zeugdruck.* (**A. P. 2 989 359** vom 29/4. 1958, ausg. 20/6. 1961. D. Prior. 4/5. 1957. — **C. 1959**, 12060 [D. A. S. 1 044 029].)

Ciba Soc. An., Basel, Schweiz, *Chromhaltige Monoazofarbstoffe.* (**Belg. P. 570 343** vom 13/8. 1958, ausg. 8/9. 1961. Schwz. Prior. 14/8. 1957. — **C. 1962**, 11380 [D. A. S. 1 112 228].)

Ciba Ltd., Basel, übert. von: **Max Stäuble**, Basel, und **Kurt Weber**, Bottmingen, Schweiz, *Wasserlösliche Farbstoffe.* (**A. P. 2 989 540** vom 5/12. 1958, ausg. 20/6. 1961. Schwz. Prior. 16/12. 1957. — **C. 1962**, 3995 [D. A. S. 1 106 014].)

American Cyanamid Co., New York, N.Y., übert. von: **William B. Hardy**, Bound Brook, N.J., V.St.A., *Trialkylhydroxylamin–SO_3-Verbindungen.* (**Can. P. 555 196** vom 8/3. 1951, ausg. 1/4. 1958. A. Prior. 17/1. 1951. — **C. 1954**, 5404 [A. P. 2 649 484].)

Soc. Monsavon-l'Oréal, Paris, Frankreich, *Nitrofarbstoffe für Keratinfasern.* (**E. P. 867 220** vom 10/7. 1959, ausg. 3/5. 1961. F. Prior. 23/4. 1959. — **C. 1962**, 2182 [Schwz. P. 351 357].)

Farbwerke Hoechst Akt.-Ges., vormals Meister Lucius & Brüning, Frankfurt/M., *Leukoschwefelsäureester von Küpenfarbstoffen.* (**Ind. P. 65 278** vom 16/9. 1958, ausg. 20/4. 1961. — **C. 1960**, 4034 [D. A. S. 1 063 731].)

H_{11b}. Plaste (Kunstharze, Plastische Massen)

Arbeitshinweise für die Bestimmung des Molekulargewichtes Hochpolymerer nach der osmotischen Methode. E. A. Scheuermann. (Kunststoffe **52,** 199—207, April 1962; dt.) — Literaturübersicht. — 84 Literaturangaben. H. Sandner. 7170□

Über einige Eigenschaften von Kunststoffen für die Elektrotechnik. A. Hersping. (Kunststoffe **52,** 73—77, Febr. 1962; Aachen; dt.) — Die ständig zunehmende Anwendung der Kunststoffe in der Elektrotechnik beruht auf ihren günstigen Eigg.: Feuchtigkeitsaufnahme, elektr. Durchschlag, Wärme- u. Erosionsdurchschlag sowie Kriechstromfestigkeit. E.-H. Goeckel. 7170□

Die Bedeutung der Schweißtechnik für die Verarbeitung von Kunststoffolien und beschichteten Trägerbahnen. H. E. Krüger. (Schweissen u. Schneiden **13,** 444—46, Sept. 1961; Hannover; dt.) I. Koschitzki. 7170

Der Abbau von PVC durch Strahlungsenergie. Jindřich Novák. (Kunststoffe **52,** 269—71, Mai 1962; Gottwaldov, CSSR, Forsch.-Anst. für Gummi u. Plast-Technol.; dt.) — Die Dunkelfärbung des einer Strahlung ausgesetzten *PVC* wurde Polyen-Syst. zugeschrieben. Verss. stehen dazu im Widerspruch. Die Farb-Bldg. kann auf feinstverteiltem C in einer Kommutationsschicht (KS) an der Oberfläche des bestrahlten Materials zurückgeführt werden. Die Geschw. der Degradation des PVC wird bei Farbvertiefung entsprechend einer Zunahme der C-Konz. durch allmählichen Verschub der sichtbaren Strahlung in das Gebiet der mit abgeschwächter Energie u. kürzerer Reichweite ausgestatteten Wärmestrahlung geringer u. kommt schließlich zum Stillstand. Wenn mit dem Aussetzen der Strahlung eine Erhöhung der O_2-Konz. verbunden ist, wird dieKS oxydativ beseitigt u. in der tiefer gelegenen Schicht eine neue KS gebildet. Dagegen wirkt die Wärmestrahlung z. B. beim Verarbeiten des PVC auf die gesamte Masse ein u. führt durch gleichmäßige C-Bldg. zu einer dunkleren Färbung. Die C-Bldg. wird durch den Angriff geringer Mengen O_2 auf die bevorzugt am Ende des Makromol. durch HCl-Abspaltung entstandenen Acetylengruppen hervorgerufen. Bei stärkerer O_2-Konz. wird C aufoxydiert. E.-H. Goeckel. 7172□

Volumenänderung und Entnetzung in elastomeren Gemischen aus Glaspulver und Polyvinylchlorid bei großen Deformationen. Thor L. Smith. (Rubber Chem. Technol. **34,** 123—40, Jan./März 1961; Trans. Soc. Rheol. **3,** 113—36, 1959; Pasadena, Calif., Inst. of Technol., Jet Propulsion Labor.; engl.) — Die mechan. Eigg. von 5 Gemischen aus bis zu 60 Vol.-% Glaspulver mit 40—80 μ Ø u. mit Dioctylphthalat weichgemachtem *Polyvinylchlorid* wurden bei großen Deformationen u. verschiedenen Temp. (0, 25 u. 50°) untersucht u. die Vol.-Zunahmen als Funktion der Dehnung dilatometr. ermittelt. Bis zu einer krit. Dehnung x (yield point) bleibt das Vol. konst. u. nimmt dann infolge Vakuolen-Bldg. um die Glasperlen (Bruch der Bindungskräfte zwischen Kunststoff u. Glasperlen = Entnetzung) zu. Oberhalb x wurde das Poissonsche Verhältnis aus der Geschw. der Vol.-Änderung mit der Dehnung berechnet. Es ist unabhängig von der Dehnung u. Temp., nimmt aber linear mit dem Vol.-Bruch des Glaspulvers ab. Die Dehnung x ändert sich mit der Temp. u. mit dem Vol.-Bruch des Glaspulvers entsprechend einer theoret. Gleichung. Einige Zugspannungs–Dehnungs-Werte solcher Gemische werden bzgl. der Dilatometerwerte u. der Vakuolen-Bldg. erörtert. R. Schäff. 7172□

Der Einfluß des Abriebs auf die Haltbarkeit von PVC. D. I. James. (Rubber Plastics Age **43,** 138—39, Febr. 1962; Shawbury, England, Rubber and Plastics Res. Ass. of Great Britain; engl.) — Vf. untersucht die Wrkg. von Abrieb auf das weitere Abrieb-Verh. von PVC-Material an Stahl. Der anfänglich nur mkr. sichtbare Abrieb vereinigt sich bei weiterer Bewegung der Probeflächen gegeneinander zu Rollen, die unter Umständen zu großen zusammenhängenden Abriebflächen zusammenwachsen. Durch zwischen den Probeflächen auftretende Wärme können die Abriebteilchen verschmiert werden. Während die Abriebröllchen bei geringen Belastungen den Reibungs-Koeff. verringern, wird dieser bei hohen Drücken durch sie vergrößert u. beeinflußt das Verh. der Probe negativ. A. Gude. 7172□

Das Wellen von harten PVC-Platten. Garland A. Nisbet und W. G. Potts. (Mod. Plastics **38,** Nr. 11, 112—14, Juli 1961; Cleveland, Ohio, B. F. Goodrich Chemical Co.; Akron, Ohio, Nat. Rubber Machinery Co., Extrude Div.; engl.) — Zur Herst. von gewellten harten PVC-Platten wird das *PVC GEON 82304* bei ca. 350° F im Strangpreß-Verf. zu Platten geformt, die noch heiß gewellt werden. Geon 82304 ist wetterfest, nicht brennbar, elast., schlagfest u. besitzt gute chem. Widerstandsfähigkeit. H. Penn. 7172□

Die Stabilität des Polvinylchlorids in Gegenwart von nitrierenden Säuren. Z. Wolkóber und Martha Laczkó. (Plaste u. Kautschuk **9,** 169—72, April 1962;

Budapest, Forsch.-Inst. Plastind.; dt.) — Bei der Einw. von H_2SO_4 oder HSO_3Cl auf *PVC* wirkt Ggw. von HNO_3 stabilisierend. Davon ausgehend werden HNO_3-abspaltende Salze, wie Al-Nitrat-Stearat-Doppelsalze als Hitzestabilisatoren untersucht. Sie sollen Pb-Stearat ersetzen können u. billig sein. Der Abbau des PVC bei der Sulfurierung erfolgt an den Kettenenden. HNO_3 vermag die durch Dehydrochlorierung gebildete Doppelbindung, die eine weitere Zers. fördert, durch Oxydation zu beseitigen. G. Heintz. 7172□

Polymere Weichmacher. G. Solé Nolla. (Rev. Plásticos **11,** 20—23, Jan./Febr. 1960; span.) — Überblick mit besonderer Berücksichtigung der hochmol. Ester aus 2bas. Säuren u. Glykolen u. der Verw. für *Polyvinylchlorid.* R. K. Müller. 7172□

Untersuchungen an warm verarbeitbaren Epoxidharzen. A. Rost. (Kunststoffe **52,** 61—66, Febr. 1962; Ratingen, Calor-Emag, Isolierstoff-Labor.; Duisburg-Meiderich, Ges. für Teerverwertung mbH, Gießharz-Technol. Abt.; dt.) — Eine neben den Kalt- u. Heißhärtern neuentwickelte Gruppe bei den Epoxidgießharzen kann bei 50 bis 80° gemischt u. verarbeitet werden. Sie wird als Warmhärter bezeichnet. Die Biegefestigkeit, Schlagzähigkeit, Kugeleindruckhärte, Formbeständigkeit nach Martens u. tan δ eines solchen Warmhärters mit u. ohne Zusatzstoffe (bei den Füllstoffen hauptsächlich Quarzmehl; Flexibilisatoren) u. der Einfl. verschiedener Querschnittsformen, Gießverff., Aushärtezeiten u. -Temp. werden beschrieben. E.-H. Goeckel. 7176□

Polycarbonate. O. Laguna Castellanos. (Rev. Plásticos **11,** 2—14, Jan./Febr. 1960; span.). — Übersicht: Herst., Typen, chem. u. physikal. Eigg., Lagerung u. Verarbeitung, Anwendungen. — 40 Literatur- u. Patentangaben. R. K. Müller. 7176□

Polymere auf der Basis von 9.10-Dihydroxystearinsäure. F. V. Morriss, G. F. Bechtle und H. M. Gadberry. (J. Amer. Oil Chemists' Soc. **37,** 475—78, Okt. 1960; Kansas City, Mo., Midwest Res. Inst.; engl.) — *Polyester* aus 9.10-Dihydroxystearinsäure (I) entstehen durch: a) Erwärmen von I mit PbO auf 400—420°F; b) Kochen von I in Xylol mit Maleinsäureanhydrid (II); c) Erwärmen von I mit PbO u. II auf 325°F; d) Erwärmen von partiell mit PbO entwässerter I mit II. Die Mischester nach c) geben in Xylol mit 20% (vom Gewicht des Esters) Toluol-2.4-diisocyanat Vernetzungs-Prodd., welche nach dem Vergießen nach 24 Std. bei Raum-Temp. durchgehärtet sind u. biegsame Filme liefern. Die Film-Eigg. lassen die Kondens.-Prodd. aus I mit Polycarbonsäuren, bes. mit **II,** als prakt. verwendbar erscheinen. M. Hagedorn. 7176□

Umgebungseinflüsse auf die Eigenschaften von Nylon-6. J. L. O'Toole und T. R. von Toerne. (Chim. Peintures **25,** 71—79, März 1962; Allied Chem. International, Plastics Div.; franz.) — Unters. des Einfl. des Wasser-Geh. u. der Temp. auf die mechan. Eigg. von Nylon-6 (Nylon Paskon; **I**) Zug-Dehnungsdiagramme von trocknem **I** bei 75,125 u. 175°F, von **I** mit verschiedenem Wasser-Geh. bei 73°F, ein Diagramm der Zugfestigkeit in Abhängigkeit von der Temp. (—10 bis +300°F), ein Diagramm der Wassergleichgewichtskurve (Wasser-Geh. in **I** gegen relative Luftfeuchtigkeit der Umgebung), Diagramme der Abhängigkeit des E-Moduls u. der Festigkeit von dem Wasser-Geh. bei 75,125 u. 175°F u. Alterungskurven bei Temp. von 200, 212, 250 u. 265°F u. Änderung der Festigkeit verschiedener stabilisierter **I** mit der Zeit bei UV-Einw. werden mitgeteilt. H.-G. Moslé. 7180□

Die Kombination Polyester-Glas in ihrer Anwendung auf dem Gebiet des Schiffbaues. J. Piri Piñeiro. (Rev. Plásticos **11,** 28—34, Jan./Febr. 1960; span.) — *Glasfaserverstärkte Polyester* werden zur Herst. von Schiffsrümpfen von 5—11 m Länge u. mehr in einem Guß verwendet. Vf. bespricht die Verw. für andere Schiffsteile, auch Motorgehäuse u. Treibstofftanks, u. die künftige Entwicklung. R. K. Müller. 7204□

Möglichkeiten zur Verbesserung der Wasserbeständigkeit von glasfaserverstärkten Polyesterharzen. F. A. Henglein und R. Ilgemann. (Kunststoffe **51,** 767—69, Dez. 1961; Karlsruhe, TH., Inst. für Chem. Techn.; dt.) — Vff. entwickeln zur Prüfung der Wasserkorrosion (wie sie beim Abwaschen von Geschirr auftritt) von glasfaserverstärkten Gießharzen eine Schnellmeth., die darin besteht, daß Probeplatten in dest. W. solange gekocht werden, bis mit einer Lupe (10fache Vergrößerung) wahrnehmbare Risse auftreten u. eine praxisnahe Meth., die darin besteht, daß bes. vorbereitete Prüfplatten 15 Min. lang mit 95° heißem Prilwasser (1 g Pril/Liter), 4 Min. lang mit kaltem W. behandelt werden u. dann 5 Min. lang mit einem Heißlüfter getrocknet u. 6 Min. lang abgekühlt werden. Der Vorgang wird durch eine Programmsteuerung so lange wiederholt, bis Risse in der Probe auftreten. Beide Verff. sind mit ±5% reproduzierbar u. ergeben untereinander u. mit der Praxis gut reproduzierbare Zusammenhänge. Mit Hilfe dieser Prüfmeth. versuchen Vff. die Wasserkorrosionsbeständigkeit techn. glasfaserverstärkter Polyesterharze zu verbessern u. entwickeln neue Harze, die eine geringere Wasserkorrosion zeigen. Kalthärtung des Polyesters mit 1% Cyclohexanonperoxid + 0,1% Co-Napthenat gibt Prodd. mit schlechten Eigg., Proben mit 1% Benzoylperoxid u.

0,1% Diäthylanilin bei 60° 5 Min. lang gehärtet u. über Nacht bei 60° getempert, zeigen schon eine um 10% höhere Korrosionsbeständigkeit als techn. hergestellte Produkte. Füllstoffe, wenn sie nicht wasserhaltig sind, verändern die Eigg. der Harze nur unwesentlich. Zur Verbesserung des Korrosions-Verh. mischen Vff. 70% eines mittelreaktiven Polyesters (styrolfrei) mit 10% Styrol, 10% Acrylonitril u. 10% Methacrylsäuremethylester. Dieses Prod. zeigt eine um 400% gesteigerte Beständigkeit gegen Wasserkorrosion u. eine um 300% höhere Schlagzähigkeit als das techn. Produkt. Die Kugeldruckhärte blieb unverändert. Handelsübliche Epoxyharze zeigen bei diesen Testen keine gute Wasserbeständigkeit. Außerdem stellten Vff. durch Vorpolymerisation aus je 1/3 Styrol, Acrylonitril u. Methacrylsäuremethylester mit Benzoylperoxid bis zu einer Viscosität von 900 cP u. Abbruch der Polymerisation durch Kühlung u. Stabilisierung des Vorpolymerisats mit 0,01% Hydrochinon ein Gießharz her, das mit 12,5% Divinylbenzol bei 60° gehärtet Gießlinge von normaler Schlagzähigkeit u. Härte ergibt. Mit einem flexiblen Polyesterharz (10,3% Maleinsäureanhydrid, Phthalsäure, 5% Sebacinsäure, Propylenglykol u. 30% Styrol) im Verhältnis 1 : 1 vermischt, erhalten Vff. nach der Härtung Gießlinge mit der ca. 20fachen Schlagzähigkeit aber nur einem Drittel der Härte wie vorgenanntes Produkt. Durch Verschnitte verschiedener Mengen des Vorpolymerisats mit Polyesterharz u. Divinylbenzol lassen sich Prodd. beliebiger Härte u. Schlagzähigkeit zwischen den beiden genannten Prodd. einstellen. Die Wasserbeständigkeit aller Prodd. ist mindestens 25mal besser als die der anfangs genannten techn. Produkte. A. Gude. 7204□

Schnellzerreißmaschine für Folien mit Aufzeichnung der Kraft-Verformungskurve. H. Grimminger und E. Jacobshagen. (Kunststoffe **52**, 254—60, Mai 1962; Frankfurt/M.-Höchst, Farbwerke Hoechst AG; Wiesbaden-Biebrich, Kalle AG; dt.) — Eine Schnellzerreiß-Vorr. für Folien wird beschrieben. Die Ergebnisse sind ähnlich wie beim normalen Zugversuch. Ein Pendelschlagwerk wirkt auf eine bewegliche Einspannklemme, die als Schlitten während der gesamten Probendeformation gefesselt geführt wird u. sich bis zum Bruch der Probe mit fast konst. Vorschub-Geschw. von maximal 5m/s bewegt. Trägheitslose Meßorgane der Kraft u. Deformation ergänzen den mechan. Teil der *Apparatur*. Eine Meßelektronik dient der Aufzeichnung der Kraftverformungskurven. Das Gerät besitzt eine elektromechan. Steuer- u. Sicherheitseinrichtung. Kraftverformungsdiagramme einer Polypropylenfolie bei verschiedenen Dehngeschw. u. theoret. Überlegungen, die dem Gerät zugrunde liegen, werden behandelt. E.-H. Goeckel. 7210□

Untersuchungen über die Stabilität von Suspensions-PVC. 1. Mitt. **Die thermische und die oxydative Chlorwasserstoff-Abspaltung.** A. Rieche, A. Grimm und H. Mücke. (Kunststoffe **52**, 265—68, Mai 1962; Schkopau, VEB Chem. Werke Buna, Hauptlabor.; Berlin-Adlershof, DAW, Inst. für organ. Chem.; dt.) — Mit einer einfachen Meth. wird die Abspaltung von HCl aus *Suspensions-PVC* bei 170° in N_2, O_2 u. Luft quant. erfaßt. Es muß zwischen einer therm. (ion. Mechanismus) u. einer O_2-katalysierten (Radikalmechanismus) Abspaltung von HCl unterschieden werden. Antioxydantien (Hydrochinon) erniedrigen in O_2 u. Luft, Beschleuniger der Autoxydation (Benzoylperoxid) verstärken auch in N_2 die Abspaltung des HCl. Beschleuniger der Autoxydation (wie z. B. $FeCl_3$) verstärken die HCl-Abspaltung nur in O_2 u. Luft. HCl wirkt als Katalysator bes. bei Einw. von O_2. Die chem. Ursachen bei der Verfärbung von PVC mit u. ohne Zusatz von Stabilisatoren mit dienophiler Komponente werden erläutert.
E.-H. Goeckel. 7210□

Die Viscosität der Lösungen von Polymeren und ihre Beziehung zum Molekulargewicht. J. A. Subirana. (Rev. Plásticos **11**, 15—19, 44, Jan./Febr. 1960; span.) — Übersicht: Molgew. u. Eigg. von *Polymeren*; mittleres Molgew.; Viscosität der Lsgg.; abs. viscosimetr. Methoden. — 15 Literaturangaben. R. K. Müller. 7210□

Studien zur Alterung von Plasten. 7. Mitt. **Änderung der elektrischen Eigenschaften von Plasten durch Wasseraufnahme.** K. Richter und R. Thater. (Plaste u. Kautschuk **9**, 172—79, April 1962; Leipzig, Inst. Chem. u. Technol. der Plaste; dt.) — 6. vgl. C. **1962**, 11023. — Prüftabletten aus 11 duroplast. Massen u. 6 Thermoplasten wurden in W. bzw. Luft von 83% relativer Feuchte gelagert, wobei jeweils nahezu gleiche Gesamtfeuchtigkeitsaufnahme gemessen wird. Die Ergebnisse haben für die Plastanwendung im Bauwesen bes. Bedeutung. Gemessen wurden: Gewichts- u. Dickenzunahme, DK-Änderung, dielektr. Verlust tan δ u. der spezielle Durchgangswiderstand ϱ.
G. Heintz. 7210□

Studien zur Alterung der Plaste. 8. Mitt. **Veränderung der Härte von Plasten durch hydrothermische Alterung.** K. Thinius und R. Thater. (Plaste u. Kautschuk **9**, 270—76, Juni 1962; dt.) — 7. vgl. vorst. Referat. — Die Unterss. zeigen zunächst, daß sich die verschiedenen Härteprüf-Verff. nur vergleichen lassen, wenn gleiche Materialschichten in gleichartiger Weise beansprucht werden. Es wurde weiterhin der Zusammenhang zwischen der Änderung der Härte u. der durch hydrothermale Beanspruchung (8std. Kochen bei 100, 120 oder 140°) eintretenden Auflockerung der Oberfläche untersucht. Es ergeben sich hierbei charakterist. Unterschiede bei Duro- u. Thermoplasten. K. Gröbe. 7210□

Montecatini Soc. Gen. per l'Industria Mineraria e Chimica, Mailand, Italien, und Karl Ziegler, Mülheim/Ruhr (Erfinder: Giulio Natta, Giorgio Mazzanti und Carlo Cappuzzi, Mailand, Italien), **Polymerisieren von α-Olefinen.** Feste poröse Trägermassen werden mit Verbb. von Metallen der Nebengruppen 4,5 u. 6 des Period. Syst. in Abwesenheit von Feuchtigkeit u. O_2 imprägniert, dann mit Alkyl-Verbb. von Metallen der Gruppe 2 oder 3 umgesetzt u. als Katalysatoren bei der Olefinpolymerisation verwendet. — 8 (g) granuliertes, bei 500° mehrere Std. calciniertes Silicagel werden im Vakuum mit 3 $(C_4H_9O)_3TiCl$ in 80 ml Pentan versetzt u. 30 Min. auf 50° erwärmt. Man entfernt das Lsgm., gibt 5,7 $(C_2H_5)_3Al$ in 200 ml n-Heptan zu u. bei 90° 105 eines Propylen–Propangemisches mit 88 Vol-% Propylen u. hält 24 Stunden. Man trennt von Heptan u. wäscht mit W. u. HCl. Man erhält ein *Polymeres*, das zu 25,2% ölig u. halbfest ist, zu 38% amorph, zu 24,1% teilweise kristallin u. der Rest hochkristallin. (**Oe. P. 214 636** vom 22/4. 1958, ausg. 25/4. 1961.) M. Pankow. 7173

Shell Oil Co., Del., V.St.A., übert. von: Norbert W. Luft, Cheadle Hulme, und Dhafir Yusuf Waddan, Chorlton-cum Hardy, Manchester, England, **α-Olefin-Polymerisation.** Man polymerisiert bei einer Temp. unter 120° u. unter 500 lbs./sq.in. in einem inerten KW-Stoff in Ggw. eines Katalysators, der durch Vermischen eines Katalysators aus Aluminiumdiäthylchlorid u. $TiCl_4$ mit 0,5—3 Teilen $MgCl_2$, bezogen auf 0,005—1 Mol der Al-Verb., erhalten wurde. Man erhält erhöhte Ausbeuten. — Beispiele: Polymerisation von *Äthylen.* (**A. P. 2 981 725** vom 15/10. 1956, ausg. 25/4. 1961. E. Prior. 16/11. 1955.) L. Stadelmann. 7173

Sumitomo Chemical Co., Osaka, Japan, **Die Polymerisation von α-Olefinen** wird bei Temp. unter 200° in Ggw. eines Katalysators durchgeführt, der besteht aus einem Halogenid von Metallen der Gruppen IV—VIII des Period. Syst. u. einem fein gemahlenen Metall der Gruppen II—IV. Man kann auch Mischungen der Metallhalogenide, wobei mindestens ein Halogenid in der höchsten Valenzstufe vorliegen muß, u. Mischungen oder Legg. der Metalle verwenden. — Beispiele: Polymerisation von Äthylen, Propylen u. Äthylen/Propylen. Man erhält *Polyäthylen* vom F. 120—200° u. Molgew. 5000—400000. (**E. P. 860 308** vom 3/9. 1958, ausg. 1/2. 1961. Jap. Prior. 9/9., 18/12., 21/12. u. 23/12. 1957.) L. Stadelmann. 7173

Montecatini Soc. Gen. per l'Industria Mineraria e Chimica (Erfinder: Giulio Natta, Mario Peraldo und Mario Farina), Mailand, Italien, **Herstellung von linearen makromolekularen isotaktischen oder diisotaktischen Homo- oder Copolymeren** aus ungesätt. Monomeren der allg. Formel $R_1R_2C{=}CR_3R_4$ [R_2 u. R_3 = H; R_1 = 1—10 C-Atome enthaltende aliphat., cycloaliphat. oder aromat. KW-Stoffreste; R_4 = OR_5-Gruppe (R_5 = R_1 oder andere KW-Stoffreste)], dad. gek., daß reines Monomeres der cis- oder trans-Modifikation oder Mischungen beider, die mindestens 75% der einen Modifikation enthalten, in Ggw. eines stereospezif. Katalysators polymerisiert werden. Aus der cis- u. trans-Mischung werden die einzelnen Modifikationen nach bekannten physikal. Meth. getrennt. Das trans-Monomere wird polymerisiert, das cis-Monomere wird durch Erhitzen auf 100—400° wieder zur Mischung isomerisiert, diese fraktioniert u. die Monomermischung zu diisotakt. Makromoll. polymerisiert. (**Ung. P. 149 619** vom 15/3. 1960, ausg. 20/12. 1961. It. Prior. 21/3. 1959.) F. Landsberger. 7173

Montecatini Soc. Gen. per l'Industria Mineraria e Chimica (Erfinder: Guilano Ballmi), Mailand, Italien, **Vulkanisieren von aus amorphen gesättigten α-Olefinen und Äthylen gebildeten Copolymeren** in Ggw. von S mit organ. Peroxiden. Wenn die Money-Viscosität (ML 1+4) des Ausgangs-Prod. bei 100° $<$80 u. die Zers.-Temp. des Peroxids niedrig ist, wird bei 100—110°, wenn die Viscosität $>$80 u. die Zers.-Temp. des Peroxids hoch ist, bei 220—230° vulkanisiert; Menge des Peroxids 0,5—10%. (**Ung. P. 149 620** vom 5/7. 1960, ausg. 20/12. 1961. It. Prior. 7/7. 1959.) F. Landsberger. 7173

Montecatini Soc. Gen. per l'Industria Mineraria e Chimica (Erfinder: Luigi Falcone und Romano Metteucci), Mailand, Italien, **Vulkanisieren von Gemischen aus amorphem gesättigtem Polyäthylen und Äthylen-Propylen- oder Äthylen-Butylen-Copolymeren** in Ggw. von sauren Füllstoffen, bas. organ. Verbb. (Diphenylguanidin, Hexamethylendiamin, Pyridin, Triäthanolamin) u. S mit organ. Peroxiden der allg. Formel $R_1R_2R_3C{-}O{-}O{-}CR_4R_5R_6$ (R_1—R_6 = H oder Alkylgruppen, auch halogensubstituiert), die unempfindlich gegen saure Rk. sind., z. B. tert. Butylperoxid, Tetrachlor-tert.-butylperoxid, in Formpressen bei 110—220°; Menge des Peroxids 0,5—10%. (**Ung. P. 149 622** vom 27/7. 1960, ausg. 20/12. 1961. It. Prior. 30/7. 1959.) F. Landsberger. 7173

Montecatini Soc. Gen. per l'Industria Mineraria e Chimica (Erfinder: Cornelio Caldo), Mailand, Italien, **Stabilisierung von kristallinen Olefinpolymeren** durch Zusatz von 0,02—2% solcher Verbb., die mindestens eine $-CH_2-CH_2-CN$-Gruppe enthalten, z. B. 9.9-Bis-[β-cyanäthyl]-fluoren, Tris-[β-cyanäthyl]-acetophenon, 9-[β-Cyanäthyl]-carbazol, Di-[β-cyanäthyl]-hydrochinon, Tricyanäthyltriäthanolamin, Cyanäthyloctadecylamin, Bis-[β-cyanäthyl]-sulfid u. a. Die Polyolefine (Polyäthylen, -butylen, -propylen) werden vor Zugabe der Cyanäthyl-Verbb. geformt u. gefärbt. (**Ung. P. 149 625** vom 22/10. 1960, ausg. 20/12. 1961. It. Prior. 27/10. 1959.) F. Landsberger. 7173

Montecatini Soc. Gen. per l'Industria Mineraria e Chimica (Erfinder: Ettore Giachetti und Renato Serra), Mailand Italien, **Polyolefine** (*Polyäthylen, -propylen, buten-(1)* (werden hergestellt mit Katalysatoren die A) aus einer organ. Verb. von Metallen der Gruppen I, II oder III des Period. Syst. bestehen u. B) Metallsalze enthalten, von denen a) mindestens eines ein Salz der Übergangsmetalle der Gruppen IVa, Va oder VIa ist u. b) mindestens eines ein Komplexsalz aus Metallen der Gruppen I, II, IV oder VIII u. organ. Basen (Pyridin) ist. Es eignen sich Salze (Halogenide) des Li, Ba, Mg, Cu(II), Cd, Zn, Fe(III), Ni(II), Ti(IV); Molverhältnis A : B = 0,5 : 5 oder 2 : 3; Molverhältnis a : b = 0,25 : 2. (**Ung. P. 149 626** vom 15/12. 1960, ausg. 20/12. 1961. It. Prior. 18/12. 1959.) F. Landsberger. 7173

Farbwerke Hoechst Akt.-Ges., vormals Meister Lucius & Brüning, Frankfurt/M., **Chlorieren oder Sulfochlorieren von Polyolefinen,** die nach dem Niederdruck-Verf. erhalten wurden, erfolgt in 2 Stufen durch Vorchlorieren bei Überdruck u. 100—160° mit einem chlorierten KW-Stoff, bes. CCl_4, u. anschließende Rk. mit Cl (u. SO_2) bei normalem Druck u. 20—80° bis der gewünschte Geh. an Cl oder Cl u. Sulfochloridgruppen vorliegt. Mengenbeispiele mit Äthylen–Propylen-Mischpolymerisaten u. kristallinem Polypropylen. (**E. P. 857 698** vom 29/4. 1957, ausg. 4/1. 1961. D. Prior. 30/4. 1956. **Zusatz zu E. P. 834 824; C. 1962, 11756.**) H. Schindler. 7173

Monsanto Chemical Co., St. Louis, übert. von: Aubert Y. Coran, Brentwood, und Helmut L. Merten, Glendale, Mo., V.St.A., **Masse aus Olefinpolymeren,** gek. durch einen hohen Geh. an einem normal festen Polymeren eines monoolefin. aliphat. KW-Stoffes mit 2—4 C-Atomen im Monomeren u. eine geringe Menge (≧1% des Polymeren) eines Polyphenyls mit 3 oder 4 Ringen, das mindestens zu 20% hydriert ist. Die Polyphenylmasse wird als hochsd. Nebenprod. bei der Herst. von Biphenyl durch Pyrolyse von Bzl. gewonnen. Es werden bes. 5—10 (Teile) eines völlig hydrierten Gemisches von Polyphenyl u. 100 Polyäthylen auf *wetterbeständige Filme, Schichten, Fasern* u. *Fäden* verarbeitet. — Beispiele, Tabellen. (**A. P. 2 925 398** vom 11/2. 1957, ausg. 16/2. 1960.) G. Vogel. 7173

Esso Research and Engineering Co., Del., übert. von: Donald F. Koenecke, Westfield, N.J., V.St.A., **Die Oxydation öliger Diolefin-Polymerisate oder -Mischpolymerisate** mit O_2 bei 20—120° in Ggw. von Metalltrocknern, wie Kobaltnaphthenat, Peroxiden u. Lsgm. wird durch Zusatz von 1—20 Teilen 1.10-o-Phenanthrolinäthylhexanoat pro Teil Metall des Trockners wesentlich erhöht. (**A. P. 2 971 991** vom 1/10. 1958, ausg. 14/2. 1961.) L. Stadelmann. 7173

Natural Rubber Producers' Research Association, London, England, **Pfropfpolymerisation.** Das Gemisch aus Polymeren u. einer oder mehreren polymerisierbaren ungesätt. Verbb., das bei 25° keine kautschukartige Masse bildet, wird zwischen unnachgiebigen, gegeneinander beweglichen Flächen gepreßt u. in Abwesenheit einer polymerisationshindernden O_2-Konz. einer Scherwrkg., z. B. im Extruder, unterworfen. Als Polymere nimmt man Polyvinyl-, -acryl-Verbb., Polybutadiene, Epoxypolymere, Polyäthylenglykole, Polyester, -amide, -urethane, Phenol-, Amin-Aldehydharze, Casein, Kopalharz, Schellack, Leim, Stärke, Alginat, Cellulose-Derivv., Kautschuk-Derivv., als Monomere Acryl- u. Vinyl-Verbb. oder Butadiene. Geringe Menge Pigmente u. Lsgm., sowie andere organ. Verbb. (KW-Stoffe, Alkohole, Phenole, Aldehyde, Ketone, Säuren, Ester, N-haltige Verbb.) können anwesend sein. — 600 g Polyvinylchloridkörner werden mit 250 cm^3 Methylmethacrylat gemischt, die Mischung wird in einem Baker-Perkins-Hochleistungsuniversalmischer u. Mastikator mastiziert. Anfangsverbrauch des Mastikators 9 KW, dann 3½ KW u. langsamer Anstieg bis 5,6 KW. Nach ca. 15 Min. insgesamt: mindestens 95% des Methylmethacrylats waren polymerisiert. — Zeichnungen von Mischvorrichtungen. (**Oe. P. 217 703** vom 15/11. 1957, ausg. 25/10. 1961. E. Prior. 23/11. 1956, 14/6. u. 10/7. 1957.) M. Pankow. 7173

E. I. du Pont de Nemours & Co., Wilmington, übert. von: Gelu Stoeff Stamatoff, Newark, Del., V.St.A., **Polymerisationskatalysator,** bestehend aus einem Gemisch von Phenyl-Mg-Al-triisobutylphenyl u. $TiCl_4$ im Mol.-Verhältnis 0,3 : 10 in einem inerten KW-Stofflösungsmittel. Geeignet zur (Misch-) Polymerisation von ungesätt. Olefinen, z. B. Äthylen. Ausbeuteerhöhung. — Tabelle. (**A. P. 2 939 845** vom 13/9. 1957, ausg. 7/6. 1960.) H. Schindler. 7173

Monsanto Chemicals Ltd., London, England (Erfinder: Cecil Edwin Henry Bacon und Michael Raymond Clarke), **Katalysatorkombination zur Herstellung fester (Misch-) Polymerisate von äthylenisch ungesättigten Kohlenwasserstoffen,** bestehend aus einem Al-Halogenid u. einer aromat. Hg-Verbindung. Das Verf. wird in einer halogenierten (chlorierten oder bromierten) Fl., bes. einem aliphat. KW-Stoff oder in einem fl. anorgan. Halogenid durchgeführt. Genannt sind: Trichlor- u. Tetrachloräthylen, Äthyl- u. tert.-Butylchlorid, Chlf., CCl_4 oder Äthylendibromid sowie $SnCl_4$. Das Katalysatorgemisch besteht nach den Beispielen aus $AlCl_3$ oder $AlBr_3$ u. Diphenyl-Hg, p-Tolyl-HgCl oder Di-(p-tolyl)-Hg. Als Monomere werden Äthylen u./oder Propylen sowie Styrol zu kristallinen, festen u. harten (Misch-) Polymerisaten verarbeitet. (**E. P. 852 921** vom 7/8. 1958, ausg. 2/11. 1960.) H. Schindler. 7173

Montecatini Soc. Gen. per l'Industria Mineraria e Chimica, Italien, und Karl Ziegler, Deutschland (Erfinder: Giorgio Moretti, Mario Ragazzini und Alberto Alberti), **Hochaktiver und stark stereospezifischer Katalysator zur α-Olefinpolymerisation** aus einer Organometall-Verb. von Metallen der Gruppe 1—3 des Period. Syst., einer Verb. eines Übergangsmetalles (Ti) u. einer an beide Verbb. Elektronen abgebenden Verb. von Elementen der Gruppe 5 oder 6 des Period. Syst., in der das Element (P, As, Sb, Bi, S, O) an einen organ. Rest gebunden ist, z. B. Tributyl- oder Triäthylphosphin, -arsin, -stibin, -bismutin, ferner Äther oder Thioäther, wie Ae., Thiobutyläther, Tetrahydrofuran. — Man mischt unter N_2 1,7 (g) $TiCl_3$ u. 1,12 $(Butyl)_3P$ mit 50 cm^3 Heptan, rührt 15 Min., setzt 2,5 $(C_2H_5)_3Al$ zu, rührt wieder 15 Min. u. gibt unter N_2 zu 1 Liter Heptan von 75°, spült mit 450 cm^3 Heptan nach, drückt bei 75° 6 at Propylen in den 4-Liter-Autoklaven u. führt 4 Std. Propylen zu, worauf man in üblicher Weise die Polymerisation abbricht. (**F. P. 1 248 169** vom 21/12. 1959, ausg. 1/3. 1961. It. Prior. 23/12. 1958.) M. Pankow. 7173

E. I. du Pont de Nemours & Co., Wilmington, Del., V.St.A. (Erfinder: Edwin David Johnson), **Trennung von Polyolefinen,** wie Polybuten-(1), Polypropylen, Polystyrol, Polyisobutyläthylen, Polybicyclo-[1.2.2]-hepten-(2), Polydihydrocyclopentadien. Man stellt eine Lsg. des Polymeren bei höherer Temp. u. so hohem Druck her, daß das Polymere in Lsg. geht. Bei Drucksenkung fällt dann das Hochpolymere aus u. wird entfernt, während das Niedermolekulare in Lsg. bleibt. — Zum Beispiel ist krist. Polypropylen bei 120—180° in n-Pentan lösl., darüber nur bei erhöhtem Druck, z. B. bei 210° bei 127 at. Die Temp. von 180°, oberhalb der das Polymere ohne Druckerhöhung ausfällt, wird Ausfäll-Temp. genannt, die spezif. Dichte des Lsgm. Ausfälldichte; sie ist in diesem Fall 0,39 g/cm^3. (**Oe. P. 217 702** vom 20/10. 1959, ausg. 25/10. 1961. **F. P. 1 239 539** vom 20/10. 1959, ausg. 7/12. 1960. Beide A. Prior. 20/10. 1958.) M. Pankow. 7173

Montecatini Soc. Gen. per l'Industria Mineraria e Chimica, Mailand, Italien, und Karl Ziegler, Mülheim/Ruhr (Erfinder: Cornelio Caldo, Mailand, Italien), **Reinigen von festen Olefinpolymeren,** die bei Niederdruck mit Ziegler-Katalysatoren hergestellt wurden. Man behandelt sie unmittelbar nach Entfernen des KW-Stoffpolymerisationsmediums mit einem organ. Lsgm. (Chlf., CCl_4, CH_2Cl_2, Trichloräthylen), so daß das hochmol. Polymere quillt u. die anderen Polymeranteile löst, u. gleichzeitig mit einer Mineralsäure (HCl, HNO_3) u. wäscht danach aus. — 10 (kg) Polypropylen werden mit 500 Trichloräthylen u. 50 HCl (D. 1,18) 4 Std. unter Rückfluß gekocht, filtriert, mit Trichloräthylen u. W. gewaschen. (**Oe. P. 218 735** vom 26/11. 1958, ausg. 27/12. 1961. **F. P. 1 215 914** vom 24/11. 1958, ausg. 21/4. 1960. Beide It. Prior. 27/11. 1957.) M. Pankow. 7173

Farbwerke Hoechst Akt.-Ges., vormals Meister Lucius & Brüning, Frankfurt/M.-Höchst, **Stabilisierungsmittel für Polyolefine** aus phenol. Derivv. des 1.3.5-Trithians der Formel I (R = Rest mit phenol. OH-Gruppe, wie Hydroxyphenyl, 2.4.6-Trichlor-3-hydroxyphenyl, 6-Hydroxy-3-methylphenyl). Diese Verbb. schützen gegen Oxydation u. Lichteinwirkung. — Man gibt zu Niederdruckpolyäthylen 0,2% 2.4.6-Tris-[4-hydroxy-3-methoxyphenyl]-1.3.5-trithian. (**Oe. P. 216 214** vom 15/1. 1960, ausg. 10/7. 1961. D. Prior. 17/1. 1959.) M. Pankow. 7173

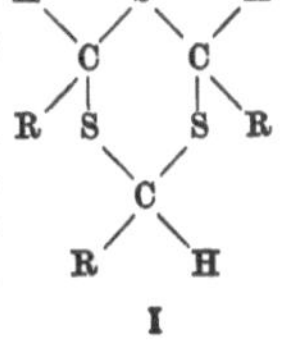

I

Mitsui Kagaku Kogyo Kabushiki Kaisha, Tokyo (Erfinder: Toshio Saito und Tsutomu Tanaka, Omuta), Japan, **Herstellung von Polyäthylenpulver** von hohem scheinbarem spezif. Gewicht. Man polymerisiert Äthylen in organ. Lsgm. in Ggw. von Katalysatoren, die man erhält, wenn man in O_2-freien Lsgm. $(Alkyl)_3Al$ oder $(Alkyl)_2AlCl$ mit Verbb. von Metallen der Gruppe 4A, 5A u. 6A des Period. Syst., Th oder U mischt u. das erhaltene Prod. u. ein durch Behandlung mit O_2 erhaltenes Mischprod. mischt, oder bei gleichzeitiger Ggw. des genannten Katalysators u. Polyäthylenpulver. — Man mischt je 0,25 Millimol $(C_2H_5)_3Al$ u. $TiCl_4$ in 50 cm^3 O_2-freiem Toluol, bläst 1000 cm^3 Luft ein u. erhält ein anfangs dunkelbraunes, später gelbgrünes Prod., zu dem man 200 cm^3 Toluol gibt u. mit 3 Millimol $(C_2H_5)_3Al$ u. 2,5 Millimol $TiCl_4$ mischt. Unter kräftigem Rühren leitet man bei 60° Äthylen ein, bis es nicht mehr absorbiert wird: *Polyäthylen* vom Molgew. 65000; scheinbares spezif. Gew. 0,17 g/cm^3. (**Jap. A. S. 5986/1960** vom 7/3. 1956, ausg. 28/5. 1960.) M. Pankow. 7173

Solvay & Cie., Brüssel, Belgien, **Polymerisation von ungesättigten Kohlenwasserstoffen,** bes. *Äthylen.* Der Katalysator besteht mindestens z. T. aus CrO_3 auf nichtporösem, feinkörnigem SiO_2 mit einer Teilchengröße <200 Å u. einer spezif. Oberfläche von höchstens 450 m^2/g (z. B. „Aerosil") als Trägermaterial. Es wird durch Erhitzen auf 250—1200° aktiviert. (**Niederl. P. 98 946** vom 22/9. 1959, ausg. 15/8. 1961.) F. Böhm. 7173

T. I. (Group Services) Ltd., Birmingham, England (Erfinder: Arthur Charlesby und Solomon Harris Pinner), **Plastische Erzeugnisse.** Ein plastizierbares Polymerisat, z. B. Polyäthylen, Polymethylmethacrylat, Polyvinylchlorid oder Polyacrylsäurenitril, wird mit einem Monomeren gemischt, das die Gruppe $>C=CH_2$ u. mindestens noch eine polymerisierbare olefin. Doppelbindung enthält, die von jener durch wenigstens 1 C-Atom getrennt ist, z. B. Divinylbenzol, ggf. in Styrol gelöst. Diese Mischung wird ionisierender Strahlung ausgesetzt. (**E. P. 866 069** vom 14/2. 1956, ausg. 26/4. 1961.) W. Overbeck. 7173

Tokuyama Soda Kabushiki Kaisha (Erfinder: Kazuo Machida, Takeshi Isobe, Kumpei Takahashi und Yoshio Morita), Takuyama, Japan, **Herstellung von hochmolekularem Polyäthylen und/oder Polypropylen.** Man polymerisiert mit Katalysatoren, die man durch Funkenentladung in Ggw. von Alkylhalogeniden u. Ti-Halogenid, sowie von Al, dessen Mischungen oder Legg. mit anderen Metallen erhält. — Bei einer Funkenentladung mit W-Elektroden in Luftabwesenheit in 12 (cm^3) $TiCl_4$, 35 C_2H_5J, 4 g Al-Pulver u. 7,5 g Mg-Pulver erhält man eine rotbraune Suspension, die man mit 100 Hexan versetzt unter N_2 in 1-Liter-Rk.-Gefäß mit 400 Hexan u. Äthylen von 0,5—1,5 at gibt; man hält bei 20—50°, hält den Äthylendruck bis 4 at, wiederholt die Äthylenzuführung, filtriert das Polymere ab u. wäscht. — Entsprechend kann man Propylen oder Mischungen von Äthylen u. Propylen polymerisieren. (**Jap. A. SS. 5988/1960, 5989/1960** u. **5990/1960** vom 16/1. 1958, ausg. 28/5. 1960.) M. Pankow. 7173

Institut Français du Pétrole des Carburants et Lubrifiants, Rueil-Malmaison (Erfinder: Pierre Baumgartner, Asnières), Frankreich, **Herstellung gefärbter makromolekularer Verbindungen.** Man setzt Polymerisate aus olefin. ungesätt. Verbb., wie Polyäthylen, Polyvinylchlorid oder Polyacrylnitril, z. B. in Form von Platten, chem. wirksamer Strahlung aus u. bringt sie gleichzeitig in Berührung mit einem halogenierten Deriv. von NO, bes. NOCl. Durch Einführung von NO-Gruppen in das Makromol. entstehen hierbei blaue Färbungen. Als Strahlungsquelle dient z. B. eine 3000-Watt-Glühbirne oder eine radioakt. Substanz. (**Niederl. P. 98 674** vom 11/2. 1959, ausg. 17/7. 1961. F. Prior. 11/2. 1958.) F. Böhm. 7173

Minnesota Mining & Mfg. Co., St. Paul, Minn. (Erfinder: Fred William West, Paterson, N.J.), V.St.A., **Vernetzte halogenhaltige Polymere** erhält man durch Rk. von Halogen-KW-Stoffreste aufweisenden Polymerisaten monoolefin. ungesätt. Monomerer, wie Polytrifluorchloräthylen, oder Mischpolymerisate von Trifluorchloräthylen u. Vinylidenfluorid, mit prim. oder sek. Polyaminen (Tetraäthylenpentamin, Triäthylentetramin u. Hexamethylendiamin) unter Abspalten von Halogenwasserstoff. — Herst. von *Überzügen* u. *Folien,* ggf. unter Nachbehandeln. (**Schwz. P. 356 275** vom 8/11. 1954, ausg. 29/9. 1961.) E. Dörfel. 7173

E. I. du Pont de Nemours & Co., Wilmington, Del., übert. von: James Kalil, Louisville, Ky., V.St.A., **Herstellen von zusammenhängenden Filmen von chlorsulfonierten Polyäthylenen,** die einen Geh. von 20—40 (%) Cl u. 4—5 S u. ein Molgew. von 8000—60000 haben. Die Lsg. des Polymeren in CCl_4 wird auf eine Trommel aus glattem inertem Metall, z. B. Cr, Ni oder nichtrostendem Stahl, die auf 100—200, bes. 150—175°, erhitzt wird, aufgebracht u. bei Unterdruck das CCl_4 bis auf höchstens 3% verdampft. Die erhaltenen Filme sind hell u. wasserfrei sowie lagerbeständig. — Beispiele, Beschreibung u. Abb. der Apparatur. (**A. P. 2 923 979** vom 17/2. 1956, ausg. 9/2. 1960.) H. Schindler. 7173

Abegg & Co. Akt.-Ges., Zürich (Erfinder: André Schaerer), Zürich, Schweiz, **Nicht brennbare Kunstharzmischung** enthält außer Polyolefinen, bes. Polyäthylen u. -propylen 5—25 Gew.-% einer darin lösl. HCl abspaltenden organ. Verb. (*chloriertes Polyphenyl, Trichloräthylphosphat*) u. 2—15 Gew.-% Sb_2O_3. (**Schwz. P. 353 171** vom 25/4. 1957, ausg. 15/5. 1961.) A. Jahn. 7173

Shell Internationale Research Mij. N. V., Den Haag, Niederlande, **Stabilisieren von Niederdruckpolyolefinen,** bes. Polyäthylen oder -propylen, durch Zusatz geringer Mengen eines Dialkylesters einer Thiodialkancarbonsäure, z. B. Dilaurylthio-β-dipropionat, u. eines Kondens.-Prod. eines monocycl. einwertigen Phenols, z. B. Kresol, u. einem cycl. Terpen, z. B. Camphen. (**E. P. 866 891** vom 26/11. 1959, ausg. 3/5. 1961. Niederl. Prior. 28/11. 1958.) W. Overbeck. 7173

Union Carbide Corp., New York, N.Y., V.St.A. (Erfinder: James Edward Potts), **Verbessern der Eigenschaften von Polyäthylenen.** Das Polyäthylen wird einer Bestrahlung, z. B. durch β-, γ- oder Röntgenstrahlung, ausgesetzt, deren Menge zwischen 0,5 Megareps u. der Menge liegt, welche eine Gelierung des Polyäthylens bewirkt. Das so behandelte Polyäthylen wird dann mechan. so lange bei einer Temp., die unter der Fließtemp. des Polyäthylens liegt, behandelt, bis der Gel-Geh. weniger als 1 Gew.-% beträgt. (**E. P. 871 586** vom 25/8. 1958, ausg. 28/6. 1961. A. Prior. 26/8. 1957.) F. Markhoff. 7173

Imperial Chemical Industries Ltd., London, England, **Herstellung von Polymeren des Äthylens und Propylens,** sowie von ***Mischpolymerisaten*** aus beiden in einem fl. KW-Stoff. Als Katalysator nimmt man eine Mischung aus einem durch Pyrolyse von Ti-Halogenid u. Zermahlen des Pyrolyse-Prod. erhaltenen Prod. u. $AlCl_3$ oder $AlBr_3$ mit einem Ti : Cl-Verhältnis von 1 : 1,5—1,95 u. einer Al-Halogenidmenge von 0,41—3 g Al-Halogenid pro Liter fl. KW-Stoff. — 67 (g) $TiCl_3$ werden 16 Std. in Ar auf 700° erhitzt, 2 des erhaltenen $TiCl_{1,82}$ werden mit 1 $AlBr_3$ in 500 cm^3 PAe. (Kp. 100—120°, frei von aromat. Anteilen u. über KNa-Leg. dest.) in einer Kugelmühle gemahlen. Der Katalysator wird mit Äthylen bis 50 at versetzt: Temp.-Anstieg bis 90°. Man hält 15 Std. bei 90° u. 50 at u. wäscht das Polymere mit CH_3OH. (**Oe. P. 217 209** vom 27/3. 1958, ausg. 11/9. 1961. E. Prior. 24/5. 1957.) M. Pankow. 7173

Union Carbide Corp., New York, N.Y., V.St.A. (Erfinder: Guido Bartolomeo Stampa und Alford Gailey Farnham), **Polymerisation von Äthylen und Propylen** mit einer Katalysatormischung aus einer halogenfreien Organo-Al-Verb. u. einem Vanadinsäureester in Form einer Suspension in einem indifferenten, fl. KW-Stoff. — Man dispergiert 2,1 g $(C_4H_9)_3VO_4$ u. 4,6 g $(Isobutyl)_3$ Al in 1 Liter Bzl. u. leitet 4 Std. Äthylen mit 100 cm^3/Min. durch die Aufschlämmung, worauf das *Polyäthylen* mit 200 ml A. ausgefällt wird. — Man kann statt der Vanadinsäureester auch deren partielle Hydrolyse-Prodd. verwenden. (**Oe. P. 214 637** vom 24/6. 1958, ausg. 25/4. 1961. **F. P. 1 207 465** vom 16/6. 1958, ausg. 17/2. 1960. Beide A. Prior. 26/6. u. 19/7. 1957.) M. Pankow. 7173

Union Carbide Corp., New York, N.Y., V.St.A. (Erfinder: Charles Wesley McGary jun.), **Polymerisieren von Propylen** durch Erhitzen mit $TiCl_3$ u. $(Isobutyl)_3$-Al (I) auf 100—170° u. ggf. Extrahieren des fertigen Polymeren mit einem nichtpolaren organ. Lsgm. zur Entfernung amorpher Polymerisate. — Man leitet 83 (g) Propylen unter 7 g/cm^2 in eine Mischung aus 396 Hexan, 2 $TiCl_3$ u. 7,8 I, entfernt den Katalysator, wäscht mit CH_3OH u. Wasser. Man erhält Polymere mit einer Dichte. von 0,908—0,922 g/cm^2, einer Kristallinität von 65—83 Gew.-% u. Festigkeitswerten von 8400—14700 kg/cm^2, die zur Herst. von orientierten *Fasern, Filmen, Überzügen, Drahtisolation, Getrieben* dienen. (**F. P. 1 198 883** vom 14/2. 1958, ausg. 10/12. 1959. **Oe. P. 217 698** vom 14/2. 1958, ausg. 10/10. 1961. Beide A. Prior. 15/2. 1957.) M. Pankow. 7173

Eastman Kodak Co., Rochester, N.Y., übert. von: Harry W. Coover jun. und Frederick B. Joyner, Kingsport, Tenn., V.St.A., **Katalysatorgemisch zur Polymerisation** von C_{3-8}-Olefinen, bes. Propylen, bestehend aus NaH, KH, CaH_2, $LiAlH_4$, einem Chlorid von Ti, Zr, V, Cr oder Mo u. einer Organophosphor-Verb., z. B. Tri-niedermol. -alkylphosphit oder -phosphat oder Hexa-niedermol. -alkylphosphortriamid. — Beispiele für solche Kombinationen: NaH, $TiCl_3$ u. Tris-N.N-dimethylphosphoramid (I); KH, $TiCl_3$ u. I; CaH_2, $TiCl_3$ u. I sowie $LiAlH_4$, $TiCl_4$ u. I. — *Hochkristalline Polymerisate.* (**A. P. 2 967 856** vom 31/3. 1958, ausg. 10/1. 1961.) H. Schindler. 7173

Imperial Chemical Industries Ltd., London, England, **Entfernung von Katalysatorrückständen aus Polymeren,** bes. aus *Polypropylen.* Das in einem fl. KW-Stoff suspendierte Polymere wird mit einem in KW-Stoffen lösl., in W. etwas lösl. Stoff (I) versetzt, der mit der Verb. des Übergangsmetalls des Katalysators eine im KW-Stoff lösl. Koordinations-Verb. bildet, worauf man die Mischung mit der wss. Lsg. einer Substanz (II) extrahiert, die die Koordinations-Verb. zu einer wasserlösl. Verb. zersetzt. Als I dienen Diketone R′CO·CHR‴·COR″, Ketoester R′CO·CHR‴·COOR″ (R′ u. R″ = Alkylgruppen; R‴ = H oder R′) oder prim. oder sek. Alkylmono- oder polyamine mit C_{4-9}-Amingruppen. Als II kann man Oxalsäure, Hydroxycarbonsäuren, HCl, $B(OH)_3$, aliphat. mehrwertige Amine, Polyphosphate u. Komplexbildner, wie Äthylendiamintetraessigsäure, verwenden. Zweckmäßig arbeitet man in Ggw. eines Netzmittels. — 400 cm^3 einer Aufschlämmung von 20% Polypropylen [mit $Al(C_2H_5)_3$ u. Ti-Halogenid polymerisiert] in PAe. (Kp. 60—80°) erhitzt man mit 1 cm^3 Acetylaceton ½ Std. unter Rückfluß, setzt 6 cm^3 30%ig. wss. Lsg. eines Octylphenol-Äthylenoxid-Kondens.-Prod. als Netzmittel, 2 g Oxalsäure oder 2 cm^3 Äthylendiamin u. 500 cm^3 O_2-freies W. zu u. kocht ½ Std., dest. PAe. mit Wasserdampf ab, filtriert, setzt erneut 2 cm^3 Netzmittel u. 500 cm^3 W. zu, kocht ½ Std., filtriert u. trocknet. Während des Verf. wird unter N_2 gearbeitet. (**F. P. 1 241 903** vom 13/10. 1959, ausg. 4/1. 1961. **Oe. P. 215 666** vom 13/10. 1959, ausg. 12/6. 1961. Beide E. Prior. 13/10. 1958 u. 15/5. 1959.) M. Pankow. 7173

Sun Oil Co., Philadelphia, Pa., übert. von: Paul E. Oberdorfer jun., Claymont, Del., V.St.A., **Stabilisieren von Polypropylen** gegen die Einw. von O_2 durch Zusatz von 0,02—3% Sorbid (I; 1,4:3,6-Dianhydrosorbit) oder eines I-Deriv., z. B. I-Dibenzyläther, -Diacetat u. -Dimethyläther. (**A. P. 2 967 169** vom 2/7. 1958, ausg. 3/1. 1961.) C. Lüttgen. 7173

Ferro Corp., Cleveland, übert. von: Charles H. Fuchsman, Cleveland Heights, Albright M. Nicholson, Warrensville Heights, und Stanley B. Elliott, Bedford, Ohio, V.St.A., **Stabilisatoren für Polypropylen und Polyäthylen,** bestehend aus dem Ni-Phenolphenolat eines Bis-(p-alkylphenol)-monosulfids, z. B. o.o′-Bis-(p-octyl- bzw. -p-nonylphenyl)-monosulfids oder o.o′-Bis-(p-1.1.3.3-tetramethylbutylphenol)-monosulfids. Die in bekannter Weise hergestellten Monosulfide werden entweder direkt mit z. B. Ni-Acetat oder über das Na-Phenolat mit $NiCl_2$ in Ggw. von Na-Äthylat zur Rk. gebracht. Nach Zusatz von 0,5—5% dieser Stoffe behalten die Polymeren ihre Dehnbarkeit u. Biegsamkeit auch nach UV-Bestrahlung. — Tabellen. (**A. PP. 2 971 940** vom 20/3. 1959 u. **2 971 941** vom 15/5. 1959, beide ausg. 14/2. 1961.) H. Schindler. 7173

Sun Oil Co., Philadelphia, übert. von: William E. Thompson, Wallingford, und Daniel R. Mullin, Chester, Pa., V.St.A., **Herabsetzen der Sprödigkeit von Polypropylen** durch Zusatz von 7—25% eines alkyl-(C_{1-5})-substituierten Naphthalins, bes. β-Diamylnaphthalin, Dekahydronaphthalin, Methyl-β-naphthylketon oder Acetyltributylcitrat. Ebenso wirkt β-Methylnaphthalin, während α-Methylnaphthalin keine Wrkg. zeigt. Das Einarbeiten erfolgt in der Wärme. Die Prodd. sind bei —20° noch flexibel u. eignen sich bes. zur Herst. von (Verpackungs-) *Folien.* — Beispiele. (**A. P. 2 978 430** vom 5/7. 1957, ausg. 4/4. 1961.) H. Schindler. 7173

Montecatini Soc. Gen. per l'Industria Mineraria e Chimica, Mailand, Italien, **Oberflächenbehandlung von Polypropylenkörpern,** die mindestens 70% isotakt. Polypropylen (auf Gesamtpolypropylen bezogen) enthalten, dad. gek., daß man die Oberfläche mit einem bei der Rk. fl. Ester der allg. Formeln Ar—(COO—Alk)$_n$ oder Alk—(COO—Alk)$_n$ (Ar = Aryl-; Alk = Alkylrest; n = 1—3) kurze Zeit bei 140—180° in Kontakt bringt, um eine dünne Schicht des Körpers zu lösen, u. die Oberfläche mit einem Lsgm. für den Ester, aber nicht für das Polymere, behandelt, um das aufgelöste Polymere als sehr feines Pulver auf der Oberfläche auszufällen. Die Alkyl- u. Arylreste können einen Halogen-, NH_2- oder CN-Substituenten tragen. Geeignete Ester sind bes. 2-Äthylhexylphthalat (I), Octyladipat, Triäthylenglykol-2-butyrat, Triäthylenglykoläthylhexoat oder 1—5% Polypropylen enthaltendes Octylphthalat. Lsgm. für den Ester sind bes. Aceton, CH_3OH, $CH_3COC_2H_5$ oder Mischungen daraus. — Man preßt oder gießt z. B. eine 2 mm dicke Schicht aus türkisblau gefärbtem Polypropylen, taucht sie 60 Sek. in eine I-Lsg. von 150°, dann 3 Min. in Aceton u. verdampft den Acetonrest. Auf der Oberfläche zeigt sich ein gut haftendes weißes Pulver, das die Oberfläche mit beliebigen Tinten usw. leicht beschreibbar macht, worauf man die Flamme eines Gasbrenners auf die Oberfläche richtet u. die Schrift dadurch fixiert. Auf die Oberfläche kann ggf., bes. mit einer 5—10%ig. Polystyrol-Lsg. in $CH_3COC_2H_5$ u./oder Bzl. bei Raum-Temp.

bis 60°, ein (Polystyrol-) Schutzfilm aufgebracht werden. — Beispiele. (**E. P. 858 623** vom 22/6. 1959, ausg. 11/1. 1961. It. Prior. 26/6. 1958.) G. Vogel. 7173

Montecatini Soc. Gen. per l'Industria Mineraria e Chimica (Erfinder: Carlo Longiave, Renato Castelli und Gian Francesco Croce), Mailand, Italien, **Polymerisieren von Butadien** mit Katalysatoren aus Organometall-Verbb. von Metallen der Gruppe 2 oder 3 des Period. Syst. u. von Verbb. von Metallen der Gruppe 8, die in einer nicht maximalen Wertigkeitsstufe vorliegen können. Verbb. der Metalle der Gruppe 8 sind z. B. deren Sulfate, Phosphate, Sulfide, Carbonate, Nitrate, bas. oder neutrale Acetate, Oxide u. Hydroxide. Man polymerisiert, zweckmäßig in Lsgm. bei —25 bis +70°, bes. —25 bis +25°, u. erhält Polymere, die zu wenigstens 90% aus Einheiten mit cis-1.4-Verkettung bestehen, bei Raum-Temp. ungestreckt amorph sind, durch Strecken krist. werden u. einen F. ≧ —2,5° aufweisen. — Zu einer Suspension von 1,3 g $CoCl_2$ (wasserfrei) in 1000 ml Bzl. gibt man im Vakuum 6 g $(C_2H_5)_2 \cdot AlCl$ u. unmittelbar danach 190 g Butadien (98,5%ig) u. bewegt 8 Std. bei 24—25°, worauf mit CH_3OH zersetzt wird. (**Oe. P. 215 147** vom 5/12. 1958, ausg. 10/5. 1961. **F. P. 1 215 953** vom 4/12. 1958, ausg. 21/4. 1960. Beide It. Prior. 6/12. u. 24/12. 1957.) M. Pankow. 7173

Montecatini Soc. Gen. per l'Industria Mineraria e Chimica (Erfinder: Gerlando Marullo, Carlo Longiave, Renato Castelli und Mario Ferraris), Mailand, Italien, **Herstellung von Butadien-(1.3)-Polymeren** von hohem Molgew. u. vorwiegend cis-1.4-Struktur mit einem lösl. Katalysator aus Alkyl-Metall-Verbb. oder Komplexen von Metallen der Gruppe 8 des Period. Syst.; man polymerisiert in Ggw. von einem α-Olefin oder einem nichtkonjugiertem Diolefin [Äthylen, Allen, Butadien-(1.2)]. — 1000 ml Bzl., 0,036 Mol $(C_2H_5)_2AlCl$, 0,0617 $CoCl_2$ (als Benzol-Lsg. eines $CoCl_2$-Pyridin-Komplexes mit 0,124 g/Liter) u. 100 g Butadien werden im 3-Liter-autoklaven mit 38,5 mm Äthylendruck 3 Std. bei 15° umgesetzt u. mit CH_3OH gefällt. (**F. P. 1 241 011** vom 23/11. 1959, ausg. 20/12. 1960. **Oe. P. 218 739** vom 25/11. 1959, ausg. 27/12. 1961. It. Prior. 26/11. 1958.) M. Pankow. 7173

Montecatini Soc. Gen. per l'Industria Mineraria e Chimica, Italien (Erfinder: Umberto Maffezzoni und Ermanno Suza), **Abtrennung von Katalysatorrückständen aus Lösungen von polymeren Kohlenwasserstoffen,** wie cis-Polybutadien-(1.4). Man gibt zu der Polymerisat-Lsg. einen in den Lsgm. lösl. Alkohol in einer Menge von etwas über der stöchiometr. Menge bis zu 1 Mol pro 0,01 Mol des Katalysators. — Zu einer Polymerisat-Lsg. aus 80 g Butadien, 764 cm^3 Bzl., 4 g $(C_2H_5)_2AlCl$ u. 236 cm^3 einer benzol. Lsg. von $CoCl_2 \cdot 2\ C_5H_5N$ mit 0,11 g/Liter $CoCl_2$ gibt man 20 cm^3 mit 100 cm^3 Bzl. verd. CH_3OH, rührt 15 Min. u. zentrifugiert den Katalysator ab. (**F. P. 1 249 768** vom 3/3. 1960, ausg. 22/3. 1961. It. Prior. 5/3. 1959.) M. Pankow. 7173

Imperial Chemical Industries Ltd., London, England (Erfinder: Dennis Aubrey Lewis und Percy Arthur Small), **Polymethallylalkohol** mit einem Molgew. >2000 erhält man durch Red. von Polymethylmethacrylat von entsprechend hohem Molgew. in inertem Rk.-Medium mit komplexem Aluminiumhydrid, bes. Lithiumaluminiumhydrid (Lsgm. N-äthylmorpholin, Dioxan, Tetrahydrofuran oder Äthylenglykoldimethyläther) oder mit Aluminiumtrialkyl, bes. Aluminiumtriisobutyl (Lsgm. aromat. KW-Stoffe). Die Red. kann partiell oder vollständig durchgeführt werden. Verw. der Rk.-Prodd. zur *Herst. von Filmen* u. *Fasern.* (**E. P. 873 207** vom 6/9. 1957, ausg. 19/7. 1961.) L. Stadelmann. 7173

Solvic Soc. An., Brüssel, Belgien, beziehungsweise Solvic S.à r.l., Seine, Frankreich, **Polymerisation von Vinylchlorid (I).** Als Katalysator nimmt man 1. ein Gemisch eines Ag-Salzes mit einem Sb-Trialkyl. So werden 500 (g) I bei —25° mit 5 $Sb(n\text{-}C_3H_7)_3$, 2,5 $AgNO_3$ u. 50 cm^3 CH_3OH versetzt u. 5 Std. gerührt. (Oe. P. 212 567 u. F. P. 1 230 632). — 2. $B_n(Alkyl)_mH_p$ (n = ganze Zahl ≧2; p = ganze Zahl ≧1; m + p = 3n). Man hält 500 I u. 1 Liter n-Hexan bei 0° u. rührt 24 Std. mit 3 $B_2H_4 \cdot (CH_3)_2$ (Oe. P. 214 645 u. F. P. 1 230 631). — 3. Organometall-Derivv. MR_n (M = Metall der Gruppe 1—3 des Period. Syst., wie Alkalimetalle, Be, Cd, Zn, Hg, Al, Ga, In, Tl; R = beliebiger Rest; n = 1, 2 oder 3). Zu einer Lsg. von 5 $Li(n\text{-}C_4H_9)$ in 1 Liter Heptan u. Octan (1:1-Mischung) von —50° rührt man unter N_2 500 I u. hält 24 Std.: Polymeres mit 25% Kristallinem (Oe. P. 215 149 u. F. P. 1 230 042). — 4. Den Metallkomplex $M_xM'_yR_{3y+nx}$ (M = Metall der Gruppe 1 oder 2 des Period. Syst.; M' = Metall der Gruppe 3; R = Alkyl u./oder H; n = Valenz von M; x u. y = ganze Zahlen). Zu 500 I von —30° gibt man in Abwesenheit von Luft u. Feuchtigkeit 5 Li-Methylborhydrid u. rührt 48 Std. bei —30°. (**Oe. PP. 212 567** vom 4/4. 1959, ausg. 27/12. 1960, **214 645** vom 4/4. 1959, ausg. 25/4. 1961, **215 149** u. **215 150** vom 4/4. 1959, ausg. 10/5. 1961. **F. PP. 1 230 631** u. **1 230 632** vom 3/4. 1959, ausg. 19/9. 1960, **1 230 042** u. **1 230 043** vom 3/4. 1959, ausg. 13/9. 1960. Alle Belg. Prior. 5/4. 1958.) M. Pankow. 7173

Chemische Werke Hüls Akt.-Ges., Marl, **Schlagfeste Polyvinylchloridmischungen.** Sie enthalten 96—99,5 (Teile) Suspensions-Polyvinylchlorid u. 4—0,5 eines Dibutylfumarat–Butadien (50—90:50—10)-Mischpolymerisats. Das durch Suspensionspolymerisation gewonnene Polyvinylchlorid soll K-Werte zwischen 60 u. 80, bes. 65—75, aufweisen u. kann Stabilisatoren u. Gleitmittel enthalten: Herst. *schlagfester Rohre.* (**Oe. P. 217 707** vom 5/5. 1960, ausg. 25/10. 1961. D. Prior. 2/9. 1959.) M. Pankow. 7173

Dunlop Rubber Co. Ltd., London, England (Erfinder: Wyndham Mobberley), **Plastisolmassen aus Polyvinylharz,** dad. gek., daß sie nach E. P. 858 176 ein Polyvinylharz, bes. aus Polyvinylchlorid (I), oder I u. Vinylidenchlorid oder Mischungen von Harzen aus I, einen Weichmacher u. einen Viscositätsstabilisator, bestehend aus einem Ester eines aliphat. 3wertigen Alkohols u. einer organ. Säure, enthalten, wobei der Ester $\geqq 1$ Fettsäurerest mit 2—5 C-Atomen in der Acylgruppe u. $\geqq 1$ aliphat. Carbonsäurerest mit $\geqq 6$ C-Atomen in der Acylgruppe enthält. Der Stabilisator enthält bes. Glycerinester von gesätt. Fettsäuren u. olefin. ungesätt. Carbonsäuren u. ein Alkylenglykol. Es werden z. B. 5 (Teile) Glycerinmonooleatdiacetat (II), das geringe Mengen eines Glycerinacetatstearatoleats enthält, oder 5 II u. 3 Hexylenglykol zugesetzt. Nach E. P. 858 177 dienen als Stabilisatoren 2wertige Alkohole, wie Äthylenglykol bzw. 1.4-Glykole oder Polyäthylenglykole. — Mengenbeispiele, Viscositätstabellen. (**E. PP. 858 176** u. **858 177** vom 25/9. 1956, ausg. 11/1. 1961.) G. Vogel. 7173

E. I. du Pont de Nemours & Co., Wilmington, Del., V.St.A., **Herstellung von Mischpolymerisaten** aus 30—70 (Gew.-%) Vinylidenfluorid u. 70—30 Hexafluorpropen bei konst. Temp. von 55—120° u. konst. Druck von 250—1500 lbs./sq.in. auf kontinuierlichem Wege u. in Ggw. von H_2O_2, organ. Peroxiden oder Persalzen wie $Na_2S_2O_8$. Gearbeitet wird bes. in wss. Emulsionen u. unter konst. Zufluß der Monomeren u. des Katalysators in konst. Verhältnis. Beschreibung u. Zeichnung des Arbeitsvorganges. Die Endprodd. sind vulkanisier- u. härtbar u. können mit Füllstoffen usw. versetzt werden. Sie eignen sich für Filme, Folien, Fasern, Formkörper. (**E. P. 861 951** vom 28/1. 1958, ausg. 1/3. 1961. A. Prior. 29/4. 1957. **Zusatz zu E. P. 789 786; C. 1959, 14269.**) H. Schindler. 7173

E. I. du Pont de Nemours & Co., Wilmington, Del., V.St.A., **Thermoplastische Masse,** gek. durch ein Polymeres, das überwiegend aus Polyvinylfluorid besteht, peroxidfrei ist, als Stabilisierungsmittel ein Alkaliformiat enthält. — Man dispergiert z. B. Polyvinylfluorid mit einer Eigen („intrinsic")-Viscosität von 3,03 in W. bis zu 21%ig. Konz., fügt der Dispersion eine 1%ig. wss. Na-Formiat-Lsg. zu, so daß dieses Salz 1% des Harzes beträgt, rührt u. filtriert die Lsg., wäscht u. erhitzt die auf eine Unterlage gespritzte Masse im Vakuum auf 70° bei 15—20 mm Hg-Druck u. preßt z. B. bei 255° u. 12000 lbs./sq.in. farblose Schichten. Herst. von *Filmen* mit 0,01—1, bes. 0,1% Formiat-Gehalt. — Beispiele. (**E. P. 862 572** vom 6/2. 1959, ausg. 15/3. 1961. A. Prior. 7/2. 1958.) G. Vogel. 7173

E. I. du Pont de Nemours & Co., Wilmington, Del., V.St.A., **Herstellung von Körpern aus Vinylfluoridpolymeren,** die 70—100 Gew.-% Polyvinylfluorid enthalten, dad. gek., daß man eine Mischung von Partikeln des Polymeren mit Dimethylsulfoxid mischt u. verschmilzt. — Man mischt z. B. 510 (Teile) Dimethylsulfoxid ohne wesentliche Temp.-Erhöhung 20 Min. (500—1000 U/Min.), erhöht kurz auf 8000 U/Min., läßt die Masse im Vakuum über Nacht stehen (Luftentfernung), gießt die Masse in Mineralöl von 157°, kühlt den Film in kaltem (30°) Mineralöl, wäscht das Mineralöl u. Dimethylsulfoxid mit W. aus u. trocknet. — Herst. von *Filmen, Fäden, Stäben, Rohren* usw. — Beispiele. (**E. P. 862 853** vom 30/6. 1959, ausg. 15/3. 1961. A. Prior. 16/7. 1958.) G. Vogel. 7173

Kurashiki Rayon Kabushiki Kaisha, Kurashiki, Japan, **Herstellung von Polyvinylalkohol, der endständig Carbonylgruppen trägt.** Man erhitzt eine 1—5%ig. wss. Lsg. von Polyvinylalkohol, der durch Photooxydation oder oxydierende Agentien wie Persulfat oder Bromsuccinimid, oxydiert worden ist, in inerter Atmosphäre mit wss. Alkali, bes. kaust. Soda, u. fällt das endständig Carbonylgruppen tragende Spaltungs-Prod. mit Methanol. (**E. P. 872 123** vom 22/6. 1959, ausg. 5/7. 1961. Jap. Prior. 11/7. 1958.) L. Stadelmann. 7173

Montecatini Soc. Gen. per l'Industria Mineraria e Chimica, Mailand, Italien, und Karl Ziegler, Mülheim/Ruhr (Erfinder: Giulio Natta, Ettore Giachetti und Italo Pasquon, Mailand, Italien), **Herstellung polymerer**

Vinylkohlenwasserstoffe (Propylen, Styrol) mittels eines Katalysators, den man beim Zusammenbringen einer Verb. eines nicht seine höchste Wertigkeitsstufe aufweisenden Metalles der 4. oder 5. Gruppe des Period. Syst., einer metallorgan. Verb. eines Metalles der Gruppe 1—3 u. einer davon verschiedenen Verb. eines Metalles der Gruppe 2 erhält. — 60 ml 33 Vol.-%ig. Styrol-Lsg. in Bzl. werden unter Luft- u. Feuchtigkeitsausschluß mit 0,7 g $TiCl_3$, 1,1 ml $(C_2H_5)_3Al$ in Bzl. u. 0,15 ml $Zn(C_2H_5)_2$ (I) versetzt u. bei 40° polymerisiert. Die Grenzviscosität des Polymeren in Bzl. ist geringer als die eines ohne I hergestellten Polymeren. (**Oe. P. 214 142** vom 6/11. 1958, ausg. 27/3. 1961. It. Prior. 7/11. 1957.) M. Pankow. 7173

Montecatini Soc. Gen. per l'Industria Mineraria e Chimica, Italien, und Karl Ziegler, Deutschland (Erfinder: Giulio Natta, Mario Peraldo und Mario Farina), **Polymerisieren von Vinylverbindungen** der Formel $R^1R^2C:CR^3R^4$ (R^1—R^4 = H, D, T, Alkyl-, Alkenyl-, Aryl-, Alkylaryl-, cycloaliphat. Rest oder organ. Gruppen mit O, N, Halogen, S, P, Si u. Sn; R^1 nicht = R^2 u. R^3 nicht R^4 u. R^1 u./oder R^2 nicht = R^3 oder R^4), z. B. von Penten-(2), Hexen-(2), β-Methylstyrol, 1-Methyl-2-methoxy-, -äthoxy- oder -butoxyäthylen, 1-Äthyl-2-methoxy- oder -butoxyäthylen, Alkenylpyridin, -thioäther, -Silan, $DHC:CHCH_3$ mit stereospezif. Katalysatoren. — Man gibt in Abwesenheit von Luft u. Feuchtigkeit 52 cm³ cis-D_1-Propylen-(1) (aus cis-1-Brompropylen mit Li u. Zers. des Propenyl-Li mit schwerem W. zu einer Mischung von 0,225 (g) $(C_2H_5)_3Al$, 0,065 $TiCl_3$ u. 30 cm³ n-Heptan u. bewegt 6 Std. bei 20°. Man erhält ein Polymeres, das zu 32,8% ätherlösl., zu 4,2% heptanlösl. ist u. 63% Rückstand enthält. — Man erhält bei diesen Polymerisationen diisotakt. Polymere, die die Bezeichnung „Erythro" (I) u. „Threo" (II) erhalten. Die krist. Polymeren eignen sich zur Herst. *plast. Massen*, von *Fasern* u. *Filmen*, die amorphen u. Mischpolymere von 2 stereoisomeren Formen können auf dem Gebiet der Elastomeren angewandt werden. (**F. P. 1 248 156** vom 11/12. 1959, ausg. 1/3. 1961. It. Prior. 12/12. 1958 u. 21/3. 1959.) M. Pankow. 7173

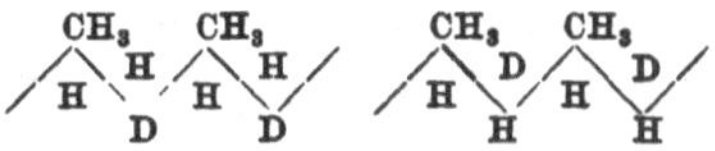

I II

Dainippon Celluloid Kabushiki Kaisha, Sakai (Erfinder: Yoshio Matsuda, Osaka, Tetsuro Kinoshita, Suita, Hiroshi Marusawa, Hiraoka, Shigeru Yabumoto, Osaka, und Tsutomu Fujii, Sakai), Japan, **Polyvinylchloridpräparat,** enthaltend chlorsulfoniertes Polyäthylen (I) zur Verbesserung der Schlagfestigkeit. — 100 (Teile) Polyvinylchlorid, 3 fl. Sn-Stabilisator u. 10 I werden 10 Min. bei ca. 160° auf dem 2-Walzenstuhl gewalzt u. auf dem 4-Walzenkalander von 160° zu Platten ausgezogen. (**Jap. A. S. 6135/1960** vom 28/2. 1958, ausg. 31/5. 1960.) M. Pankow. 7173

Nippon Denshin Denwa Kosha (Erfinder: Kazumasa Ono und Hideo Miyamoto, Tokyo), Japan, **Herstellung von Vinylharzlösungen.** Man nimmt als Lsgm. für Polyvinylchlorid oder Vinylchlorid–Vinylacetat-Mischpolymerisate CH_2BrCl. (**Jap. A. S. 5386/1960** vom 18/11. 1957, ausg. 18/5. 1960.) M. Pankow. 7173

Tokyo Shibaura Denki Kabushiki Kaisha, Kawasaki (Erfinder: Yuso Miura, Tokyo, Tomomichi Tsukada, Kawasaki, und Shizuo Hayashi, Yokohama), Japan, **Antistatischer Formkörper.** Man mischt 0,1—3% (des Harzes) Antistatikum in Vinylchloridpolymere oder -mischpolymere in Pulverform oder überzieht sie damit u. preßt das Material heiß. — Man besprüht Vinylchlorid–Vinylacetat-Mischpolymerisatpulver mit einer alkohol. Lsg. von Stearamidopropyldimethyl-β-hydroxyäthylammoniumnitrat, so daß das Harz nach dem Trocknen 0,7-Gew.-% des Antistatikums enthält, erwärmt 120 g des Pulvers auf 110—120°, bringt in die Form u. preßt bei 140° mit 50 kg/cm² zu einer Platte, die keine stat. Aufladung zeigt. (**Jap. A. S. 6136/1960** vom 28/2. 1958, ausg. 31/5. 1960.) M. Pankow. 7173

Wacker-Chemie G.m.b.H., München, **Polymerisieren von Vinylchlorid,** auch in Mischung mit anderen polymerisierbaren Vinylverbb., mit einem wasserunlösl., im Vinylchlorid lösl. Polymerisationskatalysator. Man arbeitet mit reinem W. (Leitfähigkeit < 2 Mikrosiemens) u. bewegt das W. mechan. mit hoher Geschw., etwa mit einem 3-Schaufel-Sternrührer von 950 mm Ø bei einer Umfangs-Geschw. ≧ 4,5 m/Sek. in einem Behälter von 1260 mm Ø u. 2 m³ Inhalt: Geringe Wasseraufnahme des Polymeren. — Im Autoklaven mit 2400 mm Ø, der mit Wellenbrecher u. Sternrührer versehen ist, werden 3500 (kg) Vinylchlorid mit 4,5 Dilauroylperoxid in 8500 reinstem W. 26 Std. bei 47° mit einer Umfangs-Geschw. des Rührers von ca. 8 m/Sek. gerührt. (**Oe. P. 214 648** vom 19/6. 1959, ausg. 25/4. 1961. D. Prior. 16/7. 1958.) M. Pankow. 7173

Union Carbide Corp., N. Y., übert. von: George M. Adams, Palos Heights, Ill., V.St.A., **Bedruckte Polyvinylchloridfilme** werden mit einem Überzug versehen, der aus einer Lsg. von Celluloseester u. Acrylatpolymer in einem Lsgm.-Gemisch von einwertigem aliphat. Alkohol u. dessen Estern mit einbas. aliphat. Säuren oder mit Nitroalkanen entsteht. (**A. P. 2 974 057** vom 10/6. 1959, ausg. 7/3. 1961.) C. Kittler. 7173

Kurashiki Rayon Co. Ltd., Okayama, übert. von: Masakazu Matsumoto und Makoto Shiraishi, Kurashiki, Japan, **Niedermolekularen Polyvinylalkohol** erhält man durch Oxydation von Polyvinylalkohol mit üblichen Oxydationsmitteln bei 0—100°, bis höchstens 20 Mol.-% der Vinylalkohol-Einheiten Carbonylgruppen enthalten, Spaltung des oxydierten Polymerisats mit wss. Alkali, z. B. NaOH bei erhöhter Temp. u. bes. unter N_2, u. Fällen des Rk.-Prod. mit Methanol. Man erhält Polyvinylalkohol vom Polymerisationsgrad ca. 20—40, der endständig Aldehyd- u. Keton-Gruppen enthält. — Verw. als *Vernetzungsmittel für Polyvinylalkohol* (durch Acetalbildung). (**A. P. 2 983 759** vom 19/1. 1959, ausg. 9/5. 1961. Jap. Prior. 18/1. 1958.) L. Stadelmann. 7173

W. R. Grace & Co., Cambridge, Mass., übert. von: David Rubinstein, Brookline, und Elmar K. Wilip, Cambridge, Mass., V.St.A., **Herstellung von 1.4.5.6.7.7-Hexachlorbicyclo-[2.2.1]-hepten-(5)-2.3-dicarbonsäurevinyl-(2-äthylhexyl)-ester (I).** — 1.4.5.6.7.7-Hexachlorbicyclo-[2.2.1]-hepten-(5)-2.3-dicarbonsäureanhydrid wird mit der äquimol. Menge 2-Äthylhexanol-(1) 2 Std. auf 130° erhitzt, wobei sich der Mono-2-äthylhexylester bildet. 1032 (g) Essigsäurevinylester, 0,1 Kupferresinat u. 1,2 $Hg(CH_3COO)_2$ werden auf 0° gekühlt. 0,3 ml konz. H_2SO_4 werden langsam eingerührt, danach 500 Mono-2-äthylhexylester. Die Mischung wird 4 Tage bei 30° stehengelassen u. dann 3 Tage unter Rückfluß gekocht, wonach 70% des Monoesters umgesetzt sind. Nach Zugabe von 2,5 CH_3COONa in 5 W. werden Essigsäure u. Essigsäurevinylester abdest., der nichtumgesetzte Monoester mit 0,1n NaOH neutralisiert u. ausgewaschen. Der Rückstand wird mit Ae. extrahiert → I. — Mit Dicumylperoxid kann I polymerisiert werden, das Polymerisat ist als *Weichmacher* für PVC u. andere Vinylpolymere geeignet. (**A. P. 2 968 671** vom 31/12. 1958, ausg. 17/1. 1961.) A. Debo. 7173

Monsanto Chemical Co., St. Louis, übert. von: Louis O. Raether, Webster Groves, und Harry R. Gamrath, St. Louis, Mo., V.St.A., **Herstellen von Estern organischer Polycarbonsäuren.** Man setzt monoolefin. KW-Stoffe oder deren Oligomere mit Estern der allg. Formel $(HOOC)_m-R-(COOCH_2R')_n$, worin R ein KW-Stoff-Rest u. R' ein solcher mit mindestens 3 C-Atomen, m u. n eine ganze Zahl von 1—5 ist, wobei $n + m = 2—6$, bei erhöhter Temp. in Ggw. von Katalysatoren, bes. Perchlorsäure u. BF_3 oder H_2SO_4, um. — Beispiel: n-Butylphthalat + Decen-(1) $\xrightarrow{\text{konz. } H_2SO_4,\ 70-85^\circ}$ *n-Butyl-2-decylphthalat.* — Ferner wurden hergestellt: *2-Decyl-2-äthylhexylphthalat, n-Butyl-2-dodecylphthalat, Isodecyl-2-decylphthalat, Di-2-octyl-di-n-butylpyromellitat, n-Butyl-2-pentylphthalat, 2-Pentyltridecylphthalat, n-Butyl-2-octyladipat* u. *n-Butyl-2-dodecylsebacat.* — *Plastikatoren* bes. *für PVC.* (**A. P. 2 975 210** vom 14/3. 1958, ausg. 14/3. 1961.) L. Stadelmann. 7173

Imperial Chemical Industries Ltd., London, England (Erfinder: Dorothy Joyce Guest), **Erhöhung der Wasserbeständigkeit von Filmen von Polymeren des Vinylacetats und Vinylpropionats.** Den zur Herst. der Filme dienenden wss. Dispersionen des Vinylacetats u. des Vinylpropionats werden 0,5—8 (Gew.-%) Amylopektin (bezogen auf die Gesamtdispersion) zugesetzt. Der Geh. an Amylose soll 5 nicht überschreiten (bezogen auf den Amylopektingehalt). (**E. P. 870 287** vom 5/11. 1958, ausg. 14/6. 1961.) F. Markhoff. 7173

British Celanese Ltd., übert. von: Dennis Grady und Arthur Hodge, Spondon, England, **Stabile wässerige Polymerisatemulsionen** erhält man durch Polymerisation von Vinylverbb. in wss. Emulsion, die einen in W. lösl. Katalysator, bes. Persulfat, u. als Stabilisator u. einziges Dispergiermittel ein wasserlösl. Mischpolymerisat aus 99,5—90% eines wasserlösl. Salzes der Methacrylsäure u. 0,5—10% Vinylacetat enthält. Die Beispiele betreffen die Herst. des Stabilisators u. die *Emulsionspolymerisation von Vinylacetat.* (**A. P. 2 987 493** vom 1/7. 1957, ausg. 6/6. 1961. E. Prior. 4/7. 1956.) L. Stadelmann. 7173

Metallgesellschaft Akt.-Ges., Frankfurt/M. (Erfinder: Wolfgang-Dieter Luz), **Stabilisator für Polyvinylchlorid** besteht aus einem Gemisch von Dibutyl-Sn-Acetat, Dibutyl-Sn-Dicaprinat oder Dibutyllaureat u. einem Thioglykolester, in dem der alkohol. Bestandteil 5—9 C-Atome enthält. Die Zusatzmenge ist so zu bemessen, daß der Sn-Geh. in der stabilisierten Verb. 0,1—1 Gew.-% beträgt. (**E. P. 874 574** vom 16/3. 1960, ausg. 10/8. 1961.) F. Markhoff. 7173

Yoshitomi Seiyaku Kabushiki Kaisha, Osaka (Erfinder: Hikojo Onishi, Nakatsu, und Taku Tashiro, Fukuoka), Japan, **Licht- und Wärmestabilisierung von Polyvinylchloriden** durch Zusatz von Verbb. der Formel $X[Sn(C_4H_9)_2$-OCOCH= CHCOOZOCOCH : $CHCOO]_nSn(C_4H_9)_2Y$ (X u. Y = Reste mit Ausnahme von akt. H von aliphat. oder aromat. Monocarbonsäuren, Polycarbonsäureestern mit einem Säurerest u. Mercaptoverbb. mit einer Thiolgruppe; Z = Äthylen- oder Monoacyloxypropylenrest; n = 1, 2 oder 3). — In 200 cm³ Bzl. läßt man 12,4 (g) Äthylenglykol u. 39,2 Maleinsäureanhydrid 4 Std. unter Rückfluß reagieren, setzt 7,5 Dibutyl–Sn-Oxid, 24,8 Monolaurylmalat u. 17,2 Monobutylmalat zu, hält weiter unter Rückfluß, entfernt entstehendes W., dest. Bzl. bei Unterdruck ab, entfernt flüchtige Anteile u. filtriert das Rohprod. der Formel $C_{12}H_{25}OCOCH:CHCOO[Sn(C_4H_9)_2OCOCH:CHCOOCH_2CH_2OCOCH:CHCOO]_{1,5}\cdot Sn(C_4H_9)_2OCOCH:CHCOOC_4H_9$ ab; etwas viscose, leicht gefärbte Fl., Molgew. 1420. — Weiter sind genannt: $C_{11}H_{23}COO[Sn(C_4H_9)_2OCOCH:CHCOOCH_2CH_2OCOCH:CHCOO]_{0,95}$ $-Sn(C_4H_9)OCOC_6H_4OH(o)$ bzw. $-Sn(C_4H_9)_2OCOC_{11}H_{23}$ u. $C_8H_{17}COO[Sn(C_4H_9)_2OCOCH:CHCOOCH_2CH(OCOC_{17}H_{23})CH_2OCOCH:CHCOO]_{1\cdot 2}Sn(C_4H_9)_2SCH_2COOC_8H_{17}$. (**Jap. A. S. 5983/1960** vom 23/10. 1957, ausg. 28/5. 1960.) M. Pankow. 7173

Shinagawa Kako Kabushiki Kaisha (Erfinder: Tetsuya Sato und Katsuhiro Kawasaki), Tokyo, Japan, **Herstellung eines Stabilisierungsmittels für Vinylchloridharze.** Man versetzt bas. Pb-Salze von Mineralsäuren mit geringen Mengen von Glycerinestern von C_{10-22}-Fettsäuren, so daß die Pb-Salze mit den Estern überzogen werden. — Man dispergiert 150 (kg) PbO u. 5 CH_3COOH in 1000 Liter W. unter Rühren, gibt hierzu eine Lsg. von 10 98%ig. H_2SO_4 in 50 Liter W. u. zu dem entstandenen 3bas. Pb-Sulfat eine Fettemulsion (1,5 gehärteter Rindertalg, 0,165 Stearinsäure, 0,06 Äthanolamin, 0,1 25%ig. NH_3-W., in 25 Liter W. erhitzt u. gerührt), führt die ganze Rk. bei 50—65° durch u. rührt noch 1—2 Std., filtriert ab, wäscht u. trocknet bei 105—115°. Man verwendet das Prod. in Mengen von ca. 3% im Vinylharz. (**Jap. A. S. 5090/1960** vom 26/12. 1957, ausg. 13/5. 1960.) M. Pankow. 7173

Union Carbide Corp., New York, N.Y., V.St.A., **Organozinnsalze von substituierten Bernsteinsäuren** erhält man durch Rk. von alkyl-, cycloalkyl-, alkenyl- oder cycloalkenylsubstituierter Bernsteinsäure oder deren Anhydrid mit Verbb. der Formel R^1R^2SnO. $R^1R^2R^3SnOH$ oder $[R^1R^2R^3Sn]_2O$, worin R^1, R^2, R^3 KW-Stoff-Reste, bes. mit 3—18 C-Atomen, bedeuten. Die ersteren alkenylsubstituierten Verbb. erhält man durch Rk. von Maleinsäureanhydrid mit ungesätt., unkonjugierten aliphat. oder cycloaliphat. Verbindungen. Diese können durch Hydrierung in die gesätt. Verbb. übergeführt werden. — 2 (Mol) eines Gemisches von isomeren Nonenylbernsteinsäureanhydriden u. 2 Bis-(2-äthylhexyl)-zinnoxid werden in Ggw. von 1735 cm³ Bzl. 3 Std. unter Rückfluß auf 83—85° erhitzt, wobei W. u. ein Teil des Bzl. abdest. wird. Nach Entfernen des restlichen Bzl. im Vakuum bei < 90° erhält man ein isomeres Gemisch von *Bis-(2-äthylhexyl)-zinn-nonenylsuccinat* als gelbe viscose Fl. n_D^{20} 1,4971, d^{20} 1,110, die in Aceton u. Dimethylformamid lösl. ist. Analog erhält man ein isomeres Gemisch des entsprechenden *-pentenylsuccinats* n_D^{20} 1,4977, d^{20} 1,155, des *-hexenylsuccinats* n_D^{20} 1,4988, d^{20} 1,152 sowie *Dibutylzinndodecenylsuccinat*, viscose Masse u. *Bis-(triphenylzinn)-nonenylsuccinat*, graue feste Masse. *Stabilisatoren für Vinylhalogenidharze.* (**E. P. 873 865** vom 20/5. 1959, ausg. 26/7. 1961. A. Prior. 21/5. 1958.) J. Mühleisen. 7173

Montecatini Soc. Gen. per l'Industria Mineraria e Chimica (Erfinder: Giulio Natta, Paolo Longi, Giorgio Mazzanti und Francesco Bernardini), Mailand, Italien, **Polymerisation von Acrylmonomeren** in Ggw. von Katalysatoren der allg. Formel I (R_1 u. R_2 = Alkyl-, Cycloalkyl-, Aryl-, Alkaryl-, Aralkylgruppen, die gleich oder verschieden sein können oder mit dem N-Atom einen heterocycl. Ring bilden; R_3 u. R_4 = Alkyl-, Aralkyl- oder Arylgruppen; Me^I = Alkalimetall; Me^{II} = Metall der Gruppe I, II oder III des Period. Syst.; X = H oder Halogen; p = 0 oder 1; n = 0 oder eine ganze Zahl; m + n = Summe der Wertigkeiten von Me^I u. Me^{II}; g = 0 oder 1. Me^I = Li; Me^{II} = Be, Mg oder Al). Solche Katalysatoren sind z. B. $LiAl[N(C_6H_5)_2]_3H\cdot O(C_2H_5)_2$, $LiAl[N(C_2H_5)_2]_3H$, $Be[N(C_6H_5)_2]_2\{Al[N(CH_3)_2]_3\}$ oder die Verb. der Formel II. Die verwendeten Monomeren sind Alkylacrylate mit verzweigter Kette (tert.-Butylacrylat, Isopropylacrylat), Acrylnitril oder Acrylester. Die Polymerisation erfolgt in einer indifferenten Lsg. bei Temp. zwischen —100 u. +100°. (**Ung. P. 149 499** vom 27/6. 1960, ausg. 20/10. 1961. It. Prior. 30/6. 1959.)

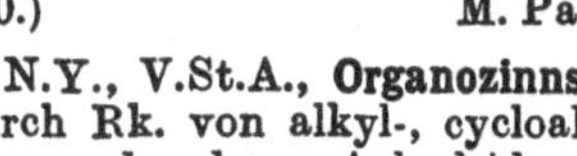
I

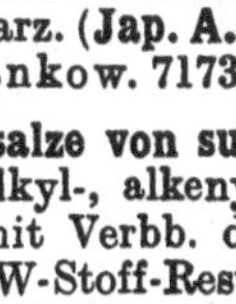
II

F. Landsberger. 7173

Rohm & Haas Co., Philadelphia, Pa., V.St.A., **Feste wasserlösliche Polymerisate von Salzen der Acrylsäure** erhält man in einem kontinuierlichen Verf., wobei man die 20—50%ig. wss. Lsg. einer Mischung aus Ca-Acrylat u. mindestens einem wasserlösl. Ammonium-, Amin- oder Alkalisalz der Methacryl- oder Acrylsäure, die 0,2—3% eines Polymerisationskatalysators enthält, 5 Sek. bis 2 Min. über eine rotierende, 100—150° heiße Fläche filmartig laufen läßt. Man erhält direkt das trockne Polymerisatpulver. — Beispiel: Aus einer 40%ig. wss. Lsg. einer Mischung aus K-Methacrylat u. Ca-Acrylat im Verhältnis 90 : 10 erhält man das Mischpolymerisat bei 127° u. 91%ig. Monomerenumwandlung. (**E. P. 869 333** vom 13/1. 1960, ausg. 31/5. 1961. A. Prior. 23/1. 1959.) L. Stadelmann. 7173

Toyo Reyon Kabushiki Kaisha, Tokyo (Erfinder: Sadao Yuzuguchi und Masamoto Watanabe, Otsu), Japan, **Polymerisieren von Acrylnitril**, auch zusammen mit anderen mischpolymerisierbaren Verbb. in wss. Phase mit einem Katalysator aus Persulfat u. einem tert. Aminhydrochlorid. — Zu 20 (Teilen) $(NH_4)_2S_2O_8$ in 9000 W. von 60° läßt man 1000 Acrylnitril u. 25 Triäthanolaminhydrochlorid in 500 W. (pH 3,75) in 2 Std. tropfen, rührt noch 1 Std. u. erhält ein Polymeres vom Molgew. 198000. (**Jap. A. S. 5389/1960** vom 25/12. 1957, ausg. 18/5. 1960.) M. Pankow. 7173

Kork Akt.-Ges., Boswil (Erfinder: Traugott Alpsteg, Birrwil), Aargau, Schweiz, **Herstellung von Schaumkörpern** aus Polystyrol (I), Molgew. >150000, durch Behandlung von I-Kugeln mit mindestens einem leicht flüchtigen Treibmittel (II), das das I zu quellen, jedoch prakt. nicht zu lösen vermag, oder mit einem Gemisch von II mit einer geringen Menge eines leicht flüchtigen Lsgm., dad. gek., daß man die I-Kugeln bei Zimmer-Temp. in die genannte Fl. eintaucht, das so erhaltene Material bei einer unterhalb einer das Aufschäumen des II bewirkenden Temp. so trocknet, daß die zusammenklebenden Kügelchen im Kern nicht verflüchtigtes II enthalten, während deren äußere Schicht prakt. II-frei ist, u. die erhaltene Masse ohne Druckanwendung auf eine über dem Kp. des II liegende Temp. erhitzt, derart, daß die einzelnen Kügelchen in blasenförmige, aneinander haftende Gebilde umgewandelt werden. (**Schwz. P. 352 493** vom 29/1. 1957, ausg. 14/4. 1961.) C. Lüttgen. 7173

Montecatini Soc. Gen. per l'Industria Mineraria e Chimica, Mailand, Italien, und Karl Ziegler, Mülheim/Ruhr (Erfinder: Giulio Natta und Dario Sianesi, Mailand, Italien), **Herstellung eines linearen, hochmolekularen Polymerisationsproduktes mit regelmäßiger Struktur** aus fluorsubstituierten Styrolen, wie o- u. p-Fluorstyrol, p-Fluor-o-alkylstyrol u. isomeren Fluorstyrolen, wie sie bei der Dehydrierung einer Fluoräthylbenzolisomerenmischung erhalten werden. — 0,5 (g) $TiCl_4$ werden in 20 ml Bzl. bei 70° unter N_2 in 2 Min. tropfenweise mit 0,9 $(C_2H_5)_3Al$ in 20 ml Bzl. versetzt u. 20 p-Fluorstyrol zugegeben. Nach 24 Std. wird die Rk. mit CH_3OH unterbrochen. Man extrahiert Amorphes mit Aceton u. erhält ein in Methyläthylketon, Ae. u. Bzl. unlösl. u. in heißem Tetrahydronaphthalin lösl. kristallines *Polymeres*. (**Oe. P. 213 053** vom 24/3. 1959, ausg. 25/1. 1961. It. Prior. 25/3. 1958.) M. Pankow. 7173

Nippon Shokubai Kagaku Kogyo Kabushiki Kaisha, Suita (Erfinder: Takayuki Otsu, Fuse), Japan, **Herstellung von Blockmischpolymeren** mit Schwefelverbindungen. Man polymerisiert Vinyl-Verbb. mit S-Verbb. als Auslöser, Lichtsensibilisator oder Kettenübertragungsmittel u. lichtpolymerisiert die erhaltenen Polymeren mit anderen Vinylverbindungen. Solche S-Verbb. sind Thiuramdisulfide, Xanthogendisulfide, Dibenzothiazoldisulfide. — 100 (Teile) Styrol u. 0,5 Tetramethylthiuramdisulfid werden 20 Std. auf 80° erhitzt. Man mischt zu dem Polymeren 100 Methylmethacrylat u. bestrahlt bei Raum-Temp. 15—20 Std. mit UV- oder Sonnenlicht. Das Polymere enthält 30% reines Polystyrol, 30% reines Polymethylmethacrylat u. 40% Mischpolymerisat. (**Jap. A. S. 5985/1960** vom 4/4. 1957, ausg. 28/5. 1960.) M. Pankow. 7173

American Oil Co., Texas City, übert. von: Fred A. Ford, Texas City, und Paul D. May, Galveston, Tex., V.St.A., **Herstellung von α-Methylstyrolpolymerisaten** mit einem Molgew. von 700—2000 durch Einleiten des zu 30—40% in Toluol oder Cumol gelösten Monomeren in einen Rk.-Behälter u. Polymerisieren bei —20 bis —40° in Ggw. von BF_3 unter dessen Partialdruck von 50 lbs./sq.in.g während 2—60 (3—10) Min.; etwaige Temp.-Erhöhung bei der Rk. wird durch vorgekühltes Monomeres abgeführt. Das Verf. ist kontinuierlich. Die Endprodd. dienen als Fußbodenbelagstoffe, Klebmittel, Schmierölzusätze u. dergleichen. (**A. P. 2 941 989** vom 27/11. 1956, ausg. 21/6. 1960.) H. Schindler. 7173

B. X. Plastics Ltd., Essex, England (Erfinder: Robert Roy Smith, Dennis Charles MacMillan Mann und Gordon Robertson Logie), **Verbessertes Polymerisationsverfahren** für die therm. Polymerisation von vinylaromat. Verbb. oder Allylmonomeren. Man setzt der Polymerisationsmischung gegen Ende der Polymerisation als Beschleuniger höchstens 0,05% eines Diphenyläthans der Formel

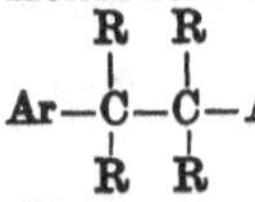

zu, worin die R H oder eine Alkylgruppe bedeuten u. mindestens 2 der R Alkylgruppen sind u. worin die Ar nichtsubstituiert oder durch Alkyl- oder Alkoxygruppen substituiert sind, u. polymerisiert bei 150—250° zu Ende. Man kann den Beschleuniger den Monomeren, bes. Styrol u. Allylestern, auch zu Beginn der Polymerisation zusetzen. Man erhält Polymerisate, die völlig frei von Monomeren sind u. z. B. *Polystyrole von erhöhtem Erweichungspunkt.* (**E. P. 864 675** vom 4/12. 1957, ausg. 6/4. 1961.) L. Stadelmann. 7173

Rohm & Haas Co., Philadelphia, Pa., übert. von: George L. Brown, Moorestown, N.J., Walter W. Toy und Richard E. Zdanowski, Philadelphia, Pa., V.St.A., **Wäßrige Polymerenemulsion,** bestehend aus 8—25 (%) einer Mischung aus 60—10 eines harten Mischpolymerisats aus 42—77 Styrol oder Vinyltoluol, 20 bis 46 eines Alkylacrylats (Alkyl C_{1-8}) u. 3—12 einer Monoolefincarbonsäure (Acryl- oder Itaconsäure) u. 40—10 eines weichen Mischpolymerisats aus 58—90 eines Alkylacrylats (Alkyl C_{1-8}), 10—36 Styrol oder Vinyltoluol u. ggf. bis zu 6 einer der vorst. Carbonsäuren. Bei pH $>$7,5 können noch Wachse, Schellack u. oberflächenakt. Stoffe zugesetzt werden. — *Imprägniermittel, Überzüge, Formlinge, Fußbodenpolituren.* (**A. P. 2 972 592** vom 10/12. 1958, ausg. 21/2. 1961.) H. Schindler. 7183

E. I. du Pont de Nemours & Co., Wilmington, Del., V.St.A. (Erfinder: Northrop Brown, William Philip Langsdrof jun., Carl Earle Schweitzer und Dennis Light Funck), **Polymerisieren von Formaldehyd zu hochmolekularem Polyoxymethylen** bei solchen Temp.-, Druck- u. Konz.-Bedingungen einer wss. u./oder alkohol. HCHO-Lsg., die einen sauren oder alkal. Katalysator enthält, der in dem Rk.-Gemisch ein Übergewicht an H- oder OH-Ionen erzeugt, daß die Lsg. bzgl. HCHO übersättigt ist; es bilden sich spontan Polyoxymethylenteilchen, die man in einem entsprechenden Medium zum Wachsen bringt u. die Sättigung der HCHO-Lsg. unter der Stabilitätsgrenze oder dem Punkt hält, oberhalb dessen sich spontan Impfteilchen bilden, wobei man die HCHO-Konz. allmählich auch verringern kann. Das Rk.-Medium kann eine mischbare indifferente organ. Fl. mit Kp. $>$100° (z. B. einen Äther) enthalten. Die erhaltenen *Polyoxymethylene* können in *Polyoxymethylendicarboxylate* oder *Polyoxymethylendiäther* übergeführt werden u. die erhaltenen Polymeren auf *Filme, Folien, Fasern, Fäden, Stäbe, Rohre* verarbeitet werden. — Man stellt bei 95° eine Lsg. vom pH 6,5 aus 115,9 (g) 70,7%ig. wss. HCHO, 9,1 W., 16,7 21%ig. wss. $(CH_3)_3N$ u. 3,82 85%ig. H_3PO_4 her, hält sie 30Min. bei 60°, hält 24,7 Std. bei 95°, verd. mit etwas W., filtriert, wäscht mit heißem u. kaltem W. u. Aceton. 0,910 dieses *Polyoxymethylens* werden mit 59,1 wss. CH_2O-Lsg. mit 53,9% HCHO u. vorst. Katalysator-Konz. vermischt u. 23,8 Std. bei 95° gehalten. Man filtriert, wäscht u. erhält 1,095*Polyoxymethylen* vom Molgew. 38000. (**F. P. 1 227 223** vom 3/9. 1958, ausg. 19/8. 1960. **Oe. P. 217 211** vom 4/9. 1958, ausg. 11/9. 1961. Beide A. Prior. 6/9. u. 3/12. 1957.) M. Pankow. 7177

Montecatini Soc. Gen. per l'Industria Mineraria e Chimica, Mailand, Italien, *Polymerisation von α-Olefinen.* (**E. P. 875 924** vom 25/2. 1958, ausg. 23/8. 1961. It. Prior. 26/2. 1957. — C. **1961,** 2458 [Oe. P. 206 178 u. F. P. 1 202 220].)

Soc. des Usines Chimiques Rhône-Poulenc, Paris, Frankreich, *Katalysator zum Polymerisieren von Propylen.* (**E. P. 859 730** vom 3/2. 1959, ausg. 25/1. 1961. F. Prior. 8/2. 1958. — C. **1961,** 2459 [F. P. 1 198 773].)

Pittsburgh Plate Glass Co., V.St.A. (Erfinder: **Roger Morris Christenson, Earl Elmer Parker** und **Chester Lawrence Parrio**), *Polymerisationsverzögerer.* (**F. P. 1 173 220** vom 16/2. 1957, ausg. 23/2. 1959. A. Prior. 19/4. 1956. — C. **1960,** 5334 [E. P. 807 636].)

Hooker Electrochemical Co., V.St.A., *Herstellung und Verarbeitung von Phenolharzen.* [(**F. P. 1 170 822** vom 10/1. 1957, ausg. 19/1. 1959. — C. **1962,** 6229 [E. P. 853 940].)

Olin Mathieson Chemical Corp., V.St.A. (Erfinder: **George Melvin Wagner**), *Herstellung von Phenolharzen.* (**F. P. 1 172 907** vom 7/3. 1957, ausg. 17/2. 1959. A. Prior. 7/3. 1956. — C. **1961,** 11544 [E. P. 831 053].)

Pittsburgh Plate Glass Co., V.St.A. (Erfinder: **Henry A. Vogel, Arthur F. Rylander** und **Robert F. Roach**), *Herstellung härtbarer Alkenylphenol-Alkyd-Harze.* (**F. P. 1 171 423** vom 16/1. 1957, ausg. 26/1. 1959. A. Prior. 17/1. 1956. — C. **1962,** 3280 [E. P. 837 104].)

Deutsche Gold- und Silber-Scheideanstalt vormals Roessler, Frankfurt/M., *Herstellung von Formaldehydpolymeren.* (**Niederl. P. 99 706** vom 5/2. 1958, ausg. 15/11. 1961. D. Prior. 23/2. 1957. — C. **1961,** 6700 [Oe. P. 209 565].)

Hudson Foam Plastics Corp., V.St.A. (Erfinder: **Christopher L. Wilson**), *Herstellung von Polyformalen.* (**F. P. 1 173 298** vom 22/3. 1957, ausg. 23/2. 1959. A. Prior. 23/3. 1956. — C. **1962,** 11009 [Aust. P. 220 211].)

Imperial Chemical Industries Ltd., London, übert. von: **Norman Fletcher,** Manchester, Lancashire, England, *Polymethylenterephthalate.* (**Can. P. 568 548** vom 22/2. 1955, ausg. 6/1. 1959. E. Prior. 26/2. u. 9/4. 1954. — C. **1957,** 13193 [F. P. 1 119 597].)

United States Rubber Co., V.St.A. (Erfinder: **Frank Brian Root**), *Additionsverbindung von Kolophonium und Poly-[alkylenfumarat]*. (**F. P. 1 182 889** vom 17/9. 1957, ausg. 30/6. 1959. A. Prior. 21/11. 1956. — C. 1961, 13379 [E. P. 832 010].)

United States Rubber Co., V.St.A. (Erfinder: **Marvin Charles Brooks** und **Irvin Alexander Prager**), *Stabilisieren von styrolhaltigen ungesättigten Polyestern*. (**F. P. 1 172 736** vom 26/2. 1957, ausg. 13/2. 1959. A. Prior. 7/5. 1956. — **C. 1959**, 5643 [D. A. S. 1 032 919].)

Hooker Electrochemical Co., V.St.A. (Erfinder: **Blaine Orwell Schoepfle** und **Paul Robitschek**), *Schutzschicht für Polyesterharze*. (**F. P. 1 181 392** vom 21/8. 1957, ausg. 15/6. 1959. A. Prior. 27/8. 1956. — **C. 1961**, 5629 [Aust. P. 216 564].)

N. V. de Bataafsche Petroleum Mij., Niederlande (Erfinder: **John Anderson** und **Donald S. Melstrom**), *Herstellung von Epoxyharz*. (**F. P. 1 186 791** vom 28/11. 1957, ausg. 1/9. 1959. A. Prior. 30/11. 1956. — C. 1961, 15584 [E. P. 837 745].)

N. V. de Bataafsche Petroleum Mij., Niederlande (Erfinder: **Robert William Martin** und **Roy Thomas Holm**), *Herstellung aromatischer Epoxyverbindungen*. (**F. P. 1 183 602** vom 18/11. 1957, ausg. 24/9. 1959. A. Prior. 19/11. 1956. — **C. 1961**, 14484 [E. P. 823 181].)

VEB Leuna-Werke „Walter Ulbricht", Leuna (Erfinder: **Friedrich Andreas**, **Werner Heidinger**, **Fritz Seiter**, Leuna, und **Adolf Zanger**, Naumburg/Saale), *Herstellung von Epoxydharzen*. (**Schwz. P. 361 136** vom 16/9. 1957, ausg. 15/5. 1962. Oe. Prior. 3/8. 1957. — **C. 1960**, 4370 [Oe. P. 203 727].)

Pittsburgh Plate Glass Co., V.St.A. (Erfinder: **Roger Morris Christenson** und **John Jan Jaruzelski**), *Herstellung von Polyäthern*. (**F. P. 1 186 300** vom 28/8. 1957, ausg. 19/8. 1959. A. Prior. 18/9. 1956. — C. **1961**, 2809 [Belg. P. 560 394].)

Reichhold Chemie Akt.-Ges., Hamburg, *Herstellung eines Epoxyharzes*. (**Niederl. P. 100 644** vom 4/6. 1955, ausg. 15/3. 1962. D. Prior. 4/6. u. 16/6. 1954. — **C. 1959**, 12069 [Oe. P. 199 371].)

Swift & Co., V.St.A. (Erfinder: **Thomas W. Findley**, **John L. Ohlson** und **Frank E. Kuester**), *Herstellung von Epoxyverbindungen und ihren Polymeren*. (**F. P. 1 186 294** vom 26/8. 1957, ausg. 19/8. 1959. A. Prior. 31/8., 30/11. 1956, 8/4. u. 10/4. 1957. — **C. 1961**, 14118 [Belg. P. 560 432].)

Union Carbide Corp., übert. von: **Herbert W. Mackinney**, Paterson, und **Cal Y. Meyers**, Princeton, N.J., V.St.A., *Wärmehärtende Harze aus Trimethylolphenol und Polyolen*. (**A. P. 3 010 919** vom 1/11. 1956, ausg. 28/11. 1961. — **C. 1961**, 3502 [D. A. S. 1 086 889].)

Union Carbide Corp., übert. von: **Charles W. McGary jun.** und **Charles T. Patrick jun.**, South Charleston, W.Va., V.St.A., *Härtbare Mischung auf Epoxybasis*. (**A. P. 3 000 848** vom 20/12. 1956, ausg. 19/9. 1961. — **C. 1962**, 7717 [F. P. 1 228 023].)

Union Carbide Corp., V.St.A. (Erfinder: **Keith Lewis Smith**), *Stabilisieren von Äthylenoxydpolymeren*. (**F. P. 1 176 690** vom 12/6. 1957, ausg. 14/4. 1959. A. Prior. 20/6. 1956. — **C. 1959**, 7309 [Oe. P. 199 878].)

Union Carbide Corp., V.St.A. (Erfinder: **Keith Lewis Smith**), *Stabilisieren von Äthylenoxydpolymeren*. (**F. P. 1 177 309** vom 17/6. 1957, ausg. 23/4. 1959. A. Prior. 20/6. 1956. — **C. 1959**, 7309 [Oe. P. 199 879].)

General Aniline & Film Corp., V.St.A. (Erfinder: **Robert Steckler**, **Gerald Robinson** und **Paul Zimiles**), *Behandlungsmittel für Epoxyharze*. (**F. P. 1 181 281** vom 16/8. 1957, ausg. 12/6. 1959. A. Prior. 17/8. 1956. — **C. 1960**, 14534 [A. P. 2 904 530].)

Richardson Co., Melrose Park, Ill., V.St.A., *Umsetzung von Epoxyverbindungen mit stickstoffhaltigen Siliciumverbindungen*. (**E. P. 867 487** vom 10/6. 1958, ausg. 10/5. 1961. A. Prior. 9/7. 1957. — **C. 1961**, 8497 [D. A. S. 1 091 748].)

United States Rubber Co., V.St.A. (Erfinder: **Everett Cushing Hurdis** und **John Francis Petras**), *Herstellung und Polymerisation von 2.2'-[Isopropyliden-bis-(2.6-dichlor-p-phenylenoxy)]-dialkanolen*. (**F. P. 1 185 610** vom 30/10. 1957, ausg. 3/8. 1959. A. Prior. 16/11. 1956. — **C. 1961**, 8496 [D. A. S. 1 093 555].)

Ciba Ltd., Basel, Schweiz, *Herstellung härtbarer Polyglycidyläther von Di- oder Trihydroxy-1.2.5-triazinen*. (**Niederl. P. 100 992** vom 25/6. 1957, ausg. 16/4. 1962. Schwz. Prior. 26/6. 1956. — **C. 1962**, 9176 [F. P. 1 177 501].)

Union Carbide Corp., V.St.A. (Erfinder: **Arthur King Ingberman**), *Herstellung hydroxyalkylierter Polyamine*. (**F. P. 1 184 635** vom 26/7. 1957, ausg. 23/7. 1959. A. Prior. 27/7. 1956. — **C. 1961**, 8856 [D. A. S. 1 092 194].)

Deutsche Solvay-Werke G. m. b. H., Solingen, *Herstellung gehärteter Harze*. (**Niederl. P. 100 671** vom 18/5. 1956, ausg. 15/3. 1962. D. Prior. 14/6. 1955 u. 22/3. 1956. — **C. 1959**, 13019 [F. P. 1 154 500].)

California Research Corp., V.St.A. (Erfinder: **Funston G. Lum**), *Herstellung von Polyamiden*. (**F. P. 1 201 523** vom 10/3. 1958, ausg. 30/12. 1959. A. Prior. 18/3. 1957. — **C. 1962**, 10668 [E. P. 864 839].)

General Mills, Inc., V.St.A. (Erfinder: **Edgar Robert Rogier**), *Herstellung von Polymeren mit Iminketten*. (**F. P. 1 181 817** vom 30/8. 1957, ausg. 18/6. 1959. A. Prior. 4/9. 1956. — **C. 1962**, 6232 [E. P. 810 348].)

Nopco Chemical Co., V.St.A. (Erfinder: **Richard Charles Richter**), *Äthylenoxyd-Harnstoff-Glykol-Kondensationsprodukt*. (**F. P. 1 196 507** vom 30/5. 1958, ausg. 24/11. 1959. A. Prior. 13/6. 1957 u. 10/4. 1958. — **C. 1961**, 678 [D. A. S. 1 079 324].)

Albright & Wilson Ltd., Birmingham, Warwickshire, England, übert. von: **Jane Warren**, **Wilson A. Reeves** und **John D. Guthrie**, New Orleans, La., V.St.A., *N- und P-haltige Polymere*. (**Can. P. 568 584** vom 30/3. 1955, ausg. 6/1. 1959. A. Prior. 5/4. 1954. — **C. 1959**, 17519 [D. A. S. 1 045 654].)

Farbwerke Hoechst Akt.-Ges., vormals Meister Lucius & Brüning, Frankfurt/M., übert. von: **Martin Reuter**, Kronberg, **Erhard Wolf** und **Ludwig Orthner**, Frankfurt/M., *Nicht brennbare phosphorhaltige Kondensationsharze und deren Herstellung*. (**A. P. 3 008 926** vom 10/2. 1959, ausg. 14/11. 1961. D. Prior. 14/2. 1958. — **C. 1960**, 17633 [D. A. S. 1 061 513].)

E. I. du Pont de Nemours & Co., übert. von: **Norman K. J. Symons**, Wilmington, Del., V.St.A., *Kieselsäuregefüllte Polyamide*. (**Can. P. 568 571** vom 22/4. 1955, ausg. 6/1. 1959. A. Prior. 21/7. 1954. — **C. 1959**, 1623 [E. P. 780 538].)

Goodyear Tire & Rubber Co., V.St.A. (Erfinder: **Newell R. Bender** und **Theodore R. Ten Broeck**), *Herstellung von elastischem Schaummaterial*. (**F. P. 1 182 965** vom 18/9. 1957, ausg. 1/7. 1959. A. Prior. 22/1. 1957. — **C. 1962**, 7722 [Aust. P. 223 111].)

Hudson Foam Plastics Corp., V.St.A. (Erfinder: **Christopher Lumley Wilson** und **William Leonard Riedeman**), *Herstellung elastischer Schaumstoffe.* (**F. P. 1 182 654** vom 12/9. 1957, ausg. 26/6. 1959. A. Prior. 13/9. 1956. — C. **1960**, 669 [D. A. S. 1 047 420].)

United States Rubber Co., V.St.A. (Erfinder: **John Burkus**), *Stabilisieren von Polyester–Urethanpolymeren.* (**F. P. 1 182 890** vom 17/9. 1957, ausg. 30/6. 1959. A. Prior. 26/11. 1956. — C. **1960**, 4370 [D. A. S. 1 053 777].)

E. I. du Pont de Nemours & Co., Wilmington, übert. von: **Albert S. Carter**, New Castle, und **Maurice L. Ernsberger**, Wilmington, Del., V.St.A., *Elastomere.* (**Can. P. 554 914** vom 14/10. 1954, ausg. 25/3. 1958. A. Prior. 26/10. 1953. — C. **1959**, 7978 [F. P. 1 115 600].)

Rütgerswerke Akt.-Ges., Frankfurt/M., *Verbesserung von Preßmassen.* (**Niederl. P. 100 623** vom 21/4. 1954, ausg. 15/3. 1962. D. Prior. 3/6. 1953. — C. **1957**, 3677 [F. P. 1 099 749].)

Farbenfabriken Bayer Akt.-Ges., Leverkusen, *Polysiloxane.* (**E. P. 865 771** vom 22/5. 1958, ausg. 19/4. 1961. D. Prior. 24/5. u. 29/11. 1957. — C. **1959**, 10412 [D. A. S. 1 034 631].)

Farbenfabriken Bayer Akt.-Ges. (Erfinder: **Albrecht Zappel**), *Elastische Formkörper und Überzüge aus bei Raumtemperatur härtenden Polysiloxanen.* (**Aust. P. 232 329** vom 22/9. 1958, ausg. 23/2. 1961. D. Prior. 26/9. u. 21/12. 1957. — C. **1961**, 6329 [D. A. S. 1 081 663] u. C. **1961**, 11167 [D. A. S. 1 089 166].)

Kali-Chemie Akt.-Ges., übert. von: **Herbert Jenkner**, Hannover, *Herstellung von Organosiliciumperoxyden.* (**A. P. 2 997 497** vom 7/6. 1956, ausg. 22/8. 1961. D. Prior. 10/6. 1955. — C. **1958**, 10514 [D. A. S. 1 019 305].)

Phillips Petroleum Co., V.St.A. (Erfinder: **Paul Everton Campbell**), *Herstellung von Siliconkautschuk–Polyäthylen-Mischungen.* (**F. P. 1 184 774** vom 17/10. 1957, ausg. 24/7. 1959. A. Prior. 18/10. 1956. — C. **1961**, 320 [Belg. P. 561 716].)

Soc. des Usines Chimiques Rhône-Poulenc, Paris, Frankreich, *Kalthärtende Organopolysiloxanmassen.* (**Ind. P. 66 126** vom 15/12. 1958, ausg. 12/8. 1960. — C. **1961**, 8137 [D. A. S. 1 091 327].)

Schenectady Varnish Co., Inc., V.St.A., *Reinigen von Terpenharzen.* (**F. P. 1 182 664** vom 12/9. 1957, ausg. 26/6. 1959. — C. **1959**, 7636 [A. P. 2 814 610].)

H_{12}. Kautschuk

Phillips Petroleum Co. (Erfinder: Robert Paul Zelinski), Bartlesville, Okla., V.St.A., **Kautschukartige Mischpolymerisate** erhält man durch Polymerisation einer Mischung aus einerseits Butadien, Isopren oder Piperylen u. andererseits einem vinylsubstituierten aromat. KW-Stoff, der am α-C-Atom nicht substituiert ist, in Ggw. einer Li-organ. Verb. als Katalysator u. eines aromat., aliphat. oder cycloaliphat. KW-Stoffs, der 0,005—50% einer organ. polaren Verb. enthält, die die Organo-Li-Verb. nicht inaktiviert, bes. Äther, Thioäther oder tert. Amin, als Lsgm., bei —80 bis +150°. — Beispiele: Mischpolymerisation von *Butadien–Styrol* u. *Isopren–Styrol*. — *Vulkanisierbare kautschukartige Produkte.* (**D. A. S. 1 131 411** Kl. 39c vom 21/5. 1959, ausg. 14/6. 1962. A. Prior. 23/5. 1958.) L. Stadelmann. 7225

Schenectady Varnish Co., Inc., übert. von: Clinton A. Braidwood, Schenectady, N.Y., V.St.A., **Modifizieren von Kunstkautschuk**, einem Mischpolymerisat eines C_{4-7}-Isoolefins, bes. Isobutylen, u. 0,5—10% eines aliphat. konjugierten C_{4-6}-Diolefins, z. B. Isopren, durch Erhitzen in Ggw. eines Friedel-Crafts-Katalysators, bes. $AlCl_3$, auf 200—400° F mit einem 2.6-Dimethylol-4-alkyl-, -cycloalkyl-, -aryl- oder -aralkyl-substituierten Phenol. Letzteres u. der Kautschuk werden in einem aromat. KW-Stoff, bes. Toluol, u. der Beschleuniger in C_{1-6}-Nitroparaffinen oder Nitrocyclohexan gelöst. Von den Phenol-Derivv. wird in den Beispielen das 2.6-Dimethylol-4-α.α.γ.γ-tetramethylbutylphenol eingesetzt. Es kann auch in der Resolform vorliegen. Füllerzusätze sind vorgesehen. Die Endprodd. sind unlösl. in Toluol u. haben trockne, nicht klebrige Oberflächen. — Mengenbeispiele, Tabellen. (**A. P. 2 963 462** vom 27/8. 1957, ausg. 6/12. 1960.) H. Schindler. 7225

Esso Research and Engineering Co., übert. von: James V. Fusco, Fanwood, Samuel B. Robison, Roselle, und Alfred L. Miller, Cranford, N.J., V.St.A., **Stabilisieren von halogeniertem Butylkautschuk** gegen Altern u. Anvulkanisieren durch Zusatz von 0,01—10% einer organ. S-Verb. der allg. Formel I, in der A O, S u. CH_2 u. n = 1—6 bedeutet, bes. N.N'-Dithiodimorpholin. (**A. P. 2 962 474** vom 5/3. 1957, ausg. 29/11. 1960.)

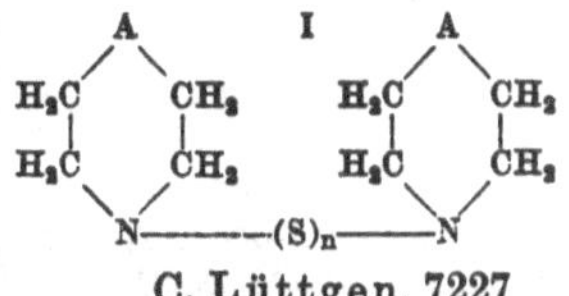

C. Lüttgen. 7227

E. I. du Pont de Nemours & Co., übert. von: Earl J. Goldberg, Wilmington, Del., V.St.A., **Vulkanisieren von hochmolekularen, im wesentlichen ungesättigten Polymeren konjugierter Diolefine**, z. B. Butadien–Acrylnitril- oder –Styrol-Mischpolymerisate oder Naturkautschuk, dad. gek., daß man ihnen 0,25—3% eines organ. Peroxids, bes. Dicumylperoxid, oder eines Azo-bis-nitrils, bes. 1.1'-Azo-bis-cyclohexancarbonitril, u. 0,5—6% eines N.N'-substituierten Bis-maleimids, -acrylamids oder cycl. Trisacrylamids, bes. m-Phenylen-bis-maleimid u. Hexahydrotrisacryloyltriazin, zusetzt u. auf 50—150° erhitzt. (**A. P. 2 925 407** vom 28/5. 1956, ausg. 16/2. 1960.)
C. Lüttgen. 7229

Esso Research and Engineering Co., Elizabeth, N.J., V.St.A., **Vulkanisierbare Masse,** bestehend aus einem gummiartigen, $\geq$0,5% Cl u. $\leq$1 Cl-Atom pro —C=C-Gruppe enthaltendem Mischpolymerisat aus 85—99,5% eines Isoolefins mit 4—8 C-Atomen u. 0,5—15% eines mehrfach ungesätt. Olefins mit 4—14 C-Atomen als Hauptbestandteil u. einer geringeren Menge eines im wesentlichen S-freien Zusatzes aus ZnO, MgO, einem Thiazylsulfid, einem Thiuramsulfid u./oder einem Thiocarbamat. — Genannt sind Mischpolymerisate aus Isobutylen u. Butadien, Dimethylbutadien, Piperylen, Cyclo- oder Dicyclopentadien, Cyclohexadien, Dimethylallyl, Alloocimen oder Vinylfulven, bes. Isopren. Man löst bes. das Mischpolymerisat in einem inerten Lsgm. (KW-Stoff, ggf. chloriert), setzt das Chlorierungsmittel, bes. Cl-Gas, SO_2Cl_2 oder ein Chlorhydantoin, zu, trennt das chlorierte Prod. ab, mischt es bei 130—350° F 5 Sek. bis 5 Min. mit 0,1—10% MgO, mischt bei 130—220° F 0,5—30% ZnO, 0,05 bis 10% eines Thiazylsulfids, Thiocarbamats oder deren Mischung ein u. vulkanisiert die Masse 0,1 Min. bis 5 Std. bei 250—400° F. — Herst. von *Hohl-* u. *Vollreifen, Blasen, Treibriemen* mit mindestens zwei Gummilagen u. einer Textilschicht dazwischen. — Beispiele, Tabellen, Zeichnung. (**E. P. 835 505** vom 14/2. 1958, ausg. 18/5. 1960. A. Prior. 5/4. 1957.) G. Vogel. 7231

Union Carbide Corp., New York, N.Y., V.St.A. (Erfinder: Juel Pierre Schroeder und Edward Charles Leonard jun.), **Vulkanisierte elastomere Massen** erhält man aus phosphonigsäurehaltigem Polypropylen oder Äthylen (I)–Propylen (II)-Mischpolymerisat, das $\geq$50% amorphes Polymer u. $\geq$0,5 Mol. gebundenes II pro Mol. I enthält, u. vulkanisierbaren Mengen eines Metalloxids. — Man mischt z. B. 200 (Teile) PCl_3 mit 20 eines I–II (35 : 65%)-Mischpolymerisats (Schmelzindex 0,48; nicht acetonlösl.), rührt bis zur völligen Dispersion des Harzes in PCl_3, erhitzt auf 40°, führt unter der Fl.-Oberfläche pro Min. 0,29 O_2 zu, titriert gebildeten HCl mit 0,5n NaOH-Lsg., bis das Polymer 2,2% P als $OPCl_2$ enthält, beendet die Rk. durch Zusatz eines gleichen Vol. 95%ig. A., um $OPCl_2$-Reste zu OP—$(OH)_2$-Resten zu hydrolysieren u. das Polymere zu fällen, filtriert das P-haltige Polymere, wäscht mit A. u. trocknet 12 Std. bei 50° im Vakuum. Man versetzt 100 des Polymeren mit 40 Bleioxid, 3 2-Mercaptobenzothiazol u. 2,5 hydrierten Kiefernharzes, mahlt die Mischung 15 Min. kalt u. vulkanisiert 30 Min. bei 165° u. 100 at zwischen polierten Stahlplatten zu licht-, hitze- u. oxydationsbeständigen Prodd. mit einer Zugfestigkeit von 137 kg/cm² u. einer Dehnung von 530%. — Mengenbeispiele, Tabellen. (**E. P. 849 058** vom 24/12. 1958, ausg. 21/9. 1960. **Aust. P. 230 398** vom 17/12. 1958, ausg. 13/10. 1960. Beide A. Prior. 27/12. 1957.) G. Vogel. 7231

Kogyo Gijutsu Inchō (Erfinder: Hiroshi Kimura, Takamatsu, und Toshiro Fujii, Marugame), Japan, **Herstellung verstärkter Kautschukmischungen.** Methyliertes Alkalilignin oder -thiolignin wird in Natur- oder synthet. Kautschuk oder kautschukähnliche Stoffe gemischt u. die Mischung vulkanisiert. — 350 (Gew.-Teile) Lignin werden in 2500 Dioxan mit 50 Nitrosomethylharnstoff versetzt, danach wird Diazomethan in Ae. unter leichtem Rühren langsam eingetropft u. kurze Zeit stehengelassen. Man wiederholt das Verf. zur Vervollständigung der Methylierung, tropft dann langsam in Ae. u. filtriert methyliertes Lignin ab, das man 24 Std. in PAe. stehen läßt, dann trocknet u. auf 150 Maschen zerkleinert. Man mischt 100 Smoked Sheets, 20 Methyllignin, 5 ZnO, 3 S, 1 Beschleuniger, 1 Alterungsschutz, 2 Stearinsäure. Das Vulkanisat zeigt höhere Zerreißfestigkeitswerte u. geringere Dehnungswerte als eine mit Ba-Lignin hergestellte Mischung. (**Jap. A. S. 5286/1960** vom 25/12. 1957, ausg. 17/5. 1960.) M. Pankow. 7231

Goodyear Tire & Rubber Co., Akron, Ohio, V.St.A. (Erfinder: John P. Urbon), **Karkassenmaterial für schlauchlose Reifen.** Die Kautschukmischung enthält einen Nichtlöser, der in das Cordmaterial eindringt u. darin vorhandene Löcher schließt. Als Nichtlöser werden Rixinusöl, Methyl-, Äthylricinolat, Glycerin-α-monoricinolat, γ-Chlorpropylenglykol-α-myristat genannt. (**Jap. A. S. 4879/1960** vom 2/9. 1958, ausg. 10/5. 1960. A. Prior. 18/12. 1957.) M. Pankow. 7231

Esso Research and Engineering Co., Elizabeth, N.J., V.St.A. (Erfinder: Bruce R. Tegge, Herbert H. Vickers, Francis P. Baldwin, George E. Serniuk, John F. Ryan, Lewis D. Etherington und John L. Bryan jun.), **Verarbeitung von kautschukartigen Isoolefin–Diolefin-Mischpolymerisaten.** (Polybutene). Eine Aufschlämmung des Polymeren in einem Nichtlöser wird mit einem Lsgm. mit einem Kp. über dem des Nichtlösers zusammengebracht u. so hoch erhitzt, daß der Nichtlöser entweicht u. mindestens der größte Teil der Polymeren sich löst, während der Nichtlöser kondensiert u. erneut verwendet wird. Die erhaltene Lsg. kann mit Füll- u. Zusatzstoffen, Ölen, Paraffinen gemischt oder z. B. zur Verbesserung von Asphalt diesem in geringen Mengen zugesetzt werden. Man kann sie auch teilweise oder vollständig mit F_2, Cl_2, Br_2, J_2 umsetzen u. die Halogenide mit mehrfunktionellen Amino- u./oder Imino-Verbb., Metallalkylen oder -alkoxiden, oder die Polymeren mit aromat. Nitroso-Verbb., Aldehyden, Säureanhydriden, halogenierten Multiolefinen (Hexachlorcyclopentadien), polaren organ. N-, P- u./oder O-Verbb. (Acrylnitril, Bis-[β-chloräthyl]-phosphonat, Vinyltriäthoxysilan), aromat. Sulfenyl- u./oder Selenyl-Verbb. (Benzolsulfenylchlorid), Mercapto- u. Thiolsäuren u. deren Anhydriden, Polyisocyanaten, -isothiocyanaten, Polyalkoholen umsetzen. Man kann auch von Suspensionen des Polymeren in C_{1-3}-Alkylhalogeniden oder in W. ausgehen u. C_5-C_{10}-KW-Stoff-Lsgm. zusetzen, Alkylhalogenide oder W. verdampfen u. so eine Lsg. der Polymeren in den KW-Stoffen herstellen. — Man polymerisiert 308 cm^3 Isobutylen u. 9,3 cm^3 Isopren in 960 cm^3 Methylchlorid mit 0,244 g $AlCl_3$ in 100 cm^3 Methylchlorid bei -90^0. $^1/_3$ der erhaltenen kalten Suspension gießt man in 2000 cm^3 n-Hexan, entfernt Methylchlorid bei 0^0, rührt in die Lsg. Ruß u. gießt die Mischung in W. von 90^0, das etwas Zn-Stearat u. Phenyl-β-naphthylamin enthält. n-Hexan entweicht, u. das Polymere kann leicht von dem W. abfiltriert werden. (**F. P. 1 190 674** vom 3/12. 1957, ausg. 14/10. 1959. **Jap. A. S. 5086/1960** vom 2/12. 1957, ausg. 13/5. 1960. Beide A. Prior. 3/12. 1956, 22/3. u. 15/5. 1957.) M. Pankow. 7231

Esso Research and Engineering Co., Elizabeth, N.J., V.St.A., *Herstellung von Butylkautschuk.* (**Niederl. P. 100 942** vom 31/5. 1956, ausg. 16/4. 1962. A. Prior. 31/5. 1955. — **C. 1960**, 11842 [Belg. P. 548 072].)

Esso Research and Engineering Co., V.St.A. (Erfinder: **Irving Kuntz**), *Halogenieren von Butylkautschuk.* (**F. P. 1 192 405** vom 17/12. 1957, ausg. 26/10. 1959. A. Prior. 27/12. 1956. — **C. 1961**, 12293 [D. A. S. 1 101 763].)

Minnesota Mining & Mfg. Co., übert. von: **Arthur H. Ahlbrecht, Thomas S. Reid** und **Donald R. Husted**, St. Paul, Minn., V.St.A., *Fluorierte Acrylate und ihre Polymeren.* (**Can. P. 557 052** vom 17/5. 1951, ausg. 6/5. 1958. A. Prior. 26/5. 1950. — **C. 1950/54**, 1339 S [A. P. 2 642 416].)

Imperial Chemical Industries Ltd., London, übert. von: **Laurence S. Rayner**, Welwyn Garden City, und **Mervyn F. Vincent**, Harpenden, Hertfordshire, England, *Diisocyanatmodifizierte Polyester.* (**Can. P. 568 587** vom 20/7. 1955, ausg. 6/1. 1959. E. Prior. 25/8. 1954 u. 9/3. 1955. — **C. 1959**, 4324 [Aust. P. 207 737].)

B. F. Goodrich Co., V.St.A. (Erfinder: **George Edward Thompson** und **Gino Peter Ferrini**), *Emulsionspolymerisation.* (**F. P. 1 183 430** vom 26/9. 1957, ausg. 7/7. 1959. A. Prior. 28/9. 1956. — **C. 1961**, 4913 [D. A. S. 1 055 241].)

H_{15}. Gärungsindustrie

Bestimmung des Zellalters in einer Hefepopulation. J. S. Hough. (J. Inst. Brewing **67** ([N. S.] 58), 494—95, Nov./Dez. 1961; Nutfield, Surrey, Brewing Ind. Res. Found.; engl.) — Nach einer neuen Meth. zur Alters-Best. einer Hefezelle werden durch Schütteln mit Glasperlen die Zellen zerstört, anschließend die Zellwände mikroskopiert u. durch Färbung oder Phasenkontrast die Zahl der Narben ermittelt. Bei einem mit hohen Hefe-Konzz. durchgeführten kontinuierlichen Gärverf. konnte auf diese Weise festgestellt werden, daß der Anteil an neugesproßten Hefezellen mit nur einer Sproßnarbe im abfließenden Bier höher als im Gärgefäß war. Die jungen Zellen obergäriger Hefen wurden vor allem in der Hefedecke gefunden. W. Kreipe. 7506□

Faktoren, die die Kupferaufnahme durch Ionenaustauscherharze aus Brandy beeinflussen. B. C. Rankine. (J. Sci. Food Agric. **12**, 188—94, März 1961; Adelaide, South Australia, Australian Wine Res. Inst.; engl.) — Bei 33 austral. Brandies wurde das Verh. des Cu bei Anwendung des Kationenharzes Zeo-Karb 225 in der Na- u. H-Form sowie des Anionenharzes De-Acidite G untersucht. Aus jungem, noch nicht gealtertem Brandy ließ sich durch die Na- u. H-Kationenharze das Cu wirksam entfernen, während dies beim Einsatz des Anionenharzes nicht gelang. Aus abgelagertem, gealtertem Brandy konnte Cu nur von dem H-Kationenharz ausgetauscht werden. Mit Caramel u. Tanninsäure bildete Cu Komplexe, deren Stabilität mit abnehmender Acidität anstieg. Infolgedessen war bei pH 5—5,5 der Cu-Entzug aus dem Brandy nur noch sehr gering. Bei noch etwas höheren pH-Werten wurde dem Kationenaustauscher Cu sogar wieder entzogen u. vom Brandy aufgenommen. Ionenaustauscherbehandlungen verminderten die Geschmacksqualität des Brandy etwas. Nach dem Leiten durch Plastikrohre aus Polyvinylchlorid trat beim Herabsetzen der Alkoholstärke von ca. 60 auf 39 Vol.-% eine sehr stabile opalisierende Trübung auf. Die Verw. derartiger Plastikrohre wird daher für diese Zwecke abgelehnt. Der Cu-Geh. der untersuchten Brandies lag zwischen 0,7 u. 12 ppm, im Mittel bei 3,4 ppm. Zwischen der Gesamtacidität u. dem Cu-Geh. bestand eine in hohem Grade signifikante Korrelation. W. Kreipe. 7536□

Bleigehalt australischer Brandies. B. C. Rankine. (J. Sci. Food Agric. **12**, 194—96, März 1961; Adelaide, South Australia, Australian Wine Res. Inst.; engl.) — Der Blei-Geh. 37 verschiedener austral. Brandies lag zwischen $<0,01$ u. 0,06 ppm, im Mittel bei 0,029 ppm. Es konnte keine Beziehung zum Alter, der Destillationsweise, der Gesamtacidität oder dem Cu-Geh. festgestellt werden. Sämtliche Werte bewegten sich unter dem amtlich festgelegten Limit von 0,5 ppm. W. Kreipe. 7536□

Brauereimäßige Betrachtungen über Malzgerste mit Erörterung der verschiedenen Inhaltsstoffe der Gerste, darunter der Größe und Bedeutung des Proteingehaltes. Birger Trolle. (Brygmesteren **17**, 45—55, Febr. 1960; København, Carlsberg Bryggerierne; dän.) — Zusammenfassender Vortrag über den Protein-Geh. der Braugerste, den Beitrag der einzelnen Stoffgruppen zu den Eigg. des fertigen Bieres u. die Vorgänge beim Keimen der Gerste. R. K. Müller. 7540□

Die Schwefeladsorption des Malzes bei Koksdarren. W. J. Klopper. (Brauwissenschaft **14**, 363—64, Aug. 1961; Beil. zu: Brauwelt, Ausg. B; Rotterdam, Verenigde Nederlands Brouwerijen d'Oranjeboom N. V.; dt.) — Beim Darren mit Koks erhöht sich der Gesamt-S-Geh., wobei indirekt gezeigt wird, daß dies auf der Adsorption von H_2SO_4 am Malz beruht. R. Ristow. 7540□

Die kontinuierliche Messung — ein modernes Meßprinzip. Fritz Asselmeyer. (Brauwissenschaft **14**, 349—58, Aug. 1961; Beil. zu: Brauwelt, Ausg. B; Weihenstephan, TH München, Physikal. Inst.; dt.) — Ausgehend von einer Erläuterung der Unterschiede der digitalen u. analogen Meßmethodik werden die Prinzipien der Kompensationsschreiber behandelt, ihre Vorteile u. Nachteile gegenübergestellt u. ihre Anwendung an dem Beispiel der Vorgänge bei Störung eines Abläuterungsverlaufes demonstriert. Störungen des Abläuterns erzeugen im Syst. eine Eigenschwingung, die direkt im Registrogramm nachweisbar ist. R. Ristow. 7544□

Die Belüftung der Bierwürze und ihre Impfung. René Scriban. (Brasserie **17**, 125—33, Mai 1962; franz.) — Die zur Belüftung der Würze dienenden Syst. u. die die Belüftung beeinflussenden Faktoren, bes. Art der Belüftungs-Vorr., Transport der belüfteten Würze u. Füllung der Gärbottiche, sowie das Impfen (Anstellen) der Würze mit Hefe (mittels einer Membrandosierpumpe) werden besprochen. W. Wesly. 7550□

Anwendung von Fermenten zwecks Erhöhung der Mostausbeute. A. A. Martakow, R. K. Moldabajewa, O. P. Dianowa und L. I. Beketajewa. (Виноделие и Виноградарство СССР [Weinbereit. Weinbau UdSSR] **22**, Nr. 5, 4—7, 1962; Inst. für Mikrobiol. u. Virusol. der Akad. der Wiss. der KasachSSR; russ.) — Vgl. C. **1962**, 13609. — Eine Zugabe von 0,05% konz. Präp. aus *Aspergillus niger* (die pektolyt. Aktivität des Präp. bei 37—38° entspricht einer Pektin-Zers. von 27 bzw. 71% nach 4 bzw. 24 Std.) bei 12—14° zu zerquetschten Weintrauben (6—12std. Behandlungsdauer) erhöht den Anteil an selbstfließendem Saft u. erniedrigt seine Viscosität. Das Verf. beschleunigt das Klären des bereiteten Weines. S. Baryschnikow. 7552

Verdampfungs- und Rektifikationskoeffizienten bei der kontinuierlichen Weindestillation. W. A. Masslow. (Виноделие и Виноградарство СССР [Weinbereit. Weinbau UdSSR] **22**, Nr. 5, 7—11, 1962; Krasnodar, Forschungsinst. für Lebensmittelind.; russ.) — Eine kontinuierliche Dest. von Wein mit $\leq$10 Vol.-% A. ist mit der Störung des Gleichgewichts des Syst. Fl.–Dampf verbunden. Eine der Ursachen der Störung ist der Verlust durch Spritzer, der im wesentlichen von der Dampf-Geschw. in der Kolonne abhängt. Das gestörte Gleichgewicht erniedrigt die tatsächlichen Verdampfungs (a)- u. Rektifikations-Koeff. (b). Für die Aldehyde ist die Differenz zwischen den idealen u. tatsächlichen a u. b sehr bedeutend: eine Konzentrierung der Aldehyde auf den Böden der Dest.-Kolonne findet demzufolge prakt. nicht statt.
S. Baryschnikow. 7554

Ausrüstungen für Gärungstechnik im Laboratoriums- und Versuchsbetriebsmaßstab. E. P. McCann, Alan Parker, D. Pickles und D. G. Wright. (Trans. Instn. chem. Engr. **39**, A61—A71, 1961; Manchester, I.C.I., Pharmaceut. Div.; engl.) — Übersicht über Rühr- u. Belüftungseinrichtungen für Schimmelpilzkulturen mit Beschreibung der App. für die verschiedenen Stufen der Verff. im Labor. u. im Pilotbetrieb unter besonderer Berücksichtigung der für submerse Gärungen entwickelten Meth. zum Beschicken, Sterilisieren, Impfen, Probenehmen usw. unter sterilen Bedingungen sowie der Bekämpfung der Fremdschimmelbildung. Die Best. der Geschw. der O_2-Aufnahme mit Hilfe der Sulfitoxydation auch bei verschiedenen Rühr- u. Belüftungs-Geschw. wird gestreift. — 38 Literaturangaben. A. Sander. 7578□

Untersuchungen über die Säureproduktion aus dem Schimmelpilz Aspergillus niger unter dem Gesichtspunkt der technischen Verwertung. L. J. Okholm. (Kem. Maanedsbl. nord. Handelsbl. kem. Ind. **41**, 17—21, 1960; dän.) — Die Gewinnung von *Citronensäure* (I) aus Melasse durch Fermentation mit *Aspergillus niger* wird systemat. untersucht, wobei der pH-Wert (4,7 u. 6,1), die Temp. (30 u. 35°) u. das Impf-Verf.

(Nadel-, Zerstäubungsimpfung) variiert werden u. mit u. ohne Asparaginzusatz gearbeitet wird. Ferner wird der Einfl. der Zus. der Melasse u. der Gewöhnung u. Degenerierung des Pilzes geprüft. Eine Melasse mit hohem Phosphat-Geh. kann durch Zusatz von NH_4NO_3 u. $MgSO_4$ für die I-Gewinnung brauchbar werden. Wenn Oxalsäure (II) auf Kosten von I gebildet wird, entstehen I u. II in äquivalenten Mengen. Behandlung eines Substrats mit $K_4Fe(CN)_6$ kann die II-Bldg. herabsetzen. Bei Nadelimpfung entsteht mehr II als bei der Zerstäubung. R. K. Müller. 7578□

Über die Aldehyde im Cognacspiritus. W. Litschew und Iw. Panaiotow. (Известия на Химическия Институт при БАН [Bull. Inst. chim. Acad. bulg. Sci.] 6, 121–29, 1958; bulg., Auszug: dt.) — Durch Papierchromatographie wurden im Cognacspiritus Formaldehyd, Acetaldehyd, Propionaldehyd, Butyraldehyd, Önanthol u. Furfurol als 2.4-Dinitrophenylhydrazone nachgewiesen. In nicht gebundenem Zustand wurde chromatograph. die Ggw. von Syringaaldehyd, Vanillin, Coniferylaldehyd u. Hydroxybenzaldehyd festgestellt. S. Baryschnikow. 7596

Über die reduzierenden Zuckerarten im Cognacspiritus und Zwetschgenbranntwein (Sliwowitz). W. Litschew und Iw. Panaiotow. (Известия на Химическия Институт при БАН [Bull. Inst. chim. Acad. bulg. Sci.] 6, 167–79, 1958; bulg., Auszug. dt.) — Durch Chromatographieren wurden im Cognacspiritus Rhamnose, Xylose, Arabinose u. Glucose, im Zwetschgenbranntwein (Sliwowitz) Xylose u. Glucose nachgewiesen. Im alkohol. Extrakt von Akazienholz (Material für Fässer) wurde chromatograph. nur die Ggw. von Xylose festgestellt. S. Baryschnikow. 7596

Fraktionierung der β-Fraktion der Hopfenbitterstoffe. Yoshiro Kuroiwa und Hiroshi Hashimoto. (J. Inst. Brewing 67 ([N. S.] 58), 506–10, Nov./Dez. 1961; Amagasaki, Hyogo P., Japan, Kirin Brewery Co. Ltd., Res. Labor.; engl.) — Mit Hilfe der chromatograph. Streifen-Meth. u. der Säulenchromatographie wurden die Oxydations-Prodd. von *Lupulonen* (I) u. *Humulonen* (II) fraktioniert sowie ihre β-Fraktionen in gleicher Weise chromatograph. weiter aufgetrennt. Dabei zeigte sich, daß die I nicht leicht in die γ-Fraktion übergeführt werden konnten, da prakt. kein hexanunlösl. Material nach der Oxydation vorlag. Hingegen stellte die β-Fraktion von II eine einheitliche Substanz dar, die sich einfach u. schnell in die γ-Fraktion (δ-Resin) transformieren ließ. Bei der Fraktionierung der im Bier vorhandenen n-hexanlösl. Hopfenbitterstoffe entstanden sieben Fraktionen, von denen zwei Isomere der II u. *Isohumulone* darstellen sowie drei wahrscheinlich auf Umwandlungs-Prodd. der I zurückzuführen sind. Eine weitere Fraktion scheint mit *Hulupon* ident. zu sein, obgleich sie nur im Bier u. nicht im Hopfen gefunden wird, sowie ausschließlich aus I entsteht. Es wird daher die Bezeichnung *Luputrion* vorgeschlagen. W. Kreipe. 7598□

Ein Gaschromatograph als Zersetzungsgerät in einem Brauereilaboratorium. 1. Mitt. I. van Gheluwe. (Fermentatio [Gand] 23, 152–61, 1961; Molson's Brewery Ltd.; fläm.) — Übersicht über Grundzüge, Geräte, Zubehörteile u. Verff. der Gaschromatographie u. deren Anwendung in der Ernährungsindustrie. W. Wesly. 7600□

Ein Gaschromatograph als Zersetzungsgerät in einem Brauereilaboratorium. 2. Mitt. I. van Gheluwe. (Fermentatio [Gand] 23, 214–22, 1961; fläm.) — 1. vgl. vorst. Referat. — Übersicht über die Anwendung der Gaschromatographie zu Unterss. von Hopfen u. Bier u. ihre Zukunftsmöglichkeiten. — 49 Literaturhinweise.
W. Wesly. 7600□

Die enzymatische Schnellbestimmung von Oxalat in Würze und Bier. Gerhard J. Haas und Alan I. Fleischman. (J. agric. Food Chem. 9, 451–52, Nov./Dez. 1961; Brooklyn, N.Y., Liebmann Breweries, Inc.; engl.) — Zur Best. von Oxalat in Würze u. Bier versetzt man die Probe mit Oxalsäuredecarboxylase, wodurch die Oxalsäure quant. in Ameisensäure u. CO_2 zersetzt wird, das man manometr. mißt. Als Inhibitoren in Ggw. von Kohlenhydraten setzt man bestimmte Mengen NaF u. KCN u. Na-Citrat-Puffer-Lsg. (pH 3,2) zu. Die gefundenen Werte betragen für Würze 100,9, Bier 100,2, entsalztes Bier 102 u. W. 99,8% der Theorie u. stimmen gut mit den Werten des Fällungs-Titrations-Verf. überein. W. Wesly. 7600□

Bestimmung von Anthocyanogenen. W. D. McFarlane. (J. Inst. Brewing 67 ([N. S.] 58), 502–06, Nov./Dez. 1961; Toronto, Canada, Canadian Breweries Ltd., Res. Div.; engl.) — Bei der Best. der *Anthocyanogene* (I) im Bier mit Hilfe von Nylon 66-Pulver als Adsorptionsmittel u. Butanol–HCl als Lsgm., in dem man die entstehende Rotfärbung colorimetr. feststellte, verstärkten geringe Mengen Fe oder Cu die Farbintensität, vermutlich bedingt durch die Entstehung eines Chelatkomplexes, so daß die Analysenwerte erhöht waren. Daher wurde dem Lösungsreagens von vornherein $FeSO_4 \cdot 7\,H_2O$ zugesetzt. Ferner wird eine weitere Meth. zur Ermittlung des I-Geh. im Bier beschrieben, nach der Agens AT 496 (II) — ein Polymeres des N-Vinylpyrrolidons — als Adsorptionsmittel dient u. man die Farb-Rk. mit N-Methylpyrrolidon-(2) (III, Kp. 202°)

als Lsgm. durchführt. Die Mol.-Struktur von II ist unbekannt. Es stellt ein weißes Pulver dar, das sich in W., starken Mineralsäuren, Alkalien u. den gängigen organ. Lsgm. nicht löst. Die Adsorptionsfähigkeit ist 3mal so stark wie von Nylon 66. In Pastenform mit einem Trockensubstanz-Geh. von ca. 33% besitzt II eine um 50% höhere Aktivität. III eluiert die I vollständig, so daß eine papierchromatograph. Trennung u. Best. der einzelnen Anthocyanidine möglich erscheint. Die Bereitung der Lsgg. u. die Durchführung der Meth. auch ohne Verw. einer Schüttelmaschine oder hochtourigen Zentrifuge werden eingehend beschrieben. W. Kreipe. 7600□

Bericht über die Bestimmung des pH von Wein. Maynard A. Amerine. (J. Assoc. off. agric. Chemists **42**, 337—39, Mai 1959; Davis, Calif., Univ., Viticult. and Enology; engl.) — Wenn das pH-Meßgerät mit Glas- u. HgCl-Elektrode Raum-Temp. angenommen hat, wird es mit einer frisch bereiteten, wss., gesätt. K-Bitartrat-Lsg. (3,55 bei 20°, 3,56 bei 25°, 3,55 bei 30°) geeicht; die Elektroden werden durch Eintauchen in W. u. in die zu untersuchende Probe gesäubert u. dann in eine frische Probe eingetaucht; die Temp. wird bestimmt u. das pH, abgerundet auf 0,01, abgelesen. W. Wesly. 7606□

H_{16}. Nahrungs-, Genuß- und Futtermittel

Physiologie der konservierten Lebensmittel. K. Lang. (Nutritio et Dieta [Basel], Suppl. zu Bd. 2, 71—83, 1961; Mainz, Johannes-Gutenberg-Univ., Physiolog.-Chem. Inst.; dt.) — Allg. Ausführungen über den Einfl. von Hitze- u. Strahlungskonservierung auf die verschiedenen Bestandteile von Lebensmitteln sowie zur Beurteilung der Brauchbarkeit konservierter Nahrung. Klaus Schmidt. 7634□

Einige technische und wirtschaftliche Gesichtspunkte der derzeitigen Methoden zum Gefrieren von Lebensmitteln. György Gänger. (Élelmezési Ipar [Lebensmittel-Ind.] **16**, 129—35, Mai 1962; ung.) — Behandelt werden: Die Gefriergeschw., die Gefrier- u. Lagerungs-Temp., die Rekristallisationserscheinung u. die Denaturierung der Eiweißstoffe. Bes. werden die Temp.- u. Luft-Geschw.-Werte beim Tunnelgefrier-Verf. einer krit. Unters. unterzogen. Hierbei wird festgestellt, daß die Verw. einer Temp. unter —30 bis —32° u. einer Luft-Geschw. über 6—8 m/s nicht zweckmäßig ist, da das Überschreiten dieser Werte das Durchfrieren der Waren nicht wesentlich beeinflußt, die Kosten jedoch erhöht. K. Gärtner. 7636

Verwendung von Alodan zur Schädlingsbekämpfung in Getreidelagern. A. A. Brudnaja und P. Ss. Ssolodownik. (Защита Растений от Вредителей и Болезней [Pflanzenschutz] **6**, Nr. 12, 27, Dez. 1961; Allunions-Forsch.-Inst. für Pflanzenschutz; russ.) — Durch Besprühung der Asphaltdiele, der Ziegelsteinwände u. der Decke (Dachpappe) eines ausgeräumten Getreidelagers mit 200—300 ml/m² einer 0,5%ig. Lsg. von *Alodan* (I) konnte nach 40 Std. der Schädlingsbefall des Lagers beseitigt werden. 4,5 Tage nach der Besprühung wurden selbst in den tiefen Ritzen die Schädlinge vollständig abgetötet. 10 Tage nach der Schädlingsbekämpfung wurden die neu eingedrungenen, 24 Std. im Kontakt mit I verbliebenen Getreideschädlinge zu 100% vernichtet. S. Baryschnikow. 7664

Versuch der Sterilisierung von Getreidekorn mit Methylbromid im Winter. M. Jalowenko. (Мукомольно-Элеваторная Промышленность [Getreidemühlen u. Getreidespeicher] **27**, Nr. 10, 22, Okt. 1961; Cherson, Beschaffungsamt; russ.) — Die 4tägige Behandlung eines stark mit Insekten u. Milben aller Entw.-Stadien befallenen Getreides mit 60 g/m³ *Methylbromid* (I) im Winter (die Temp. des Lagers betrug —8°, die der Getreideschichten —2 bis +10—12°) gewährleistet eine totale Sterilisation des Produktes. Durch nachfolgende 20std. passive Durchlüftung bei —14 bis —16° wird das I aus dem Getreide vollständig entfernt. S. Baryschnikow. 7664

Stärkegel-Elektrophorese von Getreideproteinen. G. A. H. Elton und J. A. D. Ewart. (J. Sci. Food Agric. **13**, 62—73, Jan. 1962; Chorleywood, Rickmansworth Herts., British Baking Ind. Res. Ass.; engl.) — Durch Stärkegelelektrophorese lassen sich Getreideproteine gut trennen, wenn Al-Lactatpuffer bei niedrigem pH verwendet werden. Verss. mit 8 verschiedenen Getreidesorten ergaben sehr ähnliche Albumin- u. Globulinelektropherogramme, während sich erhebliche Unterschiede in den Elektropherogrammen von aus Kleber isolierten Proteinen zeigten. Letztere Unterschiede stehen wahrscheinlich in Beziehung zur Proteinqualität. Im Vgl. zu Weizen wurden die Proteine von Gerste, Mais, Hafer u. Roggen untersucht u. erhebliche Unterschiede in den Elektropherogrammen gefunden. Die meisten dieser Proteine sind weniger lösl. als die Weizenproteine. Die in der für Weizenkleber typ. Beweglichkeitsgrenze liegenden Banden sind weniger deutlich im Roggenprotein, nur in geringer Menge im Gerstenprotein bemerkbar, dagegen in Mais- u. Haferproteinen überhaupt nicht vorhanden. H. Haevecker. 7664□

Die Mehl-Eiweißstoffe. J. W. Pence. (Cereal Sci. today **7**, 178—80, 208, Juli 1962; Albany, Calif., Western Reg. Res. Labor.; engl.) — Fortschrittsbericht über Bestandteile u. Struktur der Mehleiweißstoffe. — 22 Literaturangaben. W. Wesly. 7670□

Probleme bei der Herstellung von kuchenfertigen und bäckerfertigen Mehlen. Norbert Eder. (Mühle **99**, 185—87, 12/4. 1962; Wels, Müllereifachschule des Landes Oberösterreich; dt.) — Vortrag über die Probleme bei der Herst. völlig gleichartigen „Fertigmehls" über längere Zeiträume. J. Lehmberg. 7670□

Einfluß von Druck und Feuchtigkeit auf das Volumengewicht des Makkaroniteiges. K. P. Gusskow und Ju. A. Matschichin. (Хлебопекарная и Кондитерская Промышленность [Brot- u. Konditorei-Ind.] **6**, Nr. 7, 16—17, Juli 1962; Moskau, Technol. Inst. der Lebensmittelind.; russ.) — Für das Vol.-Gew. von Makkaroniteigen wurde bisher, unabhängig von der Feuchtigkeit des Teiges u. der Teigführung, ein Wert von 1,25 kg/dm^3 oder 1,33 kg/dm^3 für erforderliche Berechnungen angenommen. Auf Grund von Verss. geben Vff. eine Gleichung zur Errechnung des Vol.-Gew. an. Diese Beziehung berücksichtigt die Abhängigkeit des Vol.-Gew. von der Feuchtigkeit u. vom Preßdruck. G. Wolf. 7672□

Untersuchung von Sojamehl enthaltenden Makkaroni-Produkten. Twila M. Paulsen. (Food Technol. **15**, 118—21, März 1961; Minneapolis, Minn., Archer-Daniels-Midland Co., Research and Dev. Dep.; engl.) — Auf Grund der organolept. Prüfung, der Wasseraufnahme u. der Abgabe von Trockenmasse u. N_2 während des Kochens in W. wurde eine Verbesserung der Festigkeit u. des Nährwerts (Ratten-Verss.) von Makkaroni durch Zusatz von 12,5, 17 u. 25% Sojamehl zu Weizengrieß festgestellt. K. Schleich. 7672□

Überwiegen der Fructose-Ansammlung in kalt gelagerten unreifen Kartoffelknollen. Boguslaw Samotus und Sigmund Schwimmer. (J. Food Sci. **27**, 1—4, Jan./Febr. 1962; Albany, Calif., Western Reg. Res. Labor.; engl.) — Frisch geerntete unreife *Kartoffelknollen* (**a**) enthalten je nach Art 0,44—1,53% *Gesamtzucker* (**b**), davon 0,32—1,03 *Saccharose* (**I**), 0,05—0,12 *Fructose* (**II**) u. 0,02—0,38 *Glucose*. Mit zunehmendem Reifegrad der **a** nimmt der Geh. an **b** zugunsten des Stärke (**III**)-Geh. ab. Bei der Lagerung unreifer **a** bei 25° nimmt der Geh. an **I** ebenfalls ab, aber ohne daß der Geh. an **III** zunimmt. Lagerung bei 0° führt zu Rückgängen an **I** u. **III**. In diesem Fall nimmt der Geh. an **II** bemerkenswerterweise zu. Bei der Lagerung reifer **a** bei 0° steigt dagegen der **I**-Geh. an. Die unterschiedliche Ab- bzw. Zunahme des Geh. an **b** wird mit dem Atmungsstoffwechsel der **a** in Verbindung gebracht. Möglicherweise wird **II** bei der Atmung nicht verbraucht, wohl aber der Glucoseanteil der **I**, was zwangsläufig zu einer Anhäufung der **II** führt. E. Lück. 7678□

Grundlegende Untersuchungen über die Herstellung von Glutaminsäure aus Sojabohnenmehl durch Hydrolyse mit Salzsäure. 1. Mitt. **Über die Glutaminsäure-Ausbeute.** Tokuichiro Kohzu. (J. agric. chem. Soc. Japan [Nippon Nôgeikagaku Kaishi] **31**, 80—87, 1957; Nagano, Junior Coll.; jap.) J. Lehmberg. 7684□

Stabilität der Carotinoide von getrocknetem Zuckermais während der Lagerung. Leona G. Wilson und G. Mackinney. (Food Technol. **15**, 163—64, März 1961; Berkeley, Univ. of Calif., Dep. of Food Sci. and Technol.; engl.) — Im Embryo wurden 11,7, im Endosperm 5,5 µg/g Carotinoide gefunden, von denen Lutein u. Zeaxanthin identifiziert werden konnten. Die Carotinoide waren bei allen Lagerungsarten, in Luft, unter N_2, im Vakuum, bei 0, 37 u. 47°, während 70 Tagen beständig, auch wenn der Mais mit SO_2 behandelt war. K. Schleich. 7686□

Hitzeinaktivierung der Peroxydase in Ganzkorn-Süßmais nach Hochtemperatur-Kurzzeit-Behandlung. J. L. Vetter, A. I. Nelson und M. P. Steinberg. (Food Technol. **13**, 410—13, Juli 1959; Urbana, Ill., Univ. of Illinois, Dep. of Food Technol.; engl.) — Ganzkornsüßmais wird in Emaillegefäßen nach Übergießen mit Salz-Zucker-Brühe in einem Kocher erhitzt. Für den Temp.-Bereich von 240°F bis 300°F werden 2 Hitzeinaktivierung–Zeit-Kurven aufgenommen, eine unmittelbar nach der Erhitzung, die andere nach Regeneration durch 72std. Lagerung bei 75°F. Die Regeneration begann direkt nach der Erhitzung u. verlief schneller u. ausgedehnter in Proben mit kleiner Restaktivität als in Proben ohne Restaktivität. Die Kurven werden diskutiert. Ph. Fresenius. 7686□

Untersuchungen über die Atmung und den Stoffwechsel von Zuckern und Säuren in Äpfeln der Sorte „Stark Delicious" in normaler und in mit O_2-angereicherter Atmosphäre. Donnino Malloci. (Ann. Sperimentaz. agrar. [N. S.] **14**, 105—16, 1960; Milano, Ist. di Chim. agrar. e Staz. sperim. del Freddo; ital.) — Vf. untersucht die Atmung von Äpfeln der Sorte „Stark Delicious" in normaler u. in 26% O_2 enthaltender Atmosphäre bei 20°. Der Verbrauch an O_2 nimmt in der Luft bei einer Lagerung von $>$3 Monaten stufenweise ab. Die Atmungsintensität der Äpfel ist in mit O_2 angereicherter

Luft fast 2 mal größer als in gewöhnlicher Luft. Der prozentuale Geh. an organ. Säuren nimmt in beiden Fällen zu, der Geh. an reduzierenden Zuckern (RZ) bleibt in normaler Atmosphäre nahezu gleich, hingegen ist in O_2-reicher eine kontinuierliche Zunahme des Geh. an Gesamtzuckern u. RZ zu beobachten. Stark O_2-haltige Luft katabolisiert rascher als normale u. beschleunigt die Bldg. von RZ (Diagramme u. Tabellen).

G. Platzer. 7688□

Einflüsse von γ-Strahlung auf Farbe und Chlorophyllerhaltung bei grünen Bohnen und Spargelkohl. T. Wishnetsky, G. E. Livingston, F. J. Francis und I. S. Fagerson. (Food Technol. **13**, 352—57, Juli 1959; Amherst, Mass., Univ. of Massachusetts, Dep. of Food Technol.; engl.) — Die Bestrahlung von *grünen Bohnen* (**a**) u. *Spargelkohl* (**b**) mit 1,86 Mrad nach üblichem Eindosen ergab eine Abnahme des *Chlorophylls* (**I**) u. eine Zunahme von *Phäophytin.* Bei **a** betrug der **I**-Verlust 40%, bei **b** 28% gegenüber den nichtbestrahlten Vgl.-Proben. Bei Lagerung nach Bestrahlung trat ein weiterer **I**-Verlust nur in den Fällen auf, bei denen die als Aufguß-Fl. dienende 1,5%ig. NaCl-Lsg. einen $MgCO_3$-Zusatz zur pH-Erhöhung auf 10 erhalten hatte. Bestrahlung in gefrorenem Zustand ergab hellere u. grünere Proben mit mehr **I** als Bestrahlung bei Zimmertemperatur. Bestrahlung in Aufguß-Fl. mit pH 10 verhinderte einen Teil des **I**-Verlustes. Verzinnte Dosen bewirkten eine schlechtere Farberhaltung als emaillierte. **a** zeigten bei Vakuum- oder N-Abfüllung erhöhte **I**-Erhaltung u. geringeres Gilben als in Ggw. von Luft, bei **b** war das Gegenteil der Fall. Eine lineare **I**-Abnahme wurde bei beiden Gemüsen bei Erhöhung der Strahlendosis von 0,49—7,29 Mrad beobachtet. Ph. Fresenius. 7690□

Die Wirkung des Blanchierens auf Textur und Pektin von dosenkonserviertem Blumenkohl. C. Hoogzand und J. J. Doesburg. (Food Technol. **15**, 160—63, März 1961; Wageningen, Niederlande, Inst. for Res. on Storage and Processing of Horticult. Prod.; engl.) — Das von den Vff. vorgeschlagene Verf. (Blanchieren 15 Min. bei 158° F, Kühlen, Vakuum-Behandlung in 1%ig. $CaCl_2$-Lsg., Waschen, Verpacken mit einer NaCl, Citronensäure u. Ascorbinsäure enthaltenden Aufguß-Fl., Sterilisieren) führt zu guter Festigkeit von Blumenkohl, was einer Verminderung der Veresterung der Pektine zugeschrieben wird. K. Schleich. 7690□

Neuzeitliche Entwicklungsrichtungen bei der Herstellung von eingedostem Gemüse. R. H. Thorpe. (Res. appl. in Ind. **13**, 350—54, Sept. 1960; Chipping Campden, Fruit and Vegetable Cann. and Quick Freez. Res. Assoc.; engl.) — Übersicht über die Grundzüge der Eindosung von Gemüse u. die dazu dienenden Ausrüstungen. Die neuzeitliche Entw. strebt nach kontinuierlichem Einkochen unter Druck. W. Wesly. 7690□

Die Beziehung zwischen der Geruchsschwellenkonzentration und dem Brenztraubensäuregehalt von Zwiebelsaft. Sigmund Schwimmer und D. G. Guadagni. (J. Food Sci. **27**, 94—97, Jan./Febr. 1962; Albany, Calif., Western Regional Res. Labor.; engl.) — Der Geh. von frischem Zwiebelpreßsaft an Brenztraubensäure ist der Geruchsintensität direkt proportional. E. Lück. 7690□

Faktoren, welche die Entwicklung von Bacillus coagulans in frischen Tomaten und im konservierten Tomatensaft beeinflussen. A. H. Jones und W. E. Ferguson. (Food Technol. **15**, 107—11, März 1961; Ottawa, Food Processing and Storage Plant Research Inst. C.E.F.; engl.) — Bacillus coagulans ruft in frischen Tomaten (**a**) u. in Konservenbüchsen (ohne Gas-Bldg.) einen „flach-sauren" Geschmack hervor. Er entwickelt sich beim Steigen des pH, namentlich, wenn die frischen **a** vor der Konservierung zwecks Nachreifung tagelang aufbewahrt werden, u. zwar um so besser, je höher die Temp. zwischen 20 u. 45° ist. K. Schleich. 7706□

Ionenaustauscher-Untersuchungen der freien Aminosäuren der Säfte von 6 Citrus-Varietäten. Robert L. Clements und Harry V. Leland. (J. Food Sci. **27**, 20—25, Jan./Febr. 1962; Riverside, Univ. of Calif., Dep. of Plant Biochem.; engl.) — Die Säfte von Navel-Orangen, Citronen, Tangerinen u. Pampelmusen wurden auf ihren Geh. an freien Aminosäuren untersucht. In allen Säften waren *Alanin, Asparagin, Asparaginsäure* (**I**), *Glutaminsäure, Prolin* (**II**), *Serin, γ-Aminobuttersäure* u. *Arginin* enthalten. In Pampelmusensäften war **I**, in den Säften der übrigen Früchte **II** die in größten Mengen vorkommende Aminosäure. Die gesamten Aminosäuren machen ca. 70% des N-Geh. der Säfte der Citrusfrüchte aus. Außer den genannten Aminosäuren enthielten die Säfte der Citrusfrüchte noch weitere ninhydrinpositive Substanzen, die aber nicht näher identifiziert wurden. E. Lück. 7706□

Über die Zusammensetzung der Säfte von Citrusfrüchten. E. Benk. (Flüssiges Obst **27**, Nr. 8, VIII/12—VIII/13, Aug. 1960; Reutlingen; dt.) — Vf. teilt die Ergebnisse von Unterss. mit, die an selbsthergestellten Säften verschiedener Citrusfrüchte (Blutorangen, Grapefruit, Limetten, Mandarinen, Orangen, Pomeranzen, Tangerinen, Citronen) bzw. an entsprechenden unverfälschten Säften des Handels durchgeführt wurden. Aus den erhaltenen Werten geht hervor, daß in der Zus. der Säfte der verschiedenen Citrusfrüchte große Unterschiede, bes. bzgl. des Säure- u. des Zucker-Geh., bestehen. Die größten Unterschiede wiesen Citronen- u. Orangensaft auf. M. Winiker. 7706□

Kakaofermentation. 5. Mitt. **Hefen, die während des Fermentationsprozesses von Kakaobohnen isoliert wurden.** H. L. Martelli und H. F. K. Dittmar. (Appl. Microbiol. **9,** 370—71, Sept. 1961; Rio de Janeiro, Brazil, Escola N. de Química, Universidade do Brasil; engl.) — 4. vgl. Arquivos de Fermentação **1,** [1955], 115. — Vff. isolierten folgende, an der Kakaofermentation beteiligte Hefen: *Saccharomyces rosei, Hansenula anomala, Pichia fermentans, Pichia membranae-faciens* u. *Trichosporon cutaneum.* Alle isolierten Arten wuchsen auf Kakaofruchtfleisch, aber nur S. rosei, H. anomala u. P. fermentans konnten die Zucker des Kakaofruchtfleisches fermentieren. Die Arten der Gattung Saccharomyces sind verantwortlich für die alkohol. Phase der Kakaofermentation. D. Pöhland. 7726□

Physikalische Charakteristiken von Fetten und Fettgemischen für die Herstellung von Schokoladenerzeugnissen. O. A. Charlamowa und T. P. Jermakowa. (Хлебопекарная и Кондитерская Промышленность [Brot- u. Konditorei-Ind.] **6,** Nr. 7, 8—12, Juli 1962; Zentr. Forschungs-Inst. für die Konditorei-Ind.; russ.) — Vff. berichten über das Problem der Ersatzfette für Kakaobutter (I) u. vergleichen verschiedene Kennzahlen (F., Ep., Härte) von I mit denen von *Witokan* (II), *Croklaan 555* (III) u. *Croklaan 499* (IV) sowie von 2 sowjet. „Konditorfetten“ (V). Die Schmelzdaten dieser Erzeugnisse weichen nur relativ wenig von I ab. Die I-Härte wird nur von II u. III übertroffen. Die Härten von IV u. V liegen unter der von I. Ferner werden Schmelzverh. u. Härte von I-Mischungen mit II, V, Nußöl u. Milchfett untersucht. Als Ergebnis wird festgestellt, daß die optimale Zusatzmenge zu Schokoladenmassen für V bei 3,0—3,5%, bezogen auf die Schokoladenmasse, bzw. bei 15%, bezogen auf den Fettanteil, liegt. G. Wolf. 7726□

Veränderung der freien wasserlöslichen Kohlenhydrate und der reduzierenden Substanzen des Tabaks bei seiner Verarbeitung. P. G. Assmajew und I. G. Mochnatschew. (Известия Высших Учебных Заведений, Пищевая Технология [Hochschulnachr., Nahrungsmittel-Technol.] **1961,** Nr. 1, 50—54; Krasnodar, Inst. für Lebensmittelind., Lehrstuhl für Technologie des Tabaks; russ.) — Die Dynamik der *freien wasserlösl. Kohlenhydrate* (I) u. der *reduzierenden Substanzen* (II) des Tabaks während seiner Verarbeitung wurden nach der „Phenol-H_2SO_4“- u. der Bertrand-Meth. untersucht. Die nach den erwähnten Meth. erhaltenen abs. Werte von I u. II bzw. die Dynamik ihrer Veränderungen stimmen nicht immer überein, die Ursachen dieser Divergenz werden erörtert. S. Baryschnikow. 7734

Über den Arsengehalt verschiedener Typen von italienischem Tabak. M. Zanetti und F. Cutrufelli. (Nuovi Ann. Igiene Microbiol. **12,** 264—69, Juli/Aug. 1961; Bologna, Univ., Ist. di Ig.; Commune di Bologna, Uff. di Ig.; ital.) — In 17 italien. Zigarettensorten u. in einer Zigarrensorte wurden 0—46,2 µg As_2O_3/g Trockentabak nachgewiesen. K. Zingraf. 7734□

Die Herstellung von Suppenwürzen durch Hydrolyse von Proteinen. 1. Mitt. **Über die Hydrolyse von Sojabohnenmehl mit Salzsäure.** 1. Teil. S. Hori, J. Kato, T. Hino und N. Mizokuchi. (J. agric. chem. Soc. Japan [Nippon Nôgeikagaku Kaishi] **31,** 17—19, 1957; Ajinomoto Co., Inc., Res. Labor.; jap.) J. Lehmberg. 7740□

Die Herstellung von Suppenwürzen durch Hydrolyse von Proteinen. 2. Mitt. **Über die Hydrolyse von Sojabohnenmehl mit Salzsäure.** 2. Teil. S. Hori, J. Kato, T. Hino und N. Mizokuchi. (J. agric. chem. Soc. Japan [Nippon Nôgeikagaku Kaishi] **31,** 19—22, 1957; jap.) — 1. vgl. vorst. Referat. J. Lehmberg. 7740□

Die Herstellung von Suppenwürzen durch Hydrolyse von Proteinen. 3. Mitt. **Organische Säuren im Salzsäurehydrolysat von Sojabohnenmehl.** S. Hori, J. Kato, H. Wakamatsu und K. Hayashi. (J. agric. chem. Soc. Japan [Nippon Nôgeikagaku Kaishi] **31,** 22—25, 1957; jap.) — 2. vgl. vorst. Referat. J. Lehmberg. 7740□

Lagerungscharakteristiken einiger bestrahlter Lebensmittel bei verschiedenen Temperaturen oberhalb des Frostpunkts. 1. Mitt. **Untersuchungen an Hühnerfleisch und Süßkartoffeln.** J. J. Licciardello, J. T. R. Nickerson, B. E. Proctor und C. L. Campbell. (Food Technol., **13,** 398—404, Juli 1959; Cambridge, Mass., Massachusetts Inst. of Technol. Dep. of Food Technol.; engl.) — Bestrahlte Hühner u. Süßkartoffeln wurden 8—10 Monate bei 50—125°F gelagert. Nach 10 Monaten waren die bei 50 u. 68° gelagerten Prodd. noch handelsfähig. Bei 125° trat innerhalb eines Monats Verderb ein. Bei dem Geflügel war die Haltbarkeit begrenzt durch proteolyt. Enzyme, nichtenzymat. Bräunung u. oxydative Ranzidität. Bei Süßkartoffeln trat eine innere Korrosion der Metallbehälter ein u. dadurch ein metall. Geschmack. Der durch die Kathodenstrahlensterilisation verursachte Verlust an Thiamin, Riboflavin u. Pyridoxin entsprach dem Verlust bei Wärmesterilisation. Ph. Fresenius. 7750□

Lagerungscharakteristiken einiger bestrahlter Lebensmittel bei verschiedenen Temperaturen oberhalb des Frostpunkts. 2. Mitt. **Untersuchungen an Schweinswürsten und Muscheln.** J. J. Licciardello, J. T. R. Nickerson, B. E. Proctor und C. L. Campbell. (Food Technol. **13**, 405—09, Juli 1959; engl.) — 1. vgl. vorst. Referat. — Bestrahlte Schweinswürste u. Muscheln wurden 8—10 Monate lang bei 50—125° F gelagert. Die Würste blieben bei 50° 8 Monate brauchbar. Bei 68° oder mehr wurden sie innerhalb von 2 Monaten ungenießbar. Die Muscheln blieben bei 50 oder 68° 10 Monate brauchbar, bei 125° trat bereits innerhalb eines Monats eine erhebliche Qualitätsminderung ein. Dabei spielte eine nichtenzymat. Bräunung die wichtigste Rolle, aber auch eine Gewebeveränderung wirkte mit. Bei den Würsten waren in 1. Linie proteolyt. Enzyme an der Qualitätsminderung beteiligt, daneben Farbänderungen u. Fettoxydation. Ph. Fresenius. 7750□

Die Mikroflora von vakuumverpackten aufgeschnittenen Schinken. Géza Bíró und Kálmán Incze. (Élelmiszervizsgálati Közlemények [Lebensmittelanalyt. Mitt.] **6**, 323—29, 1960; Budapest, Forsch.-Inst. Fleischind.; ung.) — Unter Vakuum in Cellophan verpackte Schinkenscheiben sind gegen Bakterienbefall nicht geschützt. Bei Verpackung unter CO_2 wird die Keim-Entw. vermindert, aber nicht verhindert. Zur Behinderung der Keim-Entw. ist Kühlen am verläßlichsten. J. Plank. 7750□

Verarbeitungsmethoden von Walfischfleisch. L. Martschuk. (Мясная Индустрия СССР [Fleisch-Ind. UdSSR] **33**, Nr. 3, 12—13, 1962; Ukrain. Forsch.-Inst. für die Konservenind.; russ.) — Geschnittenes (Stücke von 50—70 g) Walfischfleisch (WF), das 7—10 Min. in W. blanchiert wurde, ergibt Konserven mit guten organolept. Eigenschaften. Eine Zugabe von 0,9% *Na-Orthophosphat* u. 5% *Sojamehl* zur konservierten Farce entfernt den unangenehmen Geruch u. erweicht die Konsistenz des Produktes. Durch 10 Min. langes Waschen mit W. von 10° u. nachfolgende 1 std. Behandlung mit 2%ig. *NaCl*-Lsg. (alle 15 Min. wird die Salzlake durch frische ersetzt) werden die Färbung u. Konsistenz des WF verbessert. Durch Behandlung des WF mit 0,06%ig. H_2O_2 u. nachfolgendes Waschen mit W. wird WF gebleicht; der Geschmack des Fleisches u. der aus ihm hergestellten Konserven wird durch das Verf. nicht beeinträchtigt. S. Baryschnikow. 7750□

Konservierung von Fischen und Schalentieren durch relativ kleine Dosen von β-Bestrahlung und Antibioticis. Peter A. Lerke, Lionel Farber und Wolfgang Huber. (Food Technol. **15**, 145—52, März 1961; San Francisco, Univ. of Calif., Fisheries Res. Lab.; Stanford Univ., Biophysics Lab.; engl.) — Die kombinierte Behandlung mit *β-Strahlen* von 11800—280000 rad u. 5—25 ppm *Chlortetracyclin* vermochte die Haltbarkeit vieler Arten von Fischen u. Schalentieren bei Haushaltsbedingungen (5,5 u. 1,7°) von 4—5 Tagen auf 14—37 Tage zu steigern. K. Schleich. 7752□

Untersuchungen über thermische Zerstörung von E. coli in Milch und Milchprodukten. R. B. Read jun., Charles Schwartz und Warren Litsky. (Appl. Microbiol. **9**, 415—18, Sept. 1961; Amherst, Mass., Univ. of Massachusetts, Dep. of Bacteriology and Public Health; engl.) — Vff. untersuchten die therm. Inaktivierung von *Escherichia coli* in Milch u. Milchprodukten. Sie zeigen das zwischen Temp. u. Einw.-Zeit bestehende Verhältnis u. führen Zahlenmaterial über die Absterberate bei unterschiedlichen Temp. u. unterschiedlichen Einw.-Zeiten an. D. Pöhland. 7756□

Neue Wege in der Herstellung von Joghurt. Anna Halász. (Budapesti müszaki Egyetem Élelmiszerkémiai Tanszékének Közleményei [Mitt. Inst. Lebensmittelchem. Univ. techn. Wiss., Budapest] **1961**, 17—21; ung.) — Auf Grund vergleichender Unterss. über spezif. Gew. u. Säuregrad der Milch wurde festgestellt, daß Milch vom spezif. Gew. 1,050 zur Herst. von Joghurt am geeignetsten ist. Zur Aromatisierung wird eine Kombination von Rumessenz u. Hagebuttensirup vorgeschlagen. Zum Verpacken eignet sich die Kunststoffolie Hostalen am besten. K. Gärtner. 7756

Der Einfluß von Zucker in Eiskrem. 3. Mitt. **Wirkung auf physikalische Eigenschaften.** T. A. Nickerson und Rose Marie Pangborn. (Food Technol. **15**, 105—06, März 1961; Davis, Calif., Univ. of Calif., Food Sci. and Technol.; engl.) — 2. vgl. Pangborn u. Nickerson, Food Technol. **13**, [1959], 107. — Vff. untersuchten den Einfl. von 13—19% Zucker (in der Industrie werden 15% verwendet) auf Viscosität, Schmelzgeschw. u. Festigkeit von Eiskrem. K. Schleich. 7756□

Die Verwendung von Starter-Destillat zur Geschmacksverbesserung von Butter. R. R. Riel und C. A. Gibson. (Food. Technol. **15**, 137–40, März 1961; Ottawa, Canada, Dairy Technol. Res. Inst.; engl.) — Mit Starterdestillat oder Diacetyl (Optimum 0,50 oz./ 100 lbs. Fett) versetzte *Butter* (**a**) wurde von der Mehrzahl der Prüfenden der **a** ohne Zusatz vorgezogen. In der mit den Zusätzen versehenen **a** wurden 0,11–0,27 ppm Acetoin u. 0,24–0,64 ppm Diacetyl gefunden; dieser Geh. veränderte sich nicht während eines Jahres bei –10° F. Die Haltbarkeit der **a** wurde durch die Zusätze nicht beeinflußt. K. Schleich. 7758□

Technische Verbesserung der Butterverpackung. M. E. Schulz, H. Kay und E. Voß. (Molkerei- u. Käserei-Ztg. **12**, 1360–67, 27/9. 1961; Kiel, Bundesforschungsanst. für Milchwirtschft, Chem. Inst.; dt.) — Für die Verpackung von Markenbutter, bes. solcher mit weichem Fett, ist bei längerer Lagerung Pergament nicht zweckmäßig. Hingegen ist pergamentkaschierte Al-Folie unter gewissen Voraussetzungen geeignet. Ein besonderer Vorzug der Al-Folie besteht darin, daß sie die Butter völlig gegen Licht-Einw. schützt. Kunststoff-behandelte Papiere erwiesen sich als geeignete Verpackungsmaterialien, jedoch sollten ihre lichtschützenden Eigg. verbessert werden. M. Winiker. 7758□

F. Hoffmann-La Roche & Co. Akt.-Ges. (Erfinder: Otto Isler, Marc Montavon und Rudolf Rüegg, Basel, und Paul Zeller, Neuallschwil), Schweiz, **Herstellung von Carotinoiden,** dad. gek., daß man C_2H_2 durch eine metallorgan. Rk. (Grignard- oder Li-Verb.) beidseitig mit einem in 4'-Stellung durch eine OH- oder veresterte OH-Gruppe substituierten 8-[2'.6'.6'-Trimethylcyclohexyliden]- bzw. 8-[2'.6'.6'-Trimethylcyclohexen-(1')-yl]-2.6-dimethyloctatrien-(2.4.6)-al-(1) kondensiert, das erhaltene, in beiden Ringen in 4'-Stellung durch eine OH-Gruppe substituierte *1.18-Di-[2'.6'.6'-Trimethylcyclohexyliden]-* bzw. *1.18-Di-[2'.6'.6'-Trimethylcyclohexen-(1')-yl]-3.7.12.16-tetramethyl-8.11-dihydroxyoctadecahexaen-(2.4.6.12.14.16)-in-(9)*, zähes Harz, UV-Absorptionsmaxima bei 310, 323,5 u. 339,5 mμ bzw. bei 281,5 u. 293 mμ (PAe.), oder deren in 4'-Stellung veresterte Derivv., z. B. die *4'-Acetoxy*-Derivv., UV-Absorptionsmaxima bei 310 u. 323,5 mμ (PAe.) für die Cyclohexyliden-Verb., evtl. nach Veresterung einer doppelten Wasser- bzw. Säureabspaltung unter Allylumlagerung unterwirft, z. B. durch Behandeln mit wss. oder wasserfreier Halogenwasserstoffsäure (alkohol. HCl, 60%ig. wss. HBr) in Ggw. eines inerten Lsgm. (Ae., CH_2Cl_2, Dioxan), bes. in einem halogenierten KW-Stoff mit großem Dipolmoment (CH_2Cl_2 oder Chlf.), $<0°$ u. Abspalten von Halogenwasserstoff aus der gebildeten Halogen-Verb. durch Einw. von W. oder einer bas. Verb., u. das erhaltene Rk.-Prod. evtl. alkal. verseift; man erhält z. B. durch Chromatographie der Endlsg. über Al_2O_3 (Wölm, Aktivitätsstufe I + 4% W.), Eluieren mit CH_2Cl_2–PAe. (Kp. 30–60°; 1:1) u. Umkristallisieren aus CH_2Cl_2–PAe. (Kp. 70–100°) unter fortwährendem Abdampfen des CH_2Cl_2 das *15.15'-Dehydrozeaxanthin*, F. 207–208°; UV-Absorptionsmaxima bei 430 u. 458 mμ; $E^{1\%}_{1cm}$ = 1923 u. 1587, in einer Ausbeute von 3 (g) bei 6,3 Ausgangsaldehyd. — *Zwischenprodd. für die Synth. von Zeaxanthin* u. dessen Estern. — Die Ausgangs-Verbb. können z. B. nach den Verff. der D. A. SS. 1 016 702, C. **1958**, 9347; 1 020 023; C. **1959**, 5957 u. 1 016 703, C. **1962**, 16845 hergestellt werden. (**D. A. S. 1 036 252** Kl. 12o vom 13/7. 1956, ausg. 14/8. 1958. **E. P. 802 569** vom 23/7. 1956, ausg. 8/10. 1958. **A. P. 2 819 298** vom 16/7. 1956, ausg. 7/1. 1958. Alle Schwz. Prior. 22/7. 1955. **Schwz. P. 335 659** vom 22/7. 1955, ausg. 14/3. 1959.) R. Link. 7639

L'Équilibre Biologique (Erfinder: Maurice Vigneron), Allier, Frankreich, **Polyvalentes stabiles Nährpräparat.** Bei dem nach F. P. 1 099 046 hergestellten Nährpräp. braucht der pH-Wert nicht auf <6 beschränkt zu bleiben. — Man bereitet eine Lsg. aus 4 (g) Methionin, 1 Na-Methioninat, 2 Tryptophan, 25 Glykokoll, 50 Sorbit u. füllt mit W. auf 1000 cm³ auf; pH 7,15. Die Aminosäuren werden in 3/4 des W. gelöst u. das Sorbit u. der Rest W. zugesetzt. Die Lsg. wird in Ampullen abgefüllt u. ca. 30 Min. bei 120° sterilisiert. (**F. P. 1 099 047** vom 3/2. 1954, ausg. 29/8. 1955.) G. Weltzien. 7647

Goodyear Tire & Rubber Co., V.St.A. (Erfinder: James E. Snyder, George W. Ferner und Irene Collins), **Verpackungsmaterial aus Kautschukhydrochlorid,** das neben dem Weichmacher einen Polyäthylenglykolalkylthioäther als nichtion. oberflächenakt. Stoff an mindestens einer Oberfläche enthält. Die bei der Verpackung von *Trockenfrüchten* sich bildenden Siruptropfen verlaufen dadurch an der Oberfläche des Verpackungsmaterials. Solche oberflächenakt. Stoffe sind Polyäthylenglykol-tert.-dodecylthioäther, z.B. „Nonic Nr. 260", ferner „Alrosol", „Alkaterge C" u. „Michelen DLD". Diese Stoffe werden vor Gebrauch mit N_2 behandelt, wobei sie ihren Geruch verlieren. (**F. P. 1 174 514** vom 3/5. 1957, ausg. 12/3. 1959. A. Prior. 11/10. 1956.) M. Pankow. 7689

National Dairy Products Corp., New York, N.Y., übert. von: Andrew D. Singleton, Glenview, und Lyle H. Berndt, Libertyville, Ill., V.St.A., **Desodorieren von Irisch-Moos-Extrakt,** erhalten durch Auskochen von Irisch-Moos mit W., durch Rk. mit einem stark bas. Anionenaustauscher. (**Can. P. 557 381** vom 25/8. 1955, ausg. 13/5. 1958.) H.-J. Nitzschke. 7709

National Dairy Products Corp., New York, N.Y., übert. von: Andrew D. Singleton, Glenview, Ill., V.St.A., **Verbesserter Irisch-Moos-Extrakt** wird durch Behandeln von Irisch-Moos mit einer alkal. Lsg., z. B. NaOH, vom pH $\geqq 11$, Waschen u. anschließende Extraktion mit sd. W. erhalten. (**Can. P. 557 382** vom 21/11. 1955, ausg. 13/5. 1958.) H.-J. Nitzschke. 7709

Unilever Ltd., Port Sunlight, Chester, England, **Herstellung eines Kakaobutteraustauschstoffes,** bes. für Schokolade. Man härtet Palmöl teilweise u. fraktioniert das teilweise gehärtete Öl, bes. aus wasserfreiem Aceton, um eine Fraktion mit einer JZ. von höchstens 45 u. einer Dilatation (isotherm. Schmelzvol.-Zunahme in mm³) bei 20° von mindestens 1000 u. bei 35° von höchstens 600 zu erhalten. (**E. P. 861 016** vom 10/8. 1956, ausg. 15/2. 1961.) H. Maaß. 7727

William N. Duck, Manor Township, Lancaster County, Pa., V.St.A., **Behandlung von Schokoladeprodukten.** Zur Verhinderung der „Ausblühens" von Schokolade bei der Lagerung werden dieser in geschmolzenem Zustand 0,5—5,0% einer Mischung von Triglyceridestern zugesetzt, die durch Rk. von Glycerin mit 2 (Mol) Laurinsäure, 1,2 Myristinsäure u. 2 Palmitinsäure erhalten wird u. einen F. von 104 bis 118° F besitzt. (**A. P. 2 979 407** vom 28/5. 1959, ausg. 11/4. 1961.) W. Kranz. 7727

Esso Research and Engineering Co., Del., übert. von: Neville Leverne Cull, Baker, La., V.St.A., **Entfernung von Monomeren oder Lösungsmitteln aus Polymerisaten** durch Lösen in Paraffin-KW-Stoffen, z. B. n-Heptan, u. Leiten der Lsg. über erhitztes kristallines Al-Silicat mit einem Porendurchmesser von 13—14 Å. — Beispiele mit Mischpolymerisaten aus Isobutylen u. Styrol (I), Äthylen u. **I**, 1.3-Butadien u. **I**, Isopren u. **I** sowie dampfgecrackten KW-Stoffen. Durch das Verf. werden auch giftige u. riechende Stoffe entfernt, so daß die Endprodd. zur *Kaugummi*-Herst. geeignet sind. (**A. P. 2 977 346** vom 23/7. 1957, ausg. 28/3. 1961.) H. Schindler. 7731

George Curt Curtiss, Miami, Fla., V.St.A., **Kaugummi** in Form einer schwammartigen Masse, deren Hohlräume mit, bes. gefrorenem, Konfekt, wie Eiscreme, gefüllt sind. (**A. P. 2 973 273** vom 11/2. 1959, ausg. 28/2. 1961.) E. Petersen. 7731

F. Hoffmann-La Roche & Co. Akt.-Ges., Basel, Schweiz, *Herstellung von 4.4'-Dihydroxycarotinverbindungen*. (**Ind. P. 66 270** vom 29/12. 1958, ausg. 9/9. 1960. — C. **1960**, 15610 [D. A. S. 1 069 146].)

F. Hoffmann-La Roche & Co. Akt.-Ges., Basel, Schweiz, *Isozeaxanthindialkyläther*. (**Ind. P. 65 633** vom 29/10. 1958, ausg. 3/1. 1961. — C. **1960**, 15943 [D. A. S. 1 080 104].)

Procter & Gamble Co. of Canada Ltd., Toronto, Ontario, Canada, übert. von: **Edwin S. Lutton**, Cincinnati, Ohio, V.St.A., *Kürzungsmittel*. (**Can. P. 568 573** vom 3/5. 1955, ausg. 6/1. 1959. A. Prior. 11/6. 1954. — C. **1959**, 980 [A. P. 2 801 177].)

Sasmoco Soc. An., Lenzerheide, Schweiz, *Behandlung von Tabak*. (**E. P. 885 249** vom 9/4. 1958, ausg. 20/12. 1961. Schwz. Prior. 12/4. u. 21/10. 1957. — C. **1960**, 14217 [D. A. S. 1 082 541].)

Walter Rosenthal und **John Staige Davis jun.**, New York, N.Y., V.St.A., *Verbesserung von Tabak*. (**A. P. 2 985 549** vom 27/3. 1957, ausg. 23/5. 1961. — C. **1960**, 14551 [D. A. S. 1 079 520].)

H_{17}. Fette. Seifen. Wasch- und Reinigungsmittel usw.

Wachs und Fett aus dem Zuckerrohrpreßschlamm. Muhammad Qudrat-Khuda und Naimuddin Ahmed. (Pakistan J. sci. ind. Res. **2**, 256—58, Okt. 1959; Dacca, Pakistan, Council of Sci. and Ind. Res., East Reg. Labor.; engl.) — Durch Extraktion des Schlammes mit Bzl.-A.-Gemisch wird mit einer Ausbeute von 15% ein aus $^2/_3$ Wachs u. $^1/_3$ Fett bestehende Substanz gewonnen. Das Wachs besteht zur Hauptsache aus Myricylmelissat, das Fett aus den Glyceriden der Öl-, Palmitin- u. Stearinsäure. G. Meinhardt. 7872□

Fettoxydation. 1. Mitt. Darstellung von trans.trans-Methyllinolat-Hydroperoxid. A. Banks, S. Fazakerley, J. N. Keay und J. G. M. Smith. (J. Sci. Agric. **12**, 724—28, Okt. 1961; Aberdeen, Torry Res. Stat.; engl.) — Unter Hinweis an Hand der Literatur auf die widersprechenden Vorstellungen über die stark katalysierende Wrkg. von Hämoglobin, Myoglobin u. der Cytochrome auf die Autoxydation von emulgierter Linolsäure (I) werden systemat. Verss. mit den definierten Hydroperoxiden der **I** in

Aussicht genommen. Zu diesem Zweck wird zunächst ein Verf. zur Darst. solcher Hydroperoxide entwickelt. Vf. bringt ausführliche Angaben über die Gewinnung des Methylesters der I aus Tetrabromstearinsäure (Baumwollsaatöl), über seine Oxydation in Lsg. von PAe. unter Durchleiten von O_2 in Ggw. von 85%ig. Methanol (mit PAe. gesätt.), das die nach 4tägiger Oxydation gebildeten Hydroperoxide zusammen mit unverändertem Ester löst u. aus dem Syst. abtrennt (Skizze der App.), über die Trennung der Hydroperoxide vom unveränderten Ester. Die Hydroperoxide [$E^{1\%}_{1cm}$ = 810 bei 231,5nm (ε = 26400)] erweisen sich als ein Gemisch aus konjugiertem cis-, trans- sowie trans.trans-Dien; dieses Prod. wird bei -30^0 aus einer 10%ig. Lsg. in PAe. (40—60^0) ausgefällt u. anschließend bei -76^0 aus äthanol. Lsg. als farbloses Präp. kristallisiert ($E^{1\%}_{1cm}$= 890 bei 231,5 nm; ε = 29000); weitere Ausführungen über die optimale Arbeitsweise, über die Ermittlung der Peroxidzahl nach Banks [1937] sowie über die UV- u. IR-spektrophotometr. Meth.; das trans.trans-Hydroperoxid besitzt einen Brechungsindex von n_D^{23} 1,4849, maximale UV-Absorption bei 231,5 nm, IR-Absorption bei 2,92 μ (OOH), bei 10,10 μ (trans.trans-Konjugation) sowie bei 5,78 u. 5,85 μ ($-COOCH_3$ mit H-Bindung). K. Täufel. 7878□

Antioxydative Aktivität von Lecithin und seinen Hydrolyseprodukten. 3. Mitt. Lecithin, Glycerinphosphorylcholin, Phosphorylcholin, Phosphatidsäure, Cholin und Glycerin. Chieko Urakami und Haru Kameyama. (Bull. chem. Soc. Japan **33,** 29—33, Jan. 1960; Osaka, Osaka City Univ. Nishi-ku, Fac. Sci. of Living; engl.) — 2. vgl. C. **1961,** 2131. — Unter Hinweis auf die Widersprüche im Schrifttum hinsichtlich der antioxydativen Wirksamkeit von Lecithin bzw. seiner Hydrolyse-Prodd. werden systemat. Verss. mit Methyloleat als Substrat durchgeführt; die Autoxydation erfolgt in üblicher Weise bei 45 u. 60^0. In 0,1%ig. Konz. werden in ihrer Hemmwrkg. reine, definierte Verbb. geprüft, nämlich H_3PO_4, Glycerin (I), Cholin (II), α- u. β-Glycerophosphorsäure (**VII**), Phosphorylcholinchlorid, Phosphorylcholin (**V**), Lecithin (aus Ei) (**III**), Phosphatidsäure (**VI**), DL-α-Glycerophosphorylcholin (**IV**). Aus den graph. mitgeteilten Befunden wird abgeleitet, daß **I, II, III, IV** keine antioxydative Wrkg. entfalten, wohl aber **V** u. sein Chlorid sowie **VI**. Nach den Verss. bei 60^0 wird folgende abnehmende Rangfolge der Hemmwrkg. angegeben: H_3PO_4 > **V** u. **VI** > Phosphorylcholinchlorid > α-**VII** > β-**VII**. Die Diskussion zeigt, daß der antioxydative Effekt überwiegend dem Phosphorylteil zuzuschreiben ist. K. Täufel. 7878□

Zur Wirkungsweise des Chlorophylls bei der Autoxydation olefinischer Fette. K. Täufel, Cl. Franzke und G. Heder. (Fette, Seifen, Anstrichmittel **61,** 1225—32, Dez. 1959; Berlin, Humboldt-Univ., Inst. für Lebensmittelchem. u. -technol.; dt.) — Unterss. über das Verh. von *Ölsäuremethylester* u. *Linolsäuremethylester* bei Zusatz von *Chlorophyll* (I), phenol. Antioxydantien [*Brenzcatechin* (II), *Hydrochinon* (III)] sowie von Kombinationen aus I u. II bzw. III bei verschiedenen Lichtverhältnissen ergaben: Bei Tageslicht wirkt I auf das Substrat prooxydativ, während es sich bei Dunkelheit indifferent verhält. In Kombination mit II bzw. III unterstützt I in der Dunkelheit die Hemmwrkg. des betreffenden Antioxydans. Diese synergist. Wrkg. nimmt mit der Konz. an I in der Kombination zu. M. Winiker. 7878□

Untersuchungen über ostpakistanische Cocosnüsse. Muhammad Qudrat-I-Khuda und Muhammad Rahmatullah. (Pakistan J. sci. ind. Res. **2,** 259—66, Okt. 1959; Dacca, Pakistan Counc. of Sci. and Ind. Res., East Reg. Labor.; engl.) — Die einzelnen Bestandteile (Fasern, Schale, Kern, Milch usw.) wurden untersucht u. die industrielle Auswertung diskutiert, vor allem im Hinblick auf die Ölgewinnung. G. Meinhardt. 7894□

Herstellung von reinem Gossypol aus Dianilinogossypol. F. H. Smith. (J. Amer. Oil Chemists' Soc. **37,** 286—88, Juni 1960; Raleigh, N.C., Agricult. Exp. Stat.; engl.) — Vf. beschreibt die Herst. von sehr reinem Gossypol (I) in größeren Mengen aus Dianilinogossypol (erhalten aus Baumwollsamen durch Extraktion u. Fällung) durch Hydrolyse mit Eisessig, wiederholtes Umkristallisieren des entstandenen Addukts aus einem Gemisch von Ae. u. Essigsäure. Nach Auswaschen der Säure wird **I** schließlich aus Ae./PAe. oder Ae./A./W. mit einer Gesamtausbeute von 75% erhalten. H.-P. Rettig. 7894□

Anwendung des Hochfrequenz-Kraftfeldes beim Aufarbeiten verschiedener Ölsamen. E. Gondár. (Nahrung **5,** 49—65, 1961; Budapest, TU; dt.) — Vortrag über Vor- u. Nachteile der Anwendung der dielektr. Meth. bei der Aufarbeitung von Ölsaaten mit Kennzeichnung der verschiedenen Zustände der Ölsamen, nämlich des natürlichen, des reduzierten sowie des reduzierten geometr. Samenzustandes. J. Böss. 7894□

Hydrierung von Baumwollsamenöl in Lösungsmitteln. Lyle F. Albright, Chin-Hsuan Wei und John M. Woods. (J. Amer. Oil Chemists' Soc. **37,** 315—20, Juli 1960; Lafayette, Ind., Purdue Univ.; engl.) — Nach krit. Betrachtung älterer Berichte über die Hydrierung von Triglyceriden in Lsgm. beschreiben Vff. Verss. zur Hydrierung von Baumwollsamenöl in Isopropanol, Hexan oder Isopropyläther im Vgl. mit Hydrierungen ohne Lsgm., wobei außer der Temp. u. dem Katalysator auch der Partialdruck des H_2 zum Vgl. herangezogen wird. An Hand der Kurven wird festgestellt, daß bei den hier hauptsächlich verwendeten Temp. von 135—145° sowie einem Katalysator-Geh. von 0,3% Ni u. einem Partialdruck von 44 p.s.i.a. kein Unterschied hinsichtlich Sättigungsgrad u. Isomerisation des mit Lsgm. hydrierten Prod. besteht gegenüber dem ohne Lsgm. hydrierten. Letzteres benötigt außerdem eine Temp. von ca. 200°. Die Rührgeschw. ist wichtig. Danach besteht für kommerzielle Zwecke durchaus die Möglichkeit, die Extraktion des Samens mit einem der genannten Lsgm. vorzunehmen u. diese Lsg. nach vorheriger entsprechender Vorreinigung unmittelbar der Hydrierung unter den oben genannten Bedingungen zuzuführen. W. Rittler. 7894□

Der Fettgehalt und die Jodzahl in Leinsamen verschiedener Sorten unter unterschiedlichen Anbaumethoden. A. Patruno und C. Dell'Aquila. (Riv. ital. Sostanze grasse **38**, 36—42, Jan. 1961; Bari, Univ., Ist. di Agronom. e Colt.; ital.) — 1958/59 wurden zum Vgl. mit dem gewöhnlich verwendeten Leinsamen Unterss. über das Verh. von für den Boden u. für das Milieu neuen Samensorten mit u. ohne Düngung ausgeführt. Der Fett-Geh. der Samen variiert als eine Funktion der Sorte stark zwischen Flachsfasern (mit niedrigem Öl-Geh.) u. Leinsamen u. nimmt nach der Herbstaussaat zu, während er nach der Aussaat im Frühjahr durchschnittlich von 36,6 auf 34,3% absinkt. Die JZ. variiert bes. mit der Sorte u. ist in Fasersorten u. bei der Herbstaussaat bedeutend höher. Die Fasersorten zeigen niedrigere Fettausbeuten als die Samensorten. Als Dünger wurden Superphosphat (500 kg/ha), NH_4NO_3 (300 kg/ha) u. K_2SO_4 (100 kg/ha) gegeben. Es wird geschlossen, daß für das Anbaugebiet Apuliens künftig die Sorten Trento, Marsic 1 u. DR 61 zu verwenden sind (Tabellen). — 31 Literaturangaben. G. Platzer. 7894□

Harnstoffkomplexe: Fraktionierung der Säuren eines typischen, oleinreichen Safloröls und Isolierung der Öl- und Linolsäure. M. Qudrat-I-Khuda, H. C. Das und N. A. Khan. (Pakistan J. sci. ind. Res. **2**, 241—44, Okt. 1959; Dacca, East-Pakistan, Counc. of Sci. and Ind. Res.; engl.) — Vff. beschreiben die Fraktionierung der Harnstoffadditions-Prodd. der Fettsäuren (FS) mittels verschiedener Lsgm. u. diskutieren die Möglichkeit der tech. Verwertung der FS. G. Meinhardt. 7894□

Beschaffenheit der für die Reaktion von Bellier-Carroci-Buzi verantwortlichen Substanzen, Eigenschaften von Extraktions-Olivenölen. P. Capella, C. Candela und G. Jacini. (Riv. ital. Sostanze grasse **38**, 84—87, Jan. 1961; Milano, Staz. sperim. Olii e Grassi; ital.) — Der charakterist. flockige Nd. der Bellier-Carroci-Buzi-Rk. (BCB), der die Ggw. von Extraktions-Olivenölen anzeigt u. eine in Ae. lösl. u. eine unlösl. Fraktion liefert, besteht zu 75—85% aus unverseifbaren Verbb., vor allem höheren aliphat. Alkoholen, unter denen Cerylalkohol neben geringen Mengen von KW-Stoffen u. Sterinen vorwiegt, zu 5—15% aus einem Gemisch von Fettsäuren analoger Zus., wie das von Fettsäuren des Olivenöls, u. aus dem Rest von Ca- u. Mg-Seifen mit noch wenigen unverseifbaren Verbindungen. Das typ. Aussehen des BCB-Nd. ist durch die Ggw. aller vorst. Bestandteile bedingt; nur wenn diese einem Preßöl gleichzeitig zugegeben werden, wird der für die BCB-Rk. charakterist. Nd. erhalten. Die Analysen wurden durch Chromatographie ausgeführt. G. Platzer. 7894□

Öle von geringer Bedeutung. — Papayasamenöl. A. S. Guru Venkatesh und Y. K. Raghunatha Rao. (Food Sci. [Mysore, India] **9**, 49, Febr. 1960; Mysore, Central Food Technol. Res. Inst.; engl.) — Die Samen von unreifen grünen Papayas wurden in weiße unreife (a) u. schwarze halbreife (b) Samen sortiert. Sie enthielten 85%, nach Sonnentrocknung 7,5—10% Feuchtigkeit u. ergaben bei Extraktion mit PAe. 16,1 (a) u. 26,8% (b) Öl. Die Farbe des Öls war gelb bis braun, von b etwas heller; der Geschmack des frischen Öls ist angenehm. Die physikal.-chem. Konst. sind angegeben. Das Öl ist industriell u. für Nahrungszwecke verwendbar u. besteht nach von Loesecke u. Nolte [1937] aus den Glyceriden der Öl-, Linol-, Palmitin-, Stearin- u. Arachinsäure. Eberhard Müller. 7894□

Über die Löslichkeit von Polystyrol und Polyäthylen im Fett. W. Pfab. (Z. Lebensmittel-Unters. u. Forsch. **115**, 428—30, 12/10. 1961; Ludwigshafen/Rh., Bad. Anilin- & Soda-Fabrik AG.; dt.) — Zahlreiche Verss. ergaben, daß Polystyrol VI oder Lupolen 2434 H beim Behandeln mit heißem Fett keine polymeren Anteile an das Fett abgeben. E. Wiehr. 7900□

Fortschritte in der Herstellung grenzflächenaktiver Stoffe. J. Amende. (Fette, Seifen, Anstrichmittel **63**, 441—45, Mai 1961; Chem. Werke Hüls AG.; dt.) — Überblick über

grenzflächenakt. Verbb., die als Waschrohstoffe techn. Bedeutung haben oder in absehbarer Zeit erlangen können (anionenakt. u. kationakt. Mischpolymerisate).
H.-P. Rettig. 7912□

Gewinnung von Detergentien vom Alkylarylsulfonat-Typ im Gemisch mit sulfatierten Alkoholen, ausgehend von weiten, durch thermische Crackung erhaltenen Benzinfraktionen. Stelian Anastasiu und Eugénie Jelesco. (Chim. et Ind. **85**, 413—20, März 1961; Bukarest, Chem. Forschungs-Inst. ICECHIM; franz.) — Beschreibung der Entw. u. großtechn. Herst. von Detergentien sowie Mitt. der physikal.-chem. Kennzeichen des Verf. u. der Eigg. der erhaltenen Produkte. G. Günther. 7912□

Zuckerdetergentien. N. Pilpel. (Res. appl. in Ind. **12**, 68—74, Febr. **1959**; London, Barnes; engl.) — Übersicht über die Darst. u. Eigg. einer neuen Klasse von Detergentien, deren Grundlage Mono- u. Diester der Saccharose mit höheren Fettsäuren sind. — 27 Literaturangaben. H.-P. Rettig. 7912□

Amide von α-sulfonierter Palmitin- und Stearinsäure. J. K. Weil, A. J. Stirton und R. G. Bistline jun. (J. Amer. Oil Chemists' Soc. **37**, 295—97, Juni 1960; Philadelphia, Pa., East. Reg. Res. Labor.; engl.) — Säureamide der α-Sulfopalmitin- u. -stearinsäure mit NH_3, Äthyl-, Äthanol-, Diäthanol-, Isopropanolamin u. N-Methyltaurin wurden dargestellt u. als Na-, NH_4- oder Äthanolammonium-Salze isoliert. Die Darst. erfolgte über die Sulfocarbonsäurechloride (mittels $SOCl_2$) u. deren Umsatz mit dem Amin in einen chlorierten Lsgm., z. B. Chlf.; die Löslichkeit der Amide wächst mit der Substitution der Alkyl-, Hydroxyalkyl- u. Sulfoalkylgruppen am N-Atom. Die meisten Na-Salze der α-sulfonierten Amide besitzen eine gute bzw. sehr gute Stabilität gegenüber Ca^{2+} u. anderen divalenten Ionen. H.-P. Rettig. 7912□

Hochpolymere als Waschmittel. 3. Mitt. **Einwirkung der anionischen grenzflächenaktiven Mittel.** Tetsuya Matsukawa. (J. chem. Soc. Japan, ind. Chem. Sect. [Kōgyō Kagaku Zassi] **63**, 1030—35, Juni 1960; Tôkyô-Bunkyôku, Otyanomizu-Zyosidai; jap., Auszug: engl.) — 2. vgl. C. **1961**, 10790. — Baumwollene Tücher werden mit einer wss. Lsg. von makromol. Substanzen, wie Carboxymethylcellulose-Na-Salz (**I**), Na-Alginat (**II**), teilweise verseiftem Polyvinylacetat (**III**) oder Methylcellulose (**IV**), welche daneben noch anion. Waschmittel. (a.W.), wie Seife, Na-Laurylsulfat (**VI**) oder Na-Dodecylbenzolsulfonat (**V**) enthält, behandelt, getrocknet u. dann mit Kohlenschwarz angeschmutzt u. mit einfachem W. gewaschen. Die Wasch-Wrkg. der makromol. Substanzen wird durch Zusatz von Seife oder **V** im allg. verbessert; die Einw. der a.W. nimmt bei den Verss. mit **I** mit steigender Dosis an a.W. zunächst ab u. erst bei Verw. eines Überschusses zu, während die Wasch-Wrkg. von **III** durch Zusatz von Seife oder **V** eindeutig zunimmt, jedoch selbst unter besten Bedingungen die von **I** nicht erreichen kann. Die Wasch-Wrkg. der makromol. Substanzen wird durch Zusatz von **VI** verschlechtert; die von **III** nimmt sogar mit steigender Dosis an **VI** ungefähr linear ab. Vf. vermutet eine Zwischenwrkg. zwischen **VI** u. den makromol. Substanzen. Das Waschen der nur mit den makromol. Substanzen behandelten Tücher mit der Lsg. von Seife oder **V** gibt wenig schlechtere Ergebnisse im Vgl. mit dem Waschen der mit derselben Kombination der makromol. Substanzen u. der anion. Waschmittel behandelten Tücher mit einfachem Wasser. Andererseits gibt das Waschen der nur mit den makromol. Substanzen behandelten Tücher mit der Lsg. von **VI** bessere Ergebnisse im Vgl. mit dem Waschen der mit der gemischten Lsg. der makromol. Substanzen u. der **VI** behandelten Tücher mit einfachem Wasser. E. Maekawa. 7912□

Hochpolymere als Waschmittel. 4. Mitt. **Konduktometrische Bestimmung von herausgelösten makromolekularen Substanzen aus den damit vorbehandelten Tüchern.** Tetsuya Matsukawa und Sachiko Moriura. (J. chem. Soc. Japan. ind Chem. Sect. [Kōgyō Kagaku Zassi] **63**, 1035—39, Juni 1960; jap., Auszug: engl.) — 3. vgl. vorst. Referat. — Baumwollene Tücher u. solche aus Reyon, Acetat, Nylon u. Vinylon werden mit der Lsg. von Carboxymethylcellulose (**I**) oder Na-Alginat (**II**) behandelt u. getrocknet. Das beim Stehenlassen der Tücher im W. aufgelöste Hochpolymere **I** bzw. **II** wird kontinuierlich konduktometr. gemessen. Die Auflösung der makromol. Substanzen findet im allg. am Anfang des Eintauchens rapid statt, u. das Gleichgewicht wird langsam erreicht. Die makromol. Substanzen gehen aus den Cellulosefasern schwieriger ins W. über als aus den Polyester- oder Polyacrylfasern. **I** löst sich im Vgl. mit **II** aus den Fasern leichter heraus. Vff. schließen daraus, daß die Wrkg. der Makro-Moll. nicht nur auf ihrer Herauslösung aus den damit behandelten Tüchern beruht.
E. Maekawa. 7912□

Über die Autoxydation des Wollfettes und ihre Verhinderung. E. W. Clark und G. F. Kitchen. (Dtsch. Apotheker-Ztg. **101**, 1639—44, 21/12. 1961; Laisterdyke, Bradford, England, Westbrook Lanolin Co., Argonaut. Works, Labor.; dt.) — Langfristige Unterss. von Wollfetten zeigten, daß unter günstigen Bedingungen für mindestens 32 Monate, unter ungünstigen Bedingungen für mindestens 2 Jahre eine autoxydative Veränderung des Wollfettes durch Zusatz von 0,01% Butylhydroxytoluol (BHT) oder Butylhydroxyanisol (BHA) verhindert wird. Gemessen wurde F., SZ., VZ., EZ., Peroxidzahl, JZ., der unverseifbare Anteil, der total verseifbare Anteil, der Cholesterin-Geh. u. die Farbe (nach Lovibond). Folgende Antioxydantien oder Gemische derselben wurden untersucht: (±)-α-Tocopherol, BHT, BHA u. Propylgallat sowie die synergist. Wrkg. von Citronensäure u. Ascorbylpalmitat, die selbst schon antioxydative Eigg. besitzen. Als bestes Antioxydans wird BHT angegeben. Es wurde festgestellt, daß die Autoxydation nur bis zu einer Schichtdicke von 1 cm vordringt. Die JZ. steigt nicht an, wohl aber die SZ., wenn Wollfett unter Lichtabschluß aufbewahrt wird. — 46 Literaturangaben. K. Hinterauer. 7924□

Untersuchungen über den Ursprung und die Bedeutung der Peroxidzahl von Adeps Lanae anhydr. E. W. Clark und G. F. Kitchen. (Dtsch. Apotheker-Ztg. **101,** 1644—45, 21/12. 1961; Laisterdyke, Bradford, England, Westbrook Lanolin Co., Argonaut Works, Labor.; dt.) — Es wurde experimentell festgestellt, daß Wollfett bereits im Vlies eine hohe Peroxidzahl hat. Beim Waschprozeß u. der Extraktion erniedrigt sich dieser Wert stark u. steigt, wenn die Bleichung oxydativ durchgeführt wird, wieder stark an. Die Peroxidzahlen sind als Maßstab der Autoxydation nur dann brauchbar, wenn die Werte der obersten Schicht mit den Werten der untersten Schicht eines Behälters verglichen werden. K. Hinterauer. 7924□

Eine modifizierte Methode zur Bestimmung des Raffinationsverlustes von Öl. Lionel K. Arnold und Huan-Yang Chang. (Proc. Iowa Acad. Sci. **67,** 210—12, 1960; Ames, Iowa, Univ., Iowa Engng. Exp. Stat.; engl.) — Vff. verringerten die Einwaage des vegetabil. Öls bei der Best. des Raffinationsverlustes gegenüber der offiziellen Meth. nach Mehlenbacher u. Mitarbeiter [1959] von 500 auf 50 g u. erhielten gute Übereinstimmung der Werte bei beiden Methoden. Sie stellten fest, daß Veränderungen des Verdampfungsverlustes das Ergebnis mehr beeinflußten als Veränderungen der Rührgeschwindigkeit. E. Wiehr. 7932□

Beitrag zur Kenntnis der Beschaffenheit der Fettsäuren des Öls in den aufeinanderfolgenden Stadien der Reifung von Oliven. Angelo Cucurachi. (Riv. ital. Sostanze grasse **38,** 30—35, Jan. 1961; Bari, Staz. agrar. sperim.; ital.) — In verschiedenen Olivensorten wurden die Mengen von gesätt. u. ungesätt. Fettsäuren (I) in den verschiedenen Phasen der Reifung (1/7., 1/8., 1/9. u. 1/10.) untersucht, um einen Beitrag zur Kenntnis der komplizierten Erscheinung der Reifung von Öl in Ölfrüchten zu leisten. Gew.-Vol., Feuchtigkeits- u. Öl-Geh. (%) wurden ermittelt sowie die einzelnen gesätt. u. ungesätt. I im Öl durch Papierchromatographie identifiziert. Die chromatograph. Unters. wurde auch auf Samenöl aus Olivenkernen u. auf Öl aus dem Fruchtfleisch entkernter Oliven ausgedehnt. Die erhaltenen Ergebnisse bestätigen, daß bei fortschreitender Reifung der Säure-Geh. des aus Oliven gewonnenen Öls u. der %-Geh. der unverseifbaren Verbb. abnimmt u. der Wert der JZ. ansteigt. Immer vorhanden sind die ungesätt. I, Öl- u. Linolsäure, während Linolensäure erst nach erfolgter Reifung deutlich nachweisbar ist. Ungewiß ist die Ggw. von Myristinsäure, deren Nachw. mit method. Mängeln behaftet ist. G. Platzer. 7932□

Gas-Chromatographie freier Fettsäuren. Die Analyse der gesättigten und ungesättigten Fettsäuren von der Capron- bis zur Arachinsäure. W. Stuve. (Fette, Seifen, Anstrichmittel **63,** 325—29, April 1961; Hamburg-Bahrenfeld, Margarine-Union G.m.b.H., Labor.; dt.) — Freie gesätt. u. ungesätt. Fettsäuren mit Kettenlängen von C_6—C_{20} lassen sich mit dem Pye-Gerät gaschromatograph. in gleich guter Weise wie die Methylester trennen. Zur Zurückdrängung der Eigenassoziation der Fettsäuren werden hohe Temp. (146—180°), niedrige Proben-Konzz. (0,1 mg u. weniger) u. eine zur Bldg. von H-Brückenbindungen mit den Fettsäuren geeignete stationäre Phase (Reoplex 400, ein von kurzkettigen Anteilen befreiter Polyester, 10 u. 20% auf Celite 545, Korngröße 0,15—0,2 mm) verwendet u. völlig symm. Elutionsbanden bei Analysenzeiten von teilweise nur 1—2 Std. erzielt. H.-P. Rettig. 7936□

Differenzierung mit HBr reagierender Samenölfettsäuren. C. R. Smith jun., M. C. Burnett, T. L. Wilson, R. L. Lohmar und I. A. Wolff. (J. Amer. Oil Chemists' Soc. **37,** 320—23, Juli 1960; Peoria. Ill., Northern Reg. Res. Labor.; engl.) — Die Rk. von Durbetaki [1956] auf Epoxysäuren, bei der mit HBr der Oxiranring geöffnet wird, spricht auch auf Säuren an, die keine Epoxygruppe enthalten, wie z. B. *Sterculsäure,* die einen Cyclopropenring enthält, oder *Dimorphecolsäure,* für die die Formel einer 9-Hydroxy-trans.trans-octadecadien-(10.12)-säure gilt. Vff. haben gefunden, daß der wirkliche Geh. an Epoxyverbb. in einem Öl sich bestimmen läßt, wenn man das Öl zunächst mit HBr nach Durbetaki titriert, dann mit $LiAlH_4$ hydriert u. dann nochmals mit HBr titriert. Einzelheiten der Meth. u. ihre Anwendung auf 15 verschiedene Pflanzenöle vgl. Original. W. Rittler. 7936□

Hydroxysäuren mit benachbarten Doppelbindungen in Samenölen. L. J. Morris, R. T. Holman und K. Fontell. (J. Amer. Oil Chemists' Soc. **37**, 323—27, Juli 1960; Austin, Minn., Univ., Dep. of Physiol. Chem.; Hormel Inst.; engl.) — Die HBr-Titration nach Durbetaki [1956] täuscht in manchen Fällen einen höheren Geh. an Epoxyverbb. vor, als sich durch Best. im nahen IR, deren Meth. noch beschrieben werden soll, nachweisen läßt. In Ergänzung der von Smith u. Mitarbeiter (vgl. vorst. Ref.) beschriebenen Meth. der vorherigen Hydrierung der Ölprobe mit $LiAlH_4$ werden hier 6 Pflanzenöle sehr ausführlich untersucht durch Best. im IR vor u. nach der Behandlung der Öle mit wasserfreier äther. HCl. Die einzelnen Hydroxysäureester mit konjugierter Doppelbindung werden durch Dünnschichtchromatographie getrennt u. durch Gas–Fl.-Chromatographie bestätigt als Hydroxy-trans.trans-diencarbonsäuren bzw. als 9-Hydroxy-trans-10-cis-12- u. als 13-Hydroxy-cis-9-trans-11-octadecadiencarbonsäure.
W. Rittler. 7936□-

British Celanese Ltd., London, übert. von: Russell J. Brown, John Downing und Walter H. Groombridge, Spondon, England, **Waschblätter** bestehen aus wasserlösl., faseriger Methylcellulose als Grundlage, die ein nicht faserbildendes oberflächenakt. Mittel, z. B. wasserlösl. Alkylsulfat mit ≥ 6 C-Atomen, enthält, wobei die Methylcellulosefasern durch nichtfaserige Na-Carboxymethylcellulose gebunden werden. — Vgl. E. P. 656 210; C. **1953, 3330.** (**Can. P. 568 441** vom 8/9. 1949, ausg. 6/1. 1959. E. Prior. 7/10. 1948.) H.-J. Nitzschke. 7913

Monsanto Chemical Co., St. Louis, Mo., übert. von: Frederic L. Matthews, Moorestown, N.J., V.St.A., **Oberflächenaktive Stoffe.** 1 (Mol) eines Äthylenpolyamins mit ≤ 4 Aminoresten pro Mol. (Diäthylentriamin, Äthylendiamin) wird bei 100—200° mit einem chlorierten Kerosin kondensiert, das durch Chlorierung einer Kerosinfraktion mit Kp. 150—300° bis zum $^1/_3$—$^2/_3$mol. Umsatz erhalten wurde. (**Can. P. 555 002** vom 4/3. 1953, ausg. 25/3. 1958.) S. Böttcher. 7913

British Nylon Spinners Ltd., Pontypool, England (Erfinder: Kenneth Arthur Brunt und David Williams), **Waschmittel,** das der Wäsche bei der Reinigung antistat. Eigg. verleiht, bestehend aus 51—98,5 (%) nichtionogenen, 1—48,5 kationakt. (I) u. 0,5—24 anionakt. (II) Waschrohstoffen, wobei die I im stöchiometr. Überschuß über den II vorliegen müssen. — Man löst 19 (Teile) p-dodecylbenzolsulfonsaures Na in 200 W., gibt 28 Hexadecylpyridiniumchlorid in 300 W. u. 53 Alkylphenylpolyäthylenglykoläther zu. (**E. P. 873 214** vom 20/8. 1958, ausg. 19/7. 1961.)
C. Lüttgen. 7913

Shell Research Ltd., London, England (Erfinder: Eric Louis Shepherd und John Arthur Hill), **Stark schäumendes Reinigungsmittel** mit niederem Trübungspunkt, bestehend aus 60—90 (%) organ. waschakt. Sulfaten u./oder Sulfonaten, 5—30 Phenolpolyalkylenoxidkondensaten u. 5—30 Alkohol–Alkylenoxid-Kondensaten, z. B. 70 C_8—C_{18}-alkylbenzolsulfonsaurem Na, 15 Octylphenolpolyglykoläther mit 8,5—9 Äthylenoxidgruppen (I) u. 15 Oleyl–Cetylalkoholpolyglykoläther mit 20 I im Molekül. (**E. P. 870 458** vom 25/8. 1958, ausg. 14/6. 1961.) C. Lüttgen. 7917

Farbwerke Hoechst Akt.-Ges., vormals Meister Lucius & Brüning, Frankfurt/M. (Erfinder: Werner Frank, Hofheim/Taunus, Otto Koller, Frankfurt/M., und Wolfgang Pape, Kelkheim/Taunus), **Schaumarme Geschirrspülmittel** auf Basis von *Alkyl- oder Alkylarylpolyglykoläthern*, gek. durch einen Geh. an Kondens.-Prodd. aus aromat. Sulfonsäuren u. Aldehyden. — Beispiel: 65 (%) W., 25 Pentaglykoläther aus Cocosalkohol, 10 Kondens.-Prod. aus β-Naphthalinsulfonsäure u. CH_2O im Verhältnis 1 : 1. (**D. A. S. 1 122 199** Kl. 23e vom 10/12. 1960, ausg. 18/1. 1962.)
C. Lüttgen. 7917

J. R. Geigy Akt.-Ges., Basel, Schweiz, **Versprühbare Bodenpflegemittel,** enthaltend 5—15 (Gew.-%) eines Wachses oder einer wachsartigen Substanz (I) u. 20—60 eines Treibmittels sowie Lösungs- u. Dispergiermittel (Restmenge). Wenigstens teilweise, bes. zu 3—10 der Gesamtmenge, bestehen die letzteren aus wasserlösl. Verbb. mit 2 O-Atomen, z. B. Dioxan, Glykolmonoäthylätheracetat oder Diäthylenglykoldiäthyläther. Man kann auch Siliconöle zusetzen. Geeignete I sind z. B. a) Ester von gesätt. oder ungesätt. aliphat., aromat. oder alicycl. Carbonsäuren mit mindestens 10 C-Atomen u. ein- oder mehrwertigen Alkoholen mit mindestens 2 C-Atomen, b) die vorst. genannten Carbonsäuren als solche, c) aliphat. Säureamide (F. > 20°) sowie d) bei 20° feste KW-Stoffe oder deren Halogenderivate. (**E. P. 881 673** vom 31/8. 1959, ausg. 8/11. 1961. Schwz. Prior. 19/6. 1959.) P. Krug. 7927

H_{18a}. Holz. Cellulose. Zellstoff. Papier. Papierdruck. Celluloid. Linoleum

Beitrag zur Kenntnis des Feinbaus der Fichtenholztracheiden. 2. Mitt. **Beobachtungen an Ultradünnschnitten von delignifiziertem Holz und Ligningerüsten.** Georg Jayme und Dietrich Fengel. (Holzforschung **15**, 97—102, Sept 1961; Darmstadt, TH, Inst für Cellulosechem. mit Holzforsch.-Stelle; dt.) — 1. vgl. C. **1961**, 15607. — Etwa 55 μ dicke *Schnitte* von *Fichtenholz* werden nach Extraktion mit CH_3OH/Bzl. teils 8 Std. lang bis zu einem Lignin-Geh. von 6% delignifiziert, teils durch Säurehydrolyse von den Kohlenhydraten befreit. Danach werden *Ultradünnschnitte* hergestellt u. im Elektronenmikroskop untersucht. Nach der *Delignifizierung* ist die Mittelschicht (Mittellamelle u. Primärwand) aufgeweitet u. die Mittellamelle aufgelöst. Die Primärwände (**A**) verkleben u. verhaken miteinander. In den Intercellularen hält sich das *Lignin* am längsten. Nach kurzer Behandlung mit 5%ig. NaOH nach der Delignifizierung (2,5% Restlignin) wird eine Lamellierung von **A** beobachtet. Die durch Hydrolyse gewonnenen Ligningerüste zeigen eine Aufquellung der Zellwände. Aus den Bildern wird gefolgert, daß das Lignin am stärksten in der Mittellamelle, geringer in den äußeren u. inneren Bereichen u. am geringsten im Mittelteil der Sekundärwand eingelagert ist. W. Wergin. 7952□

Licht- und elektronenmikroskopische Untersuchungen über das Wachstum von Bläuepilzen in Kiefern- und Fichtenholz. Walter Liese und Roswitha Schmid. (Holz Roh- u. Werkstoff **19**, 329—37, Sept. 1961; München, Univ., Inst. f. Holzforsch. u. Holztechn.; Forstbotan. Inst.; dt.) — Vornehmlich durch *elektronenmkr.* Aufnahmen wird das Wachstum der Hyphen von Bläuepilzen (*Ophiostoma coeruleum* u. *O. piceae*) in den Zellen von *Picea abies* u. *Pinus silvestris* verfolgt. Die Hyphen wachsen in den Fasertracheiden nicht in den Wänden, sondern im Inneren der Zelle. Sie wachsen häufig durch die Hoftüpfel in die Nachbarzelle, wobei sie durch den Porus eindringen u. den Torus, aber nicht die Margo, durchbohren, ohne daß dabei Anzeichen zellwandlösender Enzyme festzustellen sind. Bei einem Wachstum durch die Tracheidenwand wird aus einer Anschwellung der Hyphenspitze heraus eine feine Bohrhyphe durch die Wand getrieben. In den Markstrahlen breiten sich die Pilze zumeist durch die Tüpfel aus. Bei den Tüpfelfeldern der Kiefernmarkstrahlen werden enzymat. Veränderungen nach Hyphendurchbruch beobachtet. W. Wergin. 7952□

Morphologische Faktoren und ihr Einfluß auf das Durchdringen von Flüssigkeiten durch Holz. A. B. Wardrop und G. W. Davies. (Holzforschung **15**, 129—41, Nov. 1961; South Melbourne, Victoria, Australia, C.S.I.R.O., Div. of Forest Prod.; dt.) — Eine einfache App. mit der das *Durchströmen* von Fll. durch *Holzproben* mit oder ohne Druck in axialer Richtung ausgeführt werden kann, wird beschrieben. Es werden verschiedene Hölzer, bes. *Pinus radiata* u. *Eucalyptus regnans*, unter Verw. einer Cu-Salz-Lsg. mit nachfolgender Fällung untersucht, u. die Ausbreitung an mkr. Schnitten wird beobachtet. Das Eindringen von einer Tracheide zur anderen erfolgt bei Gymnospermen über die Hoftüpfel, die laterale Ausbreitung durch die Markstrahlen, im Splint ebenso wie im Kernholz. Bei den Angiospermen sind die Gefäße im Splint der bevorzugte Transportweg in axialer Richtung, die Markstrahlen in lateraler Richtung. Nach der Füllung des Zellumens breiten sich die Reagentien von innen nach außen in der Zellwand aus u. reagieren zuletzt mit Mittellamelle u. Zwickeln. Auch nach Vorbehandlung der Proben mit Zellstoff-Aufschlußreagentien bleibt der Penetrationsweg der gleiche, nur die Geschw. ist größer. Die Ansichten über die Hoftüpfelstruktur der Gymnospermen werden krit. diskutiert. W. Wergin. 7952□

Eindringung und Diffusion in Harthölzern. J. E. Stone und H. V. Green. (Cellulosa e Carta **11**, Nr. 7, 6—17, Juli 1960; Canada, Pulp and Paper Res. Inst.; ital. — Vgl. C. **1960**, 12541.) W. Anika. 7952□

Untersuchungen über die Durchgangsgeschwindigkeiten von Feuchtigkeit durch viertelzölliges, verschieden feuchtes Sperrholz. R. D. Ziegler. (Tappi **44**, 684—88, Sept. 1961; Pullman, Wash.; Washington State Univ., Inst. of Technol., Div. of Ind. Res.; engl.) — Ein Viertelzoll starkes *3-Schichten-Sperrholz* (**A**) aus Douglas-Tanne wird auf verschiedene *Feuchtigkeits-Geh.* eingestellt u. bei verschiedenen Temp. als Austauscherplatte zwischen 2 Räumen von verschiedener relativer Feuchtigkeit aber von gleichem Dampfdruckgradienten eingebaut. Die *Wanderungs-Geschw.* der Feuchtigkeit durch das **A** ist bei den einzelnen Vers.-Kombinationen verschieden u. wächst stark bei steigender

Eigenfeuchtigkeit des **A.** Frühere Literaturangaben werden dadurch bestätigt. Ähnliches scheint auch für Isolierplatten zuzutreffen. In der Diskussion wird auf den Einfl. der Leimfugen hingewiesen. M. Hagedorn. 7952□

Zur Kenntnis der Zerstörung von Nadelhölzern durch Moderfäule-Pilze. Heinz Bellmann. (Holz Roh- u. Werkstoff **19**, 429—34, Nov. 1961; Mannheim–Waldhof; dt.) — Holzpatholog. u. anatom. Unterss. an *Nadelhölzern*, die durch *Moderfäule* befallen waren, werden durchgeführt u. bes. das mkr. Schadbild u. die verursachenden Pilze untersucht. R. Schöllhorn. 7952□

Über die Teerölimprägnierung von Buchen- und Eichenschwellen bei Temperaturen von 100° und 130°C. 2. Mitt. **Untersuchungen über den Einfluß der Imprägniertemperatur auf die mechanischen Eigenschaften der Schwellenhölzer.** Hellmut Kühne. (Holz Roh- u. Werkstoff **19, 438**—41, Nov. 1961; Zürich, Eidgenöss. Material prüfungs- u. Vers.-Anstalt; dt.) — 1. vgl. C. **1962,** 9942. — Durch Querdruck- u. -zug-Verss. an teerölimprägnierten Eichen- u. Buchenschwellen wird gezeigt, daß bei Erhöhung der Imprägnier-Temp. ein beträchtliches Absinken der mechan. Festigkeitswerte beobachtet werden kann. R. Schöllhorn. 7952□

Untersuchungen auf dem Gebiet der Herstellung von chemischem Holzschliff. 1. Mitt. **Untersuchung der Imprägnierung von Holz für chemischen Schliff.** S. Grell. (Przegląd papierniczy **17,** 65—71, März 1961; Łódź, Politechn., Kat. Technol. Celulozy i Papieru; pol.) — Die Beseitigung der im Fichtenholz enthaltenen Luft erleichtert die anschließende *Imprägnierung* mit einer Lsg. von Na_2SO_3 u. $NaHCO_3$ (6 : 1). Es genügt im allg. $^1/_2$std. Entlüften des Holzes im Vakuum. Die Imprägnierung verläuft bei Holz mit $<$ 20% Feuchtigkeit durch Penetration, nicht durch Diffusion. Die Verteilung der Salze im Querschnitt des Holzes hat parabol. Form. Der Imprägnierungsgrad wird am besten durch Erhöhung des Druckes verbessert. Imprägnierung bei zu hoher Temp. liefert dunkel gefärbten *Schliff*. Holz mit höherem Wassergeh. als 20% ist nur schwierig zu imprägnieren. F. Urban. 7952□

Der Einfluß des Lignins auf die Mercerisation. Germano Centola, Francesco Pancirolli und Domenico Borruso. (Ann. Chimica **49,** 751—61, April 1959; Milano, Staz. sperimentale per la Cellulosa, Carta e fibretessili vegetali; ital. — C. **1959,** 5331.) W. Anika. 7954□

Bambus und sein Wert für die Papierherstellung. Tapan Ukil. (Zellstoff u. Papier **10,** 149—51, April 1961; Indien; dt.) — Vork. u. Eigg. von *Bambus* sowie ein Verf. zur *Zellstoffgewinnung* daraus werden beschrieben. J. Arndt. 7956□

Die Reinigung von Zellstoff. José García Aucejo. (Ion [Madrid] **21,** 451—64, Aug. 1961; La Forestal de Urgel; span.) — Vom theoret. u. prakt. Standpunkt werden besprochen: a) die Entfernung von Sand, Fe-Spänen u. a. in Sandfängern, Magnetabscheidern, verschiedenen Zentrifugentypen, Wirbel- u. Fallenabscheidern u. a. *Zellstoffreinigern*; b) die Ausscheidung von bes. nicht für Papier geeigneten, unaufgeschlossenen oder nur teilweise aufgeschlossenen, zu groben Fasern über Sortierer verschiedener Bauarten. M. Hagedorn. 7956□

Ausmessung des Kochcyclus in einem kontinuierlichen Kamyr-Kraft-Kocher unter Verwendung von radioaktiven Spurenelementen. Richard P. Hamilton. (Tappi **44,** 647—55, Sept. 1961; Deferiet, N.Y.; St. Regis Paper Co., Techn. Div.; engl.) — Der Aufschlußweg der Schnitzel in 2 kontinuierlich arbeitenden *Kamyr-Kraftzellstoff-Kochern* wird durch *radioakt.* Zumischungen messend verfolgt. ^{140}La (Halbwertszeit 40,2Std.; β- u. γ-Strahler), in einer Al-Hülle verpackt, wird in ein mit einem zusätzlichen Schutzanstrich versehenen zylindr. Phenolharzlaminat-Plättchen (**A**) eingeschlossen u. mit den Schnitzeln zusammen in den Kocher eingeschleust. Sein Weg wird durch Strahlungsmessung bis zum Knotenfänger verfolgt. Alle **A** durchlaufen den Kocher geradlinig nach unten, ohne Spiral- u. mit nur geringen Rotationsbewegungen. Kanäle scheinen sich nicht auszubilden; Unterschiede in der **A**-Geschw. zwischen Kochermitte u. Wandung treten nicht auf. Aus den ermittelten **A**-Verweilzeiten u. den Temp. der Kochlaugen u. der Kocherwandung kann eine Durchschnitts-Temp./Kochzeit-Kurve für Labor.-Unterss. abgeleitet werden. Die Ergebnisse der **A**-Verss. erweisen u. a. die Notwendigkeit einer hohen Kocherfüllung. M. Hagedorn. 7956□

Aus Untersuchungen über die Vorhydrolyse von Kiefernholz. Czesław Pustelnik und Ryszard Nowicki. (Przegląd papierniczy **17,** 359—62, Dez. 1961; Inst. Celulozowo-Papierniczy; pol.) — Die *Vorhydrolyse* (VH) von *Kiefernholz* mit W. muß im Temp.-Bereich von 160—170° erfolgen, wobei bei 170° bei einem Minimum an Zeit keine größere Kondens. von Lignin zu beobachten ist als bei 160°. Holz, das zum gleichen Hydrolysegrad bei 160 bzw. 170° behandelt ist, läßt sich gleich gut verkochen. Die Intensität der VH beeinflußt die Viscosität des ungebleichten Stoffes, die mit stärkerer VH fällt. Die VH entfernt den größten Teil der im Holz vorhandenen Pentosane, während des Koch-

u. Bleichprozesses wird ungefähr 1/3 des Pentosan-Geh., der durch Hydrolyse extrahiert wird, entfernt. Bei üblicher Bleiche unter geeigneten pH- u. Temp.-Bedingungen werden Zellstoffe erhalten, deren Eigg. denen gut lösl. entsprechen. F. Zeidler. 7956□

Fabrikbetriebsweise des R-2-Verfahrens zur Chlordioxidherstellung. H. de V. Partridge und W. Howard Rapson. (Tappi **44**, 698—702, Okt. 1961; Niagara Falls, N.Y., Hooker Chem. Co.; Toronto, Ontario, Univ. of Toronto; engl.) — Das *R-2 Verf.* (gemeinsame Zugabe von $NaClO_3$/NaCl-Gemischen, konz. H_2SO_4 u. Luft) wird in 3 verschiedenen Generatorentypen im prakt. Betrieb erprobt. Es wird dabei festgestellt, daß, unabhängig vom Generatortyp, eine 95%ig. Ausbeute (auf $NaClO_3$ bezogen) erreicht werden kann. Die Bldg.-Geschw. von *ClO_2* ist proportional der $NaClO_3$-Zugabe. Verss. in einer Kleinanlage zeigen, daß die ClO_2-Bldg. sehr viel schneller vor sich geht als nach anderen, bisher gebräuchlichen Methoden. Das Verf. ist anpassungsfähig u. bes. billig, bes. in solchen Fällen, wo die verbrauchte saure Fl. noch für die Tallölverseifung verwendet werden kann. F. Lang. 7956□

Stabilisierung von Peroxidbleichlösungen mit organischen chelatbildenden Agentien. Bleiche von Holzschliff. R. D. Spitz. (Tappi **44**, 731—34, Okt. 1961; Midland, Mich., Dow Chemical Co., Techn. Serv. and Dev.; engl.) — Die Verhinderung der Zers. von alkal. *Peroxid-Lsgg.* infolge der Ggw. von Schwermetallionen durch Zusatz von *chelatbildenden Agentien* vom Typ Aminopolycarboxylat wird untersucht. Am wirksamsten schien Penta-Na-Diäthylentriaminpentaacetat zu sein. Das Mittel wird der Holzschliffsuspension vor dem Eindicker zugemischt; es resultiert dann bei der Bleiche ein um 2—3 GE-Einheiten höherer Weißgeh., außerdem ist die Stabilität des Weißgeh. besser. F. Lang. 7956□

Über einige theoretische und technologische Aspekte des Bleichens von Viscosesulfitzellstoffmassen. Jan Rutkowski. (Przegląd papierniczy **17**, 203—06, Juli 1961; Łódź, Politechn.; pol.) — Übersicht über *theoret.* u. *prakt.* Grundlagen der *Hypochlorit-Bleiche.* F. Urban. 7956□

Untersuchungen über die fortschreitende Depolymerisation von Holocellulose. Jan Rutkowski. (Przegląd papierniczy **17**, 229—33, Aug. 1961; Łódź, Politechn., Katedra Technol. Celulozy i Papieru; pol.) — Die Wrkg. von Variablen bei der *Hypochloritbleiche* von Zellstoffen auf den *Depolymerisationsgrad* von *Holocellulose*, den Cl-Verbrauch u. die Eigg. der Zellstoffe unter bes. Berücksichtigung des Geh. an Kohlenhydraten mit niedrigem Molgew. werden untersucht. Der Geh. an Holocellulose mit niedrigem Molgew. in gebleichten Zellstoffen ist eine Resultante von 2 individuellen Vorgängen in der alkal. Bleichflotte: 1. der Depolymerisation, verbunden mit der Bldg. von Kohlenhydraten mit niedrigem Molgew.; 2. der milden alkal. Reinigung, wobei ein Teil der kurzkettigen Kohlenhydrate in die Bleichflotte wandert. Als rationell für absatzweises Bleichen werden vorgeschlagen: Aufrechterhalten niederer Depolymerisationen u. hoher Alkalität der Flotte (pH 10—11), höhere Bleichtemp. (50—55°) u. geringer Cl-Überschuß). F. Zeidler. 7956□

Die Adsorption von Lignin und Hemicellulose an Cellulose. Germano Centola und Domenico Borruso. (Ann. Chimica **49**, 762—70, April 1959; Milano, Staz. sperimentale per la Cellulosa e fibre tessile, vegetati ed artificiali; ital. — C. **1959**, 5660.) W. Anika. 7958□

Chemisch-technologische und energetische Untersuchungen im Bereich der Erzeugung von Hochausbeute-Sulfatzellstoff. E. Poppel, V. Diaconescu und Cr. Simionescu. (Zellstoff u. Papier **10**, 84—90, März 1961; Jassy, TH, Volksrepublik. Akad.; rumän.) — Die Herst. von *Hochausbeute-Sulfatzellstoff* aus Fichtenholz wird sowohl im Labor. als auch im techn. Maßstab untersucht. Im Labor. werden 2 Vers.-Reihen (A u. B) durchgeführt. Bei A werden die Kochbedingungen verändert: Verhältnis Alkali/Holz (18, 20 u. 25%) Kochdauer (15—70 Min. bei maximaler Temp. von 160 u. 170°). Eine Abnahme des Verhältnisses Lignin/Kohlenhydrate wird mit zunehmender Kochdauer u. ansteigender Alkalität beobachtet. Bei den Verss. der Reihe B, bei denen es sich um die Feststellung der optimalen Festigkeiten u. des Energieverbrauchs bei gleichzeitiger Höchstausbeute handelt, wird festgestellt, daß eine Erhöhung der Ausbeute bis 60—65% keine wesentliche Abnahme der Festigkeitswerte hervorruft, dafür aber eine Energieeinsparung von 10—16% u. eine Erhöhung der Ausnutzung von Kochern zur Folge hat. Die Betriebs-Verss. haben die im Labor. gewonnenen Ergebnisse im vollen Umfang bestätigt. T. Lukanoff. 7960□

Natriumsulfit als Rohstoff bei der Regenerierung von Chemikalien im Sulfatprozeß. Krystyna Bączyńska und Halina Stupińska. (Przegląd papierniczy **17**, 193 bis 198, Juli 1961; Inst. Celulozowo Papierniczy; pol.) — *Na_2SO_4* u. *Na_2SO_3* werden durch C (Holzkohle) bei 900° innerhalb 10 Min. mit 65—73%ig. Ausbeute zu *Na_2S* reduziert. Das optimale Verhältnis Na_2SO_4/C ist dabei 3. Die Red. läßt sich auch mit der Schwarzlauge des Holzaufschlusses (38% C) durchführen. Hier wird eine Ausbeute von 70% bei Na_2SO_4/C = 1,8 erzielt. Bei Verss. im techn. Maßstab wird bei Na_2SO_4/C = 3,5—3,9 eine 92,7%ig. Umsetzung zu Na_2S erreicht. Die Schwarzlauge wird vor dem Schmelzen auf 65% Trockenmasse eingedickt. Na_2SO_4, das Abfall-Prod. der Phenolgewinnung, läßt sich somit zur Ergänzung des Chemikalienverlustes der Kochlauge verwenden. Der geringe Phenol-Geh. des Salzes stört den Kochprozeß nicht. F. Urban. 7960□

Erzeugung von Hochausbeutezellstoffen mit basenreichen Bisulfitkochsäuren. Engelhardt und G. Bergmann. (Zellstoff u. Papier **10**, 125—33, April 1961; Altenburg, Ing.-Schule für Zellstoff-, Papier- u. papierverarbeitende Ind.; dt.) — Mit *$NaHSO_3$-Kochsäuren* können bei einem SO_2-Verhältnis $SO_{2ges.}/SO_{2gebunden}$ = 3 *Hochausbeuten* von 60—65% in normalen Zeiten erzielt werden, wenn die Kochtemp. auf 140° erhöht wird. Rk.-Ablauf u. die Möglichkeiten der Variation des Chemikalieneinsatzes werden erörtert. J. Arndt. 7962□

Das Zweistufen-Natriumsulfitverfahren für die Herstellung veredelten Viscosezellstoffs aus Buche. V. Enderšt, V. Kubelka, D. Jurkovičová und J. Gajdoš. (Zellstoff u. Papier **10**, 134—38, April 1961; Bratislava, Forsch.-Inst. für Papier und Zellstoff; dt.) — Die *2stufige $NaHSO_3$-Kochung* ermöglicht eine Ausbeute von 36—37% an gebleichtem *Zellstoff.* Die Chemikalien können nach dem Tschech. P. 89 859 regeneriert werden. J. Arndt. 7962□

Der Einfluß eines Phenolzusatzes auf die Delignifizierung von Holz beim Aufschluß mit Natriumsulfit. Jan Olszewski. (Przegląd papierniczy **17**, 161—64, Juni 1961; Łodź, Politechn., Kat. Technol. Celul. i Papieru; pol.) — *Phenol* (0,1—15% bzgl. Na_2SO_3) hemmt den Aufschluß von *Holz*, u. zwar haben bei Buchenholz 5 (g/Liter), bei Birkenholz 0,1—0,3,bei Pappel- u. Fichtenholz 6 die stärkste Wirkung. Ohne Rücksicht auf die Anfangs-Konz. bleiben ca. 60% des zugesetzten Phenols in der Kochlauge. Die Mahlbarkeit des noch ligninhaltigen Halbprod. ist schlechter, die mechan. Eigg. werden jedoch nicht verändert. Die Eigenreißfestigkeit wird sogar etwas erhöht. F. Urban. 7962□

Die 4-O-Methyl-D-glucuronsäuren aus Birken-Xylan während des Sulfat-Kochvorgangs. Ingemar Croon und Barbro F. Enström. (Tappi **44**, 870—74, Dez. 1961; Säffle, Sweden, Billeruds Res. Labor.; engl.) — Der Geh. an *4-O-Methyl-D-glucuronsäure* des entsprechenden aus *Birkenholz* gewonnenen *Xylans* kann zwischen 6 u. 14% schwanken. Unterss. während normaler *Sulfat-Kochungen* zeigen, daß der Geh. an Uronsäuren im Zellstoff kleiner ist als im Holz, jedoch konnte aus solchen Zellstoffen kein Xylan isoliert werden, das frei von Uronsäuregruppen war. Es ist lediglich möglich, eine grobe Trennung des Xylans gemäß seinem Uronsäure-Geh. (3—10%) zu erreichen, wobei die meisten 3—5% Säuregruppen bezogen auf Xylan gefunden werden. Bei ca. 160—170° ist die Hydrolyse der Säuregruppen schon bedeutend, aber zu diesem Zeitpunkt ist ebenfalls schon ein erheblicher Teil des Alkalis beim Kochprozeß verbraucht, u. so können nicht alle Säuregruppen gebunden werden, wobei auch die völlige Bindung aller Säuregruppen zur Erhaltung des Xylans während des Kochprozesses von Birkenholz nicht notwendig ist. Die Stabilisierung des Xylans bei > 160° wird offensichtlich durch die Abnahme der Löslichkeit des Xylans infolge des Verschwindens eines Teiles der Uronsäuregruppen bewirkt. H. Mayer. 7968□

Beurteilung der Verwendbarkeit von entrindeten Kieferstangen zur Herstellung von Zellstoffen für Sackpapier. Krystyna Bączyńska. (Przegląd papierniczy **17**, 289—92, Okt. 1961; Inst. Celulozowo-Papierniczy; pol.) — Als Beurteilungsmaßstab werden Zellstoffausbeute u. seine Festigkeits-Eigg. herangezogen. Stangen mit 12 cm Ø am dickeren, 3 cm am dünneren Ende sind für obigen Zweck verwendbar. Der Alkaliverbrauch ist 2% niedriger, die Ausbeute an erstklassigem Zellstoff um 2% geringer als bei üblichen Zellstoffholz. In den Festigkeits-Eigg. besteht kein Unterschied. F. Zeidler. 7974□

Über den Wert der Fasern aus den Fruchtstrünken der Canarischen Platane als Papierrohstoff. León Bergadá-Girona und Santiago Hernández Oliva. (Rev. Ci. apl. **15**, 425—28, Sept./Okt. 1961; Barcelona, Inst. de Invest. Técn.; Secc. de La Celulosa; span.) — Aus den ca. 10% *Cellulose* enthaltenden *Strünken* läßt sich, am besten in einem alkal. 2-Stufen-Aufschluß, Zellstoff herstellen. Seine Eigg. werden beschrieben; er wird für die Herst. von Kraftpapier u. a. vorgeschlagen. Eine Vol.-Verminderung auf mechan. oder fermentativem Wege muß vorangehen. Bei längerer Lagerung größerer Mengen der Strünke kann Gärung eintreten, die aber der Ausbeute u. Faserqualität nicht abträglich ist. M. Hagedorn. 7974□

Papierherstellungs-Kennzeichen von Zedernholzfaser. C. E. Murray und B. B. Thomas. (Tappi **44**, 625—33, Sept. 1961; Shelton, Wash., Rayonier, Inc., Olympic Res. Div. Papermaking Group; engl.) — Das Fasermaterial aus dem Holz der *Zeder* (western red cedar), Schierlingstanne (western hemlock), Douglas-Tanne (Douglas-fir) u. Kiefer (southern pine) wird verglichen, wobei bes. Faserlänge, -breite u. -wandstärke gemessen werden. Aus diesen Faserstoffen hergestellte gebleichte Kraftpapiere werden bzgl. ihrer mechan. Eigg. gegenübergestellt. Papier aus Zedern zeigt vergleichsweise die besten Berst-, Falz- u. Zerreißdaten. Infolge der Feinheit der Fasern sind solche Papiere auch durch Opazität u. Glätte ausgezeichnet. Daher wird die Verw. von Zedernholzfaser zur Verbesserung anderer Stoffe vorgeschlagen. B. Gnauck. 7974□

Mechanismus der Schlammbildung: Fransen. R. A. Oppermann und L. L. Wolfson. (Tappi **44**, 905—09, Dez. 1961; Chicago, Ill., Nalco Chem. Co.; engl.) — Es wird angenommen, daß nicht die schleimige Hülle der Bakterien (**A**) allein, sondern stärker noch fransenartige Anhänge von **A** Ausgangspunkt für die *Schlamm-Bldg.* in Papierfabriken sind. Von 100 untersuchten Schlämmen aus 51 Fabriken enthalten 83% **A** mit Fransen. Viele der in Papierfabriken anzutreffenden **A** entwickeln in der Reinkulturzucht *Fransen.* In markierte Suspensionen von *Aerobacter* u. *Flavobacterium* eingehängte Cellulosegewebe weisen nach 1 Std. einen konst. Belag auf, Edelstahlplatten einen noch wesentlich höheren, der nach 6—8 Std. konst. wird. Als Haftursache für **A** wird Bindung über H-Atome angenommen. M. Hagedorn. 7974□

Hydroxylierte Linters mit niedrigem Substitutionsgrad. Robert H. Gillespie, Marjorie Mueller, Harold Swenson und Kyle Ward jun. (Tappi **44**, 662—69, Sept. 1961; Appleton, Wis.; Inst. of Paper Chem., Cellulose Group; engl.) — Um *Linters* (**A**) für die Papier-Herst. geeigneter zu machen, wird auf verschieden alkalisierte **A** Äthylenoxid (**I**) in Ggw. von NaOH wechselnder Konz. als Katalysator einwirken gelassen, unter Erhaltung der Faserstruktur der **A** u. ihrer Wasserunlöslichkeit. Durch Abstimmen der Vers.-Bedingungen können bis zu 0,4 Mol **I** je Anhydroglucose-Einheit aufgenommen werden, ohne die Mol.-Ordnung der Cellulosekette zu stören; die obere Grenze ist damit aber noch nicht erreicht. Bei stark gequollenen **A** treten bei der Umsetzung mit **I** Gitterstörungen auf; die Rk.-Geschw. von **I** steigt mit steigender Konz. an Alkali. Erst bei einer Alkalikatalysator-Konz. von mindestens 10% kann **I** den kristallinen Faserbereich durchdringen. Die Rk. mit **I** ist nicht nur eine Oberflächen-Rk.; auch innerhalb der Faserstruktur treten *Substitutionen* ein, u. die Diffusion-Geschw. von **I** ist auch bei hohen Rk.-Geschw. ohne Bedeutung. Auf den Wert der äthoxylierten **A** für die Papier-Herst. wird hingewiesen. M. Hagedorn. 7974□

Kunstharz G 59 zur Herstellung naßfester Papiere. Wild. (Zellstoff u. Papier **10**, 152—154, April 1961; VEB Leuna-Werke „Walter Ulbricht"; dt.) — *Harnstoff/Formaldehyd*-Harz kann zur Herst. von *naßfestem Natronsackpapier*, *Packpapier* u. *Hülsen-Wickelpapier* eingesetzt werden. Die dabei zu wählenden Arbeitsbedingungen werden angegeben. J. Arndt. 7974□

Untersuchungen über den Einfluß von regenerierten Hemicellulosen auf den Mahlprozeß von Zellstoffen. Lech Boguslawski und Edward Szwarcztajn. (Przegląd Papierniczy **17**, 293—97, Okt. 1961; pol.) — Die Möglichkeit u. Zweckmäßigkeit, die in den Dialyse-Fll. der Ablauge enthaltenen *Hemicellulosen* zur Intensivierung des *Mahlvorganges* von *Zellstoffen* u. Verbesserung der Festigkeits-Eigg. von Papier zu verwenden, werden untersucht. 5% regenerierter Hemicellulose verkürzen die Mahlung (im Labor.) um 50%, um die maximale Bruchfestigkeit zu erreichen. Im gleichen Ausmaß verbessert sich die Entwässerung. Bei Zellstoffen für fettdichte Papiere wird durch Beimischung von Hemicellulose die Mahldauer bis zur Erreichung der maximalen Fettdichtigkeit um 19—29% herabgesetzt. Die besten Ergebnisse hierbei haben unneutralisierte (bas.) Hemicellulosen, allerdings unter Abnahme der Festigkeits-Eigg. des fettdichten Papiers. Aus gewöhnlichen Zellstoffen kann auch unter Beimischung von Hemicellulosen kein genügend fettdichtes Papier hergestellt werden. Verff. zur Isolierung der Hemicellulosen aus den dialysierten Abfallaugen werden erörtert. F. Zeidler. 7976□

Leimen und Füllen von Papier in einem neutralen und basischen Medium. 1. Mitt. Edward Szwarcsztajn. (Przegląd papierniczy **17**, 225—28, Aug. 1961; Łodż, Politechn., Kutedra Technol. Celulozy Papieru; pol.) — Die optimalen Bedingungen beim *Leimen* u. *Füllen* von *Papier* in einem *neutralen* u. *bas. Medium* werden untersucht u. die Eigg. der so erhaltenen Papiere mit solchen, die unter üblichen Bedingungen hergestellt sind, verglichen. Die Möglichkeiten u. Zweckmäßigkeiten, das Papier mit $CaCO_3$ zu füllen, werden bes. untersucht. Wie sich zeigt, verbessert $CaCO_3$ die Festigkeits-Eigg. u. Weiße der Papiere, ohne den Leimungsgrad zu erniedrigen, wie nach Literaturangaben zu befürchten war. Weitere Verss. sind vorgesehen. F. Zeidler. 7978□

Modifizierte Stärken in der Papierindustrie. SS. N. Iwanow und P. A. Demtschenkow. (Бумажная Промышленность [Papier-Ind.] **36**, Nr. 7, 9—12, Juli 1961; Leningrad, Holztechn. Kirow-Akad.; russ.) — Vff. stellten verschiedene modifizierte *Kartoffelstärken* her [mit Hypochlorit oxydierte Stärke (I), α-amylot. abgebaute Stärke (II), sowie ein unter Verw. von HCl hergestelltes Säuredextrin] u. untersuchten sie auf ihre Eignung für die Verw. bei der Papierherstellung. Bzgl. Klebfähigkeit u. Filmbildungsvermögen (FBV) am besten ist **I**, welche Lsgg. mit niedriger, aber stabiler Viscosität bildet. Auch **II** ist gut geeignet, obwohl das FBV geringer ist als bei **I**. Beide sind für die Oberflächenleimung (OFL), die Pigmentierung u. die maschinelle Melierung des Papiers zu empfehlen. Die OFL des Papiers auf der Leimpresse bei relativ geringem Leimverbrauch (0,5—0,3%) führt zu einer wesentlichen Erhöhung der Qualität des Papiers, z. B. sind die mechan. Festigkeit u. der Verleimungsgrad größer. Die Pigmentierung des Papiers auf der Leimpresse ermöglicht die Herst. von Papier mit verbesserter Bedruckbarkeit, höherem Asche-Geh. u. größere Glätte unter nur geringer Abnahme der Festigkeit im Vgl. zu gewöhnlichem Papier mit hohem Aschegehalt. Die experimentellen Ergebnisse (Viscosität der modifizierten Stärken, Eigg. der mit letzteren behandelten Papiere wie Verleimungsgrad, Reißlänge usw.) sind in Abb. u. Tabellen wiedergegeben.
S. Augustat. 7978□

Die Auswirkung von Dehnungen während des Trockenvorganges auf das mechanische und viscoelastische Verhalten des Papiers. John H. Schulz. (Tappi **44**, 736 bis 744, Okt. 1961; Appleton, Wis., Inst. of Paper Chem.; engl.) — Prüfblätter, die während der *Trocknung* gedehnt worden waren, werden mit dem Instrontester u. einem Krepptest auf ihr Belastungs–Dehnungs-Verh. untersucht. Dieser Vorgang — Dehnung im feuchten Zustand — wird als Naßdehnung bezeichnet. Es wird festgestellt, daß die Naßdehnung wesentliche Unterschiede der Bruchdehnung, Durchreißarbeit usw. zur Folge hat. Allg. kann gesagt werden, daß die Bruchdehnung mit steigender Naßdehnung ein Maximum durchläuft. Der Elastizitätsmodul, der aus der Anfangsneigung der Spannungs/Dehnungs-Kurve ermittelt wird, erreicht ebenfalls mit zunehmender Naßdehnung einen Maximalwert. In der Nullreißlänge der Prüfblätter konnte keine Änderung festgestellt werden. Es wird angenommen, daß durch die Naßdehnung der Grad der Zwischenfaserbindungen reduziert wird. F. Lang. 7980□

Retention von Dialdehydstärke durch Verwendung von kationaktiver Stärke zur Herstellung von in feuchtem Zustand hochfestem Papier. G. E. Hamerstrand, B. T. Hofreiter, C. L. Mehltretter, W. E. Schulze und Daniel J. Kay. (Tappi **44**, 430—33, Juni 1961; Peoria, Ill., U.S. Dep. of Agric., Agric. Res. Serv., Northern Utilization Res. and Dev. Div., Northern Regional Res. Labor.; engl.) — Das entwickelte neue Verf. zur Erhöhung der *Festigkeits-Eigg.* von *Papier*, bes. in *nassem Zustand*, ist dad. gek., daß zur Verbesserung der Affinität der zu diesem Zweck zugesetzten *Dialdehydstärke* (I) an die Cellulosefasern nicht Alaun, sondern eine handelsübliche, *kationakt. Stärke* verwendet wird. Es wird die Wrkg. verschiedener Kombinationen von **I** u. kationakt. Stärken sowie der Einfl. der Konz. dieser Zusätze, der Aufeinanderfolge ihrer Einverarbeitung in den Papierbrei, des pH-Wertes, der Kontaktzeit mit der Papiercellulose im Brei u. der Verarbeitungs-Temp. auf die Festigkeits-Eigg. verschiedener Papiere in nassem u. trockenem Zustand untersucht. Auf diese Weise wurden die optimalen Verf.-Bedingungen ermittelt. Die Unters. der aufgenommenen **I**-Mengen u. der physikal. Eigg. der so modifizierten Papiere ergibt bei einer — mit der übrigen Zus. des Papierbreis variierenden — **I**-Aufnahme von 0,5—0,8% eine Festigkeit der Papiere im feuchten Zustand von durchschnittlich 40%, maximal 60% des unbehandelten, trocknen Kontrollpapiers. H. Sontag. 7984□

Untersuchungen über die Erniedrigung der Grammatur von Tiefdruckpapier. Elzbieta Hochauz. (Przegląd papierniczy **17**, 165—69, Juni 1961; Inst. Celul.-Papiern.; pol.) — Bei *Erniedrigung* der *Grammatur* des *Papiers* der Klasse V von 70 auf 60 g/m² läßt sich die Undurchsichtigkeit durch Zusatz von Stroh- u. Espenholzzellstoff ausgleichen. Der gleichzeitig auf ca. 22% gestiegene Asche-Geh. des Papiers erfordert zur Bindung des Füllstoffs Kaolin einen anderen Leim (Sveen-Leim). Der hohe Asche-Geh. verbessert die Glätte des kalandrierten Papiers. Um den Abfall der mechan. Festigkeit möglichst klein zu halten, ist Sulfatzellstoff zuzusetzen. Die optimale Rezeptur für das Papier ist demnach: 40 (%) Holzschliff, 30 Sulfatzellstoff, 15 Sulfitzellstoff (Espenholz), 15 Strohzellstoff, 50 (bzgl. Fasermasse) Kaolin. F. Urban. 7984□

Analyse von Steinzellen aus Populus grandidentata und Populus tremuloides. Barbara R. Haas und Roland E. Kremers. (Tappi **44**, 747—48, Okt. 1961; Appleton, Wis., Inst. of Paper Chem.; engl.) — Isolierte *Steinzellen* aus der Rinde von *Popoulus grandidentata* u. *P. tremuloides* werden analysiert. Die Ergebnisse zeigen keine großen Unterschiede gegenüber den Werten aus dem Holzteil. Die Steinzellen enthalten etwas

mehr Lignin, Xylan u. Araban, etwas weniger α-Cellulose u. Mannan als das Holz. Im Vgl. zur Rinde sind sie verhältnismäßig frei von Harz, Tannin u. Protein.
W. Wergin. 8004□

Die chemische Zusammensetzung von frischgebildeter Innenrinde der Douglasfichte. G. W. Holmes und E. F. Kurth. (Tappi **44**, 893—98, Dez. 1961; Corvallis, Oreg., Oregon State Univ., Dep. of Chem. and Sci. Res. Inst.; engl.) — Eine Extraktion der *Innenrinde* von *Douglasfichte* gibt hauptsächlich *d-Catechin* u. *l-Epicatechin*. Aus den wss. Extrakten werden ca. 10 verschiedene Aminosäuren chromatograph. nachgewiesen. Mehrere Zuckerarten sind in unterschiedlicher Menge vorhanden, wobei Raffinose nur während der Wachstumsperiode nachgewiesen werden konnte. Nach 6 noch unbekannten hydrierten aromat. Verbb. kann *China-* u. *Shikimisäure* nachgewiesen werden. Durch die Ggw. verschiedener Catechine in der Rinde lebender Bäume wird die Theorie der Lignin-Bldg. aus diesen u. ähnlichen Substanzen bestätigt, die durch das Fehlen dieser Verbb. in den äußeren, abgestorbenen Rindenteilen weiter bestätigt wird. Die Ggw. von China- u. Shikimisäure im Verein mit Zuckern u. aromat. Verbb. trägt weiterhin zur Lignin-Bldg. bei. Die Aminosäuren sind anscheinend mehr zur Bldg. von Proteinen notwendig als zum Aufbau von bes. Inhaltsstoffen dieser Bäume. H. Meyer. 8004□

Eine Methode der Beugungsmessung zur Bestimmung der Kristallinität von Cellulose. Olli Ant-Wuorinen und Asko Visapää. (Paperi ja Puu **43**, 105—10, 31/3. 1961; Helsinki, State Inst. for Techn. Res., Chem.-Techn. Labor.; engl.) — Eine neue Meth. der *Beugungsmessung* unter Verw. von Röntgenstrahlen wird vorgeschlagen, um das *Kristallinitätsverhältnis* bei *Cellulose* zu bestimmen. Die Vorbereitung der Proben u. die Auswertung der Diagramme wird besprochen. A. Seuffert. 8006□

Die Bestimmung von kleinen Mengen SO_3 neben SO_2. M. Czakis-Sulikowska. (Przegląd papierniczy **17**, 355—58, Dez. 1961; Inst. Celulozowo-Papierniczy; pol.) — Die entwickelte Arbeits-Meth. besteht in einer gleichzeitigen *Best.* von SO_3 u. SO_2 durch Absorption. Als Absorptions-Fl. dient eine 0,1n J_2-Lsg. unter Zugabe von $BaCl_2$ u. Stärke als Indicator. Die Meth. ist im Labor. u. in einer *Cellulosefabrik* geprüft worden; Zeitdauer ca. 1 Std.; sie kann bei ihrer Einfachheit u. genügender Genauigkeit zur Kontrolle der Gase von Pyritöfen verwendet werden. F. Zeidler. 8006□

Bestimmung des relativen Molekulargewichts von Ligninsulfonaten durch Diffusion. 3. Mitt. **Einfluß der Molekülgröße auf die Oberflächenaktivität und andere Eigenschaften der Ligninsulfonate.** Julius Benko. (Tappi **44**, 849—54, Dez. 1961; Appleton, Wis., Sulphite Pulp, Manuf. Res. Leagnes; engl.) — 2. vgl. C. **1962**, 12141. — Die *Mol.-Größen* von *Ligninsulfonaten* (**A**) aus verschieden stark sauren Aufschluß-Verff. werden nach der Diffusions-Meth. ermittelt u. mit dem Dispergiervermögen von **A** gegenüber Kaolinschlämmen verglichen. Das Dispergiervermögen wächst mit steigender Mol.-Größe von **A**, z. B. bei Nachpolymerisation von **A**, bis zu einem Optimum. Dieses wechselt je nach dem Ursprung von **A**; sein Überschreiten führt zu einem Abfall des Dispergiervermögens. An einem **A** aus einer sauren Sulfitkochung wird die Wrkg. der Oxydation u. Salz-Bldg. durch Fe(II)-, Fe(III)- u. Cr-Kationen gezeigt. Weitere Beziehungen der Mol.-Größe von **A** zur Viscosität, Oberflächenspannung, zur Zusammendrückbarkeit bei der Verw. als Bindemittel, zu den Eigg. als Bodenabdichtungsmittel u. Erzbindemittel u. als Füllstoff für Phenolharze werden mitgeteilt.
M. Hagedorn. 8006□

Stabilisierungsuntersuchungen an Baumwolle- und Holzcellulosenitraten. Paul E. Gagnon, Brian T. Newbold und J. Thomas. (Tappi **44**, 749—52, Okt. 1961; Quebec, Que., Laval Univ., Chem. Dep.; engl.) — Verschiedene *Baumwoll-* u. *Holzcellulosenitrate* werden in W. auf verschiedene Temp. erhitzt bzw. bis zu 1 Std. lang gekocht. Der Sulfat-Geh. der Cellulosenitrate nimmt dabei mit zunehmender Wasser-Temp. ab. Bei Behandlung mit sd. W. nimmt der SO_4-Geh. in den ersten 15 Min. stark ab u. bleibt dann etwa konstant. Durch 24std. Erhitzen in W. von 69° oder durch 1std. Kochen in W. können ca. 76% des Anfangs-SO_4-Geh. von Cellulosenitrat entfernt werden; hierbei tritt prakt. keine Zers. ein; der N-Geh. bleibt unverändert. Die so vorbehandelten Baumwoll- u. Holzcellulosenitrate werden 135 Tage lang bei 5° gelagert; sie sind chem. stabil; es können keine Änderungen im N- oder Säure-Geh. festgestellt werden.
F. Lang. 8008□

Qualitative und quantitative Bestimmung einfacher Zucker in Zellstoffablaugen mittels Papierchromatographie. Bożena Pszonka. (Przegląd papierniczy **17**, 262 bis 265, Sept. 1961; pol.) — Beim *Identifizieren* u. der *quant. Trennung* der 5 *Zucker: Galaktose, Glucose, Mannose, Arabinose* u. *Xylose* in *Ablaugen* mittels *Papierchromatographie* werden die besten Resultate unter Verw. folgender Lsgm. erhalten: 1. CH_3COOH/

Essigester/W. (1 : 3 : 3 Vol.) für die Trennung von Manose, Arabinose u. Xylose aus den 5 Zuckern; 2. Pyridin/Essigester/W. (1 : 2,5 : 3,5) für die Trennung von Galaktose, Glucose u. Xylose. Der Zucker-Geh. (g/Liter) der untersuchten Fll. wird durch direkte photometr. Best. der Farbintensität der Flecken auf den Chromatogrammen mit dem Leukometer von Zeiß gefunden. Genauigkeit 5—7% relativ. F. Zeidler. 8008□

Die Bestimmung von Pentosanen durch Ultraviolett-Absorptionsspektrophotometrie. Harold L. Jones. (Tappi **44**, 745—47, Okt. 1961; Mobile, Ala., Internat. Paper Co., South. Kraft Div.; engl.) — Der Nachw. wird erbracht, daß die *UV-Spektrophotometrie* eine genaue u. relativ einfache Meth. zur *Best.* des *Pentosan-Geh.* darstellt. Eine Korrektur für den Hydroxymethylfurfurol-Geh. ist bei jeder Best. erforderlich. Hierzu wird eine über die zur Furfurol-Best. erforderliche Menge hinausgehende Destillatmenge aufgefangen, die bei der spektrophotometr. Messung in die Bezugszelle eingefüllt wird. Da die Dest.-Geschw. von Hydroxymethylfurfurol unter kontrollierten Vers.-Bedingungen konst. ist, kann die so gefundene Absorption als Maß für den Furfurol-Geh. der Analysen-Lsg. dienen. F. Lang. 8008□

Bestimmung von Polyvinylacetat, Polyvinylchlorid und Copolymeren des Vinylidenchlorids und Vinylchlorids in beschichtetem Papier. Idalia Grobelny und Wilhelm Illukowicz. (Przegląd papierniczy **17**, 199—200, Juli 1961; Inst. Cellulozowo-Papierniczy; pol.) — Das mit *Kunststoff beschichtete Papier* (2 g) wird im Soxhlet-App. 5 bis 10 Std. lang extrahiert, wobei *Polyvinylacetat* mit Aceton (Ausbeute 87—93%), *Polyvinylchlorid* mit Cyclohexanon (95—100%) u. *Copolymere* des *Vinylidenchlorids* u. *Vinylchlorids* mit Dioxan (97—102%) gelöst werden. Das Papier wird bei 105° getrocknet u. zurückgewogen. F. Urban. 8010□

Eine Methode zur Ermittlung des Harzauftrages bei mit Harnstoffharzen imprägniertem Natronseidenpapier. Klaus Höhne. (Chem. Techn. **13**, 237—38, April 1961; Ammendorf, VEB Elektrochem. Werk, Forsch.- u. Entw.-Stelle; dt.) — Die eingewogene Probe (10mal 10 cm) des zu untersuchenden Papiers wird in ca. 8 Stücke zerschnitten u. dann mit 50 ml 8%ig. NaOH in einem 100 ml Rundkolben 20 Min. lang stehen gelassen. Nach Abgießen werden die Schnitzel mit dest. W. gewaschen u. dann in einer 10%ig. Harnstoff-Lsg. 1 Std. lang gekocht. Die Papierschnitzel werden abfiltriert, gut ausgewaschen u. getrocknet. Der Gew.-Verlust gibt die Menge des *Harzes* an. H. Meyer. 8010□

Einfluß der Oberflächenrauheit auf die Messung der Tritium-Radioaktivität in Papier- und anderen Blättern. O. Sepall und S. G. Mason. (Tappi **44**, 899—905, Dez. 1961; Pulpand Paper Res. Inst. of Canada, Phys. Chem. Div.; Montreal, Canada, McGill Univ., Dep. of Chem.; engl.) — Bei Verss. über den Austausch zwischen Cellulose u. *HTO* wird an *Blättern* aus verschiedenen *Cellulosearten*, *Zellglas* u. *Stärke* der Einfl. der Unebenheiten ihrer Oberflächen untersucht. Modellüberlegungen führen zu dem Vorschlag, das Verhältnis der Tiefe zur Breite der Unebenheiten als Parameter für die *Rauheit* zu verwenden. Bei gleichem T-Geh. führen Werte >1 zu höheren Zählgeschw., Werte <1 zu niedrigeren als bei glatten Blättern; die Raumdichte ist von geringerer Bedeutung. Die Zählungen an verschiedenen Stoffen sowie elektronenmkr. Aufnahmen stimmen mit der Theorie im allg. überein. Die Meth. wird für die Unterss. mit T-Markierungen in Cellulose u. ähnlichen Stoffen empfohlen. M. Hagedorn. 8010□

Zur Problematik der Feuchtigkeitsmessung an laufenden Papierbahnen. E. Giese und E. Schmidt. (Zellstoff u. Papier **10**, 138—49, April 1961; Heidenau, VEB Zentrales Projektierungsbüro für die Zellstoff- u. Papierind.; dt.) — Ein Überblick über die bisher bekanntgewordenen Verff. zur kontinuierlichen *Messung* der *Feuchte* von *Papierbahnen* wird gegeben. Die Messung der Bahnfeuchtigkeit über die dielektr. Eigg. des Papiers, die dabei möglichen Störungen u. die Meßgenauigkeit werden beschrieben. J. Arndt. 8010□

Untersuchungen der Gas- und Wasserdampfdurchlässigkeit von Kunststoffolien und beschichteten Papieren. 7. Mitt. Durchlässigkeit von organischen Dämpfen. C. E. Rogers, V. Stannett und M. Szwarc. (Tappi **44**, 715—25, Okt. 1961; Murray Hill, N.J., Bell Telephone Labor.; Syracuse, N. Y., State Univ. Coll. of Forestry; engl.; Tappi Monogr. Ser. **23**, 78—101, 1962; engl.) — 6. vgl. C. **1962**, 9945. — Die *Durchlässigkeit*, die Diffusion u. die Löslichkeit *organ. Lsgm.* gegenüber *Kunststoffen*, bes. Polyäthylen, wird untersucht. Die Abhängigkeit dieser Durchlässigkeiten von der chem. Natur des Lsgm. u. des Kunststoffes einschließlich seiner Vernetzung u. Kristallinität, von der Konz., der Größe u. Gestalt des zu durchdringenden Mediums, von der Temp. u. von der Art der zusammengesetzten Folien wird in Einzelunterss. überprüft. Es werden Zahlenwerte angegeben, die die Abhängigkeit der Durchlässigkeit, der Diffusion u. der Löslichkeit angeben, wobei auf die Löslichkeitstheorie der Hochpolymeren eingegangen wird. Der Diffusionsmechanismus u. der Absorptionsprozeß werden im Hinblick auf eine Durchwanderung einzelner Lsgm.-Moll. durch das polymerisierte Kunststoff-Mol. diskutiert. Bei direkter Berührung des Lsgm. mit dem Kunststoff werden dessen physikal. Eigg. durch Quellung stark geändert, so daß das Verh. solcher Syst. gegenüber der Durchlässigkeit sowie der Diffusion oft völlig anormal ist. Dennoch lassen solche Verss. oft Rückschlüsse auf die speziellen Durchlässigkeiten gegenüber einzelnen Lsgm. zu. H. Meyer. 8010□

Einige Methoden zur Beurteilung von gestrichenen Kunstdruckpapieren. I. F. Hendry. (Tappi **44**, 725—31, Okt. 1961; Beaconsfield Bucks, England, Wiggins Teape Res. & Dev., Ltd.; engl.) — Verschiedene *Unters.-Meth.* im Hinblick auf ihre Brauchbarkeit zur *Beurteilung* der beim *Streichen* erzielbaren Verbesserung der Oberflächenstruktur von *Druckpapieren* werden überprüft. Durch Kombination verschiedener Unters.-Meth. können noch solche Verbesserungen festgestellt werden, die jede der Meth. für sich allein nicht erkennen läßt. F. Lang. 8010□

Die Bestimmung der Fettdichtigkeit von Papier. 2. u. 3. Teil. Friedrich Werr. (Papier **15**, 318—22, Juli, 415—27, Sept. 1961; dt.) — 1. Teil vgl. C. **1961**, 18180. — Die im 1. Teil (l. c.) beschriebenen Verff. zur Best. der *Fettdichtigkeit* (FD) werden an verschiedenen *Papiersorten* u. Prüffetten in 3 Vgl.-Vers.-Reihen durchgeprüft: in einer orientierenden an 8 Pergamentersatzpapieren u. 2 Pergaminen, mit einem breiteren Sortenprogramm u. in einer solchen zur Erfassung eines breiten FD-Spektrums. Die Prüfverff. werden auf die Erfüllung der Voraussetzungen für eine Standard-Meth. untersucht. Es wird eine solche vorgeschlagen, die sich auf einer Kombination der DMW- (Deutsche Milchwirtschaft) u. MPA-Meth. aufbaut: Die Einw. standardisierten Palmkernfettes unter gestuften Bedingungen auf das zu prüfende Papier wird geprüft. In die damit gewonnenen 4 FD-Gruppen lassen sich alle als fettdicht bezeichneten Papiere einordnen. Vers.-Durchführung u. -Auswertung, Prüfbericht u. Reproduzierbarkeit werden besprochen. M. Hagedorn. 8010□

Verwendung des Stormer-Viscosimeters zur Prüfung von Tief- und Flexodruckfarben. R. Cummings. (Mater. Res. Standards. **1**, 30—31, Jan. 1961; Berkeley, Calif., California Ink. Co., Res. and Dev. Labor., Analyt. Labor.; engl.) — Eine apparative Veränderung des Stromer-*Viscosimeters* durch Anbringen eines schaufelförmigen Rotors wird beschrieben. Die so modifizierte App. arbeitet schneller, läßt sich leichter reinigen u. eignet sich zur Viscositäts-Best. auch thixotroper u. in kleinen Vol. vorliegenden Unters.-Proben, wie z. B. von *Druckfarben*. Die Unters. in dieser App. erfolgt nach der ASTM-Meth. D 562-55, die bisher nur für Anstrichmittel u. Lacke anwendbar war. H. Sontag. 8014□

H_{19}. Brennstoffe. Erdöl. Mineralöle

Geoffrey Frank Eveson, Birmingham, England, **Flotation von Kohle.** Die Rohkohlentrübe mit 10—15% Rohkohle wird zunächst mit einer wss. Lsg. eines Drückers versetzt, der $KMnO_4$ oder $K_2Cr_2O_7$ sein kann. Die Kohlepartikeln werden hierdurch hydrophil. Hiernach wird der Trübe eine wss. Lsg. eines kation., oberflächenakt. Mittels (Cetylamin, Cetyltrimethylammoniumbromid u. dgl.) als Sammler für den Schiefer zugeführt. (Beste Resultate für die Abtrennung des Schiefers werden bei Verw. von Laurylpyridiniumchlorid bei einer Konz. von 0,66 Gew.-% Schiefer in der Rohtrübe erhalten.) Die Schieferpartikeln werden hydrophob, so daß Luft- u. Gasbläschen an ihnen haften u. sie zum Aufschwimmen bringen. (**E. P. 863 805** vom 5/1. 1956, ausg. 29/3. 1961.) W. Hauswald. 8135

Simon-Carves Ltd., Stockport, und Western Gas Board, Manchester, England (Erfinder: Kenneth Ernest Barton Macqueen), **Kohlebrikettierung.** Feinzerkleinerte Kohle, die ein $^1/_{10}$ B. S. (British Standard) Sieb passiert u. einen Treibgrad unter B. S. 6½ besitzt, wird mit bestimmten Mengen an Teer oder an Teerdestillaten vermischt, um den Treibgrad unter B. S. 2½ zu bringen. Diese Mischung wird dann mit einem Bindemittel (z. B. Pech) versetzt u. in Briketts übergeführt. Außer Teer u. Teerdestillaten kann der Kohle noch 1 Gew.-% gebrannter Kalk zugesetzt werden. (**E. P. 864 737** vom 2/11. 1959, ausg. 6/4. 1961.) W. Hauswald. 8137

Conrad Junge, Leipzig, **Gewinnung von carbonsäurefreien oder -armen Schwel- und ähnlichen Wässern** durch Gegenstrombehandlung des Schwelgases bei einer Temp. im Bereich der beginnenden Schwelwasserabscheidung mit wss. Lsgg. von Alkalihydroxiden oder -carbonaten, z. B. NaOH oder Sodalösung. (**D. P. [DDR] 21 892** Kl. 26d vom 25/7. 1958, ausg. 15/9. 1961 [Wirtschaftspatent]. **Zusatz zu D. P. [DDR] 18 792; C. 1961, 7092.**) P. Kühn. 8141

Shell Internationale Research Mij. N. V., Den Haag, Niederlande (Erfinder: Cornelis Tol und Donald Pescott Plummer), **Herstellung von Gas aus Erdöldestillaten.** Diese werden einer 1. Crackbehandlung bei 500—700° u. bei einem Druck von 10—135 kg/cm² unterworfen. Man erhält hierbei eine Gasfraktion u. eine unter 235° sd. fl. Fraktion. Mindestens 50% dieser Fraktion werden unter den vorhergenannten Bedingungen gecrackt. (**E. P. 862 196** vom 30/1. 1959, ausg. 1/3. 1961.)
W. Hauswald. 8149

L. & C. Steinmüller G. m. b. H., Gummersbach/Rhld. (Erfinder: Otto Wolf und Ernst Schuster), **Gleichzeitige Gewinnung von Kohlengas und Dampf.** Die Kohle wird zunächst zu Staub vermahlen u. dann voroxydiert (als Suspension). Hierauf wird die voroxydierte Kohle als Suspension entgast. Der anfallende Koks wird durch Verbrennen zur Dampferzeugung benutzt. Die für die Voroxydation u. Entgasung benötigte Wärme wird mindestens der Ofenfeuerung entnommen, während die fühlbare Wärme des erzeugten heißen Gases u. die des heißen Kokses teilweise zum Erhitzen des Dampferzeugers benutzt werden. (**E. P. 863 212** vom 12/6. 1957, ausg. 22/3. 1961.)
W. Hauswald. 8149

Metallgesellschaft Akt.-Ges., Frankfurt/M. (Erfinder: Rudolf Hager, Oberhöchstadt/Taunus, und Gerhard Baron, Frankfurt/M.), **Waschen und Kühlen von Kohlevergasungsgasen,** bes. solcher, die bei der Druckvergasung in ruhender Schüttung entstehen. Das in den Gaskühlern anfallende, alkal. reagierende Kondensat wird in den Waschkühlerkreislauf zurückgeführt. Die Einspeisung des Kondensates in den Waschkühler erfolgt z. T. in die Gaswasserabflußleitung u. z. T. in den Gasstrom am Kopf des Waschkühlers. (**D. A. S. 1 107 881** Kl. 26d vom 6/10. 1959, ausg. 31/5. 1961.)
G. Fritsch. 8165

Foster Wheeler Ltd., London, England, **Reinigung von Gasgemischen, besonders Synthesegasgemischen, von sauren Bestandteilen, besonders Kohlensäure** erfolgt in zwei hintereinandergeschalteten Stufen, in deren erster Stufe das Gasgemisch mit einer alkal. K_2CO_3-Lsg. u. in deren zweiter Stufe es mit einer Monoäthanolamin-Lsg. (beide Male im Gegenstrom) gewaschen wird. Die Regenerierung der beiden Waschlsgg. erfolgt in 2 Regeneratoren mit Dampf. — 2 Zeichnungen. (**E. P. 870 895** vom 16/9. 1959, ausg. 21/6. 1961. A. Prior. 16/9. 1958.)
K. Wolk. 8165

Československá Socialistická Republika (Erfinder: Oldřich Švajgl, Most), Tschechoslowakei, **Beseitigung des Arsens bei der Destillation des Teers (I)** durch Mischen des I mit $5 \cdot 10^{-5}$—$1 \cdot 10^{-2}$ eines akt. Katalysators, der Metalle der VIII. Gruppe des Period. Syst. enthält, die chem. durch Red. aus ihren organ. oder anorgan. Verbb. gewonnen wurden. Das Gemisch wird im Vorwärmer auf 220—380°, am besten auf 360°, bei Ggw. von H_2 oder H_2 enthaltenden Gasen erhitzt. Unstabilen I erhitzt man vor der Dest. bei 20—50 at. (**Tschech. P. 99 580** vom 13/4. 1960, ausg. 15/5. 1961.)
L. Macher. 8177

Jersey Production Research Co., Tulsa, Okla., übert. von: Charles L. Prokop, Houston, John W. Graham, Bellaire, und Richard A. Salathiel, Houston, Tex., V.St.A., **Bohrflüssigkeit.** Man verwendet eine bis zu 10 Gew.-% Salz enthaltende wss. Lsg., der ein oberflächenakt. Mittel, z. B. organ. Aminsalze oder quatern. Ammonium-Verbb., ein 0,5—2 lbs. „quar seed guin", bis zu 10 lbs. Stärke/ je 42 gall. barrel Fl. u. ein Beschwerungsmittel, wie $CaCO_3$, $BaSO_4$ oder eine Mischung derselben, zugesetzt sind. Bei feuchter Erdformation setzt man vorteilhafterweise 0,3 bis 0,6 lbs. Paraformaldehyd zu. (**A. P. 2 967 150** vom 21/3. 1957, ausg. 3/1. 1961.)
W. Hauswald. 8191

Can-Amera Oil Sands Development Ltd., übert. von: Gordon R. Coulson, Calgary, Canada, **Gewinnung von Öl aus Ölsanden.** Der Ölsand wird mit heißem W. gemischt u. der Brei in heißes W. eingebracht, wobei sich 3 Schichten bilden. Oben wird das Öl abgezogen, während die Schichten von W. u. Sand, die noch geringe Mengen Öl enthalten, in einer Zentrifuge vom Öl befreit werden. Zum Öl wird ein Lsgm., mischbar mit dem Öl, zugegeben um das spezif. Gew. auf 0,79—0,95 zu senken, wodurch eine bessere Trennung des Öles vom Sand möglich ist. — Zeichnung. (**A. P. 2 968 603** vom 20/3. 1957, ausg. 17/1. 1961.)
E. Kahles. 8191

Esso Research and Engineering Co., Del., übert. von: Elroy Merle Gladrow und Paul Thomas Parker, Baton Rouge, La., V.St.A., **Katalysator für hydrierende Entschwefelung.** Man mischt die wss. Lsg. eines Alkalisilicats (Alkalioxid : SiO_2 = 0,8—1) mit einer $NaAlO_2$-Lsg. (NaO : Al_2O_3 = 1 : 1—3 : 1) bei ca. 160 bis 250°F in Mengen, welche ein Verhältnis von SiO_2 : Al_2O_3 in der Mischung von 2,2 : 1 bis 10 : 1 ergeben. Man hält die hohe Temp. mindestens 1 Std. aufrecht, bis sich kristallines NaAl-Silicat gebildet hat. Es hat einen Porendurchmesser bis zu 13 Å u. eine Oberfläche, die für die Adsorption aromat. Moll. erforderlich ist. Man tauscht die Base des Na-Al-Silicats mit einer Co-Lsg. aus, wodurch mindestens 50% der Na-Ionen durch Co-Ionen ersetzt werden, u. verleibt dem entstehenden CoAl-Silicat 5—20 Gew.-% MoO_3 ein. (**A. P. 2 967 159** vom 22/5. 1957, ausg. 3/1. 1961.) P. Unger. 8195

Universal Oil Products Co., Des Plaines, übert. von: Ralph B. Thompson, Hinsdale, Ill., V.St.A., **Kohlenwasserstoffölen,** die normalerweise zur Zers. neigen, werden zur Stabilisierung ca. 0,0001—5 Gew.-% eines Kondens.-Prod. zugesetzt, das man bei Temp. bis 100° aus einem β-Lacton mit 3—6 C-Atomen u. einem aliphat. Polyamin mit 8—70 C-Atomen im Mol. erhält. (**A. P. 2 968 618** vom 29/9. 1958, ausg. 17/1. 1961.) P. Unger. 8195

Pure Oil Co., Chicago, übert. von: Elmer L. Müller, Cary, und Hillis O. Folkins, Crystal Lake, Ill., V.St.A., **Verbesserung der Octanzahl von Erdölkohlenwasserstoffen durch Behandlung** mit SiO_2-Al_2O_3-Katalysatoren, die mit Pd, Co, Ni u. Fe aktiviert worden sind. Der Katalysator besteht aus SiO_2-Al_2O_3, 0,01—1,0 Gew.-% (berechnet auf die Gesamtmenge Katalysator) Pd u. 0,05—0,6 Gew.-% Fe, Ni oder Co (bezogen auf Pd). Er dient bes. zur Isomerisierung von gesätt. KW-Stoffen mit 4—7 C-Atomen in Ggw. von H_2 bei 600—800° F u. 100—1000 lbs./sq.in. — Vorr., Zeichnungen. (**A. P. 2 967 207** vom 27/11. 1957, ausg. 3/1. 1961.) P. Unger. 8201

Esso Research and Engineering Co., Elizabeth, N.J., V.St.A., **Hydroformierung von Kohlenwasserstoffen.** Diese wird in Ggw. von H_2-haltigem Gas u. einem Katalysator durchgeführt. Der Träger des mit Pt imprägnierten Tonerdekatalysators wird hergestellt, indem Al-Alkoholat in Ggw. eines KW-Stoffverdünnungsmittels mit NH_4OH-Lsg., die 1,8—3,4 Gew.-% NH_3 enthält, hydrolysiert wird: Die feuchte Tonerde wird abfiltriert u. bei 400—1400°F calciniert. Die Hydrolyse des Alkoholats wird in Ggw. von 1—10 Vol. NH_4OH-Lsg. je Vol. Alkoholat bei 100—175°F durchgeführt. Der Träger besteht hauptsächlich aus η-Al_2O_3. — Zeichnung. (**E. P. 874 894** vom 2/12. 1958, ausg. 16/8. 1961. A. Prior. 9/12. 1957. **Zusatz zu E. P. 792 806; C. 1961, 15259.**) E. Kahles. 8201

American Oil Co., Texas City, übert. von: Eugene S. Coddon jun., Houston, Walker F. Johnston jun., La Marque, Tex., V.St.A., und David J. Bellmann, Ponce, Puerto Rico, **Herstellung von hochoctanigem Motortreibstoff.** Ein Gasöl wird in Ggw. eines Crack-Katalysators bei 750—900° F gecrackt u. dabei ein entbutanisiertes gecracktes Leichtbenzin der Octanzahl 84—94 (klar) gewonnen. Das Crackbenzin wird in eine leichte Fraktion u. eine schwere Fraktion vom Kp. 200—400°F zerlegt. Die schwere Fraktion wird selektiv katalyt. hydriert u. so von Olefinen befreit. Die hydrierte schwere Fraktion wird bei 800—1000°F, 10—1000 lbs./sq.in., einer Raumströmungs-Geschw. von 1—10 u. einem H_2-Gas-Rücklauf von 3000—10000 Standardkubikfuß H_2 je Barrel KW-Stoff an einem Pt-Katalysator hydroformiert. Der freiwerdende H_2 wird der Olefinhydrierung zugeführt u. ein Bzn. mit Octanzahl 98—110 (klar) erhalten. — Zeichnung. (**A. P. 2 968 605** vom 28/7. 1958, ausg. 17/1. 1961.) E. Kahles. 8205

Socony Mobil Oil Co., Inc., New York, N.Y., V.St.A., **Motortreibstoff** mit einem Zusatz von 0,005—0,5 Gew.-% einer *Alkenylbernsteinsäure* mit 10 bis 25 C-Atomen im Alkenylrest. (**E. P. 877 845** vom 26/1. 1960, ausg. 20/9. 1961. A. Prior. 27/1. 1959.) E. Kahles. 8205

Esso Research and Engineering Co., Elizabeth, N.J., V.St.A. (Erfinder: Manfred Brod), **Brennölgemisch,** mit einem Geh. an einem Mischpolymeren aus Polyäthylen mit einem geringeren Anteil eines Esters aus einem Vinylalkohol u. einer C_1—C_4-Monocarbonsäure. (**E. P. 885 348** vom 26/2. 1960, ausg. 28/12. 1961.) E. Kahles. 8205

Shell Research Ltd., London, England (Erfinder: Annie Hughes und Stanley Gordon Rushton), **Mineralschmieröle** enthalten geringe Mengen öllösl. organ. Halogen-Verbb. ab 8 C-Atome, öllösl. S- u. Cl-haltige Verbb. ab 8 C-Atome u. öllösl. Partialester der Phosphorsäure. — Beispiel: 88,8 (Gew.-%) Mineralöl, 6 Chlorparaffin (40 Cl), 3 sulfochloriertes Spermöl (7,8 S; 8,4 Cl), 0,2 Gemisch von Mono- u. Dialkylphosphaten, deren Alkylgruppen von techn. Laurylalkohol stammen. (**E. P. 860 379** vom 19/8. 1959, ausg. 1/2. 1961.) E. Drews. 8221

Commercial Solvents Corp., Terre Haute, Ind., übert. von: Edward O. Bennett, Houston, Tex., V.St.A., **Stabilisatoren für leichte Schmieröle** sind Nitroester der allg. Formel $(R')(R)C(NO_2)$—R' (I), in der R = H, Halogen, CH_3, C_2H_5 u. C_3H_7, R' = CH_3, C_2H_5, C_3H_7 u. Acyloxyalkyl (III) ist, wobei mindestens 1 Rest III vorhanden u. die Alkyl- u. Acyloxyreste 1—3 C-Atome enthalten, oder der allg. Formel

R^2—CH(NO_2)—CH(R^1)—OOC—R (II), in der R = Phenyl, CH_3, C_2H_5 oder C_3H_7, R^1 u. R^2 = H, CH_3, C_2H_5 oder C_3H_7 ist. — Beispiel für I: 2-Nitro-2-brom-1-propylacetat; für II: 2-Nitro-1-propylacetat. (**A. PP. 2 967 829** vom 27/6. 1958, ausg. 10/1. 1961 u. **2 976 244** vom 27/6. 1958, ausg. 21/3. 1961.) E. Drews. 8221

British Petroleum Co. Ltd., London, England, **Flüssige Kohlenwasserstoffpolymerisate** erhält man durch Polymerisation von olefin. KW-Stoffen, bes. Äthylen, Propylen oder n-Buten, bei erhöhter Temp. u. erhöhtem Druck in einem fl. organ. Lsgm. in Ggw. eines Katalysators, der aus einem Al-Halogenid, bes. $AlCl_3$, u. feinverteiltem metall. Al, mit oder ohne metall. Mg, besteht. — *Gleitöle.* (**E. P. 883 767** vom 29/7. 1959, ausg. 6/12. 1961.) L. Stadelmann. 8221

General Motors Corp., Detroit, übert. von: Harry M. Bendler, East Lansing, Carl E. Bleil, Clawson, Theodore W. Hertzog, Detroit, Mitchel A. La Boda, East Detroit, und Manuel Ben, Oak Park, Mich., V.St.A., **Ätzen von Schmiermittel haltenden Metallflächen.** Eine verchromte Oberfläche wird gereinigt, mit HCl-Lsg. aktiviert, gespült u. mit einer lichtempfindlichen, durch Belichten härtbaren Polymerschicht überzogen. Nach dem Trocknen durch Erhitzen wird ein Negativ mit 30—300 Linien/Zoll aufbelichtet. Die unbelichteten Stellen der Schicht werden gelöst u. die verbliebenen Stellen durch Erhitzen vollkommen unlösl. gemacht. Die freigelegten Stellen der Cr-Schicht werden mit konz. HCl ca. 0,0005—0,005 cm tief geätzt u. dann die Polymerschicht entfernt. (**A. P. 2 968 555** vom 13/1. 1958, ausg. 17/1. 1961.) C. Kittler. 8221

Československá Socialistická Republika (Erfinder: Jiří Hübsch, Troppau), Tschechoslowakei, **Kühlende Emulsion für die spanabhebende Behandlung von Metallen und ihr Schleifen** durch Eintragen des Bohröls in hartes, kaltes W., das zuvor durch Zusatz des vierbas. Salzes der Äthylendiamintetraessigsäure in einer Menge von 6,8 g auf 100 Liter W. so aufbereitet wurde, daß sämtliche in ihm enthaltenen Ca^{2+}- u. Mg^{2+}-Ionen in Chelatkomplexe übergeführt wurden. (**Tschech. P. 99 588** vom 15/4. 1960, ausg. 15/5. 1961.) L. Macher. 8221

British Petroleum Co. Ltd., London, England (Erfinder: Samuel Richard Pethrick und Maurice Barrington Sparke), **Synthetische Schmiermittel**, bestehend aus einem Gemisch eines fl. aliphat. Diesters einer gesätt. aliphat. Dicarbonsäure, bes. Di-(2-äthylhexyl)-, Dioctyl-, Dinonyl-, Di-(3.5.5-trimethylhexyl)-, 2-Äthylhexyl-(3.5.5-trimethylhexyl)- u. Octylnonylsebacat, u. einem Polyester der allg. Formel $ROOCR_1COO(R_2OOCR_1COO)_nR$, in der n eine beliebige ganze Zahl, R einen C_4—C_{18}-Alkylrest, R_1 einen C_4—C_{14}-Alkylenrest u. R_2 den Rest —$(CH_2CH_2O)_xCH_2C(R_6)(R_7)CH_2(OCH_2CH_2)_y$— (x u. y = ganze Zahlen, x auch 0, $x + y \leq 5$, R_6 = CH_3 oder C_2H_5, R_7 = C_1—C_4-Alkylrest) oder I, II oder III bedeuten. Die beiden Komponenten werden in

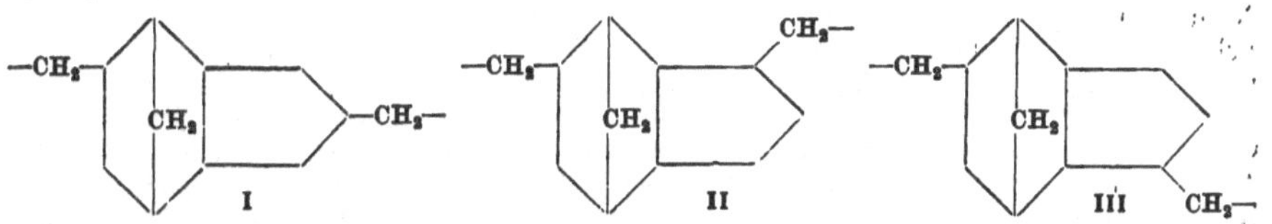

solchem Verhältnis gemischt, daß das Prod. eine Viscosität von 3—30 cSt bei 210° F aufweist. Die Herst. der Polyester erfolgt nach an sich bekannten Verff., z. B. durch Verestern von Sebacinsäure (**IV**) mit einem Polyglykol u. weiteres Verestern mit 2-Äthylhexanol (**V**) oder nach Ind. P. 64 922 durch Verestern von 0,55 (Mol) Tricyclodecandimethylol (**VI**), 0,5 **IV** u. 0,05 **V**. Man erhitzt die 3 Komponenten unter Durchleiten von N_2 rasch auf 130°, hält diese Temp. 4 Std. u. erhitzt je 2 Std. auf 150, 180 u. 200°. Die obere Schicht des dabei entstehenden Destillats, das aus **V** besteht, wird in das Rk.-Gefäß zurückgegeben, der Geh. der unteren wss. Schicht an **VI** bestimmt u. die berechnete Menge **VI** ebenfalls in das Rk.-Gefäß gegeben, worauf man weiter auf 240° erhitzt, bis die SZ. auf 5 gefallen ist. Darauf wird der Druck auf 17 mm Hg red. u. so lange auf 240° erhitzt, bis die SZ. 1 beträgt. Die Viscosität des erhaltenen Esters beträgt 130000 cSt bei 25°. (**Ind. PP. 64 920** vom 11/8. 1958, ausg. 24/1. 1961, **64 922** vom 11/8. 1958, ausg. 25/1. 1961. E. Prior. 16/8. 1957 u. **64 923** vom 11/8. 1958, ausg. 27/1. 1961. **Aust. PP. 232 319** u. **232 320** vom 13/8. 1958, ausg. 23/2. 1961. Beide E. Prior. 16/8. 1957.) C. Lüttgen. 8223

Esso Research and Engineering Co., Del., übert. von: Joseph F. Nelson, Fred W. Banes, Westfield, und William P. Fitzgerald, Florham Park, N.J.,

V.St.A., **Herstellung niedrigmolekularer Polymerer von Vinylalkyläthern**, z. B. Vinyläthyläther, Vinylisobutyläther, Vinyl-2-äthylhexyläther, Vinyloxononyläther oder Vinyldodecyläther, erfolgt in inertem Verdünnungsmittel, wie n-Hexan, Cyclohexan, Bzl., tert.-Butanol oder Ae., u. in Ggw. von organ. Peroxiden bei Temp. oberhalb deren Zers.-Temp., bes. bei 100—200°. Nach Entfernen der abdestillierbaren Bestandteile bei 300—350° verbleiben viscose Fll. mit niederem Stockpunkt, hohem Flammpunkt u. einer Viscosität, die sie als *Schmiermittel* geeignet machen. (**A. P. 2 967 203** vom 28/5. 1954, ausg. 3/1. 1961.) H. Schindler. 8223

Walter Philip Williams, London, England, übert. von: Socony Mobil Oil Co., Inc., New York, N.Y., V.St.A., **Synhetische Schmiermittel** erhält man durch Polymerisieren eines normalen α-Monoolefins mit 5—14 C-Atomen in Ggw. eines Di-tert.-alkylperoxids als Katalysator. Als Monomere sind 1-Hexen, 1-Hepten, 1-Octen, 1-Decen, 1-Dodecen u. 1-Tetradecen genannt. Die Katalysatoren haben die allg. Formel ROOR′ (R u. R′ gleiche oder verschiedene tert. Alkylreste, bes. Di-tert.-butylperoxid (I), Di-tert.-amyl- oder tert.-Butyl-tert.-amylperoxid. Man erhitzt z. B. eine Mischung aus 3100 g (22,2 Mol) 1-Decen u. 32 g (0,23 Mol) I ca. 2 Std. auf 150—160°, treibt das restliche Decen ab u. dest. den Rückstand bei 3 mm Hg-Druck im Vakuum → öliger Rückstand 341 g, Gew. 37,2° API („gravity"-Skala des „American Petroleum Institute"), kinemat. Viscosität bei 210° F 8,65 cSt, bei 100° F 49,86 cSt, Viscositätsindex 141, Fließtemp. —65° F, Br-Zahl 12,2, Molgew. 650, O-Geh. 0,25%. — Herst.-Beispiele mit physikal. Konstanten. (**E. P. 862 191** vom 8/8. 1958, ausg. 1/3. 1961.) G. Vogel. 8223

United States Atomic Energy Commission, übert. von: Robert O. Bolt, San Rafael, und James G. Carroll, Martinez, Calif., V.St.A., **Strahlungsbeständige Schmiermittel und hydraulische Flüssigkeiten** bestehen aus Basisölen in Form von langkettigen Paraffin-KW-Stoffen, mit langkettigen Paraffinen substituierten aromat. KW-Stoffen, organ. Estern u. Polyäthern u. enthalten zur Erhöhung ihrer Strahlungsbeständigkeit fl. Polymere von α-Methylstyrol, die in der Ölbasis lösl. u. viscoser als die Ölbasis sind. Zusatzmenge 1—70 Gew.-% des Gesamtmittels. (**A. P. 2 967 827** vom 29/6. 1956, ausg. 10/1. 1961. **E. P. 844 781** vom 14/6. 1957, ausg. 17/8. 1960. A. Prior. 29/6. 1956.) E. Drews. 8223

Établissements Neyrpic, Grenoble, Soc. Hydromécanique et Frottement, Saint-Charmond, und Manufactur-de-Rueil, Malmaison, Frankreich (Erfinder: Jacques Jean Caubet), **Reibverminderndes Mittel**, das z. B. als Überzug im Spritzverfahren aufgebracht werden kann, besteht aus 9—70 (%) festem Schmiermittel, z. B. Graphit oder MoS_2, 25—91 Epoxy- oder Polyamidharzen als Bindemittel u. 0,1—2 Butylstearat als Hilfsschmiermittel. (**E. P. 869 559** vom 3/2. 1959, ausg. 31/5. 1961.) E. Drews. 8223

Československá Socialistická Republika (Erfinder: Jan Kekeňák, Xeno Liebl, Preßburg, Václav Stěpina, Prag), Tschechoslowakei, **Zusätze zu Schmiermittel für höhere und extrem hohe Drücke** sind Rk.-Prodd. des Perchlormethylmercaptans (I) mit Tallöl (II), hydriertem II, II-Säuren, ihren Estern, Salzen oder den Alkoholen des hydrierten II, die man aus den entsprechenden Anteilen bei 0—180, bes. bei 80—140°, bereitet, wobei das Gew.-Verhältnis von I zum zweiten Rk.-Anteil verschieden sein kann, am günstigsten aber bei 0,5—1,5 liegt. Die Dosierung des Zusatzes zum Schmiermittel stellt einen geringeren, am besten 3—12 Gew.-Teile betragenden, Anteil des Gemisches dar. — Beispiel: 50 (g) II vermischt man bei 40—45° in 30 Min. mit 60 I, erhitzt 10 Std. lang auf 80—100° u. bläst Luft durch, bis der scharfe Geruch verschwindet (ca. 8 Std.). Man erhält 87 Schmiermittel. (**Tschech. P. 99 928** vom 21/1. 1960, ausg. 15/6. 1961.) L. Macher. 8223

Robert Heberling und Rolf Schmiedel, Zeitz, und Johannes Teubel, Rehmsdorf, **Herstellung von lichtbeständigen, geruchs- und geschmacksfreien Paraffinen** aus ölarmen Rohparaffinen, dad. gek., daß H_2SO_4 in feinster Verteilung bei 100—120° auf die Paraffine einwirkt u. der saure Raffinationsschlamm z. B. durch Kalk u. Bleicherde in feste Form übergeführt u. abgetrennt wird. (**D. P. [DDR] 21 822** Kl. 23b vom 28/5. 1959, ausg. 25/8. 1961 [Wirtschaftspatent].) T. Oppermann. 8227

Československá Socialistická Republika (Erfinder: Ondrej Michalek, Preßburg), Tschechoslowakei, **Kontinuierliche Formung von Paraffin** (I) bei einer um höchstens 40°, am besten um 5—10°, höheren Temp. als dem Stockpunkt des I, wobei fl. I durch einen Kühler in die Formen geschöpft wird, aus denen plast. geformtes Material austritt. (**Tschech. P. 99 717** vom 30/11. 1959, ausg. 15/5. 1961.) L. Macher. 8227

Manfred Wagner, Zeitz, Erhard Hüttig und Gerhard Kühnhanß, Rehmsdorf, **Aufarbeiten von paraffinhaltigen Destillationsrückständen**, bes. solchen, die neben Iso- u. n-Paraffinen harz- oder asphaltartige bzw. andere, die Harnstoffaddukt-Bldg. verhindernde Bestandteile enthalten, dad. gek., daß die Rückstände zur Zerstörung der die Addukt-Bldg. verhindernden Bestandteile bei 120—140° mit Friedel-Crafts-Katalysatoren behandelt werden u. das erhaltene Raffinat mittels Harnstoff in n- u. Isoparaffine zerlegt wird. (**D. P. [DDR] 21 775** Kl. 23b vom 28/8. 1958, ausg. 15/8. 1961 [Wirtschaftspatent].) T. Oppermann. 8227

Kerr-McGee Oil Industries, Inc., Del., übert. von: Leo Garwin, Oklahoma City, Okla., V.St.A., **Trennung bituminöser Stoffe** (Asphaltene, Harze u. Öle) in mindestens 2 Fraktionen. Man trennt eine schwere Fraktion (Asphaltene, Harze, frei von asphalt. Ölen) von einer leichteren, die restliche asphalt., bituminöse Stoffe einschließlich Öle enthält, durch Behandlung in einer einzigen Zone bei erhöhter Temp. unter Druck. Man gibt auf 1 Vol. des asphalt. bituminösen Materials mindestens 2 Vol. eines Lsgm., das mindestens aus einem Cycloparaffin mit weniger als 10 C-Atomen besteht. Behandlungs-Temp. 350—500° F. Behandlungs-Temp. u. Druck werden so eingerichtet, daß eine fl. Phase aufrechterhalten bleibt sowie eine Dichte des Lsgm. von mehr als 0,27 g/ml, aber weniger als 0,50 g/ml. Die abgetrennte, von asphalt. Öl freie Asphaltenharzfraktion ist fl., u. ihre Viscosität erlaubt ihren freien Abfluß aus der Behandlungszone. (**A. P. 2 967 818** vom 21/4. 1958, ausg. 10/1. 1961.) P. Unger. 8231

Bataafse Petroleum Mij. N.V., Den Haag, Niederlande, **Überzugsmittel für Metallflächen, Straßenoberflächen** usw. enthalten bituminöse Stoffe, wie Erdölbitumen (I), geblasene I, Petroleumextrakte, Steinkohlenteere oder -peche sowie Polyepoxyester mit mindestens 8 C-Atomen im Mol., enthaltend z. B. dimere oder trimere Fettsäuren. (**E. P. 883 522** vom 19/5. 1958, ausg. 29/11. 1961. A. Prior. 21/5. u. 17/6. 1957.) M. Böttcher. 8237

Borax Consolidated Ltd. und Berry Wiggins & Co. Ltd., London, England (Erfinder: Arthur Evans und Walter Jacob Rosenfelder), **Bituminöse Überzugsmittel**, die als Isolierschichten z. B. in Atomreaktoren dienen, enthalten Bitumen u. eine bitumenlösl. Bor-Verb., z. B. Trihexylenglykoldiborat. (**E. P. 881 223** vom 10/8. 1959, ausg. 1/11. 1961.) M. Böttcher. 8237

British Petroleum Co. Ltd., London, England (Erfinder: **Hubert Thomas Porter, Arthur Knowles Renshaw** und **Peter Thomas White**), *Herstellung von Stadtgas aus kohlenwasserstoffhaltigem Material.* (**Aust. P. 230 352** vom 27/3. 1958, ausg. 13/10. 1960. E. Prior. 29/3. u. 8/8. 1957. — C. **1960**, 694 [D. A. S. 1 059 609].)

Carl Glinka, *Aufbereitung von Erdölrückständen.* (**Aust. P. 228 840** vom 19/8. 1958, ausg. 14/7. 1960. — C. **1959**, 14604 [D. A. S. 1 052 031].)

Charles Oscar Hoover, Corpus Christi, Tex., V.St.A., *Verhinderung der Korrosion in metallischen Erdölraffinationsanlagen.* (**D. A. S. 1 133 059** Kl. 23b vom 14/3. 1958, ausg. 12/7. 1962. — C. **1962**, 5908 [E. P. 822 841].)

N. V. de Bataafsche Petroleum Mij., Den Haag (Erfinder: **Adolf Christiaan van Beest**, Amsterdam), Niederlande, *Verfahren zur vollständigen oder teilweisen Entmercaptanisierung von Kohlenwasserstoffölen.* (**D. A. S. 1 132 277** Kl. 23b vom 29/5. 1956, ausg. 28/6. 1962. Niederl. Prior. 31/5. 1955. — C. **1959**, 12738 [E. P. 796 382].)

N. V. de Bataafsche Petroleum Mij., Den Haag (Erfinder: **Peter van 'T Spyker, Martinus Kolyn** und **Hubrecht van der Marel**, Den Haag), Niederlande, *Verfahren zur Rückgewinnung von Wasserstoff aus einem Reaktionsgemisch.* (**D. A. S. 1 132 278** Kl. 23b vom 11/12. 1958, ausg. 28/6. 1962. Niederl. Prior. 13/12. 1957. — C. **1962**, 2596 [E. P. 837 401].)

Nagynyomásu Kisérleti Intézet, Budapest, Ungarn, *Aufarbeiten von hartasphalthaltigen Rohölen.* (**Ind. P. 64 424** vom 20/6. 1958, ausg. 20/7. 1960. Zusatz zu Ind. P. 53 233; C. 1961, 14155. — C. **1959**, 15549 [Oe. P. 202 673].)

Engelhard Industries, Inc., Newark, übert. von: **Anna P. Hauel**, West Orange, und **John H. Koch jun.**, Nutley, N.J., V.St.A., *Herstellung eines Kohlenwasserstoff-Umwandlungskatalysators.* (**A. P. 2 991 256** vom 14/7. 1955, ausg. 4/7. 1961. — C. **1962**, 2227 [E. P. 834 246].)

Farbwerke Hoechst Akt.-Ges., vormals Meister Lucius & Brüning, übert. von: **Otto Probst** und **Ernst Hieronymus**, Frankfurt/M., *Herstellung von aromatischen Kohlenwasserstoffen.* (**A. P. 2 985 693** vom 13/2. 1959, ausg. 23/5. 1961. D. Prior. 18/2. 1958. — C. **1962**, 356 [D. A. S. 1 106 742].)

British Petroleum Co. Ltd., London, England (Erfinder: **John Arthur Edgar Moy** und **Peter Duncan Bond**), *Erhöhung der Octanzahl von katalytischen Reformaten oder Anteilen davon.* (**Aust. P. 230 353** vom 3/4. 1958, ausg. 13/10. 1960. — C. **1959**, 14299 [D. A. S. 1 050 477].)

British Petroleum Co. Ltd., London, England (Erfinder: **John Arthur Edgar Moy** und **Bernard Whiting Burbidge**), *Erhöhung des Aromatengehalts eines ganz oder teilweise aus nichtaromatischen Kohlenwasserstoffen bestehenden Ausgangsmaterials.* (**Aust. P. 230 355** vom 3/4. 1958, ausg. 13/10. 1960. — C. **1959**, 11113 [D. A. S. 1 049 030].)

Socony Mobil Oil Co., Inc. (Erfinder: **Richard William Baker, George William Munns jun.** und **Robert Lloyd Smith**), *Isomerisierung von Pentan.* (**Aust. P. 228 877** vom 6/1. 1958, ausg. 21/7. 1960. A. Prior. 5/2. 1957. — C. **1962**, 4401 [Oe. P. 208 344].)

Houdry Process Corp., Wilmington, Del., übert. von: **Henry D. Noll**, Philadelphia, Pa., V.St.A., *Reformieren von Leichtbenzin.* (**A. P. 2 999 804** vom 9/12. 1958, ausg. 12/9. 1961. — C. **1962**, 5908 [D. A. S. 1 109 815].)

British Petroleum Co. Ltd., London, England, *Hydrieren von Kohlenwasserstoffen.* (**Belg. P. 571 004** vom 6/9. 1958, ausg. 15/12. 1961. E. Prior. 6/9. 1957 u. 22/1. 1958. — C. **1961**, 8170 [Oe. P. 208 983].)

Badische Anilin- & Soda-Fabrik Akt.-Ges., Ludwigshafen/Rh., *Motortreibstoff.* (**Belg. P. 570 895** vom 3/9. 1958, ausg. 17/11. 1961. D. Prior. 7/9. 1957. — C. **1959**, 10447 [D. A. S. 1 044 505].)

Socony Mobil Oil Co., Inc., übert. von: **Harry J. Andress jun.**, Pitman, und **Paul Y. C. Gee**, Woodbury, N.J., V.St.A., *Motortreibstoff.* (**A. P. 2 982 629** vom 7/1. 1958, ausg. 2/5. 1961. — C. **1961**, 2849 [D. A. S. 1 086 942].)

Esso Research and Engineering Co., Elizabeth (Erfinder: **Charles E. Thompson**, Fanwood), N.J., V.St.A., *Herstellung von wärmebeständigen Düsentreibstoffen.* (**D. A. S. 1 132 276** Kl. 23b vom 28/2. 1958, ausg. 28/6. 1962. A. Prior. 15/3. 1957. — C. **1962**, 2228 [A. P. 2 944 012].)

Ruhrchemie Akt.-Ges., Oberhausen, übert. von: **Karl Büchner**, Duisburg, und **Heinrich Schwarz**, Oberhausen, *Esteröle aus alicyclischen Carbonsäuren.* (**A. P. 3 006 937** vom 15/12. 1953, ausg. 31/10. 1961. D. Prior. 18/12. 1952. — C. **1957**, 4577 [F. P. 1 087 168].)

British Petroleum Co. Ltd., London, England, *Synthetische Schmiermittel.* (**Belg. PP. 570 403, 570 404 u. 570 405** vom 16/8. 1958, ausg. 22/9. 1961. E. Prior. 16/8. 1957 u. 30/5. 1958. — C. **1962**, 14383 [D. A. S. 1 126 054].)

General Electric Co., übert. von: **Edgar D. Brown jun.**, Schenectady, N.Y., V.St.A., *Herstellung von Hochtemperaturschmiermitteln.* (**A. P. 2 970 162** vom 16/8. 1956, ausg. 31/1. 1961. — C. **1959**, 11776 [D. A. S. 1 049 034].)

N. V. de Bataafsche Petroleum Mij., Den Haag, Niederlande, *Entölen von Paraffinen.* (**Belg. P. 571 057** vom 9/9. 1958, ausg. 15/12. 1961. A. Prior. 11/9. 1957. — C. **1960**, 15629 [D. A. S. 1 076 297].)

H_{22}. Leim. Klebstoffe usw.

Adhäsionserscheinungen bei der Verklebung von Kautschuk auf Metall mittels des Leikonat-Klebemittels. 3. Mitt. Die Reaktion von Natriumbutadienkautschuk mit Triisocyanattriphenylmethan. A. M. Medwedewa, B. W. Derjagin und Ss. K. Sherebkow. (Коллоидный Журнал [Kolloid-J.] **22**, 217—22, März/April 1960; Moskau, Inst. für physikal. Chem. der Akad. der Wiss. der UdSSR; russ., Auszug: engl.) — 2. vgl. C. **1962**, 11392. — Zur Klärung des Bindungsmechanismus durch den Kleber *Leikonat* (**I**; *Triphenylmethantriisocyanat*) werden 1—5%ig. Lsgg. von Na-Butadienkautschuk (**II**; Typ RSchtsch) ohne den Stabilisator Phenyl-β-naphthylamin in Dichloräthan mit Zusatz von **I** (gleiche Gew.-Mengen wie **II**) auf ihr rheolog. Verh. untersucht. Es werden die Viscosität nach Höppler u. im Viscosimeter RW-7 u. die Oberflächenspannung bestimmt. Während die 1—2%ig. Lsgg. nur geringe Veränderungen aufweisen, tritt bei 3—5%ig. Lsgg. bei Zusatz von **I** eine Viscositätssteigerung ein, die mit steigender Lagerzeit zu einer dreidimensionalen, irreversiblen Vernetzung (Gel-Bldg.) führt. Werden **II**-**I**-Filme bei 143° 10—50 Min. lang erwärmt, so findet eine Vernetzung statt, deren Dichte durch Quellung ermittelt wird. Sie ist nicht so groß wie bei einer S-vulkanisierten Mischung, jedoch bedeutend größer als für ein reines **II**-Thermovulkanisat, das unter gleichen Bedingungen hergestellt wurde. Aus diesen Verss. wird geschlossen, daß es sich bei der Bindung Metall–Kautschuk über **I** um eine echte chem. Vernetzung handelt. O. Kramm. 8388 □

United States Gypsum Co., Chicago, übert. von: Mitchell P. Ptasienski, Elk Grove, und Joseph W. Gill, Des Plaines, Ill., V.St.A., **Klebstoffe und Fugenausfüllmassen,** bestehend aus Gemischen von 0,3—1 (Gew.-%) eines in kaltem W. lösl. Verdickungsmittels (I) auf Cellulosebasis, 4,5—12 eines Bindemittelgemisches sowie 87—95 an Füllstoffen, wie Glimmer, Asbest u. Kalkstein. Bei dem Bindemittelgemisch handelt es sich um ein solches aus einer sauerhydrolysierten Stärke, Polyvinylalkohol u. mittels Polyvinylalkohol stabilisiertem Polyvinylacetat. (**A. P. 3 003 979** vom 5/12. 1958, ausg. 10/10. 1961.) P. Krug. 8389

Kurashiki Reyon Kabushiki Kaisha, Kurashiki (Erfinder: Hisao Miyahara, Katsuaki Hirano und Hideo Suzumura, Kurashiki, und Koichi Nagano, Suita), Japan, **Kleben von plastischen Massen aus Polyvinylalkohol** (**I**). Man löst $ZnCl_2$ in einem mit W. mischbaren organ. Nichtlöser für **I**, wie CH_3OH, A., Aceton, löst ferner **I** in einer Wassermenge $<$ die Menge des organ. Nichtlösers in einer Menge $<$ 15 Gew.-% des $ZnCl_2$, mischt beide Lsgg., bestreicht damit die plast. Masse aus **I** u. preßt zusammen. — Man mischt eine konz. wss. Lsg. von vollständig verseiftem **I** (Polymerisationsgrad 1700) mit einer konz. Lsg. von $ZnCl_2$ in CH_3OH, so daß das Gemisch 40 Gew.-% $ZnCl_2$ u. 5 Gew.-% **I** pro $ZnCl_2$ enthält, streicht die Lsg. auf eine **I**-Folie, die 10 Gew.-% hygroskop. Weichmacher u. 8 Gew.-% Feuchtigkeit enthält, u. preßt nach 30 Sek. leicht. (**Jap. A. S. 13 221/1960** vom 12/8. 1958, ausg. 12/9. 1960.) M. Pankow. 8389

Émile Comes, Frankreich, **Herstellung eines schnell trocknenden Klebemittels für plastische Massen,** Nylon u. Gewebe aus synthet. Stoffen durch Mischen von 10 (kg) einer plast. Masse aus Acetylcellulose u. 71 reinem Aceton mit Zusätzen von acetonlösl. Anilinfarbstoffen. Das Gemisch wird 12 Std. stehengelassen u. danach 2 Std. in einem Mischer behandelt. (**F. P. 1 233 876** vom 19/8. 1959, ausg. 12/10. 1960.) M. F. Müller. 8389

General Aniline & Film Corp., New York, N.Y., übert. von: William M. Perry, Bethlehem, Pa., V.St.A., **Druckempfindliche Klebemassen.** Diese enthalten ein wasserunlösl., klebriges u. flexibles Mischpolymerisat mit der Gruppierung I, worin bedeuten: R = H oder Methylgruppen, R_1 = H, Methyl- oder Äthylgruppen, R_2 = H oder Alkylreste mit 1—3 C-Atomen sowie R_3 u. R_4 = Alkylreste mit 3—14 C-Atomen u. das Verhältnis von $n^1 : n^2$ zwischen 1—5 liegt. Bes. geeignete Ausgangsmonomere sind z. B. N-Vinylpyrrolidon-(2) u. Di-2-äthylhexylmaleat oder -fumarat. (**A. P. 2 999 853** vom 23/8. 1957, ausg. 12/9. 1961.) P. Krug. 8389

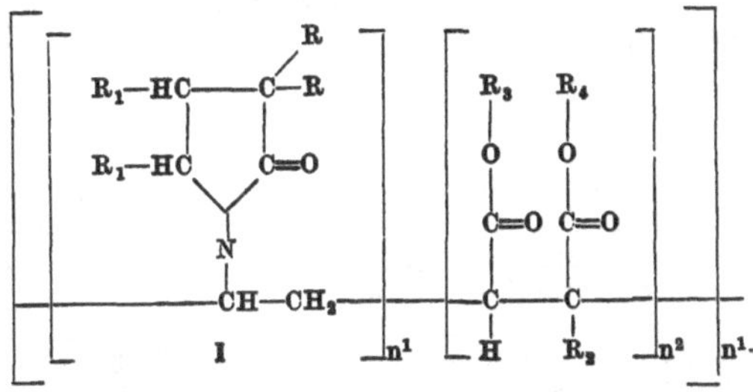

I

Comptoir Linier, Seine, und Soc. de Recherches et d'Exploitation de Procédés Chimiques et de Synthese „Sexpro", Nord, Frankreich, **Klebemittel.** Zum Verkleben von pflanzlichen, mineral., synthet. oder tier. Faserstoffen, z. B. von Jutegeweben u. Polyäthylenfolien, verwendet man ein Gemisch aus 8—10 (kg) gereinigter Stearinsäure, 8—10 Natur- oder Kunstharz, 2—3 K_2CO_3, 45—50 W., 8—10 NH_3 u. 25—55 Latex. Mit einem solchen Klebstoff überzieht man durch Besprühen mittels geeigneter Vorr. zunächst ein Band aus dem weniger hydrophilen Stoff, wickelt dann beide Bänder zugleich auf einen nicht geheizten Kalander u. verfestigt den Verbundstoff mittels Druck. Derartige Prodd. aus Jute-, Baumwoll- oder Leinengeweben einerseits u. Papier-, Polyäthylen- oder Polyvinylkunstharzfolien andererseits dienen zur Herst. von Säcken für den Transport von pulverförmigen Stoffen, wie Mehl oder Dünger; die Säcke sind vollkommen dicht u. undurchlässig für Luftfeuchtigkeit. — Beispiel. (**F. P. 1 267 316** vom 10/6. 1960, ausg. 22/11. 1961.) W. Raetz. 8389

B. B. Chemical Co. Ltd., Leicester, England, **Bandförmige Klebharzmasse,** die sich von einem Haspel abwickeln läßt u. in der Wärme erweicht, bestehend aus einem in der Wärme erweichenden KW-Stoffharz, z. B. Poly-β-pinen, u. einem anderen nichtklebenden Harz, z. B. Polyvinylacetat. (**E. P. 864 224** vom 3/6. 1957, ausg. 29/3. 1961. A. Prior. 11/6. 1956. **Zusatz zu E. P. 841 203; C. 1962, 15098.**) W. Overbeck. 8389

Nashua Corp., V.St.A., **Klebepapier,** das eine Klebstoffschicht enthält, die an sich nicht klebend ist, sondern erst beim Befeuchten mit W. klebend wird. Es werden Harze verwendet, die für sich in W. nicht vollständig lösl. oder dispergierbar sind, die aber zur Herst. eines gummierten Papieres dienen können, das durch W. aktivierbar ist. Die Klebstoffschicht enthält als äußere Phase ein Mischpolymerisat aus Vinylacetat u. Vinylpyrrolidon. Sie besteht im wesentlichen aus den harzartigen Massen von Polystyrol oder Acrylharzen. — Vgl. A. P. 2 793 966; C. **1958,** 8510. (**F. P. 1 235 136** vom 14/9. 1959, ausg. 26/10. 1960.) M. F. Müller. 8389

Minnesota Mining & Mfg. Co., V.St.A., **Klebemittel für druckempfindliches Klebeband** aus einem harzfreien Gemisch von 25—75 (Gew.-%) eines Kunstkautschuks, bes. eines Mischpolymerisats aus Butadien u. Styrol, Acrylnitril oder Acrylsäure, oder auch Polychloropren, chlorsulfoniertes Polyäthylen, Polyisopren oder eines Mischpolymerisats aus Isobutylen u. Isopren oder Butadien, u. 75—25 eines Polymerisats oder Mischpolymerisats aus einer monomeren Substanz, die mindestens zu 88% einen Ester aus Acrylsäure u. einem nichttert. Alkanol mit 1—14 C-Atomen im Mol. enthält sowie ggf. bis zu 15 Teilen eines klebenden Harzes, z. B. des Esters aus Pentaerythrit u. hydriertem Kolophonium. Eine mit einem derartigen Klebemittel versehene Unterlage, z. B. aus einer Al- oder Polyäthylenterephthalatfolie als Klebeband, haftet in einem Temp.-Bereich von ca. —50° bis. +105° ausgezeichnet an Al, ist beständig gegen Feuchtigkeit u. in Motorflugzeugen verwendete Fll. sowie gegen Altern u. besitzt gute akust. Isolier-Eigg. bei allen normalen Verw.-Temp. sowie die Fähigkeit, Schall u. Schwingungen zu dämpfen; druckempfindliche Klebebänder dieser Art eignen sich daher bes. als akust. Isolierbänder in Flugzeugen, Kraftfahrzeugen, Eisenbahnen oder im Haushalt, ferner als Abdichtungsmittel für Leitungen oder zwischen Metallplatten. — Beispiele; 2 Zeichnungen. (**F. P. 1 268 695** vom 18/8. 1960, ausg. 6/12. 1961.) W. Raetz. 8389

Minnesota Mining & Mfg. Co., übert. von: Herbert M. Bond, St. Paul, und Gaylord L. Groff, North St. Paul, Minn., V.St.A., **Selbstverschweißende Klebebänder.** Diese sind überzogen mit einer Klebemischung, die zu mindestens 60% in

Xylol unlöslich ist u. dabei aus 100 (Gew.-Teilen) eines hochvernetzten Siliconkautschuks mit einem Verhältnis der organ. Reste zu Si zwischen 1,9 u. 2 : 1, bis zu 110 eines Siliconharzes (I) sowie mindestens 20 eines verstärkenden Füllstoffes besteht. In I liegen hauptsächlich $R_3SiO_{0,5}$ u. SiO_2-Einheiten in einem Verhältnis von 0,6—0,9 vor. Die innige Verschmelzung tritt nach dem Wickeln auf dem zu isolierenden Gegenstand innerhalb von 8 Tagen bei Raum-Temp. ein. (**A. P. 3 006 463** vom 28/2. 1957, ausg. 31/10. 1961.) P. Krug. 8389

Johnson & Johnson, New Brunswick, übert. von: Robert H. Lamason, Bound Brook, N.J., V.St.A., **Druckempfindliche Klebestreifen.** Auf den Träger aus polymerem Fluor-KW-Stoff, welcher durch Behandlung mit einem fl. Metall aktiviert worden ist, werden eine Grundierung u. dann die Klebschicht auf der Grundlage eines Silicons, z. B. der Lsg. eines Alkylpolysiloxans, aufgebracht. In der Grundierung bestehen die Festkörper aus einem Gemisch von 10—90 (Gew.-%) eines Tetraalkyl- oder Tetraoxalkylsilicats oder -titanats (mit 1—12 C-Atomen im Alkylrest) sowie 90—10 eines druckempfindlichen Polysiloxans. (**A. P. 2 989 419** vom 14/5. 1957, ausg. 20/6. 1961. **E. P. 859 511** vom 12/5. 1958, ausg. 25/1. 1961. A. Prior. 14/5. 1957.) P. Krug. 8389

Johnson & Johnson, übert. von: Ralf Korpman, East Brunswick, N.J., V.St.A., **Druckempfindliche Klebestreifen.** Diese erhält man durch Auftragen einer Klebmischung auf einen flexiblen Träger, wie Gewebe, Papier, Folien aus z. B. Polyäthylen. Die Mischung besteht aus einem härtbaren Elastomeren, wie natürlichem oder synthet. Kautschuk, 25—500 (Gew.-Teilen, jeweils bezogen auf 100 Elastomer) eines fl. klebrigen Harzes, wie Cumaron–Inden-Harz oder verestertes Kolophonium, 5—75 eines Härtemittels aus der Gruppe der Phenol-, Harnstoff- oder Melamin–Formaldehyd-Harze. Das Harz ist dabei in mindestens gleicher Menge wie der Härter vorhanden. (**A. P. 2 999 769** vom 14/1. 1960, ausg. 12/9. 1961. **E. P. 865 383** vom 24/9. 1957, ausg. 19/4. 1961. A. Prior. 25/9. 1956.) P. Krug. 8389

Sekisui Kagaku Kogyo Kabushiki Kaisha, Osaka (Erfinder: Yuzo Kanafuji, Amagasaki), Japan, **Vinylchloridharzklebfolie oder -klebband.** Man bringt auf eine Seite eines Vinylchloridharzfilmes eine Schicht aus Nitrilkautschuk u./oder Polyvinylchlorid oder Vinylchloridmischpolymerem, ein wasserlösl. hochmol. Prod. u. Naturkautschuk oder Vinylacetatharz in Form einer Emulsion, trocknet die Schicht u. streicht darauf eine Deckschicht aus dem Leim. — Man verwendet z. B. eine Emulsion aus 70 (Teilen) Nitrilkautschuklatex (Feststoffanteil), 30 Kautschukmilch (Feststoffanteil), 9 Casein, 1 oberflächenakt. Stoff, 5 ZnO, 1 Alterungsschutzmittel u. 300 W. für die Grundierung auf der einen Oberfläche eines Vinylchloridharzfilmes, trocknet bei 120° u. bringt darauf eine Schicht aus einem Gemisch von 30 Casein, 30 Gummi arabicum, 40 Kautschukmilch (Feststoffanteil), 1 Alterungsschutzmittel u. 300 Wasser. (**Jap. A. S. 13 034/1960** vom 24/7. 1957, ausg. 9/9. 1960.) M. Pankow. 8389

Robert Hopkins Lamason, V.St.A., **Druckklebeband.** Es enthält als Klebemittel natürlichen Weichkautschuk oder synthet. Kautschuk, z. B. Buna S oder N, GRS (Butadien–Styrol-Mischpolymerisat) oder Hycar-Kautschuk, ferner Polymere oder Mischpolymere von Styrol, Butadien, Acrylaten, Methacrylaten, Vinylchlorid, Vinylacetat, Vinyläthern, Äthylen u. Propylen. — Beispiel: 65 (Teile) Mischpolymerisat Butadien–Styrol (75—25), 60 niedermol. Polyisobutylen, 35 Polyisobutylenharz (Molgew. 100000), 1,8 Stabilisierungsmittel, 15 Polyterpenharz (F. 115°), 14,2 $CaCO_3$ u. 28 hydrierter Harzsäureester. — 5 Abbildungen. (**F. P. 1 231 310** vom 7/7. 1959, ausg. 28/9. 1960. A. Prior. 7/7. 1958.) M. F. Müller. 8389

Phillips Petroleum Co., übert. von: John M. De Bell, Longmeadow, Mass., V.St.A., **Druckempfindliche Klebestreifen.** Man verwendet zu ihrer Herst. als Träger chlorierte Polymere, z. B. chloriertes Polyäthylen u. Polypropylen oder chlorierte Mischpolymerisate des Äthylens mit anderen polymerisierbaren ungesätt. KW-Stoffen. Der Cl-Geh. beträgt zweckmäßig 10—55, bes. 20—55%. Die Klebschicht besteht aus Gemischen von Elastomeren, Harzen, Weichmachern u. Füllstoffen. (**A. P. 2 969 143** vom 17/5. 1956, ausg. 24/1. 1961.) P. Krug. 8389

Norman Avrutin und Guy Joseph Crocker, V.St.A., **Druckklebeband.** Es enthält als Klebemittel ein elastomeres Material, z. B. aus Naturkautschuk mit plast. machenden Mitteln u. klebenden Harzen. Statt Naturkautschuk kann auch synthet. Kautschuk, wie Buna N oder Buna S verwendet werden. Zwischen Unterlage u. Klebstoffschicht wird eine Faserschicht eingebracht, z. B. aus Glasfasern, hydrolysiertem Celluloseacetat, Nylon oder Polyäthylenterephthalat. — 5 Abbildungen. (**F. P. 1 234 677** vom 7/9. 1959, ausg. 19/10. 1960. A. Prior. 8/9. 1958.) M. F. Müller. 8389

H_{24}. Photographie

Eine Besprechung der gegenwärtigen Belichtungsmessertechnik. Allen Stimson. (Photogr. Sci. Engng. 6, 1—6, Jan./Febr. 1962; Rochester, N.Y., Eastman Kodak Co., Apparatus and Optic. Div.; engl.) — Die revidierte Ausgabe der Amerikan. Norm für photograph. Belichtungsmesser PH 2.12-1961 enthält die erste vollständige Nomenklatur für die Belichtungsparameter (Tabelle). Die neue Norm verwendet das additive (APEX) System. Neben anderen Neuerungen werden die Belichtungsmesser nunmehr auf 4700° K anstatt früher auf 2700° K geeicht, um sie besser dem Tageslicht anzugleichen. Die verschiedenen Meß-Verff. werden beschrieben. W. Günther. 8614□

Superadditivität bei der photographischen Entwicklung durch substituierte Hydrochinone bei gleichzeitiger Verwendung von Phenidon. W. E. Lee und T. H. James. (Photogr. Sci. Engng. 6, 32—38, Jan./Febr. 1962; Rochester, N.Y., Eastman Kodak Co., Res. Labor.; engl.) — Vff. untersuchten die Entwicklungs-Geschw. einer Reihe von *Hydrochinon*-Derivv. in Kombination mit *1-Phenylpyrazolidon-(3)* (Phenidon). Folgende Verbb. wurden untersucht, um die Wrkg. ihrer Substituenten auf die Superadditivität zu prüfen: Hydrochinone: *Chlor-*, *Tolu-*, *Hydroxy-*, *Brom-*, *2.5-Bis-[diäthanolaminomethyl]-*, *2.3-Dicyan-*, *Nitro-*, *Monosulfonsäure* (*Na-Salz*), *Disulfonsäure* (*K-Salz*), *2.5-Xylo-*, *2.6-Xylo-*, *Thiocyan-*, *Tetrachlor-*. — *2.5-Dihydroxyphenylpyridiniumchlorid* u. *2.5-Dihydroxyphenylpyridiniumperchlorat*. — Die Entwicklungsbeschleunigung durch Phenidon ist vom pH u. von der Konz. der Entwicklersubstanzen abhängig. Die Unterschiede in der Superadditivität hängen nicht mit elektron. oder ster. Effekten der Substituenten zusammen. Die Superadditivität wird sowohl bei der physikal. Entwicklung als auch bei der üblichen Entwicklung beobachtet. *1-Phenyl-3-hydroxypyrazol* nimmt keinen Einfl. auf den Rk.-Verlauf. Stickoxid hemmt die Superadditivität merklich. Die Superadditivität kann nicht mit einer einfachen Regenerierung der einen Entwicklersubstanz durch die andere erklärt werden. Es wird ein Rk.-Mechanismus vorgeschlagen, der nach Adsorption des Phenidons durch *AgBr* (normale Entwicklung) oder *Ag* (physikal. Entwicklung) einen Ladungseffekt annimmt. Die Regenerierung des Phenidons erfolgt wahrscheinlich über eine adsorbierte, oxydierte Zwischenverbindung. W. Günther. 8618□

Betrachtungen über die Durchführung photographischer Schnellentwicklungsverfahren. E. R. Townley. (Photogr. Sci. Engng. 6, 26—31, Jan./Febr. 1962; Annapolis, Md., Kelvon & Hughes America Corp.; engl.) — Es werden die Grenzen diskutiert, die Geräten für die Schnellentw. photograph. Materialien gesetzt sind. Ein neu entwickeltes Düsenzerstäuber-Verf. hat den Vorteil, daß es bei niedriger Temp. arbeiten kann u. daß hierbei nur frische Lsgg. auf die Emulsion gebracht werden, wodurch eine konst. Qualität gewährleistet wird. Beschreibung eines Gerätes für die Schnellentw. von Kinefilmen u. eines Farbfilm-Entw.-Verf. in 20 Sekunden. W. Günther. 8630□

Grundlegende Mechanismen in Photohalbleitern für die Elektrophotographie. Wolfgang Ruppel. (Kolloquium wiss. Photogr., Zürich **1961**, Sekt. IV Nr. 2, 1—24; Zürich, Labor. RCA Ltd.; dt.) — Zum Verständnis der photoelektr. Vorgänge bei den elektrophotograph. Prozessen (Xerographie, Electrofax) werden die Erkenntnisse auf dem Gebiet der Halbleiterphysik u. der Photoleitung in Festkörpern herangezogen. Mit Hilfe der Theorie über den prim. u. sek. Photoeffekt werden Modellvorstellungen entwickelt, die ein Bild der photoelektr. Vorgänge in Schichten mit ZnO-Pulver u. amorphem Se während des elektrophotograph. Prozesses geben können. Abschließend werden Möglichkeiten u. Grenzen einer allg. Empfindlichkeitssteigerung der elektrophotograph. Verff. diskutiert. W. Günther. 8642□

Photochemische Prozesse in der Diazotypie. Antonio Espinós Guerrero. (Ion [Madrid] **20**, 71—77, Febr. 1960; Madrid; span.) — Übersicht. — 15 Literaturangaben. R. K. Müller. 8646□

Ein Beitrag zur Photochemie und zum Kupplungsmechanismus des Diazotypieprozesses. J. Munder und R. Moraw. (Kolloquium wiss. Photogr., Zürich **1961**, Sekt. IV Nr. 11, 1—16; Wiesbaden-Biebrich, Kalle AG.; dt.) — Der Diazotypieprozeß umfaßt zwei grundsätzlich verschiedene Rkk., eine Photo-Rk.: Diazo-Verb. + hν → Licht-Zers.-Prod. + N_2 u. eine Kupplungs-Rk.: Diazo-Verb. + Kupplungs-Verb. → Azofarbstoff. Vff. stellten Unterss. über die beiden Rkk. an festen Diazo-Verbb. an: zeitlicher Ablauf der Photolyse, Abhängigkeit des photochem. Zerfalles von der Bestrahlungszeit, Vgl. der Quantenausbeute bei der Photolyse in fester Phase u. in Lsg., Temp.-Abhängigkeit der Photolyse u. der Thermolyse. Als Modellsubstanz diente eine

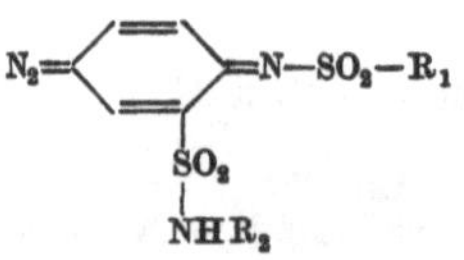

Verb. nebenst. Formel (R_1 u. R_2 sind Arylreste). — Es zeigte sich, daß die Photolyse von Diazo-Verbb. in fl. wie in fester Phase weder von der Konz. (Mol/Liter) noch von der Belegungsdichte (Mol/cm^2) abhängig ist. Die Quantenausbeuten in Lsg. u. in fester Phase sind miteinander vergleichbar. Aus der während der photochem. Rk. beobachteten konst. Quantenausbeute resultiert eine Zerfalls-Rk. 1. Ordnung. Auch der therm. Zerfall erfolgt nach einer Rk. 1. Ordnung. Die unterschiedlichen Aktivierungsenergien der Photolyse u. der Thermolyse zeigen, daß zwischen der photochem. u. der therm. Empfindlichkeit von Diazo-Verbb. kein enger Zusammenhang besteht. Die Lichtempfindlichkeit der Diazo-Derivv. folgender Amine nimmt in der Reihenfolge zu: *Anilin, m-Nitranilin, m-Aminobenzoesäure, m-Toluidin, o-Toluidin, o-Chloranilin, o-Nitranilin, m-Aminophenol.* Die therm. Empfindlichkeit nimmt in folgender Reihenfolge zu: *o-Chloranilin, o-Nitranilin, m-Nitranilin, m-Aminobenzoesäure, Anilin, m-Toluidin, o-Toluidin, m-Aminophenol.* — Zur Unters. der Kupplungs-Rk. wurden Diazo-Verbb. u. Kupplungskomponente auf eine Hostaphanfolie aufgetragen u. das Fortschreiten der Kupplung spektralphotometr. verfolgt. Als Modellsubstanzen hierfür dienten *2-Diazo-1-oxo-1.2-dihydronaphthalin-(5)-sulfonsäurecyclohexylamid* u. *2.3-Dihydroxynaphthalin.* Es zeigte sich, daß die Kupplungs-Rk. unter den Bedingungen der Festphasen-Rk. als Rk. 2. Ordnung verläuft. Die Rk.-Geschw.-Konst. steigt hierbei proportional mit dem vorhandenen Wasserdampfdruck. Die Meß-App. wird beschrieben. W. Günther. 8646□

Der Einfluß der Bildbewegung auf die Auflösung eines photographischen Systems. Dieter P. Paris. (Photogr. Sci. Engng. **6**, 55—59, Jan./Febr. 1962; Fort Monmouth, N.J., U.S. Army Signal Res. and Dev. Labor.; engl.) — Drei Bewegungsfaktoren beeinflussen die Leistung eines photograph. Syst.: lineare Bewegung, Vibration u. zufällige Bewegungen, z. B. Luftströmungen. Es werden versuchsmäßig ermittelte Kurven wiedergegeben, die die Verminderung der Auflösung mit zunehmendem Parameterwert für die lineare Bewegung u. für die Vibration zeigen. Es wird versucht, den Verlauf dieser Kurven aus der Sinuswellenkontrastwiedergabe vorherzusagen. W. Günther. 8660□

Psychophysikalische Methoden der Qualitätsbeurteilung von Farbdiapositiven. 1. Mitt. **Vergleich der kategorischen und der vergleichenden Beurteilungsdaten.** W. W. Woodbury und C. J. Bartleson. (Photogr. Sci. Engng. **6**, 10—14, Jan./Febr. 1962; Rochester, N.Y., Eastman Kodak Co., Res. Labor.; engl.) — Es wurden Verss. durchgeführt, um eine wirksame, wirtschaftliche u. genaue Meth. zur Qualitätsbeurteilung von projizierten Farbdiapositiven zu finden. Als Vers.-Meth. werden die vergleichende Beurteilung (Paar-Vgl.) u. die kategor. Beurteilung (sukzessiver Vgl.) herangezogen. Es zeigt sich, daß die kategor. u. die vergleichende Beurteilungs-Meth. übereinstimmende Ergebnisse liefern. W. Günther. 8660□

Psychophysikalische Methoden der Qualitätsbeurteilung von Farbdiapositiven. 2. Mitt. **Kontrolle der Adaption der Beobachter bei der kategorischen Beurteilung.** C. J. Bartleson und W. W. Woodbury. (Photogr. Sci. Engng. **6**, 15—18, Jan./Febr. 1962; engl.) — 1. vgl. vorst. Referat. — Bei der kategor. Beurteilung von Farbdiapositiven ist es notwendig, die Adaption der Beobachter zu kontrollieren. Ohne diese Kontrolle ist die Qualitätsbeurteilung von der Reihenfolge der Diapositive abhängig. Verss. haben bestätigt, daß man eine ausreichende Kontrolle erreichen kann, indem man zwischen die zu beurteilenden Diapositive 30 Sek. lang ein neutrales Kodak Wratten-Filter 96 der D. 0,8 projiziert. W. Günther. 8660□

Über die bevorzugte Wiedergabe von fleischfarbenen, himmelblauen und grasgrünen Tönen. C. J. Bartleson und C. P. Bray. (Photogr. Sci. Engng. **6**, 19—25, Jan./Febr. 1962; Rochester, N.Y., Eastman Kodak Co., Res. Labor.; engl.) — Vff. behandeln die Frage, wie fleischfarbene, himmelblaue u. grasgrüne Tonwerte bevorzugt wiederzugeben sind. Die bevorzugte Farbe für die Wiedergabe des Hauttones entspricht weitgehend dem Ton u. dem Sättigungsgrad der Erinnerungsfarbe. Dieser Farbton weicht jedoch wahrnehmungsmäßig u. statist. erheblich von dem Durchschnittswert für den Hautton der „Kaukas. Rasse" nach Buck u. Fröhlich ab (Schaubild im Munsell-Koordinaten-Syst. vgl. Original). Die von mehreren Beobachtern bevorzugten Reproduktionsfarben für blauen Himmel u. grünes Gras scheinen im Mittel den gleichen Farbton wie natürliche Gegenstände zu haben, sie sind jedoch verschieden von den entsprechenden Haupterinnerungsfarben. Aus den Vers.-Ergebnissen wird geschlossen, daß die Gedächtnisfarben kein geeignetes Kriterium für die Best. der bevorzugten Farbwiedergabe sind. W. Günther. 8660□

Fuji Photo Film Co. Ltd., Ashigarakami-gun, Kanagawa-ken, übert. von: Seiichi Ohba, Ashigarakami-gun, Kanagawa-ken, Teruhiko Yonezawa, und Akira Kumai, Minamiashi-garamachi, Ashigarakami-gun, Kanagawa-ken, Japan, **Photographische Emulsion.** Die Emulsion enthält 0,02—30% Polymerisate mit den Einheiten der allg. Formel I, II u. III. Hierin ist X = H, NH_4 oder Alkalimetall; R ist eine Alkylgruppe mit 1—4 C-Atomen, z. B. Polyallylsulfonsäure oder deren Na-Salz, Poly-p-vinylbenzolsulfonat. Hierdurch wird die Viscosität der Emulsion erhöht, ohne daß irgendwelche Schädigungen der Emulsion auftreten. (**A. P. 3 022 172** vom 6/5. 1959, ausg. 20/2. 1962. Jap. Prior. 13/5. 1958.) E. Fuchs. 8601

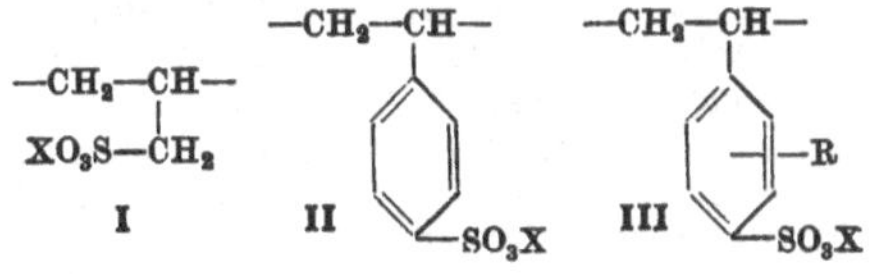
I II III

Agfa Akt.-Ges. (Erfinder: Werner Verburg), Leverkusen, **Herstellung photographischer Papiere.** Die auf das Papier aufgetragene Barytschicht besteht aus einer wss. Dispersion von $BaSO_4$ in einem Bindemittel aus Gelatine u. Polyacrylamid: 12000 (g) Baryt, 1000 Gelatine, 200 Polyacrylamid, 10 cm³ Formalin (30%ig.) u. 8000 cm³ Wasser. (**D. A. S. 1 127 217** Kl. 57b vom 11/7. 1959, ausg. 5/4. 1962.) E. Fuchs. 8603

Kalle Akt.-Ges., Wiesbaden (Erfinder: Helmut Hoegl, Genf, Schweiz), **Sensibilisierung von Photoleiterschichten.** Als Sensibilisatoren dienen organ. polarisierende Reste tragende Substanzen, die als Elektronenacceptoren in einem Molekülkomplex dienen können, ein niedriges Molgew. haben, farblos oder schwach gefärbt sind u. deren F. oberhalb der Raum-Temp. liegt. Genannt sind z. B. 2-Brom-5-nitrobenzoesäure, o-Chlornitrobenzol, 1.5-Dichlornaphthalin, 2.4.7-Trinitrofluorenon, 1.5-Dichloranthrachinon. Als Photoleiterschichten verwendet man aromat. oder heterocycl. Verbb. (Naphthalin, Anthracen, Chrysen, Oxdiazole, N-Alkylcarbazol, N-Arylpyrazoline), die in einem Bindemittel (Celluloseäther, Vinylpolymerisate, Cumaronharze, Indenharze, Chlorkautschuk) eingelagert sind. (**D. A. S. 1 127 218** Kl. 57b vom 29/5. 1959, ausg. 5/4. 1962.) E. Fuchs. 8605

General Aniline & Film Corp., New York, übert. von: Fritz Dersch und Millet R. De Angelus, Binghamton, N.Y., V.St.A., **Stabilisierung photographischer Emulsionen.** Man setzt der Emulsion oder einer mit ihr in Berührung stehenden Schicht zur Schleierverhütung Verbb. der allg. Formel I zu. Hierin ist Y = S, O oder NH, wobei der Benzolring substituiert sein kann: 5-Nitro-2-guanidinobenzimidazol, 5-Methoxy-2-guanidinobenzimidazol, 2-Guanidinobenzthiazol. Die Empfindlichkeit der Emulsion wird hierdurch nicht beeinträchtigt. (**A. P. 3 023 103** vom 2/8. 1960, ausg. 27/2. 1962.) E. Fuchs. 8611

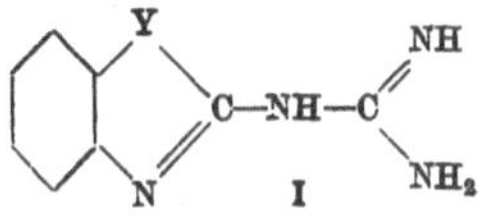
I

Politechnika Warszawska Katedra Fizyki Ogolnej (Erfinder: Mieczysław Sokołowski), Warschau, Polen, **Lichtempfindliche Schichten zur Herstellung elektrographischer Bilder** durch Auftragen eines Filmes aus synthet. Harzen der allg. Formel I (R_1—R_8, gleich oder verschieden, = H, CH_3, C_2H_5, $N(CH_3)_2$, OH, Alkoxygruppe]. Die Verunreinigungen des synthet. Harzes werden durch Dialyse entfernt, das Harz wird in Lsg. auf eine Grundlage gegossen u. das Lsgm. verdampft. (**Ung. P. 149 906** vom 13/10. 1960, ausg. 20/4. 1962. Poln. Prior. 13/10. 1959.) F. Landsberger. 8611

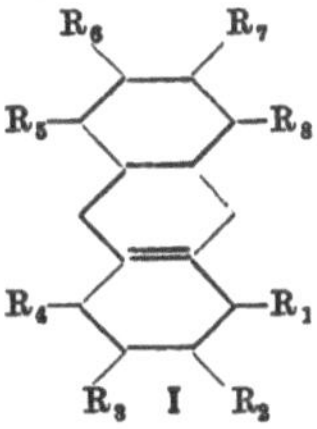
I

Polaroid Corp., Cambridge, übert. von: Milton Green, Newton Highlands, Mass., V.St.A., **Silbersalzdiffusionsverfahren.** Als Entwicklersubstanz in einem ein Ag-Salz-Lsgm. enthaltenden Entwickler verwendet man eine Verb. der allg. Formel I.

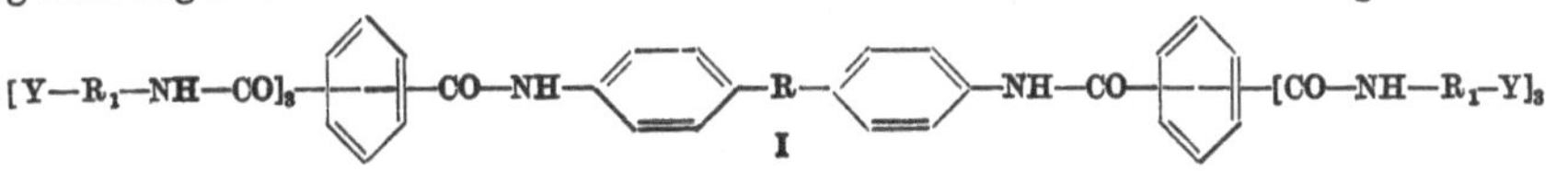
I

Hierin ist R eine Methylengruppe, R_1 eine Phenäthylgruppe, dessen Äthylsubstituent mit dem eine p- oder o-Dihydroxyphenylgruppe darstellenden Y-Rest verknüpft ist. Zum Beispiel *4.4'-Bis-{2''.4''.5''-tri-[p-(2'''.5'''-dihydroxyphenäthyl)-phenylcarbamyl]-benzamido}-diphenylmethan.* Diese Entwicklersubstanz entwickelt fleckenlos u. diffundiert nicht in die Bildempfangsschicht hinein. (**A. P. 3 022 167** vom 28/3. 1957, ausg. 20/2. 1962.) E. Fuchs. 8619

Agfa Akt.-Ges., Leverkusen (Erfinder: Karl Heinz Menzel, Köln, und Hans Ulrich, Leverkusen), **Farbentwicklungsverfahren.** Als diffusionsverhindernder

Rest im Farbkuppler für Purpur (auf Pyrazolon- oder Pyrazolinobenzimidazolbasis) dient der 9.10-Dihydroxystearylrest: *1-(4'-Phenoxy-3'-sulfophenyl)-3-(9.10-dihydroxystearyl)-pyrazolon-(5)*. (**D. A. S. 1 127 220** Kl. 57b vom 24/12. 1960, ausg. 5/4. 1962.) E. Fuchs. 8631

Ciba Akt.-Ges., Basel (Erfinder: Walter Anderau, Münchenstein, Eugen J. Koller, Oberwil, und Rudolf Mory, Dornach), Schweiz, **Photographische Schichten für das Silberfarbbleichverfahren.** Man verwendet als Bildfarbstoffe Phthalocyanine, bes. solche mit komplex gebundenen Schwermetallen (Cu, Co, Mn, Ni). Man kann auch die schwermetallfreien Schichten nach der Fertigstellung der Bilder mit Salzen solcher Schwermetalle nachbehandeln. (**D. A. S. 1 128 743** Kl. 57b vom 23/3. 1961, ausg. 26/4. 1962. Schwz. Prior. 24/3. 1960.) E. Fuchs. 8631

Azoplate Corp., Murray Hill, N.J., V.St.A., übert. von: Maximilian P. Schmidt und Oskar Süs, Wiesbaden, **Photographisches Material.** Auf einem

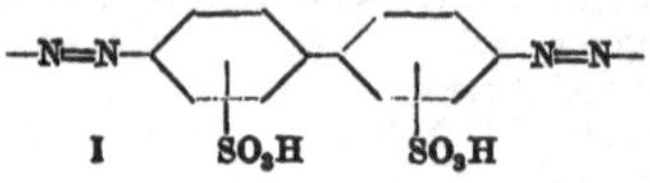
I

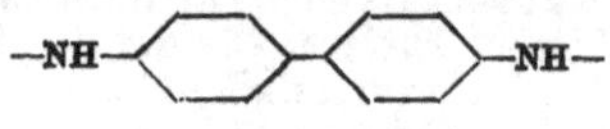
II

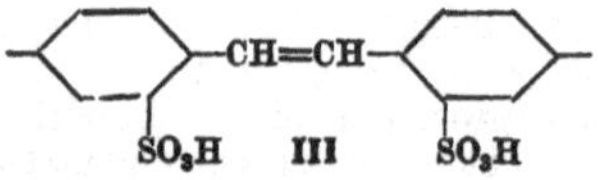

Schichtträger, z. B. Al-Folie, Celluloseester, befindet sich eine Koll.-Schicht (Gelatine, Polyvinylpyrrolidon, Polyvinylalkohol, Acrylsäureamid), in der eine Verb. von der allg. Formel $R-SO_2-NH-R_1-R_2-R_3-NH-SO_2-R_4$ enthalten ist. Hierin sind R u. R_4 ein Chinon-(1.4)-diazidrest, R_1 u. R_3 Arylenreste u. R_2 ist entweder ein Rest von der Zus. I oder II. R_1, R_2 u. R_3 können zusammen auch ein Rest von der Zus. III sein. Nach der Belichtung werden die vom Licht nicht getroffenen u. nicht gehärteten Stellen der Koll.-Schicht ausgewaschen. War die Koll.-Schicht mit einem Farbstoff angefärbt, so entsteht von einem Negativ ein farbiges Positiv. Das entstandene, ggf. nachgehärtete *Bildrelief* kann auch als *Druckform* benutzt werden. (**A. P. 2 995 442** vom 2/4. 1958, ausg. 8/8. 1961. D. Prior. 25/2. 1955.) E. Fuchs. 8645

Kalle Akt.-Ges., Wiesbaden-Biebrich, **Auf Metallunterlagen haftende, ätzfähige Kopierschichten,** in denen als lichtempfindliche Substanzen Naphthochinon-(1.2)-diazid-(2)-sulfonsäureester anwesend sind, die einer der Formeln I oder II entsprechen [D = Naphthochinon-(1.2)-diazidrest; X = H oder OH, R = H, OR_1, NR_2R_3 oder Alkyl-, Aryl- oder heterocycl. Rest; R_1 = Alkyl oder Aryl; R_2 u. R_3, gleich oder verschieden, = H, Alkyl oder Aryl], enthalten daneben säurefeste alkalilösl. Harze (Phenolaldehydharz–Novolake) in solchen Mengen, daß der Anteil an alkalilösl. Harz mindestens ebenso groß ist wie der Anteil an lichtempfindlicher Substanz; Verhältnis z. B. 1:1 u. 6:1. Als Schichtträger lassen sich Metallplatten u. -folien aus Al, Pb, Cr, Cu, Bronze, Mg, Messing, Ag, Stahl oder Zn sowie Bi- u. Trimetallfolien, z. B. aus Cu-Stahl, Al–Cu, Al–Cu–Cr; ferner mit metall. Schichten kaschierte oder mit Metallen bedampfte Kunststoffolien, z. B. aus Polyterephthalsäureglykolestern, verwenden. — 3 g 2.3.4-Trihydroxybenzophenon-4-[naphthochinon-(1.2)-diazid-(2)-sulfonat-(5)] (III) u. 10 g m-Kresol–Formaldehydharz-Novolak (Alnovol 429 K) werden in einem Gemisch aus 80 ml Glykolmonomethyläther u. 20 ml Butylacetat gelöst, worauf 0,3 Maisöl u. 0,3 Methylviolett BB zugegeben werden. Die filtrierte Lsg. wird z. B. auf einen sich drehenden Kupferzylinder aufgespritzt. Nach dem Trocknen wird unter einer negativen photograph. Vorlage belichtet u. auf dem Kupferzylinder die freigelegten Kupferflächen mit $FeCl_3$-Lsg. von 40° Bé bis zur gewünschten Tiefe geätzt. Man erhält eine Druckform für den Tiefdruck, welche nach dem üblichen Verchromen für das Bedrucken von Klarsichtfolien geeignet ist. — In analoger Weise kann z. B. auch die Verb. IV zur Herst. eines Klischees verwendet werden. (**Oe. P. 219 066** vom 31/8. 1960, ausg. 10/1. 1962. D. Prior. 4/9. 1959.) M. F. Müller. 8645

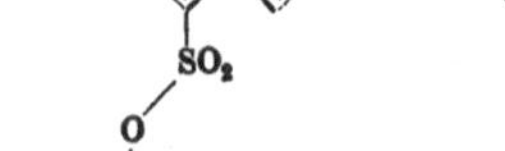
I

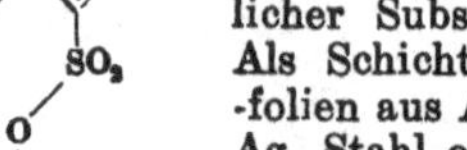
II

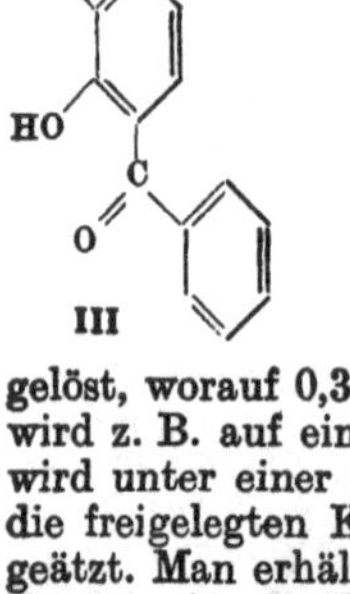
III

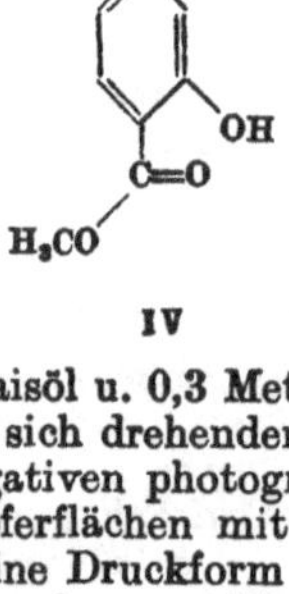
IV

Kodak Ltd., London, England (Erfinder: Thomas Irving Abbott, James Howard Shepler und Henry Clay Yutzy), **Farbstoffübertragungsbilder.** Bei dem bekannten Übertragungs-Verf., wonach eine Farbkuppler oder Farbstoffe enthaltende Halogensilbergelatineemulsionsschicht nach der ggf. farbigen Entw. mit einer Bildempfangsschicht in Kontakt gebracht wird, wobei die Übertragung des Bildes hierauf erfolgt, wird das Verhältnis des Bindemittels der Emulsion (Gelatine oder dgl.) zum Lsgm. des Kupplers oder Farbstoffs zu 1:1 u. zu 1—5 gewählt. Als Farbstoff dient z. B. *1-Hydroxy-4-phenylazo-4'-(p-tert.-butylphenoxy)-2-naphthanilid*, in Diäthyllauramid gelöst. (**E. P. 878 149** vom 2/12. 1957, ausg. 27/9. 1961. A. Prior. 3/12. 1956.) E. Fuchs. 8631

Agfa Akt.-Ges., Leverkusen, **Herstellung direkt positiver photographischer Farbbilder.** Man verwendet eine Emulsionsschicht, die einen gefärbten Farbkuppler für die farbige Entw. enthält, der an derjenigen Stelle seines Mol., die mit den Oxydations-Prodd. des Entwicklers reagiert, eine =C=N—N= oder azochromophore Gruppe besitzt, die während der Farb-Entw. aufgespalten wird unter Bldg. einer farblosen Verb., z. B. das Rk.-Prod. aus der tetrazotierten 4.4'-Diaminodibenzyl-2.2'-disulfonsäure u. dem Cyclopentanon-2-oxalsäureäthylester. Nach der Entw., Bleichung u. Fixierung entsteht ein direktes gelbes Positivbild. Dieser Farbstoff kann auch für die Gelbfilterschicht in einem Mehrschichtfarbenmaterial verwendet werden, wobei er einer grünsensibilisierten Emulsionsschicht zugegeben wird. Nach der Entw. entsteht eine Integralfarbmaske. (**E. P. 866 203** vom 28/1. 1958, ausg. 26/4. 1961. D. Prior. 29/1. 1957.) E. Fuchs. 8631

International Polaroid Corp., Jersey City, N.J., V.St.A., übert. von: E. H. Land, **Kontaktverfahren zur Übertragung von Farbstoffbildern.** Das latente Bild in der Aufnahmeschicht (I) wird in an sich bekannter Weise chromogen entwickelt, wozu erfindungsgemäß jedoch eine sehr schwach alkal. Lsg. verwendet wird, die die Diffusionsfestigkeit des Bildfarbstoffs erhöht. Dann wird auf die Rückseite der I oder der Bildempfangsschicht (II) eine stark alkal. Lsg. eines starken Red.-Mittels aufgetragen, die die Diffusions-Geschw. des noch in I befindlichen unverbrauchten Farbkupplers stark erhöht. Die weitere Behandlung von II erfolgt nach bekannten Verfahren. (**Belg. P. 568 326** vom 4/6. 1958, ausg. 21/10. 1960. A. Prior. 5/4. 1957.) A. Kalix. 8631

Eastman Kodak Co., Rochester, N.Y., V.St.A., übert. von: Leslie A. Williams und John D. Knowles, Harrow, England, **Photographisches Silbersalzdiffusionsübertragungsverfahren.** Um blauschwarze Bildtöne zu erhalten, soll während der Entw. (im Entwickler oder in der Bildempfangsschicht) *Oxazolin-2-thiol, 4-Äthyl-* oder *5-Methyloxazolin-2-thiol* anwesend sein. (**A. P. 2 987 396** vom 29/12. 1958, ausg. 6/6. 1961.) E. Fuchs. 8631

Kodak Ltd., London, England (Erfinder: Edward Carl Yackel, Henry Clay Yutzy, Donald Paul Foster und Arthur Allyn Rasch), **Herstellung von Bildern nach dem Silbersalzdiffusionsverfahren.** Die Herst. des Bildes erfolgt in Ggw. eines Mercapto-1.3.4-oxadiazols oder Mercapto-1.3.4-thiodiazols, u. zwar in der Emulsion, im Entwickler oder in der Bildempfangsschicht. Bes. geeignet sind *2-Mercapto-5-phenyl-* u. *2-Mercapto-5-(o-* oder *p-methoxyphenyl)-1.3.4-oxadiazol* u. *2-Amino-5-mercapto-1.3.4-thiodiazol.* Diese Verbb. können auch im Gemisch mit *1-Phenyl-5-mercapto-1.2.3.4-tetrazol* verwendet werden. Auch Direktpositivemulsionen sind anwendbar. Man erhält hierdurch schwarze Bildtöne. (**E. P. 868 248** vom 23/5. 1957, ausg. 17/5. 1961. A. Prior. 23/5. 1956.) E. Fuchs. 8631

Ilford Ltd., Ilford, England (Erfinder: Anthony Joseph Axford), **Photographisches Material für das Silbersalzdiffusionsverfahren.** Auf einem Filmträger befindet sich eine Koll.-Schicht (z. B. Gelatine), die dispergiertes Ag_2S als Entwicklungskeime u. ggf. $Na_2S_2O_3$ enthält. Darüber ist eine ein weißes Pigment enthaltende Koll.-Schicht gegossen. Als 3. Schicht folgt eine sehr dünne Halogensilberemulsionsschicht. Nach der Entw. ist von der Rückseite das Positiv ohne Entfernung des Negativs zu sehen. (**E. P. 878 064** vom 12/6. 1959, ausg. 27/9. 1961.) E. Fuchs. 8631

General Aniline & Film Corp., New York, übert. von: Curt B. Roth und Fritz W. H. Mueller, Binghamton, N.Y., V.St.A., **Einverleibung von Farbkupplern für die farbige Entwicklung in hydrophile Kolloide.** Man löst den Farbkuppler in Dimethylformamid u. gießt diese Lsg. sehr vorsichtig unter gutem Rühren in eine Gelatine-Lsg. oder eine photograph. Emulsion. Im ersteren Falle bringt man die Gelatine-Lsg. zum Erstarren u. wäscht das Lsgm. aus. Beim Zusatz zur Emulsion verdunstet das Lsgm. beim Auftrag auf den Film. (**A. P. 2 991 177** vom 23/12. 1957, ausg. 4/7. 1961.) E. Fuchs. 8631

General Aniline & Film Corp., New York (Erfinder: Curt Bruno Roth und Fritz Walter Hellmut Mueller, Binghamton), N.Y., V.St.A., **Einverleibung eines Farbkupplersalzes in photographische Emulsionen.** Das Kupplersalz der allg. Formel $MSO_3-(CH_2)_{n-1}-CO-NH-R$, worin M für NH_4 oder Alkalimetall, R für ein Kuppler-Mol. mit einer reaktionsfähigen Methylen- oder phenol. Oxygruppe, die mit den Oxydations-Prodd. eines Farbentwicklers kuppelbar ist, u. n für eine ganze Zahl von mindestens 9 steht, löst man in einem mit W. mischbaren Dialkylformamid-Lsgm. (Dimethylformamid), vermischt die Lsg. des Salzes mit dem hydrophilen Koll. der photograph. Emulsion u. entfernt prakt. das gesamte Lsgm. aus dem Gemisch. Letzteres geschieht z. B. durch Waschen, bes. mit W. vor dem Auftrag auf den Filmträger oder durch Verdunsten auf letzterem. (**D. A. S. 1 120 274** vom 30/4. 1960, ausg. 21/12. 1961. A. Prior. 30/4. 1959.) E. Fuchs. 8631

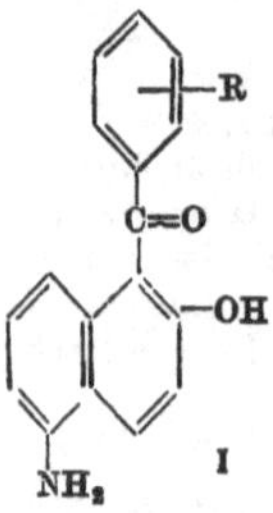

I

General Aniline & Film Corp., New York, N.Y., V.St.A., **Farbkuppler für die farbige Entwicklung.** Zur Entw. des Gelbbildes dienen Farbkuppler der allg. Formel I. Hierin ist R = H, Halogen, NO_2, Alkoxy, Alkyl oder $-NHR^1$ (R^1 = Alkyl oder aliphat. Acylgruppe): *5-Amino-1-(4'-octadecylamidobenzoyl)-2-naphthol* oder *5-Amino-1-(4'-stearamidobenzoyl)-2-naphthol.* Gegenüber den bekannten Gelbkupplern der Acetoacetanilinruppe besitzen die neuen Kuppler den Vorteil, bei niedrigem pH stabiler zu sein, so daß unerwünschte Verschiebungen der Absorption bei den gebildeten Farbstoffen vermieden werden. (**E. P. 865 032** vom 20/3. 1959, ausg. 12/4. 1961. A. Prior. 3/4. 1958.) E. Fuchs. 8631

Gevaert Photo-Producten N. V., Mortsel, übert. von: Arthur Henri De Cat und Bernard Hippoliet Tavernier, Antwerpen, Belgien, **Farbbildner für die farbige Entwicklung.** Die Farbentwickler mit einem N.N-Dialkyl-p-phenylendiamin als Entwicklersubstanz enthalten als Farbkuppler folgende 4-Aminoazolone: *2-(Benzoylacetaminophenyl)-*, *2-[m-(p-Anisoylacetamino)-phenyl]-*, *2-(m-Acetylacetaminophenyl)-*, *2-[m-(α-Furoylacetamino)-phenyl]-* oder *2-[m-(α-Thenoylacetamino)-phenyl]-4-quinazolon.* Diese Kuppler sind im Entwickler bes. lösl. u. geben bes. schwerlösl. Farbstoffe, die nicht ausbluten. (**A. P. 2 992 920** vom 10/3. 1958, ausg. 18/7. 1961. E. Prior. 15/3. 1957.) E. Fuchs. 8631

Kodak Ltd., London, England (Erfinder: Walter Moncoe Bush und John Robson Thirtle), **Farbkuppler für die farbige Entwicklung.** Die einen hydrierten Ring enthaltenden Kuppler haben die allg. Formel X—CHR·(CH_2)p—O—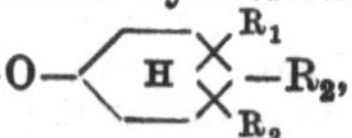, hierin ist X eine kuppelnde Eigg. besitzende Gruppe, R = H oder Alkyl mit 1—4 C-Atomen, R_1 = H oder Alkyl mit 1—5 C-Atomen, R_2 = n-Alkyl mit mindestens 5 C-Atomen u. p = 0, 1, 2 oder 3: *1-Hydroxy-2-[N-(2'.4'-di-n-amylcyclohexyloxy)-n-butyl]-naphthamid;6-[(3'-n-pentadecylcyclohexyloxy)-acetamido]-2.4-dichlor-3-methylphenol;1-(2'.4'.6'-Trichlorphenyl)-3-[3''-{(2'''.4'''-di-n-amylcyclohexyloxy)-acetamido}-benzamido]-5-pyrazolon; α-{3'-[2''.4''-Di-n-amylcyclohexyloxy)-acetamido]-benzoyl}-2-methoxyacetanilid.* Infolge ihres niedrigen F. <42° lassen sich diese Kuppler leicht mit Hilfe von Lsgm. für Kuppler in photograph. Emulsionen bei niedrigen Temp. dispergieren, so daß keine Gefahr der Zers. des Kupplers besteht. (**E. P. 865 492** vom 28/7. 1958, ausg. 19/4. 1961. A. Prior. 29/7. 1957.) E. Fuchs. 8631

Polaroid Corp., übert. von: Edwin H. Land, Cambridge, Mass., V.St.A., **Photographisches Farbbilddiffusionsübertragungsverfahren.** Die Emulsionsschicht enthält diffusionsfähige Farbstoffe oder farberzeugende Zwischenprodd., die an den belichteten u. entwickelten Stellen in eine nicht diffusionsfähige Verb. übergeführt werden. Nach dem Zusammenpressen mit einer Bildempfangsschicht werden die diffusionsfähig gebliebenen Verbb. hierauf übertragen. Die Emulsionsschicht besteht aus einer Vielzahl von in Rasterform nebeneinanderliegenden Elementteilchen, wobei die sich wiederholenden Rasterelemente für verschiedene Wellenlängenbereiche sensibilisiert sind. (**A. P. 2 968 554** vom 9/8. 1954, ausg. 17/1. 1961.) E. Fuchs. 8633

Lyman Chalkley, Prince Georges County, Md., V.St.A., **Photographisches Verfahren.** Als *lichtempfindliche Schicht* dient ein Gemisch *aus einer anorgan. Heteropolysäure* (Phosphorwolfram-, Phosphorphormolybdän-, Phosphorwolframmolybdän-, Silicowolfram- u. Silicomolybdänsäure) *u. einem organ. Red.-Mittel,* wie Polyalkoholen, Polyäthern, Polyamiden, Aldehyden, Leucobasen von Triphenylmethan- oder Xanthenfarbstoffen. Nach der Belichtung wird mit einer $AgNO_3$-Lsg. behandelt. Dann erfolgt nach einer Wässerung die Entw. in einer Lsg. aus $AgNO_3$, Na_2SO_3 u. einer Entw.-Substanz (Hydrochinon) ggf. in Ggw. von Citronensäure. Dann wird mit $Na_2S_2O_3$ fixiert. (**A. P. 2 981 622** vom 13/7. 1959, ausg. 25/4. 1961.) E. Fuchs. 8635

Kalver Corp., New Orleans, La., V.St.A. (Erfinder: Rienzi Belcher Parker jun. und Peter Allen Reiman), **Photographisches Material.** Zur Herst. von *Bildern nach dem Lichtstreuungs-Verf. durch Gasbläschen* dient eine auf einen Celluloseesterfilm oder dgl. aufgetragene hydrophile Koll.-Schicht, bes. aus Gelatine, die eine bei der Belichtung durch Zers. Gasbläschen bildende Azo-Verb. (*p-N.N-Dimethylaminoebnzdiazonium–$ZnCl_2$*) u. eine Chromcarbonsäurekomplex-Verb. vom Werner-Typ enthält: *Stearinsäurechromchlorid* (z. B. das Prod. „Quilon" von E. I. Dupont), Propion- oder Laurylsäurechromchlorid. Man erhält bes. haltbare Bilder guter Qualität. (**E. P. 877 842** vom 11/12. 1959, ausg. 20/9. 1961.) E. Fuchs. 8635

Azoplate Corp., New Jersey, N.J., V.St.A., **Entwicklung von Diazotypie-Druckplatten.** Die aus Iminochinondiaziden oder Estern u. Amiden von Benzo- bzw. Naphthochinondiaziden bestehende lichtempfindliche Schicht wird nach der Belichtung unter einer Kopiervorlage mit einem Entwickler behandelt, der aus einem mit W. unmischbaren organ. Lsgm. besteht, das in einer wss. Lsg. von H_3PO_4 u. Gummi arabicum emulgiert ist. Die unbelichteten Stellen werden hierbei entfernt. Als Lsgm. dient bes. Tetrahydronaphthalin. (**E. P. 860 386** vom 26/7. 1957, ausg. 1/2. 1961. A. Prior. 15/9. 1956.) E. Fuchs. 8647

Chemische Fabriek L. Van der Grinten N. V., Venlo, Holland, **Einkomponenten-Diazotypiematerial.** Die sauer eingestellte Schicht enthält eine p-Aminobenzoldiazo-Verb., die eine größere kuppelnde Kraft besitzt als p-Diazoäthylbenzanilin. Sie leitet sich von einem tert. Amin ab, das nur ein Arylradikal direkt am tert. N-Atom besitzt, das in 4-Stellung die Diazogruppe enthält. In 2-Stellung befindet sich eine Alkoxy-, Aryloxy- oder Aralkoxygruppe u. in 5-Stellung H, Halogen, eine Methyl- oder eine Alkoxygruppe (I). Ferner enthält die lichtempfindliche Schicht Alkali- oder NH_4-Orthophosphat (0,1—0,9 g P_2O_5 pro m^2 Schichtoberfläche). — Beispiel für I: *p-Diazo-2.5-dialkoxyphenylmorpholin.* Diese Schichten eignen sich bes. für das Halbnaß-Entw.-Verfahren. Der pH-Wert wird mit üblichen, z. B. Wein-, Borsäure u. $NaHPO_4$ enthaltenden Puffer-Lsgg. in der Schicht eingestellt. Als ggf. vorhandenes Bindemittel dienen u. a. Methylcellulose u. Polyvinylacetat. (**E. P. 875 307** vom 6/11. 1959, ausg. 16/8. 1961. Niederl. Prior. 10/11. 1958.) E. Fuchs. 8647

Raphael Landau, Epinay sur Seine, Frankreich, **Diazotypiematerial und Kopierverfahren hiermit.** Auf einem Träger befindet sich eine Schicht aus einem Gemisch von 2 für verschiedene Spektralbereiche (Licht, UV oder IR) empfindlichen Diazoverbindungen. Die eine Verb. (I) hat die Eig., durch Strahlen eines dieser Bereiche so zerstört zu werden, daß hieraus eine Verb. entsteht, die mit der Diazo-Verb. (I) I zu einem Azofarbstoff kuppelt. Die Verb. II hat neben der Eig. mit dem Licht-Zers.-Prod. von I zu kuppeln noch die Eig., durch die Strahlen eines anderen Spektralbereichs, für welches die Verb. I empfindlich ist, so zerstört zu werden, daß sie nicht mehr kuppelt. Wenn man hinter der Vorlage zuerst bildgerecht mit solchen Strahlen exponiert, welche die Verb. II zerstören u. dann ohne Vorlage mit Strahlen exponiert, welche die Verb. I zerstören, entsteht bei der Entw. von einem Positiv wieder ein Positiv. Exponiert man hinter der Vorlage mit Strahlen, welche die Verb. I zerstören, so kuppelt das Zers.-Prod. mit der Verb. II, u. es entsteht ein Negativ. Der unzersetzte Rest der Verb. II muß dann noch durch eine Exponierung ohne Vorlage mit Strahlen, für die die Verb. II empfindlich ist, zerstört werden. Für I verwendet man z. B. *1.2-Diazoxy-3-dimethylaminomethyl-5-methylbenzol,* für II: *2-Diazo-3-dimethylamino-7-chlordiphenyloxidchlorid.* II ist für Licht oder IR empfindlich, I für Ultraviolett. (**E. P. 864 011** vom 17/3. 1958, ausg. 29/3. 1961. F. Prior. 16/3. 1957.) E. Fuchs. 8647

E. I. du Pont de Nemours & Co., Wilmington, Del., V.St.A., **Photographisches Material.** Die lichtempfindliche photopolymierbare Schicht besteht aus einem polymeren Bindemittel (Cellulosecarbonsäureester, Polyvinylalkohol, N-Methoxymethylpolyhexamethylenadipamid, Polyvinylacetat, Celluloseacetatsuccinat), einem ungesätt. Monomeren (Triäthylenglykoldiacrylat, Äthylenglykoldimethacrylat, Diäthylenglykoldiacrylat, Gemische von Triäthylenglykoldimethacrylat u. Acrylamid) u. einem Photopolymerisationskatalysator (z. B. p-Methoxyphenol, Hydrochinon, tert.-Butylbrenzcatechin, Pyrogallol, Cu-Resinat, Naphthylamin, β-Naphthol, $CuCl_2$, Phenothiazin). Auf dem Träger (Metall, wie Al) befindet sich eine Haftschicht aus einem Polymerisat (Polyester aus Äthylenglykol, Hexahydroterephthalat, Dimethylsebacat u. Dimethylterephthalat), die einen Zusatz eines wärmeaktiven Katalysators (Benzoylperoxid) enthält. Zwischen dieser Haftschicht u. der photopolymerisierbaren Schicht befindet sich eine Sperrschicht aus einem Polymerisat, das durch Wärmepolymerisation einer solchen ungesätt. Vinyl-Verb. erhalten wird, die in der photopolymerisierbaren enthalten ist. Nach der Belichtung u. dem Auswaschen der nicht photopolymerisierten Vinyl-Verb. mit einem organ. Lsgm. wird ein Relief erhalten, das auch als Druckform Verw. finden kann. (**E. P. 864 041** vom 29/6. 1959, ausg. 29/3. 1961. A. Prior. 25/7. 1958.) E. Fuchs. 8647

E. I. du Pont de Nemours & Co., Wilmington, Del., übert. von: **Comer D. Shacklett**, Roselle, N.J., V.St.A., *Organo-Ti-Verbindungen.* (**Can. P. 555 277** vom 27/9. 1954, ausg. 1/4. 1958. A. Prior. 17/2. 1954. — C. 1957, 9264 [E. P. 757 190].)

Eastman Kodak Co., übert. von: **Leonard W. Tregillus** und **Arthur A. Rasch**, Rochester, N.Y., V.St.A., *Silbersalzdiffusionsübertragungsverfahren.* (**A. P. 3 017 270** vom 31/3. 1958, ausg. 16/1. 1962. — C. 1960, 9090 [D. A. S. 1 070 029].)

Agfa Akt.-Ges. (Erfinder: **Gustav Schaum, Heinrich Seibert, Wolf Gesierich, Hildegard Haydn**), Leverkusen, *Elektrostatische Aufladung von photoleitfähigen Schichten für elektrophotographische Verfahren.* (**Oe. P. 219 409** vom 17/6. 1958, ausg. 25/1. 1962. D. Prior. 18/6. 1957. — C. **1960**, 6383 [D. A. S. 1 072 094].)

Agfa Akt.-Ges. (Erfinder: **Hildegard Haydn, Anita von König** und **Edith Weyde**), Leverkusen, *Herstellung von Direktpositiven.* (**Schwz. P. 361 193** vom 30/1. 1957, ausg. 15/5. 1962, D. Prior. 18/2. 1956. — C. **1958**, 9108 [D. A. S. 1 015 313].)

Eastman Kodak Co., übert. von: **Thomas J. Abbott, James H. Shepler** und **Henry C. Yutzy**, Rochester, N.Y., V.St.A., *Farbbildübertragung von Emulsionsschichten auf eine Bildempfangsschicht.* (**A. P. 3 012 885** vom 3/12. 1956, ausg. 12/12. 1961. — C. **1962**, 4790 [F. P. 1 206 643].)

Commonwealth of Australia, Melbourne, übert. von: **Kenneth Archibald Metcalfe**, Graymore, und **Robert John Wright**, Hesterville, Australien, *Entwickeln elektrostatischer Bilder.* (**A. P. 3 001 888** vom 24/9. 1958, ausg. 26/9. 1961. Aust. Prior. 25/9. 1957. — C. **1961**, 16347 [D. A. S. 1 097 269].)

Ciba Akt.-Ges. (Erfinder: **Paul Dreyfuss**), Basel, Schweiz, *Erzeugung von aus mindestens zwei farbigen Teilbildern bestehenden photographischen Bildern.* (**D. P. [DDR] 22 702** Kl. 57b vom 28/5. 1959, ausg. 20/2. 1962 [Ausschließungspatent]. Schwz. Prior. 3/6. 1958 u. 16/4. 1959. — C. **1961**, 11591 [D. A. S. 1 091 429].)

Kodak Ltd., London, England (Erfinder: **Forrest Alden Richey** und **Edgar Christian Jensen**), *Photographische Farbentwicklung.* (**E. P. 891 158** vom 10/7. 1958, ausg. 14/3. 1962. A. Prior. 10/7. 1957. — C. **1962**, 3698 [F. P. 1 210 812].)

Azoplate Corp., Summit (Erfinder: **Max A. Landau**, Irvington), N.J., V.St.A., *Flachdruckform.* (**Schwz. P. 361 717** vom 21/9. 1957, ausg. 15/6. 1962. A. Prior. 25/9. 1956. — C. **1961**, 3878 [D. A. S. 1 086 555].)

Agfa Akt.-Ges. (Erfinder: **Wolfgang Lassig** und **Eberhard Günther**), *Herstellung von Flachdruckformen auf photographischem Wege.* (**Aust. P. 232 694** vom 28/4. 1958, ausg. 16/3. 1961. D. Prior. 26/4. u. 16/8. 1957. — C. **1959**, 16836 [D. A. S. 1 058 844] u. C. **1960**, 4724 [D. A. S. 1 064 343].)

Kalle Akt.-Ges., Wiesbaden, *Kopiermaterial für die photomechanische Reproduktion.* (**Oe. P. 220 169** vom 1/9. 1960, ausg. 12/3. 1962. D. Prior. 1/9. 1959. — C. **1962**, 9962 [D. A. S. 1 104 824].)

E. I. du Pont de Nemours & Co., Wilmington, übert. von: **Walter E. Mochel**, Bellevue Manor, und **Louis Plambeck jun.**, Shipley Heights, Del., V.St.A., *Photopolymerisationsfähige Mischung zur Herstellung von Reliefs.* (**A. P. 3 016 297** vom 13/2. 1956, ausg. 9/1. 1962. — C. **1961**, 3543 [F. P. 1 172 327].)

Chemische Fabriek L. van der Grinten N.V., Venlo, Niederlande, *Diazotypiematerial.* (**E. P. 888 598** vom 6/11. 1959, ausg. 31/1. 1962. Niederl. Prior. 10/11. 1958. — C. **1962**, 8493 [Niederl. P. 98 612].)

General Aniline & Film Corp., New York, N.Y., V.St.A., *Herstellung lichtempfindlicher Präparate.* (**Niederl. P. 100 855** vom 8/4. 1954, ausg. 16/4. 1962. A. Prior. 10/2. 1954. — C. **1957**, 9264 [D. B. P. 954 214].)

Kalle & Co. Akt.-Ges., Wiesbaden, *Herstellung elektrophotographischer Reproduktionen.* (**Niederl. P. 100 994** vom 3/7. 1957, ausg. 16/4. 1962. D. Prior. 4/7. 1956. — C. **1960**, 1728 [D. A. S. 1 060 712].)

Redaktionsschluß: 30. November 1962

Herausgeber: Prof. Dr. Heinrich Bertsch, Berlin, u. Prof. Dr. Dr. h. c. Wilhelm Klemm, Münster. Chefredakteure und verantwortlich für den Inhalt: Dr. Eugen Klever, Berlin W 30, Geisbergstraße 39, Fernsprecher: 249541 u. Prof. Dr.-Ing. Eberhard Leibnitz, Berlin N 4, Schiffbauerdamm 19, Fernsprecher: 425571.

Verlag: Akademie-Verlag GmbH, Berlin W 8, Leipziger Str. 3—4 (Fernsprecher: 220441, Telex-Nr. 011773, Postscheckkonto Berlin 35021), und Verlag Chemie, GmbH, Weinheim/Bergstr. (Fernsprecher: Weinheim 3635 [Sammelnummer]; Fernschreiber: 0465516 chemieverlwhn; Postscheckkonten: Frankfurt/M. 145314 u. Berlin [West] 7430). Bestellnummer: 1007/134. Das Chemische Zentralblatt erscheint wöchentlich. Preis des Jahrganges einschl. Autoren-, Patent-, Sach- u. Formelregister: DM 1200,—; einseitig bedruckte Ausgabe: DM 1350,—. Abgabe der Zeitschrift nur mit sämtlichen Registern. Abbestellungen nur bis spätestens 6 Wochen vor Ablauf des Kalenderjahres.

Satz u. Druck: VEB Leipziger Druckhaus, Leipzig, III/18/203. II. 63.
Veröffentlicht unter der Lizenznummer 1273 des Presseamtes beim Vorsitzenden des Ministerrates.
Printed in Germany.

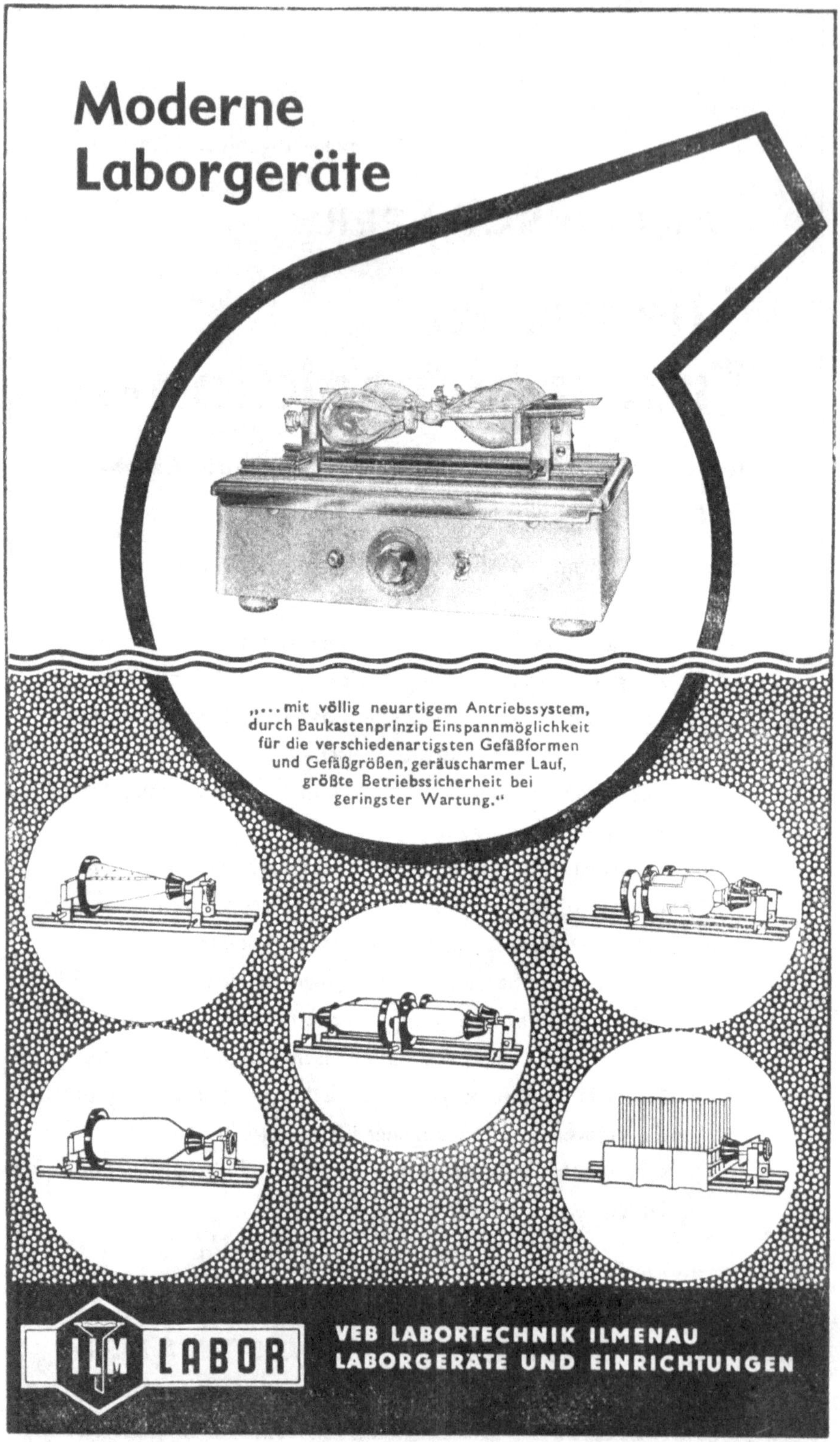
Moderne Laborgeräte
„...mit völlig neuartigem Antriebssystem, durch Baukastenprinzip Einspannmöglichkeit für die verschiedenartigsten Gefäßformen und Gefäßgrößen, geräuscharmer Lauf, größte Betriebssicherheit bei geringster Wartung.“
ILM LABOR
VEB LABORTECHNIK ILMENAU
LABORGERÄTE UND EINRICHTUNGEN

FSC
www.fsc.org
MIX
Papier | Fördert gute Waldnutzung
FSC® C083411

Kolibri 360 GmbH
Ferdinand-Jühlke-Straße 7
99095 Erfurt, Deutschland
produktsicherheit@kolibri360.de